Baulicher Brandschutz im Bestand

DIN

Gerd Geburtig

Baulicher Brandschutz im Bestand

Band 2: Ausgewählte historische Normteile DIN 4102 ab 1934

2., aktualisierte und erweiterte Auflage 2019

Herausgeber:
DIN Deutsches Institut für Normung e. V.

Beuth Verlag GmbH · Berlin · Wien · Zürich

Herausgeber: DIN Deutsches Institut für Normung e. V.

© 2019 Beuth Verlag GmbH
Berlin · Wien · Zürich
Saatwinkler Damm 42–43
13627 Berlin

Telefon: +49 30 2601-0
Telefax: +49 30 2601-1260
Internet: www.beuth.de
E-Mail: kundenservice@beuth.de

Titelbild: © G. Geburtig
Satz: Beuth Verlag GmbH, Berlin
Druck: Colonel, Kraków
Gedruckt auf säurefreiem, alterungsbeständigem Papier nach DIN EN ISO 9706

ISBN 978-3-410-29251-7
ISBN (E-Book) 978-3-410-29252-4

Autorenporträt

Gerd Geburtig, Jahrgang 1967.

1986–1991 Architekturstudium an der Hochschule für Architektur und Bauwesen Weimar.

1991–1995 Wissenschaftlicher Mitarbeiter an der HAB Weimar.

Seit 1993 Inhaber der Planungsgruppe Geburtig, Architekten & Ingenieure.

Dozent EIPOS e.V., Bauhaus Akademie Schloss Ettersburg gGmbH, Deutsche Stiftung Denkmalschutz, Architekten- und Ingenieurkammer Mecklenburg-Vorpommern u. a.

Fachbuchautor. Zahlreiche Veröffentlichungen in Fachzeitschriften.

2001–2017 Referatsleiter Fachwerk und seit 2019 Referatsleiter Brandschutz in der Wissenschaftlich-Technischen Arbeitsgemeinschaft für Bauwerkserhaltung und Denkmalpflege e.V. (WTA). 2006–2019 1. Vorsitzender der regionalen Gruppe der WTA in Deutschland.

Seit 2003 Mitglied im Deutschen Nationalkomitee von ICOMOS.

Seit 2006 Nachweisberechtigter für vorbeugenden Brandschutz in Thüringen und Hessen, Brandschutzplaner Mecklenburg-Vorpommern und Sachverständiger für Energieeffizienz von Gebäuden (EIPOS Dresden).

Seit 2007 Mitglied im NA 005-52-21 AA (Arbeitsausschuss Brandschutzingenieurverfahren) und seit 2018 im NA 005-52-04 AA (Arbeitsausschuss Brandverhalten von Baustoffen und Bauteilen – Klassifizierung) bei DIN.

2008 Promotion zum Dr.-Ing.

Seit 2008 Prüfingenieur für Brandschutz.

Seit 2014 Honorarprofessor für das Fachgebiet Brandschutz an der Bauhaus-Universität Weimar.

Vorwort zur 2. Auflage

Mittlerweile hat es sich etabliert, historische Normen zur Beurteilung der brandschutztechnischen Leistungsfähigkeit von Bestandsbauwerken heranzuziehen. Somit ist es möglich, die nicht mehr geltenden Teile der DIN 4102 – die seit 1934 in Deutschland die wesentliche bauordnungsrechtliche Quelle zur Klassifikation darstellten – für eine nachträgliche Bewertung des baulichen Brandschutzes oder im Rahmen einer wesentlichen Änderung vorhandener Gebäude zu nutzen.

Nach dem großen Interesse an der ersten Auflage dieses Bandes erscheint nunmehr zum 85-jährigen Jubiläum der ersten Ausgabe von DIN 4102 eine erweiterte Zusammenfassung ausgewählter Teile dieser Norm, die für eine brandschutztechnische Klassifizierung wesentlich sind. Damit können weiterhin zumindest alle ab dem Jahr 1934 errichtete Gebäude weitgehend lückenlos hinsichtlich ihrer brandschutztechnischen Eigenschaft eingestuft werden.

Besonders wichtig ist in diesem Zusammenhang die aktuelle Feststellung des Normenausschusses DIN 4102-4 des Jahres 2018, gemäß der in der Praxis auf frühere Fassungen von DIN 4102 zur fachlichen Beurteilung historischer Bauteile zurückgegriffen werden kann.

Diese Sammlung historischer Normteile ist mittlerweile ein fester Bestandteil einer fünfbändigen Reihe mit kommentierten historischen Regelwerken und Normen – jeweils thematisch geordnet –, die als Nachschlage- und Bezugswerk zur angemessenen Einschätzung bestehender Bauteile in vielerlei Hinsicht gedacht sind: Zum Nachweis eines gegebenen Bestandsschutzes, im Rahmen der Bearbeitung eines Brandschutzkonzeptes oder zum Nachweis einer vorhandenen Rahmenbedingung für den Einbau neuer Bauprodukte und Bauarten wie Öffnungsabschlüsse, Abschottungen oder Trockenbaukonstruktionen. Damit gelingt auch das Verhindern von im Einzelfall überflüssigen Nachrüstungen.

Prof. Gerd Geburtig
Ribnitz-Damgarten/Weimar, im März 2019

Vorwort

Seit über 80 Jahren erfolgt in Deutschland die Klassifizierung des Brandschutzes von Bauteilen nach DIN 4102. Erstmals im August 1934 herausgegeben, umfasst sie mittlerweile eine große Bandbreite möglicher brandschutztechnischer Einstufungen und bildet trotz vieler Änderungen mit dem Teil 4 immer noch die wesentliche bauordnungsrechtliche Grundlage für die Nachweise hinsichtlich des baulichen Brandschutzes.

Mit diesem Band werden nunmehr zum 80-jährigen Jubiläum von DIN 4102 erstmals die für die brandschutztechnische Klassifizierung wesentlichen Bestandteile der Norm für das Bauen im Bestand zusammengefasst herausgegeben. Damit können ab dem Jahr 1934 errichtete Gebäude lückenlos hinsichtlich ihrer brandschutztechnischen Leistungsfähigkeit bewertet werden. Das insbesondere vor dem Hintergrund, dass bereits mit dem ersten Erscheinen der Norm die damalige „Einheits-Temperaturkurve" den notwendigen Prüfungen zugrunde gelegt wurde, die mit der heutigen Einheits-Temperaturzeitkurve beinahe identisch ist. Dadurch ist die brandschutztechnische Leistungsfähigkeit des Bestandes tatsächlich mit heutigen Klassifikationen vergleichbar zu beurteilen. Es gelingt anhand der jeweils zur Errichtungszeit gültigen Norm der Nachweis des Bestandsschutzes hinsichtlich des Brandschutzes, was der Erhaltung vieler Bauteile dienen kann und gleichzeitig hilft, angebrachte Nachrüstungsmaßnahmen festzulegen, weil diese damit auf der Basis qualifizierter historischer Vereinbarungen zur brandschutztechnischen Klassifikation von Bauteilen möglich ist.

Diese Sammlung historischer Normteile ergänzt den Grundlagenband „Baulicher Brandschutz im Bestand – Brandschutztechnische Beurteilung vorhandener Bausubstanz" und ist als Nachschlagewerk bei der Erarbeitung von Brandschutzkonzepten für bestehende Bauwerke gedacht. Zugleich können angemessene Brandschutzmaßnahmen identifiziert werden.

In der Folge wird noch ein weiterer Band erscheinen, der sich mit den ehemaligen Vorschriften der Staatlichen Bauaufsicht der DDR auseinandersetzt und diese chronologisch hinsichtlich des vorbeugenden Brandschutzes behandelt.

Dr. Gerd Geburtig
Ribnitz-Damgarten/Weimar, im August 2014

Inhalt

1 Einführung

Damit ein gegebener Bestandsschutz beim Bauen im Bestand festgestellt werden kann, ist notwendig, vorhandene Bauteile mit den zur Errichtungszeit gültigen Vorschriften zu vergleichen. Um diese auch hinsichtlich des gültigen Sicherheitsniveaus bei der brandschutztechnischen Klassifikation zur Bauzeit vergleichen zu können, ist deswegen in Deutschland eine Auseinandersetzung mit den jeweils zur Errichtungszeit geltenden normativen Bestimmungen unerlässlich.

Die mit diesem Band abgedruckten Teile von DIN 4102 wurden einerseits aus der Sicht desjenigen ausgewählt, der ein Brandschutzkonzept für einen Bestandsbau zu erstellen hat, und andererseits für denjenigen, der mit einer Sanierung eines bestehenden Gebäudes betraut wurde. Es erfolgt keine Wiedergabe aller Normteile, sondern nur derjenigen, die für die Beurteilung bestehender Bauteile maßgeblich sind. Dabei wird, wie im Band 1 von „Baulicher Brandschutz im Bestand" erörtert, auf die allgemeingültige Regelung in der Berliner Bauordnung (BauO Bln) Bezug genommen, die gemäß § 81 (1) Folgendes besagt: *„Rechtmäßig bestehende bauliche Anlagen sind, soweit sie nicht den Vorschriften dieses Gesetzes oder den auf Grund dieses Gesetzes erlassenen Vorschriften genügen, mindestens in dem Zustand zu erhalten, der den bei ihrer Errichtung geltenden Vorschriften entspricht."* [1]

Um somit einen Bestandsschutz für gesamte Gebäude oder zumindest einzelne Bauteile attestieren zu können, ist ein Abgleich mit den normativen Dokumenten während einer ordnungsgemäßen brandschutztechnischen Bestandsanalyse unerlässlich, zumindest soweit vorhanden. Da seit dem Jahr 1934 für Deutschland dementsprechende Normen bzw. Normteile nachzuweisen sind, die teilweise auch bauaufsichtlich eingeführt waren, ist es weitgehend für den Bestand des 20. Jahrhunderts problemlos möglich. Davor geltende Regelungen werden darüber hinaus ausführlich im Band 1 dieser Buchreihe erörtert.[2] Es ist dagegen – wie leider noch zu häufig angenommen – aus brandschutztechnischen Gründen nicht erforderlich, eine vollständige Anpassung an das heutige Bauordnungsrecht anzustreben. Auch dafür kann ein Vergleich mit den bauzeitlichen Normen dienen. Wenn die tatsächliche brandschutztechnische Klassifikation eines Bauteiles dargelegt werden kann, wird auch die Begründung eines abweichenden Tatbestandes ermöglicht. Ein weiterer Grund, sich mit den jeweiligen bauzeitlichen Regelungen des Brandschutzes zu beschäftigen, um entsprechende Nachweise einer handelnden Behörde zu erbringen.

Eine zuständige Bauaufsichtsbehörde kann gemäß § 67 (1) MBO Abweichungen von bauaufsichtlichen Anforderungen der Bauordnung oder aufgrund dieser erlassenen Vorschriften (Sonderbauverordnungen) zulassen, „*wenn sie unter Berücksichtigung des Zwecks der jeweiligen Anforderung unter Würdigung der öffentlich-rechtlichen geschützten nachbarlichen Belange mit den öffentlichen Belangen, insbesondere den Anforderungen des § 3 Abs. 1 vereinbar sind*“.[3]

Demnach muss eine entsprechende Abweichungsentscheidung der handelnden Behörde bzw. des von ihr beauftragten Prüfingenieurs für Brandschutz als gebundene Ermessensentscheidung positiv ausfallen, wenn das Erreichen des Schutzzieles auf anderem Wege nachgewiesen wird.[4] Dem dient ein Nachweis der brandschutztechnischen Qualität gemäß den zur Errichtungszeit geltenden Vorschriften.

Einer förmlichen Abweichungsentscheidung bedarf es außerdem nicht, wenn eine Abweichung von einer eingeführten Technischen Baubestimmung, z. B. der aktuell gültigen Fassung von DIN 4102-4, vorliegt – das gilt auch für die Neueinführung dieser Norm auf der Grundlage der mittlerweile neuen Muster-

Abbildung 1: Historisches Tragwerk durch eine Abweichung unverändert erhalten

Verwaltungsvorschrift Technische Baubestimmungen.[5] Der Nachweis der technischen Gleichwertigkeit kann dazu anhand der ehemals gültigen Fassungen der Norm erfolgen, weil das grundsätzliche Prüfkriterium, die Einheits-Temperaturkurve bzw. Einheits-Temperaturzeitkurve, seit dem ersten Erscheinen nahezu identisch ist. Die Brauchbarkeit kann damit bewiesen werden.

Der Rechtsanspruch auf das Zulassen einer Abweichung beruht auf dem Nachweis der Schutzziele. Dieser Ansatz ist für das Bauen im Bestand entscheidend, weil somit durch ein gebäude- und damit bestandsorientiertes Brandschutzkonzept die Basis für zulässige Abweichungen aus bauordnungsrechtlicher Sicht gelegt wird.

An dieser Stelle soll in diesem Zusammenhang kurz auf die notwendige, einhergehende Gefahrenanalyse verwiesen werden, die im Band 1 ausführlich vorgenommen wird. Zu unterscheiden ist zwischen den juristischen Begriffen einer „konkreten", damit wird die reale bezeichnet, und einer „abstrakten" Gefahr, die mit der potenziellen identisch ist. Die Letztere entsteht aus der Rechtsverletzung, einer Nichtübereinstimmung mit dem geltenden Recht.

Eine konkrete (reale) Gefahr besteht aus juristischer Sicht jedoch immer dann, wenn mit der Schädigung von Leben und Gesundheit zu rechnen ist und diese mit hoher Wahrscheinlichkeit erwartet werden muss[6], sie liegt jedoch nicht schon vor, wenn ein „Abweichen von Vorschriften, die der Sicherheit dienen"[7] festgestellt wird.

Demzufolge bedarf die Einzelfallentscheidung über das Vorliegen einer realen Gefahr stets einer detaillierten Gefährdungsanalyse, insbesondere hinsichtlich der möglichen brandschutztechnischen Qualität bestehender Bauteile, um festzustellen, ob im jeweiligen Fall tatsächlich eine erhebliche Gefahrensituation vorliegt. Es kann dabei nur vordergründig um das Beseitigen realer Gefährdungen gehen, mit der ein Sicherheitsniveau geschaffen wird, damit eine weitere Nutzung der baulichen Anlage möglich ist.

Etwas anders verhält sich dieser Sachverhalt, wenn wesentliche Änderungen an einem Gebäude geplant werden. Dann sind die weitergehenden bauordnungsrechtlichen Anforderungen einzuhalten, wie diese beispielsweise im Absatz 3 des bereits zitierten § 81 BauO Bln enthalten sind: *„Sollen rechtmäßig bestehende bauliche Anlagen wesentlich geändert werden, so kann gefordert werden, dass auch die nicht unmittelbar berührten Teile der baulichen Anlage mit diesem Gesetz oder den aufgrund dieses Gesetzes erlassenen Vorschriften in Einklang gebracht werden, wenn die Bauteile, die diesen Vorschriften nicht mehr entsprechen, mit den beabsichtigten Arbeiten in einem konstruktiven Zusammenhang stehen und die Durchführung dieser Vorschriften bei* *den von den Arbeiten nicht berührten Teilen der baulichen Anlage keine unzumutbaren Mehrkosten verursacht.“* [8]

Ein zunächst gegebener Bestandsschutz wird demnach durch wesentliche Änderungen zunächst in Frage gestellt. Die bisher erworbene Rechtsposition wird somit durch die Möglichkeit des sog. bauordnungsrechtlichen Anpassungsverlangens angegriffen, was aber durch eine Bestandsanalyse auf der Grundlage der bauzeitlichen Standards mittels einer begründeten Abweichung bzw. Erleichterung verhindert werden kann.

Umso wichtiger ist es, ggf. die vorhandene Eignung bestehender Bauteile nach der eingehenden Analyse zu begründen oder diese bei der Möglichkeit des Ausschließens einer realen Gefahr ohne Änderung im Bestand zu belassen, um einem unverhältnismäßigen Anpassungsverlangen entgehen zu können. Oftmals stellt sich im Nachhinein heraus, dass eine Anpassung aus bauordnungsrechtlicher Sicht nicht verlangt worden wäre, wenn vorher eine glaubhafte Bestandserkundung betrieben worden wäre. Ein schutzzielorientiertes Brandschutzkonzept kann nur erfolgreich zwischen den aktuellen materiellen bauordnungsrechtlichen Anforderungen und den vorhandenen Bauteileigenschaften vermitteln, wenn die Ausgangsposition hinreichend geklärt ist. In der Abbildung 2 ist eine wenig sinnvolle Bestandsnachrüstung mittels Trocken-

Abbildung 2: Diese Bekleidung stellte sich als überflüssige Anpassungsmaßnahme heraus.

Abbildung 3: Reaktives Brandschutzsystem auf einem Stahlträger

baubekleidung zu sehen, die zu verhindern gewesen wäre, wenn man die Holzquerschnitte hinsichtlich ihres tatsächlichen Abbrandverhaltens ausreichend betrachtet hätte.

Dagegen war bei der folgenden statischen Nachrüstungsmaßnahme durch einen Stahlträger (s. Abb. 3) eine Verbesserung mit einem reaktiven Brandschutzsystem notwendig, damit der nach dem Brandschutzkonzept erforderliche Feuerwiderstand erreicht werden konnte.

Historische Brandschutzmaßnahmen allein sind daher nicht immer als ausreichende Garantie der Schutzziele gemäß der jeweiligen Landesbauordnung anzusehen. Um aber eine bestehende Konstruktion hinsichtlich ihrer brandschutztechnischen Eigenschaften zuverlässig beurteilen zu können, ist ein Rückgriff auf die zu ihrer Bauzeit gültig gewesenen Regeln bzw. Normen unausweichlich. Durch den Abgleich zwischen bauordnungsrechtlichem Erfordernis und tatsächlicher Beschaffenheit ist jedoch eine präzise Abwägung geboten. Dem möge dieser Band 2 mit einer Zusammenstellung der für die Baustoff- und Bauteilklassifikation wesentlichen Normteile dienen. Der teilweise sogar vollständige Abdruck der mittlerweile zurückgezogenen Teile von DIN 4102 soll dem Verständnis der brandschutztechnischen Grundlagen zu dieser Zeit errichteter Gebäude und der den damaligen Einstufungen zu

Grunde liegenden brandschutztechnischen Prüfbedingungen dienen. Es wird damit ermöglicht, die damaligen Prüfbedingungen, die den bauzeitlichen Klassifizierungen der Baustoff- und Bauteileigenschaften zu Grunde lagen, nachzuvollziehen und einer brandschutztechnischen Gefahrenanalyse begründet zu Grunde zu legen. Zugleich wird ein sicheres Zitieren der historischen Quelle innerhalb eines gebäudeorientierten Brandschutzkonzeptes oder einer brandschutztechnischen Gefahrenanalyse für Gebäude bzw. Bauteile gewährleistet, die im 20. Jahrhundert, aber teilweise auch früher errichtet wurden, je nachdem, ob das zu beurteilende Bauteil mit den späteren Normen zu vergleichen ist. Ein Analogievergleich in dieser Hinsicht ist problemlos möglich und deckt sich auch mit den aktuellen Regelungen der europäisch geltenden Bauproduktenverordnung.[9]

Zu beachten ist jedoch, dass in diesem Band wegen der gebotenen Übersichtlichkeit ausschließlich zurückgezogene, nicht mehr gültige Normteile von DIN 4102 zusammengestellt wurden, die ansonsten kaum noch verfügbar sind. Die Auswahl betrifft dabei solche Teile, die für Ersteller eines Brandschutzkonzeptes für ein Bestandsgebäude oder für mit einer Sanierung eines bestehenden Gebäudes beteiligte Planer maßgeblich sind, nicht jedoch Normteile, die sich mit den Brandprüfungen bzw. den dazugehörigen Brandschächten etc. beschäftigen.

2 Brandschutztechnische Klassifikationen in Deutschland nach DIN 4102 ab 1934

2.1 Die erste Normfassung vom August 1934

Zur Bestimmung des Feuerwiderstandes von Bauteilen ist der Teil 4 von DIN 4102 in allen Bundesländern eine sogenannte eingeführte Technische Baubestimmung.[10]

Die Erarbeitung der Vorgängernorm „Widerstandsfähigkeit von Baustoffen und Bauteilen gegen Feuer und Wärme" ist ab 1928 nachzuweisen, wobei frühere Entwürfe zur erstmals im August erschienenen DIN 4102 nicht mehr erhalten sind. Die Norm DIN 4102 löste damit den bis zu diesem Zeitpunkt gültigen Erlass über „Baupolizeiliche Bestimmungen über Feuerschutz (feuerbeständige und feuerhemmende Bauweisen)" des Preußischen Ministeriums für Volkswohlfahrt aus dem Jahr 1925 ab. Mit der ersten bekannten Fassung dieser Norm vom August 1934 wurden die folgenden drei Blätter herausgegeben:

- Blatt 1: Begriffe[11]
- Blatt 2: Einreihung in die Begriffe[12]
- Blatt 3: Brandversuche[13]

Die Norm widmete sich in der vorliegenden Art das erste Mal in dieser umfangreichen Form der Widerstandsfähigkeit von Bauteilen gegen Feuer und Wärme. Es wurden die brandschutztechnischen Eigenschaften von Baustoffen und Bauteilen und die dazugehörigen Prüfverfahren beschrieben. Dabei wurden zunächst im Blatt 1 die Baustoffe in brennbare, schwer brennbare und nicht brennbare sowie die Bauteile in feuerhemmende, feuerbeständige und hochfeuerbeständige unterschieden und entsprechende Eigenschaften definiert.

Im Blatt 2 nahm man die Zuordnung von Baustoffen und Bauteilen zu den im Blatt 1 genormten Begriffen vor und definierte Randbedingungen für den Einbau bzw. die Bekleidung oder Beschichtung von ausgewählten Bauteilen. Eine bis dahin bekannte Auswahl unterschiedlicher Bauteile wurde ohne besonderen Nachweis den Kategorien „feuerhemmend" bzw. „feuerbeständig" zugeordnet. Über hochfeuerbeständige Bauteile lagen zum Zeitpunkt des Erscheinens noch keine gesicherten Erkenntnisse vor, daher erfolgte auch noch keine Zuordnung.

Mit Blatt 3 erfolgten die Regelungen zu den Temperaturen im Brandraum, den vorzunehmenden Messungen und Belastungen sowie erstmals zu den anzuwendenden Prüfverfahren. Hier wurden die im Brandraum für die durchzuführenden Brandversuche mit Hilfe einer „Einheits-Temperaturkurve“, dem Vorläufer der heutigen Einheits-Temperaturzeitkurve, notwendigen Temperaturen beschrieben und die maximal zulässigen Abweichungen davon genormt. Außerdem erfolgten Festlegungen zu den Prüfverfahren zum Nachweis der Baustoffeigenschaft der Schwerbrennbarkeit sowie der feuerhemmenden, feuerbeständigen und hochfeuerbeständigen Eigenschaften.

DK 691 August 1934

HNA

Widerstandsfähigkeit von Baustoffen und Bauteilen gegen Feuer und Wärme

Begriffe

DIN 4102 Blatt 1

Die Anforderungen an die Widerstandsfähigkeit von Baustoffen und Bauteilen gegen Feuer und Wärme werden durch folgende Begriffe gekennzeichnet:

Baustoffe[1])

I. brennbar
II. schwer brennbar
III. nicht brennbar

Bauteile

IV. feuerhemmend
V. feuerbeständig
VI. hochfeuerbeständig

Begriffsbestimmungen

Baustoffe

I. Brennbar

Als brennbar gelten Baustoffe, die, auf ihre Entzündungstemperatur gebracht, bei atmosphärischer Luft von selbst weiterbrennen.

II. Schwer brennbar

Als schwer brennbar gelten Baustoffe, die unter Einwirkung von Feuer und Wärme zwar zur Entzündung gebracht werden können, so daß sie verkohlen, aber bei atmosphärischer Luft nicht von selbst weiterbrennen; dabei ist vorausgesetzt, daß die der Erhitzung ausgesetzten Teile des Baustoffes nach Fortnahme der Wärmequelle nur kurze Zeit nachglühen und etwa entstandene Flammen von selbst erlöschen, so daß die Verbrennung im Baustoff nicht fortschreitet.

III. Nicht brennbar

Als nicht brennbar gelten Baustoffe, die bei atmosphärischer Luft infolge ihrer natürlichen Eigenschaften nicht zur Entzündung gebracht werden können.

Bauteile

IV. Feuerhemmend

Als feuerhemmend gelten Bauteile, die beim Brandversuch nach DIN 4102, Blatt 3 — Widerstandsfähigkeit von Baustoffen und Bauteilen gegen Feuer und Wärme, Brandversuche — während einer Prüfzeit von $1/2$ Stunde nicht selbst in Brand geraten, ihren Zusammenhang nicht verlieren und den Durchgang des Feuers verhindern, derart, daß tragende Bauteile dabei ihre Tragfähigkeit nicht verlieren.

Einseitig dem Feuer ausgesetzte Bauteile dürfen auf der dem Feuer abgekehrten Seite während des Brandversuches nicht wärmer als 130° werden.

V. Feuerbeständig

Als feuerbeständig gelten Bauteile aus nicht brennbaren Baustoffen, die bei einem Brandversuch nach DIN 4102, Blatt 3 — Widerstandsfähigkeit von Baustoffen und Bauteilen gegen Feuer und Wärme, Brandversuche — während einer Prüfzeit von $1\frac{1}{2}$ Stunden unter der Einwirkung des Feuers und des Löschwassers ihr Gefüge nicht wesentlich ändern, ihre Standfestigkeit und Tragfähigkeit nicht verlieren und den Durchgang des Feuers verhindern.

Einseitig dem Feuer ausgesetzte Bauteile dürfen auf der dem Feuer abgekehrten Seite während des Brandversuches nicht wärmer als 130° werden.

Allseitig feuerbeständig ummantelte Bauteile dürfen sich während des Brandversuches auf höchstens 250° erwärmen.

VI. Hochfeuerbeständig

Als hochfeuerbeständig gelten Bauteile, die den Anforderungen an feuerbeständige Bauteile (Absatz V) während einer Prüfzeit von **3** Stunden genügen.

[1]) Einschl. Gewebe, Papier und dergleichen.

Ausschuß für einheitliche technische Baupolizeibestimmungen (ETB)

DK 691 August 1934

HNA **Widerstandsfähigkeit von Baustoffen und Bauteilen gegen Feuer und Wärme**

Einreihung in die Begriffe

DIN 4102 Blatt 2

Für Baustoffe und Bauteile, die im folgenden nicht besonders genannt sind, ist der Grad des Widerstandes gegen Feuer und Wärme durch Brandversuche nach DIN 4102, Blatt 3 — Widerstandsfähigkeit von Baustoffen und Bauteilen gegen Feuer und Wärme, Brandversuche — nachzuweisen. Der Nachweis erübrigt sich, wenn die Einreihung ohne weiteres durch die Begriffsbestimmungen gegeben ist.

I. Als **brennbar** gelten
z. B. Holz, Magnesium, Papier, Pflanzenfaserstoffe, Stroh, Torf, Zellhorn u. dgl.

II. Als **schwer brennbar** gelten ohne besonderen Nachweis
reine Wolle

III. Als **nicht brennbar** gelten ohne besonderen Nachweis
Sand, Lehm, Kies, Schlacke,
natürliche und künstliche Steine, Mörtel und Beton, Glas, Asbest,
chemisch reine Seide,
Metalle in nicht fein verteilter Form, wie Blei, Gußeisen, Kupfer, Stahl, Zink, Zinn.

IV. Als **feuerhemmend** gelten ohne besonderen Nachweis

a) Bekleidungen aus 1½ cm dickem, sachgemäß ausgeführtem Putz und 2½ cm dicken Estrichen aus Zement oder Gips.

b) Wände
1. aus vollfugig gemauerten Steinen, auch mit Hohlräumen (Mauerziegel, Kalksandsteine, Schwemmsteine, kohlefreie Schlackensteine) von mindestens 6 cm Dicke,
2. aus mindestens 5 cm dickem Kiessand- oder Schlackenbeton oder aus gleich dicken Gipsdielen,
3. aus Holz, beiderseits feuerhemmend bekleidet.

c) Decken
1. Decken aus gleichen Baustoffen und in denselben Mindestabmessungen wie bei b) 1 und 2,
2. Holzbalkendecken in normaler Ausführung mit unterer feuerhemmender Bekleidung und Zwischendecke mit nicht brennbarer Ausfüllung.

d) Dachkonstruktionen
1. aus mindestens 5 cm dickem Beton oder Eisenbeton,
2. aus Stahl oder Holz mit feuerhemmender Bekleidung.

Stahlkonstruktionen können bei besonderen baulichen Anordnungen auch ohne feuerhemmende Bekleidung zugelassen werden, wenn sie aus Profilen bestehen, bei denen das Verhältnis von Umfang zu Querschnitt kleiner als 1,5 cm/cm² ist.
Ausreichenden Schutz gegen Flugfeuer und strahlende Wärme bieten Dachdeckungen aus:
Betonplatten, Asbestzementplatten, Deckstoffen aus natürlichen und künstlichen Steinen sowie Metalldächer und Pappdächer (harte Bedachungen).

e) Stützen
aus Stahl oder Holz mit feuerhemmender Bekleidung.
Stahlkonstruktionen können bei besonderen baulichen Anordnungen auch ohne feuerhemmende Bekleidung zugelassen werden, wenn sie aus Profilen bestehen, bei denen das Verhältnis von Umfang zu Querschnitt kleiner als 1,5 cm/cm² ist.

f) Treppen
1. Treppen aus Sandstein, Stahl oder Hartholz (z. B. Eiche),
2. sonstige Holztreppen und nicht feuerbeständige Steintreppen, wenn beide unterseitig feuerhemmend bekleidet sind.

Ausschuß für einheitliche technische Baupolizeibestimmungen (ETB)

— 2 —

g) Türen

1. aus 4 cm dickem Hartholz (z. B. Eiche),
2. aus $2\frac{1}{2}$ cm dicken, gespundeten Brettern mit aufgeschraubter oder aufgenieteter, allseitig dicht umhüllender Bekleidung von mindestens $\frac{1}{2}$ mm dickem Stahlblech,

wenn sie selbsttätig zufallen, in Rahmen und Schwelle aus nicht brennbaren Stoffen mit mindestens $1\frac{1}{2}$ cm — bei der Schwelle 1 cm — Falz schlagen und rauchdicht schließen.

V. Als **feuerbeständig** gelten ohne besonderen Nachweis

a) Wände

1. aus vollfugig in Kalkzementmörtel gemauerten Steinen ohne Hohlräume (Ziegelsteine, Kalksandsteine, Schwemmsteine, kohlefreie Schlackensteine) von mindestens 12 cm Dicke,
2. aus mindestens 10 cm dickem unbewehrtem oder bewehrtem Beton.

b) Decken

aus den unter a) aufgeführten Steinen oder Baustoffen bei Innehaltung einer Mindestdicke von 12 cm bei Steindecken und von 10 cm bei Betondecken.

c) Unterzüge und Träger

1. aus Eisenbeton,
2. aus Stahl nur mit feuerbeständiger Ummantelung.

Die feuerbeständige Ummantelung wird durch allseitiges Ausmauern oder Ausbetonieren der Profile erreicht. Die Flanschflächen müssen dabei wenigstens 3 cm dicke Deckung von Beton mit eingelegtem Drahtgewebe oder von gebranntem Ton oder anderen gleichwertigen Stoffen erhalten. Bei freiliegenden Flanschaußenflächen der Stahlprofile in feuerbeständigen Decken und in Stahlfachwerkswänden kann besonderer Feuerschutz im allgemeinen fehlen.

d) Stützen und Pfeiler

wenn sie aus den unter a) aufgeführten Steinen oder Baustoffen bei Innehaltung einer Mindestdicke von 20 cm hergestellt werden. Stützen aus Granit, Kalkstein, Sandstein und ähnlichen Natursteinen gelten nicht als feuerbeständig. Stützen aus Stahl und Säulen aus Gußeisen müssen allseitig feuerbeständig ummantelt sein (siehe c).

e) Dachkonstruktionen

1. aus mindestens 10 cm dickem Beton oder Eisenbeton;
2. aus Stahl nur mit feuerbeständiger Ummantelung (siehe c).

f) Treppen

1. die nach b) hergestellt sind,
2. aus Betonwerksteinen.

Freitragende Treppenstufen aus Natursteinen gelten nicht als feuerbeständig.

Türen

bedürfen grundsätzlich eines besonderen Nachweises nach DIN 4102 Blatt 3 — Widerstandsfähigkeit von Baustoffen und Bauteilen gegen Feuer und Wärme, Brandversuche —.

Verglasungen

Gestatten die örtlichen Verhältnisse die Verwendung von Verglasungen in feuerbeständigen Bauteilen, so müssen diese Verglasungen in den vorgesehenen Abmessungen der Prüfung nach DIN 4102 Blatt 3 — Widerstandsfähigkeit von Baustoffen und Bauteilen gegen Feuer und Wärme, Brandversuche — entsprechen.

VI. Als **hochfeuerbeständig** gelten ohne besonderen Nachweis

Beispiele liegen zur Zeit noch nicht vor.

DK 691 August 1934

Widerstandsfähigkeit von Baustoffen und Bauteilen gegen Feuer und Wärme

Brandversuche

DIN 4102 Blatt 3

Vorbemerkung

Für Baustoffe und Bauteile, die nicht ohne besonderen Nachweis als schwer brennbar, feuerhemmend, feuerbeständig oder hochfeuerbeständig nach DIN 4102 Blatt 2 — Widerstandsfähigkeit von Baustoffen und Bauteilen gegen Feuer und Wärme, Einreihung in die Begriffe — gelten, kann der Nachweis der geforderten Eigenschaften durch die nachstehenden Brandversuche erbracht werden. Die anzuwendenden Prüfverfahren unterscheiden sich im wesentlichen nur durch die Zeitdauer und die verschiedene Temperatur bei den Brandversuchen.

A. Allgemeines

1. Temperaturen im Brandraum

Der Temperaturanstieg im Brandversuchsraum soll nach der Einheitstemperaturkurve verlaufen. Im Brandraum müssen danach ungefähr die aus folgendem Bild ersichtlichen Temperaturen eingehalten werden:

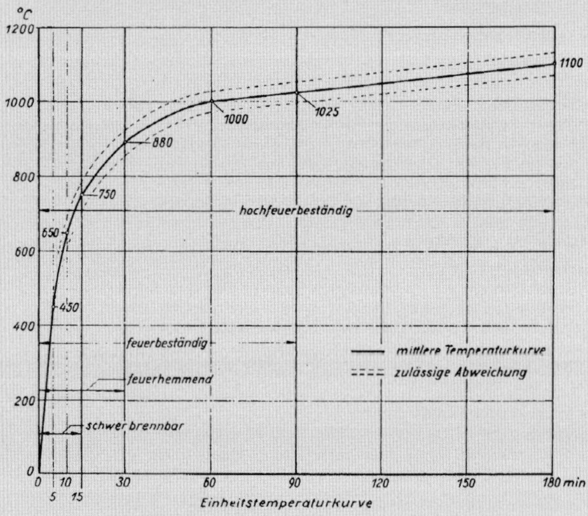

Dabei sind anfangs 5 %, später 3 % Temperaturabweichungen von der mittleren Temperaturkurve zulässig.

2. Temperaturmessungen

Im Brandraum ist die Temperatur an mindestens drei Stellen möglichst nahe am Versuchskörper zu messen und hieraus das Mittel zu bestimmen. An der dem Feuer abgekehrten Seite des Versuchskörpers sind mindestens drei Meßstellen annähernd gleichmäßig über die Oberfläche zu verteilen. Gemessen wird am zweckmäßigsten mit Thermoelementen (Platin-Platinrhodium oder Nickel-Nickelchrom).

Um das Einwirken der Außenluft zu vermeiden, sind nach Möglichkeit abgeschlossene Beobachtungsräume anzuordnen, mindestens aber Maßnahmen zu treffen, die diesen Einfluß einschränken und besonders den Windeinfall verhindern.

Ausschuß für einheitliche technische Baupolizeibestimmungen (ETB)

— 2 —

3. **Art der Feuerung**
Gebrannt wird mit Holz, Gas oder Öl; dabei muß die Einheitstemperaturkurve eingehalten werden.

4. **Größe der Versuchskörper**
Die Versuchskörper müssen der beabsichtigten Ausführung entsprechen und in möglichst großen Abmessungen geprüft werden, z. B.
a) tragende Wände und Zwischenwände in einer Fläche von mindestens 2 m × 2 m,
b) Decken und Dächer in einer Fläche von mindestens 2 m × 2 m,
c) Unterzüge und Balken in einer Länge von mindestens 3 m,
d) Stützen und Pfeiler in einer Höhe von mindestens 3 m,
e) Leichtbauplatten u. dgl. in einer Fläche von mindestens 1 m × 2 m,
f) Treppen, Mindestlänge des Laufes 3 m,
g) Türen und Klappen in natürlicher Größe,
h) Schornsteine in 4 m Höhe,
i) Verglasungen in voller beabsichtigter Größe.

5. **Belastungen während des Brandversuches**
Alle tragenden Bauteile sind unter Last zu prüfen. Die Größe der Belastung ist möglichst der Wirklichkeit anzupassen.

B. Prüfverfahren

1. **Prüfverfahren zum Nachweis der Schwerbrennbarkeit von Stoffen**
Die Schwerbrennbarkeit von Stoffen wird in der Regel durch Feuerschutzmittel erzielt, die auf ihre Eignung, Stoffe schwer brennbar zu machen, geprüft werden. Dabei ist festzustellen, ob die Schutzmittel giftige Bestandteile enthalten, beim Aufbringen oder beim Brandversuch belästigende Gase entwickeln und Metalle angreifen.

a) Prüfung von Geweben, Papier u. dgl.

Die Feuerschutzmittel, die zum Schutz von Geweben, Papier u. dgl. gegen Feuer angewendet werden, werden möglichst an folgenden Stoffen geprüft: Kattun, Nessel, Rupfen, Theaterleinen, Voile, Tüll, Papier, Pappe und Strohhülsen.

Die Abmessungen der Gewebeproben sollen 1,5 m × 0,6 bis 0,8 m je nach der Stückbreite des Stoffes betragen.

Für die Versuche sind aus jedem zur Prüfung gelangendem Stoff je zwei Proben glatt und je zwei Proben mit einer Längsfalte von 5 bis 10 cm zu verwenden. Die Längsfalte soll dem Feuer eine größere Angriffsmöglichkeit bieten. Die erste Prüfung soll frühestens 14 Tage nach beendeter Behandlung der Stoffe stattfinden. Zur Feststellung der Dauerwirkung des Schutzmittels ist die Prüfung nach ½ und 1 Jahr und möglichst auch nach 3 Jahren zu wiederholen.

Behandlung der Proben: Die Stoffe werden möglichst von der Prüfanstalt aus dem Handel gekauft und vom Antragsteller unter Aufsicht der Prüfanstalt im Tauch- oder Spritzverfahren behandelt. Die getrockneten Proben werden vor und nach der Behandlung gewogen und die aufgenommene Menge des Schutzmittels festgestellt. Für die Dauerprüfung müssen sie in einem Raum von Zimmertemperatur (etwa 18 bis 20°) aufbewahrt und mindestens einmal im Monat aufgerollt und geschüttelt werden. Die Proben dürfen dem Lagerraum erst unmittelbar vor der Prüfung entnommen werden. Sollen sie auch auf Wetterbeständigkeit geprüft werden, so müssen sie im Freien aufbewahrt und der Witterung ausgesetzt werden.

Ausführung der Prüfung: Die Prüfung findet in einem geschlossenen Raum statt. Die Proben werden zweckmäßig frei aufgehängt. Am unteren Ende wird eine abgewogene Menge Holzwolle von etwa 10 % Feuchtigkeitsgehalt (bei 60° getrocknet) ausgebreitet und angezündet. Verwendet werden bei

Papier, Strohhülsen, Voile und Tüll . . .	100 g Holzwolle
Theaterleinen, Nessel, Kattun	200 g Holzwolle
Rupfen, Pappe	300 g Holzwolle

Die halbe Menge Holzwolle wird angezündet und der Rest nach und nach zugegeben. Während des Versuches wird die Feuerquelle 1 bis 2 mal für kurze Zeit entfernt, um festzustellen, ob an dem Stoff selbst Flammen auftreten, wann sie erlöschen, ob sie weiter um sich greifen oder ob der Stoff nachglüht. Nach Beendigung des Versuches darf der Stoff weder brennen noch nachglühen.

b) Prüfung von Holz

Das Holz wird aus dem Handel beschafft und auf 8 bis 10% relativen Feuchtigkeitsgehalt vorgetrocknet. Aus 2,4 cm dicken, rauh gespundeten Fichten- oder Kiefernholzbrettern werden Tafeln von etwa 1 m × 2 m Fläche gezimmert. Diese werden unter Aufsicht der Prüfanstalt vom Antragsteller durch Spritzen, Streichen oder Tauchen (hierbei die Bretter einzeln) mit dem Feuerschutzmittel behandelt. In gleicher Weise werden Kanthölzer von 10 cm × 10 cm Querschnitt und 2 m Länge behandelt. Die Tafeln werden in die Türleibung des Brandraumes, die Kanthölzer als Stiele freistehend in den Raum eingebaut.

Ausführung der Prüfung: Nach 5 und nach 10 Minuten Brenndauer wird das Feuer für ½ Minute unterbrochen und nach 15 Minuten Brenndauer entfernt. In weiteren 5 Minuten müssen die Flammen erloschen sein. Dann werden Tafeln und Stiele herausgenommen. Etwa noch glimmende Teile müssen nach weiteren 15 Minuten ebenfalls erloschen sein. Eine Vergleichsprüfung mit nicht behandeltem Holz ist erwünscht.

2. **Prüfung zum Nachweis der feuerhemmenden Eigenschaften**

Bauteile, deren feuerhemmende Eigenschaften nachgewiesen werden sollen, müssen während einer halben Stunde der Einwirkung des Feuers und der Wärme widerstehen. Die Bauteile dürfen auf der dem Feuer abgekehrten Seite während des Brandversuches nicht wärmer als 130° werden.

a) Prüfung von Wänden, Decken, Stützen, Treppen

Die zu prüfenden Bauteile werden in der Art der praktischen Anwendung in einen Brandraum eingesetzt. Bei der Prüfung unter Belastung sind Sonderkonstruktionen erforderlich.

b) Prüfung von Türen

In das Brandhaus wird die Tür in der der Praxis entsprechenden Ausführung eingesetzt. Vor dem Versuch wird durch Abbrennen einer Nebelbombe festgestellt, ob die Tür rauchdicht schließt. Nach der Prüfung wird festgestellt, ob die Tür noch rauchdicht und gangbar ist.

Anmerkung: Prüfung von Dachdeckungen gegen Flugfeuer. Die Versuche sind an der fertig eingedeckten Bedachung vorzunehmen. Verwendet werden mindestens 1,5 m^2 große Dachtafeln, die der Bedachungsart entsprechend unter bestimmten Neigungswinkeln zu lagern sind und zwar Ziegel, Schiefer und ähnliche Bedachungsteile unter etwa 25°, Dachpappdächer unter 15 bis 20°, Strohdächer unter 40 bis 45°.

Die Prüfung durch die Stichflamme einer Lötlampe oder eines Gasgebläses kann nur als Vorversuch dienen. Die Widerstandsfähigkeit gegen Einwirkung eines Flugfeuers ist wie folgt zu prüfen:

— 4 —

1. Ein Bündel aus 200 g mit Petroleum getränkter Putzwolle wird am First brennend auf das Dach gelegt und rollen gelassen.
2. Ein Drahtkorb von 30 cm × 30 cm × 20 cm wird mit 800 g Holzwolle gefüllt, auf das Versuchsdach gestülpt und angezündet. Die Brennzeit beträgt etwa 3 Minuten; der Windeinfall ist zu berücksichtigen.

3. **Prüfung zum Nachweis der feuerbeständigen Eigenschaften**

Bauteile, deren feuerbeständige Eigenschaften nachgewiesen werden sollen, müssen während 1½ Stunden der Einwirkung des Feuers und der Wärme widerstehen. Die Bauteile dürfen auf der dem Feuer abgekehrten Seite während des Brandversuches nicht wärmer als 130° werden. Allseitig feuerbeständig ummantelte Bauteile dürfen sich während des Brandversuches auf höchstens 250° erwärmen.

Unmittelbar nach der Feuerbeanspruchung ist das Versuchsstück einem Wasserstrahl von mindestens 2 kg/cm² aus 3 m Entfernung etwa 3 Minuten lang auszusetzen. Der Durchmesser des Mundstückes beträgt 12 mm.

a) Prüfung von Wänden, Decken, Unterzügen, Trägern, Stützen, Pfeilern, Dachkonstruktionen und Treppen

vgl. B 2 a

b) Prüfung von Türen

vgl. B 2 b

c) Prüfung von Schornsteinen

Die Schornsteine werden in ein Versuchshaus eingebaut, und zwar einmal freistehend und einmal von zwei Seiten eingefaßt; beheizt werden kann auch durch einen vorgesetzten Ofen mit Steinkohlenfeuerung. Die Heizdauer umfaßt drei Tage — hintereinander je 6 Stunden, und zwar am

1. Tag bis etwa 300° (davon mindestens 2 Stunden 300°),
2. Tag bis etwa 600° (davon mindestens 2 Stunden 600°),
3. Tag bis etwa 1000° (davon mindestens 2 Stunden 1000°).

Anmerkung: Prüfung von Verglasungen

Das Glas wird in den für die Praxis gewünschten Abmessungen in den Brandraum eingebaut. Die Prüfdauer beträgt eine Stunde. Bei der Prüfung müssen die Verglasungen den Einwirkungen des Feuers und denen des Löschwassers soviel Widerstand bieten, daß während des Brandversuches die Scheiben nicht ausbrechen oder der Zusammenhang nicht verlorengeht.

4. **Prüfung zum Nachweis der hochfeuerbeständigen Eigenschaften**

Zu prüfen ist in gleicher Weise wie beim Nachweis der feuerbeständigen Eigenschaften, jedoch mit einer Prüfdauer von 3 Stunden.

2.2 Überarbeitete Ausgabe von DIN 4102 vom November 1940

Im November 1940 erfolgte die zweite Ausgabe der DIN 4102 mit noch gleicher Struktur wie in der vom August 1934. Die Bauteilanforderungen wurden präzisiert und die konkreten Anforderungen an bekleidete bzw. ummantelte Bauteile aus Stahl hinzugefügt, weil mittlerweile die thermisch kritische Belastung von Stahl ermittelt wurde. Im Blatt 1 wurden weiterhin Sonderanforderungen an Dacheindeckungen und an Verglasungen in feuerbeständigen Bauteilen hinzugefügt, die in der 1934er Fassung bisher nicht aufgenommen waren.

Im Blatt 2 wurde die Liste der ohne besonderen Nachweis einzubauenden Bauteile gemäß den definierten Eigenschaften erweitert. Neu aufgenommen wurden auch Bauteile mit der Klassifikation hochfeuerbeständig sowie Sonderregelungen für die Widerstandsfähigkeit von Dachdeckungen gegen Flugfeuer und strahlende Wärme.

Die im Blatt 3 seit August 1934 bereits vorhandenen Prüfverfahren wurden erheblich erweitert. Zudem wurde eine Prüfung von Feuerschutzmitteln für Gewebe, Papier und vor allem Holz vorangestellt, offensichtlich im Zusammenhang mit den nunmehr im Gange befindlichen kriegerischen Auseinandersetzungen. Außerdem erfolgten Regelungen zu Sonderprüfungen von Schornsteinen, Dacheindeckungen aus Dachpappe und Verglasungen, somit für Bauteile, für die bisher überhaupt noch keine Prüfkriterien angegeben waren.

Der ebenfalls vollständige Abdruck der mittlerweile zurückgezogenen Norm soll gleichsam dem Verständnis der brandschutztechnischen Grundlagen der zu dieser Zeit errichteten Gebäude und der den damaligen Einstufungen zu Grunde liegenden brandschutztechnischen Prüfbedingungen dienen. Es wird damit ermöglicht, die damaligen Prüfbedingungen, die den bauzeitlichen Klassifizierungen der Baustoff- und Bauteileigenschaften zu Grunde lagen, nachzuvollziehen und einer brandschutztechnischen Gefahrenanalyse begründet zu Grunde zu legen.

Während es die Begriffsbestimmung für schwer brennbare Baustoffe in der Fassung von 1934 noch zuließ, dass schwer entflammbare Baustoffe, *„die unter Einwirkung von Feuer und Wärme zwar zur Entzündung gebracht werden können, so dass sie verkohlen, aber bei atmosphärischer Luft nicht von selbst weiterbrennen"*, galten ab 1940 Baustoffe dann als schwer entflammbar, wenn diese beim Brandversuch nach DIN 4102 Blatt 3 nur schwer zur Entflammung gebracht werden können und nur bei zusätzlicher Wärmezufuhr mit geringer Geschwindigkeit abbrennen. *„... Als schwer entflammbar gelten auch Baustoffe, die bei Einwirkung von Feuer und Wärme verkohlen, ohne dass dabei*

Flammen auftreten, der Baustoff nachglimmt und das Feuer weitergetragen wird.“

Auch hinsichtlich der Bauteile wurde die Systematik der klassifizierten Bauteile ohne besonderen Nachweis erweitert. Sowohl die Bauteilbeschreibungen und -eigenschaften als auch die aufgeführten Bauteile wurden präzisiert und ergänzt. Nunmehr wurden auch Beispiele für „hochfeuerbeständige“ und beständige Bauteile und gegen Flugfeuer und strahlende Wärme beständige Dachdeckungen angegeben.

Das Blatt 3 „Brandversuche“ erhielt zum Stand November 1940 eine umfassende Überarbeitung, u. a. entfiel in der Einheits-Temperaturkurve das Prüfkriterium „schwer brennbar“. An Stelle dieses wurde ein Prüfverfahren für Prüfungen zum Nachweis der Eigenschaft „schwerentflammbar“ von Feuerschutzmitteln für Gewebe, Papier und Holz eingeführt. Zudem erfuhren die Prüfverfahren eine Differenzierung; diese wurden den Eigenschaften „feuerhemmend“, „feuerbeständig“ und „hochfeuerbeständig“ zugeordnet. Im neuen Teil C erschienen nun Sonderprüfungen von Bauteilen, wie z. B. von Schornsteinen, Dacheindeckungen aus Dachpappe und Verglasungen.

Die Klassifikation „feuerhemmend“ in der oben benannten Normfassung des Jahres 1940, die in der Bundesrepublik Deutschland bis 1965 (Blätter 2 und 4)[14] bzw. 1966 (Blatt 1) ihre Gültigkeit behielt[15], auf die folgend noch näher eingegangen wird, war demnach noch nicht zugleich an die Eigenschaft „nicht brennbar“, sondern daran, dass die *„während einer Prüfzeit von ½ Stunde nicht entflammen“*, gebunden.

Bis zum Jahr 1965 war die DIN 4102 in der Ausgabe des Jahres 1940 auch in der DDR gültig, wenn auch mit der Anordnung Nr. 2 über verfahrensrechtliche und bautechnische Bestimmungen im Bauwesen – Deutsche Bauordnung (DBO) vom 02. Oktober 1958 nur noch als Richtlinie und nicht mehr als Standard.[16] Die Weiterführung der Normung nach 1965 bis 1990 erfolgte mit der DIN 4102 nunmehr nur noch für den Geltungsbereich der Bundesrepublik Deutschland, während für die DDR der Standard TGL 10685 (Technische Güter und Lieferbestimmungen) geschaffen wurde. Dieser Standard wird in Gänze zusammen mit den dazugehörigen Regelungen der Staatlichen Bauaufsicht ab 1974 im Band 3 zu dieser Buchserie abgedruckt. Nach der deutschen Wiedervereinigung erfolgte wieder die Übernahme der DIN 4102 in das Bauordnungsrecht der sog. neuen Bundesländer.

DK 699.81:001.4:351.78 — 2. Ausg. Nov. 1940

Widerstandsfähigkeit von Baustoffen und Bauteilen gegen Feuer und Wärme

Begriffe

DIN 4102 Blatt 1

Die Anforderungen an die Widerstandsfähigkeit von Baustoffen und Bauteilen gegen Feuer und Wärme werden durch folgende Begriffe gekennzeichnet:

A Baustoffe [1])

I. brennbar
II. schwer entflammbar
III. nicht brennbar

B Bauteile

IV. feuerhemmend
V. feuerbeständig
VI. hochfeuerbeständig

Begriffsbestimmungen

A Baustoffe

I. Brennbar

Als brennbar gelten Baustoffe, die nach der Entflammung ohne zusätzliche Wärmezufuhr weiterbrennen.

II. Schwer entflammbar

Als schwer entflammbar gelten Baustoffe, die beim Brandversuch nach DIN 4102 Blatt 3 nur schwer zur Entflammung gebracht werden können und nur bei zusätzlicher Wärmezufuhr mit geringer Geschwindigkeit abbrennen. Nach Fortnahme der Wärmequelle muß die Flamme in kurzer Zeit erlöschen. Darüber hinaus darf der Baustoff nur kurze Zeit nachglimmen.

Als schwer entflammbar gelten auch Baustoffe, die bei Einwirkung von Feuer und Wärme verkohlen, ohne daß dabei Flammen auftreten, der Baustoff nachglimmt und das Feuer weitergetragen wird.

Die Eigenschaft „schwer entflammbar“ kann auf Zeit auch durch Behandlung mit einem Schutzmittel erreicht werden.

III. Nicht brennbar

Als nicht brennbar gelten Baustoffe, die nicht zur Entflammung gebracht werden können und auch ohne Flammenbildung nicht veraschen.

B Bauteile

IV. Feuerhemmend

Als feuerhemmend gelten Bauteile, die beim Brandversuch nach DIN 4102 Blatt 3 während einer Prüfzeit von 1/2 Stunde nicht entflammen und den Durchgang des Feuers während der Prüfzeit verhindern. Tragende Bauteile dürfen während der Prüfzeit ihre Standfestigkeit und Tragfähigkeit unter der rechnerisch zulässigen Last nicht verlieren.

Feuerhemmend bekleidete Bauteile aus Stahl dürfen außerdem nicht wärmer als 250 °C, Stahlstützen nicht wärmer als 350 °C werden.

Einseitig dem Feuer ausgesetzte Bauteile dürfen auf der dem Feuer abgekehrten Seite nicht wärmer als 130° werden und müssen dort nach dem Brandversuch durchweg auf etwa 1 cm Dicke erhalten geblieben sein.

V. Feuerbeständig

Als feuerbeständig gelten Bauteile aus nichtbrennbaren Baustoffen, die bei einem Brandversuch nach DIN 4102 Blatt 3 während einer Prüfzeit von 1 1/2 Stunden dem Feuer und anschließend dem Löschwasser standhalten, dabei ihr Gefüge nicht wesentlich ändern, unter der rechnerisch zulässigen Last ihre Standfestigkeit und Tragfähigkeit nicht verlieren und den Durchgang des Feuers verhindern.

Feuerbeständig ummantelte Bauteile aus Stahl dürfen sich außerdem während des Brandversuchs auf höchstens 250 °C, bei Stahlstützen auf 350 °C, erwärmen.

Einseitig dem Feuer ausgesetzte Bauteile dürfen auf der dem Feuer abgekehrten Seite während des Brandversuchs nicht wärmer als 130 °C werden.

VI. Hochfeuerbeständig

Als hochfeuerbeständig gelten Bauteile, die den Anforderungen an feuerbeständige Bauteile (Absatz V) während einer Prüfzeit von 3 Stunden genügen.

Sonderanforderungen

1. an Dacheindeckungen

Als ausreichend widerstandsfähig gegen Flugfeuer und strahlende Wärme gelten Dacheindeckungen, die den in DIN 4102 Blatt 3 hierfür festgelegten Brandversuch bestehen.

2. an Verglasungen in feuerbeständigen Bauteilen

Als ausreichend widerstandsfähig gegen Feuereinwirkung gelten Verglasungen, wenn sie den in DIN 4102 Blatt 3 hierfür festgelegten Brandversuch bestehen.

[1]) Einschl. Gewebe, Papier u. dgl.

Gegenüber Ausgabe August 1934 zu beachten: A II, B V, Sonderanforderungen.

Ausschuß Einheitliche Technische Baubestimmungen (ETB) im Deutschen Normenausschuß (DNA)

DK 699.81:351.78:001.4 — 2. Ausg. Nov. 1940

Widerstandsfähigkeit von Baustoffen und Bauteilen gegen Feuer und Wärme

Einreihung in die Begriffe

DIN 4102 Blatt 2

Für Baustoffe und Bauteile, die im folgenden nicht besonders genannt sind, ist der Grad des Widerstandes gegen Feuer und Wärme durch Brandversuche nach DIN 4102 Blatt 3 nachzuweisen. Der Nachweis erübrigt sich, wenn die Einreihung ohne weiteres durch die Begriffsbestimmungen gegeben ist.

A. Baustoffe

I. Als **brennbar** gelten

Holz, Magnesiumlegierungen, Papier, Pflanzenfaserstoffe, Stroh, Torf u. dgl.

II. Als **schwer entflammbar** gilt ohne besonderen Nachweis reine Wolle.

III. Als **nicht brennbar** gelten ohne besonderen Nachweis Sand, Lehm, Kies, Hochofenschlacke, Schlackensand, Hüttenbims, natürliche und künstliche Steine, Mörtel und Beton, Glas, Asbest, Schlackenwolle, Glaswolle, Gußeisen, Stahl und andere Metalle in nicht fein verteilter Form.

B. Bauteile

IV. Als **feuerhemmend** gelten ohne besonderen Nachweis

a) Bekleidungen

von Holz, Stein, Stahl mit Putz auf Putzträger (aus Rohrung, Holzstabgewebe oder Drahtgewebe), wenn dieser Putz mindestens 1,5 cm dick (über Putzträger gemessen) aus 1 Rtl. Kalk mit 0,2 Rtl. Gips oder Zement + 3 Rtl. Putzsand oder aus 1 Rtl. Gips + 1 bis 3 Rtl. Putzsand ausgeführt ist. Wird Rohr oder Holzstabgewebe als Putzträger verwendet, dann müssen Rohr und Holzstäbe beim Wandputz waagerecht liegen.

b) Beläge

aus 2,5 cm dickem Estrich mit Zement oder Gips, aus 2,5 cm dickem Steinholz oder mindestens 5 cm dickem Lehm.

c) Wände

1. aus vollfugig gemauerten Steinen, auch mit Hohlräumen, von mindestens 6 cm Dicke,
2. aus mindestens 10 cm dickem Schwerbeton (z. B. Kiesbeton) oder 5 cm dickem Leichtbeton (Raumgewicht höchstens 1500 kg/m^3) oder auch aus gleich dicken fugendicht versetzten Platten, auch aus Gips,
3. aus Holz, beiderseits feuerhemmend (siehe a) bekleidet.

d) Decken

1. Decken aus gleichen Baustoffen und in denselben Mindestabmessungen wie bei c) 1 und 2, auch mit Bewehrung (Eisenbeton, Steineisendecken),
2. Holzbalkendecken in normaler Ausführung mit unterer feuerhemmender Bekleidung (siehe a) und mit Zwischendecke mit nichtbrennbarer Ausfüllung.

e) Dachkonstruktionen

1. aus mindestens 5 cm dickem Beton oder Eisenbeton oder als Steineisendecken,
2. aus Stahl und Holz, beide mit feuerhemmender Bekleidung (siehe a).

f) Pfeiler und Stützen

Stützen aus Stahl oder Holz, beide mit feuerhemmender Bekleidung (siehe a) und Pfeiler aus Mauerwerk oder Beton.

g) Treppen

1. Treppen aus Sandstein, Mauerwerk, Beton und Eisenbeton (mindestens 10 cm dick), Eichenholz, oder als Steineisendecken, Stahl mit feuerhemmender Bekleidung,
2. sonstige Holz- und Steintreppen, wenn sie unterseitig feuerhemmend (siehe a) bekleidet sind. Bei Naturstein muß auch die Wange bekleidet werden.

Fortsetzung Seite 2 bis 4

Gegenüber Ausgabe August 1934 zu beachten:
Redaktionelle Änderungen.

Ausschuß Einheitliche Technische Baubestimmungen (ETB) im Deutschen Normenausschuß (DNA)

Seite 2 DIN 4102 Blatt 2

h) Türen

aus 4 cm dickem Eichenholz, mit Nut und Feder und verleimt, wenn sie selbsttätig zufallen, in Rahmen und Schwelle aus nichtbrennbaren Stoffen mit mindestens 3 cm — bei der Schwelle 1 cm — Falzbreite schlagen.

V. Als **feuerbeständig** gelten ohne besonderen Nachweis

a) Wände

1. mindestens 12 cm dick aus Steinen ohne Hohlräume nach DIN 1053 oder aus Querlochziegeln,

   in Kalkzementmörtel nach DIN 1053 gemauert,

2. mindestens 25 cm dick aus vollfugig in Kalkzementmörtel nach DIN 1053 gemauerten Langlochziegeln oder zementgebundenen Hohlsteinen,

3. mindestens 10 cm dick aus Beton oder Eisenbeton ohne Hohlräume mit $W_{b\,28}$ mindestens 120 kg/cm^2.

b) Schornsteine

mit mindestens 12 cm dicken Wandungen aus Mauerziegeln, Kalksandsteinen oder Hüttensteinen, vollfugig in Kalkzementmörtel gemauert.

c) Decken

1. Gewölbe aus Beton oder aus Steinen und Mörtel nach a) 1, wenn sie mindestens 10 cm dick sind.

2. Eisenbetonplatten, wenn sie mindestens 10 cm dick sind und an der Unterseite 1,5 cm dick mit Kalkzementmörtel nach DIN 1053 auf einem Vorwurf von Zementmörtel 1 + 4 geputzt werden.

   Der Putz kann durch eine Rabitzdecke ersetzt werden. Der Putz kann weggelassen werden, wenn die Platten über mehrere Stützen durchlaufen oder beiderseits voll eingespannt sind und auch auf der Druckseite eine durchgehende Bewehrung erhalten, deren Querschnitt in Feldmitte noch mindestens 1/3 derjenigen der Zugbewehrung ist.

3. Steineisendecken mit mindestens 10 cm hohen Steinen, wenn die Decken einschließlich eines Zementestrichs oder einer Überbetonschicht mindestens 13 cm dick (ohne Putz gemessen) und nach c) 2, erster Absatz, geputzt sind. Der Putz kann unter den in c) 2, zweiter Absatz, angegebenen Voraussetzungen wegfallen.

4. Eisenbetonhohldielen nach DIN 4028, wenn sie mindestens 10 cm dick und an der Unterseite nach c) 2, erster Absatz, geputzt sind und ein Überbeton oder Zementestrich von mindestens 3 cm Dicke oder eine Auffüllung aus nichtbrennbaren Stoffen von mindestens 8 cm Dicke aufgebracht ist.

5. Eisenbetonrippendecken

   α) ohne Füllkörper oder mit anderen Füllkörpern als solchen aus gebranntem Ton oder Leichtbeton, wenn die Platte mindestens 8 cm und die Decke mindestens 20 cm dick ist und im übrigen die Voraussetzungen von c) 2 erfüllt sind.

   β) mit Füllkörpern aus gebranntem Ton oder Leichtbeton, wenn die Decke mindestens 20 cm dick ist und im übrigen die Voraussetzungen von c) 2 erfüllt sind.

   Bei Füllkörpern aus Bimsbeton kann der Putz stets wegfallen (vgl. c) 2), wenn mindestens 3 cm dicke Fußleisten der Füllkörper den Steg der Eisenbetonrippen gegen den Angriff des Feuers schützen.

d) Balken und Unterzüge

1. aus Eisenbeton, wenn sie mindestens 40 cm, bei Fensterstürzen bis zu 1,5 m Stützweite 30 cm, hoch und 20 cm breit sind, niedrigere Balken nur, wenn sie nach c) 2, erster Absatz, geputzt sind oder wenn sie über mehrere Stützen durchlaufen und nach c) 2, zweiter Absatz, bewehrt sind.
2. aus Stahl nur mit einer gegen Herabfallen gesicherten feuerbeständigen Ummantelung.

   Die feuerbeständige Ummantelung wird durch allseitiges Ausmauern oder Ausbetonieren der Profile erreicht. Die Flanschflächen müssen deshalb mindestens 3 cm dick durch Putz aus Kalkzementmörtel nach DIN 1053 oder Kalkgipsmörtel mit eingelegtem Drahtgewebe gedeckt sein oder eine gleich dicke Deckung aus gebranntem Ton oder anderen gleichwertigen Stoffen erhalten.

e) Pfeiler und Stützen

1. Pfeiler aus Mauerwerk oder Beton

   wenn sie aus den unter a) 1 und 3 aufgeführten Baustoffen hergestellt werden und mindestens 38 cm dick sind. Stützen aus Granit, Kalkstein, Sandstein und ähnlichen Natursteinen gelten nicht als feuerbeständig.
2. Eisenbetonstützen

   wenn sie mindestens 20 cm dick und nach c) 2, erster Absatz, geputzt sind. Im Putz muß ein Drahtgewebe von 10 bis 15 mm Maschenweite liegen, das die Stütze vollständig umschließt und dessen Quer- und Längsstöße mit Bindedraht sicher verknüpft sind. Die Längsstöße sind gegeneinander zu versetzen.

   Auf den Putz kann verzichtet werden, wenn die Stütze mindestens 30 cm dick ist und nachgewiesen wird, daß die Würfelfestigkeit des Betons $W_{b\,28}$ mindestens 225 kg/cm² ist.
3. Stützen aus Stahl

   mit oder ohne Ausfüllung des Kerns, wenn sie allseitig mit Beton, Leichtbeton, Ziegeln, Kalksandsteinen, zementgebundenen Steinen oder Gips ummantelt sind. Diese Ummantelung muß durch eingelegte Drahtbügel gegen Herabfallen gesichert werden und einschließlich des Putzes mindestens 6 cm, vor den Enden abstehender Flansche mindestens 3 cm, dick sein (siehe Bild 1).

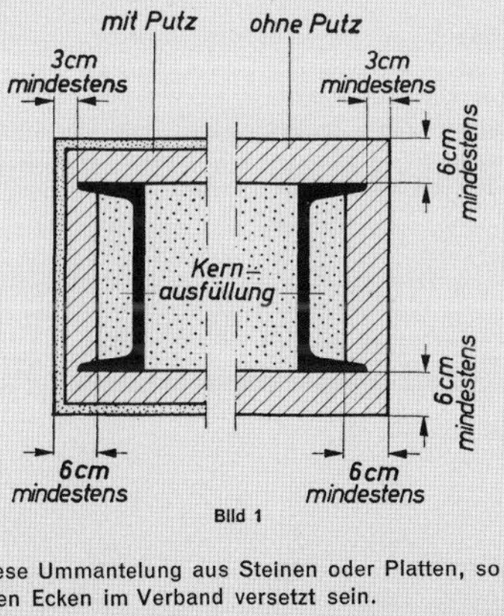

Bild 1

   Besteht diese Ummantelung aus Steinen oder Platten, so müssen diese auch an den Ecken im Verband versetzt sein.

   In der Ummantelung dürfen keine Öffnungen vorhanden sein. Hohlräume der Ummantelung müssen in jedem Stockwerk, mindestens aber in Abständen von 4 m feuerbeständig abgeschlossen werden.
4. Säulen aus Gußeisen

   müssen allseitig mindestens 6 cm dick feuerbeständig nach e) 3 ummantelt sein.

Seite 4 DIN 4102 Blatt 2

f) Dachkonstruktionen

1. aus Eisenbeton oder als Steineisendecken, wenn sie c) entsprechen,
2. aus Stahl nur mit feuerbeständiger Ummantelung (siehe d) 2 und e) 3).

g) Treppen

1. die nach c) hergestellt sind.
2. aus mindestens 10 cm dicken, fabrikmäßig hergestellten Eisenbetonbauteilen (Betonwerksteinen) mit Unterputz.
   Treppenstufen aus Natursteinen gelten nicht als feuerbeständig.

VI. Als **hochfeuerbeständig** gelten ohne besonderen Nachweis

1. Eisenbetonstützen,
   die mindestens 40 cm dick und nach V, e) 2 geputzt sind, wenn nachgewiesen ist, daß $W_{b\,28}$ mindestens 225 kg/cm² ist.
2. Stützen aus Stahl,
   bei denen die Stahlteile wie in den Bildern 2 und 3 dargestellt, geschützt sind.

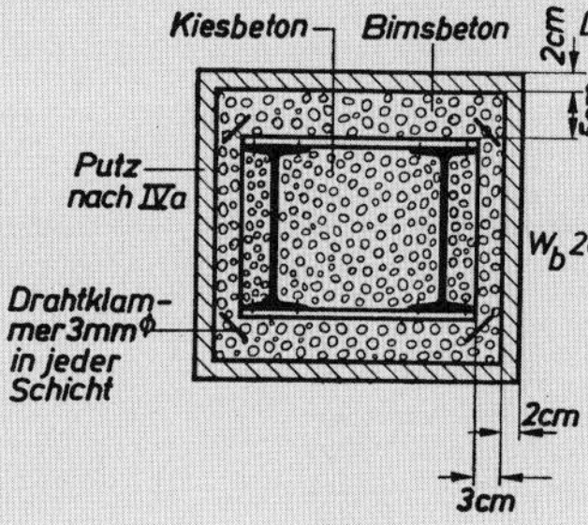

Bild 2

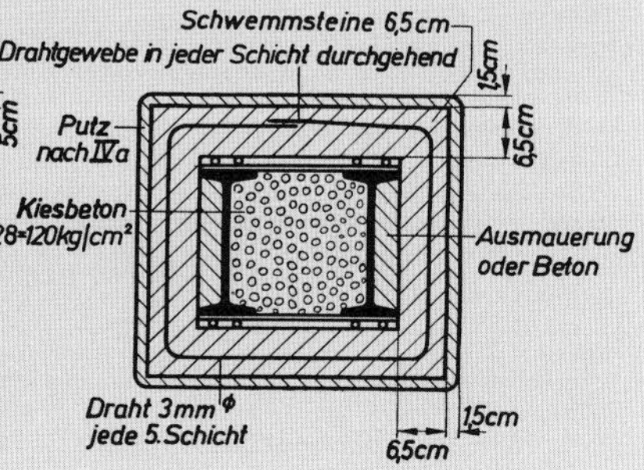

Bild 3

VII. Sonderreglung

Als ausreichend widerstandsfähig gegen Flugfeuer und strahlende Wärme gelten ohne besonderen Nachweis:

Dacheindeckungen aus natürlichen und künstlichen Steinen, aus Betonplatten, Asbestzementplatten, besandeten Teerdachpappen [1]) nach DIN 52121 (auch auf Holzschalung), Stahl- und sonstige Metalldächer.

---

1) Bei Bitumendachpappen Nachweis nach DIN 4102 Blatt 3

DK 624 : 351.77 **2. Ausg. Nov. 1940**

Widerstandsfähigkeit von Baustoffen und Bauteilen gegen Feuer und Wärme

Brandversuche

DIN 4102 Blatt 3

A. Prüfung von Feuerschutzmitteln für Gewebe, Papier und Holz zum Nachweis der Eigenschaft „schwerentflammbar"

I. Allgemeines

Die Schwerentflammbarkeit wird in der Regel durch Feuerschutzmittel erzielt. Vor der Prüfung ist die Zusammensetzung der Mittel nachzuprüfen. Dabei ist festzustellen, ob und welche Gifte[1]) in den Mitteln enthalten sind. Beim Aufbringen und beim Brandversuch dürfen sich keine belästigenden Gase entwickeln. Die Mittel dürfen Stahl nicht angreifen. Die erste Prüfung darf frühestens 14 Tage nach beendeter Behandlung der Versuchsstücke stattfinden. Zur Feststellung der Dauerwirkung der Schutzmittel ist die Prüfung nach 1, 3, 5 und 10 Jahren zu wiederholen.

II. Prüfverfahren

1. Prüfung von Feuerschutzmitteln für Gewebe, Papier u. dgl.

a) Prüfkörper

Die Feuerschutzmittel, die zum Schutz von Geweben, Papier u. dgl. gegen Feuer angewendet werden, werden möglichst an folgenden Stoffen geprüft: Kattun, Nessel, Rupfen, Theaterleinen, Voile, Tüll, an Dekorationsstoffen auf der Grundlage von Kunstseide und von Zellwolle, an Papier, Pappe und Strohhülsen.

Die Gewebeproben sollen 1,0 m lang und 0,6 bis 0,8 m je nach der Stückbreite des Stoffes breit sein.

Für die Versuche sind aus jedem zu prüfenden Stoff zwei Proben mit einer Längsfalte von 5 bis 10 cm zu verwenden. Die Längsfalte soll dem Feuer eine größere Angriffsmöglichkeit bieten. Zur Feststellung der Dauerwirkung des Schutzmittels ist die Prüfung mit je einer Probe zu wiederholen.

b) Behandlung der Prüfkörper

Die Stoffe werden von der Prüfanstalt aus dem Handel gekauft und von ihr nach der vom Antragsteller schriftlich eingereichten Arbeitsvorschrift behandelt. Die getrockneten Proben werden vor und nach der Behandlung gewogen und die aufgenommene Menge des Schutzmittels festgestellt. Für die Dauerprüfung müssen sie in einem Raum von Zimmertemperatur (etwa 18 bis 20°) aufbewahrt und mindestens alle 3 Monate aufgerollt und geschüttelt werden. Die Proben dürfen dem Lagerraum erst unmittelbar vor der Prüfung entnommen werden. Sollen sie auch auf Wetterbeständigkeit geprüft werden, so müssen sie im Freien aufbewahrt und der Witterung ausgesetzt werden.

c) Ausführung der Prüfung

Die Prüfung findet in einem geschlossenen Raum statt. Die Proben werden frei aufgehängt. Unmittelbar unter dem Probestück wird eine abgewogene Menge Holzwolle von etwa 10 % Feuchtigkeitsgehalt (bei 60° getrocknet) ausgebreitet und angezündet. Verwendet werden bei

Papier, Strohhülsen, Voile und Tüll	100 g Holzwolle
Theaterleinen, Dekorationsstoffen auf der Grundlage von Kunstseide oder von Zellwolle, Nessel, Kattun . .	200 g Holzwolle
Rupfen, Pappe	300 g Holzwolle

Die halbe Menge Holzwolle wird angezündet und der Rest nach und nach zugegeben. Während des Versuchs wird die Feuerquelle 1 bis 2 mal für kurze Zeit entfernt, um festzustellen, ob an dem Stoff selbst Flammen auftreten, wann sie erlöschen, ob sie weiter um sich greifen oder ob der Stoff nachglüht. Nach Beendigung des Versuchs darf der Stoff weder brennen noch nachglimmen.

2. Prüfung von Feuerschutzmitteln für Holz

a) Prüfkörper

Der Prüfkörper und seine Abmessungen sind im Bild 1 dargestellt. Anzufertigen und zu prüfen sind für jede Altersklasse immer 3 Prüfkörper. Die Prüfkörper werden aus fichtenen, rauhen Latten 20× 48 mm hergestellt, die von der Prüfanstalt zu beschaffen und auf einen Feuchtigkeitsgehalt von 10 bis 12 Gewichts-%, bezogen auf das Darrgewicht, zu trocknen sind. Das Raumgewicht der Hölzer soll in diesem Zustand zwischen 0,45 und 0,55 g/cm^3 liegen. Die Abweichungen von allen im Bild 1 angegebenen Holzabmessungen dürfen höchstens ± 2 mm sein. Zunächst sind lediglich die Seitenwände der Prüfkörper zusammenzunageln.

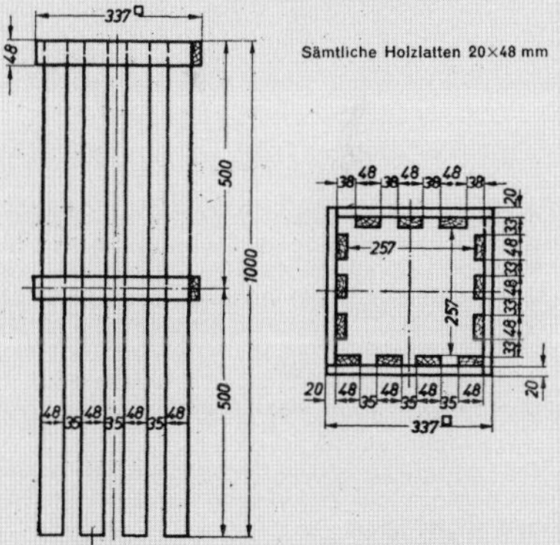

Bild 1

[1]) Gifte im Sinne der Polizeiverordnung über den Handel mit Giften vom 11. 1. 1938 (Preußische Gesetz-Sammlung Nr. 1 vom 20. 1. 1938); Gifte der Giftklasse 1 dürfen nicht enthalten sein.

Gegenüber Ausgabe August 1934 zu beachten: Ausführlichere Bestimmungen und Sonderprüfungen von Bauteilen.

Ausschuß für einheitliche technische Baupolizeibestimmungen (ETB)

Fortsetzung Seite 2

b) Behandlung der Prüfkörper

Die 4 Seitenwände des Prüfkörpers sind einzeln nach der vom Antragsteller schriftlich eingereichten Arbeitsvorschrift durch die Prüfanstalt allseitig mit dem Feuerschutzmittel zu behandeln. Hierbei wird festgestellt:

α) der Verbrauch an Schutzmittel,

β) die Aufnahme an nassem Schutzmittel,

γ) die Aufnahme an lufttrockenem Schutzmittel,

δ) Art und Aussehen des aufgetragenen Schutzmittels.

Für die Feststellung der Aufnahme an nassem Schutzmittel werden die Seitenteile unmittelbar vor und nach jeder Behandlung gewogen, sobald von dem aufgetragenen Schutzmittel nichts mehr abtropft.

Die Trockenaufnahme bei gebrauchsfertig gelieferten Mitteln ist aus dem Gewichtsunterschied der behandelten Teile des Prüfkörpers nach zweiwöchiger Lagerung bei 65% relativer Luftfeuchtigkeit und dem Ausgangsgewicht der Einzelteile festzustellen. Für die Aufnahme ist der Mittelwert der 3 Einzelprüfkörper maßgebend.

Die Aufnahme an lufttrockenem Schutzmittel wird bei Mitteln, die als trockene Salze angeliefert werden, aus der Feststellung nach β) und dem Lösungsverhältnis rechnerisch ermittelt und in g/m² angegeben.

c) Ausführung der Prüfung

Die 4 Seitenteile werden zum Prüfkörper nach Bild 1 zusammengeschraubt. Der Prüfkörper wird auf eine Waage aufgestellt, die in geeigneter Weise (Asbestbekleidung) gegen Flammen zu schützen ist.

Um das Umstürzen des Prüfkörpers bei starkem Abbrand zu verhindern, wird der Prüfkörper durch geeignet geformte, an der Seitenwand der Waage befestigte Stahlbügel so gehalten, daß er die Bodenfläche der Waage gerade berührt. Die Temperatur am oberen Ende des Prüfkörpers wird in der Mitte der Seitenwände durch vier Thermoelemente gemessen, deren Lötstellen 50 mm von der Innenwand des Prüfkörpers entfernt sind. Der Prüfkörper wird durch einen Gasringbrenner (Abmessungen siehe Bild 2) 15 Minuten lang bei einer Gaszufuhr von 85 ± 5 *l* Normen-Stadtgas (oberer Heizwert 4000 bis 4300 kcal/Nm³) je Minute beheizt. Die Prüfung ist in einem luftzugfreien geschlossenen Raum bei einer Temperatur von etwa 20° vorzunehmen.

d) Messungen und Feststellungen

Zunächst ist festzustellen, ob das Schutzmittel während der Lagerung des Prüfkörpers ausgeblüht oder vom Holz abgefallen ist.

Vor Beginn des Brandversuchs wird der Prüfkörper einschließlich der Schrauben auf der Waage gewogen. Jede Minute werden der Gewichtsverlust und die Temperatur abgelesen. Nach 15 Minuten wird der Brenner abgestellt und das Nachbrennen bzw. Nachglimmen nach Stärke und Dauer festgestellt. Nach Aufhören des Brennens oder Glimmens, spätestens 20 Minuten nach Abstellen des Brenners, wird der Endgewichtsverlust ermittelt. Maßgebend ist das Mittel aus je 3 Versuchen.

Der Endgewichtsverlust darf bei allen Prüfungen im Mittel nicht mehr als 25%, das arithmetische Mittel aus dem Gewichtsverlust nach 4, 8 und 12 Minuten nicht ~~mehr als 12% vom Anfangsgewicht des behandelten~~ Prüfkörpers betragen. Liegt einer der Werte für den Endgewichtsverlust höher als 50%, so ist die Wirksamkeit des Mittels unzureichend. Das Nachbrennen nach Abstellen des Brenners soll nicht länger als 5 Minuten und das Nachglimmen nicht länger als 15 Minuten anhalten.

Zur Feststellung der Dauerwirksamkeit werden die Prüfkörper in einem Dachboden gelagert.

e) Prüfung der korrosionsfördernden Wirkung der Schutzmittel

Zur Prüfung der korrosionsfördernden Wirkung werden blank geschmirgelte und entfettete Stahlbleche von 30 mm × 60 mm und 1 mm Dicke zur Hälfte in die gebrauchsfertigen Lösungen der Schutzmittel eingetaucht und 8 Tage darin belassen. Um die Verdampfung des Wassers aus den Lösungen herabzusetzen und den Luftzutritt zu den Blechen zu ermöglichen, werden die Gefäße durch übergestülpte Bechergläser mit Ausguß abgedeckt. Nach 8tägiger Lagerung ist festzustellen, ob das Metall angegriffen ist.

Außerdem werden auf jeden der für die Wiederholungsprüfung vorgesehenen Prüfkörper nach der Behandlung 2 blanke und entfettete Stahlblechstreifen (30 mm × 60 mm × 1 mm) aufgenagelt sowie ein Nagel (22 × 50) und eine Holzschraube (3,5 × 40) zur Hälfte eingelassen. Bei den Wiederholungsprüfungen wird der Angriff des Metalls festgestellt, wobei einer Rostbildung der an der Luft befindlichen Stahlteile keine Bedeutung zuzuschreiben ist.

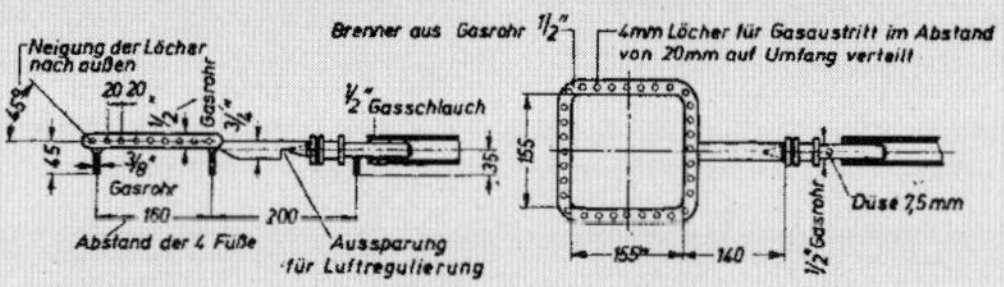

Bild 2

B. Prüfung zum Nachweis der Eigenschaften „feuerhemmend“, „feuerbeständig“ und „hochfeuerbeständig“

I. Allgemeines

Für Bauteile, die nicht ohne besonderen Nachweis als feuerhemmend, feuerbeständig oder hochfeuerbeständig nach DIN 4102 Blatt 2 — Widerstandsfähigkeit von Baustoffen und Bauteilen gegen Feuer und Wärme, Einreihung in die Begriffe — gelten, kann der Nachweis der geforderten Eigenschaften durch die nachstehenden Brandversuche erbracht werden.

1. Art der Feuerung

Gebrannt wird mit Holz, Gas oder Öl.

2. Temperaturen im Brandraum

Die Temperatur im Brandraum soll nach der Einheitstemperaturkurve ansteigen (siehe Bild 3).

Dabei sind anfangs 8%, später 5% Temperaturabweichung von der mittleren Temperaturkurve zulässig.

2

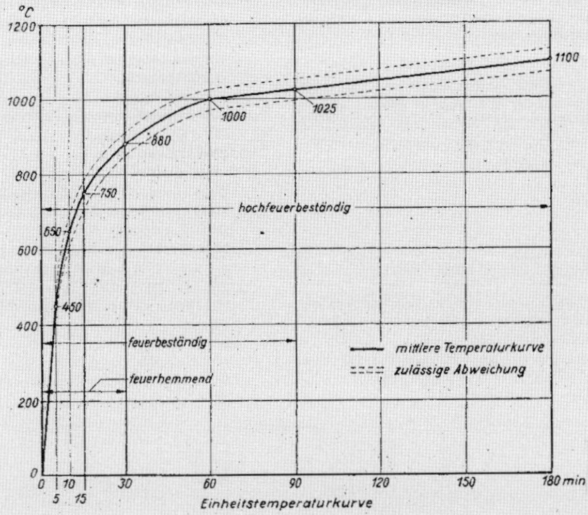

Einheitstemperaturkurve

Bild 3

3. Temperaturmessungen

Im Brandraum ist die Temperatur an mindestens drei Stellen im Abstand von 10 cm vom Probekörper zu messen und hieraus das Mittel zu bestimmen. An der dem Feuer abgekehrten Seite des Versuchskörpers sind mindestens 3 Meßstellen annähernd gleichmäßig über die Oberfläche zu verteilen. Gemessen wird mit Thermoelementen.

Um das Einwirken der Außenluft zu vermeiden, ist in abgeschlossenen Räumen zu prüfen. Bei Beginn des Versuchs soll die Temperatur in der Umgebung des Probekörpers nicht unter + 5° und nicht über + 25° sein.

4. Größe der Versuchskörper

Die Versuchskörper müssen der beabsichtigten Ausführung entsprechen und in möglichst großen Abmessungen geprüft werden, z. B.

a) tragende Wände und Zwischenwände in einer Fläche von etwa 2 m × 2 m,
b) Decken und Dächer in einer Fläche von mindestens 2 m^2,
c) Unterzüge und Balken in einer Länge von mindestens 3 m,
d) Stützen und Pfeiler in einer Höhe von mindestens 3 m,
e) Leichtbauplatten u. dgl. in einer Fläche von mindestens 1 m × 2 m,
f) Treppen, Mindestlänge des Laufes 3 m,
g) Türen und Klappen in beabsichtigter Größe,
h) Schornsteine in etwa 4,5 m Höhe,
i) Verglasungen in der für den Einbau beabsichtigten Größe.

5. Belastungen während des Brandversuchs

Alle tragenden Bauteile sind unter der rechnerisch zulässigen Last zu prüfen.

II. Prüfverfahren

1. Prüfung zum Nachweis der Eigenschaft „feuerhemmend"

Bauteile und Bekleidungen werden in der Art der praktischen Anwendung (Bekleidungen waagerecht und lotrecht mit einem Holzstiel hinter der Mitte, Scheidewände beiderseitig geputzt) in den Brandraum eingebaut. Bei Türen wird vor dem Brandversuch durch Abbrennen von Nebelmasse bei geschlossenem Rauchabzug geprüft, ob die Tür rauchdicht schließt. Geputzte Bauteile und Bauteile aus Mauerwerk oder Beton müssen beim Brandversuch mindestens 3 Monate alt sein. Die Prüfkörper sind 1/2 Stunde lang den Temperaturen nach Bild 3 auszusetzen.

Während des Brandversuchs ist der Temperaturverlauf in und an den Prüfkörpern besonders an Stahlbauteilen und Bewehrung von Eisenbetonteilen, bei belasteten Bauteilen auch die Formänderung (z. B. Durchbiegung) zu messen. Ferner sind das Auftreten und der Verlauf von Rissen u. dgl. festzustellen.

2. Prüfung zum Nachweis der Eigenschaft „feuerbeständig"

Die Prüfkörper sind 1 1/2 Stunden lang den Temperaturen nach Bild 3 und unmittelbar anschließend 3 Minuten lang einem Wasserstrahl von mindestens 2 kg/cm^2 Druck aus etwa 3 m Entfernung auszusetzen. Der Durchmesser des Mundstücks beträgt 12 mm.

3. Prüfung zum Nachweis der Eigenschaft „hochfeuerbeständig"

Zu prüfen ist in gleicher Weise wie beim Nachweis der feuerbeständigen Eigenschaften, jedoch mit einer Prüfdauer von 3 Stunden.

3

C. Sonderprüfung von Bauteilen (Schornsteinen, Dacheindeckungen aus Dachpappe, Verglasungen)

I. Allgemeines

Da Schornsteine und Dachpappen nicht nach dem Prüfverfahren für Bauteile unter B I geprüft werden können und auch für die Prüfung von Verglasungen andere Bedingungen gegeben sind, sind diese Bauteile nach den folgenden Verfahren zu prüfen.

II. Prüfverfahren

1. Schornsteine

a) Prüfkörper

Für die Prüfung sind 2 freistehende Einzelschornsteine zu errichten.

Der Schornstein soll etwa 4,5 m hoch sein (siehe Bilder 4 und 5); bei Schornsteinen aus Formstücken müssen mindestens 3 Stöße vorhanden sein.

Für die Einführung der Heizgase ist etwa 1 m über dem Fußboden eine Öffnung in dem Schornstein vorzusehen (siehe Bilder 4 und 5).

Die Prüfung ist nach Ausführung des Brand- und Kehrversuchs mit Probekörpern zu wiederholen, die aus dem Schornstein entnommen sind. Die Tragfähigkeit darf dabei um 1/4 geringer sein als vor dem Brandversuch.

β) Innendruckprüfung

Der Schornstein wird oben und an den Rauchöffnungen in geeigneter Weise abgedichtet. In den Schornstein werden in 1 Sekunde auf 1 m³ Schornsteininhalt 70 *l* Luft eingeblasen. Der dabei erreichte Druck in mm WS wird festgestellt. Der Überdruck muß mindestens 4 mm WS betragen. Der Versuch ist je einmal vor dem Brandversuch und nach dem Kehrversuch auszuführen.

Zur Kenntlichmachung etwaiger Undichtheiten werden im Schornstein 100 g Nebelmasse oder Schwelmischung (Versuchsanordnung siehe Bild 5) verwendet.

γ) Brandversuch

Art der Heizung

Geheizt wird in der Regel durch einen vorgesetzten Ofen mit Steinkohlenfeuerung; Zusatz von Gas oder

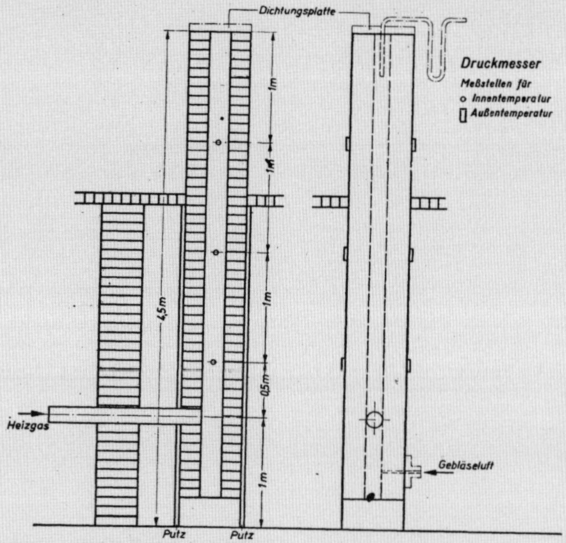

Bild 4

Bild 5

Anordnung der Meßstellen und des Druckmessers

Schornsteine sind mit Kalkzementmörtel 1+ 2+ 8 (DIN 1053) hochzuführen und, falls ein Putz (1 Rtl. Kalk + 4 Rtl. Sand) an der Außenwand vorgesehen ist, bis unter Dach zu verputzen. Über Dach bleiben die Außenflächen unverputzt.

b) Behandlung der Prüfkörper

Gemauerte Schornsteine sollen frühestens 3 Monate nach der Fertigstellung, solche aus Formstücken mit Kitt als Fugenverstrich frühestens nach der vom Antragsteller angegebenen Erhärtungszeit geprüft werden.

c) Ausführung der Prüfung

α) Wegen der Prüfung auf Druckfestigkeit und Mauerwerkstragfähigkeit vgl. DIN 4110.

Öl zur leichteren Einhaltung der Temperatur ist zulässig. Soll ausschließlich mit Gas oder Öl geheizt werden, so müssen die Bildung von Stichflammen und ihr Aufprallen auf die Schornsteininnenwand vermieden werden.

Heizdauer

Geheizt wird an zwei aufeinanderfolgenden Tagen je 6 Stunden.

Temperaturverlauf

Die Temperatur im Schornstein, an der untersten Stelle gemessen, soll am ersten Tage möglichst nach der Heizkurve (Bild 6) und am zweiten Tage

4

nach Bild 7 verlaufen. Am ersten Tage muß eine Temperatur von rund 500° mindestens 2 Stunden, am zweiten Tage von 900° bis 1000° mindestens 1 Stunde lang gehalten werden.

Heizkurven

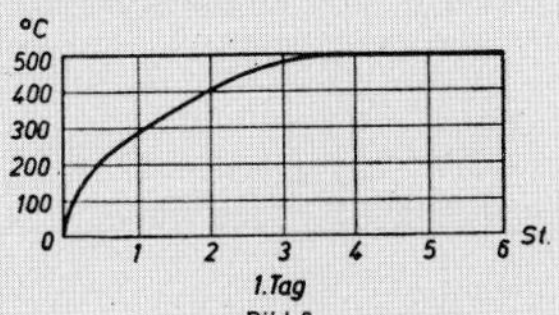

Bild 6

Lage der Temperatur-Meßstellen

Die drei Meßstellen für die Innentemperaturen liegen in der Achse des Schornsteins, und zwar etwa 0,5, 1,5 und 2,5 m über der Heizgaseinführung, die sechs Meßstellen für die Oberflächentemperaturen in gleicher Höhe an den beiden Wandungen quer zur Heizgaseinführung (siehe Bilder 4 und 5)

)) Versuch mit dem Kehrgerät

Die Schornsteine werden nach dem Brandversuch mit einem Kehrgerät (nach Bildern 8a und 8b) 3mal gefegt. Der Durchmesser der Einlagen (Besen) muß mindestens 2 cm länger sein als die Diagonale oder der Durchmesser des lichten Schornsteinquerschnittes, darf diese Länge aber nicht um mehr als 6 cm überschreiten.

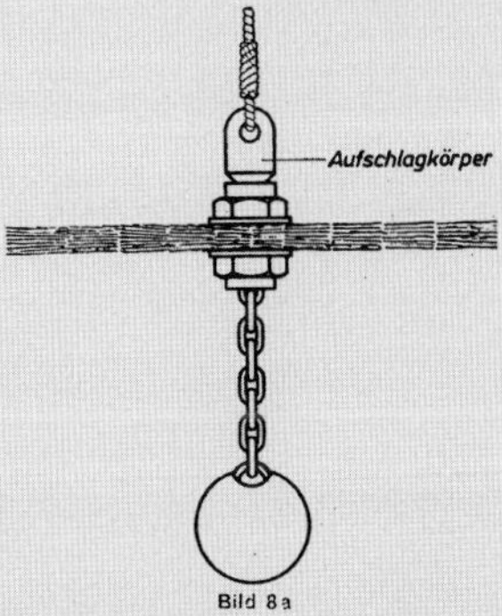

Bild 8a

Das Kehrgerät muß soviel Einlagen enthalten, daß es von einer 2 kg schweren Kugel nicht ohne Schlag in den zu reinigenden Schornstein hineingezogen wird. Eine 2,5 kg schwere Kugel muß das Gerät aber ohne Schlag in den Schornstein hineinziehen.

Unter „Schlag" versteht man dabei das Heben der Kugel mit der an der Kugelkette befestigten Leine und das Fallenlassen (Schlagen) derselben. Dabei übt der am oberen Teil der Kette angebrachte Aufschlagkörper auf den eigentlichen, die Kugelkette umfassenden Kehrkörper einen Schlag aus. Beim Kehren ist eine 2,5 kg schwere Kugel zu verwenden.

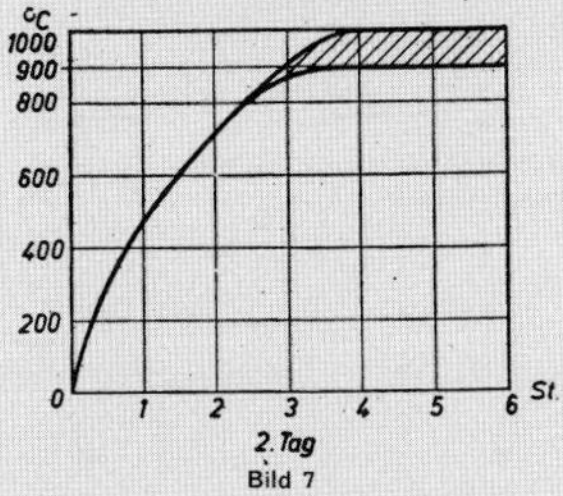

Bild 7

Die Wanddicke des Schornsteins darf sich bei der mechanischen Beanspruchung an keiner Stelle um mehr als 10 % der ursprünglichen Wanddicke verringern.

2. Dacheindeckungen aus Dachpappe

Prüfung zum Nachweis der Widerstandsfähigkeit von Dacheindeckungen aus Dachpappe gegen Flugfeuer und strahlende Wärme.

a) Prüfkörper

Die Prüfung ist an der fertig eingedeckten Bedachung durchzuführen. Verwendet werden quadratische Probedächer mit 1,5 m Seitenlänge, die mit 15° Neigung aufgestellt werden.

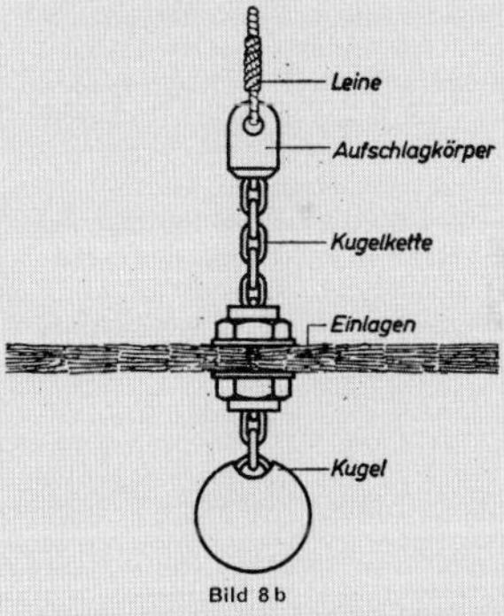

Bild 8b

Das Probedach besteht aus vollbesäumten Brettern, die nach Handwerksbrauch dicht aneinandergestoßen werden. Holzschalung, Fichtenholzwolle und Dachpappe müssen vor der Verwendung in einem Raum mit gleichbleibender Temperatur von etwa 18° und gleichbleibender relativer Luftfeuchtigkeit von etwa 65 % mindestens 3 Tage gelagert haben. Die Pappe wird mit 10 cm Stoßüberdeckung bei 5 cm Nagelabstand aufgenagelt.

b) Ausführung der Prüfung

Die Prüfung ist in einem geschlossenen Raum wie folgt durchzuführen:

1. 600 g aufgelockerte Fichtenholzwolle Nr. 3 werden in ein oben und unten offenes Drahtgestell (Drahtdicke 3 mm) in den Abmessungen 30 cm × 30 cm × 20 cm bei einer quadratischen Maschenweite von 5 cm gleichmäßig eingedrückt (siehe Bild 9). An der Unterseite stehen die lotrechten Drähte des Gestells 1 cm über die waagerechten hervor.

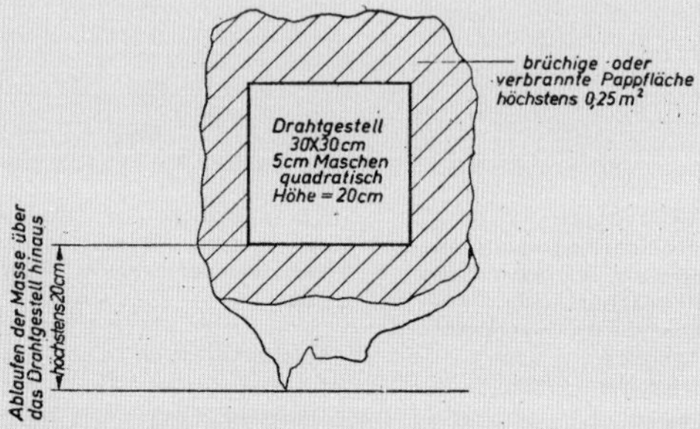

Bild 9

2. Das mit Holzwolle gefüllte Drahtgestell wird mit der Öffnung nach unten auf das Probedach aufgesetzt und die Holzwolle in der Mitte der 4 Seiten in rascher Folge unten angezündet.
3. Nach 3 Minuten Brenndauer wird das Drahtgestell mit dem Rest der Holzwolle mit einer Schaufel vorsichtig abgehoben. Das Verhalten der Dachdeckung bei der Prüfung und der Befund nach dem Versuch sind zu beachten. Bei der Prüfung von Dachpappdächern ist zu ermitteln:
   α) der Zeitpunkt des Entflammens der Masse,
   β) der Zeitpunkt des Beginnens und das Maß des Ablaufens von Masse über den unteren Rand des Drahtgestells hinaus,
   γ) die Dauer des Nachbrennens nach Wegnahme der Feuerquelle,
   δ) die Größe der verbrannten oder brüchig gewordenen Fläche der Pappen in m^2,
   ε) Beschädigung der Schalung.
4. Der Versuch wird viermal wiederholt, und zwar wird der Drahtkorb zweimal mitten auf den Stoß der Dachpappe und zweimal auf die ungestoßene Fläche gestellt.

Die Prüfung ist bestanden, wenn

1. die Flammen höchstens 3 Minuten nach Wegnahme der Feuerquelle verlöschen,
2. das Einflußgebiet des Feuers (Punkt δ) auf 0,25 m^2 beschränkt bleibt,
3. die Masse höchstens 20 cm (siehe Bild 9) abläuft.

Maßgebend ist das Mittel aus den 4 Versuchen nach 2 b) 4.

3. Verglasungen

Die Verglasung wird in den Brandraum in den Abmessungen und in der Art eingebaut, wie sie für die praktische Ausführung vorgesehen sind. Geprüft wird 1 Stunde lang nach der Einheitstemperaturkurve.

Bei der Prüfung muß die Verglasung den Einwirkungen des Feuers soviel Widerstand bieten, daß sie während des Brandversuchs als Abschluß wirksam bleibt und weder Flammen noch Rauch durchläßt.

Unmittelbar nach der einstündigen Feuereinwirkung ist die Verglasung mit Löschwasser (nach B II, 2) zu beanspruchen. Der Abschluß darf dabei nicht zerstört werden.

2.3 Weitere Entwicklung von DIN 4102 ab 1965

In der Bundesrepublik Deutschland galten bis zum Jahr 1965 die Blätter 1 bis 3 von DIN 4102 als etablierte Norm des Brandschutzes weitgehend unverändert weiter. Lediglich zum Jahre 1963 wurden ergänzende Bestimmungen herausgegeben, deren genauer Inhalt momentan jedoch wegen des Archivverlustes nicht wiedergegeben werden kann.

Ab 1965 fand dann eine vorschreitende Weiterentwicklung statt, die im Folgenden stufenweise erörtert wird. Zum September des Jahres wurden – zunächst ergänzend zu den bestehenden drei Teilen der Norm – die Blätter 2 und 4 neu herausgegeben. Zu beachten ist in diesem Zusammenhang, dass der Titel in „Brandverhalten von Baustoffen und Bauteilen" geändert und die bisherige Gliederung aufgegeben wurde sowie die folgende neue Struktur von DIN 4102 als Grundlage für die weitere Erarbeitung galt:

- Blatt 1: Begriffe, Anforderungen und Prüfungen von Baustoffen
- Blatt 2: Begriffe, Anforderungen und Prüfungen von Bauteilen
- Blatt 3: Begriffe, Anforderungen und Prüfungen von Sonderbauteilen
- Blatt 4: Einreihung in die Begriffe
- Blatt 5: Erläuterungen zu Blättern 1 bis 4
- Blatt 10: Ergänzende Bestimmungen

Die detaillierte Übersicht zum Erscheinen der einzelnen Blätter ist der Tabelle 1 zu entnehmen.

Tabelle 1: Normblätter von DIN 4102 und Ergänzungen der Jahre 1965/67

Dokumentennummer	Dokumentenart	Ausgabe	Brandverhalten von Baustoffen und Bauteilen Titel des Normteils
Ergänzende Bestimmungen zu DIN 4102 (1. Fassung)	Ergänzung	1963	Ergänzende Bestimmungen zu DIN 4102 Brandverhalten von Baustoffen und Bauteilen[1)]
DIN 4102, Blatt 2	Norm	1965-09[2)]	Begriffe, Anforderungen und Prüfungen von Bauteilen
DIN 4102, Blatt 4	Norm	1965-09[2)]	Einreihung in die Begriffe
Ergänzende Bestimmungen zu DIN 4102 (2. Fassung)	Ergänzung	1966-03	Ergänzende Bestimmungen zu DIN 4102 Brandverhalten von Baustoffen und Bauteilen[3)]

Dokumentennummer	Doku-mentenart	Ausgabe	Brandverhalten von Baustoffen und Bauteilen Titel des Normteils
DIN 4102, Blatt 10	Norm	1966-10	Ergänzende Bestimmungen[3)]

Erläuterungen:

[1)] *Diese Ausgabe wird beim DIN als Archivverlust geführt, deswegen erfolgt kein Abdruck in diesem Band.*

[2)] *Auf Grund der Herausgabe von DIN 4102 Blatt 10 im März 1967 berichtigt.*

[3)] *Diese beiden Dokumente ersetzten bis zur Neuausgabe die Regelungen der Blätter 1 und 3 von DIN 4102 „Widerstandsfähigkeit von Baustoffen und Bauteilen gegen Feuer und Wärme", Fassung 1940-11.*

Die wesentlichen Neuerungen betrafen neben generellen redaktionellen Überarbeitungen die neue Festlegung des Geltungsbereiches der Begriffe und die Einteilung der Bauteile in Feuerwiderstandsklassen (Blatt 2), die Ergänzung der Liste der Baustoffe und Bauteile (Blatt 4) und die Herausgabe von ergänzenden Bestimmungen zu den jeweiligen Normteilen aufgrund der weiteren Entwicklung von Baustoff- bzw. Bauteilprüfungen zur jeweiligen Klassifikation dieser (Blatt 10). Das Blatt 10 wurde dabei von vornherein als Ersatz der bisherigen „Ergänzenden Bestimmungen" und damit als ein „Übergangsblatt" herausgegeben. Dieses sollte alleinig als Überleitung bis zur Neuausgabe der Blätter 1 und 3 dienen. Während das neue Blatt 3 erst zum Februar des Jahres 1970 herausgegeben wurde, kam es zu einer Bekanntmachung des Blattes 5 zur DIN 4102 jedoch vorläufig nicht. Der erst zur Mitte der 1970er Jahre erschienene Teil wurde später für Regelungen zu „Feuerschutzabschlüssen, Abschlüsse in Fahrschachtwänden und gegen Feuer widerstandsfähige Verglasungen" verwendet und erschien erstmals im Jahre 1977.

DK 699.81 : 691 : 351.78 : 001.4 **September 1965×**

	Brandverhalten von Baustoffen und Bauteilen*) Begriffe, Anforderungen und Prüfungen von Bauteilen	DIN 4102 Blatt 2

Behaviour of building materials and structures in fire; definitions, requirements and tests of structures

Frühere Ausgaben: 8. 34 11. 40

× März 1967: Vorbemerkung auf Grund der Herausgabe von DIN 4102 Blatt 10 (Ausgabe Oktober 1966) bezüglich Stand der Bearbeitung von DIN 4102 berichtigt und *)-Fußnote aufgenommen. Inhaltsverzeichnis aufgenommen.

Änderung September 1965: Geltungsbereich der Begriffe neu festgelegt; Bauteile nach Feuerwiderstandsklassen eingeteilt. Siehe auch Vorbemerkung.

Vorbemerkung

Im Zusammenhang mit der Überarbeitung von

DIN 4102 Widerstandsfähigkeit von Baustoffen und Bauteilen gegen Feuer und Wärme;

Blatt 1 — ; Begriffe

Blatt 2 — ; Einreihung in die Begriffe

Blatt 3 — ; Brandversuche,

jeweils Ausgabe November 1940,
wird aus Gründen der Zweckmäßigkeit auch der Inhalt der Normen neu aufgeteilt:

DIN 4102 Brandverhalten von Baustoffen und Bauteilen

Blatt 1 — ; Begriffe, Anforderungen und Prüfungen von Baustoffen (in Bearbeitung)

Blatt 2 — ; Begriffe, Anforderungen und Prüfungen von Bauteilen (Ausgabe September 1965×)

Blatt 3 — ; Begriffe, Anforderungen und Prüfungen von Sonderbauteilen (Entwurf August 1965)

Blatt 4 — ; Einreihung in die Begriffe (Ausgabe September 1965×)

Blatt 5 — ; Erläuterungen zu Blatt 1 bis 4 (in Bearbeitung)

Begriffe, Anforderungen und Prüfungen von Baustoffen sind vorläufig in DIN 4102 Blatt 10 „Brandverhalten von Baustoffen und Bauteilen; Ergänzende Bestimmungen" (Ausgabe Oktober 1966) *) geregelt.

Begriffe, Anforderungen und Prüfungen von Bauteilen sind in DIN 4102 Blatt 2 (Ausgabe September 1965×) enthalten.

Begriffe, Anforderungen und Prüfungen von Sonderbauteilen sind vorläufig ebenfalls in DIN 4102 Blatt 10 *) enthalten.

Einreihung in die Begriffe wird jetzt in DIN 4102 Blatt 4 (Ausgabe September 1965×) geregelt. Blatt 4 umfaßt mit geringfügigen Abweichungen den Inhalt der alten Norm DIN 4102 Blatt 2, Ausgabe November 1940, und wurde durch einzelne Ausführungen ergänzt.

Durch die Herausgabe von DIN 4102 Blatt 2 (Ausgabe September 1965×), Blatt 4 (Ausgabe September 1965×) und Blatt 10 (Ausgabe Oktober 1966) *) sind die Normen DIN 4102 Blatt 1 bis 3, Ausgaben November 1940, überholt.

Für die Prüfung von Hausschornsteinen gilt DIN 18160 Blatt 6 (z. Z. noch Entwurf).

Inhalt

*) In Blatt 10 ist der Wortlaut der bauaufsichtlich eingeführten „Ergänzenden Bestimmungen zu DIN 4102, Brandverhalten von Baustoffen und Bauteilen, 2. Fassung März 1966" abgedruckt; vgl. Erlaß des Landes Nordrhein-Westfalen vom 28. 4. 1966 für die Einführung von DIN 4102 Blatt 2 und Blatt 4, Ausgabe September 1965.

Fortsetzung Seite 2 bis 6

Arbeitsgruppe Einheitliche Technische Baubestimmungen (ETB)
des Fachnormenausschusses Bauwesen im Deutschen Normenausschuß (DNA)

1. Geltungsbereich

Als Bauteile im Sinne dieser Norm gelten Wände, Decken, Stützen, Unterzüge, Treppen usw.

Sonderbauteile (Bauteile mit brandschutztechnischen Sonderanforderungen) wie Brandwände, gegen Feuer ausreichend widerstandsfähige Bauteile in Außenwänden, Feuerschutzabschlüsse (Türen, Klappen, Rolläden), gegen Feuer ausreichend widerstandsfähige Fahrschachttüren, gegen Feuer ausreichend widerstandsfähige Verglasungen und gegen Feuer ausreichend widerstandsfähige Bedachungen werden in DIN 4102 Blatt 3 (z. Z. noch Entwurf) behandelt.

2. Begriffe

Das Brandverhalten von Bauteilen gegen Feuer wird durch die Feuerwiderstandsdauer und durch weitere, nachfolgend aufgeführte Forderungen gekennzeichnet.

Die Feuerwiderstandsdauer ist die Mindestdauer in Minuten, während der ein Bauteil bei Prüfung nach Abschnitt 5 die in den Abschnitten 3.1, 3.2 oder 3.3 gestellten Anforderungen erfüllt. Die erreichte Feuerwiderstandsdauer wird durch die Feuerwiderstandsklasse nach Abschnitt 3 ausgedrückt.

3. Feuerwiderstandsklassen

Es werden folgende Feuerwiderstandsklassen unterschieden:

Feuerwiderstandsklasse	Feuerwiderstandsdauer Minuten	Bauaufsichtliche Benennung
F 30	≧ 30	feuerhemmend
F 60	≧ 60	
F 90	≧ 90	feuerbeständig
F 120	≧ 120	
F 180	≧ 180	hochfeuerbeständig

3.1. Feuerwiderstandsklasse F 30

3.1.1. Zur Einreihung in die Feuerwiderstandsklasse F 30 sind bei den Versuchen nach Abschnitt 5 folgende Anforderungen zu erfüllen:

3.1.1.1. Raumabschließende Bauteile [1]) müssen beim Brandversuch während einer Prüfdauer von mindestens 30 Minuten den Durchgang des Feuers verhindern. Es dürfen auf der dem Feuer abgekehrten Seite keine entzündbaren Gase auftreten, die nach Wegnahme einer fremden Zündquelle allein weiterbrennen. Die raumabschließenden Teile dürfen sich dort im Mittel um nicht mehr als 140 grd über die Anfangstemperatur des Probekörpers bei Versuchsbeginn erwärmen. An keiner der Meßstellen darf dabei eine Temperaturerhöhung von mehr als 180 grd über die Anfangstemperatur eintreten.

Wände müssen am Ende des Brandversuches in einer Dicke ohne Hohlräume von mindestens 10 mm erhalten geblieben sein, andernfalls den Beanspruchungen des Festigkeitsversuches nach Abschnitt 5.2.6 so widerstehen, daß ihre raumabschließende Wirkung erhalten bleibt.

3.1.1.2. Tragende Bauteile dürfen unter ihrer rechnerisch zulässigen Gebrauchslast, nicht tragende Bauteile unter ihrer Eigenlast während der Prüfdauer nicht zusammenbrechen.

Bei Bauteilen, die ganz oder überwiegend auf Biegung beansprucht sind, darf während der Feuerbeanspruchung die Durchbieggeschwindigkeit den Wert $\Delta f / \Delta t = l^2 / 9000 h$ nicht überschreiten.

Hierin ist

l	Stützweite in cm
h	statische Höhe in cm
Δf	Durchbiegungsintervall in cm während eines Zeitintervalls Δt von einer Minute
Δt	Zeitintervall von einer Minute
$\Delta f / \Delta t$	Durchbieggeschwindigkeit in cm/min

Bei nicht unter der Gebrauchslast prüfbaren Stahlstützen darf der Mittelwert der Stahltemperatur 400 °C nicht überschreiten, kein Einzelwert darf höher als 500 °C sein.

3.1.2. Untergehängte oder vorgesetzte Verkleidungen oder Ummantelungen [2]) zur Verbesserung der Feuerwiderstandsfähigkeit der Gesamtkonstruktion müssen in Verbindung mit dem zu schützenden Bauteil die Anforderungen nach Abschnitt 3.1.1 erfüllen.

Werden die Verkleidungen oder Ummantelungen in Verbindung mit den in Abschnitt 5.3 genannten Bauteilen geprüft und erfüllt die Gesamtkonstruktion die Anforderungen nach Abschnitt 3.1.1, so gilt der erforderliche Nachweis mit dieser Verkleidung oder Ummantelung einschließlich der Befestigungsart auch für alle anderen Konstruktionen der gleichen Bauteilart (siehe Abschnitte 5.3.1, 5.3.2 usw.) als erbracht.

3.1.3. Bauteile, die die Anforderungen nach Abschnitt 3.1.1 bereits erfüllen, werden durch zusätzliche Verkleidungen auch aus Baustoffen der Klasse B [3]) in ihrer Feuerwiderstandsfähigkeit nicht beeinträchtigt.

3.2. Feuerwiderstandsklasse F 60

Zur Einreihung in die Feuerwiderstandsklasse F 60 müssen Bauteile während einer Prüfdauer von mindestens 60 Minuten die Anforderungen entsprechend ihrer Aufgabe nach Abschnitt 3.1.1 erfüllen. Die Abschnitte 3.1.2 und 3.1.3 gelten entsprechend.

3.3. Feuerwiderstandsklasse F 90

3.3.1. Zur Einreihung in die Feuerwiderstandsklasse F 90 müssen Bauteile während einer Prüfdauer von mindestens 90 Minuten die Anforderungen entsprechend ihrer Aufgabe nach Abschnitt 3.1.1 und den Abschnitten 3.3.2 und 3.3.3 erfüllen. Die Abschnitte 3.1.2 und 3.1.3 gelten entsprechend.

3.3.2. Bestandteile eines Bauteiles, die statisch bedeutsam sind oder bei deren Zerstörung das Feuer ungehindert weiterdringen kann, müssen aus Baustoffen der Klasse A [3]) bestehen.

Raumabschließende Decken müssen außerdem stets eine durchgehende Schicht aus Baustoffen der Klasse A mit einer Gesamtdicke von mindestens 50 mm besitzen. Hohlräume im Innern dieser Schicht sind zulässig.

Raumabschließende Wände müssen am Ende des Brandversuches der Beanspruchung des Festigkeitsversuches nach Abschnitt 5.2.6 so widerstehen, daß die raumabschließende Wirkung erhalten bleibt. Wände, die in einer Dicke von weniger als 50 mm ausgeführt werden, müssen stets aus Baustoffen der Klasse A bestehen.

---

[1]) An die Oberflächentemperatur von Treppen werden Anforderungen nicht gestellt.

[2]) Die Wirksamkeit von Anstrichen, Folien und ähnlichen Schutzschichten kann nicht allein nach dieser Norm beurteilt werden.

[3]) Nach dem in Vorbereitung befindlichen Blatt 1 dieser Norm sind
Baustoffe der Klasse A nichtbrennbar,
Baustoffe der Klasse B brennbar,
Baustoffe der Klasse B 1 schwerentflammbar,
Baustoffe der Klasse B 2 normalentflammbar,
Baustoffe der Klasse B 3 leichtentflammbar.

3.3.3. Stützen mit Verkleidungen oder Ummantelungen nach Abschnitt 3.1.2 müssen unmittelbar nach dem Brandversuch der Löschwasser-Beanspruchung nach Abschnitt 5.2.7 standhalten. Dabei dürfen die tragenden Stahlteile oder die lotrechten Bewehrungsstäbe mit ihrer Verbügelung oder Umschnürung nicht freigelegt werden.

3.4. Feuerwiderstandsklasse F 120

Zur Einreihung in die Feuerwiderstandsklasse F 120 müssen Bauteile entsprechend ihrer Aufgabe die Anforderungen für Bauteile der Feuerwiderstandsklasse F 90 während einer Prüfdauer von mindestens 120 Minuten erfüllen.

3.5. Feuerwiderstandsklasse F 180

Zur Einreihung in die Feuerwiderstandsklasse F 180 müssen Bauteile entsprechend ihrer Aufgabe die Anforderungen für Bauteile der Feuerwiderstandsklasse F 90 während einer Prüfdauer von mindestens 180 Minuten erfüllen. Die Bauteile dürfen keine Baustoffe der Klasse B enthalten.

4. Nachweis der Feuerwiderstandsklassen

4.1. Ohne Brandversuche

Die in DIN 4102 Blatt 4 genannten Bauteile sind ohne weiteren Nachweis in der dort angegebenen Feuerwiderstandsklasse verwendbar.

4.2. Mit Brandversuchen

Für Bauteile, die nicht unter Abschnitt 4.1 fallen, muß die Feuerwiderstandsklasse durch Brandversuche nach Abschnitt 5 nachgewiesen werden. Maßgebend für die Ermittlung der Feuerwiderstandsklasse ist das ungünstigste Ergebnis aus mindestens 2 Versuchen.

Die Prüfungen sind von einer hierfür amtlich anerkannten Prüfstelle [4]) durchzuführen.

5. Prüfung von Bauteilen

5.1. Prüfeinrichtungen und Probekörper

Die Prüfstände sollen sich in geschlossenen Räumen befinden. Ihre Abmessungen und Ausstattungen sind in Blatt 5 dieser Norm (in Vorbereitung) angegeben.

Bei den Prüfungen sind mindestens 2 gleichartige Probekörper dem Versuch zu unterziehen. Sie müssen in ihren Abmessungen, ihrer Konstruktion, ihrem Werkstoff, ihrer Ausführungs- und Einbauart der praktischen Anwendung entsprechen. Bauteile, die nicht in den Abmessungen wie bei der praktischen Anwendung geprüft werden können, müssen mindestens in folgenden Abmessungen dem Feuer ausgesetzt werden:

Tragende Wände und Zwischenwände: 2,0 m × 2,5 m (Breite × Höhe)

Einachsig gespannte Deckenkonstruktionen: 2,0 m × 4,0 m (Breite × Länge)

Kreuzweise gespannte Deckenkonstruktionen: 4,0 m × 4,0 m

Treppen: in der vorgesehenen Breite und 4,0 m Länge

Träger und Unterzüge: 6,0 m (Länge)

Stützen und Pfeiler: 3,0 m (Höhe)

Können auf Biegung oder Biegung mit Längskraft beanspruchte Bauteile nicht unter der rechnerisch verlangten Gebrauchslast geprüft werden, so ist zur Prüfung ein noch prüfbarer Vergleichskörper herzustellen.

5.2. Durchführung der Versuche

5.2.1. Zeitpunkt der Brandversuche

Die Probekörper dürfen erst geprüft werden, wenn die der statischen Berechnung zugrunde liegende Festigkeit erreicht und die Wasserabgabe beendet ist. Hierzu sind die Probekörper unter bauwerksgerechten Bedingungen bis zum Erreichen der Ausgleichsfeuchte zu lagern. Bauteile aus Stoffen, deren Feuchtegehalt stark veränderlich ist, sind möglichst in geschlossenen Räumen bei 50 bis 70% relativer Luftfeuchtigkeit und etwa 20 °C zu lagern.

Nach Möglichkeit müssen die Probekörper während des Austrocknens in Zeitabständen solange gewogen werden, bis das Gewicht an fünf aufeinanderfolgenden Tagen gleich bleibt.

Bei großen, nicht wägbaren Bauteilen sind Vergleichskörper herzustellen oder herauszuschneiden, die ebenso wie die Probekörper zu lagern sind. An diesen ist dann die Austrocknung festzustellen. Vergleichskörper sollen in Richtung des Wärmedurchganges die Abmessungen des Probekörpers haben und sind in den dazu senkrechten Richtungen so zu kürzen, daß wägbare Körper entstehen. Sie sind mit wasser- und wasserdampfundurchlässigem Werkstoff so abzudecken, daß sie nur an den Flächen austrocknen können, die der Angriffsfläche des Feuers bzw. der nicht beflammten Oberfläche entsprechen.

Ist die vorbeschriebene Kontrolle des Austrocknens nicht durchführbar, so dürfen die Probekörper erst im Alter von 3 Monaten den Brandversuchen unterzogen werden.

5.2.2. Auswahl der Probekörper und Beanspruchung

Sind verschiedene Ausführungsarten oder gleiche Ausführung mit verschiedenen Abmessungen vorgesehen, so ist der von der Prüfstelle anzugebende, ungünstigste Probekörper zu prüfen.

Wände und Zwischenwände sind mit ihren Konstruktionsfugen zu prüfen. Bei asymmetrischem Aufbau sind sie auf ihrer ungünstigen Seite dem Feuer auszusetzen und im Zweifelsfalle von beiden Seiten zu prüfen.

Bauteile, Verkleidungen und Ummantelungen sind in gleicher Weise wie bei der praktischen Ausführung mit der vorgesehenen Befestigung zu prüfen.

Tragende Bauteile sind unter Last zu prüfen und so in den Prüfstand einzubauen, daß sie sich entsprechend dem statischen System verformen können. Die Last ist so anzuordnen, daß sie während der Versuchsdauer konstant bleibt, ohne die Verformung und den Temperaturanstieg im Probestück wesentlich zu beeinflussen. Sie ist so zu bemessen, daß in den Traggliedern unter Zugrundelegung anerkannter Bemessungsverfahren in der Regel die zulässigen Spannungen oder Schnittgrößen auftreten. Andernfalls sind bei geringeren Spannungen oder Schnittgrößen diese im Prüfzeugnis gesondert anzugeben.

---

[4]) Folgende Prüfstellen für Brandversuche sind bisher bauaufsichtlich anerkannt worden:

Bundesanstalt für Materialprüfung (BAM), 1 Berlin 33, Unter den Eichen 87

Institut für Baustoffkunde und Stahlbetonbau der TH Braunschweig, 33 Braunschweig, Beethovenstr. 52

Institut für Holzforschung und Holztechnik der Universität München, 8 München, Winzererstr. 45 (nur für Prüfungen von Bauteilen aus Holz und Holzwerkstoffen)

Staatliches Materialprüfamt NRW, 46 Dortmund-Aplerbeck, Marsbruchstr. 186

Baustoffprüfamt der Freien und Hansestadt Hamburg, 2 Hamburg 6, Grabenstr. 31

Institut für Beton und Stahlbeton und Versuchsanstalt für Stahl, Holz und Steine, TH Karlsruhe, 75 Karlsruhe, Kaiserstr.

Bayerische Landesgewerbeanstalt, 85 Nürnberg, Gewerbemuseumsplatz 2

Otto-Graf-Institut der TH Stuttgart, 7 Stuttgart-Vaihingen, Robert-Leicht-Str. 209

Seite 4 DIN 4102 Blatt 2

Bei belasteten Bauteilen sind die Verformungen, soweit möglich, an den ungünstigsten Stellen zu messen.

5.2.3. Temperatur im Prüfraum

Die Lufttemperatur soll im Prüfraum während mindestens 24 Stunden vor dem Brandversuch nicht unter 15 °C sinken und nicht über 25 °C steigen. Die Temperatur des Probekörpers soll während dieser Zeit ihren Gleichgewichtswert erreichen und bei Versuchsbeginn in dem angegebenen Bereich liegen.

5.2.4. Temperaturen im Brandraum

Der Brandraum ist mit Heizöl EL nach DIN 51 603 oder Dieselkraftstoff nach DIN 51 601 zu beflammen. Während des Brandversuches muß die mittlere Temperatur im Brandraum nach der Einheitstemperaturkurve (Bild 1) ansteigen. Die Abweichungen dürfen in den ersten 10 Minuten ±15%, anschließend (konstant) ±100 grd betragen. Außerdem darf die Fläche unter der gemessenen Kurve von der Fläche unter der Einheitstemperaturkurve bis zu 30 Minuten Versuchsdauer nur um ±10%, bei längerer Versuchsdauer nur um ±5% abweichen.

$$\vartheta - \vartheta_0 = 345 \lg (8t + 1)$$

ϑ Brandraumtemperatur in °C

ϑ_0 Temperatur der Probestücke bei Versuchsbeginn in °C

t Zeitdauer in min

t min	$\vartheta - \vartheta_0$ grd
0	0
5	556
10	659
15	718
30	821
60	925
90	986
120	1029
180	1090
240	1133
360	1193

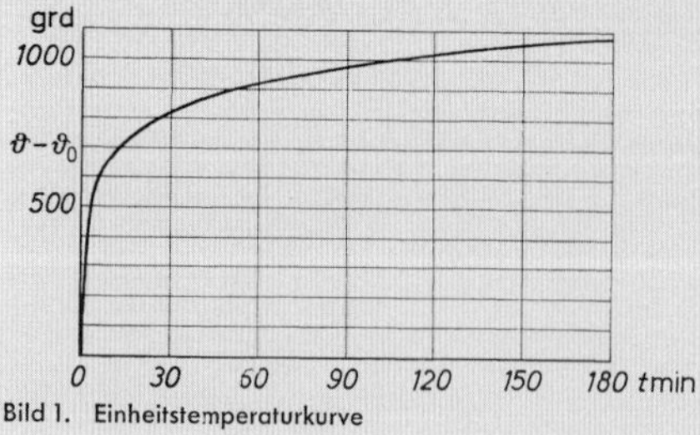

Bild 1. Einheitstemperaturkurve

5.2.5. Temperaturmessungen

5.2.5.1. Die Temperaturen in der Brandkammer sind mit Thermopaaren Form A aus NiCr-Ni nach DIN 43 732 [5]) zu messen, deren Werkstoffe und Thermospannungen DIN 43 710 [6]) entsprechen. Die Meßstellen (Warmlötstellen) sind mindestens 300 mm tief in den Brandraum einzuführen. Bei Decken, Wänden usw. sind für je 1,5 m² Fläche des Probekörpers und bei Balken, Stützen usw. für je 1 m Länge des Probekörpers ein Thermoelement, im ganzen aber mindestens vier Thermoelemente gleichmäßig verteilt anzuordnen. Der Abstand der Meßstellen (Warmlötstellen) der Thermoelemente vom Probekörper soll zu Beginn des Brandversuches etwa 100 mm betragen.

5.2.5.2. Bei einseitig dem Feuer ausgesetzten Probekörpern muß die Temperatur auf der dem Feuer abgekehrten Seite mit Thermoelementen, die aus 0,5 mm dicken Drähten bestehen, gemessen werden. Die Werkstoffe und Thermopaare müssen DIN 43 710 [6]) entsprechen. Für die Ausbildung und Befestigung der Meßstellen (Warmlötstellen) sind die VDE/VDI-Richtlinien [7]) maßgebend.

5.2.5.3. Bei raumabschließenden Bauteilen sind die Temperaturen der Oberfläche auf der dem Feuer abgekehrten Seite zur Bestimmung eines Mittelwertes an mindestens 5 Stellen zu messen, wobei eine der Meßstellen im Mittelpunkt der Fläche, die anderen in den Mittelpunkten der Viertelflächen anzuordnen sind. Von dieser Anordnung kann abgewichen werden, wenn eine oder mehrere dieser Meßstellen nicht charakteristisch für den Temperaturdurchgang durch den Probekörper sind.

In Bereichen von Wärmebrücken u. ä. sind in jedem Falle zusätzliche Temperaturmeßstellen anzuordnen, um die höchste während des Brandversuches auftretende Temperaturerhöhung feststellen zu können. Zur Klärung des Versuchsablaufes sollen ferner weitere Temperaturmessungen im Innern der Probekörper (z. B. an Bewehrungsstäben und an metallischen Bauteilen) an möglichst vielen Stellen ausgeführt werden. Die Temperaturen sollen auch nach dem Ende des Beflammens so lange gemessen werden, bis sie an allen Meßstellen wieder abgefallen sind.

5.2.5.4. Werden bei Stahlstützen die Temperaturen am Stahl gemessen, so sind die Temperaturmeßquerschnitte in den Viertelpunkten und in halber Höhe bezogen auf die Brandraumöffnung anzuordnen. In jedem Meßquerschnitt sind dabei mindestens zwei Thermoelemente anzubringen.

5.2.6. Festigkeitsversuch bei raumabschließenden Wänden

Zum Festigkeitsversuch wird im Anschluß an den Brandversuch der eingebaute Probekörper an der nicht beflammten Seite an drei verschiedenen, über der Fläche des Raumabschlusses etwa gleichmäßig verteilt gewählten Stellen einem Kugelschlag ausgesetzt. Dabei wird ein Pendel von etwa 1,7 m Länge, bestehend aus einer an einem Seil hängenden Stahlkugel von 15 bis 20 kg, vor der Oberfläche des Probekörpers in 200 mm Abstand abgehängt und dann soweit ausgelenkt, daß beim Zurückfallen auf den Probekörper eine Schlagarbeit von 2 kp m entsteht.

5.2.7. Löschwasserversuch bei Stützen mit Verkleidungen oder Ummantelungen

Zum Löschwasserversuch an Stützen mit Verkleidungen oder Ummantelungen (siehe Abschnitt 3.3 bis 3.5) sind die Probe-

---

[5]) DIN 43 732, Elektrische Temperaturmeßgeräte; Thermoelemente. Thermopaare für Thermoelemente DIN 43 733.

[6]) DIN 43 710, Elektrische Temperaturmeßgeräte; Thermoelemente. Thermospannungen und Werkstoffe der Thermopaare.

[7]) VDE/VDI-Richtlinien 3511, Technische Temperaturmessungen, Ausgabe Juli 1964 (Neuausgabe von DIN 1953).

DIN 4102 Blatt 2 Seite 5

körper unmittelbar nach dem Brandversuch 1 Minute lang der Beanspruchung durch den Löschwasserstrahl auszusetzen. Das Wasser ist durch ein Rohrmundstück von 12 mm Durchmesesr zu führen. Der Wasserdurchfluß ist nach DIN 14 200 „Wasserfluß aus Strahlrohrmundstücken" so zu wählen, daß ein Fließdruck von etwa 2 kp/cm² entsteht. Der Wasserstrahl ist aus einer Entfernung von etwa 3 m möglichst rechtwinklig so auf den Probekörper zu richten, daß die Verkleidung gleichmäßig beansprucht wird. Vor der Löschwasserbeanspruchung darf der Probekörper entlastet werden.

5.3. Normkonstruktionen für die Prüfung von Verkleidungen oder Ummantelungen

Die Wirksamkeit von Verkleidungen oder Ummantelungen nach Abschnitt 3.1.2 kann in Verbindung mit folgenden im Brandverhalten ungünstigen Bauteilen geprüft werden, wobei das Anbringen der Verkleidung oder Ummantelung in der vorgesehenen Befestigungsart vorzunehmen ist.

5.3.1. Verkleidungen in Verbindung mit Stahlträgerdecken

Die Prüfung nach Abschnitt 5.3.1 ersetzt den Versuch nach Abschnitt 5.3.2; bleibt die Temperatur an der Unterseite der Stahlträger nach Bild 2 ≦ 200 °C, so ersetzt der Versuch nach Abschnitt 5.3.1 auch den Versuch nach Abschnitt 5.3.3.

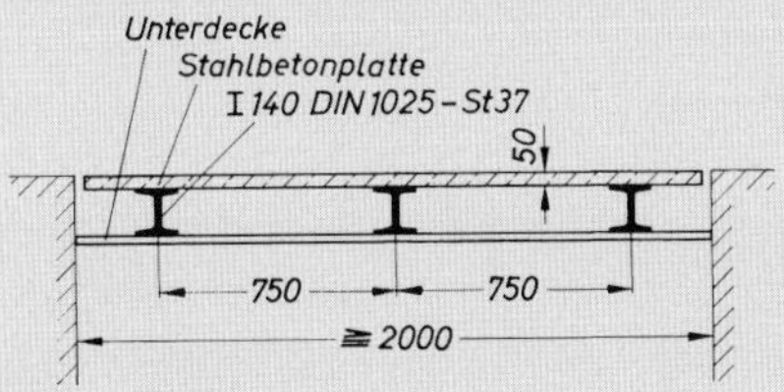

Stützweite > 4000 mm

Bild 2. Stahlträgerdecke (Maße in mm)

5.3.2. Verkleidungen in Verbindung mit Stahlbetondecken nach DIN 1045 und DIN 4225

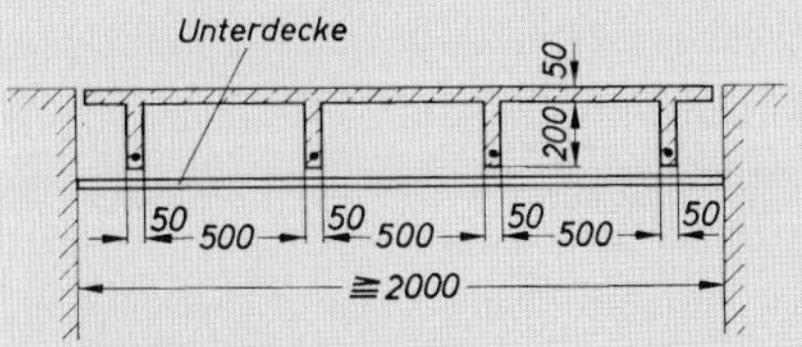

Stützweite > 4000 mm

Betongüte B 300

Betonstahl III b

Überdeckung der Stahleinlagen 10 mm

Zuschlagstoff: Kiessand Körnung 0/15 mm nach DIN 1045

Konstruktion nach DIN 1045

Bild 3. Stahlbetonrippendecke (Maße in mm)

5.3.3. Verkleidungen in Verbindung mit Holzbalkendecken

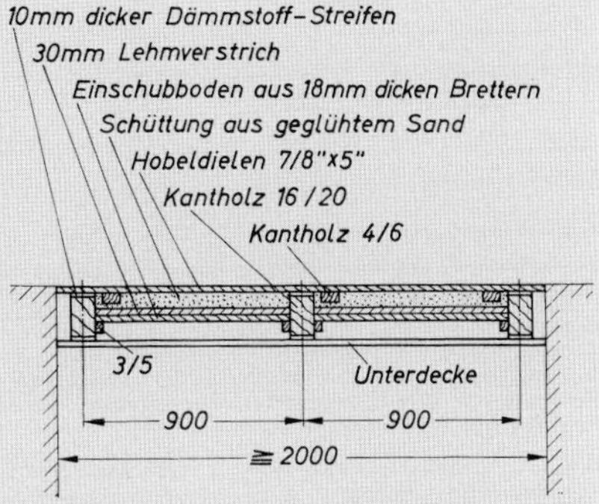

Feuchtigkeitsgehalt der Hölzer: ≦ 20%, ohne Schutzmittelanstrich

Stützweite > 4000 mm

Bild 4. Holzbalkendecke nach DIN 104 (Maße in mm)

5.3.4. Verkleidungen oder Ummantelungen in Verbindung mit Stahlstützen

Die Prüfung von Verkleidungen oder Ummantelungen in Verbindung mit Stahlstützen mit I-Querschnitt nach Abschnitt 5.3.4 gilt für alle Stützen mit I-Querschnitt, die von Stützen mit Rohrquerschnitt gilt für alle Stützen aus Stahl.

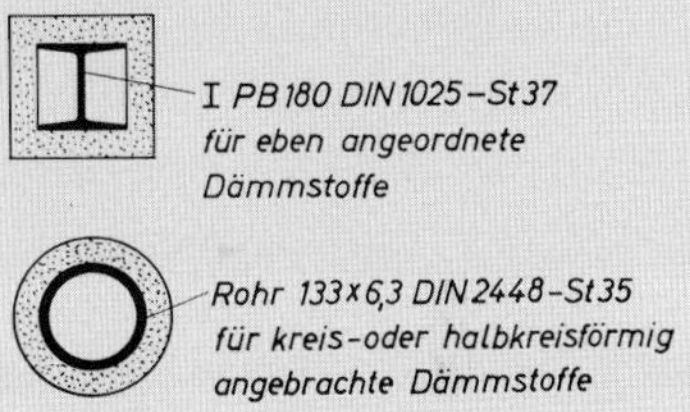

Bild 5. Stahlstütze

5.3.5. Verkleidungen oder Ummantelungen in Verbindung mit Stahlbetonstützen

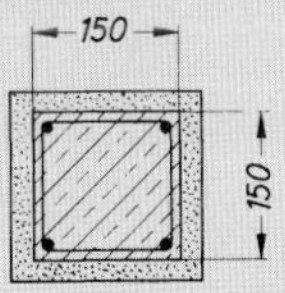

Fertigteilstütze

Betongüte B 450

Betonstahl III b

Überdeckung der Stahleinlagen und sonstige Konstruktion nach DIN 1045

Zuschlagstoff: Kiessand
Körnung 0/15 mm nach DIN 1045

Bewehrungsanteil F_e/F_b = 6%

Betondeckung der Bügel 10 mm

Bild 6. Stahlbetonstütze (Maße in mm)

Seite 6 DIN 4102 Blatt 2

5.3.6. Verkleidungen oder Ummantelungen in Verbindung mit Holzstützen

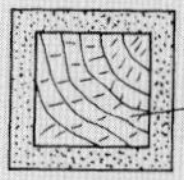

Bild 7. Holzstütze

5.4. Prüfzeugnis

Im Prüfzeugnis sind unter Hinweis auf diese Norm anzugeben:

5.4.1. Beschreibung und Zeichnung des Probekörpers, genaue Angaben der Baustoffe, Abmessungen, Raum- und Flächengewichte, Anteile von Baustoffen der Klasse B, Feuchtigkeitsgehalte, Befestigungsart der Verkleidungen, Alter am Tage der Prüfung, amtliche Probenahme.

5.4.2. Angaben über den Einbau der Probekörper und die Durchführung der Prüfung:

Abmessungen des dem Feuer ausgesetzten Probekörpers, seine Einbauart, Belastung mit Gegenüberstellung der hervorgerufenen und der zulässigen Spannungen bzw. Schnittgrößen, Belastungsart, Befestigungsart, Lage und Anzahl der Thermoelemente, Meßeinrichtung, Feuerungsart und verwendeter Brennstoff, Lufttemperaturen (bei im Freien aufgebauten Sonderprüfständen Witterung) vor und während des Brandversuches.

5.4.3. Temperaturmeßergebnisse (Einzel- und Mittelwerte) in der Brandkammer, in und am Probekörper, gemessene Durchbiegungen und sonstige Verformungen, vor, während und nach dem Versuch, bleibende Verformungen 24 Stunden nach Versuchsende.

5.4.4. Bei Beanspruchung durch den Löschwasserstrahl: gemessener Fließdruck sowie Art und Größe der durch den Löschwasserstrahl verursachten Zerstörungen.

5.4.5. Beobachtungen bei Versuchsablauf mit ihrem Zeitpunkt, eine Beschreibung des Probekörpers nach dem Versuch, Aussehen, Abbrand, Zerstörung, Restdicke.

5.4.6. Meßergebnisse und Beobachtungen bei Neben- und Sonderversuchen, die vor und nach dem Brandversuch zur Aufklärung des Verhaltens und der Tragfähigkeit durchgeführt wurden.

5.4.7. Zusammenfassung der Ergebnisse mit Beurteilung der Widerstandsfähigkeit gegen Feuer nach Abschnitt 2 und 3. Dabei sind wesentliche Einflüsse, z. B. bei der Einbau- und Belastungsanordnung der Decken, das statische System und die vorhandenen Spannungen mitanzugeben. Anzahl der durchgeführten Brandversuche. Einstufung in die Feuerwiderstandsklasse mit Angabe der Brennbarkeitsklasse der verwendeten Baustoffe.

DK 699.81 : 691 : 351.78 — September 1965×

	Brandverhalten von Baustoffen und Bauteilen Einreihung in die Begriffe	**DIN 4102** Blatt 4

Behaviour of building materials and structures in fire; classification with respect to definitions

Diese Neuausgabe stellt einen vorläufigen Ersatz für die alte Norm DIN 4102 Blatt 2, Ausgabe November 1940, dar. Sie umfaßt mit geringfügigen Änderungen den Inhalt der genannten Ausgabe und Ergänzungen aus den Erlassen der Länder aus den Jahren 1960 und 1963 — letztere, soweit sie sich auf die Einreihung in die Begriffe beziehen. Die Abschnittsbezeichnungen der alten Norm sind jetzt in Klammern angegeben.

Durch die Herausgabe der vorliegenden Norm soll der Praxis eine leichtere Übersicht über die z. Z. bestehenden Vorschriften ermöglicht werden. Eine umfassende Neubearbeitung des Inhaltes von DIN 4102 Blatt 2, Ausgabe November 1940 bzw. dieses Blattes 4, ist in Angriff genommen.

Änderung September 1965:
Gegenüber DIN 4102 Blatt 2 Liste der Baustoffe und Bauteile ergänzt und dem Stand der Technik angepaßt. Redaktionell vollständig überarbeitet.

× März 1967:
Vorbemerkung auf Grund der Herausgabe von DIN 4102 Blatt 10 (Ausgabe Oktober 1966) bezüglich Stand der Bearbeitung von DIN 4102 berichtigt und *)-Fußnote aufgenommen.

In Abschnitt 5.4.2.4 „$F_a/F_b \geq 3\%$" in „$F_a/F_b > 3\%$" berichtigt. Bilder 2, 7 und 8 verbessert.

Frühere Ausgaben: DIN 4102 Blatt 2: 8.34, 11.40

Vorbemerkung

Im Zusammenhang mit der Überarbeitung von
DIN 4102 Widerstandsfähigkeit von Baustoffen und Bauteilen gegen Feuer und Wärme;
Blatt 1 — ; Begriffe
Blatt 2 — ; Einreihung in die Begriffe
Blatt 3 — ; Brandversuche, jeweils Ausgabe November 1940,
wird aus Gründen der Zweckmäßigkeit auch der Inhalt der Normen neu aufgeteilt:
DIN 4102 Brandverhalten von Baustoffen und Bauteilen
Blatt 1 — ; Begriffe, Anforderungen und Prüfungen von Baustoffen (in Bearbeitung)
Blatt 2 — ; Begriffe, Anforderungen und Prüfungen von Bauteilen (Ausgabe September 1965×)
Blatt 3 — ; Begriffe, Anforderungen und Prüfungen von Sonderbauteilen (Entwurf August 1965)
Blatt 4 — ; Einreihung in die Begriffe (Ausgabe September 1965×)
Blatt 5 — ; Erläuterungen zu Blatt 1 bis 4 (in Bearbeitung).

Begriffe, Anforderungen und Prüfungen von Baustoffen sind vorläufig in DIN 4102 Blatt 10 „Brandverhalten von Baustoffen und Bauteilen; Ergänzende Bestimmungen" (Ausgabe Oktober 1966) *) geregelt.

Begriffe, Anforderungen und Prüfungen von Bauteilen sind in DIN 4102 Blatt 2 (Ausgabe September 1965×) enthalten.

Begriffe, Anforderungen und Prüfungen von Sonderbauteilen sind vorläufig ebenfalls in DIN 4102 Blatt 10 *) enthalten.

Einreihung in die Begriffe wird jetzt in DIN 4102 Blatt 4 (Ausgabe September 1965×) geregelt. Blatt 4 umfaßt mit geringfügigen Abweichungen den Inhalt der alten Norm DIN 4102 Blatt 2, Ausgabe November 1940, und wurde durch einzelne Ausführungen ergänzt.

Durch die Herausgabe von DIN 4102 Blatt 2 (Ausgabe September 1965×), Blatt 4 (Ausgabe September 1965×) und Blatt 10 (Ausgabe Oktober 1966) *) sind die Normen DIN 4102 Blatt 1 bis 3, Ausgaben November 1940, überholt.

Inhalt

*) In Blatt 10 ist der Wortlaut der bauaufsichtlich eingeführten „Ergänzenden Bestimmungen zu DIN 4102, Brandverhalten von Baustoffen und Bauteilen, 2. Fassung März 1966" abgedruckt; vgl. Erlaß des Landes Nordrhein-Westfalen vom 28. 4. 1966 für die Einführung von DIN 4102 Blatt 2 und Blatt 4, Ausgabe September 1965.

Fortsetzung Seite 2 bis 7

Arbeitsgruppe Einheitliche Technische Baubestimmungen (ETB)
des Fachnormenausschusses Bauwesen im Deutschen Normenausschuß (DNA)

1. Allgemeines

Für Baustoffe und Bauteile, die brandschutztechnisch den in dieser Norm eingereihten Baustoffen und Bauteilen entsprechen, ist ein Nachweis über das Brandverhalten nicht erforderlich.

Für Baustoffe und Bauteile, die im folgenden nicht besonders genannt sind, ist das Brandverhalten durch Versuche nach den Bedingungen der Norm DIN 4102 nachzuweisen.

2. Hinweis auf weitere Normen

Auf folgende Normen wird hingewiesen:

DIN 4102 Blatt 1	Widerstandsfähigkeit von Baustoffen und Bauteilen gegen Feuer und Wärme; Begriffe (Ausgabe November 1940) [1]
DIN 4102 Blatt 2	Brandverhalten von Baustoffen und Bauteilen; Begriffe, Anforderungen und Prüfungen von Bauteilen
DIN 4102 Blatt 3	–, Begriffe, Anforderungen und Prüfungen von Sonderbauteilen (z. Z. noch Entwurf)
DIN 18 160 Blatt 1	Feuerungsanlagen; Hausschornsteine. Bemessung und Ausführung
DIN 18 081 Blatt 1	Feuerbeständige Stahltür (Fb1-Tür), einflügig
DIN 18 082 Blatt 1	Feuerhemmende Stahltür (Fh1-Tür), einflügig
DIN 18 084	Feuerhemmende Stahltür (Fh2-Tür), zweiflüglig (z. Z. noch Entwurf)
DIN 18 090	Aufzüge; Flügel- und Falttüren für Fahrschächte mit feuerbeständigen Wänden (Neuausgabe z. Z. noch Entwurf)
DIN 18 091	–; Horizontal- und Vertikal-Schiebetüren für Fahrschächte mit feuerbeständigen Wänden (z. Z. noch Entwurf)
DIN 18 092	Kleinlasten-Aufzüge; Vertikal-Schiebetüren für Fahrschächte mit feuerbeständigen Wänden

3. (A) Baustoffe

3.1. (III) Nicht brennbare Baustoffe (Klasse A)

Ohne Nachweis gelten als nicht brennbar:

Sand, Lehm, Ton, Kies, Zement, Gips, Kalk, Hochofenschlacke, Lavaschlacke, Naturbims, Schlacken-Hüttenbims, ferner Steine, Mörtel und Beton aus mineralischen Bestandteilen, Glas, Asbest und Mineralwolle ohne organische Zusätze sowie in nicht fein zerteilter Form Gußeisen, Stahl und andere Metalle, außer Alkali- und Erdalkalimetallen.

3.2. Brennbare Baustoffe (Klasse B)

3.2.1. (II) Schwer entflammbare Baustoffe (Klasse B 1)

Ohne Nachweis gelten als schwer entflammbar:

mit mineralischen Bindemitteln gebundene Holzwolle-Leichtbauplatten nach DIN 1101.

Anmerkung: Mit zeitlicher Begrenzung gemäß Prüfbescheid gelten außerdem als schwer entflammbar Baustoffe, denen ein Prüfzeichen zugeteilt ist oder solche, die mit einem Feuerschutzmittel, dem ebenfalls ein Prüfzeichen zugeteilt ist, vorschriftsmäßig behandelt sind.

3.2.2. (I) Normal entflammbare Baustoffe (Klasse B 2)

Ohne Nachweis gelten als normal entflammbar insbesondere Holz und Holzwerkstoffe von mehr als 2 mm Dicke und genormte Dachpappen.

3.2.3. Leicht entflammbare Baustoffe (Klasse B 3)

Als leicht entflammbar gelten insbesondere in loser Form Papier, Stroh, Reth, Heu, Holzwolle, Baumwolle und andere Zellulosefasern sowie Holz und Holzwerkstoffe bis zu 2 mm Dicke und brennbare Stoffe in fein zerteilter Form, soweit kein gegenteiliger Nachweis erbracht ist.

4. (B) Bauteile (F 30)

Als feuerhemmend (Feuerwiderstandsklasse F 30) gelten ohne besonderen Nachweis:

4.1. (IV) Bauteile mit Putz oder Unterdecken

4.1.1. (a) Bauteile aus Beton und Stein mit Putz sowie aus Holz und Stahl mit Putz auf Putzträger (aus Rohrung, Holzstabgewebe, Holzwolle-Leichtbauplatten nach DIN 1101, Drahtgewebe, Rippenstreckmetall oder Streckmetall), soweit im folgenden nichts anderes bestimmt ist. Der Putz muß mindestens 15 mm dick sein [2]) (über Putzträger gemessen) aus Mörtel der Gruppen II oder IV nach DIN 18 550 „Putz; Baustoffe und Ausführung“ [3]). Wird beim Wandputz Rohr oder Holzstabgewebe als Putzträger verwendet, dann müssen Rohr und Holzstäbe waagerecht liegen,

4.1.2. hängende Drahtputzdecken nach DIN 4121 „Hängende Drahtputzdecken (Rabitzdecken); Richtlinien für die Ausführung“ (Putzträger auch Rippenstreckmetall oder Streckmetall) sowie alle mit dieser Decke geschützten Bauteile,

4.2. (b) **Decken mit Belägen** (nur für Feuerbeanspruchung von der Oberseite) aus mindestens 25 mm dickem Estrich mit Zement, Gips oder Anhydrit, aus mindestens 25 mm dickem Steinholz oder mindestens 50 mm dickem Lehm [4]).

4.3. (c) Wände

4.3.1. aus vollfugig gemauerten Steinen, auch mit Hohlräumen, von mindestens 60 mm Dicke auch ohne Putz,

4.3.2. aus mindestens 100 mm dickem Beton (z. B. Kiesbeton), 50 mm dickem Leichtbeton (Rohdichte höchstens 1600 kg/m^3), Gasbeton oder Schaumbeton nach DIN 4164 (Rohdichte höchstens 800 kg/m^3) oder auch aus fugendicht versetzten 100 mm dicken Betonplatten oder 50 mm dicken Platten aus Leichtbeton, Gas- oder Schaumbeton, auch ohne Putz,

4.3.3. aus 60 mm dicken Wandbauplatten aus Gips nach DIN 18 163 ohne organische Zusatzstoffe nach DIN 4103 hergestellt, auch ohne Putz,

4.3.4. aus Holz oder Stahl, beiderseits nach Abschnitt 4.1.1 geputzt,

4.3.5. aus Holzwolle-Leichtbauplatten nach DIN 1101 in mindestens 25 mm Dicke hergestellt nach DIN 1102 mit Putz nach Abschnitt 4.1.1 auf einem Spritzbewurf. Der Oberputz darf erst aufgebracht werden, nachdem der Spritzbewurf erstarrt ist,

4.3.6. aus fugendicht versetzten Holztafeln (auch ohne Putz) nach den Richtlinien für Holzhäuser in Tafelbauart mit beiderseitig mindestens 8 mm dicken Sperrholzplatten nach DIN 68 705 oder mindestens 13 mm dicken Holzspanplatten nach DIN 68 761, oder mindestens 22 mm dicker Holzschalung (gespundet, nicht profiliert) und einer zusätzlich mittig angeordneten, mit der tragenden Konstruktion fest verbundenen mindestens 50 mm dicken Schicht aus mineralisch gebundenen Holzwolle-Leichtbauplatten nach DIN 1101,

---

[1]) Diese Norm wird z. T. ersetzt durch DIN 4102 Blatt 2, Ausgabe September 1965, und für Baustoffe durch die Ergänzung 1963 (siehe Vorbemerkung).

[2]) Bei Stahlbetondecken genügt eine Putzdicke von 12 mm, wenn die Betondeckung der Stahleinlagen mindestens 15 mm beträgt.

[3]) Die in DIN 18 550 aufgeführten Zuschlagstoffe können durch Perlite oder Vermiculite ersetzt werden.

[4]) Für Feuerbeanspruchung von der Unterseite sind Beläge nach Abschnitt 4.2 allein kein ausreichender Schutz.

DIN 4102 Blatt 4 Seite 3

4.3.7. aus Holztafeln nach Abschnitt 4.3.6 mit beiderseits mindestens 21 mm dicken Holzspanplatten nach DIN 68 761. Eine Dämmschicht aus nicht brennbaren Baustoffen oder aus mineralisch gebundenen Holzwolle-Leichtbauplatten nach DIN 1101 darf angeordnet werden.

4.4. (d) Decken und gleichzustellende Dächer

4.4.1. Decken aus gleichen Baustoffen und mit mindestens denselben Abmessungen wie nach Abschnitt 4.3.1 oder 4.3.2, auch ohne Putz, soweit im folgenden nichts anderes bestimmt ist.

4.4.2. Stahlbetonplatten nach DIN 1045, Stahlbetonhohldielen nach DIN 4028 und bewehrte Dach- und Deckenplatten aus Gas- und Schaumbeton nach DIN 4223 mindestens 60 mm dick, bei Putz nach Abschnitt 4.1.1 mindestens 50 mm dick, mit mindestens 10 mm Betondeckung der Stahleinlagen. Nicht geputzte Stahlbetonhohldielen aus Schwerbeton von weniger als 100 mm Dicke müssen einen Belag nach Abschnitt 4.2 haben.

4.4.3. Stahlbetonrippendecken nach DIN 1045 (ohne Füllkörper) mit einer Plattendicke von mindestens 60 mm, einer Rippenbreite von mindestens 100 mm und einer Betondeckung der Stahleinlagen von mindestens 10 mm; bei Putz der Platte nach Abschnitt 4.1.1 muß die Plattendicke mindestens 50 mm betragen.

4.4.4. Stahlbetonrippendecken nach DIN 1045 mit Füllkörpern (statisch nicht mitwirkend) aus Leichtbeton oder Deckenziegeln nach DIN 4160, die unterseits auf gleicher Höhe wie die Rippen liegen mit einer Plattendicke von mindestens 50 mm, einer Rippenbreite von mindestens 50 mm und einer Betondeckung der Stahleinlagen von mindestens 10 mm, auch ohne Putz,

4.4.5. Stahlbetonrippendecken nach Abschnitt 4.4.4 mindestens 90 mm dick mit statisch mitwirkenden Deckenziegeln nach DIN 4159 ohne Betondruckplatte, mit Putz.

4.4.6. Stahlbetonrippendecken nach Abschnitt 4.4.4 oder nach DIN 4225, Ausgabe Juli 1960, Bild 9, jedoch mit Füllkörpern aus Leichtbeton, deren mindestens 25 mm dicke Fußleisten die Rippen schützen, auch ohne Putz.

4.4.7. Stahlbetonbalken- und -rippendecken nach DIN 4225, Ausgabe Juli 1960, Abschnitt 16.1.1 [5]) und 16.1.2 aus dicht verlegten Balken oder Rippen oder mit Zwischenbauteilen aus Beton, die unterseits auf gleicher Höhe wie die Rippen liegen. Mittenabstand der Balken oder Rippen höchstens 750 mm, Betondeckung der Stahleinlagen mindestens 10 mm, mit Putz nach Abschnitt 4.1.1; ohne Putz ist eine Breite des Fußes von mindestens 100 mm, eine Höhe des Fußes von mindestens 60 mm und eine Höhe des Balkens oder der Rippe von mindestens 110 mm erforderlich.

4.4.8. Stahlsteindecken nach DIN 1046 mindestens 90 mm dick mit Putz nach Abschnitt 4.1.1.

4.4.9. Decken mit Fertigbauteilen aus Spannbeton nach DIN 4227 mit ebener Unterfläche und Putz nach Abschnitt 4.1.1 auf einem Spritzputz aus Zementmörtel nach DIN 18 550.

4.4.10. Holzbalkendecken sowie Holztafeln nach den Richtlinien für Holzhäuser in Tafelbauart mit unterem Putz auf Putzträger nach Abschnitt 4.1.1 und mit nicht brennbarer Auffüllung oder mit Lehmschlag.

4.4.11. Stahlträgerdecken mit Unterdecken nach Abschnitt 4.1.2 und einer durchgehenden Abdeckung nach Abschnitt 4.4.2 oder einem Belag nach Abschnitt 4.2.

[5]) Der Stoß der Zwischenbauteile ist zu vergießen, es sei denn, daß ein mindestens 10 mm dicker Aufbeton vorgesehen ist.

[6]) Dies gilt für die Stege von Plattenbalken nach DIN 1045 sinngemäß.

[7]) siehe Anmerkung zu Abschnitt 5.4.3.1

4.5. (e) Balken und Unterzüge (auch für Dachkonstruktionen)

4.5.1. Stahlbetonbalken nach DIN 1045 [6]) auch ohne Putz mit Rechteckquerschnitt

Breite mindestens 80 mm, Querschnitt mindestens 150 cm², Betondeckung der Stahleinlagen mindestens 20 mm

o d e r

Breite mindestens 100 mm, Querschnitt mindestens 225 cm², Betondeckung der Stahleinlagen mindestens 15 mm.

4.5.2. Holzbalken nach DIN 4074 oder nach DIN 1052 verleimt, als Rechteckquerschnitte, ungeschützt und ungestoßen, Querschnitt mindestens 450 cm², Breite mindestens 120 mm, Höhe mindestens 200 mm.

4.5.3. Stahlträger mit Putz auf Putzträger nach Abschnitt 4.1.2.

4.6. (f) Pfeiler und Stützen

4.6.1. Stützen aus Stahl [7]) oder Holz, beide mit Putz auf Putzträger nach Abschnitt 4.1.1.

4.6.2. Pfeiler aus Mauerwerk nach DIN 1053 oder aus Beton nach DIN 1047, beide auch ohne Putz.

4.6.3. Stahlbetonstützen nach DIN 1045 oder DIN 4225, Bewehrungsanteil $F_e/F_b \leqq 3\%$, auch ohne Putz:

Betongüte mindestens B 225, Dicke mindestens 150 mm. Querschnitt bzw. Kernquerschnitt (bei umschnürten Stützen) mindestens 225 cm², Betondeckung der Stahleinlagen bei einer Stützendicke unter 200 mm mindestens 15 mm, sonst mindestens 10 mm.

4.6.4. Stahlbetonstützen nach Abschnitt 4.6.3, jedoch Bewehrungsanteil $F_e/F_b > 3\%$, auch ohne Putz:

Betongüte mindestens B 225, Dicke mindestens 200 mm, Querschnitt bzw. Kernquerschnitt mindestens 400 cm², Betondeckung der Stahleinlagen mindestens 15 mm.

4.6.5. Stahlbetonstützen nach Abschnitt 4.6.4, auch ohne Putz: Betongüte mindestens B 300, Dicke mindestens 150 mm, Querschnitt bzw. Kernquerschnitt mindestens 225 cm², Betondeckung der Stahleinlagen mindestens 25 mm und einer Drahtgeflechteinlage nach DIN 1200 mit 16 bis 36 mm Maschenweite mit 10 mm Betondeckung.

4.7. (g) Treppen

4.7.1. Treppen aus Sandstein, Mauerwerk, Beton und Stahlbeton, mindestens 100 mm dick, sowie Eichenholz, auch ohne Putz.

4.7.2. Treppen aus Bauteilen nach Abschnitt 4.4.

4.7.3. Sonstige Holz- und Steintreppen, wenn sie unterseitig nach Abschnitt 4.1.1 geputzt sind. Bei Naturstein muß auch die Wange geputzt werden.

4.8. (h) Türen

Eichenholztüren müssen selbstschließend sein und aus in ganzer Türblatthöhe durchgehenden 40 mm dicken und höchstens 100 mm breiten Brettern mit stehenden Jahresringen und eichener Feder 12/30 mm, verleimt nach DIN 1052 mit Resorcinleim bestehen. An der Türblattinnen- und -außenseite müssen am oberen und unteren Türblattrand Querriegel 40/120 mm aus Eichenholz aufgeschraubt sein. Die Eichenholzzarge muß mindestens 60/120 mm Querschnitt besitzen und einen Falz von mindestens 30/30 mm haben. An Stelle der Eichenholzzarge kann eine Stahlzarge (siehe DIN 18 082) verwendet werden. Das Türblatt darf nicht mit einer Blechverkleidung oder einer Verglasung versehen sein.

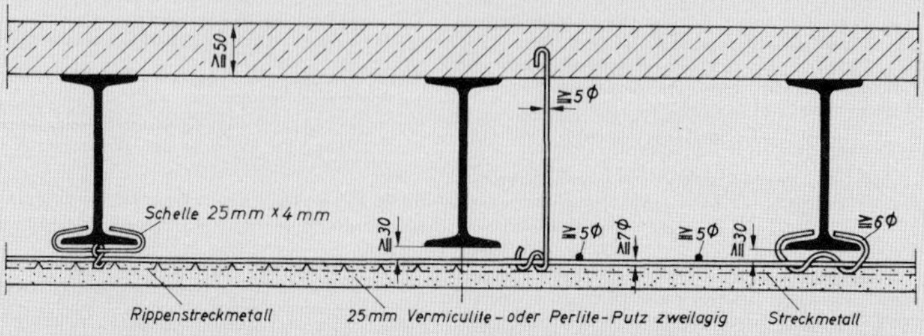

Bild 1

5. (V) Bauteile (F 90)

Als feuerbeständig (Feuerwiderstandsklasse F 90) gelten ohne besonderen Nachweis [8]):

5.1. (a) Wände (auch ohne Putz)

5.1.1. mindestens 115 mm dick aus Steinen ohne Hohlräume nach DIN 1053 oder aus Hochlochziegeln A nach DIN 105, vollfugig mit Mörtel nach DIN 1053 gemauert,

5.1.2. mindestens 240 mm dick aus Langlochziegeln oder Hochlochziegeln B nach DIN 105, Hohlblocksteinen nach DIN 18 151, Kalksand-Lochsteinen oder -Hohlblocksteinen nach DIN 106 Blatt 1, vollfugig mit Mörtel nach DIN 1053 gemauert,

5.1.3. mindestens 100 mm dick, ohne Hohlräume, aus Beton nach DIN 1047 oder DIN 4232 oder Stahlbeton nach DIN 1045, Betongüte mindestens B 120, oder aus geschüttetem Leichtbeton nach DIN 4232,

5.1.4. mindestens 100 mm dick aus Gasbeton oder Schaumbeton nach DIN 4164 mit einer Druckfestigkeit von mindestens 35 kp/cm²,

5.1.5. mindestens 80 mm dick aus Bimsbeton mit einer Druckfestigkeit von mindestens 80 kp/cm²,

5.1.6. mindestens 80 mm dick aus Wandbauplatten aus Gips nach DIN 18 163 ohne organische Zusatzstoffe, oder mindestens 70 mm dick aus Wandbauplatten aus Leichtbeton nach DIN 18 162 mit Bims als Zuschlagstoff, hergestellt nach DIN 4103.

5.1.7. Stahlskelettwände mit einer Ausfachung nach Abschnitt 5.1.1 bis 5.1.6 mit einer gegen Abfallen gesicherten Ummantelung der freiliegenden Stahlteile nach Abschnitt 5.4.3.2.

5.2. (c) Decken und gleichzustellende Dächer

5.2.1. Gewölbe aus Beton oder aus Steinen und Mörtel nach Abschnitt 5.1 wenn sie mindestens 100 mm dick sind, auch ohne Putz,

5.2.2. Stahlbetonplatten nach DIN 1045 und bewehrte Dach- und Deckenplatten aus Gas- und Schaumbeton nach DIN 4223, ohne Putz, mindestens 100 mm dick mit mindestens 30 mm Betondeckung der Stahleinlagen; bei Putz nach Abschnitt 4.1.1 mindestens 80 mm dick mit mindestens 10 mm Betondeckung der Stahleinlagen,

5.2.3. Stahlbetonplatten nach Abschnitt 5.2.2, jedoch durchlaufend oder beiderseits voll eingespannt, mindestens 100 mm dick mit mindestens 10 mm Betondeckung der Stahleinlagen, ohne Putz, wenn die Platten auch auf der Druckseite eine durchgehende Bewehrung erhalten, deren Querschnitt in Feldmitte noch mindestens $^1/_3$ derjenigen der Zugbewehrung ist,

5.2.4. Stahlbetonhohldielen aus Schwerbeton nach DIN 4028 mit Putz nach Abschnitt 4.1.1, mindestens 130 mm dick oder mindestens 100 mm dick und einem Belag nach Abschnitt 4.2. Bimsbetonhohldielen nach DIN 4028 auch ohne Putz und ohne Belag, mindestens 100 mm dick mit mindestens 20 mm Betondeckung der Stahleinlagen,

5.2.5. Stahlbetonrippendecken nach DIN 1045 (ohne Füllkörper) mit Putz nach Abschnitt 4.1.1 mit einer Plattendicke von mindestens 70 mm, einer Rippenbreite von mindestens 120 mm und einer Betondeckung der Stahleinlagen von mindestens 20 mm,

5.2.6. Stahlbetonrippendecken nach Abschnitt 5.2.5, jedoch durchlaufend oder beiderseits voll eingespannt ohne Putz mit Vollbeton im Stützbereich zwischen jeder zweiten Rippe bis zum Momentennullpunkt, einem Bügelabstand ≦ 200 mm, einer Plattendicke von mindestens 80 mm, einer Rippenbreite von mindestens 120 mm und einer Betondeckung der Stahleinlagen von mindestens 10 mm, mit auf der Druckseite durchgehender Bewehrung nach Abschnitt 5.2.3,

5.2.7. Stahlbetonrippendecken nach DIN 1045 mit Füllkörpern aus Leichtbeton (statisch nicht mitwirkend), die unterseits auf gleicher Höhe wie die Rippen liegen, mit einer Plattendicke von mindestens 50 mm, einer Rippenbreite von mindestens 100 mm und einer Betondeckung der Stahleinlagen der Rippen von mindestens 30 mm, ohne Putz; durchlaufend oder beiderseits voll eingespannt nach Abschnitt 5.2.3 oder mit Putz nach Abschnitt 4.1.1, mit einer Betondeckung der Stahleinlagen von mindestens 10 mm; Stahlbetonrippendecken nach DIN 1045 mit Füllkörpern aus Deckenziegeln nach DIN 4160 (statisch nicht mitwirkend), wenn die Decken durchlaufen oder beiderseits voll eingespannt und nach Abschnitt 5.2.3 ausgebildet sind,

5.2.8. Stahlbetonrippendecken nach Abschnitt 5.2.7, jedoch mit Füllkörpern aus Leichtbeton, deren mindestens 25 mm dicke Fußleisten die Rippen schützen, mit einer Betondeckung der Stahleinlagen von mindestens 10 mm, auch ohne Putz,

5.2.9. Stahlbetonbalken- und -rippendecken nach DIN 4225 Abschnitt 16.1.1 [9]) und 16.1.2 aus dicht verlegten Balken, oder mit Zwischenbauteilen aus Beton, die unterseits auf gleicher Höhe wie die Rippen liegen, Mittenabstand der Balken oder Rippen höchstens 750 mm, Breite des Fußes mindestens 100 mm, Höhe des Fußes mindestens 60 mm, Höhe des Balkens oder der Rippe mindestens 110 mm, ohne Putz mit einer Betondeckung der Stahleinlagen der Rippen von mindestens 30 mm; mit Putz nach Abschnitt 4.1.1 mit einer Betondeckung der Stahleinlagen von mindestens 10 mm,

5.2.10. Stahlsteindecken nach DIN 1046, mit Deckenziegeln nach DIN 4159 mit vollvermörtelbarer Stoßfuge, mindestens 115 mm dick mit Putz nach Abschnitt 4.1.1 oder ohne Putz, wenn die Decken durchlaufen oder beiderseits voll eingespannt und nach Abschnitt 5.2.3 ausgebildet sind,

---

[8]) Soweit Putzträger (siehe Abschnitt 4.1.1) verwendet werden, müssen sie aus nicht brennbaren Baustoffen bestehen.

[9]) Siehe Fußnote 5 zu Abschnitt 4.4.7

5.2.11. Stahlbetondecken oder Stahlsteindecken, beide mit einer Unterdecke nach den Abschnitten 4.1.2 oder 5.2.12,

5.2.12. Stahlträgerdecken (siehe Bild 1) mit einer untergehängten Decke aus mindestens 25 mm dickem, zweilagigem Vermiculite- bzw. Perlite-Zementputz oder Vermiculite- bzw. Perlite-Gipsputz auf Rippenstreckmetall oder Streckmetall, wenn die Deckenplatte der Rohdecke aus nicht brennbaren Baustoffen (Klasse A) besteht, die alle tragenden Stahlteile mindestens 50 mm überdecken.

Der Mörtel für den mindestens 20 mm dicken Unterputz muß aus einem Raumteil Zement nach DIN 1164 oder zwei Raumteilen Baugips nach DIN 1168 und 3 Raumteilen geblähtem (expandiertem) Vermiculite, etwa der Körnung 3/6 mm, oder Perlite, etwa der Körnung 0/3 mm, bestehen. Der Mörtel für den etwa 0,5 mm dicken geglätteten Oberputz muß aus einem Raumteil Zement nach DIN 1164 oder Gips nach DIN 1168 und etwa 3 Raumteilen geblähtem Vermiculite oder Perlite der Körnung 0/3 mm, hiervon mindestens 70% Körnung 1/3 mm, bestehen.

Zur besseren Verarbeitung darf sowohl beim Ober- als auch beim Unterputz bis zu 20% des Zements durch Kalkhydrat ersetzt werden. Die Rohdichte des expandierten Vermiculites und Perlites darf bei loser Einfüllung höchstens 0,13 kg je dm³ betragen.

Wird Fertigmörtel geliefert, so ist auf der Verpackung, dem Lieferschein oder in anderer geeigneter Weise seine Zusammensetzung und das Mischungsverhältnis anzugeben.

Für die bauliche Durchbildung des Putzträgers, des Gerippes und der Abhänger sowie für das Vorbereiten des Putzträgers zur Aufnahme des Putzes gilt DIN 4121. Die Oberkante des Putzträgers muß mindestens 30 mm unter der Unterkante des Stahlträgers liegen.

5.2.13. Spannbetondecken mit einer Unterdecke nach Abschnitt 5.2.12, sofern die Spannglieder nicht außerhalb des Betonquerschnitts liegen.

5.3. (d) Balken und Unterzüge
(auch für Dachkonstruktionen)

5.3.1. aus Stahlbeton [6])

5.3.1.1. wenn sie mindestens 400 mm, bei Fensterstürzen bis zu 1,5 m Stützweite 300 mm hoch und 200 mm breit sind sowie eine Betondeckung der Stahleinlagen von mindestens 15 mm haben; niedrigere Balken nur, wenn sie nach Abschnitt 4.1.1 geputzt oder wenn sie über mehrere Stützen durchlaufen und nach Abschnitt 5.2.3 bewehrt sind;

5.3.1.2. wenn sie mit einer Ummantelung nach Abschnitt 5.4.3.2 versehen sind,

5.3.1.3. wenn sie mit einer Unterdecke nach Abschnitt 5.2.12 versehen sind.

5.3.2. aus Spannbeton

5.3.2.1. mit einer Ummantelung nach Abschnitt 5.4.3.2, erster Satz, wenn zwischen der Betonoberfläche und dem Putzträger eine mindestens 20 mm dicke Luftschicht bleibt und die Spannglieder nicht außerhalb des Betonquerschnitts liegen,

5.3.2.2. die oberhalb einer Unterdecke nach Abschnitt 5.2.12 liegen, sofern die Spannglieder nicht außerhalb des Betonquerschnitts liegen.

5.3.3. aus Stahl

5.3.3.1. mit einer Ummantelung nach Abschnitt 5.4.3.2, erster Satz,

5.3.3.2. die oberhalb einer Unterdecke nach Abschnitt 5.2.12 liegen,

5.3.3.3. mit I- oder IP-Profilen nach DIN 1025 und zusammengesetzten Profilen mit ähnlichem Querschnitt, deren Flanschzwischenräume vollständig ausgemauert oder ausbetoniert sind und deren freiliegende Flanschflächen mit mindestens 30 mm dickem Putz nach Abschnitt 4.1.1 mit eingelegtem Drahtgeflecht, im Abstand von 5 bis 10 mm von der Außenfläche versehen sind. Das Drahtgeflecht ist an den Stoßstellen sorgfältig zu verknüpfen. Der Putz kann durch eine gleichdicke Deckung aus gebranntem Ton oder anderen gleichwertigen Stoffen ersetzt werden. Die Ummantelung ist gegen Herabfallen zu sichern.

5.4. (e) Pfeiler und Stützen

5.4.1. Pfeiler aus Mauerwerk nach DIN 1053 oder Beton nach DIN 1047, wenn sie aus den unter Abschnitt 5.1.1 bis 5.1.4 aufgeführten Baustoffen hergestellt werden, in einer Dicke von mindestens 365 mm, auch ohne Putz. Pfeiler aus Granit, Kalkstein, Sandstein und ähnlichen Natursteinen, gelten nicht als feuerbeständig.

5.4.2. Stahlbetonstützen nach DIN 1045 und DIN 4225

5.4.2.1. Stahlbetonstützen mit einer Dicke von mindestens 200 mm und mit Putz nach Abschnitt 4.1.1. Im Putz muß ein Drahtgeflecht nach DIN 1200 mit 10 bis 16 mm Maschenweite liegen, das die Stütze vollständig umschließt und dessen Quer- und Längsstöße mit Bindedraht sicher verknüpft sind; die Längsstöße sind gegeneinander zu versetzen,

5.4.2.2. Stahlbetonstützen, ohne Putz, Bewehrungsanteil $F_e/F_b \leqq 3\%$, Betongüte mindestens B 225:

Dicke mindestens 240 mm, Querschnitt bzw. Kernquerschnitt (bei umschnürten Stützen) mindestens 720 cm², Betondeckung der Stahleinlagen mindestens 15 mm,

5.4.2.3. Stahlbetonstützen wie Abschnitt 5.4.2.2, jedoch mit einer Drahtgeflechteinlage nach DIN 1200 mit 16 bis 36 mm Maschenweite mit 10 mm Betonüberdeckung des Drahtes unter Einhaltung folgender Abmessungen:

Dicke mindestens 200 mm, Querschnitt bzw. Kernquerschnitt mindestens 480 cm², Betondeckung der Stahleinlagen insgesamt mindestens 25 mm

o d e r

Dicke mindestens 150 mm, Querschnitt bzw. Kernquerschnitt mindestens 360 cm², Betondeckung der Stahleinlagen insgesamt mindestens 25 mm, bei ausschließlicher Verwendung von Kalkstein als Zuschlagstoff und einer Schlankheit von $h:d \leqq 24$,

5.4.2.4. Stahlbetonstützen, ohne Putz, Bewehrungsanteil $F_e/F_b > 3\%$, Betongüte mindestens B 225:

Dicke mindestens 300 mm, Querschnitt bzw. Kernquerschnitt mindestens 900 cm², Betondeckung der Stahleinlagen mindestens 25 mm mit einer Drahtgeflechteinlage nach Abschnitt 5.4.2.3 oder

Dicke mindestens 500 mm, Querschnitt bzw. Kernquerschnitt mindestens 2500 cm², Betondeckung der Stahleinlagen mindestens 25 mm.

5.4.3. Stützen aus Stahl

5.4.3.1. Stützen aus Stahl mit oder ohne Ausfüllung des Kerns, wenn sie allseitig mit Beton, Leichtbeton, Ziegeln, Kalksandsteinen, zementgebundenen Steinen oder Gips ummantelt sind. Diese Ummantelung muß durch eingelegte Drahtbügel gegen Herabfallen gesichert werden und einschließlich eines etwaigen Putzes mindestens 60 mm, vor den Enden abstehender Flansche mindestens 30 mm dick sein (Bild 2).

Besteht diese Ummantelung aus Steinen oder Platten, so müssen diese auch an den Ecken im Verband versetzt sein. Besteht die Ausfüllung und Ummantelung aus Beton mindestens der Güte B 160, so muß die Ummantelungsdicke allseitig mindestens 40 mm betragen, einschließlich eines etwaigen Putzes von mindestens 15 mm Dicke. In der Ummantelung dürfen keine Öffnungen vorhanden sein. Hohlräume der Ummantelung müssen in jedem Stockwerk, mindestens aber in Abständen von 4 m feuerbeständig abgeschlossen werden.

---

[6]) siehe Seite 3

Seite 6 DIN 4102 Blatt 4

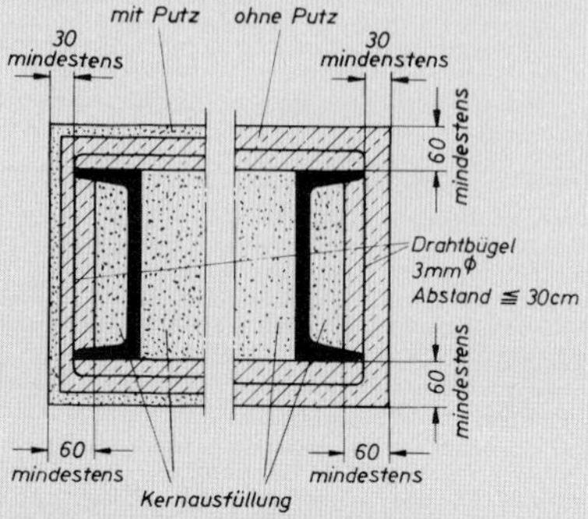

Bild 2

Anmerkung: Stützen aus Stahl mit geschlossenem Querschnitt mit Betonfüllung müssen im Abstand von höchstens 5 m sowie am Kopf und Fuß der Stütze jeweils mindestens 2 Löcher mit zusammen mindestens 6 cm² Öffnungsquerschnitt haben. Die Ummantelung muß an diesen Stellen gleichgroße Öffnungen haben (Bild 6).

5.4.3.2. Stützen aus Stahl, die allseitig mit einem mindestens 35 mm dicken Vermiculite-Zementputz oder Perlite-Zementputz oder Perlite-Gipsputz oder Putz aus Gipsmörtel der Gruppe IV a nach DIN 18 550 Zeile 6 ummantelt sind, der auf einem nicht brennbaren und gegen Ablösen gesicherten Putzträger aufgetragen ist (Bilder 3 bis 6). Die Ummantelung darf keine Öffnungen haben.

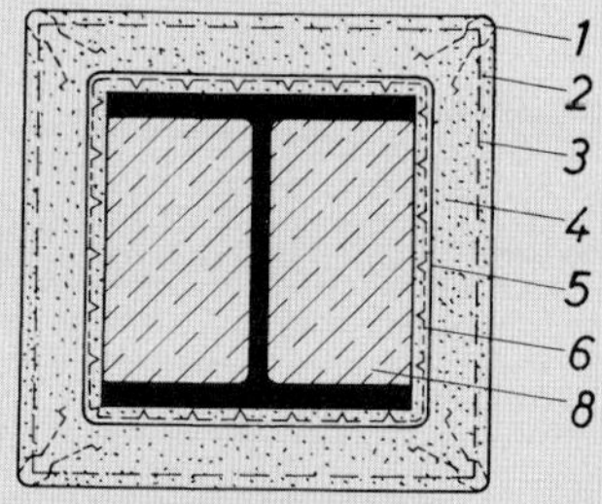

Bild 3

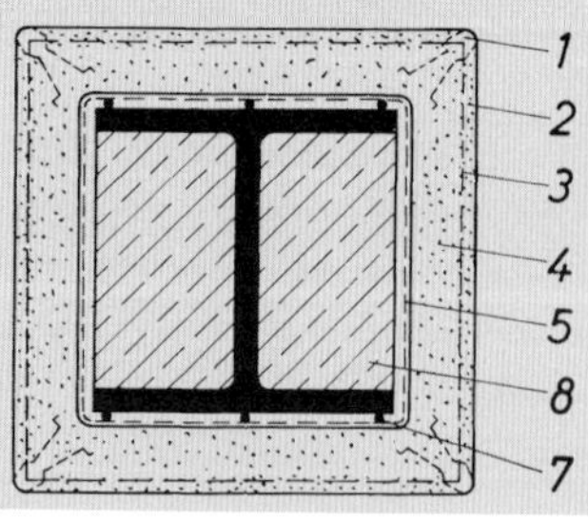

Bild 4

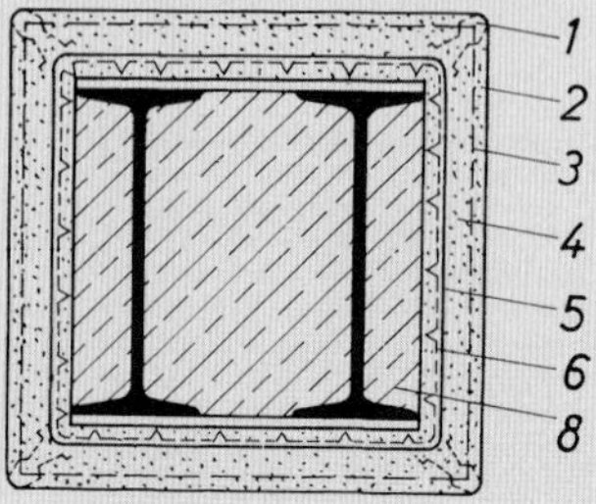

Bild 5

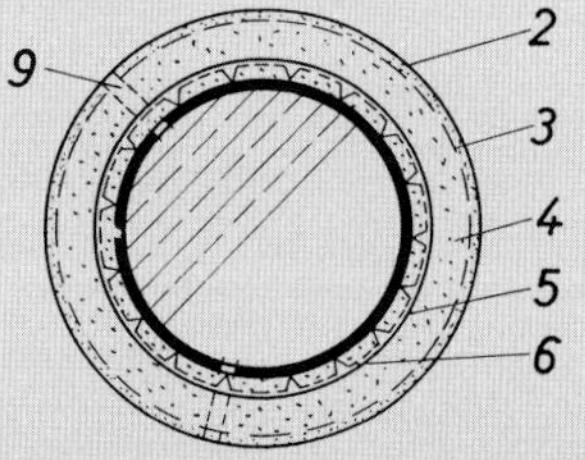

Bild 6

1	Kantenschutz	
2	≧ 5 mm geglätteter Kalk oder Kalkzementputz Mörtelgruppe I oder II nach DIN 18 550	oder 35 mm Perlite-Putz oder 35 mm Putz aus Gipsmörtel der Gruppe IV a nach DIN 18 550, beide mit eingelegtem Drahtgewebe
3	Drahtgewebe	
4	≧ 35 mm Vermiculite-Zementputz	
5	Bindedraht	
6	Rippenstreckmetall	
7	Streckmetall und Rundstahl ≧ 5 mm als Abstandhalter	
8	Kern auf mindestens 1,5 m über Fußboden ausgemauert oder betoniert	
9	Bohrungen in der Rohrwandung und Öffnungen in der Ummantelung bei betongefüllten Stahlrohren	

In den Perlite-Putz oder Putz aus Gipsmörtel ist im Abstand von 5 bis 10 mm von der Außenfläche ein Drahtgeflecht einzulegen. Das Drahtgeflecht ist an den Stoßstellen sorgfältig zu verknüpfen. Auf den Vermiculite-Putz sind ein Drahtgeflecht und ein mindestens 5 mm dicker, geglätteter Oberputz aus Kalk- oder Kalkzementmörtel der Mörtelgruppen I oder II nach DIN 18 550 aufzubringen.

Für die Zusammensetzung des Mörtels gilt Abschnitt 5.2.12 sinngemäß.

Die Putze sind ohne Unterbrechung des Arbeitsvorganges und ohne Einlegen von Putzleisten aufzubringen.

Als Putzträger darf nur Rippenstreckmetall oder Streckmetall verwendet werden. Die Rippen des Rippenstreckmetalls müssen beim Umwickeln der Stütze auf der Innenseite liegen. Bei einfachem Streckmetall ist durch eingelegte Rundstähle von mindestens 5 mm Durchmesser zu gewährleisten, daß der Putzträger nicht unmittelbar auf dem Stahl liegt. Der Putzträger muß sich an allen Stoßstellen ausreichend überdecken.

Durch Umwickeln oder Verknüpfen mit Bindedraht ist der Putzträger gegen Herabfallen zu sichern.

Um das Abplatzen der Ummantelung infolge von Stoßbeanspruchungen zu verhindern, sind Stützen aus offenem

Profilstahl in jedem Stockwerk bis auf mindestens 1,50 m Höhe über Fußbodenoberfläche auszubetonieren (z. B. mit Leichtbeton) oder auszumauern.

5.4.4. Säulen aus Gußeisen müssen allseitig mindestens 60 mm dick nach Abschnitt 5.4.3.1 ummantelt sein.

5.5. (g) **Treppen**

5.5.1. die nach Abschnitt 5.2 und 5.3 hergestellt sind,

5.5.2. aus mindestens 100 mm dicken, werkmäßig hergestellten Stahlbetonbauteilen mit Putz nach Abschnitt 4.1.1.

Treppen aus Natursteinen gelten nicht als feuerbeständig.

6. (VI) Bauteile (F 180)

Als hochfeuerbeständig (Feuerwiderstandsklasse F 180) gelten ohne besonderen Nachweis:

6.1. Stahlbetonstützen, die mindestens 400 mm dick und nach Abschnitt 5.4.2.1 geputzt sind mit einer Betongüte von mindestens B 225,

6.2. Stützen aus Stahl, bei denen die Stahlteile wie in den Bildern 7 und 8 dargestellt, geschützt sind.

7. (VII) Sonderregelung

7.1. Dacheindeckungen (Harte Bedachung)

Als ausreichend widerstandsfähig gegen Flugfeuer und strahlende Wärme gelten ohne besonderen Nachweis und ohne Rücksicht auf die Dachneigung:

Dacheindeckungen aus natürlichen und künstlichen Steinen, aus Betonplatten, Asbestzementplatten nach DIN 274, Stahl- und sonstige Metalldächer ohne Dämm- oder Deckschichten aus Baustoffen der Klasse B

fachgerecht und gemäß DIN 18 338 auf Holzschalung oder einer anderen mindestens gleichwertigen Unterlage verlegte Teerdachpappen nach DIN 52 121

Bitumendachpappen nach DIN 52 128

Bitumendachdichtungsbahnen mit Rohfilzpappeneinlage nach DIN 52 130 (z. Z. noch Entwurf)

Teersonderdachpappen und Teer-Bitumendachpappen, beide mit beiderseitiger Sonderdeckschicht nach DIN 52 140 (Vornorm).

7.2. Gegen Feuer ausreichend widerstandsfähige Bauteile-Brüstungselemente

Als ausreichend widerstandsfähig gegen Feuer (abgeminderte Temperaturkurve für Brüstungselemente) [10]) gelten ohne Nachweis Bauteile, die einschließlich ihrer Halterung und Befestigung geprüft feuerbeständig (F 90) sind.

7.3. Brandwände

7.3.1. Wände aus nicht brennbaren Baustoffen (Klasse A) nach DIN 1053 mindestens 240 mm dick,

7.3.2. Wände aus Beton nach DIN 1047 oder Stahlbeton nach DIN 1045 mindestens 200 mm dick, aus Schüttbeton nach DIN 4232 mindestens 250 mm dick; sind Wände zug- und schubfest durch mindestens feuerhemmende (F 30) Decken mit tragenden Teilen aus nicht brennbaren Baustoffen (Klasse A) in Abständen von höchstens 5 m ausgesteift, so genügt für Wände aus Stahlbeton eine Mindestdicke von 140 mm, für Wände aus Beton mit Transportbewehrung eine Mindestdicke von 180 mm.

[10]) Siehe DIN 4102 Blatt 3 (z. Z. noch Entwurf)

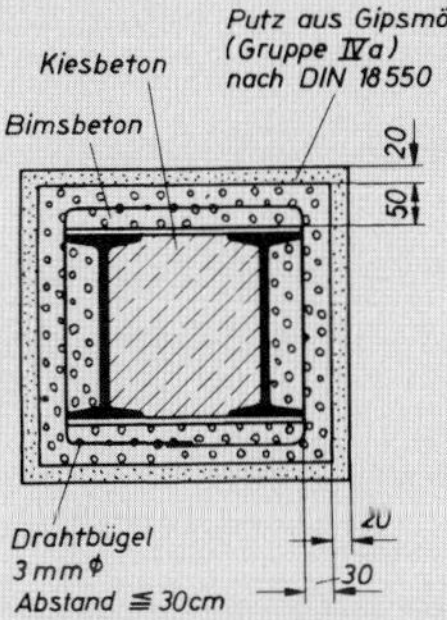

Bild 7

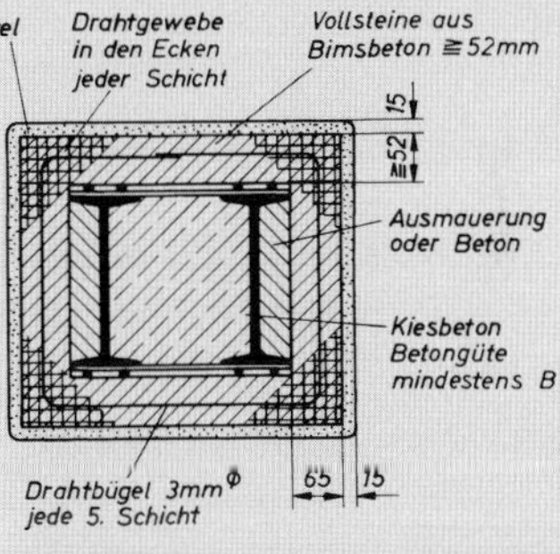

Bild 8

DK 699.81 : 691 : 351.78

Ergänzende Bestimmungen zu DIN 4102 Brandverhalten von Baustoffen und Bauteilen

Bauaufsichtlich eingeführt als „Ergänzende Bestimmungen zu DIN 4102; Brandverhalten von Baustoffen und Bauteilen, 2. Fassung, März 1966" u. a. im Land Nordrhein-Westfalen durch Erlaß vom 28. 4. 1966, Min. Bl. Nr. 81 vom 26. Mai 1966.

Vorbemerkung

Im Zusammenhang mit der Überarbeitung von

DIN 4102 Widerstandsfähigkeit von Baustoffen und Bauteilen gegen Feuer und Wärme;

Blatt 1 —; Begriffe

Blatt 2 —; Einreihung in die Begriffe

Blatt 3 —; Brandversuche,

jeweils Ausgabe November 1940,

wird aus Gründen der Zweckmäßigkeit der Inhalt der Normen neu aufgeteilt:

DIN 4102 Brandverhalten von Baustoffen und Bauteilen;

Blatt 1 —; Begriffe, Anforderungen und Prüfungen von Baustoffen (in Bearbeitung)

Blatt 2 —; Begriffe, Anforderungen und Prüfungen von Bauteilen (Ausgabe September 1965)

Blatt 3 —; Begriffe, Anforderungen und Prüfungen von Sonderbauteilen (Entwurf August 1965)

Blatt 4 —; Einreihung in die Begriffe (Ausgabe September 1965)

Blatt 5 —; Erläuterungen zu Blatt 1 bis 4 (in Bearbeitung).

Die Ausgaben November 1940 von DIN 4102 Blatt 1 bis 3 werden z. Z. durch DIN 4102 Blatt 2 (Ausgabe September 1965), DIN 4102 Blatt 4 (Ausgabe September 1965) und DIN 4102 Blatt 10 (Ausgabe Oktober 1966) ersetzt.
Sobald DIN 4102 Blatt 1 (in Bearbeitung) und DIN 4102 Blatt 3 (z. Z. Entwurf August 1965) fertiggestellt sind, wird das Blatt 10 zurückgezogen.

Inhalt

D-389

Seite 2

1. Allgemeines

Die folgenden Bestimmungen ersetzen bis zur Neufassung von DIN 4102 Blatt 1 und 3 die Ausgabe November 1940 dieser beiden Blätter, soweit nicht ihr Inhalt in die Ausgabe September 1965 von DIN 4102 Blatt 2 und 4 übernommen worden ist.

2. Brandverhalten der Baustoffe

Die Baustoffe werden nach ihrem Brandverhalten eingeteilt in:

2.1.	nicht brennbare Baustoffe	(Klasse A)
2.2.	brennbare Baustoffe	(Klasse B)
2.2.1.	schwer entflammbare Baustoffe	(Klasse B 1)
2.2.2.	normal entflammbare Baustoffe	(Klasse B 2)
2.2.3.	leicht entflammbare Baustoffe	(Klasse B 3)

3. Nicht brennbare Baustoffe (Klasse A)

3.1. Begriffsbestimmung

Als nicht brennbar gelten Baustoffe, die bei dem Versuch nach Abschnitt 3.2

3.1.1.

innerhalb der ersten 20 Sekunden, gerechnet vom Beginn des Einhängens der Prüfkörper, nicht länger als insgesamt 2 Sekunden aufflammen oder glimmen, wobei die Flamme nicht über den oberen Rand der Heizröhre herausschlagen darf,

3.1.2.

von der 21. Sekunde an bis zum Ende der 15. Minute keine Flammen zeigen oder glimmen, und

3.1.3.

sich nicht oder nur so schwach selber erwärmen, daß dadurch die Temperatur im Ofen um höchstens 50 grd über ihren Anfangswert ansteigt.

Maßgebend ist das ungünstigste Versuchsergebnis.

3.2. Prüfung

3.2.1. Anzahl und Abmessung der Prüfkörper

Es sind 6 Prüfkörper mit den Abmessungen 50 mm × 40 mm × 40 mm zu untersuchen. Bei Stoffen, die in der Regel dünner als 40 mm sind, werden die Prüfkörper aus einzelnen Schichten zusammengesetzt. Bei zusammendrückbaren Baustoffen ist die Dicke unter einer Flächenbelastung von 1 p/cm² maßgebend.

3.2.2. Vorbereitung der Prüfkörper

3.2.2.1.

Drei der Versuchskörper werden bei einer Temperatur von 105 °C sechs Stunden lang getrocknet und dann in trockener Luft abgekühlt. Werden diese Prüfstücke nicht sofort nach der Vorbereitung geprüft, müssen sie in einer geschlossenen Trockenkammer bis zum Versuch aufbewahrt werden.

3.2.2.2.

Die restlichen drei Prüfkörper werden eine Woche in einem Exsikkator über festem kristallwasserfreien $CaCl_2$ aufbewahrt.

3.2.3. Versuchsdurchführung

Der Nichtbrennbarkeitsversuch wird in einem elektrisch beheizten Ofen durchgeführt. Die Temperatur des Ofens wird mit einem Thermoelement gemessen, das in der waagerechten Mittelebene der Heizröhre in 10 mm Abstand von der Wandung angeordnet ist. Während der Prüfung, ausgenommen während des Einlegens der Prüfkörper, müssen die beiden Teile der Abdeckung so aufgelegt werden, daß eine quadratische Öffnung von 6,25 cm² Fläche entsteht, deren Mittelpunkt in der Achse der Heizröhre liegt. Eine Zündflamme von 16 bis 22 mm Länge wird unmittelbar über dieser Öffnung in der Achse der Heizröhre angeordnet. Bei der Versuchsdurchführung wird die Ofentemperatur zunächst auf 750 °C gebracht und so lange auf ±10 grd konstant gehalten, bis der Prüfkörper eingehängt wird. Der Prüfkörper wird mittels eines Drahtgestells mittig und mit senkrechter Längsachse in die Ofenröhre gehängt. Der Einhängevorgang darf nicht länger als 20 Sekunden dauern.

Falls die Wahrscheinlichkeit besteht, daß sich der Prüfkörper während des Versuchs auflöst oder schmilzt, muß er durch Drahtgeflecht oder einen Behälter aus dünnem Metall unterstützt werden. Dieser Behälter hat eine quadratische Grundfläche von 44 mm Seitenlänge und eine Höhe von 50 mm. Das Prüfstück muß auf diese Weise 15 Minuten lang erhitzt werden.

3.3. Prüfungszeugnis

Im Prüfungszeugnis ist anzugeben:

3.3.1.

Beschreibung des Baustoffes, seine Abmessungen, Raum- und Flächengewichte, Vermerk über amtliche Probenahme,

3.3.2.

Angaben über Einbau der Prüfkörper und die Versuchsdurchführung,

3.3.3.

Temperaturmeßergebnisse während der Versuche,

3.3.4.

Beobachtungen beim Versuch, Zeitpunkt und Dauer einer Entflammung, Aussehen, Abbrand, Zerstörung, erhalten gebliebene Dicke nach dem Versuch,

3.3.5.

Zusammenfassung der Prüfergebnisse mit Beurteilung nach Abschnitt 3.1.

4. Schwer entflammbare Baustoffe (Klasse B 1)

4.1. Begriffsbestimmung

Brennbare feste Baustoffe gelten als schwer entflammbar, wenn bei dem Versuch nach Abschnitt 4.2

4.1.1.

keine Probe vollständig verbrennt,

4.1.2.

der Mittelwert der Längen der oberflächig nicht zersetzten Probenteile mindestens 15 cm beträgt,

4.1.3.

bei keinem Versuch die mittlere Rauchgastemperatur 250 °C überschreitet und

4.1.4.

die Proben nach ihrem sonstigen, im Prüfbericht unter den Abschnitten 4.3.5 bis 4.3.7 angeführten Verhalten keinen Anlaß zu Beanstandungen geben.

Soll die Eigenschaft „schwer entflammbar" durch Feuerschutzmittel oder Feuerschutzschichten erreicht werden, so gelten diese als geeignet, wenn die behandelten Probekörper die Anforderungen nach Abschnitt 4.1.1 bis 4.1.4 erfüllen.

4.2. Prüfung

4.2.1. Anzahl und Abmessung der Proben

4.2.1.1. A b m e s s u n g e n

Der Prüfkörper wird aus 4 Proben mit den Flächenabmessungen 190 mm × 1000 mm zusammengesetzt (siehe Abschnitt 4.2.3).

Seite 3

4.2.1.2. Anzahl

Bei Stoffen mit unterschiedlichem thermischen Verhalten in Längs- und Querrichtung (z. B. Gewebe, Folien) ist für Erst- und Alterungsprüfungen sowie für Belegzwecke (8 Proben) eine Materialmenge für 40 Proben (rd. 8 m²) erforderlich zur Entnahme von je 20 Proben längs und quer zur Fertigungsrichtung; bei Stoffen mit gleichem thermischen Verhalten in Längs- und Querrichtung sind 32 Proben notwendig.

4.2.2. Vorbereitung der Prüfkörper

Die Verwendung der Proben für die Erstprüfung, die Alterungsprüfungen und Belegzwecke, die Klimatisierung der Proben und die Ausrüstung von Proben zur Prüfung von Feuerschutzmitteln richten sich nach den Vorläufigen Prüfgrundsätzen für den Nachweis der Eigenschaft „schwer entflammbar" (DIN 4102) von Stoffen im Bauwesen sowie der Eignung von Feuerschutzmitteln, Stoffe im Bauwesen „schwer entflammbar" zu machen *).

4.2.3. Versuchsdurchführung

Die Versuche werden in jeweils vier Proben, die zu einem Plattenschlot zusammengesetzt sind, nach den in Abschnitt 4.2.2 genannten Prüfgrundsätzen durchgeführt.

Die Beflammungsdauer beträgt 10 Minuten. Die Beflammung kann dann vorzeitig abgebrochen werden, wenn das Brandgeschehen an den Proben nach Augenschein eindeutig beendet ist.

4.3. Prüfbericht

Der Prüfbericht muß enthalten:

4.3.1.

Beschreibung des Stoffes nach Art, Aussehen und Aufbau der Proben,

Abmessungen (insbesondere Dicke der Proben),

Rohdichte (Raumgewicht) und Flächengewicht unmittelbar vor der Prüfung,

Vermerk über amtliche Probenahme.

Bei Feuerschutzmitteln allgemein:

Art und Zusammensetzung,

Aussehen des aufgetragenen Schutzmittels,

Naßaufnahme in g/m²
(festgestellt nach Ausgleichslagerung nach Abschnitt 4.2.2);
bei Feuerschutzmitteln für Holz und Holzwerkstoffe außerdem Gewichtsverlust in %, bezogen auf das Gewicht der Proben unmittelbar vor der Brandprüfung, festgestellt in Abständen von 1 Minute bis zum Zeitpunkt 2 Minuten nach Beendigung der Beflammung bzw. Schluß etwaigen Nachbrennens oder Nachglimmens, Angaben über etwaige Ausblühungen, Haftfestigkeit und Wischfestigkeit.

4.3.2.

Angaben über Einbau der Probekörper, Versuchsdurchführung, Anzahl der Versuche.

4.3.3.

Länge des oberflächig nicht zersetzten Teiles der Proben (Einzelwerte und Mittelwert in cm).

4.3.4.

Zeitlicher Verlauf der Rauchgastemperatur (Mittelwert der 5 Meßstellen für jeden Probekörper), Zeitpunkt und Höhe des Maximums der mittleren Rauchgastemperatur (Einzel- und Mittelwert der Probekörper).

4.3.5.

Größte Flammenhöhe (auf 10 cm gerundet) für jeden Probekörper sowie Zeitpunkt ihres Auftretens.

4.3.6.

Zeitdauer und Beschreibung etwaigen Nachbrennens und Nachglimmens.

4.3.7. Besondere Beobachtungen:

Zeitpunkt und Dauer einer Entflammung, Art der Flammenausbreitung, Aussehen der Proben nach der Brandprüfung.

5. Normal entflammbare Baustoffe (Klasse B 2)

5.1. Begriffsbestimmung

Brennbare feste Baustoffe gelten, soweit sie nicht schwer entflammbar sind, als normal entflammbar, wenn bei den Versuchen nach Abschnitt 5.2 von je 10 Proben keine

5.1.1.

unter den in Abschnitt 5.2.3.1 angegebenen Versuchsbedingungen innerhalb von 15 Minuten entflammt und

5.1.2.

unter den in Abschnitt 5.2.3.2 angegebenen Versuchsbedingungen so entflammt, daß ihre Flammen 10 Sekunden nach Beflammungsbeginn eine Höhe von 5 cm, gerechnet von der Probenunterkante, überschreiten. Ein kurzzeitiges Aufflammen zu Beginn des Versuchs bis zu etwa 1 Sekunde ohne Zerstörung der Probe wird nicht berücksichtigt. Wenn von je 10 Proben nur eine Probe die Anforderungen nach Abschnitt 5.1.1 oder 5.1.2 nicht erfüllt, darf der Versuchsteil (Abschnitt 5.2.3.1 oder 5.2.3.2) einmal wiederholt werden.

5.2. Prüfung

5.2.1. Abmessung der Proben

Zu untersuchen sind Proben von 60 mm Länge und 20 mm Breite. Die Proben sind zunächst in der dünnsten vorkommenden Dicke zu prüfen. Erfüllen die Proben in dieser Dicke die Anforderungen nach Abschnitt 5.1 nicht, so gilt der Baustoff in dieser Dicke als leicht entflammbar nach Abschnitt 6; es ist anschließend die Dicke festzustellen, bei der der Baustoff die Anforderungen nach Abschnitt 5.1 erfüllt.

5.2.2. Vorbereitung der Proben

Die Proben sind im Normalklima 20/65 DIN 50 014 so lange zu lagern, bis innerhalb von 48 Stunden keine Gewichtsänderungen mehr festgestellt werden (Ausgleichszustand).

5.2.3. Versuchsdurchführung

5.2.3.1.

10 Proben nach Abschnitt 5.2.1 werden in dem unter Abschnitt 3.2.3 beschriebenen Ofen, der auf 200 °C eingestellt wird, eingehängt und beobachtet. Eine Zündflamme ist nicht anzuordnen.

5.2.3.2.

10 in einem Stativ eingespannte Proben nach Abschnitt 5.2.1 sind in senkrechter Anordnung und in ruhiger Luft mit einem waagerecht etwa 2 mm eingespannten Zündholz (Haushaltsware) so zu beflammen, daß das Zündholz sofort nach der Entzündung in 15 mm Abstand unter die 20 mm breite Probenunterkante und parallel zu dieser geführt wird, wobei seine Kuppe an dem von der Einspannstelle des Zündholzes abgewandten Ende der zu beflammenden Probenunterkante liegt. Während des Versuchs darf das Zündholz nicht bewegt werden. Die Beflammung ist bis zum Abbrennen des Zündholzes durchzuführen.

5.3. Prüfungszeugnis

Im Prüfungszeugnis ist anzugeben:

5.3.1.

Beschreibung des Baustoffes, Abmessungen, Rohdichte, Vermerk über amtliche Probenahme,

5.3.2.

Angaben über die Versuchsdurchführung,

*) VFDB-Zeitschrift „Forschung und Technik im Brandschutz", 12. Jahrgang, Heft 2/1963, Verlag Kohlhammer, Stuttgart.

Seite 4

5.3.3.
Angaben über das Entflammen und die Flammenausbreitung des Baustoffs,

5.3.4.
Angaben, bei welchen Dicken die Proben die Anforderungen nach Abschnitt 5.1 nicht erfüllen und deshalb leicht entflammbar sind.

5.3.5.
Zusammenfassung der Prüfergebnisse und Beurteilung nach Abschnitt 5.1.

Die Prüfzeugnisse gelten zunächst für 3 Jahre. Material für 10 Proben ist für Belegzwecke bei der Prüfanstalt unter konstanten Bedingungen aufzubewahren.

6. Leicht entflammbare Baustoffe (Klasse B 3)

6.1. Begriffsbestimmung

Brennbare feste Stoffe, die weder in die Klasse B 1 noch in die Klasse B 2 einzuordnen sind, gelten als leicht entflammbare Baustoffe (Klasse B 3).

7. Verglasungen in feuerbeständigen Bauteilen

7.1.
Als ausreichend widerstandsfähig gegen Feuereinwirkung gelten Verglasungen, wenn sie während des Brandversuchs nach Abschnitt 7.2 den Einwirkungen des Feuers soviel Widerstand bieten, daß sie als Raumabschluß wirksam bleiben und weder Flammen noch Rauch durchlassen.

Bei dem im Anschluß an den Brandversuch ausgeführten Löschwasserversuch darf der Raumabschluß nicht zerstört werden.

7.2.
Die Verglasung wird in den Brandraum nach DIN 4102 Blatt 2 Abschnitt 5 in den Abmessungen und der Art eingebaut, wie sie für die praktische Ausführung vorgesehen ist.

Geprüft wird nach DIN 4102 Blatt 2 Abschnitt 5 eine Stunde lang.

Unmittelbar nach der einstündigen Feuerbeanspruchung ist die Verglasung mit Löschwasser nach DIN 4102 Blatt 2 Abschnitt 5.2.7 zu beanspruchen.

7.3.
Für das Prüfzeugnis gilt DIN 4102 Blatt 2 Abschnitt 5.4 sinngemäß.

8. Gegen Feuer ausreichend widerstandsfähige Bauteile**) (außer Verglasung)

8.1. Begriffsbestimmung

Als ausreichend widerstandsfähig gegen Feuer gelten Bauteile, wenn sie einschließlich ihrer Halterungen und Befestigungen unter ihrem Eigengewicht

8.1.1.
beim Brandversuch für Bauteile nach DIN 4102 Blatt 2, durchgeführt bei Feuerbeanspruchung auf der Innenseite, während einer Prüfzeit von 90 Minuten weder zusammenbrechen noch ihren Zusammenhang verlieren, und

8.1.2.
bei einem Brandversuch mit einer Temperaturkurve, die nach 5 Minuten 555 °C, nach 10 Minuten 660 °C (Einheitstemperaturkurve nach DIN 4102 Blatt 2) erreicht und dann konstant bleibt, durchgeführt bei einer Feuerbeanspruchung von außen, während einer Prüfzeit von 90 Minuten weder zusammenbrechen noch ihren Zusammenhang verlieren, den Durchgang des Feuers verhindern, auf der dem Feuer abgekehrten Seite keine entzündbaren Gase entwickeln und sich dort im Mittel um nicht mehr als 140 grd und an keiner Meßstelle um mehr als 180 grd über die Anfangstemperatur des Prüfkörpers bei Versuchsbeginn erwärmen.

**) z. B. Brüstungen für Hochhäuser und für bauliche Anlagen besonderer Art und Nutzung.

8.2. Prüfungszeugnis

Im Prüfungszeugnis ist anzugeben:

8.2.1.
Beschreibung und Zeichnung des Prüfkörpers, Baustoffe, Abmessungen, Rohdichte, Flächengewicht, Feuchtigkeitsgehalt, Alter am Tage der Prüfung, Vermerk über amtliche Probenahme,

8.2.2.
Angaben über den Einbau der Prüfkörper und Versuchsdurchführung,

8.2.3.
Temperaturmeßergebnisse (Einzelwerte und Mittelwert),

8.2.4.
Beobachtungen bei Versuchsablauf mit ihrem Zeitpunkt, Beschreibung des Prüfkörpers nach dem Versuch (Aussehen, Abbrand, Zerstörungen, Risse, Restdicke),

8.2.5.
Zusammenfassung der Prüfungsergebnisse und Beurteilung nach Abschnitt 8.1.

9. Dacheindeckungen (Dachhaut)

9.1. Anforderungen

9.1.1. Wärmebeständigkeit

Als ausreichend wärmebeständig gelten Dacheindeckungen, wenn sie den Prüfgrundsätzen nach DIN 52 123 „Dachpappen und nackte Pappen, Prüfverfahren", Ausgabe November 1960, Abschnitt 10, entsprechen. Für die Prüfung lichtdurchlässiger Dacheindeckungen ist die Temperatur im Wärmeschrank auf 60 °C ±2° zu vermindern.

Bei Wellplatten sind zusätzlich zwei Probestücke von 200 mm × 200 mm nach DIN 52 123 Abschnitt 10, an den vier Ecken im Wärmeschrank aufgehängt, zu beanspruchen. Der Wellenabstand und die Wellenhöhe (Mittelwert aus den Messungen an drei Stellen) dürfen sich dabei um nicht mehr als 3%, bei Wellungen entsprechend der handelsüblichen Wellbleche die Wellenhöhe um höchstens 1 mm, verändert haben. Eine Messung der Außenmaße ist dabei nicht zulässig.

9.1.2. Widerstandsfähigkeit gegen Flugfeuer und strahlende Wärme

Als „ausreichend widerstandsfähig" gegen Flugfeuer und strahlende Wärme gelten Dacheindeckungen (Dachhaut), die bei den anschließend beschriebenen Brandversuchen folgende Anforderungen erfüllen:

9.1.2.1.
Die verkohlte, verbrannte oder anderweitig zerstörte Fläche darf im Mittel nicht größer als 0,25 m² sein. Verfärbungen bleiben dabei unberücksichtigt. Kein Einzelwert darf größer als 0,30 m² sein.

9.1.2.2.
Brennende Teile der Oberfläche dürfen im Mittel höchstens bis zu 50 cm, gemessen vom unteren Rand der Feuerquelle, ablaufen. Kein Einzelwert darf größer als 60 cm sein.

9.1.2.3.
Es darf an keiner Stelle des Probedaches ein Loch entstehen; an der Dachunterseite dürfen keine Flammen auftreten.

9.2. **Prüfung**

9.2.1. Prüfkörper

9.2.1.1.
Es sind zwei Probedächer aufzubauen, davon je eines mit 15° und 45° Neigung.

Auf eine Prüfung des Probedaches mit 45° Neigung kann verzichtet werden, wenn die Dacheindeckung nur für Dächer bis zu 20° Dachneigung verwendet werden soll.

9.2.1.2.
Die Prüfung ist an quadratischen Dächern von etwa 2,0 m × 2,0 m vorzunehmen. Das Dach muß in allen Einzelheiten hinsichtlich Unterkonstruktion, Art, Dicke, ggf. Wellung und Befestigung des Deckmaterials, der praktischen Anwendung der Dachhaut entsprechen. Der Abstand von Unterstützungen jeder Art muß den vom Hersteller für die Anwendung vorgeschriebenen höchst zulässigen freien Stützweiten entsprechen.

9.2.1.3.
Bei Dacheindeckungen, die auf einer geschlossenen, tragenden Unterlage verlegt werden, ist die Prüfung der Dachhaut ohne etwaige Dämmschicht oder dergl. auf einem Probedach durchzuführen, das aus ungehobelten Brettern ohne Baumkante von etwa 20 mm Dicke besteht, die nach Handwerksbrauch dicht aneinander gestoßen werden. Die Holzschalung und die Stoffe für Dacheindeckungen, die Feuchtigkeit enthalten, sind vor ihrer Verwendung im Normalklima 20/65 nach DIN 50 014 (20 °C, 65% rel. Luftfeuchtigkeit) bis zur Gewichtskonstanz zu lagern. Die Eindeckung ist so vorzunehmen, daß je eine Stoßüberdeckung parallel und senkrecht zur Dachneigung beim Versuch erfaßt werden kann (siehe auch DIN 18 338 – Dachdeckungsarbeiten).

9.2.2. **Versuchsdurchführung**

9.2.2.1.
Zum Versuch wird Fichtenholzwolle Nr 20 mit 2 mm Breite nach DIN 4077 im Normalklima 20/65 nach DIN 50 014 (20 °C, 65% rel. Luftfeuchtigkeit) bis zur Gewichtskonstanz gelagert. 600 g der so vorbehandelten Holzwolle werden in ein oben und unten offenes Drahtgestell (Drahtdicke 3 mm, quadratische Maschen von 5 cm Seitenlänge) mit den Abmessungen 30 cm × 30 cm × 20 cm gleichmäßig eingedrückt.

9.2.2.2.
Die Prüfung ist in einem geschlossenen, zugfreien, mindestens 150 m³ großen Raum jeweils viermal am selben Prüfkörper durchzuführen, wobei das Drahtgestell je einmal über einem Längs- und einem Querstoß und zweimal über der ungestoßenen (nicht unterstützten) Fläche angeordnet wird. Der Rand des Prüfkörpers darf so abgedämmt werden, daß keine Gase von der Unterseite des Prüfkörpers auf seine Oberseite gelangen können.

9.2.2.3.
Das gefüllte Drahtgestell wird mit einer Öffnung parallel zur Dachfläche in etwa 1 cm Abstand von dieser bzw. von den Wellenbergen aufgehängt oder wahlweise bei Dacheindeckungen mit fester Unterlage auf diese mit 1 cm über die waagerechten Drähte überstehenden Füßchen aufgesetzt. Die Holzwolle wird an allen vier Seiten gleichzeitig von unten in der Mitte angezündet. Nach dem Abbrennen der Holzwolle wird das Drahtgestell vorsichtig abgenommen.

9.2.2.4.
Das Verhalten der Dacheindeckung bei der Prüfung und das Verhalten nach dem Versuch sind zu beobachten.

9.2.3. **Prüfzeugnis**
Im Prüfzeugnis sind anzugeben:

9.2.3.1.
Beschreibung des Prüfkörpers, Angabe der verwendeten Materialien, Abmessungen, Rohdichte bzw. Flächengewicht, Alter am Tag der Prüfung, Vermerk über die amtliche Probeentnahme.

9.2.3.2.
Ergebnis der Prüfungen nach DIN 52 123 und Abschnitt 1.

9.2.3.3.
Angaben über Versuchsdurchführung, Aufbau des Versuchsdaches, Lufttemperatur des Prüfraumes.

9.2.3.4.
Beobachtungen beim Brandversuch, Größe der verkohlten, verbrannten oder brüchig gewordenen Fläche des Prüfstückes, Ablauflänge brennender Teile, Beobachtung von Flammen an der Unterseite, Entstehen von Löchern, Schäden an der Unterkonstruktion.

Es sind jeweils Einzel- und Mittelwerte anzugeben.

9.2.3.5.
Zusammenfassung der Ergebnisse mit Beurteilung und Angabe, ob sich der Prüfbericht nur auf eine Dachneigung von 15° beschränkt.

DK 699.81 : 691 : 351.78 | Oktober 1966

Brandverhalten von Baustoffen und Bauteilen; Ergänzende Bestimmungen

DIN 4102 Blatt 10

Behaviour of building materials and structures in fire;

Bauaufsichtlich eingeführt als „Ergänzende Bestimmungen zu DIN 4102; Brandverhalten von Baustoffen und Bauteilen, 2. Fassung, März 1966" u. a. im Land Nordrhein-Westfalen durch Erlaß vom 28. 4. 1966, Min. Bl. Nr. 81 vom 26. Mai 1966.

Vorbemerkung

Im Zusammenhang mit der Überarbeitung von

DIN 4102 Widerstandsfähigkeit von Baustoffen und Bauteilen gegen Feuer und Wärme;

Blatt 1 —; Begriffe

Blatt 2 —; Einreihung in die Begriffe

Blatt 3 —; Brandversuche,

jeweils Ausgabe November 1940,

wird aus Gründen der Zweckmäßigkeit der Inhalt der Normen neu aufgeteilt:

DIN 4102 Brandverhalten von Baustoffen und Bauteilen;

Blatt 1 —; Begriffe, Anforderungen und Prüfungen von Baustoffen (in Bearbeitung)

Blatt 2 —; Begriffe, Anforderungen und Prüfungen von Bauteilen (Ausgabe September 1965)

Blatt 3 —; Begriffe, Anforderungen und Prüfungen von Sonderbauteilen (Entwurf August 1965)

Blatt 4 —; Einreihung in die Begriffe (Ausgabe September 1965)

Blatt 5 —; Erläuterungen zu Blatt 1 bis 4 (in Bearbeitung).

Die Ausgaben November 1940 von DIN 4102 Blatt 1 bis 3 werden z. Z. durch DIN 4102 Blatt 2 (Ausgabe September 1965), DIN 4102 Blatt 4 (Ausgabe September 1965) und DIN 4102 Blatt 10 (Ausgabe Oktober 1966) ersetzt.
Sobald DIN 4102 Blatt 1 (in Bearbeitung) und DIN 4102 Blatt 3 (z. Z. Entwurf August 1965) fertiggestellt sind, wird das Blatt 10 zurückgezogen.

Inhalt

Fortsetzung Seite 2 bis 5

Arbeitsgruppe Einheitliche Technische Baubestimmungen (ETB) des Fachnormenausschusses Bauwesen im Deutschen Normenausschuß (DNA)

Seite 2 DIN 4102 Blatt 10

1. Allgemeines

Die folgenden Bestimmungen ersetzen bis zur Neufassung von DIN 4102 Blatt 1 und 3 die Ausgabe November 1940 dieser beiden Blätter, soweit nicht ihr Inhalt in die Ausgabe September 1965 von DIN 4102 Blatt 2 und 4 übernommen worden ist.

2. Brandverhalten der Baustoffe

Die Baustoffe werden nach ihrem Brandverhalten eingeteilt in:

2.1.	nicht brennbare Baustoffe	(Klasse A)
2.2.	brennbare Baustoffe	(Klasse B)
2.2.1.	schwer entflammbare Baustoffe	(Klasse B 1)
2.2.2.	normal entflammbare Baustoffe	(Klasse B 2)
2.2.3.	leicht entflammbare Baustoffe	(Klasse B 3)

3. Nicht brennbare Baustoffe (Klasse A)

3.1. Begriffsbestimmung

Als nicht brennbar gelten Baustoffe, die bei dem Versuch nach Abschnitt 3.2

3.1.1.
innerhalb der ersten 20 Sekunden, gerechnet vom Beginn des Einhängens der Prüfkörper, nicht länger als insgesamt 2 Sekunden aufflammen oder glimmen, wobei die Flamme nicht über den oberen Rand der Heizröhre herausschlagen darf,

3.1.2.
von der 21. Sekunde an bis zum Ende der 15. Minute keine Flammen zeigen oder glimmen, und

3.1.3.
sich nicht oder nur so schwach selber erwärmen, daß dadurch die Temperatur im Ofen um höchstens 50 grd über ihren Anfangswert ansteigt.

Maßgebend ist das ungünstigste Versuchsergebnis.

3.2. Prüfung

3.2.1. Anzahl und Abmessung der Prüfkörper

Es sind 6 Prüfkörper mit den Abmessungen 50 mm × 40 mm × 40 mm zu untersuchen. Bei Stoffen, die in der Regel dünner als 40 mm sind, werden die Prüfkörper aus einzelnen Schichten zusammengesetzt. Bei zusammendrückbaren Baustoffen ist die Dicke unter einer Flächenbelastung von 1 p/cm² maßgebend.

3.2.2. Vorbereitung der Prüfkörper

3.2.2.1.
Drei der Versuchskörper werden bei einer Temperatur von 105 °C sechs Stunden lang getrocknet und dann in trockener Luft abgekühlt. Werden diese Prüfstücke nicht sofort nach der Vorbereitung geprüft, müssen sie in einer geschlossenen Trockenkammer bis zum Versuch aufbewahrt werden.

3.2.2.2.
Die restlichen drei Prüfkörper werden eine Woche in einem Exsikkator über festem kristallwasserfreien $CaCl_2$ aufbewahrt.

3.2.3. Versuchsdurchführung

Der Nichtbrennbarkeitsversuch wird in einem elektrisch beheizten Ofen durchgeführt. Die Temperatur des Ofens wird mit einem Thermoelement gemessen, das in der waagerechten Mittelebene der Heizröhre in 10 mm Abstand von der Wandung angeordnet ist. Während der Prüfung, ausgenommen während des Einlegens der Prüfkörper, müssen die beiden Teile der Abdeckung so aufgelegt werden, daß eine quadratische Öffnung von 6,25 cm² Fläche entsteht, deren Mittelpunkt in der Achse der Heizröhre liegt. Eine Zündflamme von 16 bis 22 mm Länge wird unmittelbar über dieser Öffnung in der Achse der Heizröhre angeordnet. Bei der Versuchsdurchführung wird die Ofentemperatur zunächst auf 750 °C gebracht und so lange auf ±10 grd konstant gehalten, bis der Prüfkörper eingehängt wird. Der Prüfkörper wird mittels eines Drahtgestells mittig und mit senkrechter Längsachse in die Ofenröhre gehängt. Der Einhängevorgang darf nicht länger als 20 Sekunden dauern.

Falls die Wahrscheinlichkeit besteht, daß sich der Prüfkörper während des Versuchs auflöst oder schmilzt, muß er durch Drahtgeflecht oder einen Behälter aus dünnem Metall unterstützt werden. Dieser Behälter hat eine quadratische Grundfläche von 44 mm Seitenlänge und eine Höhe von 50 mm. Das Prüfstück muß auf diese Weise 15 Minuten lang erhitzt werden.

3.3. Prüfungszeugnis

Im Prüfungszeugnis ist anzugeben:

3.3.1.
Beschreibung des Baustoffes, seine Abmessungen, Raum- und Flächengewichte, Vermerk über amtliche Probenahme,

3.3.2.
Angaben über Einbau der Prüfkörper und die Versuchsdurchführung,

3.3.3.
Temperaturmeßergebnisse während der Versuche,

3.3.4.
Beobachtungen beim Versuch, Zeitpunkt und Dauer einer Entflammung, Aussehen, Abbrand, Zerstörung, erhalten gebliebene Dicke nach dem Versuch,

3.3.5.
Zusammenfassung der Prüfergebnisse mit Beurteilung nach Abschnitt 3.1.

4. Schwer entflammbare Baustoffe (Klasse B 1)

4.1. Begriffsbestimmung

Brennbare feste Baustoffe gelten als schwer entflammbar, wenn bei dem Versuch nach Abschnitt 4.2

4.1.1.
keine Probe vollständig verbrennt,

4.1.2.
der Mittelwert der Längen der oberflächig nicht zersetzten Probenteile mindestens 15 cm beträgt,

4.1.3.
bei keinem Versuch die mittlere Rauchgastemperatur 250 °C überschreitet und

4.1.4.
die Proben nach ihrem sonstigen, im Prüfbericht unter den Abschnitten 4.3.5 bis 4.3.7 angeführten Verhalten keinen Anlaß zu Beanstandungen geben.

Soll die Eigenschaft „schwer entflammbar" durch Feuerschutzmittel oder Feuerschutzschichten erreicht werden, so gelten diese als geeignet, wenn die behandelten Probekörper die Anforderungen nach Abschnitt 4.1.1 bis 4.1.4 erfüllen.

4.2. Prüfung

4.2.1. Anzahl und Abmessung der Proben

4.2.1.1. Abmessungen

Der Prüfkörper wird aus 4 Proben mit den Flächenabmessungen 190 mm × 1000 mm zusammengesetzt (siehe Abschnitt 4.2.3).

DIN 4102 Blatt 10 Seite 3

4.2.1.2. Anzahl

Bei Stoffen mit unterschiedlichem thermischen Verhalten in Längs- und Querrichtung (z. B. Gewebe, Folien) ist für Erst- und Alterungsprüfungen sowie für Belegzwecke (8 Proben) eine Materialmenge für 40 Proben (rd. 8 m²) erforderlich zur Entnahme von je 20 Proben längs und quer zur Fertigungsrichtung; bei Stoffen mit gleichem thermischen Verhalten in Längs- und Querrichtung sind 32 Proben notwendig.

4.2.2. Vorbereitung der Prüfkörper

Die Verwendung der Proben für die Erstprüfung, die Alterungsprüfungen und Belegzwecke, die Klimatisierung der Proben und die Ausrüstung von Proben zur Prüfung von Feuerschutzmitteln richten sich nach den Vorläufigen Prüfgrundsätzen für den Nachweis der Eigenschaft „schwer entflammbar" (DIN 4102) von Stoffen im Bauwesen sowie der Eignung von Feuerschutzmitteln, Stoffe im Bauwesen „schwer entflammbar" zu machen *).

4.2.3. Versuchsdurchführung

Die Versuche werden in jeweils vier Proben, die zu einem Plattenschlot zusammengesetzt sind, nach den in Abschnitt 4.2.2 genannten Prüfgrundsätzen durchgeführt.

Die Beflammungsdauer beträgt 10 Minuten. Die Beflammung kann dann vorzeitig abgebrochen werden, wenn das Brandgeschehen an den Proben nach Augenschein eindeutig beendet ist.

4.3. Prüfbericht

Der Prüfbericht muß enthalten:

4.3.1.

Beschreibung des Stoffes nach Art, Aussehen und Aufbau der Proben,

Abmessungen (insbesondere Dicke der Proben),

Rohdichte (Raumgewicht) und Flächengewicht unmittelbar vor der Prüfung,

Vermerk über amtliche Probenahme.

Bei Feuerschutzmitteln allgemein:

Art und Zusammensetzung,

Aussehen des aufgetragenen Schutzmittels,

Naßaufnahme in g/m²
(festgestellt nach Ausgleichslagerung nach Abschnitt 4.2.2);

bei Feuerschutzmitteln für Holz und Holzwerkstoffe außerdem Gewichtsverlust in %, bezogen auf das Gewicht der Proben unmittelbar vor der Brandprüfung, festgestellt in Abständen von 1 Minute bis zum Zeitpunkt 2 Minuten nach Beendigung der Beflammung bzw. Schluß etwaigen Nachbrennens oder Nachglimmens, Angaben über etwaige Ausblühungen, Haftfestigkeit und Wischfestigkeit.

4.3.2.

Angaben über Einbau der Probekörper, Versuchsdurchführung, Anzahl der Versuche.

4.3.3.

Länge des oberflächig nicht zersetzten Teiles der Proben (Einzelwerte und Mittelwert in cm).

4.3.4.

Zeitlicher Verlauf der Rauchgastemperatur (Mittelwert der 5 Meßstellen für jeden Probekörper), Zeitpunkt und Höhe des Maximums der mittleren Rauchgastemperatur (Einzel- und Mittelwert der Probekörper).

4.3.5.

Größte Flammenhöhe (auf 10 cm gerundet) für jeden Probekörper sowie Zeitpunkt ihres Auftretens.

4.3.6.

Zeitdauer und Beschreibung etwaigen Nachbrennens und Nachglimmens.

4.3.7. Besondere Beobachtungen:

Zeitpunkt und Dauer einer Entflammung, Art der Flammenausbreitung, Aussehen der Proben nach der Brandprüfung.

5. Normal entflammbare Baustoffe (Klasse B 2)

5.1. Begriffsbestimmung

Brennbare feste Baustoffe gelten, soweit sie nicht schwer entflammbar sind, als normal entflammbar, wenn bei den Versuchen nach Abschnitt 5.2 von je 10 Proben keine

5.1.1.

unter den in Abschnitt 5.2.3.1 angegebenen Versuchsbedingungen innerhalb von 15 Minuten entflammt und

5.1.2.

unter den in Abschnitt 5.2.3.2 angegebenen Versuchsbedingungen so entflammt, daß ihre Flammen 10 Sekunden nach Beflammungsbeginn eine Höhe von 5 cm, gerechnet von der Probenunterkante, überschreiten. Ein kurzzeitiges Aufflammen zu Beginn des Versuchs bis zu etwa 1 Sekunde ohne Zerstörung der Probe wird nicht berücksichtigt. Wenn von je 10 Proben nur eine Probe die Anforderungen nach Abschnitt 5.1.1 oder 5.1.2 nicht erfüllt, darf der Versuchsteil (Abschnitt 5.2.3.1 oder 5.2.3.2) einmal wiederholt werden.

5.2. Prüfung

5.2.1. Abmessung der Proben

Zu untersuchen sind Proben von 60 mm Länge und 20 mm Breite. Die Proben sind zunächst in der dünnsten vorkommenden Dicke zu prüfen. Erfüllen die Proben in dieser Dicke die Anforderungen nach Abschnitt 5.1 nicht, so gilt der Baustoff in dieser Dicke als leicht entflammbar nach Abschnitt 6; es ist anschließend die Dicke festzustellen, bei der der Baustoff die Anforderungen nach Abschnitt 5.1 erfüllt.

5.2.2. Vorbereitung der Proben

Die Proben sind im Normalklima 20/65 DIN 50 014 so lange zu lagern, bis innerhalb von 48 Stunden keine Gewichtsänderungen mehr festgestellt werden (Ausgleichszustand).

5.2.3. Versuchsdurchführung

5.2.3.1.

10 Proben nach Abschnitt 5.2.1 werden in dem unter Abschnitt 3.2.3 beschriebenen Ofen, der auf 200 °C eingestellt wird, eingehängt und beobachtet. Eine Zündflamme ist nicht anzuordnen.

5.2.3.2.

10 in einem Stativ eingespannte Proben nach Abschnitt 5.2.1 sind in senkrechter Anordnung und in ruhiger Luft mit einem waagerecht etwa 2 mm eingespannten Zündholz (Haushaltsware) so zu beflammen, daß das Zündholz sofort nach der Entzündung in 15 mm Abstand unter die 20 mm breite Probenunterkante und parallel zu dieser geführt wird, wobei seine Kuppe an dem von der Einspannstelle des Zündholzes abgewandten Ende der zu beflammenden Probenunterkante liegt. Während des Versuchs darf das Zündholz nicht bewegt werden. Die Beflammung ist bis zum Abbrennen des Zündholzes durchzuführen.

5.3. Prüfungszeugnis

Im Prüfungszeugnis ist anzugeben:

5.3.1.

Beschreibung des Baustoffes, Abmessungen, Rohdichte, Vermerk über amtliche Probenahme,

5.3.2.

Angaben über die Versuchsdurchführung,

*) VFDB-Zeitschrift „Forschung und Technik im Brandschutz", 12. Jahrgang, Heft 2/1963, Verlag Kohlhammer, Stuttgart.

Seite 4 DIN 4102 Blatt 10

5.3.3.
Angaben über das Entflammen und die Flammenausbreitung des Baustoffs,

5.3.4.
Angaben, bei welchen Dicken die Proben die Anforderungen nach Abschnitt 5.1 nicht erfüllen und deshalb leicht entflammbar sind.

5.3.5.
Zusammenfassung der Prüfergebnisse und Beurteilung nach Abschnitt 5.1.

Die Prüfzeugnisse gelten zunächst für 3 Jahre. Material für 10 Proben ist für Belegzwecke bei der Prüfanstalt unter konstanten Bedingungen aufzubewahren.

6. Leicht entflammbare Baustoffe (Klasse B 3)

6.1. Begriffsbestimmung

Brennbare feste Stoffe, die weder in die Klasse B 1 noch in die Klasse B 2 einzuordnen sind, gelten als leicht entflammbare Baustoffe (Klasse B 3).

7. Verglasungen in feuerbeständigen Bauteilen

7.1.
Als ausreichend widerstandsfähig gegen Feuereinwirkung gelten Verglasungen, wenn sie während des Brandversuchs nach Abschnitt 7.2 den Einwirkungen des Feuers soviel Widerstand bieten, daß sie als Raumabschluß wirksam bleiben und weder Flammen noch Rauch durchlassen.

Bei dem im Anschluß an den Brandversuch ausgeführten Löschwasserversuch darf der Raumabschluß nicht zerstört werden.

7.2.
Die Verglasung wird in den Brandraum nach DIN 4102 Blatt 2 Abschnitt 5 in den Abmessungen und der Art eingebaut, wie sie für die praktische Ausführung vorgesehen ist.

Geprüft wird nach DIN 4102 Blatt 2 Abschnitt 5 eine Stunde lang.

Unmittelbar nach der einstündigen Feuerbeanspruchung ist die Verglasung mit Löschwasser nach DIN 4102 Blatt 2 Abschnitt 5.2.7 zu beanspruchen.

7.3.
Für das Prüfzeugnis gilt DIN 4102 Blatt 2 Abschnitt 5.4 sinngemäß.

8. Gegen Feuer ausreichend widerstandsfähige Bauteile**) (außer Verglasung)

8.1. Begriffsbestimmung

Als ausreichend widerstandsfähig gegen Feuer gelten Bauteile, wenn sie einschließlich ihrer Halterungen und Befestigungen unter ihrem Eigengewicht

8.1.1.
beim Brandversuch für Bauteile nach DIN 4102 Blatt 2, durchgeführt bei Feuerbeanspruchung auf der Innenseite, während einer Prüfzeit von 90 Minuten weder zusammenbrechen noch ihren Zusammenhang verlieren, und

8.1.2.
bei einem Brandversuch mit einer Temperaturkurve, die nach 5 Minuten 555 °C, nach 10 Minuten 660 °C (Einheitstemperaturkurve nach DIN 4102 Blatt 2) erreicht und dann konstant bleibt, durchgeführt bei einer Feuerbeanspruchung von außen, während einer Prüfzeit von 90 Minuten weder zusammenbrechen noch ihren Zusammenhang verlieren, den Durchgang des Feuers verhindern, auf der dem Feuer abgekehrten Seite keine entzündbaren Gase entwickeln und sich dort im Mittel um nicht mehr als 140 grd und an keiner Meßstelle um mehr als 180 grd über die Anfangstemperatur des Prüfkörpers bei Versuchsbeginn erwärmen.

**) z. B. Brüstungen für Hochhäuser und für bauliche Anlagen besonderer Art und Nutzung.

8.2. Prüfungszeugnis

Im Prüfungszeugnis ist anzugeben:

8.2.1.
Beschreibung und Zeichnung des Prüfkörpers, Baustoffe, Abmessungen, Rohdichte, Flächengewicht, Feuchtigkeitsgehalt, Alter am Tage der Prüfung, Vermerk über amtliche Probenahme,

8.2.2.
Angaben über den Einbau der Prüfkörper und Versuchsdurchführung,

8.2.3.
Temperaturmeßergebnisse (Einzelwerte und Mittelwert),

8.2.4.
Beobachtungen bei Versuchsablauf mit ihrem Zeitpunkt, Beschreibung des Prüfkörpers nach dem Versuch (Aussehen, Abbrand, Zerstörungen, Risse, Restdicke),

8.2.5.
Zusammenfassung der Prüfungsergebnisse und Beurteilung nach Abschnitt 8.1.

9. Dacheindeckungen (Dachhaut)

9.1. Anforderungen

9.1.1. Wärmebeständigkeit

Als ausreichend wärmebeständig gelten Dacheindeckungen, wenn sie den Prüfgrundsätzen nach DIN 52 123 „Dachpappen und nackte Pappen, Prüfverfahren", Ausgabe November 1960, Abschnitt 10, entsprechen. Für die Prüfung lichtdurchlässiger Dacheindeckungen ist die Temperatur im Wärmeschrank auf 60 °C ±2° zu vermindern.

Bei Wellplatten sind zusätzlich zwei Probestücke von 200 mm × 200 mm nach DIN 52 123 Abschnitt 10, an den vier Ecken im Wärmeschrank aufgehängt, zu beanspruchen. Der Wellenabstand und die Wellenhöhe (Mittelwert aus den Messungen an drei Stellen) dürfen sich dabei um nicht mehr als 3%, bei Wellungen entsprechend der handelsüblichen Wellbleche die Wellenhöhe um höchstens 1 mm, verändert haben. Eine Messung der Außenmaße ist dabei nicht zulässig.

9.1.2. Widerstandsfähigkeit gegen Flugfeuer und strahlende Wärme

Als „ausreichend widerstandsfähig" gegen Flugfeuer und strahlende Wärme gelten Dacheindeckungen (Dachhaut), die bei den anschließend beschriebenen Brandversuchen folgende Anforderungen erfüllen:

9.1.2.1.
Die verkohlte, verbrannte oder anderweitig zerstörte Fläche darf im Mittel nicht größer als 0,25 m^2 sein. Verfärbungen bleiben dabei unberücksichtigt. Kein Einzelwert darf größer als 0,30 m^2 sein.

9.1.2.2.
Brennende Teile der Oberfläche dürfen im Mittel höchstens bis zu 50 cm, gemessen vom unteren Rand der Feuerquelle, ablaufen. Kein Einzelwert darf größer als 60 cm sein.

9.1.2.3.
Es darf an keiner Stelle des Probedaches ein Loch entstehen; an der Dachunterseite dürfen keine Flammen auftreten.

DIN 4102 Blatt 10 Seite 5

9.2. Prüfung

9.2.1. Prüfkörper

9.2.1.1.
Es sind zwei Probedächer aufzubauen, davon je eines mit 15° und 45° Neigung.

Auf eine Prüfung des Probedaches mit 45° Neigung kann verzichtet werden, wenn die Dacheindeckung nur für Dächer bis zu 20° Dachneigung verwendet werden soll.

9.2.1.2.
Die Prüfung ist an quadratischen Dächern von etwa 2,0 m × 2,0 m vorzunehmen. Das Dach muß in allen Einzelheiten hinsichtlich Unterkonstruktion, Art, Dicke, ggf. Wellung und Befestigung des Deckmaterials, der praktischen Anwendung der Dachhaut entsprechen. Der Abstand von Unterstützungen jeder Art muß den vom Hersteller für die Anwendung vorgeschriebenen höchst zulässigen freien Stützweiten entsprechen.

9.2.1.3.
Bei Dacheindeckungen, die auf einer geschlossenen, tragenden Unterlage verlegt werden, ist die Prüfung der Dachhaut ohne etwaige Dämmschicht oder dergl. auf einem Probedach durchzuführen, das aus ungehobelten Brettern ohne Baumkante von etwa 20 mm Dicke besteht, die nach Handwerksbrauch dicht aneinander gestoßen werden. Die Holzschalung und die Stoffe für Dacheindeckungen, die Feuchtigkeit enthalten, sind vor ihrer Verwendung im Normalklima 20/65 nach DIN 50 014 (20 °C, 65% rel. Luftfeuchtigkeit) bis zur Gewichtskonstanz zu lagern. Die Eindeckung ist so vorzunehmen, daß je eine Stoßüberdeckung parallel und senkrecht zur Dachneigung beim Versuch erfaßt werden kann (siehe auch DIN 18 338 – Dachdeckungsarbeiten).

9.2.2. Versuchsdurchführung

9.2.2.1.
Zum Versuch wird Fichtenholzwolle Nr 20 mit 2 mm Breite nach DIN 4077 im Normalklima 20/65 nach DIN 50 014 (20 °C, 65% rel. Luftfeuchtigkeit) bis zur Gewichtskonstanz gelagert. 600 g der so vorbehandelten Holzwolle werden in ein oben und unten offenes Drahtgestell (Drahtdicke 3 mm, quadratische Maschen von 5 cm Seitenlänge) mit den Abmessungen 30 cm × 30 cm × 20 cm gleichmäßig eingedrückt.

9.2.2.2.
Die Prüfung ist in einem geschlossenen, zugfreien, mindestens 150 m³ großen Raum jeweils viermal am selben Prüfkörper durchzuführen, wobei das Drahtgestell je einmal über einem Längs- und einem Querstoß und zweimal über der ungestoßenen (nicht unterstützten) Fläche angeordnet wird. Der Rand des Prüfkörpers darf so abgedämmt werden, daß keine Gase von der Unterseite des Prüfkörpers auf seine Oberseite gelangen können.

9.2.2.3.
Das gefüllte Drahtgestell wird mit einer Öffnung parallel zur Dachfläche in etwa 1 cm Abstand von dieser bzw. von den Wellenbergen aufgehängt oder wahlweise bei Dacheindeckungen mit fester Unterlage auf diese mit 1 cm über die waagerechten Drähte überstehenden Füßchen aufgesetzt. Die Holzwolle wird an allen vier Seiten gleichzeitig von unten in der Mitte angezündet. Nach dem Abbrennen der Holzwolle wird das Drahtgestell vorsichtig abgenommen.

9.2.2.4.
Das Verhalten der Dacheindeckung bei der Prüfung und das Verhalten nach dem Versuch sind zu beobachten.

9.2.3. Prüfzeugnis
Im Prüfzeugnis sind anzugeben:

9.2.3.1.
Beschreibung des Prüfkörpers, Angabe der verwendeten Materialien, Abmessungen, Rohdichte bzw. Flächengewicht, Alter am Tag der Prüfung, Vermerk über die amtliche Probeentnahme.

9.2.3.2.
Ergebnis der Prüfungen nach DIN 52 123 und Abschnitt 1.

9.2.3.3.
Angaben über Versuchsdurchführung, Aufbau des Versuchsdaches, Lufttemperatur des Prüfraumes.

9.2.3.4.
Beobachtungen beim Brandversuch, Größe der verkohlten, verbrannten oder brüchig gewordenen Fläche des Prüfstückes, Ablauflänge brennender Teile, Beobachtung von Flammen an der Unterseite, Entstehen von Löchern, Schäden an der Unterkonstruktion.

Es sind jeweils Einzel- und Mittelwerte anzugeben.

9.2.3.5.
Zusammenfassung der Ergebnisse mit Beurteilung und Angabe, ob sich der Prüfbericht nur auf eine Dachneigung von 15° beschränkt.

2.4 Überarbeitung der Blätter 2 bis 4 im Jahre 1970

Nachdem bereits seit Längerem die Überarbeitung der Blätter 1 und 3 auf sich warten ließen und stattdessen dahingehend mit „Ergänzenden Bestimmungen" bzw. dem Blatt 10 der Norm gearbeitet wurde, gab man im Februar 1970 mit einem einheitlichen Stand die Blätter 2 bis 4 vollkommen überarbeitet in neuer Form heraus. Lediglich für das Blatt 1 blieb es bei einer Neuausgabe von Ergänzenden Bestimmungen zu DIN 4102, ebenfalls mit Stand vom Februar 1970 (s. Tabelle 2). Der Titel der Norm und die Struktur der Blätter blieben unverändert.

Die detaillierte Übersicht der 1970 herausgegebenen Blätter ist der Tabelle 2 zu entnehmen.

Tabelle 2: Normblätter von DIN 4102 und Ergänzungen des Jahres 1970

Dokumenten-nummer	Doku-mentenart	Ausgabe	Brandverhalten von Baustoffen und Bauteilen Titel des Normteils
DIN 4102, Blatt 2	Norm	1970-02[1)]	Begriffe, Anforderungen und Prüfungen von Bauteilen
DIN 4102, Blatt 3	Norm	1970-02[1)]	Begriffe, Anforderungen und Prüfungen von Sonderbauteilen
DIN 4102, Blatt 4	Norm	1970-02[1)]	Einreihung in die Begriffe
DIN 4102, Blatt 6	Norm	1970-02[2)]	Lüftungsleitungen, Begriffe, Anforderungen und Prüfungen
DIN 4102, Blatt 7	Norm	1970-02[2)]	Bedachungen, Begriffe, Anforderungen und Prüfungen
Ergänzende Bestimmungen zu DIN 4102 (3. Fassung)	Ergänzung	1970-02[3)]	Ergänzende Bestimmungen zu DIN 4102 Brandverhalten von Baustoffen und Bauteilen

Dokumenten-nummer	Doku-mentenart	Ausgabe	Brandverhalten von Baustoffen und Bauteilen Titel des Normteils

Erläuterungen:

[1] *Mit dem Erscheinen dieser Normblätter wurde das Blatt 10 vom Oktober 1966 ersatzlos zurückgezogen.*

[2] *Beim DIN werden diese Blätter als Archivverlust geführt. Aus der Sicht des Autors wurden diese beiden Teile jedoch zum Jahr 1970 noch nicht veröffentlicht, denn die entsprechenden Regelungen waren zum Februar 1970 vorerst in den Blättern 3 (Lüftungsleitungen) bzw. 4 (Bedachungen) eingeordnet. Wahrscheinlich war die Ausgabe eigenständiger Normblätter zwar zunächst geplant, erfolgte aber erstmals im Jahr 1977 als neue Normteile (s. Kap. 2.5).*

[3] *Dieses Dokument ersetzte weiterhin bis zur Neuausgabe des Blattes 1 die früheren Regelungen der Blätter 1 und 3 von DIN 4102 „Widerstandsfähigkeit von Baustoffen und Bauteilen gegen Feuer und Wärme", Fassung 1940-11.*

Die grundlegende Überarbeitung der einzelnen Blätter umfasste neben redaktionellen Anpassungen teilweise Ergänzungen (Blätter 2 und 4), das „auf den neuesten Stand bringen" und das Hinzufügen von „Lüftungsleitungen und Installationsschächten bzw. -kanälen, bei denen die Übertragung von Feuer und Rauch nicht möglich ist" (Blatt 3). In das Blatt 4 wurden im Kapitel 9 zudem ergänzend zu den bisher enthaltenen Bauteilen die normativen Regelungen für „Feuerschutzabschlüsse, Abschlüsse in Fahrschachtwänden der Feuerwiderstandsklasse F 90, gegen Feuer widerstandsfähige Verglasungen und gegen Flugfeuer und strahlende Wärme widerstandsfähige Dacheindeckungen und Dachabdichtungen" aufgenommen, die zuvor in den ergänzenden Bestimmungen vom März 1966 enthalten bzw. bisher nicht geregelt waren.

Das bisher als „Übergangsdokument" fungierende Blatt 10 wurde bestimmungsgemäß wegen der Neubearbeitung der Blätter 2 bis 4 gänzlich zurückgezogen.

DK 699.81:691:351.78:001.4:620.1 Februar 1970

Brandverhalten von Baustoffen und Bauteilen

Begriffe, Anforderungen und Prüfungen von Bauteilen

DIN 4102 Blatt 2

Behaviour of building materials and structures in fire; definitions, requirements and tests of structures

Frühere Ausgaben:
DIN 4102 Blatt 1: 8.34, 11.40
DIN 4102 Blatt 2: 9.65 x

Vorbemerkung

Im Zusammenhang mit der Überarbeitung von
DIN 4102 Widerstandsfähigkeit von Baustoffen und Bauteilen gegen Feuer und Wärme;
Blatt 1 —; Begriffe
Blatt 2 —; Einreihung in die Begriffe
Blatt 3 —; Brandversuche
jeweils Ausgabe November 1940 wurde mit der Titeländerung auch der Inhalt der Norm neu gegliedert:
DIN 4102 Brandverhalten von Baustoffen und Bauteilen
Blatt 1 —; Begriffe, Anforderungen und Prüfungen von Baustoffen (in Bearbeitung)
Blatt 2 —; Begriffe, Anforderungen und Prüfungen von Bauteilen, Ausgabe Februar 1970
Blatt 3 —; Begriffe, Anforderungen und Prüfungen von Sonderbauteilen, Ausgabe Februar 1970
Blatt 4 —; Einreihung in die Begriffe, Ausgabe Februar 1970
Blatt 5 —; Erläuterungen zu Blatt 1 bis Blatt 4 (in Bearbeitung).

Begriffe, Anforderungen und Prüfungen von Baustoffen (später DIN 4102 Blatt 1) sind z. Z. durch die von der Arbeitsgruppe Einheitliche Technische Baubestimmungen (ETB) bearbeitete 3. Fassung (Februar 1970) der Ergänzenden Bestimmungen zu DIN 4102 geregelt.

Für die Prüfung von Hausschornsteinen gilt DIN 18 160 Blatt 6.

Inhalt

Änderung Februar 1970:
Inhalt teilweise ergänzt im Zusammenhang mit DIN 41C2 Blatt 3. Redaktionell überarbeitet, siehe auch Vorbemerkung.
DIN 4102 Blatt 10, Ausgabe Oktober 1966, zurückgezogen.

Fortsetzung Seite 2 bis 5

Fachnormenausschuß Bauwesen im Deutschen Normenausschuß (DNA)
Arbeitsgruppe Einheitliche Technische Baubestimmungen (ETB)

Seite 2 DIN 4102 Blatt 2

1. Geltungsbereich

Als Bauteile im Sinne dieser Norm gelten Wände, Decken, Stützen, Unterzüge, Treppen usw.

Sonderbauteile (Bauteile mit brandschutztechnischen Sonderanforderungen), wie Brandwände, gegen Feuer widerstandsfähige, nichttragende und nichtaussteifende Außenwandelemente, Brüstungen u. ä., Feuerschutzabschlüsse (Türen, Klappen, Rolläden), Abschlüsse in Fahrschachtwänden der Feuerwiderstandsklasse F 90, gegen Feuer widerstandsfähige Verglasungen, gegen Flugfeuer und strahlende Wärme widerstandsfähige Dacheindeckungen und Dachabdichtungen, Lüftungsleitungen, Installationsschächte und -kanäle, bei denen die Übertragung von Feuer und Rauch nicht möglich ist, werden hinsichtlich der Begriffe, Anforderungen und Prüfungen in DIN 4102 Blatt 3 behandelt.

2. Begriffe

Das Brandverhalten von Bauteilen wird durch die Feuerwiderstandsdauer und durch weitere, nachfolgend aufgeführte Forderungen gekennzeichnet.

Die Feuerwiderstandsdauer ist die Mindestdauer in Minuten, während der ein Bauteil bei Prüfung nach Abschnitt 5 die in den Abschnitten 3.1, 3.2 und 3.3 gestellten Anforderungen erfüllt.

Die erreichte Feuerwiderstandsdauer wird durch die Feuerwiderstandsklasse nach Abschnitt 3 ausgedrückt.

3. Feuerwiderstandsklassen

Es werden folgende Feuerwiderstandsklassen unterschieden:

Feuerwiderstandsklasse	Feuerwiderstandsdauer Minuten	Bauaufsichtliche Benennung
F 30	≧ 30	feuerhemmend
F 60	≧ 60	
F 90	≧ 90	feuerbeständig
F 120	≧ 120	
F 180	≧ 180	hochfeuerbeständig

3.1. Feuerwiderstandsklasse F 30

3.1.1. Zur Einreihung in die Feuerwiderstandsklasse F 30 sind bei den Versuchen nach Abschnitt 5 folgende Anforderungen zu erfüllen:

3.1.1.1. Raumabschließende Bauteile müssen beim Brandversuch während einer Prüfdauer von mindestens 30 Minuten den Durchgang des Feuers verhindern. Es dürfen auf der dem Feuer abgekehrten Seite keine entzündbaren Gase auftreten, die nach Wegnahme einer fremden Zündquelle allein weiterbrennen. Die raumabschließenden Teile dürfen sich dort im Mittel um nicht mehr als 140 grd über die Anfangstemperatur des Probekörpers bei Versuchsbeginn erwärmen. An keiner der Meßstellen darf dabei eine Temperaturerhöhung von mehr als 180 grd über die Anfangstemperatur eintreten [1]).

Wände müssen am Ende des Brandversuches in einer Dicke ohne Hohlräume von mindestens 10 mm erhalten geblieben sein, andernfalls den Beanspruchungen des Festigkeitsversuches nach Abschnitt 5.2.6 so widerstehen, daß ihre raumabschließende Wirkung erhalten bleibt.

3.1.1.2. Tragende Bauteile dürfen unter ihrer rechnerisch zulässigen Gebrauchslast, nichttragende Bauteile unter ihrer Eigenlast während der Prüfdauer nicht zusammenbrechen.

Bei Bauteilen, die ganz oder überwiegend auf Biegung beansprucht sind, darf während der Feuerbeanspruchung die Durchbiegungsgeschwindigkeit den Wert $\Delta f/\Delta t = l^2/9000\,h$ nicht überschreiten.

Hierin ist

l Stützweite in cm

h statische Höhe in cm

Δf Durchbiegungsintervall in cm während eines Zeitintervalls Δt von einer Minute

Δt Zeitintervall von einer Minute

$\Delta f/\Delta t$ Durchbiegungsgeschwindigkeit in cm/min

Bei nicht unter der Gebrauchslast prüfbaren Stahlstützen darf der Mittelwert die Stahltemperatur 400 °C nicht überschreiten, kein Einzelwert darf höher als 500 °C sein.

3.1.2. Untergehängte oder vorgesetzte Verkleidungen oder Ummantelungen [2]) zur Verbesserung der Feuerwiderstandsfähigkeit der Gesamtkonstruktion müssen in Verbindung mit dem zu schützenden Bauteil die Anforderungen nach Abschnitt 3.1.1 erfüllen.

Werden die Verkleidungen oder Ummantelungen in Verbindung mit den in Abschnitt 5.3 genannten Bauteilen geprüft und erfüllt die Gesamtkonstruktion die Anforderungen nach Abschnitt 3.1.1, so gilt der erforderliche Nachweis mit dieser Verkleidung oder Ummantelung einschließlich der Befestigungsart auch für alle anderen Konstruktionen der gleichen Bauteilart (siehe Abschnitte 5.3.1, 5.3.2 usw.) als erbracht.

3.1.3. Bauteile, die die Anforderungen nach Abschnitt 3.1.1 bereits erfüllen, werden im allgemeinen durch zusätzliche Verkleidungen auch aus Baustoffen der Klasse B in ihrer Feuerwiderstandsfähigkeit nicht beeinträchtigt.

3.2. Feuerwiderstandsklasse F 60

Zur Einreihung in die Feuerwiderstandsklasse F 60 müssen Bauteile während einer Prüfdauer von mindestens 60 Minuten die Anforderungen entsprechend ihrer Aufgabe nach Abschnitt 3.1.1 erfüllen. Die Abschnitte 3.1.2 und 3.1.3 gelten entsprechend.

3.3. Feuerwiderstandsklasse F 90

3.3.1. Zur Einreihung in die Feuerwiderstandsklasse F 90 müssen Bauteile während einer Prüfdauer von mindestens 90 Minuten die Anforderungen entsprechend ihrer Aufgabe nach Abschnitt 3.1.1 und den Abschnitten 3.3.2 und 3.3.3 erfüllen. Die Abschnitte 3.1.2 und 3.1.3 gelten entsprechend.

3.3.2. Bestandteile eines Bauteiles, die statisch bedeutsam sind, müssen aus Baustoffen der Klasse A bestehen.

Raumabschließende Bauteile müssen stets eine in Bauteilebene durchgehende Schicht aus Baustoffen der Klasse A besitzen, die während der Prüfdauer nicht zerstört werden darf.

Bei Decken muß diese Schicht eine Gesamtdicke von mindestens 50 mm besitzen. Hohlräume im Innern dieser Schicht sind zulässig.

Wände, die in einer Dicke von weniger als 50 mm ausgeführt werden, müssen ganz aus Baustoffen der Klasse A bestehen.

Wände müssen am Ende des Brandversuches der Beanspruchung des Festigkeitsversuches nach Abschnitt 5.2.6 so widerstehen, daß die raumabschließende Wirkung erhalten bleibt.

3.3.3. Stützen mit Verkleidungen oder Ummantelungen nach Abschnitt 3.1.2 müssen unmittelbar nach dem Brandversuch der Löschwasser-Beanspruchung nach Abschnitt 5.2.7 standhalten. Dabei dürfen die tragenden Stahlteile oder die lotrechten Bewehrungsstäbe mit ihrer Verbügelung oder Umschnürung nicht freigelegt werden.

---

[1]) An die Oberflächentemperatur von Treppen werden Anforderungen nicht gestellt.

[2]) Die Wirksamkeit von Anstrichen, Folien und ähnlichen Schutzschichten kann nicht allein nach dieser Norm beurteilt werden; es sind weitere Eignungsnachweise zu erbringen (z. B. im Rahmen einer allgemeinen bauaufsichtlichen Zulassung).

3.4. Feuerwiderstandsklasse F 120

Zur Einreihung in die Feuerwiderstandsklasse F 120 müssen Bauteile entsprechend ihrer Aufgabe die Anforderungen für Bauteile der Feuerwiderstandsklasse F 90 während einer Prüfdauer von mindestens 120 Minuten erfüllen.

3.5. Feuerwiderstandsklasse F 180

Zur Einreihung in die Feuerwiderstandsklasse F 180 müssen Bauteile entsprechend ihrer Aufgabe die Anforderungen für Bauteile der Feuerwiderstandsklasse F 90 während einer Prüfdauer von mindestens 180 Minuten erfüllen. Die Bauteile dürfen keine Baustoffe der Klasse B enthalten.

4. Nachweis der Feuerwiderstandsklassen

4.1. Ohne Brandversuche

Die in DIN 4102 Blatt 4 genannten Bauteile sind ohne weiteren Nachweis in der dort angegebenen Feuerwiderstandsklasse verwendbar.

4.2. Mit Brandversuchen [3]

Für Bauteile, die nicht unter Abschnitt 4.1 fallen, muß die Feuerwiderstandsklasse durch Brandversuche nach Abschnitt 5 nachgewiesen werden. Maßgebend für die Ermittlung der Feuerwiderstandsklasse ist das ungünstigste Ergebnis aus mindestens 2 Versuchen.

5. Prüfung von Bauteilen

5.1. Prüfeinrichtungen und Probekörper

Die Prüfstände sollen sich in geschlossenen Räumen befinden. Ihre Abmessungen und Ausstattungen sind in Blatt 5 dieser Norm (in Vorbereitung) angegeben.

Bei den Prüfungen sind mindestens 2 gleichartige Probekörper dem Versuch zu unterziehen. Sie müssen in ihren Abmessungen, ihrer Konstruktion, ihrem Werkstoff, ihrer Ausführungs- und Einbauart der praktischen Anwendung entsprechen. Bauteile, die nicht in den Abmessungen wie bei der praktischen Anwendung geprüft werden können, müssen mindestens in folgenden Abmessungen dem Feuer ausgesetzt werden:

Tragende Wände und Zwischenwände: (Breite x Höhe)	2,0 m x 2,5 m
Einachsig gespannte Deckenkonstruktionen: (Breite x Länge)	2,0 m x 4,0 m
Kreuzweise gespannte Deckenkonstruktionen:	4,0 m x 4,0 m
Treppen: in der vorgesehenen Breite und	4,0 m Länge
Träger und Unterzüge:	4,0 m (Länge)
Stützen und Pfeiler:	3,0 m (Höhe)

Können auf Biegung oder Biegung mit Längskraft beanspruchte Bauteile nicht unter der rechnerisch verlangten Gebrauchslast geprüft werden, so ist zur Prüfung ein noch prüfbarer Vergleichskörper herzustellen.

5.2. Durchführung der Versuche

5.2.1. Zeitpunkt der Brandversuche

Die Probekörper dürfen erst geprüft werden, wenn die der statischen Berechnung zugrunde liegende Festigkeit erreicht und die Wasserabgabe beendet ist. Hierzu sind die Probekörper unter bauwerksgerechten Bedingungen bis zum Erreichen der Ausgleichsfeuchte zu lagern. Bauteile aus Stoffen, deren Feuchtegehalt stark veränderlich ist, sind möglichst in geschlossenen Räumen bei 50 bis 70 % relativer Luftfeuchtigkeit und etwa 20 °C zu lagern.

Nach Möglichkeit müssen die Probekörper während des Austrocknens in Zeitabständen so lange gewogen werden, bis das Gewicht an fünf aufeinanderfolgenden Tagen gleichbleibt.

Bei großen, nichtwägbaren Bauteilen sind Vergleichskörper herzustellen oder herauszuschneiden, die ebenso wie die Probekörper zu lagern sind. An diesen ist dann die Austrocknung festzustellen. Vergleichskörper sollen in Richtung des Wärmedurchganges die Abmessungen des Probekörpers haben und sind in den dazu senkrechten Richtungen so zu kürzen, daß wägbare Körper entstehen. Sie sind mit wasser- und wasserdampfundurchlässigem Werkstoff so abzudecken, daß sie nur an den Flächen austrocknen können, die der Angriffsfläche des Feuers bzw. der nichtbeflammten Oberfläche entsprechen.

Ist die vorbeschriebene Kontrolle des Austrocknens nicht durchführbar, so dürfen die Probekörper erst im Alter von 3 Monaten den Brandversuchen unterzogen werden.

5.2.2. Auswahl der Probekörper und Beanspruchung

Sind verschiedene Ausführungsarten oder gleiche Ausführung mit verschiedenen Abmessungen vorgesehen, so ist der von der Prüfstelle anzugebende ungünstigste Probekörper zu prüfen.

Wände und Zwischenwände sind mit ihren Konstruktionsfugen zu prüfen. Bei asymmetrischem Aufbau sind sie auf ihrer ungünstigen Seite dem Feuer auszusetzen und im Zweifelsfalle von beiden Seiten zu prüfen.

Bauteile, Verkleidungen und Ummantelungen sind in gleicher Weise wie bei der praktischen Ausführung mit der vorgesehenen Befestigung zu prüfen.

Tragende Bauteile sind unter Last zu prüfen und so in den Prüfstand einzubauen, daß sie sich entsprechend dem statischen System verformen können. Die Last ist so anzuordnen, daß sie während der Versuchsdauer konstant bleibt, ohne die Verformung und den Temperaturanstieg im Probestück wesentlich zu beeinflussen. Sie ist so zu bemessen, daß in den Traggliedern unter Zugrundelegung anerkannter Bemessungsverfahren in der Regel die zulässigen Spannungen oder Schnittgrößen auftreten. Andernfalls sind bei geringeren Spannungen oder Schnittgrößen diese im Prüfzeugnis gesondert anzugeben.

Bei belasteten Bauteilen sind die Verformungen, soweit möglich, an den ungünstigsten Stellen zu messen.

5.2.3. Temperatur im Prüfraum

Die Lufttemperatur soll im Prüfraum während mindestens 24 Stunden vor dem Brandversuch nicht unter 15 °C sinken und nicht über 25 °C steigen. Die Temperatur des Probekörpers soll während dieser Zeit ihren Gleichgewichtswert erreichen und bei Versuchsbeginn in dem angegebenen Bereich liegen.

5.2.4. Temperaturen im Brandraum

Der Brandraum ist mit Heizöl El nach DIN 51 603 oder Dieselkraftstoff nach DIN 51 601 zu beflammen. Während des Brandversuches muß die mittlere Temperatur im Brandraum nach der Einheitstemperaturkurve (Bild 1) ansteigen. Nach den ersten 5 Minuten der Prüfung dürfen die Abweichungen der mittleren Temperatur im Brandraum ± 100 grd nicht übersteigen. Außerdem darf nach den ersten 5 Minuten die Fläche unter der gemessenen Kurve von der Fläche unter der Einheitstemperaturkurve

[3] Die Prüfungen sind von einer hierfür anerkannten Prüfstelle durchzuführen.

Folgende Prüfstellen für Brandversuche sind bisher bauaufsichtlich anerkannt worden:

Bundesanstalt für Materialprüfung (BAM), 1 Berlin 45, Unter den Eichen 87

Institut für Baustoffkunde und Stahlbetonbau der TU Braunschweig, 33 Braunschweig, Beethovenstr. 52

Institut für Holzforschung und Holztechnik der Universität München, 8 München 13, Winzererstr. 45

Staatliches Materialprüfungsamt NW, 46 Dortmund-Aplerbeck, Marsbruchstr. 186

Baustoffprüfamt der Freien und Hansestadt Hamburg, 2 Hamburg 6, Grabenstr. 31

Institut für Beton und Stahlbeton und Versuchsanstalt für Stahl, Holz und Steine, TH Karlsruhe, 75 Karlsruhe, Kaiserstr. 12

Landesgewerbeanstalt Bayern, 85 Nürnberg, Gewerbemuseumsplatz 2

Amtliche Forschungs- und Materialprüfungsanstalt für das Bauwesen, Otto-Graf-Institut an der Universität Stuttgart, 7 Stuttgart 80, Pfaffenwaldring 4.

bis zu 30 Minuten Versuchsdauer nur um ± 10 %, bei längerer Versuchsdauer nur um ± 5 % abweichen. Hierbei beziehen sich die angegebenen Fehlergrenzen jeweils auf den Sollwert bei Versuchsende.

$\vartheta - \vartheta_0 = 345 \lg (8t + 1)$

ϑ Brandraumtemperatur in °C

ϑ_0 Temperatur der Probestücke bei Versuchsbeginn in °C

t Zeitdauer in min

t min	$\vartheta - \vartheta_0$ grd
0	0
5	556
10	659
15	718
30	821
60	925
90	986
120	1029
180	1090
240	1133
360	1193

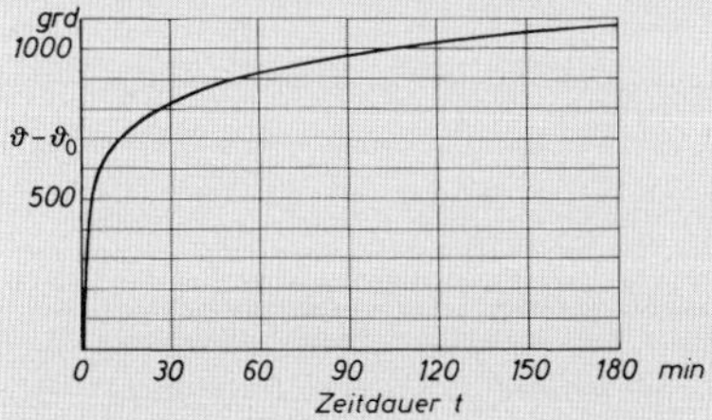

Bild 1. Einheitstemperaturkurve

5.2.5. Temperaturmessungen

5.2.5.1. Die Temperaturen im Brandraum sind mit Thermopaaren nach DIN 43 710 [4]) zu messen. Die Meßstellen sind mindestens 300 mm tief in den Brandraum einzuführen. Bei Decken, Wänden usw. sind für je 1,5 m² Fläche des Probekörpers und bei Balken, Stützen usw. für je 1 m Länge des Probekörpers ein Thermoelement, im ganzen aber mindestens vier Thermoelemente gleichmäßig verteilt anzuordnen. Der Abstand der Meßstellen der Thermoelemente vom Probekörper soll während des Brandversuches etwa 100 mm betragen.

5.2.5.2. Bei einseitig dem Feuer ausgesetzten Probekörpern muß die Temperatur auf der dem Feuer abgekehrten Seite mit Thermoelementen, die aus 0,5 mm dicken Drähten bestehen, gemessen werden. Die Werkstoffe und Thermopaare müssen DIN 43 710 [4]) entsprechen. Für die Ausführung der Messungen sind die VDE/VDI-Richtlinien [5]) maßgebend.

5.2.5.3. Bei raumabschließenden Bauteilen sind die Temperaturen der Oberfläche auf der dem Feuer abgekehrten Seite zur Bestimmung eines Mittelwertes an mindestens 5 Stellen zu messen, wobei eine der Meßstellen im Mittelpunkt der Fläche, die anderen in den Mittelpunkten der Viertelflächen anzuordnen sind. Von dieser Anordnung kann abgewichen werden, wenn eine oder mehrere dieser Meßstellen nicht charakteristisch für den Temperaturdurchgang durch die Probekörper sind.

In Bereichen von Wärmebrücken u. ä. sind in jedem Fall zusätzliche Temperaturmeßstellen anzuordnen, um die höchste während des Brandversuches auftretende Temperaturerhöhung feststellen zu können. Zur Klärung des Versuchsablaufes sollen ferner weitere Temperaturmessungen im Innern der Probekörper (z. B. an Bewehrungsstäben und an metallischen Bauteilen) an möglichst vielen Stellen ausgeführt werden. Die Temperaturen sollen nach dem Ende des Beflammens so lange gemessen werden, bis sie an allen Meßstellen wieder abgefallen sind.

5.2.5.4. Werden bei Stahlstützen die Temperaturen am Stahl gemessen, so sind die Temperaturmeßquerschnitte in den Viertelpunkten und in halber Höhe bezogen auf die Brandraumöffnung anzuordnen. In jedem Meßquerschnitt sind dabei mindestens zwei Thermoelemente anzubringen.

5.2.6. Festigkeitsversuch bei raumabschließenden Wänden

Zum Festigkeitsversuch wird im Anschluß an den Brandversuch der eingebaute Probekörper an der nichtbeflammten Seite an drei verschiedenen, über der Fläche des Raumabschlusses etwa gleichmäßig verteilt gewählten Stellen einem Kugelstoß ausgesetzt. Dabei wird ein Pendel von etwa 2 m Länge, bestehend aus einer an einem Seil hängenden Stahlkugel von 15 bis 25 kg, vor der Oberfläche des Probekörpers in 200 mm Abstand abgehängt und dann so weit ausgelenkt, daß beim Zurückfallen auf den Probekörper eine Stoßarbeit von 2 kpm entsteht.

5.2.7. Löschwasserversuch bei Stützen mit Verkleidungen oder Ummantelungen

Zum Löschwasserversuch an Stützen mit Verkleidungen oder Ummantelungen (siehe Abschnitt 3.3 bis 3.5) sind die Probekörper unmittelbar nach dem Brandversuch 1 Minute lang der Beanspruchung durch den Löschwasserstrahl auszusetzen. Das Wasser ist durch ein Rohrmundstück von 12 mm Durchmesser zu führen. Der Wasserdurchfluß ist nach DIN 14 200 „Wasserdurchfluß aus Strahlrohrmundstücken" so zu wählen, daß ein Fließdruck von etwa 2 kp/cm² entsteht. Der Wasserstrahl ist aus einer Entfernung von etwa 3 m möglichst rechtwinklig so auf den Probekörper zu richten, daß die Verkleidung gleichmäßig beansprucht wird. Vor der Löschwasserbeanspruchung darf der Probekörper entlastet werden.

5.3. Normkonstruktionen für die Prüfung von Verkleidungen oder Ummantelungen

Die Wirksamkeit von Verkleidungen oder Ummantelungen nach Abschnitt 3.1.2 kann in Verbindung mit folgenden im Brandverhalten ungünstigen Bauteilen geprüft werden, wobei das Anbringen der Verkleidung oder Ummantelung in der vorgesehenen Befestigungsart vorzunehmen ist.

5.3.1. Verkleidungen in Verbindung mit Stahlträgerdecken

Die Prüfung nach Abschnitt 5.3.1 ersetzt den Versuch nach Abschnitt 5.3.2; bleibt an der Unterseite der Stahlträger nach Bild 2 die Temperatur ≦ 200 °C, so ersetzt der Versuch nach Abschnitt 5.3.1 auch den Versuch nach Abschnitt 5.3.3 (nur F 30 und F 60).

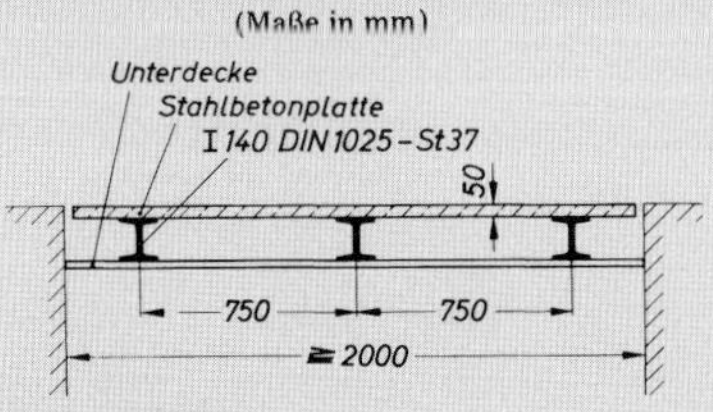

Stützweite >4000 mm

Bild 2. Stahlträgerdecke

---

[4]) DIN 43 710 Elektrische Temperaturmeßgeräte; Thermospannungen und Werkstoffe der Thermopaare

[5]) VDE/VDI-Richtlinie 3511 Technische Temperaturmessungen, Ausgabe Februar 1967

5.3.2. Verkleidungen in Verbindung mit Stahlbetondecken nach DIN 1045 und DIN 4225

(Maße in mm)

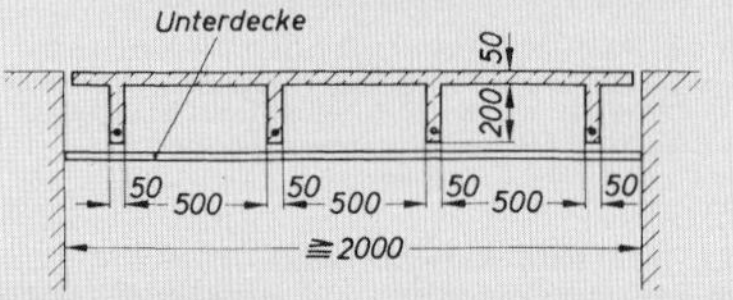

Stützweite > 4000 mm
Betongüte B 300
Betonstahl III b
Überdeckung der Stahleinlagen 10 mm
Zuschlagstoff: Kiessand Körnung 0/15 mm nach DIN 1045
Konstruktion nach DIN 1045

Bild 3. Stahlbetonrippendecke

5.3.3. Verkleidungen in Verbindung mit Holzbalkendecken

(Maße in mm)

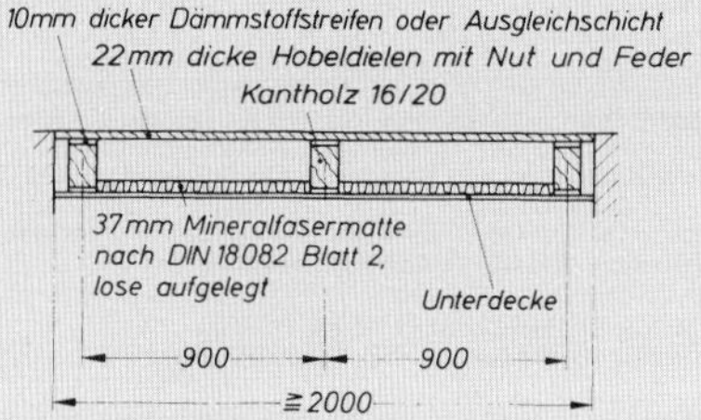

Feuchtigkeitsgehalt der Hölzer:
≦ 20 % ohne Schutzmittelanstrich

Stützweite > 4000 mm

Bild 4. Holzbalkendecke

5.3.4. Verkleidungen oder Ummantelungen in Verbindung mit Stahlstützen

Die Prüfung von Verkleidungen oder Ummantelungen in Verbindung mit Stahlstützen mit I PB-Querschnitt nach Abschnitt 5.3.4 gilt für alle Stützen mit I PB-Querschnitt, die von Stützen mit Rohrquerschnitt gilt für alle Stützen aus Stahl, jedoch nicht für Stützen des Stahlleichtbaues.

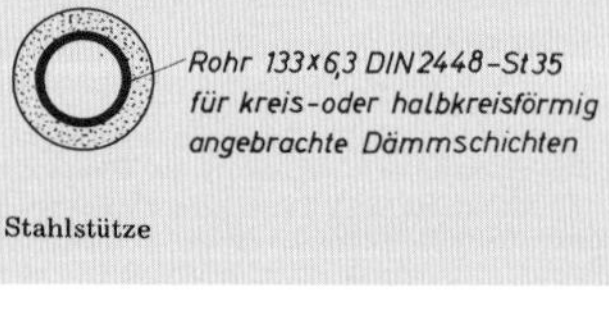

Bild 5. Stahlstütze

5.3.5. Verkleidungen oder Ummantelungen in Verbindung mit Stahlbetonstützen

(Maße in mm)

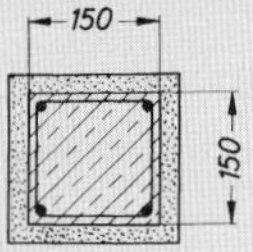

Fertigteilstütze
Betongüte B 450
Betonstahl III b

Zuschlagstoff: Kiessand
Körnung 0/15 mm nach DIN 1045
Bewehrungsanteil F_e/F_b = 6 %
Betondeckung der Bügel 10 mm

Bild 6. Stahlbetonstütze

5.3.6. Verkleidungen oder Ummantelungen in Verbindung mit Holzstützen 100 mm/100 mm

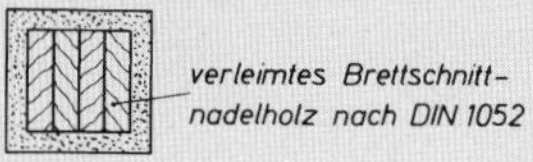

Bild 7. Holzstütze

5.4. Prüfzeugnis

Im Prüfzeugnis sind unter Hinweis auf diese Norm anzugeben:

5.4.1. Beschreibung und Zeichnung des Probekörpers, genaue Angaben der Baustoffe, Abmessungen, Rohdichte und Flächengewichte, Anteile von Baustoffen der Klasse B, Feuchtigkeitsgehalte, Befestigungsart der Verkleidungen, Alter am Tage der Prüfung, amtliche Probenahme.

5.4.2. Angaben über den Einbau der Probekörper und die Durchführung der Prüfung:

Abmessungen des dem Feuer ausgesetzten Probekörpers, seine Einbauart, Belastung mit Gegenüberstellung der hervorgerufenen und der zulässigen Spannungen bzw. Schnittgrößen, Belastungsart, Befestigungsart, Lage und Anzahl der Thermoelemente, Meßeinrichtung, Feuerungsart und verwendeter Brennstoff, Lufttemperaturen (bei im Freien aufgebauten Sonderprüfständen Witterung) vor und während des Brandversuches.

5.4.3. Temperaturmeßergebnisse (Einzel- und Mittelwerte) in der Brandkammer, in und am Probekörper, gemessene Durchbiegungen und sonstige Verformungen vor, während und nach dem Versuch, bleibende Verformungen 24 Stunden nach Versuchsende.

5.4.4. Bei Beanspruchung durch den Löschwasserstrahl: gemessener Fließdruck sowie Art und Größe der durch den Löschwasserstrahl verursachten Zerstörungen.

5.4.5. Beobachtungen bei Versuchsablauf mit ihrem Zeitpunkt, eine Beschreibung des Probekörpers nach dem Versuch, Aussehen, Abbrand, Zerstörung, Restdicke.

5.4.6. Meßergebnisse und Beobachtungen bei Neben- und Sonderversuchen, die vor und nach dem Brandversuch zur Aufklärung des Verhaltens und der Tragfähigkeit durchgeführt wurden.

5.4.7. Zusammenfassung der Ergebnisse mit Beurteilung der Widerstandsfähigkeit gegen Feuer nach Abschnitt 2 und Abschnitt 3. Dabei sind wesentliche Einflüsse, z. B. bei den Einbau- und Belastungsanordnungen der Decken, das statische System und die vorhandenen Spannungen mit anzugeben. Anzahl der durchgeführten Brandversuche. Einstufung in die Feuerwiderstandsklasse mit Angabe der Brennbarkeitsklasse der verwendeten Baustoffe.
Für Feuerschutzanstriche ist nur ein Prüfbericht abzugeben.

DK 699.81 : 691 : 351.78 : 001.4 : 620.1 Februar 1970

Brandverhalten von Baustoffen und Bauteilen;

Begriffe, Anforderungen und Prüfungen von Sonderbauteilen

DIN 4102 Blatt 3

Behaviour of building materials and structures in fire; definitions, technical conditions and testing of special components

Frühere Ausgaben: 8.34; 11.40

Vorbemerkung

Im Zusammenhang mit der Überarbeitung von
DIN 4102 Widerstandsfähigkeit von Baustoffen und Bauteilen gegen Feuer und Wärme;

Blatt 1 —; Begriffe
Blatt 2 —; Einreihung in die Begriffe
Blatt 3 —; Brandversuche

jeweils Ausgabe November 1940 wurde mit der Titeländerung auch der Inhalt der Norm neu gegliedert:
DIN 4102 Brandverhalten von Baustoffen und Bauteilen

Blatt 1 —; Begriffe, Anforderungen und Prüfungen von Baustoffen (in Bearbeitung)
Blatt 2 —; Begriffe, Anforderungen und Prüfungen von Bauteilen, Ausgabe Februar 1970
Blatt 3 —; Begriffe, Anforderungen und Prüfungen von Sonderbauteilen, Ausgabe Februar 1970
Blatt 4 —; Einreihung in die Begriffe, Ausgabe Februar 1970
Blatt 5 —; Erläuterungen zu Blatt 1 bis Blatt 4 (in Bearbeitung)

Begriffe, Anforderungen und Prüfungen von Baustoffen (später DIN 4102 Blatt 1) sind z. Z. durch die von der Arbeitsgruppe Einheitliche Technische Baubestimmungen (ETB) bearbeitete 3. Fassung (Februar 1970) der Ergänzenden Bestimmungen zu DIN 4102 geregelt.

Für die Prüfung von Hausschornsteinen gilt DIN 18160 Blatt 6.

Inhalt

Änderung Februar 1970:
Inhalt vollständig neu bearbeitet und auf den neuesten Stand gebracht. Abschnitt 9 neu hinzugefügt. DIN 4102 Blatt 10, Ausgabe Oktober 1966, zurückgezogen.

Fortsetzung Seite 2 bis 6

Fachnormenausschuß Bauwesen im Deutschen Normenausschuß (DNA)
Arbeitsgruppe Einheitliche Technische Baubestimmungen (ETB)

1. Geltungsbereich

In dieser Norm werden brandschutztechnische Begriffe, Anforderungen und Prüfungen für die im Inhaltsverzeichnis genannten Sonderbauteile festgelegt. Bauteile wie Wände, Decken, Stützen, Unterzüge und Treppen werden in DIN 4102 Blatt 2 behandelt.

2. Nachweis des Brandverhaltens

2.1. Klassifizierung

Das Brandverhalten von Sonderbauteilen wird durch die Feuerwiderstandsdauer und durch weitere nachfolgend aufgeführte Forderungen gekennzeichnet. Sonderbauteile können wegen abweichender Anforderungen nicht in Feuerwiderstandsklassen (F 30 bis F 180) nach DIN 4102 Blatt 2 eingereiht werden.

2.2. Ohne Brandversuche

Die in DIN 4102 Blatt 4 genannten Sonderbauteile sind ohne weiteren Nachweis für den dort angegebenen Zweck anwendbar.

2.3. Mit Brandversuchen[1])

Für Sonderbauteile, die nicht unter Abschnitt 2.2 fallen, muß das Brandverhalten durch Brandversuche nach dieser Norm nachgewiesen werden. Maßgebend für die Ermittlung des Brandverhaltens ist das ungünstigste Ergebnis aus mindestens zwei Versuchen, soweit in dieser Norm nichts anderes bestimmt ist.

3. Brandwände

3.1. Begriff

Brandwände sind Wände, die so ausgeführt sind, daß sie beim Brand auch unter ausmittiger Beanspruchung und unter Stoßbeanspruchung ihre Standsicherheit bewahren und als Raumabschluß wirksam bleiben.

3.2. Anforderungen

3.2.1. Brandwände müssen bei den Brandversuchen nach DIN 4102 Blatt 2, Abschnitt 5, unter der in Abschnitt 3.3.1 angegebenen Belastung während einer Prüfdauer von 90 Minuten und bei dem anschließenden Festigkeitsversuch nach Abschnitt 3.3.2 die Anforderungen nach DIN 4102 Blatt 2, Abschnitt 3.3, sinngemäß erfüllen.

3.2.2. Brandwände müssen aus Baustoffen der Klasse A (nichtbrennbare Baustoffe) bestehen.

3.3. Prüfung

3.3.1. Für die Prüfeinrichtungen und Probekörper sowie die Durchführung der Versuche gilt DIN 4102 Blatt 2, Abschnitt 5, sinngemäß. Die Wände sind jedoch ohne Putz und Verkleidung herzustellen; sie müssen sich an den seitlichen Rändern frei verformen können; sie sind im Abstand $d/3$ von der dem Feuer abgekehrten Wandfläche (d = Wanddicke) so zu belasten, daß am lastnahen Querschnittsrand die Randspannung $\sigma_R = \sigma_{zul}$ herrscht. Wände, die während der Prüfdauer auf der Feuerseite so stark zermürbt werden, daß hierdurch allein eine wesentliche ausmittige Belastung auftritt, sind in einem weiteren Versuch auch im Abstand $d/3$ von der dem Feuer zugekehrten Seite zu belasten.

3.3.2. Zum Festigkeitsversuch wird der eingebaute Probekörper je zweimal unter Last entsprechend Abschnitt 3.3.1 und anschließend einmal ohne Last durch einen 200 kg schweren Bleischrotsack mit einer Stoßarbeit von 300 kpm auf einer Fläche von etwa 400 cm^2 in Wandmitte auf der dem Feuer abgekehrten Seite beansprucht. Die Stöße werden als Pendelstöße ausgeführt. Die Pendellänge soll etwa 3 m betragen.

3.3.3. Für das Prüfzeugnis gilt DIN 4102 Blatt 2, Abschnitt 5.4, sinngemäß.

4. Gegen Feuer widerstandsfähige nichttragende und nichtaussteifende Außenwandelemente, Brüstungen u. ä.

4.1. Begriff

Gegen Feuer widerstandsfähige, nichttragende und nichtaussteifende Außenwandelemente, Brüstungen u. ä. sind Bauteile, die den Überschlagweg des Feuers von Geschoß zu Geschoß vergrößern.

4.2. Anforderungen

Diese Sonderbauteile, einschließlich ihrer Halterungen, Befestigungen und Stoßfugen, müssen unter ihrem Eigengewicht den Anforderungen der Abschnitte 4.2.1 und 4.2.2 entsprechen.

Es werden folgende Widerstandsklassen unterschieden:

Tabelle 1. Widerstandsklassen

Widerstands-klasse	Feuerwiderstands-dauer Minuten
W 30	≧ 30
W 60	≧ 60
W 90	≧ 90

4.2.1. Bei einem Brandversuch nach Abschnitt 4.3.1 mit einer Feuerbeanspruchung der Innenseite muß der Bauteil entsprechend seiner Widerstandsklasse die Anforderungen nach DIN 4102 Blatt 2, Abschnitt 3, mit Ausnahme des ersten Absatzes von Abschnitt 3.1.1.1 erfüllen.

4.2.2. Bei einem Brandversuch nach Abschnitt 4.3.2 mit der geminderten Feuerbeanspruchung der Außenseite muß der Bauteil entsprechend seiner Widerstandsklasse die Anforderungen nach DIN 4102 Blatt 2, Abschnitt 3, erfüllen.

4.3. Prüfung

4.3.1. Die Innenseite eines Probekörpers ist mit einer Feuerbeanspruchung nach DIN 4102 Blatt 2, Abschnitt 5, unter besonderer Beachtung des Absatzes 5.2.2 zu prüfen.

4.3.2. Die Außenseite des zweiten Probekörpers ist mit einer Feuerbeanspruchung entsprechend der Temperatur-Zeitkurve nach Bild 1 zu prüfen. Für die zulässigen Abweichungen gilt DIN 4102 Blatt 2, Abschnitt 5.2.4.

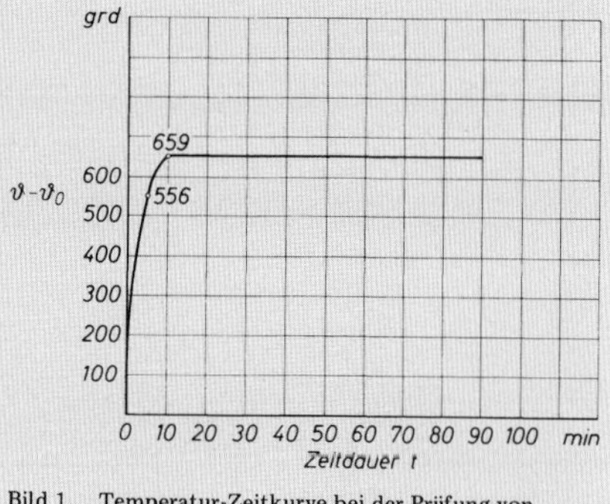

Bild 1. Temperatur-Zeitkurve bei der Prüfung von Sonderbauteilen nach Abschnitt 4 (Feuerbeanspruchung der Außenseite)

4.3.3. Für das Prüfzeugnis gilt DIN 4102 Blatt 2, Abschnitt 5.4, sinngemäß.

Anmerkung: Tragende Bauteile dieser Art sind nach DIN 4102 Blatt 2 zu prüfen.

[1]) Die Prüfungen sind von einer hierfür anerkannten Prüfstelle (siehe DIN 4102 Blatt 2, Fußnote 3) durchzuführen.

5. Feuerschutzabschlüsse

5.1. Begriff

Feuerschutzabschlüsse sind selbsttätig schließende Türen und selbsttätig schließende andere Abschlüsse (z. B. Klappen, Rolläden, Tore), die dazu bestimmt sind, den Durchtritt eines Feuers durch Öffnungen in Wänden oder Decken zu verhindern[2]).

5.2. Anforderungen

Die Feuerschutzabschlüsse müssen die Anforderungen der Abschnitte 5.2.1 bis 5.2.3 erfüllen und dürfen nach ihrem sonstigen, im Prüfbericht unter Abschnitt 5.3.4, zweiter Satz, angeführten Verhalten keinen Anlaß zu Beanstandungen geben.

Es werden folgende Widerstandsklassen unterschieden:

Tabelle 2. Widerstandsklassen

Widerstandsklasse	Feuerwiderstandsdauer Minuten	Bauaufsichtliche Benennung
T 30	≧ 30	feuerhemmende Abschlüsse
T 60	≧ 60	
T 90	≧ 90	feuerbeständige Abschlüsse
T 120	≧ 120	
T 180	≧ 180	hochfeuerbeständige Abschlüsse

5.2.1. Feuerschutzabschlüsse müssen selbsttätig schließen. Sie dürfen keine Verglasungen enthalten.

5.2.2. Abschlüsse, bei denen Platten oder Dämmstoffe verwendet werden, sind vor dem Brandversuch einer mechanischen Beanspruchung nach Abschnitt 5.3.2 auszusetzen. Nach dieser Beanspruchung dürfen keine äußerlich erkennbaren Schäden aufgetreten sein; die Dämmstoffe dürfen nicht so beschädigt oder verlagert worden sein, daß die Anforderungen nach Abschnitt 5.2.3 nicht erfüllt werden.

5.2.3. Bei den Brandversuchen nach Abschnitt 5.3.3 sind die in DIN 4102 Blatt 2, Abschnitt 3, für raumabschließende Wände genannten Anforderungen mit folgenden Abweichungen zu erfüllen. In einer streifenförmigen Randfläche des beweglichen Teiles der Abschlüsse und der an die Öffnung angrenzenden Wandfläche sowie in der Leibung bleibt die Temperaturerhöhung während des Brandversuches unberücksichtigt. Dieser Streifen wird begrenzt durch Linien, die im Abstand von 1/10 der lichten Höhe der Abschlüsse, höchstens jedoch von 10 cm, von den Ebenen der Leibungsflächen und vom Drückerdurchbruch verlaufen. Bei mehrflügeligen Türen gilt diese Regel auch für Streifen beiderseits des Spaltes zwischen den Türflügeln.

5.3. Prüfung

5.3.1. Die Probekörper sind vor dem Brandversuch im eingebauten Zustand auf die Wirksamkeit der Schließmittel zu prüfen.

5.3.2. Zur Ermittlung des Verhaltens der Dämmstoffe ist jede Flügeltür vor dem Brandversuch einer mechanischen Beanspruchung durch 5000maliges Schließen aus einem Öffnungswinkel von 50° innerhalb jeweils 2 Sekunden auszusetzen. Schiebe- und Hubtüren sowie Rolläden sind entsprechend ihrer Bauart in ähnlicher Weise zu beanspruchen.

5.3.3. Die Probekörper sind in der bei der praktischen Verwendung vorgesehenen Größe einschließlich ihrer Befestigung, Schließmittel und Beschläge sowie mit der vorgesehenen Oberflächenbehandlung Brandversuchen nach DIN 4102 Blatt 2, Abschnitt 5, zu unterwerfen.

Die Probekörper sind bei den Brandversuchen mit ihren Zargen in eine mindestens 24 cm dicke Wand aus Vollsteinen nach DIN 1053 „Mauerwerk; Berechnung und Ausführung" (Steinfestigkeit mindestens 100 kp/cm^2, Mörtelgruppe II) einzusetzen.

Falls vorgesehen ist, daß die Feuerschutzabschlüsse bei der praktischen Verwendung in dünnere Wände oder zwischen dünnere Pfeiler eingesetzt werden, sind die Probekörper im Zusammenhang mit diesen Wänden oder Pfeilern Brandversuchen auszusetzen.

Bei den beiden Brandversuchen soll das Feuer bei einem Probekörper auf die Bandseite und bei einem weiteren auf die Gegenbandseite einwirken. Bei der Feuerbeanspruchung der Gegenbandseite des Raumabschlusses ist der Abstand der Meßstellen (Hauptlötstellen) zur Messung der Temperatur im Brandraum auf die beflammte Oberfläche der Wand zu beziehen. Hat sich bei diesen Prüfungen eine der beiden Seiten als wesentlich weniger widerstandsfähig erwiesen, so ist ein weiterer Brandversuch mit Feuereinwirkung auf diese Seite durchzuführen. Bei den Brandversuchen soll der Druck im Brandraum in Höhe des Sturzes 1,0 ± 0,5 mm WS betragen und an der Schwelle den Wert 0 mm WS nicht überschreiten.

5.3.4. Für den Prüfbericht gilt DIN 4102 Blatt 2, Abschnitt 5.4, sinngemäß. Er muß ferner Angaben über die maximalen Temperaturen an den Zargen, das selbsttätige Schließen, die Wirkung der mechanischen Beanspruchung, das Durchtreten von Rauch und zündfähigen Gasen aus den Probekörpern und den Wert des Innendruckes im Brandraum (am Sturz und an der Schwelle) sowie die Verformungen enthalten.

6. Abschlüsse in Fahrschachtwänden der Feuerwiderstandsklasse F 90

6.1. Begriff

Fahrschachttüren und andere Abschlüsse in Fahrschachtwänden der Feuerwiderstandsklasse F 90, die die Anforderungen nach Abschnitt 6.2 erfüllen, sind so ausgebildet, daß Feuer und Rauch nicht in andere Geschosse übertragen werden können[3]). Die Wirksamkeit der Abschlüsse ist nur dann gesichert, wenn eine geeignete Fahrschachtentlüftung[4]) vorhanden ist und der Fahrkorb überwiegend aus Baustoffen der Klasse A besteht[5]).

6.2. Anforderungen

Die Abschlüsse müssen während einer Prüfzeit von 90 Minuten folgende Anforderungen erfüllen:

6.2.1. Beim Heißgasversuch nach Abschnitt 6.3.1 sind bezüglich der Temperaturen auf der dem Feuer abgekehrten Oberfläche des Probekörpers die an Feuerschutzabschlüsse gestellten Forderungen nach Abschnitt 5.2.3 zu erfüllen.

Auf einer Verglasung darf sich die Temperatur um nicht mehr als 220 grd über die Anfangstemperatur des Probekörpers bei Versuchsbeginn erhöhen. Die Raumbegrenzung muß erhalten bleiben, und ein Durchtritt von Feuer und Rauch darf nicht zu beobachten sein.

---

2) Die Wirksamkeit nichtgenormter Feuerschutzabschlüsse kann nicht allein nach DIN 4102 Blatt 3 beurteilt werden; es sind weitere Eignungsnachweise zu erbringen (z. B. im Rahmen einer allgemeinen bauaufsichtlichen Zulassung).

3) Die Wirksamkeit nichtgenormter Abschlüsse in Fahrschachtwänden kann nicht allein nach DIN 4102 Blatt 3 beurteilt werden; es sind weitere Eignungsnachweise zu erbringen (z. B. im Rahmen einer allgemeinen bauaufsichtlichen Zulassung).

4) Die Größe der Lüftungsöffnungen richtet sich nach den bauaufsichtlichen Richtlinien; im allgemeinen wird ein Querschnitt von mindestens 2,5 % der Grundfläche des Fahrschachtes, mindestens aber 0,1 m^2 verlangt.

5) Siehe DIN 18 090: Aufzüge, Flügel und Falttüren für Fahrschächte mit feuerbeständigen Wänden.

6.2.2. Beim Brandversuch nach Abschnitt 6.3.2 muß die Raumbegrenzung erhalten bleiben. Ein Durchtritt von Feuer darf nicht zu beobachten sein.

6.3. Prüfung

Es sind an mindestens 2 Probekörpern jeweils ein Heißgasversuch nach Abschnitt 6.3.1 und ein Brandversuch nach Abschnitt 6.3.2 durchzuführen. Die Probekörper sind einschließlich ihrer Verglasungen, ihrer Aufhängungs- und Führungsteile [6]), ihrer Sperrmittel [7]) sowie ihres Korrosionsschutzes zu prüfen.

6.3.1. Heißgasversuche

Die Probekörper sind so vor der vertikalen Öffnung eines Prüfstandes einzubauen, daß ihre schachtseitige Oberfläche dem Brandraum zugewandt ist. Der Brandraum ist während einer Prüfdauer von 90 Minuten mit Heißgas zu beheizen, wobei die von den Heizflammen ausgehende Strahlung den Probekörper nicht treffen darf und im Brandraum im Bereich der Prüfstandöffnung ein Unterdruck vorhanden sein muß. Während des Versuches muß die mittlere Temperatur im Brandraum nach der Kurve entsprechend Bild 2 ansteigen. Für die Abweichungen gilt sinngemäß DIN 4102 Blatt 2, Abschnitt 5.2.4. Die für den Mittelwert der Temperatur der vom Brandraum abgekehrten (flurseitigen) Oberfläche maßgeblichen Meßstellen sind nach DIN 4102 Blatt 2, Abschnitt 5.2 und 5.3, anzuordnen. Bei mehrteiligen Fahrschachttüren ist die zur Bestimmung eines Mittelwertes im Mittelpunkt der Fläche vorgesehene Meßstelle im 100 mm Abstand vom Mittelspalt anzuordnen.

$\vartheta - \vartheta_0 = 34{,}8\sqrt{t}$

ϑ = Brandraumtemperatur in °C

ϑ_0 = Temperatur der Probekörper bei Versuchsbeginn in °C

Zeitdauer t min	$\vartheta - \vartheta_0$ grd
0	0
5	78
10	110
15	135
30	190
60	270
90	330

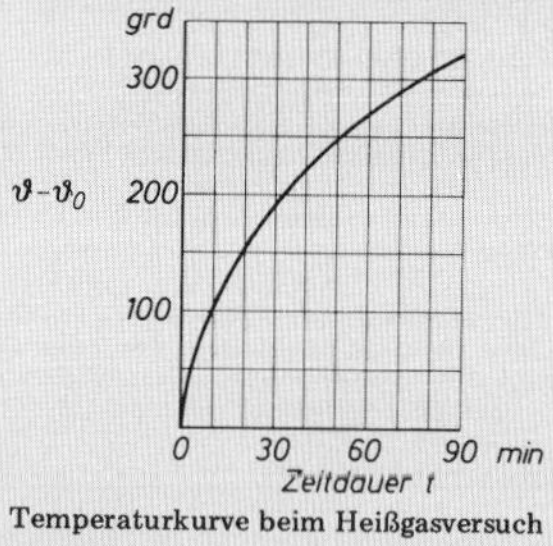

Bild 2. Temperaturkurve beim Heißgasversuch

6.3.2. Brandversuch

Die Probekörper sind so vor der vertikalen Öffnung eines Prüfstandes einzubauen, daß ihre flurseitige Oberfläche dem Brandraum zugewandt ist. Der Brandraum ist nach DIN 4102 Blatt 2, Abschnitt 5.2.4, während einer Prüfdauer von 90 Minuten zu beflammen.

Bei den Brandversuchen soll der Druck im Brandraum in Höhe des Sturzes 1,0 ± 0,5 mm WS betragen und an der Schwelle den Wert 0 mm WS nicht überschreiten.

6.3.3. Für den Prüfbericht gilt DIN 4102 Blatt 2, Abschnitt 5.4, sinngemäß. Er muß ferner Angaben über die Verformungen während des Heißgas- und Brandversuches und über den Durchtritt von Feuer und Rauch enthalten.

7. Gegen Feuer widerstandsfähige Verglasungen

7.1. Begriff

Gegen Feuer widerstandsfähige Verglasungen sind Bauteile aus Glas, die dazu bestimmt sind, für 60 Minuten zwar den Flammen- und Rauchdurchtritt, nicht aber den Durchtritt der Wärmestrahlung zu verhindern, und zwar bis zu den Abmessungen und in der Einbauart, wie sie geprüft worden sind.

7.2. Anforderungen

Gegen Feuereinwirkung widerstandsfähige Verglasungen müssen einschließlich ihrer Halterungen, Befestigungen und Fugen während eines einstündigen Brandversuches nach Abschnitt 7.3 den Einwirkungen des Feuers einen solchen Widerstand bieten, daß sie als Raumabschluß wirksam bleiben und weder Flammen noch Rauch durchlasse

7.3. Prüfung

7.3.1. Die Verglasung wird in den Brandraum in den Abmessungen und in der Art eingebaut, wie sie für die praktische Ausführung vorgesehen ist. Für die Versuchsdurchführung gilt DIN 41 02 Blatt 2, Abschnitte 5.1 und 5.2.5.1, sinngemä

7.3.2. Für das Prüfzeugnis gilt DIN 4102 Blatt 2, Abschnitt 5.4, sinngemäß. Die Einbauart und die geprüften Abmessungen sind anzugeben.

8. Gegen Flugfeuer und strahlende Wärme widerstandsfähige Dacheindeckungen und Dachabdichtungen [8])

8.1. Begriff

Gegen Flugfeuer und strahlende Wärme widerstandsfähige Dacheindeckungen und Dachabdichtungen (Dachhaut) sind dazu bestimmt, eine Brandübertragung von außen zu verhindern.

8.2. Anforderungen

8.2.1. Als widerstandsfähig gegen Flugfeuer und strahlende Wärme gilt eine Dachhaut bis zu einer Dachneigung von 20°, wenn die Probedächer unter 15° Neigung geprüft sind, mit unbeschränkter Dachneigung, wenn sie unter 15° und unter 45° Neigung geprüft sind. Sie müssen beim Brandversuch nach Abschnitt 8.3.2 folgende Anforderungen erfüllen:

8.2.1.1. Die verkohlten, verbrannten oder anderweitig zerstörten Flächen der Dachhaut dürfen im Mittel nicht größer als 0,25 m^2 sein. Kein Einzelwert darf größer als 0,30 m^2 sein. Verfärbungen bleiben dabei unberücksichtigt.

8.2.1.2. Flüssig gewordene Teile der Dacheindeckung dürfen im Mittel höchstens bis zu 50 cm, gemessen vom unteren Rand der Feuerquelle, brennend ablaufen. Kein Einzelwert darf größer als 60 cm sein.

8.2.1.3. An der Unterseite des Probedaches dürfen keine Flammen auftreten.

8.2.1.4. Vom Probedach dürfen keine brennenden oder glimmenden Teile abfallen.

8.2.1.5. Das Probedach muß so geschlossen bleiben, daß brennende oder glimmende Teile nicht durchfallen können. Löcher bis zu 0,25 cm^2 Fläche — je Versuchsstelle insgesamt bis zu 45 cm^2 Fläche — sind zulässig, wenn der Abstand von Lochwand zu Lochwand mindestens 1 cm beträgt.

8.3. Prüfung

8.3.1. Prüfkörper

Für jede zu prüfende Dachneigung (15° und 45° nach Abschnitt 8.2.1) ist ein Probedach mit den Mindest-Flächenabmessungen 2,5 m x 2 m herzustellen. Einzelheiten zu den Probedächern sind je nach Art der Dacheindeckung den nachfolgenden Abschnitten 8.3.1.1 oder 8.3.1.2 zu entnehmen.

6) z. B. Rollen, Türbänder, Seile, Ketten, Bolzen

7) Teile des Verriegelungselements wie z. B. Schubriegel, Hakenriegel, Verschlußkappe

8) Nach bauaufsichtlichen Vorschriften ist für Dacheindeckungen und Dachabdichtungen zusätzlich der Nachweis der ausreichenden Wärmebeständigkeit zu führen (siehe z. B. DIN 52 123).

8.3.1.1. Dacheindeckungen ohne geschlossene tragende Unterlage

Die Probedächer müssen in allen Einzelheiten der praktischen Anwendung der Dacheindeckung entsprechen, und zwar sowohl hinsichtlich der Unterkonstruktion als auch hinsichtlich der Art (ggf. Wellung), Dicke und Befestigung des Deckmaterials selbst. Der Abstand von Unterstützungen jeder Art muß hierbei den vom Hersteller für die Anwendung vorgeschriebenen höchstzulässigen freien Stützweiten entsprechen.

8.3.1.2. Dacheindeckungen auf geschlossener tragender Unterlage

Die Dacheindeckung muß entsprechend der praktischen Anwendung aufgebaut sein (z. B. auch mit Dämmschicht). Als Unterlage für die Dacheindeckung dient eine Holzschalung, die aus parallel zur Traufe verlaufenden, rd. 20 mm dicken, ungehobelten, besäumten Fichtenholz-Brettern, die dicht aneinanderstoßen, besteht. Für Dacheindeckungen und -beschichtungen, die gemäß ihrer praktischen Anwendung nur auf massivem, nichtbrennbarem Untergrund verlegt werden, können abweichend hiervon als Unterlage rd. 10 mm dicke Asbestzementtafeln verwendet werden. Die Stoffe für Dacheindeckungen, die Feuchtigkeit enthalten, und die Holzschalungen sind in lufttrockenem Zustand zu prüfen. Die Eindeckung ist so vorzunehmen, daß je eine Stoßüberdeckung parallel und senkrecht zur Dachneigung beim Versuch erfaßt werden kann (siehe auch DIN 18 338 „Dachdekkungsarbeiten").

8.3.2. Versuchsdurchführung

8.3.2.1. Zum Versuch wird Holzwolle Nr 20 aus Fichte mit 2 mm Breite nach DIN 4077 im Normalklima 20/65 nach DIN 50 014 bis zur Gewichtskonstanz gelagert. 600 g der so vorbehandelten Holzwolle werden in ein oben und unten offenes Drahtgestell (Drahtdicke 3 mm, quadratische Maschen von 50 mm Maschenweite) mit den Abmessungen 300 mm x 300 mm und 200 mm Höhe gleichmäßig eingedrückt.

8.3.2.2. Die Prüfung ist in einem geschlossenen, mindestens 150 m^3 großen Raum jeweils an vier Stellen desselben Probekörpers (Probedach) auszuführen, wobei das Drahtgestell je einmal über einem Längs- und einem Querstoß, bzw. über eine parallel und senkrecht zur Dachneigung angeordnete Stoßüberdeckung der obersten Lage, und zweimal über der ungestoßenen (nichtüberlappten) Fläche angeordnet wird. Der Rand des Probekörpers darf so abgedämmt werden, daß keine Gase von der Unterseite des Probedaches auf seine Oberseite gelangen können.

8.3.2.3. Das gefüllte Drahtgestell wird mit einer Öffnung parallel zur Dachfläche in etwa 1 cm Abstand von dieser, bzw. von den Wellenbergen, aufgehängt oder wahlweise bei Dacheindeckungen mit fester Unterlage auf diese mit 1 cm über die waagerechten Drähte überstehenden Füße aufgesetzt. Die Holzwolle wird bei jedem Versuch an allen vier Seiten gleichzeitig von unten in der Mitte angezündet. Nach dem Abbrennen der Holzwolle wird das Drahtgestell vorsichtig abgenommen.

8.3.2.4. Das Verhalten der Dacheindeckung bei der Prüfung und das Verhalten nach dem Versuch sind zu beobachten.

8.3.3. Bei der Prüfung von Lichtkuppeln und anderen nichtebenen Erzeugnissen auf ihre Beständigkeit gegen Flugfeuer und strahlende Wärme sind die für die Dacheindeckung aufgeführten Bestimmungen sinngemäß anzuwenden. Die Lichtkuppeln sind mit seitlichen Anschlüssen in ein entsprechend großes Probedach einzubauen. Entsprechend Abschnitt 8.3.2.2 sind zwei Versuche an der Begrenzung und ein Versuch an der Kuppelfläche auszuführen.

8.3.4. Prüfzeugnis

Für das Prüfzeugnis gilt DIN 4102 Blatt 2, Abschnitt 5.4, sinngemäß, außerdem sind anzugeben:

8.3.4.1. Größe der verkohlten, verbrannten oder brüchig gewordenen Fläche der Dachhaut, Ablauflänge brennender Teile, Beobachtungen von Flammen an der Unterseite, Entstehen von Löchern und ihre Größe, Schäden an der Unterkonstruktion.

9. Lüftungsleitungen, Installationsschächte und -kanäle, bei denen die Übertragung von Feuer und Rauch nicht möglich ist

9.1. Begriff

Lüftungsleitungen, Installationsschächte und -kanäle (im folgenden Leitungen genannt), die die Anforderungen entsprechend ihrer Widerstandsklasse nach Abschnitt 9.2 erfüllen, sind so ausgebildet, daß Feuer und Rauch nicht in andere Geschosse oder Brandabschnitte übertragen werden.[9]

9.2. Anforderungen

Leitungen müssen einschließlich ihrer Dämmschichten, Hüllrohre, Halterungen, Befestigungen und Stöße die Anforderungen der Abschnitte 9.2.1 bis 9.2.5 erfüllen. Es werden folgende Widerstandsklassen unterschieden:

Tabelle 3. Widerstandsklassen

Widerstandsklasse	Widerstandsdauer in Minuten
L 30	≧ 30
L 60	≧ 60
L 90	≧ 90
L 120	≧120

9.2.1. Die Standsicherheit der Leitungen muß während der Brandversuche nach Abschnitt 9.3 außerhalb des Brandraumes (in anderen Räumen) erhalten bleiben. Bei mehrschaligen Leitungsbauarten genügt es, wenn die äußere Schale standsicher bleibt.

9.2.2. Die Temperaturerhöhung an den Außenwänden der Leitungen gegenüber der Anfangstemperatur des Probekörpers darf außerhalb des Brandraumes im Mittel nicht größer als 140 grd sein, an keiner Meßstelle jedoch mehr als 180 grd betragen.

9.2.3. Die Temperatur der außerhalb des Brandraumes aus der Leitung austretenden Luft darf sich an keiner Stelle der Austrittsöffnung um mehr als 140 grd über die Anfangstemperatur erhöhen.

9.2.4. In andere Räume dürfen keine zündbaren Gase und kein Rauch austreten.

9.2.5. Einschalige Leitungen und die äußere Schale mehrschaliger Leitungen müssen aus Baustoffen der Klasse A (nichtbrennbar) bestehen. Die inneren Schalen mehrschaliger Leitungen müssen mindestens aus Baustoffen der Klasse B 1 (schwerentflammbar) bestehen und dürfen sich bei Leitungen, die im Brandraum keine Öffnungen haben, nicht entzünden.

9.3. Prüfung

9.3.1. Die Leitungen sind so zu prüfen, wie sie in der Praxis verwendet werden, z. B. bei waagerechter oder senkrechter Leitungsführung. Es sind zwei Versuche mit einer Dauer entsprechend der Widerstandsklasse von mindestens 30 min, 60 min, 90 oder 120 min durchzuführen. Bei einem Versuch davon soll ein Unterdruck von etwa 4 mm WS während der ganzen Versuchsdauer vorhanden sein. Der zweite Versuch ist mit einem Überdruck von mindestens 1 mm WS (jeweils 10 cm von dem ins Freie führenden Ende der Lüftungsleitungen entfernt gemessen) durchzuführen. Dabei kann die Dauer des Überdrucks auf die Zeit abgekürzt werden, über die hinaus im Anwendungsfall ein Überdruck nicht auftreten kann.[10]

9) Nach bauaufsichtlichen Vorschriften bedürfen Absperrvorrichtungen für den Brandschutz in Lüftungsleitungen vom 1. 1. 1972 an eines Prüfzeichens.

10) Bei Sammelschachtanlagen aus nichtbrennbaren Baustoffen mit Schwerkraftlüftung ist der Überdruck nach 5 min Versuchsdauer auf ± 0 mm WS zu senken. Bei anderen Anlagen sind die Prüfbedingungen im Einzelfall festzulegen.

9.3.2. Die Prüfung ist in einem Versuchsstand durchzuführen, der in einem geschlossenen Raum steht. Der Stand für Versuche an waagerechten Leitungen muß mindestens zwei nebeneinanderliegende, der Stand für Versuche an senkrechten Leitungen mindestens zwei übereinanderliegende Räume besitzen. Jeder Raum muß eine Höhe von mindestens 1,80 m und eine Grundfläche von 8 m^2 bis 12 m^2 haben. Die Wände und Decken des Versuchsstandes müssen mindestens die Anforderungen an Bauteile der Feuerwiderstandsklasse F 90 erfüllen:
Im Umkreis von 20 cm um die Wand- oder Deckendurchführung der zu prüfenden Leitungen muß die Wand oder Decke etwa 10 cm dick und aus Beton hergestellt sein.

9.3.3. Die Leitungen sind so in den Versuchsstand einzubauen, daß sie im Brandraum in ihrer ganzen Länge vom Feuer beansprucht werden. Sie sind durch den Nachbarraum hindurchzuführen. Werden Versuche mit vierseitiger Befeuerung durchgeführt, so sind Versuche mit dreiseitiger Befeuerung nicht mehr erforderlich.

9.3.4. Hinsichtlich seiner Öffnungen, Halterungen und Befestigungen sowie der Anzahl der Leitungen ist der Probekörper so aufzubauen, daß der für die Übertragung von Feuer und Rauch ungünstigste Beanspruchungsfall vorliegt. Leitungsöffnungen im Brandraum müssen sich in einer Wand befinden, die parallel zur Achse der Brenner verläuft.

9.3.5. Der Brandraum ist entsprechend DIN 4102 Blatt 2, Abschnitt 5.2.4, zu befeuern.

Die für den Mittelwert der Temperatur im Brandraum maßgebenden Temperaturmeßstellen sind in 10 cm Abstand von den äußeren Oberflächen der Leitungen anzuordnen. Bei vierseitiger Befeuerung befinden sich in zwei Meßquerschnitten je zwei Meßstellen auf einer Diagonale durch den Querschnitt der Leitung, bei dreiseitiger Befeuerung vor der den Brennern zugekehrten, parallel zu ihren Achsen liegenden Oberfläche. Diese Meßstellen sind in 50 cm (Meßquerschnitt I) und in 100 cm (Meßquerschnitt II) Entfernung von der Wand- oder Deckendurchführung anzuordnen.

Im Brandraum soll während der Versuche ein Überdruck von 1,0 ± 0,5 mm WS, gemessen 50 cm unterhalb der Decke, herrschen.

9.3.6. Für das Prüfzeugnis gilt DIN 4102 Blatt 2, Abschnitt 5.4, sinngemäß. Es ist ferner anzugeben, wie die Leitungen gehalten und befestigt waren und welchen Aufbau die Wand bzw. Decke hatte, durch die die geprüften Leitungen hindurchgeführt worden waren. Das Zeugnis soll möglichst Angaben darüber enthalten, auf welche anderen Verhältnisse die Untersuchungsergebnisse übertragen werden können. Für Lüftungsanlagen, die abweichend von Abschnitt 9.3.1 geprüft werden, ist nur ein Prüfbericht abzugeben.

DK 699.81 : 691 : 351.78 : 001.4

Februar 1970

Brandverhalten von Baustoffen und Bauteilen

Einreihung in die Begriffe

DIN 4102 Blatt 4

Behaviour of building materials and structures in fire;
classification with respect to definitions

Frühere Ausgaben:
DIN 4102 Blatt 2: 8.34, 11.40
DIN 4102 Blatt 4: 9.65x

Vorbemerkung

Im Zusammenhang mit der Überarbeitung von
DIN 4102 Widerstandsfähigkeit von Baustoffen und Bauteilen gegen Feuer und Wärme;

Blatt 1 —; Begriffe
Blatt 2 —; Einreihung in die Begriffe
Blatt 3 —; Brandversuche

jeweils Ausgabe November 1940 wurde mit der Titeländerung auch der Inhalt der Norm neu gegliedert:
DIN 4102 Brandverhalten von Baustoffen und Bauteilen

Blatt 1 —; Begriffe, Anforderungen und Prüfungen von Baustoffen (in Bearbeitung)
Blatt 2 —; Begriffe, Anforderungen und Prüfungen von Bauteilen, Ausgabe Februar 1970
Blatt 3 —; Begriffe, Anforderungen und Prüfungen von Sonderbauteilen, Ausgabe Februar 1970
Blatt 4 —; Einreihung in die Begriffe, Ausgabe Februar 1970
Blatt 5 —; Erläuterungen zu Blatt 1 bis 4 (in Bearbeitung).

Begriffe, Anforderungen und Prüfungen von Baustoffen (später DIN 4102 Blatt 1) sind z. Z. durch die von der Arbeitsgruppe Einheitliche Technische Baubestimmungen (ETB) bearbeitete 3. Fassung (Februar 1970) der Ergänzenden Bestimmungen zu DIN 4102 geregelt.

Hausschornsteine, die den bauaufsichtlichen Anforderungen entsprechen, sind in DIN 18 160 Blatt 1 „Feuerungsanlagen; Hausschornsteine, Bemessung und Ausführung", behandelt.

Inhalt

Änderung Februar 1970:
Redaktionell überarbeitet im Zusammenhang mit DIN 4102 Blatt 3, siehe auch Vorbemerkung.
Inhalt teilweise ergänzt. DIN 4102 Blatt 10, Ausgabe Oktober 1966, zurückgezogen.

Fortsetzung Seite 2 bis 8

Fachnormenausschuß Bauwesen im Deutschen Normenausschuß (DNA)
Arbeitsgruppe Einheitliche Technische Baubestimmungen (ETB)

Seite 2 DIN 4102 Blatt 4

1. Allgemeines

Für Baustoffe und Bauteile, die brandschutztechnisch den in dieser Norm eingereihten Baustoffen und Bauteilen entsprechen, ist ein Nachweis über das Brandverhalten nicht erforderlich.

Für Baustoffe und Bauteile, die im folgenden nicht besonders genannt sind, ist das Brandverhalten durch Versuche nach den Bedingungen der Norm DIN 4102 nachzuweisen.

Anmerkung: In diese Norm können im allgemeinen nur Baustoffe und Bauteile aufgenommen werden, deren Eigenschaften genormt sind.

2. Hinweis auf weitere Normen

Auf folgende Normen wird hingewiesen:

DIN 18 081 Blatt 1	Feuerbeständige einflügelige Stahltüren (T-90-1-Türen); Maße und Anforderungen
DIN 18 082 Blatt 1	Feuerhemmende einflügelige Stahltüren (T-30-1-Türen); Maße und Anforderungen
DIN 18 084	Feuerhemmende zweiflügelige Stahltüren (T-30-2-Türen); Maße und Anforderungen
DIN 18 090	Aufzüge; Flügel- und Falttüren für Fahrschächte mit feuerbeständigen Wänden
DIN 18 091	Aufzüge; Horizontal- und Vertikal-Schiebetüren für Fahrschächte mit feuerbeständigen Wänden
DIN 18 092	Kleinlasten-Aufzüge, Vertikal-Schiebetüren für Fahrschächte mit feuerbeständigen Wänden
DIN 18 160 Blatt 1	Feuerungsanlagen; Hausschornsteine, Bemessung und Ausführung

3. Baustoffe

3.1. Nichtbrennbare Baustoffe (Klasse A)

3.1.1. Baustoffe der Klasse A 1

Ohne Nachweis gelten als Baustoffe der Klasse A 1 Sand, Lehm, Ton, Kies, Zement, Gips, Kalk, Hochofenschlacke nach DIN 4301, Kesselschlacke ohne organische Bestandteile, Lavaschlacke, Naturbims, Schlacken-Hüttenbims, ferner Steine, Mörtel und Beton aus mineralischen Bestandteilen, Glas, Asbest, Asbestzementplatten nach DIN 274 und Mineralwolle ohne organische Zusätze, sowie in nicht fein zerteilter Form Gußeisen, Stahl und andere Metalle, außer Alkali- und Erdalkalimetallen.

3.1.2. Baustoffe der Klasse A 2

Baustoffe der Klasse A 2 bedürfen z. Z. in jedem Falle eines Nachweises.

3.2. Brennbare Baustoffe (Klasse B)

3.2.1. Baustoffe der Klasse B 1 (schwerentflammbare Baustoffe)

Ohne Nachweis gelten als schwerentflammbar: mit mineralischen Bindemitteln gebundene Holzwolle-Leichtbauplatten nach DIN 1101.

3.2.2. Baustoffe der Klasse B 2 (normalentflammbare Baustoffe)

Ohne Nachweis gelten als normalentflammbar insbesondere Holz und Holzwerkstoffe von mehr als 2 mm Dicke und genormte Dachpappen.

3.2.3. Baustoffe der Klasse B 3 (leichtentflammbare Baustoffe)

Als leichtentflammbar gelten insbesondere in loser Form Papier, Stroh, Reth, Heu, Holzwolle, Baumwolle und andere Zellulosefasern sowie Holz und Holzwerkstoffe bis zu 2 mm Dicke und brennbare Stoffe in fein zerteilter Form, soweit kein gegenteiliger Nachweis erbracht ist.

Anmerkung: Nach bauaufsichtlichen Vorschriften bedürfen Baustoffe der Klasse A, soweit sie organische Bestandteile enthalten, und Baustoffe der Klasse B 1 eines Prüfzeichens, sofern sie nicht von der Prüfzeichenpflicht ausgenommen sind (Anhang zu den Prüfzeichenverordnungen).

4. Bauteile (F 30)

Als feuerhemmend (Feuerwiderstandsklasse F 30) gelten ohne besonderen Nachweis:

4.1. Bauteile mit Putz oder Unterdecken

4.1.1. Bauteile aus Beton und Stein mit Putz sowie aus Holz und Stahl mit Putz auf Putzträgern (aus Holzstabgewebe, Holzwolle-Leichtbauplatten nach DIN 1101, Drahtgewebe, Rippenstreckmetall oder Streckmetall), soweit im folgenden nichts anderes bestimmt ist. Der Putz muß mindestens 15 mm dick sein[1]) (über Putzträger gemessen), aus Mörtel der Gruppen II oder IV nach DIN 18 550 „Putz; Baustoffe und Ausführung"[2]). Wird beim Wandputz Holzstabgewebe als Putzträger verwendet, dann müssen die Holzstäbe waagerecht liegen.

4.1.2. Hängende Drahtputzdecken nach DIN 4121 — Hängende Drahtputzdecken; Putzdecken mit Metallputzträgern, Rabitzdecken, Anforderungen für die Ausführung — sowie alle mit dieser Decke geschützten Bauteile.

4.2. Decken mit Belägen

(nur für Feuerbeanspruchung von der Oberseite) aus mindestens 25 mm dickem Estrich mit Zement, Gips oder Anhydrit, aus mindestens 25 mm dickem Steinholz oder mindestens 50 mm dickem Lehm[3]).

4.3. Wände

4.3.1. aus vollfugig gemauerten Steinen nach DIN 1053 auch mit Hohlräumen, von mindestens 60 mm Dicke, auch ohne Putz,

4.3.2. aus mindestens 100 mm dickem Beton nach DIN 1047 (z. B. Kiesbeton), 50 mm dickem Leichtbeton (Rohdichte höchstens 1600 kg/m³), Gasbeton oder Schaumbeton nach DIN 4164 (Rohdichte höchstens 800 kg/m³) oder auch aus fugendicht versetzten 100 mm dicken Betonplatten oder 50 mm dicken Platten aus Leichtbeton, Gas- oder Schaumbeton, auch ohne Putz,

4.3.3. aus 60 mm dicken Wandbauplatten aus Gips nach DIN 18 163 ohne organische Zusatzstoffe nach DIN 4103 hergestellt, auch ohne Putz,

4.3.4. aus Holz oder Stahl, beiderseits nach Abschnitt 4.1.1 geputzt,

4.3.5. aus Holzwolle-Leichtbauplatten nach DIN 1101 in mindestens 25 mm Dicke hergestellt nach DIN 1102 mit Putz nach Abschnitt 4.1.1 auf einem Spritzbewurf. Der Oberputz darf erst aufgebracht werden, nachdem der Spritzbewurf erstarrt ist,

4.3.6. aus fugendicht versetzten Holztafeln (auch ohne Putz) nach den Richtlinien für Holzhäuser in Tafelbauart mit beiderseitig mindestens 8 mm dicken Sperrholzplatten nach DIN 68 705 oder mindestens 13 mm dicken Holzspanplatten nach DIN 68 761 oder mindestens 22 mm dicker Holzschalung (gespundet, nicht profiliert) und einer zusätzlich mittig angeordneten, mit der tragenden Konstruktion fest verbundenen, mindestens 50 mm dicken Schicht aus mineralisch gebundenen Holzwolle-Leichtbauplatten nach DIN 1101,

4.3.7. aus Holztafeln nach Abschnitt 4.3.6 mit beiderseits mindestens 21 mm dicken Holzspanplatten nach DIN 68761. Eine Dämmschicht aus nichtbrennbaren Baustoffen oder aus mineralisch gebundenen Holzwolle-Leichtbauplatten nach DIN 1101 darf angeordnet werden,

4.3.8. aus Holz, Holzwerkstoffen, Stein oder Stahl, die beidseits mit Gipskarton-Bauplatten F (GKF) nach DIN 18 180 bekleidet und nach DIN 18 181 bei einer Spannweite der Platten $\leqq$ 625 mm errichtet sind, wenn die Plattendicke $\geqq$ 12,5 mm ist.

---

[1]) Bei Stahlbetondecken genügt eine Putzdicke von mindestens 12 mm, wenn die Betondeckung der Stahleinlagen mindestens 15 mm beträgt.

[2]) Die in DIN 18 550 aufgeführten Zuschlagstoffe können durch Perlite oder Vermiculite ersetzt werden.

[3]) Für Feuerbeanspruchung von der Unterseite sind Beläge nach Abschnitt 4.2 allein kein ausreichender Schutz.

4.4. Decken und gleichzustellende Dächer

4.4.1. Decken aus gleichen Baustoffen und mit mindestens denselben Abmessungen wie nach Abschnitt 4.3.1 oder 4.3.2, auch ohne Putz, soweit im folgenden nichts anderes bestimmt ist.

4.4.2. Stahlbetonplatten nach DIN 1045, Stahlbetonhohldielen nach DIN 4028 und bewehrte Dach- und Deckenplatten aus Gas- und Schaumbeton nach DIN 4223 mindestens 60 mm dick, bei Putz nach Abschnitt 4.1.1 mindestens 50 mm dick, mit mindestens 10 mm Betondeckung der Stahleinlagen. Nichtgeputzte Stahlbetonhohldielen aus Schwerbeton von weniger als 100 mm Dicke müssen einen Belag nach Abschnitt 4.2 haben.

4.4.3. Stahlbetonrippendecken nach DIN 1045 (ohne Füllkörper) mit einer Plattendicke von mindestens 60 mm, einer Rippenbreite von mindestens 100 mm und einer Betondeckung der Stahleinlagen von mindestens 10 mm; bei Putz der Platte nach Abschnitt 4.1.1 muß die Plattendicke mindestens 50 mm betragen.

4.4.4. Stahlbetonrippendecken nach DIN 1045 mit Füllkörpern (statisch nicht mitwirkend) aus Leichtbeton oder Deckenziegeln nach DIN 4160, die unterseits auf gleicher Höhe wie die Rippen liegen, mit einer Plattendicke von mindestens 50 mm, einer Rippenbreite von mindestens 50 mm und einer Betondeckung der Stahleinlagen von mindestens 10 mm, auch ohne Putz.

4.4.5. Stahlbetonrippendecken nach Abschnitt 4.4.4 mindestens 90 mm dick mit statisch mitwirkenden Deckenziegeln nach DIN 4159 ohne Betondruckplatte, mit Putz.

4.4.6. Stahlbetonrippendecken nach Abschnitt 4.4.4 oder nach DIN 4225, Ausgabe Juli 1960, Bild 9, jedoch mit Füllkörpern aus Leichtbeton, deren mindestens 25 mm dicke Fußleisten die Rippen schützen, auch ohne Putz.

4.4.7. Stahlbetonbalken- und -rippendecken nach DIN 4225, Ausgabe Juli 1960, Abschnitt 16.1.1[4]) und 16.1.2 aus dicht verlegten Balken oder Rippen oder mit Zwischenbauteilen aus Beton, die unterseits auf gleicher Höhe wie die Rippen liegen. Mittenabstand der Balken oder Rippen höchstens 750 mm, Betondeckung der Stahleinlagen mindestens 10 mm, mit Putz nach Abschnitt 4.1.1; ohne Putz ist eine Breite des Fußes von mindestens 100 mm, eine Höhe des Fußes von mindestens 60 mm und eine Höhe des Balkens oder der Rippe von mindestens 110 mm erforderlich.

4.4.8. Stahlsteindecken nach DIN 1046 mindestens 90 mm dick mit Putz nach Abschnitt 4.1.1.

4.4.9. Decken mit Fertigbauteilen aus Spannbeton nach DIN 4227 mit ebener Unterfläche und Putz nach Abschnitt 4.1.1 auf einem Spritzputz aus Zementmörtel nach DIN 18550.

4.4.10. Holzbalkendecken sowie Holztafeln nach den Richtlinien für Holzhäuser in Tafelbauart mit unterem Putz auf Putzträger nach Abschnitt 4.1.1 und mit nichtbrennbarer Auffüllung oder mit Lehmschlag.

4.4.11. Stahlträgerdecken mit Unterdecken nach Abschnitt 4.1.2 und einer durchgehenden Abdeckung nach Abschnitt 4.4.2 oder einem Belag nach Abschnitt 4.2.

4.4.12. Stahlträgerdecken nach DIN 1050, Stahlbetondecken nach DIN 1045 und DIN 4225, auch unter Verwendung von vorgespannten Bauteilen, sofern die Spannglieder nicht außerhalb der Querschnitte liegen, Stahlsteindecken nach DIN 1046 sowie gleichzustellende Dächer mit Unterdecken aus

4.4.12.1. Gipskarton-Bauplatten F (GKF) DIN 18 180, Abhängekonstruktion nach DIN 18 181, $x \leqq 750$ mm, $y \leqq 760$ mm

a) $d \geqq 12{,}5$ mm, $l \leqq 400$ mm Querbefestigung nach DIN 18 181, $a \geqq 75$ mm

b) $d \geqq 15$ mm, $l \leqq 360$ mm bei Querbefestigung nach DIN 18 181, $a \geqq 45$ mm[5]).

4.4.12.2. Gipskarton-Bauplatten B (GKB) DIN 18 180, Abhängekonstruktion nach DIN 18 181, $x \leqq 750$ mm, $y \leqq 785$ mm, $d \geqq 18$ mm, $l \leqq 365$ mm bei Querbefestigung nach DIN 18 181, $a \geqq 30$ mm[5])

4.4.13. Holzbalkendecken nach DIN 1052 und DIN 104 mit Unterdecken nach den Abschnitten 4.4.12.1 und 4.4.12.2.

4.4.14. Dächer unter Verwendung von Stahlträgern, Stahlbetonbalken einschließlich Spannbetonbalken, sofern die Spannglieder nicht außerhalb des Querschnittes liegen, oder Holzbalken, mit Unterdecken aus Gipskarton-Bauplatten F (GKF) DIN 18 180, Abhängekonstruktion nach DIN 18 181, $x \leqq 750$ mm, $y \leqq 760$ mm, $d \geqq 15$ mm, $l \leqq 310$ mm bei Quer- oder Längsbefestigung nach DIN 18 181, $a \geqq 90$ mm mit aufgelegten und befestigten Mineralfaserplatten ≧ 2mal 30 mm aus Baustoffen der Klasse B 1[5]).

4.5. Balken und Unterzüge (auch für Dachkonstruktionen)

4.5.1. Stahlbetonbalken nach DIN 1045[6]) auch ohne Putz mit Rechteckquerschnitt

Breite mindestens 80 mm, Querschnitt mindestens 150 cm², Betondeckung der Stahleinlagen mindestens 20 mm oder

Breite mindestens 100 mm, Querschnitt mindestens 225 cm², Betondeckung der Stahleinlagen mindestens 15 mm.

4.5.2. Holzbalken nach DIN 4074 oder nach DIN 1052 verleimt, als Rechteckquerschnitte, ungeschützt und ungestoßen, Querschnitt mindestens 450 cm², Breite mindestens 120 mm, Höhe mindestens 200 mm.

4.5.3. Stahlträger mit Putz auf Putzträger nach Abschnitt 4.1.2.

4.6. Pfeiler und Stützen

4.6.1. Stützen aus Stahl[7]) oder Holz, beide mit Putz auf Putzträger nach Abschnitt 4.1.1.

4.6.2. Pfeiler aus Mauerwerk nach DIN 1053 oder aus Beton nach DIN 1047, beide auch ohne Putz.

4.6.3. Stahlbetonstützen nach DIN 1045 oder DIN 4225, Bewehrungsanteil $F_e/F_b \leqq 3$ %, auch ohne Putz:

Betongüte mindestens B 225, Dicke mindestens 150 mm. Querschnitt bzw. Kernquerschnitt (bei umschnürten Stützen) mindestens 225 cm², Betondeckung der Stahleinlagen bei einer Stützendicke unter 200 mm mindestens 15 mm, sonst mindestens 10 mm.

4.6.4. Stahlbetonstützen nach Abschnitt 4.6.3, jedoch Bewehrungsanteil $F_e/F_b > 3$ %, auch ohne Putz:

Betongüte mindestens B 225, Dicke mindestens 200 mm, Querschnitt bzw. Kernquerschnitt mindestens 400 cm², Betondeckung der Stahleinlagen mindestens 15 mm.

4.6.5. Stahlbetonstützen nach Abschnitt 4.6.4, auch ohne Putz:

Betongüte mindestens B 300, Dicke mindestens 150 mm, Querschnitt bzw. Kernquerschnitt mindestens 225 cm², Betondeckung der Stahleinlagen mindestens 25 mm und einer Drahtgeflechteinlage nach DIN 1200 mit 16 bis 36 mm Maschenweite mit 10 mm Betondeckung.

---

4) Der Stoß der Zwischenbauteile ist zu vergießen, es sei denn, daß ein mindestens 10 mm dicker Aufbeton vorgesehen ist.

5) l = Stützweite
a = Abhängetiefe von OK Platte bis UK Träger
d = Plattendicke
x = Abstände der Aufhänge- oder Befestigungspunkte der Abhängekonstruktion quer zu den Trägern
y = Abstände der Aufhänge- oder Befestigungspunkte der Abhängekonstruktion längs zu den Trägern.

6) Dies gilt für die Stege von Plattenbalken nach DIN 1045 sinngemäß.

7) Siehe Anmerkung zu Abschnitt 5.4.3.1

Seite 4 DIN 4102 Blatt 4

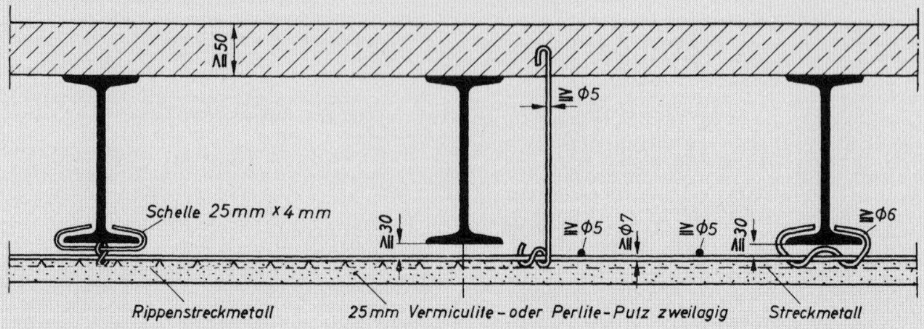

Bild 1

4.7. Treppen

4.7.1. Treppen aus Sandstein, Mauerwerk, Beton und Stahlbeton, mindestens 100 mm dick, sowie Eichenholz, auch ohne Putz.

4.7.2. Treppen aus Bauteilen nach Abschnitt 4.4.

4.7.3. Sonstige Holz- und Steintreppen, wenn sie unterseitig nach Abschnitt 4.1.1 geputzt sind. Bei Naturstein muß auch die Wange geputzt werden.

5. Bauteile (F 90)

Als feuerbeständig (Feuerwiderstandsklasse F 90) gelten ohne besonderen Nachweis[8]):

5.1. Wände (auch ohne Putz)

5.1.1. mindestens 115 mm dick aus Steinen ohne Hohlräume nach DIN 1053 oder aus Hochlochziegeln A nach DIN 105, vollfugig mit Mörtel nach DIN 1053 gemauert,

5.1.2. mindestens 240 mm dick aus Langlochziegeln oder Hochlochziegeln B nach DIN 105, Hohlblocksteinen nach DIN 18151, Kalksand-Lochsteinen oder -Hohlblocksteinen nach DIN 106 Blatt 1, vollfugig mit Mörtel nach DIN 1053 gemauert,

5.1.3. mindestens 100 mm dick, ohne Hohlräume, aus Beton nach DIN 1047 oder DIN 4232 oder Stahlbeton nach DIN 1045, Betongüte mindestens B 120, oder aus geschüttetem Leichtbeton nach DIN 4232,

5.1.4. mindestens 100 mm dick aus Gasbeton oder Schaumbeton nach DIN 4164 mit einer Druckfestigkeit von mindestens 35 kp/cm^2,

5.1.5. mindestens 80 mm dick aus Bimsbeton mit einer Druckfestigkeit von mindestens 80 kp/cm^2,

5.1.6. mindestens 60 mm dick aus Wandbauplatten aus Gips nach DIN 18 163 ohne organische Zusatzstoffe oder mindestens 70 mm dick aus Wandbauplatten aus Leichtbeton nach DIN 18 162 mit Bims als Zuschlagstoff, hergestellt nach DIN 4103.

5.1.7. Stahlskelettwände mit einer Ausfachung nach Abschnitt 5.1.1 bis 5.1.6 mit einer gegen Abfallen gesicherten Ummantelung der freiliegenden Stahlteile nach Abschnitt 5.4.3.2.

5.1.8. Nichttragende Wände aus Stahl, die beidseits mit Gipskarton-Bauplatten F (GKF) DIN 18 180 bekleidet und nach DIN 18 181 bei einer Spannweite der Platten von ≦ 625 mm errichtet sind, wenn die

a) Plattendicke ≧ 15 mm ist, in Wandmitte eine weitere Schale aus Gipskarton-Bauplatten F (GKF) DIN 18 180 angeordnet ist und sich zwischen den einzelnen Schalen Dämmschichten mit einer Dicke von jeweils ≧ 30 mm aus Baustoffen mindestens der Klasse B 1 befinden, die mit Ansetzbinder an der mittleren Schale angeklebt sein müssen, oder

b) äußeren Schalen aus jeweils zwei mit Ansetzbinder miteinander verklebten Gipskarton-Bauplatten F (GKF) DIN 18 180 mit einer Dicke von ≧ 15 mm bestehen und nach DIN 18 181 bei einer Spannweite der Platten von ≦ 625 mm errichtet sind. Zwischen den Bekleidungsschalen muß eine durchgehende Dämmschicht mit einer Dicke ≧ 30 mm aus Baustoffen mindestens der Klasse B 1 vorhanden sein, deren Stöße mindestens 20 cm überlappen müssen.

5.1.9. Nichttragende Wände aus mindestens 75 mm dicken und mindestens 125 mm breiten Stielen, die aus 12,5 mm dicken Streifen aus Gipskarton-Bauplatten B (GKB) oder F (GKF) DIN 18 180 zusammengenagelt und miteinander mit Ansetzbinder verklebt sind, mit beidseitiger Verkleidung aus Gipskarton-Bauplatten F (GKF) DIN 18 180 und Befestigung nach DIN 18 181 bei einer Spannweite der Platten von ≦ 625 mm, wenn die

a) Plattendicke der Verkleidung ≧ 18 mm ist, zwischen den Verkleidungen und Stielen eine mindestens 50 mm dicke Dämmschicht aus Baustoffen mindestens der Klasse B 1 angeordnet wird und Verkleidung, Dämmschicht und Stiele miteinander durch Ansetzbinder verklebt sind, oder

b) Plattendicke der Verkleidung ≧ 15 mm ist, in Wandmitte eine weitere gegen Herauslösen gesicherte Schale aus mindestens 12,5 mm dicken Gipskarton-Bauplatten F (GKF) DIN 18 180 angeordnet ist und alle Schalen und Stiele miteinander durch Ansetzbinder verklebt sind, oder

c) Verkleidungen jeweils aus 9,5 und 12,5 mm dicken, mit Ansetzbindern miteinander verklebten Gipskarton-Bauplatten F (GKF) DIN 18 180 bestehen, zwischen den Verkleidungen eine mindestens 50 mm dicke Dämmschicht aus Baustoffen mindestens der Klasse B 1 angeordnet wird und Verkleidung, Dämmschicht und Stiele miteinander durch Ansetzbinder verklebt sind. Bei den Verkleidungen muß sich die 9,5 mm dicke Schale jeweils außen befinden.

5.2. Decken und gleichzustellende Dächer

5.2.1. Gewölbe aus Beton oder aus Steinen und Mörtel nach Abschnitt 5.1, wenn sie mindestens 100 mm dick sind, auch ohne Putz,

5.2.2. Stahlbetonplatten nach DIN 1045 und bewehrte Dach- und Deckenplatten aus Gas- und Schaumbeton nach DIN 4223, ohne Putz, mindestens 100 mm dick mit mindestens 30 mm Betondeckung der Stahleinlagen; bei Putz nach Abschnitt 4.1.1 mindestens 80 mm dick mit mindestens 10 mm Betondeckung der Stahleinlagen.

---

[8]) Soweit Putzträger (siehe Abschnitt 4.1.1) verwendet werden, müssen sie aus nichtbrennbaren Baustoffen bestehen.

5.2.3. Stahlbetonplatten nach Abschnitt 5.2.2, jedoch durchlaufend oder beiderseits voll eingespannt, mindestens 100 mm dick mit mindestens 10 mm Betondeckung der Stahleinlagen, ohne Putz, wenn die Platten auch auf der Druckseite eine durchgehende Bewehrung erhalten, deren Querschnitt in Feldmitte noch mindestens 1/3 derjenigen der Zugbewehrung ist.

5.2.4. Stahlbetonhohldielen aus Schwerbeton nach DIN 4028 mit Putz nach Abschnitt 4.1.1, mindestens 130 mm dick oder mindestens 100 mm dick und einem Belag nach Abschnitt 4.2. Bimsbetonhohldielen nach DIN 4028 auch ohne Putz und ohne Belag, mindestens 100 mm dick mit mindestens 20 mm Betondeckung der Stahleinlagen.

5.2.5. Stahlbetonrippendecken nach DIN 1045 (ohne Füllkörper) mit Putz nach Abschnitt 4.1.1 mit einer Plattendicke von mindestens 70 mm, einer Rippenbreite von mindestens 120 mm und einer Betondeckung der Stahleinlagen von mindestens 20 mm.

5.2.6. Stahlbetonrippendecken nach Abschnitt 5.2.5, jedoch durchlaufend oder beiderseits voll eingespannt ohne Putz mit Vollbeton im Stützbereich zwischen jeder zweiten Rippe bis zum Momentennullpunkt, einem Bügelabstand ≦ 200 mm, einer Plattendicke von mindestens 80 mm, einer Rippenbreite von mindestens 120 mm und einer Betondeckung der Stahleinlagen von mindestens 10 mm, mit auf der Druckseite durchgehender Bewehrung nach Abschnitt 5.2.3.

5.2.7. Stahlbetonrippendecken nach DIN 1045 mit Füllkörpern aus Leichtbeton (statisch nicht mitwirkend), die unterseits auf gleicher Höhe wie die Rippen liegen, mit einer Plattendicke von mindestens 50 mm, einer Rippenbreite von mindestens 100mm und einer Betondeckung der Stahleinlagen der Rippen von mindestens 30 mm, ohne Putz; durchlaufend oder beiderseits voll eingespannt nach Abschnitt 5.2.3 oder mit Putz nach Abschnitt 4.1.1, mit einer Betondeckung der Stahleinlagen von mindestens 10 mm; Stahlbetonrippendecken nach DIN 1045 mit Füllkörpern aus Deckenziegeln nach DIN 4160 (statisch nicht mitwirkend), wenn die Decken durchlaufen oder beiderseits voll eingespannt und nach Abschnitt 5.2.3 ausgebildet sind.

5.2.8. Stahlbetonrippendecken nach Abschnitt 5.2.7, jedoch mit Füllkörpern aus Leichtbeton, deren mindestens 25 mm dicke Fußleisten die Rippen schützen, mit einer Betondeckung der Stahleinlagen von mindestens 10 mm, auch ohne Putz.

5.2.9. Stahlbetonbalken- und -rippendecken nach DIN 4225, Ausgabe Juli 1960, Abschnitt 16.1.1[9]) und 16.1.2 aus dicht verlegten Balken oder mit Zwischenbauteilen aus Beton, die unterseits auf gleicher Höhe wie die Rippen liegen, Mittenabstand der Balken oder Rippen höchstens 750 mm, Breite des Fußes mindestens 100 mm, Höhe des Fußes mindestens 60 mm, Höhe des Balkens oder der Rippe mindestens 110 mm, ohne Putz mit einer Betondeckung der Stahleinlagen der Rippen von mindestens 30 mm; mit Putz nach Abschnitt 4.1.1 mit einer Betondeckung der Stahleinlagen von mindestens 10 mm.

5.2.10. Stahlsteindecken nach DIN 1046, mit Deckenziegeln nach DIN 4159 mit vollvermörtelbarer Stoßfuge, mindestens 115 mm dick mit Putz nach Abschnitt 4.1.1 oder ohne Putz, wenn die Decken durchlaufen oder beiderseits voll eingespannt und nach Abschnitt 5.2.3 ausgebildet sind.

5.2.11. Stahlbetondecken oder Stahlsteindecken, beide mit einer Unterdecke nach den Abschnitten 4.1.2 oder 5.2.12.

5.2.12. Stahlträgerdecken (siehe Bild 1) mit einer untergehängten Decke aus mindestens 25 mm dickem, zweilagigem Vermiculite- bzw. Perlite-Zementputz oder Vermiculite- bzw. Perlite-Gipsputz auf Rippenstreckmetall oder Streckmetall, wenn die Deckenplatte der Rohdecke aus nichtbrennbaren Baustoffen (Klasse A) besteht, die alle tragenden Stahlteile mindestens 50 mm überdecken. Der Mörtel für den mindestens 20 mm dicken Unterputz muß aus 1 Rtl. Zement nach DIN 1164 oder 3 Rtl. Baugips nach DIN 1168 und 4 bis 5 Rtl. geblähtem (expandiertem) Vermiculite, etwa der Körnung 3/6 mm, oder Perlite, etwa der Körnung 0/3 mm, bestehen. Der Mörtel für den etwa 5 mm dicken geglätteten Oberputz muß entsprechend aufgebaut sein, wobei Vermiculite- oder Perlite-Körnungen 0/3 mm mit einem Anteil von mindestens 70 % der Körnung 1/3 mm zu verwenden sind.

Zur besseren Verarbeitung darf sowohl beim Ober- als auch beim Unterputz bis zu 20 % des Zements durch Kalkhydrat ersetzt werden. Die Rohdichte des expandierten Vermiculites und Perlites darf bei loser Einfüllung höchstens 0,13 kg/dm³ betragen.

Wird Fertigmörtel geliefert, so ist auf der Verpackung, dem Lieferschein oder in anderer geeigneter Weise seine Zusammensetzung und das Mischungsverhältnis anzugeben. Für die bauliche Durchbildung des Putzträgers, des Gerippes und der Abhänger sowie für das Vorbereiten des Putzträgers zur Aufnahme des Putzes gilt DIN 4121. Die Oberkante des Putzträgers muß mindestens 30 mm unter der Unterkante des Stahlträgers liegen.

5.2.13. Spannbetondecken mit einer Unterdecke nach Abschnitt 5.2.12, sofern die Spannglieder nicht außerhalb des Betonquerschnittes liegen.

5.2.14. Decken nach Abschnitt 4.4.12 mit Unterdecken aus

5.2.14.1. Gipskarton-Bauplatten F (GKF) DIN 18180, Abhängekonstruktion aus Metallschienen nach DIN 18181, $x \leqq 750$ mm, $y \leqq 950$ mm, $d \geqq 15$ mm, $l \leqq 400$ mm bei Querbefestigung nach DIN 18181, $a \geqq 80$ mm[5])

5.2.14.2. Kassetten $l_1 \cdot l_2$ = 625 mm · 625 mm aus Gipskarton-Bauplatten F (GKF) DIN 18180, Abhängekonstruktion aus Metallschienen nach DIN 18181, $x \leqq 750$ mm, $y \leqq 1000$ mm, $d \geqq 15$ mm, $l = 312$ mm, $a \geqq 70$ mm[5])

5.3. Balken und Unterzüge (auch für Dachkonstruktionen)

5.3.1. aus Stahlbeton[4]),

5.3.1.1. wenn sie mindestens 400 mm, bei Fensterstürzen bis zu 1,5 m Stützweite 300 mm hoch und 200 mm breit sind sowie eine Betondeckung der Stahleinlagen von mindestens 15 mm haben; niedrigere Balken nur, wenn sie nach Abschnitt 4.1.1 geputzt oder wenn sie über mehrere Stützen durchlaufen und nach Abschnitt 5.2.3 bewehrt sind,

5.3.1.2. wenn sie mit einer Ummantelung nach Abschnitt 5.4.3.2 versehen sind,

5.3.1.3. wenn sie mit einer Unterdecke nach Abschnitt 5.2.12 oder 5.2.14 versehen sind.

5.3.2. aus Spannbeton

5.3.2.1. mit einer Ummantelung nach Abschnitt 5.4.3.2, erster Satz, wenn zwischen der Betonoberfläche und dem Putzträger eine mindestens 20 mm dicke Luftschicht bleibt und die Spannglieder nicht außerhalb des Betonquerschnitts liegen,

5.3.2.2. die oberhalb einer Unterdecke nach Abschnitt 5.2.12 oder 5.2.14 liegen, sofern die Spannglieder nicht außerhalb des Betonquerschnitts liegen.

5.3.3. aus Stahl

5.3.3.1. mit einer Ummantelung nach Abschnitt 5.4.3.2, erster Satz,

5.3.3.2. die oberhalb einer Unterdecke nach Abschnitt 5.2.12 oder 5.2.14 liegen,

---

[4]) Siehe Seite 3

[5]) Siehe Seite 3

[9]) Siehe Fußnote 4 zu Abschnitt 4.4.7

Seite 6 DIN 4102 Blatt 4

5.3.3.3. mit I- oder IP-Profilen nach DIN 1025 und zusammengesetzten Profilen mit ähnlichem Querschnitt, deren Flanschzwischenräume vollständig ausgemauert oder ausbetoniert sind und deren freiliegende Flanschflächen mit mindestens 30 mm dickem Putz nach Abschnitt 4.1.1 mit eingelegtem Drahtgeflecht, im Abstand von 5 bis 10 mm von der Außenfläche, versehen sind. Das Drahtgeflecht ist an den Stoßstellen sorgfältig zu verknüpfen. Der Putz kann durch eine gleichdicke Deckung aus gebranntem Ton oder anderen gleichwertigen Stoffen ersetzt werden. Die Ummantelung ist gegen Herabfallen zu sichern.

5.4. Pfeiler und Stützen

5.4.1. Pfeiler aus Mauerwerk nach DIN 1053 oder Beton nach DIN 1047, wenn sie aus den unter Abschnitt 5.1.1 bis 5.1.4 aufgeführten Baustoffen hergestellt werden, in einer Dicke von mindestens 365 mm, auch ohne Putz, Pfeiler aus Granit, Kalkstein, Sandstein und ähnlichen Natursteinen, gelten nicht als feuerbeständig.

5.4.2. Stahlbetonstützen nach DIN 1045 und DIN 4225

5.4.2.1. Stahlbetonstützen mit einer Dicke von mindestens 200 mm und mit Putz nach Abschnitt 4.1.1. Im Putz muß ein Drahtgeflecht nach DIN 1200 mit 10 bis 16 mm Maschenweite liegen, das die Stütze vollständig umschließt und dessen Quer- und Längsstöße mit Bindedraht sicher verknüpft sind; die Längsstöße sind gegeneinander zu versetzen.

5.4.2.2. Stahlbetonstützen, ohne Putz, Bewehrungsanteil $F_e/F_b \leqq 3$ %, Betongüte mindestens B 225:
Dicke mindestens 240 mm, Querschnitt bzw. Kernquerschnitt (bei umschnürten Stützen) mindestens 720 cm², Betondeckung der Stahleinlagen mindestens 15 mm.

5.4.2.3. Stahlbetonstützen wie Abschnitt 5.4.2.2, jedoch mit einer Drahtgeflechteinlage nach DIN 1200 mit 16 bis 36 mm Maschenweite mit 10 mm Betonüberdeckung des Drahtes unter Einhaltung folgender Abmessungen:
Dicke mindestens 200 mm, Querschnitt bzw. Kernquerschnitt mindestens 480 cm², Betondeckung der Stahleinlagen insgesamt mindestens 25 mm
oder
Dicke mindestens 150 mm, Querschnitt bzw. Kernquerschnitt mindestens 360 cm², Betondeckung der Stahleinlagen insgesamt mindestens 25 mm, bei ausschließlicher Verwendung von Kalkstein als Zuschlagstoff und einer Schlankheit von $h : d \leqq 24$.

5.4.2.4. Stahlbetonstützen, ohne Putz, Bewehrungsanteil $F_e/F_b > 3$ %, Betongüte mindestens B 225:
Dicke mindestens 300 mm, Querschnitt bzw. Kernquerschnitt mindestens 900 cm², Betondeckung der Stahleinlagen mindestens 25 mm mit einer Drahtgeflechteinlage nach Abschnitt 5.4.2.3 oder
Dicke mindestens 500 mm, Querschnitt bzw. Kernquerschnitt mindestens 2500 cm², Betondeckung der Stahleinlagen mindestens 25 mm.

5.4.3. Stützen aus Stahl (ausgenommen Stahlleichtbau)

5.4.3.1. Stützen aus Stahl mit oder ohne Ausfüllung des Kerns, wenn sie allseitig mit Beton, Leichtbeton, Ziegeln, Kalksandsteinen, zementgebundenen Steinen oder Gips ummantelt sind. Diese Ummantelung muß durch eingelegte Drahtbügel gegen Herabfallen gesichert werden und einschließlich eines etwaigen Putzes mindestens 60 mm, vor den Enden abstehender Flansche mindestens 30 mm dick sein (siehe Bild 2).

Besteht diese Ummantelung aus Steinen oder Platten, so müssen diese auch an den Ecken im Verband versetzt sein. Besteht die Ausfüllung und Ummantelung aus Beton mindestens der Güte B160, so muß die Ummantelungsdicke allseitig mindestens 40 mm betragen, einschließlich eines etwaigen Putzes von mindestens 15 mm Dicke. In der Ummantelung dürfen keine Öffnungen vorhanden sein. Hohlräume der Ummantelung müssen in jedem Stockwerk, mindestens aber in Abständen von 4 m, feuerbeständig abgeschlossen werden.

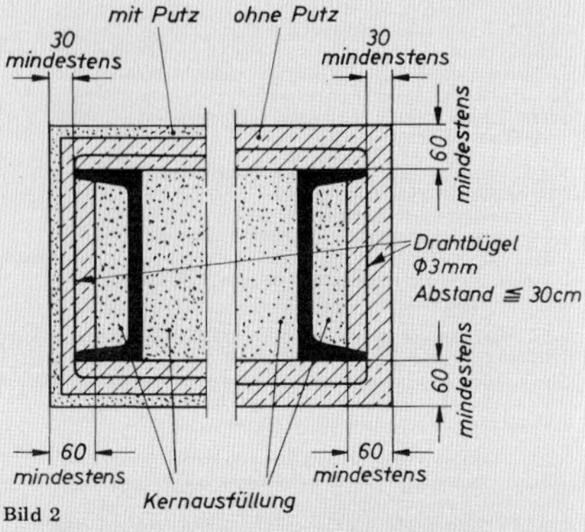

Bild 2

Anmerkung: Stützen aus Stahl mit geschlossenem Querschnitt mit Betonfüllung müssen im Abstand von höchstens 5 m sowie am Kopf und Fuß der Stütze jeweils mindestens 2 Löcher mit zusammen mindestens 6 cm² Öffnungsquerschnitt haben. Die Ummantelung muß an diesen Stellen gleichgroße Öffnungen haben (siehe Bild 6).

5.4.3.2. Stützen aus Stahl, die allseitig mit einem mindestens 35 mm dicken Vermiculite-Zementputz oder Perlite-Zementputz oder Perlite-Gipsputz oder Putz aus Gipsmörtel der Gruppe IVa nach DIN 18 550 Zeile 6 ummantelt sind, der auf einem nichtbrennbaren und gegen Ablösen gesicherten Putzträger aufgetragen ist (Bilder 3 bis 6). Die Ummantelung darf keine Öffnungen haben.

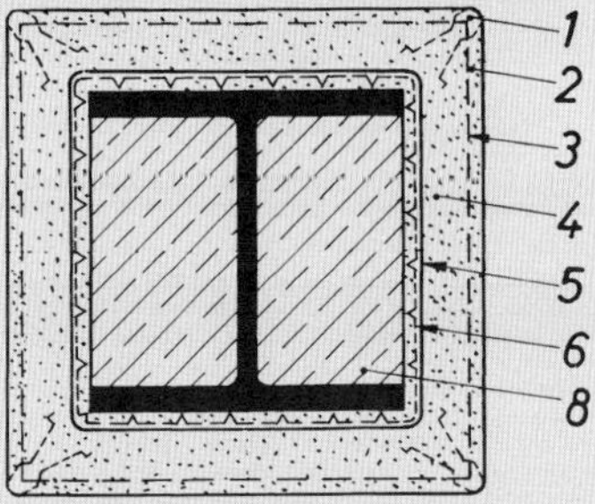

Bild 3

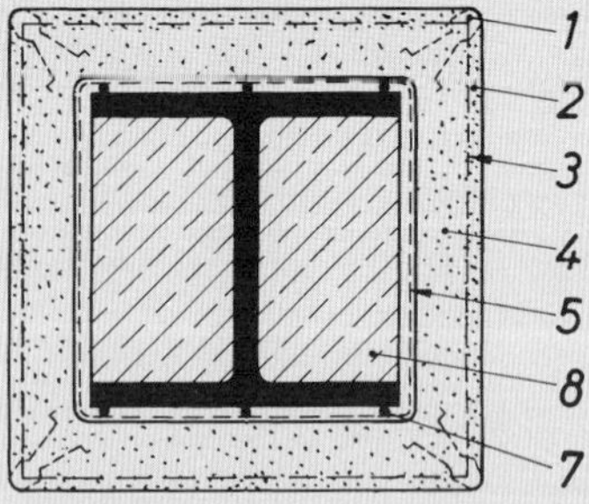

Bild 4

Bild 5

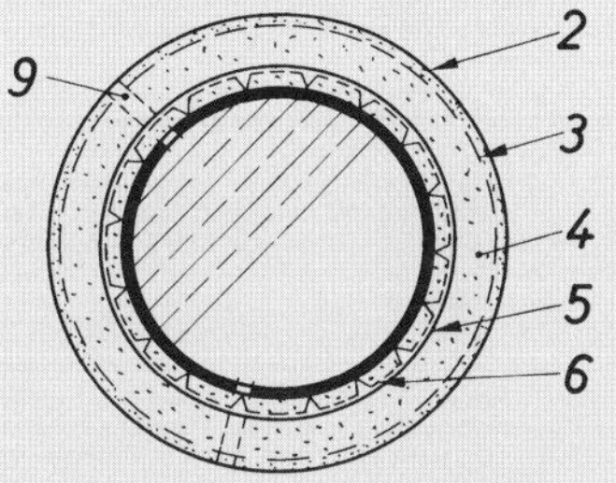

Bild 6

1 Kantenschutz
2 ≧ 5 mm geglätteter Kalk-oder Kalkzementputz Mörtelgruppe I oder II nach DIN 18 550
3 Drahtgewebe
4 ≧ 35 mm Vermiculite-Zement-putz
oder 35 mm Perlite-Putz oder 35 mm Putz aus Gipsmörtel der Gruppe IV a nach DIN 18 550, beide mit eingelegtem Drahtgewebe
5 Bindedraht
6 Rippenstreckmetall
7 Streckmetall und Rundstahl ≧ 5 mm als Abstandhalter
8 Kern auf mindestens 1,5 m über Fußboden ausgemauert oder betoniert
9 Bohrungen in der Rohrwandung und Öffnungen in der Ummantelung bei betongefüllten Stahlrohren

In den Perlite-Putz oder Putz aus Gipsmörtel ist im Abstand von 5 bis 10 mm von der Außenfläche ein Drahtgeflecht einzulegen. Das Drahtgeflecht ist an den Stoßstellen sorgfältig zu verknüpfen. Auf den Vermiculite-Putz sind ein Drahtgeflecht und ein mindestens 5 mm dicker, geglätteter Oberputz aus Kalk- oder Kalkzementmörtel der Mörtelgruppen I oder II nach DIN 18 550 aufzubringen.

Für die Zusammensetzung des Mörtels gilt Abschnitt 5.2.12 sinngemäß.

Die Putze sind ohne Unterbrechung des Arbeitsvorganges und ohne Einlegen von Putzleisten aufzubringen.

Als Putzträger darf nur Rippenstreckmetall oder Streckmetall verwendet werden. Die Rippen des Rippenstreckmetalls müssen beim Umwickeln der Stütze auf der Innenseite liegen. Bei einfachem Streckmetall ist durch eingelegte Rundstähle von mindestens 5 mm Durchmesser zu gewährleisten, daß der Putzträger nicht unmittelbar auf dem Stahl liegt. Der Putzträger muß sich an allen Stoßstellen ausreichend überdecken. Durch Umwickeln oder Verknüpfen mit Bindedraht ist der Putzträger gegen Herabfallen zu sichern.

Um das Abplatzen der Ummantelung infolge von Stoßbeanspruchungen zu verhindern, sind Stützen aus offenem Profilstahl in jedem Stockwerk bis auf mindestens 1,50 m Höhe über Fußbodenoberfläche auszubetonieren (z. B. mit Leichtbeton) oder auszumauern.

5.4.4. Säulen aus Gußeisen müssen allseitig mindestens 60 mm dick nach Abschnitt 5.4.3.1 ummantelt sein.

5.5. Treppen

5.5.1. die nach Abschnitt 5.2 und 5.3 hergestellt sind,

5.5.2. aus mindestens 100 mm dicken, werkmäßig hergestellten Stahlbetonbauteilen mit Putz nach Abschnitt 4.1.1 Treppen aus Natursteinen gelten nicht als feuerbeständig.

6. Bauteile F 180

Als hochfeuerbeständig (Feuerwiderstandsklasse F 180) gelten ohne besonderen Nachweis:

6.1. Stahlbetonstützen, die mindestens 400 mm dick und nach Abschnitt 5.4.2.1 geputzt sind mit einer Betongüte von mindestens B 225,

6.2. Stützen aus Stahl (ausgenommen Stützen des Stahlleichtbaus), bei denen die Stahlteile, wie in den Bildern 7 und 8 dargestellt, geschützt sind.

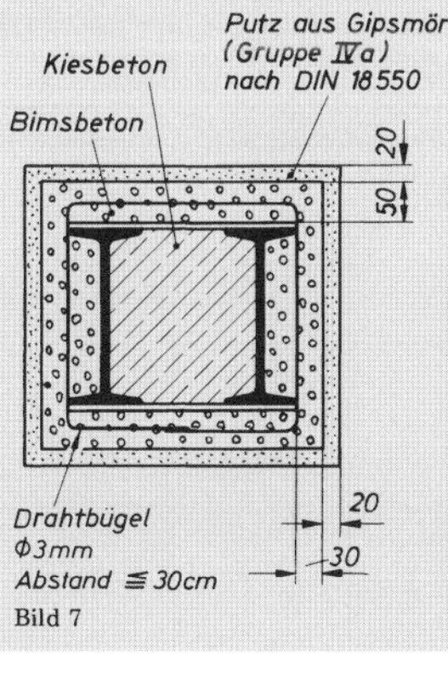

Bild 7

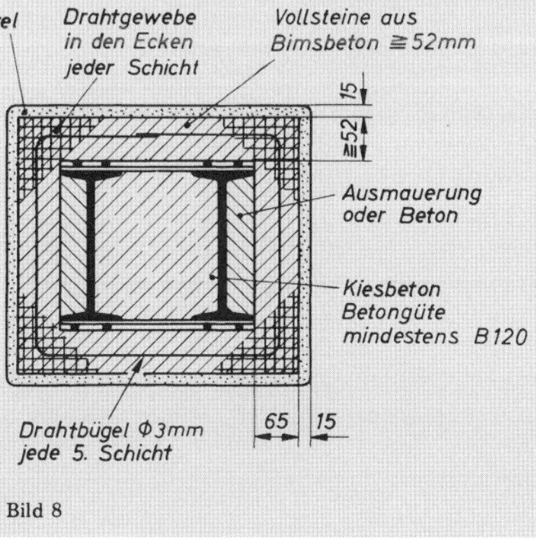

Bild 8

Seite 8 DIN 4102 Blatt 4

7. Sonderbauteile

7.1. Brandwände (auch ohne Putz)
Als Brandwände gelten ohne besonderen Nachweis Wände aus

7.1.1. Kalksandsteinen nach DIN 106 Blatt 1, Hüttensteinen nach DIN 398, Voll- oder Hochlochziegeln nach DIN 105, Vollsteinen aus Leichtbeton nach DIN 18 152 und Hohlblocksteinen aus Leichtbeton nach DIN 18 151 mit Stein- oder Ziegel-Rohdichten von mindestens 1,21 kg/dm³ mit Wanddicken von mindestens 24 cm, gemauert nach DIN 1053 mit Mörtel der Gruppen II oder III,

7.1.2. Steinen oder Ziegeln nach Abschnitt 7.1.1 mit Stein- oder Ziegel-Rohdichten von mindestens 0,70 kg/dm³ sowie aus Wandbausteinen aus dampfgehärtetem Gas- oder Schaumbeton nach DIN 4165 mit Wanddicken von mindestens 30 cm,

7.1.3. geschoßhohen Gasbeton-Wandbauplatten ≧ GSB 35 mit beidseitiger Bewehrung aus je 6 ∅ 8 je m, Querbewehrung beidseitig je 2 ∅ 6 je m, Betondeckung mindestens 2,5 und höchstens 3,0 cm, Beton-Rohdichte mindestens 0,60 kg/dm³, Wanddicke mindestens 17,5 cm, Fugen einschließlich Fugenprofilierung mit Durchmesser ≧ 5 cm mit Mörtel der Gruppe III nach DIN 1053 dicht vergossen,

7.1.4. geschoßhohen Hochlochtafeln aus mindestens 16,5 cm dicken vollvermörtelbaren Ziegeln Dzv mindestens der Güte 0,9/225 DIN 4159, Betongüte mindestens B 160, Längs- und Querbewehrung beidseitig je 1 ∅ 8 je m,

7.1.5. Beton nach DIN 1045, Betongüte mindestens B 225, mindestens 20 cm dick, mit Transportbewehrung, mindestens 18 cm dick,

7.1.6. Schüttbeton nach DIN 4232, mindestens 25 cm dick,

7.1.7. Stahlbeton nach DIN 1045, Betongüte mindestens B 300, mindestens 14 cm dick.

7.2. Gegen Feuer widerstandsfähige, nichttragende und nichtaussteifende Außenwandelemente, Brüstungen u. ä.

7.2.1. Wände der Feuerwiderstandsklasse F 30 nach Abschnitt 4.3 sind ohne Nachweis auch in die Widerstandsklasse W 30 einzureihen.

7.2.2. Wände der Feuerwiderstandsklasse F 90 nach Abschnitt 4.3 sind ohne Nachweis auch in die Widerstandsklasse W 90 einzureihen.

7.3. Feuerschutzabschlüsse und Türen

7.3.1. Feuerschutzabschlüsse T 30

Als feuerhemmend (T 30) gelten ohne Nachweis

7.3.1.1. Türen nach

DIN 18 082 Blatt 1 Feuerhemmende, einflügelige Stahltüren (T-30-1-Tür); Maße und Anforderungen

DIN 18 084 Feuerhemmende, zweiflügelige Stahltüren (T-30-2-Türen); Maße und Anforderungen.

7.3.1.2. Eichenholztüren

Eichenholztüren müssen selbstschließend sein und aus in ganzer Türblatthöhe durchgehenden, 40 mm dicken und höchstens 100 mm breiten Brettern mit stehenden Jahresringen und eichener Feder 12/30 mm, verleimt nach DIN 1052 mit Resorcinleim, bestehen. An der Türblattinnen- und -außenseite müssen am oberen und unteren Türblattrand Querriegel 40/120 mm aus Eichenholz aufgeschraubt sein. Die Eichenholzzarge muß mindestens 60/120 mm Querschnitt besitzen und einen Falz von mindestens 30/30 mm haben. An Stelle der Eichenholzzarge kann eine Stahlzarge (siehe DIN 18 082) verwendet werden. Das Türblatt darf nicht mit einer Blechverkleidung oder einer Verglasung versehen sein.

7.3.2. Feuerschutzabschlüsse T 90

Als feuerbeständig (T 90) gelten ohne Nachweis Türen, die die Anforderungen der DIN 18 081 Blatt 1 „Feuerbeständige einflügelige Stahltüren (T-90-1-Türen)" erfüllen.

7.4. Abschlüsse in Fahrschachtwänden der Feuerwiderstandsklasse F 90

In Fahrschachtwände der Feuerwiderstandsklasse F 90 können ohne Nachweis Türen eingebaut werden, die die Anforderungen der Normen

DIN 18 090 Aufzüge; Flügel- und Falttüren für Fahrschächte mit feuerbeständigen Wänden

DIN 18 091 Aufzüge; Horizontal- und Vertikal-Schiebetüren für Fahrschächte mit feuerbeständigen Wänden

DIN 18 092 Kleinlasten-Aufzüge; Vertikal-Schiebetüren für Fahrschächte mit feuerbeständigen Wänden

erfüllen, wenn der Fahrkorb überwiegend aus nichtbrennbaren Baustoffen besteht und der Fahrschacht ausreichend entlüftet wird (siehe DIN 4102 Blatt 3, Fußnote 4).

7.5. Gegen Feuer widerstandsfähige Verglasungen

Gegen Feuer widerstandsfähige Verglasungen bedürfen z. Z. in jedem Falle eines Nachweises.

7.6. Gegen Flugfeuer und strahlende Wärme widerstandsfähige Dacheindeckungen und Dachabdichtungen

Als widerstandsfähig gegen Flugfeuer und strahlende Wärme gelten ohne Nachweis und ohne Rücksicht auf die Dachneigung:

Dacheindeckungen und Dachabdichtungen aus natürlichen und künstlichen Steinen, aus Betonplatten, Asbestzementplatten nach DIN 274;

Stahl- und sonstige Metalldächer ohne Dämm- oder Deckschichten aus Baustoffen der Klasse B;

fachgerecht und nach DIN 18 338 auf Holzschalung oder einer anderen mindestens gleichwertigen Unterlage ohne Dämmschichten aus Baustoffen der Klasse B verlegte

Teerdachpappen nach DIN 52 121

Bitumendachpappen nach DIN 52 128

Bitumen-Dachdichtungsbahnen mit Rohfilzpappen-Einlage nach DIN 52 130 oder

Teer-Sonderdachpappen und Teer-Bitumendachpappen, beide mit beiderseitiger Sonderdeckschicht nach DIN 52 140

Ergänzende Bestimmungen zu DIN 4102

Brandverhalten von Baustoffen und Bauteilen

3. Fassung (Februar 1970)

Frühere Ausgaben:
1. Fassung (1963)
2. Fassung (März 1966)

Inhalt

1. Allgemeines

In den folgenden Bestimmungen werden brandschutztechnische Begriffe, Anforderungen und Prüfungen für Baustoffe festgelegt. Sie ersetzen die Regelungen für Baustoffe in den zurückgezogenen Blättern 1 und 3 von DIN 4102 (Ausgabe 1940).

2. Brandverhalten der Baustoffe

Die Baustoffe werden nach ihrem Brandverhalten in folgende Klassen eingeteilt:

Baustoffklasse	Bauaufsichtliche Benennung
A[1])	nichtbrennbare Baustoffe
A 1	
A 2	
B	brennbare Baustoffe
B 1[1])	schwerentflammbare Baustoffe
B 2	normalentflammbare Baustoffe
B 3	leichtentflammbare Baustoffe

3. Nichtbrennbare Baustoffe Klasse A[1])

3.1. Baustoffe Klasse A 1[1])

3.1.1. Begriff

Baustoffe gehören zur Klasse A 1, wenn bei der Prüfung nach Abschnitt 3.1.2 keine der sechs Proben

a) Flammen zeigt, glimmt (Glühen gilt nicht als Glimmen) und zündbare Gase entwickelt und
b) sich so selbst erwärmt, daß dadurch die Temperatur im Ofen um mehr als 50 grd über ihren Anfangswert ansteigt.

3.1.2. Prüfung

3.1.2.1. Anzahl und Abmessungen der Proben

Es sind sechs Proben mit den Abmessungen 40 mm x 40 mm x 50 mm (Länge x Breite x Höhe) zu untersuchen. Bei Baustoffen, die im Anlieferungszustand dünner als 40 mm sind, werden die Proben aus einzelnen Schichten zusammengesetzt.

Bei zusammendrückbaren Baustoffen ist die Dicke unter einer Flächenbelastung von 1 p/cm^2 maßgebend.

Besteht die Probe aus mehreren Schichten, so sind die einzelnen Schichten auf 40 mm x 50 mm (Länge x Höhe) zuzuschneiden. Die aufeinandergelegten Schichten müssen 40 mm ± 1 mm Dicke (Breite) der Probe ergeben; falls erforderlich, ist eine oder sind zwei Schichten auf die erforderliche Dicke abzuarbeiten. Die bearbeitete Oberfläche dieser Schicht bzw. Schichten ist im Innern der Probe anzuordnen.

3.1.2.2. Vorbereitung der Proben

Drei Proben werden bei einer Temperatur von 105 °C sechs Stunden getrocknet und dann in einem Exsikkator über kristallwasserfreiem $CaCl_2$ bis zum Versuch aufbewahrt.

Drei Proben werden eine Woche lang in einem Exsikkator über kristallwasserfreiem $CaCl_2$ aufbewahrt.

An den Außenseiten der aus mehreren Schichten zusammengesetzten Probe sind immer die im Brandverhalten ungünstigsten Oberflächen anzuordnen (siehe Bild 1).

Aus mehreren Schichten zusammengesetzte Proben aus einem Material, das sich während des Versuches nicht auflöst, sind mit NiCr-Draht einmal in halber Höhe der Probe so zusammenzubinden, daß die Schichtoberflächen fest aneinanderliegen.

Die zusammengebundenen Proben sind in ein Drahtgestell einzulegen, das die Gewähr für stets gleiche Lage der Proben bietet.

Proben aus einem Material, das sich während des Versuches auflöst oder das in loser Form geprüft wird, sind in Behältern aus Drahtgewebe 1,0 x 0,4 DIN 4189, Werkstoff Nr. 1.4300 zu prüfen.

Proben aus einem Material, das während des Versuches aus dem Behälter aus Drahtgewebe herausläuft, sind in Behältern aus Nickelblech von 0,2 mm Dicke zu prüfen.

3.1.2.3. Versuchsdurchführung

Der Versuch wird in einem elektrisch beheizten Ofen nach Bild 2[2]) durchgeführt, dessen Heizleiter gleichmäßig auf den Außenmantel des keramischen Heizleiterträgers aufgebracht ist.

Um die Temperaturschwankungen im Ofen zu mindern, ist mittels eines Spannungsstabilisators die Netzspannung mit einer Genauigkeit von 0,5 % konstant zu halten.

Die Temperatur des Ofens wird mit einem Thermoelement gemessen, das in der waagerechten Mittelebene der Heizröhre in 10 mm Abstand von der Wandung angeordnet ist.

Das verwendete Temperaturmeßgerät muß mindestens die Klasse 0,5 haben. Eine Zündflamme von 16 bis 22 mm Höhe wird unmittelbar über der Deckelöffnung in der Achse der Heizröhre angeordnet.

Bei der Versuchsdurchführung wird die Ofentemperatur zunächst auf 750 °C gebracht. Vor Versuchsbeginn muß diese Temperatur innerhalb ± 10 grd mindestens 10 Minuten lang ohne Nachregelung konstant bleiben.

Die Probe wird mittig und mit senkrechter Längsachse so in die Heizröhre gehängt, daß sie sich in halber Höhe der beheizten Röhre befindet.

---

1) Nach bauaufsichtlichen Vorschriften bedürfen Baustoffe der Klasse A, soweit sie organische Bestandteile enthalten, und Baustoffe der Klasse B 1 eines Prüfzeichens, sofern sie nicht von der Prüfzeichenpflicht ausgenommen sind (Anhang zu den Prüfzeichenverordnungen).

2) Genaue Konstruktionszeichnung BAM Berlin Z-Nr. 029/1354

Die Probe ist im Ofen so anzuordnen, daß die ursprüngliche Probenoberfläche, bei unsymmetrischem Probenaufbau die im Brandverhalten ungünstigste Oberfläche, dem Thermoelement zugewandt ist und parallel zu diesem verläuft (siehe Bild 1). Die Schnittkanten sind nie dem Thermoelement zuzuwenden, auch nicht bei Faserstoffen.

Der Einhängevorgang darf vom Öffnen bis zum Schließen des Deckels nicht länger als 5 Sekunden dauern.

Versuchsbeginn ist der Zeitpunkt, an dem die Probenunterkante die Oberkante der Heizröhre (nicht Deckeloberkante) passiert.

Die Probe wird 15 Minuten lang im Ofen belassen; steigt die Temperatur nach 15 Minuten noch an, so muß das Maximum abgewartet werden.

Wenn die Zündflamme durch aus der Probe entwickelte Gase gelöscht wird, muß sofort versucht werden, sie mit einer Lunte mit etwa 20 mm langer Gasflamme zu zünden. Der Versuch ist bei Mißlingen des ersten Wiederzündungsversuches mindestens alle 15 Sekunden zu wiederholen. Der Ofendeckel darf während des Versuches nicht geöffnet werden.

Die Löcher in der Bodenplatte des Ofens sind nach jedem Versuch zu säubern.

3.1.3. Entwicklung zündbarer Gase

Eine Entwicklung zündbarer Gase liegt vor, wenn

a) die Höhe der vergrößerten Flamme, gemessen von der Spitze des Gasröhrchens aus, größer als 45 mm ist, oder wenn

b) die Zündflamme so vergrößert ist, daß sie sich über den Querschnitt der Öffnung im Deckel erstreckt, auch wenn sie die Höhe von 45 mm nicht erreicht, oder wenn

c) die Flamme bei Unterbrechung der Gaszufuhr für die Zündflamme weiterbrennt bzw. eine Rückzündung in das Ofeninnere erfolgt (siehe Bild 3).

3.1.4. Prüfbericht bzw. Prüfzeugnis

Im Prüfbericht bzw. Prüfzeugnis ist anzugeben:

a) Beschreibung der Proben nach Art (z. B. wesentliche Bestandteile), Aussehen und Aufbau, Abmessungen, Rohdichte, Vermerk über amtliche Probenahme,

b) Herstellung und Einbau der Proben, Versuchsdurchführung, Anzahl der Versuche,

c) für jede Probe Zeitpunkt und Höhe des Maximums der Ofentemperatur,

d) Beobachtungen beim Versuch, wie Zeitpunkt und Dauer von Flammen oder Glimmerscheinungen, Entwicklung zündbarer Gase oder Auslöschen der Zündflamme; Aussehen der Proben nach dem Versuch,

e) Einreihung in die Baustoffklasse, soweit der Baustoff keine organischen Bestandteile enthält.

3.2. Baustoffe Klasse A 2[1])

3.2.1. Begriff

Baustoffe gehören zur Klasse A 2, wenn bei der Prüfung nach Abschnitt 4.1.2

a) der Mittelwert der Längenkleinstwerte der oberflächig bzw. im Innern nichtzersetzten Probenteile (Restlänge) jedes Prüfkörpers mindestens 350 mm beträgt und dabei kein Einzelwert unter 200 mm liegt; Zersetzungen im Innern sind am Längsschnitt durch die Probe zu beurteilen.

b) bei keinem Versuch die mittlere Rauchgastemperatur 125 °C überschreitet

c) sich auf der Rückseite der Probe keine Flammen bilden und

d) die Proben nach ihrem sonstigen im Prüfbericht unter den Abschnitten 4.1.3 f), g), h) angeführten Verhalten keinen Anlaß zu Beanstandungen geben, und wenn entweder

e) bei einer Prüfung nach Abschnitt 3.2.2 die freiwerdende Wärmemenge (Mittelwert) ermittelt aus den Heizwerten H_u und den Flächengewichten vor und nach der Prüfung höchstens 4000 kcal/m² und der Heizwert H_u vor der Prüfung nicht mehr als 1000 kcal/kg beträgt bzw.

f) die errechnete Wärmemenge des zu beurteilenden Baustoffes, ermittelt aus dem Heizwert H_u und dem Flächengewicht, höchstens 4000 kcal/m² und der Heizwert H_u nicht mehr als 1000 kcal/kg beträgt oder

g) bei einer Prüfung nach Abschnitt 3.1.2, die nur über eine Dauer von 15 Minuten durchzuführen ist, die Anforderungen nach Abschnitt 3.1.1 mit der Abweichung erfüllt werden, daß Entflammungen bis zu 20 Sekunden Gesamtdauer zulässig sind.

3.2.2. Prüfung des Heizwertes

Der Heizwert H_u wird in Anlehnung an DIN 51 900 „Prüfung fester und flüssiger Brennstoffe, Bestimmung des Brennwertes und Heizwertes (Isothermer Wassermantel)" bestimmt. Bei der Durchführung der Prüfung ist die ISO-Empfehlung „Bomben-Kalorimeter-Versuch" zu beachten[3]), und zwar auch für die Anzahl der Versuche.

Der Kleinbrandversuch ist an mindestens zwei Proben mit den Flächenabmessungen 500 mm x 500 mm in Anlehnung an DIN 18 082 Blatt 2 — Feuerhemmende Stahltür (T-30-1-Türen); Mineralfaser-Einlagen, Anforderungen und Prüfung — über eine Versuchsdauer von 30 Minuten durchzuführen. Abweichend von der Norm sind dabei die Proben vor der Ofenöffnung zu befestigen. Der Versuch kann an zwei Proben gleichzeitig durchgeführt werden. Anschließend wird aus der Flächenmitte eine kreisrunde Probe von 100 mm Durchmesser in Plattenrestdicke herausgenommen und ihr Heizwert H_u bestimmt. Für die Klimatisierung der Proben gilt Abschnitt 4.1.2.2.

3.2.3. Prüfbericht

Im Prüfbericht ist anzugeben:

a) Angaben nach Abschnitt 4.1.3

b) Angabe der Wärmemenge und der Heizwerte nach Abschnitt 3.2.1 e) bzw. f) oder Angaben nach Abschnitt 3.1.4 unter Berücksichtigung der Entflammungsdauer für jeden Versuch (siehe Abschnitt 3.2.1 g).

4. Brennbare Baustoffe Klasse B

4.1. Baustoffe Klasse B 1 (schwerentflammbare Baustoffe)[1])

4.1.1. Begriff

Brennbare Baustoffe gelten als schwerentflammbar (Klasse B 1), wenn bei der Prüfung nach Abschnitt 4.1.2

a) der Mittelwert der Längenkleinstwerte der oberflächig bzw. im Innern nichtzersetzten Probenteile (Restlänge) jedes Prüfkörpers mindestens 150 mm beträgt; Zersetzungen im Innern sind am Längsschnitt durch die Probe zu beurteilen,

b) keine Probe eine Restlänge von Null aufweist,

c) bei keinem Versuch die mittlere Rauchgastemperatur 250 °C überschreitet und

d) die Proben nach ihrem sonstigen im Prüfbericht unter Abschnitt 4.1.3 f), g) und h) angeführten Verhalten keinen Anlaß zu Beanstandungen geben.

Soll die Eigenschaft „schwerentflammbar" durch Feuerschutzmittel oder Feuerschutzschichten erreicht werden, so gelten diese als geeignet, wenn die behandelten Probekörper die Anforderungen dieses Abschnittes erfüllen. Abweichend von Buchstabe a) sind jedoch Zersetzungen des Feuerschutzmittels selbst unberücksichtigt zu lassen.

4.1.2. Prüfung

4.1.2.1. Anzahl und Abmessungen der Proben und Prüfkörper:

Der Prüfkörper ist aus vier Proben mit den Flächenabmessungen 190 mm x 1000 mm zusammengesetzt.

---

[1]) Siehe Seite 1

[3]) z. Z. ISO-Vorlage November 1967

Stoffe	Erforderliche Anzahl der Proben[4])		
	nicht der Witterung ausgesetzt		der Witterung ausgesetzt
	Kernschutz	Oberflächenschutz	
Folien, Gewebe, beschichtete Gewebe	16+0+8+8 = 32	16+8+8+8 = 40	16+8+8+8 = 40
übrige Stoffe	12+0+8+8 = 28	12+8+8+8 = 36	12+8+8+8 = 36

Zwischen Antragsteller und Prüfstelle ist zu vereinbaren, ob das Material zerschnitten oder im üblichen Lieferformat eingereicht wird.

Bei der Erstprüfung von Folien, Geweben und beschichteten Geweben sind je zwei Prüfkörper aus in Längsrichtung und in Querrichtung entnommenen Proben einzusetzen, bei allen übrigen Stoffen drei Prüfkörper.

4.1.2.2. Vorbereitung der Proben
Die Vorbereitung der Proben für die Erstprüfung, die Alterungsprüfungen und für Belegzwecke, die Klimatisierung der Proben und die Ausrüstung von Proben zur Prüfung von Feuerschutzmitteln richtet sich nach den vorläufigen Prüfgrundsätzen mit Ergänzungen für den Nachweis der Eigenschaft „schwerentflammbar" (DIN 4102) von Stoffen im Bauwesen sowie der Eignung von Feuerschutzmitteln, Stoffe im Bauwesen „schwerentflammbar" zu machen[5]).

4.1.2.3. Versuchsdurchführung
Der Versuch ist nach den in Abschnitt 4.1.2.2 genannten Prüfgrundsätzen im Brandschacht durchzuführen. Die Beflammungsdauer beträgt jeweils 10 Minuten. Die Beflammung kann dann vorzeitig abgebrochen werden, wenn das Brandgeschehen an den Proben nach Augenschein eindeutig beendet ist.

4.1.3. Prüfbericht
Im Prüfbericht ist anzugeben:

a) Beschreibung der Proben nach der Art (z. B. wesentliche Bestandteile), Aussehen und Aufbau, Abmessungen, Rohdichte und Flächengewicht unmittelbar vor der Prüfung, Vermerk über amtliche Probenahme,
b) bei Feuerschutzmitteln Art, Zusammensetzung und Aussehen des aufgetragenen Schutzmittels, Naßaufnahme in g/m^2, Trockenaufnahme in g/m^2 (festgestellt nach Ausgleichslagerung nach Abschnitt 4.1.2.2),
c) Angaben über Einbau der Proben, Versuchsdurchführung, Anzahl der Versuche
d) Länge der oberflächig bzw. im Inneren nichtzersetzten Probenteile jedes Prüfkörpers (Einzelwerte und Mittelwerte in mm),
e) zeitlicher Verlauf der Rauchgastemperatur für jeden Prüfkörper (Mittelwert der 5 Meßstellen), Zeitpunkt und Höhe des Maximums der mittleren Rauchgastemperatur,
f) größte Flammenhöhe (auf 10 cm gerundet) für jeden Prüfkörper, Zeitpunkt ihres Auftretens, Zeitdauer und Beschreibung etwaigen Nachbrennens und Nachglimmens,
g) besondere Beobachtungen, wie Zeitpunkt und Dauer einer Entflammung, Art der Flammenausbreitung, Aussehen der Proben nach dem Brandversuch; außerdem bei Feuerschutzmitteln für Holz und Holzwerkstoffe: Ausblühungen, Haftfestigkeit und Wischfestigkeit; Gewichtsverlust in %, bezogen auf das Gewicht der Proben unmittelbar vor der Brandprüfung, festgestellt in Abständen von 1 Minute bis zum Zeitpunkt von 2 Minuten nach Beendigung der Beflammung bzw. Schluß etwaigen Nachbrennens oder Nachglimmens.
h) Beobachtungen über brennendes Abtropfen oder Abfallen von brennenden Teilen[6])

4.2. Baustoffe Klasse B 2 (normalentflammbare Baustoffe)

4.2.1. Begriff
Brennbare Baustoffe gelten als normalentflammbar (Klasse B 2), wenn bei keiner von 5 Proben

a) bei Kantenbeflammung (K) nach Abschnitt 4.2.4.2 die Flammenspitze die Meßmarke vor Ende der 20. Sekunde erreicht oder, falls diese Forderung für den Baustoff selbst nicht erfüllt wird,
b) von den wie im Praxisfall geschützten Baustoffproben
bei Kantenbeflammung (K) nach Abschnitt 4.2.4.2 die Flammenspitze die Meßmarke vor Ende der 20. Sekunde und
bei Flächenbeflammung (F) nach Abschnitt 4.2.4.3 die Flammenspitze die Meßmarke vor Ende der 20. Sekunde erreicht.

Bestehen nur 4 Proben, so gilt der Baustoff nur dann als normalentflammbar (Klasse B 2), wenn von weiteren 5 Proben alle die Anforderungen erfüllen.

4.2.2. Prüfung
4.2.2.1. Zweck und Anwendung
Die Prüfung dient dazu, durch Beflammung mit einem Kleinbrenner eine Zuordnung der Baustoffe in normalentflammbare (Klasse B 2) oder leichtentflammbare (Klasse B 3) zu treffen.

Baustoffe der Klasse B 3 sind in die Klasse B 2 einzustufen, wenn sie in der Art ihrer praktischen Verwendung (z. B. mit Kantenschutz) die Forderungen nach den Bedingungen für Verfahren K nach Abschnitt 4.2.4.2 (Kantenbeflammung) und Verfahren F nach Abschnitt 4.2.4.3 (Flächenbeflammung) erfüllen.

In einem Brennkasten nach DIN 53 906 wird eine senkrecht angeordnete Probe mit einer definierten Flamme beansprucht, und zwar bei Verfahren K (Kantenbeflammung) an der unteren freiliegenden Kante, bei Verfahren F (Flächenbeflammung) innerhalb des unteren Teils der Oberfläche. Es wird festgestellt, ob und in welcher Zeit die Flammenspitze die Meßmarke erreicht hat.

4.2.2.2. Anzahl und Abmessungen der Proben
Aus dem zu prüfenden Baustoff werden 10 Proben für jede Versuchsreihe mit folgenden Flächenabmessungen hergestellt:

Für das Verfahren K: 90 mm x 190 mm (Länge x Höhe)
Für das Verfahren F: 90 mm x 230 mm (Länge x Höhe)

[4]) 1. Summand: Probenanzahl für die erste Prüfung
2. und 3. Summand: Probenanzahl für die Alterungsprüfung nach zwei und fünf Jahren
4. Summand: Probenanzahl für Rückstellungen

[5]) VFDB-Zeitschrift „Forschung und Technik im Brandschutz", 12. Jahrgang, Heft 2/1963, Verlag Kohlhammer, Stuttgart. Die Ergänzungsbestimmungen sind beim Institut für Bautechnik, 1000 Berlin 30, Reichpietschufer 72 — 76, erhältlich.

[6]) Zur Beurteilung des brennenden Abtropfens sind die Ergänzungen der vorläufigen Prüfgrundsätze des Sachverständigenausschusses für schwerentflammbare Stoffe (PA III) zugrunde zu legen.

Seite 4

Die Dicke der Proben richtet sich nach der Anwendung oder ist zu vereinbaren. Wird ein Baustoff mit unterschiedlicher Dicke eingesetzt, so ist sein Brandverhalten in Abhängigkeit von der Materialdicke zu ermitteln und festzustellen, von welcher Mindestdicke (Mittelwert) ab die Anforderungen nach Abschnitt 4.2.1 erfüllt sind. Es dürfen nur Proben verwendet werden, deren Dicke an keinem Meßpunkt um mehr als ± 10 % vom Mittelwert der Dicken aller Proben der gleichen Versuchsreihe abweicht.

4.2.2.3. Vorbereitung der Proben

Die Proben werden vor der Prüfung mindestens 14 Tage im Normalklima 20/65 DIN 50 014 gelagert.

Bei den Proben für das Verfahren K wird in 150 mm, bei den Proben für das Verfahren F in 190 mm Abstand von der Unterkante der Proben eine Meßmarke in voller Probenbreite angebracht (siehe Bild 4).

4.2.3. Versuchsgerät

Es sind erforderlich (siehe Bild 4):

a) ein Brennkasten nach DIN 53 906, der in einen geschlossenen Laborzug gestellt wird,
b) ein Kleinbrenner mit 45° Neigung und Propangas-Anschluß (Brennrohr-Innendurchmesser 1 ± 0,05 mm) nach DIN 53 438 (z. Z. noch Entwurf),
c) eine Vorrichtung zum Einspannen von Probe und Brenner in einer Prüfanordnung
d) eine Stoppuhr mit Fünftelsekundeneinteilung.

4.2.4. Versuchsdurchführung

4.2.4.1. Die Dicke der Proben wird an drei Stellen gemessen; für die Auswertung ist der Mittelwert maßgebend. Die Prüfung ist bei Raumtemperatur durchzuführen (siehe DIN 50 014).

Die Probe wird in einem Rahmen nach Abschnitt 4.2.3 c) eingespannt und senkrecht so aufgehängt, daß die untere Kante frei bleibt.

Am Kleinbrenner nach Abschnitt 4.2.3. b) wird in vertikaler Stellung der Brennerdüse eine Flamme von 20 mm Länge eingestellt und dann der Kleinbrenner um 45° geneigt (siehe Bild 4).

4.2.4.2. Beim Verfahren K (Kantenbeflammung) wird der Kleinbrenner so weit in Richtung der Probe geschoben, daß bei Proben bis 3 mm Dicke die Flammenspitze die Probe in der Mitte, bezogen auf Breite und Dicke der unteren Kante, trifft[7]).

Bei Proben mit einer Dicke über 3 mm wird der Kleinbrenner so weit vorgeschoben, daß die Flammenspitze die untere Fläche der Probe etwa 1,5 mm von der dem Kleinbrenner zugewandten Kante entfernt in halber Probenbreite trifft[7]).

Bei mehrschichtigen Baustoffen ist zusätzlich eine Versuchsreihe auszuführen, bei der die Flammenspitze die ungünstigste Stelle der unteren Schnittfläche der Probe in halber Probenbreite trifft[7]).

Die Probe wird 15 Sekunden lang beflammt, anschließend der Kleinbrenner zurückgeschoben. Es ist darauf zu achten, daß kein störender Luftzug entsteht. Die Zeitdauer vom Beginn der Beflammung bis zum Zeitpunkt, an dem die Flammenspitze die Meßmarke erreicht, wird gemessen.

4.2.4.3. Bei Verfahren F (Flächenbeflammung) wird der Kleinbrenner so weit in Richtung der Probe geschoben, daß die Flammenspitze die Probe in der Mitte der Breite, 40 mm über Probenunterkante, trifft[8]).

Die Probe wird 15 Sekunden lang beflammt, anschließend der Kleinbrenner zurückgezogen. Es ist darauf zu achten, daß dabei kein störender Luftzug entsteht. Die Zeitdauer vom Beginn der Beflammung bis zum Zeitpunkt, an dem die Flammenspitze die Meßmarke erreicht, wird gemessen.

4.2.5. Abtropfbarkeitsprüfung

Das brennende Abtropfen oder das Abfallen von brennenden Teilen kann bei der Prüfung nach den Abschnitten 4.2.4.2 und 4.2.4.3 festgestellt werden. Wird innerhalb von 20 Sekunden nach Beginn der Beflammung ein unter der Probe liegendes leichtentflammbares Papier zur Entzündung gebracht, so gilt dieser Stoff als brennend abtropfend.

Bevor die Versuche entsprechend Abschnitt 4.2.4.2 bzw. Abschnitt 4.2.4.3 durchgeführt werden, sind auf dem Boden des Brennkastens unter die Probe zwei Lagen bei Normalklima 20/65 nach DIN 50 014 konditioniertes Filterpapier (Schleicher und Schüll Nr. 595) anzuordnen. Das Papier wird in einem Drahtkorb von 100 mm x 60 mm Grundfläche und 15 mm Höhe aus Drahtgewebe 1 x 0,36 DIN 4189 St gelagert. Es wird festgestellt, ob Probenteile innerhalb 20 Sekunden nach Beginn der Beflammung abtropfen oder abfallen und das untergelegte Filterpapier entzünden. Abschnitt 4.2.1 letzter Satz gilt entsprechend.

4.2.6. Prüfzeugnis

Im Prüfzeugnis sind anzugeben:

a) Beschreibung der Proben nach Art (z. B. wesentliche Bestandteile), Aussehen und Aufbau, Abmessungen, Rohdichte, Vermerk über amtliche Probennahme,
b) Herstellung der Proben,
c) Dicke der Proben (Mittelwert, Größt- und Kleinstwert),
d) Versuchsdurchführungen, Anzahl der Versuche,
e) besondere Beobachtungen (z. B. Aussehen der Prüfkörper nach dem Brandversuch),
f) Einreihung in die Brennbarkeitsklasse unter Angabe der Grenzdicken (Mittelwert),
g) Ergebnis der Abtropfbarkeitsprüfung unter Angabe des Zeitpunktes, zu dem ggf. Entflammung des untergelegten Filterpapiers eintrat (Einzel- und Mittelwert).

4.3. Baustoffe Klasse B 3 (Leichtentflammbare Baustoffe)

Brennbare Baustoffe, die weder in die Klasse B 1 (schwerentflammbar) noch in die Klasse B 2 (normalentflammbar) einzuordnen sind, gelten als Baustoffe Klasse B 3 (leichtentflammbar).

---

[7]) Entfernung vom Mittelpunkt der Düsenvorderkante bis zum Auftreffpunkt der Flammenspitze 18 mm

[8]) Entfernung vom Mittelpunkt der Düsenvorderkante bis zur Probe — in Achsrichtung der Düse gemessen — 10 mm

Seite 5

Maße in mm

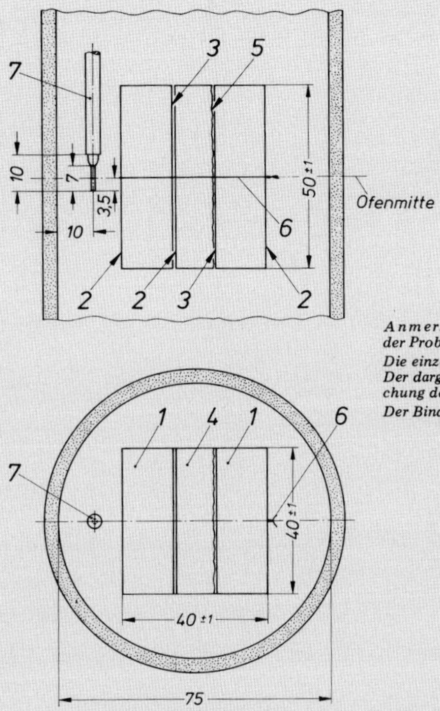

Anmerkungen: Die Hängevorrichtung zum Einbringen der Probe ist nicht dargestellt.
Die einzelnen Schichten müssen dicht aufeinanderliegen. Der dargestellte Abstand dient lediglich der Verdeutlichung der Anordnung.
Der Bindedraht soll die Schichten fest aneinanderfügen.

1 Schicht in unveränderter Dicke
2 im Brandverhalten ungünstige Oberfläche
3 im Brandverhalten günstige Oberfläche
4 abgearbeitete Schicht
5 bearbeitete Oberfläche
6 Bindedraht zum Zusammenhalten der Schichten
7 Thermoelement in Keramikrohr

Bild 1. Anordnung von Proben aus mehreren Schichten in der Heizröhre des Nichtbrennbarkeit-Ofens (siehe Bild 2)

Seite 6

Maße in mm

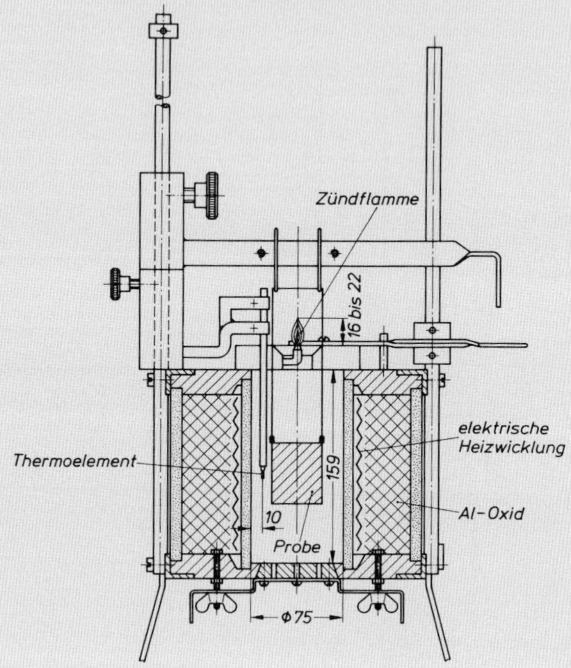

Bild 2. Ofen zum Feststellen der Nichtbrennbarkeit

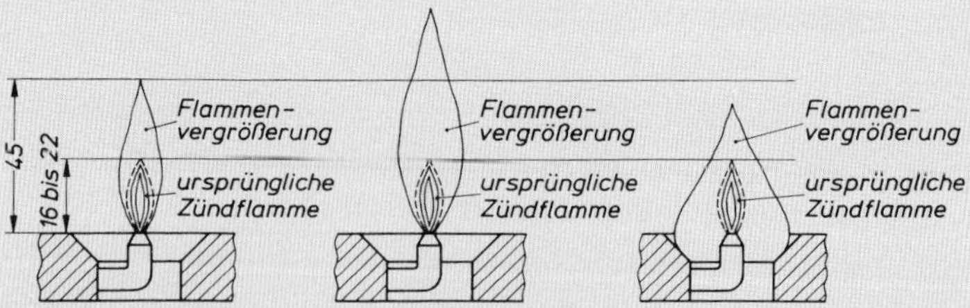

Beurteilung der Flammenvergrößerung:

Nicht entzündet (noch nicht entzündet)	Entzündet	Entzündet

Bild 3. Beispiele für die Beurteilung einer Zündflammenvergrößerung

Seite 7

Maße in mm

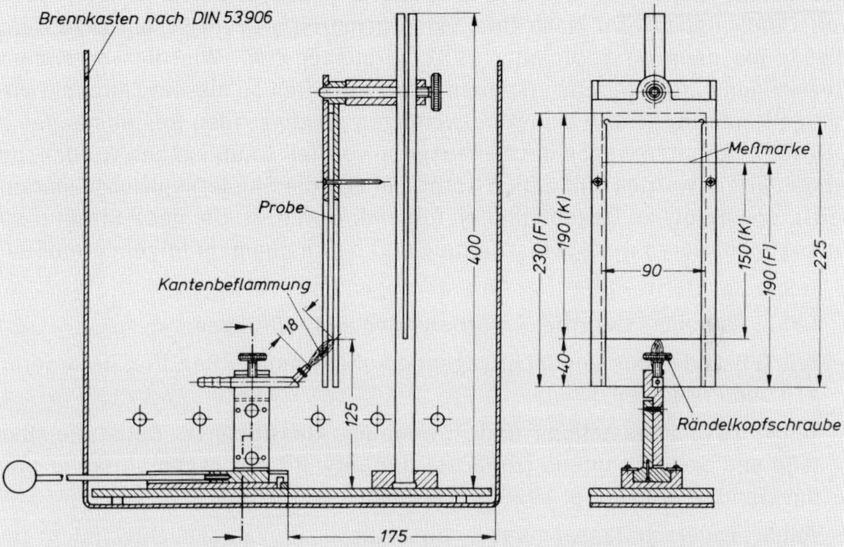

Bild 4. Kleinbrenner zum Feststellen der Normalentflammbarkeit

2.5 Neue Normteile in den Jahren 1977/78

Im Jahr 1976 war es so weit: Nach länger währender Bearbeitung erschien neben anderen Normteilentwürfen auch der Entwurf des Teils 1 von DIN 4102 in vollständig neuer Form. Nach einer Einspruchsfrist bis zum 31. Juli 1976 wurde dieser Teil dann im September 1977 herausgegeben. Wie die vorgenannte Bezeichnung „Teil" bereits erkennen lässt, erfolgten zu diesem Zeitpunkt vielfältige Neuerungen: Die bisher notwendigen „Ergänzenden Bestimmungen zu DIN 4102" konnten wegen der Neuausgabe von Teil 1 aufgegeben werden, aus Normblättern wurden einheitlich Normteile und die Gliederung wurde umfangreich, den aktuellen Gegebenheiten folgend, erweitert. Die neue Struktur von DIN 4102 für deren weitere Erarbeitung ergab sich nunmehr folgendermaßen:

- Teil 1: Baustoffe – Begriffe, Anforderungen und Prüfungen
- Teil 2: Bauteile – Begriffe, Anforderungen und Prüfungen
- Teil 3: Brandwände und nichttragende Außenwände – Begriffe, Anforderungen und Prüfungen
- Teil 4: Zusammenstellung und Anwendung klassifizierter Baustoffe, Bauteile und Sonderbauteile (zunächst nur Entwurf, deswegen vorläufig noch unverändert gegenüber 1970, s. Kap. 2.6)
- Teil 5: Feuerschutzabschlüsse, Abschlüsse in Fahrschachtwänden und gegen Feuer widerstandsfähige Verglasungen – Begriffe, Anforderungen und Prüfungen
- Teil 6: Lüftungsleitungen – Begriffe, Anforderungen und Prüfungen
- Teil 7: Bedachungen – Begriffe, Anforderungen und Prüfungen

Der Tabelle 3 kann der Stand der Normung innerhalb von DIN 4102 zum Stand 1977/78 entnommen werden.

Tabelle 3: Teile von DIN 4102 und dazugehöriges Beiblatt, Stand 1977/78

Dokumentennummer	Dokumentenart	Ausgabe	Brandverhalten von Baustoffen und Bauteilen Titel des Normteils
DIN 4102, Teil 1	Norm	1977-09[1)]	Baustoffe – Begriffe, Anforderungen und Prüfungen
DIN 4102, Teil 2	Norm	1977-09[1)]	Bauteile – Begriffe, Anforderungen und Prüfungen

Dokumenten-nummer	Doku-mentenart	Ausgabe	Brandverhalten von Baustoffen und Bauteilen Titel des Normteils
DIN 4102, Teil 3	Norm	1977-09[1)]	Brandwände und nichttragende Außenwände – Begriffe, Anforderungen und Prüfungen
DIN 4102, Teil 4	Norm-entwurf	1978-03[2)]	Zusammenstellung und Anwendung klassifizierter Baustoffe, Bauteile und Sonderbauteile
DIN 4102, Teil 5	Norm	1977-09[3)]	Feuerschutzabschlüsse, Abschlüsse in Fahrschachtwänden und gegen Feuer widerstandsfähige Verglasungen – Begriffe, Anforderungen und Prüfungen
DIN 4102, Teil 6	Norm	1977-09[4)]	Lüftungsleitungen – Begriffe, Anforderungen und Prüfungen
DIN 4102, Teil 7	Norm	1977-09[3)]	Bedachungen – Begriffe, Anforderungen und Prüfungen
Beiblatt 1 zu DIN 4102	Beiblatt	1978-02[5)]	Inhaltsverzeichnisse

Erläuterungen:

1) *Die bisherigen „Ergänzenden Bestimmungen zu DIN 4102" konnten nunmehr aufgegeben werden.*

2) *Dieser Teil erschien erst zum März 1981.*

3) *Bisher waren diese Bauteile im Blatt 4 enthalten.*

4) *Lüftungsleitungen waren zuvor im Blatt 3 enthalten.*

5) *Dieses Beiblatt enthielt Informationen zu den Teilen 1 bis 7 von DIN 4102, ohne selbst zusätzlich genormte Festlegungen zu erhalten.*

Diese vollständige Überarbeitung bzw. Neufassung der angeführten nunmehrigen Norm*teile* (frühere Norm*blätter*) beinhaltete neben erneuten redaktionellen Anpassungen ganzheitliche Umstrukturierungen (s. Anmerkungen in Tabelle 3) und vielfältige Ergänzungen. Im Teil 6 wurden hinsichtlich der Lüftungsleitungen zudem in großen Teilen die Bau- und Prüfgrundsätze des Instituts für Bautechnik in Berlin übernommen. Hinsichtlich der Bedachungen wurde mit dem Teil 7 ein vollkommen neuer Normteil geschaffen, der sich ausschließlich mit der Klassifizierung von Bedachungen beschäftigt.

DK 699.81 : 691 : 614.841.332 : 001.4 : 620.1 **September 1977**

	Brandverhalten von Baustoffen und Bauteilen Baustoffe Begriffe, Anforderungen und Prüfungen	DIN 4102 Teil 1

Behaviour of building materials and components in fire;
building materials; definitions, requirements and tests

Diese Norm wurde im Fachbereich „Einheitliche Technische Baubestimmungen" des NABau ausgearbeitet. Sie ist den obersten Baubehörden vom Institut für Bautechnik, Berlin, zur bauaufsichtlichen Einführung empfohlen worden.

Diese Norm enthält die Grundlage für die Realdefinitionen der Begriffe „nicht brennbare Baustoffe" und „brennbare Baustoffe" („schwerentflammbare", „normalentflammbare" und „leichtentflammbare Baustoffe"). Sie konkretisiert insoweit die brandschutztechnischen Begriffe der Landesbauordnungen, der zugehörigen Durchführungsverordnungen sowie weiterer Rechtsverordnungen und Verwaltungsvorschriften, die sich mit dem baulichen Brandschutz befassen.

In Zusammenhang mit der Überarbeitung von

DIN 4102 Teil 2	*Brandverhalten von Baustoffen und Bauteilen; Begriffe, Anforderungen und Prüfungen von Bauteilen*
DIN 4102 Teil 3	*Brandverhalten von Baustoffen und Bauteilen; Begriffe, Anforderungen und Prüfungen von Sonderbauteilen*
DIN 4102 Teil 4	*Brandverhalten von Baustoffen und Bauteilen; Einreihung in die Begriffe*

sowie der „Ergänzenden Bestimmungen zu DIN 4102" – jeweils Ausgabe Februar 1970 – wurde auch der Inhalt der Norm neu gegliedert:

DIN 4102 Teil 1	*Brandverhalten von Baustoffen und Bauteilen; Baustoffe; Begriffe, Anforderungen und Prüfungen (bisher geregelt durch die oben genannten Ergänzenden Bestimmungen)*
DIN 4102 Teil 2	*Brandverhalten von Baustoffen und Bauteilen; Bauteile; Begriffe, Anforderungen und Prüfungen*
DIN 4102 Teil 3	*Brandverhalten von Baustoffen und Bauteilen; Brandwände und nichttragende Außenwände; Begriffe, Anforderungen und Prüfungen*
DIN 4102 Teil 4	*Brandverhalten von Baustoffen und Bauteilen; Zusammenstellung und Anwendung klassifizierter Baustoffe, Bauteile und Sonderbauteile (z. Z. noch Entwurf)*
DIN 4102 Teil 5	*Brandverhalten von Baustoffen und Bauteilen; Feuerschutzabschlüsse, Abschlüsse in Fahrschachtwänden und gegen Feuer widerstandsfähige Verglasungen; Begriffe, Anforderungen und Prüfungen*
DIN 4102 Teil 6	*Brandverhalten von Baustoffen und Bauteilen; Lüftungsleitungen; Begriffe, Anforderungen und Prüfungen*
DIN 4102 Teil 7	*Brandverhalten von Baustoffen und Bauteilen; Bedachungen; Begriffe, Anforderungen und Prüfungen*
DIN 4102 Teil 8	*Brandverhalten von Baustoffen und Bauteilen; Kleinprüfstand (z. Z. noch Entwurf)*

Fortsetzung Seite 2 bis 15
Erläuterungen Seite 15

Normenausschuß Bauwesen (NABau) im DIN Deutsches Institut für Normung e. V.

Seite 2 DIN 4102 Teil 1

Inhalt

Maße in mm

1 Geltungsbereich

1.1 In dieser Norm werden brandschutztechnische

- Begriffe
- Anforderungen
- Prüfungen und
- Kennzeichnungen

für Baustoffe festgelegt.

1.2 Sie gilt für die Klassifizierung des Brandverhaltens von Baustoffen

- im Anlieferungszustand auf der Baustelle
- im Zustand ihrer bestimmungsgemäßen Anwendung im Bauwerk

1.3 Als Baustoffe im Sinne dieser Norm gelten auch

- platten- und bahnenförmige Materialien
- Verbundwerkstoffe
- Bekleidungen
- Dämmschichten
- Beschichtungen
- Rohre und Formstücke

2 Mitgeltende Normen

DIN 4102 Teil 2	Brandverhalten von Baustoffen und Bauteilen; Bauteile; Begriffe, Anforderungen und Prüfungen
DIN 4102 Teil 4	Brandverhalten von Baustoffen und Bauteilen; Einreihung in die Begriffe (Ausgabe Februar 1970)
DIN 4102 Teil 4	(z. Z. noch Entwurf) Brandverhalten von Baustoffen und Bauteilen; Zusammenstellung und Anwendung klassifizierter Baustoffe, Bauteile und Sonderbauteile
DIN 4102 Teil 8	(z. Z. noch Entwurf) Brandverhalten von Baustoffen und Bauteilen; Kleinprüfstand
DIN 4189 Teil 1	Siebböden; Drahtgewebe aus Stahl-, nichtrostendem Stahl- und NE-Metalldraht; Maße
DIN 50 014	Klimate und ihre technische Anwendung; Normalklimate
DIN 50 050	Prüfung von Werkstoffen; Brennverhalten von Werkstoffen; Brennkasten
DIN 50 051	Prüfung von Werkstoffen; Brennverhalten von Werkstoffen; Brenner
DIN 51 622	Flüssiggase; Propan, Propen, Butan, Buten und deren Gemische; Anforderungen an die Qualität
DIN 51 900 Teil 2	Prüfung fester und flüssiger Brennstoffe; Bestimmung des Brennwertes mit dem Bomben-Kalorimeter und Berechnung des Heizwertes, Verfahren mit isothermem Wassermantel
DIN 66 081	Kennwerte für das Brennverhalten textiler Erzeugnisse; Textile Fußbodenbeläge

3 Baustoffklassen

Die Baustoffe werden nach ihrem Brandverhalten in folgende Klassen eingeteilt:

Baustoffklasse	*Bauaufsichtliche Benennung*
A [1] A 1 A 2	*nichtbrennbare Baustoffe* [1]
B B 1 [1] B 2 B 3	*brennbare Baustoffe* *schwerentflammbare Baustoffe* [1] *normalentflammbare Baustoffe* *leichtentflammbare Baustoffe*

Diese Bezeichnungen dürfen nur dann verwendet werden, wenn das Brandverhalten nach dieser Norm ermittelt worden ist.

4 Nachweis der Baustoffklassen

4.1 Mit Brandversuchen

Die Baustoffklasse muß durch Prüfzeugnis bzw. Prüfzeichen [1] auf der Grundlage von Brandversuchen nach dieser Norm nachgewiesen werden.

[1]) Siehe Seite 3

4.2 Ohne Brandversuche

Die in DIN 4102 Teil 4 genannten Baustoffe sind ohne weiteren Nachweis in die dort angegebene Baustoffklasse einzureihen.

4.3 Sonstiger Nachweis

Für Baustoffe, deren Brandverhalten durch Prüfungen nach dieser Norm nicht hinreichend beurteilt werden kann, können zusätzliche Prüfverfahren angewendet werden.

Anmerkung: Die Einreihung von Baustoffen in Baustoffklassen auf Grund des sonstigen Nachweises kann nur durch ein Prüfzeichen [1]) bzw. durch eine bauaufsichtliche Zulassung vorgenommen werden.

5 Baustoffe Klasse A

5.1 Baustoffe Klasse A 1

5.1.1 Begriff und Anforderungen

Baustoffe erfüllen die Voraussetzungen für die Einreihung in die Klasse A 1, wenn sie

- die Prüfung im Ofen nach Abschnitt 5.1.2 bestehen und
- die Anforderungen an Baustoffe der Klasse A 2 erfüllen [2]).

Der Ofenversuch gilt als bestanden, wenn bei keiner der fünf [3]) unter Abschnitt 5.1.2 verlangten Proben

a) eine Entflammung (siehe Abschnitt 5.1.3) auftritt und

b) soviel Wärme abgegeben wird, daß dadurch die Temperatur im Ofen um mehr als 50 K über den Anfangswert ansteigt.

5.1.2 Prüfung

5.1.2.1 Anzahl und Maße der Proben

Es sind fünf [3]) Proben mit den Maßen 40 mm × 40 mm × 50 mm (Länge × Breite × Höhe) zu untersuchen (Toleranzen siehe Bild 2). Die Proben müssen so beschaffen sein, daß sie für das Brandverhalten dieses Baustoffes möglichst repräsentativ sind. Bei Baustoffen, die im Anlieferungszustand dünner als 40 mm sind, werden die Proben aus einzelnen Schichten zusammengesetzt.

Bei zusammendrückbaren Baustoffen ist die Dicke unter einer Flächenbelastung von 0,1 kN/m^2 maßgebend.

Muß die Probe aus einzelnen Schichten zusammengesetzt werden, so sind die einzelnen Schichten auf 40 mm × 50 mm (Länge × Höhe) zuzuschneiden. Die aneinandergelegten Schichten müssen 40 mm Dicke (Breite) der Probe ergeben; falls erforderlich, ist eine oder sind zwei Schichten auf die hierfür notwendige Dicke abzuarbeiten. Die bearbeitete Oberfläche dieser Schicht bzw. Schichten ist im Innern der Probe anzuordnen.

5.1.2.2 Vorbereitung der Proben

Die Proben werden bei einer Temperatur von 105 °C sechs Stunden getrocknet und dann in einem Exsikkator über kristallwasserfreiem $CaCl_2$ bis zum Versuch aufbewahrt.

An den Außenseiten aus mehreren Schichten zusammengesetzter Proben sind immer die im Brandverhalten ungünstigsten Oberflächen anzuordnen (siehe Bild 2). Aus mehreren Schichten zusammengesetzte Proben sind mit einem temperaturbeständigen Draht (z. B. NiCr) mit 0,2 mm Dicke einmal in halber Höhe der Probe so zusammenzubinden, daß die Schichtoberflächen fest aneinanderliegen.

Die zusammengebundenen Proben sind in ein Drahtgestell (Gewicht [5 ± 0,5] g) einzulegen, das die Probe stets in gleicher Lage hält.

Proben, die beim Versuch zerfallen können und Proben aus Baustoffen, die in loser Form geprüft werden, sind in Behältern aus Drahtgewebe DIN 4189 – 1 × 0,4 – X 12 CrNi 18 8 zu prüfen.

Proben aus einem Material, das während des Versuches aus dem Behälter aus Drahtgewebe herauslaufen kann, sind in Behältern aus Nickelblech von 0,2 mm Dicke zu prüfen.

5.1.2.3 Versuchsdurchführung

Der Versuch wird in einem elektrisch beheizten Ofen [4]) nach Bild 1 durchgeführt, dessen Heizleiter gleichmäßig auf den Außenmantel des keramischen Heizleiterträgers aufgebracht ist.

Um die Temperaturschwankungen im Ofen zu mindern, ist mit einem Spannungsstabilisator die Netzspannung innerhalb einer Fehlergrenze von ± 0,5 % konstant zu halten.

Die Temperatur des Ofens wird mit einem Thermoelement gemessen (siehe Bild 1), das in der waagerechten Mittelebene der Heizröhre in (10 ± 0,5) mm Abstand von der Wandung angeordnet ist.

Das Thermoelement soll aus 0,5 mm dickem Draht mit offener Meßstelle hergestellt sein. Statt dessen kann auch ein Mantelthermoelement mit entsprechender Ansprechcharakteristik verwendet werden.

Das verwendete Temperaturanzeigegerät darf keine höhere Fehlergrenze als 5 K aufweisen.

Eine Zündflamme von (20 ± 1) mm Höhe (Propangas nach DIN 51 622) wird unmittelbar über der Deckelöffnung in der Achse der Heizröhre angeordnet.

Die Ofentemperatur wird zunächst auf 750 °C ± 10 K gebracht. Vor Versuchsbeginn muß diese Temperatur mindestens 10 Minuten lang ohne Nacheinstellung konstant (± 1 K) bleiben.

Während des Versuches muß die Energiezufuhr zum Heizleiter konstant bleiben.

Die Probe wird entsprechend Bild 2 so in die Heizröhre gehängt, daß sich ihre Mitte in der Höhe der Meßstelle des Thermoelementes befindet.

Die Probe ist im Ofen so anzuordnen, daß die ursprüngliche Probenoberfläche, bei unsymmetrischem Probenaufbau die im Brandverhalten ungünstigste Oberfläche, dem Thermoelement zugewandt ist und deren Längskanten gleich weit von diesem entfernt sind (siehe Bild 2).

Proben mit geschichtetem Aufbau sind entsprechend Bild 2 einzubringen.

1) Nach den Prüfzeichenverordnungen der Länder bedürfen nicht brennbare (Klasse A) Baustoffe, soweit sie brennbare Bestandteile enthalten und schwerentflammbare (Klasse B 1) Baustoffe eines Prüfzeichens des Instituts für Bautechnik in Berlin, sofern sie nicht im Anhang zur Prüfzeichenverordnung ausgenommen sind.

Für die prüfzeichenpflichtigen Baustoffe ist eine Überwachung/Güteüberwachung mit entsprechender Kennzeichnung erforderlich.

Neben den Festlegungen dieser Norm sind die Prüfgrundsätze für prüfzeichenpflichtige nichtbrennbare (Klasse A) Baustoffe und die Prüfgrundsätze für prüfzeichenpflichtige schwerentflammbare (Klasse B 1) Baustoffe maßgebend.

Diese „Prüfgrundsätze" werden in den „Mitteilungen" des Instituts für Bautechnik, Reichpietschufer 72-76, 1000 Berlin 30, veröffentlicht und sollen künftig auch über den Beuth Verlag zu beziehen sein.

2) Auf eine Prüfung kann ganz oder teilweise verzichtet werden, soweit die Erfüllung dieser Anforderungen zweifelsfrei beurteilt werden kann.

3) Die Anzahl der Proben bezieht sich auf Baustoffe, die nicht der Prüfzeichenpflicht unterliegen. Für prüfzeichenpflichtige Baustoffe ist die Probenanzahl in den Prüfgrundsätzen für prüfzeichenpflichtige nichtbrennbare (Klasse A) Baustoffe festgelegt.

4) Siehe Konstruktionszeichnung, bei der BAM Berlin hinterlegt und dort erhältlich.

Seite 4 DIN 4102 Teil 1

Der Einhängevorgang darf vom Öffnen bis zum Schließen des Deckels nicht länger als 5 Sekunden dauern.

Versuchsbeginn ist der Zeitpunkt, an dem die Probenunterkante die Oberkante der Heizröhre passiert.

Die Probe wird so lange im Ofen belassen, bis die Ofentemperatur ihr Maximum überschritten hat. Tritt dieses Maximum vor Ablauf von 15 Minuten auf, so ist die Probe dennoch 15 Minuten im Ofen zu belassen.

Ist nach 30 Minuten der Ausgangswert noch nicht überschritten, braucht nur eine Probe bis zum Erreichen des Temperaturmaximums geprüft zu werden, sofern sich die anderen Proben während der ersten 30 Minuten gleichartig verhalten.

Wenn die Zündflamme durch aus der Probe entwickelte Gase gelöscht wird, muß sofort versucht werden, sie mit einer Lunte mit etwa 20 mm langer Gasflamme zu zünden. Dies ist bei Mißlingen alle 15 Sekunden zu wiederholen.

Der Ofendeckel darf während des Versuches nicht geöffnet werden. Die Öffnungen in der Bodenplatte des Ofens müssen vor jedem Versuch frei sein.

5.1.3 Entflammung

Eine Entflammung liegt vor, wenn

a) Flammen im Ofen zu beobachten sind oder
b) die Probe glimmt (nicht glüht) oder
c) die Höhe der vergrößerten Zündflamme 45 mm übersteigt oder die vergrößerte Zündflamme die Öffnung im Ofendeckel ausfüllt (siehe Bild 3).

5.1.4 Prüfbericht bzw. Prüfzeugnis

Anmerkung: Prüfberichte, die zur Beantragung eines Prüfzeichens dienen, erhalten die Überschrift: „Prüfbericht zur Beantragung eines Prüfzeichens".

Im Prüfbericht bzw. Prüfzeugnis ist anzugeben:

a) Beschreibung des Baustoffes nach Art (z. B. wesentliche Bestandteile), Aussehen und Aufbau, Maße, Rohdichte bzw. Flächengewicht, Vermerk über amtliche oder nichtamtliche Probenahme,
b) Herstellung und Einbau der Proben, Versuchsdurchführung, Anzahl der Versuche,
c) für jede Probe Zeit und Dauer von Entflammungen,
d) für jede Probe die Ergebnisse der Ofentemperaturmessung,
e) sonstige Beobachtungen beim Versuch, wie z. B. Vergrößerung bzw. Auslöschen der Zündflamme, Aussehen der Probe nach dem Versuch,
f) Einreihung in die Baustoffklasse, soweit der Baustoff nicht der Prüfzeichenpflicht [1]) unterliegt,
g) Gültigkeitsdauer des Prüfberichtes bzw. Prüfzeugnisses, sofern der Baustoff nicht der Prüfzeichenpflicht [1]) unterliegt. Die Gültigkeitsdauer jedes Prüfzeugnisses ist auf höchstens fünf Jahre zu begrenzen; sie kann auf Antrag verlängert werden.

5.2 Baustoffe Klasse A 2

5.2.1 Begriff und Anforderungen

5.2.1.1 Baustoffe erfüllen die Voraussetzungen für die Einreihung in die Klasse A 2, wenn sie

- die Prüfungen im Brandschacht,
- die Prüfung der Rauchdichte,
- die Prüfung der Toxizität

sowie

- die Heizwert- und die Wärmeentwicklungsprüfung oder
- die Ofenprüfung

bestehen.

5.2.1.2 Der Brandschachtversuch nach Abschnitt 6.1.2 gilt als bestanden, wenn

a) der Mittelwert der Restlänge (siehe Abschnitt 6.1.2.4) jedes Probekörpers mindestens 35 cm beträgt und dabei die Restlänge keiner Probe unter 20 cm liegt,
b) die mittlere Rauchgastemperatur bei keinem Versuch 125 °C überschreitet,
c) die Rückseite keiner Probe entflammt und
d) die Proben nach ihrem sonstigen im Prüfbericht unter den Abschnitten 5.2.4 f), g), h) angeführten Verhalten keinen Anlaß zu Beanstandungen geben.

5.2.1.3 Die bei der Verschwelung bzw. Verbrennung entstehenden Brandgase dürfen hinsichtlich Rauchdichte und Toxizität keinen Anlaß zu Beanstandungen geben (siehe auch Fußnote 1).

5.2.1.4 Die Heizwertprüfung gilt als bestanden, wenn bei dem Versuch nach Abschnitt 5.2.2 der Heizwert H_u nicht mehr als 4200 kWs/kg beträgt.

5.2.1.5 Die Wärmeentwicklungsprüfung gilt als bestanden, wenn bei dem Versuch nach Abschnitt 5.2.3 die unter Brandversuchsbedingungen freiwerdende Wärmemenge, ermittelt aus dem Heizwert H_u und dem Flächengewicht jeweils vor und nach der Prüfung nicht größer als 16800 kWs/m² ist.

Anmerkung: Ist die rechnerisch ermittelte freisetzbare Wärmemenge bereits im Anlieferungszustand kleiner als 16 800 kWs/m², kann der Versuch nach Abschnitt 5.2.3 entfallen.

5.2.1.6 Die Ofenprüfung gilt als bestanden, wenn bei dem Versuch nach Abschnitt 5.1.2, der nur über eine Dauer von 15 Minuten durchzuführen ist, die Anforderungen nach Abschnitt 5.1.1 mit der Abweichung erfüllt werden, daß Entflammungen bis zu 20 Sekunden Gesamtdauer zulässig sind.

Dabei darf die Flammenhöhe keinen Anlaß zu Beanstandungen geben.

Die Gesamtdauer der Entflammungen ist die Summe der Zeiten, die sich aus den Beobachtungen nach Abschnitt 5.1.3 ergeben. Zeitliche Überschneidungen werden nur einfach gewertet.

5.2.2 Ermittlung des Heizwertes

Der Heizwert H_u wird nach DIN 51 900 Teil 2 bestimmt. Bei der Durchführung der Prüfung ist die ISO-Norm 1716-1973 „Building materials – Determination of calorific potential" zu beachten.

5.2.3 Ermittlung der unter Brandversuchsbedingungen frei werdenden Wärmemenge

Es sind mindestens zwei Proben in Anwendungsdicke mit den Flächenmaßen 500 mm × 500 mm zu untersuchen.

Vor dem Versuch sind die Proben im Normalklima 23/50-2 nach DIN 50 014 bis zur ausreichenden Gewichtskonstanz zu lagern.

Der Versuch wird in einem Kleinprüfstand nach DIN 4102 Teil 8 (z. Z. noch Entwurf) ausgeführt. Die Proben werden in den seitlichen Öffnungen des Prüfstandes befestigt, so daß eine der Oberflächen dem Brandraum zugewandt ist. Bei unsymmetrischem Aufbau der Proben ist jede der beiden Oberflächen bei getrennten Versuchen der Feuerbeanspruchung auszusetzen. Der Anschluß der Probe an den Versuchsstand ist sorgfältig abzudichten.

Die Beflammung des Brandraumes erfolgt entsprechend DIN 4102 Teil 2, Ausgabe September 1977, Abschnitt 6.2.4 über eine Dauer von 30 Minuten.

Anschließend wird aus der Flächenmitte eine Probe von etwa 100 cm² Fläche in Plattenrestdicke herausgenommen und ihr Flächengewicht sowie ihr Heizwert H_u nach Abschnitt 5.2.2 dieser Norm ermittelt.

[1]) Siehe Seite 3

5.2.4 Prüfbericht

Anmerkung: Prüfberichte, die zur Beantragung eines Prüfzeichens dienen, erhalten die Überschrift: „Prüfbericht zur Beantragung eines Prüfzeichens".

Im Prüfbericht ist anzugeben:

a) Beschreibung des Baustoffes nach Art (z. B. wesentliche Bestandteile), Aussehen und Aufbau, Maße, Rohdichte bzw. Flächengewicht, Vermerk über amtliche oder nichtamtliche Probenahme,

b) Herstellung und Einbau der Proben, Versuchsdurchführung, Anzahl der Versuche

für die Versuche nach Abschnitt 6.1.2

c) Restlänge jeder Probe und Mittelwert der Restlängen jedes Probekörpers in cm,

d) zeitlicher Verlauf der Rauchgastemperatur für jeden Probekörper (Mittelwert der 5 Meßstellen), Maximum der mittleren Rauchgastemperatur und Zeit des Auftretens für jeden Probekörper,

e) größte Flammenhöhe (auf 10 cm gerundet) für jeden Probekörper, Zeit ihres Auftretens, Dauer und Beschreibung etwaigen Nachbrennens und Nachglimmens,

f) besondere Beobachtungen, wie Zeit und Dauer einer Entflammung, Art der Flammenausbreitung, gegebenenfalls Entflammung der Probenrückseite, Aussehen der Proben nach dem Brandversuch,

g) Beobachtungen über brennendes Abtropfen oder Abfallen von brennenden Probenteilen einschließlich der Dauer des Weiterbrennens auf dem Siebboden,

h) Beobachtungen über die Rauchentwicklung,

für die Prüfung nach den Abschnitten 5.2.2 und 5.2.3

i) Heizwert H_u in kWs/kg bzw. Wärmemenge in kWs/m^2

für die Prüfung nach Abschnitt 5.2.1.6

k) für jede Probe Zeit und Dauer von Entflammungen,

l) für jede Probe Ergebnisse der Ofentemperaturmessung,

m) sonstige Beobachtungen beim Versuch, wie z. B. Vergrößern bzw. Auslöschen der Zündflamme, Aussehen der Proben nach dem Versuch.

6 Brennbare Baustoffe Klasse B

6.1 Baustoffe Klasse B1

6.1.1 Begriff und Anforderungen

Baustoffe erfüllen die Voraussetzungen für die Einreihung in die Baustoffklasse B1, wenn sie

- die Prüfung im Brandschacht bestehen und
- wenn sie die Anforderungen an Baustoffe der Klasse B2 erfüllen.

Die Brandschacht-Prüfung gilt als bestanden, wenn bei den Versuchen nach Abschnitt 6.1.2

a) der Mittelwert der Restlängen (siehe Abschnitt 6.1.2.4) jedes Probekörpers mindestens 15 cm beträgt und dabei keine Probe eine Restlänge von 0 aufweist,

b) bei keinem Versuch die mittlere Rauchgastemperatur 200 °C überschreitet und

c) die Proben nach ihrem sonstigen in Abschnitt 6.1.3 f) und g) angeführten Verhalten keinen Anlaß zu Beanstandungen geben.

Anmerkung: Für die Beurteilung von Fußbodenbelägen zur Einreihung in die Baustoffklasse B1 können andere Prüfverfahren angewendet werden. Diese Prüfverfahren sind in den Prüfgrundsätzen für prüfzeichenpflichtige schwerentflammbare (Klasse B1) Baustoffe des Instituts für Bautechnik, Berlin, festgelegt.

6.1.2 Prüfung

6.1.2.1 Anzahl[5]) und Maße der Proben und Probekörper

Für einen Probekörper (Plattenschlot) sind vier Proben in Originaldicke (max. 80 mm) mit den Flächenmaßen 190 mm × 1000 mm erforderlich.

Für eine Brandschachtprüfung sind in der Regel drei Probekörper notwendig. Bei der Prüfung von Folien, Geweben und beschichteten Geweben sind je zwei Probekörper aus in Längsrichtung und in Querrichtung entnommenen Proben einzusetzen.

Bei unsymmetrischem Probenaufbau sind die Probekörper so herzustellen, daß sowohl Versuche mit Beflammung der Vorderseite als auch Versuche mit Beflammung der Rückseite durchgeführt werden können.

6.1.2.2 Vorbehandlung der Proben

Vor Durchführung der Brandversuche werden die Proben – auch die mit Feuerschutzmittel behandelten – im Normalklima DIN 50014 – 23/50-2 bis zur ausreichenden Gewichtskonstanz gelagert. Die zur Prüfung von Feuerschutzmitteln vorgesehenen Proben sind dieser Lagerung auch schon vor dem Schutzmittelauftrag zu unterziehen.

Ausreichende Gewichtskonstanz gilt als erreicht, wenn die Differenz zweier Wägungen im Abstand von 48 Stunden kleiner als 0,1 % des Probengewichtes ist.

6.1.2.3 Versuchsdurchführung

Der Versuch ist im Brandschacht nach Bild 4 mit einem Brenner nach Bild 5 durchzuführen. Die Proben werden in einer Haltevorrichtung zu einem Probekörper nach Bild 6 zusammengesetzt.

Werden Baustoffe im Einbauzustand im Abstand von höchstens 40 mm zu flächigen Baustoffen angeordnet oder werden Baustoffe in unmittelbarem Verbund mit anderen Baustoffen verwendet, so ist die Prüfung entsprechend dieser Anordnung durchzuführen.

Werden Baustoffe im Einbauzustand in größeren Abständen zu flächigen Baustoffen angeordnet, so werden die Proben freihängend, d. h. ohne Verbund im Brandschacht, geprüft.

Der Brandschacht ist vor dem Einbringen des Probekörpers so aufzuheizen, daß die Schachtwandtemperatur bei Versuchsbeginn 40 °C ± 5 K beträgt.

Während des Versuches wird dem Schacht ein gleichbleibender Luftstrom von (10 ± 1) m^3/min mit einer Temperatur von 23 °C ± 2 K zugeführt. Die Proben werden mit dem Brenner 10 Minuten beflammt. Dem Brenner ist ein Gemisch aus (35 ± 0,5) l/min Methan (Reinheitsgrad 99,5 % im Normzustand) und (17,5 ± 0,2) l/min Luft (im Normzustand) zuzuführen. Wenn das Brandgeschehen an den Proben eindeutig beendet ist, kann die Beflammung vorzeitig abgebrochen werden.

Glimmen die Proben nach, so sind sie nach dem Ende der Beflammung unter Aufrechterhaltung der Luftzufuhr im Brandschacht zu belassen, bis das Brandgeschehen eindeutig beendet ist.

6.1.2.4 Ermittlung der Restlänge

Als Restlänge gilt der weder an der Oberfläche noch im Innern verbrannte oder verkohlte Teil einer Probe.

Verfärbungen, Verrußungen und Gefügeänderungen wie Verziehen, Sintern, Schmelzen, Kräuselung der Randzone, Blasenbildung o. ä., bleiben außer Betracht.

---

5) Die erforderliche Probenanzahl für die Alterungsprüfung (einschließlich Reserven) und für die Rückstellungen ist in den Prüfgrundsätzen für prüfzeichenpflichtige schwerentflammbare (Klasse B1) Baustoffe festgelegt.

Bei Proben mit schaumschichtbildenden Feuerschutzmitteln, bzw. schaumschichtbildenden Feuerschutzschichten für Holz und Holzwerkstoffe bleiben Veränderungen des Feuerschutzmittels durch Verkohlen unberücksichtigt. Zur Feststellung der Restlänge des geschützten Baustoffes werden die Schutzschichten entfernt (z. B. durch Abkratzen, Abwaschen).

6.1.3 Prüfbericht

Anmerkung: Prüfberichte, die zur Beantragung eines Prüfzeichens dienen, erhalten die Überschrift: „Prüfbericht zur Beantragung eines Prüfzeichens".

Im Prüfbericht ist anzugeben:

a) Beschreibung des Baustoffes nach Art (z. B. wesentliche Bestandteile), Aussehen und Aufbau, Maße, Rohdichte bzw. Flächengewicht, Vermerk über amtliche oder nichtamtliche Probenahme,

b) bei Feuerschutzmitteln Art, Zusammensetzung und Aussehen des aufgetragenen Schutzmittels,
ferner – festgestellt nach Vorbehandlung nach Abschnitt 6.1.2.2 –
- bei Feuerschutzmitteln für Holz und Holzwerkstoffe u. a. plattenförmige Baustoffe:
  Naßaufnahme in g/m²
  Trockenaufnahme in g/m²
- bei Feuerschutzmitteln für Textilien:
  Trockenaufnahme in g/kg nicht ausgerüsteten Gewebes

c) Herstellung und Einbau der Proben, Versuchsdurchführung, Anzahl der Versuche,

d) Restlänge jeder Probe und Mittelwert der Restlänge jedes Probekörpers in cm,

e) zeitlicher Verlauf der Rauchgastemperatur für jeden Probekörper (Mittelwert der 5 Meßstellen), Maximum der mittleren Rauchgastemperatur und Zeit des Auftretens für jeden Probekörper,

f) größte Flammenhöhe (auf 10 cm gerundet) für jeden Probekörper, Zeit ihres Auftretens, Dauer und Beschreibung etwaigen Nachbrennens und Nachglimmens,

g) besondere Beobachtungen, wie Zeit und Dauer einer Entflammung, Art der Flammenausbreitung (gegebenenfalls Entflammung der Probenrückseite), Aussehen der Proben nach dem Brandversuch, Verfärbungen auf der Probenrückseite;
außerdem bei Feuerschutzmitteln für Holz und Holzwerkstoffe: Ausblühungen, Haftfestigkeit und Wischfestigkeit, Korrosionswirkung auf Stahl im Gebrauchszustand, Gewichtsverlust in %, bezogen auf das Gewicht der Proben unmittelbar vor der Brandprüfung und 2 Minuten nach Beendigung der Beflammung bzw. Ende etwaigen Nachbrennens oder Nachglimmens,

h) Beobachtungen über brennendes Abtropfen oder Abfallen von brennenden Probeteilen [6]) einschließlich der Dauer des Weiterbrennens auf dem Siebboden,

i) Beobachtungen über die Rauchentwicklung.

6.2 Baustoffe Klasse B 2

6.2.1 Begriff und Anforderungen

Baustoffe erfüllen die Voraussetzungen für die Einreihung in die Klasse B 2, wenn sie die Prüfung nach Abschnitt 6.2.2 bestehen.

Die Prüfung gilt als bestanden, wenn bei keiner von 5 Proben entweder

a) bei Kantenbeflammung nach Abschnitt 6.2.4.2 der an der Unterkante nicht geschützten Proben die Flammenspitze die Meßmarke vor Ende der 20. Sekunde erreicht oder

b) bei Kantenbeflammung nach Abschnitt 6.2.4.2 der wie im Praxisfall geschützten Proben die Flammenspitze die Meßmarke vor Ende der 20. Sekunde und zusätzlich bei Flächenbeflammung nach Abschnitt 6.2.4.3 die Flammenspitze die Meßmarke vor Ende der 20. Sekunde erreicht.

Textile Fußbodenbeläge können auch in die Baustoffklasse B 2 eingereiht werden, wenn sie mindestens die Anforderungen der Brennklasse T-b nach DIN 66081 erfüllen.

6.2.2 Proben und Vorbehandlung

6.2.2.1 Anzahl und Maße der Proben

Aus dem zu prüfenden Baustoff werden 5 Proben für jede Versuchsreihe mit folgenden Flächenmaßen hergestellt:

für Kantenbeflammung: 90 mm × 190 mm (Breite × Länge),
für Flächenbeflammung: 90 mm × 230 mm (Breite × Länge).

Die Dicke der Proben richtet sich nach der Anwendung. Wird ein Baustoff in verschiedenen Dicken angewendet, so ist sein Brandverhalten in Abhängigkeit von der Materialdicke zu ermitteln.

6.2.2.2 Vorbehandlung der Proben

Die Proben werden vor der Prüfung mindestens 14 Tage im Normalklima DIN 50014 – 23/50-2 gelagert.

Bei den Proben für Kantenbeflammung wird in 150 mm, bei den Proben für Flächenbeflammung in 40 und 190 mm Abstand von der Unterkante der Proben eine Meßmarke (siehe Bild 8) in voller Probenbreite angebracht.

6.2.3 Prüfeinrichtung

Es sind erforderlich:

a) Brennkasten nach DIN 50050, der zugfrei aufgestellt ist,

b) Brenner nach DIN 50051 betrieben mit Propan nach DIN 51622 und Vorrichtungen, die es gestatten, die Flammenhöhe bei vertikaler Stellung der Düse einzustellen und den Brenner in horizontaler Richtung zu verschieben (siehe Bild 7),

c) zweiteiliger Rahmen mit Meßmarken zum Einspannen der Probe (mit Feder- oder Schraubenklemmen) und einer Vorrichtung zum senkrechten Aufhängen des Rahmens mit der Probe (siehe Bild 8).

6.2.4 Versuchsdurchführung

6.2.4.1 Im Prüfraum soll eine Raumtemperatur von ≈ 20 °C herrschen.

Die Probe wird in den Rahmen nach Abschnitt 6.2.3 c) eingespannt. Der Rahmen wird senkrecht im Brennkasten aufgehängt.

Am Brenner nach Abschnitt 6.2.3 b) wird in vertikaler Stellung der Düse eine Flamme von 20 mm Länge eingestellt, dann der Brenner um 45° geneigt (siehe Bild 7) und der Brennkasten geschlossen.

6.2.4.2 Bei der Kantenbeflammung (siehe Bild 9) wird der Brenner so weit in Richtung der Probe geschoben, daß bei Proben bis 3 mm Dicke die Flamme die Probe in der Mitte, bezogen auf Breite und Dicke der unteren Kante, trifft. Bei Proben mit einer Dicke über 3 mm wird der Brenner so weit vorgeschoben, daß die Flamme die untere Fläche der Probe etwa 1,5 mm von der dem Brenner zugewandten Kante entfernt in der Mitte trifft. Der Abstand der Stabilisatorvorderkante des Brenners bis zum Auftreffpunkt der Flamme beträgt 16 mm gemessen in der Verlängerung der Düsenachse.

6) Zur Beurteilung des brennenden Abtropfens oder des Abfallens brennender Probenteile sind die Prüfgrundsätze für prüfzeichenpflichtige schwerentflammbare (Klasse B 1) Baustoffe zugrunde zu legen.

6.2.4.3 Bei der Flächenbeflammung (siehe Bild 10) wird die Probe auf der Fläche unmittelbar unterhalb der unteren Meßmarke beflammt. Der Brenner wird so weit in Richtung der Probe geschoben, daß die Flamme den Probekörper in der Mitte der Breite der Probe trifft. Der Abstand der Stabilisatorvorderkante des Brenners bis zur Probenoberfläche beträgt 5 mm.

6.2.4.4 Die Probe wird 15 Sekunden lang beflammt und anschließend wird der Brenner zurückgeschoben. Es ist sorgfältig darauf zu achten, daß dabei kein störender Luftzug entsteht. Die Dauer vom Beginn der Beflammung bis zur Zeit, bei der die Flammenspitze der brennenden Probe die Meßmarke erreicht, wird gemessen, sofern die Flamme nicht vorher von selbst erlischt.

6.2.4.5 Bei mehrschichtigen Baustoffen ist zusätzlich eine Versuchsreihe nach Abschnitt 6.2.4.2 auszuführen, wobei die Flamme die Probe in halber Probenbreite an ungünstigster Stelle trifft.

6.2.4.6 Werden Baustoffe im Einbauzustand im Verbund mit anderen Baustoffen oder Werkstoffen verwendet, so ist die Prüfung auch entsprechend dieser Anordnung durchzuführen.

6.2.5 Prüfung auf brennendes Abfallen (Abtropfen)

6.2.5.1 Das Abfallen (Abtropfen) von brennenden Teilen bei Baustoffen der Klasse B 2 ist bei der Prüfung nach Abschnitt 6.2.4 festzustellen. Wird innerhalb von 20 Sekunden nach Beginn der Beflammung ein unter der Probe liegendes Filterpapier nach Abschnitt 6.2.5.2 zur Entzündung gebracht, so gilt der geprüfte Baustoff als brennend abfallend (abtropfend).

6.2.5.2 Vor den Versuchen entsprechend Abschnitt 5.2.4 sind auf dem Boden des Brennkastens unter die Probe zwei Lagen bei Normalklima DIN 50 014 – 23/50-2 konditioniertes Filterpapier (Schleicher und Schüll Nr 595) anzuordnen. Das Papier wird in einem Drahtkorb von 100 mm × 60 mm Grundfläche aus Drahtgewebe DIN 4189 – 1×0,36–St gelegt.

6.2.6 Prüfzeugnis

Im Prüfzeugnis sind anzugeben:

a) Beschreibung des Baustoffes nach Art (z. B. wesentliche Bestandteile), Aussehen und Aufbau, Maße, Rohdichte bzw. Flächengewicht, Vermerk über amtliche oder nichtamtliche Probenahme,
b) Herstellung der Proben,
c) Dicke der Proben (Mittelwert, Größt- und Kleinstwert),
d) Versuchsdurchführung, Anzahl der Versuche,
e) besondere Beobachtungen, wie Zeit und Dauer einer Entflammung, Erlöschen der Flamme vor Erreichen der Meßmarke, Rauchentwicklung, Aussehen der Proben nach dem Brandversuch,
f) Einreihung in die Baustoffklasse unter Angabe der Dicke,
g) Ergebnis der Prüfung auf brennendes Abfallen
h) Gültigkeitsdauer des Prüfzeugnisses. Die Gültigkeitsdauer jedes Prüfzeugnisses ist auf höchstens fünf Jahre zu begrenzen; sie kann auf Antrag verlängert werden.

6.3 Baustoffe Klasse B 3

Brennbare Baustoffe, die weder in die Klasse B 1 noch in die Klasse B 2 einzuordnen sind, gelten als Baustoffe der Klasse B 3.

7 Kennzeichnung

7.1 Alle Baustoffe, die im Anlieferungszustand auf die Baustelle nach dieser Norm geprüft werden können, müssen ihrem Brandverhalten entsprechend wie folgt gekennzeichnet[8]) sein:

DIN 4102 – A 1
DIN 4102 – A 2
DIN 4102 – B 1
DIN 4102 – B 2
DIN 4102 – B 3 leichtentflammbar

7.2 Die Kennzeichnung ist auf den Baustoffen, oder, wenn dies nicht möglich ist, auf oder an der Verpackung deutlich lesbar und dauerhaft anzubringen.

7.3 Von der Kennzeichnungspflicht sind ausgenommen:

7.3.1 alle Baustoffe der Klasse A 1, die in DIN 4102 Teil 4 aufgeführt sind.

7.3.2 die folgenden Baustoffe der Klasse B 2

Holz und Holzwerkstoffplatten > 400 kg/m^3 Rohdichte und > 2 mm Dicke.

---

[8]) Die Kennzeichnungspflicht prüfzeichenpflichtiger Baustoffe entsprechend den Bestimmungen des Prüfbescheides bleibt hiervon unberührt.

Weitere Normen

ISO 1716-1973 Building materials – Determination of calorific potential

Seite 8 DIN 4102 Teil 1

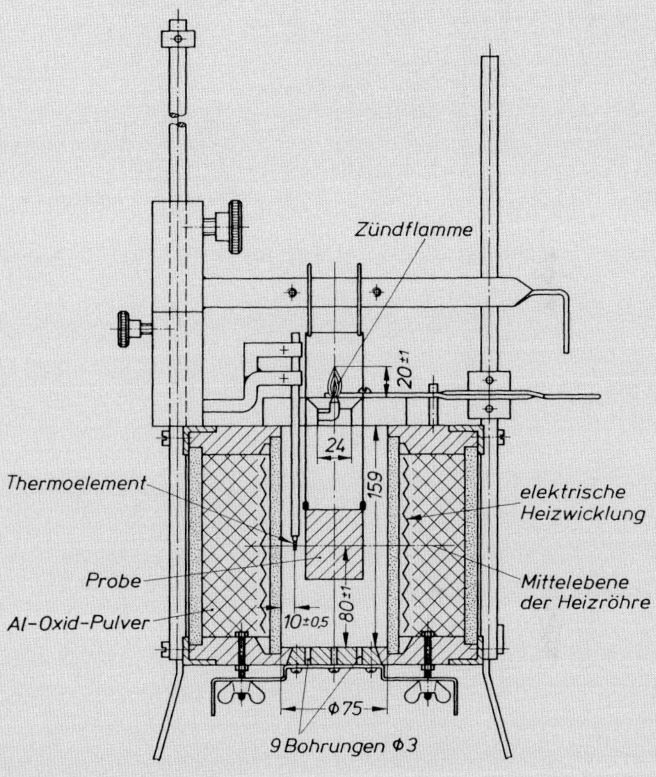

Bild 1. Elektrisch beheizter Ofen

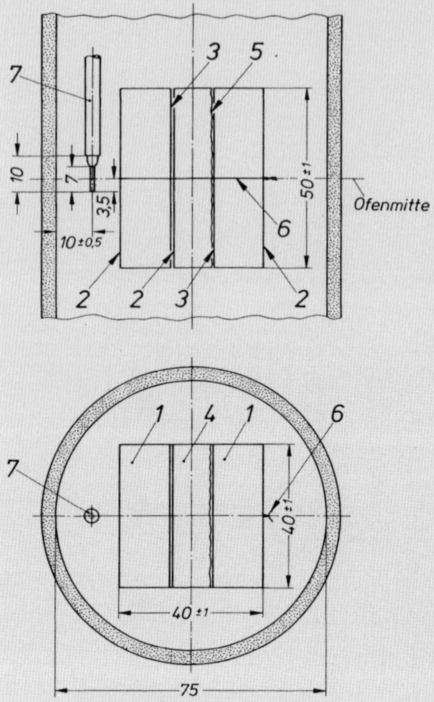

Anmerkungen: *Die Hängevorrichtung zum Einbringen der Probe ist nicht dargestellt.*

Die einzelnen Schichten müssen dicht aufeinanderliegen. Der dargestellte Abstand dient lediglich der Verdeutlichung der Anordnung.

Der Bindedraht soll die Schichten fest aneinanderfügen.

1 Schicht in unveränderter Dicke
2 im Brandverhalten ungünstige Oberfläche
3 im Brandverhalten günstige Oberfläche
4 abgearbeitete Schicht
5 bearbeitete Oberfläche
6 Bindedraht zum Zusammenhalten der Schichten
7 Thermoelement in Keramikrohr

Bild 2 Anordnung von Proben aus mehreren Schichten in der Heizröhre (siehe Bild 1)

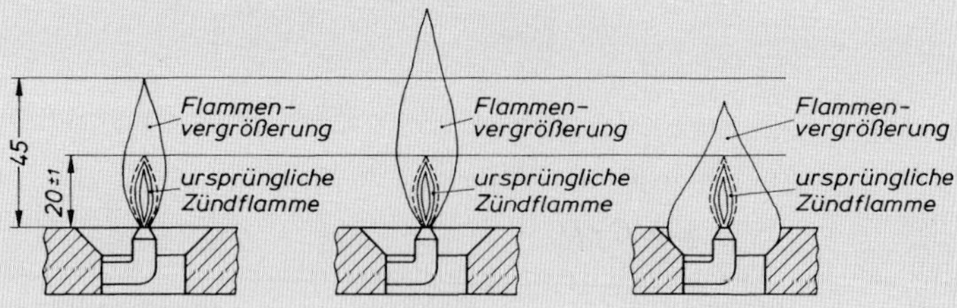

Bild 3. Beispiele für die Beurteilung einer Zündflammenvergrößerung infolge der Entwicklung von Zersetzungsprodukten

Seite 10 DIN 4102 Teil 1

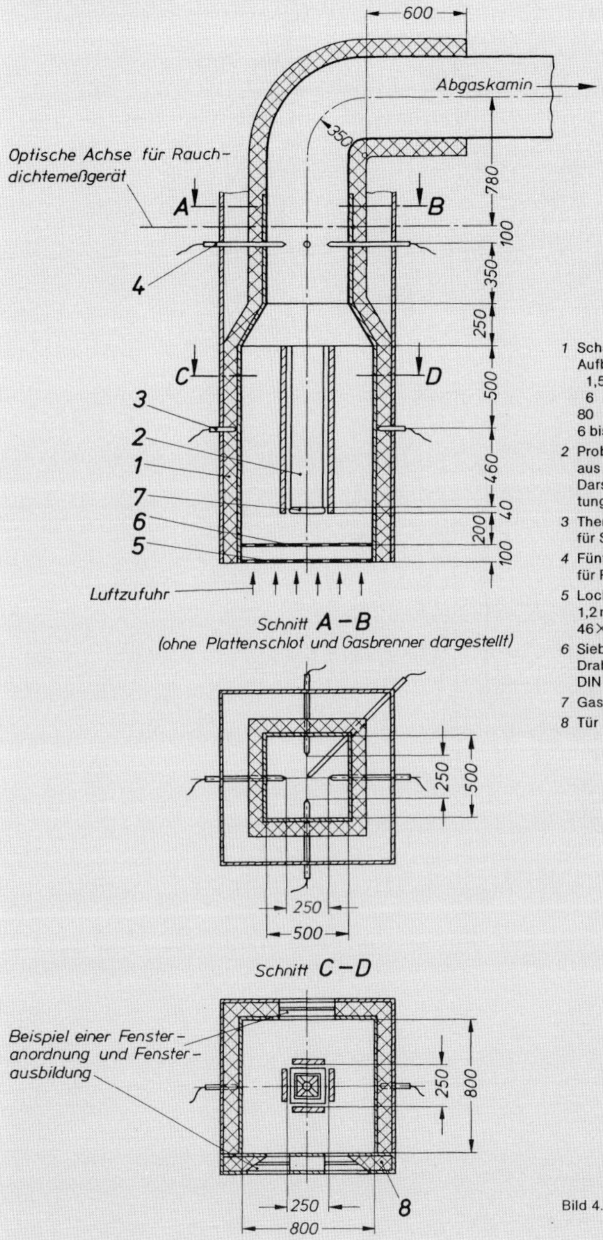

1 Schachtwand
Aufbau (von innen nach außen)
1,5 mm Blech
6 mm Asbestplatte
80 mm Steinwolleplatte
6 bis 10 mm Asbestzement

2 Probekörper (Plattenschlot)
aus 4 Proben 190 mm × 1000 mm
Darstellung (ohne Haltevorrichtung)

3 Thermoelemente
für Schachtwandtemperatur

4 Fünf Thermoelemente
für Rauchgastemperatur

5 Lochblech
1,2 mm dick, Loch-∅ 5,5 mm
46 × 46 Löcher

6 Siebboden
Drahtgewebe
DIN 4189 – 1,12 × 0,45 – St

7 Gasbrenner (siehe Bild 5)

8 Tür

Bild 4. Brandschacht

DIN 4102 Teil 1 Seite 11

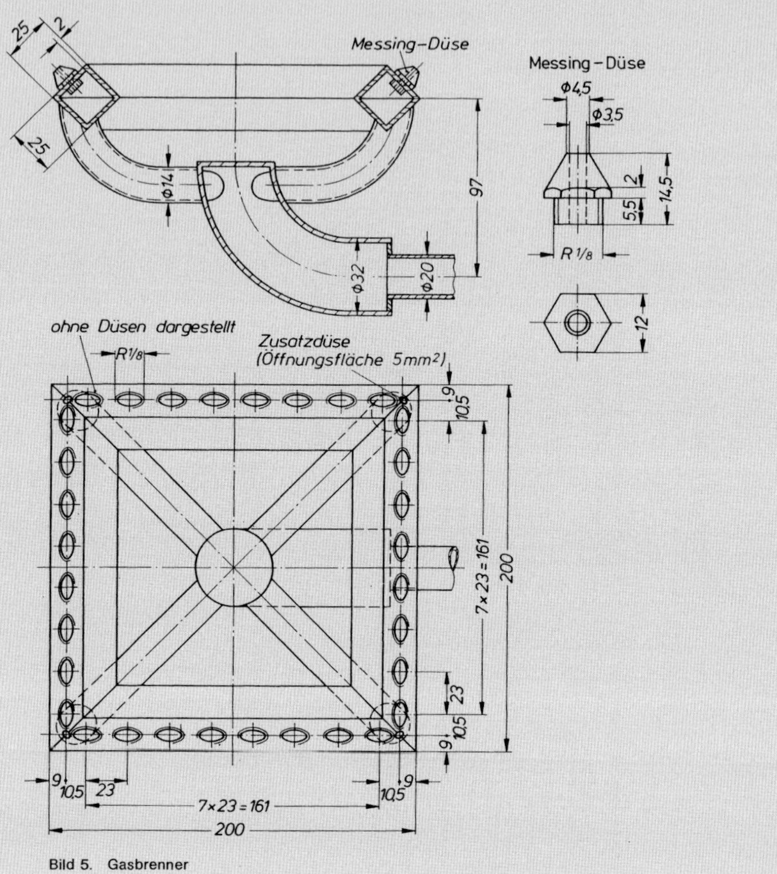

Bild 5. Gasbrenner

Seite 12 DIN 4102 Teil 1

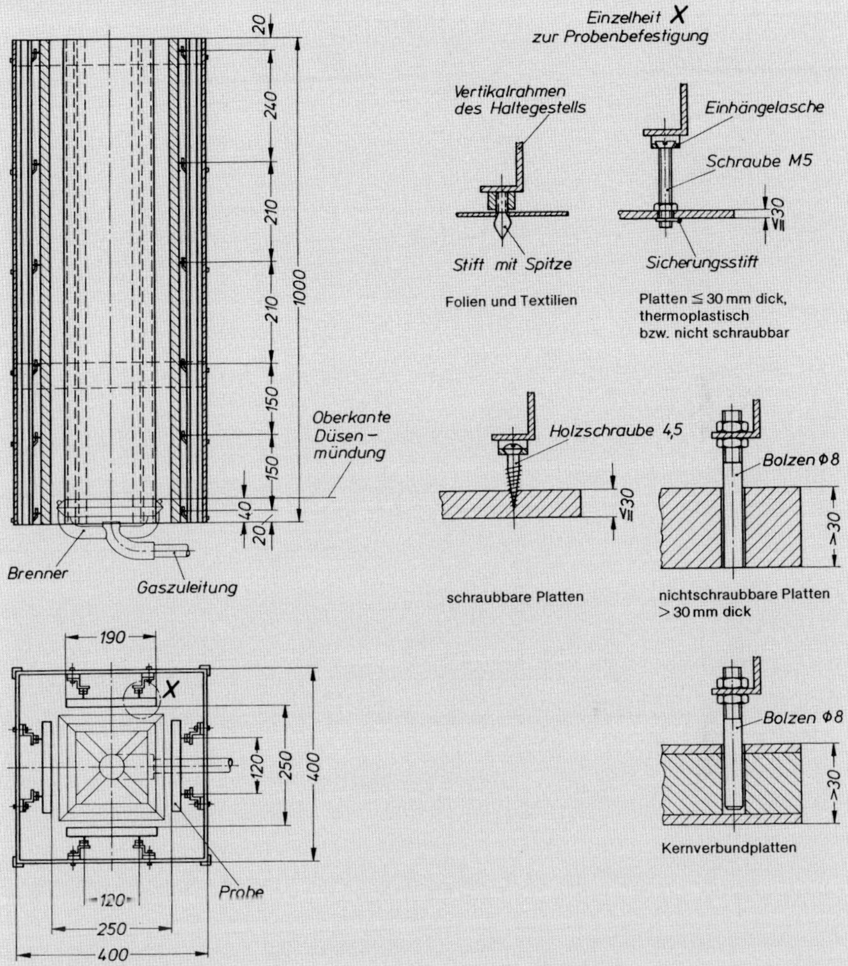

Bild 6. Beispiel für eine Haltevorrichtung mit eingebautem Probekörper (Plattenschlot)

DIN 4102 Teil 1 Seite 13

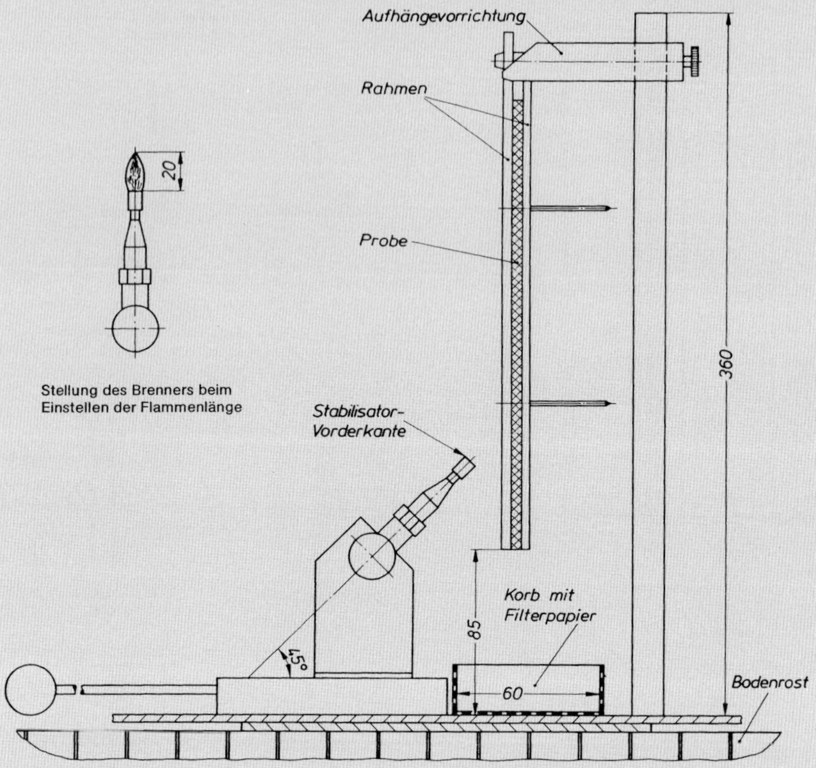

Bild 7. Anordnung (Prinzipdarstellung) zur Prüfung von Baustoffen der Klasse B 2

Seite 14 DIN 4102 Teil 1

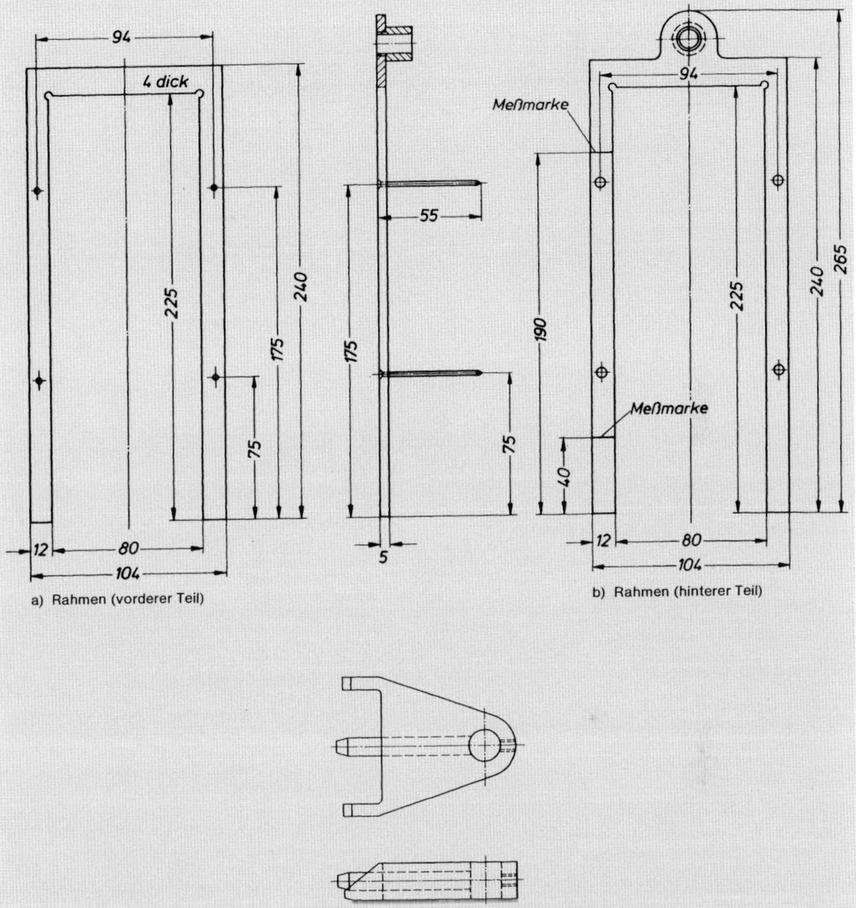

Bild 8. Rahmen und Vorrichtung zum Aufhängen des Rahmens für Prüfanordnung nach Bild 7

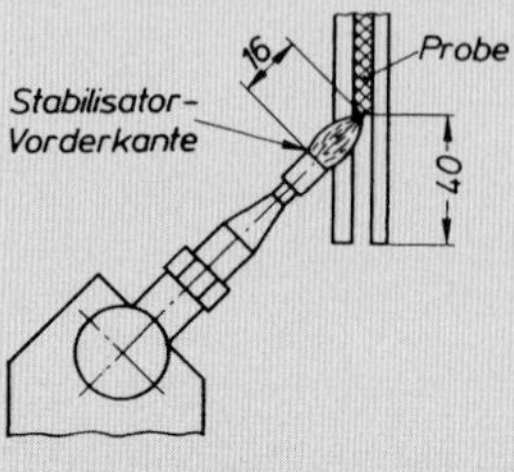

Bild 9. Brennerstellung für Kantenbeflammung

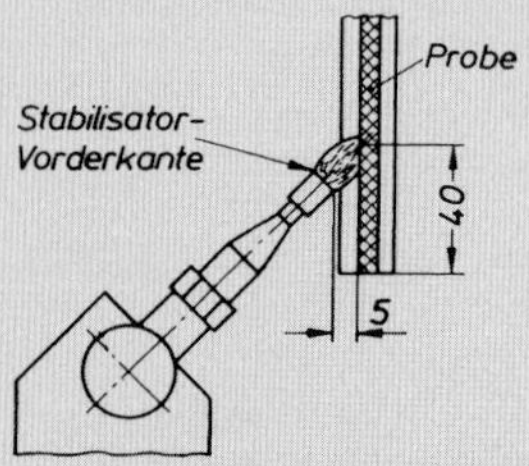

Bild 10. Brennerstellung für Flächenbeflammung

Erläuterungen

Im bauaufsichtlichen Verfahren werden z. Z. nur Prüfberichte oder Prüfzeugnisse über Prüfungen von folgenden Prüfstellen anerkannt:

1. Bundesanstalt für Materialprüfung (BAM)
   Unter den Eichen 87
   1000 Berlin 45 (Dahlem)
2. Staatliches Materialprüfungsamt
   Nordrhein-Westfalen
   Marsbruchstraße 186
   4600 Dortmund 41 (Aplerbeck)
3. Institut für Holzforschung
   Universität München
   Winzererstraße 45
   8000 München 40
4. Amtliche Forschungs- und Materialprüfungsanstalt
   für das Bauwesen
   – Otto-Graf-Institut –
   Universität Stuttgart
   Pfaffenwaldring 4
   7000 Stuttgart 80 (Vaihingen)

nur für die Prüfung der Baustoffe der Klasse B 2:

5. Staatliche Materialprüfungsanstalt
   an der TH Darmstadt
   Grafenstraße 2
   6100 Darmstadt

hinsichtlich der Toxizität:

6. Rheinisch-Westfälische Technische Hochschule Aachen
   Medizinische Fakultät Abt. Hygiene
   Lochner Straße 4-20
   5100 Aachen

hinsichtlich der Rauchentwicklung:

7. Staatliches Materialprüfungsamt
   Nordrhein-Westfalen
   Marsbruchstraße 186
   4600 Dortmund 41 (Aplerbeck)
8. Institut für Holzforschung
   Universität München
   Winzererstraße 45
   8000 München 40

Vorgänger dieser Norm sind:

1) die „Ergänzenden Bestimmungen zu DIN 4102"
   3. Fassung Februar 1970
   der Arbeitsgruppe Einheitliche Technische Baubestimmungen (ETB)

davor

2) die „Ergänzenden Bestimmungen zu DIN 4102"
   2. Fassung März 1966

davor

3) DIN 4102 Brandverhalten von Baustoffen und Bauteilen
   Teil 10 „Ergänzende Bestimmungen"
   Ausgabe Oktober 1966, zurückgezogen Februar 1969

davor

4) „Ergänzende Bestimmungen zu DIN 4102"
   der Arbeitsgruppe Einheitliche Technische Baubestimmungen (ETB)
   im Deutschen Normenausschuß (DNA)
   Ausgabe 1963

DK 699.81 : 69.02 : 614.841.332 : 001.4 : 620.1

September 1977

Brandverhalten von Baustoffen und Bauteilen

Bauteile

Begriffe, Anforderungen und Prüfungen

DIN 4102 Teil 2

Behaviour of building materials and components in fire; building components; definitions, requirements and tests

Frühere Ausgaben:
DIN 4102 Teil 1: 08.34, 11.40
DIN 4102 Teil 2: 09.65X, 02.70
DIN 4102 Teil 3: 08.34, 11.40

Diese Norm wurde im Fachbereich „Einheitliche Technische Baubestimmungen" des NABau ausgearbeitet. Sie ist den obersten Baubehörden vom Institut für Bautechnik (IfBt), Berlin, zur bauaufsichtlichen Einführung empfohlen worden.

Diese Norm enthält die Grundlage für die Realdefinitionen der Begriffe „feuerhemmend", „feuerbeständig" und „hochfeuerbeständig".

Sie konkretisiert insoweit die brandschutztechnischen Begriffe der Landesbauordnungen, der zugehörigen Durchführungsverordnungen sowie weiterer Rechtsverordnungen und Verwaltungsvorschriften, die sich mit dem baulichen Brandschutz befassen.

In Zusammenhang mit der Überarbeitung von

DIN 4102 Teil 2	*Brandverhalten von Baustoffen und Bauteilen; Begriffe, Anforderungen und Prüfungen von Bauteilen*
DIN 4102 Teil 3	*Brandverhalten von Baustoffen und Bauteilen; Begriffe, Anforderungen und Prüfungen von Sonderbauteilen*
DIN 4102 Teil 4	*Brandverhalten von Baustoffen und Bauteilen; Einreihung in die Begriffe*

sowie der „Ergänzenden Bestimmungen zu DIN 4102" – jeweils Ausgabe Februar 1970 – wurde auch der Inhalt der Norm neu gegliedert:

DIN 4102 Teil 1	*Brandverhalten von Baustoffen und Bauteilen; Baustoffe; Begriffe, Anforderungen und Prüfungen (bisher geregelt durch die oben genannten Ergänzenden Bestimmungen)*
DIN 4102 Teil 2	*Brandverhalten von Baustoffen und Bauteilen; Bauteile; Begriffe, Anforderungen und Prüfungen*
DIN 4102 Teil 3	*Brandverhalten von Baustoffen und Bauteilen; Brandwände und nichttragende Außenwände; Begriffe, Anforderungen und Prüfungen*
DIN 4102 Teil 4	*Brandverhalten von Baustoffen und Bauteilen; Zusammenstellung und Anwendung klassifizierter Baustoffe, Bauteile und Sonderbauteile (z. Z. noch Entwurf)*
DIN 4102 Teil 5	*Brandverhalten von Baustoffen und Bauteilen; Feuerschutzabschlüsse, Abschlüsse in Fahrschachtwänden und gegen Feuer widerstandsfähige Verglasungen; Begriffe, Anforderungen und Prüfungen*
DIN 4102 Teil 6	*Brandverhalten von Baustoffen und Bauteilen; Lüftungsleitungen; Begriffe, Anforderungen und Prüfungen*
DIN 4102 Teil 7	*Brandverhalten von Baustoffen und Bauteilen; Bedachungen; Begriffe, Anforderungen und Prüfungen*
DIN 4102 Teil 8	*Brandverhalten von Baustoffen und Bauteilen; Kleinprüfstand (z. Z. noch Entwurf)*

Änderung September 1977:
Gegenüber DIN 4102 Teil 2, Ausgabe Februar 1970, vollständig überarbeitet.

Fortsetzung Seite 2 bis 10
Erläuterungen Seite 9

Normenausschuß Bauwesen (NABau) im DIN Deutsches Institut für Normung e. V.

Inhalt

Maße in mm

1 Geltungsbereich

In dieser Norm werden brandschutztechnische Begriffe, Anforderungen und Prüfungen für Bauteile festgelegt. Als Bauteile im Sinne dieser Norm gelten Wände, Decken, Stützen, Unterzüge, Treppen usw.

Bauteile mit brandschutztechnischen Sonderanforderungen, wie Brandwände, nichttragende Außenwände, Feuerschutzabschlüsse (Türen, Klappen, Rolläden usw.), Abschlüsse in Fahrschachtwänden, Verglasungen der Feuerwiderstandsklasse G, Lüftungsleitungen und Bedachungen werden hinsichtlich der Begriffe, Anforderungen und Prüfungen in DIN 4102 Teil 3 bzw. Teil 5 bis Teil 7 behandelt.

2 Mitgeltende Normen

DIN 1025 Teil 1	Formstahl; Warmgewalzte I-Träger; Schmale I-Träger, I-Reihe, Maße, Gewichte, zulässige Abweichungen, statische Werte
DIN 1025 Teil 2	Formstahl; Warmgewalzte I-Träger; Breite I-Träger, IPB- und IB-Reihe, Maße, Gewichte, zulässige Abweichungen, statische Werte
DIN 1025 Teil 3	Formstahl; Warmgewalzte I-Träger; Breite I-Träger leichte Ausführung, IPBl-Reihe, Maße, Gewichte, zulässige Abweichungen, statische Werte
DIN 1025 Teil 4	Formstahl; Warmgewalzte I-Träger; Breite I-Träger, verstärkte Ausführung, IPBv-Reihe, Maße, Gewichte, zulässige Abweichungen, statische Werte
DIN 1025 Teil 5	Formstahl; Warmgewalzte I-Träger, Mittelbreite I-Träger, IPE-Reihe, Maße, Gewichte, zulässige Abweichungen, statische Werte
DIN 1045	Beton- und Stahlbetonbau; Bemessung und Ausführung
DIN 1053 Teil 1	Mauerwerk; Berechnung und Ausführung
DIN 4074 Teil 1	Bauholz für Holzbauteile; Gütebedingungen für Bauschnittholz (Nadelholz)
DIN 4102 Teil 1	Brandverhalten von Baustoffen und Bauteilen; Baustoffe; Begriffe, Anforderungen und Prüfungen
DIN 4102 Teil 4	Brandverhalten von Baustoffen und Bauteilen; Einreihung in die Begriffe (Ausgabe Februar 1970)
DIN 4102 Teil 4	(z. Z. noch Entwurf) Brandverhalten von Baustoffen und Bauteilen; Zusammenstellung und Anwendung klassifizierter Baustoffe, Bauteile und Sonderbauteile
DIN 4223	Bewehrte Dach- und Deckenplatten aus dampfgehärtetem Gas- und Schaumbeton; Richtlinien für Bemessung, Herstellung, Verwendung und Prüfung
DIN 14 200	Folgeausgabe (z. Z. noch Entwurf) Wasserdurchfluß von Strahlrohrmundstücken
DIN 43 710	Elektrische Temperaturmeßgeräte; Thermospannungen und Werkstoffe der Thermopaare
DIN 51 601	Flüssige Kraftstoffe; Dieselkraftstoff, Mindestanforderungen
DIN 51 603 Teil 1	Flüssige Brennstoffe; Heizöle, Heizöl EL, Mindestanforderungen
DIN 61 640	Verbandstoffe; Watten für medizinische Zwecke
DIN 68 705 Teil 3	Sperrholz; Bau-Furnierplatten, Gütebedingungen
DIN 68 763	Spanplatten; Flachpreßplatten für das Bauwesen; Begriffe, Eigenschaften, Prüfung, Überwachung

3 Begriffe

Das Brandverhalten von Bauteilen wird durch die Feuerwiderstandsdauer und durch weitere, nachfolgend aufgeführte Eigenschaften gekennzeichnet.

Die Feuerwiderstandsdauer ist die Mindestdauer in Minuten, während der ein Bauteil bei Prüfung nach Abschnitt 6 die in den Abschnitten 5.2 bis 5.6 gestellten Anforderungen erfüllt.

Bauteile werden entsprechend der Feuerwiderstandsdauer in die Feuerwiderstandsklassen nach Abschnitt 5 eingestuft.

4 Nachweis der Feuerwiderstandsklassen

4.1 Mit Brandversuchen

Die Feuerwiderstandsklasse von Bauteilen muß durch Prüfzeugnis auf der Grundlage von Prüfungen nach dieser Norm nachgewiesen werden [1]) [2]).

Maßgebend für die Einstufung in eine Feuerwiderstandsklasse ist das ungünstigste Ergebnis von Prüfungen an mindestens 2 Probekörpern.

4.2 Ohne Brandversuche

Die in DIN 4102 Teil 4 genannten Bauteile sind ohne Nachweis nach Abschnitt 4.1 in die dort angegebene Feuerwiderstandsklasse einzureihen.

5 Feuerwiderstandsklassen, Anforderungen

5.1 Allgemeines

Es werden die in Tabelle 1 genannten Feuerwiderstandsklassen unterschieden.

Tabelle 1. **Feuerwiderstandsklassen F**

Feuerwiderstandsklasse	Feuerwiderstandsdauer in Minuten
F 30	≧ 30
F 60	≧ 60
F 90	≧ 90
F 120	≧ 120
F 180	≧ 180

5.2 Anforderungen an Bauteile der Feuerwiderstandsklasse F 30

5.2.1 Raumabschließende Bauteile müssen während einer Prüfdauer von mindestens 30 Minuten den Durchgang des Feuers verhindern. Dies gilt als nicht erfüllt, wenn beim in Abschnitt 6.2.5 beschriebenen Druck im Prüfstand ein an der feuerabgekehrten Seite angehaltener Wattebausch bei der Prüfung nach Abschnitt 6.2.6 zur Entzündung gebracht wird oder auf der feuerabgekehrten Seite Flammen auftreten.

5.2.2 Raumabschließende Bauteile dürfen sich bei der Prüfung nach Abschnitt 6.2.8 auf der dem Feuer abgekehrten Seite während einer Prüfdauer von mindestens 30 Minuten im Mittel um nicht mehr als 140 K über die Anfangstemperatur des Probekörpers bei Versuchsbeginn erwärmen; an keiner Meßstelle darf eine Temperaturerhöhung von mehr als 180 K über die Anfangstemperatur eintreten.

5.2.3 Raumabschließende Wände müssen zusätzlich den Beanspruchungen der Festigkeitsprüfung nach Abschnitt 6.2.9 so widerstehen, daß nach einer Prüfdauer von mindestens 30 Minuten die Anforderungen der Abschnitte 5.2.1 und 5.2.2 noch erfüllt bleiben.

5.2.4 Während einer Prüfdauer von mindestens 30 Minuten dürfen tragende Bauteile unter ihrer rechnerisch zulässigen Gebrauchslast und nichttragende Bauteile unter ihrer Eigenlast nicht zusammenbrechen.

5.2.5 Nichtraumabschließende tragende Wände dürfen während einer Prüfdauer von mindestens 30 Minuten unter ihrer rechnerisch zulässigen Gebrauchslast bei gleichzeitig zweiseitiger Temperaturbeanspruchung nach Abschnitt 6.2.4 nicht zusammenbrechen. Dies gilt insbesondere für Innenwandscheiben, Innenwände mit Öffnungen, die nicht durch Feuerschutzabschlüsse mindestens der vergleichbaren Feuerwiderstandsklasse geschlossen sind, und für Außenwandscheiben bis 1,0 m Breite.

5.2.6 Bei statisch bestimmt gelagerten Bauteilen, die ganz oder überwiegend auf Biegung beansprucht werden, darf die Durchbiegungsgeschwindigkeit den Wert

$$\frac{\Delta f}{\Delta t} = \frac{l^2}{9000 \cdot h}$$

während einer Prüfdauer von mindestens 30 Minuten nicht überschreiten.

Hierin ist

l Stützweite in cm

h Statische Höhe in cm

Δf Durchbiegungsintervall in cm während eines Zeitintervalls Δt von einer Minute

Δt Zeitintervall von einer Minute

$\Delta f / \Delta t$ Durchbiegungsgeschwindigkeit in cm/min

5.2.7 Bei nicht unter Gebrauchslast prüfbaren Stahlstützen darf die Stahltemperatur an keiner Meßstelle 500 °C überschreiten.

5.2.8 Bauteile mit Bekleidungen, die zur Verbesserung der Feuerwiderstandsdauer dienen, müssen in dieser Verbindung die Anforderungen nach Abschnitt 5.2.1 bis 5.2.7 erfüllen. Dies gilt insbesondere für Bauteile mit Unterdecken, Ummantelungen, Vorsatzschalen und Beschichtungen [1]).

Werden nichthinterlüftete Bekleidungen in Verbindung mit den in Abschnitt 7 genannten Normkonstruktionen geprüft und erfüllt die Gesamtkonstruktion die Anforderungen nach Abschnitt 5.2.1 bis 5.2.7, so gilt der erforderliche Nachweis mit dieser Bekleidung einschließlich der Befestigungsart auch für alle anderen Konstruktionen der gleichen Bauteilart (siehe Abschnitt 7.2.2, 7.2.3 usw.) als erbracht.

Für die Beurteilung von

a) Konstruktionen mit hinterlüfteten Bekleidungen und
b) Unterdecken in Verbindung mit Stahlblechdecken – auch mit einer Abdeckung aus Beton oder leichten isolierenden Baustoffen –

ist Abschnitt 7 nicht anwendbar; es sind Normversuche mit der beabsichtigten Konstruktion durchzuführen.

---

[1]) Die Brauchbarkeit von im Innern, auf der Oberfläche oder in Fugen von Bauteilen angeordneten Beschichtungen, Folien und ähnlichen Schutzschichten, die durch die Temperaturbeanspruchung erst wirksam werden (z. B. dämmschichtbildende Anstrichsysteme) sowie von brandschutztechnisch notwendigen Putzbekleidungen, die nicht durch Putzträger (z. B. Rippenstreckmetall oder Drahtgewebe) am Bauteil gehalten werden, kann nicht allein nach dieser Norm beurteilt werden; es sind weitere Nachweise zu erbringen (z. B. im Rahmen der Erteilung einer allgemeinen bauaufsichtlichen Zulassung).

[2]) Werden an den unter einer Unterdecke liegenden Raum die Anforderungen an Rettungswege gestellt und ist dieser Raum durch bis zur Unterdecke reichende Wände begrenzt, die nicht nach DIN 1053 Teil 1 oder DIN 1045 bemessen sind, so kann die Brauchbarkeit der den Rettungsweg begrenzenden Bauteile nicht allein nach dieser Norm beurteilt werden; es sind weitere Nachweise zu erbringen (z. B. im Rahmen der Erteilung einer allgemeinen bauaufsichtlichen Zulassung).

Seite 4 DIN 4102 Teil 2

Unterdecken, die für sich allein klassifiziert werden sollen, müssen einschließlich ihrer Befestigung die Anforderungen an raumabschließende Decken nach den Abschnitten 5.2.1, 5.2.2 und 5.2.4 erfüllen.

5.3 Anforderungen an Bauteile der Feuerwiderstandsklasse F 60

Zur Einreihung in die Feuerwiderstandsklasse F 60 müssen Bauteile die Anforderungen nach Abschnitt 5.2 während einer Prüfdauer von mindestens 60 Minuten entsprechend ihrer Aufgabe erfüllen.

5.4 Anforderungen an Bauteile der Feuerwiderstandsklasse F 90

5.4.1 Zur Einreihung in die Feuerwiderstandsklasse F 90 müssen Bauteile die Anforderungen nach Abschnitt 5.2 während einer Prüfdauer von mindestens 90 Minuten entsprechend ihrer Aufgabe erfüllen.

5.4.2 Bei Stützen mit Bekleidungen muß unmittelbar nach einem Brandversuch ein Probekörper der Löschwasser-Beanspruchung nach Abschnitt 6.2.10 standhalten. Dabei dürfen die tragenden Stahlteile oder die lotrechten Bewehrungsstäbe mit ihrer Verbügelung oder Umschnürung nicht in gefahrdrohender Weise freigelegt werden.

5.5 Anforderungen an Bauteile der Feuerwiderstandsklasse F 120

Zur Einreihung in die Feuerwiderstandsklasse F 120 müssen Bauteile die Anforderungen für Bauteile der Feuerwiderstandsklasse F 90 während einer Prüfdauer von mindestens 120 Minuten entsprechend ihrer Aufgabe erfüllen.

5.6 Anforderungen an Bauteile der Feuerwiderstandsklasse F 180

Zur Einreihung in die Feuerwiderstandsklasse F 180 müssen Bauteile die Anforderungen für Bauteile der Feuerwiderstandsklasse F 90 während einer Prüfdauer von mindestens 180 Minuten entsprechend ihrer Aufgabe erfüllen.

6 Prüfung von Bauteilen

6.1 Prüfeinrichtungen und Probekörper

Die Prüfeinrichtungen sollen sich in geschlossenen Räumen befinden. Bei den Prüfungen sind mindestens 2 gleichartige Probekörper der Prüfung zu unterziehen.

Sie müssen in ihren Abmessungen, ihrer Konstruktion, ihrem Werkstoff, ihrer Ausführungs- und Einbauart der praktischen Anwendung entsprechen. Bauteile, die nicht in den Abmessungen wie bei der praktischen Anwendung geprüft werden können, müssen mindestens in folgenden Abmessungen dem Feuer ausgesetzt werden:

Wände (Breite × Höhe)	2,0 m × 2,5 m
Einachsig gespannte Deckenkonstruktionen: (Breite × Länge)	2,0 m × 4,0 m
Kreuzweise gespannte Deckenkonstruktionen:	4,0 m × 4,0 m
Treppen: in der vorgesehenen Breite und	4,0 m Länge
Träger und Unterzüge:	4,0 m (Länge)
Stützen und Pfeiler:	3,0 m (Höhe)

Können auf Biegung oder Biegung mit Längskraft beanspruchte Bauteile nicht unter der rechnerisch verlangten Gebrauchslast geprüft werden, so ist zur Prüfung ein noch prüfbarer Vergleichskörper herzustellen.

6.2 Durchführung der Prüfungen

6.2.1 Zeitpunkt der Brandprüfungen

Die Probekörper dürfen erst geprüft werden, wenn die der statischen Berechnung zugrunde liegende Festigkeit erreicht und die Wasserabgabe beendet ist. Hierzu sind die Probekörper unter bauwerksgerechten Bedingungen bis zum Erreichen der Ausgleichsfeuchte zu lagern. Bauteile aus Stoffen, deren Feuchtegehalt stark veränderlich ist, sind möglichst in geschlossenen Räumen bei 50 bis 70 % relativer Luftfeuchtigkeit und etwa 20 °C zu lagern.

Falls erforderlich müssen die Probekörper während des Austrocknens in Zeitabständen so lange gewogen werden, bis das Gewicht an fünf aufeinanderfolgenden Tagen gleich bleibt.

Bei großen, nichtwägbaren Bauteilen sind Vergleichskörper herzustellen oder herauszuschneiden, die ebenso wie die Probekörper zu lagern sind. An diesen ist dann die Austrocknung festzustellen. Vergleichskörper sollen in Richtung des Wärmedurchganges die Abmessungen des Probekörpers haben und sind in den dazu senkrechten Richtungen so zu kürzen, daß wägbare Körper entstehen. Sie sind mit wasser- und wasserdampfundurchlässigem Werkstoff so abzudecken, daß sie nur an den Flächen austrocknen können, die der Angriffsfläche des Feuers bzw. der nichtbeflammten Oberfläche entsprechen.

Ist die vorgeschriebene Kontrolle des Austrocknens nicht durchführbar, so dürfen die Probekörper

- bei Verwendung von Leichtbeton erst in einem Alter von 200 Tagen,
- bei Verwendung von Normalbeton erst in einem Alter von 100 Tagen

und

- bei Verwendung von Bekleidungen mit hydraulischen Bindemitteln erst in einem Alter von 30 Tagen

den Brandprüfungen unterzogen werden.

6.2.2 Auswahl der Probekörper und Beanspruchung

6.2.2.1 Sind verschiedene Ausführungsarten oder gleiche Ausführung mit verschiedenen Abmessungen vorgesehen, so ist der von der Prüfstelle anzugebende ungünstigste Probekörper zu prüfen.

6.2.2.2 Bauteile und Bauteile mit Bekleidungen sind praxisgerecht mit ihren Konstruktionsfugen zu prüfen.

Bei Wänden müssen die Probekörper mindestens zwei senkrechte Fugen nach Bild 1 enthalten. Sofern in der Praxis auch waagerechte Fugen vorgesehen sind, müssen die Probekörper mindestens auch eine waagerechte Fuge nach Bild 2 enthalten.

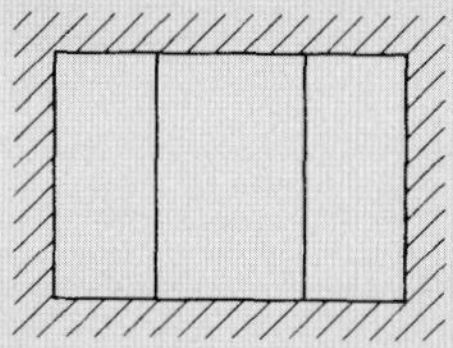

Bild 1. Wand mit zwei senkrechten Fugen

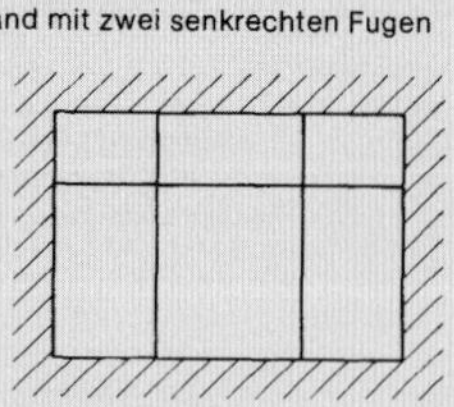

Bild 2. Wand mit zwei senkrechten und einer waagerechten Fuge

Bei Decken mit Fugen müssen die Probekörper ebenfalls diese Fugen (Längs- und Querfugen) enthalten. Das gleiche gilt für Unterdecken.

6.2.2.3 Bauteile und Bauteile mit Bekleidungen sind praxisgerecht mit ihren Anschlüssen und Befestigungsmitteln zu prüfen.

Werden die seitlichen Ränder von Wänden in der Praxis an angrenzenden Bauteilen nicht kraftschlüssig angeschlossen, so sind beide Probekörper entsprechend Abschnitt 6.1 praxisgerecht in einen Prüfrahmen einzubauen; werden die seitlichen Ränder in der Praxis kraftschlüssig angeschlossen oder sind sowohl kraftschlüssige als auch nicht kraftschlüssige Anschlüsse vorgesehen, so ist wenigstens ein Versuch mit kraftschlüssigem Anschluß und ein Versuch mit nichtkraftschlüssigem Anschluß durchzuführen.

Die Probekörper sind in einen Prüfrahmen einzubauen, der die Einspannung einer Wand zwischen zwei Rohdecken darstellt. Bei Wänden, die sich von der Rohdecke bis zu einer Unterdecke spannen, sind die Unterdecken und der praxisgerechte Wandanschluß an der Unterdecke in einem Zusatzversuch zu prüfen.

6.2.2.4 Raumabschließende Bauteile mit asymmetrischem Aufbau sind auf ihrer ungünstigsten Seite dem Feuer auszusetzen und im Zweifelsfalle von beiden Seiten zu prüfen; je nach Konstruktionsart und Ausbildung der Fugen, Anschlüsse, Befestigungsmittel usw. können zur Klassifizierung gegebenenfalls mehr als zwei Versuche notwendig sein.

6.2.2.5 Bei Decken sowie bei Decken mit Unterdecken ist die Beflammung der Deckenunterseite im allgemeinen am ungünstigsten. Wenn die Deckenoberseite entsprechend den Angaben hierzu nach DIN 4102 Teil 4 (z. Z. noch Entwurf) ausgebildet wird, kann die Prüfung von der Oberseite entfallen.

Dient eine Unterdecke dem Schutz des darunter liegenden Raumes gegen einen Brand im Zwischendeckenbereich, so ist die Oberseite der Unterdecke dem Feuer auszusetzen [2]).

6.2.2.6 Tragende Bauteile sind unter Last zu prüfen und so in den Prüfstand einzubauen, daß sie sich entsprechend dem statischen System verformen können. Die Last ist so anzuordnen, daß sie während der Versuchsdauer konstant bleibt, ohne den Temperaturanstieg in den Probekörpern zu beeinflussen. Sie ist so zu bemessen, daß in den Traggliedern unter Zugrundelegung anerkannter Bemessungsverfahren in der Regel die zulässigen Spannungen oder Schnittgrößen auftreten. Andernfalls sind bei geringeren Spannungen oder Schnittgrößen diese im Prüfzeugnis gesondert anzugeben.

Bei belasteten Bauteilen sind die Verformungen, soweit möglich, an den ungünstigsten Stellen zu messen.

6.2.2.7 Schrankwände sind ohne Belastung der Schrankböden und ohne Schranktüren zu prüfen.

6.2.3 Temperatur im Prüfraum

Die Lufttemperatur soll im Prüfraum während mindestens 24 Stunden vor dem Brandversuch nicht unter 15 °C sinken und nicht über 25 °C steigen.

Werden Prüfungen im Sonderfall im Freien durchgeführt, muß die Lufttemperatur im Prüfstand und in seiner Umgebung vor der Prüfung wenigstens vier Stunden in dem angegebenen Bereich liegen.

Die Temperatur des Probekörpers soll während dieser Zeit ihren Gleichgewichtswert erreichen und bei Versuchsbeginn ebenfalls in dem angegebenen Bereich liegen.

2) Siehe Seite 3.

6.2.4 Temperaturen im Brandraum

Der Brandraum ist mit Heizöl EL nach DIN 51 603 Teil 1 oder Dieselkraftstoff nach DIN 51 601 zu beflammen. Während des Brandversuches muß die mittlere Temperatur im Brandraum nach der Einheits-Temperaturzeitkurve – abgekürzt: ETK – (Bild 3) ansteigen.

Nach den ersten 5 Minuten der Prüfung dürfen die Abweichungen der mittleren Temperatur im Brandraum ± 100 K nicht übersteigen. Außerdem darf nach den ersten 5 Minuten die Fläche unter der gemessenen Kurve von der Fläche unter der Einheits-Temperaturzeitkurve bis zu 30 Minuten Prüfdauer nur um ± 10%, bei längerer Prüfdauer nur um ± 5% abweichen. Hierbei beziehen sich die angegebenen Fehlergrenzen jeweils auf den Sollwert bei Beflammungsende.

$$\vartheta - \vartheta_0 = 345 \lg (8t + 1)$$

ϑ Brandraumtemperatur in K
ϑ_0 Temperatur der Probekörper bei Versuchsbeginn in K
t Zeit in Minuten

t min	$\vartheta - \vartheta_0$ K
0	0
5	556
10	658
15	719
30	822
60	925
90	986
120	1029
180	1090
240	1133
360	1194

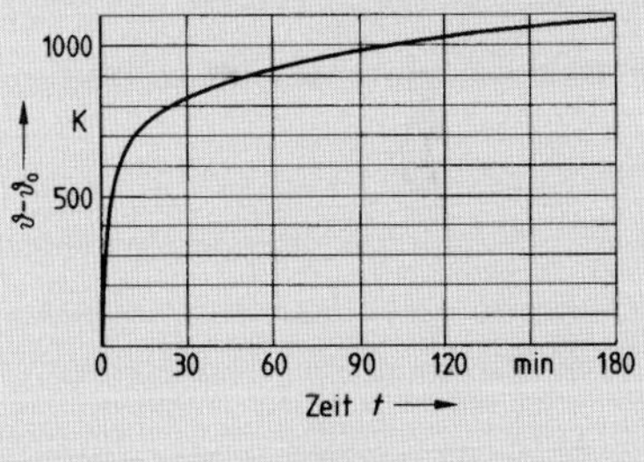

Bild 3. Einheits-Temperaturzeitkurve (ETK)

Die Temperaturen im Brandraum sind mit Thermopaaren nach DIN 43 710 zu messen. Als Thermoelemente sollen Mantelthermoelemente mit einem Außendurchmesser von 3,2 mm und mit wenigstens 25 mm freiliegender Meßstelle verwendet werden.

Die Meßstellen sind mindestens 300 mm tief in den Brandraum einzuführen. Bei Decken, Wänden usw. sind für je 1,5 m² Fläche des Probekörpers und bei Balken, Stützen usw. für je 1 m Länge des Probekörpers ein Thermoelement, im ganzen aber mindestens fünf Thermoelemente gleichmäßig verteilt anzuordnen. Der Abstand der Meßstelle der Thermoelemente vom Probekörper soll während des Brandversuches etwa 100 mm betragen.

6.2.5 Druck im Brandraum

Bei der Prüfung raumabschließender Bauteile muß der statische Überdruck im Prüfstand nach den ersten 5 Minuten der Prüfung im Bereich von (10 ± 2) Pascal liegen.

Bei der Prüfung von Wänden soll der geforderte Überdruck in der Höhe des oberen ¼-Punktes der Probekörper gemessen werden.

Bei der Prüfung von Decken ist der Druck in der Mitte der Prüfkörperlängsseiten etwa 100 mm von der beflammten Fläche entfernt zu messen.

6.2.6 Entzündungsversuch mit dem Wattebausch

Um zu beurteilen, ob der Raumabschluß gewahrt ist, ist ein etwa 100 mm × 100 mm großer und etwa 20 mm dicker Wattebausch in 20 bis 22 mm Entfernung vom Probekörper an den ungünstigsten Stellen (Risse, Spalten, Anschlüsse usw.) jeweils 30 Sekunden anzuhalten. Die Prüfung soll stets dann durchgeführt werden, wenn heiße Gase auf der feuerabgekehrten Seite austreten oder Zweifel bestehen, ob der Raumabschluß noch gewahrt ist.

Der Raumabschluß gilt als nicht mehr gewahrt, wenn der Wattebausch entzündet wird, d. h. er entflammt oder glimmt; eine Bräunung oder Schwärzung des Wattebausches gilt nicht als Entzündung.

Der Wattebausch darf nicht wieder verwendet werden, wenn er bei einer vorangegangenen Prüfung eine Verfärbung erfahren oder Feuchtigkeit aufgenommen hat. Der Wattebausch soll aus Watte DIN 61 640 – A bestehen; das Gewicht soll zwischen 3 und 4 g betragen. Der Wattebausch soll bei 100 °C wenigstens 30 min getrocknet werden. Die Halterung der Watte soll an einem Drahtrahmen (Drahtdurchmesser etwa 1 mm) mit Hilfe von Drahtklammern erfolgen.

6.2.7 Feststellung entzündbarer Gase

Zur Feststellung entzündbarer Gase ist eine (60 ± 10) mm lange Flamme einer Lunte mit ruhiger Bewegung in den Bereich austretender Gase zu bringen.

6.2.8 Temperaturmessungen an den Probekörpern

Die Temperaturen an und in den Probekörpern müssen mit Thermoelementen aus 0,5 mm dicken Drähten gemessen werden.

Die Werkstoffe und Thermopaare müssen DIN 43 710 entsprechen. Für die Ausführung der Messungen sind die VDE/VDI-Richtlinien [3]) maßgebend.

Bei raumabschließenden Bauteilen sind die Temperaturen der Oberfläche auf der dem Feuer abgekehrten Seite zur Bestimmung eines Mittelwertes an mindestens 5 Stellen zu messen, wobei eine der Meßstellen im Mittelpunkt der Fläche, die anderen in den Mittelpunkten der Viertelflächen anzuordnen sind. Von dieser Anordnung kann abgewichen werden, wenn eine oder mehrere dieser Meßstellen nicht charakteristisch für den Temperaturdurchgang durch die Probekörper sind.

In Bereichen von Wärmebrücken, Fugen, Anschlüssen usw. sind in jedem Fall zusätzliche Temperaturmeßstellen anzuordnen, um die höchste während des Brandversuches auftretende Temperaturerhöhung feststellen zu können.

Ferner sollen weitere Temperaturmessungen im Innern der Probekörper (z. B. an Bewehrungsstäben und an metallischen Bauteilen) an möglichst vielen Stellen ausgeführt werden.

Werden bei Stahlstützen die Temperaturen am Stahl gemessen, so sind die Temperaturmeßquerschnitte in den Viertelpunkten und in halber Höhe, bezogen auf die Brandraumöffnung, anzuordnen. In jedem Meßquerschnitt sind dabei mindestens zwei Thermoelemente anzubringen.

6.2.9 Festigkeitsprüfung bei raumabschließenden Wänden

Bei der Festigkeitsprüfung wird der eingebaute Probekörper etwa 3 min vor dem Beurteilungszeitpunkt, d. h. etwa 3 min vor 30, 60, 90, 120 oder 180 Minuten, an der nichtbeflammten Seite an drei verschiedenen, über der Fläche des Raumabschlusses etwa gleichmäßig verteilt gewählten Stellen jeweils einem Kugelstoß ausgesetzt. Dabei wird ein Pendel, bestehend aus einer an einem Seil hängenden Stahlkugel von 15 bis 25 kg, vor der Oberfläche des Probekörpers abgehängt und dann so weit ausgelenkt, daß beim Zurückfallen auf den Probekörper eine Stoßarbeit von 20 Nm entsteht. Der Kugelmittelpunkt soll vor dem Festigkeitsversuch einen Abstand von 200 mm vom Probekörper besitzen.

6.2.10 Löschwasserversuch bei Stützen mit Bekleidungen

Beim Löschwasserversuch ist ein Probekörper unmittelbar nach dem Brandversuch 1 Minute lang der Beanspruchung durch den Löschwasserstrahl auszusetzen. Das Wasser ist durch ein Rohrmundstück von 12 mm Durchmesser zu führen. Der Wasserdurchfluß ist nach DIN 14 200 „Wasserdurchfluß von Strahlrohrmundstücken" so zu wählen, daß ein Fließdruck von etwa 2 bar entsteht. Der Wasserstrahl ist aus einem Abstand von etwa 3 m möglichst rechtwinklig so auf den Probekörper zu richten, daß die Bekleidung gleichmäßig beansprucht wird. Vor der Löschwasserbeanspruchung darf der Probekörper entlastet werden.

7 Normkonstruktionen für die Prüfung von Bauteilen mit nichthinterlüfteten Bekleidungen

7.1 Allgemeines

Die Wirksamkeit von nichthinterlüfteten Bekleidungen – siehe Abschnitt 5.2.8 – kann in Verbindung mit folgenden im Brandverhalten ungünstigen Bauteilen geprüft werden, wobei die Bekleidung praxisgerecht unter Beachtung der Abschnitte 6.1 bis 6.2 anzubringen ist. Darüber hinaus sind die folgenden Ausführungen zu beachten.

Einbauten, z. B. Einbauleuchten, klimatechnische Geräte oder Bauteile, die in der Bekleidung angeordnet sind und diese aufteilen oder unterbrechen, sind praxisgerecht mitzuprüfen.

7.2 Unterdecken

7.2.1 Allgemeines

Bei den nachfolgend beschriebenen Prüfungen von Unterdecken zur Verbesserung der Feuerwiderstandsfähigkeit von Decken wird vorausgesetzt, daß der Brandangriff immer von der Unterseite (Raumseite) und nicht vom Zwischendeckenbereich erfolgt. Bei Prüfung nach dieser Norm und bei Anwendung der Bestimmungen der Abschnitte 7.2.2 bis 7.2.4 wird davon ausgegangen, daß sich im Zwischendeckenbereich zwischen Rohdecke und Unterdecke keine brennbaren Bestandteile befinden, soweit diese nicht zur Konstruktion gehören. Die Klassifizierung der so geprüften Decken schließt jedoch in der Praxis ein, daß im Zwischendeckenbereich brennbare Kabelisolierungen oder freiliegende Baustoffe der Klasse B 1 mit einer Brandlast bis zu 7 kWh/m^2 in möglichst gleichmäßig verteilter Form vorhanden sein dürfen [4]). Werden diese Bedingungen hinsichtlich der Brandlast im Zwischendeckenbereich nicht eingehalten, sind besondere Prüfungen mit praxisgerechter Brandlast im Zwischendeckenbereich durchzuführen.

---

3) VDE/VDI-Richtlinie 3511 Technische Temperaturmessungen.

4) Siehe auch DIN 4102 Teil 4.

Sofern in der Praxis im Zwischendeckenbereich Baustoffe angeordnet werden, die im Brandfall wärmedämmend wirken, sind diese bei den Versuchen immer dann mitzuprüfen, wenn der Feuerwiderstand der Unterdecke dadurch ungünstig beeinflußt werden kann.

Die Unterdecken sind praxisgerecht an die in Bild 4 bis 6 dargestellten, fertig montierten, tragenden Decken (Rohdecken) anzubringen.

Werden die Prüfungen mit einer Abhängetiefe a (Abstand UK Träger oder Balken bis OK Unterdeckenplatten, -Putz o. ä.) durchgeführt, so gelten die erzielten Feuerwiderstandszeiten für alle Abhängetiefen ≧ a.

Bei der Prüfung ist die Tragkonstruktion der Unterdecke unmittelbar bis an die Brandraumwände zu führen; gegebenenfalls zur Tragkonstruktion gehörende Dehnungsausgleiche sind praxisgerecht mitzuprüfen.

7.2.2 Unterdecken in Verbindung mit Stahlträgerdecken

7.2.2.1 Die Prüfung von Unterdecken in Verbindung mit Stahlträgerdecken ist an einer Stahlträgerdecke gemäß Bild 4 durchzuführen. Dabei können verschiedene Abdeckungen zur Anwendung kommen. Die Abdeckungen sollen einen Feuchtigkeitsgehalt ≦ 2 Gew.-% besitzen.

7.2.2.2 Die Prüfungen mit einer Abdeckung aus 125 mm dicken Gasbetonplatten ersetzen die Prüfungen mit einer Abdeckung aus Gasbeton, Bimsbeton oder anderen Leichtbetonen mit einer Dicke von jeweils ≧ 50 mm.

Bleibt am Untergurt der Stahlträger an wenigstens 3 Meßstellen pro Stahlträger die Temperatur ≦ 250 °C, so ersetzen die Prüfungen nach diesem Abschnitt auch die Prüfungen nach Abschnitt 7.2.4. Die Meßstellen an den Stahlträgern sollen in Feldmitte und 500 mm davon entfernt angeordnet werden.

Wird bei der Prüfung mit einer Abdeckung aus 125 mm dicken Gasbetonplatten festgestellt, daß die Unterdecke allein die Anforderungen an eine Feuerwiderstandsklasse erfüllt, so darf neben der Klassifizierung von „Rohdecke + Unterdecke" die Unterdecke auch **allein** klassifiziert werden. Die Meßstellen zur Festlegung der mittleren und maximalen Temperaturerhöhung auf der Unterdecke müssen in diesem Falle Abschnitt 6.2.8 entsprechen.

Werden Versuche durchgeführt, die nur zur Klassifizierung der Unterdecke allein dienen, so darf auf eine Belastung der Rohdecke und die Versuche nach Abschnitt 6.2.6 und 6.2.7 sowie auf die Messung der Durchbiegungsgeschwindigkeit verzichtet werden.

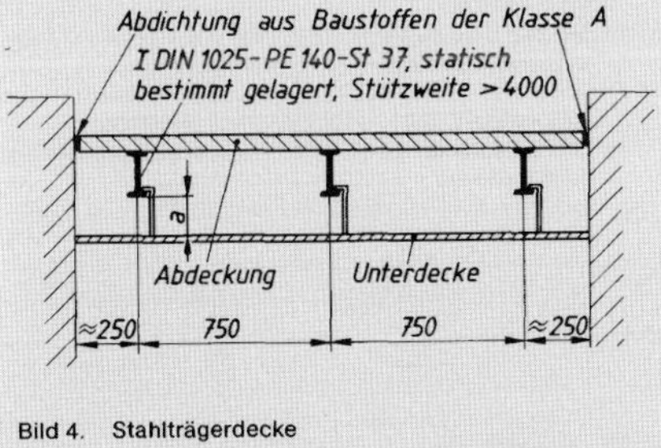

Bild 4. Stahlträgerdecke

7.2.2.3 Die Prüfungen mit einer Abdeckung aus 50 mm dicken Stahlbetonplatten ersetzen die Prüfungen nach Abschnitt 7.2.3. Bleibt am Untergurt der Stahlträger an wenigstens 3 Meßstellen pro Stahlträger die Temperatur ≦ 200 °C, so ersetzen die Prüfungen nach diesem Abschnitt auch die Prüfungen nach Abschnitt 7.2.4. Hinsichtlich der Meßstellen an den Stahlträgern gilt Abschnitt 7.2.2.2.

7.2.2.4 Wird die erste der nach Abschnitt 4 geforderten Prüfungen nach Abschnitt 7.2.2.2 und die zweite Prüfung nach Abschnitt 7.2.2.3 durchgeführt und bleibt die Unterdecke in beiden Prüffällen bis zur angestrebten Beurteilungsgrenze als Einheit bestehen, dann ist der ungünstigere Prüffall in einer dritten Prüfung zu wiederholen; bestätigt diese Prüfung die Ergebnisse der zugehörigen ersten Prüfung, so kann auf die zweite Prüfung beim günstigeren Prüffall verzichtet werden.

Nach diesen drei Prüfungen ist es in der Regel möglich, Klassifizierungen für die in den Abschnitten 7.2.2.2, 7.2.2.3, 7.2.3 und gegebenenfalls für die in Abschnitt 7.2.4 beschriebenen Bauarten anzugeben.

7.2.3 Unterdecken in Verbindung mit Stahlbeton- oder Spannbetondecken

Die Prüfung von Unterdecken in Verbindung mit Stahlbeton- oder Spannbetondecken ist an einer Stahlbetonrippendecke gemäß Bild 5 durchzuführen.

Die Prüfungen nach diesem Abschnitt gelten für alle Stahlbeton- und Spannbetondecken nach DIN 1045 mit entsprechenden Unterdecken, soweit keine Zwischenbauteile aus Leichtbeton oder Ziegeln verwendet werden; sollen solche Zwischenbauteile verwendet werden, so sind Prüfungen nach Abschnitt 7.2.2.2 erforderlich.

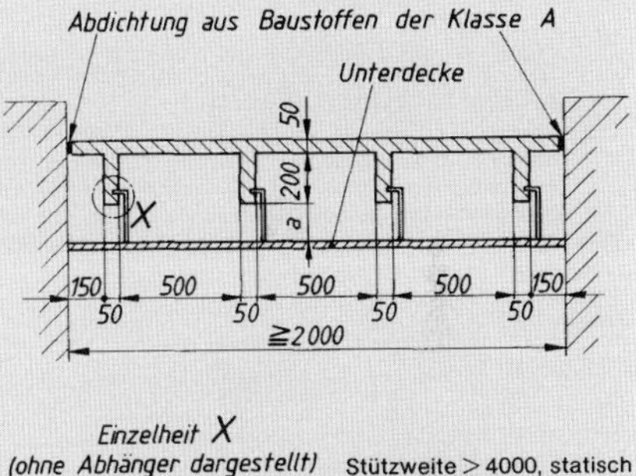

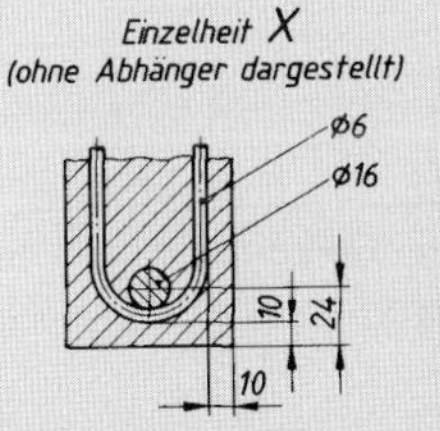

Stützweite > 4000, statisch bestimmte Lagerung

Betonstahl:
BSt 42/50 (BSt 420/500)

Betonfestigkeitsklasse:
Bn 250 (B 25)

Zuschlag:
Kiessand Körnung 0/16 mm mit überwiegend quarzitischem Zuschlag

Bild 5. Stahlbetonrippendecke

7.2.4 Unterdecken in Verbindung mit Holzbalkendecken

Die Prüfung von Unterdecken in Verbindung mit Holzbalkendecken ist an einer Holzbalkendecke ohne Brandschutzausrüstung gemäß Bild 6 durchzuführen.

Seite 8 DIN 4102 Teil 2

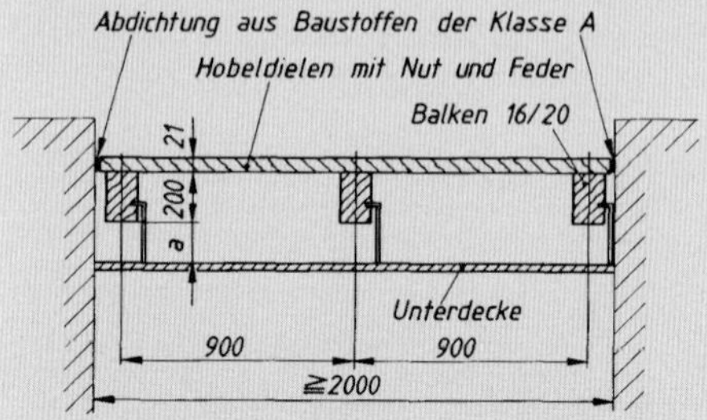

Feuchtigkeitsgehalt der Balken: ≦ 15 Gew.-%
Feuchtigkeitsgehalt der Hobeldielen: ≦ 12 Gew.-%
Stützweite > 4000, statisch bestimmte Lagerung

Bild 6. Holzbalkendecke

Die Prüfungen nach diesem Abschnitt gelten auch für Holzbalkendecken mit einer oberen Abdeckung aus ≧ 16 mm dicken Sperrholzplatten nach DIN 68 705 Teil 3 oder Spanplatten nach DIN 68 763 jeweils mit einem Raumgewicht ≧ 600 kg/m³ und Holzbalken bzw. Holzrippen mit einer Breite ≧ 40 mm.

7.3 Bekleidungen in Verbindung mit Stahlstützen

Die Prüfungen von Bekleidungen in Verbindung mit Stahlstützen erfolgen bei jeweils vierseitiger Brandbeanspruchung profilfolgend oder kastenförmig entweder

a) mit Stahlstützen I DIN 1025 – PB 180 – St 37; die Prüfergebnisse gelten für alle Stützen mit einem Verhältniswert $U/F \leq 160\,m^{-1}$ bei profilfolgender und $U/F \leq 110\,m^{-1}$ bei kastenförmiger Bekleidung oder

b) mit Stahlstützen mit verschiedenen I-Querschnitten nach DIN 1025 – St 37 für U/F-Werte bis $300\,m^{-1}$. Die erforderlichen Mindestbekleidungsdicken sind in Abhängigkeit vom Verhältniswert $U/F \leq 300\,m^{-1}$ für die angestrebten Feuerwiderstandsklassen zu ermitteln.

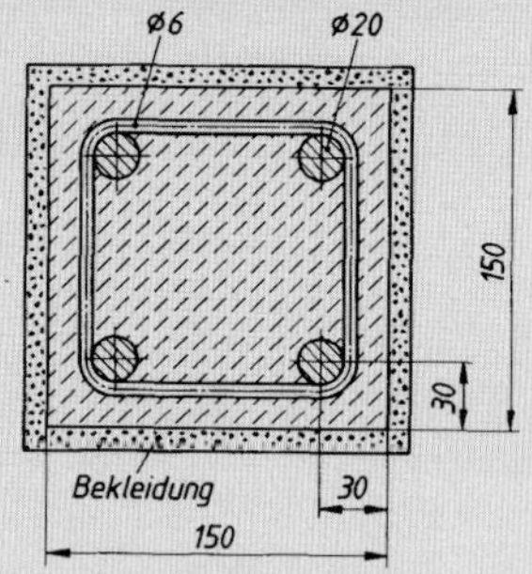

Betonfestigkeitsklasse: Bn 450 (B 45)
Betonstahl: BSt 42/50 (BSt 420/500)
Zuschlag: Kiessand
Körnung 0/16 mm mit überwiegend quarzitischem Zuschlag
Bewehrungsanteil $F_e/F_b = 6\,\%$

Bild 7. Stahlbetonstütze

Es sind pro Bekleidungsart und -dicke mindestens 3 Versuche notwendig. Je ein Versuch an einer Stütze IPE 220, IPB 180 und IPBv 200.

Sofern die Prüfergebnisse auch für Stützen mit U/F-Werten $> 300\,m^{-1}$ – zum Beispiel für Stützen des Stahlleichtbaues – gelten sollen, ist mindestens ein weiterer Versuch mit einem Profil mit einem U/F-Wert $> 400\,m^{-1}$ durchzuführen.

Berechnung des Verhältniswertes U/F siehe DIN 4102 Teil 4 (z. Z. noch Entwurf).

7.4 Bekleidungen in Verbindung mit Stahlbetonstützen

Die Prüfungen von Bekleidungen in Verbindung mit Stahlbetonstützen erfolgen mit Fertigteilstützen gemäß Bild 7.

7.5 Bekleidungen in Verbindung mit Holzstützen

Die Prüfungen von Bekleidungen in Verbindung mit Holzstützen erfolgen mit Stützen 100 mm × 100 mm aus brettschichtverleimtem Nadelholz der Güteklasse II nach DIN 4074 gemäß Bild 8.

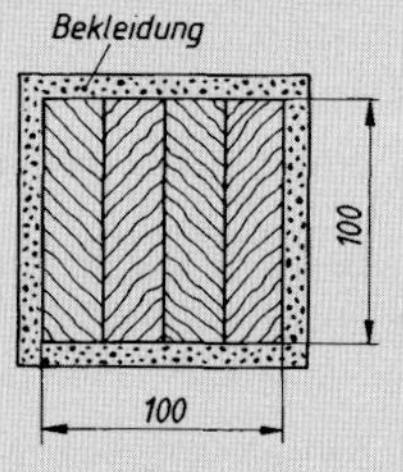

Bild 8. Holzstütze

Die Prüfergebnisse gelten für alle Stützen aus brettschichtverleimtem Nadelholz mit Rechteckquerschnitt und einer Mindestkantenlänge von 100 mm.

7.6 Bekleidungen in Verbindung mit Stahlträgern

Die Prüfungen von Bekleidungen in Verbindung mit Stahlträgern erfolgen bei jeweils dreiseitiger Brandbeanspruchung – die obere Seite der statisch bestimmt gelagerten Träger ist durch Gasbetonplatten nach DIN 4223 mit einer Dicke von 125 mm abzudecken – profilfolgend oder kastenförmig entweder

a) mit Stahlträgern I DIN 1025 – PE 140 – St 37; die Prüfergebnisse gelten für alle Vollwandträger mit einem Verhältniswert $U/F \leq 300\,m^{-1}$ bei profilfolgender und $U/F \leq 215\,m^{-1}$ bei kastenförmiger Bekleidung oder

b) mit Stahlträgern mit verschiedenen I-Querschnitten nach DIN 1025 – St 37 für U/F-Werte bis $300\,m^{-1}$. Die erforderlichen Mindestbekleidungsdicken sind in Abhängigkeit vom Verhältniswert $U/F \leq 300\,m^{-1}$ für die angestrebten Feuerwiderstandsklassen zu ermitteln.

Es sind pro Bekleidungsart mindestens 4 Versuche erforderlich:

2 Versuche an jeweils 2 Trägern IPE 140 mit zwei verschiedenen Bekleidungsdicken d_1 und d_2,

1 Versuch an 2 Trägern I 280 mit der Bekleidungsdicke d_1 sowie

1 Versuch an 2 Trägern IPBv 220 mit der Bekleidungsdicke d_1.

Berechnung des Verhältniswertes U/F siehe DIN 4102 Teil 4 (z. Z. noch Entwurf).

Die Prüfergebnisse gelten unter Berücksichtigung des U/F-Wertes auch für eine vierseitige Brandbeanspruchung, wenn die Träger vierseitig entsprechend der geprüften Bekleidungsart ummantelt sind.

Die Prüfergebnisse sind auch auf Fachwerkträger übertragbar, wenn die U/F-Werte der Zug- und Druckstäbe $\leq 300\,m^{-1}$ betragen.

Sofern die Prüfergebnisse auch für Träger oder Fachwerkstäbe mit U/F-Werten $> 300\,m^{-1}$ – z. B. für kleine Winkelprofile oder Profile des Stahlleichtbaues – gelten sollen, ist mindestens ein weiterer Versuch mit einem U/F-Wert $> 400\,m^{-1}$ durchzuführen.

8 Prüfzeugnis

8.1 Über die Durchführung und die Ergebnisse der Prüfungen ist ein Prüfzeugnis auszustellen. In diesem Prüfzeugnis sind unter Hinweis auf diese Norm die Angaben der Abschnitte 8.2 bis 8.9 anzugeben.

8.2 Beschreibung und Zeichnung der Probekörper, Baustoffklasse nach DIN 4102 Teil 1 der verwendeten Baustoffe, Abmessungen, Rohdichte und Flächengewichte, Feuchtigkeitsgehalte, Befestigungsart der Bekleidungen, Alter am Tage der Prüfung. Vermerk über amtliche Probenahme.

8.3 Angaben über den Einbau der Probekörper und die Durchführung der Prüfung: Abmessungen der dem Feuer ausgesetzten Probekörper, Einbauart (Konstruktionsfugen und Anschlüsse), Belastung mit Gegenüberstellung der hervorgerufenen und der zulässigen Spannungen bzw. Schnittgrößen, Belastungsart, Befestigungsart, Lage und Anzahl der Thermoelemente, Meßeinrichtung, Feuerungsart und verwendeter Brennstoff, Druck im Prüfstand, Lufttemperaturen (bei im Freien aufgebauten Sonderprüfständen Witterung) vor den Brandversuchen und während der Prüfungen.

8.4 Temperaturmeßergebnisse (Einzel- und Mittelwerte in einem zeitlichen Abstand von höchstens 5 min) in der Brandkammer sowie in und an den Probekörpern, gemessene Durchbiegungen und sonstige Verformungen, z. B. Längenänderungen, Verdrehungen, Verwindungen und Volumenänderungen, bis Versuchsende.

8.5 Bei Beanspruchung durch den Löschwasserstrahl; gemessener Fließdruck sowie Art und Umfang der durch den Löschwasserstrahl verursachten Zerstörungen.

8.6 Beobachtungen beim Versuchsablauf mit ihrem Zeitpunkt einschließlich Beobachtungen über Rauchentwicklung, Feststellung entzündbarer Gase (Nachbrennzeit, Flammenlänge, Flammenbreite), Beschreibung des Probekörpers nach dem Versuch, Aussehen (z. B. photographische Abbildung des geprüften Bauteils), Abbrand, Zerstörung, Restdicke, Beobachtungen nach dem Brandversuch.

8.7 Meßergebnisse und Beobachtungen bei Neben- und Sonderversuchen, die vor und nach dem Brandversuch zur Aufklärung des Verhaltens und der Tragfähigkeit durchgeführt wurden.

8.8 Zusammenfassung und Beurteilung der Prüfergebnisse sowie Klassifizierung der Bauteile.

8.8.1 Beurteilungsgrundlage sind die Abschnitte 4 und 5. Dabei ist insbesondere anzugeben:

- Anzahl der durchgeführten Brandversuche,
- Angabe von welcher Seite die Probekörper der Brandbeanspruchung ausgesetzt worden sind,
- Einbau- und Belastungsanordnung der Probekörper mit Angaben über die Belastungsart, das statische System und die hervorgerufenen Spannungen im Vergleich zu zulässigen Spannungen oder Sicherheiten,
- Angaben über Rauchentwicklung.

8.8.2 Bauteile mit nach dieser Norm ermittelter Feuerwiderstandsklasse sind entsprechend der verwendeten Baustoffe in die Benennungen nach Tabelle 2 einzureihen.

8.9 In einem Abschnitt „Besondere Hinweise" sind zusätzliche verallgemeinernde oder einschränkende Angaben über die Gültigkeit der Klassifizierung aufzuführen. Dazu gehören insbesondere Angaben über eine mögliche Beeinträchtigung durch zusätzliche Bekleidungen.

Anmerkung: Durch übliche Anstriche oder Beschichtungen bis zu etwa 0,5 mm Dicke werden Bauteile in ihrer Feuerwiderstandsdauer nicht beeinträchtigt.

Prüfzeugnisse, die zur Beantragung einer bauaufsichtlichen Zulassung dienen, erhalten die Überschrift: „Prüfzeugnis zur Beantragung einer allgemeinen bauaufsichtlichen Zulassung".

Die Gültigkeitsdauer jedes Prüfzeugnisses ist auf höchstens 5 Jahre zu begrenzen; sie kann auf Antrag verlängert werden.

Erläuterungen

Im bauaufsichtlichen Verfahren werden z. Z. nur Prüfzeugnisse über Prüfungen von folgenden Prüfanstalten anerkannt:

1. Bundesanstalt für Materialprüfung (BAM)
   Unter den Eichen 87
   1000 Berlin 45 (Dahlem)
2. Institut für Baustoffkunde und Stahlbetonbau
   der Technischen Universität Braunschweig
   Amtliche Materialprüfanstalt für das Bauwesen
   Beethovenstraße 52
   3300 Braunschweig
3. Staatliches Materialprüfungsamt
   Nordrhein-Westfalen
   Marsbruchstraße 186
   4600 Dortmund 41 (Aplerbeck)
4. Institut für Holzforschung
   der Universität München
   Winzererstraße 45
   8000 München 40
5. Amtliche Forschungs- und Materialprüfungsanstalt
   für das Bauwesen
   – Otto-Graf-Institut –
   Universität Stuttgart
   Pfaffenwaldring 4
   7000 Stuttgart 80 (Vaihingen)

Seite 10 DIN 4102 Teil 2

Tabelle 2

	1	2	3	4	5
Zeile	Feuer-wider-stands-klasse nach Tabelle 1	Baustoffklasse nach DIN 4102 Teil 1 der in den geprüften Bauteilen verwendeten Baustoffe für		Benennung [2]) Bauteile der	Kurz-bezeichnung
		wesent-liche Teile [1])	übrige Bestandteile, die nicht unter den Begriff der Spalte 2 fallen		
1	F 30	B	B	Feuerwiderstandsklasse F 30	F 30 – B
2		A	B	Feuerwiderstandsklasse F 30 und in den wesentlichen Teilen aus nichtbrennbaren Baustoffen [1])	F 30 – AB
3		A	A	Feuerwiderstandsklasse F 30 und aus nichtbrennbaren Baustoffen	F 30 – A
4	F 60	B	B	Feuerwiderstandsklasse F 60	F 60 – B
5		A	B	Feuerwiderstandsklasse F 60 und in den wesentlichen Teilen aus nichtbrennbaren Baustoffen [1])	F 60 – AB
6		A	A	Feuerwiderstandsklasse F 60 und aus nichtbrennbaren Baustoffen	F 60 – A
7	F 90	B	B	Feuerwiderstandsklasse F 90	F 90 – B
8		A	B	Feuerwiderstandsklasse F 90 und in den wesentlichen Teilen aus nichtbrennbaren Baustoffen [1])	F 90 – AB
9		A	A	Feuerwiderstandsklasse F 90 und aus nichtbrennbaren Baustoffen	F 90 – A
10	F 120	B	B	Feuerwiderstandsklasse F 120	F 120 – B
11		A	B	Feuerwiderstandsklasse F 120 und in den wesentlichen Teilen aus nichtbrennbaren Baustoffen [1])	F 120 – AB
12		A	A	Feuerwiderstandsklasse F 120 und aus nichtbrennbaren Baustoffen	F 120 – A
13	F 180	B	B	Feuerwiderstandsklasse F 180	F 180 – B
14		A	B	Feuerwiderstandsklasse F 180 und in den wesentlichen Teilen aus nichtbrennbaren Baustoffen [1])	F 180 – AB
15		A	A	Feuerwiderstandsklasse F 180 und aus nichtbrennbaren Baustoffen	F 180 – A

[1]) Zu den wesentlichen Teilen gehören:

a) alle tragenden oder aussteifenden Teile, bei nichttragenden Bauteilen auch die Bauteile, die deren Standsicherheit bewirken (z. B. Rahmenkonstruktionen von nichttragenden Wänden),

b) bei raumabschließenden Bauteilen eine in Bauteilebene durchgehende Schicht, die bei der Prüfung nach dieser Norm nicht zerstört werden darf.

Bei Decken muß diese Schicht eine Gesamtdicke von mindestens 50 mm besitzen; Hohlräume im Innern dieser Schicht sind zulässig.

Bei der Beurteilung des Brandverhaltens der Baustoffe können Oberflächen-Deckschichten oder andere Oberflächenbehandlungen außer Betracht bleiben.

[2]) Diese Benennung betrifft nur die Feuerwiderstandsfähigkeit des Bauteils; die bauaufsichtlichen Anforderungen an Baustoffe für den Ausbau, die in Verbindung mit dem Bauteil stehen, werden hiervon nicht berührt.

DK 699.81 : 69.022 : 614.841.332
: 001.4 : 620.1

September 1977

Brandverhalten von Baustoffen und Bauteilen
Brandwände und nichttragende Außenwände
Begriffe, Anforderungen und Prüfungen

DIN 4102 Teil 3

Behaviour of building materials and components in fire; firewalls and non loadbearing external walls; definitions, requirements and tests

Mit DIN 4102 Teil 5, Teil 6 und Teil 7 Ersatz für DIN 4102 Teil 3, Ausgabe Februar 1970

Frühere Ausgaben: 02.70

Diese Norm wurde im Fachbereich „Einheitliche Technische Baubestimmungen" des NABau ausgearbeitet. Sie ist den obersten Baubehörden vom Institut für Bautechnik (IfBt), Berlin, zur bauaufsichtlichen Einführung empfohlen worden.

Diese Norm konkretisiert die brandschutztechnischen Begriffe der Landesbauordnungen, der zugehörigen Durchführungsverordnungen sowie weiterer Rechtsverordnungen und Verwaltungsvorschriften, die sich mit dem baulichen Brandschutz befassen.

Sie bezieht sich besonders auf § 34 und § 36 der Musterbauordnung (MBO) bzw. auf die entsprechenden §§ der jeweiligen Landesbauordnungen.

In Zusammenhang mit der Überarbeitung von

DIN 4102 Teil 2 Brandverhalten von Baustoffen und Bauteilen; Begriffe, Anforderungen und Prüfungen von Bauteilen

DIN 4102 Teil 3 Brandverhalten von Baustoffen und Bauteilen; Begriffe, Anforderungen und Prüfungen von Sonderbauteilen

DIN 4102 Teil 4 Brandverhalten von Baustoffen und Bauteilen; Einreihung in die Begriffe

sowie der „Ergänzenden Bestimmungen zu DIN 4102" – jeweils Ausgabe Februar 1970 – wurde auch der Inhalt der Norm neu gegliedert:

DIN 4102 Teil 1 Brandverhalten von Baustoffen und Bauteilen; Baustoffe; Begriffe, Anforderungen und Prüfungen (bisher geregelt durch die oben genannten Ergänzenden Bestimmungen)

DIN 4102 Teil 2 Brandverhalten von Baustoffen und Bauteilen; Bauteile; Begriffe, Anforderungen und Prüfungen

DIN 4102 Teil 3 Brandverhalten von Baustoffen und Bauteilen; Brandwände und nichttragende Außenwände; Begriffe, Anforderungen und Prüfungen

DIN 4102 Teil 4 Brandverhalten von Baustoffen und Bauteilen; Zusammenstellung und Anwendung klassifizierter Baustoffe, Bauteile und Sonderbauteile (z. Z. noch Entwurf)

DIN 4102 Teil 5 Brandverhalten von Baustoffen und Bauteilen; Feuerschutzabschlüsse, Abschlüsse in Fahrschachtwänden und gegen Feuer widerstandsfähige Verglasungen; Begriffe, Anforderungen und Prüfungen

DIN 4102 Teil 6 Brandverhalten von Baustoffen und Bauteilen; Lüftungsleitungen; Begriffe, Anforderungen und Prüfungen

DIN 4102 Teil 7 Brandverhalten von Baustoffen und Bauteilen; Bedachungen; Begriffe, Anforderungen und Prüfungen

DIN 4102 Teil 8 Brandverhalten von Baustoffen und Bauteilen; Kleinprüfstand (z. Z. noch Entwurf)

Inhalt

Änderung September 1977:
Gegenüber DIN 4102 Teil 3, Ausgabe Februar 1970, Abschnitte 3 und 4, vollständig überarbeitet.

Fortsetzung Seite 2 bis 7
Erläuterungen Seite 7

Normenausschuß Bauwesen (NABau) im DIN Deutsches Institut für Normung e. V.

Seite 2 DIN 4102 Teil 3

Maße in mm

1 Geltungsbereich

In dieser Norm werden brandschutztechnische Begriffe, Anforderungen und Prüfungen für Brandwände und für nichttragende Außenwände einschließlich Brüstungen und Schürzen festgelegt.

Tragende oder nichttragende Wände, Balken und Unterzüge werden in DIN 4102 Teil 2 behandelt.

Anmerkung: Brandwände und nichttragende Außenwände können wegen abweichender Anforderungen nicht in die Feuerwiderstandsklassen F 30 – F 180 nach DIN 4102 Teil 2 eingestuft werden.

2 Mitgeltende Normen

DIN 4102 Teil 1	Brandverhalten von Baustoffen und Bauteilen; Baustoffe; Begriffe, Anforderungen und Prüfungen
DIN 4102 Teil 2	Brandverhalten von Baustoffen und Bauteilen; Bauteile; Begriffe, Anforderungen und Prüfungen
DIN 4102 Teil 4	Brandverhalten von Baustoffen und Bauteilen; Einreihung in die Begriffe (Ausgabe Februar 1970)
DIN 4102 Teil 4	(z. Z. noch Entwurf) Brandverhalten von Baustoffen und Bauteilen; Zusammenstellung und Anwendung klassifizierter Baustoffe, Bauteile und Sonderbauteile

3 Nachweis der Feuerwiderstandsklassen

3.1 Mit Brandversuchen

Die Feuerwiderstandsklasse von Brandwänden und nichttragenden Außenwänden muß durch Prüfzeugnis auf der Grundlage von Prüfungen nach dieser Norm nachgewiesen werden. Maßgebend für die Beurteilung ist das ungünstigste Ergebnis von Prüfungen an mindestens zwei Probekörpern.

3.2 Ohne Brandversuche

Die in DIN 4102 Teil 4 genannten Brandwände und nichttragenden Außenwände sind ohne Nachweise nach Abschnitt 3.1 in die dort angegebenen Feuerwiderstandsklassen einzureihen.

4 Brandwände [1])

4.1 Begriff

Brandwände sind Wände zur Trennung oder Abgrenzung von Brandabschnitten. Sie sind dazu bestimmt, die Ausbreitung von Feuer auf andere Gebäude oder Gebäudeabschnitte zu verhindern.

Brandwände müssen den in Abschnitt 4.2.1 bis 4.2.4 genannten Anforderungen genügen, es sei denn, daß sie eine höhere Feuerwiderstandsdauer (siehe Abschnitt 4.2.5) entsprechend besonderen bauaufsichtlichen Bestimmungen aufweisen müssen.

4.2 Anforderungen

4.2.1 Brandwände müssen aus Baustoffen der Klasse A nach DIN 4102 Teil 1 bestehen.

4.2.2 Brandwände müssen die Forderungen der Abschnitte 4.2.3 und 4.2.4 ohne Anordnung von Bekleidungen erfüllen.

4.2.3 Brandwände müssen bei mittiger und ausmittiger Belastung die Anforderungen mindestens der Feuerwiderstandsklasse F 90 nach DIN 4102 Teil 2 erfüllen.

4.2.4 Brandwände müssen bei den Prüfungen nach Abschnitt 4.3.3 unter der dort definierten Stoßbeanspruchung standsicher und raumabschließend im Sinne von DIN 4102 Teil 2 bleiben; das heißt:

4.2.4.1 Die Standsicherheit muß während und nach den beiden ersten Stößen unter der Belastung p, nach dem dritten Stoß unter dem Eigengewicht g des Probekörpers erhalten bleiben.

4.2.4.2 Der Raumabschluß muß während und nach den Stoßbeanspruchungen entsprechend DIN 4102 Teil 2, Ausgabe September 1977, Abschnitt 5.2.1 gewahrt bleiben.

4.2.4.3 Während und nach den Stoßbeanspruchungen darf auf der dem Feuer abgekehrten Seite die Temperaturerhöhung über die Anfangstemperatur nicht mehr als 140 K im Mittel und nicht mehr als 180 K maximal betragen.

4.2.5 Brandwände mit höherer Feuerwiderstandsdauer sind Brandwände, die abweichend von Abschnitt 4.2.3 die Anforderungen der Feuerwiderstandsklasse F 120 oder F 180 erfüllen [2]).

4.3 Prüfungen

4.3.1 Prüfeinrichtungen, Probekörper und Durchführung der Prüfungen

Für die Prüfeinrichtungen, Probekörper und die Durchführung der Prüfungen gilt DIN 4102 Teil 2, Ausgabe September 1977, Abschnitt 6.1 und 6.2 sinngemäß; darüber hinaus ist folgendes zu beachten:

4.3.2 Ausmittige Belastung p

Bei beiden nach Abschnitt 3.1 geforderten Prüfungen sind einschalige Probekörper im Abstand von d/3 von der dem Feuer abgekehrten Wandseite so zu belasten, daß am gesamten lastnahen Querschnittsrand die Randspannung $\sigma_R = \sigma_{zul}$ herrscht.

Wände, die während der Prüfdauer auf der Feuerseite so stark zermürbt oder zerstört werden, daß hierdurch allein eine wesentliche ausmittige Belastung auftritt, sind in einem weiteren Versuch im Abstand d/3 von der dem Feuer zugekehrten Seite zu belasten.

Mehrschalige Wände sind sinngemäß zu prüfen.

4.3.3 Stoßbeanspruchung

Zur Feststellung der Widerstandsfähigkeit gegen Stoß wird der vor dem Prüfstand eingebaute Probekörper etwa 5 Minuten vor der Beurteilungszeit jeweils zweimal unter der in Abschnitt 4.3.2 angegebenen ausmittigen Belastung p und anschließend jeweils einmal ohne Belastung p – nur bei Wandeigengewicht g – durch einen 200 kg schweren Bleischrotsack mit einer Stoßarbeit von jeweils 3000 Nm auf einer Fläche von etwa 400 cm^2 auf der dem Feuer abgekehrten Seite beansprucht. Die Stöße werden als Pendelstöße ausgeführt. Die Pendellänge soll etwa 3 m betragen.

[1]) Nach bauaufsichtlichen Vorschriften sind auch Brandwände zulässig, die nicht allen Anforderungen des Abschnittes 4.2 entsprechen; für diese Brandwände sind weitere Eignungsnachweise zu erbringen (z. B. im Rahmen der Erteilung einer allgemeinen bauaufsichtlichen Zulassung).

[2]) Nach den Bestimmungen des Verbandes der Sachversicherer gelten als „Komplextrennwände" Brandwände, die abweichend von Abschnitt 4.2.3 der Feuerwiderstandsklasse F 180 angehören und abweichend von Abschnitt 4.2.4 und 4.3.3 unter einer Stoßbeanspruchung von 4000 Nm standsicher und raumabschließend im Sinne von DIN 4102 Teil 2 bleiben; im übrigen gelten die Bestimmungen von DIN 4102 Teil 3, Abschnitt 4.

Die Stoßbeanspruchung soll in der Regel in Wandmitte aufgebracht werden. Sind die Probekörper z. B. durch Stützen oder Riegel ausgesteift, so ist die Beanspruchungsfläche so auszuwählen, daß wenigstens nach einem Brandversuch die nicht ausgesteifte Wandfläche und nach dem anderen Brandversuch die Aussteifung beansprucht werden.

Falls es aufgrund des statischen Systems der Wand oder einer besonderen Verankerungs- oder Befestigungsart erforderlich erscheint, verschiedene Stoßbereiche zu erfassen, muß die Stoßbeanspruchung bei allen interessierenden Bereichen aufgebracht werden; in besonderen Fällen müssen gegebenenfalls zusätzliche Prüfungen stattfinden.

4.3.4 Lagerung der Probekörper bei den Stoßbeanspruchungen

Zur Aufnahme der Stoßbeanspruchungen sind die Probekörper praxisgerecht, höchstens aber zweiseitig zu lagern. Soweit keine besonderen Anschlüsse vorgesehen sind, dürfen bei zweiseitiger Lagerung als lastableitende Auflager die oberen und unteren Ränder der Prüfstandöffnung verwendet werden; sie sind so steif auszubilden, daß sie bei den Stoßbeanspruchungen selbst keine Verformungen erfahren.

4.3.5 Beurteilung nach den Stoßbeanspruchungen

Für die Beurteilung der Probekörper nach den Stoßbeanspruchungen gelten die in Abschnitt 4.2.4 aufgezählten Anforderungen.

4.4 Prüfzeugnis

Über die Durchführung und die Ergebnisse der Prüfungen ist ein Prüfzeugnis auszustellen. Hierfür gilt DIN 4102 Teil 2, Ausgabe September 1977, Abschnitt 8, sinngemäß.

5 Nichttragende Außenwände

5.1 Begriff

Nichttragende[3]) Außenwände im Sinne dieser Norm sind raumhohe, raumabschließende Bauteile wie Außenwandelemente, Ausfachungen usw. – im folgenden kurz Außenwände genannt –, die auch im Brandfall nur durch ihr Eigengewicht beansprucht werden und zu keiner Aussteifung von Bauteilen dienen. Die Bauteile können aber darüber hinaus auch auf ihre Fläche wirkende Windlasten und horizontale Verkehrslasten auf tragende Bauteile, z. B. Wand- oder Deckenscheiben, abtragen.

Zu den nichttragenden Außenwänden rechnen auch

a) brüstungshohe, nichtraumabschließende, nichttragende Außenwandelemente – im folgenden kurz Brüstungen genannt – und

b) schürzenartige, nichtraumabschließende, nichttragende Außenwandelemente – im folgenden kurz Schürzen genannt –,

die jeweils den Überschlagsweg des Feuers an der Außenseite von Gebäuden vergrößern.

5.2 Feuerwiderstandsklassen, Anforderungen

5.2.1 Allgemeines

Es werden die in Tabelle 1 genannten Feuerwiderstandsklassen unterschieden.

Tabelle 1. **Feuerwiderstandsklassen W**

Feuerwiderstandsklasse	Feuerwiderstandsdauer in Minuten
W 30	≧ 30
W 60	≧ 60
W 90	≧ 90
W 120	≧ 120
W 180	≧ 180

5.2.2 Anforderungen an Außenwände

5.2.2.1 Außenwände dürfen bei Brandbeanspruchung von innen bei einer Beflammung nach DIN 4102 Teil 2, Ausgabe September 1977, Abschnitt 6.2.4 (ETK) entsprechend ihrer Feuerwiderstandsklasse nicht zusammenbrechen.

5.2.2.2 Außenwände müssen den Beanspruchungen der Festigkeitsprüfung nach DIN 4102 Teil 2, Ausgabe September 1977, Abschnitt 6.2.9, so widerstehen, daß sie entsprechend ihrer Feuerwiderstandsklasse nicht zusammenbrechen.

5.2.2.3 Außenwände müssen bei Brandbeanspruchung von außen bei einer Beflammung nach Abschnitt 5.3.2 (abgeminderte ETK) entsprechend ihrer Feuerwiderstandsklasse die Anforderungen nach DIN 4102 Teil 2, Ausgabe September 1977, Abschnitt 5, erfüllen.

5.2.3 Anforderungen an Brüstungen[4])

5.2.3.1 Brüstungen, die gemäß Bild 2 und Bild 3 oberhalb der Unterkante der Rohdecke angebracht werden, dürfen bei Brandbeanspruchung von innen bei einer Beflammung nach DIN 4102 Teil 2, Ausgabe September 1977, Abschnitt 6.2.4 (ETK) entsprechend ihrer Feuerwiderstandsklasse nicht zusammenbrechen.

5.2.3.2 Brüstungen müssen den Beanspruchungen der Festigkeitsprüfung nach DIN 4102 Teil 2, Ausgabe September 1977, Abschnitt 6.2.9, so widerstehen, daß sie entsprechend ihrer Feuerwiderstandsklasse nicht zusammenbrechen.

5.2.3.3 Ist im eingebauten Zustand eine senkrechte Fuge zwischen Brüstung und Rohdecke vorhanden, müssen bei Brandbeanspruchung von außen und unten bei einer Beflammung nach DIN 4102 Teil 2, Ausgabe September 1977, Abschnitt 6.2.4 (ETK) entsprechend der Feuerwiderstandsklasse auf der feuerabgekehrten Seite dieser Fuge die Anforderungen nach DIN 4102 Teil 2, Ausgabe September 1977, Abschnitt 5, erfüllt werden.

5.2.3.4 Brüstungen müssen bei Brandbeanspruchung von außen bei einer Beflammung nach Abschnitt 5.3.2 (abgeminderte ETK) entsprechend ihrer Feuerwiderstandsklasse die Anforderungen nach DIN 4102 Teil 2, Ausgabe September 1977, Abschnitt 5, erfüllen.

Bei der Beurteilung der Temperaturerhöhung auf der feuerabgekehrten Seite darf dabei der obere 10 cm breite Randstreifen des Probekörpers unberücksichtigt bleiben.

Werden die Anforderungen bereits bei der Prüfung der senkrechten Fuge erfüllt, ist der Nachweis nach Abschnitt 5.2.3.4 nicht erforderlich.

5.2.4 Anforderungen an Schürzen[4])

5.2.4.1 Schürzen, die gemäß Bild 4 unterhalb der Oberkante der Rohdecke angebracht werden, dürfen bei Brandbeanspruchung von innen und außen bei zwei Prüfungen mit einer Beflammung nach DIN 4102 Teil 2, Ausgabe September 1977, Abschnitt 6.2.4 (ETK) entsprechend ihrer Feuerwiderstandsklasse nicht zusammenbrechen; sie müssen so als Einheit erhalten bleiben, daß der nach bauaufsichtlichen Bestimmungen geforderte Überschlagsweg erhalten bleibt.

5.2.4.2 Ist im eingebauten Zustand eine senkrechte Fuge zwischen Schürze und Rohdecke vorhanden, müssen entsprechend der Feuerwiderstandsklasse auf der feuerabge-

[3]) Bauteile, die Lasten aufnehmen oder Bauteile aussteifen, sind tragende und aussteifende Bauteile, die nach DIN 4102 Teil 2 zu beurteilen sind.

[4]) Nach bauaufsichtlichen Bestimmungen müssen Brüstungen, Schürzen oder Brüstungen in Kombination mit Schürzen bestimmte Mindesthöhen besitzen.

kehrten Seite dieser Fuge die Anforderungen nach DIN 4102 Teil 2, Ausgabe September 1977, Abschnitt 5, erfüllt werden.

5.2.5 Anforderungen an Brüstungen in Kombination mit Schürzen [4]

5.2.5.1 Brüstungen in Kombination mit Schürzen gemäß Bild 5 dürfen bei Brandbeanspruchung von innen bei einer Beflammung der Brüstung nach DIN 4102 Teil 2, Ausgabe September 1977, Abschnitt 6.2.4 (ETK) entsprechend ihrer Feuerwiderstandsklasse nicht zusammenbrechen.

5.2.5.2 Brüstungen in Kombination mit Schürzen müssen den Beanspruchungen der Festigkeitsprüfung nach DIN 4102 Teil 2, Ausgabe September 1977, Abschnitt 6.2.9, so widerstehen, daß sie entsprechend ihrer Feuerwiderstandsklasse nicht zusammenbrechen.

5.2.5.3 Bei Brandbeanspruchung von außen und unten bei einer Beflammung nach DIN 4102 Teil 2, Ausgabe September 1977, Abschnitt 6.2.4 (ETK) müssen entsprechend der Feuerwiderstandsklasse auf der feuerabgekehrten Seite senkrechter Fugen die Anforderungen nach DIN 4102 Teil 2, Ausgabe September 1977, Abschnitt 5, erfüllt werden.

5.2.5.4 Brüstungen in Kombination mit Schürzen müssen bei Brandbeanspruchung von außen bei einer Beflammung nach Abschnitt 5.3.2 (abgeminderte ETK) entsprechend ihrer Feuerwiderstandsklasse im Brüstungsbereich die Anforderungen nach DIN 4102 Teil 2, Ausgabe September 1977, Abschnitt 5, erfüllen. Bei der Beurteilung der Temperaturerhöhung auf der feuerabgekehrten Seite darf dabei der obere 10 cm breite Randstreifen des Prüfkörpers unberücksichtigt bleiben.

Werden die Anforderungen bereits bei der Prüfung nach Abschnitt 5.2.5.3 erfüllt, ist ein weiterer Nachweis nicht erforderlich.

5.3 Prüfungen

5.3.1 Allgemeines

Für die Prüfeinrichtungen, Probekörper und die Durchführung der Prüfungen gilt DIN 4102 Teil 2, Ausgabe September 1977, Abschnitte 6.1 und 6.2 sinngemäß. Insbesondere ist darauf zu achten, daß der Einbau von Außenwänden, Brüstungen und Schürzen entsprechend der Praxis mit Konstruktionsfugen, Anschlüssen und Befestigungsmitteln erfolgt.

Sofern im Prüfstand der nach DIN 4102 Teil 2, Ausgabe September 1977, Abschnitt 6.2.5, geforderte statische Überdruck einzuhalten ist, gelten hinsichtlich der Lage der Druckmeßstellen die Angaben in den Bildern 2 bis 5.

5.3.2 Abgeminderte Temperaturen im Brandraum

Beim Nachweis der Feuerwiderstandsdauer entsprechend der Abschnitte 5.2.2.3, 5.2.3.4 und 5.2.5.4 ist der Brandraum entsprechend der gegenüber der Einheits-Temperaturzeitkurve (ETK) nach DIN 4102 Teil 2 abgeminderten Temperaturzeitkurve nach Bild 1 zu beflammen. Für die zulässigen Abweichungen gilt DIN 4102 Teil 2, Ausgabe September 1977, Abschnitt 6.2.4.

5.3.3 Prüfung von Außenwänden

Außenwände sind sinngemäß wie raumabschließende, nichttragende Wände nach DIN 4102 Teil 2 zu prüfen.

5.3.4 Prüfung von Brüstungen

5.3.4.1 Brüstungen sind entsprechend der Praxis gemäß Bild 2 und Bild 3 in einem Prüfstand einzubauen.

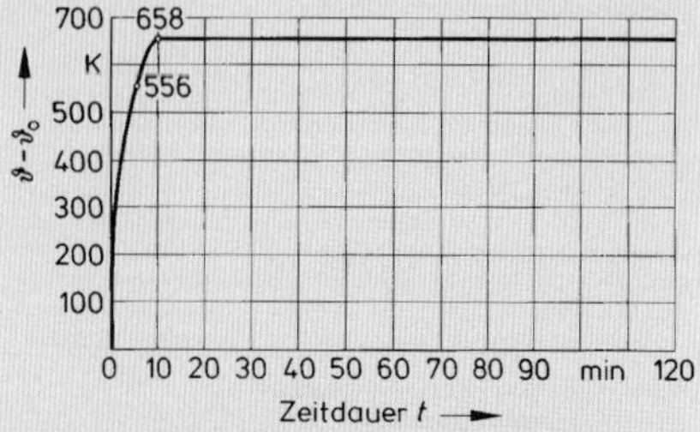

Bild 1. Temperaturzeitkurve (abgeminderte ETK)

Bei Brüstungen, die in der Praxis auf einer Stahlbetonkonstruktion ganz aufgesetzt sind, darf die tragende Konstruktion gemäß Bild 2 durch Mauerwerk ersetzt werden.

Bei Brüstungen mit anderen Unterkonstruktionen sowie bei teilweise oder ganz vorgesetzten Brüstungen gemäß Bild 3 ist die tragende Konstruktion praxisgerecht in einer Breite von ≧ 1,0 m auszuführen.

5.3.4.2 Die Prüfstandsfläche oberhalb der Brüstungen ist so abzudecken, daß der Feuerdurchtritt innerhalb dieser Fläche während der Prüfungen verhindert wird. Die Abdeckung ist so anzuordnen, daß die Probekörper hierdurch weder thermisch noch durch Verformungen zusätzlich beansprucht werden. Die Abdeckung soll jeweils bündig zum Probekörper liegen; der Spalt zwischen der Abdeckung und der Brüstung ist mit Mineralfasern der Baustoffklasse A zu verstopfen.

5.3.5 Prüfung von Schürzen

Schürzen sind entsprechend der Praxis gemäß Bild 4 in einem Prüfstand einzubauen.

Die tragende Konstruktion ist praxisgerecht in einer Breite ≧ 1,0 m auszuführen.

Für die Abdeckung der Prüfstandfäche gilt Abschnitt 5.3.4.2 sinngemäß.

5.3.6 Prüfung von Brüstungen in Kombination mit Schürzen

Brüstungen in Kombination mit Schürzen sind entsprechend der Praxis gemäß Bild 5 in einem Prüfstand einzubauen.

Die tragende Konstruktion ist praxisgerecht in einer Breite ≧ 1,0 m auszuführen.

Für die Abdeckung der Prüfstandsfläche gilt Abschnitt 5.3.4.2 sinngemäß.

Bei der Festigkeitsprüfung nach DIN 4102 Teil 2, Ausgabe September 1977, Abschnitt 6.2.9, sind jeweils die dem Feuer abgekehrten Teile zu beanspruchen.

5.4 Prüfzeugnis

Über die Durchführung und die Ergebnisse der Prüfungen ist ein Prüfzeugnis auszustellen. Hierfür gilt DIN 4102 Teil 2, Ausgabe September 1977, Abschnitt 8, sinngemäß.

[4]) Siehe Seite 3.

DIN 4102 Teil 3 Seite 5

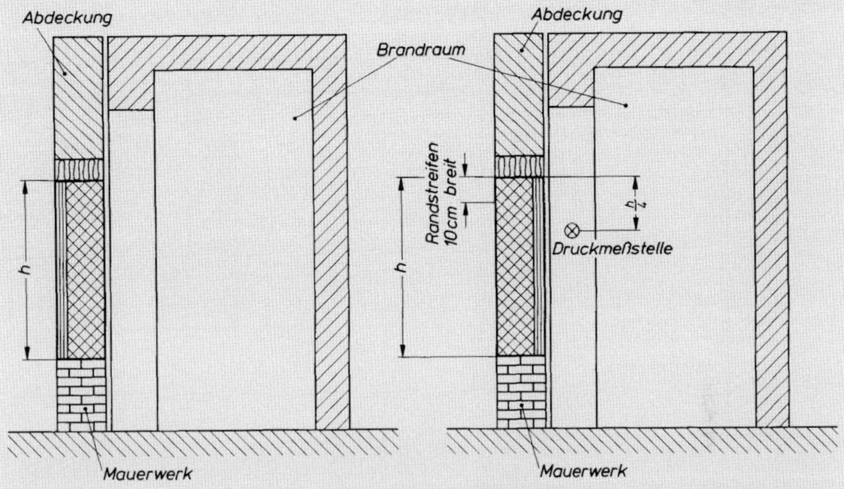

a) beim Brandversuch mit der ETK – siehe Abschnitt 5.2.3.1

b) beim Brandversuch mit abgeminderter ETK – siehe Abschnitt 5.2.3.4

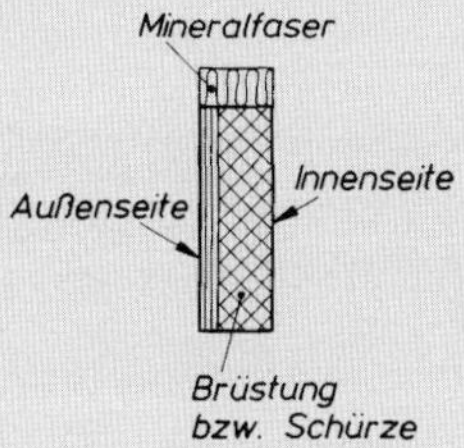

Erläuterung zum Probekörper

Bild 2. Prüfanordnung bei Brüstungen (Schema), die in der Praxis auf einer Stahlbetonkonstruktion ganz aufgesetzt sind.

Seite 6 DIN 4102 Teil 3

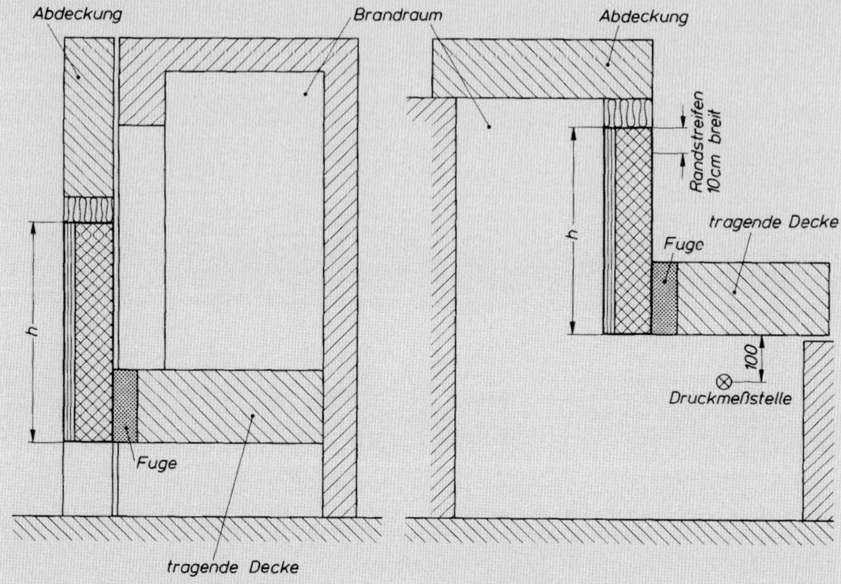

a) beim Brandversuch mit der ETK – siehe Abschnitt 5.2.3.1

b) beim Brandversuch mit der ETK – siehe Abschnitt 5.2.3.3 beim Brandversuch mit abgeminderter ETK – siehe Abschnitt 5.2.3.4

Bild 3. Prüfanordnung bei Brüstungen (Schema), die in der Praxis teilweise oder ganz vor der tragenden Decke angeordnet sind (Erläuterungen zum Probekörper siehe Bild 2).

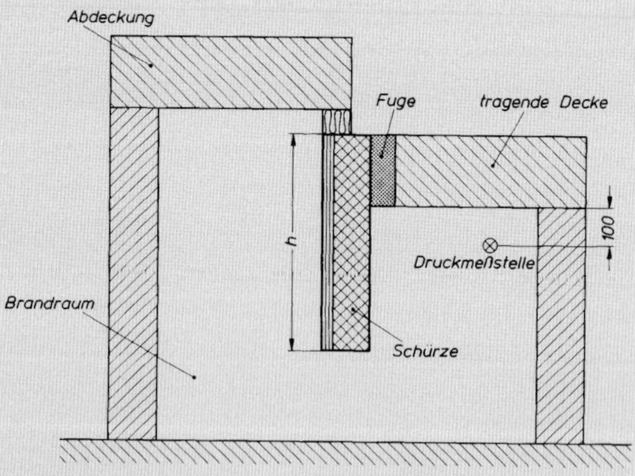

Bild 4. Prüfanordnung bei Schürzen (Schema) beim Brandversuch mit der ETK – siehe Abschnitt 5.2.4 (Erläuterungen zum Probekörper siehe Bild 2).

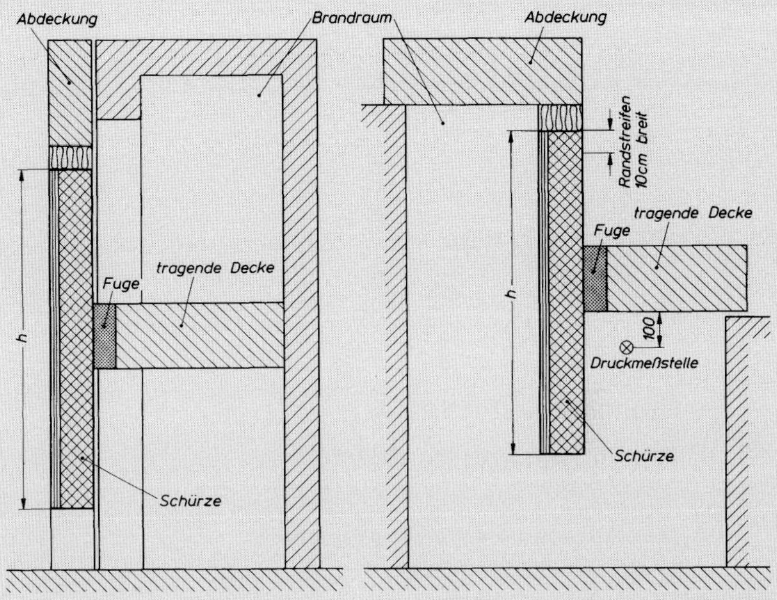

a) beim Brandversuch mit der ETK – siehe Abschnitt 5.2.5.1

b) beim Brandversuch mit der ETK – siehe Abschnitt 5.2.5.3 beim Brandversuch mit abgeminderter ETK – siehe Abschnitt 5.2.5.4

Bild 5. Prüfanordnung bei Brüstungen in Kombination mit Schürzen (Schema)

Erläuterungen

Im bauaufsichtlichem Verfahren werden z. Z. nur Prüfzeugnisse über Prüfungen von folgenden Prüfanstalten anerkannt:

1. Bundesanstalt für Materialprüfung (BAM)
   Unter den Eichen 87
   1000 Berlin 45

2. Institut für Baustoffkunde und Stahlbetonbau der Technischen Universität Braunschweig
   Amtliche Materialprüfanstalt für das Bauwesen
   Beethovenstraße 52
   3300 Braunschweig

3. Staatliches Materialprüfungsamt Nordrhein-Westfalen
   Marsbruchstraße 186
   4600 Dortmund 41 (Aplerbeck)

4. Institut für Holzforschung der Universität München
   Winzererstraße 45
   8000 München 40

5. Amtliche Forschungs- und Materialprüfungsanstalt für das Bauwesen
   – Otto-Graf-Institut –
   Universität Stuttgart
   Pfaffenwaldring 4
   7000 Stuttgart 80 (Vaihingen)

DK 699.81 : 691.001.33 : 614.841.332 DEUTSCHE NORMEN *Entwurf* März 1978

DIN DEUTSCHES INSTITUT FÜR NORMUNG E.V.

DIN *4102 Teil 4*

Brandverhalten von Baustoffen und Bauteilen

Zusammenstellung und Anwendung klassifizierter Baustoffe, Bauteile und Sonderbauteile

Normenausschuß Bauwesen (NABau) im DIN Deutsches Institut für Normung e. V.

Alleineinverkauf der Normen durch
BEUTH VERLAG GMBH · BERLIN 30 · KÖLN 1

DK 699.81 : 691.001.33 : 614.841.332 **Entwurf** März 1978

	Brandverhalten von Baustoffen und Bauteilen Zusammenstellung und Anwendung klassifizierter Baustoffe, Bauteile und Sonderbauteile	**DIN 4102** Teil 4

Behaviour of building materials and components in fire; synopsis and application of classified building materials; building components and special building components (with respect to their definitions)

Einsprüche bis 31. Juli 1978

Dieser Norm-Entwurf, dessen Inhalt noch nicht die endgültige Fassung der beabsichtigten Norm darstellt und deshalb noch nicht für die Anwendung bestimmt ist, wird der Öffentlichkeit zur Prüfung und Stellungnahme vorgelegt, damit er erforderlichenfalls verbessert werden kann. Er enthält die vorgesehene Fassung für die Folgeausgabe von DIN 4102 Teil 4, Ausgabe Februar 1970. Die genannte Ausgabe wird hiermit nicht ungültig.

Soll dieser Norm-Entwurf ausnahmsweise im wirtschaftlichen Verkehr angewendet werden, so ist dies zwischen den Beteiligten, z. B. Auftraggeber und Auftragnehmer, zu vereinbaren.

Einsprüche und Änderungsvorschläge zu diesem Norm-Entwurf werden in zweifacher Ausfertigung erbeten an den Normenausschuß Bauwesen (NABau) im DIN Deutsches Institut für Normung e.V., Reichpietschufer 72-76, 1000 Berlin 30.

In Zusammenhang mit der Überarbeitung von

DIN 4102 Teil 2 Brandverhalten von Baustoffen und Bauteilen; Begriffe, Anforderungen und Prüfungen von Bauteilen

DIN 4102 Teil 3 Brandverhalten von Baustoffen und Bauteilen; Begriffe, Anforderungen und Prüfungen von Sonderbauteilen

DIN 4102 Teil 4 Brandverhalten von Baustoffen und Bauteilen; Einreihung in die Begriffe

sowie der „Ergänzenden Bestimmungen zu DIN 4102" – jeweils Ausgabe Februar 1970 – wurde auch der Inhalt der Norm neu gegliedert:

DIN 4102 Teil 1 Brandverhalten von Baustoffen und Bauteilen; Baustoffe; Begriffe, Anforderungen und Prüfungen (bisher geregelt durch die oben genannten Ergänzenden Bestimmungen)

DIN 4102 Teil 2 Brandverhalten von Baustoffen und Bauteilen; Bauteile; Begriffe, Anforderungen und Prüfungen

DIN 4102 Teil 3 Brandverhalten von Baustoffen und Bauteilen; Brandwände und nichttragende Außenwände; Begriffe, Anforderungen und Prüfungen

DIN 4102 Teil 4 Brandverhalten von Baustoffen und Bauteilen; Zusammenstellung und Anwendung klassifizierter Baustoffe, Bauteile und Sonderbauteile (z. Z. noch Entwurf)

DIN 4102 Teil 5 Brandverhalten von Baustoffen und Bauteilen; Feuerschutzabschlüsse, Abschlüsse in Fahrschachtwänden und gegen Feuer widerstandsfähige Verglasungen; Begriffe, Anforderungen und Prüfungen

DIN 4102 Teil 6 Brandverhalten von Baustoffen und Bauteilen; Lüftungsleitungen; Begriffe, Anforderungen und Prüfungen

DIN 4102 Teil 7 Brandverhalten von Baustoffen und Bauteilen; Bedachungen; Begriffe, Anforderungen und Prüfungen

DIN 4102 Teil 8 Brandverhalten von Baustoffen und Bauteilen; Kleinprüfstand (z. Z. noch Entwurf)

(Teile 1 bis 3 und 5 bis 7 jeweils Ausgabe September 1977)

Änderung März 1978.
Inhalt vollständig überarbeitet. Alle durch Brandversuche (Prüfzeugnisse) klassifizierten Baustoffe und Bauteile aufgenommen.

Fortsetzung Seite 2 bis 80

Normenausschuß Bauwesen (NABau) im DIN Deutsches Institut für Normung e.V.

Seite 2 Entwurf DIN 4102 Teil 4

Inhalt

1 Geltungsbereich

Diese Norm enthält Angaben über Baustoffe, Bauteile und Sonderbauteile, die nach ihrem Brandverhalten auf der Grundlage von Prüfungen nach DIN 4102 Teil 1 bis Teil 3 und Teil 5 bis Teil 7, jeweils Ausgabe September 1977, klassifiziert wurden.

Für Baustoffe, Bauteile und Sonderbauteile, die in dieser Norm erfaßt sind, ist der Nachweis über das Brandverhalten damit erbracht.

Die Angaben dieser Norm beziehen sich im allgemeinen nur auf Baustoffe, Bauteile und Sonderbauteile, deren Eigenschaften auf der Grundlage von Normen beurteilt werden können.

Für Baustoffe, Bauteile und Sonderbauteile, die im folgenden

wegen einer günstigeren Beurteilung im Einzelfall,
wegen neuerer Erkenntnisse oder
wegen Verwendung nicht genormter Teile

nicht behandelt sind, ist das Brandverhalten durch Prüfungen nach DIN 4102 Teil 1 bis Teil 3 bzw. Teil 5 bis Teil 7 nachzuweisen.

2 Mitgeltende Normen

DIN	105	Mauerziegel; Vollziegel und Lochziegel
DIN	105 Teil 2	Mauerziegel; Leichtziegel
DIN	105 Teil 3	Mauerziegel; Hochfeste Ziegel und Klinker
DIN	105 Teil 4	Mauerziegel; Keramikklinker
DIN	106	Kalksandsteine; Vollsteine, Lochsteine und Hohlblocksteine
DIN	274 Teil 1	Asbestzement-Wellplatten; Maße, Anforderungen, Prüfung
DIN	274 Teil 2	Asbestzement-Wellplatten; Anwendung bei Dachdeckungen
DIN	274 Teil 3	Asbestzementplatten; Ebene Dachplatten; Maße, Anforderungen, Prüfungen
DIN	274 Teil 4	(z.Z. noch Entwurf) Asbestzementplatten; Ebene Tafeln; Maße, Anforderungen, Prüfungen
DIN	278	(z.Z. noch Entwurf) Hourdis (Tonhohlplatten) statisch beansprucht
DIN	398	Hüttensteine; Vollsteine, Lochsteine, Hohlblocksteine
DIN	1045	Beton- und Stahlbetonbau; Bemessung und Ausführung
DIN	1050	Stahl im Hochbau; Berechnung und bauliche Durchbildung
DIN	1052 Teil 1	Holzbauwerke; Berechnung und Ausführung
DIN	1052 Teil 2	Holzbauwerke; Bestimmung für Dübelverbindungen besonderer Bauart
DIN	1053 Teil 1	Mauerwerk; Berechnung und Ausführung
DIN	1053 Teil 4	(z.Z. noch Entwurf) Mauerwerk; Bauten aus geschoßhohen Ziegelfertigbauteilen
DIN	1101	Holzwolle-Leichtbauplatten; Maße, Anforderungen, Prüfung
DIN	1102	Holzwolle-Leichtbauplatten nach DIN 1101; Richtlinien für die Verarbeitung

Seite 4 Entwurf DIN 4102 Teil 4

DIN 1164 Teil 1	Portland-, Eisenportland-, Hochofen- und Traßzement; Begriffe, Bestandteile, Anforderungen, Lieferung
DIN 1168 Teil 1	Baugipse; Begriff, Sorten und Verwendung, Lieferung und Kennzeichnung
DIN 1168 Teil 2	Baugipse; Anforderungen, Prüfung, Überwachung
DIN 1200	Drahtgeflecht mit sechseckigen Maschen
DIN 3752	Asbestpappe, Asbestpapiere
DIN 4028	Bestimmungen für Herstellung und Verlegung von Stahlbetonhohldielen
DIN 4074 Teil 1	Bauholz für Holzbauteile; Gütebedingungen für Bauschnittholz (Nadelholz)
DIN 4102 Teil 1	Brandverhalten von Baustoffen und Bauteilen; Baustoffe – Begriffe, Anforderungen und Prüfungen
DIN 4102 Teil 2	Brandverhalten von Baustoffen und Bauteilen; Bauteile – Begriffe, Anforderungen und Prüfungen
DIN 4102 Teil 3	Brandverhalten von Baustoffen und Bauteilen; Brandwände und nichttragende Außenwände – Begriffe, Anforderungen und Prüfungen
DIN 4102 Teil 5	Brandverhalten von Baustoffen und Bauteilen; Feuerschutzabschlüsse, Abschlüsse in Fahrschachttüren und gegen Feuer widerstandsfähige Verglasungen – Begriffe, Anforderungen und Prüfungen
DIN 4102 Teil 6	Brandverhalten von Baustoffen und Bauteilen; Lüftungsleitungen – Begriffe, Anforderungen und Prüfungen
DIN 4102 Teil 7	Brandverhalten von Baustoffen und Bauteilen; Bedachungen – Begriffe, Anforderungen und Prüfungen
DIN 4103 Teil 1	(z.Z. noch Entwurf) Leichte Trennwände; Anforderungen, Arten
DIN 4121	Hängende Drahtputzdecken; Putzdecken mit Metallputzträgern, Rabitzdecken; Anforderungen für die Ausführung
DIN 4158	Zwischenbauteile aus Beton für Stahlbeton- und Spannbetondecken
DIN 4159	Ziegel für Decken und Wandtafeln; statisch mitwirkend
DIN 4160	Deckenziegel; statisch nicht mitwirkend
DIN 4164	Gas- und Schaumbeton; Herstellung, Verwendung und Prüfung; Richtlinien
DIN 4165	Gasbeton-Blocksteine
DIN 4166	Gasbeton-Bauplatten, unbewehrt
DIN 4223	(z.Z. noch Entwurf) Gasbeton; bewehrte Bauteile
DIN 4232	Wände aus Leichtbeton mit haufwerksporigem Gefüge; Ausführung und Bemessung
DIN 8061 Teil 1	Rohre aus PVC hart (Polyvinylchlorid, hart); Allgemeine Güteanforderungen, Prüfungen
DIN 8061 Teil 2	Rohre aus PVC hart (Polyvinylchlorid, hart); erhöht schlagzäh; Allgemeine Güteanforderungen, Prüfungen
DIN 8062	Rohre aus PVC hart (Polyvinylchlorid, hart); Maße
DIN 8078	Rohre aus PP (Polypropylen); Allgemeine Güteanforderung, Prüfung
DIN 16926	Dekorative Schichtpreßstoffplatten A; Einteilung, Anforderungen und Prüfung
DIN 16927 Teil 1	Tafeln aus Polyvinylchlorid hart (PVC hart); normal schlagzäh; Technische Lieferbedingungen
DIN 16927 Teil 2	Tafeln aus Polyvinylchlorid hart (PVC hart); erhöht schlagzäh, hochschlagzäh; Technische Lieferbedingungen
DIN 16950	Bodenbeläge; Vinyl-Asbest-Platten und Kunstharz-Asbest-Platten; Anforderungen, Prüfung
DIN 16951	Bodenbeläge; PVC-Beläge ohne Träger; Anforderungen, Prüfung
DIN 16952 Teil 1	Bodenbeläge; PVC-Beläge mit Träger, PVC-Beläge mit genadeltem Jutefilz als Träger, Anforderungen, Prüfungen
DIN 16952 Teil 2	Bodenbeläge; PVC-Beläge mit Träger, PVC-Beläge mit Korkment als Träger, Anforderungen, Prüfungen,
DIN 16952 Teil 3	Bodenbeläge; PVC-Beläge mit Träger, PVC-Beläge mit Unterschicht aus PVC-Schaumstoff, Anforderungen, Prüfungen
DIN 16952 Teil 4	Bodenbeläge; PVC-Beläge mit Synthesefaser-Vlies als Träger, Anforderungen, Prüfungen
DIN 16957	Gegossene Tafeln aus Polymethylmethacrylat (PMMA); Technische Lieferbedingungen
DIN 18017 Teil 1	Lüftung von Bädern und Spülaborten ohne Außenfenster durch Schächte und Kanäle ohne Motorkraft; Einzelschachtanlagen
DIN 18017 Teil 2	Lüftung von Bädern und Spülaborten ohne Außenfenster durch Schächte und Kanäle ohne Motorkraft; Sammelschachtanlage
DIN 18017 Teil 3	Lüftung von Bädern und Spülaborten ohne Außenfenster mit Ventilatoren
DIN 18082 Teil 1	Feuerschutzabschlüsse; Stahltüren T 30-1, Bauart für Größenbereich A
DIN 18090	Aufzüge; Flügel- und Falttüren für Fahrschächte mit feuerbeständigen Wänden

Entwurf DIN 4102 Teil 4 Seite 5

DIN 18091	Aufzüge; Horizontal- und Vertikal-Schiebetüren für Fahrschächte mit feuerbeständigen Wänden
DIN 18092	Kleinlasten-Aufzüge; Vertikal-Schiebetüren für Fahrschächte mit feuerbeständigen Wänden
DIN 18150 Teil 1	(z.Z. noch Entwurf) Hausschornsteine; Formstücke aus Leichtbeton (auch mit angeformtem Lüftungsschacht für den Heizraum); Anforderungen
DIN 18151	Hohlblocksteine aus Leichtbeton
DIN 18152	Vollsteine aus Leichtbeton
DIN 18153	Hohlblock- und T-Hohlsteine aus Beton mit geschlossenem Gefüge
DIN 18162	Wandbauplatten aus Leichtbeton, unbewehrt
DIN 18163 Teil 1	(z.Z. noch Entwurf) Wandbauplatten aus Gips; Eigenschaften, Anforderungen, Prüfung
DIN 18163 Teil 2	(z.Z. noch Entwurf) Wandbauplatten aus Gips; Leichtwände, Richtlinien für die Ausführung
DIN 18165 Teil 1	Faserdämmstoffe für das Bauwesen; Dämmstoffe für die Wärmedämmung
DIN 18165 Teil 2	Faserdämmstoffe für das Bauwesen; Dämmstoffe für die Trittschalldämmung
DIN 18168	(z.Z. noch Entwurf) Leichte Deckenbekleidung und Unterdecken; Anforderungen für die Ausführung
DIN 18169	(z.Z. noch Entwurf) Deckenplatten aus Gips; Plattenarten, Anforderung, Prüfung
DIN 18171	Bodenbeläge; Linoleum; Anforderungen, Prüfung
DIN 18173	Bodenbeläge; Linoleum-Verbundbelag; Anforderungen, Prüfung
DIN 18180	Gipskartonplatten; Arten, Anforderungen, Prüfung
DIN 18180	(z.Z. noch Entwurf) Gipskartonplatten; Arten Anforderungen, Prüfung
DIN 18181	Gipskartonplatten im Hochbau; Richtlinien für die Verarbeitung
DIN 18183 Teil 1	(z.Z. noch Entwurf) Montagewände aus Gipskartonplatten; Richtlinien für die Ausführung
DIN 18190 Teil 1	Dichtungsbahnen für Bauwerksabdichtungen; Dichtungsbahnen mit Rohfilzeinlage; Begriffe, Bezeichnung, Anforderungen
DIN 18190 Teil 2	Dichtungsbahnen für Bauwerksabdichtungen; Dichtungsbahnen mit Jutegewebeeinlage; Begriffe, Bezeichnungen, Anforderungen
DIN 18190 Teil 3	Dichtungsbahnen für Bauwerksabdichtungen; Dichtungsbahnen mit Glasgewebeeinlage; Begriff, Bezeichnung, Anforderungen
DIN 18190 Teil 4	Dichtungsbahnen für Bauwerksabdichtungen; Dichtungsbahnen mit Metallbandeinlage; Begriff, Bezeichnung, Anforderungen
DIN 18190 Teil 5	Dichtungsbahnen für Bauwerksabdichtungen; Dichtungsbahnen mit Polyäthylentenephthalat-Folien-Einlage; Begriff, Bezeichnung, Anforderungen
DIN 18338	VOB Verdingungsordnung für Bauleistungen; Teil C: Allgemeine Technische Vorschriften für Bauleistungen; Dachdeckungs- und Dachdichtungsarbeiten
DIN 18550	Putz; Baustoffe und Ausführung
DIN 52121	Teerdachpappen; beiderseitig besandet; Begriff, Bezeichnung, Eigenschaften
DIN 52121	(z. Z. noch Entwurf) Teerdachbahnen mit Rohfilzeinlage; Begriff, Bezeichnung, Anforderungen
DIN 52128	Bitumendachpappen mit beiderseitiger Bitumendeckschicht; Begriff, Bezeichnung, Eigenschaften
DIN 52128	(z.Z. noch Entwurf) Bitumendachbahnen mit Rohfilzeinlage; Begriff, Bezeichnung, Anforderungen
DIN 52130	Bitumen-Dachdichtungsbahnen mit Rohfilzpappen-Einlage; Begriff, Bezeichnung, Anforderungen
DIN 52130 Teil 1	(z.Z. noch Entwurf) Bitumen-Dachdichtungsbahnen; Dichtungsbahnen mit Rohfilzeinlage; Begriff, Bezeichnung, Anforderungen
DIN 52130 Teil 2	(z.Z. noch Entwurf) Bitumen-Dachdichtungsbahnen und Schweißbahnen; Bitumen-Schweißbahnen; Begriff, Bezeichnung, Anforderungen
DIN 52140	Teer-Sonderdachpappen und Teer-Bitumendachpappen, beide mit beidseitiger Sonderdeckschicht; Begriff, Bezeichnung, Anforderungen
DIN 52140	(z.Z. noch Entwurf) Teer-Sonderdachbahnen und Teer-Bitumendachbahnen; Begriff, Bezeichnung, Anforderungen
DIN 52143	Glasvlies-Bitumendachbahnen; Begriff, Bezeichnung, Anforderungen
DIN 68705 Teil 3	Sperrholz; Bau-Furnierplatten; Gütebedingungen
DIN 68705 Teil 4	Sperrholz; Bau-Tischlerplatten; Gütebedingungen
DIN 68705 Teil 5	(z.Z. noch Entwurf) Sperrholz; Bau-Furniersperrholz aus Buche; Eigenschaften, Prüfung, Überwachung
DIN 68750	Holzfaserplatten; poröse und harte Holzfaserplatten; Gütebedingungen

Seite 6 Entwurf DIN 4102 Teil 4

DIN 68 751	Kunststoffbeschichtete dekorative Holzfaserplatten; Begriff, Anforderungen
DIN 68 752	Bitumen-Holzfaserplatten; Gütebedingungen
DIN 68 754 Teil 1	Harte und mittelharte Holzfaserplatten für das Bauwesen; Holzwerkstoffklasse 20
DIN 68 761	Spanplatten; Flachpreßplatten FPT für allgemeine Zwecke; Begriffe, Eigenschaften, Prüfung
DIN 68 762	Spanplatten für Sonderzwecke im Bauwesen; Begriff, Eigenschaften, Prüfung
DIN 68 763	Spanplatten; Flachpreßplatten für das Bauwesen; Begriff, Eigenschaften, Prüfung, Überwachung
DIN 68 764 Teil 1	Spanplatten; Strangpreßplatten für das Bauwesen; Begriff, Eigenschaften, Prüfung, Überwachung
DIN 68 764 Teil 2	Spanplatten; Strangpreßplatten für das Bauwesen; Beplankte Strangpreßplatten für die Tafelbauart
DIN 68 765	Spanplatten; kunststoffbeschichtete dekorative Flachpreßplatten für allgemeine Zwecke; Begriff, Anforderungen
DIN 68 791	Großflächen-Schalungsplatten aus Sperrholz für Beton und Stahlbeton

3 Hinweise auf sonstige Vorschriften

Richtlinie zur Anwendung des Traglastverfahrens im Stahlbau, Deutscher Ausschuß für Stahlbau (DASt Ri 008)

Holzhäuser in Tafelbauart, Bemessung und Ausführung, Ergänzung zu DIN 1052 – Holzbauwerke, Berechnung und Ausführung (wird abgelöst durch ein Folgeteil von DIN 1052)

Bauaufsichtliche Richtlinie über die brandschutztechnischen Anforderungen an Lüftungsanlagen in Gebäuden

Richtlinien für die Bemessung und Ausführung von Spannbetonbauteilen unter Berücksichtigung von DIN 1045 „Beton- und Stahlbetonbau; Bemessung und Ausführung" als vorläufiger Ersatz für die im März 1974 zurückgezogene Norm DIN 4227

Ergänzende Bestimmungen zu DIN-Normen im Bauwesen und im Wasserwesen, die noch nicht auf gesetzliche Einheiten umgestellt sind (Fassung Dezember 1977), Beuth-Vertriebsnummer 10930.

4 Hinweise für die Verwendung von Baustoffen

Das Brandverhalten von Baustoffen und die Feuerwiderstandsdauer von aus diesen Baustoffen hergestellten Konstruktionen hängen im wesentlichen von der Beschaffenheit des jeweils verwendeten Baustoffes ab. Die gewünschte Klassifizierung wird nur dann erreicht, wenn der verwendete Baustoff in gleichbleibender Beschaffenheit ordnungsgemäß eingebaut wird. Abweichungen – zum Beispiel im Gehalt brennbarer Bestandteile, in der Rohdichte, in der Wärmeleitfähigkeit, in den Abmessungen usw. – sind nur zulässig im Rahmen

1. der für den Baustoff gültigen Normen und
2. der in Prüfbescheiden angegebenen „Besonderen Bestimmungen",

sofern im folgenden keine weitergehenden Einschränkungen gemacht werden.

Die in dieser Norm angegebenen Baustoffklassen gelten nur für den Baustoff selbst. Der Verbund von brennbaren Baustoffen mit anderen brennbaren oder nichtbrennbaren Baustoffen kann das Brandverhalten so ungünstig beeinflussen, daß die angegebene Baustoffklasse nicht mehr zutreffend ist. Es ist daher erforderlich, das Brandverhalten von Baustoffverbunden nach DIN 4102 Teil 1 besonders nachzuweisen.

Anmerkungen:

1. *Nach den Prüfzeichenverordnungen der Länder bedürfen Baustoffe der Klasse A, soweit sie brennbare Bestandteile enthalten, und Baustoffe der Klasse B 1 eines Prüfzeichens des Instituts für Bautechnik in Berlin, sofern sie nicht im Anhang zur Prüfzeichenverordnung ausgenommen sind.*

   Für die prüfzeichenpflichtigen Baustoffe ist eine Überwachung/Güteüberwachung mit entsprechender Kennzeichnung erforderlich.

   Im übrigen gilt die Kennzeichenpflicht nach DIN 4102 Teil 1.
2. *Die in Prüfbescheiden oder Prüfzeugnissen angegebenen Baustoffklassen gelten jeweils nur für den genannten Verbund. Bei Verwendung in Verbindung mit anderen Stoffen kann die angegebene Baustoffklasse verloren gehen, wenn andere brennbare oder nichtbrennbare Stoffe und/oder ungeeignete Verbindungsmittel verwendet werden.*
3. *Nach bauaufsichtlichen Vorschriften müssen u. a. Bekleidungen, Dämmschichten und Bauteiloberflächen bestimmte Mindestbaustoffklassen besitzen; sie sind einzuhalten, sofern nach DIN 4102 Teil 4 nicht höhere Anforderungen erfüllt werden müssen.*

5 Hinweise für die Bemessung von Bauteilen und Sonderbauteilen

5.1 Allgemeines

5.1.1 Die Feuerwiderstandsdauer eines Bauteils hängt im wesentlichen von folgenden Einflüssen ab:

1. Verwendeter Baustoff oder Baustoffverbund,
2. Bauteilabmessungen, Schlankheit,
3. Konstruktionsart (Anschlüsse, Auflager, Halterungen, Befestigungen, Fugen, Verbindungsmittel usw.),
4. Statisches System (statisch bestimmte oder unbestimmte Lagerung, einachsige oder zweiachsige Lastabtragung, Einspannungen usw.),
5. Höhe der Spannungen bzw. Kräfte, mit denen das Bauteil – gegebenenfalls mittig oder ausmittig – belastet wird, und
6. Anordnung von Bekleidungen (Ummantelungen, Putze, Unterdecken, Vorsatzschalen usw.).

5.1.2 Die folgenden Tabellenwerte gelten immer nur unter den angegebenen Voraussetzungen.

Änderungen im System oder im Detail können zu einer Verminderung der angegebenen Feuerwiderstandsklasse führen.

Entwurf DIN 4102 Teil 4 Seite 7

5.1.3 Die Klassifizierung von Einzelbauteilen setzt voraus, daß die Gesamtkonstruktion – dazu gehören u. a. auch Auflager, Unterstützungen, statisch bedeutsame Aussteifungen und Verbände – einen entsprechenden Feuerwiderstand aufweist. Aussteifungen und Verbände, die ausschließlich zur Aufnahme von Windkräften dienen, gelten im Sinne dieser Bestimmungen nicht als statisch bedeutsam; das gleiche gilt für Bauteile, die nur im Montagezustand tragend wirken.

5.1.4 Die folgenden Tabellenwerte gelten nur in brandschutztechnischer Hinsicht. Andere Bestimmungen – zum Beispiel hinsichtlich Mindestabmessungen, Überdeckung der Bewehrung aus Korrosionsgründen usw. – bleiben unberührt.

Einige der folgenden Tabellenwerte haben wegen solcher schon bestehender Vorschriften daher nur theoretische Bedeutung.

5.2 Hinweise für die Bemessung von Beton-, Stahlbeton- und Spannbetonbauteilen

5.2.1 Beton-Zuschlag, Abplatzverhalten

Das Brandverhalten und insbesondere die Wärmeleitung von Beton hängen im wesentlichen von der Art des Zuschlags ab. Nachfolgend wird unterschieden zwischen:

Normalbeton mit überwiegend quarzhaltigem Zuschlag,

Normalbeton mit vorwiegend karbonathaltigem Zuschlag und

Leichtbeton.

Sofern in den folgenden Tabellen Angaben über Normalbeton gemacht werden, handelt es sich immer um übliche Betone mit überwiegend quarzhaltigem Zuschlag. Die Tabellen wurden für den Normalfall für Beton mit einem Feuchtigkeitsgehalt ≦ 4 Gew.-% so aufgestellt, daß **zerstörende** Abplatzungen ausgeschlossen werden können. Soweit die Tabellenwerte durch besondere Angaben nicht eingeschränkt werden, gelten die Angaben auch für Normalbeton mit einem Feuchtigkeitsgehalt > 4 Gew.-%. Feuchtigkeitsgehalte > 4 Gew.-% liegen nur in Sonderfällen vor, zum Beispiel in feuchten Räumen oder Tiefbauten.

Sofern in den folgenden Abschnitten keine Einschränkungen gemacht werden, dürfen bei Verwendung von Beton mit mehr als 80 % karbonathaltigem Zuschlag alle Tabellenwerte um 10 % abgemindert werden. Die Tabellenwerte für F 30 dürfen jedoch nicht unterschritten werden.

Da über das Abplatzverhalten und den Feuchtigkeitsgehalt von Leichtbeton mit geschlossenem Gefüge noch nicht genügend Erkenntnisse vorliegen, können für derartige Konstruktionsleichtbetone noch keine allgemeingültigen Bemessungsrichtlinien angegeben werden.

Leichtbeton mit nicht geschlossenem Gefüge und Gasbeton nach DIN 4164 zeigen bei Brandbeanspruchung keine Abplatzerscheinungen; sie werden im folgenden daher behandelt.

5.2.2 Betondeckung der Bewehrung

Die Betondeckung der Bewehrung ist der Abstand der Staboberfläche bis zur Bauteiloberfläche. In brandschutztechnischer Hinsicht schützt sie die Bewehrung vor übermäßiger Erwärmung. Sie soll das Erreichen der kritischen Stahltemperatur – siehe Abschnitt 5.2.4 – so lange verzögern, bis die geforderte Feuerwiderstandszeit erreicht wird.

Wenn die Betondeckung des am nächsten zur Bauteiloberfläche liegenden Bewehrungsstabes > 40 mm ist, ist die Betondeckung in bestimmten Fällen mit geschweißten Betonstahlmatten zu bewehren: Stabdurchmesser ≧ 2,5 mm, Maschenweite ≧ 150 X 150 mm, Betondeckung der Schutzbewehrung etwa 15 mm. Bei welchen Bauteilen die vorstehende Bestimmung eingehalten werden muß, geht aus den folgenden Tabellen hervor.

Umschließungsbügel dürfen als Schutzbewehrung herangezogen werden, sofern sie aufgrund brandschutztechnischer Forderungen nicht eine größere Betondeckung besitzen müssen.

5.2.3 Achsabstand der Bewehrung zur beflammten Oberfläche, Putzbekleidungen

Für die Ermittlung einer Feuerwiderstandsklasse ist der Abstand u zwischen der Längsachse der Bewehrungsstäbe oder Spannglieder und der beflammten Betonoberfläche – im folgenden Achsabstand genannt – maßgebend.

Sofern sich die in den folgenden Tabellen angegebenen Achsabstände nur auf einen Bewehrungsstahl mit einem bestimmten T_{krit} gemäß Abschnitt 5.2.4 beziehen und im Bauteil ein Bewehrungsstahl mit einer anderen kritischen Stahltemperatur verwendet werden soll, dann muß der angegebene Achsabstand der gewählten kritischen Stahltemperatur angepaßt werden. Als Korrekturwert gilt:

$$\Delta u = 10 \text{ mm für } \Delta T_{krit} = 100 \text{ °C}$$

Der Korrekturwert Δu darf auch dann angewendet werden, wenn der gewählte Stahl geringer als in Spalte 3 von Tabelle 2 angegeben ausgenutzt wird; T_{krit} kann in solchen Fällen den Bildern 1 und 2 entnommen werden.

Wenn bei Stahlbeton- oder Spannbetonbauteilen die mögliche Betondeckung oder der Achsabstand der Bewehrung konstruktiv begrenzt sind oder Bauteile in brandschutztechnischer Hinsicht nachträglich verstärkt werden müssen, so kann der für höhere Feuerwiderstandsklassen verlangte Achsabstand durch Putzbekleidungen gemäß Tabelle 1 ersetzt werden. Voraussetzungen sind jedoch, daß

1. der vorhandene Achsabstand wenigstens für F 30 ausreicht,
2. die zulässige Putzdicke nach Tabelle 1 nicht überschritten wird,
3. die Haftung der Putze bei Verwendung von Putzen ohne Putzträger wie Drahtgewebe u. ä. entsprechend den Angaben von Abschnitt 5.4.1 nachgewiesen wird bzw.
4. bei Verwendung von Putzträgern wie Drahtgewebe u. ä. die Verankerung der Putzträger am Bauteil ausreichend ist.

5.2.4 Art des Bewehrungsstahls

Jeder Stahl erleidet eine Festigkeitsminderung, wenn er hohen Temperaturen ausgesetzt ist. Der Festigkeitsabfall ist bei nachbehandelten hochfesten Beton- und Spannstählen stärker als bei kohlenstoffarmen Stählen. T_{krit} ist die Temperatur, bei der die Fließgrenze des Stahls auf die im Bauteil vorhandene Stahlspannung ab-

Seite 8 Entwurf DIN 4102 Teil 4

Tabelle 1. **Richtwerte für Putzdicken als Ersatz für Betondeckung bzw. Achsabstand**

Zeile	Putzart	Ersatzdicke des Putzes für 10 mm Normalbeton mm	maximal zulässige Putzdicke mm
1	Putze nach Abschnitt 5.4.1:		25
1.1	Putzmörtel der Gruppe II und IV c	15	
1.2	Putzmörtel der Gruppe IV a – b	10	
2	Putze nach Abschnitt 5.4.2	8	25 [1)]
3	Putze nach Abschnitt 5.4.3	4	30 [1)]

[1)] gemessen über Putzträger

sinkt. In den Temperaturbereichen, die bei Brandbeanspruchung erreicht werden, ist die Differenz zwischen Fließgrenze und Zugfestigkeit gering; beide können etwa gleichgesetzt werden.

In den Bildern 1 und 2 ist der temperaturbedingte Festigkeitsabfall einiger typischer Beton- und Spannstähle dargestellt.

Bei Betonstahl unter Gebrauchsspannung wird der Sicherheitsbeiwert $v = 1{,}75$ auf die Fließgrenze β_S bezogen. Die Kurven des Bildes 1 sind daher auf die Fließgrenze bei Normaltemperatur abgestimmt.

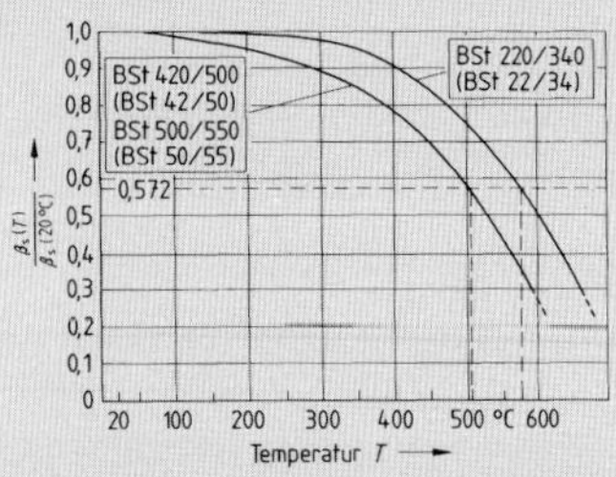

Bild 1. Abfall des Verhältnisses $\beta_S(T)/\beta_S$ (20 °C) von Betonstählen in Abhängigkeit von der Temperatur

Da bei Spannstählen die im Gebrauchszustand zulässigen Spannungen im allgemeinen auf die Zugfestigkeit β_Z bezogen werden, wurden die Kurven des Bildes 2 auf die Zugfestigkeit bei Normaltemperatur abgestimmt.

Es ist z. Z. noch nicht möglich, für alle auf dem Markt befindlichen Spannstähle Kurvenverläufe entsprechend Bild 2 anzugeben. Bis zur Neubearbeitung von Bild 2 müssen Spannstähle mit noch nicht bekanntem oder nicht hinreichend bekanntem temperaturabhängigen Festigkeitsabfall den Stählen des Bildes 2 auf der sicheren Seite zugeordnet werden.

Sofern jedoch ausreichend gesicherte Versuchsergebnisse für einzelne Spannstahlsorten vorliegen, können diese verwendet werden.

Wenn für den Abfall der Fließgrenze von Betonstählen bzw. für den Abfall der Zugfestigkeit von Spannstählen

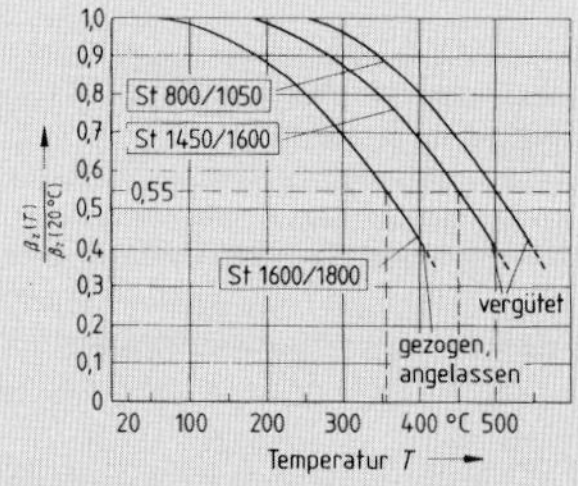

Bild 2. Abfall des Verhältnisses β_Z $(T)/\beta_Z$ (20 °C) von Spannstählen in Abhängigkeit von der Temperatur

keine anderen Werte als in Bild 1 und 2 angegeben werden können und wenn keine höheren Sicherheiten ($0{,}572\,\beta_S$ entsprechend $v = 1{,}75$ bei Betonstählen und $0{,}55\,\beta_Z$ bei Spannstählen) verwendet werden, so können für den Gebrauch in der Praxis die in Tabelle 2 angegebenen kritischen Stahltemperaturen benutzt werden.

5.2.5 Baustoffklasse, Abstandhalter der Bewehrung

Beton, Stahlbeton und Spannbeton gehören entsprechend Abschnitt 6.1.1 zur Baustoffklasse A 1. Diese Klassifizierung geht auch dann nicht verloren, wenn die Bewehrung durch übliche Kunststoffabstandhalter der Baustoffklasse B in der gewünschten Lage gehalten wird.

Abstandhalter von Schalungen, die gleichzeitig Abstandhalter der Bewehrung darstellen können, durchdringen im allgemeinen ganze Bauteile. Derartige Abstandhalter – insbesondere solche aus Baustoffen der Klasse B – bedürfen eines Nachweises der Eignung in brandschutztechnischer Sicht, wenn sie bei raumabschließenden Betonbauteilen verwendet werden.

5.3 Hinweise für die Bemessung von Stahlbauteilen

5.3.1 Ungeschützter Stahl

Bei Brandbeanspruchung gemäß DIN 4102 Teil 2 wird ungeschützter Stahl sehr schnell erwärmt. Die Erwärmungsgeschwindigkeit beträgt – von wenigen Sonderfällen abgesehen – stets > 30 °C/min. Ungeschützte Stahlbauteile erreichen in der Regel daher nur Feuerwiderstandszeiten < 30 Minuten und können daher nach

Entwurf DIN 4102 Teil 4 Seite 9

Tabelle 2. **Gebräuchliche Werte von T_{krit} von Bewehrungsstählen**

Zeile	1	2	3	4
	Stahl- Art	Stahl- Güte	Beanspruchung [1)]	kritische Stahltemperatur in °C
1	Betonstähle	BSt 220/340	$0{,}572 \cdot \beta_S$ entsprechend $\nu = 1{,}75$	570
2		BSt 420/500		500
3		BSt 500/550		500
4	Spannstähle	St 600/ 900 St 800/1050 St 850/1050 St 900/1100	$0{,}55 \cdot \beta_Z$	500
5		St 1100/1250 St 1100/1350 St 1250/1400 St 1350/1500 St 1450/1600		450
6	Spannstahl-Drähte oder -Litzen	St 1400/1600 St 1500/1700 St 1600/1800		350

[1)] Wegen anderer Beanspruchungen siehe Bild 1 und Bild 2 und Abschnitt 5.2.3.

dieser Norm in keine Feuerwiderstandsklasse eingestuft werden.

Anmerkung: Es ist jedoch möglich, durch geeignete Randbedingungen – z. B. durch die Wahl geringer Spannungen und kleiner U/F-Werte sowie durch die Verwendung von Verbundsystemen – auch eine Feuerwiderstandsdauer von ≧ 30 Minuten *zu erreichen; in derartigen Fällen ist die Feuerwiderstandsklasse durch Prüfungen nach DIN 4102 Teil 2 nachzuweisen.*

5.3.2 Bekleideter Stahl

5.3.2.1 Allgemeines

Wenn Stahlbauteile einer Feuerwiderstandsklasse angehören müssen, so können die Forderungen mit Hilfe von Bekleidungen erfüllt werden.

Bei Brandbeanspruchung steigt die Temperatur eines ummantelten Stahlprofils um so schneller an, je größer die dem Feuer ausgesetzte Oberfläche im Verhältnis zum Stahlquerschnitt ist. Große Stahlquerschnitte erfahren daher bei gleicher Bekleidungsdicke und gleicher beflammter Fläche eine langsamere Erwärmung und besitzen dementsprechend eine größere Feuerwiderstandsdauer als weniger massige Querschnitte. Zur Bemessung der Bekleidungsdicke wird der Verhältniswert U/F verwendet. Dabei muß unterschieden werden, ob es sich um eine profilfolgende oder kastenförmige Ummantelung bei drei- oder vierseitiger Brandbeanspruchung handelt.

5.3.2.2 Berechnung des Wertes U/F

Der Wert U/F mit der Dimension 1/m errechnet sich wie folgt:

Bei vierseitiger Beflammung und **profilfolgender** Ummantelung ist

$$U/F = A/F \qquad (1)$$

wenn

A die Abwicklung und

F die Querschnittsfläche des Profils sind.

Bei vierseitiger Beflammung und **kastenförmiger** Ummantelung ist

$$U/F = \frac{2\,h + 2\,b}{F} \qquad (2)$$

wenn

h und b die Querschnittshöhe und -breite, z. B. von I-Profilen darstellen.

Bei dreiseitiger Beflammung und **profilfolgender** Ummantelung ergibt sich

$$U/F = \frac{A - b}{F} \qquad (3)$$

wobei A, b und F die schon erläuterten Querschnittsabmessungen oder Kennwerte darstellen.

Bei Trägern wird der dem Feuer zugekehrte Flansch bzw. das dem Feuer am stärksten zugekehrte Profilteil am meisten erhitzt. Ein Versagen des gesamten Profils kann dann auch in Abhängigkeit von der Erwärmung dieses Profilteiles erfolgen. Aufgrund dieser Tatsachen ist ein modifizierter U/F-Wert nach Gleichung (3a) zu berechnen.

$$(U/F)_{\text{mod.}} = \frac{200}{t} \qquad (3a)$$

Hierin ist t die Dicke des in Frage stehenden Profilteiles in cm.

Seite 10 Entwurf DIN 4102 Teil 4

Für die Berechnung der Feuerwiderstandsdauer oder die Ermittlung einer erforderlichen Ummantelungsdicke für eine bestimmte Feuerwiderstandsdauer ist stets der größere Wert zu verwenden.

Bei dreiseitiger Beflammung und **kastenförmiger** Ummantelung ist

$$U/F = \frac{2\,h + b}{F} \qquad (4)$$

Tabelle 3 enthält einige Beispiele für verschiedene U/F-Werte bei Stahlprofilen mit I-Querschnitten, wie sie bei der Prüfung nach DIN 4102 Teil 2 verwendet werden.

5.3.2.3 Kennwerte der Bekleidung

Maßgebend für die Erwärmung von Stahlprofilen sind nicht nur die vorstehend beschriebenen U/F-Werte, sondern auch die Kennwerte der Bekleidung; hierzu gehören u. a. die Stoffwerte wie Rohdichte, Wärmeleitzahl und spezifische Wärme. Je kleiner die Temperaturleitfähigkeit ist und je dickere Ummantelungen verwendet werden, desto langsamer erfolgt die Erwärmung der Stahlprofile.

Detaillierte Angaben über die Verwendung verschiedener Bekleidungen sind in den folgenden Abschnitten enthalten.

5.3.2.4 Haftung und Verankerung von Bekleidungen

Voraussetzung für die Wirksamkeit von Bekleidungen ist eine ausreichende Haftung bzw. Verankerung der Bekleidungen, die auch während der Brandbeanspruchung erhalten bleiben muß.

Bei Putzbekleidungen nach dieser Norm wird vorausgesetzt, daß bei Verwendung von Putzträgern wie Drahtgewebe u. ä. die Verankerung der Putzträger am Bauteil ausreichend ist.

Bei sonstigen Bekleidungen ist die ausreichende Verankerung am Bauteil durch Prüfungen nach DIN 4102 Teil 2 nachzuweisen – ausgenommen hiervon sind die in diesem Teil der Norm aufgeführten Bekleidungsarten.

5.3.2.5 Ausführungshinweise

Bei der Ausführung von bekleideten Stahlbauteilen sind folgende Bedingungen einzuhalten:

1. Werden an tragenden oder aussteifenden Stahlbauteilen Stahlbauteile angeschlossen, an die keine Brandschutzforderungen gestellt werden, so sind die Befestigungen und angrenzenden Teile auf einer Länge gerechnet vom Rand des zu schützenden Bauteils

bei den Feuerwiderstandsklassen F 30 bis F 90 von wenigstens 30 cm und

bei den Feuerwiderstandsklassen F 120 bis F 180 von wenigstens 60 cm

mitzubekleiden. Die Brauchbarkeit von Anschlüssen, bei denen diese Abmessungen nicht eingehalten werden können, ist durch Prüfungen nach DIN 4102 Teil 2 nachzuweisen.

2. Sofern keine genauen Nachweise über die Mindestbekleidungsdicke von Nieten, Schrauben oder HV-Schrauben vorliegen, müssen diese Verbindungsmittel mindestens in derselben Dicke wie die angeschlossenen Profile bekleidet werden.

3. Sofern zum Beispiel in Stegen von I-Profilen Aussparungen vorhanden sind, müssen die Ränder solcher Aussparungen in derselben Dicke wie die übrigen Profilteile geschützt werden.

4. Werden Rohre, Leitungen o. ä. durch Aussparungen geführt, so muß durch ihre Feuerwiderstandsdauer sichergestellt werden, daß diese Leitungen die Bekleidung nicht beschädigen.

Rohre, Leitungen und dergleichen sind daher im Bereich von Aussparungen gegebenenfalls durch Abhängung oder Auflagerung mit nichtbrennbaren Konstruktionsteilen so zu befestigen, daß sie keine ungünstig wirkenden Verformungen erfahren oder ganz versagen.

5.3.3 Kritische Stahltemperatur T_{krit} bei Baustählen St 37 und St 52

5.3.3.1 T_{krit} bei auf Biegung beanspruchten Baustählen

Bei auf Biegung beanspruchten Baustählen ist die kritische Stahltemperatur T_{krit} die Temperatur, bei der die Fließgrenze des Stahles auf die im Bauteil vorhandene Stahlspannung absinkt. T_{krit} kann wie folgt ermittelt werden:

Tabelle 3. **Beispiele für U/F-Werte bei verschiedenen Trägern oder Stützen mit verschiedener Ummantelungsform**

1	2	3	4	5	6
	U/F bei				
	vierseitiger Beflammung		dreiseitiger Beflammung		
Profil-Bezeichnung	profilfolgend	kastenförmig	profilfolgend	kastenförmig	Bemerkungen
–	1/m		1/m		–
IPE 140	336	260	291	215	Die Werte in Spalte 4 bis 5 sind für Prüfungen von Trägern nach DIN 4102 Teil 2 maßgebend.
I 280	158	131	139	111	
IPBv 220	89	63	77	47	
IPE 220	254	198	221	165	Die Werte in Spalte 2 bis 3 sind für Prüfungen von Stützen nach DIN 4102 Teil 2 maßgebend.
IPB 180	159	110	143	83	
IPBv 200	92	65	80	49	

Entwurf DIN 4102 Teil 4 Seite 11

Fall 1: Bei Stahlbauteilen, die aufgrund eines Spannungsnachweises – auch nach den vereinfachten Gleichungen nach DIN 1050, Ausgabe 1968, Abschnitt 5.3.3 – berechnet werden, kann T_{krit} gemäß Bild 3 als Funktion von

$$\frac{\sigma_F\ (T)}{\sigma_F\ (20\ °C) \cdot f \cdot \varkappa} \qquad (5)$$

angegeben werden. Hierin sind:

$\sigma_F\ (T)$ temperaturabhängige Fließgrenze des Stahles; sie ist identisch der Stahl-Gebrauchsspannung zum Versagenszeitpunkt.

σ_F (20 °C) Fließgrenze des Stahles bei Raumtemperatur von 20 °C

f Formfaktor gemäß Tabelle 4

$\varkappa$ Systembeiwert:

Bei statisch bestimmten Systemen ist $\varkappa = 1$.

Bei statisch unbestimmten Systemen ist $\varkappa \geqq 1$;

$\varkappa$-Werte > 1 sind durch Prüfungen nach DIN 4102 Teil 2 zu bestimmen.

Bei Durchlaufträgern, die über drei oder mehr Stützen durchlaufen und miteinander biegefest verbunden sind, ist bei Stützweiten min. $l \geqq 0{,}8$ max. l und bei gleich großer Belastung, siehe DIN 1050, Ausgabe 1968, Abschnitt 5.3.3.1, $\varkappa = 1$ zu wählen; entsprechendes gilt für Träger gemäß DIN 1050, Ausgabe 1968, Abschnitt 5.3.3.2.

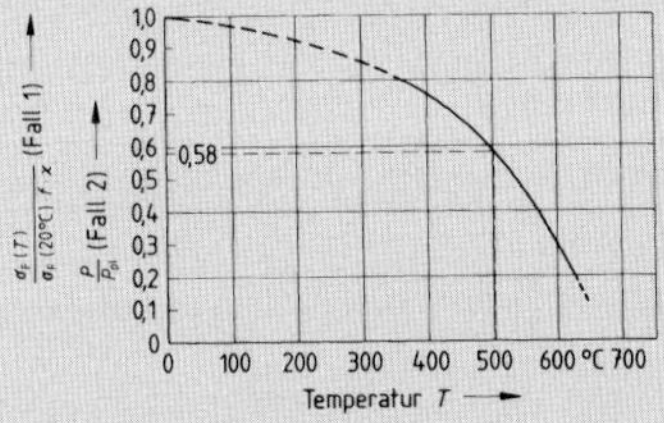

Bild 3. Temperaturabhängiger Abfall der bezogenen Fließgrenze bei auf Biegung beanspruchten Baustählen St 37 und St 52

Tabelle 4. **Formfaktor für unterschiedliche Profilformen**

Profil	I	□ 1:1	□ 1:2	○	▨	●
f	1,1 [1]	1,18	1,26	1,27	1,50	1,70

[1] Genauere Werte in Abhängigkeit von der Profilhöhe können der Richtlinie 008 des Deutschen Ausschusses für Stahlbau (DASt-Ri 008), Tabelle 3, entnommen werden.

Bei $\varkappa = 1$ ergibt sich bei einem I-Profil mit $f = 1{,}1$ und $\sigma = 160$ N/mm² = zul σ für St 37 (bzw. 240 N/mm² = zul σ für St 52) bei einer Fließgrenze σ_F (20 °C) = 240 N/mm² (bzw. 360 N/mm² für St 52) ein Wert nach (5) von rd. 0,58; die kritische Stahltemperatur ist danach aus Bild 3 mit T_{krit} = 500 °C ablesbar.

Fall 2: Bei Stahlbauteilen, die nach dem Traglastverfahren gemäß DASt-Ri 008 bemessen werden, gelten die vorstehenden Angaben ebenfalls, wenn man anstelle des Ausdruckes (5) den Wert P/P_{pl} einsetzt,

wobei

P die Gebrauchslast darstellt und

P_{pl} die plastische Grenzlast bedeutet.

Wenn für die Fälle 1 und 2 keine anderen Werte als in Bild 3 dargestellt angegeben werden können und wenn keine niedrigeren Spannungen als zul σ nach DIN 1050 verwendet werden, so ist für den Gebrauch in der Praxis bei auf Biegung beanspruchten I-Profilen im allgemeinen mit einer kritischen Stahltemperatur von T_{krit} = 500 °C zu rechnen.

Alle folgenden Bemessungstabellen für auf Biegung beanspruchte Bauteile wurden daher für T_{krit} = 500 °C aufgestellt. Sofern andere Ausnutzungsgrade gewählt und damit andere Werte von T_{krit} maßgebend werden, sind die in den Bemessungstabellen jeweils angegebenen Mindestbekleidungsdicken entsprechend den Angaben von Tabelle 5 abzumindern oder zu erhöhen.

Tabelle 5. **Abminderung bzw. Erhöhung der Bekleidungsdicke in Abhängigkeit von ΔT_{krit} bei auf Biegung beanspruchten Stahlbauteilen**

Feuerwiderstandsklasse	ΔT_{krit} °C	U/F l/m	$\Delta d_{Bekleidung}$ in mm bei einer Bekleidung nach Abschnitt 5.4.2 Putz nach DIN 18 550 bei Verwendung von Mörtelgruppe II oder IV c	IV a bis b	Abschnitt 5.4.3 Vermiculite- oder Perlite-Putz
F 30 bis F 90	100	< 60	1	1	2
		60 – 99	1	2	3
		≧ 100	2	3	4
F 120 bis F 180	100	< 60	1	2	3
		60 – 99	2	3	4
		≧ 100	3	4	5

5.3.3.2 T_{krit} bei auf Druck beanspruchten Baustählen

Alle folgenden Bemessungstabellen für auf Druck beanspruchte Stahlbauteile sind ebenfalls für T_{krit} = 500 °C aufgestellt. Eine Abminderung der Bekleidungsdicke nach den Angaben für auf Biegung beanspruchte Bauteile ist nicht zulässig.

5.3.3.3 T_{krit} bei auf Zug beanspruchten Baustählen

Bei auf Zug beanspruchten Stahlbauteilen tritt der Bruch im allgemeinen bei ebenfalls ≧ 500 °C ein. Wegen des Warmkriechens der Stähle und wegen des im allgemeinen geringen Dehnvermögens der Bekleidungen sind Einschränkungen zu beachten, siehe Abschnitt 7.6.

5.3.4 Kritische Stahltemperatur T_{krit} bei anderen Baustählen

Die kritische Temperatur von Baustählen, die nicht in Abschnitt 5.3.3 behandelt sind, ist durch Prüfungen zu ermitteln.

5.4 Hinweise für die Bemessung von Bekleidungen und Dämmschichten

5.4.1 Putze ohne Putzträger

Sofern Putze ohne Putzträger als brandschutztechnisch wirksame Bekleidung verwendet werden sollen, sind ausreichend haftende Putze der Mörtelgruppe II oder IV nach DIN 18 550 zu verwenden. Eine ausreichende Haftung am Untergrund liegt vor, wenn die Bestimmungen von Tabelle 6 eingehalten werden.

Kann eine ausreichende Haftung durch Spritzbewurf, Maschinenputz oder andere Maßnahmen nicht garantiert werden, so müssen Putze auf Putzträgern nach Abschnitt 5.4.2 bis Abschnitt 5.4.4 verwendet werden.

5.4.2 Putze mit nichtbrennbaren Putzträgern

Die in Abschnitt 5.4.1 aufgezählten Putze nach DIN 18 550 verhalten sich brandschutztechnisch günstiger, wenn sie auf nichtbrennbaren Putzträgern, zum Beispiel aus Drahtgewebe, Ziegeldrahtgewebe, Streckmetall oder Rippenstreckmetall, aufgebracht werden. Die Einbaurichtlinien der Hersteller solcher Putzträger, insbesondere hinsichtlich der maximalen Spannweite, sind zu beachten, sofern im folgenden keine weitergehenden Einschränkungen gemacht werden.

Der Putzträger muß ausreichend am zu schützenden Bauteil verankert werden. Stöße von Putzträgern sind aus Brandschutzgründen stets mit Überlappungen von ≈ 100 mm auszuführen, wobei die einzelnen Putzträgerbahnen miteinander durch Verrödelung mit Draht zu verbinden sind.

Tabelle 6. **Maßnahmen zur ausreichenden Haftung von Putzen ohne Putzträger**

<table>
<tr><td></td><td>1</td><td>2</td><td>3</td><td>4</td><td>5</td><td>6</td><td>7</td><td>8</td><td>9</td></tr>
<tr><td rowspan="4">Zeile</td><td rowspan="4">Putzart</td><td rowspan="4">Auftrags-art</td><td colspan="7">erforderlicher Haftgrund bei</td></tr>
<tr><td colspan="2" rowspan="2">Mauerwerk nach DIN 1053 mit Ziegel- oder Steinaußenflächen</td><td rowspan="3">Betonbauteilen nach DIN 4028 und DIN 4223</td><td colspan="3">Beton nach DIN 1045</td><td rowspan="3">Stahlbauteilen nach DIN 1050 unter Verwendung von Profilstahl oder Blechen 3)</td></tr>
<tr><td rowspan="2">unter Verwendung von rauher Holzschalung</td><td rowspan="2">in Verbindung mit Zwischenbauteilen nach DIN 4158-59 und DIN 278</td><td rowspan="2">unter Verwendung von glatter Schalung aus Stahl oder kunststoffbeschichteten Schalttafeln</td></tr>
<tr><td>≦240 x 115</td><td>>240 x 115</td></tr>
<tr><td>1</td><td>Putz gemäß DIN 18 550 bei Verwendung von Mörtel der Gruppe II und IV c</td><td>von Hand</td><td colspan="5">Spritzbewurf 2)</td><td rowspan="3">Nachweis durch Prüfungen 4)</td><td rowspan="3">Nachweis durch Prüfungen 4)</td></tr>
<tr><td>2</td><td rowspan="2">Putz gemäß DIN 18 550 bei Verwendung von Mörtel der Gruppe IV a und IV b</td><td>von Hand</td><td colspan="5">Spritzbewurf 2)</td></tr>
<tr><td>3</td><td>maschinell: Maschinenputzgips nach DIN 1168</td><td>keine besonderen Maßnahmen 1)</td><td colspan="4">Spritzbewurf 2)</td></tr>
<tr><td>4</td><td>sonstige Putze</td><td>von Hand oder maschinell</td><td colspan="7">Nachweis durch Prüfungen 4)</td></tr>
</table>

1) Eine gute Verzahnung des Putzes in den Fugen muß gewährleistet sein.
2) Der Spritzbewurf muß DIN 18 550 entsprechen und ≧ 5 mm dick sein.
3) Gilt sinngemäß auch für Trapezbleche u. ä.
4) Gemäß Fußnote 1 von DIN 4102 Teil 2 kann die Brauchbarkeit von Putzbekleidungen, die nicht durch Putzträger (Rippenstreckmetall, Drahtgewebe o. ä.) am Bauteil gehalten werden, nicht allein nach DIN 4102 Teil 2 beurteilt werden; es sind weitere Nachweise zu erbringen (z. B. im Rahmen der Erteilung einer allgemeinen bauaufsichtlichen Zulassung).

Die Putzdicke wird als Mindestputzdicke über Putzträger angegeben. Alle folgenden Tabellenwerte gehen davon aus, daß der Putz den Putzträger voll ausfüllt und mehr als 10 mm – bei Putzen nach Tabelle 52 mehr als 5 mm – im Minimum durchdringt, so daß die Gesamtputzdicke im allgemeinen ≧ 10 mm – bei Tabelle 52 ≧ 5 mm – dicker als die Putzdicke über Putzträger ist.

5.4.3 Vermiculite- oder Perliteputze mit nichtbrennbaren Putzträgern

Die in Abschnitt 5.4.2 gemachten Angaben gelten sinngemäß auch für Vermiculite- oder Perliteputze, die in folgenden Zusammensetzungen verwendet werden dürfen:

Zweilagiger Vermiculite- oder Perlite-Zementputz oder

Zweilagiger Vermiculite- oder Perlite-Gipsputz mit folgenden Mischungsverhältnissen:

Der Mörtel für den mindestens 10 mm dicken Unterputz muß aus 1 Rtl. Zement nach DIN 1164 Teil 1 oder 3 Rtl. Baugips nach DIN 1168 Teil 1 und Teil 2 und 4 bis 5 Rtl. geblähtem (expandiertem) Vermiculite, etwa der Körnung 3/6 mm, oder Perlite, etwa der Körnung 0/3 mm, bestehen. Der Mörtel für den etwa 5 mm dicken geglätteten Oberputz muß entsprechend aufgebaut sein, wobei Vermiculite- oder Perlite-Körnungen 0/3 mm mit einem Anteil von mindestens 70% der Körnung 1/3 zu verwenden sind.

Zur besseren Verarbeitung darf sowohl beim Ober- als auch beim Unterputz bis zu 20 % des Zements durch Kalkhydrat ersetzt werden. Die Rohdichte des expandierten Vermiculites und Perlites darf bei loser Einfüllung höchstens 0,13 kg/dm³ betragen.

Wird Fertigmörtel geliefert, so ist auf der Verpackung, dem Lieferschein oder in anderer geeigneter Weise seine Zusammensetzung und das Mischungsverhältnis anzugeben.

5.4.4 Putze auf Holzwolleleichtbauplatten oder Gipskartonputzträgerplatten

Die in Abschnitt 5.4.2 und Abschnitt 5.4.3 genannten Putze können auch auf Holzwolleleichtbauplatten nach DIN 1101 aufgebracht werden; Gipsputze können auch im Zusammenhang mit Gipskartonputzträgerplatten verwendet werden.

Bei Verwendung derartiger Putzträger sind ebenfalls die Einbaurichtlinien der Hersteller – insbesondere hinsichtlich der maximalen Spannweite – zu beachten, sofern im folgenden keine weitergehenden Einschränkungen gemacht werden.

5.4.5 Unterdecken

5.4.5.1 Allgemeines

Die nachfolgend behandelten Unterdecken mit den in Bild 4 angegebenen Bezeichnungen verleihen tragenden Decken aus Stahl, Stahlbeton, Spannbeton oder Holz eine bestimmte Feuerwiderstandsklasse; sie können in bestimmten Fällen auch allein einer Feuerwiderstandsklasse angehören. Für die Ausführung gelten die Normen DIN 18 168 und DIN 4121. Aus Gründen des Brandschutzes sind darüber hinaus die folgenden Bestimmungen einzuhalten:

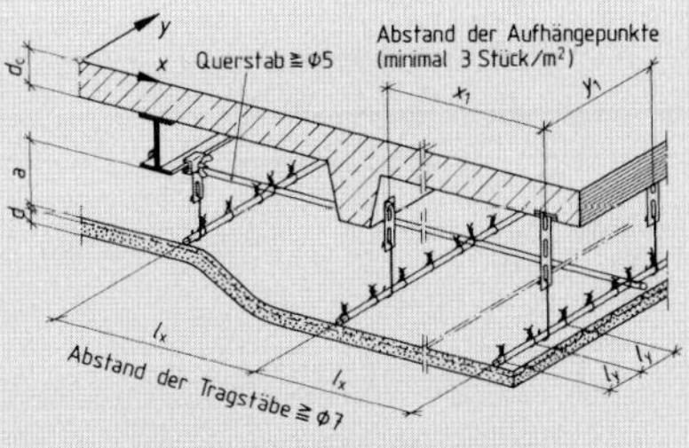

a) Hängende Drahtputzdecke nach DIN 4121

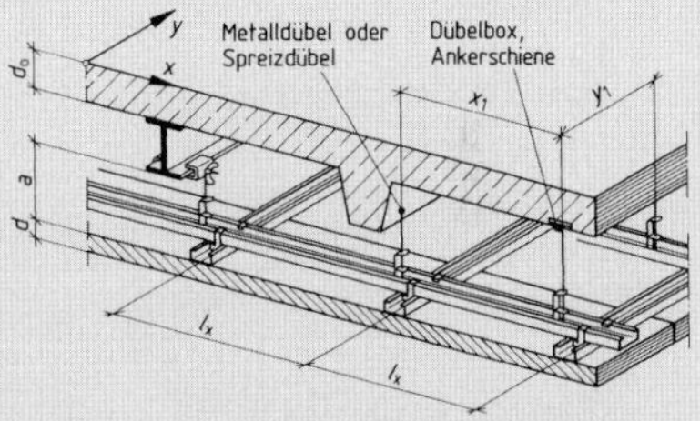

b) Unterdecke aus Gipskartonbauplatten F nach DIN 18 180 und DIN 18 181

Bild 4. Brandschutztechnische Bezeichnungen bei Unterdecken (Schema)

x_1, y_1	= Abstände der Aufhängepunkte in x- und y-Richtung
l	= Stützweite der Putzträger oder Unterdeckenplatten gegebenenfalls l_x und l_y
a	= Abstand zwischen UK I-Träger bzw. Balken und OK Putzträger oder Plattendecke (Abhängehöhe)
d	= Dicke des Putzes über Putzträger oder Plattendicke

5.4.5.2 Wandanschlüsse

Die Anschlüsse einer Unterdecke an einer angrenzenden Wand müssen immer dicht sein. Anschlüsse an Wänden aus Mauerwerk oder Beton müssen den Angaben von Bild 5 entsprechen. Bei anderen Anschlüssen oder bei Anschlüssen an Wänden aus anderen Baustoffen ist der Nachweis der Eignung durch Prüfungen nach DIN 4102 Teil 2 zu erbringen.

5.4.5.3 Einbauten

Alle folgenden Angaben gelten für Unterdecken ohne Einbauten wie z. B. Einbauleuchten, klimatechnische Geräte oder andere Teile, die in der Unterdecke angeordnet sind.

Einbauten, die aus Gründen des Brandschutzes nicht besonders konstruiert oder bekleidet sind, heben die brandschutztechnische Wirkung einer Unterdecke im allgemeinen auf. Die Eignung von Einbauten in Unterdecken ist daher stets durch Prüfungen nach DIN 4102 Teil 2 nachzuweisen.

Seite 14 Entwurf DIN 4102 Teil 4

Hängende Drahtputzdecke DIN 4121

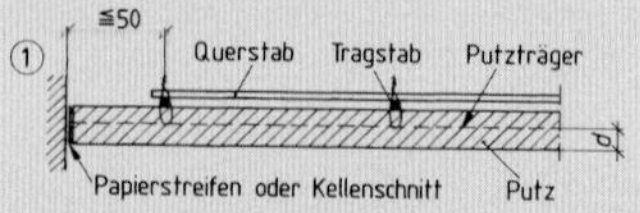

Putz auf Putzträgerplatten DIN 18 180 bis DIN 18 181

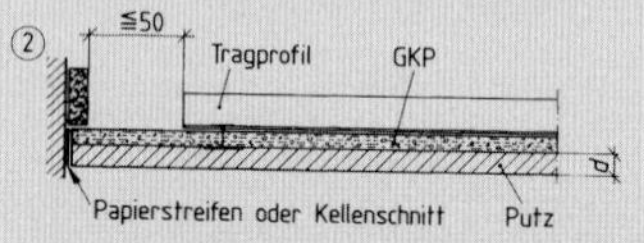

Gipskartonplatten F (GKF) DIN 18 180 bis DIN 18 181

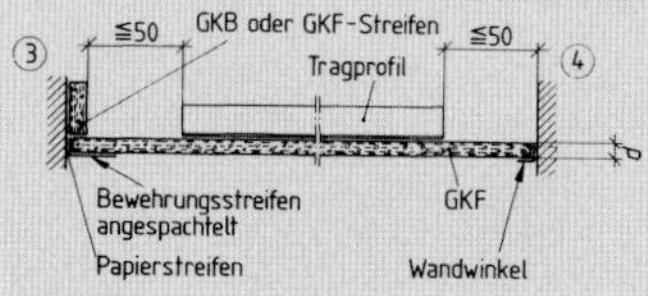

Die Wandanschlüsse ⑤ und ⑥ sind nur bei Konstruktionen der Feuerwiderstandsklasse F 30 anwendbar.

Bild 5. Dichte Wandanschlüsse von Unterdecken an Wänden aus Mauerwerk oder Beton (Schema) (Maße in mm)

5.4.5.4 Anschlüsse von nichttragenden Wänden

Werden an den nachfolgend beschriebenen Unterdecken leichte, nichttragende Trennwände angeschlossen, so ist durch Prüfungen nach DIN 4102 Teil 2 nachzuweisen, daß

1. die Brandschutzeigenschaften der Unterdecke nicht nachteilig beeinflußt werden und
2. der Trennwandanschluß an der Unterdecke in der Kombination Trennwand-Unterdecke den angestrebten Feuerwiderstand besitzt, sofern an die Trennwand Brandschutzforderungen erhoben werden, siehe auch DIN 4102 Teil 2, Ausgabe September 1977, Abschnitt 6.2.2.3.

5.4.5.5 Anordnung von zusätzlichen Bekleidungen

Sollen unter einer brandschutztechnisch notwendigen Unterdecke zusätzliche Bekleidungen angebracht werden, kann die Feuerwiderstandsdauer der Unterdecke oder der Gesamtkonstruktion vermindert werden; bei Anordnung zusätzlicher Bekleidungen ist die Brauchbarkeit durch Prüfungen nach DIN 4102 Teil 2 nachzuweisen. Der Nachweis durch Prüfung ist jedoch bei üblichen Anstrichen oder Beschichtungen bis zu etwa 0,5 mm Dicke – Stahlblechbeschichtungen ausgenommen – nicht erforderlich.

5.4.5.6 Brandbeanspruchung

Die im folgenden aufgezählten, klassifizierten Konstruktionen besitzen Feuerwiderstandsklassen für eine Brandbeanspruchung gemäß DIN 4102 Teil 2 von unten.

Soll die Unterdecke auch bei Brandbeanspruchung von oben einer bestimmten Feuerwiderstandsklasse angehören, so ist der Nachweis der Eignung durch Prüfungen nach DIN 4102 Teil 2 zu erbringen, siehe auch DIN 4102 Teil 2, Ausgabe September 1977, Abschnitt 6.2.2.5.

5.4.5.7 Brandlast im Zwischendeckenbereich

Die folgenden Klassifizierungen setzen voraus, daß sich im Zwischendeckenbereich zwischen Rohdecke und Unterdecke keine weiteren brennbaren Bestandteile als in dieser Norm angegeben befinden. Als unbedenklich gelten darüber hinaus brennbare Kabelisolierungen oder freiliegende Baustoffe der Klasse B 1, sofern die dadurch entstehende Brandlast möglichst gleichmäßig verteilt und $\leqq 7$ kWh/m² ist [1]).

Sofern Kabelbündel, Rohrisolierungen, Leitungen usw. aus brennbaren Bestandteilen mit einer Brandlast > 7 kWh/m² vorhanden sind, gelten die folgenden Klassifizierungen nicht; die Eignung derartiger Decken ist mit praxisgerechter Brandlast im Zwischendeckenbereich durch Prüfungen nach DIN 4102 Teil 2 nachzuweisen.

Im Zwischendeckenbereich verlegte Kabel, Kabelbündel, Kabeltrassen u. ä. sowie Rohre, Leitungen und sonstige Installationen müssen an der tragenden Deckenkonstruktion (Rohdecke) mit nichtbrennbaren Baustoffen so befestigt werden, daß brandschutztechnisch notwendige Unterdecken im Klassifizierungszeitraum nicht nachteilig beeinflußt werden.

5.4.6 Dämmschichten

Sofern in den folgenden Abschnitten brandschutztechnisch notwendige Dämmschichten gefordert werden, müssen diese

1. DIN 18 165 Teil 1, Ausgabe 1975, Abschnitt 2.1, entsprechen,
2. Baustoffe der Klasse A nach DIN 4102 Teil 1 sein sowie
3. aus Mineralfasern mit einem Schmelzpunkt über 1000 °C – z. B. aus Schlacken- oder Steinfasern – bestehen [2]).

---

1) Der Anteil von Isolierstoff- und Füllstoffmengen am Gewicht eines Kabels liegt je nach Ausführung und Durchmesser zwischen 40 und 70%. Unter Zugrundelegung der Heizwerte für PVC mit 5,7 kWh/kg (untere Grenze) und Kautschuk mit 13,6 kWh/kg (obere Grenze) ergeben sich pro kg Kabel etwa 2,5 bis 9 kWh.

Ein NYM-Kabel 3 x 1,5 mit PVC-Isolierung besitzt z. B. eine Brandlast von $q \sim 0{,}8$ kWh/m.

Rohrabmessungen können z. B. DIN 8062 oder DIN 8078 entnommen werden.

2) Der Nachweis eines Schmelzpunktes über 1000 °C gilt als erbracht, wenn bei einer Prüfung in Anlehnung an DIN 4102 Teil 1, Ausgabe September 1977, Abschnitt 5.2.3, die Dickenverminderung höchstens 50% beträgt. Bei der Prüfung sind die Proben jedoch beiderseits mit Stahlblech abzudecken und 90 min. zu beflammen. Die Dicke der Probenmitte wird vor und nach der Prüfung unter Verwendung einer 0,4 kg schweren Meßplatte mit 200 mm Kantenlänge bestimmt. Für jede Faserart ist eine Prüfung an einer mittleren Anwendungsdicke erforderlich.

5.4.7 Dämmschichten unter Estrichen, Kiesschüttungen u. ä.

Sofern in den folgenden Abschnitten brandschutztechnisch notwendige Dämmschichten unter Estrichen, Kiesschüttungen u. ä. gefordert werden, müssen diese

1. DIN 18165 Teil 2, Ausgabe 1975, Abschnitt 2.1, entsprechen,
2. Baustoffe wenigstens der Klasse B 1 nach DIN 4102 Teil 1 sein und
3. eine Rohdichte von ≧ 30 kg/m³ aufweisen.

6 Klassifizierte Baustoffe[3)]

6.1 Baustoffe der Klasse A

6.1.1 Baustoffe der Klasse A 1

Sand, Kies, Lehm, Ton und alle sonstigen in der Natur vorkommenden bautechnisch verwendbaren Steine, Mineralien, Erden, Lavaschlacke, Naturbims,

aus Steinen und Mineralien durch Brenn- und/oder Blähprozesse gewonnene Baustoffe wie Zement, Kalk, Gips, Anhydrit, Schlacken-Hüttenbims, Blähton, Blähschiefer und Blähglas sowie Blähperlite und -vermiculite,

Mörtel, Beton, Stahlbeton, Spannbeton, Steine und Bauplatten aus mineralischen Bestandteilen, auch mit üblichen Anteilen von Mörtel- oder Betonzusatzmitteln – siehe DIN 1053, DIN 1045 und DIN 18550,

Asbestzement und Mineralfaser, jeweils ohne organische Zusätze, Ziegel, Glas, Steinzeug und keramische Platten,

Metalle und Legierungen in nicht fein zerteilter Form wie Gußeisen, Stahl und Aluminium mit Ausnahme der Alkali- und Erdalkalimetalle und ihrer Legierungen.

6.1.2 Baustoffe der Klasse A 2[4)]

Baustoffe der Klasse A 2 bedürfen z. Z. in jedem Falle eines besonderen Nachweises.

6.2 Baustoffe der Klasse B[4)]

6.2.1 Baustoffe der Klasse B 1

Holzwolle-Leichtbauplatten nach DIN 1101,

Gipskartonplatten nach DIN 18180 mit geschlossener oder gelochter Oberfläche,

Tapeten bis 150 g/m² – auch Rauhfasertapeten mit Dispersionsanstrich – soweit sie auf massiven mineralischen Untergrund aufgeklebt sind,

Asbestpappe und Asbestpapier nach DIN 3752 sowie Rohre aus PVC hart nach DIN 8061 Teil 1 mit einem Außendurchmesser ≧ 40 mm und einer Wanddicke ≦ 3,2 mm.

6.2.2 Baustoffe der Klasse B 2

Holz und Holzwerkstoffe mit einer Dicke > 2 mm,

Holzwerkstoffe mit einer Rohdichte von ≧ 600 kg/m³ und einer Dicke von > 2 mm, die vollflächig durch eine nichtthermoplastische Verbindung mit Holzfurnieren oder mit dekorativen Schichtpreßstoffplatten nach DIN 16926 beschichtet sind;

Kunststoffbeschichtete dekorative Flachpreßplatten für allgemeine Zwecke nach DIN 68765 mit einer Dicke ≧ 4 mm;

Kunststoffbeschichtete dekorative Holzfaserplatten nach DIN 68751 mit einer Dicke ≧ 3 mm;

Dekorative Schichtpreßstoffplatten nach DIN 16926;

Tafeln aus PVC hart nach DIN 16927 Teil 1 und Teil 2;

Rohre aus PVC hart nach DIN 8061 Teil 1 mit einem Außendurchmesser < 40 mm und beliebiger Wanddicke sowie mit einem Außendurchmesser ≧ 40 mm und einer Wanddicke > 3,2 mm; ferner Rohre aus PVC hart nach DIN 8061 Teil 2;

Rohre aus Polypropylen nach DIN 8078;

massives Polyäthylen und Polypropylen mit einer Dicke ≧ 2 mm;

Tafeln aus gegossenem Polymethylmethacrylat nach DIN 16957 mit einer Dicke ≧ 2 mm;

Fußbodenbeläge unter Verwendung von PVC-Belägen nach DIN 16951 und DIN 16952 Teil 1 bis Teil 4 im verklebten Zustand,

Vinylasbest-Platten und Kunstharz-Asbestplatten nach DIN 16950 und

Linoleum-Belägen nach DIN 18171 und DIN 18173 sowie

Dachpappen und Dichtungsbahnen nach DIN 18190 Teil 1 bis Teil 5, DIN 52121, DIN 52128, DIN 52130 Teil 1 und Teil 2, DIN 52140 und DIN 52143.

Anmerkung: Dachpappen und Dichtungsbahnen nach den vorstehenden Normen gelten als „brennend abfallend".

7 Klassifizierte Bauteile

7.1 Feuerwiderstandsklassen von Wänden

7.1.1 Allgemeines

Aus der Sicht des Brandschutzes muß entsprechend Funktion und Einbau zwischen nichttragenden und tragenden sowie zwischen raumabschließenden und nichtraumabschließenden Wänden unterschieden werden.

Nichttragende Wände sind scheibenartige Bauteile, die auch im Brandfall überwiegend nur durch ihr Eigengewicht beansprucht werden und auch nicht der Knickaussteifung tragender Wände dienen; sie müssen aber auf ihre Fläche wirkende Windlasten und horizontale Verkehrslasten auf tragende Bauteile, z. B. Wand- oder Deckenscheiben, abtragen.

Tragende Wände sind überwiegend auf Druck beanspruchte scheibenartige Bauteile zur Aufnahme lotrechter Lasten, z. B. Deckenlasten, sowie waagerechter Lasten, z. B. Windlasten. Aussteifende Wände sind scheibenartige Bauteile zur Knickaussteifung tragender Wände; sie sind hinsichtlich des Brandschutzes wie tragende Wände zu bemessen.

---

3) Als Baustoffe der Klassen A 1, A 2 und B 1 gelten ferner Baustoffe mit einem gültigen Prüfbescheid des Instituts für Bautechnik, Berlin; siehe „Mitteilungen des Instituts für Bautechnik", Verlag W. Ernst & Sohn, Berlin, sowie „Verzeichnis der Prüfzeichen für nichtbrennbare Baustoffe, schwerentflammbare Baustoffe und Textilien, Feuerschutzmittel für Baustoffe und Textilien", Erich Schmidt Verlag, Berlin.

4) Baustoffe der Klasse A 2 und B müssen gemäß DIN 4102 Teil 1, Ausgabe September 1977, Abschnitt 7.1 und 7.2 gekennzeichnet sein. Von der Kennzeichnungspflicht sind Holz und Holzwerkstoffplatten mit einer Rohdichte > 400 kg/m³ und mit einer Dicke > 2 mm ausgenommen.

Nichtraumabschließende, tragende Wände sind

1. tragende Innenwandscheiben,
2. tragende Innenwände mit Öffnungen, die nicht durch Feuerschutzabschlüsse der vergleichbaren Feuerwiderstandsklasse geschlossen sind, und
3. tragende Außenwandscheiben bis 1,0 m Breite.

Derartige Wände müssen im angegebenen Klassifizierungszeitraum ihre Tragfähigkeit bei gleichzeitig zweiseitiger Brandbeanspruchung nach DIN 4102 Teil 2 behalten.

Als **raumabschließende** Wände gelten z. B. Wände in Rettungswegen, Treppenraumwände und Wohnungstrennwände. Sie dienen zur Verhinderung der Brandübertragung von einem Raum zum anderen. Sie werden nur einseitig vom Feuer beansprucht. Als raumabschließende Wände gelten ferner Außenwandscheiben mit einer Breite > 1,0 m. Im Bereich von Öffnungen sind Stürze, Balken, Unterzüge usw. jedoch unter wenigstens dreiseitiger Brandbeanspruchung zu bemessen. Raumabschließende Wände können **tragende** oder auch **nichttragende** Wände sein.

Entsprechend den Forderungen von DIN 4102 Teil 2 herrschen zur Beurteilungsgrenze auf der feuerabgekehrten Seite raumabschließender Wände im allgemeinen die nach Norm zulässigen Temperaturerhöhungen von 140 K im Mittel und 180 K maximal an einzelnen Stellen. Die Anordnung von zusätzlichen Bekleidungen — Bekleidungen aus Stahlblech ausgenommen — ist bei den nachfolgend klassifizierten Wänden erlaubt; gegebenenfalls sind jedoch bauaufsichtliche Anforderungen, z. B. in Rettungswegen, Hochhäusern, Schulen und Versammlungsstätten, zu beachten — siehe auch Abschnitt 4.

Die folgenden Tabellenwerte und Konstruktionsgrundsätze gelten für alle Wände, die sich von Rohdecke bis Rohdecke spannen. Werden raumabschließende Wände an Unterdecken befestigt, so ist die Feuerwiderstandsklasse durch Prüfungen nach DIN 4102 Teil 2 nachzuweisen, siehe auch Abschnitt 5.4.5.4.

Werden raumabschließende Wände durch Fertigteile gebildet, ist die Eignung von Fugen und Anschlüssen, soweit diese in den folgenden Abschnitten nicht behandelt sind, ebenfalls nach DIN 4102 Teil 2 nachzuweisen.

Sind zwischen den Schalen zweischaliger Wände tragende Stützen aus Stahl, Stahlbeton, Holz oder anderen Baustoffen angeordnet, so muß der Brandschutz dieser Stützen gesondert beurteilt werden. Die Angaben der folgenden Tabellen beziehen sich nicht auf den Feuerwiderstand einer einzelnen Wandschale, sondern stets auf den Feuerwiderstand der gesamten Wand.

Die im folgenden angegebenen Mindestdicken d beziehen sich, soweit nichts anderes angegeben ist, immer auf die unbekleidete Wanddicke oder auf eine unbekleidete Wandschale.

In die nachfolgend klassifizierten Wände dürfen Elt-Dosen wie Steckdosen, Schalterdosen, Verteilerdosen usw. an jeder beliebigen Stelle mit Ausnahme unmittelbar gegenüberliegender Dosen eingebaut werden. Bei Wänden aus Beton oder Mauerwerk gilt die Einschränkung nur für Wanddicken $d < 200$ mm. Bei Wänden in Montage- oder Tafelbauart müssen die brandschutztechnischen notwendigen Dämmschichten wenigstens in 40 mm Dicke erhalten bleiben.

Durch die nachfolgend klassifizierten Wände dürfen einzelne Kabel unter Berücksichtigung der Bestimmungen des vorstehenden Absatzes durchgeführt werden, wenn der verbleibende Lochquerschnitt mit Mörtel nach DIN 18550 oder Beton nach DIN 1045 vollständig verschlossen wird. Für die Durchführung vieler Kabel oder von Kabelbündeln sowie von Kabelrinnen, -pritschen und -leitern sind Abschottungen erforderlich, deren Eignung durch Prüfungen, z. B. im Rahmen der Erteilung einer allgemeinen bauaufsichtlichen Zulassung, nachzuweisen ist.

An den nachfolgend klassifizierten Wänden dürfen entsprechend DIN 4103 Teil 1 an jeder beliebigen Stelle leichte Konsollasten angebracht werden. Bei Anordnung schwerer Konsollasten sind stets besondere Vorkehrungen zu treffen; die Feuerwiderstandsklasse von Wänden mit schweren Konsollasten ist durch Prüfungen nach DIN 4102 Teil 2 nachzuweisen. Sofern schwere Konsollasten jedoch an Wänden aus Beton oder Mauerwerk mit einer Dicke $d \geqq 200$ mm oder bei Wänden in Montage- oder Tafelbauart an dafür bemessenen Holzrippen angebracht werden, ist ein Nachweis der Eignung nicht erforderlich.

Wenn in raumabschließende Wände mit bestimmter Feuerwiderstandsklasse Verglasungen oder Feuerschutzabschlüsse mit bestimmter Feuerwiderstandsklasse eingebaut werden sollen, ist die Eignung dieser Einbauten in Verbindung mit der Wand nach DIN 4102 nachzuweisen; ausgenommen hiervon sind die in Abschnitt 8.3 bis Abschnitt 8.5 zusammengestellten Konstruktionen, für deren Einbau die einschlägigen Norm- oder Zulassungsbestimmungen zu beachten sind.

7.1.2 Wände aus Normalbeton

Wände aus Normalbeton können sowohl als tragende als auch als nichttragende Wände verwendet werden. Für die Bemessung gilt DIN 1045. Bei Anforderungen an den Brandschutz müssen die in Tabelle 7 angegebenen Mindestabmessungen eingehalten werden. Hierbei sind die folgenden Bedingungen zu beachten:

1. Für die Bemessung gelten die Hinweise von Abschnitt 5.2. Bei Abminderungen der Wanddicken durch die Verwendung von besonderem Zuschlag gemäß Abschnitt 5.2.1 darf ein unterer Mindestwert von $d = 120$ mm nicht unterschritten werden. Beim Einsatz von Bekleidungen gilt Abschnitt 5.4. Dabei dürfen Bekleidungen als wirksame Wanddicke herangezogen werden; die Dicke der unbekleideten Wand muß jedoch bei nichttragenden Wänden $\geqq 60$ mm und bei tragenden Wänden $\geqq 80$ mm bleiben.

2. Bei tragenden Wänden — ausgenommen Wände nach Zeile 2.1 von Tabelle 7 — darf das Verhältnis von Wandhöhe zu unbekleideter Wanddicke nicht größer als $h_k/d = 20$ sein. Bei ausmittiger Belastung muß die Resultierende im Querschnittskern bleiben.

3. Bei Verwendung von Bewehrungsstählen, deren kritische Temperatur $T_{krit} < 500$ °C ist, sind die Achsabstände nach den Angaben von Abschnitt 5.2.3 bis Abschnitt 5.2.4 zu vergrößern.

4. Wandbereiche von tragenden, nichtraumabschließenden Wänden mit einer Breite < 1,0 m, die zwischen Öffnungen mit einer Höhe > 2,0 m liegen, sind wie Stützen nach Abschnitt 7.7 zu bemessen; sind die angrenzenden Öffnungen $\leqq 2,0$ m hoch, gelten für die Be-

messung dieser Wandbereiche die Mindestwerte von Zeile 3 der Tabelle 7.

Wandbereiche von tragenden nichtraumabschließenden Wänden mit einer Breite $\geqq 1{,}0$ m dürfen stets nach Zeile 3 Tabelle 7 bemessen werden.

5. Die Mindestdicke von Wandbereichen über Öffnungen muß bei tragenden nichtraumabschließenden Wänden ebenfalls den Angaben von Zeile 3 Tabelle 7 entsprechen. Ist die lichte Öffnung $\leqq 2{,}0$ m breit, so muß der Achsabstand der Bewehrung nach Tabelle 36 eingehalten werden. Ist die lichte Öffnung $> 2{,}0$ m breit, muß der Achsabstand der Bewehrung nach Tabelle 34 eingehalten werden.

6. Wandbereiche über Öffnungen, die durch Feuerschutzabschlüsse derselben Widerstandsklasse wie die Wand abgeschlossen werden, dürfen hinsichtlich ihrer Dicke nach Zeile 2 von Tabelle 7 bemessen werden; die Achsabstände der Bewehrung müssen den Angaben von Tabelle 36 entsprechen. Ist die geforderte Feuerwiderstandsklasse des Feuerschutzabschlusses kleiner als die geforderte Feuerwiderstandsklasse der Wand, müssen die Wandbereiche wie bei nichtraumabschließenden Wänden bemessen werden.

7.1.3 Wände aus bewehrtem Gasbeton

Wände aus bewehrtem Gasbeton können sowohl als tragende als auch als nichttragende Wände verwendet werden. Für die Bemessung gilt DIN 4223. Bei Anforderungen an den Brandschutz müssen die in Tabelle 8 angegebenen Mindestabmessungen eingehalten werden. Hierbei sind die folgenden Bedingungen zu beachten:

1. Bei Verwendung von Bekleidungen gilt Abschnitt 5.4. Bekleidungen dürfen als wirksame Wanddicke herangezogen werden. Die Anordnung von Putzen nach Abschnitt 5.4.1 ist in Tabelle 8 bereits berücksichtigt.

2. Bei tragenden Wänden – ausgenommen Wände nach Zeile 2.1 von Tabelle 8 – darf das Verhältnis von Wandhöhe zu unbekleideter Wanddicke nicht größer als $h_k/d = 20$ sein. Bei ausmittiger Belastung muß die Resultierende im Querschnittskern bleiben.

3. Bei Verwendung von Bewehrungsstählen, deren kritische Stahltemperatur $T_{krit} < 500$ °C ist, sind die Achsabstände nach den Angaben von Abschnitt 5.2.3 bis Abschnitt 5.2.4 zu vergrößern.

4. Wandbereiche über Öffnungen sind wie Balken nach Abschnitt 7.4.5 zu bemessen.

Tabelle 7. **Mindestabmessungen von Wänden aus Normalbeton**

Zeile	Funktion	Einbauart	Konstruktionsmerkmale	Feuerwiderstandsklasse-Benennung				
				F 30-A	F 60-A	F 90-A	F 120-A	F 180-A
1	nicht-tragend	raumabschließend	Mindestwanddicke d (mm)	80 1)	80 1)	100	120	150
2	tragend	raumabschließend	Mindestwanddicke d (mm) bei einer maximalen Randspannung 3)					
2.1			$\sigma_R \leqq 0{,}1\,\beta_R$	80 2)	90 2)	100 2)	120	150
2.2			$\sigma_R \leqq 0{,}5\,\beta_R$	100 2)	120	140	160	200
2.3			$\sigma_R \leqq 1{,}0\,\beta_R$		Bemessung nach Zeile 3 bis 4			
3	tragend	nicht-raumabschließend	Mindestwanddicke d (mm)	120	140	170	220	300
4	tragend oder nicht-tragend	raumabschließend oder nicht-raumabschließend	Mindestachsabstand u (mm) der Bewehrung für $T_{krit} = 500$ °C bei einer Randspannung 3) von					
4.1			$\sigma_R \leqq 0{,}5\,\beta_R$	10	15	25	35	55
4.2			$\sigma_R \leqq 1{,}0\,\beta_R$	10	25	35	45	65

1) 2) Bei Betonfeuchtigkeitsgehalten > 4 Gew.-% sowie bei Wänden mit sehr dichter Bewehrungsanordnung (Stababstände < 100 mm) muß die Mindestdicke bei Fußnote 1) wenigstens 100 mm und bei Fußnote 2) wenigstens 120 mm betragen.

3) Zwischenwerte dürfen geradlinig interpoliert werden.

Tabelle 8. **Mindestabmessungen von Wänden aus bewehrtem Gasbeton**
Die () Werte gelten für Wände mit beidseitigem, 15 mm dicken Putz nach Abschnitt 5.4.1

Zeile	Funktion	Einbauart	Konstruktionsmerkmale	Feuerwiderstandsklasse-Benennung F 30-A	F 60-A	F 90-A	F 120-A	F 180-A
1	nicht-tragend	raumabschließend	Mindestwanddicke d (mm)	75 (75)	75 (75)	100 (100)	125 (100)	150 (125)
2	tragend	raumabschließend	Mindestwanddicke d (mm) bei einer maximalen Randspannung 1)					
2.1			$\sigma_R \leqq 0{,}1\ \beta_R$	100 (100)	100 (100)	125 (100)	150 (125)	150 (125)
2.2			$\sigma_R \leqq 0{,}5\ \beta_R$	150 (125)	175 (150)	200 (175)	250 (200)	300 (250)
2.3			$\sigma_R \leqq 1{,}0\ \beta_R$	Bemessung nach Zeile 3 bis 4				
3	tragend	nicht-raumabschließend	Mindestwanddicke d (mm)	175 (150)	200 (175)	225 (200)	250 (225)	300 (250)
4	tragend oder nicht-tragend	raumabschließend oder nicht-raumabschließend	Mindestachsabstand u (mm) der Bewehrung für T_{krit} = 500 °C bei einer Randspannung 1) von					
4.1			$\sigma_R \leqq 0{,}5\ \beta_R$	10	10	20	30	50
4.2			$\sigma_R \leqq 1{,}0\ \beta_R$	10	20	30	40	60

1) Zwischenwerte dürfen geradlinig interpoliert werden.

7.1.4 Wände aus Mauerwerk oder Wandbauplatten

7.1.4.1 Allgemeines

Wände aus Mauerwerk oder Wandbauplatten können sowohl als tragende als auch als nichttragende Wände zum Einsatz kommen. Für die Bemessung – insbesondere für die Schlankheiten und Aussteifungen der Wände – gelten DIN 1053 Teil 1 und DIN 4103 Teil 1. Bei Ausfachungen von Skelettbauten sind gegebenenfalls aussteifende Stützen oder Riegel anzuordnen, die ebenfalls der gewünschten Feuerwiderstandsklasse angehören müssen; bei Aussteifungen aus Stahlbeton ist Abschnitt 5.2, bei Aussteifungen aus Stahl sind die Abschnitte 5.3 und 5.4 zu beachten.

Lochungen von Ziegeln, Steinen oder Wandbauplatten dürfen nicht senkrecht zur Wandebene verlaufen.

Die nachfolgend klassifizierten Wände müssen dichte, vollfugig ausgeführte Mörtelanschlüsse besitzen. Bei anderen Anschlüssen ist die Eignung nach DIN 4102 Teil 2 nachzuweisen. Soweit aus schalltechnischen oder anderen Gründen waagerechte Dämmschichten angeordnet werden, müssen diese Abschnitt 5.4.6 entsprechen, eine Rohdichte $\geqq$ 30 kg/m^3 besitzen und dicht gestopft oder gepreßt eingebaut werden; andernfalls ist die Eignung durch Prüfungen nach DIN 4102 Teil 2 nachzuweisen.

Bei Verwendung von Bekleidungen gilt Abschnitt 5.4. Bekleidungen dürfen als wirksame Wanddicke herangezogen werden. Die Anordnung von Putzen nach Abschnitt 5.4.1 ist in den folgenden Tabellen bereits berücksichtigt.

7.1.4.2 Mindestdicke

Nichttragende, raumabschließende Wände aus Mauerwerk oder Wandbauplatten müssen die in Tabelle 9 angegebenen Mindestdicken besitzen.

Tragende, raumabschließende Wände aus Mauerwerk müssen die in Tabelle 10 angegebenen Mindestdicken besitzen.

Die Mindestdicken entsprechender tragender aber nicht raumabschließender Wände sind in Tabelle 11 enthalten.

Bei den tragenden Wänden darf die Mindestdicke in Abhängigkeit von der Belastung durch Interpolation ermittelt werden; wegen der festliegenden Abmessungen genormter Steine oder Ziegel ist dabei jeweils die über dem Interpolationswert liegende Wanddicke zu verwenden.

Bei Wänden aus geschoßhohen Ziegelfertigbauteilen nach DIN 1053 Teil 4 darf das Verhältnis von Knicklänge zur unbekleideten Wanddicke nicht größer als $s_k/d_i = 20$ sein.

7.1.4.3 Stürze

Stahlbetonstürze bzw. Stürze aus bewehrtem Gasbeton sind wie statisch bestimmt gelagerte Balken nach Abschnitt 7.4.1 bzw. 7.4.5 zu bemessen. Bei Stürzen mit Stützweiten $\leqq$ 2,0 m darf bei den in diesen Abschnitten

Tabelle 9. **Mindestdicke d nichttragender, raumabschließender Wände aus Mauerwerk oder Wandbauplatten**
Die ()-Werte gelten für Wände mit beidseitigem, 15 mm dicken Putz nach Abschnitt 5.4.1

Zeile	Wände aus	Mindestdicke d in mm für die Feuerwiderstandsklasse-Benennung				
		F 30-A	F 60-A	F 90-A	F 120-A	F 180-A
1	Gasbeton-Blocksteinen oder -Bauplatten nach DIN 4165 bis DIN 4166 bzw. Hohlblock- oder Vollsteinen bzw. Wandbauplatten aus Leichtbeton nach DIN 18 151 bis DIN 18 152 und DIN 18 162 bzw. Hohlblocksteinen und T-Hohlsteinen nach DIN 18 153	75 (75)	75 (75)	100 (100)	125 (100)	150 (125)
2	Mauerziegeln nach DIN 105 (Langlochziegel ausgenommen) oder Kalksandsteinen nach DIN 106 oder Hüttensteinen nach DIN 398	115 (71)	115 (71)	115 (115)	150 (115)	175 (150)
3	Langlochziegeln nach DIN 105	115 (71)	115 (71)	150 (115)	175 (150)	200 (175)
4	Geschoßhohen Ziegelfertigbauteilen nach DIN 1053 Teil 4	115 (115)	115 (115)	115 (115)	165 (150)	165 (150)
5	Wandbauplatten aus Gips nach DIN 18 163 Teil 1 und Teil 2 für Rohdichten ≧ 0,6 kg/dm³	80	80	100	100	120

geforderten Achsabständen u und u_{seitlich} jeweils der Wert gewählt werden, der sich bei einer um 30 Minuten niedrigeren Feuerwiderstandsklasse ergibt. Die Werte für F 30 dürfen nicht unterschritten werden.

Stahlstürze sind zu ummanteln und nach Abschnitt 7.4.6 zu bemessen.

7.1.5 Wände aus Holz und Holzwerkstoffen

7.1.5.1 Allgemeines

Wände aus Holz und Holzwerkstoffen oder Gipskartonbauplatten sowie Wände aus Holz und Holzwerkstoffen mit einer zusätzlichen Bekleidung z.B. aus Gipskartonbauplatten nach DIN 18 180 oder Asbestzementplatten nach DIN 274 Teil 4 können sowohl als tragende Wände nach den Richtlinien für Holzhäuser in Tafelbauart als auch als nichttragende Wände nach DIN 4103 Teil 1 verwendet werden. Für die Bemessung gelten die genannten Normen. Aus Gründen des Brandschutzes sind darüber hinaus folgende Bestimmungen einzuhalten:

1. Holzrippen wie Ständer, Stiele, Riegel

Die Mindestbreite und -dicke von Holzrippen muß bei nichttragenden Wänden $b \times d$ ≧ 40 mm X 40 mm und bei tragenden Wänden ≧ 40 mm X 80 mm betragen. Werden auf einer Holzrippe Beplankungen oder brandschutztechnisch notwendige Bekleidungen gestoßen, so ist die Rippenbreite auf 60 mm zu vergrößern, siehe Detail 1 von Bild 6. Bei aneinandergestellten Holzrippen muß die Rippenbreite ≧ 40 mm sein; in derartigen Fällen sind die Stöße nach den Angaben von Bild 6 Detail 2 bis 4 auszuführen. Bei kleineren Abmessungen oder anderen Stoßausbildungen ist die Eignung durch Prüfungen nach DIN 4102 Teil 2 nachzuweisen. Die Achsabstände zwischen Holzrippen – z. B. zwischen Ständern und gegebenenfalls auch zwischen Riegeln, falls diese notwendig sind – müssen ≦ 625 mm sein.

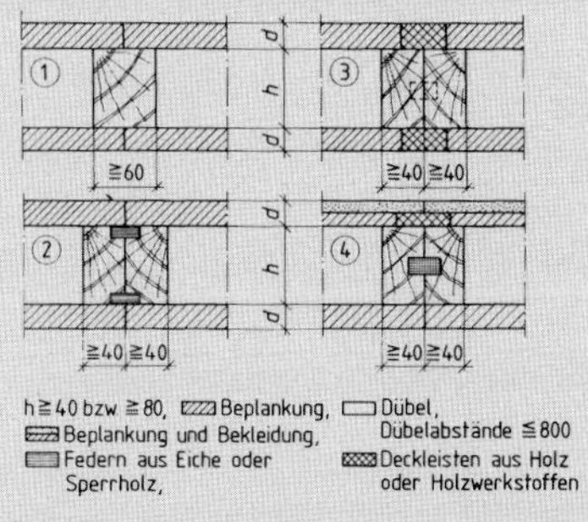

Bild 6. Fugen und Stöße bei Wänden aus Holz und Holzwerkstoffen (Schema), (Maße in mm)

2. Fugen und Stöße

Fugen – insbesondere von brandschutztechnisch notwendigen Beplankungen oder Bekleidungen – müssen dicht sein. Bei mehrlagigen Beplankungen sind die Fugen auf jeder Beplankungsseite um jeweils einen Rippenabstand zu versetzen. Die Stöße von Beplankungen oder Bekleidungen dürfen nur auf Holzrippen nach den Angaben

Seite 20 Entwurf DIN 4102 Teil 4

Tabelle 10. **Mindestdicke d tragender, raumabschließender Wände aus Mauerwerk**
Die ()-Werte gelten für Wände mit beidseitigem, 15 mm dicken Putz nach Abschnitt 5.1.4

Zeile	Mauerwerk gemäß DIN 1053 Teil 1 aus	Mindestdicke d in mm für die Feuerwiderstandsklasse-Benennung				
		F 30-A	F 60-A	F 90-A	F 120-A	F 180-A
1	Gasbeton-Blocksteinen nach DIN 4165 oder Hohlblock- oder Vollsteinen aus Leichtbeton nach DIN 18 151 bis DIN 18 152 oder Hohlblocksteinen und T-Hohlsteinen nach DIN 18 153 bei					
1.1	mittiger Belastung, $\sigma \leqq 0{,}3$ N/mm²	115 (115)	115 (115)	150 (115)	150 (115)	150 (125)
1.2	mittiger Belastung, $\sigma \leqq 1{,}2$ N/mm²	150 (115)	150 (115)	150 (125)	175 (150)	200 (175)
1.3	ausmittiger Belastung max. $\sigma_R \leqq 0{,}6$ N/mm²	150 (115)	175 (150)	200 (175)	240 (200)	300 (240)
1.4	ausmittiger Belastung 0,6 N/mm² $<$ max $\sigma_R \leqq 1{,}2$ N/mm²	175 (150)	200 (175)	240 (200)	300 (240)	300 (240)
2	Mauerziegeln nach DIN 105 (Langlochziegel ausgenommen) oder Kalksandsteinen nach DIN 106 oder Hüttensteinen nach DIN 398 bei					
2.1	mittiger Belastung, $\sigma \leqq 0{,}3$ N/mm²	115 (115)	115 (115)	115 (115)	150 (115)	175 (150)
2.2	mittiger Belastung, $\sigma \leqq 3$ N/mm²	115 (115)	115 (115)	150 (115)	175 (150)	240 (200)
2.3	ausmittiger Belastung max $\sigma_R \leqq 1{,}2$ N/mm²	115 (115)	150 (115)	175 (150)	200 (175)	240 (200)
2.4	ausmittiger Belastung 1,2 N/mm² $<$ max $\sigma_R \leqq 3$ N/mm²	150 (115)	175 (150)	200 (175)	240 (200)	240 (200)
3 3.1	Langlochziegeln nach DIN 105 bei mittiger Belastung, $\sigma \leqq 0{,}3$ N/mm²	115 (115)	115 (115)	150 (115)	175 (150)	200 (175)
3.2	mittiger Belastung, $\sigma \leqq 1{,}2$ N/mm²	150 (115)	150 (115)	175 (150)	200 (175)	240 (200)
3.3	ausmittiger Belastung max $\sigma_R \leqq 1{,}2$ N/mm²	150 (115)	175 (150)	200 (175)	240 (200)	300 (240)
4	Geschoßhohen Ziegelfertigbauteilen nach DIN 1053 Teil 4 bei mittiger oder ausmittiger Belastung	115 (115)	165 (115)	165 (165)	190 (165)	240 (190)

von Bild 6 ausgeführt werden. Bei Fugen und Stößen, die nicht den vorstehenden Angaben entsprechen, ist die Eignung durch Prüfungen nach DIN 4102 Teil 2 nachzuweisen.

3. Anschlüsse an angrenzende Bauteile

Anschlüsse an angrenzende Massivbauteile (Mauerwerk oder Betonkonstruktionen) sind dicht entsprechend den Angaben von Bild 7 auszuführen. Durchgehende Wärmebrücken sind unzulässig.

Anschlüsse innerhalb von Holzhäusern in Tafelbauart sind sinngemäß nach den Angaben von Bild 8 auszuführen. Wesentlich hierbei ist, daß der Anschluß stets an einer Holzrippe erfolgt. Wand- oder Deckenanschlüsse

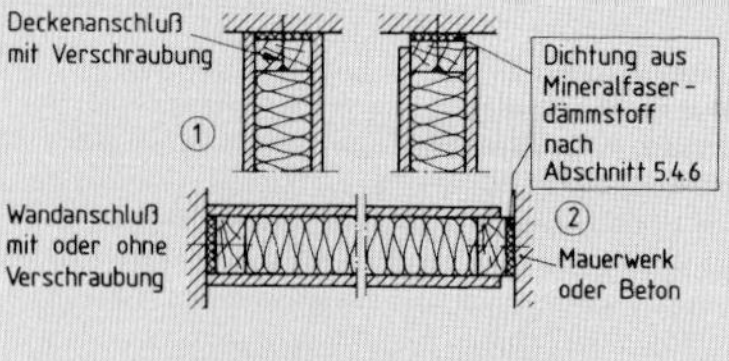

Bild 7. Anschlüsse von Wänden aus Holz und Holzwerkstoffen an Massivbauteilen (Schema)

Entwurf DIN 4102 Teil 4 Seite 21

Tabelle 11. **Mindestdicke *d* tragender, nichtraumabschließender Wände aus Mauerwerk**
Die ()-Werte gelten für Wände mit beidseitigem, 15 mm dicken Putz nach Abschnitt 5.4.1

Zeile	Mauerwerk gemäß DIN 1053 Teil 1 bei mittiger Belastung[1]) aus	Mindestdicke *d* in mm für die Feuerwiderstandsklasse-Benennung				
		F 30-A	F 60-A	F 90-A	F 120-A	F 180-A
1	Gasbeton-Blocksteinen nach DIN 4165 oder Hohlblock- oder Vollsteinen aus Leichtbeton nach DIN 18 151 bis DIN 18 152 oder Hohlblocksteinen und T-Hohlsteinen nach DIN 18 153					
1.1	$\sigma \leqq 0{,}3$ N/mm²	115 (115)	150 (115)	150 (115)	150 (115)	175 (125)
1.2	$\sigma \leqq 1$ N/mm²	150 (115)	150 (125)	175 (150)	200 (175)	240 (200)
2	Mauerziegeln nach DIN 105 oder Kalksandsteinen nach DIN 106 oder Hüttensteinen nach DIN 398 bei					
2.1	$\sigma \leqq 0{,}3$ N/mm²	115 (115)	115 (115)	150 (115)	175 (150)	200 (175)
2.2	$\sigma \leqq 3$ [2]) N/mm²	115 (115)	150 (115)	175 (150)	200 (175)	240 (200)
3	Geschoßhohen Ziegelfertigbauteilen nach DIN 1053 Teil 4	115 (115)	115 (115)	165 (165)	190 (165)	240 (190)

[1]) Bei ausmittiger Belastung sind die Mindestdicken für Wände mit ausmittiger Belastung nach Tabelle 10 zu verwenden.

[2]) Bei Langlochziegeln nach DIN 105 $\sigma \leqq 1{,}2$ N/mm².

von raumabschließenden Wänden, von denen eine bestimmte Feuerwiderstandsklasse gefordert wird, nur an Beplankungen sind wegen eines frühzeitigen Versagens im Anschlußbereich unbrauchbar.

Bei Anschlüssen, die nicht den Angaben der Bilder 7 oder 8 entsprechen, ist die Eignung durch Prüfungen nach DIN 4102 Teil 2 nachzuweisen.

4. Befestigungsmittel

Die Befestigung der Beplankungen muß durch Schrauben, Nägel, Klammern oder Verleimung erfolgen. Bei Verwendung von Gipskartonbauplatten sind stets Schrauben, Nägel oder Klammern zu verwenden. Ein Ansetzen nur mit Ansetzbindern ist nicht gestattet. Werden mehrlagige Beplankungen verwendet, muß jede Beplankungslage für sich am Untergrund befestigt werden. Soweit Klemmbefestigungen verwendet werden, ist der Nachweis der Eignung durch Prüfungen nach DIN 4102 Teil 2 zu erbringen.

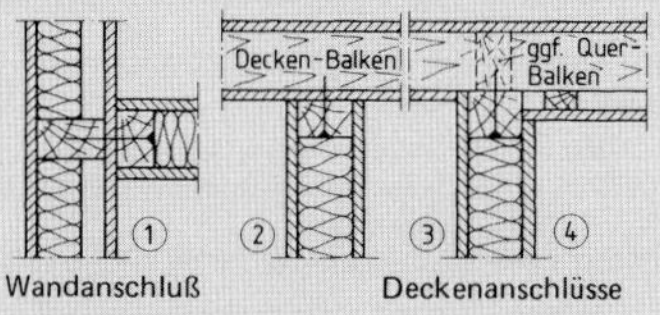

Bild 8. Wandanschlüsse bei Holzhäusern in Tafelbauart (Schema)

5. Dämmschichten, Dampfsperren

In allen Wänden aus Holz und Holzwerkstoffen sind Dämmschichten zur Verbesserung des Feuerwiderstandes notwendig. Sie müssen

1. aus Mineralfaserdämmstoff nach Abschnitt 5.4.6 bestehen,
2. die in Tabelle 12 bis Tabelle 14 in Abhängigkeit von der Dicke *D* angegebene Rohdichte aufweisen und
3. gegen frühzeitiges Herausfallen gesichert sein.

Anstelle der Mineralfaserdämmschicht können auch Holzwolleleichtbauplatten nach DIN 1101 verwendet werden.

Feste, plattenförmige Mineralfaserdämmstoffe sind entsprechend der folgenden Punkte a bis c, weiche, mattenförmige Mineralfaserdämmstoffe entsprechend Punkt d und Holzwolleleichtbauplatten entsprechend Punkt c zu befestigen, soweit im folgenden nichts anderes bestimmt wird:

a) Bei lichten Rippenabständen $\leqq 400$ mm Befestigung durch strammes Einpassen der Dämmschicht – Stauchung bis etwa 1 cm.

b) Bei lichten Rippenabständen > 400 mm Befestigung durch strammes Einpassen mit zusätzlicher Verleimung der Dämmschichtränder an den Holzrippen oder durch

c) dichtes Einpassen und Befestigen mit im Fachwerkrahmen umlaufenden Holzleisten mit einem Querschnitt $\geqq 25$ mm X 25 mm entsprechend Bild 9.

Seite 22 Entwurf DIN 4102 Teil 4

d) Unabhängig von den Rippenabständen Befestigung von Mineralfasermatten auf Maschendrahtgewebe gesteppt mit Vernagelung des Maschendrahtes an den Holzrippen bei einem Nagelabstand ≦ 100 mm, siehe Bild 9 Detail 5.

Werden andere Befestigungen gewählt, ist die Feuerwiderstandsklasse durch Prüfungen nach DIN 4102 Teil 2 nachzuweisen.

Fugen von stumpf gestoßenen plattenförmigen Dämmschichten müssen dicht sein. Bei Stößen von mattenförmigen Dämmschichten muß eine Fugenüberlappung von ≧ 100 mm vorhanden sein. Brandschutztechnisch am günstigsten sind ungestoßene oder zweilagig mit versetzten Fugen eingebaute Dämmschichten.

Die Anordnung von Dampfsperren beeinflußt den Brandschutz im allgemeinen nicht; sie wird im folgenden daher nicht weiter berücksichtigt.

6. Belüftung bei Außenwänden

Die folgenden Angaben beziehen sich auf unbelüftete Wände. Sollen Außenwände belüftet werden, so gelten die Angaben entsprechend; die Belüftung muß dann zwischen äußerer Beplankung und einer Vorsatzschale erfolgen, die brandschutztechnisch nicht in Rechnung gesetzt werden darf.

7. Beplankungen oder Bekleidungen aus Gipskartonbauplatten

Beplankungen oder Bekleidungen aus Gipskartonbauplatten müssen DIN 18 180 entsprechen und eine geschlossene Fläche besitzen. Die Verspachtelung der Fugen und die Befestigung mit Schrauben, Nägeln oder Klammern muß nach DIN 18 181 erfolgen.

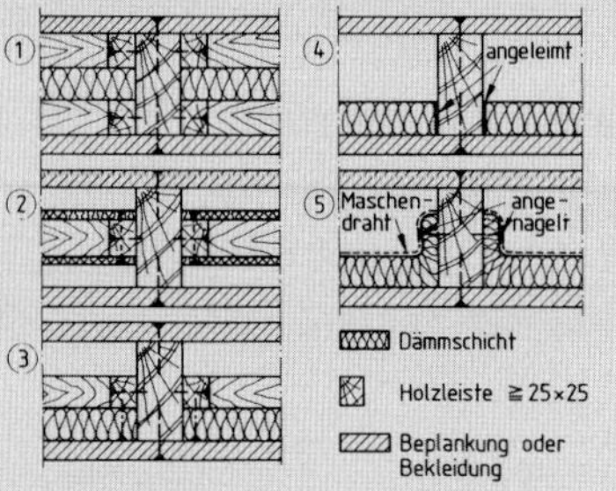

Bild 9. Dämmschicht-Befestigungen (Schema), Maße in mm

7.1.5.2 Mindestabmessungen

Die Mindestabmessungen der Beplankungen und Bekleidungen sowie der brandschutztechnisch notwendigen Dämmschichten sind in den Tabellen 12 bis 14 angegeben.

Soweit es sich um tragende Wände handelt, sind die angegebenen maximalen Spannungen $\sigma_D \perp$ zu beachten. Hier handelt es sich entsprechend DIN 1052 Teil 1, Ausgabe Oktober 1969, Tabelle 6, Zeile 4, um die zulässigen Druckspannungen senkrecht zur Holzfaser z. B. auf Schwellenhölzern. Ist die Schwellenpressung nicht maßgebend, dürfen die Druckspannungen in den Holzrippen ohne Berücksichtigung des ω-Wertes dieselben angegebenen Spannungen nicht überschreiten. Werden die angegebenen maximalen Spannungen nicht eingehalten, ist die Eignung durch Prüfungen nach DIN 4102 Teil 2 nachzuweisen.

7.1.6 Fachwerkwände mit ausgefüllten Gefachen

Fachwerkwände mit ausgefüllten Gefachen sind tragende oder nichttragende Wände aus abgebundenen Ständern, Riegeln, Streben usw. aus Holz mit einer Ausfüllung der Fachwerkfelder. Für die Bemessung gelten DIN 1052 Teil 1 oder DIN 4103 Teil 1. Darüber hinaus sind aus Gründen des Brandschutzes für die Erlangung der Feuerwiderstandsklasse F 30 (Benennung F 30-B) folgende Mindestanforderungen zu beachten; um Klassifizierungen ≧ F 60 zu erreichen, ist die Eignung jeweils durch Prüfungen nach DIN 4102 Teil 2 nachzuweisen.

1. Die Ständer-, Riegel-, Streben- und sonstigen Hölzer müssen Querschnittsabmessungen ≧ 100 mm X 100 mm besitzen.
2. Die Fachwerkfelder müssen mit Lehmschlag, Holzwolleleichtbauplatten nach DIN 1101 oder einer Ausfachung aus Mauerwerk oder Wandbauplatten entsprechend Abschnitt 7.1.4 voll ausgefüllt werden.
3. Eine Wandseite ist ganzflächig mit einer Bekleidung zu versehen, entweder
   a) mit ≧ 12,5 mm dicken Gipskartonbauplatten F (GKF) DIN 18 180
   oder
   b) mit ≧ 18 mm dicken Gipskartonbauplatten B (GKB) DIN 18 180, jeweils sinngemäß nach den Angaben von Abschnitt 7.1.7
   oder
   c) mit ≧ 15 mm dickem Putz nach DIN 18 550 auf nichtbrennbarem Putzträger entsprechend Abschnitt 5.4.2
   oder auf
   brennbarem Putzträger aus ≧ 25 mm dicken Holzwolleleichtbauplatten nach DIN 1101
   oder
   d) mit ≧ 16 mm dicken Holzwerkstoffplatten mit einer Rohdichte ≧ 600 kg/m^3.

7.1.7 Wände aus Gipskartonbauplatten

7.1.7.1 Allgemeines

Wände aus Gipskartonbauplatten gelten entsprechend DIN 4103 Teil 1 als nichttragende leichte Trennwände. Die Ausführung richtet sich nach DIN 18 183. Aus Gründen des Brandschutzes sind darüber hinaus folgende Bestimmungen einzuhalten:

1. Plattenart

Sofern im folgenden nichts anderes gesagt wird, dürfen nur Gipskartonbauplatten F (GKF) nach DIN 18 180 mit geschlossenen Flächen verwendet werden. Ausnahmen hiervon sind generell in folgenden Fällen gestattet:

a) Werden Ständer aus Streifenbündeln verwendet, so dürfen diese auch aus Gipskartonbauplatten B (GKB) nach DIN 18 180 bestehen.
b) Bei der Feuerwiderstandsklasse F 30 dürfen für die Beplankung ebenfalls Gipskartonbauplatten B (GKB) nach DIN 18 180 verwendet werden, wenn die Gesamtdicke jeder Beplankung jeweils ≧ 18 mm beträgt;

Tabelle 12. **Mindestanforderungen an tragende und nichttragende, raumabschließende Wände aus Holz und Holzwerkstoffen**

Zeile	Konstruktionsmerkmale		Feuerwiderstandsklasse-Benennung F 30-B		F 60-B		F 90-B	
1	Wände mit Beplankungen aus a) Sperrholzplatten nach DIN 68 705 Teil 3 oder Teil 5 b) Spanplatten nach DIN 68 763 oder c) Holzfaserplatten nach DIN 68 754 Teil 1 jeweils mit einer Rohdichte ≧ 600 kg/m³		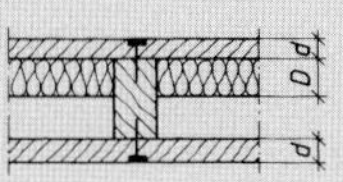					
1.1	Mineralfaserdämmschicht einschließlich Befestigung entsprechend Punkt 5 von Abschnitt 7.1.5.1							
1.1.1	Mindestdämmschichtdicke D	(mm)	80	40	80	60	–	
1.1.2	Mindestrohdichte der Dämmschicht	(kg/m³)	30	50	30	50	–	
1.1.3	Mindestbeplankungsdicke d	(mm)	13 [1]		2 X 16		–	
1.1.4	maximale Spannung $\sigma_D \perp$ oder	(N/mm²)	2,5		2,5		–	
1.1.5	Mindestdämmschichtdicke D	(mm)	60		80		100	
1.1.6	Mindestrohdichte der Dämmschicht	(kg/m³)	100		100		100	
1.1.7	Mindestbeplankungsdicke d	(mm)	8		19		2 X 19	
1.1.8	maximale Spannung $\sigma_D \perp$ oder	(N/mm²)	1,25		1,25		0,5	
1.2	Holzwolleleichtbauplatten-Dämmschicht einschließlich Befestigung entsprechend Punkt 5 von Abschnitt 7.1.5.1							
1.2.1	Mindestdämmschichtdicke D	(mm)	25		–		–	
1.2.2	Mindestbeplankungsdicke d	(mm)	13 [1]		–		–	
1.2.3	maximale Spannung $\sigma_D \perp$ oder	(N/mm²)	2,5		–		–	
1.2.4	Mindestdämmschichtdicke D	(mm)	50		50		75	
1.2.5	Mindestbeplankungsdicke d	(mm)	8		19		2 X 19	
1.2.6	maximale Spannung $\sigma_D \perp$	(N/mm²)	1,25		1,25		0,5	
2	Wände entsprechend Zeile 1, jedoch mit einer zusätzlichen beidseitigen Bekleidung aus Gipskartonbauplatten		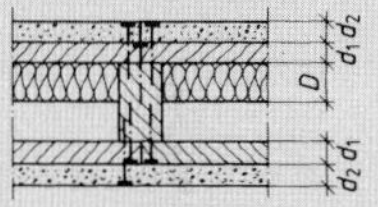					
2.1	Mindestbekleidungsdicke d_2 bei Verwendung von Gipskartonbauplatten F (GKF) DIN 18 180	(mm)	12,5 [2]		12,5		15	
2.2	Mineralfaserdämmschicht einschließlich Befestigung entsprechend Punkt 5 von Abschnitt 7.1.5.1							
2.2.1	Mindestdämmschichtdicke D	(mm)	60	40	60	80	60	100
2.2.2	Mindestrohdichte der Dämmschicht	(kg/m³)	30	40	50	100	50	100
2.2.3	Mindestbeplankungsdicke d_1	(mm)	0		13	8	2X16	19
2.2.4	maximale Spannung $\sigma_D \perp$ oder	(N/mm²)	2,5		1,25	0,5	0,5	
2.3	Holzwolleleichtbauplatten-Dämmschicht einschließlich Befestigung entsprechend Punkt 5 von Abschnitt 7.1.5.1							
2.3.1	Mindestdämmschichtdicke D	(mm)	25		50	50	75	
2.3.2	Mindestbeplankungsdicke d_1	(mm)	0		13	8	19	
2.3.3	maximale Spannung $\sigma_D \perp$	(N/mm²)	2,5		1,25	0,5	0,5	

1) Einseitig ersetzbar durch GKF-Platten mit $d \geqq 12{,}5$ mm.

2) Anstelle von 12,5 mm dicken GKF-Platten dürfen auch ≧18 mm dicke GKB-Platten verwendet werden.

Seite 24 Entwurf DIN 4102 Teil 4

Tabelle 13. **Mindestanforderungen an tragende und nichttragende, raumabschließende Außenwände aus Holz und Holzwerkstoffen mit asymmetrischer Beplankung**

Zeile	Konstruktionsmerkmale bei einlagiger Innenbeplankung / zweilagiger Innenbeplankung 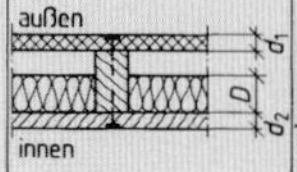 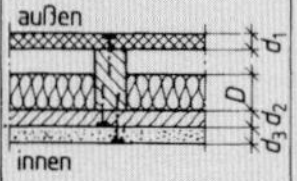	Die Außenbeplankung d_1 besteht aus					
		≧ 16 mm Holzschalung, gespundet – bei profilierter Schalung gemessen an der dünnsten Stelle oder ≧ 16 mm dicken Holzwerkstoffplatten mit einer Rohdichte ≧ 600 kg/m³		≧ 6 mm Asbestzementplatten nach DIN 274 Teil 4		≧ 15 mm Putz nach DIN 18 550 auf ≧ 25 mm Holzwolleleichtbauplatten nach DIN 1101 [1]) oder ≧ 4 mm Holzwerkstoffplatten mit vorgesetztem Mauerwerk ≧ 115 mm nach DIN 1053 Teil 1	
1	Wände der Feuerwiderstandsklasse-Benennung F 30-B mit einlagiger Innenbeplankung						
1.1	Mineralfaser-Dämmschicht einschließlich Befestigung entsprechend Punkt 5 von Abschnitt 7.1.5.1						
1.1.1	Mindestdämmschichtdicke D (mm)	80	40	80		80	40
1.1.2	Mindestrohdichte der Dämmschicht (kg/m³) oder	30	50	100		30	50
1.1.3	Holzwolleleichtbauplatten-Dämmschicht einschließlich Befestigung entsprechend Punkt 5 von Abschnitt 7.1.5.1 Mindestdicke D (mm)	25		50		25	
1.2	Mindestbeplankungsdicke d_2 bei Verwendung von						
1.2.1	Sperrholzplatten nach DIN 68 705 Teil 3 oder Teil 5 Spanplatten nach DIN 68 763 oder Holzfaserplatten nach DIN 68 754 Teil 1, jeweils mit einer Rohdichte von ≧ 600 kg/m³ (mm) oder	19		22		13	
1.2.2	Gipskartonbauplatten F (GKF) nach DIN 18 180 entsprechend Punkt 7 von Abschnitt 7.1.5.1 (mm)	12,5 [2])		15 [2])		12,5 [2])	
1.3	maximale Spannung $\sigma_D \perp$ (N/mm²)	2,5		2,5		2,5	
2	Wände der Feuerwiderstandsklasse-Benennung F 30-B mit zweilagiger Innenbeplankung						
2.1	Mineralfaser-Dämmschicht einschließlich Befestigung entsprechend Punkt 5 von Abschnitt 7.1.5.1						
2.1.1	Mindestdämmschichtdicke D (mm)	80	40	80		80	40
2.1.2	Mindestrohdichte der Dämmschicht (kg/m³) oder	30	50	100		30	50
2.1.3	Holzwolleleichtbauplatten-Dämmschicht einschließlich Befestigung entsprechend Punkt 5 von Abschnitt 7.1.5.1 Mindestdicke D (mm)	25		50		25	
2.2	Mindestbeplankungsdicke d_2 bei Verwendung von						
2.2.1	Sperrholz-, Span- oder Holzfaserplatten nach Zeile 1.2.1 (mm) oder	13	–	16	–	8	–
2.2.2	Gipskartonbauplatten F (GKF) nach DIN 18 180 entsprechend Punkt 7 von Abschnitt 7.1.5.1 (mm)	–	12,5	–	12,5	–	12,5
2.3	Mindestbeplankungsdicke d_1 bei Verwendung von Gipskartonbauplatten F (GKF) nach DIN 18 180 entsprechend Punkt 7 von Abschnitt 7.1.5.1 (mm)	9,5	9,5 [3])	9,5	9,5 [3])	12,5	9,5 [3])
2.4	maximale Spannung $\sigma_D \perp$ (N/mm²)	2,5		2,5		2,5	

[1]) bis [3]) siehe Seite 25.

Entwurf DIN 4102 Teil 4 Seite 25

Tabelle 13. (Fortsetzung)

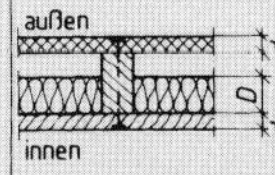

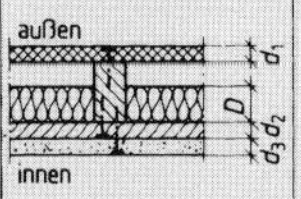

Zeile	Konstruktionsmerkmale bei einlagiger Innenbeplankung / zweilagiger Innenbeplankung	Die Außenbeplankung d_1 besteht aus								
		≧16 mm Holzschalung, gespundet – bei profilierter Schalung gemessen an der dünnsten Stelle oder ≧16 mm dicken Holzwerkstoffplatten mit einer Rohdichte ≧600 kg/m³		≧ 6 mm Asbestzementplatten nach DIN 274 Teil 4		≧15 mm Putz nach DIN 18 550 auf ≧25 mm Holzwolleleichtbauplatten nach DIN 1101 [1]) oder ≧4 mm Holzwerkstoffplatten mit vorgesetztem Mauerwerk ≧115 mm nach DIN 1053 Teil 1				
3	Wände der Feuerwiderstandsklasse-Benennung F 60-B mit zweilagiger Innenbeplankung									
3.1	Mineralfaser-Dämmschicht einschließlich Befestigung entsprechend Punkt 5 von Abschnitt 7.1.5.1									
3.1.1	Mindestdämmschichtdicke D (mm)	80		80		80	40	80		
3.1.2	Mindeststrohdichte der Dämmschicht (kg/m³) oder	100		100		30	50	100		
3.1.3	Holzwolleleichtbauplatten-Dämmschicht einschließlich Befestigung entsprechend Punkt 5 von Abschnitt 7.1.5.1 Mindestdicke D (mm)	50		50		25		50		
3.2	Mindestbeplankungsdicke d_2 bei Verwendung von									
3.2.1	Sperrholz-, Span- oder Holzfaserplatten nach Zeile 1.2.1 (mm) oder	22	–	22	–	22	–	19	–	–
3.2.2	Gipskartonbauplatten F (GKF) nach DIN 18 180 entsprechend Punkt 7 von Abschnitt 7.1.5.1 (mm)	–	12,5	–	12,5	–	12,5	–	12,5	15
3.3	Mindestbeplankungsdicke d_3 bei Verwendung von Gipskartonbauplatten F (GKF) nach DIN 18 180 entsprechend Punkt 7 von Abschnitt 7.1.5.1 (mm)	12,5	12,5	12,5	12,5	12,5	12,5	12,5	12,5	9,5[3])
3.4	maximale Spannung $\sigma_D \perp$ (N/mm²)	1,25		1,25		1,25				

[1]) Die Stöße der HWL-Platten müssen mit einem Putzträger (Drahtgewebe o. ä.) überbrückt werden.
[2]) Es dürfen auch GKB-Platten ≧18 mm dick verwendet werden.
[3]) Bei zweilagiger Beplankung aus Gipskartonbauplatten darf die raumseitige Lage auch aus GKB-Platten bestehen.

bei den Feuerwiderstandsklassen ≧ F 60 sind als Beplankung stets nur Gipskartonbauplatten F (GKF) nach DIN 18 180 zu verwenden.

In den Fällen, in denen Platten der Güte GKB erlaubt sind, dürfen auch Platten der Güte GKF verwendet werden.

2. Fugen

Für die Verarbeitung der Platten gilt DIN 18 181. Dabei ist besonders darauf zu achten, daß sämtliche Fugen normgemäß dicht gestoßen und verspachtelt werden; bei zweilagiger Beplankung sind bei der ersten Beplankung keine Fugendeckstreifen erforderlich.

Bei einlagigen Beplankungen sind die Fugen der Beplankungen gegeneinander zu versetzen. Bei mehrlagigen Beplankungen sind die Fugen innerhalb einer Beplankungsseite zu versetzen.

Fugen mit durchgehenden Wärmebrücken, z. B. entsprechend Bild 5 von DIN 18 181, sind in brandschutztechnischer Hinsicht unzulässig, sofern die Eignung nicht gesondert nachgewiesen ist.

Sofern Dehnungsfugen ausgebildet werden müssen, müssen diese sinngemäß nach den Angaben von Bild 10 ausgeführt werden.

3. Feste, verspachtelte Anschlüsse

Feste, verspachtelte Anschlüsse an angrenzende Massivbauteile (Mauerwerk oder Betonkonstruktionen) sind dicht entsprechend den Angaben von Bild 11 auszuführen. Dichtungsstreifen müssen aus Baustoffen der Klasse A bestehen; im Bereich der Anschlüsse sind auch Dichtungsstreifen aus Baustoffen der Klasse B erlaubt, wenn ihre Dicke ≦5 mm beträgt und die Dichtungsstreifen durch die Verspachtelung der Beplankung in ganzer Beplankungsdicke dicht abgeschlossen, siehe Bild 11, bzw. von der Beplankung ganz abgedeckt werden, siehe Bild 13a. Durchgehende Wärmebrücken sind unzulässig.

Anschlüsse an angrenzende Wände aus Gipskartonbauplatten sind sinngemäß nach den Angaben von Bild 12 auszuführen.

Bei festen Anschlüssen, die nicht verspachtelt sind oder die Wärmebrücken aufweisen, ist die Eignung durch Prüfungen nach DIN 4102 Teil 2 nachzuweisen.

Bei Anschlüssen an Unterdecken ist entsprechend Abschnitt 5.4.5.4 und Abschnitt 7.1.1 der Nachweis der Eignung ebenfalls durch Prüfungen nach DIN 4102 Teil 2 zu erbringen.

Seite 26 Entwurf DIN 4102 Teil 4

Tabelle 14. **Mindestanforderungen an tragende, nichtraumabschließende Wände aus Holz und Holzwerkstoffen**

Zeile	Konstruktionsmerkmale		Feuerwiderstandsklasse-Benennung F 30-B			F 60-B
1	Wände mit Beplankungen aus a) Sperrholzplatten nach DIN 68 705 Teil 3 oder Teil 5 b) Spanplatten nach DIN 68 763 oder c) Holzfaserplatten nach DIN 68 754 Teil 1 jeweils mit einer Rohdichte ≧ 600 kg/m^3		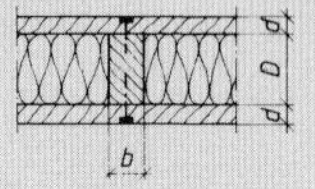			
1.1	Mindestabmessungen der Holzrippen $b \times D$	(mm X mm)	60 X 80		100 X 100	–
1.2	Mindestbeplankungsdicke d	(mm)	25[1]		16	–
1.3	maximale Spannung $\sigma_D \perp$	(N/mm^2)	2,5		1,25	–
1.4	Mindestanforderungen an die Dämmschicht		siehe Zeile 4			
2	Wände mit Beplankungen entsprechend Zeile 1 und einer beidseitigen zusätzlichen Bekleidung aus Gipskartonbauplatten entsprechend Punkt 7 von Abschnitt 7.1.5.1		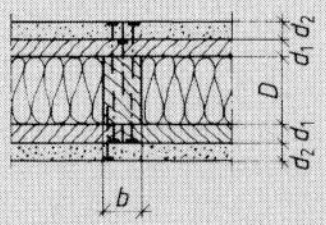			
2.1	Mindestabmessungen der Holzrippen $b \times D$	(mm X mm)	40 X 80			40 X 80
2.2	Mindestbeplankungsdicke d_1	(mm)	8		16	22
2.3	Mindestbekleidungsdicke bei Verwendung von Gipskartonbauplatten F (GKF) DIN 18 180 d_2	(mm)	12,5		9,5[2]	15[3]
2.4	maximale Spannung $\sigma_D \perp$	(N/mm^2)	2,5			2,5
2.5	Mindestanforderungen an die Dämmschicht		siehe Zeile 4			
3	Wände mit Beplankungen aus Gipskartonbauplatten entsprechend Punkt 7 von Abschnitt 7.1.5.1		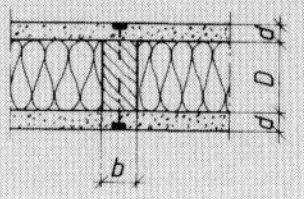			
3.1	Ausführung bei einlagiger Beplankung					
3.1.1	Mindestabmessungen der Holzrippen $b \times D$	(mm X mm)	40X80	60X80	100 X 100	–
3.1.2	Mindestbeplankungsdicke bei Verwendung von Gipskartonbauplatten F (GKF) DIN 18 180 d	(mm)	18	15	12,5	–
3.1.3	maximale Spannung $\sigma_D \perp$ oder	(N/mm^2)	2,5			
3.2	Ausführung bei zweilagiger Beplankung					
3.2.1	Mindestabmessungen der Holzrippen $b \times D$	(mm X mm)	40 X 80			60 X 80
3.2.2	Mindestbeplankungsdicke bei Verwendung von Gipskartonbauplatten F (GKF) DIN 18 180 d	(mm)	12,5 + 9,5[2]			15 + 12,5
3.2.3	maximale Spannung $\sigma_D \perp$	(N/mm^2)	2,5			2,5
3.3	Mindestanforderungen an die Dämmschicht		siehe Zeile 4			
4	Mindestanforderungen an die Dämmschicht bei Wänden nach Zeile 1 bis Zeile 3 bei allen Feuerwiderstandsklassen					
4.1	Dämmschichtart: Mineralfaserdämmschicht		siehe Punkt 5 von Abschnitt 7.1.5.1			
4.2	Mindestrohdichte	(kg/m^3)	30			
4.3	Befestigung an den Holzrippen		nicht erforderlich			
4.4	Mindestdicke		D			

1) Die Beplankung darf auch zweilagig mit 16 mm + 16 mm Dicke ausgeführt werden.
2) Anstelle 9,5 mm GKF-dürfen auch 9,5 mm GKB-Platten verwendet werden.
3) Anstelle 15 mm GKF-dürfen auch 18 mm GKB-Platten verwendet werden.

Entwurf DIN 4102 Teil 4 Seite 27

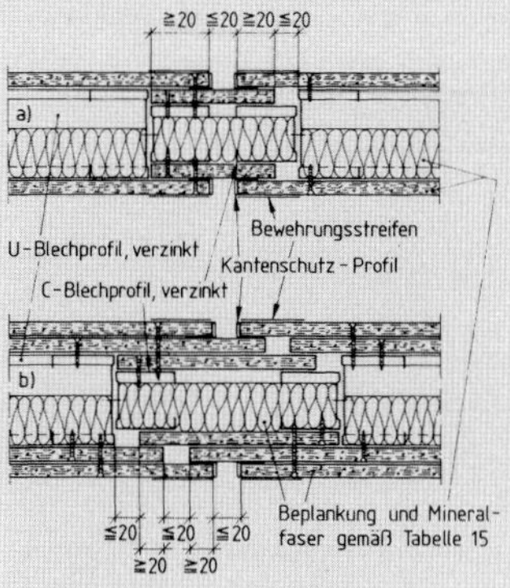

Bild 10. Dehnfugen

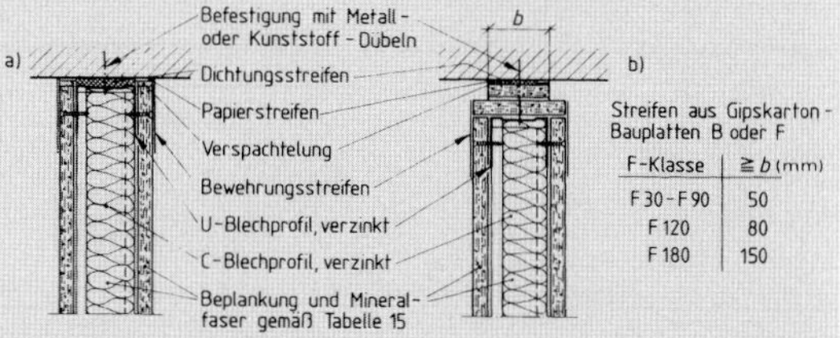

Bild 11. Feste, verspachtelte Anschlüsse an Massivbauteilen

4. Gleitende Anschlüsse

Gleitende Anschlüsse an angrenzende Massivbauteile (Mauerwerk oder Betonkonstruktionen) sind entsprechend den Angaben von Bild 13 auszuführen.

Bei gleitenden Anschlüssen, die nicht den Angaben von Bild 13 entsprechen, ist die Eignung durch Prüfungen nach DIN 4102 Teil 2 nachzuweisen.

5. Fußbodenanschlüsse

Fußbodenanschlüsse sind sinngemäß wie feste, verspachtelte Anschlüsse auszuführen; eine Verspachtelung darf entfallen, wenn die Beplankungen auf dem Untergrund dicht aufgesetzt werden.

Bei zurückspringenden Beplankungen darf die nach Tabelle 15 geforderte Beplankungsdicke vermindert werden, wenn im Wandinnern eine entsprechende Ersatzschicht sinngemäß den Angaben von Bild 14 angeordnet wird.

6. Befestigungsmittel

Als Befestigungsmittel auf Stahl müssen Schrauben, auf Holz oder Gipskartonstreifenbündeln Schrauben, Nägel oder Klammern gemäß DIN 18 181 verwendet werden. Bei Beplankungen aus zwei oder mehr Lagen ist jede Lage für sich am aussteifenden Untergrund zu befestigen. Für Befestigungen nur mit Verleimung oder nur mit Ansetzbinder sowie für Klemmbefestigungen ist der Nachweis der Eignung durch Prüfungen nach DIN 4102 Teil 2 zu erbringen.

7. Dämmschichten

In allen Wänden aus Gipskartonbauplatten sind **plattenförmige** Dämmschichten zur Verbesserung des Feuerwiderstandes notwendig.

Sie müssen

1. aus Mineralfaserdämmstoff nach Abschnitt 5.4.6 bestehen,
2. die in Tabelle 15 in Abhängigkeit von der Dicke D angegebene Rohdichte aufweisen

   und
3. gegen Herausfallen gesichert sein.

Eine ausreichende Sicherung ist das stramme Einpassen der plattenförmigen Dämmschicht zwischen Stielen und Riegeln – Stauchung bis etwa 1 cm. Fugen von stumpf gestoßenen Dämmschichten müssen dicht sein. Brandschutztechnisch am günstigsten sind ungestoßene oder zweilagig mit versetzten Fugen eingebaute Dämmschichten.

7.1.7.2 Mindestabmessungen

Die Mindestabmessungen der Beplankungen und brandschutztechnisch notwendigen Dämmschichten sind in Tabelle 15 angegeben.

Sofern zur Aussteifung der Beplankungen Holzrippen verwendet werden, müssen diese wenigstens der Güteklasse II nach DIN 4074 Teil 1 angehören und einen Querschnitt $b \times d \geqq 40$ mm $\times$ 40 mm besitzen.

a) Anschluß mit Dübel (z. B. Kunststoffdübel)

b) Anschluß mit Verschraubung an Wandprofilen

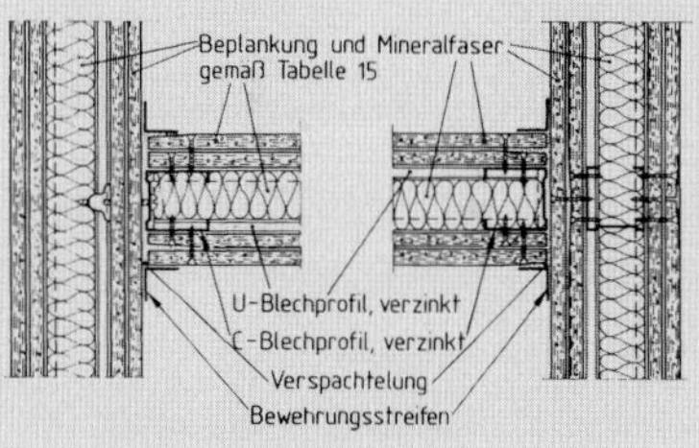

Bild 12. Feste, verspachtelte Anschlüsse an Wänden aus Gipskartonbauplatten

7.1.8 Zweischalige Wände aus Holzwolleleichtbauplatten nach DIN 1101 mit Putz

7.1.8.1 Allgemeines

Zweischalige Wände aus Holzwolleleichtbauplatten nach DIN 1101 mit Putz gelten entsprechend DIN 4103 Teil 1 als nichttragende, leichte Trennwände. Die Bemessung und Aussteifung richtet sich nach dieser Norm. Aus Gründen des Brandschutzes sind darüber hinaus folgende Bestimmungen einzuhalten:

1. Putz, Fugen

Für die Herstellung des Putzes gilt DIN 18 550. Die Haftung des Putzes an den Holzwolleleichtbauplatten braucht nicht gesondert nachgewiesen zu werden. Der Putz muß fugenlos aufgebracht werden.

Seite 28 Entwurf DIN 4102 Teil 4

(Maße in mm)

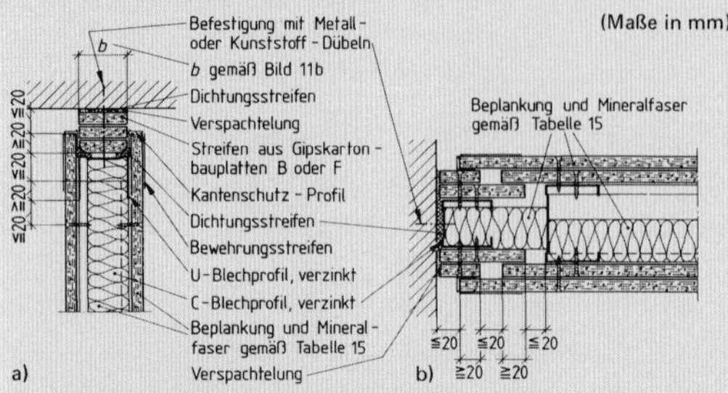

Bild 13. Gleitende Anschlüsse: Wand-, Decken- oder Stützen-Anschlüsse

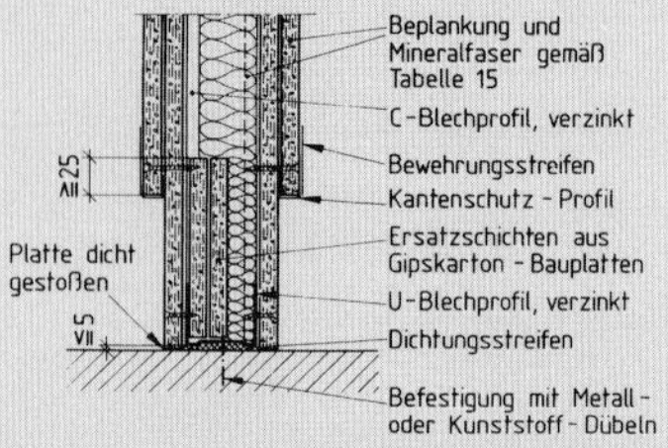

Bild 14. Fußbodenanschluß

Tabelle 15. **Mindestanforderungen an nichttragende, raumabschließende Wände aus Gipskartonbauplatten bei Verwendung von GKF-Platten nach DIN 18 180 mit geschlossener Fläche**

Zeile	Konstruktionsmerkmale	Feuerwiderstandsklasse-Benennung [1]				
		F 30-B	F 60-B	F 90-B	F 120-B	F 180-B
1	Einschalige oder zweischalige Wände 	jeweils mit Ständern und/oder Riegeln aus Stahlblechprofilen oder Gipskartonstreifenbündeln und einer Dämmschicht aus				
1.1	Mineralfaserplatten nach Punkt 7 von Abschnitt 7.1.7.1 bei einer Mindestdicke D (mm)/Mindestrohdichte (kg/m³) von und einer	40/40	40/40	40/40	40/40	–
1.2	Mindestbeplankungsdicke d (mm) oder	12,5	2 X 12,5	15 + 12,5	2 X 18,0 oder 3 X 12,5	–
1.3	Mineralfaserplatten nach Punkt 7 von Abschnitt 7.1.7.1 bei einer Mindestdicke D (mm)/Mindestrohdichte (kg/m³) von und einer	–	–	80/30 oder 60/50 oder 40/100	80/50 oder 60/100 –	80/50 oder 60/100 –
1.4	Mindestbeplankungsdicke d (mm)	–	–	2 X 12,5	2 X 15,0	3 X 12,5
2	Einschalige oder zweischalige Wände 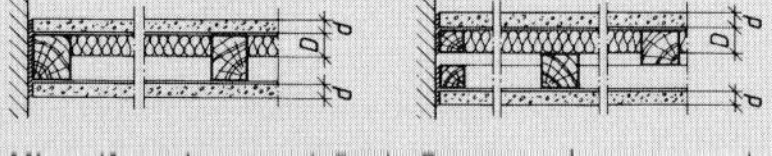	jeweils mit Ständern und/oder Riegeln aus Holz und einer Dämmschicht aus				
2.1	Mineralfaserplatten nach Punkt 7 von Abschnitt 7.1.7.1 bei einer Mindestdicke D (mm)/Mindestrohdichte (kg/m³) von und einer	40/40	40/40	80/100	–	–
2.2	Mindestbeplankungsdicke d (mm)	12,5	2 X 12,5	2 X 12,5	–	–

1) Sofern ein gültiger Prüfbescheid vorliegt, aus dem hervorgeht, daß die GKF-Platten der Baustoffklasse A angehören, sind die Konstruktionen nach Zeile 1 in die Benennungen F 30-A, F 60-A, F 90-A, F 120-A und F 180-A einzustufen.

2. Anschlüsse

Anschlüsse an angrenzende Massivbauteile (Mauerwerk oder Betonkonstruktionen) sind dicht sinngemäß nach den Angaben von Bild 7 auszuführen. Durchgehende Wärmebrücken sind unzulässig.

Bei Anschlüssen, die nicht dicht verputzt sind oder die Wärmebrücken aufweisen, ist die Eignung durch Prüfungen nach DIN 4102 Teil 2 nachzuweisen. Bei Anschlüssen an Unterdecken ist entsprechend Abschnitt 5.4.5.4 und Abschnitt 7.1.1 der Nachweis der Eignung ebenfalls durch Prüfungen nach DIN 4102 Teil 2 zu erbringen.

3. Befestigungsmittel

Auf beiden Außenseiten der zweischalig angebrachten Holzwolleleichtbauplatten müssen Verspannungen aus Drahtgewebe o. ä. angeordnet werden, die an den angrenzenden Bauteilen mindestens alle 200 mm zu befestigen sind.

4. Dämmschichten

Zwischen den Schalen der Holzwolleleichtbauplatten ist zur Verbesserung der Feuerwiderstandsdauer eine Dämmschicht notwendig. Sie muß Abschnitt 5.4.6 entsprechen und eine Rohdichte ≧ 30 kg/m³ aufweisen.

7.1.8.2 Mindestdicke

Die Mindestdicke der Holzwolleleichtbauplatten, des Putzes und der notwendigen Dämmschicht sind in der Tabelle 16 angegeben.

7.2 Feuerwiderstandsklassen von Decken

7.2.1 Allgemeines

Die folgenden Angaben gelten für Decken und gleichzustellende Dächer mit gleichem Aufbau. Dächer, die nicht wie die im folgenden beschriebenen Decken ausgeführt sind, werden in Abschnitt 7.3 behandelt.

Wenn im folgenden nichts anderes bestimmt wird, beziehen sich die Klassifizierungen stets auf die raumabschließende Wirkung bei einseitiger Brandbeanspruchung von unten oder oben. Bekleidungen an der Unterseite tragender Decken (Rohdecken) und die Anordnung von Fußbodenbelägen auf der Deckenoberseite sind bei den nachfolgend klassifizierten Decken ohne weitere Nachweise erlaubt; gegebenenfalls sind jedoch bei der Verwendung von Baustoffen der Klasse B bauaufsichtliche Anforderungen, z. B. in Fluchtwegen, Hochhäusern, Versammlungsstätten u. ä., zu beachten – siehe auch Abschnitt 4.

Die im folgenden angegebenen Mindestdicken d beziehen sich, soweit nichts anderes angegeben ist, immer auf die unbekleidete Deckendicke.

Erreicht eine Konstruktion eine Feuerwiderstandsklasse nur mit Hilfe einer Bekleidung, ist Abschnitt 5.4 zu beachten.

Werden raumabschließende Decken durch Fertigteile gebildet, ist die Eignung von Fugen und Anschlüssen, soweit diese in den folgenden Abschnitten nicht behandelt sind, nach Teil 2 der Norm nachzuweisen.

Tabelle 16. **Mindestanforderungen an nichttragende raumabschließende, zweischalige Wände aus Holzwolleleichtbauplatten nach DIN 1101 mit Putz**

Zeile	Konstruktionsmerkmale	Feuerwiderstandsklasse-Benennung				
		F 30-B	F 60-B	F 90-B	F 120-B	F 180-B
1	Wände aus Holzwolleleichtbauplatten nach DIN 1101 mit $d_1 \geqq 25$ mm			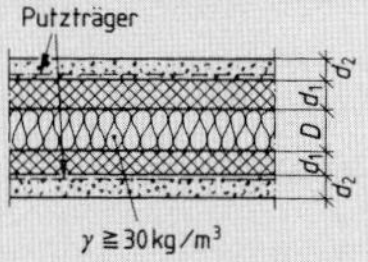		
1.1	Mindestputzdicke d_2 (mm) bei Verwendung von					
1.1.1	Mörtelgruppe II oder IVc DIN 18550	15	20	25	–	–
1.1.2	Mörtelgruppe IVa bis b DIN 18550	15	15	25	30	–
1.1.3	Putz nach Abschnitt 5.4.3	15	15	25	30	30
1.2	Mindestdämmschichtdicke D (mm)	40	40	40	40	40
2	Wände aus Holzwolleleichtbauplatten nach Zeile 1, jedoch mit $d_1 \geqq 50$ mm					
2.1	Mindestputzdicke d_2 (mm) bei Verwendung von					
2.1.1	Mörtelgruppe II oder IVc DIN 18550	15	15	15	20	25
2.1.2	Mörtelgruppe IVa bis b DIN 18550	15	15	15	15	20
2.1.3	Putz nach Abschnitt 5.4.3	15	15	15	15	15
2.2	Mindestdämmschichtdicke D (mm)	40	40	40	40	40

Seite 30 Entwurf DIN 4102 Teil 4

Tabelle 17. **Mindestdicke *d* von Stahlbeton- oder Spannbetonplatten aus Normalbeton ohne Hohlräume**

Zeile	Konstruktionsmerkmale	Feuerwiderstandsklasse-Benennung [3]				
		F 30-A	F 60-A	F 90-A	F 120-A	F 180-A
1	Mindestdicke *d* von Vollplatten ohne Estrich und ohne Bekleidungen bei Platten mit					
1.1	statisch bestimmter Lagerung (mm)	60 [1]	80	100	120	150
1.2	statisch unbestimmter Lagerung (mm) (durchlaufende Platten)	80 [2]	80 [2]	100	120	150
2.1	Mindestdicke *d* von Vollplatten mit nichtbrennbarem Estrich oder Asphaltestrich ohne Bekleidungen (mm)	50	50	50	50	50
2.2	Gesamtdeckendicke = *d* + Estrichdicke bei Platten mit					
2.2.1	statisch bestimmter Lagerung (mm)	60 [1]	80	100	120	150
2.2.2	statisch unbestimmter Lagerung (mm)	80 [2]	80 [2]	100	120	150
3	Mindestdicke *d* von Vollplatten mit schwimmendem Estrich ohne Bekleidungen bei Platten mit					
3.1	statisch bestimmter Lagerung (mm)	60 [1]	60 [1]	60 [1]	60 [1]	80
3.2	statisch unbestimmter Lagerung (mm)	80 [2]	80 [2]	80 [2]	80 [2]	80 [2]
3.3	Mindestdicke des schwimmenden Estrichs aus nichtbrennbaren Stoffen oder eines Asphaltestrichs ohne Mitrechnung der Dämmschicht (mm)	–	25	25	30	40
4	Mindestdicke *d* von Vollplatten nach Zeile 1 bis 3 mit Bekleidungen aus					
4.1	Putzen nach Abschnitt 5.4.1 bis Abschnitt 5.4.3	Mindestdicke *d* nach Zeile 1 bis 3, Abminderungen nach Tabelle 1 sind möglich, d_{min} jedoch nicht kleiner als 50 mm.				
4.2	dichtgestoßenen Holzwolleleichtbauplatten nach DIN 1101 als verlorene Schalung mit einer Befestigung der Holzwolleleichtbauplatten mit ≧6 Haftsicherungsankern/m² aus Baustoffen der Klasse A bei einer Dicke der Holzwolleleichtbauplatten von					
4.2.1	≧ 25 mm (mm)	50	50	–	–	–
4.2.2	≧ 50 mm (mm)	50	50	50	50	50
4.3	Unterdecken nach Abschnitt 5.4.5	Mindestdicke *d* ≧ 50 mm, Konstruktion nach Abschnitt 7.2.12 oder Nachweis der Eignung durch Prüfung.				

1) Bei Betonfeuchtigkeitsgehalten > 4 Gew.-% sowie bei Decken mit sehr dichter Bewehrungsanordnung (Stababstände < 100 mm) muß die Mindestdicke wenigstens 80 mm betragen.

2) Bei Betonfeuchtigkeitsgehalten > 4 Gew.-% sowie bei Decken mit sehr dichter Bewehrungsanordnung (Stababstände < 100 mm) muß die Mindestdicke wenigstens 100 mm betragen.

3) Bei Anordnung von Asphaltestrichen, bei Verwendung von schwimmenden Estrichen mit Dämmschichten der Baustoffklasse B und bei Verwendung von Holzwolleleichtbauplatten entsprechend Zeile 4.2 muß die Benennung jeweils F 30-AB, F 60-AB, F 90-AB, F 120-AB und F 180-AB lauten.

Durch die nachfolgend klassifizierten Massivdecken dürfen einzelne Kabel durchgeführt werden, wenn der verbleibende Lochquerschnitt mit Mörtel nach DIN 18 550 oder Beton nach DIN 1045 vollständig verschlossen wird. Für die Durchführung vieler Kabel oder von Kabelbündeln sowie von Kabelrinnen, -pritschen und -leitern sind Abschottungen erforderlich, deren Eignung durch Prüfungen, z. B. im Rahmen der Erteilung einer allgemeinen bauaufsichtlichen Zulassung, nachzuweisen ist.

7.2.2 Decken aus Stahlbeton- oder Spannbetonplatten aus Normalbeton

7.2.2.1 Geltungsbereich

Die folgenden Ausführungen gelten für

1. Ortbetonplatten nach DIN 1045, Ausgabe Januar 1972, Abschnitt 20,
2. Fertigplatten mit statisch mitwirkender Ortbetonschicht nach DIN 1045, Ausgabe Januar 1972, Abschnitt 19.7.6,
3. Balkendecken ohne Zwischenbauteile mit ebener Deckenuntersicht – z. B. aus unmittelbar nebeneinander verlegten Balken – nach DIN 1045, Ausgabe Januar 1972, Abschnitt 19.7.7 und
4. Pilzdecken mit verstärktem Kopf nach DIN 1045, Ausgabe Januar 1972, Abschnitt 22

sowie für entsprechende vorgespannte Decken.

Decken aus Fertigteilen wie Stahlbeton- oder Spannbetonhohldielen, Bimsbetonhohldielen oder Gasbetonplatten werden in Abschnitt 7.2.3, Decken aus anderen Fertigteilen in Abschnitt 7.2.4 bis Abschnitt 7.2.10 behandelt.

7.2.2.2 Mindestdicke von Platten ohne Hohlräume

Stahlbeton- oder Spannbetonplatten ohne Hohlräume müssen die in Tabelle 17 angegebenen Mindestdicken besitzen. Hierbei sind die folgenden Bedingungen zu beachten:

1. Bei Verwendung von besonderem Zuschlag dürfen Abminderungen nach Abschnitt 5.2.1 in Ansatz gebracht werden.
2. Platten, die mehrseitig vom Brand beansprucht werden können, wie z. B. dreiseitig gelagerte oder auskragende Platten, müssen stets eine Mindestdicke $d \geqq 100$ mm haben.
3. Dämmschichten bei schwimmenden Estrichen nach Zeile 3 in Tabelle 17 müssen Abschnitt 5.4.7 entsprechen. Wird die Mindestdicke d dagegen nach Zeile 1 eingehalten, dann brauchen die Forderungen von Abschnitt 5.4.7 nicht beachtet zu werden; wegen möglicher anderer Forderungen siehe jedoch Abschnitt 4.

7.2.2.3 Mindestdicken von Platten mit Hohlräumen

Stahlbeton- oder Spannbetonhohlplatten, die nicht Abschnitt 7.2.3 entsprechen, müssen die in Tabelle 18 angegebenen Mindestabmessungen besitzen. Hierbei sind die folgenden Bedingungen zu beachten:

1. Bei Verwendung von besonderem Zuschlag darf die Mindestgesamtdicke d entsprechend Zeile 1.2 und Zeile 2.2 entsprechend Abschnitt 5.2.1 abgemindert werden; die Dicke der unteren Betonschicht d_1 entsprechend Zeile 1.1 und Zeile 2.1 darf dagegen nicht verringert werden.
2. Die notwendige Hohlplatten-Gesamtdicke d, d. h. die brandschutztechnisch wirksame Dicke, errechnet sich durch Division der Nettoquerschnittsfläche F_{Netto} durch die Breite b.
3. Wenn bei Hohlplatten mit brennbaren Bestandteilen gemäß Zeile 2 dünnere Querschnittsdicken verwendet werden sollen, so sind die Decken nach Abschnitt 7.2.4 zu bemessen, oder es ist ein Nachweis der Eignung nach DIN 4102 Teil 2 erforderlich.

7.2.2.4 Mindestachsabstand der Bewehrung bei frei aufliegenden Platten

Der Achsabstand der Feldbewehrung zur beflammten Oberfläche von Stahlbeton- oder Spannbetonplatten muß mindestens die in Tabelle 19 angegebenen Werte besitzen. Hierbei sind die folgenden Bedingungen zu beachten:

1. Bei Verwendung von besonderem Zuschlag dürfen die Tabellenwerte gemäß Abschnitt 5.2.1 abgemindert werden.

2. Die erforderlichen Achsabstände u nach den Zeilen 1 bis 2 gelten für die in Tabelle 2 angegebenen kritischen Stahltemperaturen. Bei Verwendung anderer Stähle oder anderer Ausnutzungsgrade sind die Werte entsprechend Abschnitt 5.2.3 bis Abschnitt 5.2.4 zu korrigieren.

3. Der Mindestachsabstand u bei zweiachsig gespannten Platten gemäß Zeile 2 bezieht sich auf die untere Bewehrungslage in Richtung der kürzeren Spannweite. Ist das Seitenverhältnis $1{,}5 < l_y/l_x < 2{,}0$, darf zwischen den Werten von Zeile 1 und Zeile 2 linear interpoliert werden. Bei Seitenverhältnissen $\geqq 2{,}0$ gilt stets Zeile 1.

4. Die Mindestachsabstände u der Bewehrung von dreiseitig gelagerten Platten können näherungsweise ebenfalls nach Tabelle 19 bestimmt werden.

Ist das Seitenverhältnis dreiseitig gelagerter Platten $l_y/l_x < 0{,}7$ – l_x verläuft parallel zum freien Rand –, so ist $u = u' + 10$ mm zu wählen, wobei u' die Werte für vierseitig gelagerte Platten mit $l_y/l_x \leqq 1{,}5$ bedeuten – siehe Zeile 2 von Tabelle 19.

Ist das Seitenverhältnis dreiseitig gelagerter Platten $0{,}7 \leqq l_y/l_x \leqq 1$, so ist $u = u' + 15$ mm zu wählen.

Ist das Seitenverhältnis dreiseitig gelagerter Platten $l_y/l_x > 1$, so sind diese Platten stets gemäß Zeile 1 von Tabelle 19 zu bemessen.

Bei dreiseitig gelagerten Platten mit freiem Rand, bei dem ein Brandangriff von zwei Seiten erfolgen kann, muß in allen drei vorstehend genannten Bereichen der Achsabstand u der Zusatzbewehrung am freien Rand stets nach Zeile 1 von Tabelle 19 gewählt werden.

5. Bei auskragenden Platten ist der Achsabstand u der oben liegenden Bewehrung zur Plattenoberseite nach Tabelle 19 Zeile 1 zu wählen. Die Dicke nichtbrennbarer Estriche und von Asphaltestrichen darf auf den erforderlichen Achsabstand angerechnet werden. Bei Verwendung schwimmender Estriche muß die Dämmschicht Abschnitt 5.4.7 entsprechen.

7.2.2.5 Bewehrung und Mindestachsabstand der Bewehrung bei durchlaufenden Platten

Werden die Mindestachsabstände u der Feldbewehrung nach Abschnitt 7.2.2.4 eingehalten, dann brauchen die folgenden Bemessungsgrundsätze nicht berücksichtigt zu werden.

Seite 32 Entwurf DIN 4102 Teil 4

Tabelle 18. **Mindestdicken von Stahlbeton- oder Spannbetonplattendecken aus Normalbeton mit Hohlräumen**

Zeile	Konstruktionsmerkmale	Feuerwiderstandsklasse-Benennung 2) F 30-A	F 60-A	F 90-A	F 120-A	F 180-A
1	Hohlplatten ohne brennbare Bestandteile 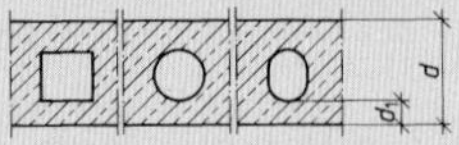					
1.1	Mindestdicke d_1 von Platten mit					
1.1.1	statisch bestimmter Lagerung – wegen Systemen mit Kragarm siehe Zeile 1.1.2 – bei Hohlräumen mit					
1.1.1.1	Rechteckquerschnitt (mm)	60	60	60	60	60
1.1.1.2	Kreis- oder Ovalquerschnitt (mm)	50	50	50	50	50
1.1.2	statisch bestimmter Lagerung mit Kragarmen bzw. bei statisch unbestimmter Lagerung ohne Massiv- oder Halbmassivstreifen 1) bei Hohlräumen mit					
1.1.2.1	Rechteckquerschnitt (mm)	80	80	80	80	80
1.1.2.2	Kreis- oder Ovalquerschnitt (mm)	70	70	70	70	70
1.2	Mindestgesamtdicke d (mm)	$d = F_{Netto}/b \geqq d$ nach Zeile 1 bis 4 von Tabelle 17				
2	Hohlplatten mit brennbaren Bestandteilen 2)					
2.1	Mindestdicke d_1 (mm) bei Platten mit					
2.1.1	statisch bestimmter Lagerung bei Hohlräumen mit					
2.1.1.1	Rechteckquerschnitt (mm)	80	80	80	80	80
2.1.1.2	Kreis- oder Ovalquerschnitt (mm)	70	70	70	70	70
2.1.2	statisch unbestimmter Lagerung bei Hohlräumen mit Rechteck-, Kreis- oder Ovalquerschnitt (mm)	80	80	100	120	150
2.2	Mindestgesamtdicke d (mm)	$d = F_{Netto}/b \geqq d$ nach Zeile 1 bis 4 von Tabelle 17				
3	Mindestdicke d_1 von Hohlplatten nach Zeile 1 bis 2 mit einer Bekleidung aus					
3.1	Putzen nach Abschnitt 5.4.1 bis Abschnitt 5.4.3	Mindestdicken d_1 nach Zeile 1 bis Zeile 2, Abminderungen nach Tabelle 1 sind möglich, $d_{1\,min}$ jedoch nicht kleiner als 50 mm.				
3.2	dichtgestoßenen Holzwolleleichtbauplatten nach DIN 1101 als verlorene Schalung mit einer Befestigung der HWL-Platten mit ≧ 6 Haftsicherungsankern/m² aus Baustoffen der Klasse A bei einer Dicke der HWL-Platten von					
3.2.1	≧ 25 mm (mm)	50	50	–	–	–
3.2.2	≧ 50 mm (mm)	50	50	50	50	50
3.3	Unterdecken nach Abschnitt 5.4.5	Mindestdicke $d_1 \geqq 50$ mm, Konstruktion nach Abschnitt 7.2.12 oder Nachweis der Eignung durch Prüfung.				

1) Bei Hohlplatten mit Massiv- oder Halbmassivstreifen dürfen die Werte von Zeile 1.1.1 verwendet werden.

2) Bei Verwendung brennbarer Bestandteile, z. B. bei Füllkörpern aus Baustoffen der Klasse B, muß die Benennung jeweils F.30-AB, F 60-AB, F 90-AB, F 120-AB und F 180-AB lauten.

Entwurf DIN 4102 Teil 4 Seite 33

Tabelle 19. **Mindestachsabstand *u* der Feldbewehrung zur beflammten Oberfläche bei Verwendung von Platten und Pilzdecken mit verstärktem Kopf aus Normalbeton**

Zeile	Konstruktionsmerkmale	Feuerwiderstandsklasse-Benennung 2)				
		F 30-A	F 60-A	F 90-A	F 120-A	F 180-A
1	Mindestachsabstand *u* bei einachsig gespannten, frei aufliegenden Platten ohne Bekleidungen bei Verwendung von					
1.1	BSt 220/340 (BSt 22/34) (mm)	10	18	28	38	53 1)
1.2	BSt 420/500 (BSt 42/50) oder BSt 500/550 (BSt 50/55) (mm)	10	25	35	45 1)	60 1)
2	Mindestachsabstand *u* bei zweiachsig gespannten, frei aufliegenden, vierseitig gelagerten Platten mit einem Seitenverhältnis $l_y/l_x \leqq 1{,}5$ ohne Bekleidungen bei Verwendung von					
2.1	BSt 220/340 (BSt 22/34) (mm)	10	10	10	13	23
2.2	BSt 420/500 (BSt 42/50) oder BSt 500/550 (BSt 50/55) (mm)	10	10	15	20	30
3	Mindestachsabstand *u* bei Pilzdecken mit verstärktem Kopf ohne Bekleidungen unabhängig vom Seitenverhältnis bei Verwendung von BSt 220/340 (BSt 22/34), BSt 420/500 (BSt 42/50) oder BSt 500/550 (BSt 50/55) (mm)	10	15	25	35	45 1)
4	Mindestachsabstand *u* bei Platten bzw. Pilzdecken nach Zeile 1 bis 3 mit Bekleidungen aus					
4.1	Putzen nach Abschnitt 5.4.1 bis Abschnitt 5.4.3	Mindestachsabstand *u* nach Zeile 1 bis Zeile 3, Abminderungen nach Tabelle 1 sind möglich, u_{min} jedoch stets $\geqq 10$ mm				
4.2	dichtgestoßenen Holzwolleleichtbauplatten nach DIN 1101 als verlorene Schalung mit einer Befestigung der HWL-Platten mit ≧6 Haftsicherungsankern/m² aus Baustoffen der Klasse A bei einer Dicke der HWL-Platten von					
4.2.1	≧25 mm	10	10	–	–	–
4.2.2	≧50 mm	10	10	10	10	15
5	Unterdecken nach Abschnitt 5.4.5	Mindestachsabstand $u \geqq 10$ mm Konstruktion nach Abschnitt 7.2.12 oder Nachweis der Eignung durch Prüfung.				

1) Bei einer Betondeckung > 40 mm ist eine Zusatzbewehrung nach Abschnitt 5.2.2 erforderlich.

2) Wegen der Benennung bei Verwendung brennbarer Baustoffe siehe Fußnote 3 von Tabelle 17 und Fußnote 2 von Tabelle 18.

Seite 34 Entwurf DIN 4102 Teil 4

Werden die Mindestachsabstände u der Feldbewehrung nach Abschnitt 7.2.2.4 dagegen nicht eingehalten, dann müssen die Stütz- und Feldbewehrung von durchlaufenden Platten nach folgenden Bemessungsregeln ausgeführt werden:

1. Die Stützbewehrung ist an jeder Stelle gegenüber der nach DIN 1045 erforderlichen Stützbewehrung um 0,2 l zu verlängern; l ist dabei die Stützweite des angrenzenden größeren Feldes.

2. In allen Feldern ist eine obere Mindestbewehrung von 20% der erforderlichen Stützbewehrung beizubehalten. Bei Innenfeldern mit unterschiedlichen Stützbewehrungen ist die obere Mindestbewehrung nach dem Mittelwert der Stützbewehrungen zu berechnen.

3. Bei Verwendung von Betonstahlmatten BSt 500/550 (BSt 50/55) ist im Bereich der Innenstützen von Endfeldern die Stützbewehrung beiderseits der Stütze auf einer Länge von 0,15 l um jeweils 20% zu vergrößern; l ist dabei die Stützweite des angrenzenden größeren Feldes.

4. Der Achsabstand u der Stützbewehrung zur Plattenoberseite muß wenigstens den Werten von Tabelle 20 entsprechen.

5. Bei Anordnung der Stützbewehrung nach den vorstehenden Punkten 1 bis 4 muß der Achsabstand u der Feldbewehrung zur Plattenunterseite in Abhängigkeit vom Stützweitenverhältnis mindestens den Angaben von Tabelle 21 entsprechen. Bei Verwendung von besonderem Zuschlag darf gemäß Abschnitt 5.2.1 abgemindert werden. Bei Anordnung von Bekleidungen darf der Achsabstand u der Feldbewehrung entsprechend Zeile 4 bis Zeile 5 von Tabelle 19 gewählt werden. In allen Fällen darf u_{min} = 10 mm nicht unterschritten werden.

7.2.2.6 Bewehrung und Mindestachsabstand der Bewehrung bei eingespannten Platten

Liegt eine beidseitige oder nur einseitige volle Einspannung vor, so gelten die in Abschnitt 7.2.2.5 gemachten Angaben sinngemäß.

7.2.2.7 Fugen zwischen Fertigteilplatten

Bei dicht verlegten Fertigteilplatten mit Fugen entsprechend Bild 15 müssen die Fugen mit Mörtel oder Beton der Baustoffklasse A geschlossen werden. Die Mindestdeckendicke d ist in den Abschnitten 7.2.2.2 und 7.2.2.3 angegeben.

Gefaste Kanten dürfen unberücksichtigt bleiben, wenn die Fasung ≦ 30 mm bleibt. Bei Fasungen > 30 mm ist die Mindestdeckendicke auf den Endpunkt der Fasung zu beziehen.

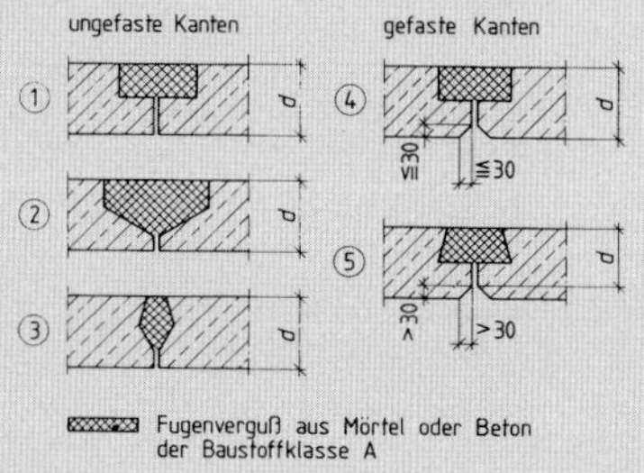

Bild 15. Geschlossene Fugen zwischen Fertigteilplatten (Schema)

Tabelle 20. **Mindestachsabstand u der Stützbewehrung zur Deckenoberseite bei Verwendung von Platten und Pilzdecken mit verstärktem Kopf aus Normalbeton**

Zeile	Konstruktionsmerkmale	Feuerwiderstandsklasse-Benennung 3)				
		F 30-A	F 60-A	F 90-A	F 120-A	F 180-A
1	Mindestachsabstand u (mm) der Stützbewehrung zur Plattenoberseite bei Decken aus Normalbeton ohne Estrich bei Stählen mit T_{krit} = 500 °C 1)	10	10	15	30	50
2.1	Mindestachsabstand u (mm) der Stützbewehrung zur Plattenoberseite bei Decken aus Normalbeton mit Estrichen bei Stählen mit T_{krit} = 500 °C 1)	10	10	10	15	20
2.2	Mindestdicke des Estrichs aus nichtbrennbaren Stoffen oder eines Asphaltestrichs 2) 3) (mm)	–	–	10	15	30

1) Bei Verwendung von Stählen mit einer anderen kritischen Stahltemperatur sind die Achsabstände u – oder im Fall von Zeile 2 die Gesamtdicke aus u + Estrichdicke – entsprechend Abschnitt 5.2.3 bis Abschnitt 5.2.4 zu korrigieren.

2) Bei Anordnung von Dämmschichten bei schwimmenden Estrichen müssen diese Abschnitt 5.4.7 entsprechen.

3) Wegen der Benennung bei Verwendung brennbarer Baustoffe siehe Fußnote 3 von Tabelle 17 und Fußnote 2 von Tabelle 18.

Tabelle 21. **Mindestachsabstand u der Feldbewehrung unbekleideter, durchlaufender Platten oder Pilzdecken mit verstärktem Kopf zur Deckenunterseite bei Verwendung von Normalbeton**

Plattenart	Stützweitenverhältnis	Mindestachsabstand u
einachsig gespannte Platten	min $l \geqq 0{,}8$ max l	anstelle von u nach Zeile 1 von Tabelle 19 darf das entsprechende u gewählt werden, das einer um 60 Minuten niedrigeren Feuerwiderstandsklasse entspricht.
	min $l < 0{,}8$ max l	anstelle von u nach Zeile 1 von Tabelle 19 darf das entsprechende u gewählt werden, das einer um 30 Minuten niedrigeren Feuerwiderstandsklasse entspricht [1].
zweiachsig gespannte Platten	u ist abhängig vom Seitenverhältnis gemäß Zeile 2 von Tabelle 19 zu wählen; eine Abminderung infolge Durchlaufwirkung ist nicht zulässig.	
Pilzdecken mit verstärktem Kopf	u ist gemäß Zeile 3 von Tabelle 19 zu wählen; eine Abminderung infolge Durchlaufwirkung ist nicht zulässig.	

[1] Im Fall F 180 ist zwischen den Werten für F 180 und F 120 zu interpolieren und so zu verfahren, als ob eine Feuerwiderstandsklasse „F 150" vorhanden wäre.

Bei nicht dicht verlegten Fertigteilplatten sind offene Fugen bis zu einer maximalen Breite von 30 mm zulässig, wenn auf der Plattenoberseite ein im Fugenbereich bewehrter Estrich oder Beton aus Baustoffen der Klasse A gemäß Bild 16 angeordnet wird. Dabei darf der Estrich zur Erzielung einer Sollbruchfuge auf der Oberseite einen maximal 15 mm tiefen Einschnitt erhalten. Dämmschichten von schwimmenden Estrichen müssen Abschnitt 5.4.7 entsprechen.

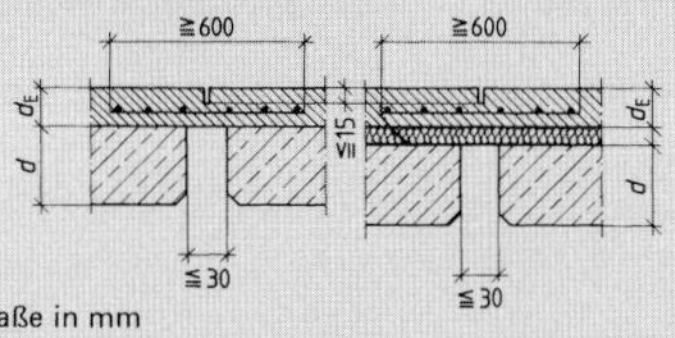

Maße in mm

	Mindestdicken d und d_E in mm für die Feuerwiderstandsklasse-Benennung				
	F 30-A	F 60-A	F 90-A	F 120-A	F 180-A
d	siehe Tabelle 17 Zeile 1				
d_E	30	30	40	45	50

Bild 16. Offene Fugen zwischen Fertigteilplatten (Schema)

7.2.3 Decken aus Stahlbeton- oder Spannbetonhohldielen, Bimsbetonhohldielen oder Gasbetonplatten

7.2.3.1 Geltungsbereich

Die folgenden Angaben gelten für Decken aus

1. Stahlbeton- oder Spannbetonhohldielen nach DIN 1045 bzw. DIN 4227,
2. Bimsbetonhohldielen nach DIN 4028 und
3. Gasbetonplatten nach DIN 4223.

7.2.3.2 Mindestdicken

Die in Abschnitt 7.2.3.1 aufgezählten Decken müssen die in Tabelle 22 angegebenen Mindestdicken besitzen. Hierbei sind die folgenden Bedingungen zu beachten:

1. Werden Fugenausbildungen gewählt, die von den Fugendetails der angegebenen Normen abweichen, ist die Eignung durch Prüfungen nach DIN 4102 Teil 2 nachzuweisen. Alle Fugen sind dicht zu vermörteln. Bei Dächern aus dicht verlegten Gasbetonplatten mit Nut- und Federstößen brauchen die Fugen nicht vermörtelt zu werden; für diesen speziellen Fall gelten die Angaben von Zeile 1.3 der Tabelle.

2. Bei Hohldielen nach Zeile 1.1 dürfen bei Verwendung von besonderem Zuschlag Abminderungen nach Abschnitt 5.2.1 in Ansatz gebracht werden.

3. Sofern Estriche als brandschutztechnische Maßnahme zum Einsatz kommen, müssen diese aus Baustoffen der Klasse A bestehen. Beim Einsatz von schwimmenden Estrichen muß die Dämmschicht Abschnitt 5.4.7 entsprechen. Bei Verwendung von schwimmenden Estrichen darf auch Asphaltestrich verwendet werden.
Sofern nach den Angaben der Zeilen 1.1.1, 1.2 oder 1.3 bemessen und außerdem ein Estrich angeordnet wird, werden an den Estrich keine Brandschutzforderungen gestellt.

4. Sofern Holzwolleleichtbauplatten nach Zeile 2.2 oder nach Zeile 3.2 – hier nur im Zusammenhang mit Bimsbetonhohldielen – als Bekleidung verwendet werden, müssen die HWL-Platten bei der Herstellung der Hohldielen unter Verwendung von 6 oder mehr Haftsicherungsankern/m^2 aus Baustoffen der Klasse A unmittelbar anbetoniert werden. Die Fugen der HWL-Platten sind nach dem Verlegen zu verspachteln. Sofern diese Forderungen nicht eingehalten werden, die Bekleidung aber dennoch aus HWL-Platten bestehen soll, ist nach Zeile 2.3 oder Zeile 3.3 zu verfahren.

Seite 36 Entwurf DIN 4102 Teil 4

Tabelle 22. **Mindestdicken von Decken aus Stahlbeton- oder Spannbetonhohldielen aus Normalbeton, Bimsbetonhohldielen und Gasbetonplatten**

Zeile	Konstruktionsmerkmale	Feuerwiderstandsklasse-Benennung [2]				
		F 30-A	F 60-A	F 90-A	F 120-A	F 180-A
1	Mindestdicke *d* (mm) von unbekleideten Decken aus					
1.1	Stahlbeton- oder Spannbetonhohldielen					
1.1.1	ohne Estrich	80 [1]	100	120	140	170
1.1.2	mit Estrich aus nichtbrennbaren Stoffen	80 [1]	80 [1]	80 [1]	80 [1]	80 [1]
1.1.3	Mindestgesamtdicke = *d* + Estrichdicke ohne Mitrechnung einer möglichen Dämmschicht	80 [1]	100	120	140	170
1.2	Bimsbetonhohldielen oder Gasbetonplatten mit oder ohne Estrich	75	75	75	100	125
1.3	Gasbetonplatten mit Nut- und Federstößen ohne Fugenvermörtelung mit oder ohne Estrich	75	75	100	125	150
2	Mindestdicke *d* (mm) von Stahlbeton- oder Spannbetonhohldielen mit Bekleidungen aus					
2.1	Putzen nach Abschnitt 5.4.1 bis Abschnitt 5.4.3	Mindestdicke *d* nach Zeile 1.1 1 bis Zeile 1.1.3, Abminderungen nach Tabelle 1 sind möglich, d_{min} jedoch nicht kleiner als 80 mm.				
2.2	Holzwolleleichtbauplatten nach DIN 1101 bei einer Dicke der HWL-Platten von					
2.2.1	≧ 25 mm	80	80	–	–	–
2.2.2	≧ 50 mm	80	80	80	80	80
2.3	Unterdecken nach Abschnitt 5.4.5	Mindestdicke *d* ≧ 80 mm, Konstruktion nach Abschnitt 7.2.12 oder Nachweis der Eignung durch Prüfung.				
3	Mindestdicke *d* (mm) von Bimsbetonhohldielen oder Gasbetonplatten mit Bekleidungen aus					
3.1	Putzen nach Abschnitt 5.4.1 bis Abschnitt 5.4.3	50	50	75	100	125
3.2	Holzwolleleichtbauplatten nach DIN 1101 bei einer Dicke der HWL-Platten von					
3.2.1	≧ 25 mm	50	50	–	–	–
3.2.2	≧ 50 mm	50	50	50	50	50
3.3	Unterdecken nach Abschnitt 5.4.5	Mindestdicke *d* ≧ 50 mm, Konstruktion nach Abschnitt 7.2.12 oder Nachweis der Eignung durch Prüfung.				

[1] Bei Betonfeuchtigkeitsgehalten > 4 Gew.-% sowie bei Hohldielen mit sehr dichter Bewehrungsanordnung (Stababstände < 100 mm) muß die Mindestdicke wenigstens 100 mm betragen.

[2] Bei Anordnung von Asphaltestrichen, bei Verwendung von schwimmenden Estrichen mit Dämmschichten der Baustoffklasse B und bei Verwendung von Holzwolleleichtbauplatten muß die Benennung jeweils F 30-AB, F 60-AB, F 90-AB, F 120-AB und F 180-AB lauten.

7.2.3.3 Mindestachsabstände

Die in Abschnitt 7.2.3.1 aufgezählten Decken müssen die in Tabelle 23 angegebenen Mindestachsabstände u besitzen. Hierbei sind die folgenden Bedingungen zu beachten:

1. Bei Hohldielen nach Zeile 1 dürfen bei Verwendung von besonderem Zuschlag Abminderungen nach Abschnitt 5.2.1 in Ansatz gebracht werden.

2. Die in den Zeilen 1 bis 3 angegebenen Mindestachsabständegelten für folgende kritischen Stahltemperaturen:

Hohldielen bzw. Platten aus	T_{krit} in °C	Beispiele für Stahlart	Beispiele für zugehörige zulässige Spannung*) σ_e in N/mm²
Stahlbeton	570	BSt 220/340 (BSt 22/34)	126 bis 140
Bimsbeton	590	BSt 220/340 (BSt 22/34)	120
Gasbeton	570	St 220/340 (BSt 22/34)	126
	500	BSt 500/550 (BSt 50/55)	240

*) Entsprechend DIN 1045, DIN 4028 und DIN 4223

Bei Verwendung anderer Stähle oder anderer Ausnutzungsgrade sind die Mindestachsabstände entsprechend Abschnitt 5.2.3 bis Abschnitt 5.2.4 zu korrigieren.

3. Sofern Holzwolleleichtbauplatten nach Zeile 4.2 oder nach Zeile 5.2 – hier nur im Zusammenhang mit Bimsbetonhohldielen – als Bekleidung verwendet werden, müssen die HWL-Platten bei der Herstellung der Hohldielen unter Verwendung von 6 oder mehr Haftsicherungsankern/m² aus Baustoffen der Klasse A unmittelbar anbetoniert werden. Die Fugen der HWL-Platten sind nach dem Verlegen zu verspachteln. Sofern diese Forderungen nicht eingehalten werden, die Bekleidung aber dennoch aus HWL-Platten bestehen soll, ist nach Zeile 4.3 oder Zeile 5.3 zu verfahren.

7.2.4 Stahlbeton- oder Spannbetonrippen- oder Balkendecken aus Normalbeton ohne Zwischenbauteile

7.2.4.1 Geltungsbereich

Die folgenden Ausführungen gelten für Decken ohne Zwischenbauteile nach DIN 1045, Ausgabe Januar 1972, Abschnitt 21.2; sie gelten auch für Balkendecken, bei denen der lichte Abstand der Balken > 70 cm ist.

7.2.4.2 Bemessung der Platten

Für die Bemessung der Platten gilt Abschnitt 7.2.2. Sofern auf den Platten von Stahlbetonrippendecken nach DIN 1045, Ausgabe Januar 1972, Abschnitt 21.2 ein schwimmender Estrich angeordnet wird und die Bemessung der Plattendicke nach Tabelle 17 Zeile 3 erfolgt, müssen unabhängig vom statischen System der Platten die in Zeile 3.1 angegebenen Mindestdicken eingehalten werden.

7.2.4.3 Bemessung der Rippen oder Balken

Die freiliegenden Rippen oder Balken sind in Abhängigkeit vom statischen System nach den Angaben von Tabelle 24 zu bemessen. Dabei sind die Bedingungen der Abschnitte 7.4.1 und 7.4.2 zu beachten.

7.2.4.4 Fugen zwischen Rippen- oder Balkendecken aus Fertigteilen

Sofern Rippen- oder Balkendecken aus Fertigteilen hergestellt werden, müssen die Fugen im Bereich von Plattenstößen nach Abschnitt 7.2.2.7 ausgeführt werden. Liegen die Fugen zwischen zwei Rippen oder Balken, darf sinngemäß nach den Angaben von Bild 17 konstruiert werden.

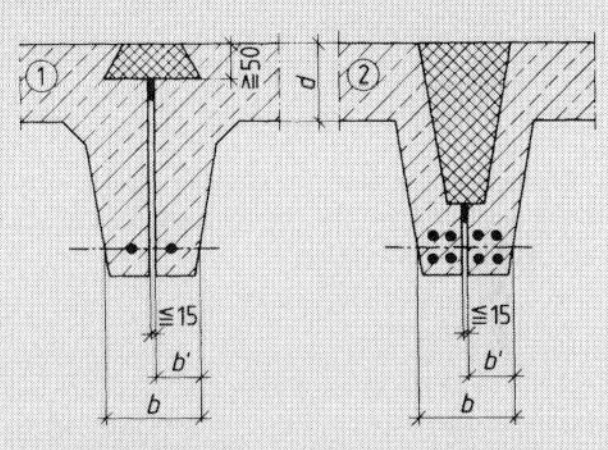

Bild 17. Fugen zwischen Rippen oder Balken von Fertigteilen (Schema) (Maße in mm)

Die Mindestbalkenbreite b ist nach den Angaben von Tabelle 24 zu wählen. Sie darf auf zwei aneinander grenzende Fertigteile bezogen werden, wenn die Sollfugenbreite ≦ 15 mm ist; dabei darf die Breite einer einzelnen Rippe b' gemäß Bild 17 nicht schmaler als $(b/2) - 5$ mm werden. Bei Sollfugenbreiten > 15 mm ist b auf den Einzelbalken (Randträger) eines Fertigteils zu beziehen.

7.2.5 Stahlbeton- oder Spannbeton-Balken- oder -Rippendecken aus Normalbeton mit Zwischenbauteilen nach DIN 4158

7.2.5.1 Geltungsbereich

Die folgenden Ausführungen gelten für

1. Balkendecken nach DIN 1045, Ausgabe Januar 1972, Abschnitt 19.7.7
2. Stahlbetonrippendecken mit ganz oder teilweise vorgefertigten Rippen nach DIN 1045, Ausgabe Januar 1972, Abschnitt 19.7.8 und
3. Stahlbetonrippendecken nach DIN 1045, Ausgabe Januar 1972, Abschnitt 21.2

jeweils mit Zwischenbauteilen nach DIN 4158 sowie für entsprechende vorgespannte Decken.

7.2.5.2 Decken mit Zwischenbauteilen nach DIN 4158 der Formen A bis D und DM (Decken mit ebener Deckenunterseite)

Balken- oder Rippendecken mit Zwischenbauteilen nach DIN 4158 der Formen A bis D und DM sind wie Platten nach Abschnitt 7.2.2 zu bemessen. Hierbei sind die folgenden Bedingungen zu beachten:

Seite 38 Entwurf DIN 4102 Teil 4

Tabelle 23. **Mindestachsabstand *u* der Feldbewehrung zur beflammten Oberfläche bei Decken aus Stahlbeton- oder Spannbetonhohldielen aus Normalbeton, Bimsbetonhohldielen und Gasbetonplatten**

Zeile	Konstruktionsmerkmale	Feuerwiderstandsklasse-Benennung [2]				
		F 30-A	F 60-A	F 90-A	F 120-A	F 180-A
1	Mindestachsabstand *u* (mm) von Decken aus Stahlbetonhohldielen ohne Bekleidung bei Verwendung von BSt 220/340 (BSt 22/34) mit T_{krit} = 570 °C	10	20	30	40	55 [1]
2	Mindestachsabstand *u* (mm) von Decken aus Bimsbetonhohldielen ohne Bekleidung bei Verwendung von BSt 220/340 (BSt 22/34) mit T_{krit} = 590 °C	10	13	23	33	48 [1]
3	Mindestachsabstand *u* (mm) von Decken aus Gasbetonplatten ohne Bekleidung bei Verwendung von					
3.1	St 220/340 (BSt 22/34) mit T_{krit} = 570 °C	10	13	23	33	48 [1]
3.2	BSt 500/550 (BSt 50/55) mit T_{krit} = 500 °C	10	20	30	40	55 [1]
4	Mindestachsabstand *u* (mm) von Decken nach Zeile 1 mit einer Bekleidung aus					
4.1	Putzen nach Abschnitt 5.4.1 bis Abschnitt 5.4.3	Mindestachsabstand *u* nach Zeile 1, Abminderungen nach Tabelle 1 sind möglich, u_{min} jedoch stets ≥ 10 mm.				
4.2	Holzwolleleichtbauplatten nach DIN 1101 bei einer Dicke der HWL-Platten von					
4.2.1	≥ 25 mm	10	10	–	–	–
4.2.2	≥ 50 mm	10	10	10	10	10
4.3	Unterdecken nach Abschnitt 5.4.5	Mindestachsabstand *u* ≥ 10 mm, Konstruktion nach Abschnitt 7.2.12 oder Nachweis der Eignung durch Prüfung.				
5	Mindestachsabstand *u* (mm) von Decken nach Zeile 2 und Zeile 3 mit einer Bekleidung aus					
5.1	Putzen nach Abschnitt 5.4.1 bis Abschnitt 5.4.3	Mindestachsabstand *u* nach Zeile 2 bis Zeile 3, Abminderungen nach Tabelle 1 sind möglich; dabei sind die in Tabelle 1 angegebenen Ersatzdicken jeweils um 20 % zu vergrößern. u_{min} jedoch stets ≥ 10 mm.				
5.2	Holzwolleleichtbauplatten nach DIN 1101 bei einer Dicke der HWL-Platten von					
5.2.1	≥ 25 mm	10	10	–	–	–
5.2.2	≥ 50 mm	10	10	10	10	10
5.3	Unterdecken nach Abschnitt 5.4.5	Mindestachsabstand *u* ≥ 10 mm; Konstruktion nach Abschnitt 7.2.12 oder Nachweis der Eignung durch Prüfung.				

1) Bei einer Betondeckung > 40 mm ist eine Zusatzbewehrung nach Abschnitt 5.2.2 erforderlich.
2) Wegen der Benennung siehe Fußnote 2 von Tabelle 22.

Entwurf DIN 4102 Teil 4 Seite 39

Tabelle 24. **Bemessung freiliegender Rippen oder Balken von Stahlbeton- oder Spannbetonrippen- oder Balkendecken aus Normalbeton**

Zeile	Rippen- oder Balkendecke: statisches System	Rippen- oder Balkendecke: Ausführung der Stütz- oder Einspann-bewehrung nach Abschnitt	Rippen- oder Balkendecke: Anordnung von Massiv- oder Halb-massivstreifen bis zu den Momenten-nullpunkten 1)	Maßgebende Bemessungstabelle für die Mindestbalkenbreite b	Maßgebende Bemessungstabelle für die Mindestachsabstände u und u_s
1	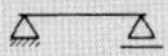	–	–	33	34
2	a) 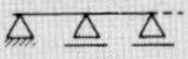	7.2.2.5	nein	35	36
3	b) 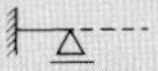 c) 		ja	33 Anstelle von b nach Zeile 1 darf das entsprechende b gewählt werden, das einer um 30 min niedrigeren F-Klasse entspricht.	36
4		–	–	33 Anstelle von b nach Zeile 1 darf das entsprechende b gewählt werden, das einer um 30 min niedrigeren F-Klasse entspricht.	34 Anstelle von u nach Zeile 1 darf das entsprechende u gewählt werden, das einer um 30 min niedrigeren F-Klasse entspricht.
5	kreuzweise bewehrte Decken mit wenigstens einem eingespannten Rand	7.2.2.5	nein	35 Anstelle von b nach Zeile 1 darf das entsprechende b gewählt werden, das einer um 30 min niedrigeren F-Klasse entspricht.	36 Die in Tabelle 36 angegebenen u-Werte nach Zeile 1.1.1 sind auch bei reduzierter Balkenbreite anzuwenden.
6			ja	33 Anstelle von b nach Zeile 1 darf das entsprechende b gewählt werden, das einer um 60 min niedrigeren F-Klasse entspricht.	34 Anstelle von u nach Zeile 1 darf das entsprechende u gewählt werden, das einer um 60 min niedrigeren F-Klasse entspricht.

1) Die Bestimmung der Momentennullpunkte muß beim Lastfall Vollast erfolgen.

1. Die Mindestgesamtdicke $d = F_{Netto}/b$ muß wenigstens den Werten von Tabelle 17 entsprechen. F_{Netto} ist dabei die Nettoquerschnittsfläche des Zwischenbauteiles und gegebenenfalls der darüberliegenden Ortbetonschicht; b ist die Breite des Zwischenbauteiles nach DIN 4158. Bei Verwendung von Zwischenbauteilen aus Leichtbeton darf entsprechend Abschnitt 5.2.1 abgemindert werden.

2. Bei unbekleideten Decken der Feuerwiderstandsklasse ≧ F 90 ist auf der Deckenoberseite eine Betonausgleichsschicht oder ein Estrich mit mindestens 30 mm Dicke erforderlich. Dämmschichten von schwimmenden Estrichen müssen Abschnitt 5.4.7 entsprechen.

3. Die Bewehrung muß den Angaben von Abschnitt 7.2.2.4 bis Abschnitt 7.2.2.6 entsprechen. Der Mindestachsabstand u der Feldbewehrung darf beim Einsatz von Zwischenbauteilen nach DIN 4158 der Form A oder Form B bei Verwendung von Normalbeton um 25 mm und bei Leichtbeton um 30 mm abgemindert werden.

7.2.5.3 Decken mit Zwischenbauteilen nach DIN 4158 der Formen E, EM, F, FM und GM (Decken mit nichtebener Deckenunterseite)

Balken- oder Rippendecken mit Zwischenbauteilen nach DIN 4158 der Formen E, EM, F, FM und GM sind hinsichtlich der Deckendicke entsprechend Abschnitt 7.2.5.2 und hinsichtlich der Balken oder Rippen entsprechend Abschnitt 7.2.4.3 zu bemessen.

Seite 40 Entwurf DIN 4102 Teil 4

7.2.6 Stahlbeton- oder Spannbetonrippendecken aus Normalbeton mit Zwischenbauteilen nach DIN 4159

7.2.6.1 Geltungsbereich

Die folgenden Ausführungen gelten für

1. Stahlbetonrippendecken nach DIN 1045, Ausgabe Januar 1972, Abschnitt 21.2 und
2. Stahlbetonrippendecken mit ganz oder teilweise vorgefertigten Rippen nach DIN 1045, Ausgabe Januar 1972, Abschnitt 19.7.8

jeweils mit statisch mitwirkenden Zwischenbauteilen nach DIN 4159 sowie für entsprechende vorgespannte Decken.

7.2.6.2 Zwischenbauteile nach DIN 4159

Bei den Feuerwiderstandsklassen ≧ F 60 dürfen nur Deckenziegel nach DIN 4159, Ausgabe Oktober 1972, Abschnitt 4 und Abschnitt 5 verwendet werden, bei denen die Abstände der senkrecht oder geneigt verlaufenden Innenstege – siehe Bild 4a in DIN 4159 – im Bereich des Anschlusses an die Ziegelunterseite nicht größer als 60 mm sind. Bei anderen Querschnittsausbildungen ist die Eignung der Deckenziegel nach DIN 4102 Teil 2 nachzuweisen.

7.2.6.3 Decken mit ebener Deckenunterseite

Decken mit ebener Deckenunterseite sind wie Platten nach Abschnitt 7.2.2 zu bemessen. Hierbei sind die folgenden Bedingungen zu beachten:

1. Die Mindestgesamtdicke $d = F_{Netto}/b$ muß wenigstens den Werten von Tabelle 17 entsprechen. F_{Netto} ist dabei die Querschnittsfläche, die sich aus der um 10% vergrößerten Nettoquerschnittsfläche des Zwischenbauteils und gegebenenfalls der darüber liegenden Ortbetonschicht ergibt; b ist die Breite des Zwischenbauteils nach DIN 4159.
2. Die Bewehrung muß den Angaben von Abschnitt 7.2.2.4 bis Abschnitt 7.2.2.6 entsprechen. Bei Verwendung von Zwischenbauteilen nach DIN 4159, Ausgabe Oktober 1972, Abschnitt 4 darf der Mindestachsabstand u der Feldbewehrung um 12 mm abgemindert werden.

7.2.6.4 Decken mit nichtebener Deckenunterseite

Decken mit nichtebener Deckenunterseite sind hinsichtlich der Deckendicke entsprechend Abschnitt 7.2.6.3 und hinsichtlich der Rippenbreite entsprechend Abschnitt 7.2.4.3 zu bemessen. Bei der Bestimmung der Mindestrippenbreite b darf nur der Betonquerschnitt in Ansatz gebracht werden; sofern die Wandungsdicke der Zwischenbauteile mitgerechnet werden soll, ist ein Nachweis der Eignung nach DIN 4102 Teil 2 erforderlich.

7.2.7 Stahlsteindecken nach DIN 1045, Ausgabe Januar 1972, Abschnitt 20.2

7.2.7.1 Zwischenbauteile nach DIN 4159

Bei den Feuerwiderstandsklassen ≧ F 60 dürfen nur Deckenziegel nach DIN 4159, Ausgabe Oktober 1972, Abschnitt 3 verwendet werden, bei denen die Abstände der senkrecht oder geneigt verlaufenden Innenstege – siehe Bild 2a in DIN 4159 – im Bereich des Anschlusses an die Ziegelunterseite nicht größer als 60 mm sind. Bei anderen Querschnittsausbildungen ist die Eignung der Deckenziegel nach DIN 4102 Teil 2 nachzuweisen.

7.2.7.2 Mindestdeckendicke

Stahlsteindecken müssen die in Tabelle 25 angegebenen Mindestdicken besitzen.

Tabelle 25. **Mindestdicke d von Stahlsteindecken**

Zeile	Konstruktionsmerkmale	Mindestdicke d in mm für die Feuerwiderstandsklasse-Benennung 2)				
		F 30-A	F 60-A	F 90-A	F 120-A	F 180-A
1	Stahlsteindecken ohne Estrich und ohne Bekleidung	115	140	165	240	290
2	Stahlsteindecken ohne Estrich mit einer Bekleidung aus Putz nach Abschnitt 5.4.1 bis Abschnitt 5.4.3	90	115	140	165	240
3	Stahlsteindecken mit nichtbrennbarem Estrich oder Asphaltestrich bei einer Estrichdicke ≧ 30 mm1) ohne Bekleidung	90	90	115	140	165
4	Stahlsteindecken mit nichtbrennbarem Estrich oder Asphaltestrich bei einer Estrichdicke ≧ 30 mm 1) mit einer Bekleidung aus Putz nach Abschnitt 5.4.1 bis Abschnitt 5.4.3	90	90	90	115	140

1) Dämmschichten bei schwimmenden Estrichen müssen Abschnitt 5.4.7 entsprechen.

2) Bei Anordnung von Asphaltestrichen und bei Verwendung von schwimmenden Estrichen mit Dämmschichten der Baustoffklasse B muß die Benennung jeweils F 30-AB, F 60-AB, F 90-AB, F 120-AB und F 180-AB lauten.

7.2.7.3 Bewehrung

Die Bewehrung muß den Angaben von Abschnitt 7.2.2.4 bis Abschnitt 7.2.2.6 entsprechen; dabei darf der Mindestachsabstand der Feldbewehrung um 12 mm abgemindert werden.

7.2.8 Stahlbeton- oder Spannbeton-Balken- oder -Rippendecken aus Normalbeton mit Zwischenbauteilen nach DIN 278 (Hourdis-Decken)

Balkendecken nach DIN 1045, Ausgabe Januar 1972, Abschnitt 19.7.7 und Stahlbetonrippendecken mit ganz oder teilweise vorgefertigten Rippen gemäß Abschnitt 19.7.8 jeweils mit statisch mitwirkenden Zwischenbauteilen nach DIN 278 sowie entsprechend vorgespannte Decken sind sinngemäß wie Decken mit nichtebener Deckenunterseite entsprechend Abschnitt 7.2.6.4 zu bemessen. Die Dicke der Aufbetonschicht auf den Hourdis muß bis zu einer Belastung von 7,5 kN/m^2 wenigstens 30 mm, bei höheren Belastungen wenigstens 40 mm, betragen.

7.2.9 Stahlbeton- oder Spannbeton-Balken- oder -Rippendecken aus Normalbeton mit Zwischenbauteilen nach DIN 4160

Balkendecken nach DIN 1045, Ausgabe Januar 1972, Abschnitt 19.7.7 und Stahlbetonrippendecken gemäß Abschnitt 21.2 jeweils mit statisch nicht mitwirkenden Zwischenbauteilen nach DIN 4160 sowie entsprechend vorgespannte Decken sind wie Rippendecken ohne Zwischenbauteile nach Abschnitt 7.2.4 zu bemessen. Sollen die Zwischenbauteile brandschutztechnisch mitwirken, ist die Eignung nach DIN 4102 Teil 2 nachzuweisen.

7.2.10 Stahlbeton- oder Spannbeton-Balken- oder -Rippendecken aus Normalbeton mit Zwischenbauteilen aus Baustoffen der Klasse B

Balken- oder Rippendecken mit Zwischenbauteilen aus Baustoffen der Klasse B sind wie Rippendecken ohne Zwischenbauteile nach Abschnitt 7.2.4 zu bemessen. Sollen die Zwischenbauteile brandschutztechnisch mitwirken, ist die Eignung nach DIN 4102 Teil 2 nachzuweisen.

7.2.11 Stahlbetondecken in Verbindung mit Stahlträgern

7.2.11.1 Decken ohne Zwischenbauteile

Stahlbetondecken mit im Beton eingebetteten Stahlträgern sind in Abhängigkeit von Bauart und statischem System entsprechend den Angaben der Abschnitte 7.2.2 und 7.2.4 zu bemessen. Zum Schutz der Stahlträger sind dabei die Maßnahmen nach den Angaben von Tabelle 26 zu berücksichtigen.

7.2.11.2 Hourdisdecken

Hourdis-Normaldecken entsprechend Bild 18 und Hourdis-Sonderdecken unter Verwendung von Widerlagersteinen, Trägerverkleidungssteinen oder Stelzkörpern entsprechend Bild 19 sind ebenfalls nach den Angaben von Tabelle 26 zu bemessen.

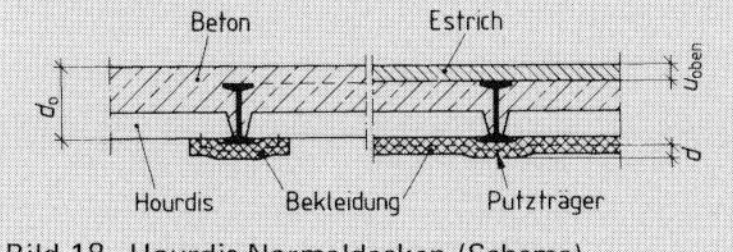

Bild 18. Hourdis-Normaldecken (Schema)

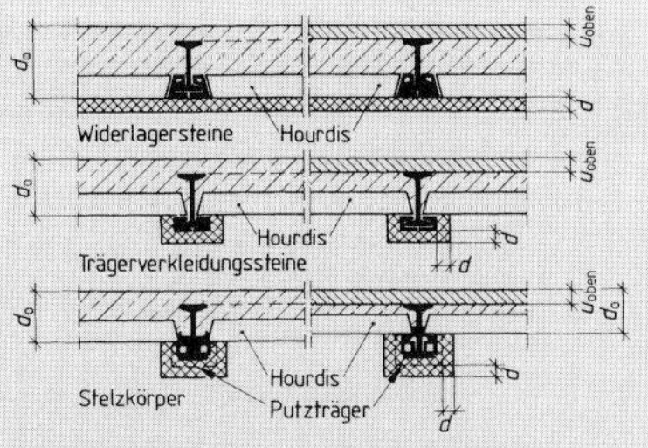

Bild 19. Hourdis-Sonderdecken (Schema)

Die Dicke der Aufbetonschicht auf den Hourdis muß bis zu einer Belastung von 7,5 kN/m^2 jedoch wenigstens 30 mm, bei höheren Belastungen wenigstens 40 mm betragen.

Werden Widerlagersteine oder Trägerverkleidungssteine in Mörtel oder Zementschlämme auf den Untergurten von Stahlträgern verlegt und umschließen diese Sonderziegel die Trägeruntergurte vollständig, muß die Bekleidungsdicke wenigstens den Werten von Tabelle 27 entsprechen.

7.2.11.3 Decken nach Abschnitt 7.2.11.1 und Abschnitt 7.2.11.2 mit Unterdecken

Sofern der Schutz der Stahlträger nicht durch Putzbekleidungen nach den Angaben der Abschnitte 7.2.11.1 oder 7.2.11.2 erfolgt, sondern durch eine Unterdecke gewährleistet werden soll, gelten die Ausführungen von Abschnitt 7.2.12.

7.2.11.4 Decken mit freiliegenden Stahlträgern

Bei Decken mit freiliegenden Stahlträgern gemäß Bild 20 ist die obere Abdeckung nach den Angaben der Abschnitte 7.2.2 bis 7.2.10 zu bemessen.

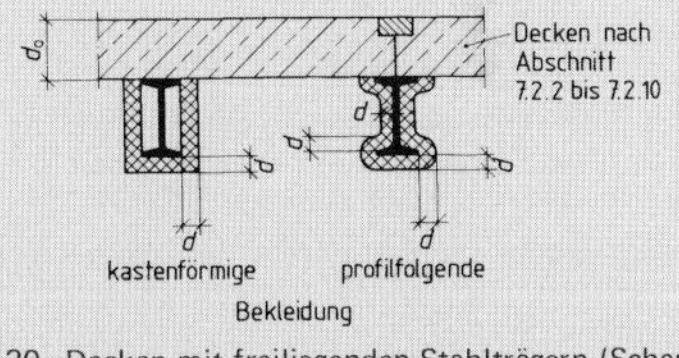

Bild 20. Decken mit freiliegenden Stahlträgern (Schema)

Für die Bemessung der Trägerbekleidung gilt Abschnitt 7.4.6. Bei Stahlträgern, die als Überzüge oberhalb von Stahlbetondecken ausgeführt werden, ist die Trägerbekleidung entsprechend zu bemessen.

7.2.12 Decken mit Unterdecken

7.2.12.1 Geltungsbereich

Die folgenden Angaben gelten entsprechend dem Prüfverfahren nach DIN 4102 Teil 2, Ausgabe September 1977, Abschnitt 7 für Decken der Bauarten I bis IV jeweils mit Unterdecken.

Decken der Bauart I

Decken der Bauart I sind Decken mit im Zwischendeckenbereich freiliegenden Stahlträgern mit einem

Seite 42 Entwurf DIN 4102 Teil 4

Tabelle 26. **Mindestbetondeckungen und Mindestbekleidungsdicken zum Schutz von Stahlträgern in Stahlbetondecken aus Normalbeton**

Zeile	Konstruktionsmerkmale	Feuerwiderstandsklasse-Benennung				
		F 30-A	F 60-A	F 90-A	F 120-A	F 180-A
1	Stahlbetondecken mit ganz eingebetteten Stahlträgern 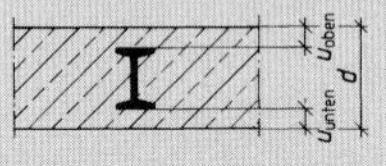					
1.1	Mindestdeckendicke d	siehe d in Abschnitt 7.2.2.2 und Abschnitt 7.2.2.3				
1.2	Mindestbetondeckung u_{oben}	10	10	15	30	50
1.3	Mindestbetondeckung u_{unten} 1)	10	25	35	45	60
2	Stahlbetondecken mit teilweise eingebetteten Stahlträgern 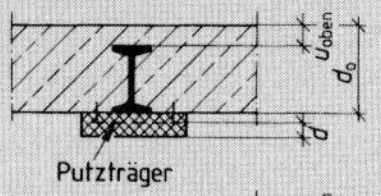 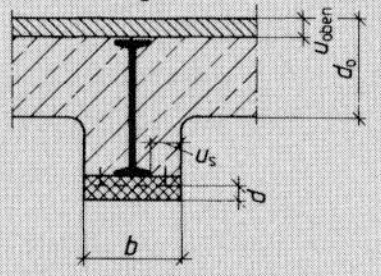					
2.1	Mindestdeckendicke d_0	siehe d in Abschnitt 7.2.2.2 und Abschnitt 7.2.2.3				
2.2	Mindestbetondeckung oder Mindest-estrichdicke eines Estrichs aus Baustoffen der Klasse A u_{oben}	siehe Zeile 1.2				
2.3	seitliche Betondeckung u_s 1)	siehe u_s in Tabelle 34				
2.4	Mindestbekleidungsdicke d (mm) über Putzträger bei Verwendung von Putzen nach Abschnitt 5.4.2 und Abschnitt 5.4.3 aus					
2.4.1	Mörtelgruppe II oder IVc DIN 18 550	15	–	–	–	–
2.4.2	Mörtelgruppe IV a bis b DIN 18 550	5	15	25	–	–
2.4.3	Putz nach Abschnitt 5.4.3	3	3	4	10	21

1) Betondeckungen seitlich und unterhalb von Stahlträgern müssen konstruktiv durch eine Bewehrung gesichert werden.

Tabelle 27.

Zeile	Bekleidungsart	Feuerwiderstandsklasse-Benennung				
		F 30-A	F 60-A	F 90-A	F 120-A	F 180-A
1	Putze nach Abschnitt 5.4.1 bis Abschnitt 5.4.3 mit einer Mindestputzdicke d (mm) bei Verwendung von					
1.1	Mörtelgruppe II oder IVc DIN 18 550	0	5	15	25	–
1.2	Mörtelgruppe IVa bis b DIN 18 550	0	5	10	20	–
1.3	Putz nach Abschnitt 5.4.3	0	5	5	8	15

Verhältniswert *U/F* ≦ 300 m^{-1} mit einem oberen Abschluß aus Leichtbeton oder Gas- bzw. Bimsbeton entsprechend Abschnitt 7.2.3 sowie

Decken aus Stahlbeton oder Spannbeton mit Zwischenbauteilen aus Leichtbeton oder Ziegeln entsprechend Abschnitt 7.2.5 bis Abschnitt 7.2.9 oder Abschnitt 7.2.11.

Decken der Bauart II

Decken der Bauart II sind Decken mit im Zwischendeckenbereich freiliegenden Stahlträgern mit einem Verhältniswert *U/F* ≦ 300 m^{-1} mit einem oberen Abschluß aus Normalbeton entsprechend Abschnitt 7.2.2 bis Abschnitt 7.2.5, jedoch nicht mit Zwischenbauteilen aus Leichtbeton.

Die folgenden Ausführungen gelten auch für Decken der Bauarten I und II mit im Zwischendeckenbereich freiliegenden Stahlträgern mit einem Verhältniswert *U/F* > 300 m^{-1}, wenn jeweils die Bedingungen der nächsthöheren Feuerwiderstandsklasse eingehalten werden; zwischen den Klassen F 120 und F 180 darf dabei so interpoliert werden, als ob eine Klasse F 150 vorhanden wäre.

Die folgenden Ausführungen gelten unter Berücksichtigung der *U/F*-Werte auch für Fachwerkträger im Zwischendeckenbereich, wobei für die Bemessung der im Fachwerkträger vorhandene Druck- oder Zugstab mit dem größten *U/F*-Wert maßgebend ist.

Decken der Bauart III

Decken der Bauart III sind Decken aus Stahlbeton oder Spannbeton aus Normalbeton nach Abschnitt 7.2.2 bis Abschnitt 7.2.5, jedoch nicht mit Bauteilen oder Zwischenbauteilen aus Gasbeton, Bimsbeton oder anderen Leichtbetonen.

Decken der Bauart IV

Decken der Bauart IV sind Holzbalkendecken mit Holzbalken oder Holzrippen mit einer Breite ≧ 40 mm und einer dicht verlegten Abdeckung auf der Deckenoberseite aus

1. ≧ 21 mm dicken Hobeldielen mit Nut und Feder oder
2. ≧ 16 mm dicken Sperrholzplatten nach DIN 68 705 Teil 3 oder Spanplatten nach DIN 68 763 jeweils mit einer Rohdichte ≧ 600 kg/m^3.

Bei Decken der Bauart IV dürfen bei der Feuerwiderstandsklasse F 30 unter Fortlassung der Querstäbe die Tragstäbe von hängenden Drahtputzdecken nach DIN 4121 sowie alle in Tabelle 28b bis Tabelle 28e aufgezählten Plattenbekleidungen auch ohne Berücksichtigung der in den Tabellen geforderten Abhängehöhen *a* unmittelbar unter den Holzbalken oder Holzrippen angebracht werden.

7.2.12.2 Bemessung der tragenden Decken (Rohdecken)

Für die Bemessung der tragenden Decken (Rohdecken) gelten die Bestimmungen nach Abschnitt 7.2.2 bis Abschnitt 7.2.9, Abschnitt 7.2.11 und Abschnitt 7.2.14. Bei Holzbalkendecken nach Abschnitt 7.2.14 ist insbesondere darauf zu achten, daß der nach Abschnitt 7.2.14.3 erforderliche Fußboden zum Schutz bei Brandbeanspruchung von oben vorhanden ist.

Sofern im Zwischendeckenbereich Wärmedämmungen angeordnet werden, sind bei der Verwendung brennbarer Dämmschichten gegebenenfalls bauaufsichtliche Anforderungen zu beachten, siehe Abschnitt 4.

7.2.12.3 Bemessung der Unterdecken

Die Unterdecken müssen die in Tabelle 28a bis Tabelle 28e angegebenen Mindestabmessungen besitzen. Dabei sind die Ausführungen von Abschnitt 5.4, insbesondere von Abschnitt 5.4.5, zu beachten.

7.2.13 Unterdecken, die allein einer Feuerwiderstandsklasse angehören

7.2.13.1 Geltungsbereich

Die folgenden Angaben gelten entsprechend dem Prüfverfahren nach DIN 4102 Teil 2 für Unterdecken, die bei Brandbeanspruchung von unten allein einer Feuerwiderstandsklasse angehören.

Alle Deckenkonstruktionen, die oberhalb solcher Unterdecken liegen, gehören unabhängig von ihrer Bauart in Verbindung mit der Unterdecke bei Brandbeanspruchung von unten mindestens derselben Feuerwiderstandsklasse an.

7.2.13.2 Bemessung der Unterdecken

Die abgehängten Unterdecken müssen die in Tabelle 29a und Tabelle 29b angegebenen Mindestabmessungen besitzen. Dabei sind die Ausführungen von Abschnitt 5.4, insbesondere von Abschnitt 5.4.5, zu beachten.

7.2.14 Decken aus Holz und Holzwerkstoffen mit verdeckt angeordneten Holzbalken oder Holzrippen

7.2.14.1 Geltungsbereich

Die folgenden Ausführungen gelten für Decken aus Holz und Holzwerkstoffen der Bauart IV bis VI.

Decken der Bauart IV

Decken der Bauart IV sind Holzbalkendecken nach den Angaben von Abschnitt 7.2.12.

Decken der Bauart V

Decken der Bauart V sind Holzbalkendecken mit Holzbalken oder Holzrippen mit einer Breite ≧ 40 mm mit

1. einer dicht verlegten Abdeckung auf der Deckenoberseite aus ≧ 19 mm dicken Spanplatten nach DIN 68 763 oder Sperrholzplatten nach DIN 68 705 Teil 1 oder Teil 5, jeweils mit einer Rohdichte ≧ 600 kg/m^3,
2. einer Bekleidung der Deckenunterseite entsprechend den Angaben von Tabelle 30a sowie
3. einem Fußboden auf der dicht verlegten Abdeckung entsprechend den Angaben von Tabelle 30b.

Decken der Bauart V dürfen mit oder ohne Wärmedämmung zwischen den Holzbalken oder -rippen ausgeführt werden. Bei Verwendung brennbarer Dämmschichten sind gegebenenfalls bauaufsichtliche Bestimmungen zu beachten – siehe Abschnitt 4.

Decken der Bauart VI

Decken der Bauart VI sind Holzbalkendecken mit Holzbalken oder Holzrippen mit einer Breite ≧ 40 mm und einem lichten Balken- oder Rippenabstand von ≦ 400 mm mit

1. einer dicht verlegten Abdeckung auf der Deckenoberseite aus ≧ 13 mm dicken Spanplatten nach DIN 68 763 oder Sperrholzplatten nach DIN 68 705 Teil 1 oder Teil 5, jeweils mit einer Rohdichte ≧ 600 kg/m^3,

Seite 44 Entwurf DIN 4102 Teil 4

Tabelle 28a. **Mindestabmessungen von hängenden Drahtputzdecken nach DIN 4121 mit dichten Wandanschlüssen gemäß Bild 5**

Maße in mm

Zeile	Konstruktionsmerkmale Bezeichnungen siehe auch Bild 4	Feuerwiderstandsklasse-Benennung [1] F 30-A	F 60-A	F 90-A	F 120-A	F 180-A
1	Maximale Abstände der Aufhängepunkte [2] bei Verwendung von Tragstäben aus Rundstahl Ø ≧ 7 mm					
1.1	x_1	1000	750	750	750	750
1.2	y_1	750	700	400	400	400
2	Maximaler Abstand von Querstäben [2] Ø ≧ 5 mm	1000	750	750	750	750
3	Maximale Spannweite der Putzträger [2] bei Verwendung von					
3.1	Streck- oder Rippenstreckmetall l_x	1000	800	750	750	750
3.2	Draht- oder Ziegeldrahtgewebe l_x	500	400	350	350	350
4	Maximaler Abstand der Befestigungspunkte quer zur Spannrichtung [2] für Putzträger nach Zeile 3, l_y	200	200	200	200	200
5	Mindestabstand a (Abhängehöhe)	12	15	20	30	40
6	Mindestputzdicke d über Putzträger bei					
6.1	Decken der Bauart I mit oder ohne Wärmedämmung im Zwischendeckenbereich sowie bei Decken der Bauarten II und III jeweils mit einer Wärmedämmung im Zwischendeckenbereich bei Verwendung von					
6.1.1	Mörtelgruppe II oder IVc DIN 18550	15	–	–	–	–
6.1.2	Mörtelgruppe IVa bis b DIN 18550	5	20	–	–	–
6.1.3	Putz nach Abschnitt 5.4.3	5	10	20	30	–
6.2	Decken der Bauart II ohne Wärmedämmung im Zwischendeckenbereich bei Verwendung von					
6.2.1	Mörtelgruppe II oder IVc DIN 18550	10	15	25	–	–
6.2.2	Mörtelgruppe IVa bis b DIN 18550	5	5	15	25	–
6.2.3	Putz nach Abschnitt 5.4.3	5	5	8	15	–
6.3	Decken der Bauart III ohne Wärmedämmung im Zwischendeckenbereich bei Verwendung von					
6.3.1	Mörtelgruppe II oder IVc DIN 18550	5	5	15	25	–
6.3.2	Mörtelgruppe IVa bis b DIN 18550	5	5	5	10	20
6.3.3	Putz nach Abschnitt 5.4.3	5	5	5	5	15
6.4	Decken der Bauart IV mit oder ohne Wärmedämmung im Zwischendeckenbereich bei Verwendung von					
6.4.1	Mörtelgruppe II oder IVc DIN 18550	20	–	–	–	–
6.4.2	Mörtelgruppe IVa bis b DIN 18550	15	25	–	–	–
6.4.3	Putz nach Abschnitt 5.4.3	10	20	–	–	–

1) Bei Decken der Bauart IV muß die Benennung F 30-B bzw. F 60-B lauten.

2) Soweit Tragfähigkeit und Verformbarkeit der Putzträger keine engeren Abstände erfordern.

Entwurf DIN 4102 Teil 4 Seite 45

Tabelle 28b. **Mindestabmessungen von Unterdecken aus Holzwolleleichtbauplatten nach DIN 1101 mit dichten Wandanschlüssen gemäß Bild 5**

(Maße in mm)

Zeile	Konstruktionsmerkmale Bezeichnungen siehe auch Bild 4	Feuerwiderstandsklasse-Benennung [1]				
		F 30-AB	F 60-AB	F 90-AB	F 120-AB	F 180-AB
1	Maximale Abstände der Aufhängepunkte bei Verwendung von					
1.1	Holzlatten 50/30 oder entsprechend steifen Metallprofilen $x_1 = y_1$	750	500	–	–	–
1.2	Holzlatten 60/40 oder entsprechend steifen Metallprofilen $x_1 = y_1$	1000	750	–	–	–
2	Maximale Spannweite der Holzwolle-leichtbauplatten l_x	500	500	–	–	–
3	Maximaler Abstand der Befestigungspunkte quer zur Spannrichtung l_y	200	200	–	–	–
4	Mindestabstand a (Abhängehöhe)	25	25	–	–	–
5	Mindestdicke d der Holzwolleleichtbauplatten mit ober- oder unterseitigem Porenverschluß mit oder ohne Wärmedämmung im Zwischen-deckenbereich jeweils ohne Putz an der Unterseite bei Verspachtelung der Fugen bei					
5.1	Decken der Bauarten I, II und IV	50	–	–	–	–
5.2	Decken der Bauart III	35	–	–	–	–
6	Mindestputzdicke d an der Unterseite von wenigstens 25 mm dicken Holzwolleleicht-bauplatten mit oder ohne Wärmedämmung im Zwischendeckenbereich					
6.1	bei Decken der Bauarten I, II und IV bei Verwendung von					
6.1.1	Mörtelgruppe II oder IVc DIN 18550	25	–	–	–	–
6.1.2	Mörtelgruppe IVa bis b DIN 18550	20	–	–	–	–
6.1.3	Putz nach Abschnitt 5.4.3	15	25	–	–	–
6.2	bei Decken der Bauart III bei Verwendung von					
6.2.1	Mörtelgruppe II oder IVc DIN 18550	15	20	–	–	–
6.2.2	Mörtelgruppe IVa bis b DIN 18550	10	15	–	–	–
6.2.3	Putz nach Abschnitt 5.4.3	5	10	20	–	–

[1] Bei Decken der Bauart IV muß die Klassifizierung F 30-B bzw. F 60-B lauten.

Seite 46 Entwurf DIN 4102 Teil 4

Tabelle 28c. **Mindestabmessungen von Unterdecken aus 9,5 mm dicken Gipskartonputzträgerplatten P (GKP) DIN 18 180 mit unterseitigem Putz bei dichten Wandanschlüssen gemäß Bild 5**

(Maße in mm)

Zeile	Konstruktionsmerkmale Bezeichnungen siehe auch Bild 4	Feuerwiderstandsklasse-Benennung [1]				
		F 30-AB	F 60-AB	F 90-AB	F 120-AB	F 180-AB
1	Maximale Abstände der Aufhängepunkte $x_1 = y_1$ (= Spannweite und Abstand der Grundlattung oder Grundprofile sowie Spannweite der Traglattung oder Tragprofile)	1000	1000	1000	–	–
2	Maximale Spannweite der Putzträgerplatten bei Anbringung nach DIN 18 181 l_x (=Abstand der Traglattung oder Tragprofile)	400	400	400	–	–
3	Mindestabstand a (Abhängehöhe)	40	80	80	–	–
4	Mindestputzdicke d bei einer Tragkonstruktion aus Holzlatten entsprechend DIN 18 181					
4.1	bei Decken der Bauarten I, II und IV jeweils mit oder ohne Wärmedämmung im Zwischendeckenbereich sowie bei Decken der Bauart III mit Wärmedämmung im Zwischendeckenbereich bei Verwendung von					
4.1.1	Mörtelgruppe IV a DIN 18 550	20	–	–	–	–
4.1.2	Putz nach Abschnitt 5.4.3	15	–	–	–	–
4.2	bei Decken der Bauart III ohne Wärmedämmung im Zwischendeckenbereich bei Verwendung von					
4.2.1	Mörtelgruppe IVa DIN 18 550	15	–	–	–	–
4.2.2	Putz nach Abschnitt 5.4.3	10	20	–	–	–
5	Mindestputzdicke d bei einer Tragkonstruktion aus Stahlblechprofilen entsprechend DIN 18 181					
5.1	bei Decken der Bauarten I und IV jeweils mit oder ohne Wärmedämmung im Zwischendeckenbereich sowie bei Decken der Bauarten II und III jeweils mit einer Wärmedämmung im Zwischendeckenbereich bei Verwendung von					
5.1.1	Mörtelgruppe IVa DIN 18 550	20	–	–	–	–
5.1.2	Putz nach Abschnitt 5.4.3	15	–	–	–	–
5.2	bei Decken der Bauart II ohne Wärmedämmung im Zwischendeckenbereich bei Verwendung von					
5.2.1	Mörtelgruppe IVa DIN 18 556	15	–	–	–	–
5.2.2	Putz nach Abschnitt 5.4.3	10	20	–	–	–
5.3	bei Decken der Bauart III ohne Wärmedämmung im Zwischendeckenbereich bei Verwendung von					
5.3.1	Mörtelgruppe IVa DIN 18 550	10	15	–	–	–
5.3.2	Putz nach Abschnitt 5.4.3	5	10	20	–	–

1) Bei Decken der Bauart IV muß die Klassifizierung jeweils F 30-B lauten.

Entwurf DIN 4102 Teil 4 Seite 47

Tabelle 28d. **Mindestabmessungen von Unterdecken aus Gipskartonbauplatten F (GKF) DIN 18 180 mit geschlossener Fläche, Befestigung und Verspachtelung der Fugen nach DIN 18 181 bei dichten Wandanschlüssen gemäß Bild 5**

(Maße in mm)

Zeile	Konstruktionsmerkmale Bezeichnungen siehe auch Bild 4	Feuerwiderstandsklasse-Benennung[1]				
		F 30-AB	F 60-AB	F 90-AB	F 120-AB	F 180-AB
1	Maximale Abstände der Aufhängepunkte $x_1 = y_1$ (= Spannweite und Abstand der Grundlattung oder Grundprofile sowie Spannweite der Traglattung oder Tragprofile)	1000	1000	1000	1000	–
2	Maximale Spannweite der Platten bei Querbefestigung l_x (= Abstand der Traglattung oder Tragprofile)	400	400	400	400	–
3	Mindestabstand a (Abhängehöhe)	40	80	80	80	–
4	Mindestplattendicke d bei einer Tragkonstruktion aus Holzlatten entsprechend DIN 18 181 bei					
4.1	Decken der Bauarten I und IV jeweils mit oder ohne Wärmedämmung im Zwischendeckenbereich sowie bei Decken der Bauarten II und III jeweils mit Wärmedämmung im Zwischendeckenbereich	15	–	–	–	–
4.2	bei Decken der Bauart II ohne Wärmedämmung im Zwischendeckenbereich	12,5	–	–	–	–
4.3	bei Decken der Bauart III ohne Wärmedämmung im Zwischendeckenbereich (bei zweilagiger Bekleidung jeweils versetzte, verspachtelte Fugen und Befestigung jeder Plattenlage)	12,5	2 x 12,5	–	–	–
5	Mindestplattendicke d bei einer Tragkonstruktion aus Stahlblechprofilen entsprechend DIN 18 181 bei					
5.1	Decken der Bauarten I und IV jeweils mit oder ohne Wärmedämmung im Zwischendeckenbereich sowie bei Decken der Bauarten II und III jeweils mit Wärmedämmung im Zwischendeckenbereich	15	–	–	–	–
5.2	Decken der Bauart II ohne Wärmedämmung im Zwischendeckenbereich	12,5	–	–	–	–
5.3	Decken der Bauart III ohne Wärmedämmung im Zwischendeckenbereich	12,5	12,5	15	18	–

1) Sofern ein gültiger Prufbescheid vorliegt, aus dem hervorgeht, daß die GKF-Platten der Baustoffklasse A angehören, sind die Konstruktionen nach Zeile 5 mit Ausnahme von Decken der Bauart IV in die Benennungen F 30-A, F 60-A, F 90-A und F 120-A einzustufen.
Bei Decken der Bauart IV muß die Benennung stets F 30-B lauten.

Seite 48 Entwurf DIN 4102 Teil 4

Tabelle 28e. **Mindestabmessungen von Unterdecken aus Deckenplatten aus Gips nach DIN 18 169 unter Verwendung von Feuerschutzplatten DF oder SF bei dichten Wandanschlüssen gemäß Bild 5**

Zeile	Konstruktionsmerkmale Bezeichnungen siehe auch Bild 4	Feuerwiderstandsklasse-Benennung 1)				
		F 30-A	F 60-A	F 90-A	F 120-A	F 180-A
1	Maximale Abstände der Aufhängepunkte x_1 (= Spannweite der Traglattung oder Tragschienen) (mm) y_1 (= Abstand der Traglattung oder Tragschienen = Rastermaß der Platten) (mm)	1000 625	1000 625	1000 625	1000 625	– –
2	Maximale Spannweite der Platten l_x bzw. l_x und l_y	625	625	625	625	–
3	Mindestabstand a (Abhängehöhe) (mm)	40	80	80	80	–
4	Plattenart bei					
4.1	Decken der Bauarten I bis IV jeweils mit oder ohne Wärmedämmung im Zwischendeckenbereich bei Schraub- oder Einschubmontage 2)	DF oder SF	–	–	–	–
4.2	Decken ohne Wärmedämmung im Zwischendeckenbereich bei Einschubmontage 2) bei					
4.2.1	Decken der Bauart II	DF o. SF	DF o. SF	DF o. SF	–	–
4.2.2	Decken der Bauart III	DF o. SF	DF o. SF	DF o. SF	DF o. SF	–
4.2.3	Decken der Bauart IV	DF o. SF	DF o. SF	–	–	–
	jeweils mit einer wenigstens 15 mm dicken Dämmschicht nach Abschnitt 5.4.6 bei					
4.2.4	Platten DF, Rohdichte (kg/m³)	100	100	100	100	–
4.2.5	Platten SF, Rohdichte (kg/m³)	50	100	100	100	–

1) Bei Unterdecken mit einer Tragkonstruktion aus Holzlatten muß die Klassifizierung jeweils F 30-AB, bei Decken der Bauart IV F 30-B bzw. F 60-B lauten.

2) Bei Schraubmontage müssen die Deckenplatten wenigstens mit 4 Schrauben pro Platte an den Tragprofilen aus Holz oder Stahlblechschienen befestigt werden.
Bei Einschubmontage müssen Stahlblechschienen in x-Richtung und Stahlblechschienen in y-Richtung in jeder entstehenden Querfuge verwendet werden.

2. einer brandschutztechnisch notwendigen ≧ 60 mm dicken Dämmschicht nach Abschnitt 5.4.6 mit einer Rohdichte ≧ 30 kg/m³, die mit ihren Rändern an den Balken oder Rippen angeleimt oder angenagelt sein muß und deren Stöße dicht auszuführen sind,
3. einer Bekleidung an der Deckenunterseite entsprechend den Angaben von Tabelle 30a sowie
4. einem Fußboden auf der dicht verlegten Abdeckung entsprechend den Angaben von Tabelle 30b.

7.2.14.2 Bemessung der unteren Deckenbekleidung

Decken der Bauart IV müssen an der Deckenunterseite eine Unterdecke nach Abschnitt 7.2.12 besitzen. Decken der Bauarten V und VI müssen an der Deckenunterseite eine Bekleidung nach den Angaben von Tabelle 30a aufweisen.

Dabei sind die Ausführungen von Abschnitt 5.4 sinngemäß, insbesondere von Abschnitt 5.4.5, zu beachten.

7.2.14.3 Bemessung des Fußbodens

Gegen Brandbeanspruchung von oben müssen die Decken der Bauarten IV bis VI auf der tragenden Abdeckung auf der Deckenoberseite einen Fußboden besitzen. Er muß nach den Angaben von Tabelle 30b ausgeführt werden.

Tabelle 29a. **Mindestabmessungen von Unterdecken mit der Benennung F 30-A und F 60-A, die bei Brandbeanspruchung von unten allein einer Feuerwiderstandsklasse angehören (Wandanschlüsse dicht gemäß Bild 5)**

Zeile	Konstruktionsmerkmale	Feuerwiderstandsklasse-Benennung	
		F 30-A	F 60-A
1	Hängende Drahtputzdecken nach DIN 4121 entsprechend den Angaben von Tabelle 28a Zeile 1 bis 4 mit einer Mindestputzdicke *d* (mm) bei Verwendung von		
1.1	Mörtelgruppe IV a bis b DIN 18550	20	–
1.2	Putz nach Abschnitt 5.4.3	15	25

Tabelle 29b. **Mindestabmessungen von Unterdecken mit der Benennung F 30-B und F 60-B, die bei Brandbeanspruchung von unten allein einer Feuerwiderstandsklasse angehören (Wandanschlüsse dicht gemäß Bild 5)**

Zeile	Konstruktionsmerkmale	Feuerwiderstandsklasse-Benennung [1]	
		F 30-B	F 60-B
1	Unterdecken aus Gipskartonbauplatten F (GKF) DIN 18180 mit geschlossener Fläche entsprechend den Angaben von Tabelle 28d Zeile 1 bis 2 bei jeweils versetzten und verspachtelten Fugen und Befestigung jeder Plattenlage entsprechend DIN 18181 Mindestdicke *d* (mm)	12,5 + 12,5	18 + 15 [2]

[1] Sofern ein gültiger Prüfbescheid vorliegt, aus dem hervorgeht, daß die GKF-Platten der Baustoffklasse A angehören, und sofern die Tragkonstruktion der Unterdecke aus Stahlblechschienen besteht, sind die Unterdecken in die Benennung F 30-A bzw. F 60-A einzustufen.

[2] Die Platten mit *d* = 15 mm müssen auf der Raumseite angebracht werden.

Seite 50 Entwurf DIN 4102 Teil 4

Tabelle 30a. **Mindestdicke der unteren Deckenbekleidung bei Decken aus Holz und Holzwerkstoffen der Bauarten V und VI**

(Maße in mm)

Zeile	Konstruktionsmerkmale	Decken aus Holz und Holzwerkstoffen der Bauart V, Feuerwiderstandsklasse-Benennung		Bauart VI	
		F 30-B	F 60-B	F 30-B	F 60-B
1	Mindestdicke der unteren Bekleidung bei Verwendung von				
1.1	Spanplatten nach DIN 68 763 mit einer Rohdichte ≧ 600 kg/m³ bei Befestigung durch Verleimung, Verschraubung oder Nagelung bei einer maximalen Spannweite von 625 mm				
	d	19	–	16	–
1.2	Spanplatten entsprechend Zeile 1.1 mit d_1	16	–	13	–
	und einer zusätzlichen raumseitigen Bekleidung aus Gipskartonbauplatten B (GKB) DIN 18 180 mit geschlossener Fläche bei Befestigung und Verspachtelung nach DIN 18 181 mit d_2	9,5	–	9,5	–
1.3	Gipskartonbauplatten F (GKF) DIN 18 180 mit geschlossener Fläche bei Befestigung und Verspachtelung nach DIN 18 181 – bei zweilagiger Bekleidung: jeweils versetzte, verspachtelte Fugen und Befestigung jeder Plattenlage – bei einer maximalen Spannweite der Platten von 400 mm				
	d	12,5	12,5 + 12,5	12,5	12,5 + 12,5

Tabelle 30b. **Mindestdicke des Fußbodens bei Decken aus Holz und Holzwerkstoffen der Bauarten IV bis VI**

(Maße in mm)

Zeile	Konstruktionsmerkmale	Feuerwiderstandsklasse-Benennung F 30-B	F 60-B
1	Mindestdicke des Fußbodens bei Verwendung von		
1.1	schwimmenden Estrichen aus Baustoffen der Klasse A oder Asphaltestrich		
1.1.1	Mindestestrichdicke d	20	30
1.1.2	Mindestdämmschichtdicke bei Verwendung von Dämmschichten nach Abschnitt 5.4.7		
	d	15	20
1.2	Spanplatten, Sperrholz, gespundeten Hobeldielen oder Parkett auf einer Dämm- oder Zwischenschicht		
1.2.1	Mindestdicke der Spanplatte o. ä.		
	d	16	22
1.2.2	Dämmschicht nach Zeile 1.1.2 oder Zwischenschicht aus Gipskartonplatten mit einer Dicke von	9,5	15
1.3	Gipskartonbauplatten auf einer Dämmschicht oder unmittelbar auf der tragenden Abdeckung		
	d	9,5 + 9,5	15 + 12,5

Entwurf DIN 4102 Teil 4 Seite 51

Tabelle 31. **Mindestanforderungen an Abdeckungen von freiliegenden Holzbalken**

Zeile	Konstruktionsmerkmale 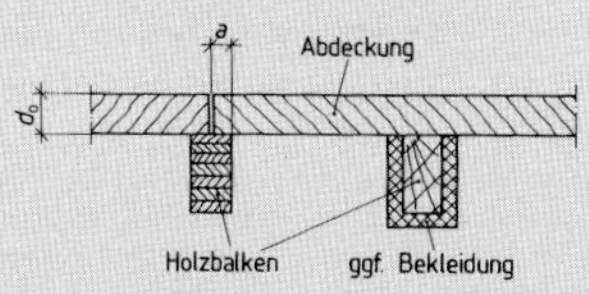	Feuerwiderstandsklasse-Benennung F 30-B	F 60-B
1	Mindestbalkenabmessungen	siehe Abschnitt 3.4.7, Tabelle 42 bis 44	
2	Mindestauflagertiefe a (mm)	40	80
3	Maximal zulässige Biegezugspannung in der Abdeckung bei Verwendung von		
3.1	Bohlen wenigstens der Güteklasse II DIN 4074 Teil 1 (N/mm²)	2,5	2,5
3.2	Spanplatten nach DIN 68 763 mit einer Rohdichte von ≧ 600 kg/m³ (N/mm²)	1,0	1,0
4	Mindestabmessungen der Abdeckung bei Verwendung von (mm)		
4.1	Bohlen ohne oberen Abschluß	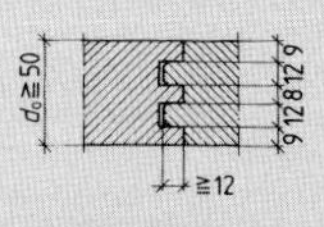	
4.2	Bohlen mit oberem Abschluß aus fugenversetzten Gipskartonbauplatten B (GKB) mit d ≧ 12,5 mm oder einer fugenversetzten Dämmschicht nach Abschnitt 5.4.6 mit einer Dicke d ≧ 15 mm	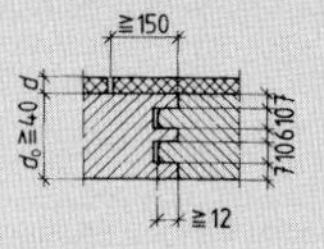	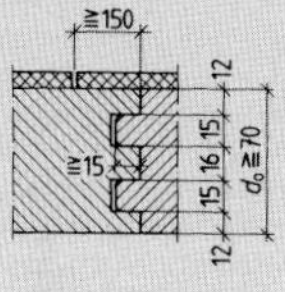
4.3	Spanplatten nach DIN 68 763 mit einer Rohdichte ≧ 600 kg/m³	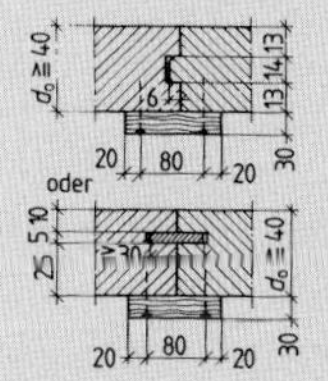	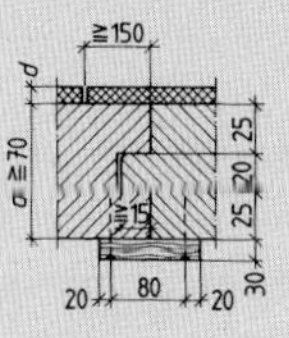
4.3.1	Ohne Brandschutzausrüstung: Die Fugendecklasche an der Unterseite muß aus Holz oder Holzwerkstoffen bestehen und mit Nägeln oder Schrauben befestigt werden; Befestigungsabstände ≦ 200 mm. [1] Bei Konstruktionen der Feuerwiderstandsklasse F 60-B muß ein oberer Abschluß entsprechend Zeile 4.2 vorhanden sein.		
4.3.2	Mit Brandschutzausrüstung: Die Platten müssen der Baustoffklasse B 1 angehören: Ausführung nach Zeile 4.3.1; die Plattendicke darf um 10% dünner gewählt werden.		
4.4	Stahlbeton- oder Spannbetonkonstruktionen: siehe Abschnitte 7.2.2 bis 7.2.9 und 7.2.11.		

[1] Bei Anordnung eines Fußbodens entsprechend den Angaben von Tabelle 30 b auf der Oberseite der Abdeckung darf die Fugendecklasche an der Unterseite entfallen.

Seite 52 Entwurf DIN 4102 Teil 4

7.2.15 Decken aus Holz und Holzwerkstoffen mit freiliegenden Holzbalken

Die folgenden Ausführungen gelten für Decken aus Holz und Holzwerkstoffen mit freiliegenden Holzbalken und einer tragenden Abdeckung auf der Deckenoberseite. Für die Bemessung der Holzbalken gilt Abschnitt 7.4.7. Für die Bemessung der Abdeckung gelten die Angaben von Tabelle 31.

7.3 Feuerwiderstandsklassen von Dächern

7.3.1 Geltungsbereich

Im folgenden werden raumabschließende Dächer, die nur einer einseitigen Brandbeanspruchung ausgesetzt sind, behandelt. Die folgenden Angaben gelten auch für Dächer mit Öffnungen wie Oberlichter, Lichtkuppeln, Luken usw., wenn nachgewiesen ist, daß das Brandverhalten der Dächer durch die Anordnung derartiger Öffnungen nicht nachteilig beeinflußt wird.

Angaben über Bedachungen, die gegen Flugfeuer und strahlende Wärme widerstandsfähig sind, sind in Abschnitt 8.7 enthalten.

7.3.2 Massiv- und Holzdächer entsprechend Abschnitt 7.2 (unbelüftete Dächer)

Werden Massiv- oder Holzdächer als unbelüftete Dächer wie Decken ausgebildet, gilt für die Bemessung Abschnitt 7.2.

Werden bei Massivdächern auf der Dachabdichtung eine Kiesschüttung ≧ 50 mm dick oder entsprechend dicke, dicht verlegte Betonplatten angeordnet, so darf bei Dekken nach den Abschnitten 7.2.2 bis 7.2.11 die Mindestdicke *d* der durchgehenden Betonschicht jeweils um 20 mm verringert werden; die angegebenen Werte für F 30 und die bei Hourdisdecken geforderte Mindestdicke in Abhängigkeit von der Belastung dürfen jedoch nicht unterschritten werden. Wird die Betondicke nach den vorstehenden Angaben abgemindert, muß die gegebenenfalls vorhandene Dämmschicht entsprechend Abschnitt 5.4.7 ausgebildet werden.

Bei Holzdächern entsprechend der Abschnitte 7.2.14 und 7.2.15 dürfen die Mindestabmessungen nicht verringert werden. Bei Holzdächern entsprechend Abschnitt 7.2.14 darf der Fußboden nach Tabelle 30b jedoch durch eine Dachabdichtung mit oder ohne Dämmschicht ersetzt werden, wenn eine Kiesschüttung ≧50 mm dick oder entsprechend dicke, dicht verlegte Betonplatten angeordnet werden; die gegebenenfalls vorhandene Dämmschicht muß entsprechend Abschnitt 5.4.7. ausgebildet werden.

7.3.3 Sonstige Dächer mit Bedachungen nach Abschnitt 8.7 (Belüftete Dächer)

Bei Dächern mit beliebig ausgebildeten Dachträgern aus Stahlbeton, Spannbeton, Stahl oder Holz jeweils mit Bedachungen nach Abschnitt 8.7 muß an der Unterseite eine raumabschließende dichte Bekleidung mit Wandanschlüssen gemäß Bild 5 vorhanden sein. Der Raum zwischen Bedachung und Bekleidung darf auch belüftet sein. Dächer, die nach diesen Bestimmungen ausgeführt werden, gehören bei Brandbeanspruchung von unten der Feuerwiderstandsklasse F 30 an. Es werden die im folgenden beschriebenen Bauarten VII und VIII unterschieden:

Dächer der Bauart VII

Dächer der Bauart VII sind Dächer mit Bekleidungen, bei denen brandschutztechnisch keine Wärmedämmung notwendig ist. Dächer dieser Bauart dürfen mit oder ohne Wärmedämmung ausgeführt werden. Bei Verwendung brennbarer Dämmschichten sind gegebenenfalls bauaufsichtliche Bestimmungen zu beachten – siehe Abschnitt 4.

Dächer der Bauart VIII

Dächer der Bauart VIII sind Dächer mit Bekleidungen, bei denen brandschutztechnisch eine Wärmedämmung notwendig ist. Die Dämmschicht muß Abschnitt 5.4.6 entsprechen und in Abhängigkeit von der Rohdichte folgende Dicken besitzen:

Mindestdämmschichtdicke (mm)	Mindestrohdichte der Dämmschicht (kg/m³)
80	30
60	50
40	100

Die Dämmschicht muß dicht eingebaut und durch Anleimen oder Annageln der Dämmschichtränder an den Dachträgern bzw. durch Einquetschen zwischen einer Lattung und den Dachträgern gegen Herausfallen gesichert sein.

Die Mindestabmessungen der Bekleidung sind aus Tabelle 32 ersichtlich.

Bei Dachträgern aus Holz dürfen unter Fortlassung der Querstäbe die Tragstäbe von hängenden Drahtputzdecken nach DIN 4121 sowie alle in Tabelle 32 aufgezählten Plattenbekleidungen unmittelbar unter den Dachträgern angebracht werden.

7.4 Feuerwiderstandsklassen von Balken und Trägern

7.4.1 Statisch bestimmt gelagerte Stahlbeton- oder Spannbetonbalken aus Normalbeton bei dreiseitiger Brandbeanspruchung

7.4.1.1 Geltungsbereich

Die folgenden Ausführungen gelten für statisch bestimmt gelagerte Stahlbeton- oder Spannbetonbalken aus Normalbeton bei dreiseitiger Brandbeanspruchung. Eine dreiseitige Brandbeanspruchung liegt vor, wenn die Oberseite der Balken durch Betonkonstruktionen nach Abschnitt 7.2 abgedeckt und damit gegen Brandbeanspruchung geschützt ist. Bei anderen Abdeckungen – z. B. aus Stahl, Holz oder Kunststoff – oder bei freiliegenden Balken muß die Bemessung für eine vierseitige Brandbeanspruchung nach den Abschnitten 7.4.3 und 7.4.4 erfolgen.

Wegen der Bemessung von Stürzen in Wänden aus Mauerwerk siehe auch Abschnitt 7.1.4.

7.4.1.2 Mindestabmessungen

Statisch bestimmt gelagerte Stahlbeton- oder Spannbetonbalken müssen die in Tabelle 33 angegebenen Mindestabmessungen besitzen.

Hierbei sind die folgenden Bedingungen zu beachten:

1. Bei Balken mit Rechteckquerschnitt ist *b* die Balkenbreite. Bei Balken mit Trapezquerschnitt – auch bei Balken mit angeschrägten Seiten – darf *b* in Höhe der Bewehrungsachse, bei mehrlagiger Bewehrung in Höhe des Bewehrungsschwerpunktes gemessen werden. Bei Balken mit I-Querschnitt sind *b* die Untergurtbreite und *t* die Stegdicke, siehe Bild 21.

Entwurf DIN 4102 Teil 4 Seite 53

Tabelle 32. **Mindestabmessungen von Bekleidungen unter Dachträgern mit Bedachungen nach Abschnitt 8.7 mit dichten Wandanschlüssen gemäß Bild 5**

(Maße in mm)

Zeile	Konstruktionsmerkmale	Feuerwiderstandsklasse-Benennung: F 30-B [1])	
		Bauart VII	Bauart VIII
1	Hängende Drahtputzdecken nach DIN 4121 entsprechend den Angaben von Tabelle 28a Zeile 1 bis 5 mit einer Mindestputzdicke *d* bei Verwendung von		
1.1	Mörtelgruppe IV a bis b DIN 18 550	15	–
1.2	Putz nach Abschnitt 5.4.3	10	–
2	Mindestputzdicke *d* auf ≧ 50 mm dicken Holzwolleleichtbauplatten nach DIN 1101 mit einer maximalen Spannweite von 1000 mm bei Verwendung von		
2.1	Mörtelgruppe IV a bis b DIN 18 550	15	–
2.2	Putz nach Abschnitt 5.4.3	10	–
3	Mindestputzdicke *d* auf 9,5 mm dicken Gipskartonputzträgerplatten nach DIN 18 180 mit einer maximalen Spannweite von 400 mm bei Verwendung von		
3.1	Mörtelgruppe IV a DIN 18 550	20	–
3.2	Putz nach Abschnitt 5.4.3	15	–
4	Mindestdicke von Gipskartonbauplatten F (GKF) DIN 18 180 mit geschlossener Fläche mit einer maximalen Spannweite bei Querbefestigung von 400 mm bei Befestigung und Verspachtelung nach DIN 18 181	–	15
5	Mindestdicke $d_1 + d_2$ zweilagiger Bekleidungen mit versetzten Fugen bei Verwendung von		
5.1	Spanplatten (d_1) nach DIN 68 763 mit einer Rohdichte von ≧ 600 kg/m³ bei einer maximalen Spannweite von 625 mm und einer zusätzlichen raumseitigen Bekleidung (d_2) aus Gipskartonbauplatten F (GKF) DIN 18 180 mit geschlossener Fläche bei einer maximalen Spannweite von 400 mm bei Befestigung und Verspachtelung nach DIN 18 181	16 + 12,5 oder 13 + 15	13 + 12,5
5.2	Gipskartonbauplatten F (GKF) DIN 18 180 mit geschlossener Fläche mit einer maximalen Spannweite von 400 mm bei Befestigung und Verspachtelung jeder Plattenlage	12,5 + 12,5	12,5 + 12,5

[1]) Sofern die Dachträger, Bedachungen und Bekleidungen überwiegend oder ganz aus Baustoffen der Klasse A bestehen, können die Benennungen entsprechend DIN 4102 Teil 2 auch F 30-AB oder F 30-A lauten.

2. Die Mindestbreite b in der Biegezugzone von Balken im Bereich 350 °C < T_{krit} ≦ 400 °C ist nach Gleichung (6) zu ermitteln.

$$b' = b + 0{,}8\,(400 - T_{krit}) \qquad (6)$$

3. Max σ_R ist die maximale Betondruckrandspannung unter Gebrauchslast; sie ist nach DIN 4227 bzw. DIN 1045, Ausgabe Januar 1972, Abschnitt 17.1.3 zu ermitteln.

Bei der Bemessung nach Zeile 2.1 bis Zeile 2.2 darf zwischen den angegebenen Werten linear interpoliert und oberhalb des jeweils angegebenen größeren Wertes auch linear extrapoliert werden.

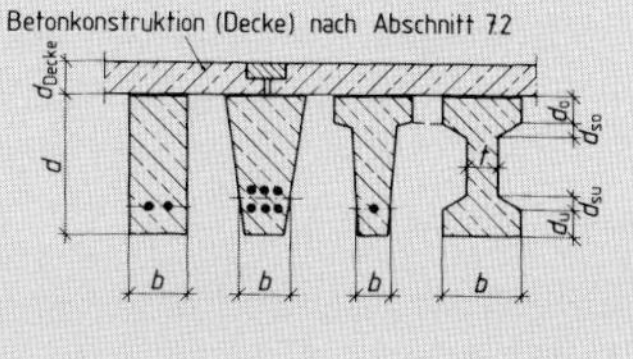

Bild 21. Maßgebende Querschnittsbezeichnungen bei dreiseitig beanspruchten Balken

Seite 54 Entwurf DIN 4102 Teil 4

4. Bei der Bemessung von Balken mit I-Querschnitt muß die Höhe des Untergurtes d_u wenigstens der Mindestbreite b_{min} der gewünschten Widerstandsklasse nach Zeile 1 entsprechen. Ist der Untergurt entsprechend Bild 21 angeschrägt, so darf d_u durch d_u^* ersetzt werden:

$$d_u^* = d_u + \frac{d_{su}}{2} \qquad (7)$$

Wenn das Verhältnis $b/t > 3{,}5$ ist, darf Tabelle 33 nicht mehr angewendet werden; der Untergurt ist als reines Zugglied nach Abschnitt 7.5 zu bemessen, oder der Querschnitt ist ausreichend durch eine Bekleidung zu schützen (Nachweis durch Prüfung).

5. Aussparungen in Balken oder in Stegen von T- oder I-Querschnitten dürfen vernachlässigt werden, wenn die verbleibende Zugzone mindestens eine Höhe von b_{min} und mindestens eine Querschnittsfläche von $2\,b_{min}^2$ behält, wobei b_{min} der kleinste, der gewünschten Feuerwiderstandsklasse zugeordnete Wert entsprechend Zeile 1 von Tabelle 33 ist.

Ist die verbleibende Querschnittsfläche der Zugzone $< b_{min}^2$, so ist der verbleibende Zugquerschnitt ausreichend durch eine Bekleidung zu schützen (Nachweis durch Prüfung).

6. Bei Verwendung von besonderem Zuschlag dürfen die Tabellenwerte von Zeile 1 und 3.1 entsprechend Abschnitt 5.2.1 abgemindert werden; dabei dürfen die Werte für F 30 jedoch nicht unterschritten werden.

7.4.1.3 Mindestachsabstand und Mindeststabzahl der Bewehrung

Der Achsabstand der Längsbewehrung zur beflammten Oberfläche von statisch bestimmt gelagerten Stahlbeton- oder Spannbetonbalken und die Mindeststabzahl der Bewehrung müssen mindestens die in Tabelle 34 angegebenen Werte besitzen. Hierbei sind die folgenden Bedingungen zu beachten:

1. Die Tabellenwerte gelten für Balken mit Rechteck- oder Trapezquerschnitt mit einlagiger Bewehrung.

Die Tabellenwerte gelten auch für eine mehrlagige Bewehrung, wenn der mittlere Achsabstand u_m dem jeweils geforderten Mindestachsabstand u entspricht. Dabei muß ein Einzelstab mindestens einen Achsabstand besitzen, wie er für F 30 gefordert wird; außerdem darf kein Einzelstab einen kleineren Achsabstand als $0{,}5\ u_m$ aufweisen.

Der mittlere Achsabstand u_m ist entsprechend den Angaben von Bild 22 aus den Flächen F_1 bis F_n und den zugehörigen **kleinsten** Achsabständen u_1 bis u_n aller einzelnen Bewehrungsstäbe nach Gleichung (8) zu ermitteln. Dabei ist zu beachten, daß der kleinste Abstand seitlich oder unten auftreten kann.

$$u_m = \frac{F_1 u_1 + F_2 u_2 + \ldots F_n u_n}{\Sigma F_{1\ldots n}} \qquad (8)$$

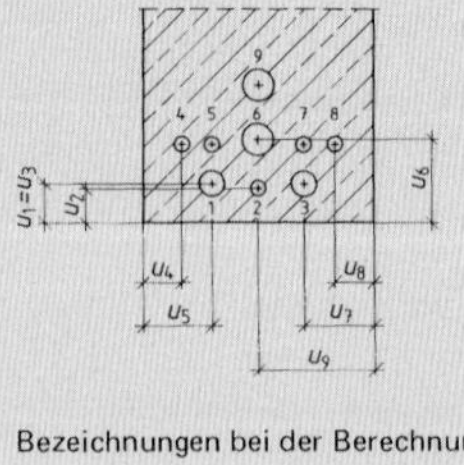

Bild 22. Bezeichnungen bei der Berechnung von u_m

2. Die Tabellenwerte gelten auch für Balken mit I-Querschnitt, wenn das Verhältnis $b/t \leqq 1{,}4$ oder wenn das Verhältnis $d_u/b_{min} \geqq 1{,}4$ ist. Der Wert b_{min} ist dabei die Mindestbreite b der gewünschten Widerstandsklasse nach Tabelle 33, Zeile 1 bis 2. Bei angeschrägten Untergurten darf die Größe d_u durch d_u^* ersetzt werden.

Wenn das Verhältnis $b/t > 1{,}4$ oder wenn das Verhältnis $d_u/b_{min} < 1{,}4$ ist, dann sind die Mindestachsabstände der Zugbewehrung nach den Gleichungen 9 bis 10 auf den Wert u' zu vergrößern:

$$u' = u \cdot a \qquad (9)$$

$$a = 1{,}85 - \sqrt{t/b} \cdot \frac{d_u}{b_{min}} \geqq 1{,}0 \qquad (10)$$

3. Bei Anordnung von Aussparungen in Balken oder in Stegen von T- oder I-Querschnitten, die die Mindestabmessungen nach Abschnitt 7.4.1.2 aufweisen, müssen die Mindestachsabstände auch von der Aussparungsseite her eingehalten werden. Können die Mindestachsabstände nicht eingehalten werden, ist der verbleibende Zugquerschnitt ausreichend durch eine Bekleidung zu schützen (Nachweis durch Prüfung).

4. Werden Auflager von Balken entsprechend Bild 23a ausgeführt und bleibt die Sollfugenbreite $a \leqq 30$ mm, ist im Auflagerbereich nur die in DIN 1045 vorgeschriebene Betondeckung einzuhalten.

Ist $a > 30$ mm oder werden die Auflager entsprechend Bild 23b ausgeführt, müssen im Auflagerbereich die Achsabstände u gemäß Tabelle 34 eingehalten werden.

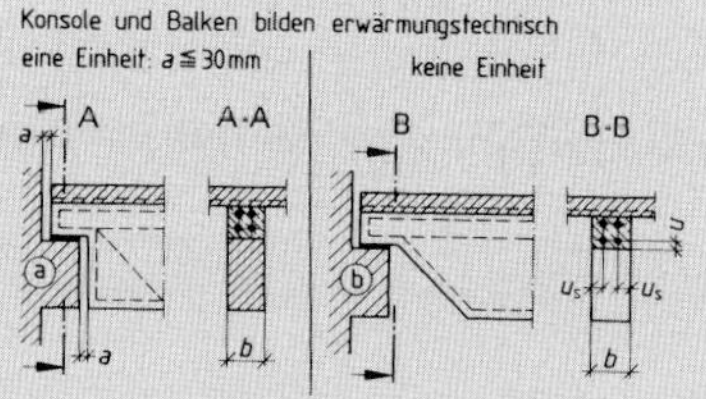

Bild 23. Achsabstand u bei Balkenauflagern

5. Bei Verwendung von besonderem Zuschlag dürfen Abminderungen nach Abschnitt 5.2.1 in Ansatz gebracht werden; dabei dürfen die Werte für F 30 jedoch nicht unterschritten werden.

6. Die Tabellenwerte gelten für $T_{krit} = 500\,°C$. Werden Stähle oder Ausnutzungsgrade mit anderem T_{krit}-Wert verwendet, so sind die Tabellenwerte entsprechend den Abschnitten 5.2.3 bis 5.2.4 zu korrigieren.

7. Bei den Feuerwiderstandsklassen F 120 und F 180 müssen bei Balken im Schubbereich II und III stets $\geqq$4-schnittige Bügel angeordnet werden; die auf die Zugbewehrung bezogenen Achsabstände u sind in diesen Fällen auf alle außenliegenden Bügelschenkel zu beziehen.

Entwurf DIN 4102 Teil 4 Seite 55

Tabelle 33. **Mindestabmessungen von dreiseitig beanspruchten statisch bestimmt gelagerten Stahlbeton- oder Spannbetonbalken aus Normalbeton**

Zeile	Konstruktionsmerkmale	Feuerwiderstandsklasse-Benennung F 30-A		F 60-A		F 90-A		F 120-A	F 180-A
1	Mindestbreite b (mm) unbekleideter Balken in der Biegezugzone bei einer kritischen Stahltemperatur								
1.1	$T_{krit} > 400\,°C$	80[1)2)]		120[2)]		150		200	240
1.2	$T_{krit} = 350\,°C$	120[2)]		160		190		240	280
2	Forderungen bei unbekleideten Balken in der Druck- oder Biegedruckzone bzw. in der vorgedrückten Biegezugzone								
2.1	Mindestbreite b (mm)	90[1)2)]	110[2)]	90[2)]	110[2)]	100[2)]	140	160	240
2.2	Zugehöriges max. σ_R (N/mm[2)])	3,5	10	3,5	10	7	20	–	–
3	Mindeststegdicke t von unbekleideten Balken mit I-Querschnitt in der								
3.1	Biegezugzone (mm)	80[1)2)]		90[1)2)]		110[1)2)]		120[1)2)]	140
3.2	Druck- bzw. Biegedruckzone sowie in der vorgedrückten Biegezugzone	Bemessung wie in Zeile 2.1 bis 2.2							
4	Mindestabmessungen b oder t von Balken nach Zeile 1 bis 3 mit Bekleidungen aus								
4.1	Putzen nach den Abschnitten 5.4.1 bis 5.4.3	b nach Zeile 1 bis 2, t nach Zeile 3, Abminderungen nach Tabelle 1 sind möglich. $b_{min} = t_{min}$ jedoch nicht kleiner als 80 mm.							
4.2	Unterdecken nach Abschnitt 5.4.5	$b_{min} = t_{min} = 50$ mm. Konstruktion nach Abschnitt 7.2.12 oder Nachweis der Eignung durch Prüfung.							

1) Bei Betonfeuchtigkeitsgehalten > 4 Gew.-% sowie bei Balken mit sehr dichter Bügelbewehrung (Stababstände < 100 mm) muß die Mindestbreite b oder die Dicke t wenigstens 120 mm betragen.

2) Wird die Bewehrung in der Symmetrieachse konzentriert und werden dabei mehr als drei Bewehrungsstäbe oder Spannglieder übereinander angeordnet, dann sind die angegebenen Mindestabmessungen unabhängig vom Betonfeuchtigkeitsgehalt um den zweifachen Wert des verwendeten Bewehrungsstabdurchmessers zu vergrößern (zu verbreitern). Bei Dicken b oder $t \geqq 150$ mm braucht diese Zusatzmaßnahme nicht mehr angewendet zu werden.

Seite 56 Entwurf DIN 4102 Teil 4

Tabelle 34. **Mindestachsabstände u und Mindeststabzahlen n der Zugbewehrung von statisch bestimmt gelagerten Stahlbeton- und Spannbeton-Rechteckbalken aus Normalbeton für Bewehrungsstahl mit T_{krit} = 500 °C**

Zeile	Konstruktionsmerkmale		Feuerwiderstandsklasse-Benennung				
			F 30-A	F 60-A	F 90-A	F 120-A	F 180-A
1	Mindestachsabstand u[2]) in Abhängigkeit von der Balkenbreite b bei unbekleideten Balken (mm) (Interpolation zwischen den Werten von Zeile 1.1.1, 1.2.1, 1.3.1 und 1.4.1 ist erlaubt.)	zugehörige Mindeststabzahl n (Bei Zwischenwerten von b ist auf den nächstgrößeren Wert n aufzurunden.)					
1.1.1	u	2	25[1])	40[1])	55[1])	65	80
1.1.2	zugehöriges b_{min}		80	120	150	200	240
1.2.1	u	3	15[1])	35[1])	45	55	70
1.2.2	zugehöriges b		120	160	200	240	300
1.3.1	u	4	10[1])	30	40	50	65
1.3.2	zugehöriges b		160	200	250	300	400
1.4.1	u	5	10[1])	25	35	45	60
1.4.2	zugehöriges b		≧ 200	≧ 300	≧ 400	≧ 500	≧ 600
2	Seitlicher Mindestachsabstand u_s bei einlagiger Bewehrung bei Abmessungen nach						
2.1	Zeile 1.1.1 bis 1.3.2		$u_s = u$ + 10 mm				
2.2	Zeile 1.4.1 bis 1.4.2		$u_s = u$				
3	Mindestachsabstände u und u_s nach Zeile 1 bis 2 bei Balken mit Bekleidungen aus						
3.1	Putzen nach Abschnitt 5.4.1 bis 5.4.3		u und u_s nach Zeile 1 bis 2, Abminderungen nach Tabelle 1 sind möglich, u_{min} jedoch nicht kleiner als für F 30.				
3.2	Unterdecken nach Abschnitt 5.4.5		$u = u_s$ ≧ 10 mm. Konstruktion nach Abschnitt 7.2.12.				

1) Die Mindeststabzahlen dürfen unterschritten werden.

2) Bei einer Betondeckung > 40 mm ist eine Zusatzbewehrung nach Abschnitt 5.2.2 erforderlich.

7.4.2 Statisch unbestimmt gelagerte Stahlbeton- oder Spannbetonbalken aus Normalbeton bei dreiseitiger Brandbeanspruchung

7.4.2.1 Geltungsbereich

Die Ausführungen von Abschnitt 7.4.1.1 gelten sinngemäß.

7.4.2.2 Mindestabmessungen

Statisch unbestimmt gelagerte Stahlbeton- oder Spannbetonbalken müssen die in Tabelle 35 angegebenen Mindestabmessungen besitzen. Die Bedingungen 1 bis 7 von Abschnitt 7.4.1.2 gelten sinngemäß.

7.4.2.3 Bewehrung und Mindestachsabstand der Bewehrung bei durchlaufenden oder eingespannten Balken

Wird die Stützbewehrung entsprechend Bild 24 verlegt und nach den Angaben von Abschnitt 7.2.2.5 bemessen, sind die Achsabstände der Feldbewehrung bei Stützweitenverhältnissen min $l \geqq 0{,}8$ max l nach den Angaben von Tabelle 36 zu wählen; hierbei gelten die Bedingungen 1 bis 7 zu Abschnitt 7.4.1.3 sinngemäß.

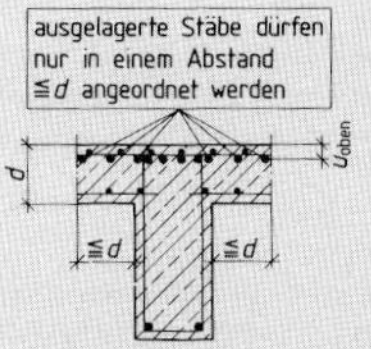

Bild 24.
Lage der oberen Bewehrung im Stützenbereich bei durchlaufenden Balken

Bei Stützweitenverhältnissen min $l < 0{,}8$ max l sind die Achsabstände der Feldbewehrung wie bei statisch bestimmt gelagerten Balken entsprechend Tabelle 34 zu wählen; in derartigen Fällen braucht die Stützbewehrung nicht nach Abschnitt 7.2.2.5 bemessen zu werden.

7.4.3 Statisch bestimmt gelagerte Stahlbeton- oder Spannbetonbalken aus Normalbeton bei vierseitiger Brandbeanspruchung

7.4.3.1 Mindestabmessungen

Die Mindestabmessungen müssen Abschnitt 7.4.1.2 entsprechen.

Tabelle 35. **Mindestabmessungen von dreiseitig beanspruchten statisch unbestimmt gelagerten Stahlbeton- oder Spannbetonbalken aus Normalbeton**

Zeile	Konstruktionsmerkmale	Feuerwiderstandsklasse-Benennung F 30-A		F 60-A		F 90-A	F 120-A	F 180-A
1	Mindestbreite b (mm) unbekleideter Balken in der Biegezugzone bei einer kritischen Stahltemperatur							
1.1	$T_{krit} > 400$ °C	80[1)][2)]		120[2)]		150	200	240
1.2	$T_{krit} = 350$ °C	120[2)]		160		190	240	280
2	Forderungen bei unbekleideten Balken in der Druck- oder Biegedruckzone im Stützenbereich							
2.1	bei einem Verhältnis der beflammten Seiten entsprechend Bild 21 von $d/b \leqq 2$							
	Mindestbreite b (mm)	90[1)][2)]		100[1)][2)]		150	220	300
2.2	bei einem Verhältnis der beflammten Seiten entsprechend Bild 21 von $d/b > 2$							
2.2.1	Mindestbreite b (mm)	110[2)]	140	120[2)]	140	170	240	320
2.2.2	Zugehöriges max. σ_R (N/mm²)	10	20	13	20	–	–	–
3	Mindestbreite b von Balken nach Zeile 1 bis 2 mit Bekleidungen durch							
3.1	Putze nach den Abschnitten 5.4.1 bis 5.4.3	b nach Zeile 1 bis 2. Abminderungen nach Tabelle 1 sind möglich. b_{min} jedoch nicht kleiner als 80 mm.						
3.2	Unterdecken nach Abschnitt 5.4.5	$b_{min} = 50$ mm Konstruktion nach Abschnitt 7.2.12 oder Nachweis der Eignung durch Prüfung.						

1) Bei Betonfeuchtigkeitsgehalten > 4 Gew.-% sowie bei Balken mit sehr dichter Bügelbewehrung (Stababstände < 100 mm) muß die Mindestbreite b wenigstens 120 mm betragen.

2) Wird die Bewehrung in der Symmetrieachse konzentriert und werden dabei mehr als drei Bewehrungsstäbe oder Spannglieder übereinander angeordnet, dann sind die angegebenen Mindestabmessungen unabhängig vom Betonfeuchtigkeitsgehalt um den zweifachen Wert des verwendeten Bewehrungsstabdurchmessers zu vergrößern (zu verbreitern). Bei Dicken $b \geqq 150$ mm braucht diese Zusatzmaßnahme nicht mehr angewendet zu werden.

Seite 58 Entwurf DIN 4102 Teil 4

Tabelle 36. **Mindestachsabstände u der Feldbewehrung von dreiseitig beanspruchten statisch unbestimmt gelagerten Stahlbeton- oder Spannbetonbalken aus Normalbeton für Bewehrungsstähle mit T_{krit} = 500 °C**

Zeile	Konstruktionsmerkmale		Feuerwiderstandsklasse-Benennung F 30-A	F 60-A	F 90-A	F 120-A	F 180-A
1	Mindestachsabstand u in Abhängigkeit von der Balkenbreite bei unbekleideten Balken; Interpolation zwischen den Werten von Zeile 1.1.1 und 1.2.1 ist erlaubt.						
1.1.1	u	(mm)	10	25	35	45[1]	60[1]
1.1.2	zugehöriges b_{min}	(mm)	80	100	150	200	240
1.2.1	u	(mm)	–	10	25	35	50[1]
1.2.2	zugehöriges b	(mm)	–	200	250	300	400
2	Seitlicher Mindestachsabstand u_s bei einlagiger Bewehrung bei Abmessungen nach Zeile 1	(mm)	10	$u_s = u + 10$ mm			
3	Mindestachsabstände u und u_s nach Zeile 1 bis 2 bei Balken mit Bekleidungen aus						
3.1	Putzen nach Abschnitt 5.4.1 bis 5.4.3		u und u_s nach Zeile 1 bis 2, Abminderungen nach Tabelle 1 sind möglich, u_{min} jedoch nicht kleiner als für F 30.				
3.2	Unterdecken nach Abschnitt 5.4.5		$u = u_s \geqq 10$ mm Konstruktion nach Abschnitt 7.2.12				

[1]) Bei einer Betondeckung > 40 mm ist eine Zusatzbewehrung nach Abschnitt 5.2.2 erforderlich.

Darüber hinaus gilt folgendes:

1. Die Mindesthöhe der Balken muß $\geqq b_{min}$ sein.
2. Bei Rechteck- und Trapezquerschnitten darf die Balkenfläche nicht kleiner als 2 b_{min}^2 sein.
3. Bei Balken mit T- oder I-Querschnitt muß die Höhe des Gurtes d_0 – siehe Bild 21 – wenigstens den Werten von Tabelle 33 Zeile 1.1 entsprechen. Ist der Gurt angeschrägt, so darf d_0 durch d_0^* ersetzt werden:

$$d_0^* = d_0 + \frac{d_{s0}}{2} \qquad (11)$$

7.4.3.2 Mindestachsabstand der Bewehrung

Der Mindestachsabstand u der Bewehrung muß Abschnitt 7.4.1.3 entsprechen.

7.4.4 Statisch unbestimmt gelagerte Stahlbeton- oder Spannbetonbalken aus Normalbeton bei vierseitiger Brandbeanspruchung

Die Mindestabmessungen müssen Abschnitt 7.4.3.1 entsprechen.

Die Mindestabstände u sowohl der Feldbewehrung als auch der Stützbewehrung müssen Abschnitt 7.4.1.3 entsprechen.

7.4.5 Statisch bestimmt gelagerte Balken mit Rechteckquerschnitt aus Gasbeton bei dreiseitiger Brandbeanspruchung

7.4.5.1 Geltungsbereich

Die folgenden Ausführungen gelten für statisch bestimmt gelagerte Balken mit Rechteckquerschnitt aus Gasbeton nach DIN 4223 bei dreiseitiger Brandbeanspruchung.

Eine dreiseitige Brandbeanspruchung liegt vor, wenn die Oberseite der Balken durch Betonkonstruktionen nach Abschnitt 7.2 abgedeckt und damit gegen Brandbeanspruchung geschützt ist.

Für statisch unbestimmt gelagerte Balken, für Balken mit nichtrechteckförmigem Querschnitt und für Balken, die andere oder keine Abdeckungen besitzen, liegen keine Versuchsergebnisse vor; die Feuerwiderstandsklasse ist in derartigen Fällen durch Prüfungen nach DIN 4102 Teil 2 nachzuweisen.

Wegen der Bemessung von Stürzen in Wänden aus Mauerwerk siehe auch Abschnitt 7.1.4.

7.4.5.2 Mindestabmessungen

Statisch bestimmt gelagerte Balken aus Gasbeton müssen die in Tabelle 37 angegebenen Mindestabmessungen besitzen.

Sollen Balken aus Gasbeton Aussparungen erhalten, ist die Feuerwiderstandsklasse durch Prüfungen nach DIN 4102 Teil 2 nachzuweisen.

7.4.5.3 Mindestachsabstand und Mindeststabzahl der Bewehrung

Der Achsabstand der Längsbewehrung zur beflammten Oberfläche von statisch bestimmt gelagerten Balken mit Rechteckquerschnitt aus Gasbeton und die Mindeststabzahl der Bewehrung müssen mindestens die in Tabelle 38 angegebenen Werte besitzen. Die Tabellenwerte gelten für eine einlagige Bewehrung. Sie gelten auch für mehrlagige Bewehrungen, wenn die unter Punkt 1 von Abschnitt 7.4.1.3 genannten Bedingungen eingehalten werden.

Die Tabellenwerte gelten für T_{krit} = 500 °C. Werden Stähle oder Ausnutzungsgrade mit anderem T_{krit}-Wert verwendet, so sind die Tabellenwerte entsprechend den Abschnitten 5.2.3 bis 5.2.4 zu korrigieren.

Tabelle 37. **Mindestabmessungen von dreiseitig beanspruchten statisch bestimmt gelagerten Balken mit Rechteckquerschnitt aus Gasbeton**

Zeile	Konstruktionsmerkmale	Feuerwiderstandsklasse-Benennung				
		F 30-A	F 60-A	F 90-A	F 120-A	F 180-A
1	Mindestbreite b (mm) von Balken mit Rechteckquerschnitt					
1.1	ohne Bekleidung	80	120	150	200	240
1.2	mit einer Bekleidung aus					
1.2.1	Putz nach Abschnitt 5.4.1 in wenigstens 15 mm Dicke	80	120	140	190	230
1.2.2	Unterdecken nach Abschnitt 5.4.5	b_{min} = 80 Konstruktion nach Abschnitt 7.2.12 wie für Decken der Bauart I oder Nachweis der Eignung durch Prüfung				

Tabelle 38. **Mindestachsabstand u und Mindeststabzahlen n der Zugbewehrung von statisch bestimmt gelagerten Balken mit Rechteckquerschnitt aus Gasbeton mit T_{krit} = 500 °C**

Zeile	Konstruktionsmerkmale		Feuerwiderstandsklasse-Benennung				
			F 30-A	F 60-A	F 90-A	F 120-A	F 180-A
1	Mindestachsabstand u[2]) in Abhängigkeit von der Balkenbreite b bei unbekleideten Balken (mm) (Interpolation zwischen den Werten von Zeile 1.1.1, 1.2.1 und 1.3.1 ist erlaubt)	zugehörige Mindeststabzahl n (bei Zwischenwerten von b ist auf den nächstgrößeren Wert von n aufzurunden)					
1.1.1	u	2	20[1])	35[1])	50[1])	60	75
1.1.2	zugehöriges b_{min}		80	120	150	200	240
1.2.1	u	3	10[1])	30[1])	40	50	65
1.2.2	zugehöriges b		120	160	200	240	300
1.3.1	u	5	10[1])	20	30	40	55
1.3.2	zugehöriges b		≧ 200	≧ 300	≧ 400	≧ 500	≧ 600
2	seitlicher Mindestachsabstand u_s bei einlagiger Bewehrung nach						
2.1	Zeile 1.1.1 bis 1.2.2		$u_s = u + 10$ mm				
2.2	Zeile 1.3.1 bis 1.3.2		$u_s = u$				
3	Mindestachsabstände u und u_s nach Zeile 1 bis 2 bei Balken mit Bekleidungen aus						
3.1	Putzen nach Abschnitt 5.4.1 in wenigstens 15 mm Dicke		von den Werten u und u_s nach Zeile 1 bis 2 dürfen jeweils 5 mm abgezogen werden				
3.2	Unterdecken nach Abschnitt 5.4.5		$u = u_s \geqq 10$ mm Konstruktion nach Abschnitt 7.2.12 wie für Decken der Bauart I oder Nachweis der Eignung durch Prüfung				

1) Die Mindeststabzahlen dürfen unterschritten werden.
2) Bei einer Betondeckung > 40 mm ist eine Zusatzbewehrung nach Abschnitt 5.2.2 erforderlich.

Seite 60 Entwurf DIN 4102 Teil 4

7.4.6 Statisch bestimmt oder unbestimmt gelagerte Stahlträger

7.4.6.1 Geltungsbereich

Die folgenden Ausführungen gelten für auf Biegung beanspruchte Stahlträger der Güte St 37 oder St 52 bis zu einem Verhältniswert $U/F = 300\ m^{-1}$ gemäß Abschnitt 5.3 bei dreiseitiger Brandbeanspruchung. Eine dreiseitige Brandbeanspruchung liegt vor, wenn die Oberseite der Träger durch Betonkonstruktionen nach Abschnitt 7.2 abgedeckt und damit gegen Brandbeanspruchung geschützt ist.

Die folgenden Ausführungen gelten unter Berücksichtigung des U/F-Wertes auch für entsprechende Träger bei vierseitiger Brandbeanspruchung, wenn die Träger vierseitig entsprechend der beschriebenen Bekleidungsart ummantelt sind. Eine vierseitige Brandbeanspruchung liegt vor, wenn es sich um freiliegende Träger oder um Träger handelt, die z. B. nur eine Abdeckung aus Stahl, Holz oder Kunststoff besitzen.

Die folgenden Angaben sind auch auf Fachwerkträger übertragbar, wenn die U/F-Werte der Zug- und Druckstäbe $\leqq 300\ m^{-1}$ sind und alle einzelnen Stäbe, Knotenbleche usw. mindestens entsprechend ihrem U/F-Wert und entsprechend der beschriebenen Bekleidungsart ummantelt sind.

7.4.6.2 Stahlträger mit Bekleidungen aus Putz auf nichtbrennbaren Putzträgern

Für die Anordnung und Befestigung der Putzträger gelten die Angaben der Abschnitte 5.3 und 5.4 sowie der Bilder 25 und 26. Anstelle von abstandhaltenden Bügeln $\geqq \varnothing 5$ dürfen auch entsprechend wirksame Trägerklammern, Schellen o. ä. verwendet werden. Derartige Stahlteile müssen mit den dargestellten Längsstäben verrödelt werden. Die Putzträger sind mit den Längsstäben ebenfalls zu verrödeln und an der abdeckenden Betonkonstruktion nach Bild 25 oder 26 Detail 1 oder 2 ausreichend zu befestigen oder bei vierseitiger Ummantelung wie beim Untergurt um den Obergurt herumzuführen.

Die brandschutztechnisch erforderlichen Putzdicken d sind in Tabelle 39 angegeben. Liegt zwischen den Flanschen eine Ausmauerung mit einer Dicke entsprechend den Angaben von Tabelle 40 vor, werden an den Putz im Ausmauerungsbereich keine Anforderungen gestellt.

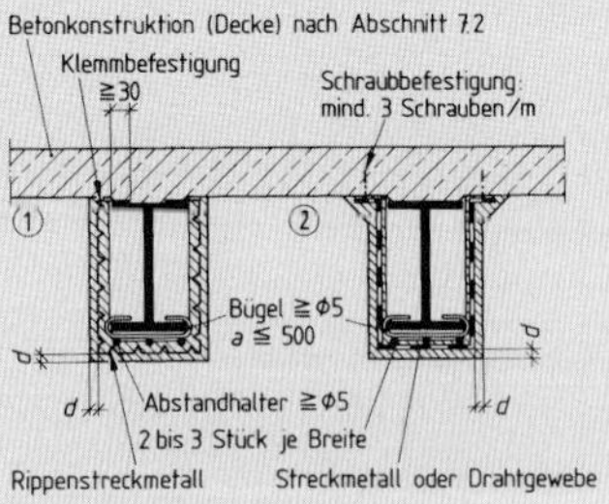

Bild 25. Beispiele für Putzträgeranordnung und -befestigung an Stahlträgern mit Ausmauerung (Schema) (Maße in mm)

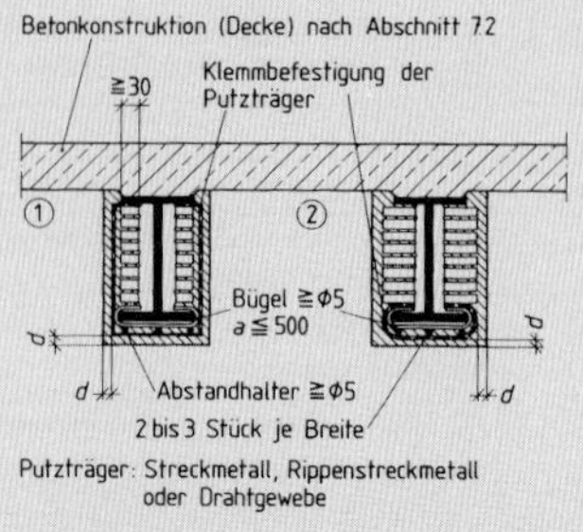

Bild 26. Beispiele für Putzträgeranordnung und -befestigung an Stahlträgern mit Ausmauerung (Schema) (Maße in mm)

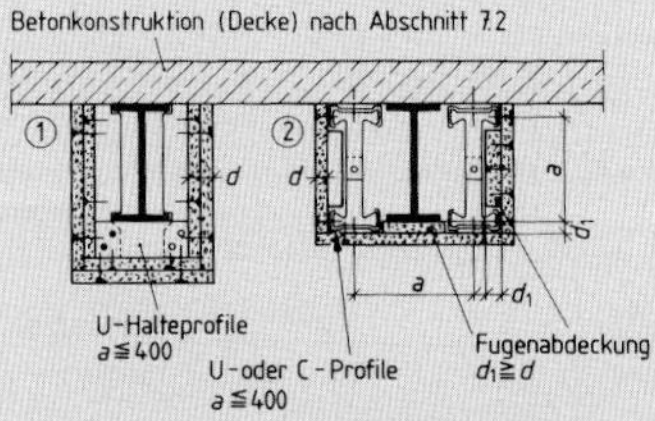

Bild 27. Beispiele für Trägerbekleidungen mit Gipskartonbauplatten F (GKF) nach DIN 18 180 mit geschlossener Fläche (Schema) (Maße in mm)

7.4.6.3 Stahlträger mit Bekleidungen aus Gipskartonbauplatten F (GKF) nach DIN 18 180 mit geschlossener Fläche

Für die Anordnung und Befestigung von Gipskartonbauplatten F (GKF) nach DIN 18 180 mit geschlossener Fläche gelten die Angaben von Abschnitt 5.3 und 5.4 sowie von Bild 27.

Die Gipskartonbauplatten müssen bei Querbefestigung entsprechend DIN 18 181 an der Stahlblechunterkonstruktion befestigt werden. Die Fugen sind zu verspachteln und bei einlagiger Bekleidung durch mindestens gleichdicke Fugenabdeckungen (Breite $\geqq$ 300 mm) zu hinterfüttern, soweit sie nicht im Bereich der Stahlblechprofile verlaufen. Bei mehrlagiger Bekleidung sind alle Fugen $\geqq$ 400 mm versetzt anzuordnen; jede Beplankung ist einzeln zu befestigen und zu verspachteln. Die Bekleidung ist dicht an die Betonkonstruktion zu führen oder bei vierseitiger Ummantelung wie beim Untergurt um den Obergurt herumzuführen. Die Mindestbekleidungsdicke d ist in Tabelle 41 angegeben.

7.4.7 Statisch bestimmt oder unbestimmt gelagerte Holzbalken

7.4.7.1 Geltungsbereich

Die folgenden Ausführungen gelten für auf Biegung beanspruchte, freiliegende, statisch bestimmt oder unbestimmt gelagerte Balken aus Holz mit Rechteckquerschnitt wenigstens der Güteklasse II nach DIN 4074 Teil 1. Es werden drei- und vierseitige Brandbeanspruchungen unterschieden.

Tabelle 39. **Mindestputzdicke *d* (mm) über Putzträger bekleideter Stahlträger gemäß Bild 25 und 26 (bei den angegebenen Feuerwiderstandsklassen lautet die Benennung nach DIN 4102 Teil 2 jeweils F 30-A bis F 180-A)**

U/F gemäß Abschnitt 5.3	Mindestputzdicke *d* (mm) über Putzträger bei Verwendung von												
	Mörtelgruppe II oder IV c DIN 18 550			Mörtelgruppe IV a bis b DIN 18 550					Putz nach Abschnitt 5.4.3				
	F 30	F 60	F 90	F 30	F 60	F 90	F 120	F 180	F 30	F 60	F 90	F 120	F 180
< 60	5	15	–	5	5	15	15	25	5	5	15	15	25
60 – 69	5	15	–	5	5	15	15	25	5	5	15	15	25
70 – 79	5	15	–	5	5	15	15	25	5	5	15	15	25
80 – 89	5	15	–	5	5	15	15	25	5	5	15	15	25
90 – 99	5	15	–	5	5	15	25	–	5	5	15	15	–
100 – 109	5	15	–	5	5	15	25	–	5	5	15	15	–
110 – 119	5	15	–	5	5	15	25	–	5	5	15	25	–
120 – 139	5	15	–	5	15	15	25	–	5	5	15	25	–
140 – 159	5	15	–	5	15	15	25	–	5	5	15	25	–
160 – 179	5	15	–	5	15	15	25	–	5	5	15	25	–
180 – 199	5	15	–	5	15	25	–	–	5	5	25	25	–
200 – 219	5	15	–	5	15	25	–	–	5	5	25	25	–
220 – 239	5	15	–	5	15	25	–	–	5	5	25	25	–
240 – 300	5	15	–	5	15	25	–	–	5	5	25	25	–

Tabelle 40. **Mindestdicke *d* (mm) der Ausmauerung[1)][2)] von Stahlträgern entsprechend Bild 24**

Zeile	Mauerwerk entsprechend DIN 1053 Teil 1 oder Plattenbekleidung entsprechend DIN 4103 Teil 1 aus	Mindestdicke der Ausmauerung für die Feuerwiderstandsklasse-Benennung				
		F 30-A	F 60-A	F 90-A	F 120-A	F 180-A
1	Gasbeton-Blocksteinen oder -Bauplatten nach DIN 4165 und DIN 4166 oder Hohlblock- oder Vollsteinen bzw. Wandbauplatten aus Leichtbeton nach DIN 18 151, DIN 18 152 und DIN 18 162	50	50	50	50	75
2	Mauerziegeln nach DIN 105 oder Kalksandsteinen nach DIN 106	52	52	52	71	115
3	Wandbauplatten aus Gips nach DIN 18 163 Teil 1	60	60	60	60	60

1) Die angegebenen Dicken sind Mindestdicken aus brandschutztechnischer Sicht. Bei hohen Trägern können aus Gründen der Standsicherheit gegebenenfalls größere Dicken notwendig werden.

2) Lochungen von Steinen oder Ziegeln dürfen nicht senkrecht zum Trägersteg verlaufen.

Tabelle 41. **Mindestbekleidungsdicke *d* (mm) bekleideter Stahlträger gemäß Bild 27**

Zeile	Konstruktionsmerkmale	Feuerwiderstandsklasse-Benennung[1)]				
		F 30-AB	F 60-AB	F 90-AB	F 120-AB	F 180-AB
1	Mindestbekleidungsdicke *d* bei Verwendung von Gipskartonbauplatten F (GKF) DIN 18 180 mit geschlossener Fläche (mm)	12,5	18	2 x 15	2 x 15 + 9,5[2)]	–

1) Sofern ein gültiger Prüfbescheid vorliegt, aus dem hervorgeht, daß die Gipskartonbauplatten der Baustoffklasse A angehören, sind die Konstruktionen in die Benennungen F 30-A, F 60-A, F 90-A und F 120-A einzureihen.

2) Die oberste 9,5 mm dicke Bekleidungsschale darf auch aus Gipskartonbauplatten B (GKB) nach DIN 18 180 bestehen.

Seite 62 Entwurf DIN 4102 Teil 4

Eine dreiseitige Brandbeanspruchung liegt vor, wenn die Balkenoberseite nach den Angaben von Tabelle 31 abgedeckt ist. Liegen Abdeckungen mit kleineren Abmessungen als in Tabelle 31 angegeben oder andere bzw. keine Abdeckungen vor, ist die Bemessung für eine vierseitige Brandbeanspruchung durchzuführen.

Holzbalken, die zwischen einer Abdeckung auf der Oberseite und einer Bekleidung an der Unterseite liegen, sind unter Berücksichtigung der Angaben für die Abdeckung und Bekleidung nach Abschnitt 7.2.14 zu bemessen.

Die folgenden Ausführungen gelten außerdem nur für Balken mit Rechteckquerschnitt ohne Aussparungen. Bei Anordnung von Aussparungen ist die Eignung durch Prüfungen nach DIN 4102 Teil 2 nachzuweisen; dabei gelten Zapfen- und Bolzenlöcher nicht als Aussparung.

Die Eignung zusammengesetzter Balken, sofern sie im folgenden nicht behandelt werden, sowie von Balken mit nichtrechteckigem Querschnitt ist ebenfalls durch Prüfungen nach DIN 4102 Teil 2 nachzuweisen.

7.4.7.2 Mindestanforderungen an unbekleidete Holzbalken mit Rechteckquerschnitt

Unbekleidete Holzbalken mit Rechteckquerschnitt müssen die in Tabelle 42 angegebenen Mindestabmessungen besitzen. Die Querschnitte dürfen auch aus Einzelquerschnitten unter Verwendung von Stabdübeln nach den Angaben von Tabelle 43 zusammengesetzt werden.

Entsprechend den Angaben von Abschnitt 5.1 muß die Kippaussteifung der Balken eine entsprechende Feuerwiderstandsdauer wie die Balken besitzen. Ist brandschutztechnisch eine nicht ausreichende oder keine Kippaussteifung vorhanden, muß das Seitenverhältnis der Balken $h/b \leqq 4$ bleiben; wegen der Bemessung von Kippsteifen siehe Abschnitt 7.7.3.3.

Balken müssen auf Auflagern aus Beton oder Mauerwerk bei der Feuerwiderstandsklasse F 30 wenigstens 40 mm und bei der Feuerwiderstandsklasse F 60 wenigstens 80 mm aufliegen; für die Mindestauflagerabmessungen von Balken im Zusammenhang mit Holzverbindungen gilt Abschnitt 7.5.

7.4.7.3 Mindestanforderungen an bekleidete Holzbalken mit Rechteckquerschnitt

Bekleidete Holzbalken mit Rechteckquerschnitt müssen die in Tabelle 44 angegebenen Mindestabmessungen besitzen. Entspricht die obere Abdeckung nicht den Angaben von Tabelle 31, muß die Balkenoberseite ebenfalls entsprechend der beschriebenen Bekleidungsart ummantelt werden. Die Bekleidung ist jeweils auch im Auflagerbereich – die Auflagerfläche selbst ausgenommen – anzubringen. Die Balken müssen auf Auflagern

Tabelle 42. **Mindestabmessungen unbekleideter Holzbalken mit Rechteckquerschnitt**

(Maße in mm)

Zeile	Konstruktionsmerkmale	Brandbeanspruchung dreiseitig, Feuerwiderstandsklasse-Benennung F 30-B	dreiseitig F 60-B	vierseitig F 30-B	vierseitig F 60-B
1	Balken aus Vollholz				
1.1	Mindestbreite *b* bei einer Biegespannung[1])				
1.1.1	$\sigma \geqq 13$ N/mm²	150	300	160	320
1.1.2	$\sigma = 10$ N/mm²	120	240	130	260
1.1.3	$\sigma = 7$ N/mm²	90	200	100	220
1.1.4	$\sigma \leqq 3$ N/mm²	80	180	90	200
1.2	Mindesthöhe *h* bei einer Biegespannung[1])				
1.2.1	$\sigma \geqq 13$ N/mm²	260	520	300	600
1.2.2	$\sigma = 10$ N/mm²	200	400	240	480
1.2.3	$\sigma = 7$ N/mm²	160	320	200	400
1.2.4	$\sigma \leqq 3$ N/mm²	140	240	180	320
2	Brettschichtverleimte Balken				
2.1	Mindestbreite *b* bei einer Biegespannung[1])				
2.1.1	$\sigma \geqq 14$ N/mm²	140	280	150	300
2.1.2	$\sigma = 11$ N/mm²	110	220	120	240
2.1.3	$\sigma = 7$ N/mm²	80	160	90	180
2.1.4	$\sigma \leqq 3$ N/mm²	80	140	80	160
2.2	Mindesthöhe *h* bei einer Biegespannung[1])				
2.2.1	$\sigma \geqq 14$ N/mm²	260	520	310	620
2.2.2	$\sigma = 11$ N/mm²	200	400	250	500
2.2.3	$\sigma = 7$ N/mm²	150	300	190	380
2.2.4	$\sigma \leqq 3$ N/mm²	120	220	160	300

[1]) Zwischen den Werten darf geradlinig interpoliert werden.

Tabelle 43. **Mindestabmessungen von verdübelten Balken bei Verwendung von Stabdübeln**

Zeile	Konstruktionsmerkmale	Feuerwiderstandsklasse-Benennung F 30-B	F 60-B
1	Querschnittsbezeichnung 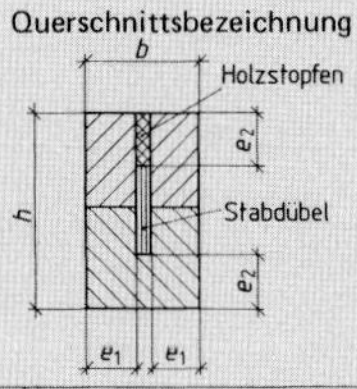		
2	Mindestholzüberdeckungen $e_1 = e_2$ (mm)	50	100
3	Mindestquerschnittsabmessungen b und h	siehe Tabelle 42	

aus Beton oder Mauerwerk bei der Feuerwiderstandsklasse F 30 wenigstens 40 mm und bei der Feuerwiderstandsklasse F 60 wenigstens 80 mm aufliegen; für die Mindestauflagerabmessungen im Zusammenhang mit Holzverbindungen gilt Abschnitt 7.5.

Bei einer Bekleidung aus Gipskartonbauplatten F (GKF) DIN 18 180 mit geschlossenener Fläche muß die Befestigung und die Verspachtelung der Fugen nach DIN 18 181 erfolgen. Bei mehrlagiger Bekleidung müssen die Fugen um ≧400 mm versetzt werden; jede Beplankung ist einzeln zu befestigen und zu verspachteln.

7.5 Feuerwiderstandsklassen von Verbindungen zwischen Holzbauteilen

7.5.1 Geltungsbereich

Die folgenden Ausführungen gelten für Verbindungen zwischen Holzbauteilen entsprechend DIN 1052 Teil 1, Ausgabe Oktober 1969, Abschnitt 11. Soweit Dübelverbindungen besonderer Bauart verwendet werden, müssen diese DIN 1052 Teil 2 entsprechen; dabei muß von den Dübelherstellern garantiert werden, daß der Schmelzpunkt der Dübel – z. B. bei Verwendung von Alu-Legierungen – mindestens 600 °C beträgt. Sofern Dübel mit Schmelzpunkten < 600 °C zum Einsatz kommen sollen, ist die Eignung durch Prüfungen nach DIN 4102 Teil 2 nachzuweisen.

Die folgenden Bestimmungen enthalten Angaben über Mindest-Holzüberdeckungen, -Abstände und -Abmessungen der zu verbindenden Holzbauteile nur bezüglich der Feuerwiderstandsklassen der Verbindungen. Für die Bemessung von Balken, Zuggliedern und Stützen gelten darüber hinaus die Angaben der Abschnitte 7.4.7, 7.6 und 7.7.3.

7.5.2 Mindestanforderungen

Auf Druck und/oder Abscheren beanspruchte Holzverbindungen (Balken in Kombination mit Balken oder Stützen) müssen die in Tabelle 45 angegebenen Mindestabmessungen besitzen.

Auf Zug oder Druck und Abscheren beanspruchte Holzverbindungen (Zug- oder Druckgliedanschlüsse) müssen die in Tabelle 46 angegebenen Mindestabmessungen besitzen.

Sofern Schraubbolzen bei Dübelverbindungen durch eingeleimte Holzscheiben abgedeckt werden müssen, müssen die zu verbindenden Hölzer so ausgetrocknet sein, daß ein Nachspannen nicht erforderlich ist. Die in den Erläuterungen zu DIN 1052 Teil 1 und Teil 2 empfohlene Spannungsminderung auf etwa $^2/_3$ der zulässigen Spannung für die Fälle, daß Bolzen nicht mehr nachgespannt werden können, ist brandschutztechnisch keine nachgewiesene Maßnahme.

Sofern die Verwendung von Schraubnägeln für die Erzielung einer bestimmten Feuerwiderstandsklasse vorgeschrieben wird, dürfen nur solche verwendet werden, bei denen die Schraubrillen über eine Länge von mindestens 8 d_N in die anzuschließenden Hölzer hineinreichen.

Konstruktive oder kraftübertragende Laschen müssen aus Vollholz, Sperrholz oder brettschichtverleimtem Holz bestehen.

Tabelle 44. **Mindestabmessungen bekleideter Balken aus Vollholz oder Brettschichtholz gemäß DIN 1052 Teil 1 bei einer Abdeckung der Balkenoberseite gemäß den Angaben von Tabelle 31**

(Maße in mm)

Zeile	Konstruktionsmerkmale	Feuerwiderstandsklasse-Benennung F 30-B	F 60-B
1	Mindestbreite b	80	160
2	Mindesthöhe h	110	220
3	Mindestdicke der Bekleidung bei Verwendung von Gipskartonbauplatten F (GKF) DIN 18 180 mit geschlossener Fläche d	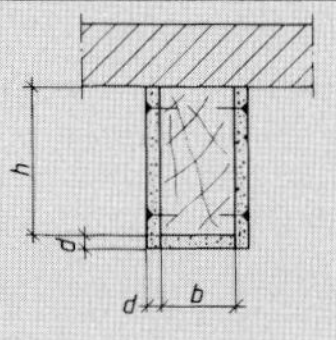 15	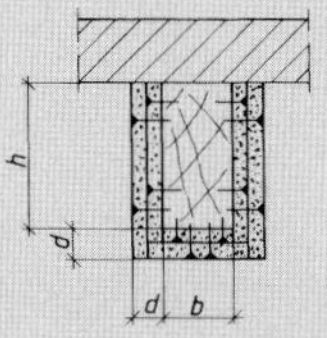 2 × 12,5

Seite 64 Entwurf DIN 4102 Teil 4

Tabelle 45. **Mindestanforderungen an auf Druck und/oder Abscheren beanspruchte Holzverbindungen nach DIN 1052 Teil 1 und Teil 2. Verbindungen von Balken mit Balken oder Stützen**

Zeile	Konstruktionsmerkmale der zu verbindenden Holzbauteile Maße in mm		Mindestabmessungen in mm für die Feuerwiderstandsklasse-Benennung F 30-B bei Verwendung von brettschicht-verleimtem Holz	F 30-B Vollholz	F 60-B brettschicht-verleimtem Holz	F 60-B Vollholz
1	Einteilige Stützen zwischen Doppelträgern (Zangen) 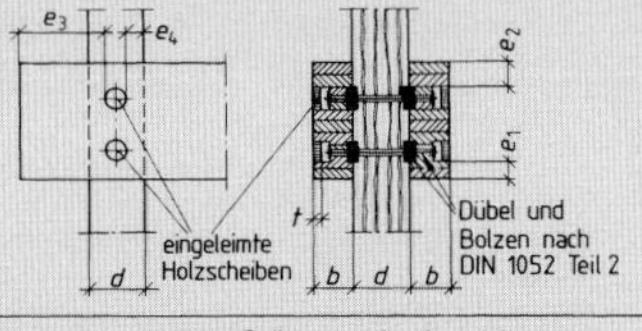	d	160	240	220	–
		b	100	100	180	–
		e_1	40	50	70	–
		e_2	60	70	90	–
		e_3	300	400	400	–
		e_4	45	60	80	–
		t	20	20	40	–
2	Zusammengesetzte Stützen mit eingeblatteten durchgeführten Balken ohne Auflast P 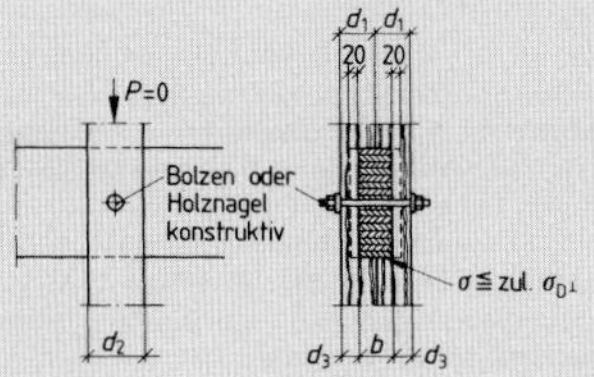	d_1	80	–	140	–
		d_2	160	–	220	–
		d_3	40	–	70	–
		b	80	–	140	–
3	Zusammengesetzte Stützen mit mittragenden Futterhölzern und durchgeführten Balken ohne Auflast P 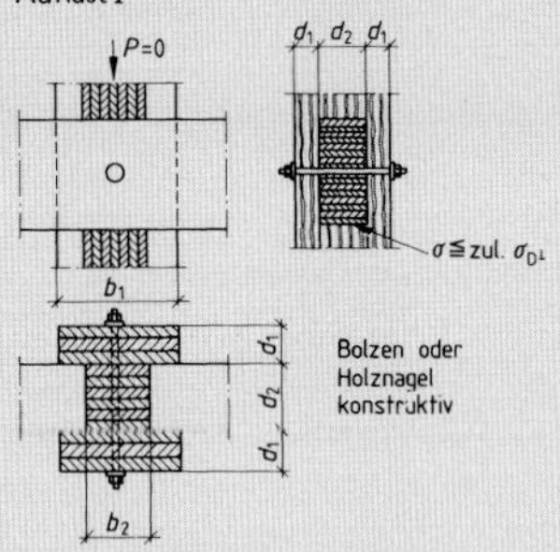	d_1	60	–	120	–
		b_1	160	–	190	–
		d_2	120	–	180	–
		b_2	120	–	180	–

Entwurf DIN 4102 Teil 4 Seite 65

Tabelle 45. (Fortsetzung)

Zeile	Konstruktionsmerkmale der zu verbindenden Holzbauteile Maße in mm		Mindestabmessungen in mm für die Feuerwiderstandsklasse-Benennung F 30-B bei Verwendung von brettschichtverleimtem Holz	F 30-B Vollholz	F 60-B brettschichtverleimtem Holz	F 60-B Vollholz
4	Einteilige Stützen mit aufgesetzten Balken bei Auflagerpressungen $\sigma \leqq$ zul $\sigma_D \perp$ nach DIN 1052 Teil 1. Zapfenlöcher und -schlitze müssen voll ausgefüllt sein. 4.1 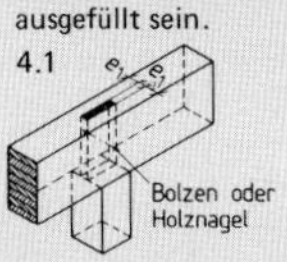 4.2 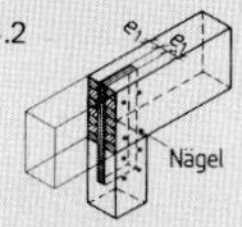 Schlitz und Zapfen Schlitz und Lasche	e_1	60	60	90	120
	4.3 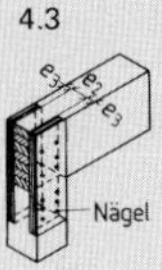 4.4 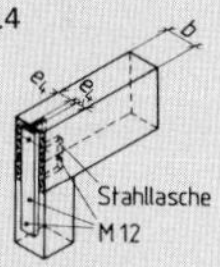 Laschen genagelt $\perp$ 100, Bolzen M 12	e_2 e_3 e_4 b	80 25 55 120	80 25 70 130	120 40 110 230	120 40 140 290
5	Einteilige Stützen – Zugankerverbindung mit Balken 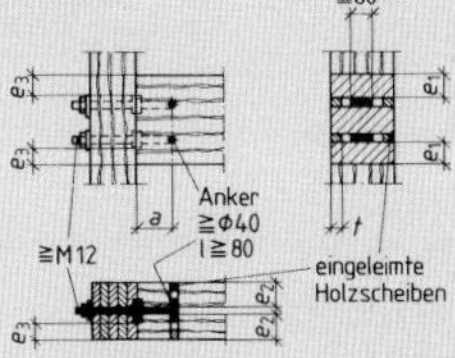	a e_1 e_2 e_3 t	150 50 70 45 20	– – – – –	– – – – –	– – – – –
6	Einteilige Stützen – Anschluß der Balken mit Stahlformteilen mit einer Dicke $\geqq$ 10 mm					
6.1	$\perp$ -Formteile mit Dübeln nach DIN 1052 Teil 2 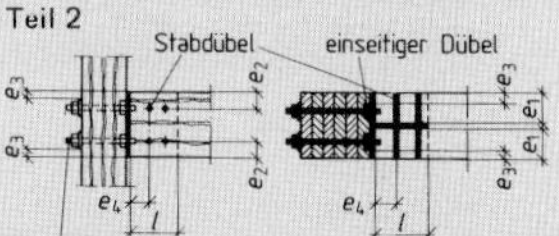	e_1 e_2 e_3 e_4 l	70 55 45 70 150	– – – – –	– – – – –	– – – – –
6.2	∟ -Formteile mit Dübeln nach DIN 1052 Teil 2 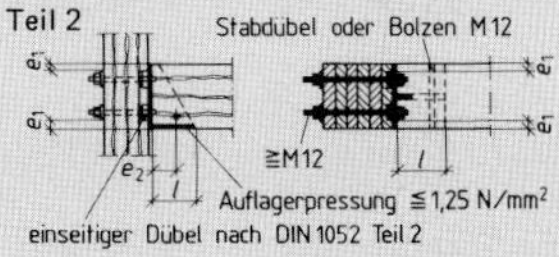	e_1 e_2 l	45 70 100	– – –	– – –	– – –

Seite 66 Entwurf DIN 4102 Teil 4

Tabelle 46. **Mindestanforderungen an auf Zug oder Druck und Abscheren beanspruchte Holzverbindungen nach DIN 1052 Teil 1 und Teil 2. Zug- und Druckgliedanschlüsse**

Zeile	Konstruktionsmerkmale der zu verbindenden Holzbauteile Maße in mm		Mindestabmessungen 1) in mm für die Feuerwiderstandsklasse-Benennung F 30-B bei Verwendung von brettschicht-verleimtem Holz	F 30-B Vollholz	F 60-B brettschicht-verleimtem Holz	F 60-B Vollholz
1	Symmetrischer Laschenanschluß unter Verwendung von Dübeln nach DIN 1052 Teil 2. Die Sicherung des Anschlusses erfolgt mit Schraubnägeln, die rechnerisch nicht zur Kraftübertragung herangezogen werden dürfen. 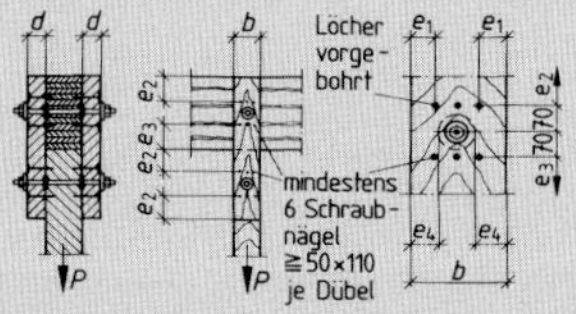 	*d*	60	60	–	–
		b	140	140	–	–
		e_1	40*	40*	–	–
		e_2	135	135	–	–
		e_3	40	40	–	–
		e_4	40	40	–	–
2	Symmetrischer Laschenanschluß unter Verwendung von Dübeln nach DIN 1052 Teil 2, Stabdübel ausgeschlossen, siehe hierzu Zeile 3. Die Sicherung des Anschlusses erfolgt mit eingeleimten Holzscheiben der Dicke *t*. 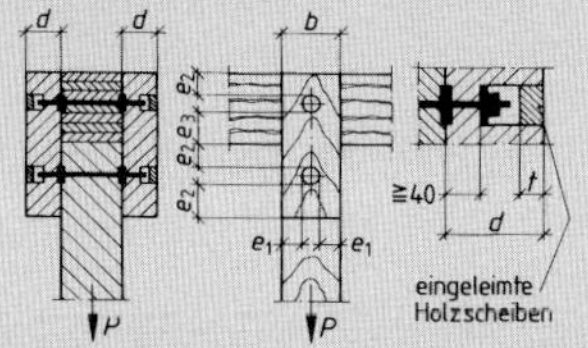 	*d*	60	60	100	100
		b	140	140	160	160
		e_1	30	30	50	50
		e_2	170	170	170	170
		e_3	70	70	100	100
		t	20	20	40	40
3	Symmetrischer Laschenanschluß unter Verwendung von Stabdübeln nach DIN 1052 Teil 1. Die Sicherung des Anschlusses erfolgt mit eingeleimten Holzscheiben der Dicke *t* mit einem Durchmesser entsprechend dem Stabdübeldurchmesser. (Bezeichnungen siehe Zeile 2)	*d*	60	60	–	–
		b	140	140	–	–
		e_1	40	40	–	–
		e_2	170	170	–	–
		e_3	70	70	–	–
		t	20	20	–	–

Entwurf DIN 4102 Teil 4 Seite 67

Tabelle 46. (Fortsetzung)

<table>
<tr><th rowspan="3">Zeile</th><th rowspan="3" colspan="2">Konstruktionsmerkmale der zu verbindenden Holzbauteile

Maße in mm</th><th colspan="4">Mindestabmessungen [1]) in mm für die Feuerwiderstandsklasse-Benennung</th></tr>
<tr><th colspan="2">F 30-B</th><th colspan="2">F 60-B</th></tr>
<tr><th>bei Verwendung von
brettschicht-verleimtem Holz</th><th>Vollholz</th><th>brettschicht-verleimtem Holz</th><th>Vollholz</th></tr>
<tr><td>4</td><td>Symmetrischer Anschluß mit Ankern (Anzahl ≧ 1). Die Sicherung des Anschlusses erfolgt mit eingeleimten Holzscheiben der Dicke t und einer Decklasche der Dicke d.
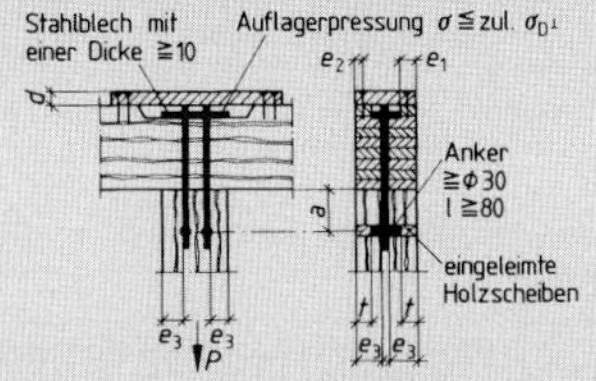
</td><td>e_1
e_2
d
e_3
a
t</td><td>25
12
25
40
280
15</td><td>30
15
25
50
280
20</td><td>30
15
30
70
280
20</td><td>–
–
–
–
–
–</td></tr>
<tr><td>5</td><td>Symmetrischer Laschenanschluß unter Verwendung von Nägeln nach DIN 1052 Teil 1. Die Sicherung des Anschlusses erfolgt mit zusätzlich aufgenagelten Decklaschen der Dicke t, die rechnerisch nicht zur Kraftübertragung herangezogen werden dürfen.
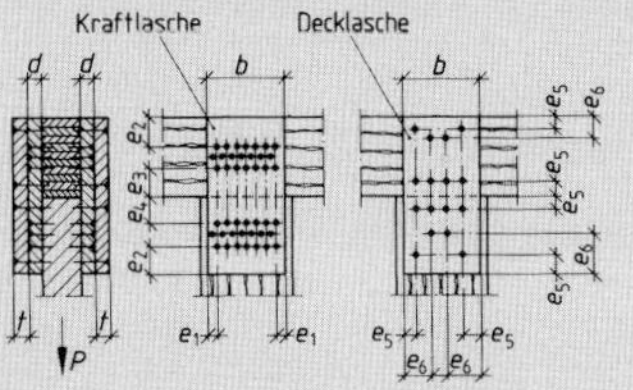
</td><td></td><td></td><td></td><td></td><td></td></tr>
<tr><td></td><td>Anforderungen an die Kraftlaschen</td><td>d
b
e_1
e_2
e_3
e_4</td><td>24
140
20
150
70
50</td><td>24
140
20
150
70
50</td><td>30
200
50
150
100
50</td><td>–
–
–
–
–
–</td></tr>
<tr><td></td><td>Anforderungen an die Decklaschen</td><td>t
b</td><td>24
140</td><td>24
140</td><td>40
200</td><td>–
–</td></tr>
<tr><td></td><td>Befestigung mit ≧ 4 außenliegenden Nägeln
sowie mit ≧ 4 innenliegenden Nägeln</td><td>e_5
e_6</td><td>30*
60</td><td>30*
60</td><td>50*
80</td><td>–
–</td></tr>
<tr><td colspan="7">1) Bei den mit * gekennzeichneten Werten ist der Mindestabstand gleich dem maximal zulässigen Abstand.</td></tr>
</table>

Seite 68 Entwurf DIN 4102 Teil 4

7.6 Feuerwiderstandsklassen von Zuggliedern

7.6.1 Allgemeines

Die im folgenden aufgezählten Bedingungen für Zugglieder gehen davon aus, daß zum Klassifizierungszeitpunkt die Tragfähigkeit verloren geht.

Bei Zuggliedern aus Stahl, Stahlbeton oder Spannbeton sind die Längenänderungen zu diesem Zeitpunkt ($T \rightarrow T_{krit}$) – sowie bereits vor Annäherung an den Erschöpfungszustand – überproportional. Warmkriechen setzt im allgemeinen bei Temperaturen $\geqq 300$ °C, bei Spannstahldrähten oder -litzen bei $\geqq 250$ °C, ein. Müssen Temperaturdehnungen infolge Brandbeanspruchung klein gehalten werden, so ist die Bemessung z. B. so vorzunehmen, als ob kritische Temperaturen $\leqq 300$ °C bzw. $\leqq 250$ °C vorliegen würden.

Bei Zuggliedern aus Holz sind die Längenänderungen dagegen relativ klein; sie entstehen überwiegend aus den Verformungen der Anschlüsse.

7.6.2 Zugglieder aus Stahlbeton oder Spannbeton

Zugglieder aus Stahlbeton oder Spannbeton müssen wenigstens die in Tabelle 47 angegebenen Mindestabmessungen besitzen. Hierbei sind die folgenden Bedingungen zu beachten:

1. Die Mindestdicke b ist bei Zuggliedern mit Rechteckquerschnitt die Länge der kleinsten Seite, bei Zuggliedern mit Kreisquerschnitt der Durchmesser.

2. Die Mindestdicke b im Bereich 350 °C $< T_{krit} \leqq 400$ °C darf nach Gleichung (6) in Abschnitt 7.4.1.2 ermittelt werden. Soll die Mindestdicke b zur Vermeidung großer Längenänderungen für Temperaturen $<$ 350 °C bestimmt werden, ist ebenfalls Gleichung (6) anzuwenden.

3. Die Tabellenwerte u beziehen sich auf die Längsbewehrung mit T_{krit} = 500 °C. Werden Stähle oder Ausnutzungsgrade mit einem anderen T_{krit}-Wert bzw. mit einer anderen Bemessungstemperatur verwendet, so sind die

Tabelle 47. **Mindestanforderungen an Stahlbeton- oder Spannbeton-Zugglieder mit Rechteck- oder Kreisquerschnitt aus Normalbeton für Bewehrungsstahl mit T_{krit} = 500 °C**

Zeile	Konstruktionsmerkmale		Feuerwiderstandsklasse-Benennung				
			F 30-A	F 60-A	F 90-A	F 120-A	F 180-A
1	Mindestdicke b (mm) unbekleideter Zugglieder bei einer kritischen Stahltemperatur						
1.1	$T_{krit} > 400$ °C		80 1)	120	150	200	240
1.2	T_{krit} = 350 °C		120	160	190	240	280
2	Mindestquerschnittsfläche F unbekleideter Zugglieder		$2\,b_{min}^2$; b_{min} siehe Zeile 1				
3	Mindestachsabstand u der Längsbewehrung in Abhängigkeit von der Zuggliedddicke bei unbekleideten Zuggliedern; Interpolation zwischen den Werten von Zeile 3.1.1 und Zeile 3.2.1 ist erlaubt.						
3.1.1	u	(mm)	35	50	65 2)	75 2)	90 2)
3.1.2	zugehöriges b_{min}	(mm)	80	120	150	200	240
3.2.1	u	(mm)	20	35	45	55 2)	70 2)
3.2.2	zugehöriges b	(mm)	$\geqq 200$	$\geqq 300$	$\geqq 400$	$\geqq 500$	$\geqq 600$
4	Mindestdicke b (mm) von Zuggliedern mit Bekleidungen aus						
4.1	Putzen nach Abschnitt 5.4.1 bis Abschnitt 5.4.3		b nach Zeile 1, Abminderungen nach Tabelle 1 sind möglich, b_{min} jedoch nicht kleiner als 80 mm.				
4.2	Platten oder Vorsatzschalen		b_{min} = 80 mm. Nachweis der Eignung durch Prüfung.				
5	Mindestachsabstand u bei Zuggliedern mit Bekleidungen aus						
5.1	Putzen nach Abschnitt 5.4.1 bis Abschnitt 5.4.3		u nach Zeile 3, Abminderungen nach Tabelle 1 sind möglich, u_{min} jedoch nicht kleiner als für F 30.				
5.2	Platten oder Vorsatzschalen		u_{min} = 10 mm. Nachweis der Eignung durch Prüfung.				
6	Mindestbekleidungsdicke freiliegender Anschlüsse aus Stahl		Nachweis der Eignung durch Prüfung				

1) Bei Betonfeuchtigkeitsgehalten $>$ 4 Gew.-% muß die Mindestdicke b wenigstens 120 mm betragen.
2) Bei einer Betondeckung $>$ 40 mm ist eine Zusatzbewehrung nach Abschnitt 5.2.2 erforderlich.

Tabelle 48. **Mindestabmessungen von Zuggliedern aus Holz**

Zeile	Konstruktionsmerkmale Maße in mm	Feuerwiderstandsklasse-Benennung F 30-B	F 60-B
1	Allseitige Vergrößerung *d* der statisch erforderlichen Querschnittsabmessungen unbekleideter Zugglieder bei Verwendung von brettschichtverleimtem Holz oder Vollholz	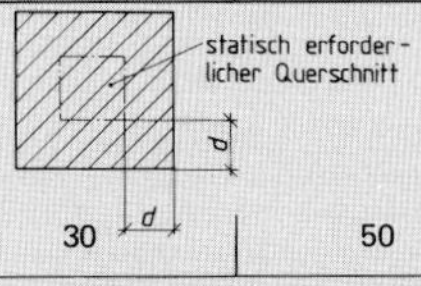	
	d (mm)	30	50
2	Allseitige Vergrößerung *d* der statisch erforderlichen Querschnittsabmessungen von Zuggliedern aus Brettschicht- oder Vollholz bei einer Bekleidung aus Gipskartonbauplatten F (GKF) DIN 18 180 mit geschlossener Fläche		
2.1	in Ausführung ① – ②	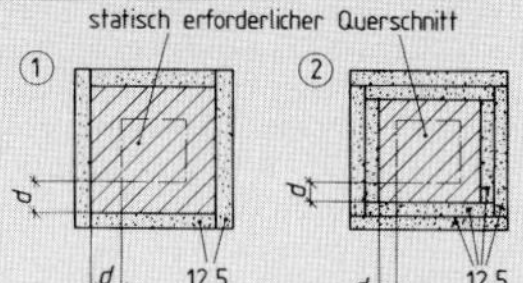	
	d (mm)	15	20
2.2	in Ausführung ③ – ④	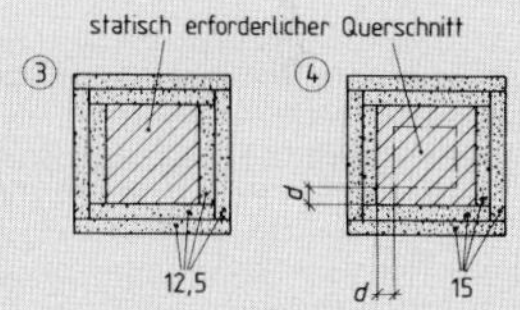	
	d (mm)	0	15

Tabellenwerte entsprechend der Abschnitte 5.2.3 bis 5.2.4 zu korrigieren.

4. Bei Verwendung von besonderem Zuschlag dürfen Abminderungen nach Abschnitt 5.2.1 in Ansatz gebracht werden; dabei dürfen die Werte für F 30 jedoch nicht unterschritten werden.

5. Freiliegende Anschlüsse aus Stahl sind allseitig zu bekleiden. Die Bekleidung ist auf der Grundlage von Prüfungen nach DIN 4102 Teil 2 zu bemessen.

7.6.3 Zugglieder aus Stahl

Die Eignung von Zuggliedern aus Stahl einschließlich ihrer Anschlüsse ist stets durch Prüfungen nach DIN 4102 Teil 2 nachzuweisen.

Werden Zugglieder vertikal wie Stützen angeordnet, muß die Bekleidungsdicke **auch** den Forderungen von Abschnitt 7.7.2 genügen.

7.6.4 Zugglieder aus Holz

Zugglieder aus Holz müssen die in Tabelle 48 angegebenen Mindestabmessungen besitzen. Hierbei sind die folgenden Bedingungen zu beachten:

1. Die Mindestabmessungen gelten bei Bemessung nach DIN 1052 Teil 1 nur für Zugglieder außerhalb von Anschlußbereichen; Anschlüsse sind nach den Angaben von Abschnitt 7.5 zu bemessen.

2. Bei einer Bekleidung aus Gipskartonbauplatten F (GKF) DIN 18 180 mit geschlossener Fläche muß die Befestigung und die Verspachtelung der Fugen nach DIN 18 181 erfolgen. Bei mehrlagiger Bekleidung müssen die Fugen ≧ 400 mm versetzt werden; jede Beplankung ist einzeln zu befestigen und zu verspachteln.

7.7 Feuerwiderstandsklassen von Stützen mit und ohne Konsolen

7.7.1 Stahlbetonstützen[5])

Stahlbetonstützen müssen die in Tabelle 49 angegebenen Mindestabmessungen besitzen. Hierbei sind die folgenden Bedingungen zu beachten:

1. Eine einseitige Brandbeanspruchung liegt vor, wenn die Stützen in ganzer Höhe in raumabschließende Wände aus

5) Die bisher gefundenen Bemessungsgrundsätze resultieren aus Versuchen an teilweise bis voll eingespannten Stützen mit konstanter Länge l = 3,60 m (beflammte Länge 3,00 m). Bei Stahlstützen erfolgten die Bemessung und Lagerung nach dem 3. Euler-Fall. Bei Stahlbetonstützen erfolgte die Bemessung in der Regel nach dem 2. Euler-Fall, die Lagerung jedoch in erster Annäherung nach dem 3. Euler-Fall. Die Belastung erfolgte jeweils mittig; die Stützen erfuhren keine Dehnungsbehinderung. Die Versuchsergebnisse und die bisher empfohlenen Bemessungsregeln sind daher nur beschränkt aussagefähig.
An der Erfassung der Parameter Längskraft, Längskraft mit Biegung (Ausmittigkeit), Lagerung, Knicklänge, Schlankheit und Dehnungsbehinderung wird z. Z. gearbeitet. Entsprechend dem Stand der Erkenntnisse ist mit einer vollständigen Überarbeitung der Abschnitte 7.7.1 und 7.7.2 zu rechnen.
Solange keine gesicherten, allgemein gültigen Versuchsergebnisse vorliegen, dürfen Stützen bis auf weiteres nach den abgedruckten Bemessungsregeln bemessen werden.

Beton oder Mauerwerk nach den Abschnitten 7.1.2 bis 7.1.4 so eingebaut werden, daß die raumseitige Oberfläche der Stützen bündig mit der raumseitigen Wandoberfläche verläuft. Schließen die Stützen nicht bündig mit der Wand ab, so muß jeweils der in der Wand eingebettete Stützenteil die Belastung allein aufnehmen, oder die Stützen sind nach Zeile 1 von Tabelle 49 zu bemessen. Wandöffnungen müssen mindestens um das in Zeile 2.1 angegebene Maß von Stützen entfernt sein.

2. Die Mindestdicke d ist bei Stützen mit Rechteckquerschnitt die Länge der kleinsten Seite, bei Stützen mit Kreisquerschnitt der Durchmesser. Liegen andere Formen vor, so sind die minimal zulässigen Rechteck- bzw. Kreisquerschnitte in die zu beurteilenden Querschnitte so zu projizieren, daß die Minimalforderungen noch erfüllt werden; andernfalls ist ein Nachweis der Eignung durch Prüfungen nach DIN 4102 zu erbringen.

3. Werden Stützen an Dehnfugen errichtet, so darf die Mindestdicke d gemäß Bild 28 auf zwei aneinander grenzende Stützen bezogen werden, wenn

a) die Sollfugenbreite ohne Dichtung $a \leqq 15$ mm ist oder

b) die Fugen durch eine Dämmschicht nach Abschnitt 5.4.6 mit einer Rohdichte $\geqq 50$ kg/m³ so geschlossen werden, daß der Gesamtquerschnitt erwärmungstechnisch als Einheit betrachtet werden kann. Die Dämmschicht muß wenigstens 100 mm tief in die Fugen hineinreichen und z. B. durch Anleimen mit einem feuerfesten Kleber gegen Herausfallen gesichert sein. Die Fugen dürfen darüber hinaus mit Abdeckleisten aus Aluminium oder Holz bekleidet werden; auch die Verwendung von Stahl ist zulässig, wenn die erforderliche Dehnfugenbreite dadurch nicht eingeengt wird.

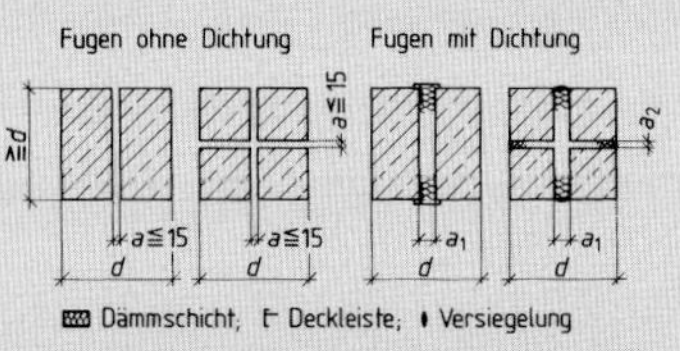

Bild 28. Stützen und Fugenausbildungen im Bereich von Dehnfugen (Maße in mm)

c) Die Tabellenwerte u beziehen sich auf die Längsbewehrung mit T_{krit} = 500 °C. Werden Stähle oder Ausnutzungsgrade mit einem anderen T_{krit}-Wert verwendet, so sind die Tabellenwerte entsprechend den Abschnitten 5.2.3 bis 5.2.4 zu korrigieren.

d) Bei Verwendung von besonderem Zuschlag dürfen Abminderungen nach Abschnitt 5.2.1 in Ansatz gebracht werden; dabei dürfen die Werte für F 30 jedoch nicht unterschritten werden.

e) Brandschutztechnisch notwendige Putzbekleidungen müssen eine Bewehrung aus Drahtgeflecht nach DIN 1200 mit 10 bis 16 mm Maschenweite besitzen, die in der äußeren Hälfte der Putzschicht anzuordnen ist. Das Drahtgeflecht muß die Stütze voll umschließen. Quer- und Längsstöße sind sorgfältig zu verrödeln; die Längsstöße sind gegeneinander zu versetzen.

f) Werden an den Stützen Konsolen angebracht, müssen die Konsolabmessungen wenigstens den Angaben von Tabelle 50 entsprechen. Werden Stahlbetonbauteile auf den Konsolen so aufgelagert, daß die Konsolenoberseite voll abgedeckt ist, braucht die Betondeckung der Konsolenbewehrung zur Oberseite nur die nach DIN 1045 vorgeschriebenen Maße zu besitzen. Eine Fuge mit einer Sollbreite $a \leqq 30$ mm gemäß Bild 23 darf dabei unberücksichtigt bleiben.

7.7.2 Stahlstützen[5])

7.7.2.1 Allgemeines

Die folgenden Ausführungen gelten für auf Druck beanspruchte Stahlstützen der Güte St 37 oder St 52 bis zu einem Verhältniswert U/F = 300 m^{-1} gemäß Abschnitt 5.3. Für die Ausführung und Bekleidung gelten folgende Bedingungen:

1. Bekleidungen von Stahlstützen müssen allseitig von Oberkante Fußboden – bei Fußböden der Baustoffklasse B von Oberkante Rohdecke – bis Unterkante Rohdecke angeordnet werden. Stützenbereiche oberhalb von Unterdecken müssen ebenfalls bekleidet sein, auch wenn die Unterdecken eine bestimmte Feuerwiderstandsdauer aufweisen.

2. Um Beschädigungen der Bekleidungen infolge Stoßbeanspruchung zu vermeiden, wird empfohlen, Stützen aus offenem Profilstahl in jedem Stockwerk $\geqq$ 1,50 m über Oberfläche Fußboden gegen Stoßbeanspruchung zu schützen, z. B. durch Mörtel-, Mauerwerk- oder Beton-Ausfüllungen oder Blechbekleidungen.

3. Stützen aus Stahl mit geschlossenem Querschnitt mit Beton- oder Mörtelfüllung müssen im Abstand von höchstens 5 m sowie am Kopf und Fuß der Stütze jeweils mindestens zwei gegenüberliegende Löcher mit zusammen mindestens 6 cm² Öffnungsquerschnitt besitzen. Die Bekleidung muß an diesen Stellen gleichgroße Öffnungen aufweisen.

4. Soweit Konsolen angeordnet werden, müssen diese ebenfalls bekleidet werden.

7.7.2.2 Stahlstützen mit Bekleidungen aus Beton, Mauerwerk oder Wandbauplatten

Stahlstützen mit Bekleidungen aus Beton, Mauerwerk oder Wandbauplatten müssen für alle Werte $U/F \leqq 300$ m^{-1} die in Tabelle 51 angegebenen Mindestbekleidungsdicken besitzen. Hierbei sind die folgenden Bedingungen zu beachten:

1. Bekleidungen aus Beton müssen konstruktiv bewehrt und nach Abschnitt 5.2 ausgebildet sein; Abminderungen nach Abschnitt 5.2.1 sind jedoch nicht erlaubt. Die Bekleidungen dürfen unmittelbar am Stahl anliegen. Sofern vorgefertigte Bekleidungsteile verwendet werden, ist die Eignung der Fugen, Anschlüsse und Verbindungsmittel durch Prüfungen nach DIN 4102 Teil 2 nachzuweisen.

2. Bekleidungen aus Mauerwerk oder Platten müssen entsprechend DIN 1053 Teil 1 bzw. DIN 4103 Teil 1 im Verband errichtet werden; Lochungen von Ziegeln oder Steinen dürfen dabei nicht senkrecht zur Stützenlängsachse verlaufen. Die Bekleidungen sind durch eingelegte Stahlbügel mit einem Durchmesser $\geqq$ 5 mm wenigstens

[5]) Siehe Seite 69

Entwurf DIN 4102 Teil 4 Seite 71

Tabelle 49. **Mindestabmessungen von mittig belasteten Stahlbetonstützen aus Normalbeton**

Zeile	Konstruktionsmerkmale		Feuerwiderstandsklasse-Benennung F 30-A	F 60-A	F 90-A	F 120-A	F 180-A
1	Mindestabmessungen unbekleideter Stützen bei mehrseitiger Brandbeanspruchung 1)						
1.1.1	Achsabstand u	(mm)	10	30	45	55 2)	70 2)
1.1.2	Zugehöriges $d = d_{min}$	(mm)	150	200	240	300	400
1.2.1	Achsabstand u	(mm)	10	25	35	45	60 2)
1.2.2	Zugehöriges d	(mm)	150	240	300	400	500
2	Mindestabmessungen unbekleideter Stützen bei einseitiger Brandbeanspruchung						
2.1	Mindestdicke d	(mm)	100	120	140	160	200
2.2	Mindestachsabstand u der Längsbewehrung	(mm)	entsprechend Zeile 1.2.1				
3	Mindestabmessungen bekleideter Stützen nach Zeile 1 bis Zeile 2 mit Bekleidungen aus						
3.1	Putzen nach Abschnitt 5.4.1 bis Abschnitt 5.4.3		d je nach Brandbeanspruchung nach Zeile 1 oder Zeile 2, Abminderungen nach Tabelle 1 sind möglich; u nach Zeile 1.2.1.				
3.2	Platten oder Vorsatzschalen nach Abschnitt 1.6.5		b_{min} = 150 gemäß Zeile 1 oder b_{min} = 100 gemäß Zeile 2; u nach Zeile 1.2.1. Nachweis der Eignung der Bekleidung durch Prüfung				

1) Zwischen den Werten von Zeile 1.1.1 und Zeile 1.2.1 darf in Abhängigkeit von d geradlinig interpoliert werden.
2) Bei einer Betondeckung > 40 mm ist eine Zusatzbewehrung nach Abschnitt 5.2.2 erforderlich.

Tabelle 50. **Mindestabmessungen von Stahlbetonkonsolen**

Zeile	Konstruktionsmerkmale		Feuerwiderstandsklasse-Benennung F 30-A	F 60-A	F 90-A	F 120-A	F 180-A
1	Mindestbreite b	(mm)	110	120	170	240	320
2	Mindesthöhe am Anschnitt zur Stütze	(mm)	110	120	170	240	320
3	Mindestquerschnittsfläche am Anschnitt zur Stütze		b_{min}^2; b_{min} siehe Zeile 1				
4	Mindestachsabstand u (mm) der Bügel in Abhängigkeit von der Konsolenbreite b (mm)						
4.1.1	u 1)		25	40	55 2)	65 2)	80 2)
4.1.2	zugehöriges b_{min}		110	120	170	240	320
4.2.1	u 1)		10	25	35	45	60 2)
4.2.2	zugehöriges b		≧200	≧300	≧400	≧500	≧600

1) Zwischen den Werten der Zeilen 4.1.1 und 4.2.1 darf in Abhängigkeit von b geradlinig interpoliert werden.
2) Bei einer Betondeckung > 40 mm ist eine Zusatzbewehrung nach Abschnitt 5.2.2 erforderlich.

Seite 72 Entwurf DIN 4102 Teil 4

Tabelle 51. **Mindestbekleidungsdicke d (mm) bekleideter Stahlstützen**

Die ()-Werte gelten für Stützen aus Hohlprofilen, die voll ausbetoniert und für Stützen mit offenen Profilen, bei denen die Flächen zwischen den Flanschen voll ausbetoniert, vermörtelt oder ausgemauert sind.

Zeile	Bekleidung aus	Mindestbekleidungsdicke d (mm) für die Feuerwiderstandsklasse-Benennung				
		F 30-A	F 60-A	F 90-A	F 120-A	F 180-A
1	Stahlbeton nach DIN 1045 oder Gasbeton nach DIN 4223	50 (30)	50 (30)	50 (40)	60 (50)	75 (60)
2	Mauerwerk oder Wandbauplatten nach DIN 1053 Teil 1 bzw. DIN 4103 Teil 1 unter Verwendung von					
2.1	Gasbeton-Blocksteinen oder -Bauplatten nach DIN 4165 bis DIN 4166 oder Hohlblocksteinen, Vollsteinen bzw. Wandbauplatten aus Leichtbeton nach DIN 18 151, DIN 18 152 und DIN 18 162	50 (50)	50 (50)	50 (50)	50 (50)	75 (50)
2.2	Mauerziegeln nach DIN 105 (Langlochziegel ausgenommen) oder Kalksandsteinen nach DIN 106 oder Hüttensteinen nach DIN 398	52 (52)	52 (52)	71 (52)	71 (71)	115 (71)
2.3	Wandbauplatten aus Gips nach DIN 18 163 Teil 1	60 (60)	60 (60)	80 (60)	100 (80)	120 (100)

in Abständen von 250 mm in der Ummantelungsmitte zu bewehren. Diese Bewehrung ist nicht notwendig, wenn die Stützen in ganzer Höhe in raumabschließende Wände nach Abschnitt 7.1.4 eingebaut werden und die an den Stützen vorbeigeführten Wandteile mit der nach Tabelle 51 angegebenen Mindestdicke durch Verband mit den angrenzenden Wandteilen verbunden sind.

7.7.2.3 Stahlstützen mit Bekleidungen aus Putz auf nichtbrennbarem Putzträger

Stahlstützen mit Bekleidungen aus Putz auf nichtbrennbarem Putzträger müssen in Abhängigkeit von U/F die in Tabelle 52 angegebenen Mindestbekleidungsdicken besitzen. Dabei muß die Anordnung und Befestigung von Putzträgern (Kantenschutzschienen und Drahtgewebe) nach den Angaben von Bild 29 erfolgen. Putzträger und Drahtgewebe sind durch Verrödeln sorgfältig zu befestigen; Längs- und Querstöße sind zu verknüpfen und versetzt anzuordnen.

7.7.2.4 Stahlstützen mit Bekleidungen aus Gipskartonbauplatten nach DIN 18 180 mit geschlossener Fläche

Stahlstützen mit Bekleidungen aus Gipskartonbauplatten nach DIN 18 180 mit geschlossener Fläche müssen für alle Werte $U/F \leqq 300\ m^{-1}$ die in Tabelle 53 angegebenen Mindestbekleidungsdicken besitzen.

Die Anordnung der Gipskartonbauplatten kann auf einer Unterkonstruktion aus Stahlblechschienen mit einem Abstand $\leqq$ 400 mm bei Befestigung nach DIN 18 181 erfolgen. Alle Fugen sind zu versetzen, einzeln zu verspachteln, und jede Beplankung ist durch Schrauben an der Unterkonstruktion zu befestigen.

Die Anordnung der Gipskartonbauplatten kann auch durch direktes Ansetzen an die Stützen erfolgen. Dabei müssen alle Beplankungen – bei mehrlagiger Ausführung jede Lage – durch Stahlbänder oder Rödeldrähte im Abstand $\leqq$ 400 mm gehalten werden. Bei mehrlagigen

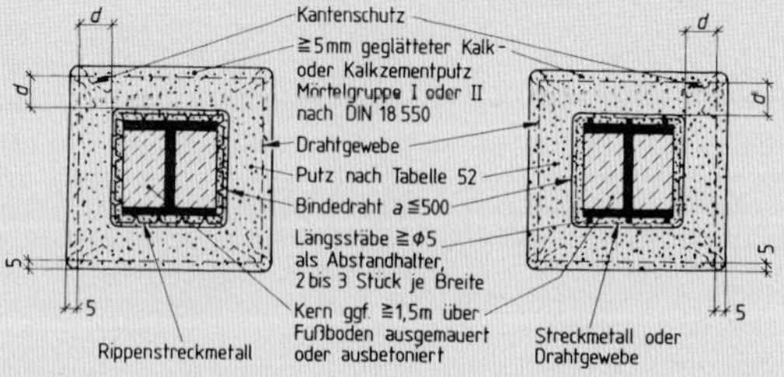

Bild 29. Stahlstützen mit Bekleidungen aus Putz auf nichtbrennbarem Putzträger (Maße in mm)

Tabelle 52. **Mindestputzdicke d (mm) über Putzträger bekleideter Stahlstützen gemäß Bild 29**
(Bei den angegebenen Feuerwiderstandsklassen lauten die Benennungen nach DIN 4102 Teil 2 jeweils F 30-A bis F 180-A)

U/F gemäß Abschnitt 5.3	Mindestputzdicke d (mm) über Putzträger bei Verwendung von														
	Mörtelgruppe II oder IV c DIN 18 550					Mörtelgruppe IV a bis b DIN 18 550					Putz nach Abschnitt 5.4.3				
	F 30	F 60	F 90	F 120	F 180	F 30	F 60	F 90	F 120	F 180	F 30	F 60	F 90	F 120	F 180
< 60	15	25	45	45	65	10	10	35	35	45	10	10	35	35	45
60 – 69	15	25	45	45	65	10	10	35	35	45	10	10	35	35	45
70 – 79	15	25	45	45	65	10	10	35	35	45	10	10	35	35	45
80 – 89	15	25	45	45	65	10	10	35	35	45	10	10	35	35	45
90 – 99	15	25	45	55	65	10	20	35	45	60	10	20	35	45	55
100 – 109	15	25	45	55	65	10	20	35	45	60	10	20	35	45	55
110 – 119	15	25	45	55	65	10	20	35	45	60	10	20	35	45	55
120 – 139	15	25	55	55	65	10	20	45	45	60	10	20	35	45	55
140 – 159	15	25	55	55	65	10	20	45	45	60	10	20	35	45	55
160 – 179	15	25	55	55	65	10	20	45	45	60	10	20	35	45	55
180 – 199	15	25	55	55	65	10	20	45	60	60	10	20	45	45	55
200 – 219	15	25	55	55	65	10	20	45	60	60	10	20	45	45	55
220 – 239	15	25	55	55	65	10	20	45	60	60	10	20	45	45	55
240 – 300	15	25	55	55	65	10	20	45	60	60	10	20	45	45	55

Tabelle 53. **Mindestbekleidungsdicke d (mm) von Stahlstützen mit einer Bekleidung aus Gipskartonbauplatten nach DIN 18 180 mit geschlossener Fläche**

Zeile	Konstruktionsmerkmale	Feuerwiderstandsklasse-Benennung 1)				
		F 30-AB	F 60-AB	F 90-AB	F 120-AB	F 180-AB
1	Mindestbekleidungsdicke d (mm) bei Verwendung von Gipskartonbauplatten					
1.1	B (GKB) DIN 18 180	18	–	–	–	–
1.2	F (GKF) DIN 18 180	12,5	18	3 X 15	4 X 15	5 X 15

1) Sofern ein gültiger Prüfbescheid vorliegt, aus dem hervorgeht, daß die Gipskartonbauplatten der Baustoffklasse A angehören, sind die Konstruktionen in die Benennungen F 30-A, F 60-A, F 90-A, F 120-A und F 180-A einzustufen.

Beplankungen darf die raumseitige Lage jeweils auch durch Schrauben, Nägel oder Klammernägel an der darunter befindlichen Lage befestigt werden. Alle Fugen sind zu versetzen und einzeln zu verspachteln.

Zum Schutz der Ecken sind bei beiden Befestigungsarten Eckschutzschienen anzubringen und einzuspachteln.

7.7.3 Holzstützen

7.7.3.1 Geltungsbereich

Die folgenden Ausführungen gelten für mittig auf Druck beanspruchte Holzstützen mindestens der Güteklasse II nach DIN 4074 Teil 1.

Ausmittig beanspruchte Holzstützen sind zunächst 6) wie mittig beanspruchte Stützen zu bemessen. Überwiegend auf Biegung beanspruchte Stäbe, bei denen der Längskraftanteil im Verhältnis klein ist, sind nach Abschnitt 7.4.7 zu bemessen. Wegen der Bemessung von Kippsteifen siehe Abschnitt 7.7.3.3.

Die Eignung nichtrechteckiger sowie zusammengesetzter Stützen, soweit sie im folgenden nicht behandelt werden, ist durch Prüfungen nach DIN 4102 Teil 2 nachzuweisen.

7.7.3.2 Mindestabmessungen von unbekleideten brettschichtverleimten Holzstützen mit Rechteckquerschnitt

Brettschichtverleimte Holzstützen mit Rechteckquerschnitt, die an beiden Enden gelenkig gelagert und dementsprechend nach dem 2. Euler-Fall bemessen werden, müssen die in Tabelle 54 angegebenen Mindestabmessungen besitzen. Brettschichtverleimte Holzstützen mit

6) Es ist geplant, Untersuchungen an Stützen mit Längskraft und Biegung durchzuführen, siehe auch Fußnote 5). Eine Überarbeitung oder Ergänzung von Abschnitt 7.7.3 wird daher – dem Stand der Erkenntnisse folgend – vorgenommen.

Seite 74 Entwurf DIN 4102 Teil 4

Rechteckquerschnitt, die nach dem 2. Euler-Fall bemessen werden und in der Praxis an beiden Enden jeweils mit ihrer ganzen Querschnittsfläche kraftschlüssig mit der anschließenden Konstruktion (z. B. Fundament und Decke) verbunden sind, dürfen auch nach den Angaben von Tabelle 55 bemessen werden.

Brandschutztechnisch dürfen unter den vorstehenden Voraussetzungen brettschichtverleimte Holzstützen mit Rechteckquerschnitt auch aus Einzelquerschnitten zusammengesetzt werden, wenn die Einzelteile durch Nagel-Preßleimung miteinander verbunden werden.

Brettschichtverleimte Holzstützen mit Rechteckquerschnitt, die nach dem 3. oder 4. Euler-Fall bemessen und gelagert werden, müssen die in Tabelle 55 angegebenen Mindestabmessungen besitzen.

7.7.3.3 Mindestabmessungen von Druckstäben in Kippverbänden

Druckstäbe von Kippverbänden, die nur zur Kippaussteifung dienen und selbst – abgesehen vom Eigengewicht – nicht auf Biegung beansprucht werden, sind wie Stützen nach Abschnitt 7.7.3.2 unter Verwendung der Mindest-

Tabelle 54. **Mindestabmessungen von unbekleideten, brettschichtverleimten Holzstützen mit Rechteckquerschnitt bei mittiger Druckbelastung und einer Lagerung entsprechend Euler-Fall 2 (s_k = 1,0 s)**

Zeile	Konstruktionsmerkmale	Mindestdicke d (mm) für die Feuerwiderstandsklasse-Benennung F 30-B	F 60-B
1	Stützen mit einem Seitenverhältnis b/d = 1 bei einer Druckspannung		
1.1	$\sigma \geqq 11$ N/mm² bei einer Stablänge		
1.1.1	$s \leqq 2,0$ m	160	240
1.1.2	s = 7,0 m	200	340
1.2	σ = 8,5 N/mm² bei einer Stablänge		
1.2.1	$s \leqq 2,0$ m	145	215
1.2.2	s = 7,0 m	175	295
1.3	$\sigma \leqq 5$ N/mm² bei einer Stablänge		
1.3.1	$s \leqq 2,0$ m	120	180
1.3.2	s = 7,0 m	140	230
2	Stützen mit einem Seitenverhältnis $b/d \geqq 2$ bei einer Druckspannung		
2.1	$\sigma \geqq 11$ N/mm² bei einer Stablänge		
2.1.1	$s \leqq 2,0$ m	140	220
2.1.2	s = 7,0 m	180	310
2.2	σ = 8,5 N/mm² bei einer Stablänge		
2.2.1	$s \leqq 2,0$ m	130	200
2.2.2	s = 7,0 m	160	270
2.3	$\sigma \leqq 5$ N/mm² bei einer Stablänge		
2.3.1	$s \leqq 2,0$ m	120	170
2.3.2	s = 7,0 m	130	210

Tabelle 55. **Mindestabmessungen von unbekleideten, brettschichtverleimten Holzstützen mit Rechteckquerschnitt bei mittiger Druckbelastung und einer Lagerung entsprechend Euler-Fall 3 (s_k = 0,7 s) oder Euler-Fall 4 (s_k = 0,5 s)**

Zeile	Konstruktionsmerkmale	Mindestdicke d (mm) für die Feuerwiderstandsklasse-Benennung F 30-B	F 60-B
1	Stützen mit einem Seitenverhältnis b/d = 1 bei einer Druckspannung		
1.1	$\sigma \geqq 11$ N/mm² bei einer Stablänge		
1.1.1	$s \leqq 2,0$ m	150	230
1.1.2	s = 7,0 m	170	280
1.2	σ = 8,5 N/mm² bei einer Stablänge		
1.2.1	$s \leqq 2,0$ m	140	210
1.2.2	s = 7,0 m	155	250
1.3	$\sigma \leqq 5$ N/mm² bei einer Stablänge		
1.3.1	$s \leqq 2,0$ m	120	180
1.3.2	s = 7,0 m	130	210
2	Stützen mit einem Seitenverhältnis $b/d \geqq 2$ bei einer Druckspannung		
2.1	$\sigma \geqq 11$ N/mm² bei einer Stablänge		
2.1.1	$s \leqq 2,0$ m	140	210
2.1.2	s = 7,0 m	160	260
2.2	σ = 8,5 N/mm² bei einer Stablänge		
2.2.1	$s \leqq 2,0$ m	130	195
2.2.2	s = 7,0 m	145	230
2.3	$\sigma \leqq 5$ N/mm² bei einer Stablänge		
2.3.1	$s \leqq 2,0$ m	115	170
2.3.2	s = 7,0 m	120	190

Tabelle 56. **Mindestdicke d (mm) von unbekleideten Stützen aus Vollholz mit Rechteckquerschnitt mit einer Stablänge $s \leqq 4{,}0$ m bei mittiger Druckbelastung**

Zeile	Konstruktionsmerkmale	Mindestdicke d (mm) für die Feuerwiderstandsklasse-Benennung F 30-B
1	Stützen mit einer Druckspannung $\sigma \geqq 11$ N/mm²	240
2	Stützen mit einer Druckspannung $\sigma =$ 8,5 N/mm²	220
3	Stützen mit einer Druckspannung $\sigma \leqq 5$ N/mm²	200

werte von Tabelle 54 oder wie Stützen nach den Abschnitten 7.7.3.4 bis 7.7.3.6 zu bemessen.

Bleiben bei der Bemessung nach Tabelle 54 die Spannungen $\leqq$ 2,5 N/mm², dann darf bei Verwendung wenigstens der in den Zeilen 1.3 und 2.3 angegebenen Abmessungen anstelle von brettschichtverleimten Hölzern auch Vollholz verwendet werden.

Auf Biegung beanspruchte Balken – z. B. Pfetten –, die gleichzeitig Kippkräfte aufnehmen, sind dagegen wie Balken nach Abschnitt 7.4.7 zu bemessen.

7.7.3.4 Mindestabmessungen von unbekleideten Stützen aus Vollholz mit Rechteckquerschnitt

Stützen aus Vollholz mit Rechteckquerschnitt müssen unabhängig von ihrer Lagerung nach dem 2. Euler-Fall bemessen werden, eine Stablänge $s \leqq 4{,}0$ m und die in Tabelle 56 angegebenen Mindestabmessungen besitzen. Zwischen den Werten der Tabelle darf geradlinig interpoliert werden.

Stützen mit einer Stablänge $> 4{,}0$ m und Stützen der Feuerwiderstandsklasse F 60 dürfen nur mit brandschutztechnisch wirksamen Bekleidungen nach Abschnitt 7.7.3.6 ausgeführt werden.

7.7.3.5 Mindestabmessungen von unbekleideten brettschichtverleimten Holzstützen mit nichtrechteckigem Querschnitt (zusammengesetzte Stützen)

Brettschichtverleimte Holzstützen mit nichtrechteckigem Querschnitt müssen unabhängig von ihrer Lagerung nach dem 2. Euler-Fall bemessen werden und die in Tabelle 57 angegebenen Mindestabmessungen aufweisen. Die Stützen müssen darüber hinaus eine Stablänge $s \leqq 3{,}0$ m besitzen und in der Praxis an beiden Enden jeweils mit ihrer ganzen Querschnittsfläche kraftschlüssig mit der anschließenden Konstruktion (z. B. Fundament und Decke) verbunden sein. Zwischen den Werten der Tabelle darf geradlinig interpoliert werden.

Die Feuerwiderstandsklasse kann auch nach den Angaben der Tabellen 54 und 55 für ein in den Querschnitt eingeschriebenes Rechteck nachgewiesen werden, wenn der statische Nachweis ebenfalls für das eingeschriebene Rechteck geführt wird.

Tabelle 57. **Mindestabmessungen von unbekleideten, brettschichtverleimten Holzstützen mit nichtrechteckigem Querschnitt mit einer Stablänge $s \leqq 3{,}0$ m bei mittiger Druckbelastung**

Zeile	Konstruktionsmerkmale Maße in mm	Feuerwiderstandsklasse-Benennung F 30-B	 F 60-B
1	Mindestdicke d (mm) von Stützen mit Kreuzquerschnitt bei einer Druckspannung	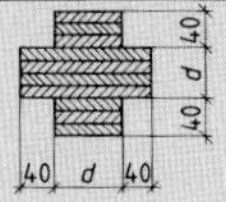	
1.1	$\sigma \geqq 11$ N/mm²	120	180
1.2	$\sigma =$ 8,5 N/mm²	100	160
1.3	$\sigma \leqq 5$ N/mm²	70	140
2	Mindestabmessungen (mm) von Stützen mit I-Querschnitt [1]) bei einer Druckspannung	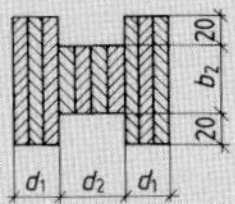	
2.1	$\sigma \geqq 11$ N/mm²		
2.1.1	d_1	100	140
2.1.2	d_2	120	200
2.1.3	b_2	120	200
2.2	$\sigma =$ 8,5 N/mm²		
2.2.1	d_1	90	130
2.2.2	d_2	110	180
2.2.3	b_2	110	180
2.3	$\sigma \leqq 5$ N/mm²		
2.3.1	d_1	80	120
2.3.2	d_2	100	150
2.3.3	b_2	100	150

[1]) Die Einzelquerscnitte d_1 (b_2 + 40) und d_2/b_2 dürfen auch durch Nagel-Preßleimung miteinander verbunden werden.

Stützen mit einer Stablänge > 3,0 m können auch mit brandschutztechnisch wirksamen Bekleidungen in Anlehnung an Abschnitt 7.7.3.6 ausgeführt werden.

7.7.3.6 Mindestabmessungen von bekleideten Holzstützen mit Rechteckquerschnitt

Bekleidete Holzstützen mit Rechteckquerschnitt müssen die in Tabelle 58 angegebenen Mindestabmessungen besitzen. Hinsichtlich der Bekleidungen gelten die Angaben von Abschnitt 7.4.7.3 sinngemäß.

7.8 Feuerwiderstandsklassen von Treppen

7.8.1 Nichtraumabschließende Treppen (Regelfall)

Trittstufen, gegebenenfalls Setzstufen, Wangenträger, Balken usw. von nichtraumabschließenden Treppen sind für eine mehrseitige Brandbeanspruchung nach den Angaben der Abschnitte 7.2 und 7.4 bis 7.7 zu bemessen.

7.8.2 Raumabschließende Treppen (Sonderfall)

Raumabschließende Treppen sind wie raumabschließende Decken für eine einseitige Brandbeanspruchung nach Abschnitt 7.2 zu bemessen.

8 Klassifizierte Sonderbauteile

8.1 Brandwände nach DIN 4102 Teil 3

8.1.1 Allgemeines

Brandwände müssen wie tragende Wände bemessen werden, wobei hinsichtlich verschiedener Konstruktionsdetails die Bestimmungen der Landesbauordnungen bzw. der dazugehörigen Durchführungsverordnungen zu beachten sind. Aussteifungen von Brandwänden – z. B. Querwände, Decken, Riegel, Stützen oder Rahmen – müssen wenigstens der Feuerwiderstandsklasse F 90 angehören.

8.1.2 Mindestdicke, Anschlüsse, Bekleidungen

Brandwände müssen die in Tabelle 59 angegebenen Mindestdicken besitzen. Hierbei sind die folgenden Bedingungen zu beachten:

1. Bei Brandwänden aus Beton nach DIN 1045 oder aus Leichtbeton nach DIN 4232 oder aus bewehrtem Gasbeton nach DIN 4223 darf das Verhältnis von Wandhöhe zu unbekleideter Wanddicke nicht größer als $h_k/d = 20$ sein. Bei liegend angeordneten Wandplatten ist h_k auf die Stützweite der Platten zu beziehen.
Bei Brandwänden aus Mauerwerk nach DIN 1053 Teil 1 ist die Ersatzschlankheit zu verwenden. Bei Brandwänden aus Ziegelfertigbauteilen nach DIN 1053 Teil 4 ist anstelle h_k/d s_k/d_i einzusetzen.

2. Bei ausmittiger Belastung muß die Resultierende im Querschnittskern bleiben.

3. Anschlüsse an angrenzende Bauteile der Feuerwiderstandsklasse ≧ F 90 müssen vollfugig mit Mörtel der Mörtelgruppe II, IIa oder III nach DIN 1053 Teil 1 oder mit Beton nach DIN 1045 ausgeführt werden.

4. Bei Verwendung von Fertigteilen in Form von liegend angeordneten Wandplatten aus Stahlbeton nach DIN 1045 oder aus Gasbeton nach DIN 4223 müssen die Anschlüsse an angrenzende Stahlbetonstützen oder -wandscheiben entsprechend den Angaben von Bild 30 ausgeführt werden. Die kleinste Seite der Stützen muß $d \geqq 240$ mm sein. Bei Verwendung von Stahlbetonplatten darf der Anschluß an Stützen oder Wandscheiben auch durch Anschweißen von Stahllaschen ⌶ ≧ 5 x 20 erfolgen, die jeweils im Querschnittsinnern der Wandplatten mit einer Länge $l \geqq 400$ mm im Bereich zwischen der beidseitig verlegten Wandbewehrung zu verankern sind. Die Betonüberdeckung der Befestigungslaschen muß bei den Wandplatten und Stützen bzw. Wandscheiben allseitig ≧ 50 mm betragen.

Tabelle 58. **Mindestabmessungen von bekleideten Holzstützen mit Rechteckquerschnitt**

Zeile	Konstruktionsmerkmale	Feuerwiderstandsklasse-Benennung F 30-B	Feuerwiderstandsklasse-Benennung F 60-B
1	Mindestdicke d (mm) bekleideter Stützen aus Voll- oder Brettschichtholz	80	160
2	Mindestbekleidungsdicke d_1 (mm) bei einer Bekleidung aus Gipskartonbauplatten F (GKF) DIN 18 180 mit geschlossener Fläche	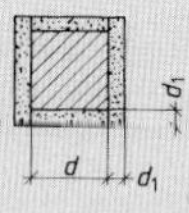 15	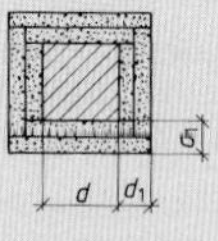 2 X 12,5
3	Mindestbekleidungsdicke d_1 (mm) bei einer Bekleidung aus Beton, Mauerwerk oder Wandbauplatten. Für die Ausführung der Bekleidung gilt Abschnitt 7.7.2.2 sinngemäß	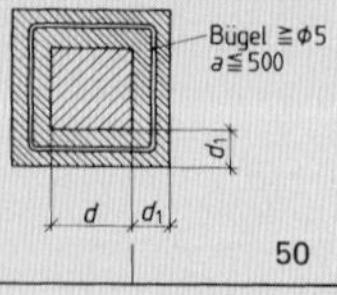 50	50

Entwurf DIN 4102 Teil 4 Seite 77

5. Anschlüsse von liegend angeordneten Wandplatten aus Stahlbeton nach DIN 1045 oder Gasbeton nach DIN 4223 an angrenzende Stahlstützen mit I-Querschnitt sind nach den Angaben von Bild 31 auszuführen. Dabei müssen die Wandplatten dicht an den Stahlstützen anliegen. Die Verankerungslaschen oder -schlaufen sind an den Stahlstützen anzuschweißen. Bei Verwendung von Stahlbetonplatten darf der Anschluß auch entsprechend den Angaben des vorstehenden Abschnitts über Stahllaschen erfolgen.

Die Stützen sind nach den Angaben der Abschnitte 7.7.2.2 oder 7.7.2.3 dreiseitig zu ummanteln. Darüber hinaus sind die Flächen zwischen den Flanschen stets auszumauern oder auszubetonieren, und die Bekleidungen sind durch Bügel ∅ ≧ 5 in Abständen $a \leqq 250$ nach den Angaben von Bild 31 zu sichern; dabei sind die Bügelenden am wandseitigen Stützenflansch anzuschweißen oder durch Umbiegen zwischen den Flanschen zu verankern.

6. Bei stehend angeordneten Wandplatten mit einer maximalen Wandspannung von $\sigma_R \leqq 0{,}3$ N/mm², die vor Riegeln oder Deckenscheiben angeordnet werden, müssen die Anschlüsse an den Riegeln oder Deckenscheiben sinngemäß wie in Bild 30 dargestellt ausgeführt werden.

Bei stehend angeordneten Wandplatten, die die Unterstützung (Auflager) von Decken bilden, müssen die Anschlüsse vollfugig nach den Angaben von Punkt 3 ausgeführt werden.

7. Die Fugen zwischen den vorstehend beschriebenen Wandplatten müssen den Angaben von Bild 32 entsprechen. Die Plattenbreite muß bei Stahlbetonplatten ≦ 1500 mm und bei Gasbetonplatten ≦ 750 mm betragen.

8. Die Bewehrung von Wandplatten aus Stahlbeton muß nach DIN 1045 ausgeführt werden. Der Achsabstand der Bewehrung muß wenigstens den Angaben von Tabelle 7 für die Feuerwiderstandsklasse F 90 entsprechen.

Die Bewehrung von Wandplatten aus Gasbeton muß DIN 4223 und darüber hinaus den Angaben von Bild 33 entsprechen. Der Achsabstand u der Bewehrung muß wenigstens den Angaben von Tabelle 8 für die Feuerwiderstandsklasse F 90 entsprechen.

9. Bekleidungen an Brandwänden dürfen unter Berücksichtigung der nach bauaufsichtlichen Vorschriften gegebenenfalls vorgeschriebenen Baustoffklassen angebracht, aber nicht zur Verminderung der Brandwanddicke nach Tabelle 59 in Ansatz gebracht werden.

10. Sofern nach bauaufsichtlichen Bestimmungen Öffnungen in Brandwänden gestattet werden, sind die Balken- bzw. Sturzbereiche über den Öffnungen nach den Angaben der Abschnitte 7.1.2 bis 7.1.4 für die Feuerwiderstandsklasse ≧ F 90 zu bemessen.

11. Hinsichtlich der Anordnung von Elt-Dosen, Kabeldurchführungen, Konsollasten und Einbauten wie Verglasungen und Feuerschutzabschlüssen gilt Abschnitt 7.1.1.

12. Die Eignung von Wänden mit Anschlüssen, Fugen, Bewehrungen usw., die nicht den vorstehenden Angaben entsprechen, ist für die Klassifizierung als Brandwand durch Prüfungen nach DIN 4102 Teil 3 nachzuweisen.

8.2 Nichttragende Außenwände nach DIN 4102 Teil 3

8.2.1 Raumabschließende, nichttragende Außenwände

Raumabschließende, nichttragende Außenwände sind wie nichttragende Wände nach Abschnitt 7.1 zu bemessen.

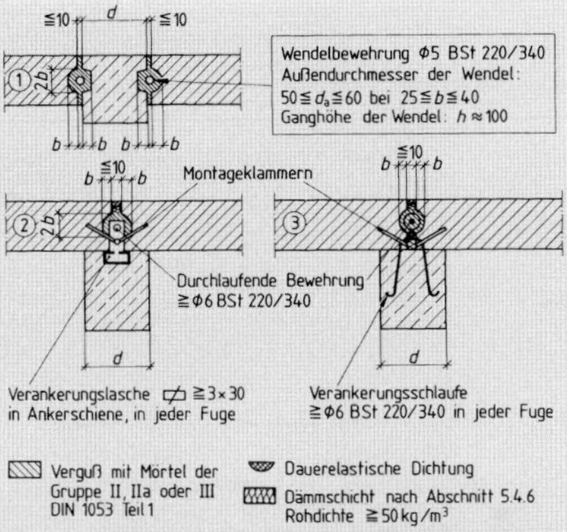

Bild 30. Anschlüsse von Wänden aus Fertigteilen in Form von liegend angeordneten Wandplatten aus Beton nach DIN 1045 oder aus Gasbeton nach DIN 4223 an angrenzende Stahlbetonstützen (Maße in mm)

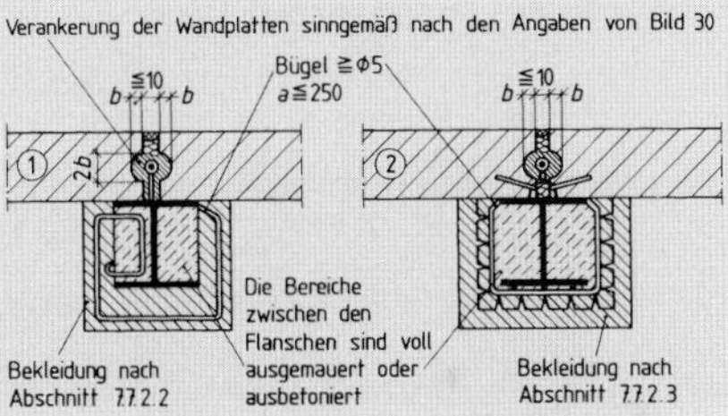

Bild 31. Anschlüsse von Wänden aus Fertigteilen in Form von liegend angeordneten Wandplatten aus Beton nach DIN 1045 oder Gasbeton nach DIN 4223 an angrenzende Stahlstützen mit I-Querschnitt (Maße in mm)

8.2.2 Brüstungen und Schürzen

Brüstungen, die auf einer Stahlbetonkonstruktion ganz aufgesetzt sind, sind wie nichttragende Wände nach Abschnitt 7.1 zu bemessen. Die Eignung von Brüstungen mit anderen Unterkonstruktionen sowie von teilweise oder ganz vorgesetzten Brüstungen ist durch Prüfungen nach DIN 4102 Teil 3 nachzuweisen.

Die Eignung von Schürzen oder Brüstungen in Kombination mit Schürzen ist durch Prüfungen nach DIN 4102 Teil 3 nachzuweisen.

Anmerkung: Bei der Bemessung von Schürzen und Brüstungen sind hinsichtlich der Höhe dieser Bauteile gegebenenfalls bauaufsichtlich vorgeschriebene Mindestwerte einzuhalten.

8.3 Feuerschutzabschlüsse

Als Feuerschutzabschlüsse mit bestimmter Feuerwiderstandsklasse nach DIN 4102 Teil 5 gelten z. Z.:

1. Stahltüren T 30-1 nach DIN 18 082 Teil 1, Ausgabe Dezember 1976, Bauart für Größenbereich A – d. h. ein-

Seite 78 Entwurf DIN 4102 Teil 4

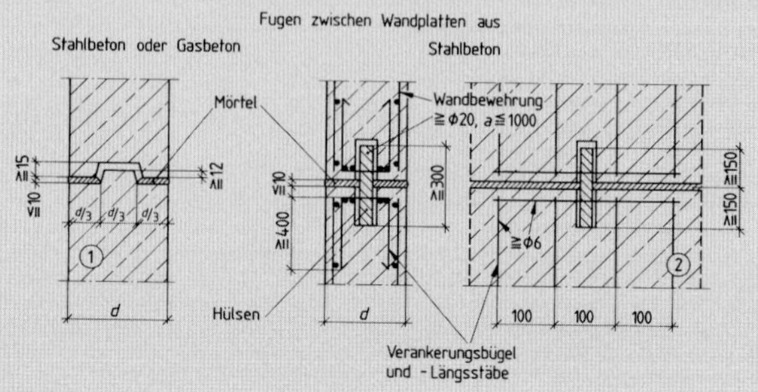

Bild 32. Fugen zwischen Wandplatten von Brandwänden:

1. Wandplatten aus Stahlbeton nach DIN 1045 oder Gasbeton nach DIN 4223 mit Nut und Feder
2. Wandplatten aus Stahlbeton nach DIN 1045 mit Verankerungsdornen Ø ≧ 20, a ≦ 1000, mindestens jedoch 3 Stück pro Plattenfuge (Maße in mm)

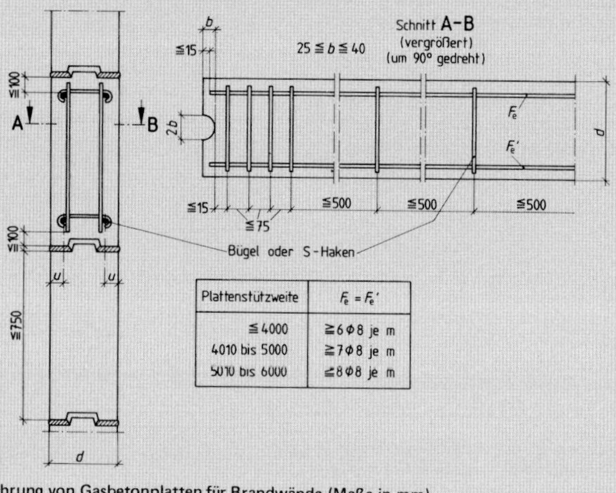

Bild 33. Mindestbewehrung von Gasbetonplatten für Brandwände (Maße in mm)

flügelige Stahltüren für Wandöffnungen mit einer Breite von 750 bis 1000 mm und einer Höhe von 1750 bis 2000 mm.

2. Feuerschutzabschlüsse, die durch das Institut für Bautechnik allgemein bauaufsichtlich zugelassen sind.[7]

8.4 Abschlüsse in Fahrschachtwänden der Feuerwiderstandsklasse F 90

Als Abschlüsse in Fahrschachtwänden der Feuerwiderstandsklasse F 90 nach DIN 4102 Teil 5 gelten z. Z.:

1. Türen nach DIN 18 090 Aufzüge; Flügel- und Falttüren für Fahrschächte mit feuerbeständigen Wänden.
2. Türen nach DIN 18 091 Aufzüge; Horizontal- und Vertikal-Schiebetüren für Fahrschächte mit feuerbeständigen Wänden.
3. Türen nach DIN 18 092 Kleinlasten-Aufzüge; Vertikal-Schiebetüren für Fahrschächte mit feuerbeständigen Wänden

sowie

4. Abschlüsse, die durch das Institut für Bautechnik allgemein bauaufsichtlich zugelassen sind.[7]

8.5 Verglasungen der Feuerwiderstandsklassen G und F

Als Verglasungen der Feuerwiderstandsklassen G nach DIN 4102 Teil 5 und Verglasungen der Feuerwiderstandsklasse F nach DIN 4102 Teil 2 gelten z. Z. nur Verglasungen, die durch das Institut für Bautechnik allgemein bauaufsichtlich zugelassen sind.[7]

[7] Siehe „Mitteilungen des Instituts für Bautechnik", Verlag W. Ernst & Sohn, Berlin.

Tabelle 59. **Mindestdicke von ein- und zweischaligen Brandwänden**

Zeile	Konstruktionsmerkmale	Mindestdicke d (mm) bei einschaliger Ausführung	Mindestdicke d (mm) bei zweischaliger Ausführung
1	Wände aus Normalbeton [1]) bei Verwendung von		
1.1	unbewehrtem Beton entsprechend DIN 1045, Ausgabe Januar 1972, Abschnitt 25.5.5.1	200	2 X 180
1.2	bewehrtem Beton entsprechend DIN 1045, Ausgabe Januar 1972, Abschnitt 25.5.5.2	140	2 X 140
2	Wände aus Leichtbeton mit haufwerksporigem Gefüge nach DIN 4232		
2.1	der Rohdichteklasse $>$ 1,2	250	2 X 200
2.2	der Rohdichteklasse $\leqq$ 1,2	300	2 X 200
3	Wände aus bewehrtem Gasbeton nach DIN 4223 wenigstens der Festigkeitsklasse G 4,4 mit einer Rohdichte $\geqq$ 600 kg/m³ mit Anschlüssen, Fugen und Bewehrung nach den Angaben der Bilder 30 bis 33 bei		
3.1	liegend angeordneten Wandplatten bei einer maximalen Randspannung von $\sigma_R \leqq 0{,}3$ N/mm²	175	2 X 175
3.2	stehend angeordneten Wandplatten sowie bei liegend angeordneten Wandplatten bei einer Randspannung $\sigma_R > 0{,}3$ N/mm²	200	2 X 200
4	Wände aus Ziegelfertigbauteilen nach DIN 1053 Teil 4 unter Verwendung von		
4.1	Hochlochtafeln mit Ziegeln für vollvermörtelbare Stoßfugen	165	2 X 165
4.2	Verbundtafeln mit einer Ziegelschicht	195	2 X 165
4.3	Verbundtafeln mit zwei Ziegelschichten	240	2 X 165
5	Wände aus Mauerwerk nach DIN 1053 Teil 1 gemauert in Mörtelgruppe II, IIa oder III bei Verwendung von		
5.1	Voll- oder Hochlochziegeln nach DIN 105, Kalksandsteinen nach DIN 106, Voll- bzw. Hohlblocksteinen aus Leichtbeton nach DIN 18152 bzw. DIN 18151, Hohlblock- oder T-Hohlsteinen nach DIN 18153 und Hüttensteinen nach DIN 398		
5.1.1	der Stein- oder Ziegelrohdichteklasse $>$ 1,2	240	2 X 175
5.1.2	der Stein- oder Ziegelrohdichteklasse $\leqq$ 1,2	300	2 X 200
5.2	Gasbeton-Blocksteinen nach DIN 4165	300	2 X 240

[1]) Abminderungen nach Abschnitt 5.2.1 sind nicht erlaubt.

8.6 Lüftungs- und Installationsschächte

8.6.1 Lüftungsleitungen aus Leichtbeton der Feuerwiderstandsklasse L 90

Als Lüftungsleitungen der Feuerwiderstandsklasse L 90 gelten Leitungen aus geschlossenen Formstücken aus Leichtbeton, deren Wangen und Zungen mindestens 50 mm dick sind. Die Formstücke müssen bezüglich der Zuschläge, der Bindemittel, des Betongefüges und der Rohdichte DIN 18150 Teil 1 entsprechen. Die Leitungen müssen mit Mörtel der Gruppe II, IIa oder III nach DIN 1053 Teil 1 aufgebaut werden.

Die Leitungen dürfen innen keine brennbaren Baustoffe wie Bekleidungen, Beschichtungen, Anstriche u. ä. besitzen, es sei denn, die Dicke der Wangen und Zungen entspricht den nach DIN 18150 Teil 1 für Hausschornsteine vorgeschriebenen Werten.

Werden Schachtwände durch Decken unterbrochen, so müssen diese im Bereich des Schachtes aus nichtbrennbaren Baustoffen bestehen. Werden andere Lüftungsleitungen in diese Leitungen eingeführt, so sind sie an der Eintrittsstelle voll einzumörteln.

8.6.2 Lüftungsschächte der Feuerwiderstandsklassen L 30 bis L 120 aus Wänden nach Abschnitt 7.1

Als Lüftungsschächte der Feuerwiderstandsklassen L 30 bis L 120 gelten Schächte, die durch Wände der Feuerwiderstandsklassen F 30 bis F 180 nach Abschnitt 7.1 gebildet werden[8]). Darüber hinaus gelten folgende Bestimmungen:

[8]) Anstelle der Wände nach Abschnitt 7.1 können auch Wände nach Maßgabe von Prüfungszeugnissen verwendet werden.

1. Schachtwände, die nur als nichttragende Wände feuerwiderstandsfähig sind, sind geschoßweise zu errichten. Sie sind so anzuordnen – z. B. in der Nähe von tragenden Wänden –, daß durch Deckenverformungen keine Kräfte in sie eingeleitet werden.

2. Die Schachtwände sowie die Decken im Bereich von Schächten aus geschoßweise aufgesetzten Wänden müssen aus nichtbrennbaren Baustoffen hergestellt werden.

3. Durch Schachtwände durchgeführte Lüftungsleitungen sind im Bereich der Wände voll einzumörteln.

4. Soweit Absperrvorrichtungen angeordnet werden, sind die Anforderungen der bauaufsichtlichen Richtlinien über die brandschutztechnischen Anforderungen an Lüftungsanlagen in Gebäuden und die Besonderen Bestimmungen von Prüfbescheiden für Absperrvorrichtungen zu beachten.

8.6.3 Lüftungsleitungen aus Stahlblech mit äußerer Isolierung[9])

Die Lüftungsleitungen müssen aus Stahlblech – schwarz oder verzinkt (Dicke der Verzinkung ≧ 25 µm) – hergestellt sein. Die Verbördelung bei Rechteckkanälen bzw. bei Wickelfalzrohren muß den Angaben von Bild 34 entsprechen. Die Verbindung der Rohre bzw. Kanäle muß einer der im Bild 34 dargestellten Lösungen entsprechen. Beim Durchtritt der Leitungen durch Decken ist die Isolierung zu unterbrechen; der Durchbruch ist mit Mörtel bis an die Leitung zu verschließen.

8.6.4 Lüftungsleitungen nach DIN 18017 Teil 1 bis Teil 3

Lüftungsleitungen nach DIN 18017 Teil 1, Teil 2 und Teil 3 mit Absperrvorrichtungen müssen den Anforderungen des Prüfbescheides für die verwendeten Absperrvorrichtungen genügen.

Lüftungsleitungen von Anlagen nach DIN 18017 Teil 1 und Teil 2 ohne Absperrvorrichtungen müssen entweder den Abschnitten 8.6.1, 8.6.2 oder 8.6.3 entsprechen oder – soweit sie aus Asbestzement (Dicke ≧ 6 mm, Rohdichte ≦ 1,55 kg/dm^3) oder aus Stahlblech hergestellt sind – in Schächten entsprechend Abschnitt 8.6.2 verlegt sein.

8.6.5 Installationsschächte

Installationsschächte müssen wie Lüftungsleitungen nach Abschnitt 8.6.1 oder Lüftungsschächte nach Abschnitt 8.6.2 ausgeführt werden.
Durch Schachtwände durchgeführte Leitungen sind im Bereich der Schachtwände voll einzumörteln, sofern nicht Durchführungen verwendet werden, die allgemein bauaufsichtlich zugelassen sind.

Installationsschächte, in denen sich brennbare Stoffe – z. B. Dämmstoffe, Leitungen oder Isolierungen aus brennbaren Stoffen – befinden (geringe Mengen brennbarer Stoffe wie z. B. Rohrschellen bleiben außer Betracht), müssen in jeder Decke mit einem mindestens 200 mm dicken Mörtelverguß abgeschottet werden; Leerrohre, die die Abschottung durchdringen, dürfen keinen größeren Durchmesser als 120 mm besitzen, müssen mindestens 200 mm lang und nach dem Einziehen von Leitungen oder wenn sie nicht benutzt werden, dicht mit Baustoffen der Klasse A ausgestopft sein.

Brennstoffleitungen in Installationsschächten müssen aus nichtbrennbaren Baustoffen bestehen. In Installationsschächten mit Brennstoffleitungen dürfen Leitungen aus brennbaren Baustoffen oder Leitungen, die Stoffe mit Temperaturen von mehr als 110 °C führen, nicht verlegt sein; die Installationsschächte müssen längs gelüftet sein.

8.7 Gegen Flugfeuer und strahlende Wärme widerstandsfähige Bedachungen

Als widerstandsfähig gegen Flugfeuer und strahlende Wärme entsprechend DIN 4102 Teil 7 gelten ohne Rücksicht auf die Dachneigung – bei lotrechten oder annähernd lotrechten Flächen jedoch nicht über 100 cm Höhe:

1. Bedachungen aus natürlichen und künstlichen Steinen der Baustoffklasse A sowie aus Beton, Ziegeln und Asbestzementplatten nach DIN 274.

2. Stahlblech- und sonstige Metalldächer,

2.1 ohne Dämm- und Deckschichten aus Baustoffen der Klasse B,

2.2 mit unterseitig angeordneten Dämmschichten aus Baustoffen der Klasse B 1.

3. Fachgerecht und nach DIN 18338 auf geschlossener tragender Unterlage mindestens der Baustoffklasse B 2 in mehrlagiger Ausführung verlegte,

3.1 Teerdachpappen nach DIN 52121,

3.2 Bitumendachpappen nach DIN 52128,

3.3 Bitumen-Dachdichtungsbahnen und Bitumenschweißbahnen nach DIN 52130 Teil 1 und Teil 2,

3.4 Teer-Sonderdachpappen und Teer-Bitumendachpappen nach DIN 52140,

3.5 Glasvlies-Bitumendachbahnen V 11 oder V 13 DIN 52143,

3.6 Dichtungsbahnen nach DIN 18190 Teil 1 bis Teil 3, sowie

3.7 Kombinationen der Dach- und Dichtungsbahnen nach Punkt 3.1 bis 3.6.

4. Fachgerecht verlegte Bedachungen auf tragenden Konstruktionen gleich welcher Art, auch auf Zwischenschichten aus Wärmedämmstoffen der Baustoffklassen A und B und/oder aus zusätzlichen Bahnen mit folgendem Aufbau (von oben nach unten),

4.1 Eine Lage Bitumendachpappe 500 DIN 52128 oder Dichtungsbahn nach DIN 18190 Teil 1 bis Teil 3,
eine Lage Glasvlies-Bitumendachbahn V 11 oder V 13 DIN 42143,

4.2 Zwei Lagen Glasvlies-Bitumendachbahn V 11 oder V 13 DIN 52143,

4.3 Zwei Lagen Bitumendachpappe 500 DIN 52128 oder Dichtungsbahnen nach DIN 18190 Teil 1,
eine Lage Bitumendachpappe 333 oder 500 DIN 52128,

4.4 Zwei Lagen Dichtungsbahnen nach DIN 18190 Teil 2 oder Teil 3.

5. Bedachungen nach Punkt 3 und 4 mit zusätzlichen Lagen von Dachbahnen nach den in Punkt 3.1 bis 3.6 genannten Normen.

6. Gegen Flugfeuer und strahlende Wärme widerstandsfähige Bedachungen auch mit Kiesschüttung,

7. Bereiche von Bedachungen, die nicht widerstandsfähig gegen Flugfeuer und strahlende Wärme sind, mit vollständig bedeckender, mindestens 5 cm dicker Schüttung aus Kies 16/32.

---

9) Die Angaben zur Art und Dicke der Isolierung, mit der die verschiedenen Feuerwiderstandsklassen erreicht werden, Bild 34, und Einzelheiten zu waagerechten Leitungen (Wanddurchführung, Abhängung) werden z.Z. in einem Forschungsvorhaben geklärt.

DK 699.81 : 69.028.17 : 614.841.332 : 001.4 : 620.1

September 1977

Brandverhalten von Baustoffen und Bauteilen

Feuerschutzabschlüsse, Abschlüsse in Fahrschachtwänden und gegen Feuer widerstandsfähige Verglasungen Begriffe, Anforderungen und Prüfungen

DIN 4102 Teil 5

Behaviour of building materials and components in fire; fire barriers, barriers in lift wells and against fire resistant glazings; definitions, requirements and tests

Mit DIN 4102 Teil 3, Teil 6 und Teil 7 Ersatz für DIN 4102 Teil 3 Ausgabe Februar 1970

Frühere Ausgaben:
DIN 4102 Teil 3: 02.70

Diese Norm wurde im Fachbereich „Einheitliche Technische Baubestimmungen" des NABau ausgearbeitet. Sie ist den obersten Baubehörden vom Institut für Bautechnik (IfBt), Berlin, zur bauaufsichtlichen Einführung empfohlen worden.

Diese Norm konkretisiert die brandschutztechnischen Begriffe der Landesbauordnungen, der zugehörigen Durchführungsverordnungen sowie weiterer Rechtsverordnungen und Verwaltungsvorschriften, die sich mit dem baulichen Brandschutz befassen.

In Zusammenhang mit der Überarbeitung von

DIN 4102 Teil 2 Brandverhalten von Baustoffen und Bauteilen; Begriffe, Anforderungen und Prüfungen von Bauteilen

DIN 4102 Teil 3 Brandverhalten von Baustoffen und Bauteilen; Begriffe, Anforderungen und Prüfungen von Sonderbauteilen

DIN 4102 Teil 4 Brandverhalten von Baustoffen und Bauteilen; Einreihung in die Begriffe

sowie der „Ergänzenden Bestimmungen zu DIN 4102" – jeweils Ausgabe Februar 1970 – wurde auch der Inhalt der Norm neu gegliedert:

DIN 4102 Teil 1 Brandverhalten von Baustoffen und Bauteilen; Baustoffe; Begriffe, Anforderungen und Prüfungen (bisher geregelt durch die oben genannten Ergänzenden Bestimmungen)

DIN 4102 Teil 2 Brandverhalten von Baustoffen und Bauteilen; Bauteile; Begriffe, Anforderungen und Prüfungen

DIN 4102 Teil 3 Brandverhalten von Baustoffen und Bauteilen; Brandwände und nichttragende Außenwände; Begriffe, Anforderungen und Prüfungen

DIN 4102 Teil 4 Brandverhalten von Baustoffen und Bauteilen; Zusammenstellung und Anwendung klassifizierter Baustoffe, Bauteile und Sonderbauteile (z. Z. noch Entwurf)

DIN 4102 Teil 5 Brandverhalten von Baustoffen und Bauteilen; Feuerschutzabschlüsse, Abschlüsse in Fahrschachtwänden und gegen Feuer widerstandsfähige Verglasungen; Begriffe, Anforderungen und Prüfungen

DIN 4102 Teil 6 Brandverhalten von Baustoffen und Bauteilen; Lüftungsleitungen; Begriffe, Anforderungen und Prüfungen

DIN 4102 Teil 7 Brandverhalten von Baustoffen und Bauteilen; Bedachungen; Begriffe, Anforderungen und Prüfungen

DIN 4102 Teil 8 Brandverhalten von Baustoffen und Bauteilen; Kleinprüfstand (z. Z. noch Entwurf)

Fortsetzung Seite 2 bis 8

Änderung September 1977:
Aus DIN 4102 Teil 3, Ausgabe Februar 1970, die Abschnitte 5, 6 und 7 übernommen und vollständig überarbeitet. Übernahme des ISO-Baldachins.

Erläuterungen

Im bauaufsichtlichen Verfahren werden z. Z. nur Prüfzeugnisse über Prüfungen von folgenden Prüfanstalten anerkannt:

1. Bundesanstalt für Materialprüfung (BAM)
   Unter den Eichen 87
   1000 Berlin 45 (Dahlem)
2. Institut für Baustoffkunde und Stahlbetonbau
   der Technischen Universität Braunschweig
   Amtliche Materialprüfanstalt für das Bauwesen
   Beethovenstraße 52
   3300 Braunschweig
3. Staatliches Materialprüfungsamt
   Nordrhein-Westfalen (MPA NW)
   Marsbruchstraße 186
   4600 Dortmund 41 (Aplerbeck)
4. Institut für Holzforschung
   der Universität München
   Winzererstraße 45
   8000 München 40
5. Amtliche Forschungs- und Materialprüfungsanstalt
   für das Bauwesen
   – Otto-Graf-Institut –
   Universität Stuttgart
   Pfaffenwaldring 4
   7000 Stuttgart 80 (Vaihingen)

Normenausschuß Bauwesen (NABau) im DIN Deutsches Institut für Normung e. V.

Inhalt

Maße in mm

1 Geltungsbereich

In dieser Norm werden brandschutztechnische Begriffe, Anforderungen und Prüfungen für

- Feuerschutzabschlüsse,
- Abschlüsse in Fahrschachtwänden der Feuerwiderstandsklasse F 90 und
- Verglasungen der Feuerwiderstandsklassen G (gegen Feuer widerstandsfähige Verglasungen)

festgelegt.

Diese Bauteile müssen außerdem weitere, nicht in dieser Norm genannte Anforderungen erfüllen (siehe auch Abschnitt 4).

Andere Bauteile, wie z. B. tragende und nichttragende Wände, Decken, Stützen, Unterzüge und Verglasungen der Feuerwiderstandsklassen F [1]) werden in DIN 4102 Teil 2, Sonderbauteile, wie z. B. Brandwände und nichttragende Außenwände in DIN 4102 Teil 3, Lüftungsleitungen in DIN 4102 Teil 6 und Bedachungen in DIN 4102 Teil 7 behandelt.

2 Mitgeltende Normen

DIN 105	Mauerziegel; Vollziegel und Lochziegel
DIN 1053 Teil 1	Mauerwerk; Berechnung und Ausführung
DIN 1045	Beton- und Stahlbetonbau; Bemessung und Ausführung
DIN 4102 Teil 1	Brandverhalten von Baustoffen und Bauteilen; Baustoffe; Begriffe, Anforderungen und Prüfungen
DIN 4102 Teil 2	Brandverhalten von Baustoffen und Bauteilen; Bauteile; Begriffe, Anforderungen und Prüfungen
DIN 4102 Teil 4	Brandverhalten von Baustoffen und Bauteilen; Einreihung in die Begriffe (Ausgabe Februar 1970)
DIN 4102 Teil 4	(z. Z. noch Entwurf) Brandverhalten von Baustoffen und Bauteilen; Zusammenstellung und Anwendung klassifizierter Baustoffe, Bauteile und Sonderbauteile

3 Begriffe

Das Brandverhalten der in dieser Norm angeführten Sonderbauteile wird durch die Feuerwiderstandsdauer und durch weitere nachfolgend aufgeführte Eigenschaften gekennzeichnet.

Die Feuerwiderstandsdauer ist die Mindestdauer in Minuten, während der die Bauteile bei der Prüfung nach Abschnitt 5.3, 6.3 bzw. 7.3 die Anforderungen der Abschnitte 5.2, 6.2 bzw. 7.2 erfüllen.

Die Bauteile werden entsprechend der Feuerwiderstandsdauer in die Feuerwiderstandsklassen nach Tabelle 1 bzw. Tabelle 2 eingestuft.

Abschlüsse in Fahrschachtwänden der Feuerwiderstandsklasse F 90 werden selbst nicht in Feuerwiderstandsklassen eingestuft.

4 Nachweis des Brandverhaltens

4.1 Mit Brandversuchen

Die Feuerwiderstandsdauer muß für

- Feuerschutzabschlüsse durch Prüfungen nach Abschnitt 5.3,
- Abschlüsse in Fahrschachtwänden der Feuerwiderstandsklasse F 90 durch Prüfungen nach Abschnitt 6.3,
- Verglasungen durch Prüfung nach Abschnitt 7.3

dieser Norm nachgewiesen werden. Maßgebend für die Einstufung ist das ungünstigste Ergebnis von Prüfungen an mindestens zwei Probekörpern.

Die Brauchbarkeit nicht genormter Bauarten von Feuerschutzabschlüssen, Abschlüssen in Fahrschachtwänden der Feuerwiderstandsklasse F 90 und Verglasungen der Feuerwiderstandsklassen G kann nicht allein durch Prüfzeugnisse nach dieser Norm beurteilt werden, es sind weitere Eignungsnachweise zu erbringen, z. B. im Rahmen der Erteilung einer allgemeinen bauaufsichtlichen Zulassung [2]).

4.2 Ohne Brandversuche

Für die in DIN 4102 Teil 4 in eine Feuerwiderstandsklasse eingestuften Bauteile ist ein weiterer Nachweis nicht erforderlich.

5 Feuerschutzabschlüsse

5.1 Begriff

Feuerschutzabschlüsse sind selbstschließende Türen und selbstschließende andere Abschlüsse (z. B. Klappen, Rollläden, Tore), die dazu bestimmt sind, im eingebauten Zustand den Durchtritt eines Feuers durch Öffnungen in Wänden oder Decken zu verhindern.

5.2 Anforderungen

5.2.1 Die Feuerschutzabschlüsse müssen die folgenden Anforderungen erfüllen und dürfen auch unter Berücksichtigung der nach Abschnitt 5.4 in das Prüfzeugnis aufzunehmenden Angaben keinen Anlaß zu Beanstandungen geben.

---

[1]) Verglasungen der Feuerwiderstandsklassen F müssen alle an raumabschließende Wände der entsprechenden Feuerwiderstandsklasse gestellten Anforderungen erfüllen – insbesondere auch den Durchtritt der Wärmestrahlung verhindern – siehe DIN 4102 Teil 2.

[2]) Vergleiche zusätzlich u. a. „Richtlinien für die Zulassung von Feuerschutzabschlüssen" des Instituts für Bautechnik, Berlin (Fassung Dezember 1976).

Es werden folgende Feuerwiderstandsklassen unterschieden:

Tabelle 1. **Feuerwiderstandsklassen T**

Feuerwiderstandsklasse	Feuerwiderstandsdauer in Minuten
T 30	≧ 30
T 60	≧ 60
T 90	≧ 90
T 120	≧ 120
T 180	≧ 180

5.2.2 Feuerschutzabschlüsse müssen der mechanischen Beanspruchung des Versuchs nach Abschnitt 5.3.2 so widerstehen, daß sie voll funktionsfähig bleiben, keine äußerlich erkennbaren Schäden aufweisen und daß sie die nachfolgenden Anforderungen erfüllen.

5.2.3 Feuerschutzabschlüsse müssen selbstschließend sein.

5.2.4 Die Feuerschutzabschlüsse dürfen beim Brandversuch während einer Prüfdauer entsprechend der Feuerwiderstandsdauer nach Tabelle 1 nicht zusammenbrechen oder sich ganz oder teilweise durch Versagen von Verschluß- oder Verriegelungsteilen oder Halterungen (z. B. Bänder) öffnen.

5.2.5 Beim Brandversuch während einer Prüfdauer entsprechend der Feuerwiderstandsdauer nach Tabelle 1 müssen

- die raumabschließende Wirkung der Feuerschutzabschlüsse gewahrt bleiben und
- der Durchgang des Feuers verhindert werden.

Dies gilt als erfüllt, wenn auf der vom Feuer abgekehrten Seite

1. ein angehaltener Wattebausch beim Versuch nach DIN 4102 Teil 2, Ausgabe September 1977, Abschnitt 6.2.6, sich nicht entzündet (Glimmen des Wattebausches gilt als Entzündung).
2. keine Flammen auftreten

   Anmerkung: Glimmen der Oberfläche des Feuerschutzabschlusses darf in der streifenförmigen Randfläche nach Abschnitt 5.2.6 auftreten, sofern es nicht den Wattebausch entzündet.
3. an den Meßstellen des Meßbaldachins (siehe Abschnitt 5.3.7) sich die Temperatur im Mittel um nicht mehr als 140 K über die Anfangstemperatur bei Versuchsbeginn erhöht und an keiner Meßstelle eine Temperaturerhöhung von mehr als 180 K über die Anfangstemperatur eintritt.

5.2.6 Beim Brandversuch während einer Prüfdauer entsprechend der Feuerwiderstandsdauer nach Tabelle 1 darf sich die vom Feuer abgekehrte Oberfläche der Feuerschutzabschlüsse im Mittel der Meßstellen 1 bis 5 um nicht mehr als 140 K über die Anfangstemperatur des Versuchsstückes bei Versuchsbeginn erwärmen.

An keiner Meßstelle darf eine Temperaturerhöhung von mehr als 180 K über die Anfangstemperatur eintreten. In einer streifenförmigen Randfläche des beweglichen Teiles der Abschlüsse und der an die Öffnung angrenzenden Wandfläche sowie in der Leibung bleibt die Temperaturerhöhung während des Brandversuches unberücksichtigt. Dieser Streifen hat eine Breite von 1/10 der lichten Durchgangshöhe, höchstens jedoch 100 mm, und verläuft unmittelbar neben der Begrenzung der lichten Durchgangsöffnung und um den Drückerdurchbruch. Bei mehrflügeligen Türen ist dieser Streifen auch beiderseits einer Linie anzuordnen, die den Falzbereich des gemeinsamen Anschlages zweier Türflügel halbiert.

5.2.7 Die Feuerschutzabschlüsse müssen der Beanspruchung des Festigkeitsversuches nach DIN 4102 Teil 2, Ausgabe September 1977, Abschnitt 6.2.9, so widerstehen, daß die vorstehenden Anforderungen erfüllt bleiben.

5.2.8 Falls die Abschlüsse lichtdurchlässige Elemente enthalten, müssen auch die lichtdurchlässige Fläche und die Halterungen den vorstehenden Anforderungen entsprechen. Ein nach Abschnitt 7 dieser Norm geführter Nachweis reicht hierfür nicht aus.

5.3 Prüfungen

5.3.1 Die Probekörper sind vor dem Brandversuch im eingebauten Zustand auf die Wirksamkeit der Schließmittel zu prüfen.

5.3.2 Vor dem Brandversuch sind Flügeltüren (bei zweiflügeligen Türen jeder Flügel) durch 5000maliges Schließen aus einem Öffnungswinkel von 50° zu beanspruchen; der Schließvorgang muß dabei praxisgerecht ablaufen. Schiebe- und Hubtüren oder -tore sowie Rolläden sind je nach ihrer Bauart in entsprechender Weise zu beanspruchen.

5.3.3 Die Probekörper sind in den bei der praktischen Verwendung vorgesehenen Maßen einschließlich ihrer Befestigung, Schließmittel, Schlösser und Beschläge sowie mit einer dem Gebrauchszustand entsprechenden Oberflächenbehandlung (gegebenenfalls ohne Endanstrich[2]) Versuchen nach DIN 4102 Teil 2, zu unterwerfen.

Falls die Feuerschutzabschlüsse in mindestens 11,5 cm dicke gemauerte Wände nach DIN 1053 Teil 1 mit Steinfestigkeiten ≧ 10 N/mm² oder in mindestens 10 cm dicke Betonwände nach DIN 1045 mindestens der Festigkeitsklasse Bn 100 eingebaut werden sollen, sind die Probekörper mit ihren Zargen in eine 11,5 cm dicke Wand nach DIN 1053 Teil 1 unter Verwendung von Mauerziegeln HLz A 1,4/150 nach DIN 105 Mörtelgruppe II einzusetzen.

Falls die Feuerschutzabschlüsse bei der praktischen Verwendung in mindestens 24 cm dicke Wände aus Mauerwerk nach DIN 1053 Teil 1 mit Steinfestigkeiten ≧ 10 N/mm² oder in mindestens 20 cm dicke Wände aus Beton nach DIN 1045 mindestens der Festigkeitsklasse Bn 100 eingebaut werden sollen, sind die Probekörper in 24 cm dicke Wände der oben genannten Ausführung einzusetzen.

Falls die Feuerschutzabschlüsse bei der praktischen Verwendung in andere Wände (z. B. leichte Trennwände oder Wände aus Baustoffen geringerer Festigkeit) eingesetzt werden, sind die Probekörper im Zusammenhang mit Wänden dieser Bauart Brandversuchen auszusetzen.

Bei den Brandversuchen soll das Feuer bei einem Probekörper auf die Bandseite und bei einem weiteren auf die Gegenbandseite einwirken. Bei der Feuerbeanspruchung der Gegenbandseite des Feuerschutzabschlusses ist der Abstand der Meßstellen zur Messung der Temperatur im Brandraum auf die beflammte Oberfläche der Wand zu beziehen.

Der Einbau der Probekörper muß praxisgerecht erfolgen, so daß die üblichen Spalte zwischen festen und beweglichen Teilen (z. B. zwischen Zarge und Türblatt) entstehen. Bei Flügeltüren darf die Spaltbreite nicht kleiner als 3 mm sein.

5.3.4 Der statische Druck im Brandraum muß gemessen werden, z. B. unter Benutzung der in Bild 1 beschriebenen Einrichtung. Die Messungen des statischen Druckes sollen mindestens an drei Stellen entlang einer senkrechten Achse an einer Seite dicht neben dem Probekörper in Höhe des Sturzes und der Schwelle der Türöffnung sowie in 1/3 der Höhe durchgeführt werden. Der Druck muß so gesteuert werden, daß spätestens von der 5. Minute des

[2]) Siehe Seite 2

Seite 4 DIN 4102 Teil 5

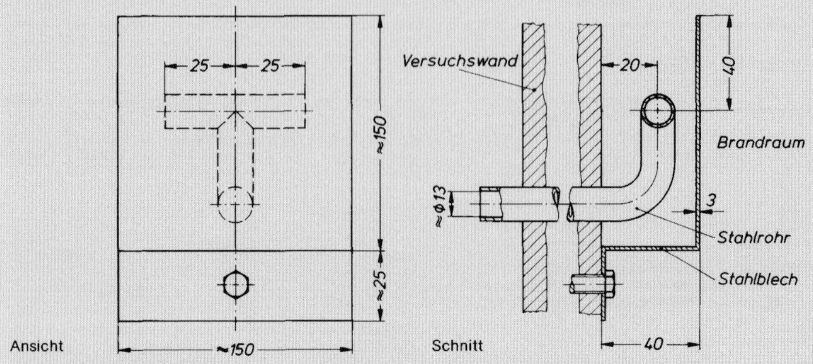

Bild 1. Einrichtung zur Messung des statischen Innendruckes (unmaßstäblich)

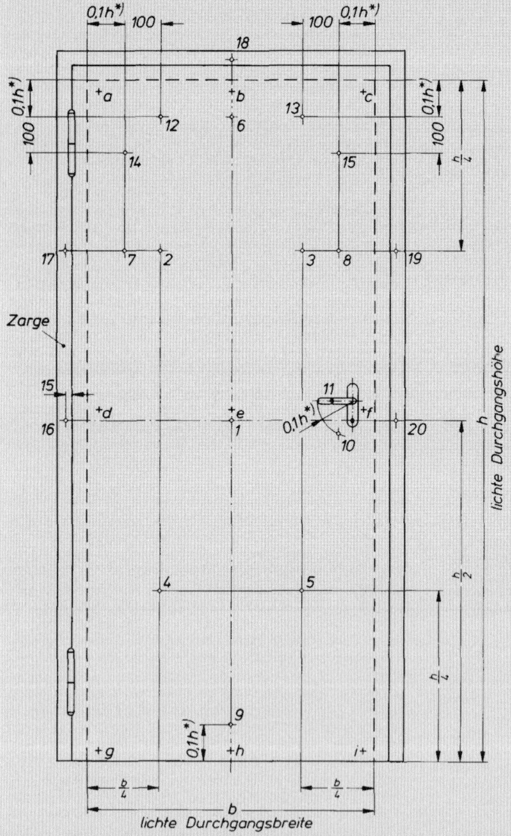

Entsprechend DIN 4102 Teil 2, Ausgabe September 1977, Abschnitt 6.2.8, 3. Absatz, kann die Lage der Meßstellen 1 bis 5 verändert werden, wenn eine oder mehrere Meßstellen nicht charakteristisch für den Temperaturdurchgang durch die Probekörper sind.

*) Höchstwert 100 mm siehe Abschnitt 5.2.6

Meßstellen 1 bis 20: Oberflächentemperaturen (16 bis 20 auf der Zarge)

Meßstellen a bis i: Verformungen

Bild 2. Prinzipielle Lage der Meßstellen (Temperatur und Verformung) bei der Prüfung von Türen

Brandversuches an bis zum Ende des Versuches in den oberen ⅔ des Probekörpers ein Überdruck herrscht. Der Überdruck am Sturz muß 8 bis 12 Pa betragen.

5.3.5 Zur Beurteilung des Raumabschlusses sind Prüfungen mit einem Wattebausch nach DIN 4102 Teil 2, Ausgabe September 1977, Abschnitt 6.2.6, durchzuführen.

5.3.6 Bezüglich der Temperaturmessung an den Probekörpern gilt DIN 4102 Teil 2, Ausgabe September 1977, Abschnitt 6.2.8.

Auf einflügeligen Türen sind mindestens die Meßstellen nach Bild 2 anzuordnen. Bei Türen anderer Bauart ist entsprechend zu verfahren.

Auf eventuell vorhandenen lichtdurchlässigen Elementen und auf ihren Halterungen sollen sich mindestens je zwei zusätzliche Temperaturmeßstellen befinden.

Ferner sollen an den freiliegenden Teilen der Zarge Temperaturen gemessen werden. Thermoelemente sind in halber Höhe der beiden senkrechten Seiten, in der Mitte des Sturzes und an allen anderen Stellen, an denen höhere Temperaturen erwartet werden, anzubringen. Die Thermoelemente sollen 15 mm von der Kante bzw. von der Oberfläche des Türblattes entfernt auf der Zarge angebracht werden.

5.3.7 Ein mit 6 Thermoelementen versehener Baldachin nach ISO 3008 (siehe Bild 3) ist auf der vom Feuer abgekehrten Seite des Probekörpers so anzubringen, daß sich die Unterseite seiner Deckenplatte 500 mm oberhalb der Sturzunterkante befindet.

Der Baldachin soll an der Oberfläche der Wand, welche die Versuchstür enthält, anliegen; eventuelle Spalte sind abzudichten.

5.4 Prüfzeugnis

Für das Prüfzeugnis gilt DIN 4102 Teil 2, Ausgabe September 1977, Abschnitt 8, sinngemäß, jedoch ohne Tabelle 2.

Es muß ferner folgende Angaben enthalten:

- Aufbau des Feuerschutzabschlusses einschließlich Schlössern und Beschlägen, ferner Spaltbreiten in den Türfalzen bei Flügeltüren und Klappen sowie zwischen festen und beweglichen Teilen bei Roll-, Schiebe- und Hubtoren,
- mittlere und maximale Temperaturen an den Meßstellen des Baldachins,
- Angabe, ob die Abschlüsse selbstschließend sind,
- Wirkung der mechanischen Beanspruchung,
- Zeitpunkt, an dem zum ersten Mal auf der vom Feuer abgekehrten Seite Flammenbildung oder Glimmen auftritt,
- Zeitpunkt, an dem zum ersten Mal eine 10 Sekunden oder längere Flammenbildung beobachtet wird [3],
- Zeitpunkt, an dem die mittlere Temperatur an den Meßstellen des Baldachins um mehr als 250 K oder die höchste Temperatur an einem der Thermoelemente des Baldachins um mehr als 300 K über die Anfangstemperatur ansteigt [3].

6 Abschlüsse in Fahrschachtwänden der Feuerwiderstandsklasse F 90

6.1 Begriff

Abschlüsse in Fahrschachtwänden der Feuerwiderstandsklasse F 90 sind Türen und andere Abschlüsse, die so ausgebildet sind, daß Feuer und Rauch nicht in andere Geschosse übertragen werden können.

Die Wirksamkeit der Abschlüsse ist nur dann gesichert, wenn eine geeignete Fahrschachtentlüftung [4] vorhanden ist und der Fahrkorb überwiegend aus Baustoffen der Klasse A besteht [5].

6.2 Anforderungen

6.2.1 Die Abschlüsse müssen während einer Prüfzeit von 90 Minuten folgende Anforderungen erfüllen:

6.2.2 Bei den Heißgasversuchen nach Abschnitt 6.3.1 sind die an Feuerschutzabschlüsse gestellten Forderungen nach Abschnitt 5.2.4, 5.2.5 – außer Punkt (3) – und nach Abschnitt 5.2.6 zu erfüllen.

Auf einer Verglasung darf sich die Temperatur um nicht mehr als 220 K über die Anfangstemperatur des Probekörpers bei Versuchsbeginn erhöhen.

6.2.3 Bei den Brandversuchen nach Abschnitt 6.3.3 darf die Temperaturerhöhung am Baldachin an keiner Meßstelle 400 K überschreiten.

6.2.4 Wenn bei den Brandversuchen nach Abschnitt 6.3.3 die Temperaturerhöhungen am Baldachin im Mittel kleiner als 250 K sind, kann auf die Durchführung der Heißgasversuche nach Abschnitt 6.3.2 verzichtet werden.

6.3 Prüfungen

6.3.1 Allgemeines

Es sind an mindestens 2 Probekörpern jeweils ein Heißgasversuch nach Abschnitt 6.3.2 und ein Brandversuch nach Abschnitt 6.3.3 durchzuführen. Die Probekörper sind einschließlich ihrer Verglasungen, ihrer Aufhängungs- und Führungsteile (z. B. Rollen, Türbänder, Seile, Ketten, Bolzen), ihrer Sperrmittel (Teile des Verriegelungselements wie z. B. Schubriegel, Hakenriegel, Verschlußkappe), ihrer Steuer- und Schalteinrichtung (z. B. Ruf- und Signaleinrichtungen, Schalter und Kontakte für die Steuerung einschließlich dazugehöriger elektrischer Kabel) sowie ihres Rostschutzes zu prüfen.

6.3.2 Heißgasversuche

Die Probekörper sind so vor der vertikalen Öffnung eines Prüfstandes einzubauen (siehe Abschnitt 6.3.3), daß ihre schachtseitige Oberfläche dem Brandraum zugewandt ist. Der Brandraum ist während einer Prüfdauer von 90 Minuten mit Heißgas zu beheizen, wobei die von den Heizflammen ausgehende Strahlung den Probekörper nicht treffen darf und im Brandraum im Bereich der Prüfstandsöffnung ein Unterdruck vorhanden sein muß. Während des Versuches muß die mittlere Temperatur im Brandraum nach der Kurve entsprechend Bild 4 ansteigen. Für die Abweichungen gilt DIN 4102 Teil 2, Ausgabe September 1977, Abschnitt 6.2.4, sinngemäß. Die für den Mittelwert der Temperatur der vom Brandraum abgekehrten (flurseitigen) Oberfläche maßgeblichen Meßstellen sind nach DIN 4102 Teil 2, Ausgabe September 1977, Abschnitt 6.2.8, anzuordnen. Bei mehrteiligen Fahrschachttüren ist die zur Bestimmung eines Mittelwertes im Mittelpunkt der Fläche vorgesehene Meßstelle in 100 mm Abstand vom Mittelspalt anzuordnen.

6.3.3 Brandversuche

Die Probekörper sind entsprechend Abschnitt 5.3.3 so vor der vertikalen Öffnung eines Prüfstandes einzubauen, daß ihre flurseitige Oberfläche dem Brandraum zugewandt ist. Der Brandraum ist nach DIN 4102 Teil 2, Ausgabe September 1977, Abschnitt 6.2.4, während einer Prüfdauer von 90 Minuten zu beflammen. Bei den Brandversuchen soll der Druck im Brandraum Abschnitt 5.3.4 entsprechen.

Auf der dem Feuer abgekehrten Seite ist ein Baldachin nach Bild 3 anzuordnen.

---

[3] Anforderungen nach der internationalen Norm ISO 3008.

[4] Die Größe der Lüftungsöffnungen richten sich nach den bauaufsichtlichen Vorschriften; im allgemeinen wird ein Querschnitt von mindestens 2,5 % der Grundfläche des Fahrschachtes, mindestens aber 0,1 m^2 verlangt.

[5] Siehe DIN 18 090

Seite 6 DIN 4102 Teil 5

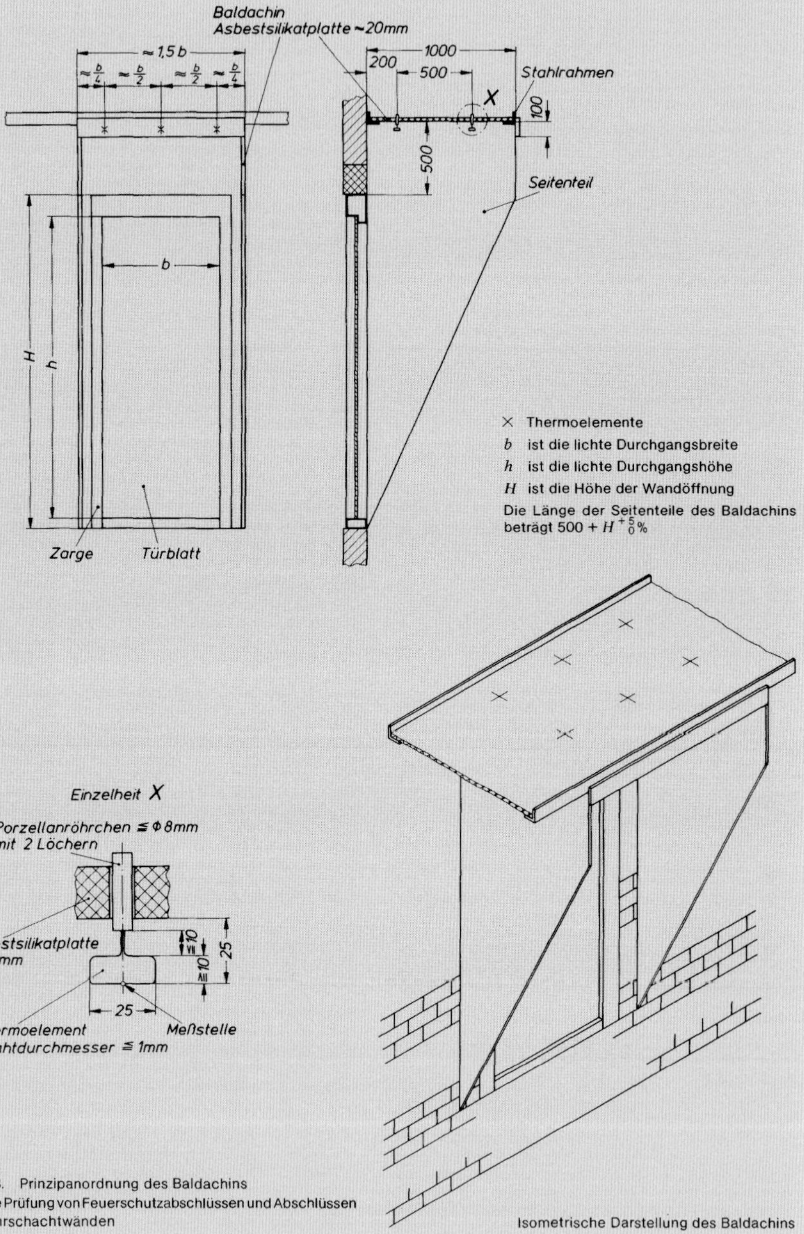

× Thermoelemente
b ist die lichte Durchgangsbreite
h ist die lichte Durchgangshöhe
H ist die Höhe der Wandöffnung
Die Länge der Seitenteile des Baldachins beträgt 500 + H^{+5}_{0}%

Bild 3. Prinzipanordnung des Baldachins für die Prüfung von Feuerschutzabschlüssen und Abschlüssen in Fahrschachtwänden

Isometrische Darstellung des Baldachins

$\vartheta - \vartheta_0 = 34{,}8 \cdot \sqrt{t}$

ϑ = Brandraumtemperatur in K

ϑ_0 = Temperatur der Probekörper bei Versuchsbeginn in K

Zeitdauer t min	$\vartheta - \vartheta_0$ K
0	0
5	78
10	110
15	135
30	191
60	270
90	330

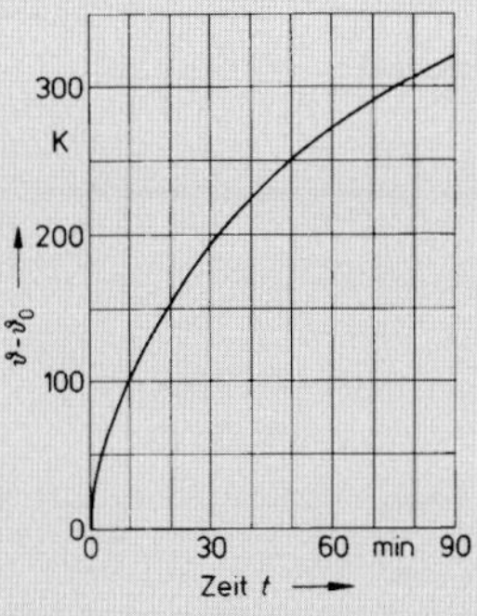

Bild 4. Temperaturkurve beim Heißgasversuch

6.4 Prüfzeugnis

Für das Prüfzeugnis gilt DIN 4102 Teil 2, Ausgabe September 1977, Abschnitt 8, sinngemäß, jedoch ohne Tabelle 2. Es muß ferner Angaben über die am Baldachin gemessenen Temperaturen enthalten.

7 Verglasungen der Feuerwiderstandsklassen G (gegen Feuer widerstandsfähige Verglasungen)

7.1 Begriff

Verglasungen der Feuerwiderstandsklassen G sind alle lichtdurchlässigen Bauteile in Wänden, die dazu bestimmt sind, entsprechend ihrer Feuerwiderstandsklassen nach Tabelle 2 zwar den Flammen- und Brandgasdurchtritt, nicht aber den Durchtritt der Wärmestrahlung zu verhindern [1]). Sie bestehen in der Regel aus lichtdurchlässigen Teilen sowie Rahmen, Halterungen und Befestigungen.

7.2 Anforderungen

7.2.1 Die Verglasungen der Feuerwiderstandsklassen G müssen die folgenden Anforderungen erfüllen und dürfen auch unter Berücksichtigung der nach Abschnitt 7.4 in das Prüfzeugnis aufzunehmenden Angaben keinen Anlaß zu Beanstandungen geben. Bei der Beurteilung werden die an die lichtdurchlässige Fläche angrenzenden Bereiche, die außerhalb eines Randstreifens liegen, als zur Wand zugehörig (siehe DIN 4102 Teil 2) betrachtet.

Dieser Streifen wird begrenzt durch Linien, die im Abstand von 1/10 der Gesamthöhe der lichtdurchlässigen Teile, höchstens jedoch von 100 mm vom äußersten Rande der lichtdurchlässigen Teile verlaufen.

Es werden folgende Feuerwiderstandsklassen unterschieden:

Tabelle 2. **Feuerwiderstandsklassen G**

Feuerwiderstandsklasse	Feuerwiderstandsdauer in Minuten
G 30	≧ 30
G 60	≧ 60
G 90	≧ 90
G 120	≧ 120
G 180	≧ 180

7.2.2 Verglasungen der Feuerwiderstandsklassen G müssen einschließlich ihrer Halterungen, Befestigungen und Fugen beim Brandversuch entsprechend der Feuerwiderstandsdauer nach Tabelle 2 als Raumabschluß wirksam bleiben.

7.2.3 Auf der vom Feuer abgekehrten Seite der Verglasungen der Feuerwiderstandsklassen G dürfen keine Flammen auftreten.

7.3 Prüfungen

7.3.1 Die Probekörper sind in der bei der praktischen Verwendung vorgesehenen Lage und Größe einschließlich ihrer Halterungen, Befestigungen und Fugen Brandversuchen nach DIN 4102 Teil 2, Ausgabe September 1977, Abschnitt 6.1 bis 6.2.5 zu unterwerfen. Die Probekörper sind bei den Brandversuchen mit ihren Rahmen und Halterungen in Wänden entsprechend Abschnitt 5.3.3, Absatz 2 bis 4 einzusetzen, deren Feuerwiderstandsdauer mindestens der angestrebten Feuerwiderstandsklasse der Verglasungen entspricht.

Bei unsymmetrischen Verglasungen der Feuerwiderstandsklassen G soll das Feuer bei einem Probekörper auf die eine Seite und bei einem weiteren auf die andere Seite einwirken.

7.3.2 Bezüglich der Messung des statischen Druckes gilt Abschnitt 5.3.4.

7.3.3 Bei der Prüfung ist ein Baldachin nach ISO 3009 der in Bild 5 dargestellten Art und Größe auf der vom Feuer abgekehrten Seite des Probekörpers so anzubringen, daß sich die Unterseite seiner Deckenplatte 100 mm oberhalb der Sturzunterkante in der Versuchswand befindet.

7.3.4 Bezüglich der Temperaturmessung auf der angrenzenden Wand gilt DIN 4102 Teil 2, Ausgabe September 1977, Abschnitt 6.2.8.

7.3.5 Auf der vom Feuer abgekehrten Seite der Probekörper soll die Strahlungsintensität mit einem Radiometer [6]) auf einer senkrecht zum Mittelpunkt der lichtdurchlässigen Fläche stehenden Achse gemessen werden. Der Abstand von der Oberfläche soll so groß sein, daß der Aufnahmewinkel gerade die Diagonale der lichtdurchlässigen Fläche überdeckt. Mit Hilfe eines Schirms aus poliertem Aluminium ist sicherzustellen, daß nur die lichtdurchlässige Fläche überdeckt wird. Bei Radiometern mit flachen Platten als Aufnehmern soll der Meßwinkel nicht größer als 50° sein.

[1]) Siehe Seite 2

[6]) Die Bauart eines für diesen Zweck geeigneten Radiometers ist in J. Sci. Instrum. 1960, 37.128-30 beschrieben.

Seite 8 DIN 4102 Teil 5

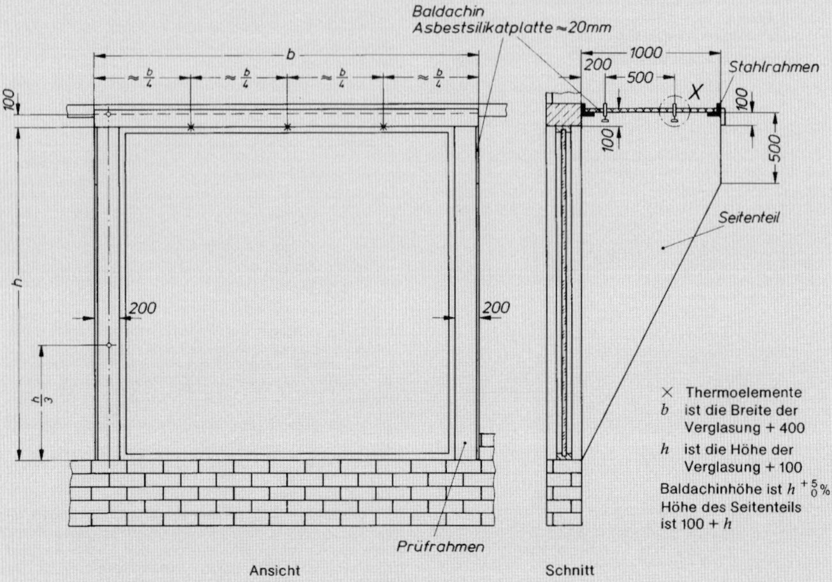

Einzelheit X siehe Bild 3

Bild 5. Prinzipanordnung des Baldachins für die Prüfung von Verglasungen

7.4 Prüfzeugnis

Für das Prüfzeugnis gilt DIN 4102 Teil 2, Ausgabe September 1977, Abschnitt 8, sinngemäß, jedoch ohne Tabelle 2. Es muß ferner enthalten:

- Angaben über Weichwerden und Schmelzen des Glases oder der lichtdurchlässigen Baustoffe,
- Angaben über Rißbildungen und über das Entstehen von Löchern,
- Zeitpunkt, an dem zum ersten Mal auf der vom Feuer abgekehrten Seite eine 10 Sekunden oder länger dauernde Flammenbildung beobachtet wurde [7]),
- Zeitpunkt, an dem die mittlere Temperatur an den Meßstellen des Baldachins um mehr als 250 K oder die höchste Temperatur an einem der Thermoelemente des Baldachins um mehr als 300 K über die Ausgangstemperatur ansteigt [7]),
- Zeitpunkt, an dem die höchste Temperatur am Baldachin um mehr als 500 K ansteigt [7]),
- Zeitpunkt, an dem in bestimmten Abständen von der gegen Feuer widerstandsfähigen Verglasung kritische Strahlungswerte erreicht werden [7]),
- Meßmethode und Bauart des zur Messung der Strahlung verwendeten Meßgerätes.

[7]) Diese Angaben werden nach ISO 3009 gefordert.

Weitere Normen

DIN 18082 Teil 1	Feuerschutzabschlüsse; Stahltüren T 30-1; Bauart für Größenbereich A
DIN 18090	Aufzüge; Flügel- und Falttüren für Fahrschächte mit feuerbeständigen Wänden
ISO 3008	Fire resistance tests – Door and Shutter assemblies
ISO 3009	Fire resistance tests – Glazed elements

DK 699.81 : 697.9 : 614.841.332
: 001.4 : 620.1

September 1977

Brandverhalten von Baustoffen und Bauteilen

Lüftungsleitungen
Begriffe, Anforderungen und Prüfungen

DIN 4102 Teil 6

Behaviour of building materials and components in fire; Ventilation ducts; Definitions, requirements and tests

Mit DIN 4102 Teil 3, Teil 5 und Teil 7 Ersatz für DIN 4102 Teil 3, Ausgabe Februar 1970

Frühere Ausgaben:
DIN 4102 Teil 3: 02.70

Diese Norm wurde im Fachbereich „Einheitliche Technische Baubestimmungen" des NABau ausgearbeitet. Sie ist in den obersten Baubehörden vom Institut für Bautechnik (IfBt), Berlin, zur bauaufsichtlichen Einführung empfohlen worden.

Diese Norm konkretisiert die brandschutztechnischen Begriffe der Landesbauordnungen, der zugehörigen Durchführungsverordnungen sowie weiterer Rechtsverordnungen und Verwaltungsvorschriften, die sich mit dem baulichen Brandschutz befassen.

Sie bezieht sich besonders auf § 47 der Musterbauordnung (MBO) bzw. auf die entsprechenden §§ der jeweiligen Landesbauordnungen.

In Zusammenhang mit der Überarbeitung von

DIN 4102 Teil 2 Brandverhalten von Baustoffen und Bauteilen; Begriffe, Anforderungen und Prüfungen von Bauteilen

DIN 4102 Teil 3 Brandverhalten von Baustoffen und Bauteilen; Begriffe, Anforderungen und Prüfungen von Sonderbauteilen

DIN 4102 Teil 4 Brandverhalten von Baustoffen und Bauteilen; Einreihung in die Begriffe

sowie der „Ergänzenden Bestimmungen zu DIN 4102" – jeweils Ausgabe Februar 1970 – wurde auch der Inhalt der Norm neu gegliedert:

DIN 4102 Teil 1 Brandverhalten von Baustoffen und Bauteilen; Baustoffe; Begriffe, Anforderungen und Prüfungen (bisher geregelt durch die oben genannten Ergänzenden Bestimmungen)

DIN 4102 Teil 2 Brandverhalten von Baustoffen und Bauteilen; Bauteile; Begriffe, Anforderungen und Prüfungen

DIN 4102 Teil 3 Brandverhalten von Baustoffen und Bauteilen; Brandwände und nichttragende Außenwände; Begriffe, Anforderungen und Prüfungen

DIN 4102 Teil 4 Brandverhalten von Baustoffen und Bauteilen; Zusammenstellung und Anwendung klassifizierter Baustoffe, Bauteile und Sonderbauteile (z. Z. noch Entwurf)

DIN 4102 Teil 5 Brandverhalten von Baustoffen und Bauteilen; Feuerschutzabschlüsse, Abschlüsse in Fahrschachtwänden und gegen Feuer widerstandsfähige Verglasungen; Begriffe, Anforderungen und Prüfungen

DIN 4102 Teil 6 Brandverhalten von Baustoffen und Bauteilen; Lüftungsleitungen; Begriffe, Anforderungen und Prüfungen

DIN 4102 Teil 7 Brandverhalten von Baustoffen und Bauteilen; Bedachungen; Begriffe, Anforderungen und Prüfungen

DIN 4102 Teil 8 Brandverhalten von Baustoffen und Bauteilen; Kleinprüfstand (z. Z. noch Entwurf)

Änderung September 1977:
Aus DIN 4102 Teil 3, Ausgabe Februar 1970, den Abschnitt 9 übernommen und redaktionell überarbeitet. Übernahme von großen Teilen der Bau- und Prüfgrundsätze des Instituts für Bautechnik, Berlin.

Fortsetzung Seite 2 bis 5
Erläuterungen Seite 5

Normenausschuß Bauwesen (NABau) im DIN Deutsches Institut für Normung e. V.

Inhalt

Maße in mm

1 Geltungsbereich

In dieser Norm werden brandschutztechnische Begriffe, Anforderungen und Prüfungen von Lüftungsleitungen festgelegt. Die Lüftungsleitungen müssen allein oder in Verbindung mit weiteren Bauteilen verhindern, daß sie während der Feuerwiderstandsdauer nach Tabelle 1 Feuer und Rauch in andere Geschosse oder Brandabschnitte übertragen.

Die Norm gilt nicht für die Prüfung von Installationsschächten und -kanälen.

Die Norm behandelt nicht die Anforderungen und Prüfungen für Auslöseeinrichtungen von Absperrvorrichtungen gegen Brandübertragung in Lüftungsleitungen. Die Norm enthält außerdem keine Festlegungen darüber, wie Bauteile von Lüftungsleitungen zu brandsicheren Lüftungsleitungen zusammenzufügen sind [1]).

2 Mitgeltende Normen

DIN 4102 Teil 1	Brandverhalten von Baustoffen und Bauteilen; Baustoffe; Begriffe, Anforderungen und Prüfungen
DIN 4102 Teil 2	Brandverhalten von Baustoffen und Bauteilen; Bauteile; Begriffe, Anforderungen, Prüfungen
DIN 4102 Teil 4	Brandverhalten von Baustoffen und Bauteilen; Einreihung in die Begriffe (Ausgabe Februar 1970)
DIN 4102 Teil 4 (z. Z. noch Entwurf)	Brandverhalten von Baustoffen und Bauteilen; Zusammenstellung und Anwendung klassifizierter Baustoffe, Bauteile und Sonderbauteile

3 Begriffe

3.1 Das Brandverhalten von Lüftungsleitungen wird durch die Feuerwiderstandsdauer und durch weitere, nachfolgend aufgeführte Eigenschaften gekennzeichnet.

3.2 Die Feuerwiderstandsdauer ist die Mindestdauer in Minuten, während der ein Bauteil von Lüftungsleitungen bei Prüfung nach Abschnitt 5.2 bzw. 6.2 die in den Abschnitten 5.1 bzw. 6.1 gestellten Anforderungen erfüllt.

3.3 Bauteile von Lüftungsleitungen werden entsprechend der Feuerwiderstandsdauer in die Feuerwiderstandsklasse nach Tabelle 1 eingestuft.

3.4 Absperrvorrichtungen gegen Brandübertragung in Lüftungsleitungen sind dazu bestimmt, allein oder in Verbindung mit anderen Bauteilen (z. B. Auslöseeinrichtungen) die Übertragung von Feuer oder Rauch durch Lüftungsleitungen zu verhindern.

[1]) Siehe die von den obersten Bauaufsichtsbehörden erlassenen bauaufsichtlichen Richtlinien über brandschutztechnische Anforderungen an Lüftungsanlagen in Gebäuden (Musterentwurf siehe Mitteilungen des Instituts für Bautechnik).

Tabelle 1. **Feuerwiderstandsklassen L und K**

Feuerwiderstandsklasse von Rohren und Formstücken für Lüftungsleitungen	Feuerwiderstandsklasse von Absperrvorrichtungen gegen Brandübertragung in Lüftungsleitungen (Brandschutzklappen)	Feuerwiderstandsdauer in Minuten
L 30	K 30	≧ 30
L 60	K 60	≧ 60
L 90	K 90	≧ 90
L 120	–	≧ 120

DIN 4102 Teil 6 Seite 3

4 Nachweis der Feuerwiderstandsklassen

4.1 Mit Brandversuchen

Die Feuerwiderstandsklasse von Lüftungsleitungen muß durch Prüfzeugnis auf der Grundlage von Prüfungen nach dieser Norm nachgewiesen werden [2] [3].

Maßgebend für die Einstufung in eine Feuerwiderstandsklasse ist das ungünstigste Ergebnis von Prüfungen an mindestens 2 Probekörpern.

4.2 Ohne Brandversuche

Die in DIN 4102 Teil 4 genannten Bauteile von Lüftungsleitungen sind ohne Nachweis nach Abschnitt 4.1 in die (in DIN 4102 Teil 4) genannte Feuerwiderstandsklasse einzureihen.

5 Schächte, Kanäle, Rohre und Formstücke als Bauteile von Lüftungsleitungen

5.1 Anforderungen

5.1.1 Die zu Probekörpern zusammengesetzten Bauteile von Lüftungsleitungen einschließlich ihrer Befestigungsmittel und Verbindungsmittel müssen im Brandversuch nach Abschnitt 5.2 folgende Anforderungen erfüllen:

a) Sie müssen innerhalb und außerhalb des Brandraumes standsicher bleiben; mehrschalige Lüftungsleitungen gelten als standsicher, wenn eine Schale standsicher bleibt.

b) Der Durchtritt von Feuer in die Beobachtungsräume nach Bild 1 und Bild 2 muß verhindert werden (Raumabschluß, siehe hierzu DIN 4102 Teil 2, Ausgabe September 1977, Abschnitt 6.2.6).

c) Sie dürfen sich außerhalb des Brandraumes
   - auf der Außenseite um nicht mehr als 140 K im Mittel,
   - an keiner Stelle um mehr als 180 K sowie
   - an den Außenseiten von Zungen um nicht mehr als 300 K im Mittel

   über die Anfangstemperatur erwärmen.

d) In den Beobachtungsräumen nach Bild 1 und Bild 2 darf kein Rauch austreten;

   ferner dürfen Gase, die an den planmäßigen Öffnungen der Lüftungsleitungen in den Beobachtungsräumen austreten, keine Temperatur haben, die um mehr als 180 K über der Anfangstemperatur der Probekörper in den Beobachtungsräumen liegt.

e) Die aus brennbaren Baustoffen bestehenden inneren Schalen mehrschaliger Leitungen, die im Brandraum keine Öffnungen haben, dürfen sich nicht entzünden.

5.1.2 Falls Lüftungsleitungen durch Wände geführt werden sollen, dürfen die Probekörper einschließlich etwaiger Kompensatoren beim Brandversuch keine größeren Kräfte als 1 kN in die Prüfwand eintragen.

5.2 Brandversuch

5.2.1 Prüfstand

Der Brandversuch ist in einem Prüfstand nach Bild 1 und Bild 2 durchzuführen. Der Prüfstand muß mit zwei Ventilatoren ausgerüstet sein. Ventilator 1 muß Brandgasströmungen in den Probekörpern von mindestens 3 m/s, Ventilator 2 statische Unterdrücke im jeweiligen Beobachtungsraum von mindestens 20 Pa erzeugen können.

5.2.2 Probekörper

Die Bauteile sind zu Probekörpern zusammenzusetzen, die den Brandraum und den Beobachtungsraum durchqueren. Die Probekörper müssen alle für das Brandverhalten maßgebenden Bauteile der Lüftungsleitungen einschließlich Verbindungen und Befestigungen enthalten. Die Probekörper müssen so angeordnet werden, daß ihr Brandver-

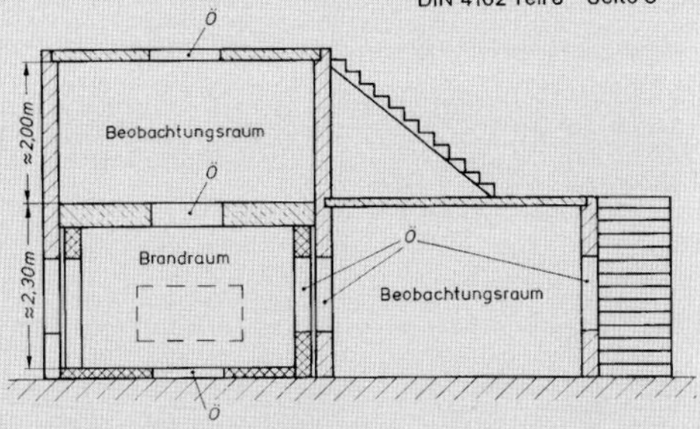

Bild 1. Längsschnitt Prüfstand

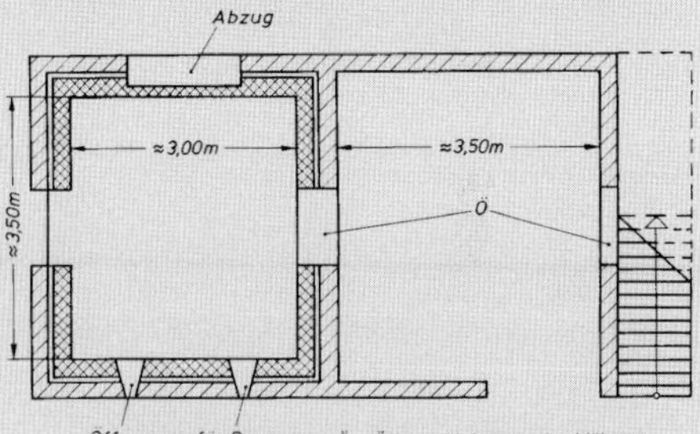

Öffnungen für Brenner Ö = Öffnung für Leitungsdurchführung

Anmerkung: Die Anordnung und Ausführung der Treppen (mit Geländer und Umwehrungen) ist freigestellt.

Bild 2. Grundriß Prüfstand

[2] Nach den Prüfzeichenverordnungen der Länder bedürfen voraussichtlich ab 1. Januar 1981 Rohre, Formstücke, Verbindungsmittel und Befestigungsmittel für Lüftungsleitungen, die gegen Feuer und Rauch widerstandsfähig sein müssen, eines Prüfzeichens des Instituts für Bautechnik in Berlin, sofern sie nicht im Anhang zur Prüfzeichenverordnung ausgenommen sind.

Neben den Festlegungen dieser Norm sind die „Bau- und Prüfgrundsätze für Rohre und Formstücke für Lüftungsleitungen im Hinblick auf Anforderungen des Brandschutzes maßgebend. Diese „Bau- und Prüfgrundsätze“ werden in den „Mitteilungen“ des Instituts für Bautechnik, Reichpietschufer 72-76, 1000 Berlin 30, veröffentlicht und sollen künftig auch über den Beuth Verlag zu beziehen sein.

Bis zum 31. Dezember 1980 genügt der Nachweis der brandschutztechnischen Brauchbarkeit durch Prüfzeugnis; neben den Festlegungen dieser Norm sind dabei gleichfalls die „Bau- und Prüfgrundsätze für Rohre und Formstücke für Lüftungsleitungen im Hinblick auf Anforderungen des Brandschutzes“ maßgebend.

[3] Nach den Prüfzeichenverordnungen der Länder bedürfen Absperrvorrichtungen gegen Brandübertragung in Lüftungsleitungen eines Prüfzeichens des Instituts für Bautechnik in Berlin.

Neben den Festlegungen dieser Norm sind die „Bau- und Prüfgrundsätze für Absperrvorrichtungen gegen Feuer und Rauch in Lüftungsleitungen“ maßgebend. Diese „Bau- und Prüfgrundsätze“ werden in den „Mitteilungen“ des Instituts für Bautechnik, Reichpietschufer 72-76, 1000 Berlin 30, veröffentlicht und sollen künftig auch über den Beuth Verlag zu beziehen sein.

halten bei Beanspruchung von außen, von innen, sowie von außen und innen beurteilt werden kann; Abzweige und Leitungsgruppen müssen so eingebaut sein, daß die Auswirkungen der gleichzeitigen Beanspruchung von Bauteilen durch einen Brandgasstrom und einen Luftstrom von Raumtemperatur beobachtet werden kann.

5.2.3 Durchführung des Brandversuches

5.2.3.1 Ventilator 1 ist vor Beginn der Beflammung des Brandraumes so einzustellen, daß die Luft in der Prüfleitung eine mittlere Strömungsgeschwindigkeit von etwa 3 m/s hat. Mit dieser Einstellung wird der Ventilator 1 während folgender Zeitabschnitte, gerechnet vom Beginn der Beflammung, betrieben:

1. bis 20. Minute
31. bis 50. Minute
61. bis 80. Minute
91. bis 110. Minute

Ventilator 2 wird vor Beginn der Beflammung so eingestellt, daß er im jeweiligen Beobachtungsraum einen statischen Unterdruck von 20 Pa erzeugt. Mit dieser Einstellung wird der Ventilator 2 während folgender Zeitabschnitte, gerechnet vom Beginn der Beflammung, betrieben:

21. bis 30. Minute
51. bis 60. Minute
81. bis 90. Minute
111. bis 120. Minute

Öffnungen in den Probekörpern außerhalb des Brandraumes, die die Beobachtung der Dichtheit erschweren, sind zu verschließen, solange der Ventilator 2 läuft.

5.2.3.2 Für die Durchführung der Versuche gilt DIN 4102 Teil 2 sinngemäß.

Der Brandraum wird so beflammt, daß das Äußere der Prüfleitung im Brandraum auf der ganzen Länge vom Feuer beansprucht wird.

5.2.3.3 Am Ende der Brandversuche wird durch Besichtigung geprüft, ob die Standsicherheit und der Raumabschluß der Probekörper gewahrt ist. Rißbildungen und Raucheintritt in die Beobachtungsräume sind während des Brandversuches festzustellen.

5.2.3.4 Beim Brandversuch sind die Verschiebungen der Probekörper an den Durchtrittsstellen durch die Wände bzw. Decken mit einer Genauigkeit von mindestens 1 mm zu messen.

5.2.3.5 Bei der Prüfung waagerechter Leitungen sind die in die unverschieblich anzuordnende Prüfwand senkrecht eingeleiteten Kräfte zu messen.

6 Absperrvorrichtungen gegen Brandübertragung in Lüftungsleitungen (Brandschutzklappen) [4]

6.1 Anforderungen

6.1.1 Beim Versuch nach Abschnitt 6.2.1 dürfen an der Absperrvorrichtung keine wesentlichen Beschädigungen auftreten, insbesondere dürfen die Dichtheit und die sonstigen brandschutztechnischen Eigenschaften nicht beeinträchtigt werden.

6.1.2 Die Absperrvorrichtungen müssen leicht, sicher und so dicht schließen, daß beim Versuch nach Abschnitt 6.2.2 ein Luftvolumenstrom von 10 m^3/h je laufenden Meter Umfang des kleinsten lichten Querschnittes des Gehäuses in der Ebene der geschlossenen Absperrvorrichtung nicht überschritten wird. Hierzu sind folgende Annahmen über die Unterschiede der statischen Drücke zugrundezulegen:

a) Für die Absperrvorrichtungen von Lüftungsanlagen, deren Ventilator bei geschlossener Absperrvorrichtung laufen kann:
   bei planmäßiger Strömungsrichtung 200 Pa
   bei entgegengesetzter Strömungsrichtung 40 Pa

b) Für die übrigen Absperrvorrichtungen: 40 Pa

6.1.3 Auf der vom Feuer abgekehrten Oberfläche von Absperrvorrichtungen, an die keine Leitungen oder Leitungen aus brennbaren Baustoffen angeschlossen werden sollen, dürfen sich beim Brandversuch nach Abschnitt 6.2.3 die außerhalb des Brandraumes liegenden freiliegenden Oberflächen

- der angrenzenden Wand
- des Gehäuses und der angeschlossenen Leitung (Außenseite und Innenseite)
- sowie des beweglichen Teils der Absperrvorrichtungen

im Mittel um nicht mehr als 140 K erwärmen. Die Erwärmung darf an keiner Stelle mehr als 180 K betragen.

In einer 5 cm breiten streifenförmigen Randfläche auf der Wand, auf der Außenseite des Gehäuses neben der Wand, auf dem beweglichen Teil der Absperrvorrichtung sowie auf dem angrenzenden Teil der inneren Gehäuseoberfläche bleibt die Temperaturerhöhung während des Brandversuches unberücksichtigt.

Auf der vom Feuer abgekehrten Seite dürfen aus der lichten Öffnung der angeschlossenen Leitung keine Gase austreten, deren Temperatur um mehr als 140 K über der Anfangstemperatur liegt; Temperaturüberschreitungen bis zum Schließen der Absperrvorrichtung sind zulässig, wenn sie nach Dauer und Größe unbedenklich sind. Bei Absperrvorrichtungen, an die Leitungen aus nichtbrennbaren Baustoffen angeschlossen werden, gelten die gleichen Anforderungen; hierbei bleibt jedoch die Temperatur an der inneren Gehäuseoberfläche und auf dem beweglichen Teil der Absperrvorrichtung außer Betracht.

Nach dem Schließen der Absperrvorrichtungen muß der Durchtritt von Feuer (siehe DIN 4102 Teil 2, Ausgabe September 1977, Abschnitt 5.2.1) verhindert bleiben.

6.2 Durchführung der Prüfungen

6.2.1 Prüfung der Schließvorrichtung

Die Schließvorrichtung ist 50mal, bei Schließvorrichtungen mit lüftungstechnischen Funktionen 10 000mal zu betätigen.

6.2.2 Prüfung der Dichtheit

Zur Prüfung der Dichtheit ist ein Anschlußquerschnitt des Gehäuses der Absperrvorrichtung zu schließen. In den Gehäuseteilen zwischen der verschlossenen Gehäuseseite und der geschlossenen Absperrklappe ist durch Einblasen von Luft ein Überdruck entsprechend Abschnitt 6.1.2 von 200 Pa bzw. 40 Pa zu erzeugen.

Der Versuch ist von beiden Seiten vor der Brandprüfung durchzuführen. Die hierzu benötigte Luftmenge in m^3/h je laufenden Meter Umfang des kleinsten lichten Querschnittes des Gehäuses in der Ebene der geschlossenen Absperrklappe ist zu ermitteln.

6.2.3 Brandversuch

Bei der Prüfung von Absperrvorrichtungen besteht der Probekörper aus der Absperrvorrichtung und einem Krümmer von 90°, der beim Einbau der Absperrvorrichtung in Wände nach unten gerichtet ist.

[4]) Die nachfolgenden Anforderungen und Prüfungen beziehen sich auf mechanische Verschlußeinrichtungen. Bei anderen Absperrvorrichtungen, die nach dieser Norm beurteilt werden können, sind die Bestimmungen sinngemäß anzuwenden.

Die Probekörper sind nach den Angaben des Herstellers praxisgerecht einzubauen.

Die Versuche sind mit geöffneter Absperrvorrichtung zu beginnen und sinngemäß nach DIN 4102 Teil 2, Ausgabe September 1977, Abschnitt 6.2, durchzuführen.

Von jeder Absperrvorrichtung sind zwei Probekörper einem Brandversuch zu unterziehen. Hierbei wird jedes Stück nur einmal, jedoch von unterschiedlichen Seiten beflammt. Sind Absperrvorrichtungen für unterschiedlichen Einbau vorgesehen, z. B. Einbau in Wänden, in Decken und zum waagerechten oder senkrechten Einbau außerhalb von Decken und Wänden, oder sind Absperrvorrichtungen zur Verwendung ohne und mit Bauteilen entsprechend Abschnitt 3.4 vorgesehen, so sind auch für jede Kombination vorstehender Merkmale zwei Probekörper zu prüfen.

7 Prüfzeugnis

Über die Durchführung und die Ergebnisse der Prüfungen ist ein Prüfzeugnis auszustellen. Hierfür gilt DIN 4102 Teil 2, Ausgabe September 1977, Abschnitt 8, sinngemäß, jedoch ohne Tabelle 2.

Prüfzeugnisse, die zur Beantragung eines Prüfzeichens dienen, erhalten die Überschrift:

„Prüfzeugnis zur Beantragung eines Prüfzeichens".

Erläuterungen

Im bauaufsichtlichen Verfahren werden z. Z. nur Prüfzeugnisse über Prüfungen von folgenden Prüfanstalten anerkannt:

1. Staatliches Materialprüfungsamt Nordrhein-Westfalen
   Marsbruchstraße 186
   4600 Dortmund 41 (Aplerbeck)

2. Institut für Haustechnik
   der Technischen Universität München
   Arcisstraße 21
   8000 München 2

3. Amtliche Forschungs- und Materialprüfungsanstalt
   für das Bauwesen
   – Otto-Graf-Institut –
   Universität Stuttgart
   Pfaffenwaldring 4
   7000 Stuttgart 80 (Vaihingen)

Auslöseeinrichtungen prüfen:

1. Forschungsgruppe „Automatische Brandentdeckung"
   bei der Gesamthochschule Duisburg
   Fachbereich 9
   Elektrotechnik – Nachrichtenübertragung
   Bismarckstraße 81
   4100 Duisburg

2. Verband der Sachversicherer
   Schadensverhütung und Technik
   Riehler Straße 36
   5000 Köln 1

3. Amtliche Forschungs- und Materialprüfungsanstalt
   für das Bauwesen
   – Otto-Graf-Institut –
   Universität Stuttgart
   Pfaffenwaldring 4
   7000 Stuttgart 80 (Vaihingen)

DK 699.81 : 69.024 : 614.841.332
: 001.4 : 620.1

September 1977

Brandverhalten von Baustoffen und Bauteilen
Bedachungen
Begriffe, Anforderungen und Prüfungen

DIN 4102 Teil 7

Behaviour of building materials and components in fire; roofing; definitions, requirements and tests

Mit DIN 4102 Teil 3, Teil 5 und Teil 6 Ersatz für DIN 4102 Teil 3, Ausgabe Februar 1970

Frühere Ausgaben:
DIN 4102 Teil 3: 02.70

Diese Norm wurde im Fachbereich „Einheitliche Technische Baubestimmungen" des NABau ausgearbeitet. Sie ist den obersten Baubehörden vom Institut für Bautechnik (IfBt), Berlin, zur bauaufsichtlichen Einführung empfohlen worden.

Diese Norm enthält die Grundlage für die Realdefinition der Begriffe aus § 40 (1) der Musterbauordnung, wo es u. a. heißt: „... Die Dachhaut muß ... gegen Flugfeuer und strahlende Wärme widerstandsfähig sein".

Sie konkretisiert insoweit die brandschutztechnischen Begriffe der Landesbauordnungen, der zugehörigen Durchführungsverordnungen sowie weiterer Rechtsverordnungen und Verwaltungsvorschriften, die sich mit dem baulichen Brandschutz befassen.

In Zusammenhang mit der Überarbeitung von

DIN 4102 Teil 2 Brandverhalten von Baustoffen und Bauteilen; Begriffe, Anforderungen und Prüfungen von Bauteilen

DIN 4102 Teil 3 Brandverhalten von Baustoffen und Bauteilen; Begriffe, Anforderungen und Prüfungen von Sonderbauteilen

DIN 4102 Teil 4 Brandverhalten von Baustoffen und Bauteilen; Einreihung in die Begriffe

sowie der „Ergänzenden Bestimmungen zu DIN 4102" – jeweils Ausgabe Februar 1970 – wurde auch der Inhalt der Norm neu gegliedert:

DIN 4102 Teil 1 Brandverhalten von Baustoffen und Bauteilen; Baustoffe; Begriffe, Anforderungen und Prüfungen (bisher geregelt durch die oben genannten Ergänzenden Bestimmungen)

DIN 4102 Teil 2 Brandverhalten von Baustoffen und Bauteilen; Bauteile; Begriffe, Anforderungen und Prüfungen

DIN 4102 Teil 3 Brandverhalten von Baustoffen und Bauteilen; Brandwände und nichttragende Außenwände; Begriffe, Anforderungen und Prüfungen

DIN 4102 Teil 4 Brandverhalten von Baustoffen und Bauteilen; Zusammenstellung und Anwendung klassifizierter Baustoffe, Bauteile und Sonderbauteile (z. Z. noch Entwurf)

DIN 4102 Teil 5 Brandverhalten von Baustoffen und Bauteilen; Feuerschutzabschlüsse, Abschlüsse in Fahrschachtwänden und gegen Feuer widerstandsfähige Verglasungen; Begriffe, Anforderungen und Prüfungen

DIN 4102 Teil 6 Brandverhalten von Baustoffen und Bauteilen; Lüftungsleitungen; Begriffe, Anforderungen und Prüfungen

DIN 4102 Teil 7 Brandverhalten von Baustoffen und Bauteilen; Bedachungen; Begriffe, Anforderungen und Prüfungen

DIN 4102 Teil 8 Brandverhalten von Baustoffen und Bauteilen; Kleinprüfstand (z. Z. noch Entwurf)

Änderung September 1977:
Aus DIN 4102 Teil 3, Ausgabe Februar 1970, den Abschnitt 8 übernommen, redaktionell überarbeitet und auf den neuesten Stand gebracht.

Fortsetzung Seite 2 und 3
Erläuterungen Seite 4

Normenausschuß Bauwesen (NABau) im DIN Deutsches Institut für Normung e. V.

Inhalt

Maße in mm

1 Geltungsbereich

In dieser Norm werden brandschutztechnische Begriffe, Anforderungen und Prüfungen für Bedachungen zum Nachweis der Widerstandsfähigkeit gegen Flugfeuer und strahlende Wärme festgelegt.

2 Mitgeltende Normen

DIN 4077	Holzwolle
DIN 4102 Teil 4	Brandverhalten von Baustoffen und Bauteilen; Einreihung in die Begriffe (Ausgabe Februar 1970)
DIN 4102 Teil 4	(z. Z. noch Entwurf) Brandverhalten von Baustoffen und Bauteilen; Zusammenstellung und Anwendung klassifizierter Baustoffe, Bauteile und Sonderbauteile
DIN 50014	Klimate und ihre technische Anwendung; Normalklimate

3 Begriffe

Als Bedachungen im Sinne dieser Norm gelten Dacheindeckungen und Dachabdichtungen einschließlich etwaiger Dämmschichten sowie Lichtkuppeln oder andere Abschlüsse für Öffnungen im Dach.

Gegen Flugfeuer und strahlende Wärme widerstandsfähige Bedachungen sollen die Ausbreitung des Feuers auf dem Dach und eine Brandübertragung vom Dach in das Innere des Gebäudes bei der in dieser Norm festgelegten Beanspruchung verhindern.

4 Nachweis der Widerstandsfähigkeit gegen Flugfeuer und strahlende Wärme

4.1 Mit Brandversuchen

Die Widerstandsfähigkeit von Bedachungen gegen Flugfeuer und strahlende Wärme muß durch Brandversuche nach Abschnitt 7 gegebenenfalls in Verbindung mit Abschnitt 8 nachgewiesen werden.

4.2 Ohne Brandversuche

Die in DIN 4102 Teil 4 genannten Bedachungen sind ohne weiteren Nachweis widerstandsfähig gegen Flugfeuer und strahlende Wärme.

5 Anforderungen [1])

Als widerstandsfähig gegen Flugfeuer und strahlende Wärme gilt eine Bedachung

- für eine Dachneigung bis zu 20°, wenn ein Probedach bei 15° Neigung geprüft ist,
- für unbeschränkte Dachneigung – bei lotrechten oder annähernd lotrechten Flächen jedoch nicht über 1,00 m Höhe –, wenn Probedächer bei 15° und bei 45° Neigung geprüft sind.

Die Probedächer müssen beim Brandversuch nach Abschnitt 7 folgende Anforderungen erfüllen:

a) Die an der Oberfläche oder im Innern verkohlten oder durch Verbrennen zerstörten Flächen der Probedächer dürfen im Mittel nicht größer als 0,25 m^2 sein. Kein Einzelwert darf größer als 0,30 m^2 sein. Verfärbungen, Verrußungen und Gefügeänderungen wie Verziehen, Sintern, Schmelzen, Kräuselung, Blasenbildung u. ä. bleiben außer Betracht.

b) Flüssig gewordene Teile der Probedächer dürfen im Mittel höchstens bis zu 50 cm, gemessen vom unteren Rand des Drahtgestells, brennend ablaufen. Kein Einzelwert darf größer als 60 cm sein [2]).

c) An der Unterseite des Probedaches dürfen keine Flammen auftreten.

d) Teile des Probedaches dürfen nicht brennend oder glimmend abfallen.

e) Das Probedach muß so geschlossen bleiben, daß brennende oder glimmende Teile nicht durch die Bedachung nach Abschnitt 6.3 bzw. die geschlossene tragende Unterlage nach Abschnitt 6.4 durchfallen können. Löcher bis zu 0,25 cm^2 Fläche – je Versuchsstelle insgesamt bis zu 45 cm^2 Fläche – sind zulässig, wenn der Abstand von Lochrand zu Lochrand mindestens 1 cm beträgt.

6 Probedach

6.1 Allgemeiner Aufbau

Für jede zu prüfende Dachneigung (15° bzw. 45°) ist ein Probedach mit den Mindest-Flächenabmessungen 2,5 m × 2 m herzustellen.

Die oberste Lage des Probedaches ist so auszuführen, daß entsprechend der praktischen Anwendung je eine Stoßüberdeckung parallel und senkrecht zur Dachneigung beim Versuch erfaßt werden kann.

Das Probedach muß in allen Einzelheiten der praktischen Anwendung der Bedachungen entsprechen und zwar sowohl hinsichtlich Art und Lagenzahl der Bedachungsmaterialien (einschließlich etwaiger Dämmschichten usw.) als auch hinsichtlich ihrer Befestigung miteinander.

Weitere Einzelheiten zu den Probedächern sind je nach Art der Bedachung den nachfolgenden Abschnitten 6.3 und 6.4 zu entnehmen.

6.2 Vorbehandlung des Probedaches

Bedachungsmaterialien, die Feuchtigkeit enthalten, und die Holzschalungen (siehe Abschnitte 6.4.1) müssen vor der

---

[1]) Die Prüfung auf Widerstandsfähigkeit gegen Flugfeuer und strahlende Wärme ersetzt nicht die Prüfung auf Wärmebeständigkeit gegen Sonneneinstrahlung (siehe DIN 52123 Teil 1).

[2]) Ein kurzzeitiges Aufflammen freiwerdender Zersetzungsgase bei ablaufenden flüssigen Teilen wird nicht gewertet.

Prüfung einen Feuchtigkeitsgehalt aufweisen, wie er sich bei Lagerung in Normalklima DIN 50 014 – 20/65-2 einstellt.

6.3 Bedachungen ohne geschlossene tragende Unterlage

Der Abstand von Unterstützungen jeder Art muß den vom Hersteller für die Anwendung vorgeschriebenen höchstzulässigen freien Stützweiten entsprechen.

6.4 Bedachungen auf geschlossener tragender Unterlage

6.4.1 Werden Bedachungsmaterialien in der Praxis auf verschiedenartigen geschlossenen Unterlagen angewandt, ist als tragende Unterlage für den Dachaufbau eine Holzschalung zu verwenden, bestehend aus parallel zur Traufe verlaufenden, rund 20 mm dicken, ungehobelten, an den Längskanten abgerichteten Fichtenholzbrettern, die dicht aneinanderstoßen.

6.4.2 Für Bedachungen, die gemäß ihrer praktischen Anwendung nur auf massivem, nichtbrennbarem Untergrund zur Anwendung kommen, können abweichend hiervon als Unterlage 10 mm dicke Asbestzementtafeln verwendet werden.

6.5 Lichtkuppeln oder andere Abschlüsse für Öffnungen im Dach

Lichtkuppeln oder andere Abschlüsse für Öffnungen im Dach sind mit seitlichen Anschlüssen entsprechend der praktischen Anwendung in Probedächern geeigneter Abmessungen einzubauen.

7 Durchführung der Brandversuche

7.1 Die Versuche sind in einem geschlossenen, zugfreien, mindestens 150 m³ großen Raum durchzuführen. Die Lufttemperatur im Prüfraum soll vor dem Brandversuch 20 °C ± 5 K betragen. Eine über dem Probedach angeordnete und in der Grundfläche diesem etwa entsprechende Absaughaube darf so betrieben werden, daß der bei den Versuchen entstehende Rauch gerade noch abgezogen wird.

Das Probedach darf an seinen Rändern so abgeschirmt werden, daß keine Gase von der Unterseite des Probedaches auf seine Oberseite gelangen können.

7.2 Zum Versuch wird Holzwolle Nr 20 aus Fichte mit 2 mm Breite nach DIN 4077 in Normalklima 20/65-2 nach DIN 50 014 bis zur Gewichtskonstanz gelagert. 600 g der so vorbehandelten Holzwolle werden in ein oben und unten offenes Drahtgestell (Drahtdicke 3 mm, quadratische Maschen von 50 mm Maschenweite) mit den Abmessungen 300 mm × 300 mm und 200 mm Höhe gleichmäßig eingedrückt. Das Drahtgestell besitzt unten an allen vier Ecken 1 cm über die waagerechten Drähte überstehende Füße, um den in Abschnitt 7.3 genannten Abstand zur Bedachung zu gewährleisten.

7.3 Das gefüllte Drahtgestell wird parallel zur Dachfläche in etwa 1 cm Abstand von dieser (bei Wellplatten von den Wellenbergen) aufgehängt oder wahlweise bei Bedachungen mit festen Unterlagen auf die Füße aufgesetzt. Die Holzwolle wird bei jedem Versuch gleichzeitig an allen vier Seiten unten angezündet.

7.4 Brandversuche sind jeweils an vier Stellen desselben Probedaches auszuführen, wobei das Drahtgestell je einmal über einer parallel und senkrecht zur Dachneigung vorhandenen Stoßüberdeckung der obersten Lage, und zweimal über der ungestoßenen (nicht überlappten) Fläche angeordnet wird.

Bei Lichtkuppeln sind zwei Versuche an den seitlichen Anschlüssen und mindestens ein Versuch an der Kuppelfläche auszuführen. Bei anderen Abschlüssen von Öffnungen im Dach sind mindestens drei Versuche an den ungünstigsten Stellen auszuführen.

7.5 Beim Brandversuch sind die wesentlichen Brandererscheinungen am Probedach zu protokollieren. Der Versuch kann vorzeitig abgebrochen werden, wenn ein eindeutiges Versuchsergebnis erreicht ist.

Die Versuche sind am Probedach nacheinander durchzuführen. Zwischen aufeinanderfolgenden Brandversuchen sind Wartezeiten einzulegen, wenn sonst das Ergebnis des nachfolgenden Versuches beeinflußt sein kann (z. B. durch Vorwärmung der Bedachung).

8 Besondere Nachweise

8.1 Abweichende Dachneigungen

In Sonderfällen (z. B. Einzelnachweis), kann der Nachweis der Widerstandsfähigkeit gegen Flugfeuer und strahlende Wärme abweichend von den Festlegungen über die Neigung auch durch Prüfung bei der tatsächlichen Dachneigung, jedoch nicht weniger als 15° erfolgen. Der Nachweis gilt dann jedoch nur für die geprüfte Dachneigung.

8.2 Abweichende Vorbehandlung

Bestehen Bedenken, daß unter den in Abschnitt 6.2 genannten Vorbehandlungsbedingungen Bedachungen nicht hinreichend beurteilt werden können, so ist in zusätzlichen Versuchen nach Abschnitt 7 nach praxisgerechter Vorbehandlung der Bedachungsmaterialien das Erfüllen der Anforderungen nach Abschnitt 5 zu überprüfen.

9 Prüfzeugnis

9.1 Über die Durchführung und die Ergebnisse der Prüfungen ist ein Prüfzeugnis auszustellen. In diesem Prüfzeugnis sind unter Hinweis auf diese Norm die Angaben der Abschnitte 9.2 bis 9.8 anzugeben.

9.2 Genaue Beschreibung des Dachaubaues einschließlich der Befestigungsart (Nägel, Kleber etc.).

Rohdichte bzw. Flächengewicht, gegebenenfalls Feuchtigkeitsgehalte der verwendeten Baustoffe, Auftragsmengen von Klebern oder dergleichen.

9.3 Beobachtungen während des Versuchsablaufs und Angabe der Zeitpunkte, z. B.

Flammen am Probedach
Ablauflängen brennender Teile
Abfallen von brennenden oder glimmenden Teilen
Entstehen von Löchern im Probedach.

9.4 Angaben über Abmessungen der verkohlten bzw. durch Verbrennen zerstörten Flächen des Probedaches an der Oberfläche und im Innern, Angaben über Art und Umfang der Schäden an der tragenden Unterlage.

9.5 Fotografische Abbildung des geprüften Probedaches.

9.6 Zusammenfassung der Ergebnisse mit Beurteilung, ob die Anforderungen nach Abschnitt 5 dieser Norm erfüllt sind.

9.7 Angaben zum Anwendungsbereich des Prüfzeugnisses nach Abschnitt 5 dieser Norm.

9.8 Die Gültigkeitsdauer jedes Prüfzeugnisses ist zunächst auf höchstens 5 Jahre zu begrenzen, sie kann auf Antrag verlängert werden.

Weitere Normen

DIN 52 123 Teil 1 Prüfung von bituminösen Bahnen; Dachbahnen und nackte bituminöse Bahnen

Erläuterungen

Im bauaufsichtlichen Verfahren werden z. Z. nur Prüfzeugnisse über Prüfungen von folgenden Prüfanstalten anerkannt:

1. Bundesanstalt für Materialprüfung (BAM)
   Unter den Eichen 87
   1000 Berlin 45 (Dahlem)
2. Institut für Baustoffkunde und Stahlbetonbau
   der Technischen Universität Braunschweig
   Amtliche Materialprüfanstalt für das Bauwesen
   Beethovenstraße 52
   3300 Braunschweig
3. Staatliches Materialprüfungsamt
   Nordrhein-Westfalen (MPA NW)
   Marsbruchstraße 186
   4600 Dortmund 41 (Aplerbeck)
4. Amtliches Forschungs- und Materialprüfungsanstalt
   für das Bauwesen
   – Otto-Graf-Institut –
   Universität Stuttgart
   Pfaffenwaldring 4
   7000 Stuttgart 80 (Vaihingen)

DK 699.81 : 691 : 614.841.332 Februar 1978

	Brandverhalten von Baustoffen und Bauteilen Inhaltsverzeichnisse	Beiblatt 1 zu DIN 4102

Behaviour of building materials and components in fire; indexes

> Dieses Beiblatt enthält Informationen zu DIN 4102 Teil 1 bis Teil 7 und Teil 8 (z. Z. noch Entwurf), jedoch keine zusätzlichen genormten Festlegungen.

Bearbeitet in der Geschäftsstelle NABau Berlin, auf Veranlassung des NABau-Arbeitsausschusses „Brandverhalten von Baustoffen und Bauteilen" (Beschluß des Koordinierungsausschusses am 16. Mai 1977).
Dieses Beiblatt bezieht sich auf DIN 4102 Teil 1 bis Teil 3 und Teil 5 bis Teil 7 (jeweils Ausgabe September 1977), auf den Entwurf DIN 4102 Teil 8 (Ausgabe September 1977) sowie auf die vorgesehene Fassung der Folgeausgabe von DIN 4102 Teil 4.

Seite

1 Inhalt DIN 4102 Teil 1

2 Inhalt DIN 4102 Teil 2

Fortsetzung Seite 2 bis 5
Erläuterungen Seite 5

Normenausschuß Bauwesen (NABau) im DIN Deutsches Institut für Normung e. V.

Seite 2 Beiblatt 1 zu DIN 4102

3 Inhalt DIN 4102 Teil 3

4 Inhalt DIN 4102 Teil 4 Manuskript Entwurf Dezember 1977

Beiblatt 1 zu DIN 4102 Seite 3

7 Klassifizierte Bauteile

7.1 Feuerwiderstandsklassen von Wänden
7.1.1 Allgemeines
7.1.2 Wände aus Normalbeton
7.1.3 Wände aus bewehrtem Gasbeton
7.1.4 Wände aus Mauerwerk oder Wandbauplatten
7.1.4.1 Allgemeines
7.1.4.2 Mindestdicke
7.1.4.3 Stürze
7.1.5 Wände aus Holz und Holzwerkstoffen
7.1.5.1 Allgemeines
7.1.5.2 Mindestabmessungen
7.1.6 Fachwerkwände mit ausgefüllten Gefachen
7.1.7 Wände aus Gipskartonbauplatten
7.1.7.1 Allgemeines
7.1.7.2 Mindestabmessungen
7.1.8 Zweischalige Wände aus Holzwolleleichtbauplatten nach DIN 1101 mit Putz
7.1.8.1 Allgemeines
7.1.8.2 Mindestdicke
7.2 Feuerwiderstandsklassen von Decken
7.2.1 Allgemeines
7.2.2 Decken aus Stahlbeton- oder Spannbetonplatten aus Normalbeton
7.2.2.1 Geltungsbereich
7.2.2.2 Mindestdicke von Platten ohne Hohlräume
7.2.2.3 Mindestdicke von Platten mit Hohlräumen
7.2.2.4 Mindestachsabstand der Bewehrung bei frei aufliegenden Platten
7.2.2.5 Bewehrung und Mindestachsabstand der Bewehrung bei durchlaufenden Platten
7.2.2.6 Bewehrung und Mindestachsabstand der Bewehrung bei eingespannten Platten
7.2.2.7 Fugen zwischen Fertigteilplatten
7.2.3 Decken aus Stahlbeton- oder Spannbetonhohldielen, Bimsbetonhohldielen oder Gasbetonplatten
7.2.3.1 Geltungsbereich
7.2.3.2 Mindestdicken
7.2.3.3 Mindestachsabstände
7.2.4 Stahlbeton- oder Spannbetonrippen- oder Balkendecken aus Normalbeton ohne Zwischenbauteile
7.2.4.1 Geltungsbereich
7.2.4.2 Bemessung der Platten
7.2.4.3 Bemessung der Rippen oder Balken
7.2.4.4 Fugen zwischen Rippen- oder Balkendecken aus Fertigteilen
7.2.5 Stahlbeton- oder Spannbeton-Balken- oder -Rippendecken aus Normalbeton mit Zwischenbauteilen nach DIN 4158
7.2.5.1 Geltungsbereich
7.2.5.2 Decken mit Zwischenbauteilen nach DIN 4158 der Formen A—D und DM (Decken mit ebener Deckenunterseite)
7.2.5.3 Decken mit Zwischenbauteilen nach DIN 4158 der Formen E, EM, F, FM und GM (Decken mit nichtebener Deckenunterseite)
7.2.6 Stahlbeton- oder Spannbetonrippendecken aus Normalbeton mit Zwischenbauteilen nach DIN 4159
7.2.6.1 Geltungsbereich
7.2.6.2 Zwischenbauteile nach DIN 4159
7.2.6.3 Decken mit ebener Deckenunterseite
7.2.6.4 Decken mit nichtebener Deckenunterseite
7.2.7 Stahlsteindecken nach DIN 1045, Ausgabe Januar 1972, Abschnitt 20.2
7.2.7.1 Zwischenbauteile nach DIN 4159
7.2.7.2 Mindestdeckendicke
7.2.7.3 Bewehrung
7.2.8 Stahlbeton- oder Spannbeton-Balken- oder -Rippendecken aus Normalbeton mit Zwischenbauteilen nach DIN 278 (Hourdis-Decken)
7.2.9 Stahlbeton- oder Spannbeton-Balken- oder -Rippendecken aus Normalbeton mit Zwischenbauteilen nach DIN 4160
7.2.10 Stahlbeton- oder Spannbeton-Balken- oder -Rippendecken aus Normalbeton mit Zwischenbauteilen aus Baustoffen der Klasse B
7.2.11 Stahlbetondecken in Verbindung mit Stahlträgern
7.2.11.1 Decken ohne Zwischenbauteile
7.2.11.2 Hourdisdecken
7.2.11.3 Decken nach Abschnitt 7.2.11.1 und 7.2.11.2 mit Unterdecken
7.2.11.4 Decken mit freiliegenden Stahlträgern
7.2.12 Decken mit Unterdecken
7.2.12.1 Geltungsbereich
7.2.12.2 Bemessung der tragenden Decken (Rohdecken)
7.2.12.3 Bemessung der Unterdecken
7.2.13 Unterdecken, die allein einer Feuerwiderstandsklasse angehören
7.2.13.1 Geltungsbereich
7.2.13.2 Bemessung der Unterdecken
7.2.14 Decken aus Holz und Holzwerkstoffen mit verdeckt angeordneten Holzbalken oder Holzrippen
7.2.14.1 Geltungsbereich
7.2.14.2 Bemessung der unteren Deckenbekleidung
7.2.14.3 Bemessung des Fußbodens
7.2.15 Decken aus Holz und Holzwerkstoffen mit freiliegenden Holzbalken
7.3 Feuerwiderstandsklassen von Dächern
7.3.1 Geltungsbereich
7.3.2 Massiv- und Holzdächer entsprechend Abschnitt 7.2 (unbelüftete Dächer)
7.3.3 Sonstige Dächer mit Bedachungen nach Abschnitt 8.7 (belüftete Dächer)
7.4 Feuerwiderstandsklassen von Balken und Trägern
7.4.1 Statisch bestimmt gelagerte Stahlbeton- oder Spannbetonbalken aus Normalbeton bei dreiseitiger Brandbeanspruchung
7.4.1.1 Geltungsbereich
7.4.1.2 Mindestabmessungen
7.4.1.3 Mindestachsabstand und Mindeststabzahl der Bewehrung
7.4.2 Statisch unbestimmt gelagerte Stahlbeton- oder Spannbetonbalken aus Normalbeton bei dreiseitiger Brandbeanspruchung
7.4.2.1 Geltungsbereich
7.4.2.2 Mindestabmessungen
7.4.2.3 Bewehrung und Mindestachsabstand der Bewehrung bei durchlaufenden oder eingespannten Balken
7.4.3 Statisch bestimmt gelagerte Stahlbeton- oder Spannbetonbalken aus Normalbeton bei vierseitiger Brandbeanspruchung
7.4.3.1 Mindestabmessungen

Seite 4 Beiblatt 1 zu DIN 4102

5 Inhalt DIN 4102 Teil 5

6 Inhalt DIN 4102 Teil 6

7 Inhalt DIN 4102 Teil 7

8 Inhalt DIN 4102 Teil 8

(Entwurf September 1977)

Erläuterungen

Die Überarbeitung der Normen der Reihe DIN 4102, Ausgabe Februar 1970, ist derzeit (siehe Ausgabemonat dieses Beiblattes) noch nicht vollständig abgeschlossen.

Mit Ausgabe September 1977 erschienen zwar DIN 4102 Teil 1 bis Teil 3 sowie Teil 5 bis Teil 7 als endgültige Fassungen. Gleichzeitig kam DIN 4102 Teil 8 als Entwurf heraus. Die überarbeitete Fassung von DIN 4102 Teil 4 liegt dagegen erst als Manuskript vor; mit der Herausgabe — zunächst als Norm-Entwurf — ist für das Frühjahr 1978 zu rechnen.

Um aber über den Inhalt der DIN 4102 und ihrer Folgeteile jetzt schon zu informieren und dem Anwender der Normen einen Überblick geben zu können, wurde die Herausgabe dieses Beiblattes vom Koordinierungsausschuß beschlossen.

Eine neue Ausgabe dieses Beiblattes (mit aktualisiertem Stand) ist vorgesehen, wenn alle Teile der DIN 4102 in endgültiger Fassung vorliegen.

Ein weiteres Beiblatt ist gleichfalls für diesen Zeitpunkt vorgesehen; es wird — analog zu DIN 1045 — ein alphabetisches Stichwortverzeichnis mit Fundstellen zum Inhalt haben und so gleichfalls die Anwendung der DIN 4102 und ihrer Folgeteile erleichtern.

2.6 Nicht mehr gültige Normteile der Jahre 1981 und 1987

In den Jahren 1981 bzw. 1987 erfolgte die Überarbeitung der Teile 1, 4 und 7 sowie des Beiblattes 1 zur DIN 4102. Als neue Teile von DIN 4102 kamen in den 1980er Jahren außerdem die Teile 8 und 9 hinzu (s. Tabelle 4). Die Mitte der 1970er Jahre gewählte Struktur blieb jedoch unverändert und wurde danach stetig erweitert, ohne dass die Teile 1 bis 7 in ihren Zuordnungen verändert wurden.

Der Tabelle 4 kann die weitere Bearbeitung der DIN 4102 zum Stand 1981/87 entnommen werden.

Tabelle 4: Teile von DIN 4102 und dazugehöriges Beiblatt, Veränderungen 1981 und 1987

Dokumentennummer	Dokumentenart	Ausgabe	Brandverhalten von Baustoffen und Bauteilen Titel des Normteils
DIN 4102, Teil 1	Norm	1981-05[1)]	Baustoffe – Begriffe, Anforderungen und Prüfungen
DIN 4102, Teil 4	Norm	1981-03[2)]	Zusammenstellung und Anwendung klassifizierter Baustoffe, Bauteile und Sonderbauteile
DIN 4102, Teil 7	Norm	1987-03[3)]	Bedachungen – Begriffe, Anforderungen und Prüfungen
DIN 4102, Teil 8	Norm	1986-05[4)]	Kleinprüfstand
DIN 4102, Teil 11	Norm	1985-12[4)]	Rohrummantelungen, Rohrabschottungen, Installationsschächte und -kanäle; Begriffe, Anforderungen und Prüfungen
Beiblatt 1 zu DIN 4102	Beiblatt	1981-05[5)]	Inhaltsverzeichnisse

Dokumenten-nummer	Doku-mentenart	Ausgabe	Brandverhalten von Baustoffen und Bauteilen Titel des Normteils
Erläuterungen: 1) *Im Teil 1 wurde das B2-Prüfverfahren modifiziert.* 2) *Dieser Teil erfuhr eine komplette Überarbeitung und wurde erheblich erweitert.* 3) *Insbesondere wurde die Berücksichtigung von Wärmedämmschichten aufgenommen.* 4) *Diese Teile werden an dieser Stelle lediglich informativ angeführt.* 5) *Dieses Beiblatt enthielt wiederum Informationen zu den Teilen 1 bis 7 von DIN 4102, ohne selbst zusätzlich genormte Festlegungen zu erhalten.*			

Das „Highlight“ der Normteilüberarbeitung dieser Zeit stellt zweifelsohne die umfangreiche Neuerarbeitung des Teils 4 von DIN 4102 dar. Mit 108 Seiten vollständig neu gefasst und erheblich erweitert, war mit diesem Teil eine umfangreiche Zusammenstellung möglicher Bauteilklassifizierungen verfügbar, die bei der Brandschutzplanung angewendet werden konnte. Neben den o. g. Normteilen wurden in den 1980er Jahren auch normative Regelungen zum Kleinprüfstand und zu Rohrummantelungen, Rohrabschottungen, Installationsschächten und -kanälen sowie den Abschlüssen ihrer Revisionsöffnungen erarbeitet, die in diese Zusammenstellung nicht aufgenommen wurden, weil diese entweder keinen wesentlichen Einfluss auf eine Brandschutzplanung im Bestand haben oder gegenwärtig noch gültig sind.

DK 699.81 : 691 : 614.841.332
: 001.4 : 620.1

Mai 1981

Brandverhalten von Baustoffen und Bauteilen

Baustoffe

Begriffe, Anforderungen und Prüfungen

DIN 4102 Teil 1

Behaviour of building materials and components in fire; building materials; definitions, requirements and tests

Frühere Ausgaben: 09.77

Diese Norm wurde im Fachbereich „Einheitliche Technische Baubestimmungen" des NABau ausgearbeitet. Sie ist den obersten Baubehörden vom Institut für Bautechnik, Berlin, zur bauaufsichtlichen Einführung empfohlen worden.

Diese Norm enthält die Grundlage für die Realdefinitionen der Begriffe „nichtbrennbare Baustoffe" und „brennbare Baustoffe" („schwerentflammbare", „normalentflammbare" und „leichtentflammbare Baustoffe"). Sie konkretisiert insoweit die brandschutztechnischen Begriffe der Landesbauordnungen, der zugehörigen Durchführungsverordnungen sowie weiterer Rechtsverordnungen und Verwaltungsvorschriften, die sich mit dem baulichen Brandschutz befassen.

Die Ausgabe September 1977 dieser Norm mußte aufgrund von Einwänden gegen die Prüfung mehrschichtiger Baustoffe der Klasse B 2 im Kurzverfahren (siehe DIN 820 Teil 4, Ausgabe Februar 1974, Abschnitt 3.2) überarbeitet werden.

Inhalt

Änderung Mai 1981:
Geltungsbereich präzisiert, B 2-Prüfverfahren modifiziert.

Fortsetzung Seite 2 bis 15
Erläuterungen Seite 15

Normenausschuß Bauwesen (NABau) im DIN Deutsches Institut für Normung e. V.

Seite 2 DIN 4102 Teil 1

Maße in mm

1 Geltungsbereich

1.1 In dieser Norm werden brandschutztechnische
- Begriffe
- Anforderungen
- Prüfungen und
- Kennzeichnungen

für Baustoffe festgelegt.

1.2 Die Norm gilt für die Klassifizierung des Brandverhaltens von Baustoffen zur Beurteilung des Risikos als Einzelbaustoff und auch erforderlichenfalls in Verbindung mit anderen Baustoffen; maßgebend ist das ungünstigere der beiden Ergebnisse. Einzelbaustoffe, die ausschließlich in Verbindung mit anderen Baustoffen verwendet werden können, sind in diesem Zustand zu beurteilen.

1.3 Als Baustoffe im Sinne dieser Norm gelten auch
- platten- und bahnenförmige Materialien
- Verbundwerkstoffe
- Bekleidungen
- Dämmschichten
- Beschichtungen
- Rohre und Formstücke

2 Mitgeltende Normen

DIN 4102 Teil 2	Brandverhalten von Baustoffen und Bauteilen; Bauteile-Begriffe, Anforderungen und Prüfungen
DIN 4102 Teil 4	Brandverhalten von Baustoffen und Bauteilen; Zusammenstellung und Anwendung klassifizierter Baustoffe, Bauteile und Sonderbauteile
DIN 4102 Teil 8	(z. Z. noch Entwurf) Brandverhalten von Baustoffen und Bauteilen; Kleinprüfstand
DIN 4189 Teil 1	Siebböden; Drahtgewebe aus Stahl-, nichtrostendem Stahl- und NE-Metalldraht; Maße
DIN 50014	Klimate und ihre technische Anwendung; Normalklimate
DIN 50050	Prüfung von Werkstoffen; Brennverhalten von Werkstoffen; Brennkasten
DIN 50051	Prüfung von Werkstoffen; Brennverhalten von Werkstoffen; Brenner
DIN 51622	Flüssiggase; Propan, Propen, Butan, Buten und deren Gemische; Anforderungen an die Qualität
DIN 51900 Teil 2	Prüfung fester und flüssiger Brennstoffe; Bestimmung des Brennwertes mit dem Bomben-Kalorimeter und Berechnung des Heizwertes, Verfahren mit isothermem Wassermantel
DIN 66081	Kennwerte für das Brennverhalten textiler Erzeugnisse; Textile Fußbodenbeläge

3 Baustoffklassen

Hinweis: Das Brandverhalten von Baustoffen wird nicht nur von der Art des Stoffes beeinflußt, sondern insbesondere auch von der Gestalt, der spezifischen Oberfläche und Masse, dem Verbund mit anderen Stoffen, den Verbindungsmitteln sowie der Verarbeitungstechnik.

Diese Einflüsse sind bei den Vorbereitungen von Prüfungen, bei der Auswahl von Proben und bei der Interpretation der Prüfergebnisse sowie bei der Kennzeichnung von Baustoffen zu berücksichtigen.

Die Baustoffe werden nach ihrem Brandverhalten in folgende Klassen eingeteilt:

Baustoffklasse	*Bauaufsichtliche Benennung*
A [1])	*nichtbrennbare Baustoffe* [1])
A1	
A2	
B	*brennbare Baustoffe*
B1 [1])	*schwerentflammbare Baustoffe* [1])
B2	*normalentflammbare Baustoffe*
B3	*leichtentflammbare Baustoffe*

Die Kurzzeichen und Benennungen dürfen nur dann verwendet werden, wenn das Brandverhalten nach dieser Norm ermittelt worden ist.

4 Nachweis der Baustoffklassen

4.1 Mit Brandversuchen

Die Baustoffklasse muß durch Prüfzeugnis bzw. Prüfzeichen [1]) auf der Grundlage von Brandversuchen nach dieser Norm nachgewiesen werden.

Die Prüfungen werden in der Regel an Baustoffen ohne Kantenschutz durchgeführt; mit Kantenschutz nur dann, wenn die Entstehung freiliegender Kanten durch nachträgliche Änderungen als ausgeschlossen gilt.

4.2 Ohne Brandversuche

Die in DIN 4102 Teil 4 genannten Baustoffe sind ohne weiteren Nachweis in die dort angegebene Baustoffklasse einzureihen.

4.3 Sonstiger Nachweis

Für Baustoffe, deren Brandverhalten durch Prüfungen nach dieser Norm nicht hinreichend beurteilt werden kann, können zusätzliche Prüfverfahren angewendet werden.

Anmerkung: Die Einreihung von Baustoffen in Baustoffklassen auf Grund des sonstigen Nachweises kann nur durch ein Prüfzeichen [1]) *bzw. durch eine bauaufsichtliche Zulassung vorgenommen werden.*

5 Baustoffe Klasse A

5.1 Baustoffe Klasse A1

5.1.1 Begriff und Anforderungen

Baustoffe erfüllen die Voraussetzungen für die Einreihung in die Klasse A1, wenn sie

---

[1]) Nach den Prüfzeichenverordnungen der Länder bedürfen nichtbrennbare (Klasse A) Baustoffe, soweit sie brennbare Bestandteile enthalten, und schwerentflammbare (Klasse B1) Baustoffe eines Prüfzeichens des Instituts für Bautechnik in Berlin, sofern sie nicht im Anhang zur Prüfzeichenverordnung ausgenommen sind.

Für die prüfzeichenpflichtigen Baustoffe ist eine Überwachung/Güteüberwachung mit entsprechender Kennzeichnung erforderlich.

Neben den Festlegungen dieser Norm sind die Prüfgrundsätze für prüfzeichenpflichtige nichtbrennbare (Klasse A) Baustoffe und die Prüfgrundsätze für prüfzeichenpflichtige schwerentflammbare (Klasse B1) Baustoffe maßgebend.

Diese „Prüfgrundsätze" sind in den „Mitteilungen" des Instituts für Bautechnik, Reichpietschufer 72-76, 1000 Berlin 30, veröffentlicht.

– die Prüfung im Ofen nach Abschnitt 5.1.2 bestehen und
– die Anforderungen an Baustoffe der Klasse A 2 erfüllen [2]).

Der Ofenversuch gilt als bestanden, wenn bei keiner der fünf [3]) unter Abschnitt 5.1.2 verlangten Proben

a) eine Entflammung (siehe Abschnitt 5.1.3) auftritt und
b) soviel Wärme abgegeben wird, daß dadurch die Temperatur im Ofen um mehr als 50 K über den Anfangswert ansteigt.

5.1.2 Prüfung

5.1.2.1 Anzahl und Maße der Proben

Es sind fünf [3]) Proben mit den Maßen 40 mm × 40 mm × 50 mm (Länge × Breite × Höhe) zu untersuchen (Toleranzen siehe Bild 2). Die Proben müssen so beschaffen sein, daß sie für das Brandverhalten dieses Baustoffes möglichst repräsentativ sind. Bei Baustoffen, die im Anlieferungszustand dünner als 40 mm sind, werden die Proben aus einzelnen Schichten zusammengesetzt.

Bei zusammendrückbaren Baustoffen ist die Dicke unter einer Flächenbelastung von 0,1 kN/m^2 maßgebend.

Muß die Probe aus einzelnen Schichten zusammengesetzt werden, so sind die einzelnen Schichten auf 40 mm × 50 mm (Länge × Höhe) zuzuschneiden. Die aneinandergelegten Schichten müssen 40 mm Dicke (Breite) der Probe ergeben; falls erforderlich, ist eine oder sind zwei Schichten auf die hierfür notwendige Dicke abzuarbeiten. Die bearbeitete Oberfläche dieser Schicht bzw. Schichten ist im Innern der Probe anzuordnen.

5.1.2.2 Vorbereitung der Proben

Die Proben werden bei einer Temperatur von 105 °C sechs Stunden getrocknet und dann in einem Exsikkator über kristallwasserfreiem $CaCl_2$ bis zum Versuch aufbewahrt.

An den Außenseiten aus mehreren Schichten zusammengesetzter Proben sind immer die im Brandverhalten ungünstigsten Oberflächen anzuordnen (siehe Bild 2). Aus mehreren Schichten zusammengesetzte Proben sind mit einem temperaturbeständigen Draht (z. B. NiCr) mit 0,2 mm Dicke einmal in halber Höhe der Probe so zusammenzubinden, daß die Schichtoberflächen fest aneinanderliegen.

Die zusammengebundenen Proben sind in ein Drahtgestell [Gewicht (5 ± 0,5) g] einzulegen, das die Probe stets in gleicher Lage hält.

Proben, die beim Versuch zerfallen können und Proben aus Baustoffen, die in loser Form geprüft werden, sind in Behältern aus Drahtgewebe DIN 4189 – 1 × 0,5 – X 5 CrNi 18 9 zu prüfen.

Proben aus einem Material, das während des Versuchs aus dem Behälter aus Drahtgewebe herauslaufen kann, sind in Behältern aus Nickelblech von 0,2 mm Dicke zu prüfen.

5.1.2.3 Versuchsdurchführung

Der Versuch wird in einem elektrisch beheizten Ofen [4]) nach Bild 1 durchgeführt, dessen Heizleiter gleichmäßig auf den Außenmantel des keramischen Heizleiterträgers aufgebracht ist.

Um die Temperaturschwankungen im Ofen zu mindern, ist mit einem Spannungsstabilisator die Netzspannung innerhalb einer Fehlergrenze von ± 0,5 % konstant zu halten.

Die Temperatur des Ofens wird mit einem Thermoelement gemessen (siehe Bild 1), das in der waagerechten Mittelebene der Heizröhre in (10 ± 0,5) mm Abstand von der Wandung angeordnet ist.

Das Thermoelement soll aus 0,5 mm dickem Draht mit offener Meßstelle hergestellt sein. Statt dessen kann auch ein Mantelthermoelement mit entsprechender Ansprechcharakteristik verwendet werden.

Das verwendete Temperaturanzeigegerät darf keine höhere Fehlergrenze als 5 K aufweisen.

Eine Zündflamme von (20 ± 1) mm Höhe (Propangas nach DIN 51 622) wird unmittelbar über der Deckelöffnung in der Achse der Heizröhre angeordnet.

Die Ofentemperatur wird zunächst auf (750 ± 10) °C gebracht. Vor Versuchsbeginn muß diese Temperatur mindestens 10 Minuten lang ohne Nacheinstellung konstant (± 1 K) bleiben.

Während des Versuches muß die Energiezufuhr zum Heizleiter konstant bleiben.

Die Probe wird entsprechend Bild 2 so in die Heizröhre gehängt, daß sich ihre Mitte in der Höhe der Meßstelle des Thermoelementes befindet.

Die Probe ist im Ofen so anzuordnen, daß die ursprüngliche Probenoberfläche, bei unsymmetrischem Probenaufbau die im Brandverhalten ungünstigste Oberfläche, dem Thermoelement zugewandt ist und deren Längskanten gleich weit von diesem entfernt sind (siehe Bild 2).

Proben mit geschichtetem Aufbau sind entsprechend Bild 2 einzubringen.

Der Einhängevorgang darf vom Öffnen bis zum Schließen des Deckels nicht länger als 5 Sekunden dauern.

Versuchsbeginn ist der Zeitpunkt, an dem die Probenunterkante die Oberkante der Heizröhre passiert.

Die Probe wird so lange im Ofen belassen, bis die Ofentemperatur ihr Maximum überschritten hat. Tritt dieses Maximum vor Ablauf von 15 Minuten auf, so ist die Probe dennoch 15 Minuten im Ofen zu belassen.

Ist nach 30 Minuten der Ausgangswert noch nicht überschritten, braucht nur eine Probe bis zum Erreichen des Temperaturmaximums geprüft zu werden, sofern sich die anderen Proben während der ersten 30 Minuten gleichartig verhalten.

Wenn die Zündflamme durch aus der Probe entwickelte Gase gelöscht wird, muß sofort versucht werden, sie mit einer Lunte mit etwa 20 mm langer Gasflamme zu zünden. Dies ist bei Mißlingen alle 15 Sekunden zu wiederholen.

Der Ofendeckel darf während des Versuches nicht geöffnet werden. Die Öffnungen in der Bodenplatte des Ofens müssen vor jedem Versuch frei sein.

5.1.3 Entflammung

Eine Entflammung liegt vor, wenn

a) Flammen im Ofen zu beobachten sind oder
b) die Probe glimmt (nicht glüht) oder
c) die Höhe der vergrößerten Zündflamme 45 mm übersteigt oder die vergrößerte Zündflamme die Öffnung im Ofendeckel ausfüllt (siehe Bild 3).

5.1.4 Prüfbericht bzw. Prüfzeugnis

Anmerkung: Prüfberichte, die zur Beantragung eines Prüfzeichens dienen, erhalten die Überschrift: „Prüfbericht zur Beantragung eines Prüfzeichens".

---

2) Auf eine Prüfung kann ganz oder teilweise verzichtet werden, soweit die Erfüllung dieser Anforderungen zweifelsfrei beurteilt werden kann.

3) Die Anzahl der Proben bezieht sich auf Baustoffe, die nicht der Prüfzeichenpflicht unterliegen. Für prüfzeichenpflichtige Baustoffe ist die Probenanzahl in den Prüfgrundsätzen für prüfzeichenpflichtige nichtbrennbare (Klasse A) Baustoffe festgelegt.

4) Siehe Konstruktionszeichnung, bei der BAM Berlin hinterlegt und dort erhältlich.

Im Prüfbericht bzw. Prüfzeugnis ist anzugeben:

a) Beschreibung des Baustoffes nach Art (z. B. wesentliche Bestandteile). Aussehen und Aufbau, Maße, Rohdichte bzw. Flächengewicht, Vermerk über amtliche oder nichtamtliche Probenahme,

b) Herstellung und Einbau der Proben, Versuchsdurchführung, Anzahl der Versuche,

c) für jede Probe Zeit und Dauer von Entflammungen,

d) für jede Probe die Ergebnisse der Ofentemperaturmessung,

e) sonstige Beobachtungen beim Versuch, wie z. B. Vergrößerung bzw. Auslöschen der Zündflamme, Aussehen der Probe nach dem Versuch,

f) Einreihung in die Baustoffklasse, soweit der Baustoff nicht der Prüfzeichenpflicht [1]) unterliegt,

g) Gültigkeitsdauer des Prüfberichtes bzw. Prüfzeugnisses, sofern der Baustoff nicht der Prüfzeichenpflicht [1]) unterliegt. Die Gültigkeitsdauer jedes Prüfzeugnisses ist auf höchstens fünf Jahre zu begrenzen; sie kann auf Antrag verlängert werden.

5.2 Baustoffe Klasse A 2

5.2.1 Begriff und Anforderungen

5.2.1.1 Baustoffe erfüllen die Voraussetzungen für die Einreihung in die Klasse A 2, wenn sie

- die Prüfungen im Brandschacht,
- die Prüfung der Rauchdichte,
- die Prüfung der Toxizität

sowie

- die Heizwert- und die Wärmeentwicklungsprüfung oder
- die Ofenprüfung

bestehen.

5.2.1.2 Der Brandschachtversuch nach Abschnitt 6.1.2 gilt als bestanden, wenn

a) der Mittelwert der Restlänge (siehe Abschnitt 6.1.2.4) jedes Probekörpers mindestens 35 mm beträgt und dabei die Restlänge keiner Probe unter 20 cm liegt,

b) die mittlere Rauchgastemperatur bei keinem Versuch 125 °C überschreitet,

c) die Rückseite keiner Probe entflammt und

d) die Proben nach ihrem sonstigen im Prüfbericht unter den Abschnitten 5.2.4 f), g), h) angeführten Verhalten keinen Anlaß zu Beanstandungen geben.

5.2.1.3 Die bei der Verschwelung bzw. Verbrennung entstehenden Brandgase dürfen hinsichtlich Rauchdichte und Toxizität keinen Anlaß zu Beanstandungen geben (siehe auch Fußnote 1).

5.2.1.4 Die Heizwertprüfung gilt als bestanden, wenn bei dem Versuch nach Abschnitt 5.2.2 der Heizwert H_u nicht mehr als 4200 kW · s/kg beträgt.

5.2.1.5 Die Wärmeentwicklungsprüfung gilt als bestanden, wenn bei dem Versuch nach Abschnitt 5.2.3 die unter Brandversuchsbedingungen freiwerdende Wärmemenge, ermittelt aus dem Heizwert H_u und dem Flächengewicht jeweils vor und nach der Prüfung nicht größer als 16 800 kW · s/m² ist.

Anmerkung: Ist die rechnerisch ermittelte freisetzbare Wärmemenge bereits im Anlieferungszustand kleiner als 16 800 kW · s/m², kann der Versuch nach Abschnitt 5.2.3 entfallen.

5.2.1.6 Die Ofenprüfung gilt als bestanden, wenn bei dem Versuch nach Abschnitt 5.1.2, der nur über eine Dauer von 15 Minuten durchzuführen ist, die Anforderungen nach Abschnitt 5.1.1 mit der Abweichung erfüllt werden, daß Entflammungen bis zu 20 Sekunden Gesamtdauer zulässig sind.

Dabei darf die Flammenhöhe keinen Anlaß zu Beanstandungen geben.

Die Gesamtdauer der Entflammungen ist die Summe der Zeiten, die sich aus den Beobachtungen nach Abschnitt 5.1.3 ergeben. Zeitliche Überschneidungen werden nur einfach gewertet.

5.2.2 Ermittlung des Heizwertes

Der Heizwert H_u wird nach DIN 51 900 Teil 2 bestimmt. Bei der Durchführung der Prüfung ist ISO 1716 – 1973 „Building materials – Determination of calorific potential" zu beachten.

5.2.3 Ermittlung der unter Brandversuchsbedingungen frei werdenden Wärmemenge

Es sind mindestens zwei Proben in Anwendungsdicke mit den Flächenmaßen 500 mm × 500 mm zu untersuchen.

Vor dem Versuch sind die Proben im Normalklima DIN 50 014 – 23/50 – 2 bis zur ausreichenden Gewichtskonstanz zu lagern.

Der Versuch wird in einem Kleinprüfstand nach DIN 4102 Teil 8 (z. Z. noch Entwurf) ausgeführt. Die Proben werden in den seitlichen Öffnungen des Prüfstandes befestigt, so daß eine der Oberflächen dem Brandraum zugewandt ist. Bei unsymmetrischem Aufbau der Proben ist jede der beiden Oberflächen bei getrennten Versuchen der Feuerbeanspruchung auszusetzen. Der Anschluß der Probe an den Versuchsstand ist sorgfältig abzudichten.

Die Beflammung des Brandraumes erfolgt entsprechend DIN 4102 Teil 2, Ausgabe September 1977, Abschnitt 6.2.4, über eine Dauer von 30 Minuten.

Anschließend wird aus der Flächenmitte eine Probe von etwa 100 cm² Fläche in Plattenrestdicke herausgenommen und ihr Flächengewicht sowie ihr Heizwert H_u nach Abschnitt 5.2.2 dieser Norm ermittelt.

5.2.4 Prüfbericht

Anmerkung: Prüfberichte, die zur Beantragung eines Prüfzeichens dienen, erhalten die Überschrift: „Prüfbericht zur Beantragung eines Prüfzeichens".

Im Prüfbericht ist anzugeben:

a) Beschreibung des Baustoffes nach Art (z. B. wesentliche Bestandteile), Aussehen und Aufbau, Maße, Rohdichte bzw. Flächengewicht, Vermerk über amtliche oder nichtamtliche Probenahme,

b) Herstellung und Einbau der Proben, Versuchsdurchführung, Anzahl der Versuche

für die Versuche nach Abschnitt 6.1.2

c) Restlänge jeder Probe und Mittelwert der Restlängen jedes Probekörpers in cm,

d) zeitlicher Verlauf der Rauchgastemperatur für jeden Probekörper (Mittelwert der 5 Meßstellen), Maximum der mittleren Rauchgastemperatur und Zeit des Auftretens für jeden Probekörper,

e) größte Flammenhöhe (auf 10 cm gerundet) für jeden Probekörper, Zeit ihres Auftretens, Dauer und Beschreibung etwaigen Nachbrennens und Nachglimmens,

f) besondere Beobachtungen, wie Zeit und Dauer einer Entflammung, Art der Flammenausbreitung, gegebenenfalls Entflammung der Probenrückseite, Aussehen der Proben nach dem Brandversuch,

g) Beobachtungen über brennendes Abtropfen oder Abfallen von brennenden Probenteilen einschließlich der Dauer des Weiterbrennens auf dem Siebboden,

---

[1]) Siehe Seite 2

h) Beobachtungen über die Rauchentwicklung

für die Prüfung nach den Abschnitten 5.2.2 und 5.2.3

i) Heizwert H_u in kW · s/kg bzw. Wärmemenge in kW · s/m²

für die Prüfung nach Abschnitt 5.2.1.6

k) für jede Probe Zeit und Dauer von Entflammungen,

l) für jede Probe Ergebnisse der Ofentemperaturmessung,

m) sonstige Beobachtungen beim Versuch, wie z. B. Vergrößern bzw. Auslöschen der Zündflamme, Aussehen der Proben nach dem Versuch.

6 Brennbare Baustoffe Klasse B

6.1 Baustoffe Klasse B1

6.1.1 Begriff und Anforderungen

Baustoffe erfüllen die Voraussetzungen für die Einreihung in die Baustoffklasse B1, wenn sie

- die Prüfung im Brandschacht bestehen und
- wenn sie die Anforderungen an Baustoffe der Klasse B 2 erfüllen.

Die Brandschacht-Prüfung gilt als bestanden, wenn bei den Versuchen nach Abschnitt 6.1.2

a) der Mittelwert der Restlängen (siehe Abschnitt 6.1.2.4) jedes Probekörpers mindestens 15 cm beträgt und dabei keine Probe eine Restlänge von 0 aufweist,

b) bei keinem Versuch die mittlere Rauchgastemperatur 200 °C überschreitet und

c) die Proben nach ihrem sonstigen in Abschnitt 6.1.3f) und g) angeführten Verhalten keinen Anlaß zu Beanstandungen geben.

Anmerkung: Für die Beurteilung von Fußbodenbelägen zur Einreihung in die Baustoffklasse B1 können andere Prüfverfahren angewendet werden. Diese Prüfverfahren sind in den Prüfgrundsätzen für prüfzeichenpflichtige schwerentflammbare (Klasse B1) Baustoffe des Instituts für Bautechnik, Berlin, festgelegt.

6.1.2 Prüfung

6.1.2.1 Anzahl⁵) und Maße der Proben und Probekörper

Für einen Probekörper (Plattenschlot) sind vier Proben in Originaldicke (max. 80 mm) mit den Flächenmaßen 190 mm × 1000 mm erforderlich.

Für eine Brandschachtprüfung sind in der Regel drei Probekörper notwendig. Bei der Prüfung von Folien, Geweben und beschichteten Geweben sind je zwei Probekörper aus in Längsrichtung und in Querrichtung entnommenen Proben einzusetzen.

Bei unsymmetrischem Probenaufbau sind die Probekörper so herzustellen, daß sowohl Versuche mit Beflammung der Vorderseite als auch Versuche mit Beflammung der Rückseite durchgeführt werden können.

6.1.2.2 Vorbehandlung der Proben

Vor Durchführung der Brandversuche werden die Proben – auch die mit Feuerschutzmittel behandelten – im Normalklima DIN 50 014 – 23/50 – 2 bis zur ausreichenden Gewichtskonstanz gelagert. Die zur Prüfung von Feuerschutzmitteln vorgesehenen Proben sind dieser Lagerung auch schon vor dem Schutzmittelauftrag zu unterziehen.

Ausreichende Gewichtskonstanz gilt als erreicht, wenn die Differenz zweier Wägungen im Abstand von 48 Stunden kleiner als 0,1 % des Probengewichtes ist.

6.1.2.3 Versuchsdurchführung

Der Versuch ist im Brandschacht nach Bild 4 mit einem Brenner nach Bild 5 durchzuführen. Die Proben werden in einer Haltevorrichtung zu einem Probekörper nach Bild 6 zusammengesetzt.

Werden Baustoffe im Einbauzustand im Abstand von höchstens 40 mm zu flächigen Baustoffen angeordnet oder werden Baustoffe in unmittelbarem Verbund mit anderen Baustoffen verwendet, so ist die Prüfung entsprechend dieser Anordnung durchzuführen.

Werden Baustoffe im Einbauzustand in größeren Abständen zu flächigen Baustoffen angeordnet, so werden die Proben freihängend, d. h. ohne Verbund im Brandschacht, geprüft.

Der Brandschacht ist vor dem Einbringen des Probekörpers so aufzuheizen, daß die Schachtwandtemperatur bei Versuchsbeginn (40 ± 5) °C beträgt.

Während des Versuches wird dem Schacht ein gleichbleibender Luftstrom von (10 ± 1) m³/min mit einer Temperatur von (23 ± 2) °C zugeführt. Die Proben werden mit dem Brenner 10 Minuten beflammt. Dem Brenner ist ein Gemisch aus (35 ± 0,5) l/min Methan (Reinheitsgrad 99,5 % im Normzustand) und (17,5 ± 0,2) l/min Luft (im Normzustand) zuzuführen. Wenn das Brandgeschehen an den Proben eindeutig beendet ist, kann die Beflammung vorzeitig abgebrochen werden.

Glimmen die Proben nach, so sind sie nach dem Ende der Beflammung unter Aufrechterhaltung der Luftzufuhr im Brandschacht zu belassen, bis das Brandgeschehen eindeutig beendet ist.

6.1.2.4 Ermittlung der Restlänge

Als Restlänge gilt der weder an der Oberfläche noch im Innern verbrannte oder verkohlte Teil einer Probe.

Verfärbungen, Verrußungen und Gefügeänderungen wie Verziehen, Sintern, Schmelzen, Kräuselung der Randzone, Blasenbildung o. ä., bleiben außer Betracht.

Bei Proben mit schaumschichtbildenden Feuerschutzmitteln bzw. schaumschichtbildenden Feuerschutzschichten für Holz und Holzwerkstoffe bleiben Veränderungen des Feuerschutzmittels durch Verkohlen unberücksichtigt. Zur Feststellung der Restlänge des geschützten Baustoffes werden die Schutzschichten entfernt (z. B. durch Abkratzen, Abwaschen).

6.1.3 Prüfbericht

Anmerkung: Prüfberichte, die zur Beantragung eines Prüfzeichens dienen, erhalten die Überschrift: „Prüfbericht zur Beantragung eines Prüfzeichens".

Im Prüfbericht ist anzugeben:

a) Beschreibung des Baustoffes nach Art (z. B. wesentliche Bestandteile), Aussehen und Aufbau, Maße, Rohdichte bzw. Flächengewicht, Vermerk über amtliche oder nichtamtliche Probenahme,

b) bei Feuerschutzmitteln Art, Zusammensetzung und Aussehen des aufgetragenen Schutzmittels,

ferner – festgestellt nach Vorbehandlung nach Abschnitt 6.1.2.2 –

- bei Feuerschutzmitteln für Holz und Holzwerkstoffe u. a. plattenförmige Baustoffe:
  Naßaufnahme in g/m²
  Trockenaufnahme in g/m²
- bei Feuerschutzmitteln für Textilien:
  Trockenaufnahme in g/kg nicht ausgerüsteten Gewebes,

⁵) Die erforderliche Probenanzahl für die Alterungsprüfung (einschließlich Reserven) und für die Rückstellungen ist in den Prüfgrundsätzen für prüfzeichenpflichtige schwerentflammbare (Klasse B1) Baustoffe festgelegt.

c) Herstellung und Einbau der Proben, Versuchsdurchführung, Anzahl der Versuche,
d) Restlänge jeder Probe und Mittelwert der Restlänge jedes Probekörpers in cm,
e) zeitlicher Verlauf der Rauchgastemperatur für jeden Probekörper (Mittelwert der 5 Meßstellen), Maximum der mittleren Rauchgastemperatur und Zeit des Auftretens für jeden Probekörper,
f) größte Flammenhöhe (auf 10 cm gerundet) für jeden Probekörper, Zeit ihres Auftretens, Dauer und Beschreibung etwaigen Nachbrennens und Nachglimmens,
g) besondere Beobachtungen, wie Zeit und Dauer einer Entflammung, Art der Flammenausbreitung (gegebenenfalls Entflammung der Probenrückseite), Aussehen der Proben nach dem Brandversuch, Verfärbungen auf der Probenrückseite;

   außerdem bei Feuerschutzmitteln für Holz und Holzwerkstoffe: Ausblühungen, Haftfestigkeit und Wischfestigkeit, Korrosionswirkung auf Stahl im Gebrauchszustand, Gewichtsverlust in %, bezogen auf das Gewicht der Proben unmittelbar vor der Brandprüfung und 2 Minuten nach Beendigung der Beflammung bzw. Ende etwaigen Nachbrennens oder Nachglimmens,
h) Beobachtungen über brennendes Abtropfen oder Abfallen von brennenden Probeteilen[6]) einschließlich der Dauer des Weiterbrennens auf dem Siebboden,
i) Beobachtungen über die Rauchentwicklung.

6.2 Baustoffe Klasse B 2

6.2.1 Begriff und Anforderungen

Baustoffe erfüllen die Voraussetzung für die Einreihung in die Klasse B 2, wenn sie die Prüfung nach Abschnitt 6.2.4 bestehen.

Die Prüfung gilt als bestanden, wenn bei keiner von je 5 Proben

a) bei Kantenbeflammung nach Abschnitt 6.2.4.2 und – sofern bei folgender Prüfung ein Versagen zu erwarten ist –
b) gegebenenfalls bei Flächenbeflammung nach Abschnitt 6.2.4.3

die Flammenspitze die Meßmarke vor Ende der 20. Sekunde erreicht.

Textile Fußbodenbeläge können auch in die Baustoffklasse B 2 eingereiht werden, wenn sie mindestens die Anforderungen der Brennklasse T-b nach DIN 66 081 erfüllen.

6.2.2 Proben und Vorbehandlung

6.2.2.1 Anzahl und Maße der Proben

Aus dem zu prüfenden Baustoff werden 5 Proben für jede Versuchsreihe mit folgenden Flächenmaßen hergestellt:

für Kantenbeflammung:	90 mm × 190 mm (Breite × Länge),
für Flächenbeflammung:	90 mm × 230 mm (Breite × Länge).

Die Dicke der Proben richtet sich nach der Anwendung. Wird ein Baustoff in verschiedenen Dicken angewendet, so ist sein Brandverhalten in Abhängigkeit von der Materialdicke zu ermitteln.

Wird ein Baustoff nur in einer Breite kleiner als 90 mm hergestellt, so ist sein Brandverhalten für die größte vorhandene Breite zu ermitteln.

6.2.2.2 Vorbehandlung der Proben

Die Proben werden vor der Prüfung mindestens 14 Tage im Normalklima DIN 50 014 – 23/50 – 2 gelagert.

Bei den Proben für Kantenbeflammung wird in 150 mm, bei den Proben für Flächenbeflammung in 40 und 190 mm Abstand von der Unterkante der Proben eine Meßmarke in voller Probenbreite angebracht.

Gegebenenfalls ist bei den Proben für Kantenbeflammung die Meßmarke auch auf der Probenrückseite anzubringen.

6.2.3 Prüfeinrichtung

Es sind erforderlich:

a) Brennkasten nach DIN 50 050, der zugfrei aufgestellt ist; im Innern des Brennkastens ist an der Rückwand ein Spiegel anzubringen, um die Rückseite der Proben während des Versuchs beobachten zu können.
b) Brenner nach DIN 50 051 betrieben mit Propan nach DIN 51 622 und Vorrichtungen, die es gestatten, die Flammenhöhe bei vertikaler Stellung der Düse einzustellen und den Brenner in horizontaler Richtung zu verschieben (siehe Bild 7),
c) Vorrichtung zum senkrechten Aufhängen der Proben. Für Baustoffe bis 60 mm Dicke, aus denen 90 mm breite Proben hergestellt werden können, ist die Vorrichtung nach DIN 53 438 Teil 1, Ausgabe April 1977, Abschnitte 4.1.3 und 4.1.4 zu verwenden; Proben mit einer Breite kleiner als 90 mm sind sinngemäß zu befestigen.

6.2.4 Versuchsdurchführung

6.2.4.1 Im Prüfraum soll eine Raumtemperatur von ≈ 20 °C herrschen.

Die Probe wird in den Rahmen nach Abschnitt 6.2.3 c) eingespannt. Der Rahmen wird senkrecht im Brennkasten aufgehängt.

Am Brenner nach Abschnitt 6.2.3 b) wird in vertikaler Stellung der Düse eine Flamme von 20 mm Länge eingestellt, dann der Brenner um 45° geneigt (siehe Bild 7) und der Brennkasten geschlossen.

6.2.4.2 Bei der Kantenbeflammung (siehe Bild 9) wird der Brenner so weit in Richtung der Probe geschoben, daß bei Proben bis 3 mm Dicke die Flamme die Probe in der Mitte, bezogen auf Breite und Dicke der unteren Kante, trifft; bei Proben mit einer Dicke über 3 mm wird der Brenner so weit verschoben, daß die Flamme die untere Fläche der Probe an ungünstigster Stelle trifft. Der Abstand der Stabilisatorvorderkante des Brenners bis zur Probenunterkante soll 16 mm betragen, gemessen in der Verlängerung der Düsenachse.

6.2.4.3 Ist bei der Flächenbeflammung (siehe Bild 10) ein Versagen zu erwarten, so ist auch ein solcher Versuch durchzuführen. Dabei wird die Probe auf der Fläche unmittelbar unterhalb der unteren Meßmarke beflammt. Der Brenner wird so weit in Richtung der Probe geschoben, daß die Flamme den Probekörper in der Mitte der Breite der Probe trifft. Der Abstand der Stabilisatorvorderkante des Brenners bis zur Probenoberfläche beträgt 5 mm.

6.2.4.4 Die Probe wird 15 Sekunden lang beflammt und anschließend wird der Brenner zurückgeschoben. Es ist sorgfältig darauf zu achten, daß dabei kein störender Luftzug entsteht. Die Dauer vom Beginn der Beflammung bis zur Zeit, bei der die Flammenspitze der brennenden Probe die Meßmarke erreicht, wird gemessen, sofern die Flamme nicht vorher von selbst erlischt.

6.2.4.5 Bei mehrschichtigen Baustoffen sind – sofern bei den folgenden Prüfungen ein Versagen zu erwarten ist – gemäß Prüfanordnung nach Bild 8 zusätzliche Prüfungen

[6]) Zur Beurteilung des brennenden Abtropfens oder des Abfallens brennender Probenteile sind die Prüfgrundsätze für prüfzeichenpflichtige schwerentflammbare (Klasse B 1) Baustoffe zugrunde zu legen.

nach Abschnitt 6.2.4.2 auszuführen. Die Flamme trifft die Probe abweichend von Abschnitt 6.2.4.2 jeweils an ungünstigster Stelle der Probenvorderkante.

6.2.4.6 Werden Baustoffe im Einbauzustand im Verbund mit anderen Baustoffen oder Werkstoffen verwendet, so ist die Prüfung auch entsprechend dieser Anordnung durchzuführen.

6.2.5 Prüfung auf brennendes Abfallen (Abtropfen)

6.2.5.1 Das Abfallen (Abtropfen) von brennenden Teilen bei Baustoffen der Klasse B 2 ist bei der Prüfung nach Abschnitt 6.2.4 festzustellen. Wird innerhalb von 20 Sekunden nach Beginn der Beflammung ein unter der Probe liegendes Filterpapier nach Abschnitt 6.2.5.2 zur Entzündung gebracht, so gilt der geprüfte Baustoff als brennend abfallend (abtropfend).

6.2.5.2 Vor den Versuchen entsprechend Abschnitt 6.2.4 sind auf dem Boden des Brennkastens unter die Probe zwei Lagen bei Normalklima DIN 50 014 – 23/50 – 2 konditioniertes Filterpapier (Schleicher und Schüll Nr 595) anzuordnen. Das Papier wird in einen Drahtkorb von 100 mm × 60 mm Grundfläche aus Drahtgewebe DIN 4189 – 1 × 0,36 – St gelegt.

6.2.6 Prüfzeugnis

Im Prüfzeugnis sind anzugeben:

a) Beschreibung des Baustoffes nach Art (z. B. wesentliche Bestandteile), Aussehen und Aufbau, Maße, Rohdichte bzw. Flächengewicht, Vermerk über amtliche oder nichtamtliche Probenahme,
b) Herstellung der Proben,
c) Dicke der Proben (Mittelwert, Größt- und Kleinstwert),
d) Versuchsdurchführung, Anzahl der Versuche,
e) besondere Beobachtungen, wie Zeit und Dauer einer Entflammung, Erlöschen der Flamme vor Erreichen der Meßmarke, Rauchentwicklung, Aussehen der Proben nach dem Brandversuch,
f) Einreihung in die Baustoffklasse unter Angabe der Dicke,
g) Ergebnis der Prüfung auf brennendes Abfallen,
h) Gültigkeitsdauer des Prüfzeugnisses. Die Gültigkeitsdauer jedes Prüfzeugnisses ist auf höchstens fünf Jahre zu begrenzen; sie kann auf Antrag verlängert werden.

6.3 Baustoffe Klasse B 3

Brennbare Baustoffe, die weder in die Klasse B 1 noch in die Klasse B 2 einzuordnen sind, gelten als Baustoffe der Klasse B 3.

7 Kennzeichnung

7.1 Nach dieser Norm geprüfte Baustoffe müssen ihrem Brandverhalten entsprechend wie folgt gekennzeichnet [7]) werden:

DIN 4102 – A 1
DIN 4102 – A 2
DIN 4102 – B 1
DIN 4102 – B 2
DIN 4102 – B 3 leichtentflammbar

7.2 Die Kennzeichnung ist auf den Baustoffen, oder wenn dies nicht möglich ist, auf oder an der Verpackung deutlich lesbar und dauerhaft anzubringen.

7.3 Von der Kennzeichnungspflicht sind ausgenommen:

a) alle Baustoffe der Klasse A 1, die in DIN 4102 Teil 4 aufgeführt sind,
b) die folgenden Baustoffe der Klasse B 2:
Holz und Holzwerkstoffplatten von über 400 kg/m^3 Rohdichte und über 2 mm Dicke.

---

[7]) Die Kennzeichnungspflicht prüfzeichenpflichtiger Baustoffe entsprechend den Bestimmungen des Prüfbescheides bleibt hiervon unberührt.

Seite 8 DIN 4102 Teil 1

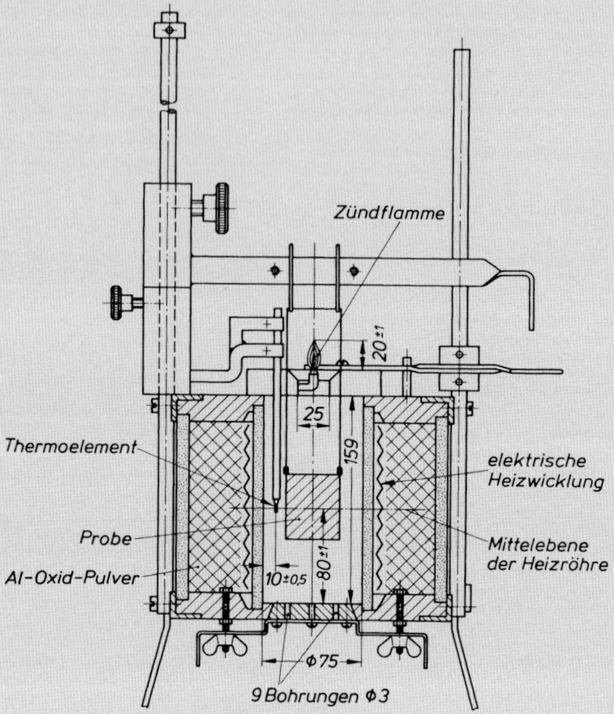

Bild 1. Elektrisch beheizter Ofen

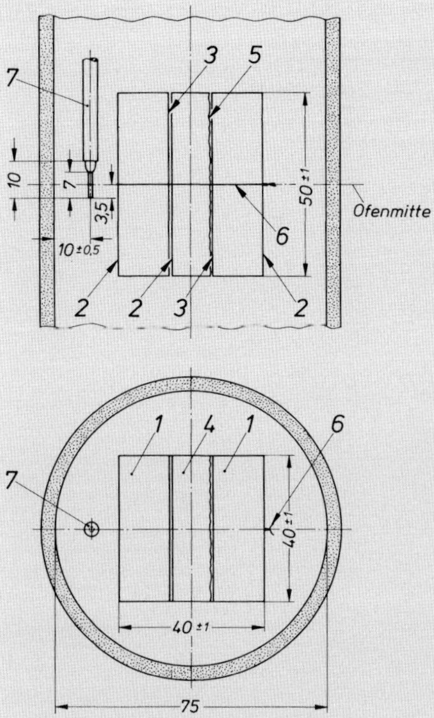

Anmerkung: Die Hängevorrichtung zum Einbringen der Probe ist nicht dargestellt.

Die einzelnen Schichten müssen dicht aufeinanderliegen. Der dargestellte Abstand dient lediglich der Verdeutlichung der Anordnung.

Der Bindedraht soll die Schichten fest aneinanderfügen.

1 Schicht in unveränderter Dicke
2 im Brandverhalten ungünstige Oberfläche
3 im Brandverhalten günstige Oberfläche
4 abgearbeitete Schicht
5 bearbeitete Oberfläche
6 Bindedraht zum Zusammenhalten der Schichten
7 Thermoelement in Keramikrohr

Bild 2. Anordnung von Proben aus mehreren Schichten in der Heizröhre (siehe Bild 1)

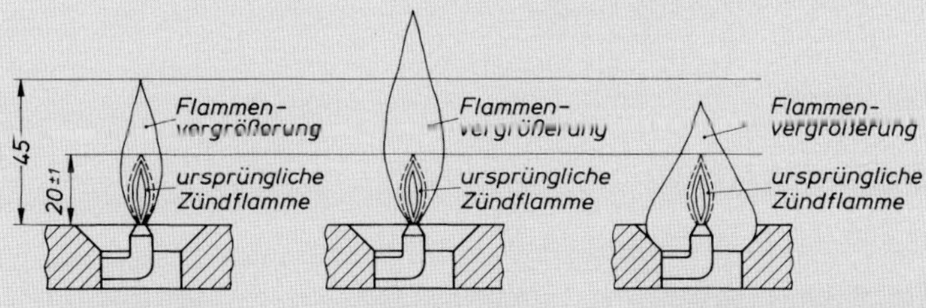

Bild 3. Beispiele für die Beurteilung einer Zündflammenvergrößerung infolge der Entwicklung von Zersetzungsprodukten

Seite 10 DIN 4102 Teil 1

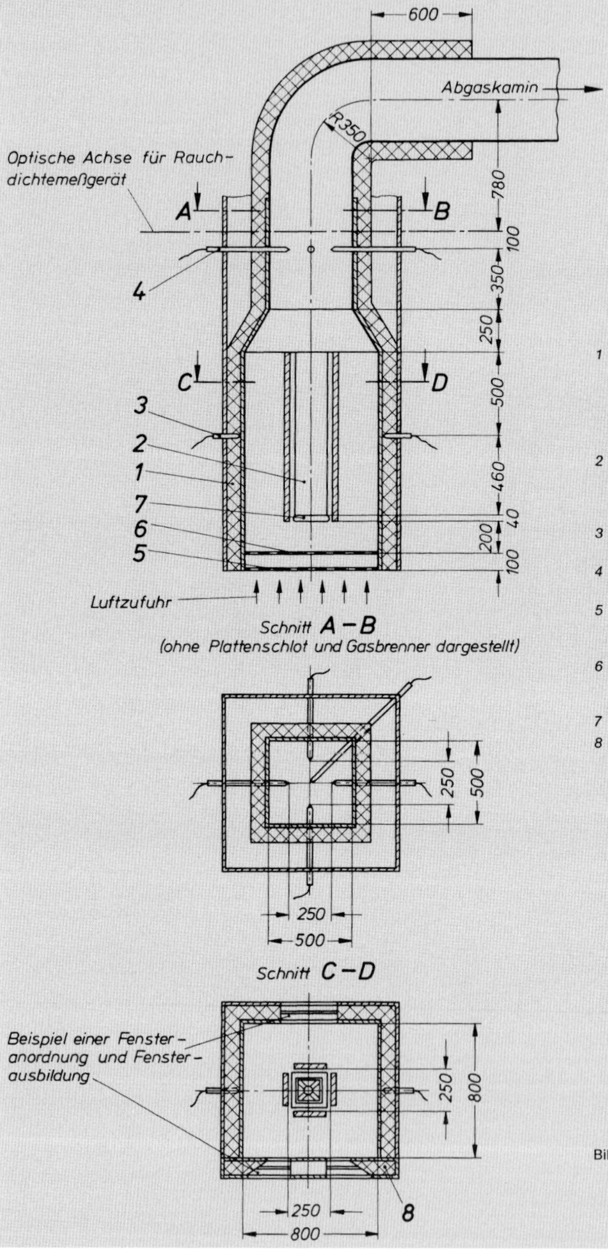

1 Schachtwand
Aufbau (von innen nach außen)
1,5 mm Blech
6 mm Asbestplatte
80 mm Steinwolleplatte
6 bis 10 mm Asbestzement

2 Probekörper (Plattenschlot)
aus 4 Proben 190 mm × 1000 mm
Darstellung (ohne Haltevorrichtung)

3 Thermoelemente
für Schachtwandtemperatur

4 Fünf Thermoelemente
für Rauchgastemperatur

5 Lochblech
1,2 mm dick, Loch-ø 5,5 mm
46 × 46 Löcher

6 Siebboden
Drahtgewebe
DIN 4189 – 1,25 × 0,56 – St

7 Gasbrenner (siehe Bild 5)

8 Tür

Bild 4. Brandschacht

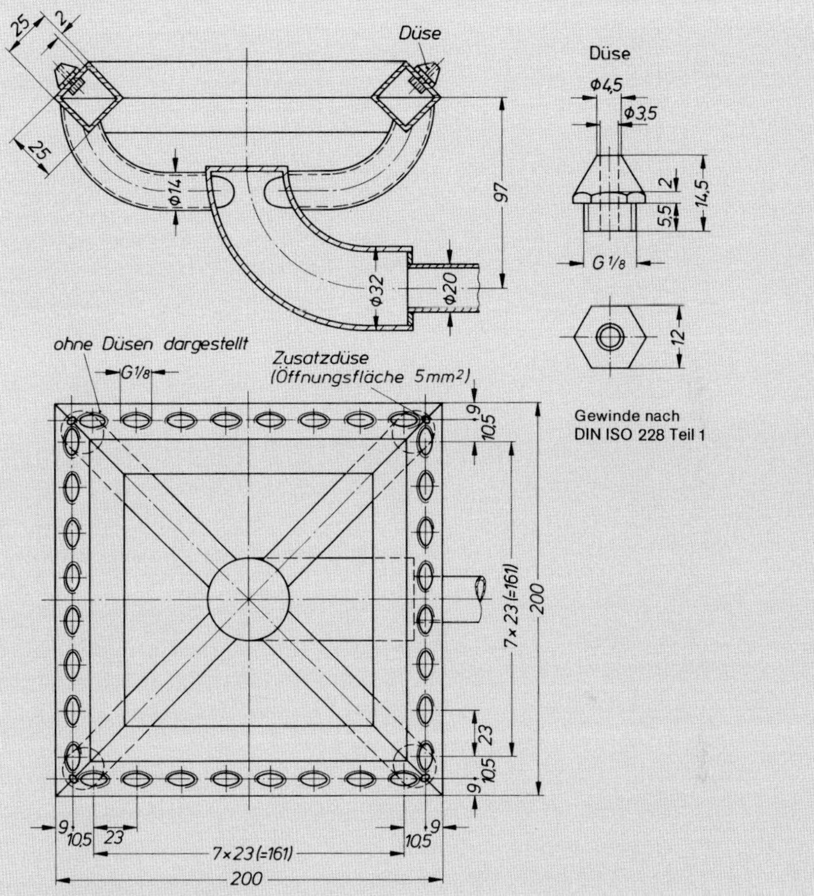

Bild 5. Gasbrenner

Seite 12 DIN 4102 Teil 1

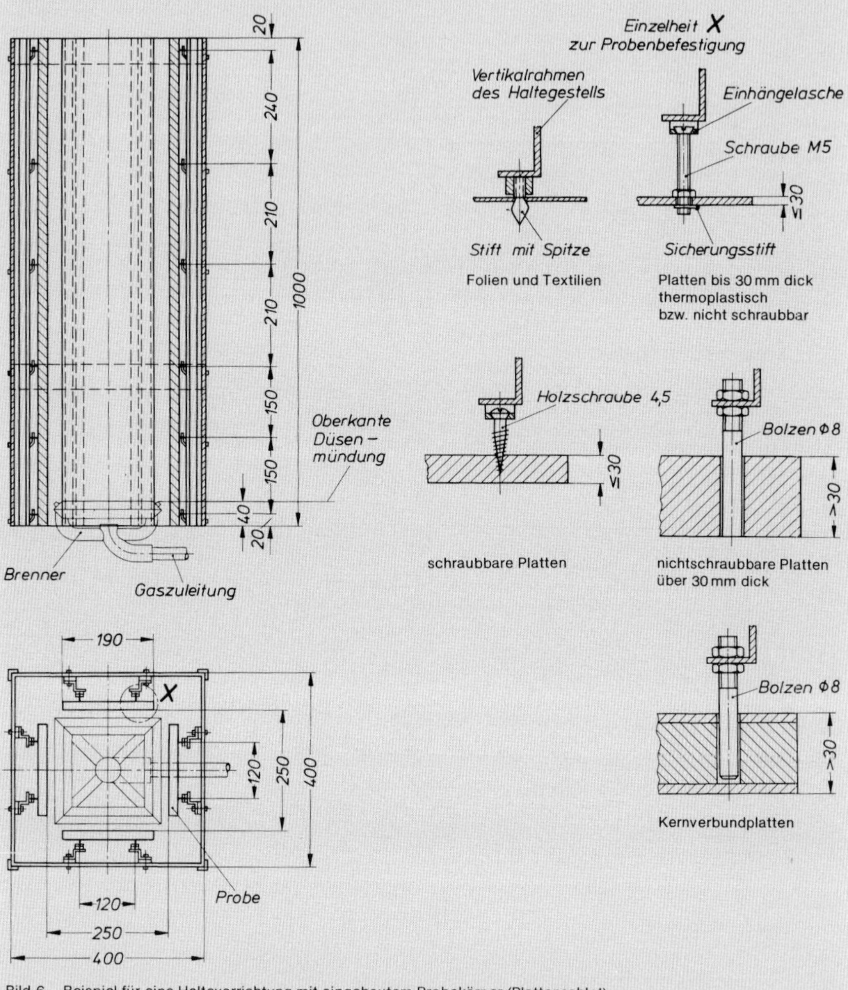

Bild 6. Beispiel für eine Haltevorrichtung mit eingebautem Probekörper (Plattenschlot)

DIN 4102 Teil 1 Seite 13

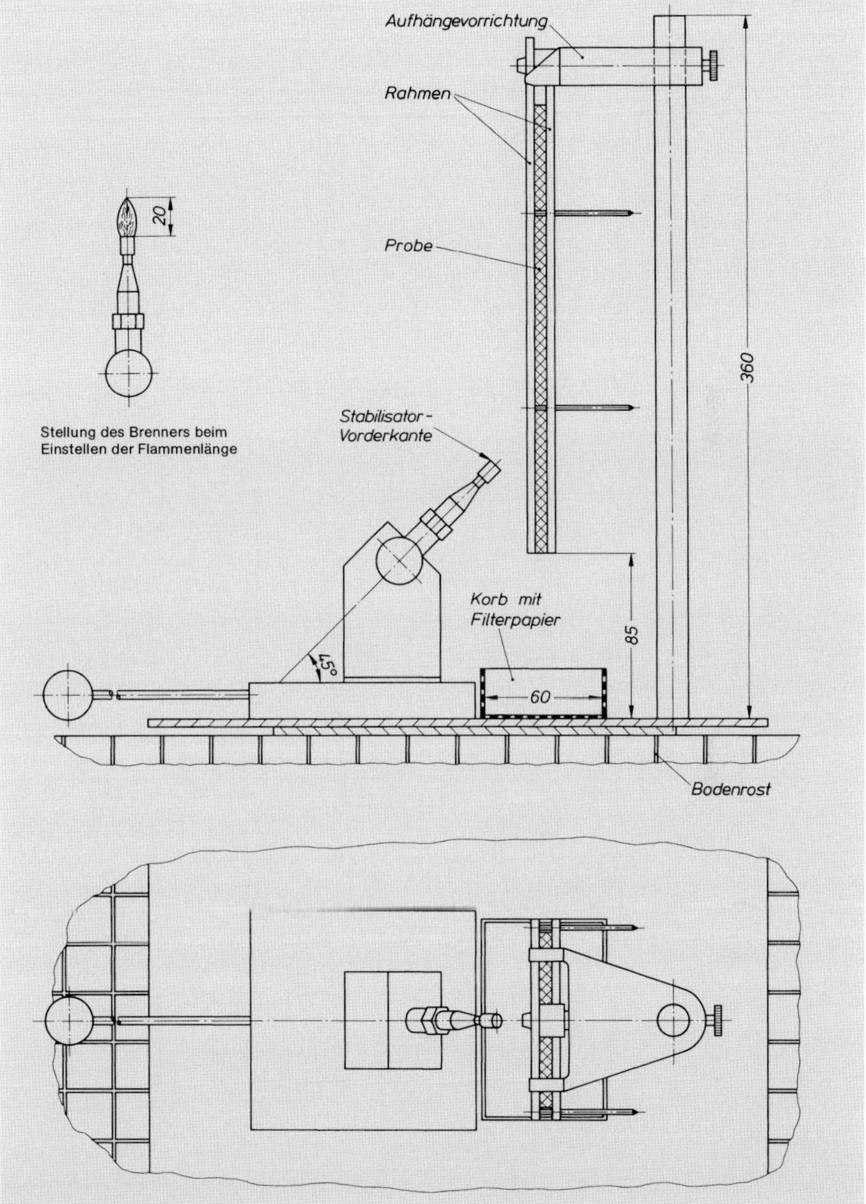

Bild 7. Anordnung (Prinzipdarstellung) zur Prüfung von Baustoffen der Klasse B 2 nach Abschnitt 6.2.4.1 bis 6.2.4.3

Seite 14 DIN 4102 Teil 1

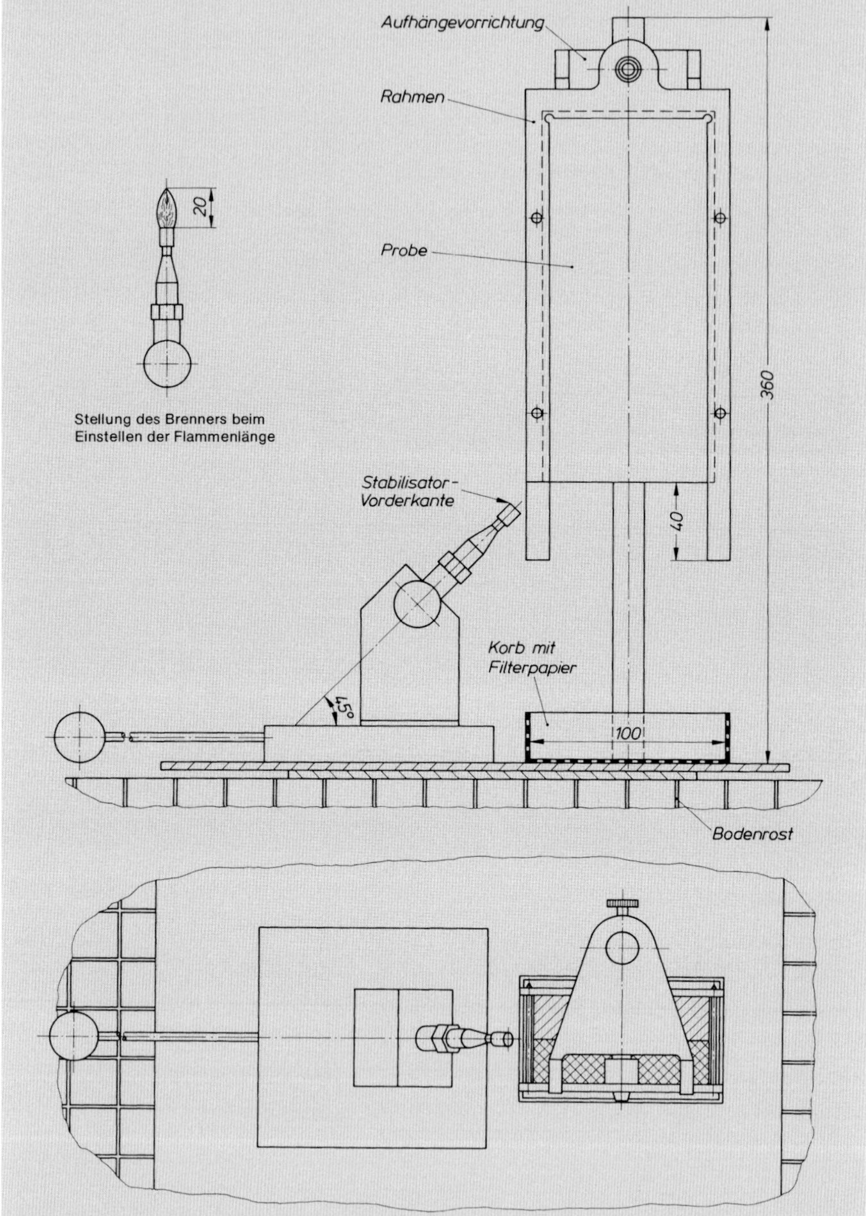

Bild 8. Anordnung (Prinzipdarstellung) zur Prüfung von Baustoffen der Klasse B 2 nach Abschnitt 6.2.4.5

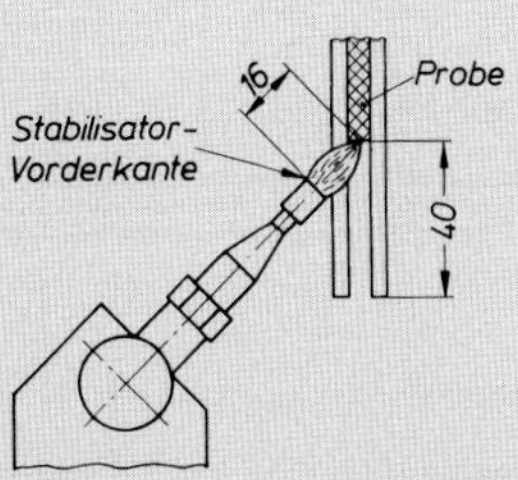

Bild 9. Brennerstellung für Kantenbeflammung (Schema)

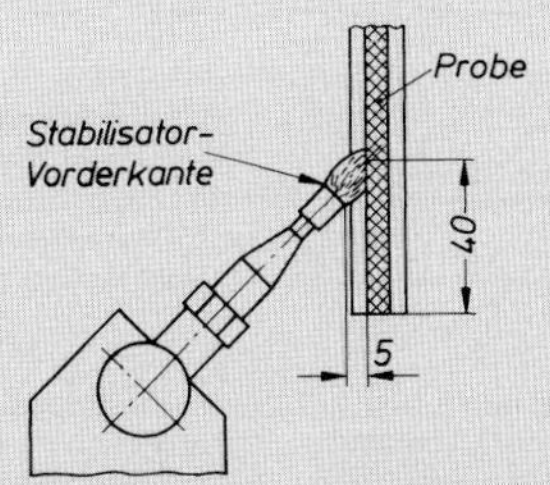

Bild 10. Brennerstellung für Flächenbeflammung (Schema)

Weitere Normen

ISO 1716-1973 Building materials – Determination of calorific potential

Erläuterungen

Im bauaufsichtlichen Verfahren dürfen nur Prüfberichte oder Prüfzeugnisse von Prüfstellen anerkannt werden, die in einem Verzeichnis beim Institut für Bautechnik, Reichpietschufer 72-76, 1000 Berlin 30, geführt werden.

Dieses Verzeichnis wird in den „Mitteilungen" des Instituts für Bautechnik veröffentlicht und jeweils ergänzt.

Z. Z. sind es folgende Prüfstellen

Brandprüfungen für alle Baustoffklassen:

1. Bundesanstalt für Materialprüfung (BAM),
   Unter den Eichen 87
   1000 Berlin 45 (Dahlem)
2. Staatliches Materialprüfungsamt Nordrhein-Westfalen
   Marsbruchstraße 186
   4600 Dortmund 41 (Aplerbeck)
3. Institut für Holzforschung, Universität München
   Winzererstraße 45,
   8000 München 40
4. Forschungs- und Materialprüfunganstalt
   für das Bauwesen Baden-Württemberg
   – Otto-Graf-Institut –
   Pfaffenwaldring 4
   7000 Stuttgart 80 (Vaihingen)
5. Institut für Baustoffkunde und Materialprüfwesen
   der Technischen Universität Hannover
   – Amtliche Materialprüfanstalt –
   Nienburger Straße 3
   3000 Hannover 1

Prüfungen hinsichtlich der Toxizität:

6. Rheinisch-Westfälische Technische Hochschule Aachen
   Medizinische Fakultät Abt. Hygiene
   Lochner Straße 4-20
   5100 Aachen

Prüfungen hinsichtlich der Rauchentwicklung:

7. Staatliches Materialprüfungsamt Nordrhein-Westfalen
   Marsbruchstraße 186
   4600 Dortmund 41 (Aplerbeck)
8. Institut für Holzforschung, Universität München
   Winzererstraße 45
   8000 München 40

nur für die Prüfung der Baustoffe der Klasse B 2:

9. Staatliche Materialprüfungsanstalt an der TH Darmstadt
   Grafenstraße 2
   6100 Darmstadt
10. Forschungsinstitut für Wärmeschutz e. V. München
    Lochhamer Schlag 4
    0002 Gräfelfing

nur für die Prüfung von Fußbodenbelägen der Baustoffklasse B 2:

11. Deutsches Teppich-Forschungsinstitut e. V.
    Germanusstraße 5
    5100 Aachen

DK 699.81 : 691.001.33 : 614.841.332 DEUTSCHE NORMEN März 1981

Brandverhalten von Baustoffen und Bauteilen

Zusammenstellung und Anwendung klassifizierter Baustoffe, Bauteile und Sonderbauteile

DIN 4102 Teil 4

Behaviour of building materials and components in fire; synopsis and application of classified building materials; building components and special building components (with respect to their definitions)

Diese Norm ist den obersten Bauaufsichtsbehörden vom Institut für Bautechnik, Berlin, zur bauaufsichtlichen Einführung empfohlen worden.
Sie ermöglicht nach bauaufsichtlicher Einführung in den Ländern die Anwendung der hier genannten Baustoffe, Bauteile und Sonderbauteile unter den genannten Bedingungen ohne weiteren Nachweis.

Frühere Ausgaben:
DIN 4102 Teil 2: 08.34, 11.40
DIN 4102 Teil 4: 09.65x, 02.70

In Zusammenhang mit der Überarbeitung von

DIN 4102 Teil 2	*Brandverhalten von Baustoffen und Bauteilen; Begriffe, Anforderungen und Prüfungen von Bauteilen*
DIN 4102 Teil 3	*Brandverhalten von Baustoffen und Bauteilen; Begriffe, Anforderungen und Prüfungen von Sonderbauteilen*
DIN 4102 Teil 4	*Brandverhalten von Baustoffen und Bauteilen; Einreihung in die Begriffe*

sowie der „Ergänzenden Bestimmungen zu DIN 4102" — jeweils Ausgabe Februar 1970 — wurde auch der Inhalt der Norm neu gegliedert:

DIN 4102 Teil 1	*Brandverhalten von Baustoffen und Bauteilen; Baustoffe; Begriffe, Anforderungen und Prüfungen (bisher geregelt durch die oben genannten Ergänzenden Bestimmungen)*
DIN 4102 Teil 2	*Brandverhalten von Baustoffen und Bauteilen; Bauteile; Begriffe, Anforderungen und Prüfungen*
DIN 4102 Teil 3	*Brandverhalten von Baustoffen und Bauteilen; Brandwände und nichttragende Außenwände; Begriffe, Anforderungen und Prüfungen*
DIN 4102 Teil 4	*Brandverhalten von Baustoffen und Bauteilen; Zusammenstellung und Anwendung klassifizierter Baustoffe, Bauteile und Sonderbauteile*
DIN 4102 Teil 5	*Brandverhalten von Baustoffen und Bauteilen; Feuerschutzabschlüsse, Abschlüsse in Fahrschachtwänden und gegen Feuer widerstandsfähige Verglasungen; Begriffe, Anforderungen und Prüfungen*
DIN 4102 Teil 6	*Brandverhalten von Baustoffen und Bauteilen; Lüftungsleitungen; Begriffe, Anforderungen und Prüfungen*
DIN 4102 Teil 7	*Brandverhalten von Baustoffen und Bauteilen; Bedachungen; Begriffe, Anforderungen und Prüfungen*
DIN 4102 Teil 8	*(z. Z. noch Entwurf) Brandverhalten von Baustoffen und Bauteilen; Kleinprüfstand*

(Teil 2 und Teil 3 sowie Teil 5 bis Teil 7 jeweils Ausgabe September 1977; Teil 1, Ausgabe September 1977, wurde 1980 im „Kurzverfahren" überarbeitet und erscheint in Kürze neu)

Änderung März 1981:
Inhalt vollständig überarbeitet.

Fortsetzung Seite 2 bis 108

Normenausschuß Bauwesen (NABau) im DIN Deutsches Institut für Normung e. V.

Inhalt

– 3 – **Register – Abschnitts-Numerierung**

Allgemeines		Geltungsbereich		1
Baustoffe		Baustoff-Klassifizierungen		2
Massivbauteile		Bemessungsgrundlagen		3.1
		Balken	statisch bestimmt gelagert	3.2
			statisch unbestimmt gelagert	3.3
		Gasbeton-Balken		3.4
		Platten		3.5
		Hohldielen, Gasbetonplatten		3.6
		Fertigteile		3.7
		Rippendecken ohne Zwischenbauteile		3.8
		Plattenbalkendecken		3.9
		Stahlsteindecken		3.10
		Rippen- und Balkendecken mit Zwischenbauteilen		3.11
		Decken mit eingebetteten Stahlträgern		3.12
		Dächer		3.13
		Stützen		3.14
		Zugglieder		3.15
	Wände	Bemessungsgrundlagen		4.1
		Stahlbetonwände		4.2
		Leichtbetonwände mit geschlossenem Gefüge		4.3
		Mauerwerk und Wandbauplatten		4.4
		Leichtbetonwände mit haufwerksporigem Gefüge		4.5
		Gasbeton, bewehrt		4.6
		Brandwände		4.7
HWL, GKF		Holzwolle-Leichtbauplatten-Wände		4.8
		Gipskartonplatten-Wände		4.9
Holzbauteile		Fachwerkwände		4.10
		Holztafelwände		4.11
		Holztafeldecken		5.1
		Holzbalkendecken		5.2
		Dächer		5.3
		Balken		5.4
		Stützen		5.5
		Zugglieder		5.6
		Verbindungen		5.7
Stahlbauteile		Bemessungsgrundlagen		6.1
		Träger		6.2
		Stützen		6.3
		Zugglieder		6.4
Unterdecken		Träger- und Stahlbetondecken mit Unterdecken		6.5
Sonderbauteile (Brandwände siehe Abschnitt 4.7)		Nichttragende Außenwände	(W)	7.1
		Feuerschutzabschlüsse	(T)	7.2
		Verglasungen	(F) und (G)	
		Lüftungsleitungen	(L)	7.3
		Installationsschächte		7.4
		Bedachungen		7.5
Anhang A – Allgemeines		Einflußgrößen		A.1
		Gesamtkonstruktionen		A.2
Anhang B – Beton		Karbonathaltiger Zuschlag		B.1
		crit *T* von Beton- und Spannstählen		B.2
		Abstandhalter, Baustoffklasse		B.3
		Stützen, geringere Beanspruchung		B.4
		Zugglieder mit begrenzter Dehnung		B.5
		Wände, geringere Beanspruchung		B.6
		Feuchtigkeitsgehalt und Abplatzverhalten		B.7
Anhang C – Stahl		crit *T* von Baustählen		C.1
		Unbekleidete Stahlbauteile		C.2
		U/*A*-Berechnung		C.3
Normen, Unterlagen		Zitierte Normen und andere Unterlagen		

1 Geltungsbereich

1.1 Diese Norm enthält Angaben über Baustoffe, Bauteile und Sonderbauteile, die nach ihrem Brandverhalten auf der Grundlage von Prüfungen nach DIN 4102 Teil 1 bis Teil 3 und Teil 5 bis Teil 7, jeweils Ausgabe September 1977, klassifiziert wurden.

Für Baustoffe, Bauteile und Sonderbauteile, die in dieser Norm erfaßt sind, ist der Nachweis über das Brandverhalten damit erbracht.

Wegen der Einflußgrößen auf die Feuerwiderstandsdauer und die Möglichkeit der Interpolation siehe Anhang A.1.

1.2 Die Angaben dieser Norm beziehen sich im allgemeinen nur auf Baustoffe, Bauteile und Sonderbauteile, deren Eigenschaften auf der Grundlage von Normen beurteilt werden können.

Für Baustoffe, Bauteile und Sonderbauteile, die im folgenden nicht behandelt sind, ist das Brandverhalten durch Prüfungen nach DIN 4102 Teil 1 bis Teil 3 bzw. Teil 5 bis Teil 7 nachzuweisen.

Anmerkung 1: Nach den Bauordnungen der Länder dürfen Baustoffe, Bauteile und Bauarten, die noch nicht allgemein gebräuchlich und bewährt sind (neue Baustoffe, Bauteile und Bauarten), nur verwendet oder angewendet werden, wenn ihre Brauchbarkeit nachgewiesen ist. Der Nachweis der Brauchbarkeit kann insbesondere durch eine allgemeine bauaufsichtliche Zulassung oder ein Prüfzeichen des Instituts für Bautechnik, Berlin, geführt werden.

Angaben, für welche Baustoffe, Bauteile und Sonderbauteile der Eignungsnachweis durch eine bauaufsichtliche Zulassung oder durch ein Prüfzeichen zu führen ist, enthalten die Einführungserlasse zu DIN 4102.

Zusätzlich zu den Angaben dieser Norm gelten daher auch Baustoffe, Bauteile und Sonderbauteile mit einem gültigen Prüfzeichen oder einer gültigen Zulassung des Instituts für Bautechnik, Berlin — siehe „Mitteilungen des Instituts für Bautechnik", Verlag W. Ernst & Sohn, Berlin, als entsprechend klassifiziert.

Anmerkung 2: Als klassifiziert gelten ferner Baustoffe, Bauteile und Sonderbauteile mit einem gültigen Prüfzeugnis.

Anmerkung 3: Die in den Prüfbescheiden, Zulassungsbescheiden und Prüfzeugnissen enthaltenen Klassifizierungen gelten genauso wie die Klassifizierungen in dieser Norm immer nur unter den angegebenen Voraussetzungen und Randbedingungen.

1.3 Die Angaben der folgenden Abschnitte gelten nur in brandschutztechnischer Sicht. Andere Bestimmungen — z. B. hinsichtlich Mindestabmessungen, Betondeckung der Bewehrung aus Korrosionsgründen usw. — bleiben unberührt.

1.4 Bei der Verwendung von Bauteilen aus Baustoffen der Klasse B — Benennung (Kurzbezeichnung) F . . . — AB oder F . . . — B — sind gegebenenfalls einschränkende bauaufsichtliche Bestimmungen zu beachten.

2 Klassifizierte Baustoffe

2.1 Allgemeines

Die in dieser Norm angegebenen Baustoffklassen gelten nur für die genannten Baustoffe oder Baustoffverbunde. Nichtgenannte Verbunde, z. B. Verbunde von brennbaren Baustoffen mit anderen brennbaren oder nichtbrennbaren Baustoffen, können ein anderes Brandverhalten und damit eine andere Baustoffklasse besitzen. Die Baustoffklassen nicht genannter Baustoffe oder Baustoffverbunde sind nach DIN 4102 Teil 1 nachzuweisen.

Anmerkung 1: Nach den Prüfzeichenverordnungen der Länder bedürfen Baustoffe der Klasse A, soweit sie brennbare Bestandteile enthalten, und Baustoffe der Klasse B1 eines Prüfzeichens des Instituts für Bautechnik in Berlin, sofern sie nicht von der Prüfzeichenpflicht (siehe Anhang zur Prüfzeichenverordnung) ausgenommen sind.

Für die prüfzeichenpflichtigen Baustoffe ist eine Überwachung/Güteüberwachung mit entsprechender Kennzeichnung erforderlich.

Im übrigen gilt die Kennzeichnungspflicht nach DIN 4102 Teil 1.

Zusätzlich zu den Angaben der Abschnitte 2.2 und 2.3 gelten als Baustoffe der Klassen A1, A2 und B1 daher auch Baustoffe mit einem gültigen Prüfbescheid des Instituts für Bautechnik, Berlin — siehe „Mitteilungen des Instituts für Bautechnik", Verlag W. Ernst & Sohn, Berlin, sowie „Verzeichnis der Prüfzeichen für nichtbrennbare Baustoffe, schwerentflammbare Baustoffe und Textilien, Feuerschutzmittel für Baustoffe und Textilien", Erich Schmidt Verlag, Berlin.

Anmerkung 2: Als Baustoffe der Klassen A1 und B2, die nicht der Prüfzeichenpflicht unterliegen, gelten ferner Baustoffe mit einem gültigen Prüfzeugnis.

2.2 Baustoffe der Klasse A

2.2.1 Baustoffe der Klasse A1

Zur Baustoffklasse A1 gehören:

a) Sand, Kies, Lehm, Ton und alle sonstigen in der Natur vorkommenden bautechnisch verwendbaren Steine.

b) Mineralien, Erden, Lavaschlacke und Naturbims.

c) Aus Steinen und Mineralien durch Brenn- und/oder Blähprozesse gewonnene Baustoffe wie Zement, Kalk, Gips, Anhydrit, Schlacken-Hüttenbims, Blähton, Blähschiefer und Blähglas sowie Blähperlite und -vermiculite.

d) Mörtel, Beton, Stahlbeton, Spannbeton, Steine und Bauplatten aus mineralischen Bestandteilen, auch mit üblichen Anteilen von Mörtel- oder Betonzusatzmitteln – siehe DIN 1053 Teil 1 und Teil 4, DIN 1045 und DIN 18550 Teil 2 *).

e) Asbestzement und Mineralfaser, jeweils ohne organische Zusätze.

f) Ziegel, Glas, Steinzeug und keramische Platten.

g) Metalle und Legierungen in nicht fein zerteilter Form mit Ausnahme der Alkali- und Erdalkalimetalle und ihrer Legierungen.

2.2.2 Baustoffe der Klasse A2

Baustoffe der Klasse A2 bedürfen z. Z. in jedem Fall eines besonderen Nachweises.

2.3 Baustoffe der Klasse B

2.3.1 Baustoffe der Klasse B1

Zur Baustoffklasse B1 gehören:

a) Holzwolle-Leichtbauplatten nach DIN 1101.

b) Gipskartonplatten nach DIN 18180 mit geschlossener oder gelochter Oberfläche.

c) Asbestpappe und Asbestpapier nach DIN 3752.

d) Rohre und Formstücke aus PVC hart mit einer Wanddicke $\leq$ 3,2 mm.

e) Fußbodenbeläge:

PVC-Bodenbeläge nach DIN 16951 und

Bodenbeläge aus Vinyl-Asbest-Platten nach DIN 16950, jeweils aufgeklebt auf massivem, mineralischen Untergrund, sowie

Eichen-Parkett aus Parkettstäben nach DIN 280 Teil 1, Mosaik-Parkett-Lamellen nach DIN 280 Teil 2 und Parkettriemen nach DIN 280 Teil 3, jeweils auch mit Versiegelungen.

2.3.2 Baustoffe der Klasse B2

Zur Baustoffklasse B2 gehören:

a) Holz sowie genormte Holzwerkstoffe, soweit nachfolgend nicht aufgeführt, mit einer Rohdichte $\geq$ 400 kg/m^3 und einer Dicke > 2 mm oder mit einer Rohdichte von $\geq$ 230 kg/m^3 und einer Dicke > 5 mm.

b) Genormte Holzwerkstoffe, soweit nachfolgend nicht aufgeführt, mit einer Dicke > 2 mm, die vollflächig durch eine nicht thermoplastische Verbindung mit Holzfurnieren oder mit dekorativen Schichtpreßstoffplatten nach DIN 16926 beschichtet sind.

c) Kunststoffbeschichtete dekorative Flachpreßplatten für allgemeine Zwecke nach DIN 68765 mit einer Dicke $\geq$ 4 mm.

d) Kunststoffbeschichtete dekorative Holzfaserplatten nach DIN 68751 mit einer Dicke $\geq$ 3 mm.

e) Dekorative Schichtpreßstoffplatten nach DIN 16926.

f) Gipskarton-Verbundplatten nach DIN 18184.

g) Mehrschicht-Leichtbauplatten aus Schaumkunststoffen und Holzwolle nach DIN 1104 Teil 1.

h) Tafeln aus PVC hart nach DIN 16927 Teil 1 und Teil 2.

i) Rohre und Formstücke aus
- PVC hart nach DIN 8062
- Polypropylen nach DIN 8078 und DIN 19560,
- PE hart (Polyäthylen hart)
  Typ 1 nach DIN 8075 Teil 1,
  Typ 2 nach DIN 8075 Teil 2 und nach DIN 19535
  sowie aus
- Acrylnitril-Butadien-Styrol (ABS) oder
- Acrylester-Styrol-Acrylnitril (ASA) nach DIN 16890 und DIN 19561.

j) Tafeln aus gegossenem Polymethylmethacrylat nach DIN 16957 mit einer Dicke $\geq$ 2 mm.

k) Polystyrol-(PS)-Formmassen nach DIN 7741 Teil 1, ungeschäumt, plattenförmig, mit einer Dicke $\geq$ 1,6 mm.

l) Ungesättigtes Polyesterharz nach DIN 16946 Teil 2 – auch mit Glasfaserverstärkung oder mit mineralischen Zuschlägen – mit einer Dicke $\geq$ 1,3 mm.

m) Polyäthylen nach DIN 16776 Teil 1, ungeschäumt, mit einer Rohdichte $\leq$ 940 kg/m^3 und einer Dicke $\geq$ 1,4 mm sowie mit einer Rohdichte > 940 kg/m^3 und einer Dicke $\geq$ 1,0 mm.

n) Polypropylen-Formmassen nach DIN 16774 Teil 1, ungeschäumt, Typ PP-B-M, mit einer Dicke $\geq$ 1,4 mm.

o) Fugendichtungsmassen im Sinne von DIN 52460, ungeschäumt, auf der Basis Polyurethan ohne Teer- oder Bitumenzusätze sowie Polysulfid, Silikon und Acrylat jeweils im eingebauten Zustand zwischen Baustoffen mindestens der Klasse B2.

p) Fußbodenbeläge aus

PVC-Belägen nach DIN 16951 und DIN 16952 Teil 1 bis Teil 4 im verklebten Zustand,

Vinyl-Asbest-Platten nach DIN 16950,

Linoleum-Belägen nach DIN 18171 und DIN 18173 oder textilen Fußbodenbelägen nach DIN 66090.

q) Asphalt.

r) Dachpappen- und Dichtungsbahnen nach DIN 18190 Teil 1 bis Teil 5, DIN 52121, DIN 52128, DIN 52130, DIN 52131, DIN 52140 und DIN 52143.

Anmerkung: Sofern es für bestimmte Anwendungsfälle erforderlich ist, ist der Nachweis, daß die Dachpappen- und Dichtungsbahnen nicht „brennend abfallen", gesondert zu führen. Das brennende Abfallen, festgestellt bei Prüfungen nach DIN 4102 Teil 1 ist mit dem „Brennenden Ablaufen", festgestellt bei Prüfungen nach DIN 4102 Teil 7, nicht gleichzusetzen.

---

*) Z. Z. noch Entwurf

3 Klassifizierte Betonbauteile mit Ausnahme von Wänden

(Klassifizierte Wände siehe Abschnitt 4)

3.1 Allgemeines zur Bemessung von Beton-, Stahlbeton- und Spannbetonbauteilen

3.1.1 Normalbeton

3.1.1.1 Bei Angaben über Normalbeton handelt es sich immer um Normalbeton nach DIN 1045 mit überwiegend quarzhaltigem Zuschlag.

3.1.1.2 Wegen der Verwendung von Normalbeton mit überwiegend karbonathaltigem Zuschlag siehe Anhang B.1.

3.1.2 Kritische Temperatur crit T des Bewehrungsstahls

3.1.2.1 Die kritische Temperatur crit T des Bewehrungsstahls ist die Temperatur, bei der die Streckgrenze des Stahls auf die im Bauteil vorhandene Stahlspannung absinkt. crit T ist für die nach DIN 1045 und DIN 4227 Teil 1 zulässigen Beanspruchungen in Abhängigkeit von der Stahlsorte in Tabelle 1 angegeben.

3.1.2.2 Wegen der Verwendung von Stahlsorten, die nicht in Tabelle 1 angegeben sind, und wegen geringerer Beanspruchungen siehe Anhang B.2.

Tabelle 1. **crit T von Beton- und Spannstählen sowie Δu-Werte**

Zeile	1	2	3	4
	Stahlsorte: Art	Stahlsorte: Festigkeitsklasse	crit T °C	Δu mm
1	Betonstahl	nach DIN 1045	500	0
2	Spannstahl, warmgewalzt, gereckt und angelassen	St 835/1030 St 885/1080	500	0
3	Spannstahl, vergütete Drähte	St 1080/1230 St 1325/1470 St 1420/1570	450	+ 5
4	Spannstahl, kaltgezogene Drähte und Litzen	St 1375/1570 St 1470/1670 St 1570/1770	350	+15

3.1.3 Achsabstand der Bewehrung

3.1.3.1 Der Achsabstand u der Bewehrung ist der Abstand zwischen der Längsachse der Bewehrungsstäbe oder Spannglieder und der beflammten Betonoberfläche (Bild 1). Nach der Lage werden weiter unterschieden:

$u_s = u_{\text{seitlich}}$ und

$u_o = u_{\text{oben}}$

3.1.3.2 Sofern Stabbündel verwendet werden, beziehen sich alle Werte von u auf die Achse der Bündel.

3.1.3.3 Alle in Abschnitt 3 angegebenen Bemessungstabellen gelten für eine kritische Stahltemperatur von crit T = 500 °C. Bei Verwendung von Spannstählen mit crit T = 450 oder 350 °C sind die in den folgenden Bemessungstabellen enthaltenen Mindestachsabstände u bzw. u_s und u_o um die in Tabelle 1 angegebenen Δu-Werte zu erhöhen; wegen Abweichungen hiervon siehe Anhang B.2.

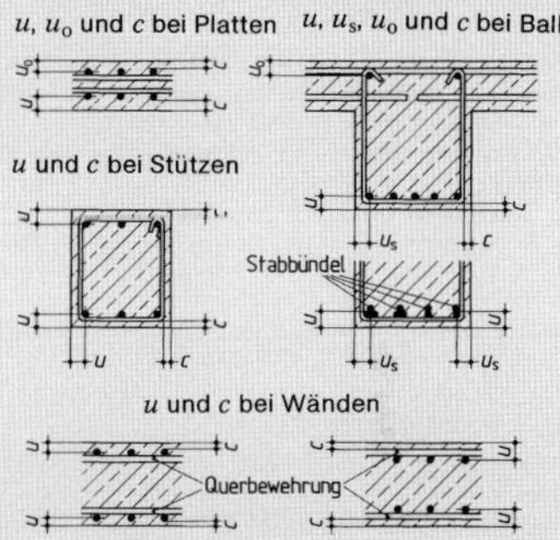

Bild 1. Achsabstände u, u_o und u_s sowie Betondeckung c

3.1.4 Betondeckung der Bewehrung

3.1.4.1 Die Betondeckung c der Bewehrung ist der Abstand zwischen der Staboberfläche des am nächsten zur Bauteiloberfläche liegenden Bewehrungsstabes und der Bauteiloberfläche (Bild 1).

3.1.4.2 Wenn die Betondeckung des am nächsten zur Bauteiloberfläche liegenden Bewehrungsstabes $c > 40$ mm ist, ist die Betondeckung mit kreuzweise angeordneten, an den Knotenpunkten fest verbundenen Stäben, d. h. mit einer Schutzbewehrung — siehe Abschnitte 3.2 bis 3.15 — zu bewehren:

Stabdurchmesser $\geq$ 2,5 mm
Maschenweite $\geq$ (150 × 150) mm und $\leq$ (500 × 500) mm
Betondeckung = 15 mm

3.1.4.3 Bügel dürfen als Schutzbewehrung herangezogen werden.

3.1.4.4 Wegen der Verwendung von Abstandhaltern — insbesondere aus brennbaren Baustoffen — siehe Anhang B.3.

3.1.5 Putzbekleidungen

3.1.5.1 Wenn bei Stahlbeton- oder Spannbetonbauteilen der mögliche Achsabstand der Bewehrung konstruktiv begrenzt ist und wenigstens den Mindestwerten für F 30 entspricht oder Bauteile in brandschutztechnischer Hinsicht nachträglich verstärkt werden müssen, so kann der für höhere Feuerwiderstandsklassen notwendige Achsabstand — zum Teil auch die erforderlichen Querschnittsabmessungen — entsprechend den folgenden Angaben durch Putzbekleidungen ersetzt werden.

3.1.5.2 Sofern in den Abschnitten 3.2 bis 3.15 keine einschränkenden Angaben gemacht werden, gelten als Ersatz für den Achsabstand *u* oder eine Querschnittsabmessung die in Tabelle 2 angegebenen Werte. Die Putzdicke darf die in der letzten Spalte der Tabelle angegebenen Maximaldicken nicht überschreiten.

3.1.5.3 Als Putze ohne Putzträger können Putze der Mörtelgruppe P II oder P IVa, P IVb und P IVc nach DIN 18 550 Teil 2 *) verwendet werden.

Voraussetzung für die brandschutztechnische Wirksamkeit ist eine ausreichende Haftung am Putzgrund. Sie wird sichergestellt, wenn der Putzgrund

a) die Anforderungen nach DIN 18 550 Teil 2 *) erfüllt,

b) einen voll deckenden Spritzbewurf nach DIN 18 550 Teil 2 mit einer Dicke ≥ 5 mm erhält und

c) aus Beton und/oder Zwischenbauteilen der folgenden Arten besteht:
   - Beton nach DIN 1045 unter Verwendung üblicher Schalungen, z. B. unter Verwendung von Holzschalung, Stahlschalung oder kunststoffbeschichteten Schaltafeln.
   - Beton nach DIN 1045 in Verbindung mit Zwischenbauteilen nach DIN 4158, DIN 4159 und DIN 278.
   - Haufwerksporiger Leichtbeton, z. B. Bimsbeton.
   - Gasbeton nach DIN 4223 **).

Anmerkung: Die Brauchbarkeit von Putzbekleidungen, die brandschutztechnisch notwendig sind und die nicht durch Putzträger (Rippenstreckmetall, Drahtgewebe o. ä.) am Bauteil gehalten werden – d. h. Putzbekleidungen ohne Putzträger, die die Anforderungen des vorstehenden Abschnittes 3.1.5.3 nicht erfüllen –, ist besonders nachzuweisen, zum Beispiel durch eine allgemeine bauaufsichtliche Zulassung.

3.1.5.4 Als Putze auf nichtbrennbaren Putzträgern können Putze der Mörtelgruppe P II oder P IVa, P IVb und P IVc nach DIN 18 550 Teil 2 *) sowie Putze nach Abschnitt 3.1.5.5 verwendet werden.

Als nichtbrennbare Putzträger eignen sich zum Beispiel Drahtgewebe, Ziegeldrahtgewebe oder Rippenstreckmetall.

*) Z. Z. noch Entwurf

**) Folgeausgabe z. Z. noch Entwurf Ausgabe August 1978

Voraussetzungen für die brandschutztechnische Wirksamkeit der genannten Putze auf nichtbrennbaren Putzträgern sind: 3.1

a) Der Putzträger muß ausreichend am zu schützenden Bauteil verankert werden, zum Beispiel durch Anschrauben oder Anrödeln – auch unter Zuhilfenahme von abstandhaltenden Stahlschienen.

b) Die Spannweite der Putzträger muß ≤ 500 mm sein.

c) Stöße von Putzträgern sind mit einer Überlappungsbreite von etwa 10 cm auszuführen; die einzelnen Putzträgerbahnen sind mit Draht zu verrödeln.

d) Der Putz muß die Putzträger ≥ 10 mm durchdringen.

3.1.5.5 Als brandschutztechnisch geeignete Dämmputze, die auf Putzträgern gemäß Abschnitt 3.1.5.4 aufzubringen sind, gelten:

Zweilagige Vermiculite- oder Perlite-Zementputze oder zweilagige Vermiculite- oder Perlite-Gipsputze mit folgenden Mischungsverhältnissen:

Der Mörtel für den mindesten 10 mm dicken Unterputz muß aus 1 Rtl. Zement nach DIN 1164 Teil 1 oder 3 Rtl. Baugips nach DIN 1168 Teil 1 und Teil 2 und 4 bis 5 Rtl. geblähtem (expandiertem) Vermiculite, etwa der Körnung 3/6 mm, oder Perlite, etwa der Körnung 0/3 mm, bestehen. Der Mörtel für den etwa 5 mm dicken geglätteten Oberputz muß entsprechend aufgebaut sein, wobei Vermiculite- oder Perlite-Körnungen 0/3 mm mit einem Anteil von mindestens 70 % der Körnung 1/3 mm zu verwenden sind.

Zur besseren Verarbeitung darf sowohl beim Ober- als auch beim Unterputz bis zu 20 % des Zements durch Kalkhydrat ersetzt werden. Die Rohdichte des expandierten Vermiculites und Perlites darf bei loser Einfüllung höchstens 0,13 kg/dm^3 betragen.

3.1.5.6 Die in Abschnitt 3.1.5.4 aufgezählten Putze können auch auf Holzwolle-Leichtbauplatten nach DIN 1101 aufgebracht werden.

Voraussetzungen für die brandschutztechnische Wirksamkeit der genannten Putze auf einen derartigen brennbaren Putzträger sind:

a) Ausführung von dichten Stößen und

b) Befestigung der Holzwolle-Leichtbauplatten mit ≥ 6 Haftsicherungsankern/m^2 aus Stahl.

Anmerkung: Wegen schalltechnischer Auswirkungen siehe DIN 4109.

Tabelle 2. **Putzdicke als Ersatz für den Achsabstand *u* oder eine Querschnittsabmessung**

Zeile	Putzart	Erforderliche Putzdicke in mm als Ersatz für 10 mm: Normalbeton	Erforderliche Putzdicke in mm als Ersatz für 10 mm: Leicht- oder Gasbeton	maximal zulässige Putzdicke in mm
1	Putze ohne Putzträger nach Abschnitt 3.1.5.3:			
1.1	Putzmörtel der Gruppe P II und P IVc	15	18	20
1.2	Putzmörtel der Gruppe P IVa und P IVb	10	12	25
2	Putze nach Abschnitt 3.1.5.4	8	10	25 ¹)
3	Putze nach Abschnitt 3.1.5.5	5	6	30 ¹)
4	Putze auf Holzwolle-Leichtbauplatten nach den Angaben von Abschnitt 3.1.5.6	Angaben hierzu siehe Abschnitt 3.5		

¹) Gemessen über Putzträger

3.2 Feuerwiderstandsklassen statisch bestimmt gelagerter Stahlbeton- und Spannbetonbalken aus Normalbeton

3.2.1 Geltungsbereich, Brandbeanspruchung

3.2.1.1 Die folgenden Angaben gelten für statisch bestimmt gelagerte Stahlbeton- und Spannbetonbalken aus Normalbeton. Es wird unterschieden zwischen maximal 3seitiger und 4seitiger Brandbeanspruchung.

3.2.1.2 Eine maximal 3seitige Brandbeanspruchung liegt vor, wenn die Oberseite der Balken durch Betonbauteile mindestens der geforderten Feuerwiderstandsklasse nach den Abschnitten 3.5 oder 3.6 abgedeckt ist.

Eine 4seitige Brandbeanspruchung liegt vor, wenn die Oberseite der Balken andere Abdeckungen — z. B. aus Stahl, Holz oder Kunststoff — erhält oder freiliegt.

3.2.1.3 Stürze in Wänden aus Mauerwerk sind nach Abschnitt 4.4 zu bemessen.

3.2.2 Mindestquerschnittsabmessungen von maximal 3seitig beanspruchten Balken

3.2.2.1 Statisch bestimmt gelagerte Stahlbeton- und Spannbetonbalken aus Normalbeton müssen bei maximal 3seitiger Brandbeanspruchung unter Beachtung der folgenden Abschnitte die in Tabelle 3 angegebenen Mindestbreiten b und Mindeststegdicken t besitzen.

3.2.2.2 Bei Balken mit Rechteckquerschnitt ist b die Balkenbreite. Bei Balken mit angeschrägten Seiten ist b in Höhe des Bewehrungsschwerpunktes zu messen. Bei Balken mit I-Querschnitt sind b die Untergurtbreite und t die Stegdicke, siehe auch die Schemaskizze in Tabelle 3.

3.2.2.3 Bei der Bemessung von Balken mit I-Querschnitt (Bild 2a) muß die Höhe des Untergurts d_u wenigstens der Mindestbreite der geforderten Feuerwiderstandsklasse nach Tabelle 3, Zeile 1 entsprechen.

Bei angeschrägtem Untergurt (Bild 2b) darf d_u durch d_u^* ersetzt werden:

$$d_u^* = d_u + \frac{d_{su}}{2} \qquad (1)$$

Bei $b/t > 3{,}5$ ist der Untergurt als Zugglied nach Abschnitt 3.15 zu bemessen.

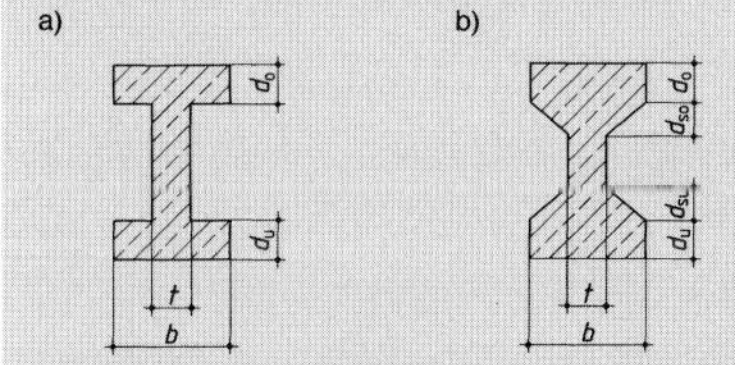

Bild 2.

3.2.2.4 Gurte von Balken mit ⊥-Querschnitt sind wie Untergurte von I-Querschnitten zu bemessen. Die Stegdicke t von Balken mit ⊥-Querschnitt muß den Mindestwerten b von Rechteckbalken entsprechen.

3.2.2.5 Aussparungen in Balken oder in Stegen von T-, ⊥- oder I-Querschnitten dürfen vernachlässigt werden, wenn die verbleibende Zugzone mindestens eine Höhe von min b und mindestens eine Querschnittsfläche von 2 min b^2 behält, wobei min b der kleinste der gewünschten Feuerwiderstandsklasse zugeordnete Wert entsprechend Tabelle 3, Zeile 1 ist.

3.2.2.6 Balkenauflager sind so zu bemessen, daß die Querschnittsfläche an der schwächsten Stelle $\geq$ 1,5 min b^2 ist (Bild 3a), wobei min b ebenfalls der kleinste der gewünschten Feuerwiderstandsklasse zugeordnete Wert entsprechend Tabelle 3, Zeile 1 ist.

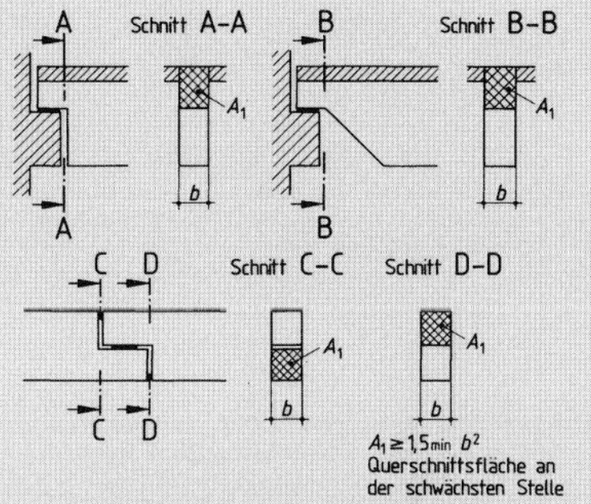

a) Balkenauflager bei 3seitiger Brandbeanspruchung

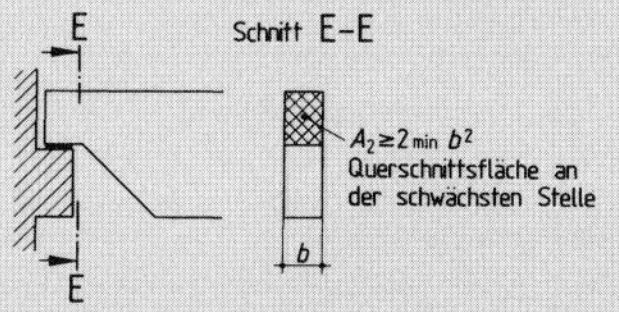

b) Balkenauflager bei 4seitiger Brandbeanspruchung

Bild 3. Querschnittsabmessungen bei Balkenauflagern

3.2.3 Mindestquerschnittsabmessungen von 4seitig beanspruchten Balken

3.2.3.1 Statisch bestimmt gelagerte Stahlbeton- und Spannbetonbalken aus Normalbeton müssen bei 4seitiger Brandbeanspruchung dieselben Mindestquerschnittsabmessungen wie maximal 3seitig beanspruchte Balken nach Abschnitt 3.2.2 besitzen. Darüber hinaus sind die folgenden Mindestquerschnittswerte einzuhalten.

3.2.3.2 Die Mindesthöhe der Balken muß $\geq$ b nach Zeile 1 von Tabelle 3 sein.

3.2.3.3 Bei Rechteck- und Trapezquerschnitten darf die Balkenfläche nicht kleiner als 2 b^2 sein (b siehe Zeile 1 von Tabelle 3). Dasselbe gilt für die Stege von Balken mit ⊥-Querschnitt.

3.2.3.4 Bei Balken mit T- oder I-Querschnitt (Bild 2a) muß die Höhe des Gurtes d_o wenigstens den Werten von b nach Tabelle 3, Zeile 1.1 entsprechen.

Bei angeschrägtem Gurt (Bild 2b) darf d_o durch d_o^* ersetzt werden:

$$d_o^* = d_o + \frac{d_{so}}{2} \qquad (2)$$

3.2.3.5 Balkenauflager sind so zu bemessen, daß die Querschnittsfläche an der schwächsten Stelle $\geq$ 2 min b^2 ist (Bild 3b), wobei min b der kleinste der gewünschten Feuerwiderstandsklasse zugeordnete Wert entsprechend Tabelle 3, Zeile 1 ist.

– 9 – **3.2 Statisch bestimmt gelagerte Balken**

3.2

Tabelle 3. **Mindestbreite und Mindeststegdicke von maximal 3seitig beanspruchten, statisch bestimmt gelagerten Stahlbeton- und Spannbetonbalken aus Normalbeton**

	1	2	3	4	5	6
Zeile	Konstruktionsmerkmale 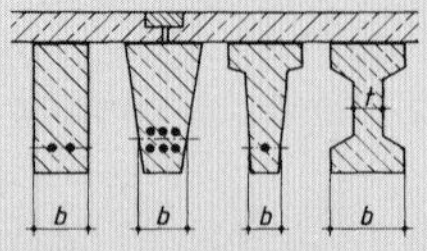	Feuerwiderstandsklasse-Benennung F 30-A	F 60-A	F 90-A	F 120-A	F 180-A
1	Mindestbreite *b* in mm unbekleideter Balken in der **Biegezugzone** bzw. in der vorgedrückten Zugzone mit Ausnahme der Auflagerbereiche					
1.1	Stahlbeton- und Spannbetonbalken mit crit $T \geq 450\,°C$ nach Tabelle 1	80 [1] [2]	120 [2]	150	200	240
1.2	Spannbetonbalken mit crit $T = 350\,°C$ nach Tabelle 1	120 [2]	160	190	240	280
2	Mindestbreite *b* in mm unbekleideter Balken in der **Druck-** oder **Biegedruckzone** bzw. in der **vorgedrückten Zugzone in Auflagerbereichen**	90 [1] [2] bis 140 [2] Die Bedingungen von Tabelle 4 sind einzuhalten.			160	240
3	Mindeststegdicke *t* in mm unbekleideter Balken mit I-Querschnitt in der					
3.1	Biegezugzone bzw. in der vorgedrückten Zugzone mit Ausnahme der Auflagerbereiche	80 [1] [2]	90 [1] [2]	100 [1] [2]	120 [2]	140 [2]
3.2	Druck- oder Biegedruckzone bzw. in der vorgedrückten Zugzone in Auflagerbereichen	90 [1] [2] bis 140 [2] Die Bedingungen von Tabelle 4 sind einzuhalten				140 [2]
4	Mindestabmessungen *b* und *t* von **Balken mit Bekleidungen** aus					
4.1	Putzen nach den Abschnitten 3.1.5.1 bis 3.1.5.5	*b* nach den Zeilen 1 und 2, *t* nach Zeile 3, Abminderungen nach Tabelle 2 sind möglich, *b* und *t* jedoch nicht kleiner als 80 mm				
4.2	Unterdecken	*b* und $t \geq 50$ mm; Konstruktion nach Abschnitt 6.5				

[1] Bei Betonfeuchtigkeitsgehalten > 4 Gew.-% (siehe Anhang B.7) sowie bei Balken mit sehr dichter Bügelbewehrung (Stababstände < 100 mm) müssen die Mindestbreite *b* oder die Mindeststegdicke *t* wenigstens 120 mm betragen.

[2] Wird die Bewehrung in der Symmetrieachse konzentriert und werden dabei mehr als zwei Bewehrungsstäbe oder Spannglieder übereinander angeordnet, dann sind die angegebenen Mindestabmessungen unabhängig vom Betonfeuchtigkeitsgehalt um den zweifachen Wert des verwendeten Bewehrungsstabdurchmessers – bei Stabbündeln um den zweifachen Wert des Vergleichsdurchmessers d_{sV} – zu vergrößern (zu verbreitern). Bei Dicken *b* oder $t \geq 150$ mm braucht diese Zusatzmaßnahme nicht mehr angewendet zu werden.

Tabelle 4. **Mindest-k_h-Werte bei Stahlbetonbalken und maximal zulässige Betondruckspannungen σ bei Spannbetonbalken in Abhängigkeit von der Mindestbalkenbreite *b* bzw. der Mindeststegdicke *t***

Mindestbalkenbreite *b* in mm bzw. Mindeststegdicke *t* in mm	Mindest-k_h-Werte bei Stahlbetonbalken [1] bei der Betonfestigkeitsklasse B 15	B 25	B 35	B 45	B 55	Maximal zulässige Betondruckspannung σ bei Spannbetonbalken N/mm²
90	3,7	3,4	3,0	4,0	5,4	3,5
100	3,1	3,0	2,5	2,8	3,7	7,0
110	2,2	2,4	2,2	2,3	2,6	10,0
120		1,7	1,5	2,0	2,2	13,5
130				1,4	1,9	16,5
140					1,3	20,0
≥ 150	Keine Begrenzung					

[1] Siehe Heft 220 des Deutschen Ausschusses für Stahlbeton

3 Betonbauteile — 10 —

3.2.4 Mindestachsabstände sowie Mindeststabzahl der Bewehrung von 1- bis 4seitig beanspruchten Balken

3.2.4.1 Statisch bestimmt gelagerte Stahlbeton- und Spannbetonbalken aus Normalbeton müssen bei 1- bis 4seitiger Brandbeanspruchung unter Beachtung der folgenden Abschnitte die in Tabelle 5 angegebenen Mindestachsabstände und Mindeststabzahlen besitzen.

3.2.4.2 Bei einlagig bewehrten Balken mit unterschiedlichen Stabdurchmessern ist entsprechend den Angaben von Bild 4 statt des Achsabstandes u der mittlere Achsabstand u_m nach Gleichung (3) zu verwenden. Er errechnet sich aus den Flächen A_1 bis A_n und den **kleinsten** Achsabständen u_1 bis u_n aller einzelnen Bewehrungsstäbe.

3.2.4.3 Bei mehrlagig bewehrten Balken ist entsprechend den Angaben von Bild 4 ebenfalls der mittlere Achsabstand u_m nach Gleichung (3) zu verwenden. Dabei ist zu beachten, daß der kleinste Achsabstand unten oder seitlich auftreten kann.

$$u_m = \frac{A_1 u_1 + A_2 u_2 + \ldots A_n u_n}{\sum A_{1 \ldots n}} \qquad (3)$$

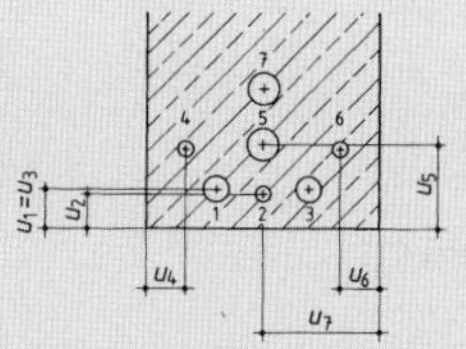

Bild 4. Bezeichnungen bei der Berechnung von u_m

3.2.4.4 Bei Balken mit I-Querschnitt gelten die Werte von Tabelle 5 nur dann, wenn das Verhältnis $b/t \leq 1{,}4$ oder wenn das Verhältnis $d_u/\min b \geq 1{,}4$ ist. Der Wert min b ist dabei die Mindestbreite b der geforderten Feuerwiderstandsklasse nach Tabelle 3, Zeilen 1 und 2.

Bei angeschrägtem Untergurt (Bild 2 b) darf d_u durch d_u^* entsprechend Gleichung (1) ersetzt werden.

Bei $b/t > 1{,}4$ oder bei $d_u/\min b < 1{,}4$ sind die Mindestachsabstände u und u_s nach Tabelle 5 nach den Gleichungen (4) und (5) auf die Werte u' und u_s' zu vergrößern.

$$u' = u \cdot \alpha \text{ und } u_s' = u_s \cdot \alpha \qquad (4)$$

$$\alpha = 1{,}85 - \sqrt{t/b} \cdot \frac{d_u}{\min b} \geq 1{,}0 \qquad (5)$$

3.2.4.5 Für Gurte von Balken mit ⊥-Querschnitt gelten die Angaben von Abschnitt 3.2.4.4 sinngemäß.

3.2.4.6 Bei Anordnung von Aussparungen in Balken oder in Stegen von T-, ⊥- oder I-Querschnitten, die die Mindestquerschnittsabmessungen nach Abschnitt 3.2.2 bzw. 3.2.3 aufweisen, müssen die Mindestachsabstände auch von der Aussparungsseite her eingehalten werden.

3.2.4.7 Werden Auflager von Balken entsprechend Bild 5a ausgeführt und bleibt die Sollfugenbreite $a \leq 30$ mm, ist im Auflagerbereich nur die in DIN 1045 vorgeschriebene Betondeckung einzuhalten.

Ist $a > 30$ mm oder werden die Auflager entsprechend Bild 5 b ausgeführt, müssen im Auflagerbereich die Achsabstände u nach Tabelle 5 eingehalten werden.

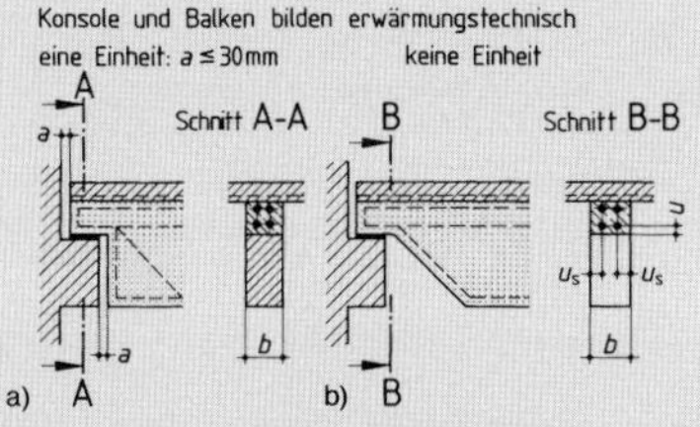

Bild 5. Achsabstand u bei Balkenauflagern

3.2.4.8 Bei den Feuerwiderstandsklassen F 120 und F 180 müssen bei Balken im Schubbereich 2 und 3 nach DIN 1045 stets ≥ 4schnittige Bügel angeordnet werden.

Tabelle 5. **Mindestachsabstände sowie Mindeststabzahl der Zugbewehrung von 1- bis 4seitig beanspruchten, statisch bestimmt gelagerten Stahlbetonbalken**[4]**) aus Normalbeton**

3.2

Zeile	Konstruktionsmerkmale 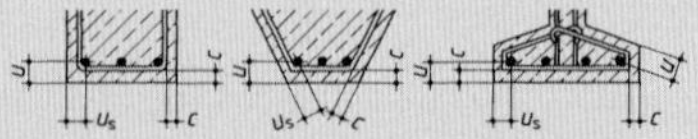	Feuerwiderstandsklasse F 30	F 60	F 90	F 120	F 180
1	Mindestachsabstände u [1]) und u_s [1]) sowie Mindeststabzahl n [2]) der Zugbewehrung **unbekleideter, einlagig bewehrter Balken**					
1.1	bei einer Balkenbreite b in mm von	80	≤ 120	≤ 150	≤ 200	≤ 240
1.1.1	u in mm	25	40	55 [3])	65 [3])	80 [3])
1.1.2	u_s in mm	35	50	65	75	90
1.1.3	n	1	2	2	2	2
1.2	bei einer Balkenbreite b in mm von	120	160	200	240	300
1.2.1	u in mm	15	35	45	55 [3])	70 [3])
1.2.2	u_s in mm	25	45	55	65	80
1.2.3	n	2	2	3	3	3
1.3	bei einer Balkenbreite b in mm von	160	200	250	300	400
1.3.1	u in mm	12	30	40	50	65 [3])
1.3.2	u_s in mm	22	40	50	60	75
1.3.3	n	2	3	4	4	4
1.4	bei einer Balkenbreite b in mm von	≥ 200	≥ 300	≥ 400	≥ 500	≥ 600
1.4.1	$u = u_s$ in mm	12	25	35	45	60 [3])
1.4.2	n	3	4	5	5	5
2	Mindestachsabstände u, u_m und u_s sowie Mindeststabzahl n der Zugbewehrung bei **unbekleideten, mehrlagig bewehrten Balken**					
2.1	u_m nach Gleichung (3)	$u_m \geq u$ nach Zeile 1				
2.2	u und u_s	u und $u_s \geq u_{F30}$ nach Zeile 1 sowie u und $u_s \geq 0{,}5\,u$ nach Zeile 1				
2.3	Mindeststabzahl n	keine Anforderungen				
3	Mindestachsabstände u und u_s bzw. u_m von **Balken mit Bekleidungen** aus					
3.1	Putzen nach den Abschnitten 3.1.5.1 bis 3.1.5.5	u, u_m und u_s nach den Zeilen 1 und 2. Abminderungen nach Tabelle 2 sind möglich, u jedoch nicht kleiner als für F 30				
3.2	Unterdecken	u und $u_s \geq 12$ Konstruktion nach Abschnitt 6.5				

[1]) Zwischen den u- und u_s-Werten von Zeile 1 darf in Abhängigkeit von der Balkenbreite b geradlinig interpoliert werden.

[2]) Die geforderte Mindeststabzahl n darf unterschritten werden, wenn der seitliche Achsabstand u_s pro entfallendem Stab jeweils um 10 mm vergrößert wird; Stabbündel gelten in diesem Falle als ein Stab.

[3]) Bei einer Betondeckung $c > 40$ mm ist eine Schutzbewehrung nach Abschnitt 3.1.4 erforderlich.

[4]) Die Tabellenwerte gelten auch für **Spannbetonbalken;** die Mindestachsabstände u, u_m und u_s sind jedoch entsprechend den Angaben von Tabelle 1 um die folgenden Δu-Werte zu erhöhen:
Bei vergüteten Drähten mit crit $T = 450\,°C$ um $\Delta u = 5$ mm und
bei kaltgezogenen Drähten und Litzen mit crit $T = 350\,°C$ um $\Delta u = 15$ mm.
Sofern die Mindestachsabstände u oder u_s mit 12 mm angegeben sind, dürfen die Δu-Werte um 2 mm verringert werden.

3 Betonbauteile — 12 —

3.3 Feuerwiderstandsklassen statisch unbestimmt gelagerter Stahlbeton- und Spannbetonbalken aus Normalbeton

3.3.1 Geltungsbereich, Brandbeanspruchung

Die Angaben von Abschnitt 3.2.1 gelten sinngemäß.

3.3.2 Mindestquerschnittsabmessungen von maximal 3seitig beanspruchten Balken

Statisch unbestimmt gelagerte Stahlbeton- und Spannbetonbalken aus Normalbeton müssen bei maximal 3seitiger Brandbeanspruchung die in Tabelle 6 angegebenen Mindestbreiten b besitzen. Dabei gelten die Bestimmungen der Abschnitte 3.2.2.2 bis 3.2.2.6 sinngemäß.

3.3.3 Mindestquerschnittsabmessungen von 4seitig beanspruchten Balken

Statisch unbestimmt gelagerte Stahlbeton- und Spannbetonbalken aus Normalbeton müssen bei 4seitiger Brandbeanspruchung dieselben Mindestquerschnittsabmessungen wie maximal 3seitig beanspruchte, statisch unbestimmt gelagerte Balken nach Abschnitt 3.3.2 besitzen. Darüber hinaus sind die Mindestquerschnittswerte nach den Abschnitten 3.2.3.2 bis 3.2.3.5 einzuhalten.

3.3.4 Mindestachsabstände sowie Mindeststabzahl der Bewehrung von maximal 3seitig beanspruchten Balken

3.3.4.1 Statisch unbestimmt gelagerte Stahlbeton- und Spannbetonbalken aus Normalbeton müssen bei einer maximal 3seitigen Brandbeanspruchung unter Beachtung der folgenden Abschnitte die in Tabelle 7 angegebenen Mindestachsabstände und Mindeststabzahlen besitzen.

3.3.4.2 Die Stütz- bzw. Einspannbewehrung muß im Vergleich zur Feldbewehrung relativ kalt bleiben; dies ist sichergestellt, wenn die Stütz- bzw. Einspannbewehrung im Querschnitt nach den Angaben der Skizze in den Zeilen 1 und 2 von Tabelle 7 verlegt wird.

3.3.4.3 Die Achsabstände und die Stabzahl der Feldbewehrung dürfen nach den Angaben der Zeilen 3.2 und 4.2 von Tabelle 7 bestimmt werden, wenn

a) die Stützbewehrung an jeder Stelle gegenüber der nach DIN 1045 erforderlichen Stützbewehrung um 0,15 l verlängert wird — bei durchlaufenden Balken ist l die Stützweite des angrenzenden größeren Feldes — und

b) in allen Feldern eine durchgehende obere Mindestbewehrung von 20 % der erforderlichen Stütz- bzw. Einspannbewehrung beibehalten wird; bei Innenfeldern

Tabelle 6. **Mindestbreite von dreiseitig beanspruchten, statisch unbestimmt gelagerten Stahlbeton- und Spannbetonbalken aus Normalbeton**

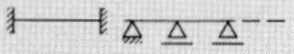

Zeile	Konstruktionsmerkmale 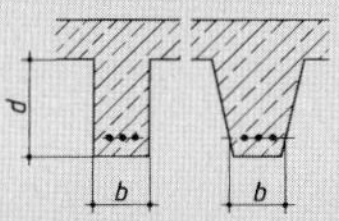	Feuerwiderstandsklasse-Benennung F 30-A	F 60-A	F 90-A	F 120-A	F 180-A
1	Mindestbreite b in mm unbekleideter Balken in der **Biegezugzone** bzw. in der vorgedrückten Zugzone mit Ausnahme der Auflagerbereiche bei					
1.1	Stahlbeton- und Spannbetonbalken mit crit $T \geq 450°$ nach Tabelle 1	80[1] [2]	120[2]	150	220	400
1.2	Spannbetonbalken mit crit $T = 350$ °C nach Tabelle 1	120[2]	160	190	240	400
2	Mindestbreite b in mm unbekleideter Balken in der **Druck- oder Biegedruckzone** bzw. in der **vorgedrückten Zugzone in Auflagerbereichen** bei					
2.1	$d/b \leq 2$	90[1] [2]	100[1] [2]	150	220	400
2.2	$d/b > 2$	110[2] bis 140[2] Die Bedingungen von Tabelle 4 sind einzuhalten	120[2] bis 140[2]	170	240	400
3	Mindestbreite b in mm von **Balken mit Bekleidungen** aus					
3.1	Putzen nach den Abschnitten 3.1.5.1 bis 3.1.5.5	b nach den Zeilen 1 und 2. Abminderungen nach Tabelle 2 sind möglich. b jedoch nicht kleiner als 80.				
3.2	Unterdecken	$b \geq 50$; Konstruktion nach Abschnitt 6.5.				

[1] Bei Betonfeuchtigkeitsgehalten > 4 Gew.-% (siehe Anhang B.7) sowie bei Balken mit sehr dichter Bügelbewehrung (Stababstände < 100 mm) muß die Mindestbreite b wenigstens 120 mm betragen.

[2] Wird die Bewehrung in der Symmetrieachse konzentriert und werden dabei mehr als zwei Bewehrungsstäbe oder Spannglieder übereinander angeordnet, dann sind die angegebenen Mindestabmessungen unabhängig vom Betonfeuchtigkeitsgehalt um den zweifachen Wert des verwendeten Bewehrungsstabdurchmessers — bei Stabbündeln um den zweifachen Wert des Vergleichsdurchmessers d_{sV} — zu vergrößern (zu verbreitern). Bei Dicken $b \geq 150$ mm braucht diese Zusatzmaßnahme nicht mehr angewendet zu werden.

3.3 Statisch unbestimmt gelagerte Balken

durchlaufender Balken mit unterschiedlichen Stützbewehrungen ist die obere Bewehrung nach dem Mittelwert der Stützbewehrungen zu berechnen.

3.3.4.4 Bei Anordnung von Aussparungen, bei Endauflagern nach Bild 5 und hinsichtlich der Schubbewehrung gelten die Bestimmungen der Abschnitte 3.2.4.6 bis 3.2.4.8.

3.3.5 Mindestachsabstände und Mindeststabzahlen der Bewehrung von 4seitig beanspruchten Balken

Die Mindestachsabstände und Mindeststabzahlen sowohl der Feld- als auch der Stütz- bzw. Einspannbewehrung müssen den Angaben von Abschnitt 3.2.4 entsprechen. 3.3

Tabelle 7. **Mindestachsabstand und Lage der Stütz- bzw. Einspannbewehrung sowie Mindestachsabstände nebst Mindeststabzahl der Feldbewehrung von maximal 3seitig beanspruchten statisch unbestimmt gelagerten Stahlbetonbalken** ⁴) **aus Normalbeton**

Zeile	Konstruktionsmerkmale Weitere Angaben siehe Bild 1 in Abschnitt 3.1.3	Feuerwiderstandsklasse F 30	F 60	F 90	F 120	F 180
1	Mindestachsabstand u_o in mm der Stütz- bzw. Einspannbewehrung 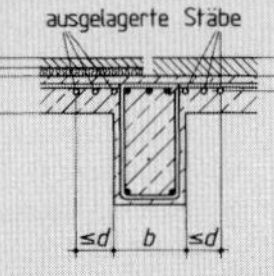					
1.1	ohne Anordnung von Estrichen	12	12	15	30	50
1.2	bei Anordnung eines nichtbrennbaren Estrichs oder eines Asphaltestrichs	12	12	12	15	20
2	Mindestdicke D in mm des Estrichs bei Wahl von u_o nach Zeile 1.2	–	–	10	15	30
3	Mindestachsabstände u [1]) und u_s [1]) sowie Mindeststabzahl n [2]) der Feldbewehrung **unbekleideter, einlagig bewehrter Balken** bei Anordnung der Stütz- bzw. Einspannbewehrung	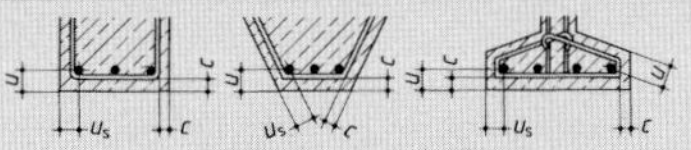				
3.1	nach DIN 1045	u, u_s und n sind nach Abschnitt 3.2.4 (Tabelle 5, Zeile 1) zu bestimmen.				
3.2	nach Abschnitt 3.3.4.3, sofern das Stützweitenverhältnis min $l \geq 0{,}8$ max l ist					
3.2.1	bei einer Balkenbreite b in mm von	80	≤ 120	≤ 150	≤ 200	≤ 240
3.2.1.1	u in mm	12	25	35	45	60 ³)
3.2.1.2	u_s in mm	12	35	45	55	70
3.2.1.3	n	1	2	2	2	2
3.2.2	bei einer Balkenbreite b in mm von	≥ 160	≥ 200	≥ 250	≥ 300	≥ 400
3.2.2.1	u in mm	12	12	25	35	50 ³)
3.2.2.2	u_s in mm	12	20	35	45	60
3.2.2.3	n	2	3	4	4	4
4	Mindestachsabstände u, u_m und u_s sowie Mindeststabzahl n der Feldbewehrung **unbekleideter, mehrlagig bewehrter Balken** bei einer Anordnung der Stütz- bzw. Einspannbewehrung					
4.1	nach DIN 1045	u, u_m und u_s sind nach Abschnitt 3.2.4 (Tabelle 5, Zeile 2) zu bestimmen.				
4.2	nach Abschnitt 3.3.4.3, sofern das Stützweitenverhältnis min $l \geq 0{,}8$ max l					
4.2.1	u_m nach Gleichung (3) in Abschnitt 3.2.4	$u_m \geq u$ nach Zeile 3				
4.2.2	u und u_s	u und $u_s \geq u_{F30}$ nach Zeile 3 sowie u und $u_s \geq 0{,}5\,u$ nach Zeile 3				
4.2.3	n	keine Anforderungen				
5	Mindestachsabstände u und u_s bzw. u_m von **Balken mit Bekleidungen** aus					
5.1	Putzen nach den Abschnitten 3.1.5.1 bis 3.1.5.5	u, u_m und u_s nach den Zeilen 3 und 4, Abminderungen nach Tabelle 2 sind möglich, u jedoch ≥ 12 mm				
5.2	Unterdecken	u und $u_s \geq 12$ mm Konstruktion nach Abschnitt 6.5				

¹) Zwischen den u- und u_s-Werten von Zeile 3 darf in Abhängigkeit von der Balkenbreite b geradlinig interpoliert werden.

²) Die geforderte Mindeststabzahl n darf unterschritten werden, wenn der seitliche Achsabstand u_s pro entfallendem Stab jeweils um 10 mm vergrößert wird; Stabbündel gelten in diesem Fall als ein Stab.

³) Bei einer Betondeckung $c > 40$ mm ist eine Schutzbewehrung nach Abschnitt 3.1.4 erforderlich.

⁴) Die Tabellenwerte gelten auch für **Spannbetonbalken**; die Mindestachsabstände u, u_m, u_s und u_o sind jedoch entsprechend den Angaben von Tabelle 1 um die folgenden Δu-Werte zu erhöhen:
Bei vergüteten Drähten mit crit $T = 450$ °C um $\Delta u = 5$ mm und
bei kaltgezogenen Drähten und Litzen mit crit $T = 350$ °C um $\Delta u = 15$ mm.
Sofern u, u_o oder u_s mit 12 mm angegeben sind, dürfen die Δu-Werte um 2 mm verringert werden.

3.4 Feuerwiderstandsklassen statisch bestimmt gelagerter Balken aus Gasbeton mit Rechteckquerschnitt bei maximal 3seitiger Brandbeanspruchung

3.4.1 Geltungsbereich, Brandbeanspruchung

3.4.1.1 Die folgenden Angaben gelten für statisch bestimmt gelagerte Balken aus Gasbeton nach DIN 4223**) mit Rechteckquerschnitt bei maximal 3seitiger Brandbeanspruchung.

Anmerkung: Balken aus Gasbeton bedürfen z. Z. einer allgemeinen bauaufsichtlichen Zulassung; die dort angegebenen Bedingungen sind zu beachten.

3.4.1.2 Eine maximal 3seitige Brandbeanspruchung liegt vor, wenn die Oberseite der Balken durch Betonbauteile mindestens der geforderten Feuerwiderstandsklasse nach Abschnitt 3.5 oder 3.6 abgedeckt ist.

3.4.1.3 Stürze in Wänden aus Mauerwerk sind nach Abschnitt 4.4 zu bemessen.

**) Siehe Seite 7

3.4.2 Mindestquerschnittsabmessungen

Statisch bestimmt gelagerte Balken aus Gasbeton mit Rechteckquerschnitt müssen bei maximal 3seitiger Brandbeanspruchung die in Tabelle 8 angegebenen Mindestbreiten b besitzen.

3.4.3 Mindestachsabstände und Mindeststabzahl der Bewehrung

3.4.3.1 Statisch bestimmt gelagerte Balken aus Gasbeton mit Rechteckquerschnitt müssen bei maximal 3seitiger Brandbeanspruchung unter Beachtung des folgenden Abschnitts die in Tabelle 9 angegebenen Mindestachsabstände und Mindeststabzahlen besitzen.

3.4.3.2 Bei einlagig bewehrten Balken mit unterschiedlichen Stabdurchmessern sowie bei mehrlagig bewehrten Balken ist nach den Angaben von Bild 4 — entsprechend den Abschnitten 3.2.4.2 und 3.2.4.3 — statt des Achsabstandes u der mittlere Achsabstand u_m nach Gleichung (3) zu verwenden.

Tabelle 8. **Mindestbreite statisch bestimmt gelagerter Balken aus Gasbeton mit Rechteckquerschnitt bei maximal 3seitiger Brandbeanspruchung**

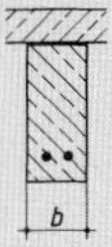

Zeile	Konstruktionsmerkmale	Feuerwiderstandsklasse-Benennung F 30-A	F 60-A	F 90-A	F 120-A	F 180-A
1	Mindestbreite b in mm **unbekleideter** Rechteckbalken	80	120	150	200	240
2	Mindestbreite b in mm von Rechteckbalken **mit einer Bekleidung** aus					
2.1	Putzen nach Abschnitt 3.1.5.3 in mindestens 15 mm Dicke	80	120	140	190	230
2.2	Unterdecken	$b \geq 80$, Konstruktion nach Abschnitt 6.5 wie für Decken der Bauart I				

3.4 Gasbeton-Balken

Tabelle 9. **Mindestachsabstände sowie Mindeststabzahl der Zugbewehrung von maximal 3seitig beanspruchten statisch bestimmt gelagerten Balken aus Gasbeton mit Rechteckquerschnitt**

Zeile	Konstruktionsmerkmale 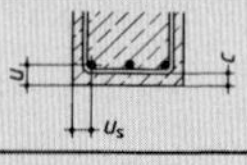	Feuerwiderstandsklasse				
		F 30	F 60	F 90	F 120	F 180
1	Mindestachsabstände u [1]) und u_s [1]) sowie Mindeststabzahl n [2]) der Zugbewehrung **unbekleideter einlagig bewehrter Balken**					
1.1	bei einer Balkenbreite b in mm von	80	≤ 120	≤ 150	≤ 200	≤ 240
1.1.1	u in mm	20	35	50 [3])	60 [3])	75 [3])
1.1.2	u_s in mm	30	45	60	70	85
1.1.3	n	1	2	2	2	2
1.2	bei einer Balkenbreite b in mm von	120	160	200	240	300
1.2.1	u in mm	12	30	40	50 [3])	65 [3])
1.2.2	u_s in mm	22	40	50	60	75
1.2.3	n	2	2	3	3	3
1.3	bei einer Balkenbreite b in mm von	≥ 200	≥ 300	≥ 400	≥ 500	≥ 600
1.3.1	$u = u_s$ in mm	12	20	30	40	55 [3])
1.3.2	n	3	4	5	5	5
2	Mindestachsabstände u, u_m und u_s sowie Mindeststabzahl n der Zugbewehrung bei **unbekleideten mehrlagig bewehrten Balken**					
2.1	u_m nach Gleichung (3)	$u_m \geq u$ nach Zeile 1				
2.2	u und u_s	u und $u_s \geq u_{F30}$ nach Zeile 1 u und $u_s \geq 0{,}5\,u$ nach Zeile 1				
2.3	Mindeststabzahl n	keine Anforderungen				
3	Mindestachsabstände u und u_s bzw. u_m von **Balken mit Bekleidungen** aus					
3.1	Putzen nach Abschnitt 3.1.5.3 in wenigstens 15 mm Dicke	von den Werten u, u_m und u_s nach den Zeilen 1 und 2 dürfen jeweils 5 mm abgezogen werden				
3.2	Unterdecken	u, u_m und $u_s \geq 12$ Konstruktion nach Abschnitt 6.5 wie für Decken der Bauart I				

3.4

[1]) Zwischen den u- und u_s-Werten von Zeile 1 darf in Abhängigkeit von der Balkenbreite b geradlinig interpoliert werden.

[2]) Die geforderte Mindeststabzahl n darf unterschritten werden, wenn der seitliche Achsabstand u_s pro entfallendem Stab um jeweils 10 mm vergrößert wird.

[3]) Bei einer Betondeckung $c > 40$ mm ist eine Schutzbewehrung nach Abschnitt 3.1.4 erforderlich.

3.5 Feuerwiderstandsklassen von Decken aus Stahlbeton- und Spannbetonplatten aus Normalbeton

3.5.1 Geltungsbereich, Brandbeanspruchung

3.5.1.1 Die folgenden Angaben gelten für von unten oder von oben beanspruchte Stahlbeton- und Spannbetondecken aus Normalbeton sowie für gleichzustellende Dächer entsprechend den folgenden Abschnitten von DIN 1045, Ausgabe Dezember 1978:

a) Abschnitt 19.7.6 – Fertigplatten mit statisch mitwirkender Ortbetonschicht,

b) Abschnitt 20.1 – Platten und

c) Abschnitt 22 – punktförmig gestützte Platten.

Die folgenden Angaben gelten sinngemäß auch für Balkendecken ohne Zwischenbauteile mit ebener Deckenuntersicht nach DIN 1045, Ausgabe Dezember 1978, Abschnitt 19.7.7.

3.5.1.2 Bekleidungen an der Deckenunterseite – z. B. Holzschalungen – und die Anordnung von Fußbodenbelägen oder Bedachungen auf der Decken- bzw. Dachoberseite sind bei den nachfolgend klassifizierten Decken bzw. Dächern ohne weitere Nachweise erlaubt; gegebenenfalls sind bei Verwendung von Baustoffen der Klasse B jedoch bauaufsichtliche Anforderungen zu beachten.

3.5.1.3 Durch die nachfolgend klassifizierten Decken dürfen einzelne elektrische Leitungen durchgeführt werden, wenn der verbleibende Lochquerschnitt mit Mörtel nach DIN 18 550 Teil 2*) oder Beton nach DIN 1045 vollständig verschlossen wird.

Anmerkung: Für die Durchführung von gebündelten elektrischen Leitungen sind Abschottungen erforderlich, deren Brauchbarkeit bei den Feuerwiderstandsklassen ≥ F 90 besonders nachzuweisen ist – z. B. im Rahmen der Erteilung einer allgemeinen bauaufsichtlichen Zulassung.

Tabelle 10. **Mindestdicken von Stahlbeton- und Spannbetonplatten aus Normalbeton ohne Hohlräume**

Zeile	Konstruktionsmerkmale	Feuerwiderstandsklasse-Benennung 3)				
		F 30-A	F 60-A	F 90-A	F 120-A	F 180-A
1	Mindestdicke d in mm unbekleideter Platten unabhängig von der Anordnung eines Estrichs bei 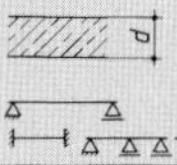					
1.1	statisch bestimmter Lagerung	60 1) 2)	80 2)	100	120	150
1.2	statisch unbestimmter Lagerung	80 1) 2)	80 1) 2)	100	120	150
2	Mindestdicke d in mm punktförmig gestützter Platten unabhängig von der Anordnung eines Estrichs bei 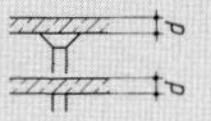					
2.1	Decken mit Stützenkopfverstärkung	150	150	150	150	150
2.2	Decken ohne Stützenkopfverstärkung	150	200	200	200	200
3	Mindestdicke d in mm unbekleideter Platten mit nichtbrennbarem Estrich oder Asphaltestrich 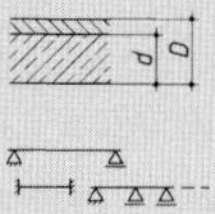	50	50	50	60	75
4	Mindestdicke D in mm $= d +$ Estrichdicke bei					
4.1	statisch bestimmter Lagerung	60 1) 2)	80 2)	100	120	150
4.2	statisch unbestimmter Lagerung	80 1) 2)	80 1) 2)	100	120	150
5	Mindestdicke d in mm unbekleideter Platten mit schwimmendem Estrich bei einer Dämmschicht nach Abschnitt 3.5.2.2 bei 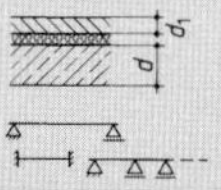					
5.1	statisch bestimmter Lagerung	60 1) 2)	60 1) 2)	60 1) 2)	60 1) 2)	80 2)
5.2	statisch unbestimmter Lagerung	80 1) 2)	80 1) 2)	80 1) 2)	80 1) 2)	80 1) 2)
6	Mindestestrichdicke d_1 in mm bei Estrichen aus nichtbrennbaren Baustoffen oder Asphalt 3)	25	25	25	30	40
7	Mindestdicke d in mm von Platten nach den Zeilen 1 und 3 bis 5 **mit Bekleidungen** aus 					
7.1	Putzen nach den Abschnitten 3.1.5.1 bis 3.1.5.5	Mindestdicke d nach den Zeilen 1, 3 und 5. Abminderungen nach Tabelle 2 sind möglich, d jedoch nicht kleiner als 50.				
7.2	Holzwolle-Leichtbauplatten nach Abschnitt 3.1.5.6 auch ohne Putz bei					
7.2.1	einer Dicke der Holzwolle-Leichtbauplatten ≥ 25 mm	50	50	–	–	–
7.2.2	einer Dicke der Holzwolle-Leichtbauplatten ≥ 50 mm	50	50	50	50	50
7.3	Unterdecken	$d \geq 50$, Konstruktion nach Abschnitt 6.5				

1) Bei Betonfeuchtigkeitsgehalten > 4 Gew.-% (siehe Anhang B.7) sowie bei sehr dichter Bewehrungsanordnung (Stababstände < 100 mm) sind die Mindestdicken d nach den Zeilen 1 und 5 sowie die Mindestdicken D nach Zeile 4 um 20 mm zu vergrößern.

2) Bei Platten mit mehrseitiger Brandbeanspruchung – z. B. bei auskragenden Platten – müssen die Mindestdicken d nach den Zeilen 1 und 5 sowie die Mindestdicken D nach Zeile 4 jeweils ≥ 100 mm sein.

3) Bei Anordnung von Asphaltestrich, bei Verwendung von schwimmendem Estrich mit einer Dämmschicht der Baustoffklasse B und bei Verwendung von Holzwolle-Leichtbauplatten entsprechend Zeile 7.2 muß die Benennung jeweils F 30-AB, F 60-AB, F 90-AB, F 120-AB und F 180-AB lauten.

*) Z. Z. noch Entwurf

3.5.2 Mindestdicken von Platten ohne Hohlräume

3.5.2.1 Unbekleidete Stahlbeton- und Spannbetonplatten aus Normalbeton ohne Hohlräume müssen unabhängig von der Anordnung eines Estrichs die in Zeile 1 von Tabelle 10 angegebenen Mindestdicken besitzen; bei punktförmig gestützten Platten müssen die Mindestwerte nach Zeile 2 eingehalten werden.

3.5.2.2 Sofern Estriche bei Platten nach Zeile 1 von Tabelle 10 brandschutztechnisch berücksichtigt werden sollen, müssen die Mindestdicken für Platten und Estriche nach den Zeilen 3 bis 6 von Tabelle 10 eingehalten werden. Dämmschichten von schwimmenden Estrichen müssen bei Bemessung nach Zeile 5 DIN 18165 Teil 2, Ausgabe Januar 1975, Abschnitt 2.1 entsprechen, mindestens der Baustoffklasse B2 nach DIN 4102 Teil 1 angehören und eine Rohdichte ≥ 30 kg/m³ aufweisen.

3.5.2.3 Sofern Bekleidungen bei Platten nach den Zeilen 1 und 3 bis 6 von Tabelle 10 brandschutztechnisch berücksichtigt werden sollen, gelten die Mindestwerte von Zeile 7.

3.5.3 Mindestdicken von Platten mit Hohlräumen

3.5.3.1 Stahlbeton- und Spannbetonplatten aus Normalbeton mit Hohlräumen ohne brennbare Bestandteile müssen die in Zeile 1 von Tabelle 11 angegebenen Mindestdicken besitzen; bei Hohlräumen mit brennbaren Baustoffen – z. B. bei Anordnung von Füllkörpern – müssen die Mindestwerte nach Zeile 2 eingehalten werden.

3.5.3.2 Der Quotient A_{Netto}/b errechnet sich aus der 3.5
Nettoquerschnittsfläche und der zugehörigen Breite entsprechend den Angaben von Bild 6.

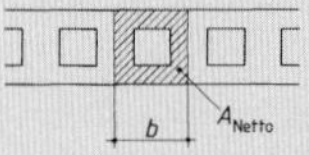

Bild 6. Beispiel für A_{Netto} und b bei Decken mit rechteckigen Aussparungen

3.5.3.3 Sofern Bekleidungen brandschutztechnisch berücksichtigt werden sollen, gelten für die Dicke d_1 die Mindestwerte nach Zeile 3 von Tabelle 11.

Tabelle 11. **Mindestdicken von Stahlbeton- und Spannbetonplatten aus Normalbeton mit Hohlräumen**

Zeile	Konstruktionsmerkmale 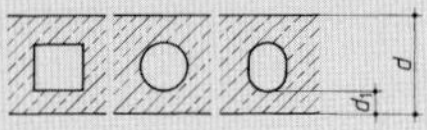	Feuerwiderstandsklasse-Benennung ²) F 30-A	F 60-A	F 90-A	F 120-A	F 180-A
1	Mindestdicken von Hohlplatten **ohne brennbare Bestandteile**					
1.1	Mindestdicke d_1 in mm von Platten mit					
1.1.1	statisch bestimmter Lagerung – wegen Einfeldplatten mit Kragarm siehe Zeile 1.1.2 – bei Hohlräumen mit					
1.1.1.1	Rechteckquerschnitt	60	60	60	60	60
1.1.1.2	Kreis- oder Ovalquerschnitt	50	50	50	50	50
1.1.2	statisch unbestimmter Lagerung ohne Massiv- oder Halbmassivstreifen ¹) sowie bei Einfeldplatten mit Kragarm bei Hohlräumen mit					
1.1.2.1	Rechteckquerschnitt	80	80	80	80	80
1.1.2.2	Kreis- oder Ovalquerschnitt	70	70	70	70	70
1.2	Mindestgesamtdicke d in mm unabhängig vom statischen System	$A_{Netto}/b \geq d$ nach Tabelle 10				
2	Mindestdicken von Hohlplatten **mit brennbaren Bestandteilen**					
2.1	Mindestdicke d_1 in mm von Platten mit					
2.1.1	statisch bestimmter Lagerung bei Hohlräumen mit					
2.1.1.1	Rechteckquerschnitt	80	80	80	80	80
2.1.1.2	Kreis- oder Ovalquerschnitt	70	70	70	70	70
2.1.2	statisch unbestimmter Lagerung unabhängig vom Hohlraumquerschnitt	80	80	100	120	150
2.2	Mindestgesamtdicke d in mm unabhängig vom statischen System	$A_{Netto}/b \geq d$ nach Tabelle 10				
3	Mindestdicke d_1 von **Hohlplatten mit Bekleidungen** aus					
3.1	Putzen nach den Abschnitten 3.1.5.1 bis 3.1.5.5	Mindestdicke d_1 nach den Zeilen 1.1 und 2.1, Abminderungen nach Tabelle 2 sind möglich, d_1 jedoch nicht kleiner als 50.				
3.2	Holzwolle-Leichtbauplatten nach Abschnitt 3.1.5.6 auch ohne Putz bei					
3.2.1	einer Dicke der Holzwolle-Leichtbauplatten ≥ 25 mm	50	50	–	–	–
3.2.2	einer Dicke der Holzwolle-Leichtbauplatten ≥ 50 mm	50	50	50	50	50
3.3	Unterdecken	$d_1 \geq 50$, Konstruktion nach Abschnitt 6.5				

¹) Bei Hohlplatten mit Massiv- oder Halbmassivstreifen bis zu den Momentennullpunkten dürfen die Werte von Zeile 1.1.1 verwendet werden.

²) Bei Verwendung von Füllkörpern oder Holzwolle-Leichtbauplatten entsprechend Zeile 3.2 jeweils der Baustoffklasse B muß die Benennung jeweils F 30-AB, F 60-AB, F 90-AB, F 120-AB und F 180-AB lauten.

3 Betonbauteile — 18 —

3.5.4 Mindestachsabstand der Bewehrung von frei aufliegenden Platten

3.5.4.1 Die Feldbewehrung frei aufliegender Stahlbeton- und Spannbetonplatten aus Normalbeton muß unter Beachtung der folgenden Abschnitte die in Tabelle 12 angegebenen Mindestachsabstände besitzen. Die Tabellenwerte beziehen sich immer auf die untere Lage der Tragbewehrung.

3.5.4.2 Bei einer Feldbewehrung mit unterschiedlichen Stabdurchmessern und bei mehrlagiger Feldbewehrung darf entsprechend den Angaben von Bild 4 statt des Achsabstandes u der mittlere Achsabstand u_m nach Gleichung (3) verwendet werden. u_m muß $\geq u$ nach Tabelle 12 sein, und der Achsabstand des zur Oberfläche am nächsten liegenden Einzelstabes muß $\geq$ 12 mm und $\geq 0{,}5\,u$ nach Tabelle 12 sein.

Tabelle 12. **Mindestachsabstand der Feldbewehrung von frei aufliegenden Stahlbetonplatten** [3] **aus Normalbeton**

Zeile	Konstruktionsmerkmale	Feuerwiderstandsklasse F 30	F 60	F 90	F 120	F 180
1	Mindestachsabstand u in mm **unbekleideter einachsig** gespannter Platten	12	25	35	45 [1]	60 [1]
2	Mindestachsabstand u in mm **unbekleideter zweiachsig** gespannter Platten bei					
2.1	3seitiger Lagerung mit $\frac{l_y}{l_x} > 1{,}0$	12	25	35	45 [1]	60 [1]
2.2	3seitiger Lagerung mit $1{,}0 \geq \frac{l_y}{l_x} \geq 0{,}7$	12	20	30	35	45 [1]
2.3	3seitiger Lagerung mit $0{,}7 > \frac{l_y}{l_x}$	12	15	25	30	40
2.4	4seitiger Lagerung [2] mit $1{,}5 \geq \frac{l_y}{l_x}$	12	12	15	20	30
2.5	4seitiger Lagerung [2] mit $\frac{l_y}{l_x} \geq 2{,}0$	12	25	35	45 [1]	60 [1]
3	Mindestachsabstand u in mm von **Platten mit Bekleidungen** aus					
3.1	Putzen nach den Abschnitten 3.1.5.1 bis 3.1.5.5	Mindestachsabstand u nach den Zeilen 1 und 2, Abminderungen nach Tabelle 2 sind möglich, u jedoch nicht kleiner als 12.				
3.2	Holzwolle-Leichtbauplatten nach Abschnitt 3.1.5.6 auch ohne Putz bei					
3.2.1	einer Dicke der Holzwolle-Leichtbauplatten $\geq$ 25 mm	12	12	—	—	—
3.2.2	einer Dicke der Holzwolle-Leichtbauplatten $\geq$ 50 mm	12	12	12	12	15
3.3	Unterdecken	$u \geq 12$, Konstruktion nach Abschnitt 6.5				

[1] Bei einer Betondeckung $c > 40$ mm ist eine Schutzbewehrung nach Abschnitt 3.1.4 erforderlich.

[2] Bei Seitenverhältnissen $1{,}5 < l_y/l_x < 2{,}0$ darf zwischen den Werten der Zeilen 2.4 und 2.5 geradlinig interpoliert werden.

[3] Die Tabellenwerte gelten auch für **Spannbetonplatten;** die Mindestachsabstände u sind jedoch entsprechend den Angaben von Tabelle 1 um die folgenden Δu-Werte zu erhöhen:
Bei vergüteten Drähten mit crit T = 450 °C um Δu = 5 mm sowie
bei kaltgezogenen Drähten und Litzen mit crit T = 350 °C um Δu = 15 mm.
Sofern der Mindestachsabstand u mit 12 mm angegeben wird, dürfen die Δu-Werte um 2 mm verringert werden.

3.5.4.3 Bei auskragenden Platten muß die Bewehrung zur Plattenoberseite die in den Zeilen 1 und 2 von Tabelle 13 angegebenen Mindestachsabstände besitzen. Dasselbe gilt für eine gegebenenfalls vorhandene oben liegende Drillbewehrung zweiachsig gespannter Platten.

3.5.4.4 Bei dreiseitig gelagerten Platten mit freiem Rand, bei dem der Brandangriff 2- oder 3seitig erfolgen kann, muß die in der Regel erforderliche Bewehrung des freien Randes die in Zeile 1 von Tabelle 12 angegebenen Mindestachsabstände u auch von der Seite besitzen.

3.5.5 Mindestachsabstände der Bewehrung durchlaufender oder eingespannter sowie punktförmig gestützter Platten

3.5.5.1 Durchlaufende oder eingespannte sowie punktförmig gestützte Stahlbeton- und Spannbetonplatten aus Normalbeton müssen unter Beachtung der folgenden Abschnitte die in Tabelle 13 angegebenen Mindestachsabstände besitzen.

3.5.5.2 Bei einer Feldbewehrung mit unterschiedlichen Stabdurchmessern und bei mehrlagiger Feldbewehrung gelten die Angaben über u_m in Abschnitt 3.5.4.2 bezüglich Tabelle 13 sinngemäß.

3.5.5.3 Der Achsabstand der Feldbewehrung darf nach den Angaben der Zeilen 3.1.2.1 und 3.1.2.2 von Tabelle 13 bestimmt werden, wenn 3.5

a) die Stützbewehrung an jeder Stelle gegenüber der nach DIN 1045 erforderlichen Stützbewehrung um $0{,}15\,l$ verlängert wird — bei durchlaufenden Platten ist l die Stützweite des angrenzenden größeren Feldes — und

b) in allen Feldern eine durchgehende obere Mindestbewehrung von 20 % der erforderlichen Stütz- bzw. Einspannbewehrung beibehalten wird; bei Innenfeldern durchlaufender Platten mit unterschiedlichen Stützbewehrungen ist die obere Bewehrung nach dem Mittelwert der Stützbewehrungen zu berechnen.

Tabelle 13. **Mindestachsabstand der Bewehrung durchlaufender oder eingespannter sowie punktförmig gestützter Stahlbetonplatten** [2] **aus Normalbeton**

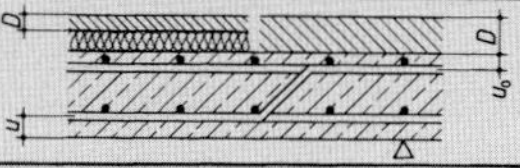

Zeile	Konstruktionsmerkmale	Feuerwiderstandsklasse F 30	F 60	F 90	F 120	F 180
1	Mindestachsabstand u_0 in mm der Stütz- bzw. Einspannbewehrung					
1.1	ohne Anordnung von Estrichen	12	12	15	30	50
1.2	bei Anordnung eines nichtbrennbaren Estrichs oder eines Asphaltestrichs	12	12	12	15	20
2	Mindestdicke des Estrichs D in mm bei Wahl von u_0 nach Zeile 1.2	—	—	10	15	30
3	Mindestachsabstand u in mm der Feldbewehrung					
3.1	**unbekleideter, einachsig gespannter Platten** bei einer Anordnung der Stütz- bzw. Einspannbewehrung					
3.1.1	nach DIN 1045	12	25	35	45 [1]	60 [1]
3.1.2	nach Abschnitt 3.5.5.3 bei einem Stützweitenverhältnis					
3.1.2.1	$\min l < 0{,}8 \max l$	12	12	25	35	55 [1]
3.1.2.2	$\min l \geq 0{,}8 \max l$	12	12	12	25	45 [1]
3.2	**unbekleideter, zweiachsig gespannter Platten** bei einer Anordnung der Stütz- bzw. Einspannbewehrung nach DIN 1045 unabhängig vom Seitenverhältnis bei					
3.2.1	3seitiger Lagerung	12	15	25	30	40
3.2.2	4seitiger Lagerung	12	12	15	20	30
3.3	**unbekleideter, punktförmig gestützter Platten** unabhängig vom Seitenverhältnis bei					
3.3.1	Decken mit Stützenkopfverstärkung	12	15	25	35	45 [1]
3.3.2	Decken ohne Stützenkopfverstärkung	12	25	35	45 [1]	60 [1]
4	Mindestachsabstand u in mm der Feldbewehrung von **Platten mit Bekleidungen** aus					
4.1	Putzen nach den Abschnitten 3.1.5.1 bis 3.1.5.5	Mindestachsabstand u nach Zeile 3, Abminderungen nach Tabelle 2 sind möglich, u jedoch nicht kleiner als 12.				
4.2	Holzwolle-Leichtbauplatten nach Abschnitt 3.1.5.6 auch ohne Putz bei					
4.2.1	einer Dicke der Holzwolle-Leichtbauplatten ≥ 25 mm	12	12	—	—	—
4.2.2	einer Dicke der Holzwolle-Leichtbauplatten ≥ 50 mm	12	12	12	12	15
4.3	Unterdecken	$u \geq 12$, Konstruktion nach Abschnitt 6.5				

[1] Bei einer Betondeckung $c > 40$ mm ist eine Schutzbewehrung nach Abschnitt 3.1.4 erforderlich.
[2] Bei **Spannbetonplatten** aus Normalbeton sind die Δu-Werte nach Fußnote 3 von Tabelle 12 zu berücksichtigen.

3.6 Feuerwiderstandsklassen von Decken aus Stahlbetonhohldielen und Gasbetonplatten

3.6.1 Geltungsbereich, Brandbeanspruchung

3.6.1.1 Die folgenden Angaben gelten für von unten oder oben beanspruchte Decken sowie gleichzustellende Dächer aus

a) Stahlbetonhohldielen aus Normalbeton nach DIN 1045, Ausgabe Dezember 1978, Abschnitt 19.7 – insbesondere Abschnitt 19.7.9 –,

b) Stahlbetonhohldielen aus Leichtbeton mit haufwerksporigem Gefüge nach DIN 4028 *) und

c) Gasbetonplatten nach DIN 4223 **).

3.6.1.2 Bei Anordnung von Bekleidungen und Fußbodenbelägen oder Bedachungen sowie bei Durchführung von elektrischen Leitungen gelten die Bestimmungen der Abschnitte 3.5.1.2 und 3.5.1.3.

3.6.2 Mindestdicken von Stahlbetonhohldielen und Gasbetonplatten

3.6.2.1 Unbekleidete Stahlbetonhohldielen und Gasbetonplatten müssen unabhängig von der Anordnung eines Estrichs die in den Zeilen 1.1, 4 und 5 von Tabelle 14 angegebenen Mindestdicken besitzen.

3.6.2.2 Sofern Estriche bei Stahlbetonhohldielen aus Normalbeton nach Zeile 1 brandschutztechnisch berücksichtigt werden sollen, müssen die Mindestdicken für Platten und Estriche nach den Zeilen 1.2 bzw. 1.3 sowie 2 bzw. 3 von Tabelle 14 eingehalten werden. Dämmschichten von schwimmenden Estrichen müssen bei Bemessung nach Zeile 1.3 DIN 18165 Teil 2, Ausgabe Januar 1975, Abschnitt 2.1 entsprechen, mindestens der Baustoffklasse B2 nach DIN 4102 Teil 1 angehören und eine Rohdichte von $\geq 30\ kg/m^3$ besitzen.

*) Z. Z. noch Entwurf

**) Siehe Seite 7

Tabelle 14. **Mindestdicken von Stahlbetonhohldielen und Gasbetonplatten**

Zeile	Konstruktionsmerkmale	Feuerwiderstandsklasse-Benennung [2]) F 30-A	F 60-A	F 90-A	F 120-A	F 180-A
1	Mindestdicke d in mm **unbekleideter Stahlbetonhohldielen aus Normalbeton**					
1.1	unabhängig von der Anordnung eines Estrichs	80 [1])	100	120	140	170
1.2	bei Anordnung eines nichtbrennbaren Estrichs oder eines Asphaltestrichs	80 [1])	80 [1])	80 [1])	80 [1])	80 [1])
1.3	bei Anordnung eines schwimmenden Estrichs mit einer Dämmschicht nach Abschnitt 3.6.2.2	80 [1])	80 [1])	80 [1])	80 [1])	80 [1])
2	Mindestdicke D in mm $= d +$ Estrichdicke bei Estrichen nach Zeile 1.2	80 [1])	100	120	140	170
3	Mindestestrichdicke d_1 in mm bei Estrichen aus nichtbrennbaren Baustoffen oder Asphalt	25	25	25	30	40
4	Mindestdicke d in mm **unbekleideter Stahlbetonhohldielen aus haufwerksporigem Leichtbeton** unabhängig von der Anordnung eines Estrichs bei Fugen					
4.1	entsprechend DIN 4028, Entwurf März 1980, Bild 2a,	75	75	75	100	125
4.2	entsprechend DIN 4028, Entwurf März 1980, Bild 2b und 2c	75	75	100	125	150
5	Mindestdicke d in mm **unbekleideter Gasbetonplatten** unabhängig von der Anordnung eines Estrichs bei Fugen					
5.1	entsprechend DIN 4223, Folgeausgabe z. Z. noch Entwurf Ausgabe August 1978, Bild 1a bis 1c	75	75	75	100	125
5.2	entsprechend DIN 4223, Folgeausgabe z. Z. noch Entwurf Ausgabe August 1978, Bild 1d bis 1e	75	75	100	125	150
6	Mindestdicke d in mm nach Zeile 1 bei **Stahlbetonhohldielen aus Normalbeton mit Putzen** nach den Abschnitten 3.1.5.1 bis 3.1.5.5	Mindestdicke d nach Zeile 1, Abminderungen nach Tabelle 2 sind möglich, d jedoch nicht kleiner als 80.				
7	Mindestdicke d in mm nach den Zeilen 4 und 5 **bei Stahlbetonhohldielen aus haufwerksporigem Leichtbeton und bei Gasbetonplatten mit Putzen** nach den Abschnitten 3.1.5.1 bis 3.1.5.5	Mindestdicke d nach den Zeilen 4 und 5, Abminderungen nach Tabelle 2 sind möglich; d jedoch nicht kleiner als				
		50	50	75	100	125
8	Mindestdicke d in mm nach den Zeilen 1 bis 5 bei Hohldielen und Platten mit Unterdecken	$d \geq 50$, Konstruktion nach Abschnitt 6.5				

[1]) Bei Betonfeuchtigkeitsgehalten > 4 Gew.-% (siehe Anhang B.7) sowie bei Hohldielen mit sehr dichter Bewehrungsanordnung (Stababstände < 100 mm) muß die Mindestdicke wenigstens 100 mm betragen.

[2]) Bei Anordnung von Asphaltestrich und bei Verwendung von schwimmendem Estrich mit einer Dämmschicht der Baustoffklasse B entsprechend Zeile 1.3 muß die Benennung jeweils F 30-AB, F 60-AB, F 90-AB, F 120-AB und F 180-AB lauten.

3.6.3 Mindestachsabstand der Bewehrung von Stahlbetonhohldielen und Gasbetonplatten

3.6.3.1 Die Bewehrung von Stahlbetonhohldielen und Gasbetonplatten muß die in Tabelle 15 angegebenen Mindestachsabstände besitzen.

3.6.3.2 Bei einer Bewehrung mit unterschiedlichen Stabdurchmessern und bei einer mehrlagigen Bewehrung darf entsprechend den Angaben von Bild 4 statt des Achsabstandes u der mittlere Achsabstand u_m nach Gleichung (3) verwendet werden. u_m muß $\geq u$ nach Tabelle 15 sein, und der Achsabstand des zur Oberfläche am nächsten liegenden Einzelstabes muß ≥ 12 mm und $\geq 0{,}5\,u$ nach Tabelle 15 sein.

Tabelle 15. **Mindestachsabstand der Bewehrung von Stahlbetonhohldielen und Gasbetonplatten** 3.6

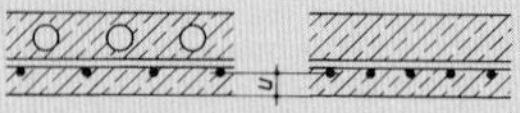

Zeile	Konstruktionsmerkmale	Feuerwiderstandsklasse F 30	F 60	F 90	F 120	F 180
1	Mindestachsabstand u in mm **unbekleideter Stahlbetonhohldielen** aus					
1.1	Normalbeton	12	25	35	45 ¹)	60 ¹)
1.2	haufwerksporigem Leichtbeton	12	12	23	33	48 ¹)
2	Mindestachsabstand u in mm **unbekleideter Gasbetonplatten** ²)	12	20	30	40	55 ¹)
3	Mindestachsabstand u in mm von Stahlbetonhohldielen aus **Normalbeton mit Putzen** nach den Abschnitten 3.1.5.1 bis 3.1.5.5	Mindestachsabstand u nach Zeile 1.1, Abminderungen nach Tabelle 2 sind möglich, u jedoch nicht kleiner als 12				
4	Mindestachsabstand u in mm von Stahlbetonhohldielen aus **haufwerksporigem Leichtbeton** und von **Gasbetonplatten** jeweils **mit Putzen** nach den Abschnitten 3.1.5.1 bis 3.1.5.5	Mindestachsabstand u nach den Zeilen 1.2 und 2; Abminderungen nach Tabelle 2 sind möglich; u jedoch nicht kleiner als 12.				
5	Mindestachsabstand u in mm von Stahlbetonhohldielen und Gasbetonplatten jeweils mit Unterdecken	$u \geq 12$, Konstruktion nach Abschnitt 6.5				

¹) Bei einer Betondeckung $c > 40$ mm ist eine Schutzbewehrung nach Abschnitt 3.1.4 erforderlich.

²) Bei Verwendung von BSt 220/340 (nach DIN 4223 (Folgeausgabe z. Z. noch Entwurf Ausgabe August 1978) Rundstahl RSt 37-2 nach DIN 17100) dürfen die in Zeile 2 angegebenen Mindestachsabstände u um jeweils 7 mm vermindert werden.

3.7 Feuerwiderstandsklassen von Stahlbeton- und Spannbetondecken aus Fertigteilen aus Normalbeton

3.7.1 Geltungsbereich, Brandbeanspruchung

3.7.1.1 Die folgenden Angaben gelten für von unten oder oben beanspruchte Stahlbeton- und Spannbetondecken aus Fertigteilen aus Normalbeton entsprechend DIN 1045, Ausgabe Dezember 1978, Abschnitt 19, sowie für gleichzustellende Dächer, soweit diese Decken und Dächer nicht bereits in den Abschnitten 3.5 und 3.6 behandelt wurden.

3.7.1.2 Bei Anordnung von Bekleidungen und Fußbodenbelägen oder Bedachungen sowie bei Durchführung von elektrischen Leitungen gelten die Bestimmungen der Abschnitte 3.5.1.2 und 3.5.1.3.

3.7.2 Decken aus Fertigteilplatten

3.7.2.1 Decken aus Fertigteilplatten müssen hinsichtlich der Mindestdicken und -achsabstände die in Abschnitt 3.5 wiedergegebenen Bedingungen erfüllen.

3.7.2.2 Fugen zwischen Fertigteilplatten sind entsprechend den Angaben von Bild 7 mit Mörtel oder Beton der Baustoffklasse A zu schließen.

Gefaste Kanten dürfen unberücksichtigt bleiben, wenn die Fasung $\leq$ 4 cm bleibt. Bei Fasungen $>$ 4 cm ist die Mindestdicke d nach Abschnitt 3.5.2 bzw. nach Abschnitt 3.5.3 auf den Endpunkt der Fasung zu beziehen.

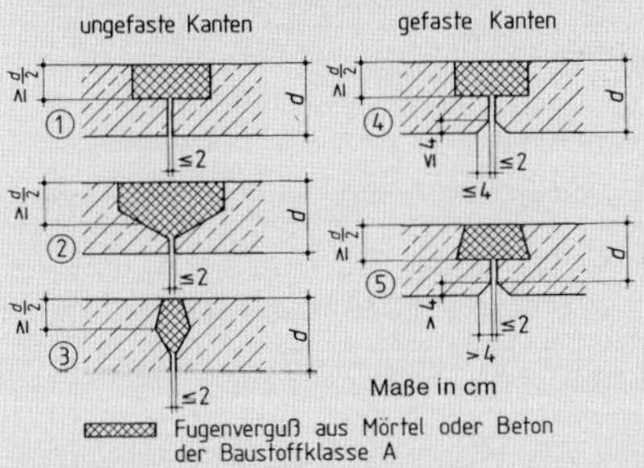

Bild 7. Geschlossene Fugen zwischen Fertigteilplatten (Schema)

3.7.2.3 Fugen zwischen Fertigteilplatten dürfen bis zu einer Breite von 3 cm auch offen bleiben, wenn auf der Plattenoberseite ein im Fugenbereich bewehrter Estrich oder Beton jeweils aus Baustoffen der Klasse A entsprechend den Angaben von Bild 8 und Tabelle 16 angeordnet wird.

Der Estrich oder Beton darf zur Erzielung einer Sollbruchfuge auf der Oberseite einen maximal 1,5 cm tiefen Einschnitt erhalten. Der Einschnitt darf mit Fugendichtungsmassen im Sinne von DIN 52460 geschlossen werden.

Dämmschichten von schwimmenden Estrichen müssen bei einer derartigen Ausführung DIN 18165 Teil 2, Ausgabe Januar 1975, Abschnitt 2.1 entsprechen, mindestens der Baustoffklasse A nach DIN 4102 Teil 1 angehören und eine Rohdichte $\geq$ 30 kg/m^3 besitzen.

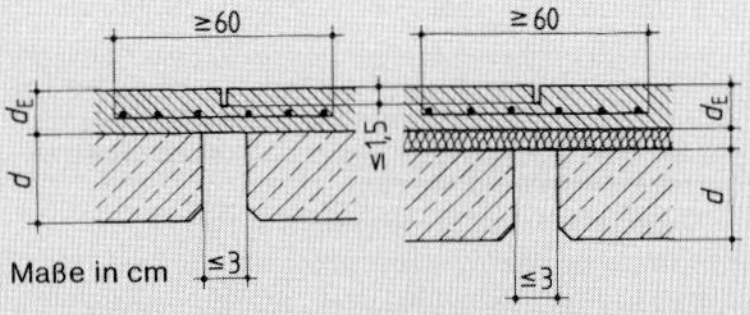

Bild 8. Offene Fugen zwischen Fertigteilplatten (Schema)

Tabelle 16. **Mindestdicken d und d_E bei Fugen zwischen Fertigteilplatten nach Bild 8**

	Mindestdicken d und d_E in mm für die Feuerwiderstandsklasse				
	F 30	F 60	F 90	F 120	F 180
d	siehe Abschnitt 3.5.2 Tabelle 10				
d_E	30	30	40	45	50

3.7.3 Plattenbalken- und Rippendecken aus Fertigteilen

3.7.3.1 Plattenbalken- und Rippendecken aus Fertigteilen müssen hinsichtlich der Mindestquerschnittsabmessungen und -achsabstände die in den Abschnitten 3.8 und 3.9 wiedergegebenen Bedingungen erfüllen.

3.7.3.2 Fugen zwischen Plattenteilen sind entsprechend den Angaben von Abschnitt 3.7.2 auszuführen.

3.7.3.3 Fugen zwischen Balken oder Rippen sind entsprechend den Angaben von Bild 9 mit Mörtel oder Beton der Baustoffklasse A zu schließen.

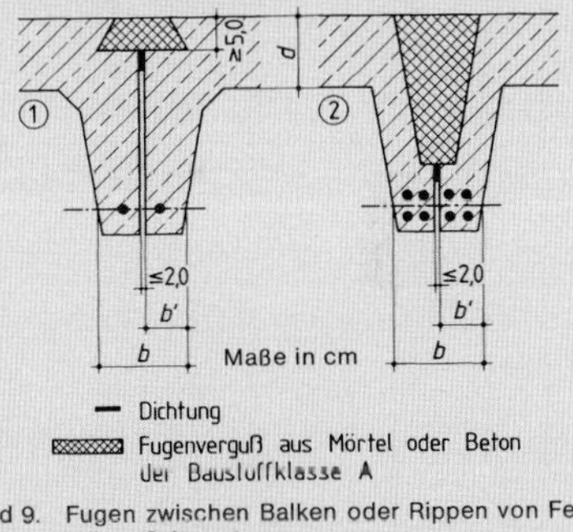

Bild 9. Fugen zwischen Balken oder Rippen von Fertigteilen (Schema)

3.7.3.4 Werden die Fugen wie vorstehend beschrieben ausgeführt, dürfen die in den Abschnitten 3.8 und 3.9 angegebenen Mindestbalken- bzw. Mindestrippenbreiten auf zwei aneinander grenzende Fertigteile bezogen werden. Die Breite einer einzelnen Rippe b' — siehe Bild 9 — darf nicht schmaler als $(b/2)$ — 10 mm werden.

Bei Sollfugenbreiten $>$ 2,0 cm ist b auf die Einzelbalken bzw. -rippen (Randträger) eines Fertigteils zu beziehen.

3.8 Feuerwiderstandsklassen von Stahlbeton- und Spannbeton-Rippendecken aus Normalbeton ohne Zwischenbauteile

3.8.1 Geltungsbereich, Brandbeanspruchung

3.8.1.1 Die folgenden Angaben gelten für von unten oder oben beanspruchte Stahlbeton- und Spannbeton-Rippendecken aus Normalbeton ohne Zwischenbauteile sowie gleichzustellende Dächer entsprechend den folgenden Abschnitten von DIN 1045, Ausgabe Dezember 1978:

a) Abschnitt 19.7.8 – Rippendecken mit ganz oder teilweise vorgefertigten Rippen und

b) Abschnitt 21.2 – Rippendecken.

3.8.1.2 Bei Anordnung von Bekleidungen und Fußbodenbelägen oder Bedachungen sowie bei Durchführung von elektrischen Leitungen gelten die Bestimmungen der Abschnitte 3.5.1.2 und 3.5.1.3.

3.8.2 Randbedingungen

3.8.2.1 Für die Bemessung von Stahlbeton- und Spannbeton-Rippendecken aus Normalbeton ohne Zwischenbauteile gelten unter Beachtung der folgenden Abschnitte, in Abhängigkeit von der Lastabtragung, dem statischen System und der Ausführung der Auflagerbereiche die in Tabelle 17 angegebenen Tabellen 18 bis 28.

3.8.2.2 Bei Rippen mit mehrlagiger Bewehrung darf b in Höhe des Bewehrungsschwerpunkts gemessen werden.

3.8.2.3 Aussparungen in den Rippen dürfen vernachlässigt werden, wenn jeweils der unterhalb einer Aussparung liegende Rippenquerschnitt mindestens eine Höhe von min b und mindestens eine Querschnittsfläche von 2 min b^2 behält, wobei min b der kleinste, der gewünschten Feuerwiderstandsklasse zugeordnete Wert jeweils entsprechend Zeile 1 der Tabellen 18, 21, 23 und 26 ist.

Die Mindestachsabstände u und u_s der Bewehrung müssen auch von der Aussparungsseite her eingehalten werden.

3.8.2.4 Die in den Tabellen 20, 22, 25 und 27 angegebenen Mindestachsabstände und Mindeststabzahlen gelten jeweils für eine einlagige Bewehrung. 3.7

Bei einer Rippenbewehrung mit unterschiedlichen Stabdurchmessern und bei mehrlagiger Rippenbewehrung darf entsprechend den Angaben von Bild 4 – entsprechend den Abschnitten 3.2.4.2 und 3.2.4.3 – statt des Achsabstandes u der mittlere Achsabstand u_m nach Gleichung (3) verwendet werden. Dabei müssen folgende Bedingungen eingehalten werden: 3.8

a) u_m muß jeweils $\geq u$ nach den Tabellen 20, 22, 25 und 27 sein.

b) Die Achsabstände u und u_s des zur Oberfläche am nächsten liegenden Einzelstabes müssen sowohl $\geq u_{F30}$ als auch $\geq 0{,}5\,u$ jeweils nach Zeile 1 der Tabellen 20, 22, 25 und 27 sein.

Die vorstehenden Angaben gelten bezüglich u auch für die Plattenbewehrung.

Bei einer mehrlagigen Rippenbewehrung werden an die Mindeststabzahl n der Bewehrung keine Anforderungen erhoben.

Tabelle 17. **Übersicht über die maßgebenden Tabellen für die Bemessung von Stahlbeton- und Spannbeton-Rippendecken aus Normalbeton ohne Zwischenbauteile**

Zeile	Lastabtragung	Statisches System	Ausführung der Auflagerbereiche	Maßgebende Bemessungstabelle für die Querschnittsabmessungen b und d	Maßgebende Bemessungstabelle für die Achsabstände u, u_s und u_o sowie für n
1	2achsig		ohne Massiv- oder Halbmassivstreifen	18 und 19	20
2	2achsig	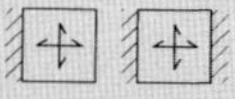	ohne Massiv- oder Halbmassivstreifen	21 und 24	22
3	2achsig	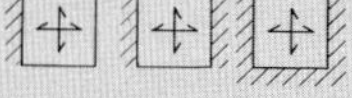	mit Massiv- oder Halbmassivstreifen	23 und 24	25
4	1achsig	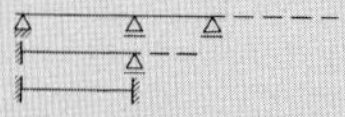	mit Massiv- oder Halbmassivstreifen	26 und 24	27
5	1achsig	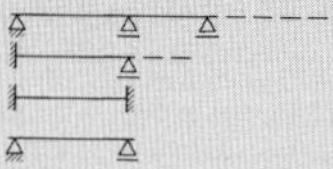	ohne Massiv- oder Halbmassivstreifen	28	28

3 Betonbauteile — 24 —

Tabelle 18. **Mindestbreite und Mindestdicke von 2achsig gespannten einfeldrigen Stahlbeton- und Spannbeton-Rippendecken aus Normalbeton o h n e Zwischenbauteile und o h n e Massiv- oder Halbmassivstreifen**

Zeile	Konstruktionsmerkmale 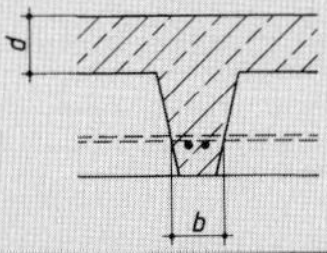	Feuerwiderstandsklasse-Benennung F 30-A	F 60-A	F 90-A	F 120-A	F 180-A
1	Mindestbreite b in mm **unbekleideter Rippen** in der					
1.1	**Biegezugzone** bzw. in der vorgedrückten Zugzone mit Ausnahme der Auflagerbereiche bei					
1.1.1	Stahlbeton- und Spannbetonrippendecken mit einer Bewehrung mit crit $T \geq 450\,°C$ nach Tabelle 1	80 [1]) [2])	100 [1]) [2])	120 [2])	150	220
1.1.2	Spannbetonrippendecken mit einer Bewehrung mit crit $T = 350\,°C$ nach Tabelle 1	120 [2])	120 [2])	160	190	260
1.2	**Druck- oder Biegedruckzone** bzw. in der **vorgedrückten Zugzone im Auflagerbereich**	90 [1]) [2]) bis 140 [2]) Die Bedingungen von Tabelle 19 sind einzuhalten			160	240
2	Mindestbreite b in mm von **Rippen mit Bekleidungen** aus					
2.1	Putzen nach den Abschnitten 3.1.5.1 bis 3.1.5.5	b nach Zeile 1. Abminderungen nach Tabelle 2 sind möglich. b jedoch nicht kleiner als 80.				
2.2	Unterdecken	$b \geq 50$, Konstruktion nach Abschnitt 6.5				
3	Mindestdicke d in mm der Platten [3])	80	80	100	120	150

[1]) Bei Betonfeuchtigkeitsgehalten > 4 Gew.-% (siehe Anhang B.7) sowie bei Rippen mit sehr dichter Bügelbewehrung (Stababstände < 100 mm) muß die Mindestbreite wenigstens 120 mm betragen.

[2]) Wird die Bewehrung in der Symmetrieachse konzentriert und werden dabei mehr als zwei Bewehrungsstäbe oder Spannglieder übereinander angeordnet, dann sind die angegebenen Mindestbreiten unabhängig vom Betonfeuchtigkeitsgehalt um den zweifachen Wert des verwendeten Bewehrungsstabdurchmessers — bei Stabbündeln um den zweifachen Wert des Vergleichsdurchmessers d_{sV} — zu vergrößern (zu verbreitern). Bei $b \geq 150$ mm braucht diese Zusatzmaßnahme nicht mehr angewendet zu werden.

[3]) Sofern bei der Wahl von d ein Estrich oder eine Bekleidung berücksichtigt werden sollen, gelten die Mindestdicken von Tabelle 10, Zeilen 3 bis 7.

Tabelle 19. **Mindest-k_h-Werte bei Stahlbetonrippen und maximal zulässige Betondruckrandspannungen σ bei Spannbetonrippen in Abhängigkeit von der Mindestbreite b**

Mindestbalkenbreite b mm	Mindest-k_h-Werte bei Stahlbetonrippen [1]) bei der Betonfestigkeitsklasse B 15	B 25	B 35	B 45	B 55	Maximal zulässige Betondruckrandspannung σ bei Spannbetonbalken N/mm²
90	3,7	3,4	3,0	4,0	5,4	3,5
100	3,1	3,0	2,5	2,8	3,7	7,0
110	2,2	2,4	2,2	2,3	2,6	10,0
120		1,7	1,5	2,0	2,2	13,5
130				1,4	1,9	16,5
140					1,3	20,0
≥ 150	Keine Begrenzung					

[1]) Siehe Heft 220 des Deutschen Ausschusses für Stahlbeton

Tabelle 20. **Mindestachsabstände sowie Mindeststabzahl einlagig bewehrter, 2achsig gespannter, einfeldriger Stahlbetonrippendecken[5]) aus Normalbeton ohne Zwischenbauteile und ohne Massiv- oder Halbmassivstreifen**

3.8

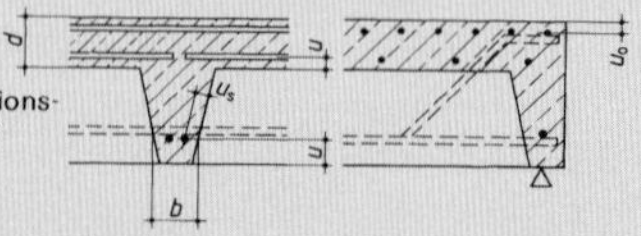

Zeile	Konstruktionsmerkmale	Feuerwiderstandsklasse F 30	F 60	F 90	F 120	F 180
1	Mindestachsabstände u [1]) und u_s [1]) sowie Mindeststabzahl n [2]) der Feldbewehrung **unbekleideter Rippen**					
1.1	bei einer Rippenbreite b in mm von	80	≤ 120	≤ 160	≤ 190	≤ 260
1.1.1	u in mm	15	25	40	55 [3])	75 [3])
1.1.2	u_s in mm	25	35	50	65	85
1.1.3	n	1	2	2	2	2
1.2	bei einer Rippenbreite b in mm von	≥ 160	≥ 200	≥ 250	≥ 300	≥ 400
1.2.1	u in mm	12	15	30	40	60 [3])
1.2.2	u_s in mm	20	25	40	50	70
1.2.3	n	2	3	4	4	4
2	Mindestachsabstände der Bewehrung **unbekleideter Platten** bei der					
2.1	Stützbewehrung u_o in mm [4])	12	12	15	30	50
2.2	Feldbewehrung u in mm	12	12	12	25	45 [3])
3	Mindestachsabstand u und u_s in mm der Feldbewehrung der **Rippen und Platten jeweils mit Bekleidungen** aus					
3.1	Putzen nach den Abschnitten 3.1.5.1 bis 3.1.5.5	Mindestachsabstände u und u_s nach den Zeilen 1 und 2.2, Abminderungen nach Tabelle 2 sind möglich; u und u_s jedoch nicht kleiner als 12.				
3.2	Unterdecken	$u \geq 12$, Konstruktion nach Abschnitt 6.5				

[1]) Zwischen den u- und u_s-Werten von Zeile 1 darf in Abhängigkeit von der Rippenbreite b geradlinig interpoliert werden.

[2]) Die geforderte Mindeststabzahl n darf unterschritten werden, wenn der seitliche Achsabstand u_s pro entfallendem Stab jeweils um 10 mm vergrößert wird; Stabbündel gelten in diesem Fall als ein Stab.

[3]) Bei einer Betondeckung $c > 40$ mm ist eine Schutzbewehrung nach Abschnitt 3.1.4 erforderlich.

[4]) Sofern bei der Wahl von u_o ein Estrich berücksichtigt werden soll, gelten die Mindestwerte von Tabelle 13, Zeilen 1 und 2.

[5]) Die Tabellenwerte gelten auch für **Spannbetonrippendecken**; die Mindestachsabstände u, u_s und u_o sind jedoch entsprechend den Angaben von Tabelle 1 um die folgenden Δu-Werte zu erhöhen:
Bei vergüteten Drähten mit crit T = 450 °C um Δu = 5 mm und
bei kaltgezogenen Drähten und Litzen mit crit T = 350 °C um Δu = 15 mm.
Sofern u, u_s und u_o mit 12 angegeben sind, dürfen die Δu-Werte um 2 mm verringert werden.

3 Betonbauteile — 26 —

3.8.2.5 Bei statisch unbestimmt gelagerten Rippendecken muß die Stütz- bzw. Einspannbewehrung in der oberen Hälfte der Platten verlegt werden.

3.8.2.6 Die Achsabstände und die Stabzahl der Feldbewehrung der Rippen dürfen jeweils nach den Angaben der Zeile 1.2 der Tabellen 22, 25 und 27 bestimmt werden, wenn

a) die Stützbewehrung der Rippen an jeder Stelle gegenüber der nach DIN 1045 erforderlichen Stützbewehrung um 0,15 l verlängert wird — bei durchlaufenden Rippen ist l die Stützweite des angrenzenden größeren Feldes — und

b) in allen Feldern eine durchgehende obere Mindestbewehrung von 20% der erforderlichen Stütz- bzw. Einspannbewehrung beibehalten wird; bei Innenfeldern durchlaufender Rippen mit unterschiedlichen Stützbewehrungen ist die obere Bewehrung nach dem Mittelwert der Stützbewehrungen zu berechnen.

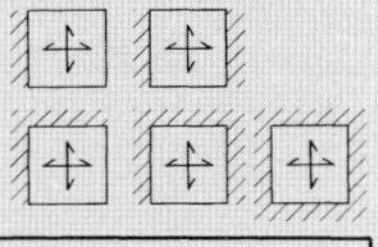

Tabelle 21. **Mindestbreite und Mindestdicke von 2achsig gespannten Stahlbeton- und Spannbeton-Rippendecken aus Normalbeton ohne Zwischenbauteile und ohne Massiv- oder Halbmassivstreifen mit wenigstens einem eingespannten Rand**

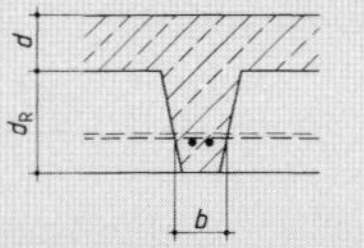

Zeile	Konstruktionsmerkmale	Feuerwiderstandsklasse-Benennung F 30-A	F 60-A	F 90-A	F 120-A	F 180-A
1	Mindestbreite b in mm **unbekleideter Rippen** in der					
1.1	**Biegezugzone** (Feldbereich) bzw. in der vorgedrückten Zugzone mit Ausnahme der Auflagerbereiche bei					
1.1.1	Stahlbeton- und Spannbetonrippendecken mit einer Bewehrung mit crit $T \geq 450\,°C$ nach Tabelle 1	80 [1]) [2])	100 [1]) [2])	120 [2]) [3]) (150)	150 [3]) (220)	310 [3]) (400)
1.1.2	Spannbetonrippendecken mit einer Bewehrung mit crit $T = 350\,°C$ nach Tabelle 1	120 [2])	120 [2])	160	190 [3]) (220)	350 [3]) (400)
1.2	**Druck- oder Biegedruckzone** bzw. in der **vorgedrückten Zugzone im Auflagerbereich** [4])	110 [2]) bis 170 Die Bedingungen von Tabelle 24 sind einzuhalten.			240	320 [3]) (400)
2	Mindestbreite b in mm von **Rippen mit Bekleidungen** aus					
2.1	Putzen nach den Abschnitten 3.1.5.1 bis 3.1.5.5	b nach Zeile 1. Abminderungen nach Tabelle 2 sind möglich. b jedoch nicht kleiner als 80.				
2.2	Unterdecken	$b \geq 50$, Konstruktion nach Abschnitt 6.5				
3	Mindestdicke d in mm der Platten [5])	80	80	100	120	150

[1]) Bei Betonfeuchtigkeitsgehalten > 4 Gew.-% (siehe Anhang B.7) sowie bei Rippen mit sehr dichter Bügelbewehrung (Stababstände < 100 mm) muß die Mindestbreite wenigstens 120 mm betragen.

[2]) Wird die Bewehrung in der Symmetrieachse konzentriert und werden dabei mehr als zwei Bewehrungsstäbe oder Spannglieder übereinander angeordnet, dann sind die angegebenen Mindestbreiten unabhängig vom Betonfeuchtigkeitsgehalt um den zweifachen Wert des verwendeten Bewehrungsstabdurchmessers — bei Stabbündeln um den zweifachen Wert des Vergleichsdurchmessers d_{sV} — zu vergrößern (zu verbreitern). Bei $b \geq 150$ mm braucht diese Zusatzmaßnahme nicht mehr angewendet zu werden.

[3]) Die angegebenen Werte gelten für Decken mit vorwiegend gleichmäßig verteilter Belastung; bei Decken mit großem Einzellastanteil sind im Schubbereich 2 und 3 nach DIN 1045 die ()-Werte zu verwenden.

[4]) Bei einem Seitenverhältnis $d_R/b \leq 2$ dürfen die in Zeile 1.2 angegebenen Mindestwerte jeweils um 20 mm verringert werden.

[5]) Sofern bei der Wahl von d ein Estrich oder eine Bekleidung berücksichtigt werden sollen, gelten die Mindestdicken von Tabelle 10, Zeilen 3 bis 7.

– 27 – **3.8 Rippendecken ohne Zwischenbauteile**

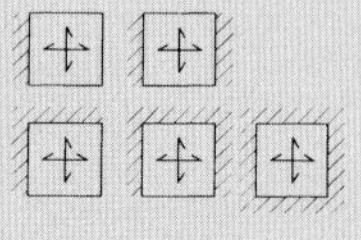

Tabelle 22. **Mindestachsabstände sowie Mindeststabzahl einlagig bewehrter 2achsig gespannter Stahlbetonrippendecken [6]) aus Normalbeton ohne Zwischenbauteile und ohne Massiv- oder Halbmassivstreifen mit wenigstens einem eingespannten Rand**

3.8

Zeile	Konstruktionsmerkmale 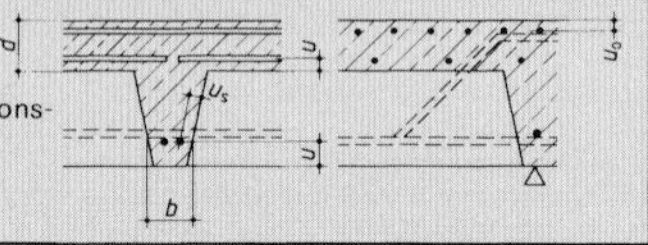	Feuerwiderstandsklasse F 30	F 60	F 90	F 120 [5])	F 180 [5])
1	Mindestachsabstände u [1]) und u_s [1]) sowie Mindeststabzahl n [2]) der Feldbewehrung **unbekleideter Rippen**					
1.1	**bei Anordnung der Stütz- bzw. Einspannbewehrung nach DIN 1045**					
1.1.1	bei einer Rippenbreite b in mm von	80	≤ 120	≤ 160	≤ 190	≤ 260
1.1.1.1	u in mm	15	25	40	55 [3])	75 [3])
1.1.1.2	u_s in mm	25	35	50	65	85
1.1.1.3	n	1	2	2	2	2
1.1.2	bei einer Rippenbreite b in mm von	≥ 160	≥ 200	≥ 250	≥ 300	≥ 400
1.1.2.1	u in mm	12	15	30	40	60 [3])
1.1.2.2	u_s in mm	20	25	40	50	70
1.1.2.3	n	2	3	4	4	4
1.2	**bei Anordnung der Stütz- bzw. Einspannbewehrung nach Abschnitt 3.8.2.6,** sofern das Stützweitenverhältnis min $l \geq$ 0,8 max l ist,					
1.2.1	bei einer Rippenbreite b in mm von	80	≤ 120	≤ 160	≤ 190	≤ 260
1.2.1.1	u in mm	12	15	25	40	60 [3])
1.2.1.2	u_s in mm	12	25	35	50	70
1.2.1.3	n	1	2	2	2	2
1.2.2	bei einer Rippenbreite b in mm von	≥ 160	≥ 200	≥ 250	≥ 300	≥ 400
1.2.2.1	u in mm	12	12	15	30	50 [3])
1.2.2.2	u_s in mm	12	20	25	40	60
1.2.2.3	n	2	3	4	4	4
2	**Mindestachsabstände der Bewehrung unbekleideter Platten** bei der					
2.1	Stützbewehrung u_o in mm [4])	12	12	15	30	50
2.2	Feldbewehrung u in mm	12	12	12	25	45 [3])
3	Mindestachsabstand u und u_s in mm der Feldbewehrung der **Rippen und Platten jeweils mit Bekleidungen** aus					
3.1	Putzen nach den Abschnitten 3.1.5.1 bis 3.1.5.5	Mindestachsabstände u und u_s nach den Zeilen 1 und 2.2, Abminderungen nach Tabelle 2 sind möglich; u und u_s jedoch nicht kleiner als 12.				
3.2	Unterdecken	$u \geq$ 12, Konstruktion nach Abschnitt 6.5				

[1]) Zwischen den u- und u_s-Werten von Zeile 1 darf in Abhängigkeit von der Rippenbreite b geradlinig interpoliert werden.

[2]) Die geforderte Mindeststabzahl n darf unterschritten werden, wenn der seitliche Achsabstand u_s pro entfallendem Stab jeweils um 10 mm vergrößert wird; Stabbündel gelten in diesem Fall als ein Stab.

[3]) Bei einer Betondeckung $c > 40$ mm ist eine Schutzbewehrung nach Abschnitt 3.1.4 erforderlich.

[4]) Sofern bei der Wahl von u_o ein Estrich berücksichtigt werden soll, gelten die Mindestwerte von Tabelle 13, Zeilen 1 und 2.

[5]) Bei den Feuerwiderstandsklassen F 120 und F 180 müssen bei Rippen im Schubbereich 2 und 3 nach DIN 1045 stets ≥ 4schnittige Bügel angeordnet werden.

[6]) Die Tabellenwerte gelten auch für **Spannbetonrippendecken;** die Mindestachsabstände u, u_s und u_o sind jedoch entsprechend den Angaben von Tabelle 1 um die folgenden Δu-Werte zu erhöhen:
Bei vergüteten Drähten mit crit T = 450 °C um Δu = 5 mm und
bei kaltgezogenen Drähten und Litzen mit crit T = 350 °C um Δu = 15 mm.
Sofern u, u_s und u_o mit 12 mm angegeben sind, dürfen die Δu-Werte um 2 mm verringert werden.

3 Betonbauteile – 28 –

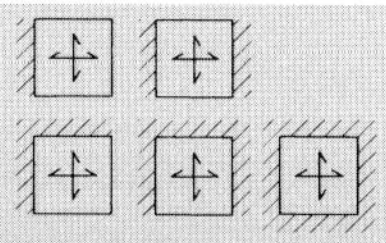

Tabelle 23. **Mindestbreite und Mindestdicke von 2achsig gespannten Stahlbeton- und Spannbeton-Rippendecken aus Normalbeton ohne Zwischenbauteile mit Massiv- oder Halbmassivstreifen mit wenigstens einem eingespannten Rand**

Zeile	Konstruktionsmerkmale 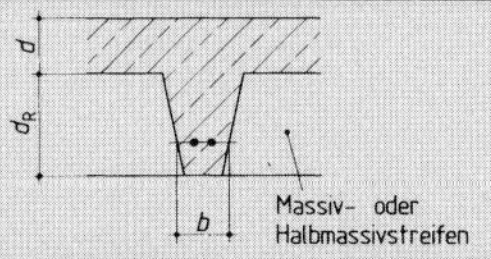	Feuerwiderstandsklasse-Benennung F 30-A	F 60-A	F 90-A	F 120-A	F 180-A
1 1.1	Mindestbreite b in mm **unbekleideter Rippen** in der **Biegezugzone** (Feldbereich) bzw. in der vorgedrückten Zugzone mit Ausnahme der Auflagerbereiche bei					
1.1.1	Stahlbeton- und Spannbetonrippendecken mit einer Bewehrung mit crit $T \geq 450\,°C$ nach Tabelle 1	80 [1] [2]	80 [1] [2]	100 [1] [2] [3] (150)	120 [2] [3] (220)	200 [3] (400)
1.1.2	Spannbetonrippendecken mit einer Bewehrung mit crit $T = 350\,°C$ nach Tabelle 1	120 [2]	120 [2]	120 [2] [3] (150)	160 [3] (220)	240 [3] (400)
1.2 1.2.1	**Druck- oder Biegedruckzone** bei Anordnung von Massiv- oder Halbmassivstreifen bis zu den Momentennullpunkten [4]	keine Anforderungen				
1.2.2	verkürzten Massiv- oder Halbmassivstreifen im Bereich zwischen den Massiv- oder Halbmassivstreifenendpunkten und den Momentennullpunkten [4] [5]	110 [2] bis 170 Die Bedingungen von Tabelle 24 sind einzuhalten			240	320 [3] (400)
1.3	**vorgedrückten Zugzone bei Endauflagern**	Bemessung nach Zeile 1.2.2				
2	Mindestbreite b in mm von **Rippen mit Bekleidungen** aus					
2.1	Putzen nach den Abschnitten 3.1.5.1 bis 3.1.5.5	b nach Zeile 1. Abminderungen nach Tabelle 2 sind möglich. b jedoch nicht kleiner als 80.				
2.2	Unterdecken	$b \geq 50$, Konstruktion nach Abschnitt 6.5				
3	Mindestdicke d in mm der Platten [6]	80	80	100	120	150

[1]) Bei Betonfeuchtigkeitsgehalten > 4 Gew.-% (siehe Anhang B.7) sowie bei Rippen mit sehr dichter Bügelbewehrung (Stababstände < 100 mm) muß die Mindestbreite wenigstens 120 mm betragen.

[2]) Wird die Bewehrung in der Symmetrieachse konzentriert und werden dabei mehr als zwei Bewehrungsstäbe oder Spannglieder übereinander angeordnet, dann sind die angegebenen Mindestbreiten unabhängig vom Betonfeuchtigkeitsgehalt um den zweifachen Wert des verwendeten Bewehrungsstabdurchmessers – bei Stabbündeln um den zweifachen Wert des Vergleichsdurchmessers d_{sV} – zu vergrößern (zu verbreitern). Bei $b \geq 150$ mm braucht diese Zusatzmaßnahme nicht mehr angewendet zu werden.

[3]) Die angegebenen Werte gelten für Decken mit vorwiegend gleichmäßig verteilter Belastung; bei Decken mit großem Einzellastanteil sind im Schubbereich 2 und 3 nach DIN 1045 die ()-Werte zu verwenden.

[4]) Die Bestimmung der Momentennullpunkte muß beim Lastfall Vollast erfolgen.

[5]) Bei einem Seitenverhältnis $d_R/b \leq 2$ dürfen die in Zeile 1.2.2 angegebenen Mindestwerte jeweils um 20 mm verringert werden.

[6]) Sofern bei der Wahl von d ein Estrich oder eine Bekleidung berücksichtigt werden sollen, gelten die Mindestdicken von Tabelle 10, Zeilen 3 bis 7.

Tabelle 24. **Mindest-k_h-Werte bei Stahlbetonrippen und maximal zulässige Betondruckrandspannungen bei Spannbetonrippen in Abhängigkeit von der Mindestbreite b**

Mindest-Rippenbreite b mm	Mindest-k_h-Werte bei Stahlbetonrippen [1] bei der Betonfestigkeitsklasse B 15	B 25	B 35	B 45	B 55	Maximal zulässige Betondruckrandspannung σ bei Spannbetonrippen N/mm²
110	3,7	3,4	3,0	4,0	5,4	3,5
120	3,1	3,0	2,5	2,8	3,7	7,0
130	2,5	2,4	2,2	2,3	2,6	10,0
140		2,0	1,7	2,0	2,2	13,5
150				1,6	1,9	16,5
160					1,5	20,0
170	keine Begrenzung					

[1]) Siehe Heft 220 des Deutschen Ausschusses für Stahlbeton

 3.8 Rippendecken ohne Zwischenbauteile

Tabelle 25. **Mindestachsabstände sowie Mindeststabzahl einlagig bewehrter 2achsig gespannter Stahlbetonrippendecken**[6] **aus Normalbeton ohne Zwischenbauteile mit Massiv- oder Halbmassivstreifen mit wenigstens einem eingespannten Rand**

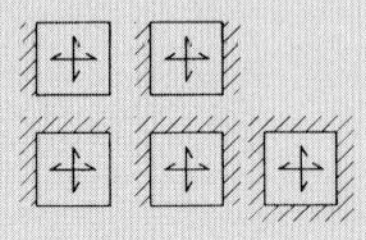

3.8

Zeile	Konstruktionsmerkmale 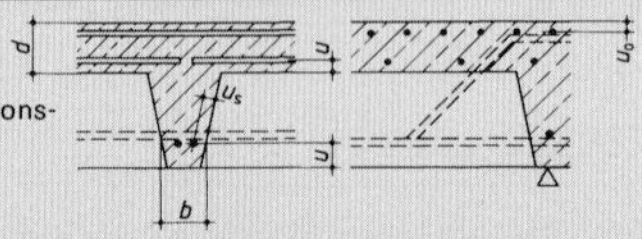	Feuerwiderstandsklasse F 30	F 60	F 90	F 120[5]	F 180[5]
1	Mindestachsabstände u[1] und u_s[1] sowie Mindeststabzahl n[2] der Feldbewehrung **unbekleideter Rippen**					
1.1	**bei Anordnung der Stütz- bzw. Einspannbewehrung nach DIN 1045**					
1.1.1	bei einer Rippenbreite b in mm von[7]	80	≤ 120	< 160	≤ 190	≤ 260
1.1.1.1	u in mm	25	40	55[3]	65[3]	80[3]
1.1.1.2	u_s in mm	35	50	65	75	90
1.1.1.3	n	1	2	2	2	2
1.1.2	bei einer Rippenbreite b in mm von[7]	≥ 160	≥ 200	≥ 250	≥ 300	≥ 400
1.1.2.1	u in mm	12	30	40	50	65[3]
1.1.2.2	u_s in mm	22	40	50	60	75
1.1.2.3	n	2	3	4	4	4
1.2	**bei Anordnung der Stütz- bzw. Einspannbewehrung nach Abschnitt 3.8.2.6,** sofern das Stützweitenverhältnis min $l \geq$ 0,8 max l ist,					
1.2.1	bei einer Rippenbreite b in mm von	80	≤ 120	≤ 160	≤ 190	≤ 260
1.2.1.1	u in mm	12	25	35	45	65[3]
1.2.1.2	u_s in mm	12	35	45	55	75
1.2.1.3	n	1	2	2	2	2
1.2.2	bei einer Rippenbreite b in mm von	≥ 160	≥ 200	≥ 250	≥ 300	≥ 400
1.2.2.1	u in mm	12	12	25	35	50
1.2.2.2	u_s in mm	12	20	35	45	60
1.2.2.3	n	2	3	4	4	4
2	**Mindestachsabstände der Bewehrung unbekleideter Platten** bei der					
2.1	Stützbewehrung u_o in mm[4]	12	12	15	30	50
2.2	Feldbewehrung u in mm	12	12	12	25	45[3]
3	Mindestachsabstand u und u_s in mm der Feldbewehrung der **Rippen und Platten jeweils mit Bekleidungen** aus					
3.1	Putzen nach den Abschnitten 3.1.5.1 bis 3.1.5.5	Mindestachsabstände u und u_s nach den Zeilen 1 und 2.2, Abminderungen nach Tabelle 2 sind möglich. u und u_s jedoch nicht kleiner als 12.				
3.2	Unterdecken	$u \geq$ 12, Konstruktion nach Abschnitt 6.5				

1) Zwischen den u- und u_s-Werten von Zeile 1 darf in Abhängigkeit von der Rippenbreite b geradlinig interpoliert werden.

2) Die geforderte Mindeststabzahl n darf unterschritten werden, wenn der seitliche Achsabstand u_s pro entfallendem Stab jeweils um 10 mm vergrößert wird; Stabbündel gelten in diesem Fall als ein Stab.

3) Bei einer Betondeckung $c > 40$ mm ist eine Schutzbewehrung nach Abschnitt 3.1.4 erforderlich.

4) Sofern bei der Wahl von u_o ein Estrich berücksichtigt werden soll, gelten die Mindestwerte von Tabelle 13, Zeilen 1 und 2.

5) Bei den Feuerwiderstandsklassen F 120 und F 180 müssen bei Rippen im Schubbereich 2 und 3 nach DIN 1045 stets ≥ 4schnittige Bügel angeordnet werden.

6) Die Tabellenwerte gelten auch für **Spannbetonrippendecken;** die Mindestachsabstände u, u_s und u_o sind jedoch entsprechend den Angaben von Tabelle 1 um die folgenden Δu-Werte zu erhöhen:
Bei vergüteten Drähten mit crit T = 450 °C um Δu = 5 mm und
bei kaltgezogenen Drähten und Litzen mit crit T = 350 °C um Δu = 15 mm.
Sofern u, u_s und u_o mit 12 mm angegeben sind, dürfen die Δu-Werte um 2 mm verringert werden.

7) Bei Einhaltung der Mindestwerte b nach Tabelle 21 dürfen u und u_s nach Tabelle 22, Zeile 1.1 gewählt werden.

3 Betonbauteile — 30 —

Tabelle 26. **Mindestbreite und Mindestdicke von 1achsig gespannten statisch unbestimmt gelagerten Stahlbeton- und Spannbeton-Rippendecken aus Normalbeton ohne Zwischenbauteile mit Massiv- oder Halbmassivstreifen**

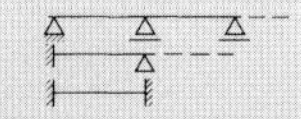

Zeile	Konstruktionsmerkmale 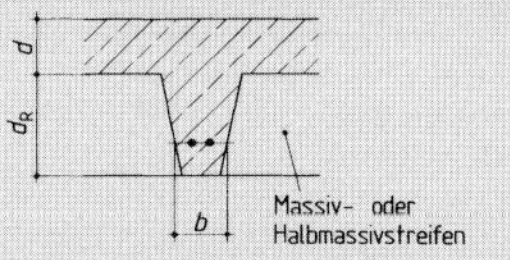	Feuerwiderstandsklasse-Benennung F 30-A	F 60-A	F 90-A	F 120-A	F 180-A
1	Mindestbreite b in mm **unbekleideter Rippen** in der					
1.1	**Biegezugzone** (Feldbereich) bzw. in der vorgedrückten Zugzone mit Ausnahme der Auflagerbereiche bei					
1.1.1	Stahlbeton- und Spannbetonrippendecken mit einer Bewehrung mit crit $T \geq 450\,°C$ nach Tabelle 1	80 [1] [2]	100 [1] [2]	120 [2] [3] (150)	150 [3] (220)	220 [3] (400)
1.1.2	Spannbetonrippendecken mit einer Bewehrung mit crit $T = 350\,°C$ nach Tabelle 1	120 [2]	120 [2]	160	190 [3] (220)	260 [3] (400)
1.2	**Druck- oder Biegedruckzone** bei Anordnung von					
1.2.1	Massiv- oder Halbmassivstreifen bis zu den Momentennullpunkten [4]	keine Anforderungen				
1.2.2	verkürzten Massiv- oder Halbmassivstreifen im Bereich zwischen den Massiv- oder Halbmassivstreifenendpunkten und den Momentennullpunkten [4] [5]	110 [2] bis 170 Die Bedingungen von Tabelle 24 sind einzuhalten			240	320 [3] (400)
1.3	**vorgedrückten Zugzone** bei Endauflagern	Bemessung nach Zeile 1.2.2				
2	Mindestbreite b in mm von Rippen **mit Bekleidungen** aus					
2.1	Putzen nach den Abschnitten 3.1.5.1 bis 3.1.5.5	b nach Zeile 1. Abminderungen nach Tabelle 2 sind möglich, b jedoch nicht kleiner als 80.				
2.2	Unterdecken	$b \geq 50$, Konstruktion nach Abschnitt 6.5				
3	Mindestdicke d in mm der Platten [6]	80	80	100	120	150

[1] Bei Betonfeuchtigkeitsgehalten > 4 Gew.-% (siehe Anhang B.7) sowie bei Rippen mit sehr dichter Bügelbewehrung (Stababstände < 100 mm) muß die Mindestbreite wenigstens 120 mm betragen.

[2] Wird die Bewehrung in der Symmetrieachse konzentriert und werden dabei mehr als zwei Bewehrungsstäbe oder Spannglieder übereinander angeordnet, dann sind die angegebenen Mindestbreiten unabhängig vom Betonfeuchtigkeitsgehalt um den zweifachen Wert des verwendeten Bewehrungsstabdurchmessers — bei Stabbündeln um den zweifachen Wert des Vergleichsdurchmessers d_{sV} — zu vergrößern (zu verbreitern). Bei $b \geq 150$ mm braucht diese Zusatzmaßnahme nicht mehr angewendet zu werden.

[3] Die angegebenen Werte gelten für Decken mit vorwiegend gleichmäßig verteilter Belastung; bei Decken mit großem Einzellastanteil sind im Schubbereich 2 und 3 nach DIN 1045 die ()-Werte zu verwenden.

[4] Die Bestimmung der Momentennullpunkte muß beim Lastfall Vollast erfolgen.

[5] Bei einem Seitenverhältnis $d_R/b \leq 2$ dürfen die in Zeile 1.2.2 angegebenen Mindestwerte jeweils um 20 mm verringert werden.

[6] Sofern bei der Wahl von d ein Estrich oder eine Bekleidung berücksichtigt werden sollen, gelten die Mindestdicken von Tabelle 10, Zeilen 3 bis 7.

Tabelle 27. **Mindestachsabstände sowie Mindeststabzahl einlagig bewehrter, 1achsig gespannter statisch unbestimmt gelagerter Stahlbetonrippendecken [6]) aus Normalbeton ohne Zwischenbauteile mit Massiv- oder Halbmassivstreifen**

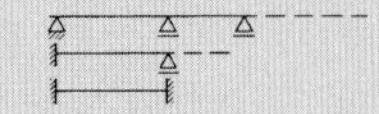

3.8

Zeile	Konstruktionsmerkmale	Feuerwiderstandsklasse F 30	F 60	F 90	F 120 [5])	F 180 [5])
	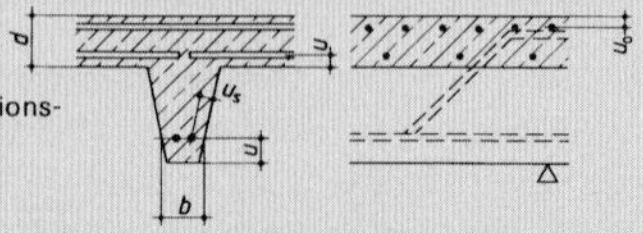					
1	Mindestachsabstände u [1]) und u_s [1]) sowie Mindeststabzahl n [2]) der **Feldbewehrung unbekleideter Rippen**					
1.1	**bei Anordnung der Stütz- bzw. Einspannbewehrung nach DIN 1045**					
1.1.1	bei einer Rippenbreite b in mm von	80	≤ 120	≤ 160	≤ 190	≤ 260
1.1.1.1	u in mm	25	40	55 [3])	65 [3])	80 [3])
1.1.1.2	u_s in mm	35	50	65	75	90
1.1.1.3	n	1	2	2	2	2
1.1.2	bei einer Rippenbreite b in mm von	≥ 160	≥ 200	≥ 250	≥ 300	≥ 400
1.1.2.1	u in mm	12	30	40	50	65 [3])
1.1.2.2	u_s in mm	22	40	50	60	75
1.1.2.3	n	2	3	4	4	4
1.2	**bei Anordnung der Stütz- bzw. Einspannbewehrung nach Abschnitt 3.8.2.6** sofern das Stützweitenverhältnis min $l \geq 0{,}8$ max l ist,					
1.2.1	bei einer Rippenbreite b in mm von	80	≤ 120	≤ 160	≤ 190	≤ 260
1.2.1.1	u in mm	12	25	35	45	60 [3])
1.2.1.2	u_s in mm	12	35	45	55	70
1.2.1.3	n	1	2	2	2	2
1.2.2	bei einer Rippenbreite b in mm von	≥ 160	≥ 200	≥ 250	≥ 300	≥ 400
1.2.2.1	u in mm	12	12	25	35	50 [3])
1.2.2.2	u_s in mm	12	20	35	45	60
1.2.2.3	n	2	3	4	4	4
2	**Mindestachsabstände der Bewehrung unbekleideter Platten** bei der					
2.1	Stützbewehrung u_o in mm [4])	12	12	15	30	50
2.2	Feldbewehrung u in mm	12	12	12	25	45 [3])
3	Mindestachsabstand u und u_s in mm der Feldbewehrung der **Rippen und Platten jeweils mit Bekleidungen** aus					
3.1	Putzen nach den Abschnitten 3.1.5.1 bis 3.1.5.5	Mindestachsabstände u und u_s nach den Zeilen 1 und 2.2, Abminderungen nach Tabelle 2 sind möglich, u und u_s jedoch nicht kleiner als 12.				
3.2	Unterdecken	$u \geq 12$, Konstruktion nach Abschnitt 6.5				

[1]) Zwischen den u- und u_s-Werten von Zeile 1 darf in Abhängigkeit von der Rippenbreite b geradlinig interpoliert werden.

[2]) Die geforderte Mindeststabzahl n darf unterschritten werden, wenn der seitliche Achsabstand u_s pro entfallendem Stab jeweils um 10 mm vergrößert wird; Stabbündel gelten in diesem Fall als ein Stab.

[3]) Bei einer Betondeckung $c > 40$ mm ist eine Schutzbewehrung nach Abschnitt 3.1.4 erforderlich.

[4]) Sofern bei der Wahl von u_o ein Estrich berücksichtigt werden soll, gelten die Mindestwerte von Tabelle 13, Zeilen 1 und 2.

[5]) Bei den Feuerwiderstandsklassen F 120 und F 180 müssen bei Rippen im Schubbereich 2 und 3 nach DIN 1045 stets ≥ 4schnittige Bügel angeordnet werden.

[6]) Die Tabellenwerte gelten auch für **Spannbetonrippendecken**; die Mindestachsabstände u, u_s und u_o sind jedoch entsprechend den Angaben von Tabelle 1 um die folgenden Δu-Werte zu erhöhen:
Bei vergüteten Drähten mit crit $T = 450\,°C$ um $\Delta u = 5$ mm und
bei kaltgezogenen Drähten und Litzen mit crit $T = 350\,°C$ um $\Delta u = 15$ mm.
Sofern u, u_s und u_o mit 12 mm angegeben sind, dürfen die Δu-Werte um 2 mm verringert werden.

3.8.2.7 Einachsig gespannte Rippen von Rippendecken ohne Massiv- oder Halbmassivstreifen sind entsprechend dem statischen System wie statisch bestimmt oder unbestimmt gelagerte, maximal 3seitig beanspruchte Balken zu bemessen. Die für die Bemessung maßgebenden Abschnitte und Tabellen sind aus Tabelle 28 ersichtlich.

Die Platten dieser Decken sind wie statisch unbestimmt gelagerte Platten zu bemessen. Die für die Bemessung maßgebenden Abschnitte und Tabellen sind ebenfalls aus Tabelle 28 ersichtlich.

3.9 Feuerwiderstandsklassen von Stahlbeton- und Spannbeton-Plattenbalkendecken aus Normalbeton

3.9.1 Geltungsbereich, Brandbeanspruchung

3.9.1.1 Die folgenden Angaben gelten für von unten oder von oben beanspruchte Stahlbeton- und Spannbeton-Plattenbalkendecken nach DIN 1045, Ausgabe Dezember 1978, Abschnitt 21.1 sowie für gleichzustellende Dächer.

3.9.1.2 Bei Anordnung von Bekleidungen und Fußbodenbelägen oder Bedachungen sowie bei Durchführung von elektrischen Leitungen gelten die Bestimmungen der Abschnitte 3.5.1.2 und 3.5.1.3.

3.9.2 Randbedingungen

3.9.2.1 Die Balken von Plattenbalkendecken sind entsprechend dem statischen System wie statisch bestimmt oder unbestimmt gelagerte, maximal 3seitig beanspruchte Balken zu bemessen. Die für die Bemessung maßgebenden Abschnitte sind aus Zeile 1 von Tabelle 28 ersichtlich.

3.9.2.2 Die Platten von Plattenbalkendecken mit einem Achsabstand der Balken $\leq 1{,}25$ m sind entsprechend den Angaben von Zeile 2 der Tabelle 28 zu bemessen.

Der Mindestachsabstand der Platten-Feldbewehrung darf im Fall von π-Platten auch dann nach Zeile 2.2.2 von Tabelle 28 bemessen werden, wenn die Plattenränder frei liegen oder nur konstruktiv mit den Plattenlängsrändern der angrenzenden Platten oder Bauteile verbunden sind.

3.9.2.3 Die Platten von Plattenbalkendecken mit einem Achsabstand der Balken $> 1{,}25$ m sind entsprechend den Angaben der Zeilen 2.1 bis 2.2.1 von Tabelle 28 zu bemessen. Der Mindestachsabstand der Feldbewehrung ist wegen der größeren Balkenabstände nach den Angaben von Tabelle 13, Zeile 3 entsprechend den vorhandenen Verhältnissen bei der Stütz- bzw. Einspannbewehrung zu bestimmen.

Tabelle 28. **Mindest-Querschnittsabmessungen, -Achsabstände und -Stabzahlen von 1achsig gespannten Stahlbeton- und Spannbeton-Rippendecken aus Normalbeton ohne Zwischenbauteile und ohne Massiv- oder Halbmassivstreifen**

Zeile	Konstruktionsmerkmale 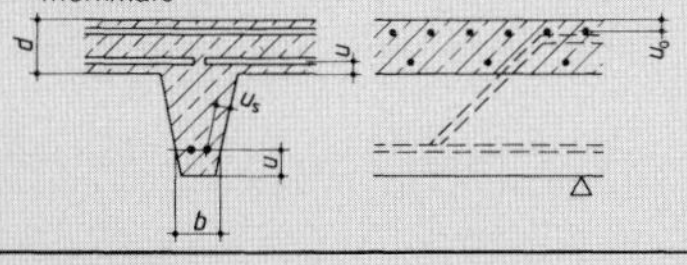	Statisches System	Die Bemessung ist durchzuführen nach Abschnitt	Tabelle	Seite
1	**Rippen** von				
1.1	**statisch bestimmt gelagerten** Rippendecken	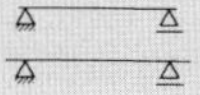			
1.1.1	Mindestrippenbreite b		3.2.2	3 und 4	8 bis 9
1.1.2	Mindestachsabstände u, u_s und gegebenenfalls u_m sowie n		3.2.4	5	10 bis 11
1.2	**statisch unbestimmt gelagerten** Rippendecken	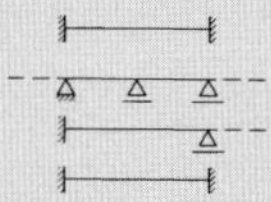			
1.2.1	Mindestrippenbreite b		3.3.2	6	12
1.2.2	Mindestachsabstände u_o, u, u_s und gegebenenfalls u_m sowie n		3.3.4	7	12 bis 13
2	**Platten**				
2.1	Mindestplattendicke d	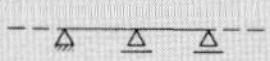	3.5.2 bis 3.5.3	10 bis 11	16 bis 17
2.2	Mindestachsabstände der Plattenbewehrung bei der				
2.2.1	Stützbewehrung		3.5.5	13, Zeilen 1 und 2	19
2.2.2	Feldbewehrung		3.5.5	13, Zeile 3.1.2.2	19

3.10 Feuerwiderstandsklassen von Stahlsteindecken

3.10.1 Geltungsbereich, Brandbeanspruchung

3.10.1.1 Die folgenden Angaben gelten für von unten oder von oben beanspruchte Stahlsteindecken nach DIN 1045, Ausgabe Dezember 1978, Abschnitt 20.2 sowie für gleichzustellende Dächer.

3.10.1.2 Bei Anordnung von Bekleidungen und Fußbodenbelägen oder Bedachungen sowie bei Durchführung von elektrischen Leitungen gelten die Bestimmungen der Abschnitte 3.5.1.2 und 3.5.1.3.

3.10.2 Randbedingungen

3.10.2.1 Stahlsteindecken müssen unter Beachtung der folgenden Abschnitte die in Tabelle 29 angegebenen Mindestdicken d und Mindestachsabstände u besitzen.

3.10.2.2 Bei Decken der Feuerwiderstandsklassen ≥ F 60 dürfen nur solche Deckenziegel nach DIN 4159 verwendet werden, bei denen die Abstände a – siehe Schema-Skizze in Tabelle 29 – der senkrecht oder geneigt verlaufenden Innenstege ≤ 60 mm sind. Bei Abständen a > 60 mm sind die Feuerwiderstandsklassen ≥ F 60 durch Prüfungen nach DIN 4102 Teil 2 nachzuweisen.

3.10.2.3 Die Achsabstände der Feldbewehrung dürfen nach den Angaben der Zeile 2.2.2 der Tabelle 29 bestimmt werden, wenn

a) die Stütz- bzw. Einspannbewehrung an jeder Stelle gegenüber der nach DIN 1045 erforderlichen Stütz- bzw. Einspannbewehrung um 0,15 l verlängert wird – bei durchlaufenden Decken ist l die Stützweite des angrenzenden größeren Feldes – und 3.9 3.10

b) in allen Feldern eine durchgehende obere Mindestbewehrung von 20 % der erforderlichen Stütz- bzw. Einspannbewehrung beibehalten wird; bei Innenfeldern durchlaufender Decken mit unterschiedlichen Stützbewehrungen ist die obere Bewehrung nach dem Mittelwert der Stützbewehrungen zu berechnen.

Tabelle 29. **Mindestdicke und Mindestachsabstände von Stahlsteindecken**

Zeile	Konstruktionsmerkmale (a ≤ 60 mm)	Feuerwiderstandsklasse-Benennung [1]) F 30-A	F 60-A	F 90-A	F 120-A	F 180-A
1	Mindestdicke d in mm von Stahlsteindecken					
1.1	ohne Berücksichtigung einer Bekleidung oder eines Estrichs	115	140	165	240	290
1.2	mit Berücksichtigung eines Putzes nach Abschnitt 3.1.5.3 in ≥ 15 mm Dicke	90	115	140	165	240
1.3	mit Berücksichtigung eines nichtbrennbaren Estrichs oder eines Asphaltestrichs in ≥ 30 mm Dicke	90	90	115	140	165
1.4	mit Berücksichtigung eines Putzes nach Abschnitt 3.1.5.3 in ≥ 15 mm Dicke und eines nichtbrennbaren Estrichs oder eines Asphaltestrichs in ≥ 30 mm Dicke	90	90	90	115	140
2	Mindestachsabstand u in mm der Feldbewehrung unbekleideter Decken [2])					
2.1	bei statisch bestimmter Lagerung	12	12	20	30	45
2.2	bei statisch unbestimmter Lagerung bei Anordnung der Stütz- bzw. Einspannbewehrung					
2.2.1	nach DIN 1045	12	12	20	30	45
2.2.2	nach Abschnitt 3.10.2.3, sofern das Stützweitenverhältnis min l ≥ 0,8 max l ist	12	12	12	15	35
3	Mindestachsabstand u_o in mm der Stütz- bzw. Einspannbewehrung					
3.1	ohne Anordnung von Estrichen	12	12	15	30	50
3.2	bei Anordnung eines nichtbrennbaren Estrichs oder eines Asphaltestrichs	12	12	12	15	20
4	Mindestdicke in mm des Estrichs bei Wahl von u_o nach Zeile 3.2	–	–	10	15	30

[1]) Bei Anordnung von Asphaltestrich und bei Verwendung von schwimmendem Estrich mit einer Dämmschicht der Baustoffklasse B muß die Benennung jeweils F 30-AB, F 60-AB, F 90-AB, F 120-AB und F 180-AB lauten.

[2]) Bei Anordnung eines Putzes nach Abschnitt 3.1.5.3 darf der Mindestachsabstand u um 10 mm – maximal auf u = 12 mm – abgemindert werden; die Putzdicke muß bei Putz der Mörtelgruppe P II ≥ 15 mm und bei Putz der Mörtelgruppe P IV ≥ 10 mm sein.

3.11 Feuerwiderstandsklassen von Stahlbeton- und Spannbeton-Balkendecken sowie entsprechenden Rippendecken jeweils aus Normalbeton mit Zwischenbauteilen

3.11.1 Geltungsbereich, Brandbeanspruchung

3.11.1.1 Die folgenden Angaben gelten für von unten oder von oben beanspruchte Stahlbeton- und Spannbeton-Balken- bzw. -Rippendecken aus Normalbeton mit Zwischenbauteilen sowie für gleichzustellende Dächer entsprechend den folgenden Abschnitten von DIN 1045, Ausgabe Dezember 1978:

a) Abschnitt 19.7.7 — Balkendecken

b) Abschnitt 19.7.8 — Rippendecken mit ganz oder teilweise vorgefertigten Rippen und

c) Abschnitt 21.2 — Rippendecken

3.11.1.2 Bei Anordnung von Bekleidungen und Fußbodenbelägen oder Bedachungen sowie bei Durchführung von elektrischen Leitungen gelten die Bestimmungen der Abschnitte 3.5.1.2 und 3.5.1.3.

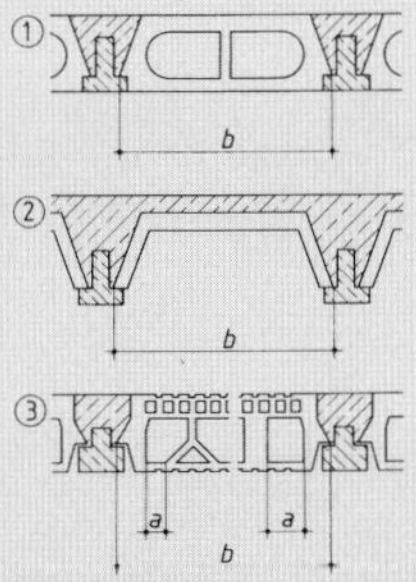

Bild 10. Beispiele für die Breite b von Zwischenbauteilen (Schema)

3.11.2 Randbedingungen

3.11.2.1 Für die Bemessung von Balken- und Rippendekken mit Zwischenbauteilen gelten unter Beachtung der folgenden Abschnitte in Abhängigkeit von der Art der Zwischenbauteile die in Tabelle 30 angegebenen Abschnitte und Tabellen.

3.11.2.2 Die brandschutztechnisch wirksame Deckendicke d ist nach Gleichung (6) zu berechnen.

$$d = \frac{A_{\text{Netto}}}{b} \qquad (6)$$

Die Nettoquerschnittsfläche A_{Netto} ist in Abhängigkeit vom Querschnitt der Zwischenbauteile und einer gegebenenfalls darüber liegenden Ortbetonschicht zu bestimmen; b ist die jeweilige Breite der Zwischenbauteile (Bild 10).

Bei Zwischenbauteilen nach DIN 4160 darf nur die oberste Ziegelschicht in Ansatz gebracht werden — siehe Bereich d in der Schema-Skizze zu Zeile 1.1.3 in Tabelle 30.

Bei Zwischenbauteilen aus brennbaren Baustoffen darf nur die obere Ortbetonschicht in Ansatz gebracht werden.

Bei Verwendung von Zwischenbauteilen aus Leichtbeton oder Ziegeln darf die auf diese Baustoffe entfallende Dicke d um 10 % vergrößert werden.

Die errechnete Dicke d muß $\geq$ der angegebenen Mindestdicke sein.

3.11.2.3 Bei unbekleideten Decken mit Zwischenbauteilen nach DIN 4158 muß bei den Feuerwiderstandsklassen $\geq$ F 90 auf der Deckenoberseite stets eine Ortbetonschicht oder ein Estrich $\geq$ 30 mm dick vorhanden sein. Bei Decken mit Zwischenbauteilen nach DIN 278 gilt dies entsprechend.

3.11.2.4 Bei Decken mit Zwischenbauteilen nach DIN 4159 dürfen bei den Feuerwiderstandsklassen $\geq$ F 60 nur solche Deckenziegel verwendet werden, bei denen die Abstände a — siehe Bild 10 — der senkrecht oder geneigt verlaufenden Innenstege $\leq$ 60 mm sind. Bei Abständen $a > 60$ mm ist nach den Angaben von Zeile 1.1.3 zu bemessen.

3.11.2.5 Bei Verwendung von Zwischenbauteilen nach DIN 4158 der Formen A oder B darf der Mindestachsabstand u verkleinert werden:

Bei Zwischenbauteilen aus Normalbeton um 25 mm,
bei Zwischenbauteilen aus Leichtbeton um 30 mm.

Bei Verwendung von Zwischenbauteilen nach DIN 4159, Ausgabe April 1978, Abschnitt 5, darf u um 12 mm verkleinert werden.

3.11.2.6 Bei Verwendung von Zwischenbauteilen aus brennbaren Baustoffen lautet die Benennung jeweils F . . . -AB.

3.11 Rippen- und Balkendecken mit Zwischenbauteilen

Tabelle 30. **Mindest-Querschnittsabmessungen, -Achsabstände und -Stabzahlen von Stahlbeton- und Spannbeton-Balken und -Rippendecken aus Normalbeton mit Zwischenbauteilen**

Zeile	Konstruktionsmerkmale	Art der Zwischenbauteile		Die Bemessung ist durchzuführen nach		
		Form	Schema-Skizze	Abschnitt	Tabelle	Seite
1	Mindestbreite b von **Balken oder Rippen** von					
1.1	**Decken mit ebener Untersicht** mit		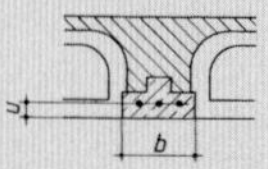			
1.1.1	Zwischenbauteilen nach DIN 4158 [1])	A bis D und DM		keine Anforderungen		
1.1.2	Zwischenbauteilen nach DIN 4159 [2])	nach DIN 4159 [2]), Abschnitt 5 und 6	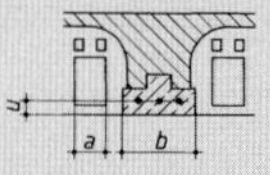	keine Anforderungen		
1.1.3	Zwischenbauteilen nach DIN 4160		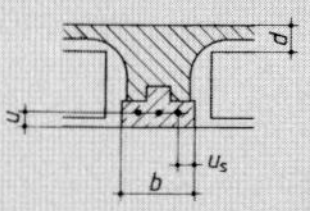			
1.1.3.1	mit Massiv- oder Halbmassivstreifen			3.8.2	26	30
1.1.3.2	ohne Massiv- oder Halbmassivstreifen			3.8.2	28	32
1.1.4	Zwischenbauteilen aus brennbaren Baustoffen			3.8	17 bis 28	23 bis 32
1.2	**Decken mit nicht ebener Untersicht** mit					
1.2.1	Zwischenbauteilen nach DIN 4158 [1])	E, EM F, FM sowie GM	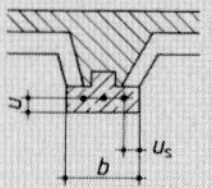 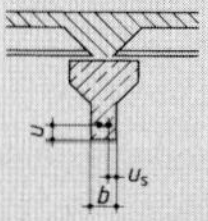			
1.2.1.1	mit Massiv- oder Halbmassivstreifen			3.8.2	26	30
1.2.1.2	ohne Massiv- oder Halbmassivstreifen			3.8.2	28	32
1.2.2	Zwischenbauteilen nach DIN 4159	nach DIN 4159 [2]), Abschnitt 6	siehe Zeile 1.2.1 E–FM	3.8.2	26 bzw. 28	30 bzw. 32
1.2.3	Zwischenbauteilen nach DIN 278	Hourdis	siehe Zeile 1.2.1 GM	3.8.2	28	32
1.2.4	Zwischenbauteilen aus brennbaren Baustoffen		siehe Zeile 1.2.1	3.8	17 bis 28	23 bis 32
2	Mindestdicke d von Decken mit Zwischenbauteilen nach Zeile 1		siehe Abschnitt 3.11.2.2	3.5.2	10	16 bis 17
3	Mindestachsabstände u und u_s sowie Mindeststabzahl n					
3.1	bei Decken mit ebener Untersicht mit Zwischenbauteilen nach DIN 4158 und DIN 4159		siehe die Zeilen 1.1.1 und 1.1.2	3.5.4 und 3.5.5	12 bzw. 13	18 bzw. 19
3.2	bei Decken mit Zwischenbauteilen nach DIN 4160, bei Decken mit Zwischenbauteilen aus brennbaren Baustoffen und bei Decken mit nicht ebener Untersicht		siehe die Zeilen 1.1.3 bis 1.2.4	3.8	17 bis 28	23 bis 32

[1]) Ausgabe Mai 1978
[2]) Ausgabe April 1978

3.11

3.12 Feuerwiderstandsklassen von Stahlbetondecken in Verbindung mit im Beton eingebetteten Stahlträgern

3.12.1 Geltungsbereich, Brandbeanspruchung

3.12.1.1 Die folgenden Angaben gelten für von unten oder oben beanspruchte Stahlbetondecken mit im Beton eingebetteten Stahlträgern sowie für gleichzustellende Dächer.

Stahlbetondecken mit freiliegenden Stahlträgern mit Ummantelungen oder Unterdecken werden in den Abschnitten 6.2 und 6.5 behandelt.

3.12.1.2 Bei Anordnung von Bekleidungen und Fußbodenbelägen oder Bedachungen sowie bei Durchführung von elektrischen Leitungen gelten die Bestimmungen der Abschnitte 3.5.1.2 und 3.5.1.3.

3.12.2 Decken ohne Zwischenbauteile

3.12.2.1 Stahlbetondecken mit im Beton eingebetteten Stahlträgern ohne Zwischenbauteile müssen die in Tabelle 31 angegebenen Mindestabmessungen, Mindestbetondeckungen und Mindestbekleidungsdicken besitzen.

3.12.2.2 Für die Ausführung der Decken außerhalb der Trägerbereiche gelten je nach Deckenart die Bestimmungen der Abschnitte 3.5 bis 3.11.

Tabelle 31. **Mindestabmessungen und Mindestbetondeckungen sowie Mindestbekleidungsdicken von Stahlbetondecken mit im Beton eingebetteten Stahlträgern**

Zeile	Konstruktionsmerkmale	Feuerwiderstandsklasse-Benennung 3)				
		F 30-A	F 60-A	F 90-A	F 120-A	F 180-A
1	Mindestabmessungen von **Stahlbetonplatten** 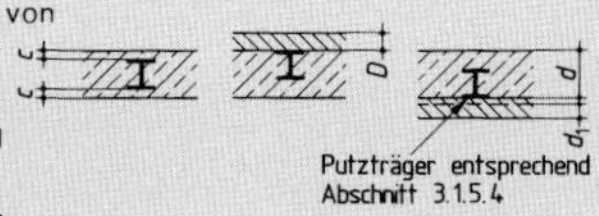					
1.1	Mindestdicke d in mm	100	100	100	120	150
1.2	Mindestbetondeckung c in mm 1)	15	25	35	45	60
1.3	Mindestdicke D in mm eines nichtbrennbaren Estrichs oder eines Asphaltestrichs	10	15	25	30	50
1.4	Mindestputzdicke d_1 in mm über Putzträger bei einer Durchdringung des Putzträgers ≥ 10 mm bei Verwendung von Putzen					
1.4.1	der Mörtelgruppe P II oder P IVc DIN 18 550 Teil 2 *)	15				
1.4.2	der Mörtelgruppe P IVa oder P IVb DIN 18 550 Teil 2 *)	5	15	25		
1.4.3	nach Abschnitt 3.1.5.5	5	5	5	10	20
2	Mindestabmessungen von **Decken mit aus Platten herausragenden Trägern** 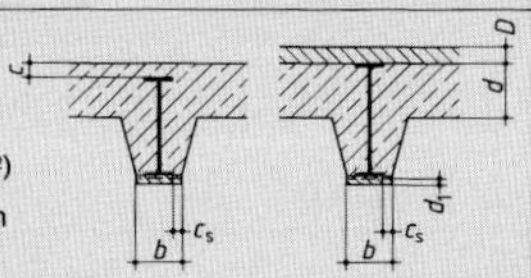					
2.1	Mindestbetondeckung c_s 1) 2)					
2.1.1	bei einer Breite b in mm von	120	150	180	200	240
2.1.1.1	c_s in mm	35	50	65	75	90
2.1.2	bei einer Breite b in mm von	≥ 160	≥ 200	≥ 250	≥ 300	≥ 400
2.1.2.1	c_s in mm	15	25	35	45	60
2.2	Mindestabmessungen d, c, D und d_1	siehe Zeile 1				

*) Z. Z. noch Entwurf

1) Betondeckungen unterhalb und seitlich von Stahlträgern müssen konstruktiv durch eine Bewehrung gesichert sein.

2) Zwischen den Werten der Zeilen 2.1.1.1 und 2.1.2.1 darf in Abhängigkeit von b geradlinig interpoliert werden.

3) Bei Anordnung von Asphaltestrich und bei Verwendung von schwimmendem Estrich mit einer Dämmschicht der Baustoffklasse B muß die Benennung jeweils F 30-AB, F 60-AB, F 90-AB, F 120-AB und F 180-AB lauten.

— 37 —

3.12.3 Hourdisdecken

3.12.3.1 Für die Mindestabmessungen c und D von Hourdis-Normaldecken entsprechend Bild 11 sowie von Hourdis-Sonderdecken entsprechend Bild 12 gelten die Angaben der Zeilen 1.2 und 1.3 von Tabelle 31.

3.12.3.2 Die brandschutztechnisch wirksame Deckendicke d ist nach Gleichung (6) — siehe Seite 34 — zu berechnen. Die Nettoquerschnittsfläche A_{Netto} ist in Abhängigkeit vom Querschnitt der Hourdis und der darüber liegenden Ortbetonschicht zu bestimmen; b ist die jeweilige Breite der Hourdis. Die auf die Hourdis entfallende Dicke darf um 10 % vergrößert werden. Die errechnete Dicke d muß $\geq$ der in Zeile 1.1 von Tabelle 31 angegebenen Dicke d sein.

3.12.3.3 Die Putzdicke d_1 bzw. d_2 muß mindestens den Werten von Tabelle 32 entsprechen.

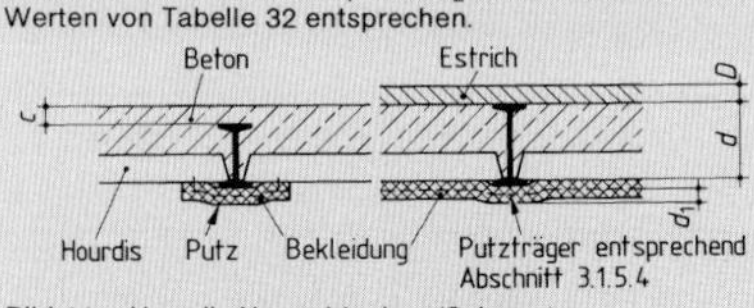

Bild 11. Hourdis-Normaldecken (Schema)

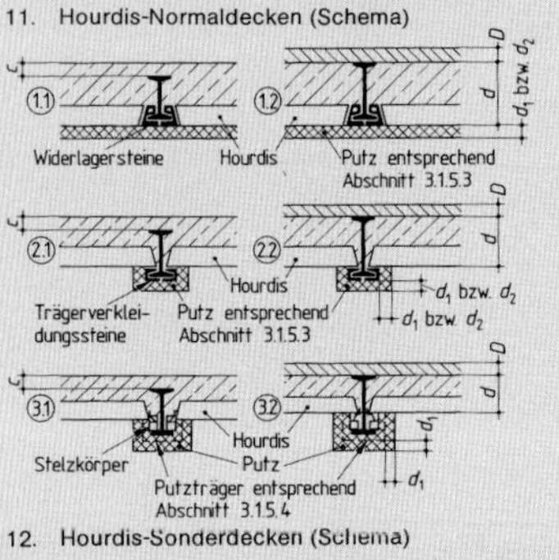

Bild 12. Hourdis-Sonderdecken (Schema)

Tabelle 32. **Mindestputzdicken bei Hourdis-Decken nach Bild 11 und 12**

Zeile	Konstruktionsmerkmale	Feuerwiderstandsklasse				
		F 30	F 60	F 90	F 120	F 180
1	Mindestputzdicke d_1 in mm — bei Decken nach Bild 11 sowie bei Decken nach Bild 12, Detail 3.1 und 3.2 über Putzträger bei einer Durchdringung des Putzträgers $\geq$ 10 mm und bei Decken nach Bild 12, Detail 1.1 bis 2.2 über Hourdis bzw. Sonderziegel gemessen — bei Verwendung von Putz					
1.1	der Mörtelgruppe P II oder P IVc DIN 18 550 Teil 2*)	15				
1.2	der Mörtelgruppe P IVa oder P IVb DIN 18 550 Teil 2*)	5	15	25		
1.3	nach Abschnitt 3.1.5.5	5	5	5	10	20
2	Mindestputzdicke d_2 in mm, sofern die Widerlager- und Trägerverkleidungssteine nach Bild 12, Detail 1.1 bis 2.2 in Mörtel oder Zementschlämme verlegt und die Untergurte der Träger dadurch vollständig umschlossen werden, bei Verwendung von Putz					
2.1	der Mörtelgruppe P II oder P IVc DIN 18 550 Teil 2*)	0	5	15	25	
2.2	der Mörtelgruppe P IVa oder P IVb DIN 18 550 Teil 2*)	0	5	10	20	
2.3	nach Abschnitt 3.1.5.5	0	5	5	10	15

*) Z. Z. noch Entwurf

3.12 Decken mit eingebetteten Stahlträgern
3.13 Dächer

3.13 Feuerwiderstandsklassen von Stahlbetondächern aus Normalbeton

3.13.1 Für die Bemessung von Stahlbetondächern aus Normalbeton gelten die Bestimmungen der Abschnitte 3.5 bis 3.12.

3.13.2 Wird bei Stahlbetondächern

a) auf der Dachabdichtung eine $\geq$ 50 mm dicke Kiesschüttung oder eine $\geq$ 50 mm dicke Schicht aus dicht verlegten Betonplatten angeordnet und werden

b) als Dämmschicht mineralische Faserdämmstoffe nach DIN 18165 Teil 1, Ausgabe Januar 1975, Abschnitt 2.1, der Baustoffklasse B 2 nach DIN 4102 Teil 1 mit einer Rohdichte $\geq 30\ \text{kg/m}^3$ verwendet,

darf die in den Abschnitten 3.5 bis 3.12 geforderte Mindestdeckendicke d jeweils um 20 mm abgemindert werden; die für F 30 jeweils angegebene Deckendicke darf jedoch nicht unterschritten werden. 3.12 3.13

3.14 Feuerwiderstandsklassen von Stahlbetonstützen einschließlich Konsolen aus Normalbeton

3.14.1 Geltungsbereich, Brandbeanspruchung

3.14.1.1 Die folgenden Angaben gelten für Stahlbetonstützen und -konsolen aus Normalbeton nach DIN 1045. Es wird unterschieden zwischen mehrseitiger und einseitiger Brandbeanspruchung.

3.14.1.2 Eine mehrseitige Brandbeanspruchung liegt vor, wenn die Stützen mit mehr als einer Seite der Brandbeanspruchung ausgesetzt sind.

3.14.1.3 Eine einseitige Brandbeanspruchung liegt vor, wenn die Stützen in ganzer Höhe in raumabschließende Wände aus Beton oder Mauerwerk nach Abschnitt 4 so eingebaut werden, daß die raumseitige Oberfläche der Stützen bündig mit der raumseitigen Wandoberfläche verläuft.

Wandöffnungen müssen mindestens um das in Zeile 1.2.1 von Tabelle 33 angegebene Maß von Stützen entfernt sein.

Schließen die Stützen nicht bündig mit der Wand ab, oder ist der Abstand von Wandöffnungen kleiner als das in Zeile 1.2.1 von Tabelle 33 angegebene Maß, so muß der in der Wand eingebettete Stützenteil die Belastung allein aufnehmen, oder die Stützen sind wie mehrseitig beanspruchte Stützen zu bemessen.

3.14.2 Randbedingungen

3.14.2.1 Stahlbetonstützen aus Normalbeton müssen unter Beachtung der folgenden Abschnitte die in Tabelle 33 angegebenen Mindestdicken und Mindestachsabstände besitzen. Wegen der Bemessung von Stützen mit bestimmtem Querschnitt und geringerer Beanspruchung siehe Anhang B.4.

3.14.2.2 Die Mindestdicke d ist bei Stützen mit Rechteckquerschnitt die Länge der kleinsten Seite, bei Stützen mit Kreisquerschnitt der Durchmesser.

Liegen andere Formen vor, so sind die minimal zulässigen Rechteck- bzw. Kreisquerschnitte in die zu beurteilenden Querschnitte so zu projizieren, daß alle Randbedingungen noch erfüllt werden.

3.14.2.3 Werden Stützen an Dehnfugen errichtet, so darf die Mindestdicke d nach Bild 13 unter folgenden Bedingungen auf zwei aneinander grenzende Stützen bezogen werden:

a) Bei Sollfugenbreiten $a \leq 15$ mm dürfen die Fugen mit oder ohne Dichtung ausgeführt werden.

b) Bei Sollfugenbreiten $a > 15$ mm müssen die Fugen eine Dichtung (Dämmschicht) aus mineralischen Fasern nach DIN 18165 Teil 1, Ausgabe Januar 1975, Abschnitt 2.1, der Baustoffklasse A nach DIN 4102 Teil 1 mit einer Rohdichte ≥ 50 kg/m^3 und einem Schmelzpunkt ≥ 1000 °C besitzen [1]); die Dämmschicht muß um etwa 1 cm gestaucht ≥ 100 mm tief in die Fugen hineinreichen, bündig mit den Stützenaußenflächen abschließen und durch Anleimen mit einem Kleber der Baustoffklasse A wenigstens einseitig an den Stützen befestigt sein. Die Fugen dürfen darüber hinaus durch Abdeckleisten aus Holz, Aluminium, Stahl oder Kunststoff bekleidet werden, wobei die Solldehnfugenbreite nicht eingeengt werden darf.

[1]) Siehe Seite 39

Tabelle 33. **Mindestdicke und Mindestachsabstand von Stahlbetonstützen aus Normalbeton**

Zeile	Konstruktionsmerkmale 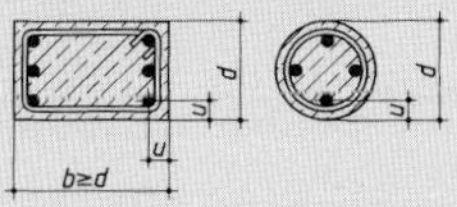	Feuerwiderstandsklasse-Benennung F 30-A	F 60-A	F 90-A	F 120-A	F 180-A
1	Mindestquerschnittsabmessungen					
1.1	**unbekleideter Stützen bei mehrseitiger Brandbeanspruchung**					
1.1.1	Mindestdicke d in mm	150	200	240	300	400
1.1.2	Zugehöriger Mindestachsabstand u in mm [1])	18	30	45	55	70
	oder alternativ					
1.1.3	Mindestdicke d in mm	150	240	300	400	500
1.1.4	Zugehöriger Mindestachsabstand u in mm [1])	18	25	35	45	60
1.2	**unbekleideter Stützen bei einseitiger Brandbeanspruchung**					
1.2.1	Mindestdicke d in mm	100	120	140	160	200
1.2.2	Zugehöriger Mindestachsabstand u in mm	18	25	35	45	60
2	Mindestquerschnittsabmessungen von Stützen **mit** einer **Putzbekleidung** nach Abschnitt 3.14.2.4					
2.1	Mindestdicke d in mm	140	140	160	220	320
2.2	Mindestachsabstand u in mm	18	18	18	18	30

[1]) Zwischen den u-Werten der Zeilen 1.1.2 und 1.1.4 darf in Abhängigkeit von der Mindestdicke d geradlinig interpoliert werden.

3.14.2.4 Die in Zeile 1 von Tabelle 33 angegebenen Mindestdicken und Mindestachsabstände dürfen bei Anordnung einer bewehrten Putzbekleidung nach den Angaben von Tabelle 34 abgemindert werden; die Mindestwerte nach den Zeilen 2.1 und 2.2 der Tabelle 33 dürfen nicht unterschritten werden.

Der Putz mit der gewählten Dicke d_1 ist mit einer Bewehrung aus Drahtgeflecht nach DIN 1200 mit 10 bis 16 mm Maschenweite zu umschließen, wobei Quer- und Längsstöße sorgfältig zu verrödeln und die Längsstöße gegeneinander zu versetzen sind. Nach dem Anbringen der Bewehrung ist die Bekleidung mit einem Glättputz $\geq$ 5 mm dick abzuschließen.

Tabelle 34. **Putzdicke d_1 bei bewehrten Putzen als Ersatz für 10 mm Normalbeton von Stützen**

Zeile	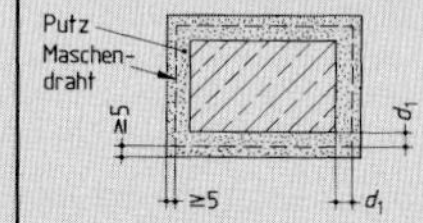 Putzart	Erforderliche Putzdicke d_1 als Ersatz für 10 mm Normalbeton mm
1	Putzmörtel der Gruppe P II und P IV a bis P IV c DIN 18 550 Teil 2 *)	8
2	Putz nach Abschnitt 3.1.5.5	5
*) Z. Z. noch Entwurf		

3.14.2.5 Stahlbetonkonsolen an Stützen müssen, sofern die Konsolen oder die darauf aufgelagerten Bauteile einer bestimmten Feuerwiderstandsklasse angehören müssen, die in Tabelle 35 angegebenen Mindestquerschnittsabmessungen und Mindestachsabstände besitzen.

Stahlkonsolen sind nach Abschnitt 6.3 zu bemessen.

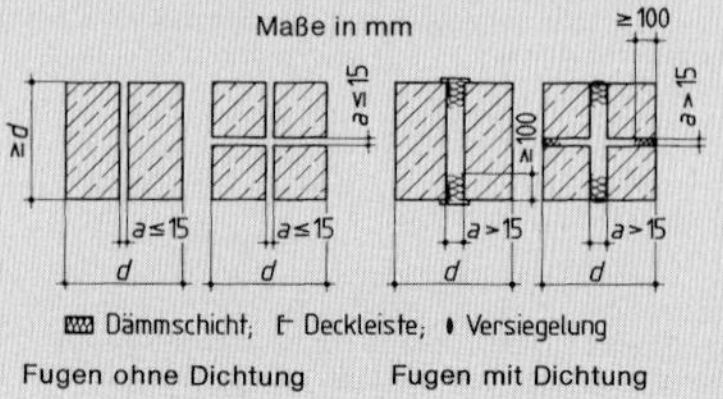

3.14

Bild 13. Dehnfugenausbildung bei aneinandergrenzenden Stützen (Schema)

¹) Der Nachweis eines Schmelzpunktes $\geq$ 1000 °C gilt als erbracht, wenn bei einer Prüfung in Anlehnung an DIN 4102 Teil 1, Ausgabe September 1977, Abschnitt 5.2.3, die Dickenverminderung höchstens 50 % beträgt. Bei der Prüfung sind die Proben jedoch beiderseits mit Stahlblech von jeweils 1,0 mm Dicke abzudecken und 90 min zu beflammen. Die Dicke der Probenmitte wird vor und nach der Prüfung unter Verwendung einer 0,4 kg schweren Meßplatte mit 200 mm Kantenlänge bestimmt. Für jede Faserart ist eine Prüfung an Proben der kleinsten Rohdichte mit mittlerer Anwendungsdicke erforderlich.

Tabelle 35. **Mindestquerschnittsabmessungen von Stahlbetonkonsolen**

Zeile	Konstruktionsmerkmale 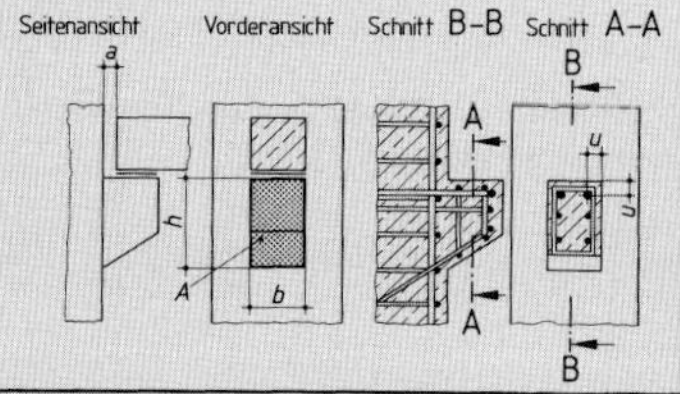	Feuerwiderstandsklasse-Benennung F 30-A	F 60-A	F 90-A	F 120-A	F 180-A
1	Mindestbreite b in mm sowie Mindesthöhe h in mm am Anschnitt zur Stütze	110	120	170	240	320
2	Mindestquerschnittsfläche A am Anschnitt zur Stütze	$2\,b^2$; b siehe Zeile 1				
3 3.1 3.1.1	Mindestachsabstand u ¹) ²) der Zugbewehrung bei einer Konsolenbreite b in mm von u in mm	110 25	≤ 120 40	≤ 170 55³)	≤ 240 65³)	≤ 320 80³)
3.2 3.2.1	bei einer Konsolenbreite b in mm von u in mm	≥ 200 18	≥ 300 25	≥ 400 35	≥ 500 45	≥ 600 60³)

¹) Zwischen den u-Werten der Zeilen 3.1.1 und 3.2.1 darf in Abhängigkeit von der Konsolenbreite b geradlinig interpoliert werden.
²) Werden Stahlbetonbauteile auf den Konsolen so aufgelagert, daß die Konsolenoberfläche voll abgedeckt ist, braucht der Achsabstand der Konsolbewehrung zur Oberseite nur die nach DIN 1045 vorgeschriebenen Maße zu besitzen; eine Fuge zwischen Stütze und aufgelagertem Bauteil mit $a \leq 30$ mm darf dabei unberücksichtigt bleiben.
³) Bei einer Betondeckung $c > 40$ mm ist eine Schutzbewehrung nach Abschnitt 3.1.4 erforderlich.

3.15 Feuerwiderstandsklassen von Stahlbeton- und Spannbeton-Zuggliedern aus Normalbeton

3.15.1 Geltungsbereich, Brandbeanspruchung

3.15.1.1 Die folgenden Angaben gelten für mehrseitig beanspruchte Stahlbeton- und Spannbeton-Zugglieder aus Normalbeton nach DIN 1045.

3.15.1.2 Die folgenden Angaben beziehen sich auf das Versagenskriterium (Erreichen des Bruchzustandes) nach DIN 4102 Teil 2. Wegen der Bemessung von Zuggliedern mit begrenzter Dehnung siehe Anhang B.5.

3.15.2 Randbedingungen

3.15.2.1 Stahlbeton- und Spannbeton-Zugglieder aus Normalbeton müssen unter Beachtung der folgenden Abschnitte die in Tabelle 36 angegebenen Mindestquerschnittsabmessungen und Mindestachsabstände besitzen.

3.15.2.2 Die Mindestdicke d ist bei Zuggliedern mit Rechteckquerschnitt die Länge der kleinsten Seite, bei Zuggliedern mit Kreisquerschnitt der Durchmesser.

3.15.2.3 Die in den Zeilen 1 und 3 von Tabelle 36 angegebenen Mindestdicken und Mindestachsabstände dürfen bei Anordnung einer bewehrten Putzbekleidung nach den Angaben von Tabelle 34 abgemindert werden; die Mindestwerte nach den Zeilen 4.1 bis 4.3 der Tabelle 36 dürfen nicht unterschritten werden. Für die Ausführung der Putzbewehrung gelten die Angaben von Abschnitt 3.14.2.4 zweiter Absatz.

3.15.2.4 Freiliegende Anschlüsse aus Stahl sind allseitig zu bekleiden. Die Bekleidung ist auf der Grundlage von Prüfungen nach DIN 4102 Teil 2 zu bemessen.

Tabelle 36. **Mindestquerschnittsabmessungen von Stahlbeton- und Spannbeton-Zuggliedern aus Normalbeton**

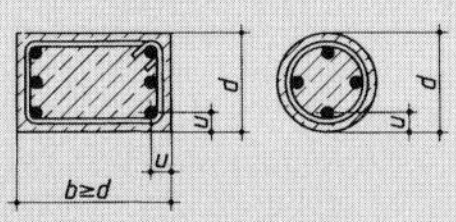

Zeile	Konstruktionsmerkmale	Feuerwiderstandsklasse-Benennung F 30-A	F 60-A	F 90-A	F 120-A	F 180-A
1	Mindestdicke d in mm **unbekleideter Zugglieder** bei					
1.1	Stahlbeton- und Spannbetonzuggliedern mit einer Bewehrung mit crit $T \geq 450\,°C$ nach Tabelle 1	80 1)	120	150	200	240
1.2	Spannbetonzuggliedern mit einer Bewehrung mit crit $T = 350\,°C$ nach Tabelle 1	120	160	190	240	280
2	Mindestquerschnittsfläche A **unbekleideter Zugglieder**	$2\,d^2$; d siehe Zeile 1				
3	Mindestachsabstand u 2) **unbekleideter Stahlbetonzugglieder** 3)					
3.1	bei einer Zuglieddicke d in mm von	80	≤ 120	≤ 150	≤ 200	≤ 240
3.1.1	u in mm	35	50	65 4)	75 4)	90 4)
3.2	bei einer Zuglieddicke d in mm von	≥ 200	≥ 300	≥ 400	≥ 500	≥ 600
3.2.1	u in mm	20	35	45	55 4)	70 4)
4	Mindestquerschnittsabmessungen von Zuggliedern **mit** einer **Putzbekleidung** nach Abschnitt 3.15.2.3					
4.1	Mindestdicke d in mm	80	80	110	160	200
4.2	Mindestquerschnittsfläche A	$2\,d^2$; d siehe Zeile 4.1				
4.3	Mindestachsabstand u in mm	18	18	25	35	50

1) Bei Betonfeuchtigkeitsgehalten $>$ 4 Gew.-% (siehe Anhang B.7) muß die Mindestdicke d wenigstens 120 mm betragen.

2) Zwischen den u-Werten der Zeilen 3.1.1 und 3.2.1 darf in Abhängigkeit von der Zuglieddicke geradlinig interpoliert werden.

3) Die Tabellenwerte gelten auch für **Spannbetonzugglieder.** Die Mindestachsabstände u sind jedoch entsprechend den Angaben von Tabelle 1 um die folgenden Δu-Werte zu erhöhen:
Bei vergüteten Drähten mit crit $T = 450\,°C$ um $\Delta u = 5$ mm und
bei kaltgezogenen Drähten und Litzen mit crit $T = 350\,°C$ um $\Delta u = 15$ mm.

4) Bei einer Betondeckung $c > 40$ mm ist bei nicht senkrecht angeordneten Zuggliedern eine Schutzbewehrung nach Abschnitt 3.1.4 erforderlich.

4 Klassifizierte Wände

4.1 Allgemeines zur Bemessung von Wänden

4.1.1 Wandarten, Wandfunktionen

Aus der Sicht des Brandschutzes wird zwischen nichttragenden und tragenden sowie zwischen raumabschließenden und nichtraumabschließenden Wänden unterschieden.

Nichttragende Wände sind scheibenartige Bauteile, die auch im Brandfall überwiegend nur durch ihr Eigengewicht beansprucht werden und auch nicht der Knickaussteifung tragender Wände dienen; sie müssen aber auf ihre Fläche wirkende Windlasten auf tragende Bauteile, z. B. Wand- oder Deckenscheiben, abtragen.

Die im folgenden angegebenen Klassifizierungen gelten nur dann, wenn auch die die nichttragenden Wände aussteifenden Bauteile in ihrer aussteifenden Wirkung ebenfalls mindestens der entsprechenden Feuerwiderstandsklasse angehören.

Tragende Wände sind überwiegend auf Druck beanspruchte scheibenartige Bauteile zur Aufnahme lotrechter Lasten, z. B. Deckenlasten, sowie waagerechter Lasten, z. B. Windlasten.

Aussteifende Wände sind scheibenartige Bauteile zur Knickaussteifung tragender Wände; sie sind hinsichtlich des Brandschutzes wie tragende Wände zu bemessen.

Nichtraumabschließende, tragende Wände sind tragende Wände, die zweiseitig — im Fall teilweise oder ganz freistehender Wandscheiben auch drei- oder vierseitig — vom Brand beansprucht werden — siehe auch DIN 4102 Teil 2, Ausgabe September 1977, Abschnitt 5.2.5.

Als **raumabschließende Wände** gelten z. B. Wände in Rettungswegen, Treppenraumwände, Wohnungstrennwände und Brandwände. Sie dienen zur Verhinderung der Brandübertragung von einem Raum zum anderen. Sie werden nur einseitig vom Brand beansprucht.

Als raumabschließende Wände gelten ferner Außenwandscheiben mit einer Breite > 1,0 m. Raumabschließende Wände können tragende oder nichttragende Wände sein.

Stürze, Balken, Unterzüge usw. über Wandöffnungen sind für eine ≥ dreiseitige Brandbeanspruchung zu bemessen.

4.1.2 Wanddicke

Die im folgenden angegebenen Mindestdicken d beziehen sich, soweit nichts anderes angegeben ist, immer auf die unbekleidete Wanddicke oder auf eine unbekleidete Wandschale.

4.1.3 Bekleidungen

Bei den nachfolgend klassifizierten Wänden ist die Anordnung von zusätzlichen Bekleidungen — Bekleidungen aus Stahlblech ausgenommen — erlaubt; gegebenenfalls sind bei Verwendung von Baustoffen der Klasse B jedoch bauaufsichtliche Anforderungen zu beachten.

4.1.4 Anschlüsse, Fugen

Die folgenden Angaben gelten für Wände, die sich von Rohdecke bis Rohdecke spannen.

Anmerkung: Werden raumabschließende Wände z. B. an Unterdecken befestigt, so ist die Feuerwiderstandsklasse durch Prüfungen nachzuweisen — siehe auch DIN 4102 Teil 2, Ausgabe September 1977, Abschnitt 6.2.2.3.

4.1.5 Zweischalige Wände

Die folgenden Angaben beziehen sich nicht auf den Feuerwiderstand einer einzelnen Wandschale, sondern stets auf den Feuerwiderstand der gesamten, zweischaligen Wand.

Stützen, Riegel, Verbände usw., die zwischen den Schalen zweischaliger Wände angeordnet werden, sind für sich allein zu bemessen. 4.1

4.1.6 Einbauten

4.1.6.1 Abgesehen von den im folgenden aufgeführten Ausnahmen beziehen sich die Feuerwiderstandsklassen der nachfolgend klassifizierten Wände stets auf Wände ohne Einbauten.

4.1.6.2 Steckdosen, Schalterdosen, Verteilerdosen usw. dürfen bei raumabschließenden Wänden nicht unmittelbar gegenüberliegend eingebaut werden; diese Einschränkung gilt nicht für Wände aus Beton oder Mauerwerk mit einer Gesamtdicke = Mindestdicke + Bekleidungsdicke ≥ 140 mm. Im übrigen dürfen derartige Dosen an jeder beliebigen Stelle angeordnet werden.

Bei Wänden in Montage- oder Tafelbauart dürfen brandschutztechnisch notwendige Dämmschichten im Bereich derartiger Dosen auf 30 mm zusammengedrückt werden.

4.1.6.3 Durch die nachfolgend klassifizierten Wände dürfen einzelne elektrische Leitungen durchgeführt werden, wenn der verbleibende Lochquerschnitt mit Mörtel nach DIN 18 550 Teil 2 *) oder Beton nach DIN 1045 vollständig verschlossen wird.

Anmerkung: Für die Durchführung von gebündelten elektrischen Leitungen sind Abschottungen erforderlich, deren Brauchbarkeit bei den Feuerwiderstandsklassen ≥ F 90 besonders nachzuweisen ist — z. B. im Rahmen der Erteilung einer allgemeinen bauaufsichtlichen Zulassung.

4.1.6.4 Wenn in raumabschließende Wände mit bestimmter Feuerwiderstandsklasse Verglasungen oder Feuerschutzabschlüsse mit bestimmter Feuerwiderstandsklasse eingebaut werden sollen, ist die Eignung dieser Einbauten in Verbindung mit der Wand nach DIN 4102 nachzuweisen; ausgenommen hiervon sind die in Abschnitt 7.2 zusammengestellten Konstruktionen, für deren Einbau die einschlägigen Norm- oder Zulassungsbestimmungen zu beachten sind.

*) Z. Z. noch Entwurf

4.2 Feuerwiderstandsklassen von Beton- und Stahlbetonwänden aus Normalbeton

4.2.1 Geltungsbereich

4.2.1.1 Die folgenden Angaben gelten für Beton- und Stahlbetonwände aus Normalbeton nach DIN 1045.

4.2.1.2 Bei tragenden Wänden gelten die Angaben jedoch **nicht** für Wände mit einer Breite $b \leq 0{,}60$ m. Derartige Wände sind wie Stützen nach Abschnitt 3.14 zu bemessen.

4.2.1.3 Wegen der Bemessung von Brandwänden siehe Abschnitt 4.7.

Tabelle 37. **Tragende [1]) und nichttragende Beton- und Stahlbetonwände aus Normalbeton**

Zeile	Konstruktionsmerkmale 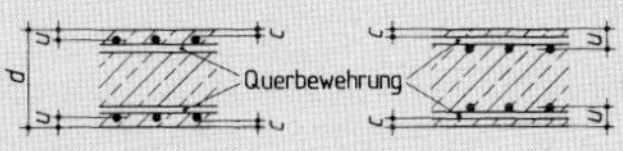	Feuerwiderstandsklasse-Benennung F 30-A	F 60-A	F 90-A	F 120-A	F 180-A
1	**Unbekleidete Wände**					
1.1	Zulässige **Schlankheit** = Geschoßhöhe/Wanddicke = h_s/d bei					
1.1.1	**nichttragenden** Wänden	entsprechend DIN 1045				
1.1.2	**tragenden** Wänden	25				
1.2	Mindestwanddicke d in mm bei					
1.2.1	**nichttragenden** Wänden	80 [2])	80 [2])	100 [2])	120	150
1.2.2	**tragenden** Wänden bei einer maximalen Druckrandspannung					
1.2.2.1	$\sigma \leq 0{,}5\,\beta_R/2{,}1$ [3])	120	120	140	160	200
1.2.2.2	$\sigma \leq 1{,}0\,\beta_R/2{,}1$ [3])	120	140	170	220	300
1.3	Mindestachsabstand u in mm der Längsbewehrung bei					
1.3.1	**nichttragenden** Wänden	entsprechend DIN 1045				
1.3.2	**tragenden** Wänden bei einer maximalen Druckrandspannung					
1.3.2.1	$\sigma \leq 0{,}5\,\beta_R/2{,}1$ [3])	12	15	25	35	55
1.3.2.2	$\sigma \leq 1{,}0\,\beta_R/2{,}1$ [3])	12	25	35	45	65
1.4	Mindestachsabstände u und u_s in mm **über Öffnungen** mit					
1.4.1	einer lichten Weite $\leq 2{,}0$ m	12	15	25	35	55
1.4.2	einer lichten Weite $> 2{,}0$ m	12	25	35	45	65
2	Wände mit **beidseitiger Putzbekleidung** nach den Abschnitten 3.1.5.1 bis 3.1.5.5					
2.1	Zulässige Schlankheit = Geschoßhöhe/Wanddicke = h_s/d bei					
2.1.1	nichttragenden Wänden	entsprechend DIN 1045				
2.1.2	tragenden Wänden	25				
2.2	Wanddicke d entsprechend Zeile 1.2; Abminderungen nach Tabelle 2 sind möglich; Mindestwanddicke d in mm jedoch bei					
2.2.1	nichttragenden Wänden	60				
2.2.2	tragenden Wänden	80				
2.3	Achsabstände u der Längsbewehrung sowie Achsabstände u und u_s über Öffnungen entsprechend den Angaben der Zeilen 1.3 und 1.4; Abminderungen nach Tabelle 2 sind möglich; u und u_s jedoch nicht kleiner als 12 mm					

[1]) Die Angaben gelten sowohl für tragende, raumabschließende als auch unter Berücksichtigung des Geltungsbereichs für tragende, nichtraumabschließende Wände.

[2]) Bei Betonfeuchtigkeitsgehalten > 4 Gew.-% (siehe Anhang B.7) sowie bei Wänden mit sehr dichter Bewehrung (Stababstände < 100 mm) muß die Mindestdicke wenigstens 120 mm betragen.

[3]) Wegen der σ- und β_R-Werte entsprechend DIN 1045, Ausgabe Dezember 1978, Abschnitt 17.2 siehe Tabelle 38.

4.2.2 Randbedingungen

4.2.2.1 Beton- und Stahlbetonwände aus Normalbeton müssen unter Beachtung der folgenden Abschnitte die in Tabelle 37 angegebenen Bedingungen erfüllen. Wegen der Bemessung von Wänden mit geringer Beanspruchung siehe Anhang B.6.

4.2.2.2 Die in Tabelle 37 angegebenen Druckrandspannungen σ sind als Maximalwerte nach Gleichung (7) zu ermitteln.

$$\sigma = \frac{N}{A_b} \pm \frac{M}{W} \qquad (7)$$

Es bedeuten:

N = Längskraft im Gebrauchszustand

M = Biegemoment im Gebrauchszustand

A_b = Wandquerschnittsfläche

W = Wandwiderstandsmoment

4.2.2.3 Fugen zwischen Fertigteilen müssen entsprechend Bild 14 Detail 1 so mit Mörtel nach DIN 1053 Teil 1 oder Beton nach DIN 1045 ausgefüllt sein, daß die Mörtel- oder Betontiefe der Mindestdicke von Zeile 1.2.1 der Tabelle 37 entspricht. Gefaste Kanten dürfen unberücksichtigt bleiben, wenn die Fasung ≤ 3 cm bleibt. Bei Fasungen > 3 cm ist die Mindestdicke auf den Endpunkt der Fasung zu beziehen.

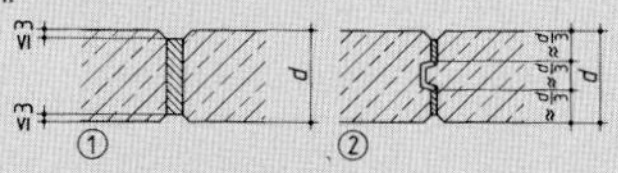

Bild 14. Wandfugen (Schema)

Bei Fugen mit Nut- und Feder-Ausbildung entsprechend Bild 14 Detail 2 genügt eine Vermörtelung der Fugen in den äußeren Wanddritteln.

Die Fasungen dürfen mit Fugendichtungsmassen im Sinne von DIN 52 460 geschlossen werden.

4.3 Feuerwiderstandsklassen von nichttragenden Wänden aus Leichtbeton mit geschlossenem Gefüge

4.3.1 Geltungsbereich

Die folgenden Angaben gelten für **nichttragende** Wände aus Leichtbeton und Stahlleichtbeton mit geschlossenem Gefüge nach DIN 4219 Teil 1 und Teil 2; wegen tragender Wände siehe Anhang B.7.

4.3.2 Randbedingungen

4.3.2.1 Nichttragende, raumabschließende Wände aus Leichtbeton mit geschlossenem Gefüge sind für alle Feuerwiderstandsklassen mit einer Mindestdicke von 140 mm auszuführen. 4.2

4.3.2.2 Die Achsabstände u und u_s der Bewehrung über Öffnungen müssen den Angaben von Tabelle 37 Zeile 1.4 entsprechen. 4.3

4.3.2.3 Bei beidseitigen Putzbekleidungen nach den Abschnitten 3.1.5.1 bis 3.1.5.5 dürfen die Mindestdicken nach den Angaben von Tabelle 2 abgemindert werden. Eine Mindestwanddicke von d = 60 mm darf nicht unterschritten werden.

4.3.2.4 Hinsichtlich der Ausbildung von Fugen zwischen Fertigteilen gilt Abschnitt 4.2.2.3.

Tabelle 38. **Maximale Druckrandspannungen in Abhängigkeit von der Betonfestigkeitsklasse des Normalbetons nach DIN 1045 (abgerundete Werte)**

Zeile	1	2	3	4	5	6	7	8
1	Betonfestigkeitsklasse des Normalbetons	B 5	B 10	B 15	B 25	B 35	B 45	B 55
2	Rechenwert β_R	3,5	7,0	10,5	17,5	23,0	27,0	30,0
3	$\sigma = 0{,}5\ \beta_R/2{,}1$ in N/mm²	0,84	1,67	2,50	4,17	5,50	6,45	7,15
4	$\sigma = 1{,}0\ \beta_R/2{,}1$ in N/mm²	1,67	3,34	5,00	8,34	11,0	12,90	14,30

4.4 Feuerwiderstandsklassen von Wänden aus Mauerwerk und Wandbauplatten einschließlich von Pfeilern und Stürzen

4.4.1 Geltungsbereich

4.4.1.1 Die folgenden Angaben gelten für Wände und Pfeiler aus Mauerwerk und Wandbauplatten nach folgenden Normen:

a) DIN 1053 Teil 1 — Mauerwerk
b) DIN 1053 Teil 4 — Ziegelfertigbauteile und
c) DIN 4103 Teil 1 *) — Leichte Trennwände

Die folgenden Angaben enthalten außerdem Bestimmungen für die Bemessung von Stürzen.

4.4.1.2 Wegen der Bemessung von Brandwänden siehe Abschnitt 4.7.

4.4.2 Mindestwanddicke

4.4.2.1 Wände und Pfeiler aus Mauerwerk und Wandbauplatten müssen unter Beachtung der folgenden Abschnitte die in Tabelle 39 angegebenen Mindestdicken besitzen.

4.4.2.2 Lochungen von Steinen oder Wandbauplatten dürfen nicht senkrecht zur Wandebene verlaufen.

4.4.2.3 Dämmschichten in Anschlußfugen, die aus schalltechnischen oder anderen Gründen angeordnet werden, müssen aus mineralischen Fasern nach DIN 18165 Teil 1, Ausgabe Januar 1975, Abschnitt 2.1 bestehen, der Baustoffklasse A nach DIN 4102 Teil 1 angehören, einen Schmelzpunkt $\geq 1000\,°C$ besitzen[1]) und eine Rohdichte $\geq 30\,kg/m^3$ aufweisen; gegebenenfalls vorhandene Hohlräume müssen dicht ausgestopft werden.

Sperrschichten gegen aufsteigende Feuchtigkeit beeinflussen die Feuerwiderstandsklasse und Benennung nicht.

4.4.2.4 Aussteifende Riegel und Stützen müssen mindestens derselben Feuerwiderstandsklasse wie die Wände angehören; ihre Feuerwiderstandsklasse ist nach den Abschnitten 3 und 6 nachzuweisen.

4.4.2.5 Als Putze zur Verbesserung der Feuerwiderstandsdauer können Putze der Mörtelgruppe P II oder P IV nach DIN 18550 Teil 2*) verwendet werden.

Voraussetzung für die brandschutztechnische Wirksamkeit ist eine ausreichende Haftung am Putzgrund. Sie wird sichergestellt, wenn

a) der Putzgrund die Anforderungen nach DIN 18550 Teil 2*) erfüllt und
b) der Putzgrund einen voll deckenden Spritzbewurf nach DIN 18550 Teil 2*) mit einer Dicke ≥ 5 mm erhält.

Bei Verwendung von Maschinenputzgips nach DIN 1168 Teil 1 ist kein Spritzbewurf erforderlich, wenn die zu putzenden Stein- oder Bauplattenflächen $\leq 240\,mm \times 115\,mm$ sind.

4.4.3 Stürze

4.4.3.1 Die Breite von Stürzen aus Stahlbeton oder bewehrtem Gasbeton muß der geforderten Mindestwanddicke entsprechen; anstelle eines Sturzes dürfen auch nebeneinander verlegte Stürze verwendet werden.

Anmerkung: Stürze aus bewehrtem Gasbeton bedürfen z. Z. einer allgemeinen bauaufsichtlichen Zulassung; die dort angegebenen Bedingungen sind zu beachten.

4.4.3.2 Die Achsabstände u und u_s der Sturzbewehrung müssen bei Stahlbetonstürzen mindestens den Angaben von Zeile 1.4 der Tabelle 37 und bei Gasbetonstürzen mindestens den Angaben von Tabelle 9 — siehe Seite 15 — entsprechen.

4.4.3.3 Stahlstürze sind zu ummanteln und nach den Angaben von Abschnitt 6.2 zu bemessen.

4.5 Feuerwiderstandsklassen von Wänden aus Leichtbeton mit haufwerksporigem Gefüge

4.5.1 Geltungsbereich

4.5.1.1 Die folgenden Angaben gelten für Wände und Pfeiler aus Leichtbeton mit haufwerksporigem Gefüge nach DIN 4232.

4.5.1.2 Wegen der Bemessung von Brandwänden siehe Abschnitt 4.7.

4.5.2 Randbedingungen

4.5.2.1 Wände aus Leichtbeton mit haufwerksporigem Gefüge müssen bei nichttragenden Wänden mindestens die in Zeile 2.1.1 und bei tragenden Wänden mindestens die in Zeile 2.1.2 von Tabelle 39 angegebenen Mindestwanddicken besitzen.

4.5.2.2 Bei beidseitig angeordnetem Putz mit jeweils ≥ 15 mm Dicke gelten die in denselben Zeilen angegebenen ()-Werte sowie die Bestimmungen von Abschnitt 4.4.2.5; ein Spritzbewurf zur Sicherstellung der ausreichenden Haftung ist jedoch nicht erforderlich.

4.5.2.3 Pfeiler aus Leichtbeton mit haufwerksporigem Gefüge müssen mindestens die in Zeile 3 von Tabelle 39 angegebenen Dicken d besitzen; dieselben Werte gelten auch für die Mindestpfeilerbreite b.

4.5.2.4 Stürze sind entsprechend den Angaben von Abschnitt 4.4.3 auszubilden. Bei Stürzen aus Leichtbeton mit haufwerksporigem Gefüge gelten hinsichtlich der Achsabstände u und u_s der Sturzbewehrung die in Tabelle 9 für Gasbetonbalken wiedergegebenen Mindestwerte — siehe Seite 15.

---

*) Z. Z. noch Entwurf

[1]) Siehe Seite 00

– 45 –

4.4 Mauerwerk und Wandbauplatten
4.5 Leichtbetonwände mit haufwerksporigem Gefüge

Tabelle 39. **Mindestdicke und Mindestbreite von tragenden [1]) und nichttragenden Wänden sowie von tragenden Pfeilern aus Mauerwerk und Wandbauplatten**
Die ()-Werte gelten für Wände mit beidseitigem Putz nach Abschnitt 4.4.2.5, der bei Verwendung der Mörtelgruppen P II und P IVc eine Dicke $d_1 \geq 15$ mm und bei Verwendung der Mörtelgruppen P IVa und P IVb eine Dicke $d_1 \geq 10$ mm besitzen muß.

Zeile	Konstruktionsmerkmale 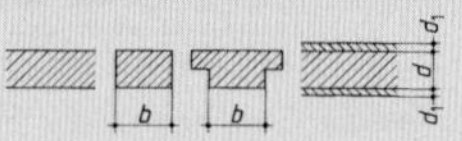	Feuerwiderstandsklasse-Benennung				
		F 30-A	F 60-A	F 90-A	F 120-A	F 180-A
1	Mindestdicke d in mm **nichttragender Wände** aus					
1.1	Gasbeton-Blocksteinen oder -Bauplatten nach DIN 4165 und DIN 4166 sowie Hohlblock- oder Vollsteinen bzw. Wandbauplatten aus Leichtbeton nach DIN 18151, DIN 18152, DIN 18153 und DIN 18162	75 (75)	75 (75)	100 (100)	125 (100)	150 (125)
1.2	Mauerziegeln nach DIN 105 (Langlochziegel ausgenommen), Kalksandsteinen nach DIN 106 Teil 1 und Teil 2 und Hüttensteinen nach DIN 398	115 (71)	115 (71)	115 (115)	140 (115)	175 (140)
1.3	Langlochziegeln nach DIN 105	115 (71)	115 (71)	140 (115)	175 (140)	190 (175)
1.4	Geschoßhohen Ziegelfertigbauteilen nach DIN 1053 Teil 4	115 (115)	115 (115)	115 (115)	165 (150)	165 (150)
1.5	Wandbauplatten aus Gips nach DIN 18163 Teil 1 mit Rohdichten $\geq 0{,}6\,kg/dm^3$	60	80	80	80	100
2	Mindestdicke d in mm **tragender** [1]) **Wände** aus					
2.1	Gasbeton-Blocksteinen nach DIN 4165 und Hohlblock- oder Vollsteinen aus Leichtbeton nach DIN 18151, DIN 18152 und DIN 18153 bei einer maximalen Druckspannung von					
2.1.1	$\sigma \leq 0{,}3\,N/mm^2$	115 (115)	150 (115)	150 (115)	150 (115)	175 (125)
2.1.2	$\sigma \leq 1{,}0\,N/mm^2$	150 (115)	175 (150)	200 (175)	240 (200)	240 (200)
2.1.3	$\sigma \leq 1{,}6\,N/mm^2$	175 (150)	200 (175)	240 (175)	300 (200)	300 (240)
2.2	Mauerziegeln nach DIN 105, Kalksandsteinen nach DIN 106 Teil 1 und Teil 2 und Hüttensteinen nach DIN 398 bei einer maximalen Druckspannung					
2.2.1	$\sigma \leq 0{,}3\,N/mm^2$	115 (115)	115 (115)	115[2]) (115)	140[2]) (115)[2])	175[2]) (140)[2])
2.2.2	$\sigma \leq 1{,}4\,N/mm^2$	115 (115)	115 (115)	140 (115)	175 (140)	190 (175)
2.2.3	$\sigma \leq 3{,}0\,N/mm^2$	115 (115)	140 (115)	140 (115)	190 (175)	240 (190)
2.3	Geschoßhohen Ziegelfertigbauteilen nach DIN 1053 Teil 4	115 (115)	165 (115)	165 (165)	190 (165)	240 (190)
3	Mindestquerschnittsabmessungen d/b in mm/mm tragender **Pfeiler** bei einer maximalen Druckspannung					
3.1	$\sigma \leq 1{,}4\,N/mm^2$	240/240	240/300	240/365	300/365	365/365
3.2	$\sigma \leq 3{,}0\,N/mm^2$	240/240	300/365	365/365	365/365	365/365

[1]) Die Angaben gelten sowohl für tragende, raumabschließende als auch für tragende, nichtraumabschließende Wände.
[2]) Bei Verwendung von Langlochziegeln sind die Werte von Zeile 1.3 maßgebend.

4.4
4.5

4.6 Feuerwiderstandsklassen von Wänden aus bewehrtem Gasbeton

4.6.1 Geltungsbereich

4.6.1.1 Die folgenden Angaben gelten für Wände aus bewehrtem Gasbeton nach DIN 4223 **).

Anmerkung: Wände aus Gasbeton-Wandplatten bedürfen z. Z. einer allgemeinen bauaufsichtlichen Zulassung; die dort angegebenen Bedingungen sind zu beachten.

4.6.1.2 Wegen der Bemessung von Brandwänden siehe Abschnitt 4.7.

4.6.2 Randbedingungen

4.6.2.1 Wände aus bewehrtem Gasbeton müssen unter Beachtung der folgenden Abschnitte die in Tabelle 40 angegebenen Bedingungen erfüllen.

4.6.2.2 Für die Ermittlung der Druckrandspannungen σ gilt Abschnitt 4.2.2.2 — siehe Seite 43 — sinngemäß.

4.6.2.3 Als Putz zur Verbesserung der Feuerwiderstandsdauer können Putze der Mörtelgruppe P II oder P IV nach DIN 18 550 Teil 2 *) verwendet werden.

Voraussetzung für die brandschutztechnische Wirksamkeit ist eine ausreichende Haftung am Putzgrund. Sie wird sichergestellt, wenn

a) der Putzgrund die Anforderungen nach DIN 18 550 Teil 2 *) erfüllt und

b) der Putzgrund einen deckenden Spritzbewurf nach DIN 18 550 Teil 2 *) mit einer Dicke $\geq$ 5 mm erhält.

4.6.2.4 Wandbereiche über Öffnungen bzw. Stürze müssen dieselbe Breite wie die Wände besitzen. Die Achsabstände u und u_s der Sturzbewehrung müssen mindestens den Angaben von Tabelle 9 — siehe Seite 15 — entsprechen.

Für die Bemessung von Stahlbeton- und Stahlstürzen gelten die Bestimmungen von Abschnitt 4.4.3 — siehe Seite 44.

*) Z. Z. noch Entwurf
**) Siehe Seite 7

Tabelle 40. **Tragende [1]) und nichttragende Wände aus bewehrtem Gasbeton**
Die ()-Werte gelten für Wände mit beidseitigem Putz nach Abschnitt 4.6.2.3, der bei Verwendung der Mörtelgruppen P II und P IVc eine Dicke $d_1 \geq 15$ mm und bei Verwendung der Mörtelgruppen P IVa und P IVb eine Dicke $d_1 \geq 10$ mm besitzen muß.

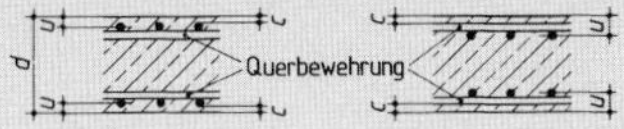

Zeile	Konstruktionsmerkmale	Feuerwiderstandsklasse-Benennung F 30-A	F 60-A	F 90-A	F 120-A	F 180-A
1 1.1	**Nichttragende Wände** Zulässige Schlankheit = Geschoßhöhe/Wanddicke = h_s/d	entsprechend DIN 4223 **)				
1.2	Mindestwanddicke d in mm	75 (75)	75 (75)	100 (100)	125 (100)	150 (125)
2 2.1	**Tragende [1]) Wände** Zulässige Schlankheit = Geschoßhöhe/Wanddicke = h_s/d	25				
2.2 2.2.1	Mindestwanddicke d in mm bei einer maximalen Druckrandspannung $\sigma \leq 0{,}5\,\beta_R/2{,}1$ [2])	150 (125)	175 (150)	200 (175)	225 (200)	240 (225)
2.2.2	$\sigma \leq 1{,}0\,\beta_R/2{,}1$ [2])	175 (150)	200 (175)	225 (200)	250 (225)	300 (250)
2.3	Mindestachsabstand u in mm der Längsbewehrung bei einer maximalen Druckrandspannung von					
2.3.1	$\sigma \leq 0{,}5\,\beta_R/2{,}1$ [2])	12	12	20	30	50
2.3.2	$\sigma \leq 1{,}0\,\beta_R/2{,}1$ [2])	12	20	30	40	60

**) Siehe Seite 7
[1]) Die Angaben gelten sowohl für tragende, raumabschließende als auch für tragende, nichtraumabschließende Wände.
[2]) Wegen der σ- und β_R-Werte entsprechend DIN 4223 **) siehe Tabelle 41.

Tabelle 41. **Maximale Druckrandspannung in Abhängigkeit von der Festigkeitsklasse des Gasbetons nach DIN 4223 **) (abgerundete Werte)**

Zeile	1	2	3	4	5
1	Festigkeitsklasse des Gasbetons	GB 2,2	GB 3,3	GB 4,4	GB 6,6
2	Rechenwert $\beta_R = 0{,}8\,\beta_{WN}$	1,76	2,64	3,52	5,28
3	$\sigma = 0{,}5\,\beta_R/2{,}1$ in N/mm^2	0,42	0,63	0,84	1,26
4	$\sigma = 1{,}0\,\beta_R/2{,}1$ in N/mm^2	0,84	1,26	1,68	2,52

**) Siehe Seite 7

4.7 Brandwände

4.7.1 Geltungsbereich

Die folgenden Angaben gelten für Wände aus

a) Normalbeton nach DIN 1045,
b) Leichtbeton mit haufwerksporigem Gefüge nach DIN 4232,
c) Gasbeton nach DIN 4223 **) und
d) Mauerwerk nach DIN 1053 Teil 1 und Teil 4,

die die Anforderungen an Brandwände nach DIN 4102 Teil 3 erfüllen.

Anmerkung: Wände aus Gasbeton-Wandplatten bedürfen z. Z. einer allgemeinen bauaufsichtlichen Zulassung; die dort angegebenen Bedingungen sind zu beachten.

4.7.2 Randbedingungen

4.7.2.1 Aussteifungen von Brandwänden – z. B. aussteifende Querwände, Decken, Riegel, Stützen oder Rahmen – müssen wenigstens der Feuerwiderstandsklasse F 90 entsprechen; Stützen und Riegel, die in oder unmittelbar vor einer Brandwand angeordnet werden – siehe Bilder 15 bis 20 –, müssen darüber hinaus ausreichend stoßsicher nach DIN 4102 Teil 3 sein.

4.7.2.2 Wandbereiche bzw. Stürze über Öffnungen, sofern diese nach bauaufsichtlichen Bestimmungen gestattet werden, müssen ebenfalls mindestens der Feuerwiderstandsklasse F 90 angehören – siehe Abschnitte 4.2 bis 4.6.

4.7.2.3 Brandwände müssen weitere, im folgenden nicht aufgeführte allgemeine Anforderungen erfüllen; sie sind den bauaufsichtlichen Bestimmungen der Länder zu entnehmen.

4.7.3 Zulässige Schlankheit, Mindestwanddicke und Mindestachsabstand der Längsbewehrung

4.7.3.1 Brandwände müssen hinsichtlich Schlankheit, Wanddicke und Achsabstand der Längsbewehrung die in Tabelle 42 angeführten Bedingungen erfüllen.

4.7.3.2 Bekleidungen dürfen nicht zur Verminderung der in Tabelle 42 angegebenen Mindestwanddicken in Ansatz gebracht werden. Bei Bekleidungen aus Baustoffen der Klasse B sind gegebenenfalls bauaufsichtliche Vorschriften zu beachten.

4.7.4 Anschlüsse von Ortbeton- und Mauerwerkswänden an angrenzende Massivbauteile

Anschlüsse von Ortbeton- und Mauerwerkswänden an angrenzende Massivbauteile müssen vollfugig mit Mörtel nach DIN 1053 Teil 1 oder Beton nach DIN 1045 bzw. DIN 4232 ausgeführt werden.

**) Siehe Seite 7

4.6
4.7

Tabelle 42. **Zulässige Schlankheit, Mindestwanddicke und Mindestachsabstand von ein- und zweischaligen Brandwänden**

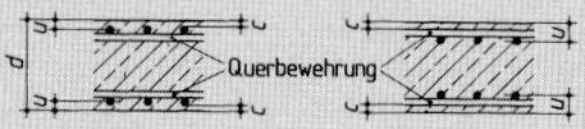

Zeile	Schemaskizze für bewehrte Wände – Wandart	Zulässige Schlankheit h_s/d	Mindestdicke d in mm bei einschaliger Ausführung	Mindestdicke d in mm bei zweischaliger Ausführung	Mindestachsabstand u in mm
1	**Wände aus Normalbeton** bei Verwendung von				
1.1	**unbewehrtem** Beton nach DIN 1045, Ausgabe Dezember 1978, Abschnitt 25.5.5.1	Bemessung nach DIN 1045	200	2 × 180	nach DIN 1045
1.2	**bewehrtem** Beton nach DIN 1045, Ausgabe Dezember 1978, Abschnitt 25.5.5.2 in Form von				
1.2.1	**nichttragenden,** liegend oder stehend angeordneten Wandplatten	Bemessung nach DIN 1045	120	2 × 100	nach DIN 1045
1.2.2	**tragenden** Wandplatten oder Ortbeton	25	140 1)	2 × 140 1)	25 1)
2	**Wände aus Leichtbeton** mit haufwerksporigem Gefüge nach DIN 4232 der				
2.1	Rohdichteklasse > 1,2	25	250	2 × 200	entfällt
2.2	Rohdichteklasse ≤ 1,2	25	300	2 × 200	
3	**Wände aus bewehrtem Gasbeton** nach DIN 4223 **) mindestens der Festigkeitsklasse GB 4,4 mit einer Rohdichte ≥ 600 kg/m³ in Form von				
3.1	**nichttragenden,** liegend oder stehend angeordneten Wandplatten	Bemessung nach DIN 4223	175	2 × 175	20
3.2	**tragenden,** stehend angeordneten Wandplatten	25	200 2)	2 × 200 2)	20 2)
4	**Wände aus Ziegelfertigbauteilen** nach DIN 1053 Teil 4 unter Verwendung von				
4.1	Hochlochtafeln mit Ziegeln für vollvermörtelbare Stoßfugen	25	165	2 × 165	nach DIN 1053 Teil 4
4.2	Verbundtafeln mit einer Ziegelschicht	25	190	2 × 165	
4.3	Verbundtafeln mit zwei Ziegelschichten	25	240	2 × 165	
5	**Wände aus Mauerwerk** nach DIN 1053 Teil 1, gemauert in Mörtelgruppe II, IIa oder III bei Verwendung von				
5.1	Steinen der Rohdichteklasse > 1,2	Bemessung nach DIN 1053 Teil 1	240	2 × 175	entfällt
5.2	Steinen der Rohdichteklasse ≤ 1,2 und > 0,8		290	2 × 190	
5.3	Steinen der Rohdichteklasse ≤ 0,8		290	2 × 240	

**) Siehe Seite 7

1) Sofern infolge hoher Wandspannungen nach Tabelle 37 keine größeren Werte gefordert werden.

2) Sofern infolge hoher Wandspannungen nach Tabelle 40 keine größeren Werte gefordert werden.

4.7.5 Anschlüsse von nichttragenden, liegend angeordneten Wandplatten an angrenzende Stahlbetonbauteile

4.7.5.1 Anschlüsse von nichttragenden, liegend angeordneten Wandplatten aus Stahlbeton nach DIN 1045 oder bewehrtem Gasbeton nach DIN 4223**) an angrenzende Stahlbeton-Stützen oder -Wandscheiben müssen entsprechend den Angaben von Bild 15 Detail 1 bis 4 ausgeführt werden; Wandplatten aus bewehrtem Gasbeton dürfen auch nach Detail 5 angeschlossen werden. Bei Anschlüssen an Eckstützen gelten die Angaben von Bild 16.

4.7.5.2 Bei Verwendung von Wandplatten aus Stahlbeton darf der Anschluß auch durch Anschweißen von Stahllaschen ◫ ≥ 5 × 20 erfolgen. Die Stahllaschen sind im Querschnittsinnern der Wandplatten mit einer Länge $l \geq 400$ mm im Bereich zwischen der beidseitig verlegten Wandbewehrung zu verankern. Die Betondeckung der Stahllaschen muß im eingebauten Zustand allseitig ≥ 50 mm sein.

4.7.5.3 Stützen müssen eine Mindestdicke von $d = 240$ mm besitzen; Wandscheiben (Breite der Wandscheibe $b > 5\,d$ nach DIN 1045) müssen eine Mindestdicke $d = 170$ mm aufweisen. Die Stützen bzw. Wandscheiben sind im übrigen nach den Abschnitten 3.14 bzw. 4.2 für ≥ F 90 zu bemessen.

Winkel ≥ 60 × 5 durchgehend oder in Stücken mit $l \geq 300$ mm und einem Winkelabstand ≤ 200 mm. Befestigung mit Schrauben ∅ ≥ 12 mit $e \leq 300$ mm in Dübeln oder mit Hammerkopfschrauben ∅ ≥ 10 mit $e \leq 300$ mm in Ankerschienen ≥ 28/15

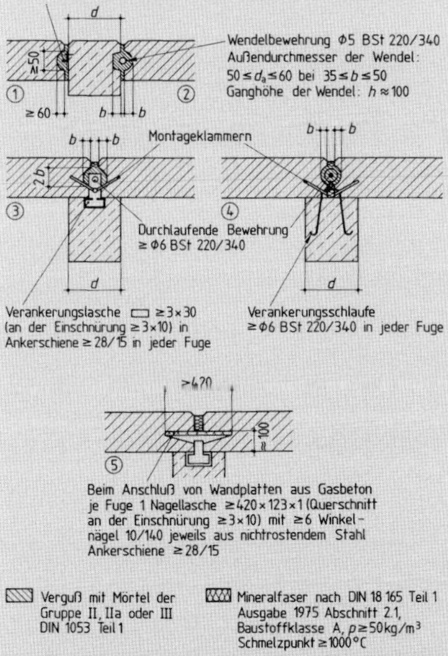

Bild 15. Anschlüsse von nichttragenden, liegend angeordneten Wandplatten an Stahlbeton-Stützen bzw. Wandscheiben (Maße in mm)

4.7.6 Anschlüsse von nichttragenden, liegend angeordneten Wandplatten an angrenzende Stahlstützen

4.7.6.1 Anschlüsse von nichttragenden, liegend angeordneten Wandplatten aus Stahlbeton nach DIN 1045 oder bewehrtem Gasbeton nach DIN 4223**) an angrenzende Stahlstützen müssen entsprechend den Angaben von Bild 17 ausgeführt werden; bei Anschlüssen an Eckstützen gelten die Angaben von Bild 18.

4.7.6.2 Bei Verwendung von Wandplatten aus Stahlbeton darf der Anschluß auch entsprechend den Angaben von Abschnitt 4.7.5.2 erfolgen; die Stahllaschen sind mit den Stahlstützen zu verschweißen.

4.7.6.3 Stützen sind nach den Angaben der Abschnitte 6.3.3 oder 6.3.4 dreiseitig — bei Eckstützen zweiseitig — für ≥ F 90 zu ummanteln. Darüber hinaus sind die raumseitigen Flächen zwischen den Flanschen stets auszumauern oder auszubetonieren. Die Bekleidungen sind durch Bügel ∅ ≥ 5 mm in Abständen $a \leq 250$ mm nach den Angaben der Bilder 17 und 18 zu sichern; dabei sind die Bügelenden am wandseitigen Stützenflansch anzuschweißen oder durch Umbiegen zwischen den Flanschen zu verankern.

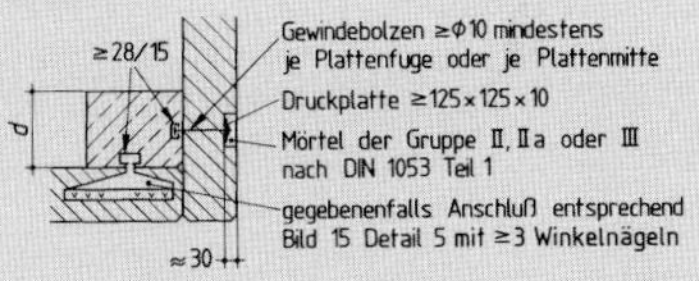

Bild 16. Anschlüsse von nichttragenden, liegend angeordneten Wandplatten an Stahlbeton-Eckstützen (Maße in mm)

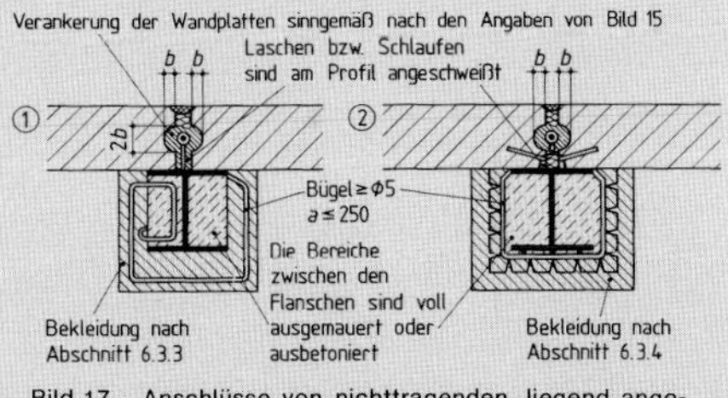

Bild 17. Anschlüsse von nichttragenden, liegend angeordneten Wandplatten an Stahlstützen (Maße in mm)

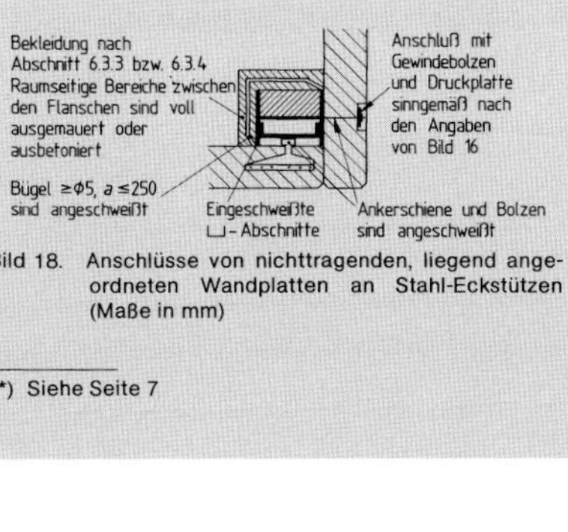

Bild 18. Anschlüsse von nichttragenden, liegend angeordneten Wandplatten an Stahl-Eckstützen (Maße in mm)

**) Siehe Seite 7

4.7.7 Anschlüsse von nichttragenden, stehend angeordneten Wandplatten an angrenzende Stahlbeton- und Stahlbauteile

4.7.7.1 Anschlüsse von nichttragenden, stehend angeordneten Wandplatten aus Stahlbeton nach DIN 1045 oder bewehrtem Gasbeton nach DIN 4223**) an angrenzende Stahlbeton-Riegel und -Deckenscheiben bzw. Sockel- und -Fundamentteile müssen entsprechend den Angaben von Bild 19 ausgeführt werden.

Anschlüsse entsprechender Wandplatten an angrenzende Stahl-Riegel oder -Deckenträger sind sinngemäß auszuführen; die Ankerlaschen oder Ankerschienen sind dabei an den Stahlbauteilen anzuschweißen.

4.7.7.2 Bei Verwendung von Wandplatten aus Stahlbeton darf der Anschluß auch entsprechend den Angaben der Abschnitte 4.7.5.2 bzw. 4.7.6.2 ausgeführt werden.

4.7.7.3 Stahlbetonriegel müssen eine Mindestbreite von $b = 240$ mm besitzen. Die Achsabstände der Riegelbewehrung sind nach den Angaben von Tabelle 5 – siehe Seite 11 – für ≥ F 90 zu bemessen.

4.7.7.4 Stahlriegel sind nach den Angaben von Abschnitt 6.2 dreiseitig für ≥ F 90 zu ummanteln. Darüber hinaus sind die in Bild 20 gekennzeichneten Flächen zwischen den Flanschen auszumauern oder auszubetonieren.

4.7.7.5 Stahlbeton-Stützen und -Wandscheiben sind nach den Angaben von Abschnitt 4.7.5.3, Stahlstützen nach den Angaben von Abschnitt 4.7.6.3 auszuführen.

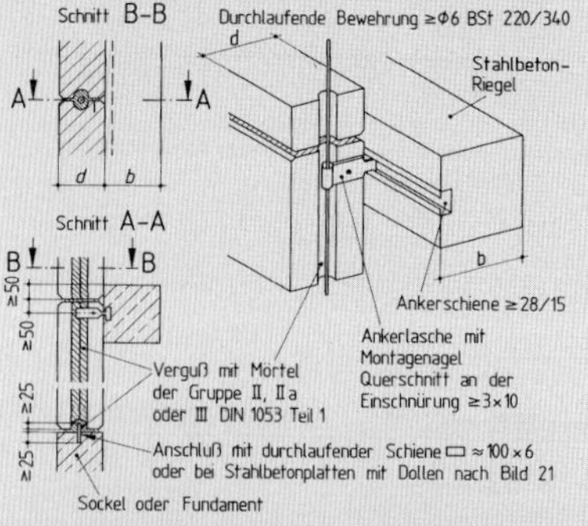

Bild 19. Anschluß von nichttragenden, stehend angeordneten Wandplatten an Stahlbeton-Riegeln (Maße in mm)

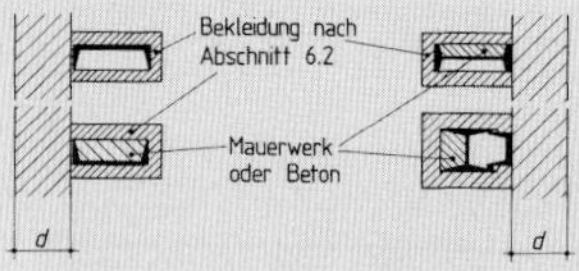

Bild 20. Bekleidung von Stahlriegeln (Schema)

4.7.8 Ausbildung der Fugen zwischen Wandplatten

4.7.8.1 Längsfugen zwischen liegend angeordneten Wandplatten aus Stahlbeton müssen nach den Angaben von Bild 21 Detail 1 (Nut- und Feder-Fuge) oder Detail 2 (glatte Fuge mit Verbindungsdollen) ausgeführt werden.

Längsfugen zwischen liegend angeordneten Wandplatten aus bewehrtem Gasbeton sind nach den Angaben von Bild 21 Detail 1 auszuführen.

4.7.8.2 Längsfugen zwischen stehend angeordneten Wandplatten aus Stahlbeton müssen nach den Angaben von Bild 21 Detail 1 oder Bild 19 ausgeführt werden.

Längsfugen zwischen stehend angeordneten Wandplatten aus bewehrtem Gasbeton sind nach den Angaben von Bild 19 auszuführen.

4.7.8.3 Querfugen (Anschlüsse) sind nach den Angaben der Bilder 15 bis 19 auszuführen.

4.7.8.4 Gefaste Kanten mit einer Fasung ≤ 3 cm beeinflussen die Klassifizierung nicht. Die Fasungen dürfen mit Fugendichtungsmassen im Sinne von DIN 52 460 geschlossen werden.

4.7.9 Bewehrung von Wandplatten aus Gasbeton

Die Bewehrung von Wandplatten aus Gasbeton muß DIN 4223**) und darüber hinaus den Angaben von Bild 22 entsprechen.

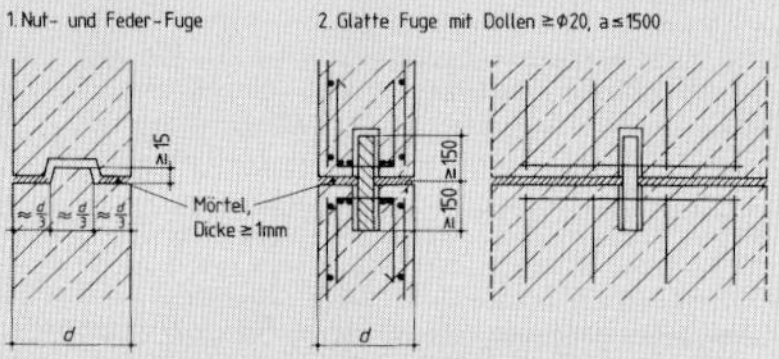

Bild 21. Längsfugen zwischen Wandplatten
Detail 1: Stahlbeton- oder Gasbeton-Wandplatten
Detail 2: Stahlbeton-Wandplatten (Maße in mm)

4.7

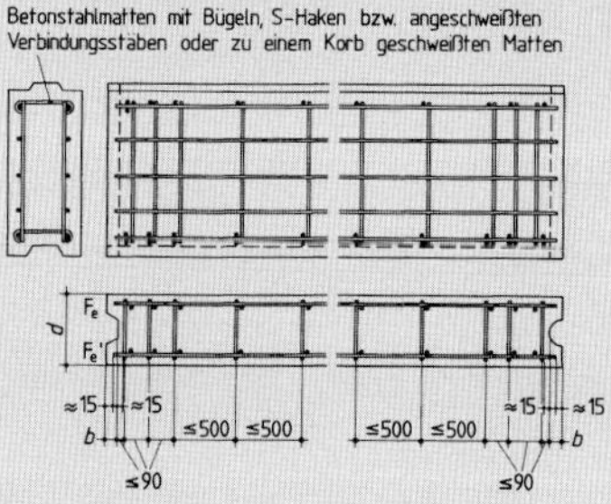

Plattenstützweite	$F_e = F_e'$ *)
1010 bis 2000	≥ 4 ⌀ 8 je m
2010 bis 3000	≥ 5 ⌀ 8 je m
3010 bis 4000	≥ 6 ⌀ 8 je m
4010 bis 5000	≥ 7 ⌀ 8 je m
5010 bis 6000	≥ 8 ⌀ 8 je m
6010 bis 7500	≥ 9 ⌀ 8 je m

*) Anstelle von ⌀ 8 dürfen auch Stäbe mit ⌀ 7,5 verwendet werden, wenn der Stahlquerschnitt je m und Seite gleich bleibt.

Bild 22. Bewehrung von Wandplatten aus Gasbeton

**) Siehe Seite 7

4 Wände — 50 —

4.8 Feuerwiderstandsklassen zweischaliger Wände aus Holzwolle-Leichtbauplatten mit Putz

4.8.1 Geltungsbereich

4.8.1.1 Die folgenden Angaben gelten für nichttragende, zweischalige Trennwände entsprechend DIN 4103 Teil 1, deren Wandschalen aus Holzwolle-Leichtbauplatten nach DIN 1101, einer Drahtverspannung und Putz bestehen; zwischen den Wandschalen ist eine Dämmschicht angeordnet.

4.8.1.2 Die folgenden Angaben gelten nur für raumabschließende Wände zwischen angrenzenden Massivbauteilen.

4.8.2 Mindestdicke der Wandschichten

Die einzelnen Schichten der zweischaligen Wände müssen die in Tabelle 43 angegebenen Mindestdicken besitzen.

*) Z. Z. noch Entwurf
[1]) Siehe Seite 39.

4.8.3 Putz, Verspannung und Dämmschicht

4.8.3.1 Der Putz muß DIN 18 550 Teil 2 *) entsprechen und fugenlos auf die Holzwolle-Leichtbauplatten aufgebracht werden. Der Putz muß an die angrenzenden Massivbauteile dicht anschließen.

4.8.3.2 Auf den Außenseiten der Holzwolle-Leichtbauplatten sind zur Sicherung der Standfestigkeit der Wände Verspannungen aus Drahtgewebe o. ä. anzuordnen; sie sind an den angrenzenden Massivbauteilen in Abständen $\leq$ 250 mm zu befestigen.

4.8.3.3 Die Dämmschicht zwischen den Wandschalen muß aus mineralischen Fasern nach DIN 18165 Teil 1, Ausgabe Januar 1975, Abschnitt 2.1 bestehen, der Baustoffklasse A nach DIN 4102 Teil 1 angehören, eine Rohdichte $\geq 30 \, kg/m^3$ aufweisen und einen Schmelzpunkt $\geq$ 1000°C [1]) besitzen. Die Dämmschicht muß wie die Holzwolle-Leichtbauplatten und der Putz dicht an die angrenzenden Massivbauteile anschließen.

Tabelle 43. **Mindestdicken nichttragender zweischaliger Wände aus Holzwolle-Leichtbauplatten**

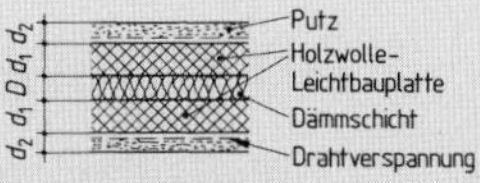

Zeile	Konstruktionsmerkmale	Feuerwiderstandsklasse-Benennung F 30-B bis F 120-B	F 180-B
1	Mindestdicke d_1 in mm der Holzwolle-Leichtbauplatten nach DIN 1101	50	50
2	Mindestdicke d_2 in mm des Putzes, gemessen ab Oberkante Holzwolle-Leichtbauplatten	15	20
3	Mindestdicke D in mm der Dämmschicht nach Abschnitt 4.8.3.3	40	40

4.9 Feuerwiderstandsklassen von Wänden aus Gipskarton-Bauplatten

4.9.1 Geltungsbereich

4.9.1.1 Die folgenden Angaben gelten für nichttragende, ein- und zweischalige Trennwände entsprechend DIN 4103 Teil 1, deren Bekleidungen aus Gipskarton-Bauplatten nach DIN 18180 bestehen, eine geschlossene Fläche besitzen und im Bereich von Bekleidungsstößen nach DIN 18181 verspachtelt sind; zwischen den Bekleidungen ist eine Dämmschicht angeordnet. Im übrigen gelten die Bestimmungen von DIN 18183 Teil 1 *).

4.9.1.2 Angaben über tragende und nichttragende Fachwerkwände oder Wände aus Holztafeln, bei denen die Bekleidungen teilweise oder ganz aus Gipskarton-Bauplatten bestehen, sind in den Abschnitten 4.10 und 4.11 enthalten.

4.9.2 Bekleidungen

4.9.2.1 Die Bekleidungen müssen, sofern nichts anderes gesagt wird, aus Gipskarton-Bauplatten F (GKF) nach DIN 18180 bestehen und eine geschlossene Fläche besitzen.

4.9.2.2 Die Gipskarton-Bauplatten sind auf Ständern und/oder Riegeln dicht zu stoßen. Bei einlagigen Bekleidungen sind die Stöße um mindestens einen Ständer- bzw. Riegelabstand gegeneinander zu versetzen. Bei mehrlagigen Bekleidungen sind die Stöße innerhalb einer Bekleidungsseite zu versetzen.

4.9.2.3 Die Bekleidungen sind auf Stahlprofilen mit Schrauben und auf Holz oder Gipskartonstreifenbündeln mit Schrauben, Nägeln oder Klammernägeln entsprechend DIN 18181 zu befestigen. Bei mehrlagigen Bekleidungen ist jede Lage für sich mit den Ständern und/oder Riegeln zu befestigen.

4.9.2.4 Fugen gestoßener Bekleidungen sowie Schrauben-, Nagel- und Klammernagelköpfe sind nach DIN 18181 zu verspachteln. Bei mehrlagigen Bekleidungen sind Fugendeckstreifen nur in der raumseitigen Bekleidung erforderlich.

Fugen ohne Verspachtelung sind unzulässig.

4.9.2.5 Dehnfugen sind entsprechend den Angaben von Bild 23 auszuführen.

4.9.2.6 Die Mindestdicke der Bekleidungen ist den Angaben der Tabellen 45 und 46 zu entnehmen.

4.9.3 Ständer und Riegel

4.9.3.1 Ständer und Riegel müssen entsprechend den Angaben von DIN 18183 Teil 1 *) ausgebildet werden. Ständer und Riegel aus Holz müssen unter Bekleidungsstößen eine Breite $b \geq 40$ mm besitzen.

4.9.3.2 Bei Ständern und Riegeln aus Gipskartonstreifenbündeln dürfen Gipskarton-Bauplatten B oder F (GKB oder GKF) nach DIN 18180 verwendet werden.

4.9.4 Dämmschicht

4.9.4.1 In allen Wänden aus Gipskarton-Bauplatten sind plattenförmige Dämmschichten zur Verbesserung des Feuerwiderstandes notwendig. Sie müssen aus mineralischen Fasern nach DIN 18165 Teil 1, Ausgabe Januar 1975, Abschnitt 2.1 bestehen, der Baustoffklasse A nach DIN 4102 Teil 1 angehören und einen Schmelzpunkt $\geq 1000\,°C$ [1]) besitzen.

4.9.4.2 Die Dämmschichten sind durch strammes Einpassen – Stauchung bis etwa 1 cm – zwischen den Ständern und/oder Riegeln gegen Herausfallen zu sichern.

4.9.4.3 Fugen von stumpf gestoßenen Dämmschichten müssen dicht sein. Brandschutztechnisch am günstigsten sind ungestoßene oder zweilagig mit versetzten Stößen eingebaute Dämmschichten.

4.9.4.4 Die Mindestdicke und Mindestrohdichte der Dämmschicht sind den Angaben der Tabellen 45 und 46 zu entnehmen.

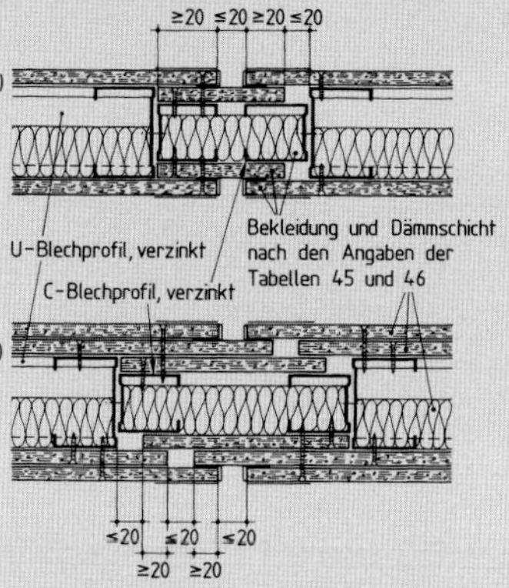

4.8
4.9

Bild 23. Ausbildung von Dehnfugen (Schema) (Maße in mm)

*) Z. Z. noch Entwurf

[1]) Siehe Seite 39.

4.9.5 Anschlüsse

4.9.5.1 Feste, verspachtelte Anschlüsse an angrenzenden Massivbauteilen sind dicht entsprechend den Angaben von Bild 24 auszuführen. Dichtungsstreifen müssen aus Baustoffen der Klasse A nach DIN 4102 Teil 1 bestehen; sofern die Dicke der Dichtungsstreifen ≤ 5 mm ist und die Dichtungsstreifen durch die Verspachtelung der Bekleidung in ganzer Bekleidungsdicke abgeschlossen oder von der Bekleidung ganz abgedeckt werden, dürfen die Dichtungsstreifen auch aus Baustoffen der Klasse B nach DIN 4102 Teil 1 bestehen.

Die in Bild 24 angegebene Anschlußbreite *b* muß mindestens den Angaben von Tabelle 44 entsprechen. Der Anschlußstreifen darf aus Gipskarton-Bauplatten B oder F (GKB oder GKF) nach DIN 18180 bestehen.

Tabelle 44. **Mindestanschlußbreite** *b*

Zeile	Feuerwiderstandsklasse	*b* mm
1	F 30 bis F 90	50
2	F 120	75
3	F 180	150

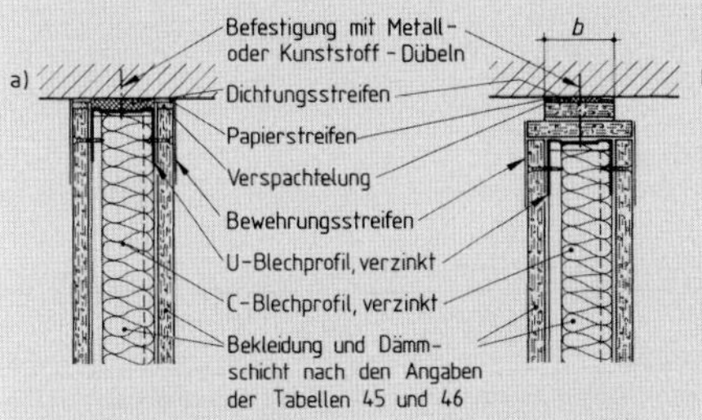

Bild 24. Feste, verspachtelte Anschlüsse an Massivbauteilen (Schema)

4.9.5.2 Feste, verspachtelte Anschlüsse an angrenzende Wände aus Gipskarton-Bauplatten sind dicht entsprechend den Angaben von Bild 25 auszuführen.

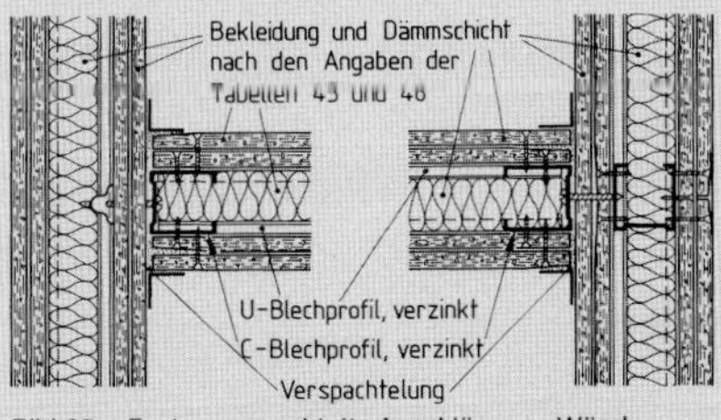

Bild 25. Feste, verspachtelte Anschlüsse an Wänden aus Gipskarton-Bauplatten (Schema)

4.9.5.3 Fußbodenanschlüsse sind sinngemäß wie feste, verspachtelte Anschlüsse auszuführen; eine Verspachtelung darf entfallen, wenn die Bekleidungen auf der Rohdecke oder auf einen Estrich bzw. schwimmenden Estrich aus Baustoffen der Klasse A nach DIN 4102 Teil 1 dicht aufgesetzt werden.

Bei zurückspringenden Bekleidungen darf die nach den Tabellen 45 und 46 geforderte Mindestbekleidungsdicke vermindert werden, wenn im Wandinnern eine entsprechende Ersatzschicht nach den Angaben von Bild 26 angeordnet wird.

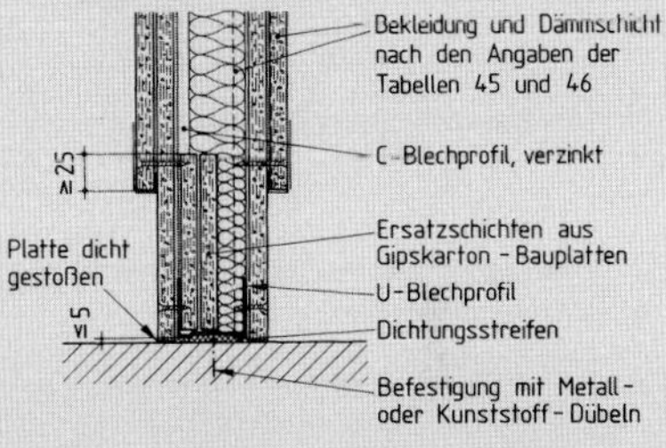

Bild 26. Fußbodenanschluß (Schema, Maße in mm)

4.9.5.4 Gleitende Anschlüsse an angrenzende Massivbauteile sind dicht entsprechend den Angaben von Bild 27 auszuführen. Hinsichtlich der Dichtungsstreifen und der Mindestanschlußbreite gelten die Angaben von Abschnitt 4.9.5.1.

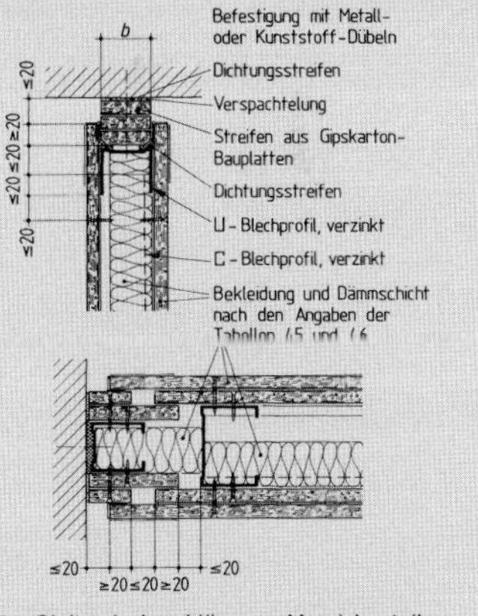

Bild 27. Gleitende Anschlüsse an Massivbauteilen (Schema, Maße in mm)

– 53 –

4.9 GKF-Wände

Tabelle 45. **Mindestdicken ein- oder zweischaliger nichttragender Wände aus Gipskarton-Bauplatten F mit Ständern und/oder Riegeln aus Stahlblechprofilen oder Gipskartonstreifenbündeln sowie Mindestrohdichte der Dämmschicht**

Zeile	Konstruktionsmerkmale	Einschalige Ausführung:  Zweischalige Ausführung: 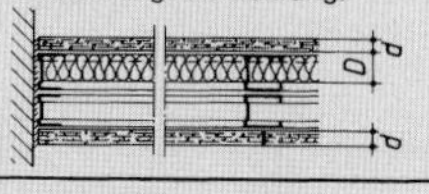	Feuerwiderstandsklasse-Benennung 5)				
			F 30–B	F 60–B	F 90–B	F 120–B	F 180–B
1	Mindestbekleidungsdicke d in mm		12,5 1)	2 × 12,5 2)	15 + 12,5	2 × 18 3)	
2	Mindestdämmschichtdicke D in mm/Mindestrohdichte ϱ in kg/m³ bei Verwendung einer Dämmschicht nach Abschnitt 4.9.4		40/40	40/40	40/40	40/40	
	oder alternativ zu den Zeilen 1 und 2 für ≥ F 90–B						
3	Mindestbekleidungsdicke d in mm				2 × 12,5 2)	2 × 15	3 × 12,5 4)
4	Mindestdämmschichtdicke D in mm/Mindestrohdichte ϱ in kg/m³ bei Verwendung einer Dämmschicht nach Abschnitt 4.9.4				80/30 oder 60/50 oder 40/100	80/50 oder 60/100	80/50 oder 60/100

4.9

1) Alternativ auch 18 mm GKB oder ≥ 2 × 9,5 mm GKB
2) Alternativ auch 25 mm
3) Alternativ auch 3 × 12,5 oder 25 + 12,5 mm
4) Alternativ auch 25 + 12,5 mm
5) Sofern Gipskarton-Bauplatten verwendet werden, die nach den Bestimmungen eines gültigen Prüfbescheids der Baustoffklasse A angehören, lauten die Benennungen jeweils F 30–A, F 60–A, F 90–A, F 120–A und F 180–A.

Tabelle 46. **Mindestdicken ein- oder zweischaliger nichttragender Wände aus Gipskarton-Bauplatten F mit Ständern und/oder Riegeln aus Holz sowie Mindestrohdichte der Dämmschicht**

Zeile	Konstruktionsmerkmale	Einschalige Ausführung: 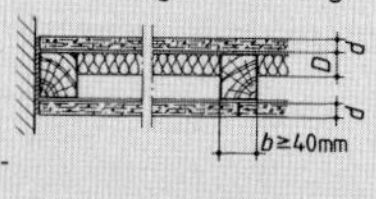 Zweischalige Ausführung: 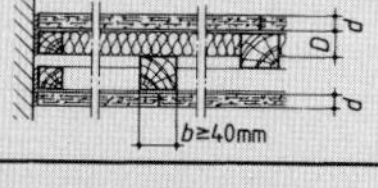	Feuerwiderstandsklasse-Benennung				
			F 30–B	F 60–B	F 90–B	F 120–B	F 180–B
1	Mindestbekleidungsdicke d in mm		12,5 1)	2 × 12,5 2)	2 × 12,5		
2	Mindestdämmschichtdicke D in mm/Mindestrohdichte ϱ in kg/m³ bei Verwendung einer Dämmschicht nach Abschnitt 4.9.4		40/40	40/40	80/100		

1) Alternativ auch 18 mm GKB oder ≥ 2 × 9,5 mm GKB
2) Alternativ auch 25 mm

4.10 Feuerwiderstandsklassen von Fachwerkwänden mit ausgefüllten Gefachen

4.10.1 Geltungsbereich

4.10.1.1 Die folgenden Angaben gelten für tragende und nichttragende Wände entsprechend DIN 1052 Teil 1 und DIN 4103 Teil 1 aus abgebundenen Ständern, Riegeln, Streben usw. aus Holz, einer Ausfüllung der Fachwerkfelder und einer mindestens einseitigen Bekleidung.

4.10.1.2 Die folgenden Angaben gelten nur für Wände der Feuerwiderstandsklasse F 30 (Benennung F 30–B).

4.10.1.3 Angaben über Wände aus Holztafeln sind in Abschnitt 4.11 enthalten.

4.10.2 Fachwerk

Die Ständer, Riegel, Streben und sonstigen Hölzer müssen Querschnittsabmessungen von mindestens 100 mm × 100 mm besitzen; im übrigen gilt für die Bemessung DIN 1052 Teil 1.

4.10.3 Ausfüllung der Gefache

Die Fachwerkfelder müssen vollständig mit Lehmschlag, Holzwolle-Leichtbauplatten nach DIN 1101 oder Mauerwerk nach DIN 1053 Teil 1 ausgefüllt sein.

4.10.4 Bekleidung

4.10.4.1 Mindestens eine Wandseite ist mit einer geschlossenen Bekleidung zu versehen, entweder

a) mit ≥ 12,5 mm dicken Gipskarton-Bauplatten F (GKF) DIN 18 180 oder
b) mit ≥ 18 mm dicken Gipskarton-Bauplatten B (GKB) DIN 18 180 oder
c) mit ≥ 15 mm dickem Putz nach DIN 18 550 Teil 2 oder
d) mit ≥ 25 mm dicken Holzwolle-Leichtbauplatten nach DIN 1101 mit Putz nach DIN 18 550 Teil 2 *) oder
e) mit ≥ 16 mm dicken Holzwerkstoffplatten mit einer Rohdichte ≥ 600 kg/m³.

4.10.4.2 Für die Befestigung der Bekleidungen gelten die einschlägigen Normen wie DIN 18 181, DIN 18 550 Teil 2 *), DIN 1102 und DIN 1052 Teil 1.

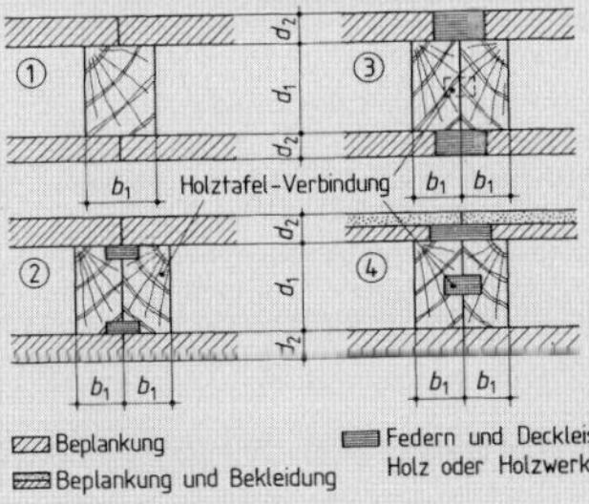

Bild 28. Beispiele für gestoßene Beplankungen und Bekleidungen (Schema)

4.11 Feuerwiderstandsklassen von Wänden aus Holztafeln

4.11.1 Geltungsbereich

4.11.1.1 Die folgenden Angaben gelten für einschalige tragende und nichttragende Wände aus Holztafeln. Die Beplankungen und Bekleidungen der Rippen bestehen aus Holzwerkstoffplatten, Brettern, Gipskarton-Bauplatten oder anderen Bauplatten – siehe Abschnitt 4.11.4; zwischen den Beplankungen bzw. Bekleidungen ist bei raumabschließenden Wänden eine Dämmschicht angeordnet – siehe Abschnitt 4.11.5.

4.11.1.2 Die folgenden Angaben gelten sinngemäß auch für zweischalige, nichttragende Wände aus Holztafeln, wenn die Ausführung entsprechend der Schemaskizze für zweischalige Ausführung in Tabelle 46 erfolgt.

4.11.1.3 Angaben über nichttragende Wände mit Holzrippen und einer Bekleidung nur aus Gipskarton-Bauplatten sind in Abschnitt 4.9 enthalten.

4.11.2 Holzrippen

4.11.2.1 Die Rippen müssen aus Bauschnittholz nach DIN 4074 Teil 1, Schnittklasse S oder A, bestehen.

Bei nichttragenden Wänden dürfen die Rippen auch aus Spanplatten nach DIN 68 763 mit einer Rohdichte ≥ 600 kg/m³ bestehen, wenn die Bekleidungen ebenfalls aus Spanplatten bestehen und mit den Rippen verleimt sind; sofern die Rippen aus mehreren Schichten zusammengesetzt sind, so sind diese ebenfalls miteinander zu verleimen.

4.11.2.2 Die Mindestquerschnittsabmessungen $b_1 \times d_1$ sind den Angaben der Tabellen 47 bis 50 zu entnehmen.

4.11.3 Zulässige Spannungen in den Holzrippen

Bei tragenden Wänden dürfen die in den Tabellen 47 bis 50 angegebenen Spannungen σ_D nicht überschritten werden; σ_D ist jeweils die Druckspannung in den Holzrippen ohne Berücksichtigung des ω-Wertes. Im übrigen gelten die Bestimmungen von DIN 1052 Teil 1.

4.11.4 Beplankungen und Bekleidungen

4.11.4.1 Als Beplankungen und Bekleidungen können verwendet werden:

a) Sperrholz nach DIN 68 705 Teil 3 oder Teil 5,
b) Spanplatten nach DIN 68 763,
c) Holzfaserplatten nach DIN 68 754 Teil 1,
d) Gipskarton-Bauplatten B und F nach DIN 18 180,
e) Asbestzementplatten nach DIN 274 Teil 4,
f) Fasebretter aus Nadelholz nach 68 122,
g) Stülpschalungsbretter aus Nadelholz nach DIN 68 123,
h) Profilbretter mit Schattennut nach DIN 68 126 Teil 1,
i) Gespundete Bretter aus Nadelholz nach DIN 4072 und
k) Holzwolle-Leichtbauplatten nach DIN 1101.

Alle Platten und Bretter müssen eine geschlossene Fläche besitzen. Die Rohdichte der Holzwerkstoffplatten muß ≥ 600 kg/m³ sein – siehe auch die Angaben in den Tabellen 47 bis 50.

4.11.4.2 Alle Platten und Bretter sind auf Holzrippen – z. B. auf Ständern (Stielen) und Riegeln – dicht zu stoßen. Eine Ausnahme hiervon bilden jeweils dicht gestoßene Längsränder von gespundeten, genuteten oder profilierten Brettern sowie die Längsränder von Holzwolle-Leichtbauplatten mit Putz, wenn die Stöße durch Drahtgewebe o. ä. überbrückt sind. Bei mehrlagigen Beplankungen und/oder Bekleidungen sind die Stöße zu versetzen. Beispiele für Stoßausbildungen sind in Bild 28 wiedergegeben.

*) Z. Z. noch Entwurf

4.11.4.3 Gipskarton-Bauplatten sind nach DIN 18181 mit Schrauben, Nägeln oder Klammernägeln zu befestigen. Bei mehrlagiger Beplankung oder Bekleidung ist jede Lage für sich an den Holzrippen zu befestigen. Fugen gestoßener Platten sind zu verspachteln. Bei mehreren Lagen sind Fugendeckstreifen nur in der raumseitigen Lage erforderlich.

4.11.4.4 Die Mindestdicke der Beplankungen und Bekleidungen ist aus den Angaben der Tabellen 47 bis 50 zu entnehmen. Bei profilierten Brettern ist die Dicke *d* nach Bild 29 maßgebend.

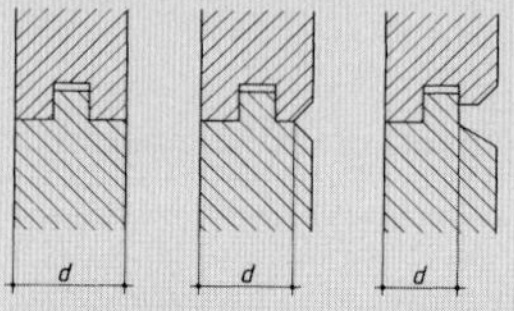

Bild 29. Maßgebende Dicke *d* bei profilierten Brettern

4.11.5 Dämmschicht

4.11.5.1 In allen raumabschließenden Wänden sind Dämmschichten zur Verbesserung des Feuerwiderstands notwendig. Sie müssen aus mineralischen Fasern nach DIN 18165 Teil 1, Ausgabe Januar 1975, Abschnitt 2.1, bestehen, der Baustoffklasse A nach DIN 4102 Teil 1 angehören und einen Schmelzpunkt ≥ 1000 °C [1]) besitzen. Anstelle derartiger Mineralfaser-Dämmschichten können auch Holzwolle-Leichtbauplatten nach DIN 1101 verwendet werden.

4.11.5.2 Plattenförmige Mineralfaser-Dämmschichten sind durch strammes Einpassen – Stauchung bis etwa 1 cm – zwischen den Rippen gegen Herausfallen zu sichern; der lichte Rippenabstand muß ≤ 625 mm sein.

Mattenförmige Mineralfaser-Dämmschichten dürfen verwendet werden, wenn sie auf Maschendraht gesteppt sind, der durch Nagelung (Nagelabstände ≤ 100 mm) an den Holzrippen zu befestigen ist.

Dämmschichten aus Holzwolle-Leichtbauplatten sind an allen Rippenrändern durch Holzleisten ≥ 25 mm × 25 mm zu befestigen – siehe Bild 30.

4.11.5.3 Fugen von stumpf gestoßenen Dämmschichten müssen dicht sein. Brandschutztechnisch am günstigsten sind ungestoßene oder zweilagig mit versetzten Stößen eingebaute Dämmschichten. Mattenförmige Dämmschichten müssen eine Fugenüberlappung ≥ 10 cm besitzen.

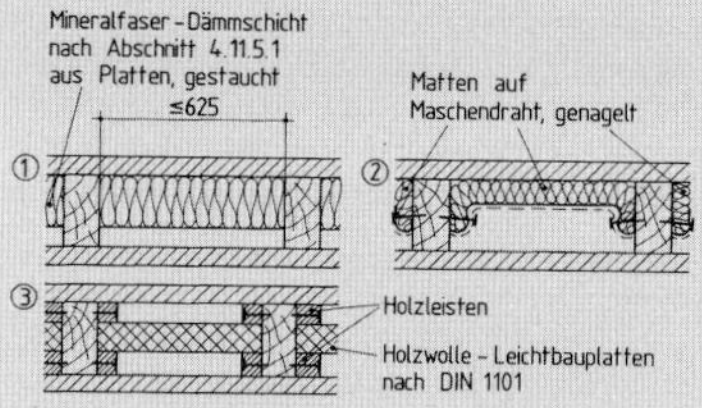

Bild 30. Dämmschicht-Befestigungen (Schema)

4.11.5.4 Die Mindestdicke und Mindestrohdichte der Dämmschichten sind den Angaben der Tabellen 48 bis 50 zu entnehmen.

4.11.6 Anschlüsse

4.11.6.1 Anschlüsse an angrenzende Massivbauteile sind dicht entsprechend den Angaben von Bild 31 auszuführen.

4.11.6.2 Anschlüsse an angrenzende Holztafeln sind dicht entsprechend den Angaben von Bild 32 auszuführen.

Sofern Wände aus Holztafeln, die nach bauaufsichtlichen Vorschriften raumabschließend sein müssen, an durchlaufenden Decken aus Holztafeln angeschlossen werden sollen, sind zur Vermeidung eines Durchbrandes oberhalb der oberen Holzrippe (Rähm) dicht anschließende Querbalken zwischen den Deckenbeplankungen anzuordnen – siehe Bild 32 Detail 3 und 4.

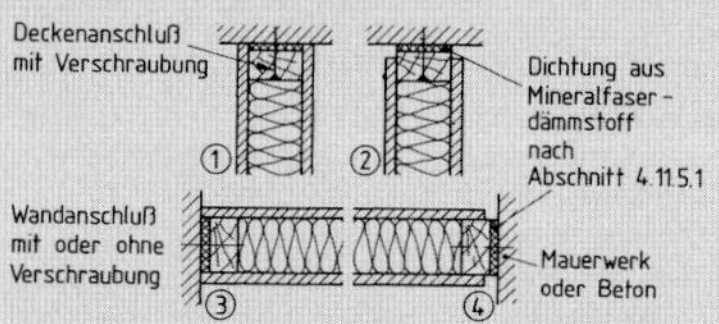

Bild 31. Anschlüsse an Massivbauteilen (Schema)

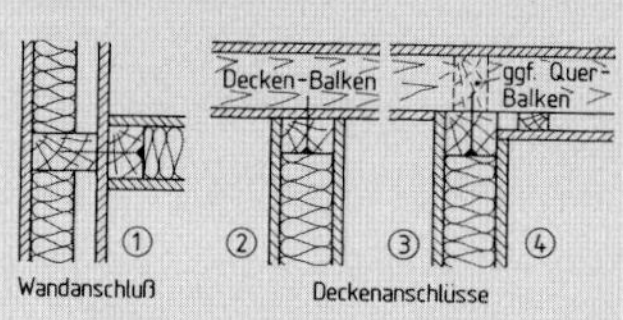

Bild 32. Anschlüsse an Holztafeln (Schema) [1])

4.11.7 Dampfsperren und hinterlüftete Fassaden

4.11.7.1 Dampfsperren beeinflussen die im folgenden angegebenen Feuerwiderstandsklassen nicht.

4.11.7.2 Hinterlüftete Fassaden (Vorsatzschalen) verbessern je nach Art, Dicke und Ausführung den Feuerwiderstand der im folgenden klassifizierten Wände. Da die Verbesserung im allgemeinen gering ist, werden hinterlüftete Fassaden im folgenden jedoch nicht berücksichtigt. Sofern die Verbesserung des Feuerwiderstandes berücksichtigt werden soll, sind Prüfungen nach DIN 4102 Teil 2 erforderlich.

[1]) Siehe Seite 39

4 Wände — 56 —

Tabelle 47. **Tragende, nichtraumabschließende**[1] **Wände aus Holztafeln**

Zeile (Variante)	Konstruktions-merkmale	**Holzrippen** Mindest-abmessungen nach Abschnitt 4.11.2	zulässige Spannung nach Abschnitt 4.11.3	**Beplankung(en) und Bekleidung(en)** Mindestdicke von Holzwerkstoffplatten (Mindestrohdichte $\varrho = 600\ kg/m^3$) nach Abschnitt 4.11.4	Gipskarton-Bauplatten F (GKF)		Feuerwider-standsklasse-Benennung
		$b_1 \times d_1$	σ_D	d_2	d_2	d_3	
		mm × mm	N/mm²	mm	mm	mm	
1	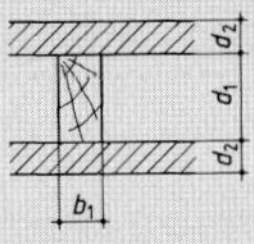	50 × 80	2,5	25 oder 2 × 16			F 30-B
2		100 × 100	1,25	16			
3		40 × 80	2,5		18		
4		50 × 80	2,5		15 2)		
5		100 × 100	2,5		12,5 3)		
6	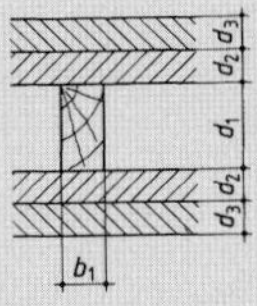	40 × 80	2,5	8		12,5 3)	
7		40 × 80	2,5	13		9,5 4)	
8		40 × 80	2,5		12,5	9,5 4)	
9		40 × 80	2,5	22		15 2)	F 60-B
10		50 × 80	2,5		15	12,5 3)	

1) Wegen tragender oder nichttragender jeweils **raumabschließender** Wände siehe Tabellen 48 bis 50 (siehe auch „Wandarten, Wandfunktionen" in Abschnitt 4.1.1, Seite 41).

2) Anstelle von 15 mm dicken GKF-Platten dürfen auch GKB-Platten mit $d \geq 18$ mm verwendet werden.

3) Anstelle von 12,5 mm dicken GKF-Platten dürfen auch GKB-Platten mit $d \geq 15$ mm oder $d \geq 2 \times 9{,}5$ mm verwendet werden.

4) Anstelle von GKF-Platten dürfen auch GKB-Platten verwendet werden.

Anmerkung zu Tabelle 47: In Wänden aus Holztafeln nach den Angaben von Tabelle 47 ist brandschutztechnisch keine Dämmschicht notwendig. Es bestehen daher hinsichtlich Dämmschicht-Art, -Dicke, -Befestigung usw. keine Bedingungen. Die klassifizierten Wände dürfen mit und ohne Dämmschicht ausgeführt werden. Sofern eine Dämmschicht angeordnet wird, muß diese mindestens der Baustoffklasse B 2 nach DIN 4102 Teil 1 angehören.

Tabelle 48. **Raumabschließende**[1] **Wände aus Holztafeln**

Zeile (Variante)	Konstruktionsmerkmale Abkürzungen: MF = Mineralfaser-Platten oder -Matten HWL = Holzwolle-Leichtbauplatten	Holzrippen: Mindestabmessungen nach Abschnitt 4.11.2	Holzrippen: zul. Spannung nach Abschnitt 4.11.3	Beplankung(en) und Bekleidung(en) Mindestdicke von: Holzwerkstoffplatten (Mindestrohdichte $\varrho = 600$ kg/m³) nach Abschnitt 4.11.4	Beplankung(en) und Bekleidung(en) Mindestdicke von: Gipskarton-Bauplatten F (GKF) nach Abschnitt 4.11.4	Dämmschicht Mindest-: Dicke von Mineralfaser-Platten oder -Matten nach Abschnitt 4.11.5	Dämmschicht Mindest-: Rohdichte von Mineralfaser-Platten oder -Matten	Dämmschicht Mindest-: Dicke von Holzwolle-Leichtbauplatten	Feuerwiderstandsklasse-Benennung
		$b_1 \times d_1$	σ_D	d_2	d_3	D	ϱ	D	
		mm × mm	N/mm²	mm	mm	mm	kg/m³	mm	
1			2,5	13[3]		80	30		
2	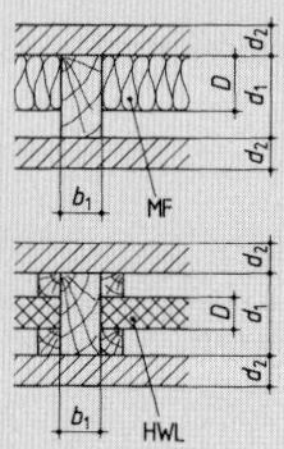		2,5	13[3]		40	50		
3			1,25	8[3]		60	100		F 30-B
4			2,5	13[3]				25	
5			1,25	8[3]				50	
6		40 × 80[2]	2,5	2 × 16[4]		80	30		
7			2,5	2 × 16[4]		60	50		
8			1,25	19[5]		80	100		F 60-B
9			1,25	19[5]				50	
10			0,5	2 × 19[6]		100	100		
11			0,5	2 × 19[6]				75	F 90-B
12	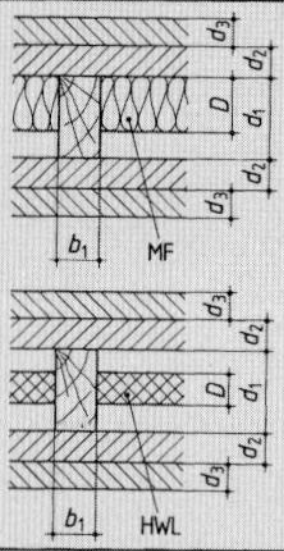		2,5	0	12,5[7]	60	30		
13			2,5	0	12,5[7]	40	50		F 30-B
14			2,5	0	12,5[7]			25	
15			1,25	13	12,5[7]	60	50		
16			0,5	8	12,5[7]	80	100		
17		40 × 80[2]	1,25	13	12,5[7]			50	F 60-B
18			0,5	8	12,5[7]			50	
19			0,5	2 × 16[4]	15[8]	60	50		
20			0,5	19	15[8]	100	100		F 90-B
21			0,5	19	15[8]			75	

4.11

[1]) Wegen tragender, **nichtraumabschließender** Wände siehe Tabelle 47 (siehe auch „Wandarten, Wandfunktionen" in Abschnitt 4.1.1, Seite 41).

[2]) Bei nichttragenden Wänden muß $b_1 \times d_1 \geq 40$ mm × 40 mm sein.

[3]) Einseitig ersetzbar durch GKF-Platten mit $d \geq 12{,}5$ mm oder GKB-Platten mit $d \geq 18$ mm oder $d \geq 2 \times 9{,}5$ mm.

[4]) Die jeweils raumseitige Lage darf durch Gipskarton-Bauplatten entsprechend Fußnote 3 ersetzt werden.

[5]) Einseitig ersetzbar durch GKF-Platten mit $d \geq 18$ mm.

[6]) Die jeweils raumseitige Lage darf durch Gipskarton-Bauplatten F mit $d \geq 18$ mm ersetzt werden.

[7]) Anstelle von 12,5 mm dicken GKF-Platten dürfen auch GKB-Platten mit $d \geq 18$ mm oder $d \geq 2 \times 9{,}5$ mm verwendet werden.

[8]) Anstelle von 15 mm dicken GKF-Platten dürfen auch 12,5 mm dicke GKF-Platten in Verbindung mit $\geq 9{,}5$ mm dicken GKB-Platten verwendet werden.

4 Wände — 58 —

Tabelle 49. **Raumabschließende**[1]) **Außenwände aus Holztafeln F 30-B**

Zeile (Variante)	Konstruktionsmerkmale Abkürzungen: MF = Mineralfaser-Platten oder -Matten HWL = Holzwolle-Leichtbauplatten	Holzrippen nach den Abschnitten 4.11.2 und 4.11.3 $b_1 \times d_1$ und zul σ_D	Innen-Beplankung(en) oder Bekleidung(en) nach Abschnitt 4.11.4 aus: Holzwerkstoffplatten (Mindestrohdichte ϱ = 600 kg/m³) Mindestdicke d_2 mm	Gipskarton-Bauplatten F (GKF) Mindestdicke d_2 mm	Gipskarton-Bauplatten F (GKF) Mindestdicke d_3 mm	Dämmschicht nach Abschnitt 4.11.5 aus: Mineralfaser-Platten oder -Matten Mindestdicke D mm	Mineralfaser-Platten oder -Matten Mindestrohdichte ϱ kg/m³	Holzwolle-Leichtbauplatten Mindestdicke D mm	Außen-Beplankung oder Bekleidung nach Abschnitt 4.11.4 aus: Brettern oder Holzwerkstoffplatten mit ϱ = 600 kg/m³ Mindestdicke d_4 mm	Asbestzementplatten Mindestdicke d_4 mm	Putz auf Holzwolle-Leichtbauplatten $d \geq 25$ mm Mindestdicke d_4 mm
1	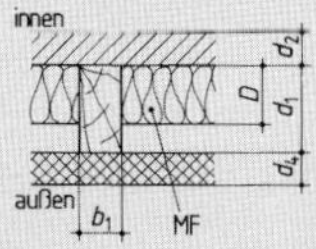	$b_1 \times d_1 \geq 40\,mm \times 80\,mm$[6]) $\sigma_D \leq 2{,}5\,N/mm^2$	13			80	30		13[2])		
2			13			40	50		13[2])		
3			13					25	13[2])		
4				12,5[4])		80	30		13[2])		
5				12,5[4])		40	50		13[2])		
6				12,5[4])				25	13[2])		
7			16			80	100			6	
8			16					50		6	
9	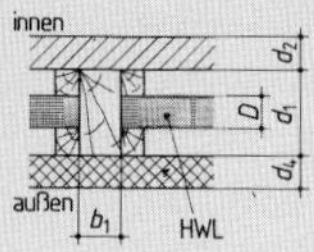			15[4])		80	100			6	
10				15[4])				50		6	
11			13			80	30				15[3])
12			13			40	50				15[3])
13			13					25			15[3])
14				12,5[4])		80	30				15[3])
15				12,5[4])		40	50				15[3])
16				12,5[4])				25			15[3])
17	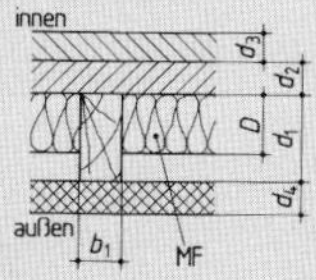	$b_1 \times d_1 \geq 40\,mm \times 80\,mm$[6]) $\sigma_D \leq 2{,}5\,N/mm^2$	10		9,5	80	30		13[2])		
18			10		9,5	40	50		13[2])		
19			10		9,5			25	13[2])		
20				12,5	9,5[5])	80	30		13[2])		
21				12,5	9,5[5])	40	50		13[2])		
22				12,5	9,5[5])			25	13[2])		
23			13		9,5	80	100			6	
24			13		9,5			50		6	
25	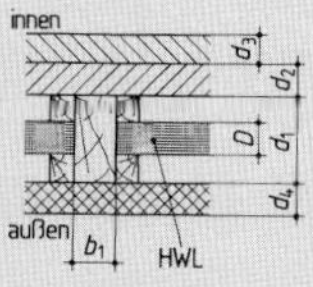			12,5	9,5[5])	80	100			6	
26				12,5	9,5[5])			50		6	
27			8		12,5	80	30				15[3])
28			8		12,5	40	50				15[3])
29			8		12,5			25			15[3])
30				12,5	9,5[5])	80	30				15[3])
31				12,5	9,5[5])	40	50				15[3])
32				12,5	9,5[5])			25			15[3])

[1]) Wegen tragender **nichtraumabschließender** Außenwände (Außenwände – auch Bereiche zwischen zwei Öffnungen – mit einer Breite ≤ 1,0 m) siehe Tabelle 47.

[2]) Bei Verwendung von vorgesetztem Mauerwerk nach DIN 1053 Teil 1 mit $d \geq 115$ mm dürfen auch Holzwerkstoffplatten mit $d_4 \geq 4$ mm verwendet werden. Bei profilierten Brettern ist d_4 an der dünnsten Stelle zu messen, siehe Bild 29.

[3]) d_4 = Mindestputzdicke; der Putz muß DIN 18 550 Teil 2 (z. Z. noch Entwurf) entsprechen.

[4]) Es dürfen auch GKB-Platten mit $d \geq 18$ mm oder $d \geq 2 \times 9{,}5$ mm verwendet werden.

[5]) Es dürfen auch GKB-Platten verwendet werden.

[6]) Bei nichttragenden Wänden muß $b_1 \times d_1 \geq 40\,mm \times 40\,mm$ sein.

— 59 —

4.11 Holztafelwände

4.11

Tabelle 50. **Raumabschließende**[1]) **Außenwände aus Holztafeln F 60-B**

Zeile (Variante)	Konstruktionsmerkmale	Holzrippen	Innen-Beplankung(en) oder Bekleidung(en) nach Abschnitt 4.11.4 aus			Dämmschicht nach Abschnitt 4.11.5 aus			Außen-Beplankung oder Bekleidung nach Abschnitt 4.11.4 aus		
	Abkürzungen: MF = Mineralfaser-Platten oder -Matten; HWL = Holzwolle-Leichtbauplatten	nach den Abschnitten 4.11.2 und 4.11.3	Holzwerkstoffplatten (Mindestrohdichte $\varrho = 600$ kg/m³)	Gipskarton-Bauplatten F (GKF)		Mineralfaser-Platten oder -Matten		Holzwolle-Leichtbauplatten	Brettern oder Holzwerkstoffplatten mit $\varrho = 600$ kg/m³	Asbestzementplatten	Putz auf Holzwolle-Leichtbauplatten mit $d \geq 25$ mm
			Mindestdicke			Mindestdicke	Mindestrohdichte	Mindestdicke	Mindestdicke		
		$b_1 \times d_1$ und zul σ_D	d_2	d_2	d_3	D	ϱ	D	d_4	d_4	d_4
			mm	mm	mm	mm	kg/m³	mm	mm	mm	mm
1	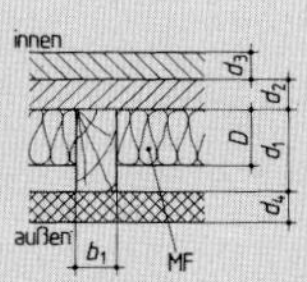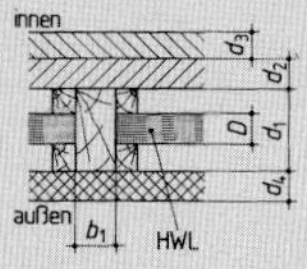	$b_1 \times d_1 \geq 40$ mm × 80 mm 5) $\sigma_D \leq 1{,}25$ N/mm²	22		12,5	80	100		13²)		
2			22		12,5			50	13²)		
3				12,5	12,5	80	100		13²)		
4				12,5	12,5			50	13²)		
5			22		12,5	80	100			6	
6			22		12,5			50		6	
7				12,5	12,5	80	100			6	
8				12,5	12,5			50		6	
9			22		12,5	80	30				15³)
10			22		12,5	40	50				15³)
11			22		12,5			25			15³)
12				12,5	12,5	80	30				15³)
13				12,5	12,5	40	50				15³)
14				12,5	12,5			25			15³)
15			19		12,5	80	100				15³)
16			19		12,5			50			15³)
17				15	9,5⁴)	80	100				15³)
18				15	9,5⁴)			50			15³)

¹) Wegen tragender **nichtraumabschließender** Außenwände (Außenwände — auch Bereiche zwischen zwei Öffnungen — mit einer Breite $\leq 1{,}0$ m) siehe Tabelle 47.

²) Bei Verwendung von vorgesetztem Mauerwerk nach DIN 1053 Teil 1 mit $d \geq 115$ mm dürfen auch Holzwerkstoffplatten mit $d \geq 4$ mm verwendet werden. Bei profilierten Brettern ist d_4 an der dünnsten Stelle zu messen, siehe Bild 29.

³) d_4 = Mindestputzdicke; der Putz muß DIN 18 550 Teil 2 (z. Z. noch Entwurf) entsprechen.

⁴) Es dürfen auch GKB-Platten verwendet werden.

⁵) Bei nichttragenden Wänden muß $b_1 \times d_1 \geq 40$ mm × 40 mm sein.

5 Klassifizierte Holzbauteile mit Ausnahme von Wänden

(Klassifizierte Wände siehe Abschnitt 4)

5.1 Feuerwiderstandsklassen von Decken aus Holztafeln

5.1.1 Geltungsbereich, Brandbeanspruchung

5.1.1.1 Die folgenden Angaben gelten für von unten oder oben beanspruchte Decken aus Holztafeln nach DIN 1052 Teil 1 sowie für gleichzustellende Dächer. Es wird zwischen Decken mit (brandschutztechnisch) notwendiger und nicht notwendiger Dämmschicht unterschieden — siehe Abschnitt 5.1.4.

5.1.1.2 Bei den nachfolgend klassifizierten Decken ist die Anordnung zusätzlicher Bekleidungen — Bekleidungen aus Stahlblech ausgenommen — an der Deckenunterseite und die Anordnung von Fußbodenbelägen oder Bedachungen auf der Decken- bzw. Dachoberseite ohne weitere Nachweise erlaubt.

5.1.1.3 Durch die nachfolgend klassifizierten Decken dürfen einzelne elektrische Leitungen durchgeführt werden, wenn der verbleibende Lochquerschnitt mit Gips o. ä. vollständig verschlossen wird.

5.1.2 Holzrippen

5.1.2.1 Die Rippen müssen aus Bauschnittholz nach DIN 4074 Teil 1 Schnittklasse S oder A bestehen.

5.1.2.2 Die Rippenbreite muß mindestens 40 mm betragen — siehe auch die Angaben in den Tabellen 51 bis 54; im übrigen gilt für die Bemessung DIN 1052 Teil 1.

5.1.3 Beplankungen und Bekleidungen

5.1.3.1 Als untere Beplankungen bzw. Bekleidungen — siehe auch Schemazeichnungen in den Tabellen 51 bis 54 — können verwendet werden:

a) Spanplatten nach DIN 68 763,
b) Gipskarton-Bauplatten B und F nach DIN 18 180,
c) Gipskarton-Putzträgerplatten (GKP) nach DIN 18 180,
d) Holzwolle-Leichtbauplatten nach DIN 1101,
e) Deckenplatten aus Gips nach DIN 18 169 (Folgeausgabe z. Z. noch Entwurf, Ausgabe Oktober 1979) und
f) Drahtputzdecken nach DIN 4121.

5.1.3.2 Als obere Beplankungen — siehe auch Schemazeichnungen in den Tabellen 51 bis 54 — können verwendet werden:

a) Sperrholzplatten nach DIN 68 705 Teil 3 oder Teil 5,
b) Spanplatten nach DIN 68 763 und
c) gespundete Bretter aus Nadelholz nach DIN 4072.

5.1.3.3 Alle Platten und Bretter müssen eine geschlossene Fläche besitzen. Die Rohdichte der Holzwerkstoffplatten muß ≥ 600 kg/m³ sein — siehe auch die Angaben in den Tabellen 51 bis 54.

5.1.3.4 Alle Platten und Bretter sind auf Holzrippen dicht zu stoßen. Eine Ausnahme hiervon bilden jeweils dicht gestoßene Längsränder von gespundeten Brettern sowie die Längsränder von Gipskartonplatten, wenn die Fugen nach DIN 18 181 verspachtelt sind; dies gilt sinngemäß auch für die Längsränder von Holzwolle-Leichtbauplatten. Ränder von Holzwerkstoffplatten, deren Stöße nicht auf Holzrippen liegen, sind mit Nut und Feder oder einem Falz dicht zu stoßen. Bei Deckenplatten aus Gips sind die Stöße entsprechend den Angaben von DIN 18 169 auszubilden.

Bei mehrlagigen Beplankungen und/oder Bekleidungen sind die Stöße zu versetzen. Beispiele für Stoßausbildungen sind in Bild 33 wiedergegeben.

Bild 33. Beispiele für gestoßene Beplankungen und Bekleidungen (Schema)

5.1.3.5 Gipskarton-Bauplatten sind nach DIN 18 181 mit Schrauben, Nägeln oder Klammernägeln zu befestigen. Bei mehrlagiger Beplankung oder Bekleidung ist jede Lage für sich an den Holzrippen zu befestigen. Fugen gestoßener Platten sind zu verspachteln. Bei mehreren Lagen sind Fugendeckstreifen nur in der raumseitigen Lage erforderlich.

5.1.3.6 Sofern an der Deckenunterseite keine Beplankung, sondern lediglich eine Bekleidung angeordnet wird, darf zwischen den Holzrippen und der Bekleidung eine Lattung — Grundlattung oder Grund- und Feinlattung entsprechend DIN 18 181 — angeordnet werden. Für Stöße, Fugen und Befestigungen der Bekleidung gelten die vorstehenden Angaben.

5.1.3.7 Die Mindestdicke und zulässige Spannweite der Beplankungen und Bekleidungen ist aus den Angaben der Tabellen 51 bis 54 zu entnehmen.

5.1.4 Notwendige Dämmschichten

5.1.4.1 In Decken aus Holztafeln nach den Angaben von Tabelle 51 ist brandschutztechnisch eine Dämmschicht notwendig. Sie muß die folgenden Bedingungen erfüllen.

In Decken aus Holztafeln nach den Angaben der Tabellen 52 bis 54 ist brandschutztechnisch keine Dämmschicht notwendig. In diesen Fällen bestehen hinsichtlich Dämmschicht-Art, -Dicke, -Befestigung usw. keine Bedingungen. Die klassifizierten Decken dürfen mit oder ohne Dämmschicht ausgeführt werden.

5.1.4.2 Notwendige Dämmschichten müssen aus mineralischen Fasern nach DIN 18 165 Teil 1, Ausgabe Januar 1975, Abschnitt 2.1, bestehen, der Baustoffklasse A nach DIN 4102 Teil 1 angehören und einen Schmelzpunkt ≥ 1000 °C [1]) besitzen.

5.1.4.3 Plattenförmige Mineralfaser-Dämmschichten sind durch strammes Einpassen — Stauchung bis etwa 1 cm — zwischen den Rippen und durch Anleimen an den Rippen gegen Herausfallen zu sichern.

Mattenförmige Mineralfaser-Dämmschichten dürfen verwendet werden, wenn sie auf Maschendraht gesteppt sind, der durch Nagelung (Nagelabstände ≤ 100 mm) an den Holzrippen zu befestigen ist.

Sofern an der Deckenunterseite zwischen den Rippen und der Bekleidung eine Lattung angeordnet ist und die Mineralfaser-Dämmschicht hierauf **dicht** verlegt wird, darf das Anleimen bei plattenförmigen Dämmschichten und der Maschendraht einschließlich Annagelung bei mattenförmigen Dämmschichten entfallen.

5.1.4.4 Fugen von stumpf gestoßenen Dämmschichten müssen dicht sein. Brandschutztechnisch am günstigsten sind ungestoßene oder zweilagig mit versetzten Stößen eingebaute Dämmschichten. Mattenförmige Dämmschichten müssen eine Fugenüberlappung ≥ 10 cm besitzen.

[1]) Siehe Seite 39

5.1.4.5 Die Mindestdicke und Mindestrohdichte der Dämmschicht sind den Angaben von Tabelle 51 zu entnehmen.

5.1.5 Schwimmende Estriche und schwimmende Fußböden

5.1.5.1 Es ist ein schwimmender Estrich oder schwimmender Fußboden zum Schutz gegen Brandbeanspruchung von oben erforderlich.

Auf den Einbau kann verzichtet werden, wenn die obere Beplankung

a) aus ≥ 19 mm dicken Spanplatten nach DIN 68763 mit einer Rohdichte ≥ 600 kg/m³ oder
aus ≥ 21 mm dicken gespundeten Brettern aus Nadelholz nach DIN 4072 besteht und

b) keine Verkehrslasten > 1,0 kN/m² zu tragen hat – z. B. in Abseiten oder als Abschluß zum Spitzboden.

Auf den Einbau kann bei der Feuerwiderstandsklasse F 30 ebenfalls verzichtet werden, wenn die obere Beplankung den Angaben von Punkt a) des vorstehenden Absatzes entspricht und die Decke nicht ihren Raumabschluß, sondern nur ihre aussteifende Wirkung ≥ 30 min beibehalten muß.

5.1.5.2 Die Dämmschicht unter Estrichen oder Fußböden muß aus mineralischen Fasern nach DIN 18165 Teil 2, Ausgabe Januar 1975, Abschnitt 2.1, bestehen, mindestens der Baustoffklasse B 2 nach DIN 4102 Teil 1 angehören und eine Rohdichte von ≥ 30 kg/m³ aufweisen.

5.1.5.3 Die Mindestdicke der Dämmschicht und des Estrichs bzw. des Fußbodens ist den Angaben der Tabellen 51 bis 54 zu entnehmen.

Tabelle 51. **Decken aus Holztafeln mit notwendiger Dämmschicht**

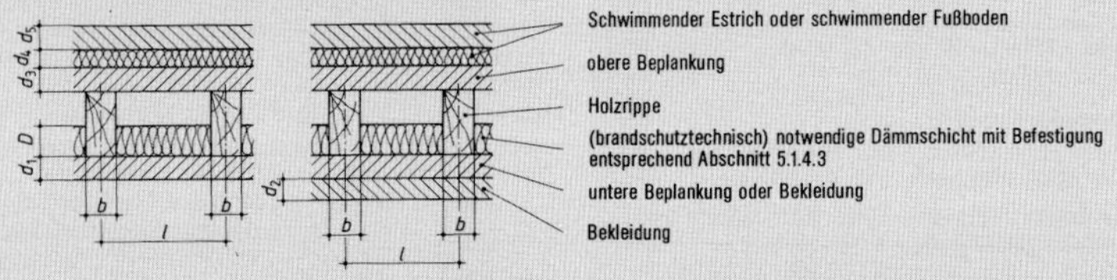

5.1

Zeile (Variante)	Holzrippen nach Abschnitt 5.1.2 Mindestbreite	untere Beplankung oder Bekleidung nach Abschnitt 5.1.3 aus Spanplatten mit $\varrho \geq$ 600 kg/m³ Mindestdicke	Gipskarton-Bauplatten F (GKF) Mindestdicke		max. zul. Spannweite	notwendige Dämmschicht nach Abschnitt 5.1.4 aus Mineralfaser-Platten oder -Matten Mindestdicke	Mindestrohdichte	obere Beplankung nach Abschnitt 5.1.3 aus Holzwerkstoffplatten mit $\varrho \geq$ 600 kg/m³ Mindestdicke	Schwimmender Estrich oder schwimmender Fußboden nach Abschnitt 5.1.5 aus Dämmschicht mit $\varrho \geq$ 30 kg/m³ Mindestdicke	Mörtel, Gips oder Asphalt	Holzwerkstoffplatten, Brettern oder Parkett	Gipskartonplatten	Feuerwiderstandsklasse-Benennung
	b	d_1	d_1	d_2	l	D	ϱ	d_3	d_4	d_5	d_5	d_5	
	mm	mm	mm	mm	mm	mm	kg/m³	mm	mm	mm	mm	mm	
1	40	16 [1]			625	60	30	13 [2]	15 [3]	20			F 30–B
2		16 [1]			625	60	30	13 [2]	15 [3]		16		
3		16 [1]			625	60	30	13 [2]	15 [3]			9,5	
4	40		12,5	12,5	500	60	30	13 [2]	15 [3]	20			F 60–B
5			12,5	12,5	500	60	30	13 [2]	30 [4]		25		
6			12,5	12,5	500	60	30	13 [2]	15 [3]			18 [5]	

[1]) Ersetzbar durch
a) ≥ 13 mm dicke Spanplatten (untere Lage) + 9,5 mm dicke GKB- oder GKF-Platten (raumseitige Lage) oder
b) ≥ 12,5 mm dicke Gipskarton-Bauplatten F (GKF) mit einer Spannweite $l \leq$ 500 mm.

[2]) Ersetzbar durch Bretter (gespundet) mit $d \geq$ 21 mm.

[3]) Ersetzbar durch ≥ 9,5 mm dicke Gipskartonplatten.

[4]) Ersetzbar durch ≥ 15 mm dicke Gipskartonplatten.

[5]) Erreichbar z. B. mit 2 × 9,5 mm.

5 Holzbauteile — 62 —

Tabelle 52. **Decken aus Holztafeln mit nicht notwendiger Dämmschicht**

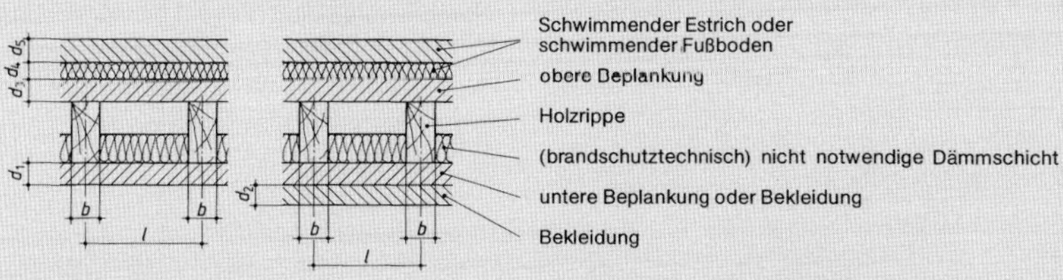

Zeile (Variante)	**Holzrippen** nach Abschnitt 5.1.2 Mindestbreite	**untere Beplankung oder Bekleidung** nach Abschnitt 5.1.3 aus: Spanplatten mit $\varrho \geq$ 600 kg/m³ Mindestdicke	Gipskarton-Bauplatten F (GKF)		max. zul. Spannweite	brandschutztechnisch nicht notwendige Dämmschicht (siehe auch Abschnitt 5.1.4.1)	**obere Beplankung** nach Abschnitt 5.1.3 aus Holzwerkstoffplatten mit $\varrho \geq$ 600 kg/m³ Mindestdicke	**Schwimmender Estrich oder schwimmender Fußboden** nach Abschnitt 5.1.5 aus: Dämmschicht mit $\varrho \geq$ 30 kg/m³ Mindestdicke	Mörtel, Gips oder Asphalt	Holzwerkstoffplatten, Brettern oder Parkett	Gipskartonplatten	Feuerwiderstandsklasse-Benennung
	b	d_1	d_1	d_2	l	—	d_3	d_4	d_5	d_5	d_5	
	mm	mm	mm	mm	mm	—	mm	mm	mm	mm	mm	
1		19 1)			625		16 2)	15 4)	20			
2	40	19 1)			625	Baustoffklasse nach DIN 4102 Teil 1 mindestens B 2; im übrigen keine Bedingungen	16 2)	15 4)		16		F 30-B
3		19 1)			625		16 2)	15 4)			9,5	
4			12,5	12,5	400		19 3)	15 4)	20			
5	40		12,5	12,5	400		19 3)	30 5)		25		F 60-B
6			12,5	12,5	400		19 3)	15 4)			18 6)	

1) Ersetzbar durch
a) ≥ 16 mm dicke Spanplatten (untere Lage) + 9,5 mm dicke GKB- oder GKF-Platten (raumseitige Lage) oder
b) ≥ 12,5 mm dicke Gipskarton-Bauplatten F (GKF) mit einer Spannweite $l \leq$ 400 mm oder
c) ≥ 15 mm dicke Gipskarton-Bauplatten F (GKF) mit einer Spannweite $l \leq$ 500 mm oder
d) ≥ 50 mm dicke Holzwolle-Leichtbauplatten mit einer Spannweite $l \leq$ 500 mm oder
e) ≥ 25 mm dicke Holzwolle-Leichtbauplatten mit einer Spannweite $l \leq$ 500 mm mit ≥ 20 mm dickem Putz nach DIN 18 550 Teil 2 oder
f) ≥ 9,5 mm dicke Gipskarton-Putzträgerplatten (GKP) mit einer Spannweite $l \leq$ 500 mm mit ≥ 20 mm dickem Putz der Mörtelgruppe P IVa bzw. P IVb nach DIN 18 550 Teil 2.

2) Ersetzbar durch Bretter (gespundet) mit $d \geq$ 21 mm

3) Ersetzbar durch Bretter (gespundet) mit $d \geq$ 27 mm

4) Ersetzbar durch ≥ 9,5 mm dicke Gipskartonplatten

5) Ersetzbar durch ≥ 15 mm dicke Gipskartonplatten

6) Erreichbar z. B. mit 2 × 9,5 mm

Tabelle 53. **Decken aus Holztafeln mit nicht notwendiger Dämmschicht mit Drahtputzdecken nach DIN 4121**

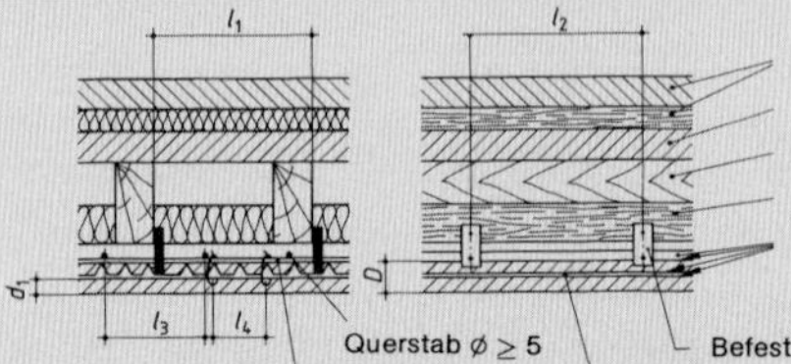

Zeile	Drahtputzdecke nach DIN 4121: Maximale Spannweite der Tragstäbe $\varnothing \geq 7$ [1]	Maximale Spannweite der Putzträger aus Drahtgewebe	Maximale Spannweite der Putzträger aus Rippenstreckmetall	Maximale Abstände der Querstäbe $\varnothing \geq 5$ [1]	Maximale Abstände der Putzträgerbefestigungspunkte	Mindestputzdicke [2] bei Verwendung von Putz der Mörtelgruppe P II, P IVa, P IVb oder P IVc nach DIN 18 550 Teil 2 *)	Mindestputzdicke [2] bei Verwendung von Vermiculite- oder Perlite-Putz nach Abschnitt 3.1.5.5	Feuerwiderstandsklasse-Benennung
	l_1	l_2	l_2	l_3	l_4	d_1	d_1	
	mm	mm	mm	mm	mm	mm	mm	
1	750	500	1000	1000	200	15	10	F 30-B
2	700	400	800	750	200	25	20	F 60-B

*) Z. Z. noch Entwurf

[1] Die Quer- und Tragstäbe dürfen bei Decken der Feuerwiderstandsklasse F 30 unter Fortlassen der Befestigungslaschen oder Abhänger auch unmittelbar unter den Holzrippen mit Krampen befestigt werden. 5.1

[2] d_1 über Putzträger gemessen; die Gesamtputzdicke muß $D \geq d_1 + 10$ mm sein – d. h. der Putz muß den Putzträger ≥ 10 mm durchdringen.

Tabelle 54. **Decken aus Holztafeln mit nicht notwendiger Dämmschicht mit Deckenplatten aus Gips nach DIN 18169 *)**

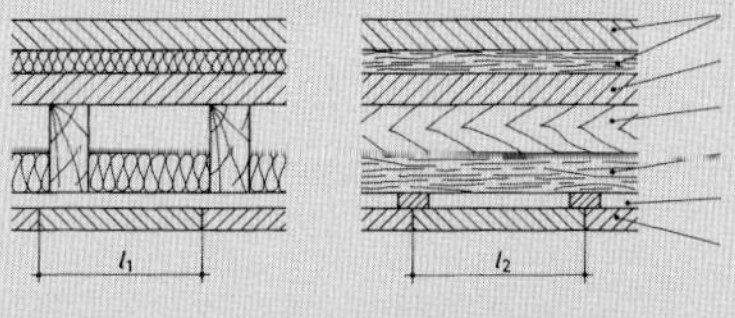

Zeile	Deckenplatten aus Gips nach DIN 18169 *) und deren Montage: Maximale Abstände der Traglatten oder -schienen = Rastermaß der Deckenplatten $l_1 = l_2$	Plattenart nach DIN 18169 *)	Mindestdicke der Dämmschicht [1] in den Deckenplatten nach DIN 18169 *) bei der Plattenart DF und SF	Mindestrohdichte ϱ der Dämmschicht [1] in den Deckenplatten nach DIN 18169 *) bei der Plattenart DF	Mindestrohdichte ϱ … SF	Montage (Schraubmontage, Einschubmontage oder Einlegemontage nach DIN 18169 *))	Feuerwiderstandsklasse-Benennung
	mm	–	mm	kg/m³	kg/m³	–	
1	625	DF oder SF	keine Anforderungen			geschraubt [2], eingeschoben oder eingelegt	F 30-B
2	625	DF oder SF	15	100	50	eingeschoben [3]	F 60-B

*) Folgeausgabe z. Z. noch Entwurf, Ausgabe Oktober 1979

[1] Die Dämmschicht in den Deckenplatten muß die Anforderungen nach Abschnitt 5.1.4.2 erfüllen.

[2] Bei Schraubmontage sind pro Deckenplatte mindestens 4 Schrauben erforderlich.

[3] Bei Einschubmontage müssen Stahlblechschienen in allen Längs- und Querfugen angeordnet werden.

5.2 Feuerwiderstandsklassen von Holzbalkendecken

5.2.1 Geltungsbereich, Brandbeanspruchung

5.2.1.1 Die folgenden Angaben gelten für von unten oder von oben beanspruchte Holzbalkendecken nach DIN 1052 Teil 1 mit Holzbalken mindestens der Güteklasse II nach DIN 4074 Teil 1 sowie für gleichzustellende Dächer. Es wird zwischen Decken mit

a) verdeckten (siehe Abschnitt 5.2.2),

b) vollständig freiliegenden (siehe Abschnitt 5.2.3) und

c) teilweise freiliegenden (siehe Abschnitt 5.2.4)

Holzbalken unterschieden.

5.2.1.2 Bei den nachfolgend klassifizierten Decken ist die Anordnung zusätzlicher Bekleidungen – Bekleidungen aus Stahlblech ausgenommen – an der Deckenunterseite und die Anordnung von Fußbodenbelägen oder Bedachungen auf der Decken- bzw. Dachoberseite ohne weitere Nachweise erlaubt.

5.2.1.3 Durch die nachfolgend klassifizierten Decken dürfen einzelne elektrische Leitungen durchgeführt werden, wenn der verbleibende Lochquerschnitt mit Gips o. ä. vollständig verschlossen wird.

5.2.2 Holzbalkendecken mit verdeckten Holzbalken

Für Holzbalkendecken mit verdeckten Holzbalken gelten die Bedingungen von Abschnitt 5.1 sinngemäß. Abweichend hiervon dürfen

a) zwischen der oberen Beplankung und den Holzrippen bzw. Holzbalken Querhölzer angeordnet und

b) anstelle der notwendigen Dämmschicht auch Einschubböden mit Lehmschlag mit einer Dicke $d \geq 60$ mm verwendet werden.

Die vorstehend unter Punkt a) angeführten Querhölzer dürfen auch mit Zapfen oder Versätzen in die Holzbalken eingebunden werden, wenn die Verbindung oberhalb der notwendigen Dämmschicht oder oberhalb des Einschubbodens liegt. Wegen anderer Verbindungen siehe Abschnitt 5.7.

Die Mindestbreite der Querhölzer beträgt 40 mm.

Tabelle 55. **Holzbalkendecken mit vollständig freiliegenden Holzbalken mit schwimmendem Estrich oder schwimmendem Fußboden**

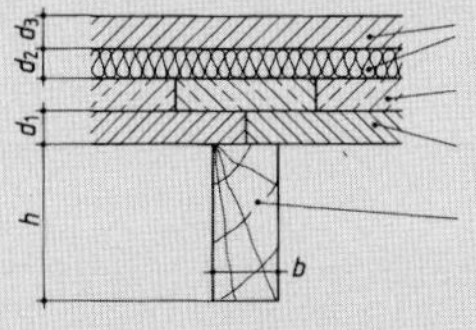

Schwimmender Estrich oder schwimmender Fußboden

gegebenenfalls – z. B. aus Gründen des Schallschutzes – Zwischenschicht aus
a) Betonplatten, z. B. nach DIN 485,
b) Gipskartonplatten nach DIN 18180,
c) Holz oder
d) Holzwerkstoffplatten
jeweils mit oder ohne Verklebung

Beplankung

Holzbalken mit Biegespannung σ

Zeile	Holzbalken nach Abschnitt 5.2.3.1 Mindestquerschnittsabmessungen in Abhängigkeit von der Biegespannung	bei Verwendung von Vollholz	bei Verwendung von Brettschichtholz	Beplankung nach Abschnitt 5.2.3.2 Mindestdicke bei Verwendung von Spanplatten mit $\varrho \geq 600$ kg/m³	Brettern oder Bohlen	Schwimmender Fußboden ¹) nach Abschnitt 5.2.3.3 Mindestdicke der Dämmschicht mit $\varrho \geq 30$ kg/m³	Spanplatten mit $\varrho \geq 600$ kg/m³	Feuerwiderstandsklasse-Benennung
	σ	b/h	b/h	d_1	d_1	d_2	d_3	
	N/mm²	mm/mm	mm/mm	mm	mm	mm	mm	
1	≥ 14	–	140/260	25	28	15	16	F 30-B
2	≥ 13	–	130/240					
3	= 11	130/220	110/200					
4	= 10	120/200	100/190					
5	= 7	100/160	80/150					
6	≤ 3	80/160	80/120					
7	≥ 14	–	280/520	45	50	30	25	F 60-B
8	≥ 13	–	260/480					
9	= 11	260/430	220/400					
10	= 10	240/400	200/375					
11	= 7	200/320	160/300					
12	≤ 3	180/240	140/220					

¹) Anstelle der hier angegebenen schwimmenden Fußböden dürfen auch schwimmende Estriche oder schwimmende Fußböden mit den in Tabelle 51 angegebenen Mindestdicken verwendet werden.

5.2

5.2.3 Holzbalkendecken mit vollständig freiliegenden Holzbalken

5.2.3.1 Vollständig freiliegende Holzbalken von Holzbalkendecken sind Balken, die entsprechend der Schemazeichnung in den Tabellen 55 bzw. 56 von drei Seiten der Brandbeanspruchung ausgesetzt sind. Sie müssen in Abhängigkeit von der Spannung die in Tabelle 55 angegebenen Mindestquerschnittsabmessungen besitzen.

5.2.3.2 Holzbalkendecken **mit** schwimmendem Estrich oder schwimmendem Fußboden müssen eine Beplankung aus

a) Spanplatten nach DIN 68763,

b) gespundeten Brettern aus Nadelholz nach DIN 4072,

c) Profilbrettern mit Schattennut nach DIN 68126 Teil 1,

d) Fasebrettern aus Nadelholz nach DIN 68122 oder

e) entsprechend den Punkten b) bis d) profilierten Bohlen

besitzen.

Die Spanplatten müssen eine Rohdichte $\geq 600\ kg/m^3$ besitzen und in Fugen quer zu den Holzbalken Nut- und Federverbindungen aufweisen.

Alle Stöße sind dicht auszuführen. Die Mindestdicke der Beplankung ist aus den Angaben von Tabelle 55 zu entnehmen.

5.2.3.3 Es ist ein schwimmender Estrich oder schwimmender Fußboden zum Schutz gegen Brandbeanspruchung von oben vorzusehen.

Die Dämmschicht unter Estrichen oder Fußböden muß aus mineralischen Fasern nach DIN 18165 Teil 2, Ausgabe Januar 1975, Abschnitt 2.1, bestehen, mindestens der Baustoffklasse B 2 nach DIN 4102 Teil 1 angehören und eine Rohdichte von $\geq 30\ kg/m^3$ aufweisen.

Die Mindestdicke der Dämmschicht und des Fußbodens bzw. Estrichs ist den Angaben der Tabelle 55 zu entnehmen.

5.2.3.4 Holzbalkendecken **ohne** schwimmenden Estrich oder schwimmenden Fußboden müssen eine Beplankung aus Spanplatten, Brettern oder Bohlen nach den Angaben von Abschnitt 5.2.3.2 besitzen.

Die Ausbildung der Fugen und die Mindestdicke der Beplankung sowie gegebenenfalls einer Fugenabdeckung müssen den Angaben von Tabelle 56 entsprechen.

Tabelle 56. **Holzbalkendecken mit vollständig freiliegenden Holzbalken ohne schwimmenden Estrich oder schwimmenden Fußboden**

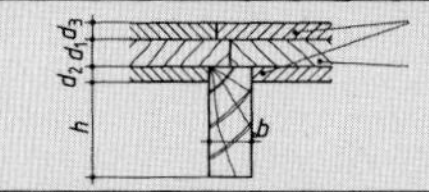

Fugenabdeckungen – siehe Varianten 2 bis 9

Beplankung

Holzbalken mit Biegespannung σ: Mindestquerschnittsabmessungen b/h in Abhängigkeit von σ, siehe Tabelle 55.

Zeile (Variante)	Beplankung nach Abschnitt 5.2.3.4 aus: Spanplatten mit $\varrho \geq 600\ kg/m^3$ Fugenausbildung	Spanplatten Mindestdicke	Brettern oder Bohlen Fugenausbildung	Brettern oder Bohlen Mindestdicke	Fugenabdeckung aus: Spanplatten Mindestdicke	Gipskartonplatten Mindestdicke	Mineralfaserplatten[4]) Mindestdicke	Mineralfaserplatten[4]) Mindestrohdichte	Mindest-Fugenversatz	Feuerwiderstandsklasse-Benennung
	Mindestmaße	d_1	Mindestmaße	d_1	d_2	d_3	d_3	ϱ	e	
	mm	mm	mm	mm	mm	mm	mm	kg/m^3	mm	
1			a)	50	keine Anforderungen					F 30-B
2			b)	40		9,5 [3])			60	
3							15	30	60	
4	c)	40 [1])			30 [2])					
5	d)	40 [1])			30 [2])					
6	e)	70 [1])			30 [2])	9,5 [3])			60	F 60-B
7					30 [2])		15	30	60	
8			f)	70		9,5 [3])			60	
9							15	30	60	

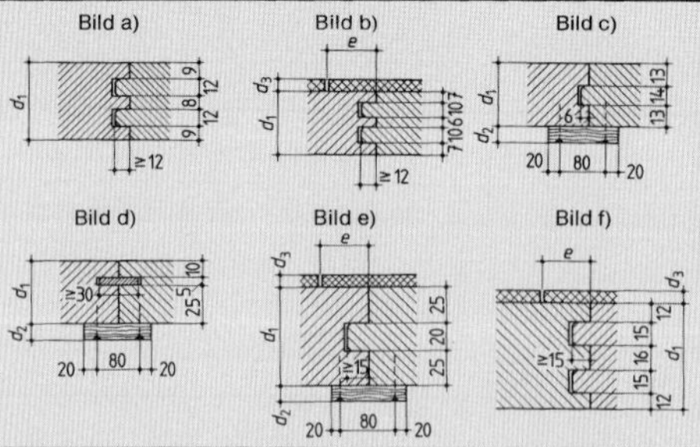

[1]) Bei Spanplatten der Baustoffklasse B 1 nach DIN 4102 Teil 1 darf die Mindestdicke um 10 % verringert werden.

[2]) Befestigungsabstände in Fugenrichtung ≤ 200 mm; es dürfen auch Holz oder andere Holzwerkstoffe verwendet werden.

[3]) Ersetzbar durch ≥ 13 mm dicke Holzwerkstoffplatten.

[4]) Nach DIN 18165 Teil 2, Ausgabe 1975, Abschnitt 2.1; Baustoffklasse mindestens B 2 nach DIN 4102 Teil 1.

5 Holzbauteile — 66 —

5.2.4 Holzbalkendecken mit teilweise freiliegenden Holzbalken

5.2.4.1 Teilweise freiliegende Holzbalken von Holzbalkendecken sind Balken, die entsprechend der Schemazeichnung in den Tabellen 57 bzw. 58 nur im unteren Bereich von drei Seiten der Brandbeanspruchung ausgesetzt sind. Sie müssen bei $h \geq h^*$ in Abhängigkeit von der Spannung die in den Tabellen 57 und 58 angegebenen Mindestquerschnittsabmessungen b/h^* besitzen.

5.2.4.2 Als Bekleidung – siehe auch Schemazeichnungen in den Tabellen 57 und 58 – können verwendet werden:

a) Spanplatten nach DIN 68763,

b) Gipskarton-Bauplatten B und F nach DIN 18180 und

c) Holzwolle-Leichtbauplatten nach DIN 1101.

Alle Platten müssen eine geschlossene Fläche besitzen und mit ihren Längsrändern dicht an den Holzbalken anschließen. Querfugen von Gipskartonplatten sind nach DIN 18181 zu verspachteln; dies gilt sinngemäß auch für dicht gestoßene Holzwolle-Leichtbauplatten. Spanplatten, die eine Rohdichte von ≥ 600 kg/m³ besitzen müssen, sind in Querfugen mit Nut und Feder oder einem Falz dicht zu stoßen. Bei mehrlagigen Bekleidungen sind die Stöße zu versetzen, wobei jede Lage für sich an Holzlatten $\geq 40/60$ zu befestigen ist; bei mehrlagigen Bekleidungen aus Gipskartonplatten sind Fugendeckstreifen nur in der raumseitigen Lage erforderlich.

Die Mindestdicke und die maximale Spannweite der Bekleidungen sind aus den Tabellen 57 und 58 zu entnehmen.

Tabelle 57. **Holzbalkendecken mit teilweise freiliegenden Holzbalken mit notwendiger Dämmschicht**

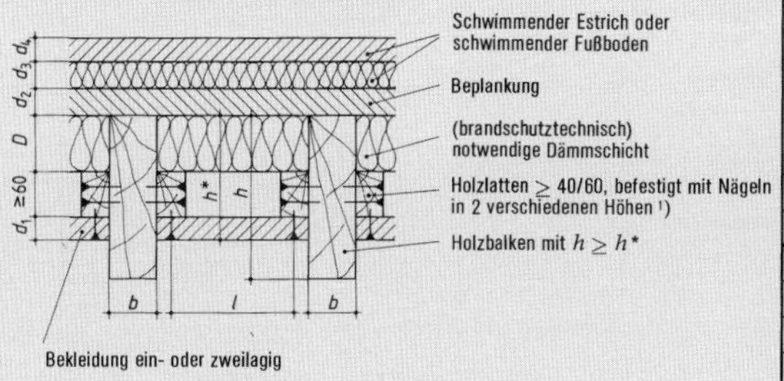

Biegespannung σ (N/mm²)	Holzbalken nach Abschnitt 5.2.4.1, Mindestquerschnittsabmessungen in Abhängigkeit von der bei Verwendung von Vollholz für F 30-B b/h^* (mm/mm)	Vollholz für F 60-B b/h^* (mm/mm)	Brettschichtholz für F 30-B b/h^* (mm/mm)	Brettschichtholz für F 60-B b/h^* (mm/mm)
≥ 14	–	–	140/150	280/260
≥ 13	–	–	130/150	260/240
= 11	130/150	260/215	110/150	220/200
= 10	120/150	240/200	100/150	200/190
= 7	90/150	200/160	80/150	160/150
≤ 3	80/150	180/150	80/120	140/150

Zeile (Variante)	Bekleidung nach Abschnitt 5.2.4.2 aus: Spanplatten mit $\varrho \geq$ 600 kg/m³ d_1 (mm)	Gipskarton-Bauplatten F (GKF) d_1 (mm)	max. zul. Spannweite l (mm)	notwendige Dämmschicht nach Abschnitt 5.2.4.3 aus Mineralfaserplatten, dicht eingepaßt, befestigt durch Holzlatten ≥ 40/60¹): Mindestdicke D (mm)	Mindestrohdichte ϱ (kg/m³)	Beplankung nach Abschnitt 5.2.4.4 aus Holzwerkstoffplatten mit $\varrho \geq$ 600 kg/m³, Mindestdicke d_2 (mm)	Schwimmender Estrich oder schwimmender Fußboden nach Abschn. 5.2.4.5: Dämmschicht mit $\varrho \geq$ 30 kg/m³ d_3 (mm)	Mörtel, Gips oder Asphalt d_4 (mm)	Holzwerkstoffplatten, Brettern oder Parkett d_4 (mm)	Gipskartonplatten d_4 (mm)	Feuerwiderstandsklasse-Benennung
1	16[2]		625	60	30	13[3]	15[4]	20			F 30-B
2	16[2]		625	60	30	13[3]	15[4]		16		F 30-B
3	16[2]		625	60	30	13[3]	15[4]			9,5	F 30-B
4		2 × 12,5	500	60	30	13[3]	15[4]	20			F 60-B
5		2 × 12,5	500	60	30	13[3]	30[5]		25		F 60-B
6		2 × 12,5	500	60	30	13[3]	15[4]			18[6]	F 60-B

¹) Sofern $h^* \gg 150$ ist, können zur Befestigung von Dämmschicht und Bekleidung getrennte Holzlatten jeweils $\geq 40/60$ verwendet werden.

²) Ersetzbar durch
a) ≥ 13 mm dicke Spanplatten (untere Lage) + 9,5 mm dicke GKB- oder GKF-Platten (raumseitige Lage) oder
b) ≥ 12,5 mm dicke Gipskarton-Bauplatten F (GKF) mit einer Spannweite $l \leq 500$ mm.

³) Ersetzbar durch Bretter (gespundet) mit $d \geq 21$ mm.

⁴) Ersetzbar durch ≥ 9,5 mm dicke Gipskartonplatten.

⁵) Ersetzbar durch ≥ 15 mm dicke Gipskartonplatten.

⁶) Erreichbar z. B. mit 2 × 9,5 mm.

5.2.4.3 In Holzbalkendecken nach den Angaben von Tabelle 57 ist eine Dämmschicht notwendig. Sie muß aus mineralischen Fasern nach DIN 18165 Teil 1, Ausgabe Januar 1975, Abschnitt 2.1, bestehen, der Baustoffklasse A nach DIN 4102 Teil 1 angehören, einen Schmelzpunkt ≥ 1000 °C [1]) aufweisen und hinsichtlich Dicke und Rohdichte die Anforderungen nach Tabelle 57 erfüllen. Die Dämmschicht muß plattenförmig sein, dicht durch strammes Einpassen – Stauchung bis etwa 1 cm – eingebaut und durch Holzlatten ≥ 40/60 befestigt werden. Fugen von stumpf gestoßenen Dämmschichten müssen dicht sein. Brandschutztechnisch am günstigsten sind ungestoßene oder zweilagig mit versetzten Stößen eingebaute Dämmschichten.

In Holzbalkendecken nach den Angaben von Tabelle 58 ist brandschutztechnisch keine Dämmschicht erforderlich.

5.2.4.4 Als Beplankung können verwendet werden:

a) Sperrholzplatten nach DIN 68705 Teil 3 oder Teil 5,

b) Spanplatten nach DIN 68763 und

c) gespundete Bretter aus Nadelholz nach DIN 4072.

Alle Platten und Bretter sind auf Holzbalken dicht zu stoßen; wegen der Mindestdicke siehe Tabellen 57 und 58.

5.2.4.5 Für den schwimmenden Estrich oder schwimmenden Fußboden gelten die Angaben von Abschnitt 5.1.5 sinngemäß. Die Mindestdicken sind den Angaben der Tabellen 57 und 58 zu entnehmen.

[1]) Siehe Seite 39

Tabelle 58. **Holzbalkendecken mit teilweise freiliegenden Holzbalken mit nicht notwendiger Dämmschicht**

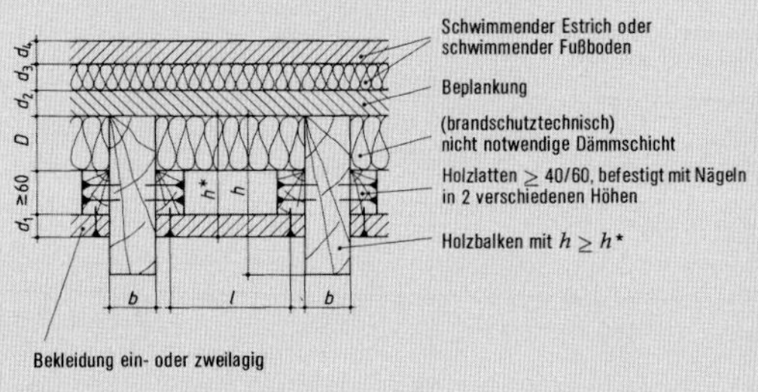

Biegespannung	Holzbalken nach Abschnitt 5.2.4.1 Mindestquerschnittsabmessungen in Abhängigkeit von der bei Verwendung von Vollholz für F 30-B	Vollholz für F 60-B	Brettschichtholz für F 30-B	Brettschichtholz für F 60-B
σ	b/h^*	b/h^*	b/h^*	b/h^*
N/mm²	mm/mm	mm/mm	mm/mm	mm/mm
≥ 14	–	–	140/150	280/260
≥ 13	–	–	130/150	260/240
= 11	130/150	260/215	110/150	220/200
= 10	120/150	240/200	100/150	200/190
= 7	90/150	200/160	80/150	160/150
≤ 3	80/150	180/150	80/120	140/150

Zeile (Variante)	Bekleidung nach Abschnitt 5.2.4.2 aus: Spanplatten mit $\varrho \geq$ 600 kg/m³	Gipskarton-Bauplatten F (GKF)	max. zul. Spannweite	brandschutztechnisch nicht notwendige Dämmschicht	Beplankung nach Abschnitt 5.2.4.4 aus Holzwerkstoffplatten mit $\varrho \geq$ 600 kg/m³ Mindestdicke	Schwimmender Estrich oder schwimmender Fußboden nach Abschn. 5.2.4.5: Dämmschicht mit $\varrho \geq$ 30 kg/m³	Mörtel, Gips oder Asphalt	Holzwerkstoffplatten, Brettern oder Parkett	Gipskartonplatten	Feuerwiderstandsklasse-Benennung
						Mindestdicke				
	d_1	d_1	l	–	d_2	d_3	d_4	d_4	d_4	
	mm	mm	mm	–	mm	mm	mm	mm	mm	
1	19[1])		625	Baustoffklasse nach DIN 4102 Teil 1: mindestens B 2; im übrigen keine Bedingungen	16[2])	15[4])	20			F 30-B
2	19[1])		625		16[2])	15[4])		16		
3	19[1])		625		16[2])	15[4])			9,5	
4		2 × 12,5	400		19[3])	15[4])	20			F 60-B
5		2 × 12,5	400		19[3])	30[5])		25		
6		2 × 12,5	400		19[3])	15[4])			18[6])	

[1]) Ersetzbar durch
a) ≥ 16 mm dicke Spanplatten (untere Lage) + 9,5 mm dicke GKB- oder GKF-Platten (raumseitige Lage) oder
b) ≥ 12,5 mm dicke Gipskarton-Bauplatten F (GKF) mit einer Spannweite $l \leq$ 400 mm oder
c) ≥ 15 mm dicke Gipskarton-Bauplatten F (GKF) mit einer Spannweite $l \leq$ 500 mm oder
d) ≥ 50 mm dicke Holzwolle-Leichtbauplatten mit einer Spannweite $l \leq$ 500 mm.

[2]) Ersetzbar durch Bretter (gespundet) mit $d \geq$ 21 mm.

[3]) Ersetzbar durch Bretter (gespundet) mit $d \geq$ 27 mm.

[4]) Ersetzbar durch ≥ 9,5 mm dicke Gipskartonplatten.

[5]) Ersetzbar durch ≥ 15 mm dicke Gipskartonplatten.

[6]) Erreichbar z. B. mit 2 × 9,5 mm.

5.2

5.3 Feuerwiderstandsklassen von Dächern aus Holz und Holzwerkstoffen

5.3.1 Geltungsbereich, Brandbeanspruchung

5.3.1.1 Die folgenden Angaben gelten für von unten beanspruchte Dächer aus Holz und Holzwerkstoffen nach DIN 1052 Teil 1, die auf der Oberseite eine durchgehende Bedachung aufweisen.

5.3.1.2 Die folgenden Angaben gelten auch für Dächer mit Öffnungen wie Oberlichter, Lichtkuppeln, Luken usw., wenn nachgewiesen ist, daß das Brandverhalten der Dächer durch die Anordnung derartiger Öffnungen nicht nachteilig beeinflußt wird.

5.3.1.3 Bei den nachfolgend klassifizierten Dächern ist die Anordnung zusätzlicher Bekleidungen – Bekleidungen aus Stahlblech ausgenommen – an der Dachunterseite ohne weitere Nachweise erlaubt.

5.3.1.4 Angaben über Bedachungen, die gegen Flugfeuer und strahlende Wärme widerstandsfähig sind, sind in Abschnitt 7.5 enthalten.

5.3.2 Dächer mit Holzbalken oder Holzrippen mit bestimmten Abmessungen

5.3.2.1 Dächer mit Holzbalken oder Holzrippen mit bestimmten Abmessungen, die eine obere Beplankung aufweisen, sind nach den Abschnitten

5.1 Decken aus Holztafeln (Tabellen 51 bis 54, siehe Seite 60 bis 63)

oder

5.2 Holzbalkendecken (Tabellen 55 bis 58, siehe Seite 64 bis 67)

zu bemessen.

5.3.2.2 Die in den Abschnitten 5.1 und 5.2 geforderten schwimmenden Estriche oder schwimmenden Fußböden sind nicht erforderlich. An ihrer Stelle ist die Bedachung mit oder ohne Dämmschicht anzuordnen. Bei Anordnung einer Dämmschicht muß diese mindestens aus Baustoffen der Klasse B 2 nach DIN 4102 Teil 1 bestehen.

5.3.2.3 Sofern auf der Dachoberseite

a) eine ≥ 50 mm dicke Kiesschüttung oder

b) eine ≥ 50 mm dicke Schicht aus dicht verlegten Betonplatten oder

c) schwimmende Estriche nach den Abschnitten 5.1 und 5.2

angeordnet werden, können die Dächer auch bei Brandbeanspruchung von oben in die jeweils angegebenen Feuerwiderstandsklassen und Benennungen eingestuft werden.

Tabelle 59. **Dächer F 30-B mit unterseitiger Plattenbekleidung**

Zeile	Konstruktionsmerkmale	Bekleidung nach Abschnitt 5.3.3.2 aus: Spanplatten mit $\varrho \geq 600$ kg/m^3	Gipskarton-Bauplatten F (GKF)	Gipskarton-Putzträgerplatten (GKP)	Putz der Mörtelgruppe P IVa oder P IVb Mindestdicke	max. zul. Spannweite	Dämmschicht aus Mineralfaser-Platten oder -Matten nach Abschnitt 5.3.3.4 Mindest-dicke	Mindest-rohdichte	Dach-Träger, Binder o. ä. sowie Bedachung	
		d_1	d_2	d_1	d_2	l	D	ϱ	b	d_3
		mm	mm	mm	mm	mm	mm	kg/m^3	mm	mm
1	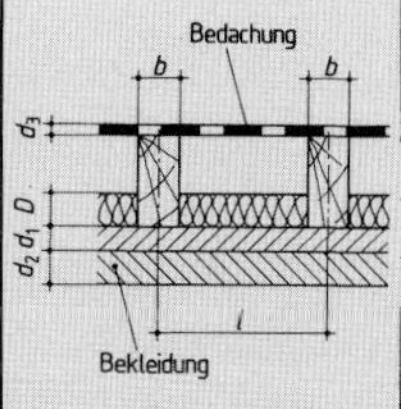	16	12,5 1)			625	Baustoffklasse nach DIN 4102 Teil 1: Mindestens B 2; im übrigen aus brandschutztechnischen Gründen keine Anforderungen		Zur Erzielung von F 30-B keine Anforderungen. Bei Verwendung weicher Bedachungen sind bestimmte Mindest-Grenzabstände vorgeschrieben 4).	
2		13	15 1)			625				
3		0	2 × 12,5			500				
4				9,5 2)	15 3)	400				
5		0	15			400	40	100		
6		0	15			400	60	50		
7		0	15			400	80	30		
8		13	12,5 1)			625	40	100		
9		13	12,5 1)			625	60	50		
10		13	12,5 1)			625	80	30		

1) Die Gipskartonplatten sind auf den Spanplatten ($l \leq 625$ mm) mit einer maximalen Spannweite von 400 mm zu befestigen.

2) Ersetzbar durch ≥ 50 mm dicke Holzwolle-Leichtbauplatten nach DIN 1101 mit einer Spannweite $l \leq 1000$ mm.

3) Ersetzbar durch ≥ 10 mm dicken Vermiculite- oder Perliteputz nach Abschnitt 3.1.5.5.

4) Siehe bauaufsichtliche Bestimmungen der Länder.

5.3.3 Dächer mit Dach-Trägern, -Bindern o. ä. mit beliebigen Abmessungen

5.3.3.1 Dächer mit Dach-Trägern, -Bindern o. ä. mit beliebigen Abmessungen, die auf der Oberseite

a) eine Bedachung oder

b) eine Beplankung beliebiger Dicke mit einer Bedachung

besitzen, müssen eine Bekleidung und gegebenenfalls eine brandschutztechnisch notwendige Dämmschicht nach den Angaben der folgenden Abschnitte aufweisen.

5.3.3.2 Als Bekleidung – siehe auch die Schemazeichnungen in den Tabellen 59 und 60 – können verwendet werden:

a) Spanplatten nach DIN 68763 mit einer Rohdichte $\geq$ 600 kg/m³ in Kombination mit Gipskarton-Bauplatten F (GKF) nach DIN 18180,

b) Gipskarton-Bauplatten F (GKF) DIN 18180,

c) Gipskarton-Putzträgerplatten (GKP) DIN 18180 mit Putz,

d) Holzwolle-Leichtbauplatten nach DIN 1101 mit Putz und

e) Drahtputzdecken nach DIN 4121.

Alle Bekleidungen müssen eine geschlossene Fläche besitzen. Alle Platten müssen dicht gestoßen werden. Fugen von Gipskarton-Bauplatten müssen nach DIN 18181 verspachtelt werden. Dies gilt sinngemäß auch für Holzwolle-Leichtbauplatten. Bei mehrlagigen Bekleidungen sind die Stöße zu versetzen; jede Lage ist für sich am Untergrund zu befestigen. Bei mehrlagiger Gipskartonplatten-Bekleidung sind Fugendeckstreifen nur in der raumseitigen Lage erforderlich.

Die Bekleidung ist mit oder ohne Anordnung einer Grund- und/oder Feinlattung an den Dach-Trägern, -Bindern o. ä. nach den Bestimmungen der einschlägigen Normen zu befestigen. Sie muß die in den Tabellen 59 und 60 angegebenen Mindestdicken aufweisen; die angegebenen maximalen Spannweiten dürfen nicht überschritten werden.

5.3.3.3 Der Zwischenraum zwischen Bekleidung und Bedachung bzw. zwischen Dämmschicht und Bedachung darf belüftet sein.

5.3.3.4 In Dächern nach Tabelle 59, Zeilen 5 bis 10, ist brandschutztechnisch eine Dämmschicht notwendig. Sie muß aus mineralischen Fasern nach DIN 18165 Teil 1, Ausgabe 1975, Abschnitt 2.1, bestehen, der Baustoffklasse A nach DIN 4102 Teil 1 angehören und einen Schmelzpunkt $\geq$ 1000 °C ¹) besitzen.

Plattenförmige Mineralfaser-Dämmschichten sind durch strammes Einpassen – Stauchung bis etwa 1 cm – zwischen den Dachträger o. ä. **und** durch Anleimen an den Dachträgern gegen Herausfallen zu sichern.

Mattenförmige Mineralfaser-Dämmschichten dürfen verwendet werden, wenn sie auf Maschendraht gesteppt sind, der durch Nagelung (Nagelabstände $\leq$ 100 mm) an den Dachträgern o. ä. zu befestigen ist.

Die Dämmschichten können auch durch Annageln der Dämmschichtränder mit Hilfe von Holzleisten $\geq$ 25 mm × 25 mm oder durch Einquetschen zwischen einer Lattung und den Dachträgern gegen Herausfallen gesichert werden.

Sofern an der Dachunterseite zwischen den Dachträgern und der Bekleidung eine Lattung angeordnet ist und die Mineralfaser-Dämmschicht hierauf **dicht** verlegt wird, darf das Anleimen bei plattenförmigen Dämmschichten und der Maschendraht einschließlich Annagelung bei mattenförmigen Dämmschichten entfallen.

Ein Anleimen von plattenförmigen Mineralfaser-Dämmschichten kann ebenfalls entfallen, wenn die Dämmplatten $\geq$ 100 mm dick sind, eine Rohdichte $\geq$ 40 kg/m³ besitzen und bei einer lichten Weite der Dachträger o. ä. $\leq$ 400 mm stramm eingepaßt werden.

Fugen von stumpf gestoßenen Dämmschichten müssen dicht sein. Mattenförmige Dämmschichten müssen sich bei Stößen $\geq$ 10 cm überlappen. Brandschutztechnisch am günstigsten sind ungestoßene oder zweilagig mit versetzten Stößen eingebaute Dämmschichten. 5.3

Die Mindestdicke und die Mindestrohdichte der Dämmschichten sind den Angaben von Tabelle 59 zu entnehmen.

¹) Siehe Seite 39

Tabelle 60. **Dächer F 30-B mit unterseitiger Drahtputzdecke nach DIN 4121**

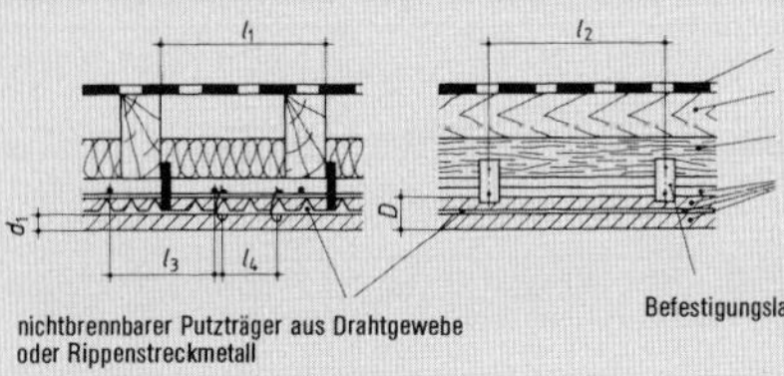

Bedachung: keine Anforderungen; bei Verwendung weicher Bedachungen sind bestimmte Grenzabstände vorgeschrieben – siehe bauaufsichtliche Bestimmungen der Länder

Dach-Träger oder -Binder: keine Anforderungen

Dämmschicht: brandschutztechnisch nicht notwendig. Baustoffklasse nach DIN 4102 Teil 1: Mindestens B 2

Drahtputzdecke nach DIN 4121

Drahtputzdecke nach DIN 4121						
Maximale Spannweite der			Maximale Abstände der		Mindestputzdicke ²) bei Verwendung von	
Tragstäbe Ø $\geq$ 7 ¹)	Putzträger aus Drahtgewebe	Putzträger aus Rippenstreckmetall	Querstäbe Ø $\geq$ 5 ¹)	Putzträger-Befestigungspunkte	Putz der Mörtelgruppe P II, P IVa, P IVb oder P IVc nach DIN 18550 Teil 2 *)	Vermiculite- oder Perlite-Putz nach Abschnitt 3.1.5.5
l_1	l_2	l_2	l_3	l_4	d_1	d_1
mm	mm	mm	mm	mm	mm	mm
750	500	1000	1000	200	15	10

*) Z. Z. noch Entwurf

¹) Die Quer- und Tragstäbe dürfen unter Fortlassen der Befestigungslaschen oder Abhänger auch unmittelbar unter den Dach-Trägern oder -Bindern mit Krampen befestigt werden.

²) d_1 über Putzträger gemessen; die Gesamtputzdicke muß $D \geq d_1 + 10$ mm sein – d. h. der Putz muß den Putzträger $\geq$ 10 mm durchdringen.

5.4 Feuerwiderstandsklassen von Holzbalken

5.4.1 Geltungsbereich, Brandbeanspruchung

5.4.1.1 Die folgenden Angaben gelten für statisch bestimmt oder unbestimmt gelagerte, freiliegende, auf Biegung beanspruchte Holzbalken mit Rechteckquerschnitt nach DIN 1052 Teil 1 mindestens der Güteklasse II nach DIN 4074 Teil 1. Es wird unterschieden zwischen maximal 3seitiger und 4seitiger Brandbeanspruchung.

5.4.1.2 Eine maximal 3seitige Brandbeanspruchung liegt vor, wenn die Oberseite der Balken durch

a) Betonbauteile nach den Abschnitten 3.5 oder 3.6,

b) Beplankungen aus Holz oder Holzwerkstoffen nach Abschnitt 5.2.3 oder

c) Decken aus Holztafeln nach Tabelle 51

jeweils mindestens der geforderten Feuerwiderstandsklasse abgedeckt ist.

Eine 4seitige Brandbeanspruchung liegt vor, wenn die Oberseite der Balken andere Abdeckungen — z. B. aus Stahl, Holz und Holzwerkstoffen kleinerer Dicken als in Abschnitt 5.2.3 angegeben oder aus Kunststoff — erhält oder freiliegt.

5.4.1.3 Die folgenden Angaben gelten außerdem nur für Balken ohne Aussparungen; Zapfen- und Bolzenlöcher gelten nicht als Aussparungen.

5.4.1.4 Auf Biegung und Längskraft beanspruchte Balken — z. B. Obergurte von Fachwerkbindern — sind hinsichtlich der Balkenbreite b wie Druckstäbe mit der Mindestdicke d nach Abschnitt 5.5 zu bemessen.

5.4.2 Unbekleidete Balken

5.4.2.1 Unbekleidete Balken müssen in Abhängigkeit von der Biegespannung bei Verwendung von Vollholz die in Tabelle 61 und bei Verwendung von Brettschichtholz die in Tabelle 62 angegebenen Mindestquerschnittsabmessungen besitzen.

5.4.2.2 Die Kippaussteifung der Balken muß entsprechend der geforderten Feuerwiderstandsklasse ausgeführt werden; andernfalls muß das Seitenverhältnis $h/b \leq 4$ sein — wegen der Bemessung von Kippsteifen siehe Abschnitt 5.5.

5.4.2.3 Die Auflagertiefe von Balken auf Beton oder Mauerwerk muß bei der Feuerwiderstandsklasse F 30 $\geq$ 40 mm und bei der Feuerwiderstandsklasse F 60 $\geq$ 80 mm betragen. Die Mindestauflagertiefen auf Holzbauteilen sowie die Mindestanforderungen an Verbindungen sind den Angaben von Abschnitt 5.7 zu entnehmen.

5.4.2.4 Verdübelte Balken dürfen verwendet werden, sofern der Gesamtquerschnitt die vorstehenden Anforderungen erfüllt, die Einzelquerschnitte durch Stabdübel verbunden und die Holzüberdeckungen der Dübel nach Tabelle 63 eingehalten werden.

5.4.2.5 Bei Balken der Feuerwiderstandsklasse F 30 dürfen Gerbergelenke verwendet werden, wenn die Mindestanforderungen nach den Angaben von Tabelle 64 eingehalten werden.

Tabelle 61. **Mindestbreite und Mindesthöhe unbekleideter Balken aus Vollholz**

Zeile	Biegespannung σ N/mm²	Mindestquerschnittsabmessungen b/h in mm/mm bei Brandbeanspruchung – Feuerwiderstandsklasse-Benennung F 30-B: 3seitig	F 30-B: 4seitig	F 60-B: 3seitig	F 60-B: 4seitig
1	$\geq$ 13	150/260	160/300	300/520	320/600
2	= 10	120/200	130/240	240/400	260/480
3	= 7	100/160	110/200	200/320	220/400
4	$\leq$ 3	80/160	90/180	180/240	200/320

Tabelle 62. **Mindestbreite und Mindesthöhe unbekleideter Balken aus Brettschichtholz**

Zeile	Brand- beanspruchung	Biegespannung σ N/mm²	Mindestbalkenbreite b in mm, Feuerwiderstandsklasse-Benennung F 30-B, Seitenverhältnis $h/b \geq$ 1	F 30-B: 2	F 30-B: 4	F 30-B: 6	F 60-B: 1	F 60-B: 2	F 60-B: 4	F 60-B: 6
1	3seitig	$\geq$ 14	180	140	130	120	360	280	260	220
2	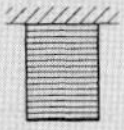	= 11	140	110	105	100	280	220	210	190
3		= 7	100	90	85	80	200	170	165	160
4		$\leq$ 3	80	80	80	80	150	140	140	140
5	4seitig	$\geq$ 14	240	150	135	120	480	300	270	230
6		= 11	200	120	110	100	400	240	220	200
7		= 7	150	90	90	90	300	180	175	170
8		$\leq$ 3	110	80	80	80	220	160	150	140

Tabelle 63. **Mindestholzüberdeckungen e in mm von mit Stabdübeln verdübelten Balken**

Konstruktionsmerkmale	Feuerwiderstandsklasse F 30	Feuerwiderstandsklasse F 60
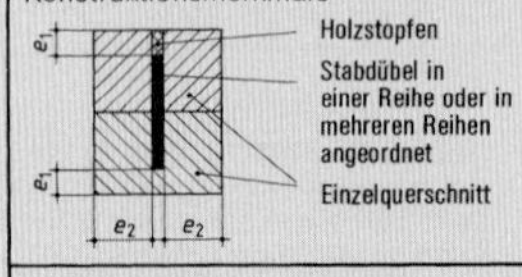		
Mindestholzüberdeckungen e_1 und e_2	50	100

5.4.3 Bekleidete Balken

5.4.3.1 Bekleidete Balken müssen unabhängig von der Biegespannung und der Holzart die in Tabelle 65 angegebenen Mindestquerschnittsabmessungen und Bekleidungsdicken besitzen.

5.4.3.2 Die Balken sind vollständig mit Ausnahme der Auflagerflächen mit Gipskarton-Bauplatten F (GKF) nach DIN 18180 nach den Angaben der Schemazeichnungen in Tabelle 65 zu bekleiden. Bei zweilagiger Bekleidung sind die Stöße um $\geq$ 400 mm zu versetzen. Im übrigen gilt für die Befestigung sowie für die Verspachtelung der Fugen DIN 18181. Bei vierseitiger Bekleidung ist die Oberseite entsprechend der Unterseite zu bekleiden.

5.4.3.3 Die Abschnitte 5.4.2.2 bis 5.4.2.5 gelten sinngemäß.

Tabelle 64. **Unbekleidete Gerbergelenke F 30–B**

Zeile	Konstruktionsmerkmale	Mindestanforderungen bei Verwendung von Brettschichtholz	Mindestanforderungen bei Verwendung von Vollholz
	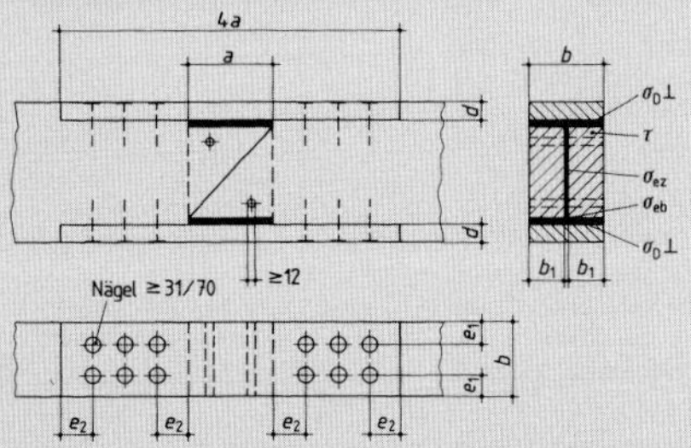		
1	**Mindestquerschnittsabmessungen in mm und Mindestanzahl der Nägel**		
1.1	Mindestbalkenbreite b, sofern nicht nach den Angaben der Tabellen 61 und 62 größere Breiten einzuhalten sind.	120	140
1.2	Mindestauflagerbreite b_1	55	65
1.3	Mindestlaschendicke d	30	30
1.4	Mindestnagelabstände e_1 und e_2	35	35
1.5	Mindestanzahl n der Laschennägel pro Laschenseite	6	6
2	**Zulässige Spannungen in N/mm²**		
2.1	Maximale Schubspannung τ im Holz	1,0 zul τ DIN 1052 Teil 1	
2.2	Maximale Druckspannung (Auflagerpressung senkrecht zur Faser) $\sigma_D\perp$	1,6	
2.3	Maximale Biegespannung im Stahlflansch σ_{eb}	1,0 zul σ DIN 1050	
2.4	Maximale Zugspannung im Stahlsteg und den Schweißnähten σ_{ez}	0,25 zul σ DIN 1050	

5.4

Tabelle 65. **Bekleidete Balken aus Voll- oder Brettschichtholz**

Zeile	Konstruktionsmerkmale	einlagige Bekleidung		zweilagige Bekleidung		Feuerwiderstandsklasse-Benennung F 30-B	Feuerwiderstandsklasse-Benennung F 60-B
		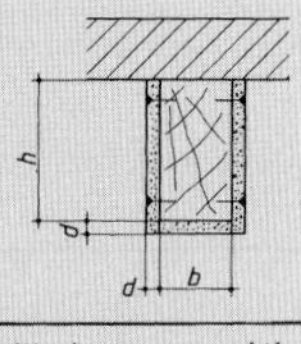	Gipskarton-Bauplatten F (GKF) DIN 18180 mit geschlossener Fläche	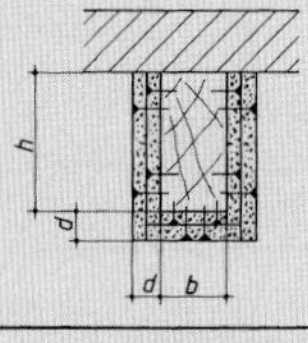			
1	Mindestquerschnittsabmessungen b/h				in mm/mm	80/110	160/220
2	Mindestdicke d der GKF-Bekleidung				in mm	15	2 × 12,5

5 Holzbauteile — 72 —

5.5 Feuerwiderstandsklassen von Holzstützen

5.5.1 Geltungsbereich, Brandbeanspruchung

5.5.1.1 Die folgenden Angaben gelten für Holzstützen nach DIN 1052 Teil 1 mindestens der Güteklasse II nach DIN 4074 Teil 1. Es wird unterschieden in

≤ vierseitig beanspruchte Stützen

a) unbekleidete Stützen aus Brettschichtholz (siehe Abschnitt 5.5.2),

b) unbekleidete Stützen aus Vollholz (siehe Abschnitt 5.5.3) und

c) bekleidete Stützen (siehe Abschnitt 5.5.4) sowie

≤ zweiseitig beanspruchte, in Holzwänden eingebundene Stützen aus Brettschichtholz, die nach dem Versagen der Wandbekleidung maximal vierseitig beansprucht werden (siehe Abschnitt 5.5.5).

5.5.1.2 Die folgenden Angaben gelten für Stützen ohne Aussparungen, Ausfräsungen, Stöße usw.; wegen der Bemessung derartiger Details siehe die Mindestanforderungen an Verbindungen in Abschnitt 5.7.

5.5.1.3 Die folgenden Angaben gelten sinngemäß auch für Druckstäbe von Fachwerkbindern und Kippverbänden sowie für Kopfbänder.

5.5.2 Unbekleidete Stützen aus Brettschichtholz

5.5.2.1 Unbekleidete Stützen aus Brettschichtholz mit Rechteckquerschnitt müssen in Abhängigkeit

a) vom Querschnitt ($b = d$ und $b \geq 2d$),

b) von der Knickspannung $\sigma_D||$,

c) vom Euler-Fall (1 und 2 sowie 3 und 4) und

d) von der Stablänge s

die in den Tabellen 66 (F 30-B) und 67 (F 60-B) angegebenen Mindestdicken d besitzen.

Stützen, die nach dem 2. Euler-Fall bemessen werden und die konstruktiv an beiden Enden jeweils mit ihrer ganzen Querschnittsfläche kraftschlüssig mit den anschließenden Bauteilen z. B. durch Kontaktstoß verbunden sind, dürfen auch nach den Angaben der Spalten 7 bis 10 der Tabellen 66 und 67 dimensioniert werden.

5.5.2.2 Unbekleidete Stützen aus Brettschichtholz mit Kreuz- oder I-Querschnitt mit einer Stablänge $s \leq 3{,}0$ m müssen unabhängig vom Euler-Fall in Abhängigkeit von der Knickspannung $\sigma_D||$ die in Tabelle 68 angegebenen Mindestdicken besitzen und konstruktiv an beiden Enden jeweils mit ihrer ganzen Querschnittsfläche kraftschlüssig

Tabelle 66. **Mindestdicke unbekleideter Stützen aus Brettschichtholz F 30-B**

Spalte	1	2	3	4	5	6	7	8	9	10
Zeile	Querschnitt und Seitenverhältnis	Knickspannung $\sigma_D\|\| = \frac{\omega \cdot N}{b \cdot d}$	**Mindestdicke** d **in mm bei Lagerung** entsprechend							
			Euler-Fall 1 und 2 ($s_k = 1{,}0\ s$ bzw. $s_k = 2{,}0\ s$)				**Euler-Fall 3 und 4** ($s_k = 0{,}7\ s$ bzw. $s_k = 0{,}5 s$)			
			bei einer **Stablänge** s in m ≤							
		N/mm²	2,0	3,0	5,0	7,0	2,0	3,0	5,0	7,0
1	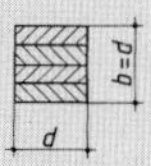	≥ 11	160	168	184	200	150	154	162	170
2		= 8,5	145	151	163	175	140	143	149	155
3		≤ 5	120	124	132	140	120	122	126	130
4	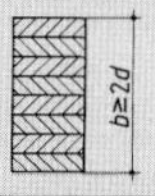	≥ 11	140	148	164	180	140	144	152	160
5		= 8,5	130	136	148	160	130	133	139	145
6		≤ 5	120	122	126	130	115	116	118	120

Tabelle 67. **Mindestdicke unbekleideter Stützen aus Brettschichtholz F 60-B**

Spalte	1	2	3	4	5	6	7	8	9	10
Zeile	Querschnitt und Seitenverhältnis	Knickspannung $\sigma_D\|\| = \frac{\omega \cdot N}{b \cdot d}$	**Mindestdicke** d **in mm bei Lagerung** entsprechend							
			Euler-Fall 1 und 2 ($s_k = 1{,}0\ s$ bzw. $s_k = 2{,}0\ s$)				**Euler-Fall 3 und 4** ($s_k = 0{,}7\ s$ bzw. $s_k = 0{,}5\ s$)			
			bei einer **Stablänge** s in m ≤							
		N/mm²	2,0	3,0	5,0	7,0	2,0	3,0	5,0	7,0
1	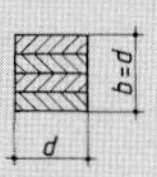	≥ 11	240	260	300	340	230	240	260	280
2		= 8,5	215	231	263	295	210	218	234	250
3		≤ 5	180	190	210	230	180	186	198	210
4	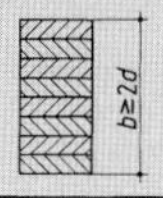	≥ 11	220	238	274	310	210	220	240	260
5		= 8,5	200	214	242	270	195	202	216	230
6		≤ 5	170	178	194	210	170	174	182	190

z. B. durch Kontaktstoß mit den anschließenden Bauteilen verbunden sein.

Stützen mit einer Stablänge $s > 3{,}0$ m sind nach den Angaben von Abschnitt 5.5.4 zu bekleiden oder die Feuerwiderstandsklasse ist durch Prüfungen nach DIN 4102 Teil 2 nachzuweisen.

5.5.2.3 Die Feuerwiderstandsklasse von Stützen aus Brettschichtholz mit anderen Querschnitten ist für ein in den zu beurteilenden Querschnitt eingeschriebenes Rechteck nach den Angaben der Tabellen 66 und 67 nachzuweisen, wobei der statische Nachweis nur für das eingeschriebene Rechteck geführt werden darf.

5.5.3 Unbekleidete Stützen aus Vollholz

5.5.3.1 Unbekleidete Stützen aus Vollholz mit Rechteckquerschnitt mit einer Stablänge $s \leq 4{,}0$ m müssen unabhängig vom Euler-Fall in Abhängigkeit von der Knickspannung $\sigma_D \|$ und der Stablänge s die in Tabelle 69 angegebenen Mindestdicken besitzen und konstruktiv an beiden Enden jeweils mit ihrer ganzen Querschnittsfläche kraftschlüssig mit den anschließenden Bauteilen z. B. durch Kontaktstoß verbunden sein.

Stützen mit einer Stablänge $s > 4{,}0$ m sind nach den Angaben von Abschnitt 5.5.4 zu bekleiden, oder die Feuerwiderstandsklasse ist durch Prüfungen nach DIN 4102 Teil 2 nachzuweisen.

5.5.3.2 Die Feuerwiderstandsklasse von Stützen aus Vollholz mit anderen Querschnitten ist für ein in den zu beurteilenden Querschnitt eingeschriebenes Rechteck nach den Angaben der Tabelle 69 nachzuweisen, wobei der statische Nachweis nur für das eingeschriebene Rechteck geführt werden darf.

Tabelle 68. **Mindestdicke unbekleideter Stützen aus Brettschichtholz mit $s \leq 3{,}0$ m mit Kreuz- oder I-Querschnitt**

Spalte	1	2	3	4	5	6	7	8	9	10
Zeile	Querschnitt [1]) Maße in mm	Knickspannung $\sigma_D \| = \frac{\omega \cdot N}{A}$ N/mm²	Feuerwiderstandsklasse-Benennung F 30-B; **Mindestdicke d in mm** bei einer **Stablänge $s \leq 3{,}0$ m**				F 60-B			
			d_1	d_2	d_3	d_4	d_1	d_2	d_3	d_4
1	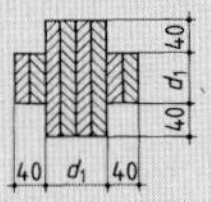	≥ 11	120				180			
2		= 8,5	100				160			
3		≤ 5	70				140			
4	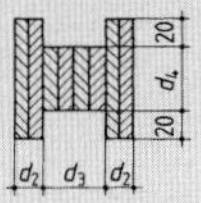	≥ 11		100	120	120		140	200	200
5		= 8,5		90	110	110		130	180	180
6		≤ 5		80	100	100		120	150	150

[1]) Die Einzel-Querschnitte der Stützen dürfen auch durch Nagel-Preßleimung miteinander verbunden werden.

5.5

Tabelle 69. **Mindestdicke unbekleideter Stützen aus Vollholz F 30-B**

Spalte	1	2	3	4	5
Zeile	Querschnitt	Knickspannung $\sigma_D \| = \frac{\omega \cdot N}{b \cdot d}$ N/mm²	**Mindestdicke d in mm** bei einer **Stablänge s in m ≤** 2,0	3,0	4,0
1	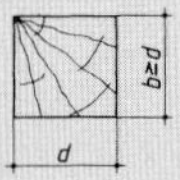	≥ 11	240	260	280
2		= 8,5	200	220	240
3		= 5	160	180	200
4		≤ 2	120	140	160

5.5.4 Bekleidete Holzstützen

5.5.4.1 Bekleidete Holzstützen müssen unabhängig von Holzart, Euler-Fall, Knickspannung und Stablänge die in Tabelle 70 angegebenen Mindestquerschnittsabmessungen und Bekleidungsdicken besitzen.

5.5.4.2 Die Stützen sind vollständig mit
a) Gipskarton-Bauplatten F (GKF) nach DIN 18180 mit geschlossener Fläche,
b) Beton nach DIN 1045 oder
c) Mauerwerk bzw. Wandbauplatten nach DIN 1053 Teil 1 bzw. DIN 4103 Teil 1

nach den Angaben der Schemazeichnungen in Tabelle 70 zu bekleiden.

Bei zweilagiger Bekleidung aus Gipskartonplatten sind die Stöße um $\geq$ 400 mm zu versetzen. Im übrigen gilt für die Befestigung sowie für die Verspachtelung der Fugen DIN 18181.

Lochungen von Steinen oder Platten dürfen nicht senkrecht zur Stützenlängsachse verlaufen.

5.5.5 In Wänden eingebundene Stützen aus Brettschichtholz

5.5.5.1 In Holzwänden eingebundene Stützen aus Brettschichtholz müssen unabhängig von Euler-Fall und Knickspannung Stablängen $s \leq 3{,}0$ m aufweisen und die in Tabelle 71 angegebenen Mindestquerschnittsabmessungen und Bekleidungsdicken besitzen.

Stützen mit einer Stablänge $s > 3{,}0$ m sind sinngemäß nach den Abschnitten 5.5.2 oder 5.5.4 auszuführen; andernfalls ist die Feuerwiderstandsklasse nach DIN 4102 Teil 2 nachzuweisen.

Die Tabellenwerte gelten nur für die Feuerwiderstandsklasse F 30. Höhere Feuerwiderstandsklassen sind ebenfalls durch Prüfungen nach DIN 4102 Teil 2 nachzuweisen.

5.5.5.2 Sofern die angrenzenden Wände einer bestimmten Feuerwiderstandsklasse angehören müssen, sind für ihre Bemessung die Angaben von Abschnitt 4 zu beachten.

Tabelle 70. **Mindestdicken bekleideter Stützen aus Voll- oder Brettschichtholz**

Zeile	Konstruktionsmerkmale Stützenbreite $b \geq d$	Mindestdicke in mm der Stützen d	Mindestdicke in mm der Bekleidung d_1	Feuerwiderstandsklasse-Benennung
1	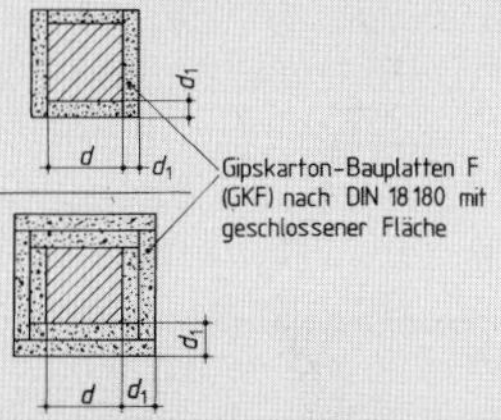	80	15	F 30-B
2		160	2 × 12,5	F 60-B
3	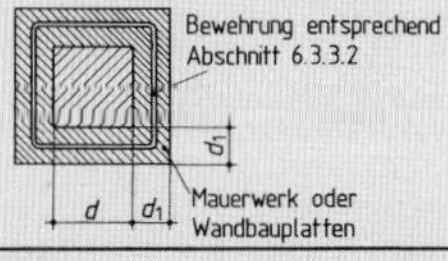	80	60	F 60-B

Tabelle 71. **Mindestdicken von in Wänden eingebundenen Stützen aus Brettschichtholz mit einer Stablänge $s \leq 3{,}0$ m F 30-B**

Zeile	Konstruktionsmerkmale Maße in mm	Mindestdicke in mm der Stützen d	Stützen b	Bekleidung b_1	Bekleidung d_1	Bekleidung d_2
1	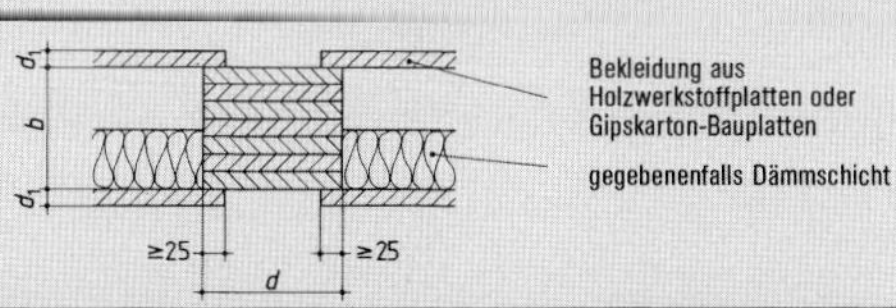	120	140		12,5	
2	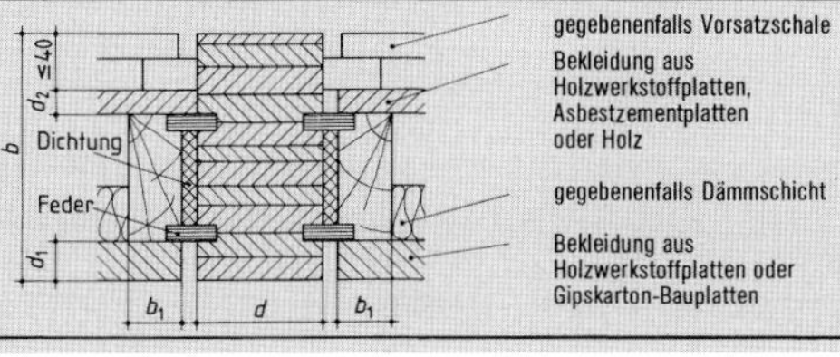	100	140	40	12,5	8

5.6 Feuerwiderstandsklassen von Holz-Zuggliedern

5.6.1 Geltungsbereich, Brandbeanspruchung

5.6.1.1 Die folgenden Angaben gelten für ≤ vierseitig beanspruchte Holz-Zugglieder nach DIN 1052 Teil 1 mindestens der Güteklasse II nach DIN 4074 Teil 1.

5.6.1.2 Die folgenden Angaben gelten für Zugglieder ohne Aussparungen, Ausfräsungen, Stöße, Anschlüsse usw.; wegen der Bemessung derartiger Details siehe die Mindestanforderungen an Verbindungen in Abschnitt 5.7.

5.6.1.3 Die folgenden Angaben gelten sinngemäß auch für Zugstäbe von Fachwerkbindern.

5.6.2 Holz-Zugglieder

5.6.2.1 Holz-Zugglieder müssen nach statischen Gesichtspunkten bemessen werden und darüber hinaus entsprechend den Angaben von Tabelle 72 eine Mindestquerschnittsvergrößerung Δd und/oder eine Bekleidung erhalten.

5.6.2.2 Sofern eine Bekleidung gewählt wird, ist diese nach den Angaben von Tabelle 72 mit Gipskarton-Bauplatten F (GKF) nach DIN 18180 mit geschlossener Fläche auszuführen. Bei zweilagiger Bekleidung sind die Stöße um ≥ 400 mm zu versetzen. Im übrigen gilt für die Befestigung sowie für die Verspachtelung der Fugen DIN 18181.

Tabelle 72. **Bekleidete und unbekleidete Holz-Zugglieder**

Zeile	Konstruktionsmerkmale Statisch erforderlicher Querschnitt = $b \times d$	Mindestdicke in mm der Querschnittsvergrößerung Δd	Mindestdicke in mm der Bekleidung d_1	Feuerwiderstandsklasse-Benennung
1	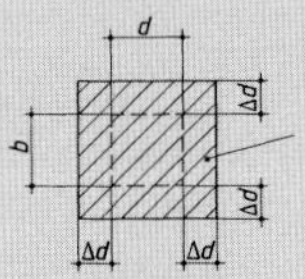 Holzquerschnitt ohne Bekleidung	30		F 30-B
2		50		F 60-B
3	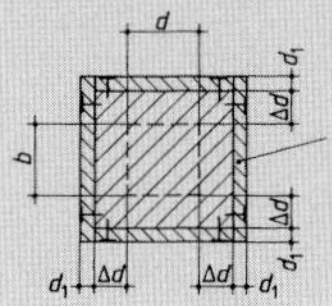 einlagige Bekleidung aus Gipskarton-Bauplatten F (GKF) DIN 18180 mit geschlossener Fläche	15	12,5	F 30-B
4	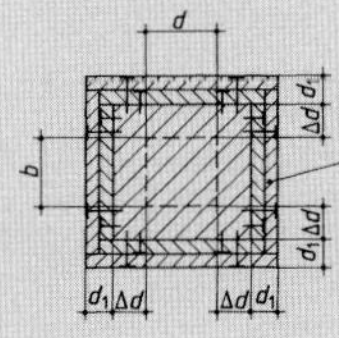 zweilagige Bekleidung aus Gipskarton-Bauplatten F (GKF) DIN 18180 mit geschlossener Fläche	0	2 × 12,5	F 30-B
5		15	2 × 15	F 60-B
6		20	2 × 12,5	F 60-B

5.6

5 Holzbauteile — 76 —

5.7 Feuerwiderstandsklassen von Holzverbindungen

5.7.1 Geltungsbereich, Brandbeanspruchung

5.7.1.1 Die folgenden Angaben gelten für ≤ vierseitig beanspruchte Verbindungen zwischen Holzbauteilen nach DIN 1052 Teil 1 und Teil 2.

5.7.1.2 Die folgenden Angaben gelten nur für den Verbindungs-, Anschluß- oder Stoßbereich. Die anzuschließenden Balken, Stützen oder Zugglieder sind nach den Angaben der Abschnitte 5.4 bis 5.6 zu bemessen.

5.7.2 Holzverbindungen

5.7.2.1 Auf Druck und/oder Abscheren beanspruchte Verbindungen — z. B. zwischen Balken und Stützen oder zwischen Längs- und Querbalken — müssen die in Tabelle 73 angegebenen Mindestabmessungen wie Mindestdicken, Mindestholzüberdeckungen, Mindestvorholzlängen usw. besitzen.

Auf Zug oder Druck sowie Abscheren beanspruchte Verbindungen — z. B. zwischen Gurtbalken und Zug- oder Druckgliedern — müssen die in Tabelle 74 angegebenen Mindestabmessungen besitzen.

Sofern eine brandschutztechnische Bemessung wegen fehlender Prüfergebnisse nicht möglich ist, sind die entsprechenden Fälle in den Tabellen 73 und 74 mit einem „—" gekennzeichnet.

5.7.2.2 Sofern Schraubnägel für die Erzielung einer bestimmten Feuerwiderstandsklasse vorgeschrieben werden, dürfen nur solche verwendet werden, bei denen die Schraubrillen über eine Länge von mindestens $8\,d_N$ in die anzuschließenden Hölzer hineinreichen.

5.7.2.3 Konstruktive und kraftübertragende Laschen müssen aus Vollholz, Brettschichtholz oder Sperrholz bestehen.

Tabelle 73. **Mindestabmessungen von auf Druck und/oder Abscheren beanspruchten Holzverbindungen**

Zeile	Konstruktionsmerkmale der zu verbindenden Holzbauteile Maße in mm		Mindestabmessungen in mm für die Feuerwiderstandsklasse-Benennung F 30-B bei Verwendung von		F 60-B	
			Brettschichtholz	Vollholz	Brettschichtholz	Vollholz
1 1.1	Einteilige Stützen zwischen Doppelträgern (Zangen) Anschluß mit Stabdübeln nach DIN 1052 Teil 1 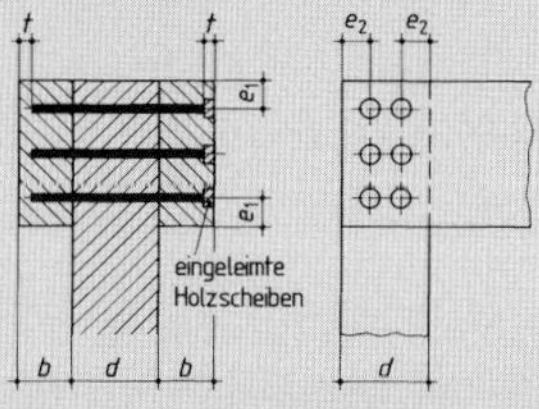 	d	160	240	220	–
		b	100	100	180	–
		e_1	50	60	80	–
		e_2	65	75	110	–
		t	20	20	40	–
1.2	Anschluß mit Dübeln und Bolzen nach DIN 1052 Teil 2 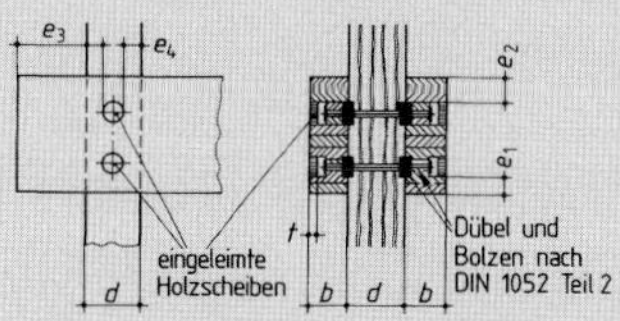 	d	160	240	220	–
		b	100	100	180	–
		e_1	40	50	70	–
		e_2	60	70	90	–
		e_3	300	400	400	–
		e_4	45	60	80	–
		t	20	20	40	–

Tabelle 73. (Fortsetzung)

Zeile	Konstruktionsmerkmale der zu verbindenden Holzbauteile Maße in mm		Mindestabmessungen in mm für die Feuerwiderstandsklasse-Benennung F 30-B bei Verwendung von Brettschichtholz	 F 30-B Vollholz	 F 60-B Brettschichtholz	 F 60-B Vollholz
2	Rechteckstützen mit eingeblatteten, durchgeführten Balken 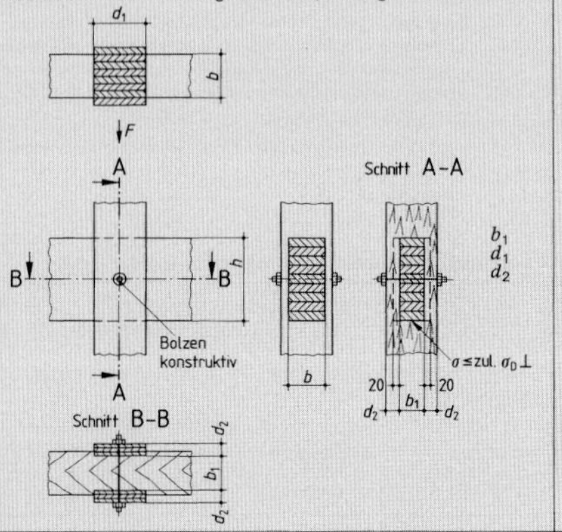	b_1 d_1 d_2	80 160 80 *)	– – –	140 220 140 *)	– – –
3 3.1	I-Stützen mit durchgeführten Balken Anschluß mit Nägeln 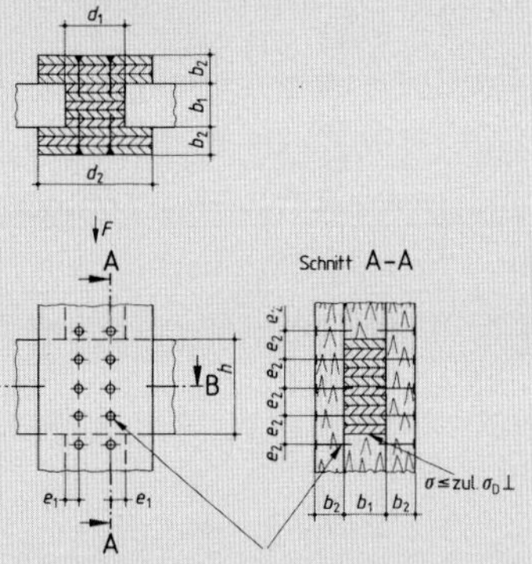 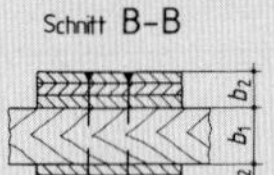 Nägel ≥ 42/110: Oberhalb und unterhalb des Balkens beidseitig mindestens 4 Reihen übereinander	d_1 d_2 b_1 b_2 e_1 e_2	120 160 120 60 **) 30 100	– – – – – –	180 190 180 120 **) 60 100	– – – – – –
3.2	Anschluß mit einem Bolzen (konstruktiv) sinngemäß der Schemazeichnung in Zeile 2	d_1 d_2 b_1 b_2	120 160 120 80 *)	– – – –	180 190 180 140 *)	– – – –

*) Sofern keine Auflast F vorhanden ist, darf der angegebene Wert um 40 mm abgemindert werden.
**) Sofern keine Auflast F vorhanden ist, darf der angegebene Wert um 20 mm abgemindert werden.

5.7

5 Holzbauteile — 78 —

Tabelle 73. (Fortsetzung)

Zeile	Konstruktionsmerkmale der zu verbindenden Holzbauteile Maße in mm		Mindestabmessungen in mm für die Feuerwiderstandsklasse-Benennung F 30-B, bei Verwendung von Brettschichtholz	F 30-B, Vollholz	F 60-B, Brettschichtholz	F 60-B, Vollholz
4	Einteilige Stützen mit aufgesetzten Balken bei Auflagerpressungen $\sigma \leq$ zul $\sigma_{D} \perp$ nach DIN 1052 Teil 1. Zapfenlöcher und -schlitze müssen voll ausgefüllt sein.					
	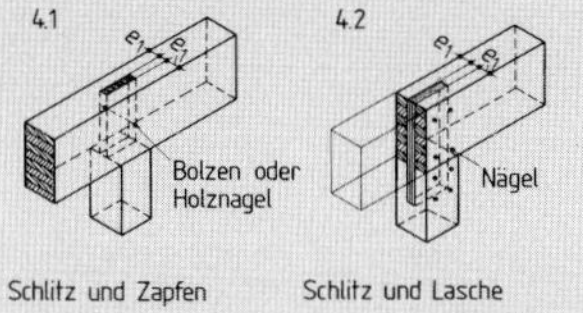	e_1	60	60	90	120
	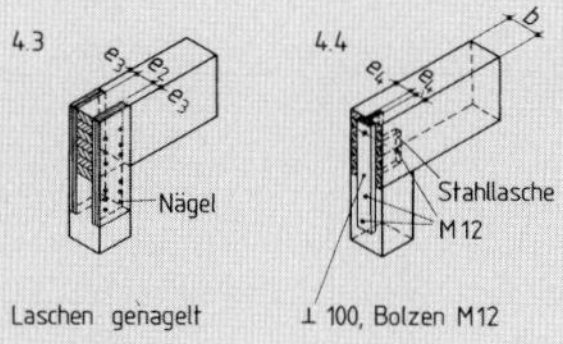	e_2 e_3 e_4 b	80 25 55 120	80 25 70 130	120 40 110 230	120 40 140 290
5	Einteilige Stützen — Zugankerverbindung mit Balken					
	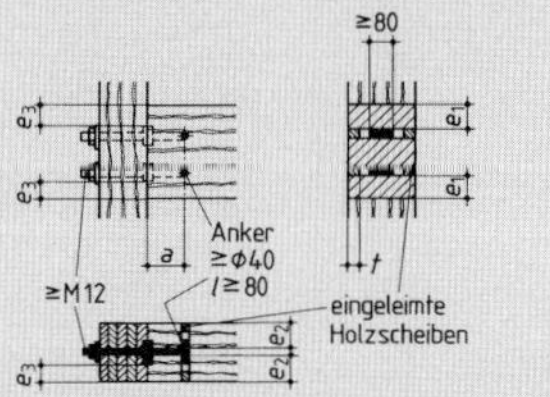	a e_1 e_2 e_3 t	150 50 70 45 20	— — — — —	— — — — —	— — — — —
6	Einteilige Stützen — Anschluß der Balken mit Stahlformteilen mit einer Dicke $\geq$ 10 mm					
6.1	⊥-Formteile mit Dübeln nach DIN 1052 Teil 2					
	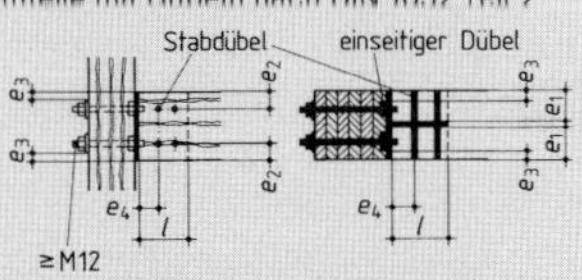	e_1 e_2 e_3 e_4 l	70 55 45 70 150	— — — — —	— — — — —	— — — — —
6.2	L-Formteile mit Dübeln nach DIN 1052 Teil 2					
	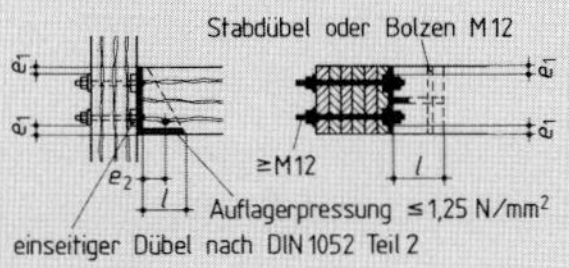	e_1 e_2 l	45 70 100	— — —	— — —	— — —

Tabelle 74. **Mindestabmessungen von auf Zug oder Druck sowie Abscheren beanspruchten Holzverbindungen**

Zeile	Konstruktionsmerkmale der zu verbindenden Holzbauteile Maße in mm		Mindestabmessungen in mm für die Feuerwiderstandsklasse-Benennung F 30-B, bei Verwendung von Brettschichtholz	F 30-B, Vollholz	F 60-B, Brettschichtholz	F 60-B, Vollholz
1	Symmetrischer Laschenanschluß unter Verwendung von Dübeln nach DIN 1052 Teil 2. Die Sicherung des Anschlusses erfolgt mit Schraubnägeln, die rechnerisch nicht zur Kraftübertragung herangezogen werden dürfen. 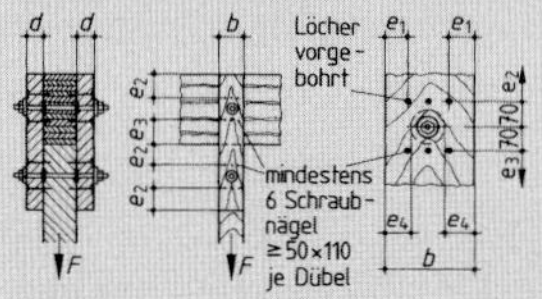 					
		d	60	60	–	–
		b	140	140	–	–
		e_1	40*)	40*)	–	–
		e_2	135	135	–	–
		e_3	40	40	–	–
		e_4	40	40	–	–
2	Symmetrischer Laschenanschluß unter Verwendung von Dübeln nach DIN 1052 Teil 2, Stabdübel ausgeschlossen, siehe hierzu Zeile 3. Die Sicherung des Anschlusses erfolgt mit eingeleimten Holzscheiben der Dicke t. 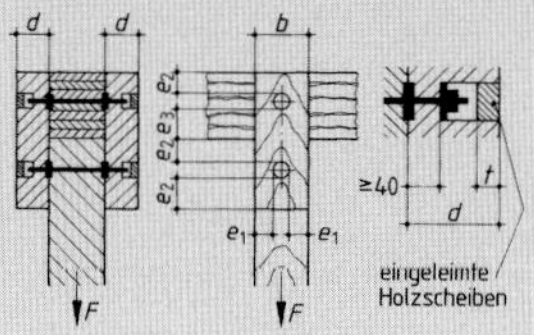 					
		d	60	60	100	100
		b	140	140	160	160
		e_1	30	30	50	50
		e_2	170	170	170	170
		e_3	70	70	100	100
		t	20	20	40	40
3	Symmetrischer Laschenanschluß unter Verwendung von Stabdübeln nach DIN 1052 Teil 1. Die Sicherung des Anschlusses erfolgt mit eingeleimten Holzscheiben der Dicke t mit einem Durchmesser entsprechend dem Stabdübeldurchmesser.					
	(Bezeichnungen siehe Zeile 2)	d	60	60	–	–
		b	140	140	–	–
		e_1	40	40	–	–
		e_2	170	170	–	–
		e_3	70	70	–	–
		t	20	20	–	–

*) Der Mindestabstand ist gleich dem maximal zulässigen Abstand.

5 Holzbauteile — 80 —

Tabelle 74. (Fortsetzung)

<table>
<tr><th rowspan="3">Zeile</th><th rowspan="3">Konstruktionsmerkmale der zu verbindenden Holzbauteile

Maße in mm</th><th rowspan="3"></th><th colspan="4">Mindestabmessungen in mm für die Feuerwiderstandsklasse-Benennung</th></tr>
<tr><th colspan="2">F 30-B</th><th colspan="2">F 60-B</th></tr>
<tr><th>bei Verwendung von
Brett-schichtholz</th><th>Vollholz</th><th>Brett-schichtholz</th><th>Vollholz</th></tr>
<tr><td>4</td><td>Symmetrischer Anschluß mit Ankern (Anzahl ≥ 1). Die Sicherung des Anschlusses erfolgt mit eingeleimten Holzscheiben der Dicke t und einer Decklasche der Dicke d.
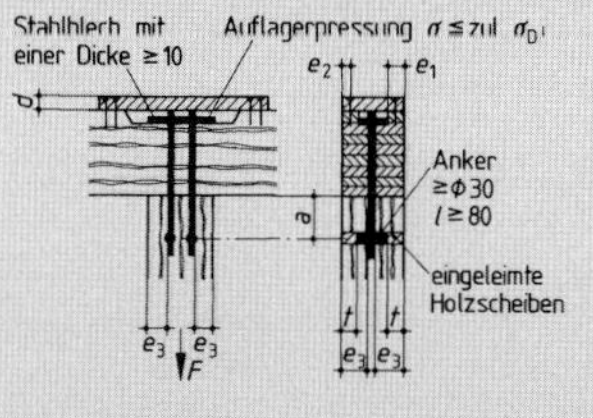
</td><td>e_1
e_2
d
e_3
a
t</td><td>25
12
25
40
280
15</td><td>30
15
25
50
280
20</td><td>30
15
30
70
280
20</td><td>–
–
–
–
–
–</td></tr>
<tr><td>5</td><td>Symmetrischer Laschenanschluß unter Verwendung von Nägeln nach DIN 1052 Teil 1. Die Sicherung des Anschlusses erfolgt mit zusätzlich aufgenagelten Decklaschen der Dicke t, die rechnerisch nicht zur Kraftübertragung herangezogen werden dürfen.
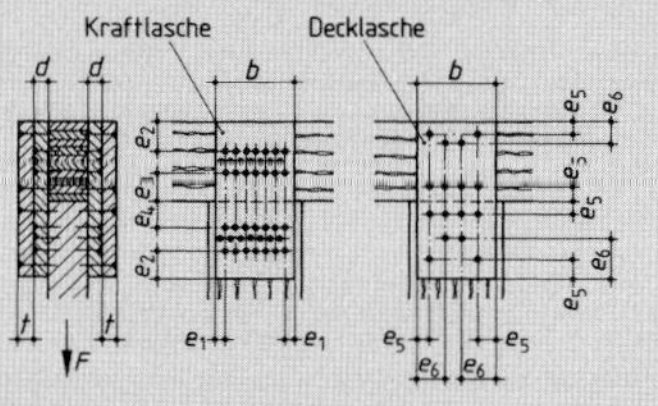
</td><td></td><td></td><td></td><td></td><td></td></tr>
<tr><td></td><td>Bedingungen für die Kraftlaschen</td><td>d
b
e_1
e_2
e_3
e_4</td><td>24
140
20
150
70
50</td><td>24
140
20
150
70
50</td><td>30
200
50
150
100
50</td><td>–
–
–
–
–
–</td></tr>
<tr><td></td><td>Bedingungen für die Decklaschen</td><td>t
b</td><td>24
140</td><td>24
140</td><td>40
200</td><td>–
–</td></tr>
<tr><td></td><td>Befestigung mit ≥ 4 außenliegenden Nägeln
sowie mit ≥ 4 innenliegenden Nägeln</td><td>e_5
e_6</td><td>30 *)
60</td><td>30 *)
60</td><td>50 *)
80</td><td>–
–</td></tr>
<tr><td colspan="7">*) Der Mindestabstand ist gleich dem maximal zulässigen Abstand.</td></tr>
</table>

6 Klassifizierte Stahlbauteile

6.1 Allgemeines zur Bemessung von Stahlbauteilen

6.1.1 Kritische Stahltemperatur crit T, Stahlsorte

6.1.1.1 Die kritische Temperatur crit T des Stahls ist die Temperatur, bei der die Streckgrenze des Stahls auf die im Bauteil vorhandene Stahlspannung absinkt. crit T beträgt für die nach DIN 1050 zulässigen Beanspruchungen bei den im folgenden klassifizierten Bauteilen aus St 37 und St 52 500 °C.

6.1.1.2 Wegen der Verwendung anderer Stahlsorten und wegen geringerer Beanspruchungen siehe Anhang C.1.

6.1.1.3 Um zu erreichen, daß sich Stahlbauteile bei Brandbeanspruchung nur auf eine Stahltemperatur < 500 °C erwärmen, ist im allgemeinen die Anordnung einer Bekleidung erforderlich. Ihre Bemessung richtet sich nach dem Verhältniswert U/A in m^{-1} – d. h. nach dem Verhältnis von beflammtem Umfang zu der zu erwärmenden Querschnittsfläche.

Wegen unbekleideter Stahlbauteile siehe Anhang C.2.

6.1.2 Berechnung des Verhältniswertes U/A

6.1.2.1 Bei **vierseitiger** Beflammung und **profilfolgender** Bekleidung ist

$$U/A = \frac{\text{Abwicklung}}{A} \qquad (8)$$

wenn

A die Querschnittsfläche des Profils ist.

6.1.2.2 Bei **vierseitiger** Beflammung und **kastenförmiger** Bekleidung ist

$$U/A = \frac{2h + 2b}{A} \qquad (9)$$

wenn

h und b die Querschnittshöhe und -breite, z. B. von I-Profilen darstellen.

6.1.2.3 Bei **dreiseitiger** Beflammung und **profilfolgender** Bekleidung ergibt sich

$$U/A = \frac{\text{Abwicklung} - b}{A} \qquad (10)$$

wobei b und A die schon erläuterten Kennwerte darstellen.

Im allgemeinen wird der dem Feuer zugekehrte Flansch bzw. das dem Feuer zugekehrte Profilteil am schnellsten erhitzt. Ein Versagen des gesamten Profils erfolgt im allgemeinen aufgrund der Erhitzung eines solchen Profilteils. Für das sich am schnellsten erhitzende Profilteil ist ein modifizierter U/A-Wert zu berechnen:

$$(U/A)_{\text{mod.}} = \frac{200}{t} \qquad (11)$$

t ist die Dicke des in Frage stehenden Profilteils in cm.

Für die Ermittlung der Mindestbekleidungsdicke ist der sich aus den Gleichungen (10) und (11) ergebende größere U/A-Wert zu verwenden.

6.1.2.4 Bei **dreiseitiger** Beflammung und **kastenförmiger** Bekleidung ist

$$U/A = \frac{2h + b}{A} \qquad (12)$$

6.1.2.5 Bei **einseitiger** Beflammung – dieser Fall liegt praktisch bei eingemauerten oder einbetonierten I-Trägern vor, bei denen nur die Flanschaußenflächen erwärmt werden – ist

$$U/A = \frac{100}{t} \qquad (13)$$

wenn t auch hier die Dicke des in Frage stehenden Profilteils (Flansches) in cm ist.

6.1.2.6 Beispiele für U/A-Berechnungen sind im Anhang C.3 enthalten.

6.1.3 Begrenzung des Verhältniswertes U/A

Bei allen nachfolgend klassifizierten Stahlbauteilen ist der U/A-Wert mit $\leq 300\ m^{-1}$ begrenzt.

Sofern Stahlbauteile mit U/A-Werten $> 300\ m^{-1}$ zu beurteilen sind, sind zur Klassifizierung entsprechend DIN 4102 Teil 2 Normprüfungen notwendig.

6.1.4 Konstruktionsgrundsätze

6.1.4.1 Werden an tragenden oder aussteifenden Stahlbauteilen mit bestimmter Feuerwiderstandsklasse Stahlbauteile angeschlossen, die keiner Feuerwiderstandsklasse angehören müssen, so sind die Anschlüsse und angrenzenden Stahlteile auf einer Länge, gerechnet vom Rand des zu schützenden Stahlbauteils, bei den Feuerwiderstandsklassen

a) F 30 bis F 90 von mindestens 30 cm und

b) F 120 bis F 180 von mindestens 60 cm

in Abhängigkeit vom U/A-Wert der anzuschließenden Stahlbauteile zu bekleiden.

6.1.4.2 Verbindungsmittel wie Nieten, Schrauben und HV-Schrauben müssen in derselben Dicke wie die angeschlossenen Profile bekleidet werden.

6.1.4.3 Ränder von Aussparungen – z. B. in Stegen von I-Trägern – müssen in derselben Dicke wie die übrigen Profilteile geschützt werden.

6.1.4.4 Werden Leitungen – z. B. Rohre, Kabel oder Kabeltrassen – durch Aussparungen oder durch die Felder von Fachwerkträgern geführt, so muß durch ihre Feuerwiderstandsdauer sichergestellt werden, daß diese Leitungen die Bekleidung bei Brandbeanspruchung nicht beschädigen. 6.1

Leitungen sind daher im Bereich von Aussparungen bzw. im Bereich von Durchführungen durch Fachwerkfelder durch Abhängung und/oder Auflagerung mit nichtbrennbaren Konstruktionsteilen so zu befestigen, daß sie keine ungünstig wirkenden Verformungen erfahren oder ganz versagen.

6.1.4.5 Die im folgenden beschriebenen Putzbekleidungen werden durch Putzträger wie Rippenstreckmetall, Drahtgewebe o. ä. am Bauteil gehalten. Putzbekleidungen ohne derartige Putzträger sind ohne besondere Nachweise der Brauchbarkeit nicht gestattet.

Anmerkung: Die Brauchbarkeit von Putzbekleidungen, die brandschutztechnisch notwendig sind und die nicht durch Putzträger (Rippenstreckmetall, Drahtgewebe o. ä.) am Bauteil gehalten werden, ist besonders nachzuweisen, zum Beispiel durch eine allgemeine bauaufsichtliche Zulassung.

6 Stahlbauteile — 82 —

6.2 Feuerwiderstandsklassen bekleideter Stahlträger

6.2.1 Geltungsbereich, Brandbeanspruchung

6.2.1.1 Die folgenden Angaben gelten für statisch bestimmt oder unbestimmt gelagerte, auf Biegung beanspruchte, bekleidete Stahlträger nach DIN 1050 mit max. dreiseitiger Brandbeanspruchung. Letztere liegt vor, wenn die Oberseite der Träger durch Platten oder Hohldielen entsprechend den Angaben der Abschnitte 3.5 bis 3.7 jeweils mindestens der geforderten Feuerwiderstandsklasse vollständig abgedeckt ist — siehe Schemazeichnungen in den Tabellen 75 bis 77.

6.2.1.2 Die folgenden Angaben gelten unter Berücksichtigung des U/A-Wertes auch für entsprechende Träger mit vierseitiger Brandbeanspruchung, wenn die Träger vierseitig entsprechend der beschriebenen Bekleidungsart ummantelt sind. Eine vierseitige Brandbeanspruchung liegt vor, wenn die Oberseite der Träger andere Abdeckungen — z. B. aus Stahl, Holz oder Kunststoff — erhält oder frei liegt.

6.2.1.3 Die folgenden Angaben gelten auch für Fachwerkträger, wenn die einzelnen Stäbe, Knotenbleche usw. unter Berücksichtigung der U/A-Werte entsprechend der beschriebenen Bekleidungsart ummantelt sind.

6.2.1.4 Für alle bekleideten Träger wird vorausgesetzt, daß auch Kippverbände und sonstige statisch erforderliche Aussteifungen unter Berücksichtigung der U/A-Werte entsprechend der beschriebenen Bekleidungsart ummantelt sind. Ausgenommen hiervon sind Verbände, die nur für den Montagezustand erforderlich sind.

6.2.1.5 Bei den nachfolgend klassifizierten Trägern ist die Anordnung von zusätzlichen Bekleidungen — Bekleidungen aus Stahlblech ausgenommen — erlaubt; gegebenenfalls sind bei Verwendung von Baustoffen der Klasse B jedoch bauaufsichtliche Anforderungen zu beachten.

6.2.1.6 Sofern eine brandschutztechnische Klassifizierung nicht möglich ist, sind die entsprechenden Fälle in den folgenden Tabellen mit einem „—" gekennzeichnet.

6.2.2 Putzbekleidungen

6.2.2.1 Putzbekleidungen von Trägern ohne Ausmauerung der Flächen zwischen den Flanschen müssen die in Tabelle 75 angegebenen Mindestputzdicken besitzen.

Die nichtbrennbaren Putzträger aus Rippenstreckmetall, Streckmetall oder Drahtgewebe müssen die in den Schemazeichnungen von Tabelle 75 angegebenen Abstandhalter aufweisen, damit der Putz den Putzträger $\geq$ 10 mm durchdringen kann. Anstelle der abstandhaltenden Bügel dürfen auch entsprechend wirksame Trägerklammern, Blechprofile, Schellen o. ä. verwendet werden.

Die Putzträger sind z. B. mit Klemm- oder Schraubbefestigung ausreichend zu verankern oder bei vierseitiger Bekleidung wie beim Untergurt um den Obergurt herumzuführen.

6.2.2.2 Für Putzbekleidungen von Trägern mit Ausmauerung der Flächen zwischen den Flanschen gelten die vorstehenden Angaben sinngemäß; die Mindestputzdicken nach Tabelle 75 brauchen jedoch nach den Angaben der Schemazeichnung in Tabelle 76 nur im Bereich des Untergurts eingehalten zu werden. Die Mindestdicke der Ausmauerung geht aus den Angaben von Tabelle 76 hervor.

Tabelle 75. **Mindestdicken von Putzen bekleideter Stahlträger ohne Ausmauerung**

U/A nach Abschnitt 6.1.2	Mindestputzdicke d in mm über Putzträger (Rippenstreckmetall, Streckmetall oder Drahtgewebe) gemäß nebenstehender Schemazeichnung — Gesamtputzdicke $D \geq d + 10$ mm — bei Verwendung von Putz [1]) aus														
	Mörtelgruppe P II oder P IVc nach DIN 18 550 Teil 2 *)					Mörtelgruppe P IVa oder P IVb nach DIN 18 550 Teil 2 *)					Vermiculite- oder Perlitemörtel nach Abschnitt 3.1.5.5				
m^{-1}	F 30	F 60	F 90	F 120	F 180	F 30	F 60	F 90	F 120	F 180	F 30	F 60	F 90	F 120	F 180
< 90	5	15	—	—	—	5	5	15	15	25	5	5	15	15	25
90 bis 119	5	15	—	—	—	5	5	15	25	—	5	5	15	25	—
120 bis 179	5	15	—	—	—	5	15	15	25	—	5	5	15	25	—
180 bis 300	5	15	—	—	—	5	15	25	—	—	5	5	25	25	—

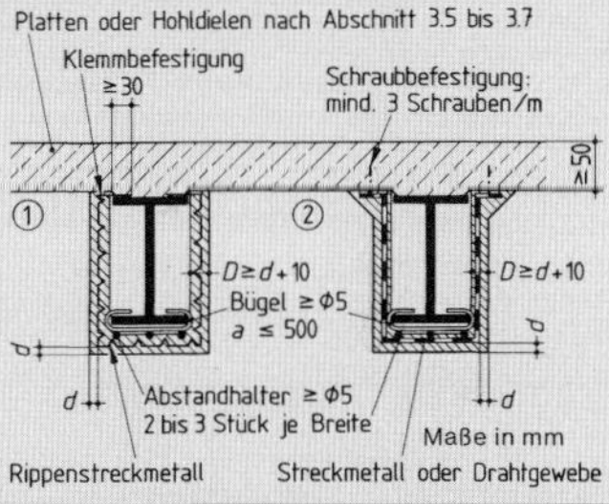

*) Z. Z. noch Entwurf

[1]) Die Benennungen lauten jeweils F 30-A, F 60-A, F 90-A, F 120-A und F 180-A

Tabelle 76. **Mindestdicke d_M in mm der Ausmauerung von Stahlträgern mit Putzbekleidung der Untergurte** [1])

Zeile	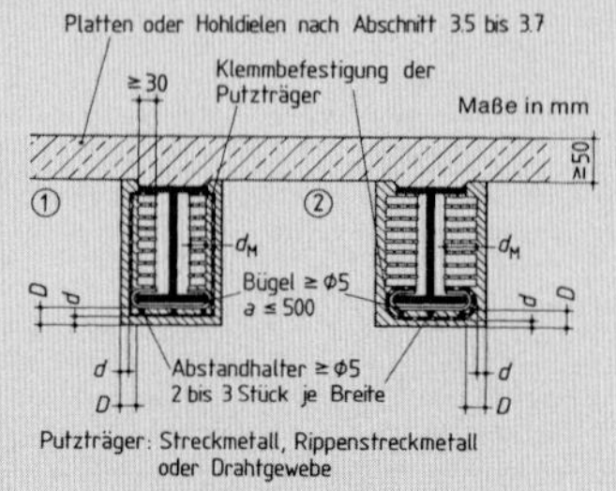 Mauerwerk nach DIN 1053 Teil 1 oder Plattenbekleidung nach DIN 4103 Teil 1 aus	Mindestdicke d_M [2]) [3]) der Ausmauerung für die Feuerwiderstandsklasse-Benennung F 30-A	 F 60-A	 F 90-A	 F 120-A	 F 180-A
1	Gasbeton-Blocksteinen oder -Bauplatten nach DIN 4165 und DIN 4166 oder Hohlblock- oder Vollsteinen bzw. Wandbauplatten aus Leichtbeton nach DIN 18151, DIN 18152, DIN 18153 und DIN 18162	50	50	50	50	75
2	Mauerziegeln nach DIN 105 oder Kalksandsteinen nach DIN 106	52	52	52	71	115
3	Wandbauplatten aus Gips nach DIN 18163 Teil 1	60	60	60	60	60

[1]) Die Mindestputzdicken d und D für den Bereich der Untergurte sind den Angaben der Tabelle 75 zu entnehmen.
[2]) Bei hohen Trägern können aus Gründen der Standsicherheit gegebenenfalls größere Dicken notwendig werden.
[3]) Lochungen von Steinen oder Ziegeln dürfen nicht senkrecht zum Trägersteg verlaufen.

6.2.3 Gipskartonplattenbekleidungen

Gipskartonplattenbekleidungen müssen hinsichtlich der Platten-Anordnung und -Mindestdicke die in Tabelle 77 angegebenen Bedingungen erfüllen. Die Spannweite der Platten — d. h. die Abstände der Stahlhalteprofile — muß ≤ 400 mm sein. Fugen einlagiger Bekleidungen sind mit Gipskartonplattenstreifen zu hinterfüttern. Fugen mehrlagiger Bekleidungen sind ≥ 400 mm zu versetzen. Jede Bekleidungslage ist für sich an der Unterkonstruktion zu befestigen und zu verspachteln. Im übrigen gilt für die Befestigung und Verspachtelung der Fugen DIN 18181. 6.2

Tabelle 77. **Mindestbekleidungsdicke d in mm von Stahlträgern mit $U/A \leq 300\,m^{-1}$ mit einer Bekleidung aus Gipskarton-Bauplatten F (GKF) nach DIN 18180 mit geschlossener Fläche**

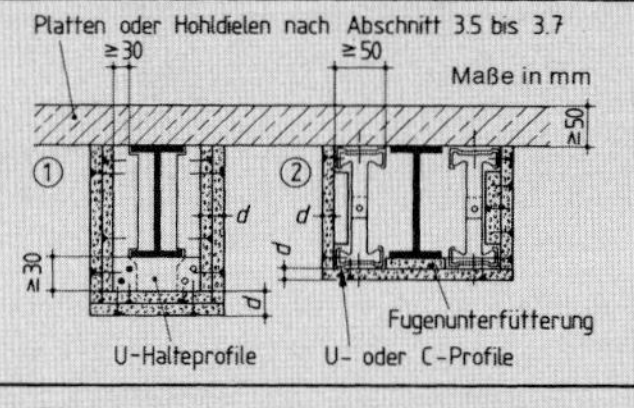	Feuerwiderstandsklasse-Benennung (Sofern ein gültiger Prüfbescheid vorliegt, aus dem hervorgeht, daß die Gipskarton-Bauplatten der Baustoffklasse A angehören, sind die Konstruktionen in die Benennungen F 30-A, F 60-A, F 90-A, F 120-A und F 180-A einzustufen) F 30-AB	 F 60-AB	 F 90-AB	 F 120-AB	 F 180-AB
	12,5	12,5 + 9,5	2 × 15	2 × 15 + 9,5 [1])	–

[1]) Die raumseitige 9,5 mm dicke Bekleidungsschale darf auch aus Gipskarton-Bauplatten B (GKB) nach DIN 18180 bestehen.

6.3 Feuerwiderstandsklassen bekleideter Stahlstützen einschließlich Konsolen

6.3.1 Geltungsbereich, Brandbeanspruchung

6.3.1.1 Die folgenden Angaben gelten für bekleidete Stahlstutzen nach DIN 1050 mit ≤ vierseitiger Brandbeanspruchung.

6.3.1.2 Die folgenden Angaben gelten auch für Stahlstützen mit Konsolen, sofern die Konsolen unter Berücksichtigung des U/A-Wertes entsprechend der beschriebenen Bekleidungsart ummantelt sind.

6.3.1.3 Druckstäbe in Fachwerkträgern sind nach den Angaben von Abschnitt 6.2 zu bemessen.

6.3.2 Randbedingungen

6.3.2.1 Alle Bekleidungen müssen von Oberkante Fußboden — bei Fußböden, die ganz oder teilweise aus Baustoffen der Klasse B bestehen, von Oberkante Rohdecke — auf ganzer Stützenlänge bis Unterkante Rohdecke angeordnet werden. Diese Forderung ist auch dann zu erfüllen, wenn eine Unterdecke mit bestimmter Feuerwiderstandsdauer angeordnet wird — d. h. die Stützen sind auch im Zwischendeckenbereich entsprechend der geforderten Feuerwiderstandsklasse zu bekleiden.

6.3.2.2 Stahlstützen mit geschlossenem Querschnitt mit Beton- oder Mörtelfüllung müssen im Abstand von höchstens 5 m sowie am Kopf und Fuß der Stütze jeweils mindestens zwei gegenüberliegende Löcher besitzen. Der Öffnungsquerschnitt muß je Lochpaar $\geq 6\,cm^2$ betragen. Mit Beton oder Mörtel verstopfte Löcher müssen vor dem Bekleiden der Stützen wieder vollständig geöffnet werden. Die Bekleidung der Stützen muß an allen Lochstellen gleichgroße Öffnungen aufweisen.

6.3.2.3 Stahlstützen mit offenem Querschnitt, bei denen die Flächen zwischen den Flanschen vollständig mit Mörtel, Beton oder Mauerwerk ausgefüllt sind, dürfen zusätzlich zur brandschutztechnisch notwendigen Ummantelung beliebig bekleidet werden. Stahlstützen mit offenem Querschnitt, bei denen die Flächen zwischen den Flanschen nicht vollständig mit Mörtel, Beton oder Mauerwerk ausgefüllt sind, dürfen nicht mit zusätzlichen Blechbekleidungen versehen werden. Bei zusätzlichen Bekleidungen aus Baustoffen der Klasse B sind gegebenenfalls bauaufsichtliche Anforderungen zu beachten.

6.3.3 Bekleidungen aus Beton, Mauerwerk oder Platten

6.3.3.1 Bekleidungen aus Beton müssen konstruktiv bewehrt sein und die in Tabelle 78 angegebenen Mindestdicken besitzen. Die Betonbekleidung darf unmittelbar am Stahl anliegen.

Sofern vorgefertigte Bekleidungsteile verwendet werden, ist die Eignung von Fugen, Anschlüssen und Verbindungsmitteln durch Prüfungen nach DIN 4102 Teil 2 nachzuweisen.

6.3.3.2 Bekleidungen aus Mauerwerk oder Platten müssen im Verband errichtet werden und die in Tabelle 78 angegebenen Mindestdicken besitzen. Lochungen von Steinen dürfen nicht senkrecht zur Stützenlängsachse verlaufen. Die Bekleidung darf unmittelbar am Stahl anliegen.

Die Bekleidungen sind durch eingelegte Stahlbügel mit einem Durchmesser ≥ 5 mm mindestens in Abständen von 250 mm in der Bekleidungsmitte zu bewehren. Diese Bewehrung ist nicht notwendig, wenn die Stützen in ganzer Höhe in Wände nach den Abschnitten 4.4 bis 4.7 eingebaut werden und die an den Stützen vorbeigeführten Wandteile mit der in Tabelle 78 angegebenen Mindestdicke durch Verband mit den angrenzenden Wandteilen verbunden sind; die Bewehrung ist außerdem nicht bei Verwendung von Wandbauplatten aus Gips nach DIN 18163 Teil 1 notwendig.

Tabelle 78. **Mindestbekleidungsdicke d in mm von Stahlstützen mit $U/A \leq 300\,m^{-1}$ mit einer Bekleidung aus Beton, Mauerwerk oder Platten**

Die ()-Werte gelten für Stützen aus Hohlprofilen, die vollständig ausbetoniert sind, sowie für Stützen mit offenen Profilen, bei denen die Flächen zwischen den Flanschen vollständig ausbetoniert, vermörtelt oder ausgemauert sind.

Zeile	Bekleidung aus	Feuerwiderstandsklasse-Benennung				
		F 30-A	F 60-A	F 90-A	F 120-A	F 180-A
1	Stahlbeton nach DIN 1045 oder bewehrtem Gasbeton nach DIN 4223 **)	50 (30)	50 (30)	50 (40)	60 (50)	75 (60)
2	Mauerwerk oder Wandbauplatten nach DIN 1053 Teil 1 bzw. DIN 4103 Teil 1 unter Verwendung von					
2.1	Gasbeton-Blocksteinen oder -Bauplatten nach DIN 4165 bzw. DIN 4166 oder Hohlblocksteinen, Vollsteinen bzw. Wandbauplatten aus Leichtbeton nach DIN 18151, DIN 18152, DIN 18153 und DIN 18162	50 (50)	50 (50)	50 (50)	50 (50)	75 (50)
2.2	Mauerziegeln nach DIN 105 (Langlochziegel ausgenommen) oder Kalksandsteinen nach DIN 106 Teil 1 und Teil 2 oder Hüttensteinen nach DIN 398	52 (52)	52 (52)	71 (52)	71 (71)	115 (71)
2.3	Wandbauplatten aus Gips nach DIN 18163 Teil 1	60 (60)	60 (60)	80 (60)	100 (80)	120 (100)

**) Siehe Seite 7

6.3.4 Putzbekleidungen

6.3.4.1 Putzbekleidungen von Stützen müssen die in Tabelle 79 angegebenen Mindestputzdicken besitzen.

6.3.4.2 Die Anordnung und Befestigung der nichtbrennbaren Putzträger, der Kantenschutzschienen und des nahe der Bekleidungsoberfläche liegenden Drahtgewebes müssen den Angaben der Schemazeichnung von Tabelle 79 entsprechen. Putzträger und Drahtgewebe sind durch Verrödeln sorgfältig zu befestigen; Längs- und Querstöße sind zu verknüpfen und versetzt anzuordnen.

6.3.5 Gipskartonplattenbekleidungen

6.3.5.1 Gipskartonplattenbekleidungen müssen die in Tabelle 80 angegebenen Mindestdicken besitzen.

6.3.5.2 Die Gipskarton-Bauplatten sind auf einer Unterkonstruktion aus Stahlblechschienen mit einem Abstand ≤ 400 mm anzuordnen. Alle Fugen sind zu versetzen. Jede Bekleidungslage ist für sich an der Unterkonstruktion zu befestigen und zu verspachteln. Im übrigen gilt für die Befestigung und Verspachtelung der Fugen DIN 18181.

6.3.5.3 Alternativ zur Anordnung nach Abschnitt 6.3.5.2 dürfen die Gipskarton-Bauplatten auch unmittelbar an den Stützen angesetzt werden. In derartigen Fällen ist jede Bekleidungslage durch Stahlbänder oder Rödeldrähte im Abstand ≤ 400 mm zu halten. Bei mehrlagigen Bekleidungen darf diese Halterung bei der raumseitigen Bekleidungslage durch eine Befestigung nach DIN 18181 ersetzt werden. Alle Fugen sind zu versetzen und zu verspachteln. Die Stahlbänder und Rödeldrähte sind ebenfalls zu verspachteln.

6.3.5.4 Zum Schutz der Ecken sind stets Eckschutzschienen anzubringen und einzuspachteln.

Tabelle 79. **Mindestdicke von Putzen bekleideter Stahlstützen**

U/A nach Abschnitt 6.1.2	Mindestputzdicke d in mm über Putzträger (Rippenstreckmetall, Streckmetall oder Drahtgewebe) gemäß nebenstehender Schemazeichnung bei Verwendung von Putz [1]) aus														
	Mörtelgruppe P II oder P IVc nach DIN 18 550 Teil 2 *)					Mörtelgruppe P IVa oder P IVb nach DIN 18 550 Teil 2 *)					Vermiculite- oder Perlitemörtel nach Abschnitt 3.1.5.5 [2])				
m^{-1}	F 30	F 60	F 90	F 120	F 180	F 30	F 60	F 90	F 120	F 180	F 30	F 60	F 90	F 120	F 180
< 90	15	25	45	45	65	10	10	35	35	45	10	10	35	35	45
90 bis 119	15	25	45	55	65	10	20	35	45	60	10	20	35	45	55
120 bis 179	15	25	45	55	65	10	20	45	45	60	10	20	35	45	55
180 bis 300	15	25	55	55	65	10	20	45	60	60	10	20	45	45	55

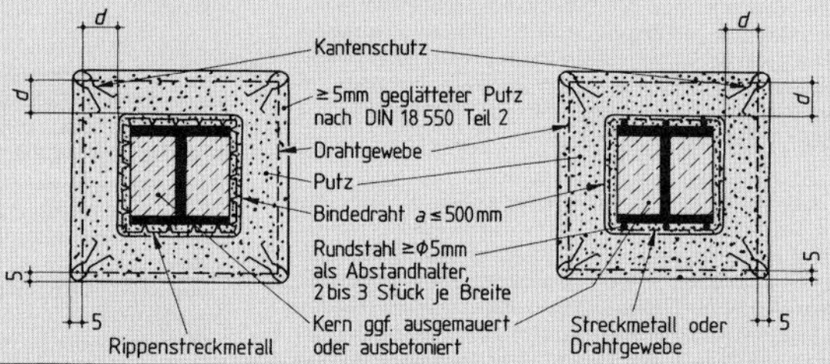

*) Z. Z. noch Entwurf
[1]) Die Benennungen lauten jeweils F 30–A, F 60–A, F 90–A, F 120–A und F 180–A.
[2]) Der in Abschnitt 3.1.5.5 geforderte 5 mm dicke Vermiculite- bzw. Perlite-Oberputz darf durch einen Putz nach DIN 18 550 Teil 2 (z. Z. noch Entwurf) ersetzt werden.

6.3

Tabelle 80. **Mindestbekleidungsdicke d in mm von Stahlstützen mit $U/A \leq 300\ m^{-1}$ mit einer Bekleidung aus Gipskarton-Bauplatten F (GKF) nach DIN 18180 mit geschlossener Fläche**

Konstruktionsmerkmale	Feuerwiderstandsklasse-Benennung [1])				
	F 30-AB	F 60-AB	F 90-AB	F 120-AB	F 180-AB
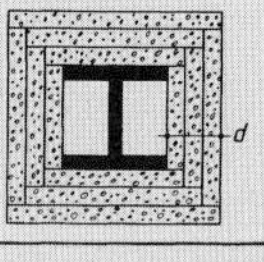	12,5 [2])	12,5 + 9,5	3 × 15	4 × 15	5 × 15

[1]) Sofern ein gültiger Prüfbescheid vorliegt, aus dem hervorgeht, daß die Gipskarton-Bauplatten der Baustoffklasse A angehören, sind die Konstruktionen in die Benennungen F 30–A, F 60–A, F 90–A, F 120–A und F 180–A einzustufen.
[2]) Ersetzbar durch ≥ 18 mm dicke Gipskarton-Bauplatten B (GKB) DIN 18180.

6.4 Feuerwiderstandsklassen von Stahlzuggliedern

6.4.1 Die Feuerwiderstandsklassen von Stahlzuggliedern einschließlich ihrer Anschlüsse sind auf der Grundlage von Normprüfungen nach DIN 4102 Teil 2 zu ermitteln.

6.4.2 Die Feuerwiderstandsklassen von Stahlzugstäben in Fachwerkträgern sind nach den Angaben von Abschnitt 6.2 zu bestimmen.

6.5 Feuerwiderstandsklassen von Stahlträger- und Stahlbetondecken mit Unterdecken

6.5.1 Geltungsbereich, Brandbeanspruchung

6.5.1.1 Die folgenden Angaben gelten für von unten (Unterseite der Unterdecke) oder von oben (Oberseite der tragenden Decke) beanspruchte **Stahlträgerdecken** mit Unterdecken sowie für gleichzustellende Dächer mit nachfolgend beschriebenen Merkmalen.

Die **Stahlträger** nach DIN 1050 liegen im Zwischendeckenbereich zwischen Unterdecke und Abdeckung; sie bilden mit der Abdeckung die tragende Decke und dürfen aus Vollwandträgern, Fachwerkträgern oder auch Gitterträgern bestehen, sofern die Träger und Fachwerk- oder Gitterstäbe nach Abschnitt 6.1.3 einen U/A-Wert $\leq 300\,\mathrm{m}^{-1}$ besitzen.

Die **Unterdecke** nach DIN 18168 schützt die Stahlträger vor raumseitiger Brandbeanspruchung von unten — d. h. vor Brandbeanspruchung von der Unterdeckenunterseite. Die Unterdecke selbst kann so ausgebildet sein, daß sie allein bei Brandbeanspruchung von unten einer Feuerwiderstandsklasse angehört — siehe Abschnitt 6.5.7.

Die **Abdeckung** nach DIN 1045, DIN 4028 *) oder DIN 4223 **) ist mindestens 5 cm dick und schützt die Stahlträger vor Brandbeanspruchung von oben. Die Abdeckung beeinflußt das Brandverhalten der Unterdecke. Es wird unterschieden in:

a) Abdeckung aus **Leichtbeton** (Bauart I) und

b) Abdeckung aus **Normalbeton** (Bauart II).

Entsprechend dem Prüfverfahren nach DIN 4102 Teil 2 gelten die Feuerwiderstandsklassen von Stahlträgerdecken mit Unterdecken mit einer Abdeckung aus Leichtbeton auch für Stahlbeton- und Spannbetondecken bzw. -dächer mit Zwischenbauteilen aus Leichtbeton oder Ziegeln nach

DIN 4028 *) und DIN 4223 **) (siehe Abschnitt 3.6),
DIN 4159 (siehe Abschnitte 3.10 und 3.11),
DIN 4158 und DIN 4160 (siehe Abschnitt 3.11) und
DIN 278 (siehe Abschnitt 3.12)

jeweils mit einer Unterdecke der beschriebenen Art.

Entsprechend dem Prüfverfahren gelten die Feuerwiderstandsklassen von Stahlträgerdecken mit Unterdecken mit einer Abdeckung aus Normalbeton auch für **Stahlbeton- und Spannbetondecken bzw. -dächer** aus Normalbeton mit und ohne Zwischenbauteilen aus Normalbeton (Bauart III) jeweils mit einer Unterdecke der beschriebenen Art. Wegen des günstigeren Brandverhaltens von Stahlbetondecken gegenüber Stahlträgerdecken kann die Bemessung der Unterdecke in bestimmten Fällen jedoch mit geringeren Abmessungen erfolgen — siehe Abschnitte 6.5.2 bis 6.5.6.

Entsprechend dem Prüfverfahren gelten die Feuerwiderstandsklassen von Stahlträgerdecken mit Unterdecken in begrenztem Umfang auch für Holzbalkendecken bzw. -dächer (Bauart IV) jeweils mit einer Unterdecke der beschriebenen Art; die Klassifizierungen derartiger Decken bzw. Dächer sind den Abschnitten 5.1 bis 5.3 zu entnehmen.

Für die Bemessung der Abdeckungen bzw. tragenden Decken gelten die Abschnitte 3.2 bis 3.13.

Für die Bemessung der Unterdecke gelten die Abschnitte 6.5.2 bis 6.5.7.

---

*) Z. Z. noch Entwurf

**) Siehe Seite 7

6.4 Zugglieder

6.5 Träger- und Stahlbetondecken mit Unterdecken

6.5.1.2 Die folgenden Angaben gelten nicht für eine **Brandbeanspruchung des Zwischendeckenbereichs;** sie gelten deshalb auch nicht für eine Klassifizierung der Unterdecken bei Brandbeanspruchung von oben.

Die folgenden Angaben setzen daher voraus, daß sich im Zwischendeckenbereich zwischen Rohdecke und Unterdecke keine weiteren brennbaren Bestandteile als im folgenden angeführt befinden.

Als unbedenklich gelten brennbare Kabelisolierungen oder freiliegende Baustoffe der Klasse B1, sofern die dadurch entstehende Brandlast möglichst gleichmäßig verteilt und ≤ 7 kW h/m^2 ist.[2)]

Sofern Kabelbündel, Rohrisolierungen, Leitungen, Dämmschichten usw. aus brennbaren Bestandteilen mit einer Brandlast > 7 kW h/m^2 vorhanden sind, oder sofern die Unterdecke bei Brandbeanspruchung von oben einer Feuerwiderstandsklasse angehören soll, ist die Eignung der Unterdecken durch Prüfungen nach DIN 4102 Teil 2, Ausgabe September 1977 – siehe Abschnitte 4.1, 6.2.2.5 und 7.2.1 –, nachzuweisen.

6.5.1.3 Die folgenden Angaben gelten nur für **unbelastete Unterdecken** – d. h. abgesehen vom Eigengewicht dürfen die nachfolgend beschriebenen Unterdecken, auch im Brandfall, nicht belastet werden.

Im Zwischendeckenbereich verlegte Leitungen – z. B. Kabel und Rohre –, sonstige Installationen usw. müssen an der tragenden Decke (Rohdecke) mit nichtbrennbaren Baustoffen daher so befestigt werden, daß die nachfolgend beschriebenen Unterdecken im Klassifizierungszeitraum nicht belastet werden.

6.5.1.4 Die folgenden Angaben gelten nur für **Unterdecken ohne Einbauten**. Einbauten wie z. B. Einbauleuchten, klimatechnische Geräte oder andere Bauteile, die in der Unterdecke angeordnet sind und diese aufteilen oder unterbrechen, heben die brandschutztechnische Wirkung der nachfolgend beschriebenen Unterdecken auf.

6.5.1.5 Durch die nachfolgend klassifizierten Decken dürfen **einzelne elektrische Leitungen** durchgeführt werden, wenn der verbleibende Lochquerschnitt mit Gips o. ä. oder im Fall der Rohdecke mit Beton nach DIN 1045 vollständig verschlossen wird.

Anmerkung: Für die Durchführung von gebündelten elektrischen Leitungen sind Abschottungen erforderlich, deren Brauchbarkeit bei den Feuerwiderstandsklassen $\geq$ F 90 besonders nachzuweisen ist – z. B. im Rahmen der Erteilung einer allgemeinen bauaufsichtlichen Zulassung.

6.5.1.6 Die folgenden Angaben gelten nur für geschlossene, **an Massivwände angrenzende Unterdecken**, deren Anschlüsse wie im folgenden beschrieben dicht ausgeführt werden.

Sofern die Unterdecken an leichte Trennwände angrenzen oder sofern leichte Trennwände von unten oder oben – d. h. raumseitig oder vom Zwischendeckenbereich – angeschlossen werden sollen, ist die Eignung der Unterdecken und Anschlüsse durch Prüfungen nach DIN 4102 Teil 2, Ausgabe September 1977 – siehe Abschnitte 4.1, 6.2.2.3, 7.1 und 7.2 –, nachzuweisen.

6.5.1.7 Die folgenden Klassifizierungen gelten nur für nicht **zusätzlich bekleidete Unterdecken**. Zusätzliche Bekleidungen der Unterdecken – insbesondere Blechbekleidungen – heben die brandschutztechnische Wirkung der nachfolgend beschriebenen Unterdecken auf.

Die folgenden Klassifizierungen werden durch übliche **Anstriche oder Beschichtungen** bis zu etwa 0,5 mm Dicke nicht beeinträchtigt. Bei dickeren Beschichtungen kann die brandschutztechnische Wirkung der Unterdecken ebenfalls verloren gehen.

Stahlträgerbekleidungen nach Abschnitt 6.2 und die Anordnung von Fußbodenbelägen oder Bedachungen auf der Oberseite der tragenden Decken bzw. Dächer sind bei den nachfolgend klassifizierten Decken bzw. Dächern ohne weitere Nachweise erlaubt; gegebenenfalls sind bei Verwendung von Baustoffen der Klasse B jedoch bauaufsichtliche Anforderungen zu beachten.

6.5.1.8 Dämmschichten im Zwischendeckenbereich können die Feuerwiderstandsdauer der nachfolgend klassifizierten Decken beeinflussen; es wird im folgenden daher zwischen

a) Decken ohne Dämmschicht und

b) Decken mit Dämmschicht

im Zwischendeckenbereich unterschieden.

---

2) Der Anteil von Isolierstoff- und Füllstoffmengen am Gewicht eines Kabels liegt je nach Ausführung und Durchmesser zwischen 40 und 70 %. Unter Zugrundelegung der Heizwerte für PVC mit 5,7 kW h/kg (untere Grenze) und Kautschuk mit 13,6 kW h/kg (obere Grenze) ergeben sich je kg Kabel etwa 2,5 bis 9 kW h.

Ein NYM-Kabel 3 × 1,5 mit PVC-Isolierung besitzt z. B. eine Brandlast von $q \sim 0{,}8$ kW h/m. 6.4

Rohrabmessungen können z. B. DIN 8062 und DIN 8078 entnommen werden. 6.5

Wegen der Heizwerte siehe DIN 18 230.

6 Stahlbauteile, Unterdecken — 88 —

6.5.2 Decken der Bauarten I bis III mit hängenden Drahtputzdecken nach DIN 4121

Stahlträgerdecken und Stahlbeton- bzw. Spannbetondecken der Bauarten I bis III entsprechend den Angaben von Abschnitt 6.5.1 jeweils mit hängenden Drahtputzdecken nach DIN 4121 müssen die in Tabelle 81 angegebenen Bedingungen erfüllen.

Tabelle 81. **Decken der Bauarten I bis III mit hängenden Drahtputzdecken nach DIN 4121** Maße in mm

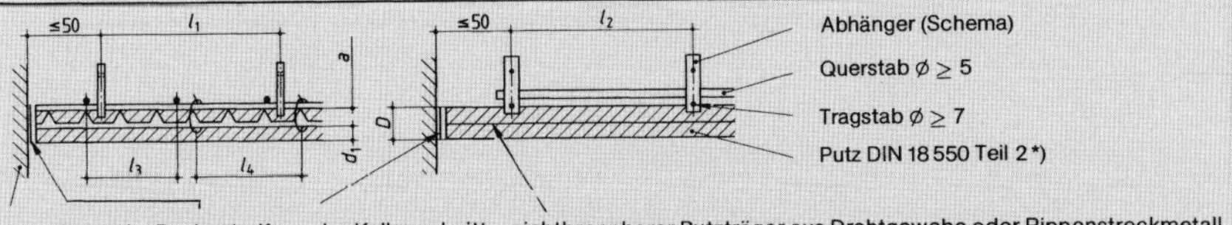

Zeile	Konstruktionsmerkmale und Bauart nach Abschnitt 6.5.1	Im Zwischendeckenbereich ist eine Dämmschicht	Mindest- deckendicke d	Mindest- abstand (Abhängehöhe) a	Max. Spannweite der Tragstäbe ⌀ ≥ 7 l_1	Max. Spannweite der Putzträger aus Drahtgewebe l_2	Max. Spannweite der Putzträger aus Rippenstreckmetall l_2	Max. Abstände der Querstäbe ⌀ ≥ 5 l_3	Max. Abstände der Putzträgerbefestigungspunkte l_4	Mindestputzdicke 2) bei Verwendung von Putz der Mörtelgruppe P II oder P IVc d_1	Mindestputzdicke 2) bei Verwendung von Putz der Mörtelgruppe P IVa oder P IVb d_1	Mindestputzdicke 2) bei Verwendung von V.- oder P.-Putz 3) d_1	Feuerwiderstandsklasse-Benennung
1	I Leichtbeton; Leichtbeton oder Ziegel 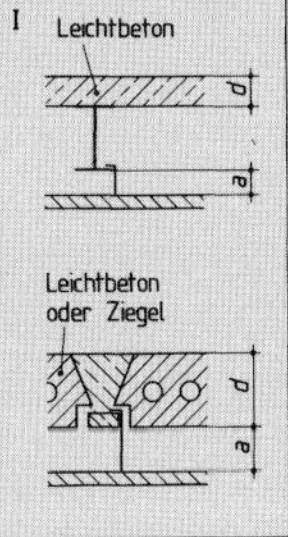	vorhanden oder nicht vorhanden	50	12	750	500	1000	1000	200	15	5	5	F 30-A
2			50	15	700	400	800	750	200		20	10	F 60-A
3			50	20	400	350	750	750	200			20	F 90-A
4			50	30	400	350	750	750	200			30	F 120-A
5	II Normalbeton 1) 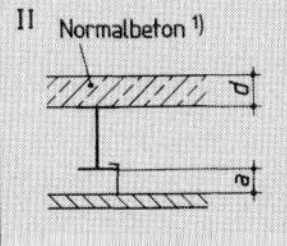	vorhanden	Bemessung entsprechend den Angaben der Zeilen 1 bis 4										
6		nicht vorhanden	50	12	750	500	1000	1000	200	10	5	5	F 30-A
7			50	15	700	400	800	750	200	15	5	5	F 60-A
8			50	20	400	350	750	750	200	25	15	10	F 90-A
9			50	30	400	350	750	750	200		25	15	F 120-A
10	III Normalbeton 1) 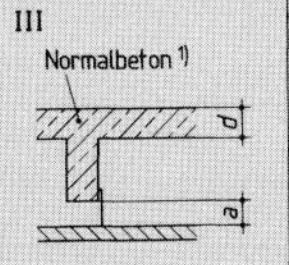	vorhanden	Bemessung entsprechend den Angaben der Zeilen 1 bis 4										
11		nicht vorhanden	50	12	750	500	1000	1000	200	5	5	5	F 30-A
12			50	15	700	400	800	750	200	5	5	5	F 60-A
13			50	20	400	350	750	750	200	15	5	5	F 90-A
14			50	30	400	350	750	750	200	25	10	5	F 120-A
15			50	40	400	350	750	750	200		20	15	F 180-A

1) Gilt auch für Decken bzw. Abdeckungen unter Verwendung von Zwischenbauteilen aus Normalbeton.

2) d_1 über Putzträger gemessen; die Gesamtputzdicke muß $D \geq d_1 + 10$ mm sein – d. h. der Putz muß den Putzträger ≥ 10 mm durchdringen.

3) Vermiculite- oder Perlite-Putz nach Abschnitt 3.1.5.5.

6.5.3 Decken der Bauarten I bis III mit Unterdecken aus Holzwolle-Leichtbauplatten nach DIN 1101

Stahlträgerdecken und Stahlbeton- bzw. Spannbetondecken der Bauarten I bis III entsprechend den Angaben von Abschnitt 6.5.1 jeweils mit einer Unterdecke aus Holzwolle-Leichtbauplatten mit und ohne Putz müssen die in Tabelle 82 angegebenen Bedingungen erfüllen.

Tabelle 82. **Decken der Bauarten I bis III mit Unterdecken aus Holzwolle-Leichtbauplatten nach DIN 1101 mit und ohne Putz**

Maße in mm

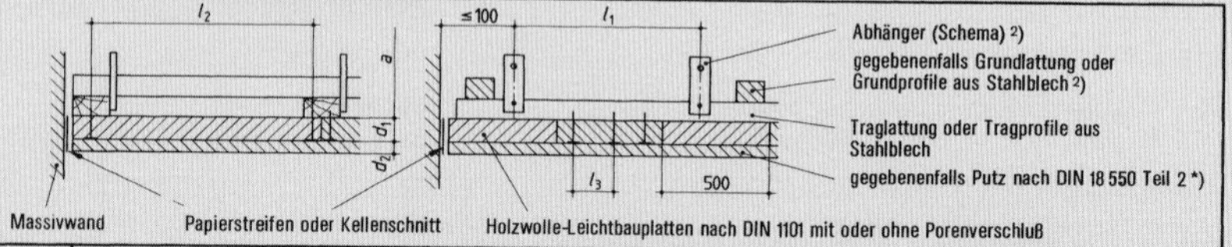

Zeile	Konstruktionsmerkmale und Bauart nach Abschnitt 6.5.1	Im Zwischendeckenbereich ist eine Dämmschicht	Mindest- deckendicke d	Mindest- abstand (Abhängehöhe) a	Max. Spannweite der Traglattung oder Tragprofile l_1 2)	Max. Spannweite der Holzwolle-Leichtbauplatten nach DIN 1101 l_2	Max. Abstände der Befestigung l_3	Mindestdicke der Holzwolle-Leichtbauplatten d_1	Mindestputzdicke bei Verwendung von Putz der Mörtelgruppe P II oder P IVc d_2	Mindestputzdicke bei Verwendung von Putz der Mörtelgruppe P IVa oder P IVb d_2	Mindestputzdicke bei Verwendung von V.- oder P.-Putz 3) d_2	Feuerwiderstandsklasse-Benennung
1	I 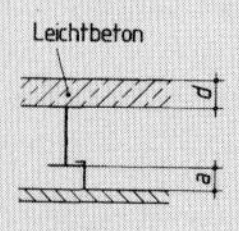	vorhanden oder nicht vorhanden	50	25	1000	500	200	50 4)				F 30-AB
2	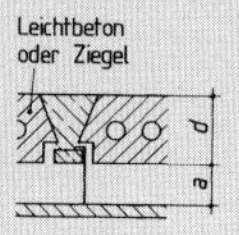		50	25	1000	500	200	25	25	20	15	F 30-AB
3			50	25	750	500	200	25			25	F 60-AB
4	II 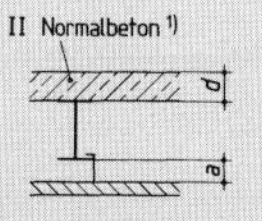	vorhanden oder nicht vorhanden	50	25	1000	500	200	50 4)				F 30-AB
5			50	25	1000	500	200	25	25	20	15	F 30-AB
6			50	25	750	500	200	25			25	F 60-AB
7	III 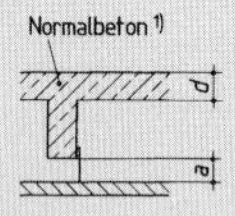	vorhanden oder nicht vorhanden	50	25	1000	500	200	35 4)				F 30-AB
8			50	25	1000	500	200	25	15	10	5	F 30-AB
9			50	25	750	500	200	25	20	15	10	F 60-AB
10			50	50	500	500	200	35			20	F 60-AB

6.5

*) Z. Z. noch Entwurf
1) Gilt auch für Decken bzw. Abdeckungen unter Verwendung von Zwischenbauteilen aus Normalbeton.
2) Sofern die Abhänger an der Grundlattung oder den Grundprofilen angebracht werden, ist l_1 (Spannweite der Traglattung oder Tragprofile) gleich dem Abstand der Grundlattung bzw. Grundprofile.
3) Vermiculite- oder Perlite-Putz nach Abschnitt 3.1.5.5.
4) Stöße sind dicht auszuführen; Fugen sind mit Mörtel der Gruppe P IV nach DIN 18 550 Teil 2 (z. Z. noch Entwurf) zu verspachteln.

6 Stahlbauteile, Unterdecken — 90 —

6.5.4 Decken der Bauarten I bis III mit Unterdecken aus Gipskarton-Putzträgerplatten (GKP) DIN 18180 mit Putz

Stahlträgerdecken und Stahlbeton- bzw. Spannbetondecken der Bauarten I bis III entsprechend den Angaben von Abschnitt 6.5.1 jeweils mit einer Unterdecke aus Gipskarton-Putzträgerplatten (GKP) DIN 18180 mit Putz müssen die in Tabelle 83 angegebenen Bedingungen erfüllen.

Tabelle 83. **Decken der Bauarten I bis III mit Unterdecken aus Gipskarton-Putzträgerplatten (GKP) DIN 18180 mit Putz**

Maße in mm

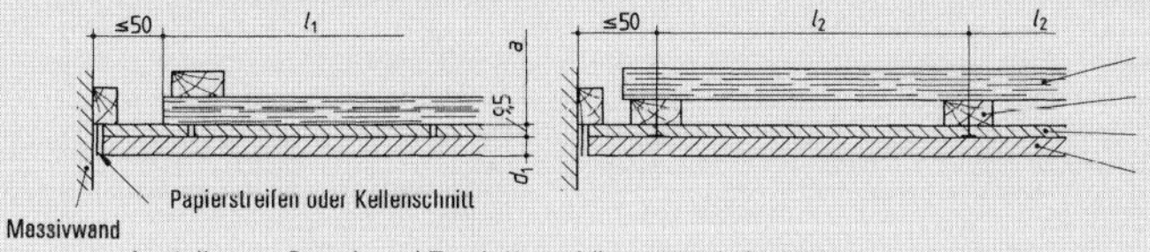

Anstelle von Grund- und Traglattung können auch Stahlblechprofile mit Klipps verwendet werden.

Zeile	Konstruktionsmerkmale und Bauart nach Abschnitt 6.5.1	Im Zwischendeckenbereich ist eine Dämmschicht	Mindest-deckendicke d	Mindest-abstand (Abhängehöhe) a	Max. Spannweite der Grund- und Traglattung bzw. der Grund- und Tragprofile l_1	Max. Spannweite der GKP-Platten 2) l_2	Mindestputzdicke bei einer Unterkonstruktion aus Holzlatten bei Verwendung von Putz PIVa-PIVb d_1	Holzlatten: V.- oder P.-Putz 3) d_1	Stahlblechprofilen: Putz PIVa-PIVb d_1	Stahlblechprofilen: V.- oder P.-Putz 3) d_1	Feuerwiderstandsklasse-Benennung
1	I Leichtbeton 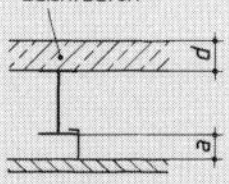	vorhanden oder nicht vorhanden	50	40	1000	500	20	15			F 30-AB
2	Leichtbeton oder Ziegel 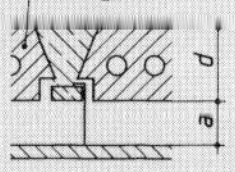	vorhanden oder nicht vorhanden	50	40	1000	500			20	15	F 30-A
3	II Normalbeton 1) 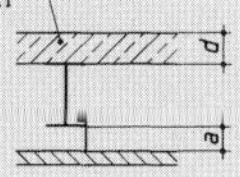	vorhanden	Bemessung entsprechend den Angaben der Zeilen 1 und 2								
4		nicht vorhanden	50	40	1000	500	20	15			F 30-AB
5			50	40	1000	500			15	10	F 30-A
6			50	80	1000	500				20	F 60-A
7	III Normalbeton 1) 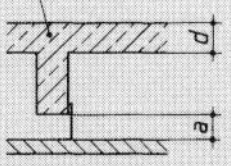	vorhanden	Bemessung entsprechend den Angaben der Zeilen 1 und 2								
8		nicht vorhanden	50	40	1000	500	15	10			F 30-AB
9			50	80	1000	500		20			F 60-AB
10			50	40	1000	500			10	5	F 30-A
11			50	80	1000	500			15	10	F 60-A
12			50	80	1000	500				20	F 90-A

*) Z. Z. noch Entwurf
1) Gilt auch für Decken bzw. Abdeckungen unter Verwendung von Zwischenbauteilen aus Normalbeton.
2) Befestigung nach DIN 18181.
3) Vermiculite- oder Perlite-Putz nach Abschnitt 3.1.5.5.

6.5.5 Decken der Bauarten I bis III mit Unterdecken aus Gipskarton-Bauplatten F (GKF) DIN 18 180 mit geschlossener Fläche

Stahlträgerdecken und Stahlbeton- bzw. Spannbetondecken der Bauarten I bis III entsprechend den Angaben von Abschnitt 6.5.1 jeweils mit einer Unterdecke aus Gipskarton-Bauplatten F (GKF) DIN 18 180 müssen die in Tabelle 84 angegebenen Bedingungen erfüllen.

Tabelle 84. **Decken der Bauarten I bis III mit Unterdecken aus Gipskarton-Bauplatten F (GKF) DIN 18 180 mit geschlossener Fläche**

Maße in mm

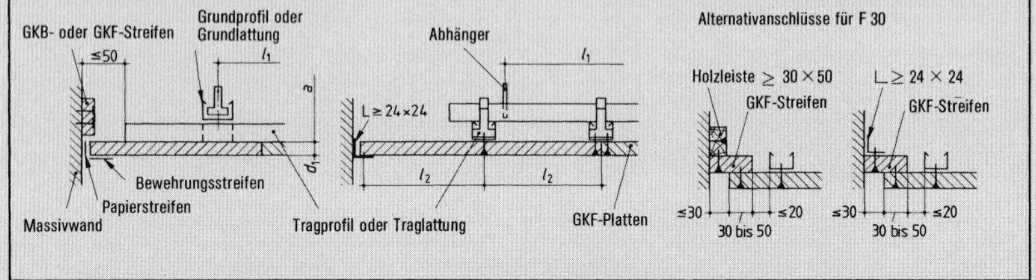

Zeile	Konstruktionsmerkmale und Bauart nach Abschnitt 6.5.1	Im Zwischendeckenbereich ist eine Dämmschicht	Mindest-deckendicke d	Mindest-abstand (Abhängehöhe) a	Max. Spannweite der Grund- und Traglattung bzw. der Grund- und Tragprofile l_1	Max. Spannweite der GKF-Platten [2] l_2	Mindest-GKF-Plattendicke bei Verwendung von Grund- und Traglatten aus Holz d_1	Mindest-GKF-Plattendicke bei Verwendung von Grund- und Tragprofilen aus Stahlblech d_1	Feuerwiderstandsklasse-Benennung
1	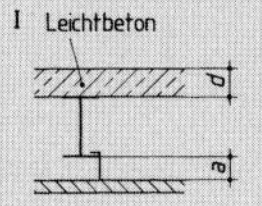	vorhanden oder nicht vorhanden	50	40	1000	500	15		F 30-AB
2	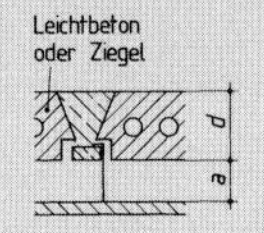		50	40	1000	500		15	F 30-AB[3]
3	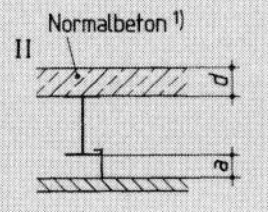	vorhanden	Bemessung entsprechend den Angaben der Zeilen 1 und 2						
4		nicht vorhanden	50	40	1000	500	12,5		F 30-AB
5			50	40	1000	500		12,5	F 30-AB[3]
6	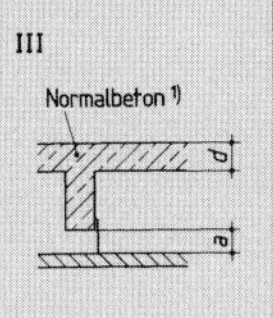	vorhanden	Bemessung entsprechend den Angaben der Zeilen 1 und 2						
7		nicht vorhanden	50	40	1000	500	12,5		F 30-AB
8			50	40	1000	500		12,5	F 30-AB[3]
9			50	80	1000	500	2 × 12,5		F 60-AB
10			50	80	1000	500		12,5	F 60-AB[3]
11			50	80	1000	500		15	F 90-AB[3]
12			50	80	1000	400		18	F120-AB[3]

[1]) Gilt auch für Decken bzw. Abdeckungen unter Verwendung von Zwischenbauteilen aus Normalbeton.
[2]) Befestigung und Verspachtelung der Fugen nach DIN 18181. Bei zweilagiger Unterdecke ist jede Lage für sich an der Unterkonstruktion zu befestigen; Fugen sind zu versetzen; Bewehrungsstreifen sind nur bei den raumseitigen Fugen erforderlich.
[3]) Sofern ein gültiger Prüfbescheid vorliegt, aus dem hervorgeht, daß die Gipskarton-Bauplatten der Baustoffklasse A angehören, sind die Konstruktionen in die Benennungen F 30-A, F 60-A, F 90-A und F 120-A einzustufen.

6.5

6.5.6 Decken der Bauarten I bis III mit Unterdecken aus Deckenplatten DF oder SF aus Gips nach DIN 18169

Stahlträgerdecken und Stahlbeton- bzw. Spannbetondecken der Bauarten I bis III entsprechend den Angaben von Abschnitt 6.5.1 jeweils mit einer Unterdecke aus Deckenplatten DF oder SF aus Gips nach DIN 18169 müssen die in Tabelle 85 angegebenen Bedingungen erfüllen.

Tabelle 85. **Decken der Bauarten I bis III mit Unterdecken aus Deckenplatten DF oder SF aus Gips nach DIN 18169**

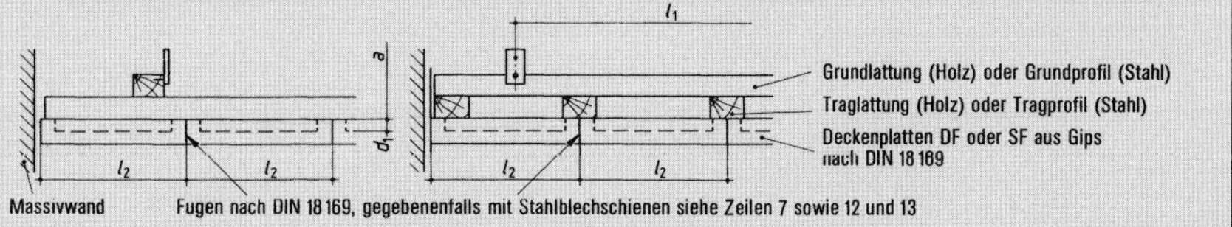

Zeile	Konstruktionsmerkmale und Bauart nach Abschnitt 6.5.1	Im Zwischendeckenbereich ist eine Dämmschicht 2)	Mindest- deckendicke d	Mindest- abstand (Abhängehöhe) a	Max. Spannweite der Grundlattung oder Grundprofile l_1	Max. Spannweite der Platten (identisch dem Plattenraster) l_2	Mindest- dicke der Dämmschicht 3) in den Deckenplatten nach DIN 18169 d_1	Mindest- rohdichte der Dämmschicht 3) in den Deckenplatten nach DIN 18169 ϱ	Montage: Schraub-, Einschub- oder Einlegemontage nach DIN 18169	Feuerwiderstandsklasse-Benennung
	—	—	mm	mm	mm	mm	mm	kg/m³	—	—
1	I Leichtbeton 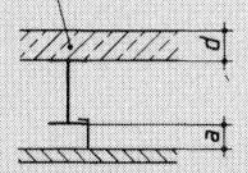	vorhanden oder nicht vorhanden	50	40	1000	625	keine Anforderungen		geschraubt 4)	F 30-AB
2	Leichtbeton oder Ziegel 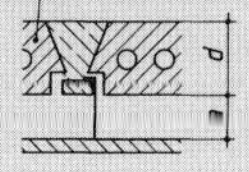		50	40	1000	625	keine Anforderungen		eingeschoben oder eingelegt	F 30-A
3	II Normalbeton 1) 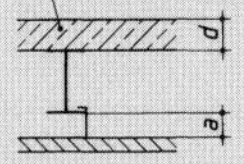	vorhanden	Bemessung entsprechend den Angaben der Zeilen 1 und 2							
4		nicht vorhanden	50	40	1000	625	keine Anforderungen		geschraubt 4)	F 30-AB
5			50	40	1000	625			eingeschoben oder eingelegt	F 30-A
6			50	80	1000	625	15	100		F 60-A
7			50	80	1000	625	15	100	eingeschoben 5)	F 90-A
8	III Normalbeton 1) 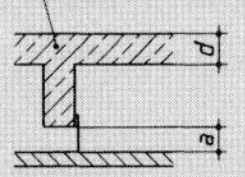	vorhanden	Bemessung entsprechend den Angaben der Zeilen 1 und 2							
9		nicht vorhanden	50	40	1000	625	keine Anforderungen		geschraubt 4)	F 30-AB
10			50	40	1000	625			eingeschoben oder eingelegt	F 60-A
11			50	80	1000	625	15	100		F 60-A
12			50	80	1000	625	15	100	eingeschoben 5)	F 90-A
13			50	80	1000	625	15	100		F 120-A

1) Gilt auch für Decken bzw. Abdeckungen unter Verwendung von Zwischenbauteilen aus Normalbeton.
2) Die Dämmschicht in den Deckenplatten gehört zur Unterdecke; die Dämmschicht im Zwischendeckenbereich wird unabhängig hiervon betrachtet.
3) Die Dämmschicht muß aus mineralischen Fasern nach DIN 18165 Teil 1, Ausgabe 1975, Abschnitt 2.1, bestehen, der Baustoffklasse A nach DIN 4102 angehören und einen Schmelzpunkt ≥ 1000 °C (siehe Fußnote 1, Seite 39) besitzen.
4) Bei Schraubmontage sind pro Deckenplatte mindestens 4 Schrauben erforderlich.
5) Bei Einschubmontage müssen Stahlblechschienen in allen Längs- und Querfugen angeordnet werden.

6.5.7 Unterdecken, die bei Brandbeanspruchung von unten allein einer Feuerwiderstandsklasse angehören

6.5.7.1 Unterdecken, die bei Brandbeanspruchung von unten **allein** einer Feuerwiderstandsklasse angehören, müssen bei Verwendung von hängenden Drahtputzdecken nach DIN 4121 die in Tabelle 86 und bei Verwendung von Gipskarton-Bauplatten F (GKF) nach DIN 18180 mit geschlossener Fläche die in Tabelle 87 angegebenen Bedingungen erfüllen.

6.5.7.2 Alle Decken oder Dächer mit Unterdecken nach den Angaben der Tabellen 86 und 87 gehören unabhängig von ihrer Bauart in Verbindung mit der jeweils beschriebenen Unterdecke bei Brandbeanspruchung von der Unterdeckenunterseite mindestens derselben Feuerwiderstandsklasse wie die „Unterdecke allein" an.

Die folgenden Klassifizierungen berücksichtigen keine Brandbeanspruchung von oben.

Tabelle 86. **Hängende Drahtputzdecken nach DIN 4121, die bei Brandbeanspruchung von unten allein einer Feuerwiderstandsklasse angehören** Maße in mm

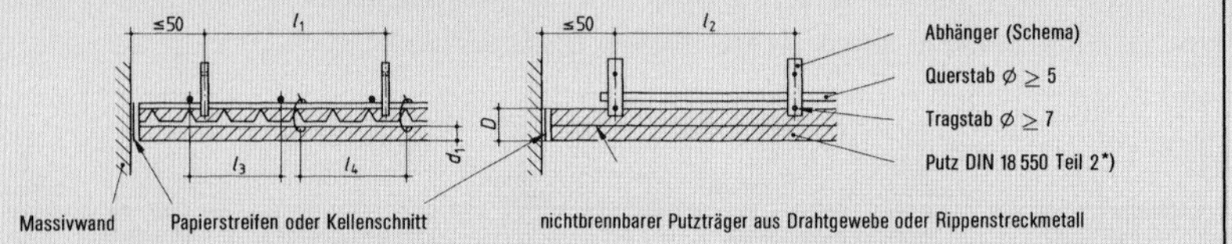

Zeile	Max. Spannweite der: Tragstäbe ⌀ ≥ 7	Putzträger aus: Drahtgewebe	Putzträger aus: Rippenstreckmetall	Max. Abstände der: Querstäbe ⌀ ≥ 5	Max. Abstände der: Putzträgerbefestigungspunkte	Mindestputzdicke [1] bei Verwendung von: Putz der Mörtelgruppe P IVa oder P IVb	Mindestputzdicke [1] bei Verwendung von: Vermiculite- oder Perlite-Putz nach Abschnitt 3.1.5.5	Feuerwiderstandsklasse-Benennung
	l_1	l_2	l_2	l_3	l_4	d_1	d_1	
1	750	500	1000	1000	200	20	15	F 30-A
2	700	400	800	750	200		25	F 60-A

*) Z. Z. noch Entwurf
[1]) d_1 über Putzträger gemessen; die Gesamtputzdicke muß $D \geq d_1 + 10$ mm sein — d. h. der Putz muß den Putzträger ≥ 10 mm durchdringen.

Tabelle 87. **Unterdecken aus Gipskarton-Bauplatten F (GKF) DIN 18180 mit geschlossener Fläche, die bei Brandbeanspruchung von unten allein einer Feuerwiderstandsklasse angehören** Maße in mm

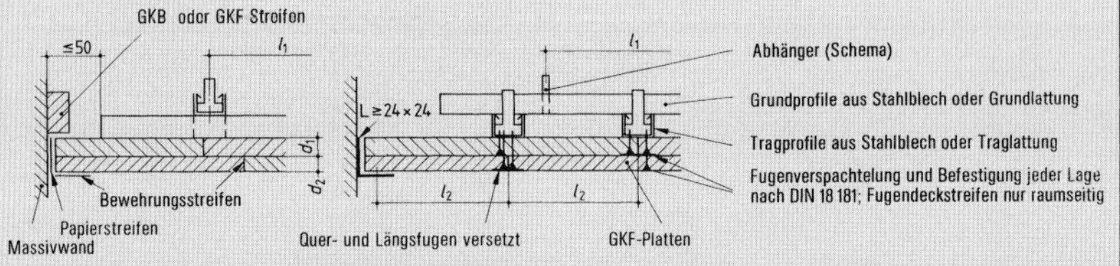 6.5

Zeile	Max. Spannweite der: Grund- und Tragprofile bzw. der Grund- und Traglattung	Max. Spannweite der: Gipskarton-Bauplatten F (GKF) DIN 18180 mit geschlossener Fläche	Mindest-GKF-Plattendicke bei Verwendung von: Grund- und Traglattung aus Holz		Grund- und Tragprofilen aus Stahlblech		Feuerwiderstandsklasse-Benennung
	l_1	l_2	d_1	d_2	d_1	d_2	
1	1000	500	12,5	12,5			F 30-B
2	1000	500			12,5	12,5	F 30-AB [1])
3	1000	400	18	15			F 60-B
4	1000	400			18	15	F 60-AB [1])

[1]) Sofern ein gültiger Prüfbescheid vorliegt, aus dem hervorgeht, daß die GKF-Platten der Baustoffklasse A angehören, lautet die Benennung jeweils F 30-A und F 60-A.

7 Klassifizierte Sonderbauteile mit Ausnahme von Brandwänden

(Brandwände siehe Abschnitt 4.7)

7.1 Feuerwiderstandsklassen nichttragender Außenwände

7.1.1 Raumabschließende Außenwände

Raumabschließende, nichttragende Außenwände, die entsprechend DIN 4102 Teil 3 in die Feuerwiderstandsklassen W 30 bis W 180 (Benennungen W . . .-A, W . . .-AB und W . . .-B) einzustufen sind, sind unabhängig von ihrer Breite wie raumabschließende bzw. nichttragende Wände der Feuerwiderstandsklassen F 30 bis F 180 (Benennungen F . . .-A, F . . .-AB und F . . .-B) nach Abschnitt 4 zu bemessen.

7.1.2 Brüstungen und Schürzen

7.1.2.1 Brüstungen, die auf einer Stahlbetonkonstruktion ganz aufgesetzt und entsprechend DIN 4102 Teil 3 in die Feuerwiderstandsklassen W 30 bis W 180 (Benennungen W . . .-A, W . . .-AB und W . . .-B) einzustufen sind, sind unabhängig von ihrer Höhe wie raumabschließende bzw. nichttragende Wände der Feuerwiderstandsklassen F 30 bis F 180 (Benennungen F . . .-A, F . . .-AB und F . . .-B) nach Abschnitt 4 zu bemessen.

Anmerkung: Brüstungen müssen gegebenenfalls bauaufsichtlich vorgeschriebene Mindesthöhen besitzen.

7.1.2.2 Brüstungen, die nicht Abschnitt 7.1.2.1 entsprechen – z. B. teilweise oder ganz vorgesetzte Brüstungen – sowie Schürzen und Brüstungen in Kombination mit Schürzen sind zum Nachweis der Feuerwiderstandsklasse nach DIN 4102 Teil 3 zu prüfen.

7.2 Feuerwiderstandsklassen von Feuerschutzabschlüssen, Abschlüsse in Fahrschachtwänden der F-Klasse F 90 und Verglasungen der Feuerwiderstandsklassen F und G

7.2.1 Als Feuerschutzabschlüsse mit bestimmter Feuerwiderstandsklasse nach DIN 4102 Teil 5 gelten:

Stahltüren T 30–1 nach DIN 18 082 Teil 1.

7.2.2 Als Abschlüsse in Fahrschachtwänden der Feuerwiderstandsklasse F 90 nach DIN 4102 Teil 5 gelten:

Flügel- und Falttüren nach DIN 18 090,

Horizontal- und Vertikal-Schiebetüren nach DIN 18 001 und

Vertikal-Schiebetüren nach DIN 18 092.

7.2.3 Verglasungen der Feuerwiderstandsklassen F nach DIN 4102 Teil 2 und G nach DIN 4102 Teil 5 bedürfen z. Z. in jedem Fall eines besonderen Nachweises.

Anmerkung 1: Die Brauchbarkeit nicht genormter Bauarten von

Feuerschutzabschlüssen,

Abschlüssen in Fahrschachtwänden der F-Klasse F 90 und

Verglasungen der Feuerwiderstandsklassen F und G

kann nicht allein durch Prüfzeugnisse nach DIN 4102 beurteilt werden; es sind weitere Eignungsnachweise zu erbringen – z. B. im Rahmen der Erteilung einer allgemeinen bauaufsichtlichen Zulassung.

Anmerkung 2: Genormte oder durch das Institut für Bautechnik, Berlin, bauaufsichtlich allgemein zugelassene Bauarten von

Feuerschutzabschlüssen,

Abschlüssen in Fahrschachtwänden der F-Klasse F 90 und

Verglasungen der Feuerwiderstandsklassen F und G

dürfen nur in Wände bestimmter Bauarten mit bestimmten Mindest-Dicken und -Festigkeiten sowie unter Beachtung bestimmter konstruktiver Details eingebaut werden.

Abschlüsse in Fahrschachtwänden dürfen nur unter Beachtung weiterer Anforderungen – z. B. nur bei Verwendung von Fahrkörben aus nichtbrennbaren Baustoffen und nur in entlüfteten Fahrschächten – eingebaut werden. Einzelheiten sind den Normen und Zulassungen zu entnehmen.

7.3 Feuerwiderstandsklassen von Lüftungsleitungen

7.3.1 Geltungsbereich

7.3.1.1 Die folgenden Angaben gelten für Lüftungsleitungen, die nach DIN 4102 Teil 6 den Feuerwiderstandsklassen L 30 bis L 120 zugeordnet werden können.

Anmerkung: Um eine Übertragung von Feuer und Rauch in andere Geschosse oder Brandabschnitte zu verhindern, sind neben den Konstruktionsgrundsätzen für Lüftungsleitungen mit bestimmter Feuerwiderstandsklasse noch weitere konstruktive Details über die Ausbildung des Lüftungsleitungsnetzes sowie über die Beschaffenheit und Anordnung anderer Bauteile der Lüftungsanlage – z. B. entsprechend den bauaufsichtlichen Richtlinien für die brandschutztechnischen Anforderungen an Lüftungsanlagen in Gebäuden – zu beachten.

Bei Anordnung von Absperrvorrichtungen sind darüber hinaus die Besonderen Bestimmungen von Prüfbescheiden von Absperrvorrichtungen zu beachten.

7.3.1.2 Die folgenden Klassifizierungen setzen voraus, daß Decken, Balken, Träger usw., an denen Lüftungsleitungen befestigt oder aufgelagert werden, mindestens den entsprechenden Feuerwiderstandsklassen F 30 bis F 120 angehören.

7.3.2 Lüftungsschächte aus Leichtbetonformstücken

7.3.2.1 Lüftungsschächte aus Leichtbetonformstücken erfüllen unter Beachtung der folgenden Abschnitte die Anforderungen der Feuerwiderstandsklasse L 90, wenn die Formstücke bezüglich der Zuschläge, der Bindemittel, des Betongefüges und der Rohdichte DIN 18 150 Teil 1 entsprechen und mit Mörtel der Mörtelgruppe II, II a oder III nach DIN 1053 Teil 1 errichtet werden. Vollwandige Wangen und Zungen müssen mindestens 50 mm, Wangen und Zungen mit Zellen mindestens 80 mm dick sein.

7.3.2.2 **Decken**, die die Schächte unterbrechen, müssen einschließlich ihrer Dämmschichten im Bereich der Durchführungen aus Baustoffen der Klasse A bestehen.

7.3.2.3 **Abschlüsse von Öffnungen** in Schachtwänden müssen mindestens der entsprechenden Feuerwiderstandsklasse wie die Schachtwände angehören.

7.3.2.4 Lüftungsleitungen, die in die vorstehend beschriebenen Schächte eingefügt werden, sind an den **Eintrittsstellen** voll einzumörteln.

7.3.3 Lüftungskanäle aus Leichtbetonformstücken

Für Lüftungskanäle aus Leichtbetonformstücken gilt Abschnitt 7.3.2 sinngemäß, wenn die Formstücke auf dem Erdboden oder massiven Bauteilen aufliegen.

7.3.4 Lüftungsschächte aus Wänden nach Abschnitt 4

7.3.4.1 Als Lüftungsschächte der Feuerwiderstandsklassen L 30 bis L 120 gelten unter Beachtung der folgenden Abschnitte Schächte, die durch Wände aus nichtbrennbaren Baustoffen mindestens der entsprechenden Feuerwiderstandsklassen nach Abschnitt 4 gebildet werden. Sofern die Schachtwände nicht als Massivwände ausgeführt werden, ist die Luft in Leitungen zu führen.

Anmerkung: Andere Wände können nur verwendet werden, wenn durch Prüfzeugnis die Eignung als Schachtwand bestätigt wird.

7.3.4.2 Nichttragende Schachtwände sind geschoßweise zu errichten und so anzuordnen – z. B. in der Nähe tragender Wände –, daß durch Deckenverformungen keine Kräfte in sie eingeleitet werden.

7.3.4.3 Für Decken, die die Schächte unterbrechen, für Abschlüsse von Öffnungen in Schachtwänden und für Lüftungsleitungen, die in die vorstehend beschriebenen Schächte eingeführt werden, gelten die Bestimmungen der Abschnitte 7.3.2.2 bis 7.3.2.4.

7.3.5 Lüftungskanäle aus Wänden nach Abschnitt 4

Für Lüftungskanäle aus Wänden nach Abschnitt 4 gilt Abschnitt 7.3.4 sinngemäß, wenn die Wände auf dem Erdboden oder massiven Bauteilen aufliegen; die obere Begrenzung der Kanäle ist durch Decken nach den Abschnitten 3.5 bis 3.12 herzustellen.

7.3.6 Lüftungsschächte aus Formstücken für Hausschornsteine

Lüftungsschächte erfüllen die Anforderungen der Feuerwiderstandsklasse L 90, wenn sie aus Schornsteinformstücken nach DIN 18150 Teil 1 hergestellt sind; die Schornsteinformstücke müssen die Bestimmungen für „Schornsteine für regelmäßige Anforderungen" nach DIN 18160 Teil 1 erfüllen.

7.3.7 Lüftungsleitungen aus Stahlblech mit äußerer Dämmschicht

7.3.7.1 Lüftungsleitungen aus Stahlblech mit äußerer Dämmschicht erfüllen die Anforderungen der Feuerwiderstandsklassen L 30 bis L 90, wenn sie unter Beachtung der folgenden Abschnitte aus maximal 1,5 mm dickem Stahlblech – schwarz oder verzinkt (Dicke der Verzinkung ≤ 25 µm) – hergestellt sind und keine Öffnungen enthalten.

7.3.7.2 Die lichte **Breite und Höhe** bei rechteckigen Leitungen bzw. der Durchmesser bei runden Leitungen darf höchstens 600 mm betragen.

7.3.7.3 Die **Verbindungen** der Leitungen müssen den Angaben der Bilder 34 und 35 entsprechen.

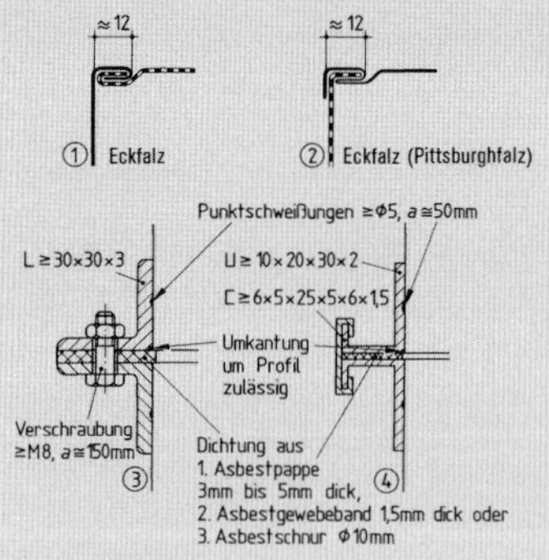

Bild 34. Eck- und Stoßverbindungen von **Rechteckleitungen** (Maße in mm)

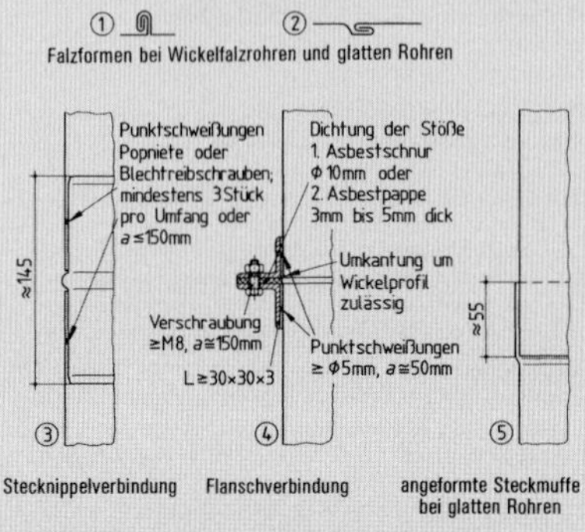

Bild 35. Stoßverbindungen von **Rohrleitungen** (Maße in mm)

7.3.7.4 Die äußere **Dämmschicht** muß aus mineralischen Fasern nach DIN 18165 Teil 1, Ausgabe Januar 1975, Abschnitt 2.1, bestehen, der Baustoffklasse A nach DIN 4102 Teil 1 angehören und einen Schmelzpunkt ≥ 1000 °C besitzen [1]). Sie ist in Form von

a) auf Drahtgeflecht gesteppten Mineralfasermatten oder

b) Mineralfaserplatten

zweilagig mit versetzten Fugen unmittelbar auf den Leitungen anzubringen. Bei Mineralfasermatten ist bei jeder Lage das Drahtgeflecht nach außen zu legen und mit Bindedraht oder Drahtklammern zu vernähen. Die äußere Lage ist zusätzlich mit mindestens 2 mm dickem Bindedraht (Windungsabstand ≤ 200 mm) oder Spannbändern ($e \leq 400$ mm) zu sichern. Bei Mineralfaserplatten ist jede Lage einzeln mit Stahlspannbändern ($e \leq 400$ mm) zu befestigen. Bei rechteckigen Leitungen ist an den Ecken jeweils ein Stahlblechwinkel als Kantenschutz anzubringen.

Die Dicke der Dämmschicht ist so zu wählen, daß bei einer Prüfdauer von ≥ 30, ≥ 60 bzw. ≥ 90 Minuten bei einem Kleinbrandversuch (DIN 4102 Teil 8) auf der dem Feuer 7.1
abgekehrten Seite eines Probekörpers – bestehend aus 7.2
der Dämmschicht zwischen zwei angrenzenden Stahl- 7.3
blechen mit jeweils 1 mm Dicke – keine Temperaturerhöhung von mehr als 100 K auftritt.

Die Feuerwiderstandsklasse der Leitungen ist unter Beachtung aller übrigen konstruktiven Details somit durch Prüfzeugnis nachzuweisen.

---

[1]) Siehe Seite 39

7 Sonderbauteile — 96 —

7.3.7.5 Waagerechte Leitungen dürfen nur an Stahlbeton-Balken und -Decken bzw. -Dächern nach den Abschnitten 3.2, 3.3, 3.5, 3.7 bis 3.9 und 3.12.2 befestigt werden.

Die **Abhänger** müssen einen Abstand $a \leq 1{,}5$ m aufweisen (Bild 36) und sind aus Stahl ohne elastische Zwischenglieder herzustellen und so zu dimensionieren, daß die rechnerische Spannung nicht größer als 6 N/mm² ist. Die Abhänger sind entweder U-förmig um die Leitungen herumzuführen oder mit Schrauben (mindestens M 8) an Flanschverbindungen der Leitungen zu befestigen.

Die Abhänger müssen mit Stahlspreizdübeln $\geq$ M 8 befestigt werden.

Die **Dübel** müssen den Angaben gültiger Zulassungsbescheide des Instituts für Bautechnik entsprechen und darüber hinaus doppelt so tief wie im Zulassungsbescheid gefordert – mindestens jedoch 6 cm tief – eingebaut werden, sofern im Zulassungsbescheid nichts anderes ausgesagt wird; die rechnerische Zugbelastung je Dübel darf 500 N nicht übersteigen.

Zum Ausgleich von **Leitungsdehnungen** und zur Verhinderung daraus resultierender Horizontalkräfte sind für waagerechte Leitungen mit einer Länge $\geq$ 5 m zwischen Wänden, die nach bauaufsichtlichen Bestimmungen einer Feuerwiderstandsklasse angehören müssen, Kompensatoren anzuordnen (Bild 36 a); die Kompensatoren dürfen untereinander keinen größeren Abstand als 10 m aufweisen (Bild 36 b).

Die **Kompensatoren** sind nach den Angaben von Bild 37 auszubilden.

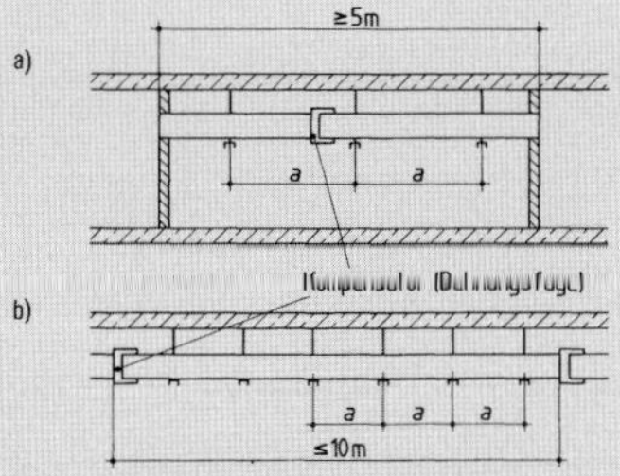

Bild 36. Anordnung von Kompensatoren

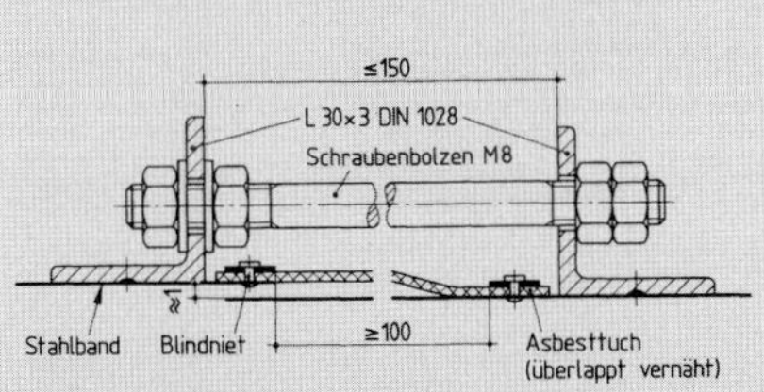

Bild 37. Ausbildung von Kompensatoren

Bei **Wanddurchführungen** ist der Zwischenraum zwischen Leitungsdämmschicht und Wand mit Dämmstoffen nach Absatz 1 von Abschnitt 7.3.7.4 vollständig zu verschließen. Die Dicke der Dämmstoffschicht soll 10 mm $\leq d \leq$ 30 mm, die Rohdichte 30 kg/m³ $\leq \varrho \leq$ 50 kg/m³ betragen. Bei Wänden aus Beton kann die Leitungsdurchführung entsprechend den Angaben von Abschnitt 7.3.7.6 Absatz 3 ausgeführt werden.

Leitungen mit **rechteckigem Querschnitt** und einer Breite von mehr als 300 mm sind beiderseits der Wanddurchführung in einem Abstand von etwa 10 cm von der Wandoberfläche zu versteifen. Die **Versteifung** kann aus den Bördeln von Stahlblechrohr- und Formstückverbindungen nach Bild 34 bzw. Bild 35 oder aus Winkeln L 30/30/3 bestehen, die auf dem Stahlblech durch Blechtreibschrauben, Niete oder Punktschweißung ($e \leq$ 100 mm) zu befestigen sind.

7.3.7.6 Senkrechte Leitungen dürfen – soweit erforderlich – nur an Massivwänden nach Abschnitt 4 befestigt werden.

Für die **Befestigung** der Halterungen gelten die Bestimmungen über die Befestigung der Abhänger von Abschnitt 7.3.7.5 sinngemäß.

Bei **Deckendurchführungen** ist die Leitungsdämmschicht nach Abschnitt 7.3.7.4 zu unterbrechen. Der Zwischenraum zwischen dem Stahlblech der Leitungen und den Decken ist in einer Dicke von mindestens 100 mm – in Richtung der Leitungsachse gemessen – durch Mörtel oder Beton vollständig zu verschließen.

Der Verschluß von Decken, die nicht aus Beton bestehen, ist in derselben Art – senkrecht zur Leitungsachse gemessen –, jedoch mindestens 100 mm dick auszuführen.

7.3.8 Lüftungsleitungen für Lüftungsanlagen nach DIN 18 017 Teil 1 bis Teil 3

7.3.8.1 Die Feuerwiderstandsklassen von Lüftungsleitungen für Lüftungsanlagen nach DIN 18 017 Teil 1 bis Teil 3 **mit** Absperrvorrichtungen ergeben sich aus den Prüfbescheiden für die verwendeten Absperrvorrichtungen.

7.3.8.2 Lüftungsleitungen von Anlagen nach DIN 18 017 Teil 1 bis Teil 3 **ohne** Absperrvorrichtungen, die aus Asbestzement mit einer Dicke $\geq$ 6 mm und einer Rohdichte $\leq$ 1,5 kg/dm³ oder Stahlblech hergestellt sind **und** in Schächten bzw. Kanälen entsprechend den Angaben der Abschnitte 7.3.2 bis 7.3.6 verlegt sind, gelten als Leitungen der Feuerwiderstandsklasse L 30 bis L 120.

7.4 Installationsschächte und -kanäle sowie Leitungen in Installationsschächten und -kanälen

7.4.1 Installationsschächte und -kanäle müssen unter Beachtung der folgenden Abschnitte wie Lüftungsleitungen nach den Angaben der Abschnitte 7.3.1 bis 7.3.6 ausgeführt werden.

7.4.2 Durch Schacht- bzw. Kanalwände durchgeführte Leitungen sind im Bereich der Wände voll einzumörteln, sofern nicht Durchführungen verwendet werden, die allgemein bauaufsichtlich zugelassen sind.

7.4.3 Installationsschächte und -kanäle, in denen sich brennbare Stoffe — z. B. Dämmstoffe, Leitungen oder Isolierungen aus brennbaren Stoffen — befinden (geringe Mengen brennbarer Stoffe wie z. B. Rohrschellen bleiben außer Betracht), müssen in jeder Decke mit einem mindestens 200 mm dicken Mörtelverguß abgeschottet werden.

Leerrohre, die diesen Mörtelverguß durchdringen, dürfen keinen größeren Durchmesser als 120 mm besitzen, müssen mindestens 200 mm lang und nach dem Einziehen von Leitungen oder, wenn sie nicht benutzt werden, dicht mit Baustoffen der Klasse A ausgestopft sein.

Anmerkung: Abschottungen in Höhe jeder Decke sind nicht erforderlich, wenn alle Leitungen am Eintritt in den Schacht durch Abschottungen gesichert werden, deren brandschutztechnische Eignung z. B. durch eine bauaufsichtliche Zulassung nachgewiesen ist.

7.4.4 Brennstoffleitungen in Installationsschächten und -kanälen müssen aus nichtbrennbaren Baustoffen bestehen.

In Installationsschächten und -kanälen mit Brennstoffleitungen dürfen Leitungen aus brennbaren Baustoffen oder Leitungen, die Stoffe mit Temperaturen von mehr als 110 °C führen, nicht verlegt werden.

Installationsschächte und -kanäle mit den vorstehend genannten Leitungen müssen längs gelüftet sein.

7.5 Gegen Flugfeuer und strahlende Wärme widerstandsfähige Bedachungen

7.5.1 Geltungsbereich

7.5.1.1 Die in Abschnitt 7.5.2 zusammengestellten Bedachungen gelten als Bedachungen, die nach DIN 4102 Teil 7 unabhängig von der Dachneigung gegen Flugfeuer und strahlende Wärme widerstandsfähig sind.

7.5.1.2 Die folgenden Angaben gelten auch für lotrechte oder annähernd lotrechte Bedachungen — z. B. Bedachungen von Traufenbereichen, Ortgängen usw. —, wenn die lotrechten oder annähernd lotrechten Flächen eine Höhe $\leq$ 100 cm aufweisen.

7.5.1.3 Die Feuerwiderstandsklassen von Dächern nach DIN 4102 Teil 2 sind den Abschnitten 3, 5 und 6 zu entnehmen.

7.5.2 Zusammenstellung widerstandsfähiger Bedachungen

7.5.2.1 Bedachungen aus natürlichen und künstlichen Steinen der Baustoffklasse A sowie aus Beton, Ziegeln und Asbestzementplatten nach DIN 274 Teil 1 bis Teil 4.

7.5.2.2 Stahlblech- und sonstige Metalldächer

a) ohne Dämm- und Deckschichten aus Baustoffen der Klasse B,
b) mit unterseitig angeordneten Dämmschichten aus Baustoffen der Klasse B 1.

7.5.2.3 Fachgerecht und nach DIN 18 338 auf geschlossener tragender Unterlage mindestens der Baustoffklasse B 2 in mehrlagiger Ausführung verlegte

a) Teerdachpappen nach DIN 52 121,
b) Bitumendachpappen nach DIN 52 128,
c) Bitumen-Dachdichtungsbahnen nach DIN 52 130,
d) Bitumen-Schweißbahnen nach DIN 52 131,
e) Teer-Sonderdachpappen und Teer-Bitumendachpappen nach DIN 52 140,
f) Glasvlies-Bitumendachbahnen V 11 oder V 13 DIN 52 143 oder
g) Dichtungsbahnen nach DIN 18 190 Teil 1 bis Teil 3 sowie
h) Kombinationen der Dach- und Dichtungsbahnen nach Aufzählung a bis g.

7.5.2.4 Fachgerecht verlegte Bedachungen auf tragenden Konstruktionen gleich welcher Art, auch auf Zwischenschichten aus Wärmedämmstoffen der Baustoffklassen A und B und/oder aus zusätzlichen Bahnen mit folgendem Aufbau (von oben nach unten),

a) eine Lage Bitumendachpappe 500 nach DIN 52 128 oder Dichtungsbahn nach DIN 18 190 Teil 1 bis Teil 3, eine Lage Glasvlies-Bitumendachbahn V 11 oder V 13 nach DIN 52 143,
b) zwei Lagen Glasvlies-Bitumendachbahn V 11 oder V 13 nach DIN 52 143,
c) zwei Lagen Bitumendachpappe 500 nach DIN 52 128 oder Dichtungsbahnen nach DIN 18 190 Teil 1, eine Lage Bitumendachpappe 333 oder 500 nach DIN 52 128 oder
d) zwei Lagen Dichtungsbahnen nach DIN 18 190 Teil 2 oder Teil 3.

7.5.2.5 Bedachungen nach den Abschnitten 7.5.2.3 und 7.5.2.4 mit zusätzlichen Lagen von Dachbahnen nach den in Abschnitt 7.5.2.3 genannten Normen.

7.5.2.6 Bedachungen nach den Abschnitten 7.5.2.1 bis 7.5.2.5 mit Kiesschüttung. 7.4 7.5

7.5.2.7 Beliebige Bedachungen mit vollständig bedeckender, mindestens 5 cm dicker Schüttung aus Kies 16/32.

Anhang A Allgemeines zur Brandschutzbemessung

A.1 Einflußgrößen auf die Feuerwiderstandsdauer

A.1.1 Die Feuerwiderstandsdauer und damit auch die Feuerwiderstandsklasse eines Bauteils hängt im wesentlichen von folgenden Einflüssen ab:

a) Brandbeanspruchung (ein- oder mehrseitig),

b) verwendeter Baustoff oder Baustoffverbund,

c) Bauteilabmessungen (Querschnittsabmessungen, Schlankheit, Achsabstände usw.),

d) Bauliche Ausbildung (Anschlüsse, Auflager, Halterungen, Befestigungen, Fugen, Verbindungsmittel usw.),

e) statisches System (statisch bestimmte oder unbestimmte Lagerung, einachsige oder zweiachsige Lastabtragung, Einspannungen usw.),

f) Ausnutzungsgrad der Festigkeiten der verwendeten Baustoffe infolge äußerer Lasten und

g) Anordnung von Bekleidungen (Ummantelungen, Putze, Unterdecken, Vorsatzschalen usw.).

A.1.2 Die in den Abschnitten 3 bis 7 angegebenen Feuerwiderstandsklassen gelten immer nur in Abhängigkeit von den vorstehend aufgezählten Einflußgrößen – d. h. von den in den Abschnitten 3 bis 7 jeweils angegebenen Randbedingungen bzw. Voraussetzungen.

A.1.3 Sofern die Mindest-Bauteilabmessungen in den Abschnitten 3 bis 7 in Abhängigkeit von der Spannung angegeben werden, dürfen Zwischenwerte für Wanddicken, Balkenbreiten, Balkenhöhen und Stützendicken durch geradlinige Interpolation ermittelt werden.

A.2 Feuerwiderstand von Gesamtkonstruktionen

A.2.1 Die Klassifizierung von Einzelbauteilen nach den Abschnitten 3 bis 7 setzt voraus, daß die Bauteile, an denen die klassifizierten Einzelbauteile angeschlossen werden, mindestens derselben Feuerwiderstandsklasse angehören; ein Träger gehört z. B. nur dann einer bestimmten Feuerwiderstandsklasse an, wenn auch die Auflager – z. B. Konsolen –, Unterstützungen – z. B. Stützen oder Wände – sowie alle statisch bedeutsamen Aussteifungen und Verbände der entsprechenden Feuerwiderstandsklasse angehören.

A.2.2 Bestimmungen über das Brandverhalten von Gesamtkonstruktionen sollen nach genügend vorliegenden Erfahrungen in einer Richtlinie oder Norm erfaßt werden. Beispiele hierzu und weitere Angaben z. B. über das Brandverhalten von Rahmen, Scheiben, Dehnungsfugen, Lagern usw. sind der Literatur[3]) zu entnehmen.

[3]) Siehe Beton-Brandschutz-Handbuch, Beton-Verlag GmbH, Düsseldorf, 1981.

Anhang B Sonderfälle der Klassifizierung von Betonbauteilen nach den Abschnitten 3 und 4

B.1 Verwendung von Normalbeton mit vorwiegend karbonathaltigem Zuschlag

B.1.1 Sofern anstelle von Normalbeton mit überwiegend quarzhaltigem Zuschlag – siehe Abschnitt 3.1.1 – Normalbeton mit mehr als 80 % karbonathaltigem Zuschlag verwendet wird, dürfen die in Tabelle B.1 mit Bezug auf die Abschnitte 3 und 4 zusammengestellten Größen um jeweils 10 % abgemindert werden.

B.1.2 Bei einer Abminderung nach Abschnitt B.1.1 dürfen die in Spalte 3 von Tabelle B.1 angegebenen Werte jedoch nicht unterschritten werden.

Tabelle B.1. **Querschnittsgrößen und/oder Achsabstände, die bei Verwendung von Normalbeton mit mehr als 80 % karbonathaltigem Zuschlag abgemindert werden dürfen**

Tabellen-Nr nach den Abschnitten 3 und 4	Querschnittsgröße, Achsabstand, Betondeckung	Mindestwert[2]), der bei Abminderung nicht unterschritten werden darf
5	alle u-Werte [1])	$u_{F\,30}$
7	alle u-Werte [1])	$u_{F\,30}$
10	d und D	$d_{F\,30}$ und $D_{F\,30}$
11	d	$d_{F\,30}$
12	u	$u_{F\,30}$
13	alle u-Werte [1])	$u_{F\,30}$
14, Zeile 1	d und D	$d_{F\,30}$
15, Zeile 1.1	u	$u_{F\,30}$
18	d	$d_{F\,30}$
20	alle u-Werte [1])	$u_{F\,30}$
21	d	$d_{F\,30}$
22	alle u-Werte [1])	$u_{F\,30}$
23	d	$d_{F\,30}$
25	alle u-Werte [1])	$u_{F\,30}$
26	d	$d_{F\,30}$
27	alle u-Werte [1])	$u_{F\,30}$
31	d und b c und c_s	$d_{F\,30}$ und $b_{F\,30}$ $c_{F\,30}$
33	u	$u_{F\,30}$
35	u	$u_{F\,30}$
36	u	$u_{F\,30}$
37, Zeile 1.2.1	d	$d_{F\,30}$
37	alle u-Werte [1])	$u_{F\,30}$
42, Zeile 1.2.2	u	23 mm

[1]) d. h.: u, u_o, u_s und u_m.
[2]) Index F 30 bedeutet: c-, d-, D- und u-Werte der entsprechenden Tabellen jeweils für F 30.

B.2 Kritische Temperatur crit T in Abhängigkeit von Stahlsorte und Beanspruchung, Δu-Werte

B.2.1 Die kritische Temperatur der Beton- und Spannstähle wurde entsprechend den Angaben von Abschnitt 3.1.2 festgelegt. Tabelle 1 enthält zwecks einer einfacheren Formulierung der Abschnitte 3 und 4 Vereinfachungen, die zum Teil zu einer auf der sicheren Seite liegenden Brandschutzbemessung führen. Einzelheiten hierzu können den Abschnitten B.2.2 bis B.2.5 entnommen werden.

B.2.2 Betonstahl BSt 220/340 besitzt eine kritische Temperatur von crit $T \geq 570$ °C. Sofern bei Stahlbetonbauteilen ausschließlich Betonstahl BSt 220/340 verwendet wird, dürfen die in den Abschnitten 3 und 4 angegebenen Mindest-u-Werte jeweils um $\Delta u = 7{,}5$ mm abgemindert werden.

B.2.3 Spannstahl St 1470/1670 (150/170) besitzt eine kritische Temperatur von crit $T \geq 375$ °C. Sofern bei Spannbetonbauteilen ausschließlich Spannstahl St 1470/1670

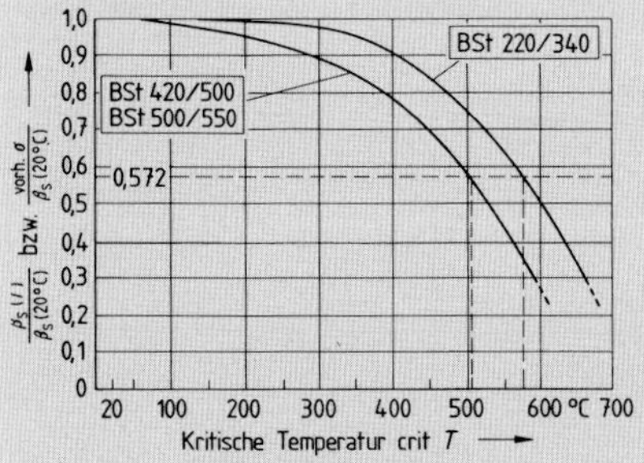

Bild B.1. Abfall des Verhältnisses $\beta_S(T)/\beta_S$ (20 °C) von Betonstählen in Abhängigkeit von der Temperatur

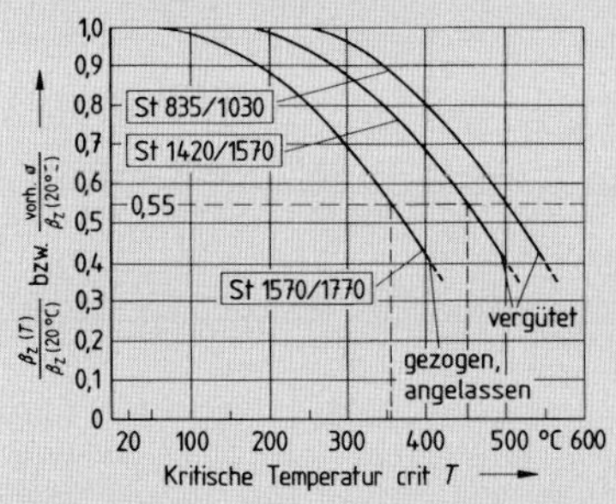

Bild B.2. Abfall des Verhältnisses $\beta_Z(T)/\beta_Z$ (20 °C) von Spannstählen in Abhängigkeit von der Temperatur

verwendet wird, müssen die in Abschnitt 3 angegebenen Mindest-u-Werte jeweils um $\Delta u = 12{,}5$ mm (anstelle von 15 mm entsprechend Zeile 4 von Tabelle 1) vergrößert werden.

B.2.4 Die in Tabelle 1 angegebenen crit T-Werte beziehen sich auf die nach DIN 1045 und DIN 4227 Teil 1 jeweils angegebenen zulässigen Beanspruchungen

a) $0{,}572 \cdot \beta_S$ entsprechend $\nu = 1{,}75$ bei Betonstählen und

b) $0{,}55\ \beta_Z$ bei Spannstählen.

Sofern bei der Bemessung nach DIN 1045 und DIN 4227 Teil 1 z. B. aus Brandschutzgründen geringere als die zulässigen Beanspruchungen gewählt werden, darf crit T in Abhängigkeit vom Ausnutzungsgrad der Stähle

a) $\beta_S(T)/\beta_S$ (20 °C) bei Betonstählen und

b) $\beta_Z(T)/\beta_Z$ (20 °C) bei Spannstählen

nach den Kurven der Bilder B.1 und B.2 bestimmt werden. Die aus Brandschutzgründen erforderlichen u-Werte dürfen hierauf abgestimmt werden – d. h.:

Die in den Abschnitten 3 und 4 angegebenen Mindest-u-Werte dürfen in Abhängigkeit von der kritischen Temperatur crit T – ermittelt nach den Kurven der Bilder B.1 und B.2 – vermindert werden. Als Korrektur gilt:

$$\Delta u = 10 \text{ mm für crit } \Delta T = 100 \text{ K} \qquad (14)$$

crit ΔT ist dabei als Differenz zu den Angaben von Tabelle 1 bzw. als Differenz zu den Angaben der Abschnitte B.2.2 und B.2.3 zu bestimmen.

Bei der Verminderung der u-Werte nach dem vorstehenden Verfahren dürfen die in den Abschnitten 3 und 4 jeweils für F 30 angegebenen u-Werte ($u_{F\,30}$) nicht unterschritten werden.

B.2.5 Die kritische Temperatur von Beton- und Spannstählen, die nicht in den Bildern B.1 und B.2 erfaßt sind, ist durch Warmkriechversuche [3] in Abhängigkeit vom Ausnutzungsgrad zu bestimmen; andernfalls muß eine auf der sicheren Seite liegende Zuordnung zu den in den Bildern B.1 und B.2 angegebenen Kurven erfolgen.

B.3 Abstandhalter, Baustoffklasse

B.3.1 Die in den Abschnitten 3 und 4 angegebenen Feuerwiderstandsklassen und Benennungen gelten auch dann, wenn die Bewehrung durch übliche Kunststoffabstandhalter der Baustoffklasse B in der gewünschten Lage gehalten wird.

B.3.2 Abstandhalter für Wandschalungen, die gleichzeitig Abstandhalter der Bewehrung darstellen können, durchdringen im allgemeinen den ganzen Wandquerschnitt. Derartige Abstandhalter – insbesondere solche aus Baustoffen der Klasse B – bedürfen eines Nachweises der Eignung in brandschutztechnischer Hinsicht, wenn sie bei **raumabschließenden** Wänden verwendet werden.

A.1
A.2
B.1
B.2
B.3

[3]) Siehe Seite 98

B.4 Feuerwiderstandsklassen von Stahlbetonstützen mit bestimmtem Querschnitt und geringer Beanspruchung

B.4.1 Für die Erzielung einer bestimmten Feuerwiderstandsklasse müssen Stahlbetonstützen bei Bemessung nach DIN 1045 entsprechend den Angaben von Abschnitt 3.14 bestimmte Querschnittsabmessungen und Achsabstände besitzen. Die Mindestachsabstände können – abgesehen von der Abminderung durch die Verwendung karbonathaltiger Zuschläge entsprechend den Angaben von Abschnitt B.1 – abgemindert werden, wenn gleichzeitig die nach DIN 1045 zulässige Beanspruchung reduziert wird.

B.4.2 Stahlbetonstützen mit einer Stützenlänge (identisch der Geschoßhöhe) $h_S \leq 3$ m dürfen bei einer Dicke d = 200 mm bzw. d = 240 mm bei einem konstanten Achsabstand $u \geq 27$ mm höchstens die in Tabelle B.2 wiedergegebenen Beanspruchungen aufweisen. Dem Achsabstand $u = 27$ mm entspricht bei Verwendung von Bügeln ⌀ 6 und Längsstäben ⌀ 12 eine Betondeckung $c = 15$ mm.

Stahlbetonstützen mit $h_S > 3$ m sind nach den Angaben von Abschnitt 3.14 zu bemessen.

B.4.3 Die Feuerwiderstandsklassen von Stahlbetonstützen, die nicht den Angaben der Abschnitte 3.14 oder B.4 entsprechen, sind durch Prüfungen nach DIN 4102 Teil 2 zu ermitteln.

Anmerkung: An der Erfassung der Parameter Längskraft, Längskraft mit Biegung (Ausmitte), Lagerung (Euler-Fälle), Knicklänge, Schlankheit und Dehnungsbehinderung wird z. Z. gearbeitet. Aufgrund bereits vorliegender Prüfergebnisse[4]) kann gegebenenfalls auf weitere Prüfungen verzichtet werden; die Feuerwiderstandsklasse kann bis zur Überarbeitung der Abschnitte 3.14 und B.4 daher im Einzelfall gegebenenfalls über ein Gutachten nachgewiesen werden.

B.5 Feuerwiderstandsklassen unbekleideter Stahlbeton- und Spannbeton-Zugglieder für begrenzte Dehnungen

B.5.1 Für die Erzielung einer bestimmten Feuerwiderstandsklasse müssen Stahlbeton- und Spannbeton-Zugglieder entsprechend den Angaben von Abschnitt 3.15 bestimmte Querschnittsabmessungen und Achsabstände besitzen. Der Klassifizierung liegt der Bruchzustand ($T \rightarrow$ crit T mit $\varepsilon > 15$ ‰) zugrunde. Sofern die Dehnung begrenzt werden soll, müssen die in Tabelle 36 angegebenen Mindestwerte vergrößert werden.

B.5.2 Bei einer Dehnungsbegrenzung auf $\varepsilon \leq 2{,}5$ ‰ müssen unbekleidete Zugglieder unabhängig von der Stahlart die in Tabelle B.3 angegebenen Mindestquerschnittsabmessungen besitzen.

Tabelle B.3. **Mindestquerschnittsabmessungen (mm) unbekleideter Stahlbetonzugglieder[3]) mit begrenzter Dehnung ($\varepsilon \leq 2{,}5$ ‰)**

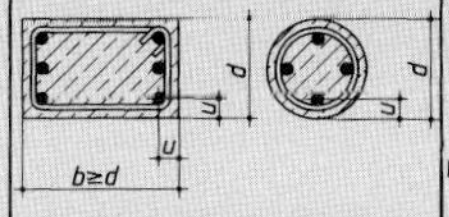

		Feuerwiderstandsklasse-Benennung				
		F 30-A	F 60-A	F 90-A	F 120-A	F 180-A
1	Mindestdicke d	200	240	270	320	360
2	Mindestquerschnittsfläche A	$2\,d^2$, d siehe Zeile 1				
3	Mindestachsabstand u [1]) [2])					
3.1	bei d =	200	240	270	320	360
3.1.1	u	60	75	90	100	115
3.2	bei $d \geq$	200	300	400	500	600
3.2.1	u	60	60	70	80	95

[1]) Zwischen den u-Werten von Zeile 3.1.1 und 3.2.1 darf in Abhängigkeit von d geradlinig interpoliert werden.

[2]) Bei nicht senkrecht angeordneten Zuggliedern ist stets eine Schutzbewehrung nach Abschnitt 3.1.4 erforderlich.

[3]) Die Tabellenwerte gelten auch für **Spannbetonzugglieder;** die u-Werte sind jedoch bei vergüteten Drähten mit crit T = 450 °C um Δu = 5 mm und bei kaltgezogenen Drähten und Litzen mit crit T ≥ 350 °C um Δu = 15 mm zu vergrößern.

[4]) Siehe u. a. Literatur entsprechend Fußnote 3 auf Seite 98.

Tabelle B.2. **Zulässige Beanspruchung von Stahlbetonstützen ($h_S \leq 3$ m) mit d = 200 mm und d = 240 mm bei einer Betondeckung $c \geq 15$ mm und bei Verwendung von Bügeln ⌀ ≥ 6 und Längsstäben ⌀ ≥ 12**

Zulässige Beanspruchung = α (Beanspruchung DIN 1045)

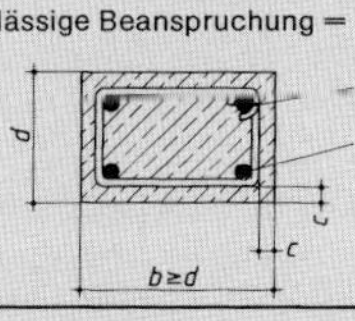

Stützendicke d mm	Abminderungsfaktor α für die Feuerwiderstandsklasse-Benennung				
	F 30-A	F 60-A	F 90-A	F 120-A	F 180-A
200	–[1])	0,90	0,30	0,20	0
240	–[1])	–[1])	0,60	0,30	0

[1]) Die Bemessung ist nach Abschnitt 3.14 (Tabelle 33) durchzuführen.

B.6 Feuerwiderstandsklassen tragender Beton- und Stahlbetonwände mit geringer Beanspruchung

B.6.1 Für die Erzielung einer bestimmten Feuerwiderstandsklasse müssen Beton- und Stahlbetonwände bei Bemessung nach DIN 1045 entsprechend den Angaben von Abschnitt 4.2 bestimmte Bedingungen hinsichtlich Schlankheit, Dicke, Druckrandspannung und Achsabstand erfüllen. Tabelle 37 enthält zwecks einer einfacheren Formulierung keine Unterteilung in raumabschließende und nichtraumabschließende tragende Wände sowie keine Angaben für Wände mit sehr geringer Beanspruchung. Dies führt zum Teil zu einer auf der sicheren Seite liegenden Brandschutzbemessung. Einzelheiten können Abschnitt B.6.2 entnommen werden.

B.6.2 Die Bedingungen für tragende Beton- und Stahlbetonwände, die bei sehr geringer Beanspruchung oder als raumabschließende Wände mit nur einseitiger Brandbeanspruchung geringere Abmessungen im Vergleich zu den Angaben von Tabelle 37 besitzen dürfen, sind in Tabelle B.4 zusammengestellt. Sofern in dieser Tabelle für bestimmte Feuerwiderstandsklassen keine Angaben gemacht werden, gelten die Bedingungen von Tabelle 37. Die Bestimmungen von Abschnitt 4.2 bleiben im übrigen unberührt.

[4]) Siehe Seite 100

B.7 Feuchtigkeitsgehalt und Abplatzverhalten

B.7.1 Normalbeton besitzt im Regelfall einen Feuchtigkeitsgehalt ≤ 4 Gew.-%. Ein Feuchtigkeitsgehalt > 4 Gew.-% liegt nur in Sonderfällen vor, z. B. bei Bauteilen nach DIN 1045, Ausgabe Dezember 1978, Tabelle 10, Zeile 3.

B.7.2 Alle in den Abschnitten 3 und 4 sowie in Anhang B für Beton-, Stahlbeton- und Spannbetonbauteile angegebenen Mindestquerschnittsabmessungen, zulässigen Spannungen usw. wurden so festgelegt, daß bei Brandbeanspruchung geringfügige Oberflächenabplatzungen möglich sind, zerstörende Abplatzungen jedoch ausgeschlossen werden.

B.7.3 Über das Abplatzverhalten von **tragenden** Bauteilen aus Leichtbeton, Stahlleichtbeton und Spannleichtbeton **mit geschlossenem Gefüge** liegen noch nicht genügend Erkenntnisse vor, so daß noch keine allgemeingültigen Normenangaben gemacht werden können. Abschnitt 4.3 enthält daher nur Angaben zu nichttragenden Wänden aus Leichtbeton und Stahlleichtbeton mit geschlossenem Gefüge nach DIN 4219 Teil 1 und Teil 2.

Die Feuerwiderstandsklasse von tragenden Bauteilen aus Leichtbeton mit geschlossenem Gefüge ist daher durch Prüfungen nach DIN 4102 zu ermitteln.

Anmerkung: Aufgrund der bereits vorliegenden Prüfergebnisse [4]) kann gegebenenfalls auf weitere Prüfungen verzichtet werden; der Nachweis der Feuerwiderstandsklasse kann bis zur Überarbeitung dieser Norm daher im Einzelfall gegebenenfalls über ein Gutachten erfolgen.

Tabelle B.4. **Tragende Beton- und Stahlbetonwände aus Normalbeton mit geringer Beanspruchung oder nur einseitiger Brandbeanspruchung**

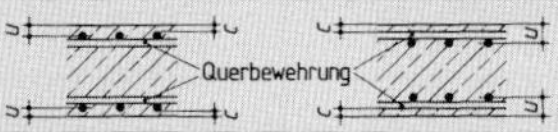

Zeile	Wandfunktion (siehe Abschnitt 4.1)	Konstruktionsmerkmale	Feuerwiderstandsklasse-Benennung F30-A	F60-A	F90-A	F120-A	F180-A
1	raumabschließend oder nicht raumabschließend	Zulässige Schlankheit = Geschoßhöhe/Wanddicke = h_s/d	25				
2		Mindestwanddicke d in mm bei einer maximalen Druckrandspannung $\sigma \leq 0{,}1\ \beta_R/2{,}1$ [1])	120	120	120	140	170
3		Mindestachsabstand u in mm	12	15	20	25	35
4	raumabschließend	Zulässige Schlankheit = Geschoßhöhe/Wanddicke = h_s/d	30				
5		Mindestwanddicke d in mm bei einer maximalen Druckrandspannung $\sigma \leq 0{,}5\ \beta_R/2{,}1$ [1])	100				
6		Mindestachsabstand u in mm	20				

[1]) Wegen der σ- und β_R-Werte entsprechend DIN 1045, Ausgabe Dezember 1978, Abschnitt 17.2, siehe Tabelle B.5.

Tabelle B.5. **Maximale Druckrandspannungen σ in Abhängigkeit von der Betonfestigkeitsklasse des Normalbetons nach DIN 1045 (abgerundete Werte)**

Zeile	1	2	3	4	5	6	7	8
1	Betonfestigkeitsklasse des Normalbetons	B 5	B 10	B 15	B 25	B 35	B 45	B 55
2	Rechenwert β_R	3,5	7,0	10,5	17,5	23,0	27,0	30,0
3	$\sigma = 0{,}1\ \beta_R/2{,}1$ in N/mm²	0,167	0,334	0,50	0,834	1,10	1,29	1,43
4	$\sigma = 0{,}5\ \beta_R/2{,}1$ in N/mm²	0,84	1,67	2,50	4,17	5,50	6,45	7,15

B.4
B.5
B.6
B.7

Anhang C Sonderfälle der Klassifizierung von Stahlbauteilen nach Abschnitt 6

C.1 Kritische Temperatur crit T in Abhängigkeit von der Stahlsorte und Beanspruchung, Δd-Werte

C.1.1 Die kritische Temperatur crit T von Baustahl St 37 und St 52 wurde entsprechend den Angaben von Abschnitt 6.1.1 mit 500 °C festgelegt. Dieser konstante Wert bezieht sich auf die nach DIN 1050 zulässigen Spannungen jeweils Lastfall H

für St 37

a) zul σ = 140 N/mm² für Druck bzw. Biegedruck und

b) zul σ = 160 N/mm² für Zug bzw. Biegezug sowie

für St 52

c) zul σ = 210 N/mm² für Druck bzw. Biegedruck und

d) zul σ = 240 N/mm² für Zug bzw. Biegezug.

Die in Abschnitt 6 angegebenen Bedingungen gelten auch dann, wenn beim Lastfall HZ höhere Spannungen vorliegen. Wird dagegen die Tragfähigkeit z. B. aus Brandschutzgründen nicht voll ausgenutzt, dann dürfen bei Putzbekleidungen die Mindestbekleidungsdicken d wegen höherer kritischer Temperaturen nach den Angaben von Abschnitt C.1.2 abgemindert werden.

C.1.2 Sofern bei der Bemessung nach DIN 1050 z. B. aus Brandschutzgründen geringere als die zulässigen Spannungen gewählt werden, darf crit T in Abhängigkeit vom Ausnutzungsgrad der Stähle

$$\frac{\beta_S(T)}{\beta_S(20\,°C)\cdot f\cdot \varkappa} \qquad (15)$$

nach der Kurve in Bild C.1 bestimmt werden **(Fall 1)**. Im Verhältniswert (15) sind:

$\beta_S(T)$ temperaturabhängige Streckgrenze des Stahles zum Versagenszeitpunkt; sie ist identisch der Stahlgebrauchsspannung.

β_S (20 °C) Streckgrenze des Stahles bei 20 °C Raumtemperatur.

f Formfaktor nach Tabelle C.1.

$\varkappa$ Beiwert für das statische System, der bei Bemessung nach dieser Norm mit $\varkappa = 1$ anzusetzen ist.

Der Verhältniswert (15) ist auch dann anzuwenden, wenn die Bemessung von Trägern nach den vereinfachten Gleichungen entsprechend DIN 1050, Ausgabe Juli 1968, Abschnitt 5.3.3, erfolgt.

Bei Stahlbauteilen, die nach dem Traglastverfahren nach St-Ri 008 bemessen werden, gelten die vorstehenden Angaben ebenfalls, wenn man anstelle des Quotienten (15) den Verhältniswert

$$\frac{P}{P_{pl}} \qquad (16)$$

verwendet **(Fall 2)**. Dabei sind

P die Gebrauchslast und

P_{pl} die plastische Grenzlast.

Bei der Ermittlung der kritischen Temperatur nach den vorstehenden Fällen 1 und 2 darf die Mindestbekleidungsdicke von Putzbekleidungen

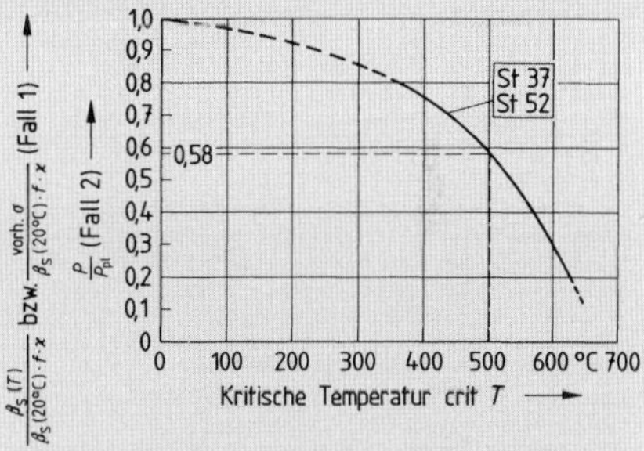

Bild C.1. Abfall der Verhältniswerte (15) und (16) von Baustählen in Abhängigkeit von der Temperatur

Tabelle C.1. **Formfaktor für unterschiedliche Profilformen**

Profil	I	□ 1:1	□ 1:2	◎	■	●
f	1,14 ¹)	1,18	1,26	1,27	1,50	1,70

¹) Genauere Werte in Abhängigkeit von der Profilhöhe können der Richtlinie 008 des Deutschen Ausschusses für Stahlbau (DASt-Ri 008), Tabelle 3, entnommen werden.

Tabelle C.2. **Abminderungsbetrag Δd zur Bekleidungsdicke d bei Putzbekleidungen entsprechend den Angaben von Abschnitt C.1.2 für crit ΔT = 100 K**

Zeile	Feuerwiderstandsklasse	U/A gemäß Abschnitt 6.1.2 m^{-1}	Δd in mm bei einer Bekleidung nach Abschnitt 6.2.2 ¹) bei Verwendung von: Putz nach DIN 18 550 Teil 2 *) der Mörtelgruppe P II oder P IVc	P IVa oder P IVb	Vermiculite- oder Perlite-Putz nach Abschnitt 3.1.5.5
1	F 30 bis F 90 ¹)	< 90	0	0	5
2		90 bis 300	0	5	5
3	F 120 bis F 180	< 90	0	5	5
4		90 bis 300	5	5	5

*) Z. Z. noch Entwurf

¹) Die Δd-Werte nach Zeile 1 und 2 dürfen auch bei Putzbekleidungen von Stützen nach Abschnitt 6.3.4 bei den Feuerwiderstandsklassen F 30 und F 60 angewendet werden.

a) bei auf Biegung beanspruchten Trägern nach den Angaben von Abschnitt 6.2.2 für die Feuerwiderstandsklassen F 30 bis F 180 und

b) bei auf Druck beanspruchten Stützen nach den Angaben von Abschnitt 6.3.4 für die Feuerwiderstandsklassen F 30 und F 60

um den in Tabelle C.2. jeweils angegebenen Betrag Δd abgemindert werden.

C.1.3 Die kritische Temperatur von Baustählen, die nicht in Bild C.1 erfaßt sind, ist durch Warmkriechversuche [5]) in Abhängigkeit vom Ausnutzungsgrad zu bestimmen; andernfalls muß eine auf der sicheren Seite liegende Zuordnung zu der in Bild C.1 angegebenen Kurve erfolgen.

C.2 Unbekleidete Stahlbauteile

Unbekleidete Stahlbauteile erreichen wegen schneller Erwärmung auf crit T in der Regel nur Feuerwiderstandsdauern < 30 Minuten.

Durch die Wahl sehr massiger Querschnitte mit sehr kleinen U/A-Werten — gegebenenfalls in Verbindung mit geringer Spannungsausnutzung nach Bild C.1 — kann in Sonderfällen jedoch F 30 erreicht werden, zum Beispiel bei

a) $U/A < 30\,m^{-1}$ für crit $T \geq 500\,°C$ oder

b) $U/A < 40\,m^{-1}$ für crit $T \geq 600\,°C$.

Der Nachweis der Feuerwiderstandsklasse ist in solchen Fällen durch Prüfung nach DIN 4102 Teil 2 zu erbringen.

Durch weitere geeignete Randbedingungen — z. B. durch die Verwendung von Verbundsystemen — kann die Feuerwiderstandsdauer weiter gesteigert werden. Auch in diesen Fällen ist der Nachweis der Feuerwiderstandsklasse durch Prüfung nach DIN 4102 Teil 2 zu erbringen.

Anmerkung: An der Erfassung der Parameter Verbundwirkung mit Stahlbeton, U/A, Ausnutzungsgrad, Längskraft, Längskraft mit Biegung, Knicklänge, Schlankheit, Biegedrillknicken und Dehnungsbehinderung wird z. Z. gearbeitet. Aufgrund bereits vorliegender Prüfergebnisse [5]) [6]) kann gegebenenfalls auf weitere Prüfungen verzichtet werden; der Nachweis der Feuerwiderstandsklasse kann bis zur Ergänzung der Abschnitte 6 und C daher im Einzelfall gegebenenfalls über ein Gutachten erfolgen.

C.3 Beispiele für U/A-Berechnungen

Beispiele für die Berechnung von U/A-Werten sind in Tabelle C.3 zusammengestellt. Zahlenmäßig ermittelte Werte für I-Profile können Tabellenwerken entnommen werden [7]).

In Tabelle C.3 sind außerdem die Umrisse der Bekleidungen schematisch dargestellt. Für die Ausführung (Putzträger-Art und -Anordnung sowie Befestigung und Mindestputzdicke) gelten die Angaben von Abschnitt 6.2.2 für Trägerbekleidungen und Abschnitt 6.3.4 für Stützenbekleidungen.

Tabelle C.3. **Beispiele für U/A-Berechnungen**

Zeile	Konstruktionsmerkmale b, h und t in cm Fläche A in cm^2	Brandbeanspruchung	U/A m^{-1}
1	Flachstahl 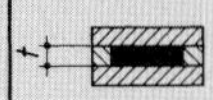	4seitig	$\frac{200}{t}$
2	Flansch 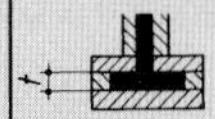	4seitig	$\frac{200}{t}$
3	Flansch 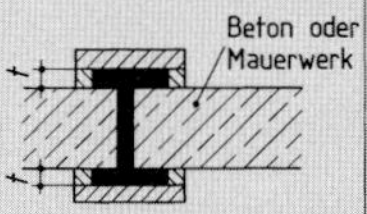	~1seitig	$\frac{100}{t}$
4	Winkel 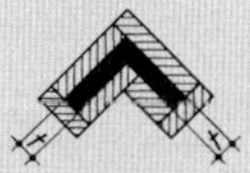	4seitig	$\frac{200}{t}$
5	Winkel 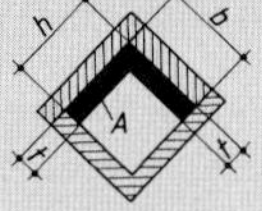	4seitig	$\frac{2b+2h}{A} \cdot 10^2$
6	Doppelwinkel 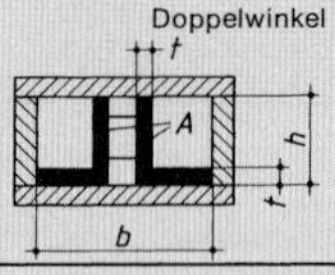	4seitig	$\frac{2b+2h}{A} \cdot 10^2$

[5]) Siehe Beton-Brandschutz-Handbuch, Beton-Verlag GmbH, Düsseldorf, 1981.

[6]) Siehe Brandschutz im Bauwesen (Braba) Heft 22: Brandverhalten von Bauteilen
Teil I: DIN 4102 und ergänzende Bestimmungen mit Erläuterungen und Beispielen aus DIN 4102 Teil 4
und
Teil II: Richtlinien und Erläuterungen für die Zulassung von Anstrichen-Dämmschichtbildnern, F- und G-Verglasungen, Spritzputzen auf Stahl und Beton, Fluchttunnel-Konstruktionen sowie Kabel- und Rohrabschottungen,
Erich Schmidt Verlag, Berlin, 1981 sowie
Arbeitsberichte des Sonderforschungsbereichs 148 Brandverhalten von Bauteilen, Technische Universität Braunschweig, 1974, 1977 und 1980.

[7]) Siehe z. B. Stahlbaukalender

C.1
C.2
C.3

Anhang C — 104 —

Tabelle C.3. (Fortsetzung)

Zeile	Konstruktionsmerkmale b, h und t in cm Fläche A in cm² Abwicklung in m²/m	Brand-beanspruchung	U/A m⁻¹
7	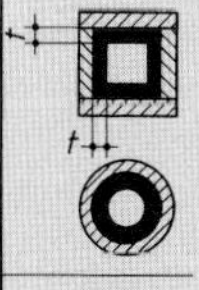 Hohlprofile, Stützen	4seitig	$\frac{100}{t}$
8	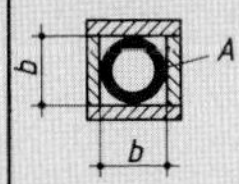	4seitig	$\frac{4b}{A} \cdot 10^2$
9	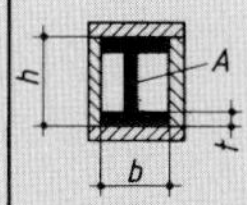 Träger oder Stütze	4seitig	$\frac{2b+2h}{A} \cdot 10^2$
10	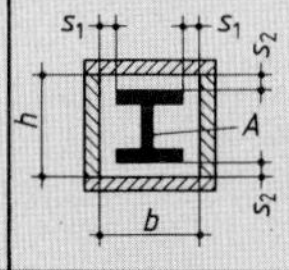 Träger oder Stütze $s_1 = s_2$	4seitig	$\frac{2b+2h}{A} \cdot 10^2$
11	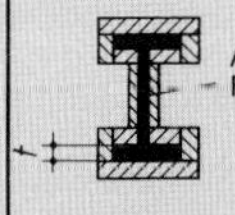 Abwicklung Fläche A Träger oder Stütze	4seitig	$\frac{\text{Abwicklg.}}{A} \cdot 10^4$ oder [1]) $\frac{200}{t}$
12	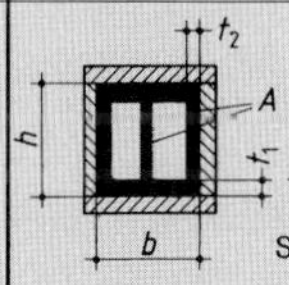 Träger oder Stütze [2])	4seitig	$\frac{2b+2h}{A} \cdot 10^2$
13	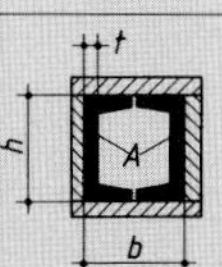 Träger oder Stütze [2])	4seitig	$\frac{2b+2h}{A} \cdot 10^2$
14	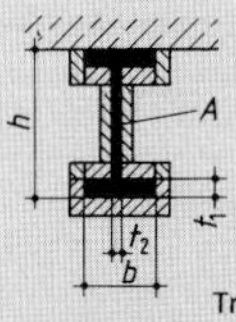 Träger	3seitig	$\frac{\text{Abw.} - \frac{b}{10^2}}{A} \cdot 10^4$ oder [1]) [3]) $\frac{200}{t_1}$
15	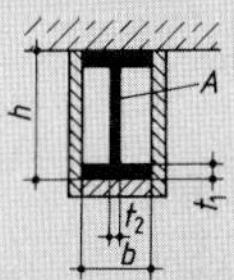 Träger	3seitig	$\frac{2h+b}{A} \cdot 10^2$
16	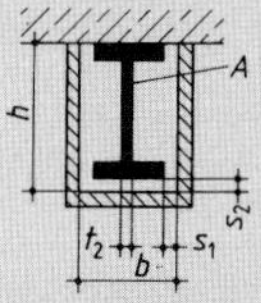 $s_1 = s_2$ Träger	3seitig	$\frac{2h+b}{A} \cdot 10^2$
17	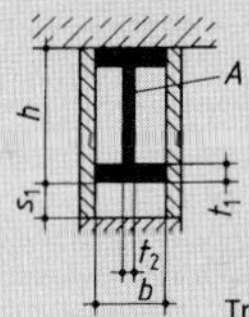 Träger	3seitig	$\frac{2h+b}{A} \cdot 10^2$

[1]) Der größere Wert ist maßgebend.

[2]) Bei „vergrößerter" Bekleidung kann U/A entsprechend den Angaben von Zeile 10 bestimmt werden.

[3]) Bei Trägerhöhen > 600 mm kann auch $\frac{U}{A} = \frac{200}{t_2}$ maßgebend werden.

Zitierte Normen und andere Unterlagen

Zitierte Normen

DIN	105	Mauerziegel; Vollziegel und Lochziegel
DIN	106 Teil 1	Kalksandsteine; Vollsteine, Lochsteine, Blocksteine, Hohlblocksteine
DIN	106 Teil 2	Kalksandsteine; Vormauersteine und Verblender
DIN	274 Teil 1	Asbestzement-Wellplatten; Maße, Anforderungen, Prüfung
DIN	274 Teil 2	Asbestzement-Wellplatten; Anwendung bei Dachdeckungen
DIN	274 Teil 3	Asbestzementplatten; Ebene Dachplatten; Maße, Anforderungen, Prüfungen
DIN	274 Teil 4	Asbestzementplatten; Ebene Tafeln; Maße, Anforderungen, Prüfungen
DIN	278	Tonhohlplatten (Hourdis) und Hohlziegel, statisch beansprucht
DIN	280 Teil 1	Parkett; Parkettstäbe und Tafeln für Tafelparkett
DIN	280 Teil 2	Parkett; Mosaikparkettlamellen
DIN	280 Teil 3	Parkett; Parkettriemen
DIN	280 Teil 4	Parkett; Parkettdielen, Parkettplatten
DIN	280 Teil 5	Parkett; Fertigparkett-Elemente
DIN	398	Hüttensteine; Vollsteine, Lochsteine, Hohlblocksteine
DIN	485	Gehwegplatten aus Beton
DIN	1028	Stabstahl; Warmgewalzter gleichschenkliger rundkantiger Winkelstahl; Maße, Gewichte, zulässige Abweichungen, statische Werte
DIN	1045	Beton und Stahlbeton; Bemessung und Ausführung
DIN	1050	Stahl im Hochbau; Berechnung und bauliche Durchbildung
DIN	1052 Teil 1	Holzbauwerke; Berechnung und Ausführung sowie Ergänzung hierzu: „Richtlinien für die Bemessung und Ausführung von Holzhäusern in Tafelbauart, Fassung Februar 1979"
DIN	1052 Teil 2	Holzbauwerke; Bestimmung für Dübelverbindungen besonderer Bauart
DIN	1053 Teil 1	Mauerwerk; Berechnung und Ausführung
DIN	1053 Teil 4	Mauerwerk; Bauten aus Ziegelfertigbauteilen
DIN	1101	Holzwolle-Leichtbauplatten; Maße, Anforderungen, Prüfung
DIN	1102	Holzwolle-Leichtbauplatten nach DIN 1101; Richtlinien für die Verarbeitung
DIN	1104 Teil 1	Mehrschicht-Leichtbauplatten aus Schaumkunststoffen und Holzwolle; Maße, Anforderung, Prüfung
DIN	1164 Teil 1	Portland-, Eisenportland-, Hochofen- und Traßzement; Begriffe, Bestandteile, Anforderungen, Lieferung
DIN	1168 Teil 1	Baugipse; Begriff, Sorten und Verwendung, Lieferung und Kennzeichnung
DIN	1168 Teil 2	Baugipse; Anforderungen, Prüfung, Überwachung
DIN	1200	Drahtgeflecht mit sechseckigen Maschen
DIN	3752	Asbestpappen, Asbestpapiere
DIN	4028	(z. Z. noch Entwurf) Stahlbetonhohldielen aus Leichtbeton mit haufwerksporigem Gefüge; Anforderungen, Prüfung, Bemessung, Ausführung, Einbau
DIN	4072	Gespundete Bretter aus Nadelholz
DIN	4074 Teil 1	Bauholz für Holzbauteile; Gütebedingungen für Bauschnittholz (Nadelholz)
DIN	4102 Teil 1	Brandverhalten von Baustoffen und Bauteilen; Baustoffe, Begriffe, Anforderungen und Prüfungen
DIN	4102 Teil 2	Brandverhalten von Baustoffen und Bauteilen; Bauteile, Begriffe, Anforderungen und Prüfungen
DIN	4102 Teil 3	Brandverhalten von Baustoffen und Bauteilen; Brandwände und nichttragende Außenwände; Begriffe, Anforderungen und Prüfungen
DIN	4102 Teil 5	Brandverhalten von Baustoffen und Bauteilen; Feuerschutzabschlüsse, Abschlüsse in Fahrschachtwänden und gegen Feuer widerstandsfähige Verglasungen, Begriffe, Anforderungen und Prüfungen
DIN	4102 Teil 6	Brandverhalten von Baustoffen und Bauteilen; Lüftungsleitungen, Begriffe, Anforderungen und Prüfungen
DIN	4102 Teil 7	Brandverhalten von Baustoffen und Bauteilen; Bedachungen, Begriffe, Anforderungen und Prüfungen
DIN	4102 Teil 8	(z. Z. noch Entwurf) Brandverhalten von Baustoffen und Bauteilen; Kleinprüfstand
DIN	4103 Teil 1	(z. Z. noch Entwurf) Leichte Trennwände; Anforderungen, Arten
DIN	4121	Hängende Drahtputzdecken; Putzdecken mit Metallputzträgern, Rabitzdecken; Anforderungen für die Ausführung
DIN	4158	Zwischenbauteile aus Beton für Stahlbeton- und Spannbetondecken
DIN	4159	Ziegel für Decken und Wandtafeln; statisch mitwirkend
DIN	4160	Ziegel für Decken, statisch nicht mitwirkend
DIN	4165	Gasbeton-Blocksteine
DIN	4166	Gasbeton-Bauplatten, unbewehrt
DIN	4219 Teil 1	Leichtbeton und Stahlleichtbeton mit geschlossenem Gefüge; Anforderungen an den Beton, Herstellung und Überwachung

DIN 4219 Teil 2	Leichtbeton und Stahlleichtbeton mit geschlossenem Gefüge; Bemessung und Ausführung
DIN 4223	(Folgeausgabe z. Z. noch Entwurf, Ausgabe August 1978) Gasbeton; bewehrte Bauteile
DIN 4227 Teil 1	Spannbeton; Bauteile aus Normalbeton, mit beschränkter oder voller Vorspannung
DIN 4232	Wände aus Leichtbeton mit haufwerksporigem Gefüge; Bemessung und Ausführung
DIN 7741 Teil 1	Kunststoff-Formmassen; Polystyrol(PS)-Formmassen, Einteilung und Bezeichnung
DIN 8062	Rohre aus PVC hart (Polyvinylchlorid hart); Maße
DIN 8075 Teil 1	Rohre aus PE hart (Polyäthylen hart), Typ 1; Allgemeine Güteanforderungen, Prüfung
DIN 8075 Teil 2	Rohre aus Polyäthylen hoher Dichte (HDPE), Typ 2; Allgemeine Güteanforderungen, Prüfung
DIN 8078	Rohre aus PP (Polypropylen); Allgemeine Güteanforderungen, Prüfung
DIN 16774 Teil 1	Kunststoff-Formmassen; Polypropylen(PP)-Formmassen, Einteilung und Bezeichnung
DIN 16776 Teil 1	Kunststoff-Formmassen; Polyäthylen(PE)-Formmassen, Einteilung und Bezeichnung
DIN 16890	Rohre aus Acrylnitril-Butadien-Styrol (ABS) oder Acrylnitril-Styrol-Acrylester (ASA); Allgemeine Güteanforderungen, Prüfung
DIN 16926	Dekorative Schichtpreßstoffplatten A; Einteilung, Anforderungen und Prüfung
DIN 16927 Teil 1	Tafeln aus Polyvinylchlorid hart (PVC hart), normal schlagzäh; Technische Lieferbedingungen
DIN 16927 Teil 2	Tafeln aus Polyvinylchlorid hart (PVC hart), erhöht schlagzäh, hochschlagzäh; Technische Lieferbedingungen
DIN 16946 Teil 2	Reaktionsharzformstoffe; Gießharzformstoffe, Typen
DIN 16950	Bodenbeläge; Vinyl-Asbest-Platten; Anforderungen, Prüfung
DIN 16951	Bodenbeläge; Polyvinylchlorid(PVC)-Beläge ohne Träger; Anforderungen, Prüfung
DIN 16952 Teil 1	Bodenbeläge, Polyvinylchlorid(PVC)-Beläge mit Träger, PVC-Beläge mit genadeltem Jutefilz als Träger, Anforderungen, Prüfung
DIN 16952 Teil 2	Bodenbeläge; Polyvinylchlorid(PVC)-Beläge mit Träger, PVC-Beläge mit Korkment als Träger, Anforderungen, Prüfung
DIN 16952 Teil 3	Bodenbeläge; Polyvinylchlorid(PVC)-Beläge mit Träger, PVC-Beläge mit Unterschicht aus PVC-Schaumstoff, Anforderungen, Prüfung
DIN 16952 Teil 4	Bodenbeläge; Polyvinylchlorid(PVC)-Beläge mit Träger, PVC-Beläge mit Synthesefaser-Vliesstoff als Träger, Anforderungen, Prüfung
DIN 16957	Gegossene Tafeln aus Polymethylmethacrylat (PMMA); Technische Lieferbedingungen
DIN 17100	Allgemeine Baustähle; Gütenorm
DIN 18017 Teil 1	Lüftung von Bädern und Spülaborten ohne Außenfenster durch Schächte und Kanäle ohne Motorkraft; Einzelschachtanlagen
DIN 18017 Teil 2	Lüftung von Bädern und Spülaborten ohne Außenfenster, durch Schächte, ohne Motorkraft; Sammelschachtanlagen
DIN 18017 Teil 3	Lüftung von Bädern und Spülaborten ohne Außenfenster mit Ventilatoren
DIN 18082 Teil 1	Feuerschutzabschlüsse; Stahltüren T30-1, Bauart für Größenbereich A
DIN 18090	Aufzüge; Flügel- und Falttüren für Fahrschächte mit feuerbeständigen Wänden
DIN 18091	Aufzüge; Horizontal- und Vertikal-Schiebetüren für Fahrschächte mit feuerbeständigen Wänden
DIN 18092	Kleinlasten-Aufzüge; Vertikal-Schiebetüren für Fahrschächte mit feuerbeständigen Wänden
DIN 18150 Teil 1	Baustoffe und Bauteile für Hausschornsteine; Formstücke aus Leichtbeton, einschalige Schornsteine, Anforderungen
DIN 18151	Hohlblocksteine aus Leichtbeton
DIN 18152	Vollsteine und Vollblöcke aus Leichtbeton
DIN 18153	Hohlblocksteine aus Beton
DIN 18160 Teil 1	Feuerungsanlagen; Hausschornsteine, Anforderungen, Planung und Ausführung
DIN 18162	Wandbauplatten aus Leichtbeton, unbewehrt
DIN 18163 Teil 1	Wandbauplatten aus Gips; Eigenschaften, Anforderungen, Prüfung
DIN 18165 Teil 1	Faserdämmstoffe für das Bauwesen; Dämmstoffe für die Wärmedämmung
DIN 18165 Teil 2	Faserdämmstoffe für das Bauwesen; Dämmstoffe für die Trittschalldämmung
DIN 18169	(Folgeausgabe z. Z. noch Entwurf, Ausgabe Oktober 1979) Deckenplatten aus Gips; Plattenarten, Anforderungen, Prüfung
DIN 18171	Bodenbeläge; Linoleum; Anforderungen, Prüfung
DIN 18173	Bodenbeläge; Linoleum-Verbundbelag; Anforderungen, Prüfung
DIN 18180	Gipskartonplatten; Arten, Anforderungen, Prüfung
DIN 18181	Gipskartonplatten im Hochbau; Richtlinien für die Verarbeitung

Normen, Unterlagen — 107 —

DIN 18183 Teil 1	(z. Z. noch Entwurf) Montagewände aus Gipskartonplatten; Richtlinien für die Ausführung
DIN 18184	Gipskarton-Verbundplatten
DIN 18190 Teil 1	Dichtungsbahnen für Bauwerksabdichtungen; Dichtungsbahnen mit Rohfilzeinlage; Begriff, Bezeichnung, Anforderungen
DIN 18190 Teil 2	Dichtungsbahnen für Bauwerksabdichtungen; Dichtungsbahnen mit Jutegewebeeinlage; Begriff, Bezeichnungen, Anforderungen
DIN 18190 Teil 3	Dichtungsbahnen für Bauwerksabdichtungen; Dichtungsbahnen mit Glasgewebeeinlage; Begriff, Bezeichnung, Anforderungen
DIN 18190 Teil 4	Dichtungsbahnen für Bauwerksabdichtungen; Dichtungsbahnen mit Metallbahneinlage; Begriff, Bezeichnung, Anforderungen
DIN 18190 Teil 5	Dichtungsbahnen für Bauwerksabdichtungen; Dichtungsbahnen mit Polyäthylentenephthalat-Folien-Einlage; Begriff, Bezeichnung, Anforderungen
DIN 18230 Teil 1	(z. Z. noch Entwurf) Baulicher Brandschutz im Industriebau; Erforderliche Feuerwiderstandsdauer
DIN 18338	VOB Verdingungsordnung für Bauleistungen; Teil C: Allgemeine Technische Vorschriften für Bauleistungen; Dachdeckungs- und Dachdichtungsarbeiten
DIN 18550 Teil 2	(z. Z. noch Entwurf) Putze aus Mörteln mit mineralischen Bindemitteln; Ausführung
DIN 19535	Rohre und Formstücke aus PE hart (Polyäthylen hart) für heißwasserbeständige Abwasserleitungen (HT) innerhalb von Gebäuden; Maße, Technische Lieferbedingungen
DIN 19560	Rohre und Formstücke aus Polypropylen (PP) mit Steckmuffe für heißwasserbeständige Abwasserleitungen (HT) innerhalb von Gebäuden; Maße, Technische Lieferbedingungen
DIN 19561	Rohre und Formstücke aus Acrylnitril-Butadien-Styrol (ABS) oder Acrylester-Styrol-Acrylnitril (ASA) mit Steckmuffe für heißwasserbeständige Abwasserleitungen (HT) innerhalb von Gebäuden; Maße, Technische Lieferbedingungen
DIN 52121	Teerdachbahnen mit Rohfilzeinlage; Begriff, Bezeichnung, Anforderungen
DIN 52128	Bitumendachbahnen mit Rohfilzeinlage; Begriff, Bezeichnung, Anforderungen
DIN 52130	Bitumen-Dachdichtungsbahnen; Begriff, Bezeichnung, Anforderungen
DIN 52131	Bitumen-Schweißbahnen; Begriff, Bezeichnung, Anforderungen
DIN 52140	Teer-Sonderdachbahnen und Teer-Bitumendachbahnen; Begriff, Bezeichnung, Anforderungen
DIN 52143	Glasvlies-Bitumendachbahnen; Begriff, Bezeichnung, Anforderungen
DIN 52460	Fugen- und Glasabdichtungen; Begriffe
DIN 66090	Textile Fußbodenbeläge; Anforderungen an den Aufbau, Brandverhalten
DIN 68122	Fasebretter aus Nadelholz
DIN 68123	Stülpschalungsbretter aus Nadelholz
DIN 68126 Teil 1	Profilbretter mit Schattennut; Maße
DIN 68705 Teil 3	Sperrholz; Bau-Furnierplatten; Gütebedingungen
DIN 68705 Teil 5	(z. Z. noch Entwurf) Bau-Furniersperrholz aus Buche; Eigenschaften, Prüfung, Überwachung
DIN 68751	Kunststoffbeschichtete dekorative Holzfaserplatten; Begriff, Anforderungen
DIN 68754 Teil 1	Harte und mittelharte Holzfaserplatten für das Bauwesen; Holzwerkstoffklasse 20
DIN 68763	Spanplatten; Flachpreßplatten für das Bauwesen; Begriff, Eigenschaften, Prüfung, Überwachung
DIN 68765	Spanplatten; kunststoffbeschichtete dekorative Flachpreßplatten für allgemeine Zwecke; Begriff, Anforderungen

Andere Unterlagen

Richtlinie zur Anwendung des Traglastverfahrens im Stahlbau, Deutscher Ausschuß für Stahlbau (DASt-Ri 008)

Ergänzende Bestimmungen zu DIN-Normen im Bauwesen und im Wasserwesen, die noch nicht auf gesetzliche Einheiten umgestellt sind (Fassung Dezember 1977), Beuth-Vertriebsnummer 10930.

Weitere Normen

DIN 105 Teil 2	Mauerziegel; Leichtziegel
DIN 105 Teil 3	Mauerziegel; Hochfeste Ziegel und Klinker
DIN 105 Teil 4	Mauerziegel; Keramikklinker
DIN 4109	Schallschutz im Hochbau
DIN 18164 Teil 1	Schaumkunststoffe als Dämmstoffe für das Bauwesen; Dämmstoffe für die Wärmedämmung
DIN 18168 Teil 1	(z. Z. noch Entwurf) Leichte Deckenbekleidungen und Unterdecken; Anforderungen für die Ausführung
DIN 68705 Teil 4	Sperrholz; Bau-Tischlerplatten; Gütebedingungen
DIN 68750	Holzfaserplatten; poröse und harte Holzfaserplatten; Gütebedingungen
DIN 68752	Bitumen-Holzfaserplatten; Gütebedingungen
DIN 68761	Spanplatten; Flachpreßplatten FPY für allgemeine Zwecke; Begriffe, Eigenschaften, Prüfung
DIN 68762	Spanplatten für Sonderzwecke im Bauwesen; Begriff, Eigenschaften, Prüfung
DIN 68764 Teil 1	Spanplatten; Strangpreßplatten für das Bauwesen; Begriff, Eigenschaften, Prüfung, Überwachung
DIN 68764 Teil 2	Spanplatten; Strangpreßplatten für das Bauwesen; Beplankte Strangpreßplatten für die Tafelbauart
DIN 68791	Großflächen-Schalungsplatten aus Stab- oder Stäbchensperrholz für Beton und Stahlbeton
DIN 68792	Großflächen-Schalungsplatten aus Furniersperrholz für Beton und Stahlbeton

DK 699.81.:692.4:614.841.332:001.4:620.1 März 1987

Brandverhalten von Baustoffen und Bauteilen

Bedachungen
Begriffe, Anforderungen und Prüfungen

DIN 4102 Teil 7

Fire behaviour of building materials and components; roofing; definitions, requirements and testing

Comportement au feu des matériaux et composants de construction; couvertures; définitions, exigences et essais

Ersatz für Ausgabe 09.77

Diese Norm enthält die Grundlage für die Realdefinition des Begriffes in bauaufsichtlichen Vorschriften, wo es u. a. heißt: „Die Dachhaut muß ... gegen Flugfeuer und strahlende Wärme widerstandsfähig sein (harte Bedachung)."

Sie konkretisiert insoweit die brandschutztechnischen Begriffe der Landesbauordnungen, der zugehörigen Durchführungsverordnungen sowie weiterer Rechtsverordnungen und Verwaltungsvorschriften, die sich mit dem baulichen Brandschutz befassen.

Die Normen der Reihe DIN 4102 gliedern sich in folgende Teile:

DIN 4102 Teil 1	Brandverhalten von Baustoffen und Bauteilen; Baustoffe; Begriffe, Anforderungen und Prüfungen
DIN 4102 Teil 2	Brandverhalten von Baustoffen und Bauteilen; Bauteile; Begriffe, Anforderungen und Prüfungen
DIN 4102 Teil 3	Brandverhalten von Baustoffen und Bauteilen; Brandwände und nichttragende Außenwände; Begriffe, Anforderungen und Prüfungen
DIN 4102 Teil 4	Brandverhalten von Baustoffen und Bauteilen; Zusammenstellung und Anwendung klassifizierter Baustoffe, Bauteile und Sonderbauteile
DIN 4102 Teil 5	Brandverhalten von Baustoffen und Bauteilen; Feuerschutzabschlüsse, Abschlüsse in Fahrschachtwänden und gegen Feuer widerstandsfähige Verglasungen; Begriffe, Anforderungen und Prüfungen
DIN 4102 Teil 6	Brandverhalten von Baustoffen und Bauteilen; Lüftungsleitungen; Begriffe, Anforderungen und Prüfungen
DIN 4102 Teil 7	Brandverhalten von Baustoffen und Bauteilen; Bedachungen; Begriffe, Anforderungen und Prüfungen
DIN 4102 Teil 8	Brandverhalten von Baustoffen und Bauteilen; Kleinprüfstand
DIN 4102 Teil 11	Brandverhalten von Baustoffen und Bauteilen; Rohrummantelungen, Rohrabschottungen, Installationsschächte und -kanäle sowie Abschlüsse ihrer Revisionsöffnungen; Begriffe, Anforderungen und Prüfungen

Inhalt

Fortsetzung Seite 2 bis 4

Normenausschuß Bauwesen (NABau) im DIN Deutsches Institut für Normung e.V.

1 Anwendungsbereich und Zweck

In dieser Norm werden brandschutztechnische Begriffe, Anforderungen und Prüfungen für Bedachungen zum Nachweis der Widerstandsfähigkeit gegen Flugfeuer und strahlende Wärme festgelegt.

2 Begriffe

Als Bedachungen im Sinne dieser Norm gelten Dacheindeckungen und Dachabdichtungen einschließlich etwaiger Dämmschichten sowie Lichtkuppeln oder andere Abschlüsse für Öffnungen im Dach.

Gegen Flugfeuer und strahlende Wärme widerstandsfähige Bedachungen sollen die Ausbreitung des Feuers auf dem Dach und eine Brandübertragung vom Dach in das Innere des Gebäudes bei der in dieser Norm festgelegten – von außen auf die Bedachung einwirkenden – Beanspruchung verhindern.

3 Nachweis der Widerstandsfähigkeit gegen Flugfeuer und strahlende Wärme [1)]

3.1 Mit Brandprüfungen

Die Widerstandsfähigkeit von Bedachungen gegen Flugfeuer und strahlende Wärme muß durch Brandprüfungen nach Abschnitt 6 gegebenenfalls in Verbindung mit Abschnitt 7 nachgewiesen werden.

3.2 Ohne Brandprüfungen

Die in DIN 4102 Teil 4 genannten Bedachungen sind ohne weiteren Nachweis widerstandsfähig gegen Flugfeuer und strahlende Wärme.

4 Anforderungen

Als widerstandsfähig gegen Flugfeuer und strahlende Wärme gilt eine Bedachung

- für eine Dachneigung bis zu 20°, wenn ein Probedach bei 15° Dachneigung geprüft ist,
- für unbeschränkte Dachneigung – bei lotrechten oder annähernd lotrechten Flächen jedoch nicht über 1,00 m Höhe – wenn Probedächer bei 15° und bei 45° Dachneigung geprüft sind.

Die Probedächer müssen bei der Brandprüfung nach Abschnitt 6 folgende Anforderungen erfüllen:

a) Die an der Oberfläche oder im Innern verkohlten oder durch Verbrennen zerstörten Flächen der Probedächer dürfen im Mittel nicht größer als 0,25 m^2 sein. Kein Einzelwert darf größer als 0,30 m^2 sein. Verfärbungen, Verrußungen und Gefügeänderungen wie Verziehen, Sintern, Schmelzen, Kräuselung, Blasenbildung und ähnliche Erscheinungen bleiben außer Betracht.

b) Flüssig gewordene Teile der Probedächer dürfen im Mittel höchstens bis zu 50 cm, gemessen vom unteren Rand des Drahtgestells, brennend ablaufen. Kein Einzelwert darf größer als 60 cm sein. [2)]

c) An der Unterseite des Probedaches dürfen keine Flammen oder Glimmstellen auftreten.

d) Teile des Probedaches dürfen nicht brennend oder glimmend abfallen.

e) Das Probedach muß so geschlossen bleiben, daß brennende oder glimmende Teile nicht durch die Bedachung nach Abschnitt 5.3 bzw. die geschlossene tragende Unterlage nach Abschnitt 5.4 durchfallen können. Löcher bis zu 0,25 cm^2 Fläche – je Versuchsstelle insgesamt bis zu 45 cm^2 Fläche – sind zulässig, wenn der Abstand von Lochrand zu Lochrand mindestens 1 cm beträgt.

5 Probedach

5.1 Allgemeiner Aufbau

Für jede zu prüfende Dachneigung (15° bzw. 45°) ist ein Probedach mit den Mindest-Flächenmaßen 250 cm × 200 cm herzustellen. Ein Probedach genügt für beide Dachneigungen, wenn die zerstörten Flächen bei den nach Abschnitt 6.4 durchzuführenden Brandprüfungen so klein sind, daß eine gegenseitige Beeinflussung der Brandstellen ausgeschlossen ist.

Die oberste Lage des Probedaches ist so auszuführen, daß entsprechend der praktischen Anwendung je eine Stoßüberdeckung parallel und eine senkrecht zur Dachneigung bei der Prüfung erfaßt werden kann.

Das Probedach muß in allen Einzelheiten der praktischen Anwendung der Bedachungen entsprechen, und zwar sowohl hinsichtlich Art und Lagenanzahl der Bedachungsmaterialien (einschließlich etwaiger Dämmschichten, Dampfsperren usw.) als auch hinsichtlich ihrer Befestigung miteinander.

Weitere Einzelheiten zu den Probedächern sind je nach Art der Bedachung den Abschnitten 5.3 und 5.4 zu entnehmen.

5.2 Vorbehandlung des Probedaches

Bedachungsmaterialien, die Feuchtigkeit enthalten, und die Holzschalungen (siehe Abschnitt 5.4.1) müssen vor der Prüfung einen Feuchtigkeitsgehalt aufweisen, wie er sich bei Lagerung in Räumen bei 20 °C ± 5 K und relativer Luftfeuchte von 50 bis 70 % einstellt.

5.3 Bedachungen ohne geschlossene tragende Unterlage

Der Abstand von Unterstützungen jeder Art muß den vom Hersteller für die Anwendung vorgeschriebenen höchstzulässigen freien Stützweiten entsprechen.

5.4 Bedachungen auf geschlossener tragender Unterlage

5.4.1 Werden Bedachungsmaterialien in der Praxis auf verschiedenartigen geschlossenen Unterlagen angewandt, sind als Unterlage für die Bedachung eine Holzschalung bzw. Stahltrapezprofilbleche zu verwenden.

Die Holzschalung besteht aus parallel zur Traufe verlaufenden, ≈ 20 mm dicken, ungehobelten, an den Längskanten abgerichteten, dicht aneinanderstoßenden Fichtenholzbrettern. Die Stahltrapezprofilbleche, bandverzinkt, Blechdicke 0,75 mm, Profilhöhe etwa 160 mm, Rippenbreite etwa 250 mm, Obergurtbreite etwa 120 mm [3)] werden mit parallel zur Traufe verlaufenden Sicken angeordnet; die Sickenenden bleiben offen.

Für die Auswahl der einzusetzenden Unterlage gilt Tabelle 1.

5.4.2 Für Bedachungen, die nach ihrer praktischen Anwendung nur auf massivem, nichtbrennbarem Untergrund zur Anwendung kommen, dürfen abweichend hiervon als Unterlage 10 mm dicke Faserzementplatten verwendet werden.

[1)] Die Prüfung auf Widerstandsfähigkeit gegen Flugfeuer und strahlende Wärme ersetzt nicht die Prüfung auf Wärmestandfestigkeit gegen Sonneneinstrahlung (siehe DIN 52 123 bzw. DIN 16 726).

[2)] Ein kurzzeitiges Aufflammen freiwerdender Zersetzungsgase bei ablaufenden flüssigen Teilen wird nicht gewertet.

[3)] Um bei allen Prüfstellen einheitliche, vergleichbare Prüfergebnisse zu erzielen, soll das gleiche Stahltrapezprofilblech verwendet werden. Über die Bezugsquellen gibt Auskunft:
DIN-Bezugsquellen für normgerechte Erzeugnisse im DIN, Burggrafenstr. 6, 1000 Berlin 30.

Tabelle 1. **Regeln für die Auswahl der einzusetzenden Unterlage**

	Bedachung	vorgesehener Anwendungsbereich bezüglich Dachneigung	Dachneigung bei Prüfung	Unterlage	
				Holzschalung	Stahltrapezprofilblech
1	mit Wärmedämmschicht	unbeschränkt	45°	X	
2			15°		X [1])
3		bis zu 20°	15°	X [2])	X [2])
4	ohne Wärmedämmschicht	unbeschränkt	15° und 45°	X	
5		bis zu 20°	15°	X	

[1]) Die Unterlage aus Stahltrapezprofilblech darf durch Holzschalung ersetzt werden, wenn aufgrund von (Vor-)Versuchen oder durch Erfahrung sichergestellt ist, daß in der Bedachung keine Lochbildung durch alle Lagen bis zur Unterlage auftritt.

[2]) Es genügt, die Prüfungen auf nur einer der beiden Unterlagen durchzuführen, wenn aufgrund von Erfahrungen der Prüfstelle sichergestellt ist, daß die Prüfungen auf der anderen Unterlage bestanden würden oder wenn die Art der Bedachung eine andere Unterlage ausschließt.

5.5 Lichtkuppeln oder andere Abschlüsse für Öffnungen im Dach

Lichtkuppeln oder andere Abschlüsse für Öffnungen im Dach sind mit seitlichen Anschlüssen entsprechend der praktischen Anwendung in Probedächer mit geeigneten Maßen einzubauen. Hierbei muß das Probedach mindestens im Bereich der nach Abschnitt 6.4, zweiter Absatz, zu prüfenden Anschlüsse mit einer wärmegedämmten, bituminösen Dachabdichtung versehen sein, die für sich widerstandsfähig gegen Flugfeuer und strahlende Wärme ist.

6 Durchführung der Brandprüfung

6.1 Die Prüfungen sind in einem geschlossenen, zugfreien, mindestens 150 m^3 großen Raum durchzuführen. Die Lufttemperatur im Prüfraum soll vor der Brandprüfung 20 °C ± 5 K betragen. Eine über dem Probedach angeordnete und in der Grundfläche diesem etwa entsprechende Absaughaube darf so betrieben werden, daß der bei den Prüfungen entstehende Rauch gerade noch abgezogen wird.

Das Probedach darf an seinen Rändern so abgeschirmt werden, daß keine Gase von der Unterseite des Probedaches auf seine Oberseite gelangen können.

6.2 Zur Prüfung wird Holzwolle DIN 4077 – 20 × 2 aus Fichte in Normalklima DIN 50 014 – 20/65-2 bis zur Gewichtskonstanz gelagert. 600 g der so vorbehandelten Holzwolle werden in ein oben und unten offenes Drahtgestell (Drahtdicke 0,3 cm, quadratische Maschen von 5 cm Maschenweite) mit den Maßen 30 cm × 30 cm und 20 cm Höhe gleichmäßig eingedrückt. Das Drahtgestell besitzt unten an allen vier Ecken 1 cm über die waagerechten Drähte überstehende Füße, um den in Abschnitt 6.3 genannten Abstand zur Bedachung sicherzustellen.

6.3 Das gefüllte Drahtgestell wird parallel zur Dachfläche in etwa 1 cm Abstand von dieser (bei Wellplatten von den Wellenbergen) aufgehängt oder wahlweise bei Bedachungen, bei denen das Drahtgestell während der Prüfung nicht einsinkt, auf die Füße aufgesetzt. Die Holzwolle wird bei jedem Versuch gleichzeitig an allen vier Seiten unten angezündet.

6.4 Brandprüfungen sind jeweils an vier Stellen desselben Probedaches auszuführen, wobei das Drahtgestell je einmal über einer parallel und senkrecht zur Dachneigung vorhandenen Stoßüberdeckung der obersten Lage, und zweimal über der ungestoßenen (nicht überlappten) Fläche angeordnet wird. Brandprüfungen an drei Stellen genügen bei Dachflächen, die keine Stöße enthalten, oder bei kleinformatigen Bedachungsteilen, bei denen in jeder Prüfung Stöße bzw. Überlappungen erfaßt werden.

Bei Lichtkuppeln sind zwei Prüfungen an den seitlichen Anschlüssen und mindestens eine Prüfung an der Kuppelfläche auszuführen. Bei anderen Abschlüssen von Öffnungen im Dach sind mindestens drei Prüfungen an den ungünstigsten Stellen auszuführen.

6.5 Bei der Brandprüfung sind die wesentlichen Brandererscheinungen am Probedach zu protokollieren. Die Prüfung darf vorzeitig abgebrochen werden, wenn ein eindeutiges Prüfergebnis erreicht ist.

Die Prüfungen sind am Probedach nacheinander durchzuführen. Zwischen aufeinanderfolgenden Brandprüfungen sind Wartezeiten einzulegen, wenn sonst das Ergebnis der nachfolgenden Prüfung beeinflußt sein kann (z. B. durch Vorwärmung der Bedachung).

7 Besondere Nachweise

7.1 Abweichende Dachneigungen

In Sonderfällen (z. B. Einzelnachweis) darf der Nachweis der Widerstandsfähigkeit gegen Flugfeuer und strahlende Wärme abweichend von den Festlegungen über die Neigung auch durch Prüfung bei der tatsächlichen Dachneigung, jedoch nicht weniger als 15° erfolgen. Der Nachweis gilt dann jedoch nur für die geprüfte Dachneigung.

7.2 Abweichende Vorbehandlung

Bestehen Bedenken, daß unter den in Abschnitt 5.2 genannten Vorbehandlungsbedingungen Bedachungen nicht hinreichend beurteilt werden können, so ist durch Prüfung an Probedächern

- nach Vorbehandlung nach Abschnitt 5.2

und

- nach praxisgerechter Vorbehandlung

nachzuweisen, daß die Anforderungen nach Abschnitt 4 erfüllt wurden.

8 Prüfzeugnis

8.1 Über die Durchführung und die Ergebnisse der Prüfungen ist ein Prüfzeugnis auszustellen. In diesem Prüfzeugnis sind unter Hinweis auf diese Norm die Angaben nach den Abschnitten 8.2 bis 8.8 zu machen.

8.2 Genaue Beschreibung des Dachaufbaues einschließlich der Befestigungsart (Nägel, Kleber usw.).
Rohdichte bzw. Flächengewicht, Baustoffklassen nach DIN 4102 Teil 1, gegebenenfalls Feuchtigkeitsgehalte der verwendeten Baustoffe, Auftragsmengen von Klebern oder dergleichen.

8.3 Beobachtungen während des Prüfungsablaufes und Angabe der Zeitpunkte, z. B.
- Flammen am Probedach,
- Ablauflängen brennender Teile,
- Abfallen von brennenden oder glimmenden Teilen,
- Entstehen von Löchern im Probedach.

8.4 Angaben über die Maße der verkohlten bzw. durch Verbrennen zerstörten Flächen des Probedaches an der Oberfläche und im Innern, Angaben über Art und Umfang der Schäden an der tragenden Unterlage.

8.5 Fotografische Abbildung des geprüften Probedaches.

8.6 Zusammenfassung der Ergebnisse mit Beurteilung, ob die Anforderungen nach Abschnitt 4 erfüllt sind.

8.7 Angabe des Dachneigungsbereichs, für den der Nachweis der Widerstandsfähigkeit gegen Flugfeuer und strahlende Wärme erbracht ist (vergleiche Abschnitt 4).

8.8 Gültigkeitsdauer jedes Prüfzeugnisses. Diese ist zunächst auf höchstens 5 Jahre zu begrenzen; sie kann auf Antrag verlängert werden.

Zitierte Normen

DIN 4077	Holzwolle
DIN 4102 Teil 1	Brandverhalten von Baustoffen und Bauteilen; Baustoffe; Begriffe, Anforderungen und Prüfungen
DIN 4102 Teil 4	Brandverhalten von Baustoffen und Bauteilen; Zusammenstellung und Anwendung klassifizierter Baustoffe, Bauteile und Sonderbauteile
DIN 16 726	Kunststoff-Dachbahnen; Kunststoff-Dichtungsbahnen; Prüfungen
DIN 50 014	Klimate und ihre technische Anwendung; Normalklimate
DIN 52 123	Prüfung von Bitumen- und Polymerbitumenbahnen
Landesbauordnungen	

Frühere Ausgaben

DIN 4102 Teil 3: 02.70; DIN 4102 Teil 7: 09.77

Änderungen

Gegenüber der Ausgabe September 1977 wurden folgende Änderungen vorgenommen:

a) Berücksichtigung der Prüfung von Bedachungen auf Stahltrapezprofilblech (siehe Abschnitt 5.4.1);
b) In Abschnitt 4 ist klargestellt, daß bei der Prüfung an der Unterseite des Probedaches weder Flammen noch Glimmstellen auftreten dürfen;
c) In Abschnitt 5.4 ist der Aufbau des Probedaches, in das die Lichtkuppel einzubauen ist, näher beschrieben;
d) In Abschnitt 5.1 ist geringere Anzahl von Probedächern möglich, wenn eine gegenseitige Beeinflussung der Brandstellen ausgeschlossen ist;
e) Abschnitt 6.3 präzisiert hinsichtlich der Prüfanordnung des Drahtgestells beim Aufsetzen auf die Bedachung;
f) In Abschnitt 6.4 Reduzierung der Anzahl der Brandversuche auf 3 unter bestimmten dort angegebenen Voraussetzungen;
g) Redaktionell überarbeitet in Übereinstimmung mit den aktuellen Festlegungen zur Gestaltung von Normen.

Erläuterungen

Eine Liste der Prüfstellen, deren Prüfzeugnisse im bauaufsichtlichen Verfahren anerkannt werden, wird beim Institut für Bautechnik, Berlin, geführt.

Internationale Patentklassifikation

E 04 B 1/94
E 04 B 7/00
G 01 N 25/50

DK 699.81 : 691 : 614.841.332 Mai 1981

Brandverhalten von Baustoffen und Bauteilen

Inhaltsverzeichnisse

Beiblatt 1 zu DIN 4102

Behaviour of building materials and components in fire; indexes

Frühere Ausgaben: 02.78

Dieses Beiblatt enthält Informationen zu DIN 4102 Teil 1 bis Teil 7 sowie Teil 8 (z. Z. noch Entwurf), jedoch keine zusätzlichen genormten Festlegungen.

Änderung Mai 1981:
Entsprechend dem derzeitigen Stand von DIN 4102 Teil 1 bis Teil 8 berichtigt.

1 Inhalt DIN 4102 Teil 1

Brandverhalten von Baustoffen und Bauteilen; Baustoffe; Begriffe, Anforderungen und Prüfungen

2 Inhalt DIN 4102 Teil 2

Brandverhalten von Baustoffen und Bauteilen; Bauteile; Begriffe, Anforderungen und Prüfungen

Fortsetzung Seite 2 bis 5

Normenausschuß Bauwesen (NABau) im DIN Deutsches Institut für Normung e. V.

Seite 2 Beiblatt 1 zu DIN 4102

3 Inhalt DIN 4102 Teil 3

Brandverhalten von Baustoffen und Bauteilen; Brandwände und nichttragende Außenwände; Begriffe, Anforderungen und Prüfungen

4 Inhalt DIN 4102 Teil 4

Brandverhalten von Baustoffen und Bauteilen; Zusammenstellung und Anwendung klassifizierter Baustoffe, Bauteile und Sonderbauteile

Beiblatt 1 zu DIN 4102 Seite 3

5 Inhalt DIN 4102 Teil 5

Brandverhalten von Baustoffen und Bauteilen; Feuerschutzabschlüsse, Abschlüsse in Fahrschachtwänden und gegen Feuer widerstandsfähige Verglasungen; Begriffe, Anforderungen und Prüfungen

6 Inhalt DIN 4102 Teil 6

Brandverhalten von Baustoffen und Bauteilen; Lüftungsleitungen; Begriffe, Anforderungen und Prüfungen

7 Inhalt DIN 4102 Teil 7

Brandverhalten von Baustoffen und Bauteilen; Bedachungen; Begriffe, Anforderungen und Prüfungen

Seite 4 Beiblatt 1 zu DIN 4102

Seite

8 Inhalt DIN 4102 Teil 8

(z. Z. noch Entwurf)

Brandverhalten von Baustoffen und Bauteilen; Kleinprüfstand

Als Manuskript Juni 1978 erhältlich beim Normenausschuß Bauwesen, Burggrafenstraße 4–10, 1000 Berlin 30

Erläuterungen

Die Überarbeitung der Normen der Reihe DIN 4102, Ausgabe Februar 1970, stellt sich wie folgt dar:

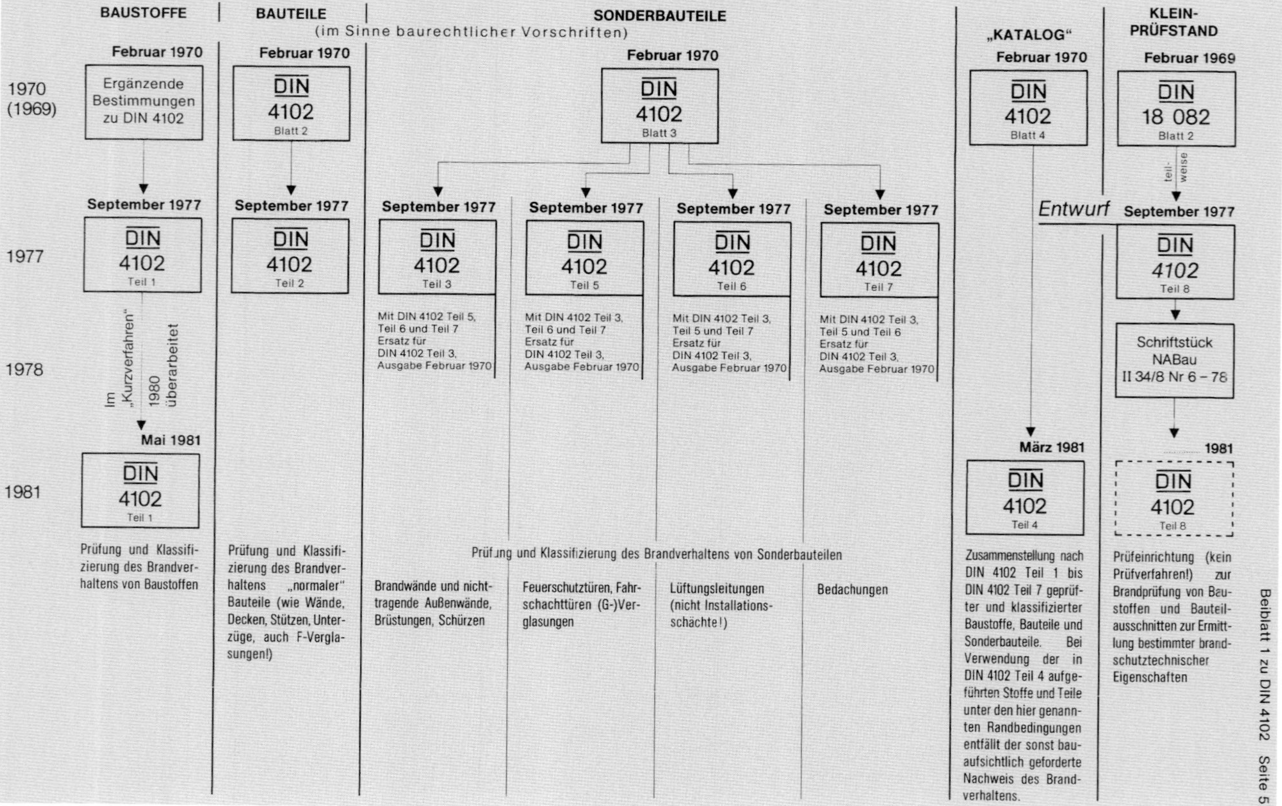

2.7 Veränderungen und Erweiterungen von DIN 4102 in den 1990er Jahren

Übersicht zur Entwicklung

Während der 1990er Jahre wurde die Entwicklung von DIN 4102 weiter vorangetrieben.

Der Tabelle 5 können die Veränderungen von DIN 4102 in den 1990er Jahren entnommen werden.

Tabelle 5: Veränderte Teile von DIN 4102, 1990er Jahre

Dokumentennummer	Dokumentenart	Ausgabe	Brandverhalten von Baustoffen und Bauteilen Titel des Normteils
DIN 4102, Teil 1	Norm	1990-05[1)]	Baustoffe – Begriffe, Anforderungen und Prüfungen
DIN 4102, Teil 4	Norm	1994-04[2)]	Zusammenstellung und Anwendung klassifizierter Baustoffe, Bauteile und Sonderbauteile
DIN 4102, Teil 7	Norm	1998-07	Bedachungen – Begriffe, Anforderungen und Prüfungen
DIN 4102, Teil 9	Norm	1990-05[3)]	Kabelabschottungen; Begriffe, Anforderungen und Prüfungen
DIN 4102, Teil 12	Norm	1991-01, 1998-11[3)]	Funktionserhalt von elektrischen Kabelanlagen; Anforderungen und Prüfungen
DIN 4102, Teil 13	Norm	1990-05[3)]	Brandschutzverglasungen; Begriffe, Anforderungen und Prüfungen
DIN 4102, Teil 14	Norm	1990-05[3)]	Bodenbeläge und Bodenbeschichtungen; Bestimmung der Flammenausbreitung bei Beanspruchung mit einem Wärmestrahler
DIN 4102, Teil 15	Norm	1990-05[3)]	Brandschacht
DIN 4102, Teil 16	Norm	1990-05, 1998-05[3)]	Durchführung von Brandschachtprüfungen

Dokumenten-nummer	Doku-mentenart	Ausgabe	Brandverhalten von Baustoffen und Bauteilen Titel des Normteils
DIN 4102, Teil 17	Norm	1990-12[3)]	Schmelzpunkt von Mineralfaser-Dämmstoffen; Begriffe, Anforderung, Prüfung
DIN 4102, Teil 18	Norm	1991-03[3)]	Feuerschutzabschlüsse; Nachweis der Eigenschaft „selbstschließend“ (Dauerfunktionsprüfung)

Erläuterungen:

1) *Zum August 1998 erfolgte noch eine Berichtigung dieses Teils.*

2) *Dieser Teil erfuhr wiederum eine völlige Überarbeitung und wurde nochmals wesentlich erweitert. Berichtigungen erschienen im Mai 1995, April 1996 und September 1998. Zum November 2004 wurde eine Änderung A1 herausgegeben.*

3) *Diese Teile werden an dieser Stelle lediglich informativ angeführt, i. d. R. weil diese in der entsprechenden Ausgabe momentan noch gültig sind.*

Auszüge aus DIN 4102-4:1994-04

Während der Überarbeitung des Teils 4 von DIN 4102 zum Mai 2016 wurden weitgehend die Klassifikationen für historische Bauteile herausgenommen. Diese davon betroffenen Regelungen werden in Auszügen unter 2.8 abgedruckt.

2.8 Aktuelle Änderungen von DIN 4102

Gegenwärtig gilt mit DIN 4102 ein umfangreiches Normenwerk zum „Brandverhalten von Baustoffen und Bauteilen“ , welches in den Teilbereichen von Bauteilen, Bauprodukten und Bauarten, die nicht von einer europäisch harmonisierten Normung erfasst sind, permanent fortgeschrieben wird.

Tabelle 6: Veränderte Teile von DIN 4102, 2000er Jahre

Dokumentennummer	Dokumentenart	Ausgabe	Brandverhalten von Baustoffen und Bauteilen Titel des Normteils
DIN 4102, Teil 4	Norm	2016-05[1)]	Zusammenstellung und Anwendung klassifizierter Baustoffe, Bauteile und Sonderbauteile
DIN 4102, Teil 7	Norm	2018-07	Bedachungen – Begriffe, Anforderungen und Prüfungen
DIN 4102, Teil 8	Norm	2003-10	Kleinprüfstand
DIN 4102, Teil 16	Norm	2015-09	Durchführung von Brandschachtprüfungen
DIN 4102, Teil 17	Norm	2017-12	Schmelzpunkt von Mineralfaser-Dämmstoffen – Begriffe, Anforderung, Prüfung
DIN 4102, Teil 20	Norm	2017-10	Ergänzender Nachweis für die Beurteilung des Brandverhaltens von Außenwandbekleidungen
DIN SPEC 4102-23	Technische Regel	2018-07	Brandverhalten von Baustoffen und Bauteilen – Bedachungen Anwendungsregeln für Prüfergebnisse von Bedachungen nach DIN CEN/TS 1187, Prüfverfahren 1, und DIN 4102-7
Erläuterungen: 1) *Zum Teil 4 erschien zum November 2018 ein Änderungsdokument im Entwurf, welches jedoch mit Ablauf der Einspruchsfrist zum 29. November 2018 wieder zurückgezogen wurde.*			

Als eingeführte technische Baubestimmung wurde der zum Mai 2016 neu herausgegebene Teil 4 bauaufsichtlich eingeführt, der gegenwärtig sukkzessive in allen Bundesländern an die Stelle des bisherigen Normteils 4 mit dem Stand April 1994 einschließlich der dazugehörigen Änderungsteile i. V. m. dem Teil 22 „Bemessungsbasis von Teilsicherheitsbeiwerten“ von DIN 4102 tritt. Eine fortgesetzte vollständige Übersicht zur Entwicklung der Teile von DIN 4102 ist im Kapitel 3.2 zu finden.

DK 699.81 : 691.001.33 : 614.841.332 DEUTSCHE NORM März 1994

Brandverhalten von Baustoffen und Bauteilen

Zusammenstellung und Anwendung klassifizierter Baustoffe, Bauteile und Sonderbauteile

DIN 4102 Teil 4

Fire behaviour of building materials and components; Synopsis and application of classified building materials, components and special components

Comportement au feu des matériaux et composants de construction; Tableau synoptique et application des matériaux, composants et composants spéciaux de construction classifiés

Ersatz für Ausgabe 03.81

Die Normen der Reihe DIN 4102 haben im Laufe ihrer mehr als 60jährigen Geschichte eine ständige Weiterentwicklung und Aufgliederung erfahren. Einen Überblick auf dem Stand vom Mai 1981 vermittelt das Beiblatt 1 zu DIN 4102. Es ist beabsichtigt, dieses Beiblatt zu überarbeiten und in Kürze neu herauszugeben.

Eine aktuelle Aufstellung aller Teile der Normen der Reihe DIN 4102 enthält der Abschnitt „Zitierte Normen und andere Unterlagen" auf Seite 144.

Die in dieser Norm genannten Beton- und Baustähle wurden mit den bisher geltenden (national genormten) Bezeichnungen, Benennungen und Kennbuchstaben und -zahlen — z. B. St 37 — in dieser Norm aufgeführt. Wegen anderer (zukünftig geltender) Bezeichnungen siehe Erläuterungen, Aufzählung, Seite 149.

Maße in mm

Fortsetzung Seite 2 bis 149

Normenausschuß Bauwesen (NABau) im DIN Deutsches Institut für Normung e.V.

Seite 2 DIN 4102 Teil 4

Inhalt

DIN 4102 Teil 4 Seite 3

Register — Abschnitts-Numerierung

Allgemeines		Anwendungsbereich, Grundlagen, Brandschutzbemessung		1
Baustoffe		Klassifizierte Baustoffe		2
		Bemessungsgrundlagen		3.1
		Balken statisch bestimmt gelagert		3.2
		Balken statisch unbestimmt gelagert		3.3
		Platten		3.4
		Hohldielen, Porenbetonplatten		3.5
		Fertigteile		3.6
		Rippendecken ohne Zwischenbauteile		3.7
		Plattenbalkendecken		3.8
		Stahlsteindecken		3.9
		Rippen- und Balkendecken mit Zwischenbauteilen		3.10
Massivbauteile		Decken mit eingebetteten Stahlträgern		3.11
		Dächer		3.12
		Stützen		3.13
		Zugglieder		3.14
	Wände	Bemessungsgrundlagen		4.1
		Stahlbetonwände		4.2
		gegliederte Stahlbetonwände		4.3
		Leichtbetonwände mit geschlossenem Gefüge		4.4
		Mauerwerk und Wandbauplatten		4.5
		Leichtbetonwände mit haufwerksporigem Gefüge		4.6
		Porenbeton, bewehrt		4.7
		Brandwände		4.8
HWL, GKF		Holzwolle-Leichtbauplatten-Wände		4.9
		Gipskarton-Bauplatten-Wände		4.10
		Fachwerkwände		4.11
		Holztafelwände		4.12
		Vollholz-Blockbalken-Wände		4.13
		Bemessungsgrundlagen		5.1
		Holztafeldecken		5.2
Holzbauteile		Holzbalkendecken		5.3
		Dächer		5.4
		Balken		5.5
		Stützen		5.6
		Zugglieder		5.7
		Verbindungen		5.8
		Bemessungsgrundlagen		6.1
Stahlbauteile		Träger		6.2
		Stützen		6.3
		Zugglieder		6.4
Unterdecken		Träger- und Stahlbetondecken mit Unterdecken		6.5
		Bemessungsgrundlagen		7.1
Verbundbauteile		Verbundträger		7.2
		Verbundstützen		7.3
		nichttragende Außenwände	(W)	8.1
		Feuerschutzabschlüsse	(T)	8.2
		Fahrschachtabschlüsse		8.3
Sonderbauteile (Brandwände siehe Abschnitt 4.8)		Brandschutzverglasungen	(G)	8.4
		Lüftungsleitungen	(L)	8.5
		Installationsschächte und -kanäle	(I)	8.6
		Bedachungen		8.7

Tabelle 26: Mindestquerschnittsabmessungen, -achsabstände und -stabzahlen von 1achsig gespannten Stahlbeton- und Spannbeton-Rippendecken aus Normalbeton ohne Massiv- oder Halbmassivstreifen

Zeile	Konstruktionsmerkmale 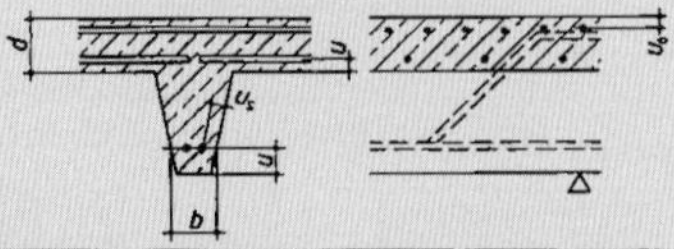	Statisches System	Die Bemessung ist durchzuführen nach: Abschnitt	Tabelle
1	**Rippen** von			
1.1	**statisch bestimmt gelagerten** Rippendecken	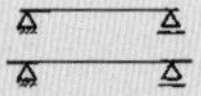		
1.1.1	Mindestrippenbreite b		3.2.2	3 und 4
1.1.2	Mindestachsabstände u, u_s und gegebenenfalls u_m sowie n		3.2.4	6
1.2	**statisch unbestimmt gelagerten** Rippendecken	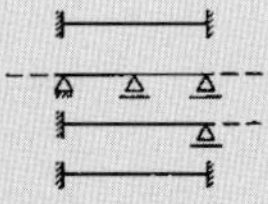		
1.2.1	Mindestrippenbreite b		3.3.2	7
1.2.2	Mindestachsabstände u_o, u, u_s und gegebenenfalls u_m sowie n		3.3.4	8
2	**Platten**	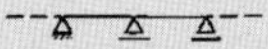		
2.1	Mindestplattendicke d		3.4.2 bis 3.4.3	9 bis 10
2.2	Mindestachsabstände der Plattenbewehrung bei der			
2.2.1	Stützbewehrung		3.4.5	12, Zeilen 1 und 2
2.2.2	Feldbewehrung		3.4.5	12, Zeile 3.1.2.2

3.9 Feuerwiderstandsklassen von Stahlsteindecken

3.9.1 Anwendungsbereich, Brandbeanspruchung

3.9.1.1 Die Angaben von Abschnitt 3.9 gelten für von unten oder von oben beanspruchte Stahlsteindecken nach DIN 1045/07.88, Abschnitt 20.2, sowie für gleichzustellende Dächer.

3.9.1.2 Bei Anordnung von Bekleidungen und Fußbodenbelägen oder Bedachungen sowie bei Durchführung von elektrischen Leitungen gelten die Bestimmungen nach den Abschnitten 3.4.1.2 und 3.4.1.3.

3.9.2 Randbedingungen

3.9.2.1 Stahlsteindecken müssen unter Beachtung der Bedingungen von Abschnitt 3.9.2 die in Tabelle 27 angegebenen Mindestdicken d und Mindestachsabstände u besitzen.

3.9.2.2 Bei Decken der Feuerwiderstandsklassen ≥ F 60 dürfen nur solche Deckenziegel nach DIN 4159 verwendet werden, bei denen die Abstände a — siehe Schema-Skizze in Tabelle 27 — der senkrecht oder geneigt verlaufenden Innenstege $a < 60$ mm sind.

Bei Abständen $a > 60$ mm sind die Feuerwiderstandsklassen ≥ F 60 durch Prüfungen nach DIN 4102 Teil 2 nachzuweisen.

3.9.2.3 Die Achsabstände der Feldbewehrung dürfen nach den Angaben nach Tabelle 27, Zeile 2.2.2, bestimmt werden, wenn die Stütz- bzw. Einspannbewehrung an jeder Stelle gegenüber der nach DIN 1045 erforderlichen Stütz- bzw. Einspannbewehrung um 0,15 l verlängert wird — bei durchlaufenden Decken ist l die Stützweite des angrenzenden größeren Feldes.

Tabelle 27: Mindestdicke und Mindestachsabstände von Stahlsteindecken

Zeile	Konstruktionsmerkmale (a ≤ 60 mm)	Feuerwiderstandsklasse-Benennung [1]) F 30-A	F 60-A	F 90-A	F 120-A	F 180-A
1	Mindestdicke d in mm von Stahlsteindecken					
1.1	ohne Berücksichtigung einer Bekleidung oder eines Estrichs	115	140	165	240	290
1.2	mit Berücksichtigung eines Putzes nach Abschnitt 3.1.6.3 ≥ 15 mm Dicke	90	115	140	165	240
1.3	mit Berücksichtigung eines Estrichs der Baustoffklasse A oder eines Gußasphaltestrichs in ≥ 30 mm Dicke	90	90	115	140	165
1.4	mit Berücksichtigung eines Putzes nach Abschnitt 3.1.6.3 in ≥ 15 mm Dicke und eines Estrichs der Baustoffklasse A oder eines Gußasphaltestrichs in ≥ 30 mm Dicke	90	90	90	115	140
2	Mindestachsabstand u in mm der Feldbewehrung unbekleideter Decken [2])					
2.1	bei statisch bestimmter Lagerung	10	10	20	30	45
2.2	bei statisch unbestimmter Lagerung bei Anordnung der Stütz- bzw. Einspannbewehrung					
2.2.1	nach DIN 1045	10	10	20	30	45
2.2.2	nach Abschnitt 3.9.2.3, sofern das Stützweitenverhältnis min. $l \geq 0{,}8$ max. l ist	10	10	10	15	35
2.2.3	nach Abschnitt 3.9.2.3, sofern daß Stützweitenverhältnis min. $l \geq 0{,}2$ max. l ist	Interpolation zwischen den Zeilen 2.2.1 und 2.2.2				
3	Mindestachsabstand u_0 in mm der Stütz- bzw. Einspannbewehrung					
3.1	ohne Anordnung von Estrichen	10	10	15	30	50
3.2	bei Anordnung eines Estrichs der Baustoffklasse A oder eines Gußasphaltestrichs	10	10	10	15	20
4	Mindestdicke in mm des Estrichs bei Wahl von u_0 nach Zeile 3.2	—	—	10	15	30

[1]) Bei Anordnung von Gußasphaltestrich und bei Verwendung von schwimmendem Estrich mit einer Dämmschicht der Baustoffklasse B muß die Benennung jeweils F 30-AB, F 60-AB, F 90-AB, F 120-AB und F 180-AB lauten.

[2]) Bei Anordnung eines Putzes nach Abschnitt 3.1.6.3 darf der Mindestachsabstand u um 10 mm — maximal auf u = 10 mm — abgemindert werden; die Putzdicke muß bei Putz der Mörtelgruppe P II ≥ 15 mm und bei Putz der Mörtelgruppe P IV ≥ 10 mm sein.

Seite 40 DIN 4102 Teil 4

Tabelle 29: Mindestabmessungen und Mindestbetondeckungen sowie Mindestbekleidungsdicken von Stahlbetondecken mit im Beton eingebetteten Stahlträgern

Zeile	Konstruktionsmerkmale	Feuerwiderstandsklasse-Benennung[3])				
		F 30-A	F 60-A	F 90-A	F 120-A	F 180-A
1	**Mindestabmessungen von Stahlbetonplatten** 					
1.1	Mindestdicke d in mm	100	100	100	120	150
1.2	Mindestbetondeckung c in mm[1])	15	25	35	45	60
1.3	Mindestdicke D in mm eines Estrichs der Baustoffklasse A, eines Gußasphaltestrichs oder von Walzasphalt	10	15	25	30	50
1.4	Mindestputzdicke d_1 in mm über Putzträger bei einer Durchdringung des Putzträgers ≥ 10 mm bei Verwendung von Putzen					
1.4.1	der Mörtelgruppe P II oder P IVc nach DIN 18 550 Teil 2	15				
1.4.2	der Mörtelgruppe P IVa oder P IVb nach DIN 18 550 Teil 2	5	15	25		
1.4.3	nach Abschnitt 3.1.6.5	5	5	5	10	20
2	Mindestabmessungen von Decken mit aus Platten herausragenden Trägern 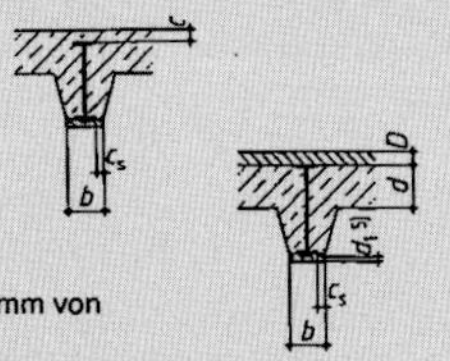					
2.1	Mindestbetondeckung c_s[1])[2])					
2.1.1	bei einer Breite b in mm von	120	150	180	200	240
2.1.1.1	c_s in mm	35	50	65	75	90
2.1.2	bei einer Breite b in mm von	≥ 160	≥ 200	≥ 250	≥ 300	≥ 400
2.1.2.1	c_s in mm	15	25	35	45	60
2.2	Mindestabmessungen d, c, D und d_1	siehe Zeile 1				
3	Mindestabmessungen von Kappendecken[4]), Ausführungsmöglichkeiten 1 und 2 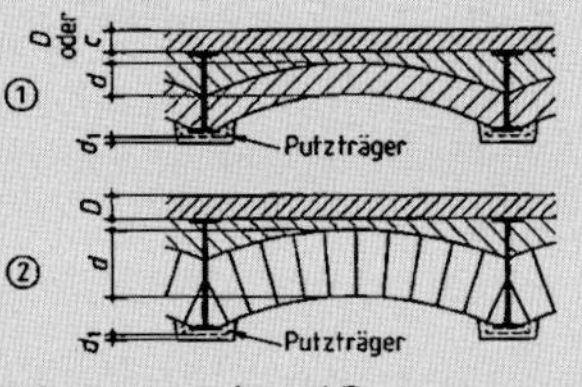					
3.1	Mindestabmessungen d, c und D	siehe Zeilen 1.1 bis 1.3				
3.2	Mindestputzdicke d_1 über Putzträger bei einer Durchdringung der Putze ≥ 10 mm	siehe Zeile 1.4				
3.3	Mindestabmessungen bei Kappendecken mit Unterdecken					
3.3.1	Mindestdicke D oder c	siehe Zeilen 1.2 und 1.3				
3.3.2	Mindestdicke d in mm	d ≥ 50 mm; Konstruktion nach Abschnitt 6.5				

[1]) Betondeckungen unterhalb und seitlich von Stahlträgern müssen konstruktiv durch eine Bewehrung gesichert sein.
[2]) Zwischen den Werten nach den Zeilen 2.1.1.1 und 2.1.2.1 darf in Abhängigkeit von b geradlinig interpoliert werden.
[3]) Bei Anordnung von Gußasphaltestrich und bei Verwendung von schwimmendem Estrich mit einer Dämmschicht der Baustoffklasse B muß die Benennung jeweils F 30-AB, F 60-AB, F 90-AB, F 120-AB und F 180-AB lauten.
[4]) Der Gewölbeschub ist durch entsprechend feuerwiderstandsfähige Bauteile — z. B. Wände unter Beachtung der Verformung — aufzunehmen.
[5]) Alternativ zu d_1 gilt c nach Zeile 1.2.

3.11 Feuerwiderstandsklassen von Stahlbetondecken in Verbindung mit im Beton eingebetteten Stahlträgern sowie bei Kappendecken

3.11.1 Anwendungsbereich, Brandbeanspruchung

3.11.1.1 Die Angaben von Abschnitt 3.11 gelten für von unten oder oben beanspruchte Stahlbetondecken mit im Beton eingebetteten Stahlträgern sowie für gleichzustellende Dächer.

Stahlbetondecken mit freiliegenden Stahlträgern mit Ummantelungen oder Unterdecken werden in den Abschnitten 6.2 und 6.5 behandelt.

3.11.1.2 Bei Anordnung von Bekleidungen und Fußbodenbelägen oder Bedachungen sowie bei Durchführung von elektrischen Leitungen gelten die Bestimmungen nach den Abschnitten 3.4.1.2 und 3.4.1.3.

3.11.2 Decken ohne Zwischenbauteile

3.11.2.1 Stahlbetondecken mit im Beton eingebetteten Stahlträgern ohne Zwischenbauteile müssen die in Tabelle 29 angegebenen Mindestabmessungen, Mindestbetondeckungen und Mindestbekleidungsdicken besitzen.

3.11.2.2 Für die Ausführung der Decken außerhalb der Trägerbereiche gelten je nach Deckenart die Bestimmungen nach den Abschnitten 3.4 bis 3.10.

3.11.3 Kappendecken

Für Kappendecken gelten die in Tabelle 29, Zeilen 3 bis 3.3.2, angegebenen Randbedingungen[4]. Die Angaben gelten in erster Linie für die Sanierung von Altbauten.

3.11.4 Hourdis-Decken

3.11.4.1 Für die Mindestabmessungen c und D von Hourdis-Normaldecken nach Bild 14 sowie von Hourdis-Sonderdecken nach Bild 15 gelten die Angaben der Zeilen 1.2 und 1.3 von Tabelle 29[4]).

[4]) Weitere Angaben siehe z. B. [1] und [2].

3.11.4.2 Die brandschutztechnisch wirksame Deckendicke d ist nach Gleichung (7) zu berechnen. Die Nettoquerschnittsfläche A_{Netto} ist in Abhängigkeit vom Querschnitt der Hourdis und der darüber liegenden Ortbetonschicht zu bestimmen; b ist die jeweilige Breite der Hourdis. Die auf die Hourdis entfallende Dicke darf um 10 % vergrößert werden. Die errechnete Dicke d muß ≥ der in Zeile 1.1 von Tabelle 29 angegebenen Dicke d sein.

3.11.4.3 Die Putzdicke d_1 bzw. d_2 muß mindestens den Werten von Tabelle 30 entsprechen.

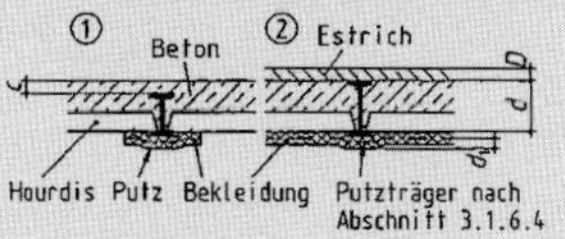

Bild 14: Hourdis-Normaldecken (Schema für die Ausführungen 1 und 2)

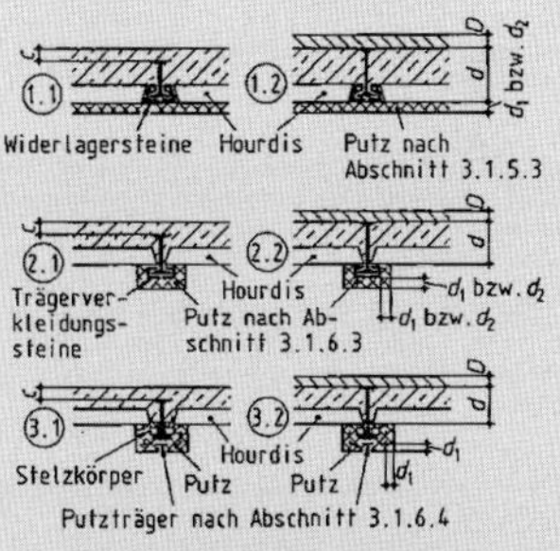

Bild 15: Hourdis-Sonderdecken (Schema für die Ausführungen 1.1 bis 3.2)

Tabelle 30. Mindestputzdicken bei Hourdis-Decken nach Bild 14 und 15

Zeile	Konstruktionsmerkmale	Feuerwiderstandsklasse				
		F 30	F 60	F 90	F 120	F 180
1	Mindestputzdicke d_1 in mm — bei Decken nach Bild 14 sowie bei Decken nach Bild 15, Ausführungen 3.1 und 3.2, über Putzträger bei einer Durchdringung des Putzträgers ≥ 10 mm und bei Decken nach Bild 15, Ausführungen 1.1 bis 2.2, über Hourdis bzw. Sonderziegel gemessen — bei Verwendung von Putz					
1.1	der Mörtelgruppe P II oder P IVc nach DIN 18 550 Teil 2	15				
1.2	der Mörtelgruppe P IVa oder P IVb nach DIN 18 550 Teil 2	5	15	25		
1.3	nach Abschnitt 3.1.6.5	5	5	5	10	20
2	Mindestputzdicke d_2 in mm, sofern die Widerlager- und Trägerverkleidungssteine nach Bild 15, Ausführung 1.1 bis 2.2, in Mörtel oder Zementschlämme verlegt und die Untergurte der Träger dadurch vollständig umschlossen werden, bei Verwendung von Putz					
2.1	der Mörtelgruppe P II oder P IVc nach DIN 18 550 Teil 2	0	5	15	25	
2.2	der Mörtelgruppe P IVa oder P IVb nach DIN 18 550 Teil 2	0	5	10	20	
2.3	nach Abschnitt 3.1.6.5	0	5	5	10	15

5.5 Feuerwiderstandsklassen von Holzbalken

5.5.1 Anwendungsbereich, Brandbeanspruchung

5.5.1.1 Die Angaben von Abschnitt 5.5 gelten für statisch bestimmt oder unbestimmt gelagerte, freiliegende, auf Biegung oder Biegung mit Längskraft beanspruchte Holzbalken mit Rechteckquerschnitt nach DIN 1052 Teil 1 mindestens der Sortierklasse S 10 bzw. MS 10 nach DIN 4074 Teil 1. Es wird unterschieden zwischen maximal 3seitiger und 4seitiger Brandbeanspruchung.

5.5.1.2 Eine maximal 3seitige Brandbeanspruchung liegt vor, wenn die Oberseite der Balken durch

a) Betonbauteile nach den Abschnitten 3.4 oder 3.5,

b) Beplankungen bzw. Schalungen aus Holz oder Holzwerkstoffen nach den Abschnitten 5.2.3.2 bzw. 5.4.4 oder

c) Decken aus Holztafeln nach Tabelle 56

jeweils mindestens der geforderten Feuerwiderstandsklasse abgedeckt ist.

Eine 4seitige Brandbeanspruchung liegt vor, wenn die Oberseite der Balken andere Abdeckungen — z. B. aus Stahl, Holz und Holzwerkstoffen kleinerer Dicken als jeweils angegeben oder aus Kunststoff — erhält oder freiliegt.

5.5.1.3 Die Angaben gelten außerdem nur für Balken ohne Aussparungen; Zapfen- und Bolzenlöcher gelten nicht als Aussparungen. Wegen Aussparungen (Öffnungen) siehe Abschnitt 5.5.2.5.

5.5.1.4 Die Angaben gelten für Nadelhölzer nach DIN 1052 Teil 1/04.88, Tabelle 1, Zeile 1, sowie für Buche; bei Laubhölzern (außer Buche) mit einer Rohdichte $\varrho > 600\,\mathrm{kg/m^3}$ nach Zeile 3 derselben Tabelle dürfen alle Werte der Tabellen 74 bis 83 mit 0,8 multipliziert werden.

5.5.2 Unbekleidete Balken

5.5.2.1 Für unbekleidete Balken F 30-B können in Abhängigkeit von der Spannungsausnutzung bei Verwendung von Vollholz aus Nadelholz die in den Tabellen 74 und 75 und bei Verwendung von Brettschichtholz aus Nadelholz die in den Tabellen 76 bis 79 angegebenen Mindestquerschnittsabmessungen entnommen werden. Für unbekleidete Balken F 60-B aus Brettschichtholz können die entsprechenden Werte den Tabellen 80 bis 83 entnommen werden.[7])

5.5.2.2 Die Kippaussteifung der Balken muß nach der geforderten Feuerwiderstandsklasse ausgeführt werden; andernfalls muß das Seitenverhältnis $h/b \leq 3$ sein — wegen der Bemessung der Kippsteifen siehe die Tabellen 74 bis 83.

5.5.2.3 Die Auflagertiefe von Balken auf Beton oder auf Mauerwerk muß bei der Feuerwiderstandsklasse F 30 ≥ 40 mm und bei der Feuerwiderstandsklasse F 60 ≥ 80 mm betragen. Die Mindestauflagertiefen auf Holzbauteilen sowie die Mindestanforderungen an Verbindungen sind den Angaben nach Abschnitt 5.8 zu entnehmen.

5.5.2.4 Bei Balken, bei denen nach DIN 1052 Teil 1 bei der Bemessung die Schub- bzw. Scherspannung gegenüber dem Nachweis auf Biegung oder Biegung mit Längskraft maßgebend ist, muß die Bedingungsgleichung (9) eingehalten werden:

$$\frac{\alpha_Q \cdot b \cdot h}{1{,}5 \cdot b(t_f) \cdot h(t_f)} \leq 1{,}0 \qquad (9)$$

wobei

α_Q Ausnutzungsgrad der Schub- bzw. Scherspannung nach DIN 1052 Teil 1 und

$b(t_f)$, $h(t_f)$ Breite bzw. Höhe des Restquerschnitts in Abhängigkeit von der Abbrandgeschwindigkeit ($v_{\mathrm{Vollholz}} = 0{,}8$ mm/min, $v_{\mathrm{BSH}} = 0{,}7$ mm/min) und Feuerwiderstandsdauer t_f

ist.

$b(t_f)$ und $h(t_f)$ sind bei 4seitiger Brandbeanspruchung[7]):

$$b(t_f) = b - 2\,v \cdot t_f \qquad (10)$$

$$h(t_f) = h - 2\,v \cdot t_f \qquad (11)$$

Bei 3seitiger Brandbeanspruchung[7]) gilt:

$b(t_f)$ siehe Gleichung (10)

$$h(t_f) = h - v \cdot t_f \qquad (12)$$

5.5.2.5 Die Randbedingungen der Tabellen 76 bis 83 gelten auch für Balken bis zu einem Normalkraftanteil von 20% mit Öffnungen (Durchbrüchen), wenn die Randbedingungen nach Bild 48 eingehalten werden. Die Verstärkungen sind aus Bau-Furniersperrholz aus Buche nach DIN 68 705 Teil 5 BFU-BU 100 mit geeigneten Preßvorrichtungen oder mit Nagel-Preßleimung anzubringen.

Die Gesamtverstärkungsdicke t in mm (je Seite $t/2$) muß in Abhängigkeit von der in Durchbruchsmitte vorhandenen Schubspannung τ_Q in MN/m² und der Trägerbreite b in mm

$$t \geq (0{,}15 + 0{,}4 \cdot \tau_Q) \cdot b \qquad (13)$$

betragen, mindestens jedoch 40 mm.

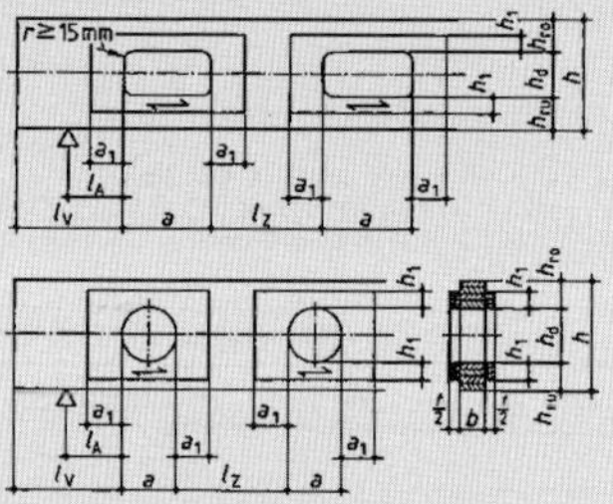

$l_A \geq \frac{h}{2}$; l_v und $l_z \geq h$; $a \leq h$;

$a_1 \geq 0{,}25\,a$ und $\geq h_1$; h_{ro} und $h_{ru} \geq 0{,}3\,h$;

$h_d \leq 0{,}4\,h$; $h_1 \geq 0{,}25\,h_d$ und $\geq 0{,}1\,h$; $b \leq 220$ mm

Bild 48: Abmessungen von Öffnungen mit Verstärkungen

5.5.2.6 Für den Gesamtquerschnitt verdübelter Rechteckbalken aus Vollholz gelten die Angaben der Tabellen 74 und 75; hinsichtlich der Dübelverbindungen sind keine Randbedingungen zu beachten, vergleiche Abschnitt 5.8.4.5.

5.5.2.7 Für Balken mit Gerbergelenken gelten die Angaben der Tabellen 74 bis 79; hinsichtlich der Gerbergelenke sind die Randbedingungen von Abschnitt 5.8.10.2 zu beachten.

[7]) Siehe Seite 72.

5.4
5.5

Seite 96 DIN 4102 Teil 4

Tabelle 74: Mindestbreite b unbekleideter Stützen und Balken aus Vollholz aus Nadelholz mit einem Seitenverhältnis h/b = 1,0 und 2,0 und 3seitiger Brandbeanspruchung für F 30-B

Zeile	Brand-beanspruchung	Statische Beanspruchung: Druck $\frac{\sigma_{DI}}{\text{zul } \sigma_k}$	Statische Beanspruchung: Biegung $\frac{\sigma_B}{\text{zul } \sigma_B^*}$ [1]	Mindestbreite b in mm bei einem Seitenverhältnis h/b 1,0 und einem Abstützungsabstand s bzw. einer Knicklänge s_k in m					2,0				
				2,0	3,0	4,0	5,0	6,0	2,0	3,0	4,0	5,0	6,0
1	3seitig 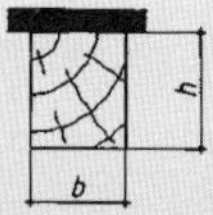	1,0	0	163	181	194	203	206	151	169	182	190	185
2		0,8	0	144	159	168	171	171	135	149	157	157	157
3			0,2	155	171	182	188	188	144	159	168	173	173
4		0,6	0	127	136	143	143	143	120	130	132	132	132
5			0,4	148	160	168	171	171	135	147	154	154	154
6		0,4	0	110	117	117	117	117	104	110	110	110	110
7			0,6	139	148	153	153	153	125	134	137	137	139
8		0,2	0	91	93	93	93	93	87	88	88	88	88
9			0,8	128	133	135	135	135	113	118	122	125	128
10		0	0,2	80	80	80	80	83	80	80	80	80	83
11			1,0	114	114	114	114	114	96	103	109	114	120

[1]) zul $\sigma_B^* = 1{,}1 \cdot k_B \cdot$ zul σ_B mit $1{,}1 \cdot k_B \leq 1{,}0$.

Tabelle 75: Mindestbreite b unbekleideter Stützen und Balken aus Vollholz aus Nadelholz mit einem Seitenverhältnis h/b = 1,0 und 2,0 und 4seitiger Brandbeanspruchung für F 30-B

Zeile	Brand-beanspruchung	Statische Beanspruchung: Druck $\frac{\sigma_{DI}}{\text{zul } \sigma_k}$	Statische Beanspruchung: Biegung $\frac{\sigma_B}{\text{zul } \sigma_B^*}$ [1]	Mindestbreite b in mm bei einem Seitenverhältnis h/b 1,0 und einem Abstützungsabstand s bzw. einer Knicklänge s_k in m					2,0				
				2,0	3,0	4,0	5,0	6,0	2,0	3,0	4,0	5,0	6,0
1	4seitig 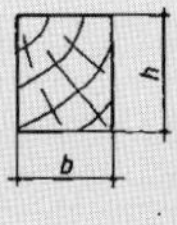	1,0	0	187	204	219	229	237	161	179	193	202	204
2		0,8	0	164	179	189	196	196	143	158	167	170	170
3			0,2	182	197	209	217	222	154	170	180	187	187
4		0,6	0	143	155	161	161	161	126	137	142	142	142
5			0,4	177	189	198	204	205	146	159	167	169	169
6		0,4	0	123	131	133	133	133	110	116	116	116	116
7			0,6	172	180	186	190	190	138	147	152	152	152
8		0,2	0	102	105	105	105	105	91	92	92	92	92
9			0,8	166	171	174	175	175	127	132	134	135	138
10		0	0,2	86	86	86	86	87	80	80	80	82	84
11			1,0	160	160	160	160	160	113	113	118	123	128

[1]) zul $\sigma_B^* = 1{,}1 \cdot k_B \cdot$ zul σ_B mit $1{,}1 \cdot k_B \leq 1{,}0$.

DIN 4102 Teil 4 Seite 97

Tabelle 76: Mindestbreite b unbekleideter Stützen und Balken aus Brettschichtholz aus Nadelholz mit einem Seitenverhältnis h/b = 1,0 und 2,0 und 3seitiger Brandbeanspruchung für F 30-B

Zeile	Brand-beanspruchung	Statische Beanspruchung Druck $\frac{\sigma_{DI}}{zul\ \sigma_k}$	Biegung $\frac{\sigma_B}{zul\ \sigma_B^*}$ 1)	Mindestbreite b in mm bei einem Seitenverhältnis h/b 1,0 und einem **Abstützungsabstand** s bzw. einer **Knicklänge** s_k in m 2,0	3,0	4,0	5,0	6,0	2,0: 2,0	3,0	4,0	5,0	6,0
1		1,0	0	148	168	169	169	169	139	158	158	158	158
2		0,8	0	132	146	146	146	146	124	134	134	134	134
3			0,2	141	157	157	157	157	132	147	147	147	147
4	3seitig	0,6	0	116	119	119	119	119	110	110	110	110	110
5	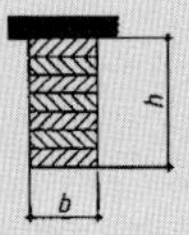		0,4	134	146	146	146	146	124	131	131	131	131
6		0,4	0	100	100	100	100	100	95	95	95	95	95
7			0,6	125	131	131	131	131	114	116	116	116	118
8		0,2	0	80	80	80	80	83	80	80	80	80	83
9			0,8	115	116	116	116	116	102	102	104	108	111
10		0	0,2	80	80	80	80	83	80	80	80	80	83
11			1,0	100	100	100	100	100	84	90	95	100	105

1) zul $\sigma_B^* = 1{,}1 \cdot k_B \cdot$ zul σ_B mit $1{,}1 \cdot k_B \leq 1{,}0$.

Tabelle 77: Mindestbreite b unbekleideter Stützen und Balken aus Brettschichtholz aus Nadelholz mit einem Seitenverhältnis h/b = 4,0 und 6,0 und 3seitiger Brandbeanspruchung für F 30-B

Zeile	Brand-beanspruchung	Statische Beanspruchung Druck $\frac{\sigma_{DI}}{zul\ \sigma_k}$	Biegung $\frac{\sigma_B}{zul\ \sigma_B^*}$ 1)	Mindestbreite b in mm bei einem Seitenverhältnis h/b 4,0 und einem **Abstützungsabstand** s bzw. einer **Knicklänge** s_k in m 2,0	3,0	4,0	5,0	6,0	6,0: 2,0	3,0	4,0	5,0	6,0
1		1,0	0	135	153	153	153	153	134	151	151	151	151
2		0,8	0	121	128	128	128	128	120	126	126	126	126
3			0,2	127	142	142	142	142	127	143	143	143	143
4	3seitig	0,6	0	107	107	107	107	107	106	106	106	106	106
5			0,4	119	128	128	130	134	121	132	135	139	142
6	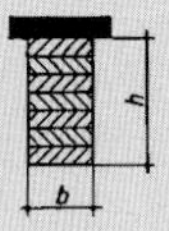	0,4	0	92	92	92	92	92	91	91	91	91	91
7			0,6	111	117	121	126	132	114	124	132	139	143
8		0,2	0	80	80	80	80	83	80	80	80	80	83
9			0,8	102	109	116	123	130	107	119	130	138	145
10		0	0,2	80	80	80	80	83	80	80	80	80	83
11			1	92	102	111	120	129	101	115	128	138	146

1) zul $\sigma_B^* = 1{,}1 \cdot k_B \cdot$ zul σ_B mit $1{,}1 \cdot k_B \leq 1{,}0$.

5.5

Tabelle 78: Mindestbreite b unbekleideter Stützen und Balken aus Brettschichtholz aus Nadelholz mit einem Seitenverhältnis h/b = 1,0 und 2,0 und 4seitiger Brandbeanspruchung für F 30-B

Zeile	Brandbeanspruchung	Statische Beanspruchung: Druck $\frac{\sigma_{DI}}{zul\ \sigma_k}$	Statische Beanspruchung: Biegung $\frac{\sigma_B}{zul\ \sigma_B^*}$ 1)	Mindestbreite b in mm bei einem Seitenverhältnis h/b 1,0 und einem Abstützungsabstand s bzw. einer Knicklänge s_k in m: 2,0	3,0	4,0	5,0	6,0	Mindestbreite b in mm bei einem Seitenverhältnis h/b 2,0 und einem Abstützungsabstand s bzw. einer Knicklänge s_k in m: 2,0	3,0	4,0	5,0	6,0
1	4seitig	1,0	0	169	188	202	202	202	147	167	168	168	168
2		0,8	0	148	164	164	164	164	131	145	145	145	145
3			0,2	164	180	190	190	190	140	157	157	157	157
4		0,6	0	130	139	139	139	139	116	118	118	118	118
5			0,4	158	171	173	173	173	133	145	145	145	145
6	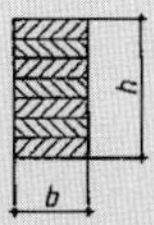	0,4	0	112	112	112	112	112	100	100	100	100	100
7			0,6	153	162	162	162	162	125	130	130	130	130
8		0,2	0	90	90	90	90	90	80	80	80	80	83
9			0,8	147	151	151	151	151	114	115	115	116	119
10		0	0,2	80	80	80	80	83	80	80	80	80	83
11			1,0	140	140	140	140	140	99	99	103	108	112

1) $zul\ \sigma_B^* = 1{,}1 \cdot k_B \cdot zul\ \sigma_B$ mit $1{,}1 \cdot k_B \le 1{,}0$.

Tabelle 79: Mindestbreite b unbekleideter Stützen und Balken aus Brettschichtholz aus Nadelholz mit einem Seitenverhältnis h/b = 4,0 und 6,0 und 4seitiger Brandbeanspruchung für F 30-B

Zeile	Brandbeanspruchung	Statische Beanspruchung: Druck $\frac{\sigma_{DI}}{zul\ \sigma_k}$	Statische Beanspruchung: Biegung $\frac{\sigma_B}{zul\ \sigma_B^*}$ 1)	Mindestbreite b in mm bei einem Seitenverhältnis h/b 4,0 und einem Abstützungsabstand s bzw. einer Knicklänge s_k in m: 2,0	3,0	4,0	5,0	6,0	Mindestbreite b in mm bei einem Seitenverhältnis h/b 6,0 und einem Abstützungsabstand s bzw. einer Knicklänge s_k in m: 2,0	3,0	4,0	5,0	6,0
1	4seitig	1,0	0	139	157	157	157	157	136	154	154	154	154
2		0,8	0	124	134	134	134	134	122	130	130	130	130
3			0,2	131	146	146	146	140	100	145	145	145	145
4		0,6	0	110	110	110	110	110	108	108	108	108	108
5			0,4	123	133	133	134	137	123	135	137	142	145
6	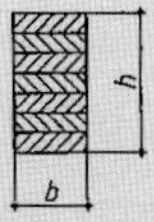	0,4	0	95	95	95	95	95	93	93	93	93	93
7			0,6	114	121	125	129	135	116	127	134	141	146
8		0,2	0	80	80	80	80	83	80	80	80	80	83
9			0,8	105	112	119	126	133	109	121	132	140	147
10		0	0,2	80	80	80	80	83	80	80	80	80	83
11			1,0	95	105	114	123	131	103	117	130	140	148

1) $zul\ \sigma_B^* = 1{,}1 \cdot k_B \cdot zul\ \sigma_B$ mit $1{,}1 \cdot k_B \le 1{,}0$.

Tabelle 80: Mindestbreite b unbekleideter Stützen und Balken aus Brettschichtholz aus Nadelholz mit einem Seitenverhältnis h/b = 1,0 und 2,0 und 3seitiger Brandbeanspruchung für F 60-B

Zeile	Brandbeanspruchung	Statische Beanspruchung Druck $\frac{\sigma_{Dl}}{\text{zul } \sigma_k}$	Statische Beanspruchung Biegung $\frac{\sigma_B}{\text{zul } \sigma_B^*}$ [1]	Mindestbreite b in mm bei einem Seitenverhältnis h/b 1,0 und einem Abstützungsabstand s bzw. einer Knicklänge s_k in m					2,0				
				2,0	3,0	4,0	5,0	6,0	2,0	3,0	4,0	5,0	6,0
1	3seitig 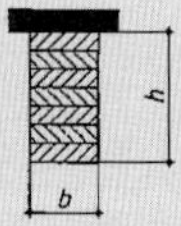	1,0	0	230	259	284	307	324	214	243	269	290	306
2		0,8	0	207	233	255	272	282	194	220	242	257	258
3			0,2	224	249	272	291	305	206	232	255	273	284
4		0,6	0	187	209	226	236	236	177	199	214	219	219
5			0,4	217	239	258	272	281	198	221	239	252	252
6		0,4	0	167	184	195	195	195	159	176	184	184	184
7			0,6	210	226	241	251	251	188	206	220	226	226
8		0,2	0	145	155	156	156	156	139	149	149	149	149
9			0,8	201	211	220	223	223	176	188	196	196	197
10		0	0,2	120	120	120	120	121	120	120	121	124	127
11			1,0	189	189	189	189	189	156	158	164	170	176

[1]) zul $\sigma_B^* = 1{,}1 \cdot k_B \cdot$ zul σ_B mit $1{,}1 \cdot k_B \leq 1{,}0$.

Tabelle 81: Mindestbreite b unbekleideter Stützen und Balken aus Brettschichtholz aus Nadelholz mit einem Seitenverhältnis h/b = 4,0 und 6,0 und 3seitiger Brandbeanspruchung für F 60-B

Zeile	Brandbeanspruchung	Statische Beanspruchung Druck $\frac{\sigma_{Dl}}{\text{zul } \sigma_k}$	Statische Beanspruchung Biegung $\frac{\sigma_B}{\text{zul } \sigma_B^*}$ [1]	Mindestbreite b in mm bei einem Seitenverhältnis h/b 4,0 und einem Abstützungsabstand s bzw. einer Knicklänge s_k in m					6,0				
				2,0	3,0	4,0	5,0	6,0	2,0	3,0	4,0	5,0	6,0
1	3seitig 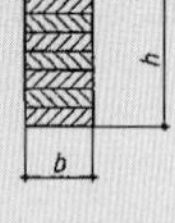	1,0	0	207	236	262	282	298	205	234	259	280	295
2		0,8	0	189	215	236	250	250	187	213	234	248	248
3			0,2	199	225	248	265	273	198	225	248	266	275
4		0,6	0	173	194	209	212	212	171	193	208	209	209
5			0,4	190	213	233	247	247	190	215	236	251	257
6		0,4	0	156	172	179	179	179	155	171	177	177	177
7			0,6	180	201	216	225	228	183	205	223	237	244
8		0,2	0	137	146	146	146	146	136	145	145	145	145
9			0,8	170	186	199	206	213	176	195	211	224	235
10		0	0,2	120	125	130	135	139	125	132	138	143	146
11			1,0	158	170	181	191	201	168	184	200	214	228

[1]) zul $\sigma_B^* = 1{,}1 \cdot k_B \cdot$ zul σ_B mit $1{,}1 \cdot k_B \leq 1{,}0$.

Seite 100 DIN 4102 Teil 4

Tabelle 82: Mindestbreite b unbekleideter Stützen und Balken aus Brettschichtholz aus Nadelholz mit einem Seitenverhältnis h/b = 1,0 und 2,0 und 4seitiger Brandbeanspruchung für F 60-B

Zeile	Brandbeanspruchung	Statische Beanspruchung: Druck $\frac{\sigma_{D\|}}{\text{zul } \sigma_k}$	Statische Beanspruchung: Biegung $\frac{\sigma_B}{\text{zul } \sigma_B^*}$ 1)	Mindestbreite b in mm bei einem Seitenverhältnis h/b 1,0 und einem Abstützungsabstand s bzw. einer Knicklänge s_k in m: 2,0	3,0	4,0	5,0	6,0	Seitenverhältnis h/b 2,0: 2,0	3,0	4,0	5,0	6,0
1	4seitig 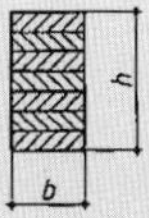	1,0	0	269	296	320	342	362	228	257	283	305	323
2		0,8	0	238	262	284	302	317	206	232	254	271	280
3			0,2	268	291	311	330	347	222	248	271	289	303
4		0,6	0	211	232	250	264	267	186	208	225	235	235
5			0,4	268	285	302	318	330	216	237	257	271	279
6		0,4	0	186	204	217	221	221	166	184	195	195	195
7			0,6	268	280	292	303	312	208	225	240	250	250
8		0,2	0	159	172	176	176	176	144	155	156	156	156
9			0,8	267	274	281	287	291	199	210	219	222	222
10		0	0,2	146	146	146	146	146	120	120	124	128	131
11			1,0	267	267	267	267	267	188	188	188	188	192

1) zul $\sigma_B^* = 1{,}1 \cdot k_B \cdot$ zul σ_B mit $1{,}1 \cdot k_B \le 1{,}0$.

Tabelle 83: Mindestbreite b unbekleideter Stützen und Balken aus Brettschichtholz aus Nadelholz mit einem Seitenverhältnis h/b = 4,0 und 6,0 und 4seitiger Brandbeanspruchung für F 60-B

Zeile	Brandbeanspruchung	Statische Beanspruchung: Druck $\frac{\sigma_{D\|}}{\text{zul } \sigma_k}$	Statische Beanspruchung: Biegung $\frac{\sigma_B}{\text{zul } \sigma_B^*}$ 1)	Mindestbreite b in mm bei einem Seitenverhältnis h/b 4,0 und einem Abstützungsabstand s bzw. einer Knicklänge s_k in m: 2,0	3,0	4,0	5,0	6,0	Seitenverhältnis h/b 6,0: 2,0	3,0	4,0	5,0	6,0
1	4seitig 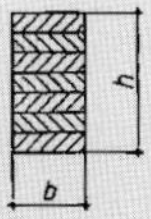	1,0	0	213	242	268	290	306	209	238	264	285	300
2		0,8	0	194	220	241	257	258	190	216	237	252	252
3			0,2	206	[illegible]	[illegible]	[illegible]	285	202	229	252	270	283
4		0,6	0	176	198	214	219	219	174	195	211	214	214
5			0,4	197	220	239	254	257	194	219	240	256	263
6		0,4	0	159	176	184	184	184	157	173	181	178	178
7			0,6	187	207	223	234	236	187	209	227	242	248
8		0,2	0	139	149	149	149	149	137	147	147	147	147
9			0,8	176	192	205	213	219	179	199	215	228	238
10		0	0,2	121	127	132	137	141	126	133	140	145	148
11			1,0	164	175	186	196	206	171	188	202	217	230

1) zul $\sigma_B^* = 1{,}1 \cdot k_B \cdot$ zul σ_B mit $1{,}1 \cdot k_B \le 1{,}0$.

5.5.3 Bekleidete Balken

5.5.3.1 Bekleidete Balken müssen unabhängig von der Spannungsausnutzung und der Holzart die in Tabelle 84, Zeile 1.1, angegebenen Bekleidungsdicken besitzen.

5.5.3.2 Die Balken sind vollständig, mit Ausnahme der Auflagerflächen, mit Gipskarton-Feuerschutzplatten (GKF) nach DIN 18 180 nach den Angaben der Ausführungszeichnungen in Tabelle 84 zu bekleiden. Bei 2lagiger Bekleidung sind die Stöße zu versetzen. Im übrigen gilt für die Befestigung sowie für die Verspachtelung der Fugen DIN 18 181. Bei 4seitiger Bekleidung ist die Oberseite entsprechend der Unterseite zu bekleiden.

5.5.3.3 Anstelle einer Bekleidung aus Gipskarton-Feuerschutzplatten (siehe Tabelle 84, Zeile 1.1.1) können auch Holzwerkstoffplatten oder gespundete Bretter (siehe Tabelle 84, Zeilen 1.1.2 bis 1.1.5) entsprechend verwendet werden. Diese Bekleidungen sind mit Schrauben oder Nägeln zu befestigen; die Einbindetiefe der Befestigungsmittel muß mindestens 6 d_n entsprechen. Holzwerkstoffplatten dürfen auch angeleimt werden.

5.5.3.4 Die Abschnitte 5.5.2.2 bis 5.5.2.6 gelten sinngemäß.

Tabelle 84: Bekleidete Balken, Stützen und Zugglieder aus Voll- oder Brettschichtholz

Zeile	Konstruktionsmerkmale bei			
	Balken, Stützen und Zuggliedern (Ausführung bei 3seitiger Bekleidung): 1lagige Bekleidung ① 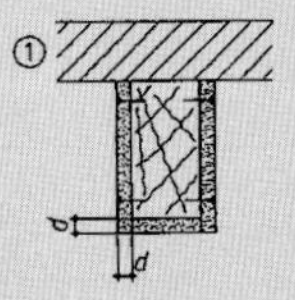 Gipskarton-Feuerschutzplatten (GKF) nach DIN 18 180 mit geschlossener Fläche (Zeile 1.1.1), Holzwerkstoffplatten oder Bretter (Zeilen 1.1.2 bis 1.1.5); 2lagige Bekleidung ② 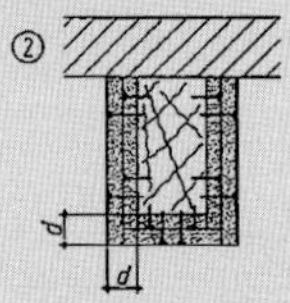		Stützen (Ausführung bei 4seitiger Bekleidung) 1lagige Bekleidung ③ 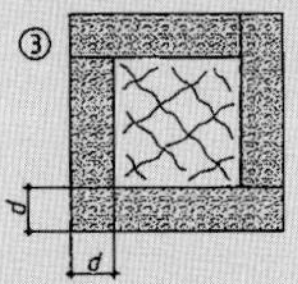 Feuerwiderstandsklasse-Benennung	
			F 30-B	F 60-B
1	Mindestdicke d der Bekleidung bei			
1.1	Balken, Stützen und Zuggliedern (Ausführungs-Schemaskizzen 1 und 2) bei Verwendung von			
1.1.1	Gipskarton-Feuerschutzplatten (GKF) nach DIN 18 180	mm	12,5	2 × 12,5
1.1.2	Sperrholz nach DIN 68 705 Teil 3[1])	mm	19	
1.1.3	Sperrholz nach DIN 68 705 Teil 5[1])	mm	15	
1.1.4	Spanplatten nach DIN 68 763[1])	mm	19	
1.1.5	gespundeten Brettern aus Nadelholz nach DIN 4072	mm	24	
1.2	Stützen (Ausführungs-Schemaskizze 3) bei Verwendung von Wandbauplatten aus Gips mit Rohdichten von ≥ 0,6 kg/dm³	mm	50	50

[1]) Bei Holzwerkstoffplatten der Baustoffklasse B 1 darf die Mindestdicke um 10 % verringert werden.

5.5

5.6 Feuerwiderstandsklassen von Holzstützen

5.6.1 Anwendungsbereich, Brandbeanspruchung

5.6.1.1 Die Angaben von Abschnitt 5.6 gelten für Holzstützen nach DIN 1052 Teil 1 mindestens der Sortierklasse S 10 bzw. MS 10 nach DIN 4074 Teil 1. Es wird unterschieden in

— 4seitig beanspruchte Stützen

a) unbekleidete Stützen aus Brettschichtholz F 30-B und F 60-B (siehe Abschnitt 5.6.2),

b) unbekleidete Stützen aus Vollholz F 30-B (siehe Abschnitt 5.6.2),

c) bekleidete Stützen (siehe Abschnitt 5.6.3),

— 3seitig beanspruchte Stützen, deren vierte Seite so abgedeckt ist — z. B. durch Mauerwerk —, daß die Stützen nur 3seitig vom Brand beansprucht werden (die Abdeckung muß daher eine Feuerwiderstandsdauer aufweisen, die mindestens der Feuerwiderstandsklasse der Stütze entspricht), sowie

— 2seitig beanspruchte, in Holzwänden eingebundene Stützen aus Brettschichtholz.[7])

5.6.1.2 Die Angaben gelten für Stützen ohne Aussparungen, Ausfräsungen, Stöße usw.; wegen der Bemessung derartiger Details siehe die Mindestanforderungen an Verbindungen in Abschnitt 5.8.[7])

5.6.1.3 Hinsichtlich der Verwendung von Nadel- bzw. Laubhölzern gilt Abschnitt 5.5.1.4 sinngemäß.

5.6.2 Unbekleidete Stützen

5.6.2.1 Für unbekleidete Stützen können in Abhängigkeit von der Spannungsausnutzung bei Verwendung von Brettschichtholz aus Nadelholz die in den Tabellen 76 bis 83 und bei Verwendung von Vollholz aus Nadelholz die in den Tabellen 74 und 75 angegebenen Mindestquerschnittsabmessungen entnommen werden.

5.6.2.2 Bei Stützen, bei denen nach DIN 1052 Teil 1 bei der Bemessung die Schub- bzw. Scherspannung gegenüber dem Nachweis auf Druck mit Biegung maßgebend ist, muß die Bedingungsgleichung gemäß Abschnitt 5.5.2.4 eingehalten werden.

5.6.2.3 Für unbekleidete Stützen aus Brettschichtholz mit Kreuz- oder I-Querschnitt ist der flächengleiche, rechteckförmige Ersatzquerschnitt nach Bild 49 zu bestimmen. Für den Rechteckersatzquerschnitt können in Abhängigkeit von der Spannungsausnutzung die in den Tabellen 76 bis 83 angegebenen Mindestbreiten ermittelt werden. Die Enden der Stützen müssen mit ihrer ganzen Querschnittsfläche kraftschlüssig angeschlossen sein. Die Querschnitte können auch durch Nagel-Preßleimung hergestellt werden.

5.6.3 Bekleidete Stützen

Bekleidete Stützen müssen unabhängig von der Spannungsausnutzung und der Holzart nach den Angaben von Abschnitt 5.5.3 ausgeführt werden; die Mindestdicke der Bekleidung ist aus Tabelle 84 zu entnehmen.

---

[7]) Siehe Seite 72.

Tabelle 85: Mindestbreite *b* unbekleideter Zugglieder

Zeile	Statische Beanspruchung: Zug $\frac{\sigma_{Z\parallel}}{\text{zul}\ \sigma_{Z\parallel}}$	Statische Beanspruchung: Biegung $\frac{\sigma_B}{\text{zul}\ \sigma_B^*}$ [1])	Nadelholz – Vollholz F 30-B, Mindestbreite *b* in mm, Brandbeanspruchung 3seitig, Seitenverhältnis h/b 1,0	Vollholz F 30-B, 3seitig, h/b 2,0	Vollholz F 30-B, 4seitig, h/b 1,0	Vollholz F 30-B, 4seitig, h/b 2,0	Brettschichtholz F 30-B, 3seitig, h/b 1,0	Brettschichtholz F 30-B, 3seitig, h/b 2,0	Brettschichtholz F 30-B, 4seitig, h/b 1,0	Brettschichtholz F 30-B, 4seitig, h/b 2,0	Brettschichtholz F 60-B, 3seitig, h/b 1,0	Brettschichtholz F 60-B, 3seitig, h/b 2,0	Brettschichtholz F 60-B, 4seitig, h/b 1,0	Brettschichtholz F 60-B, 4seitig, h/b 2,0
1	1,0	0	89	80	110	88	80	80	96	80	149	134	188	149
2	0,8	0	81	80	99	80	80	80	87	80	135	123	168	134
3		0,2	96	97	123	100	84	85	107	90	158	151	208	163
4	0,6	0	80	80	89	80	80	80	80	80	123	120	149	122
5		0,4	102	105	133	112	89	92	117	98	167	159	225	173
6	0,4	0	80	80	80	80	80	80	80	80	120	120	134	120
7		0,6	106	111	143	118	93	97	125	103	175	166	240	180
8	0,2	0	80	80	80	80	80	80	80	80	120	120	120	120
9		0,8	110	116	151	124	96	101	132	108	182	171	254	186
10	0	0,2	80	81	87	84	80	80	80	80	121	127	146	131
11		1,0	114	120	160	128	100	105	140	112	189	176	267	192

[1]) zul $\sigma_B^* = 1{,}1 \cdot k_B \cdot \text{zul}\ \sigma_B$ mit $1{,}1 \cdot k_B \leq 1{,}0$.

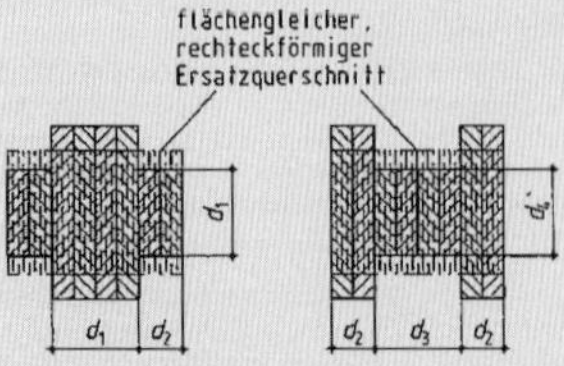

Bild 49: Flächengleicher, rechteckförmiger Ersatzquerschnitt bei BSH-Stützen mit Kreuz- oder I-Querschnitt

5.7 Feuerwiderstandsklassen von Holz-Zuggliedern[7])

5.7.1 Anwendungsbereich, Brandbeanspruchung

5.7.1.1 Die Angaben von Abschnitt 5.7 gelten für 3- oder 4seitig beanspruchte Holz-Zugglieder nach DIN 1052 Teil 1 mit Zuggliedern mindestens der Sortierklasse S 10 bzw. MS 10 nach DIN 4074 Teil 1.

5.7.1.2 Die Angaben gelten für Zugglieder ohne Aussparungen, Ausfräsungen, Stöße, Anschlüsse usw.; wegen der Bemessung derartiger Ausführungen siehe die Mindestanforderungen an Verbindungen in Abschnitt 5.8.

5.7.2 Unbekleidete Zugglieder

5.7.2.1 Unbekleidete Zugglieder müssen in Abhängigkeit von der Spannungsausnutzung die in Tabelle 85 wiedergegebenen Mindestbreiten besitzen.

5.7.2.2 Hinsichtlich der Verwendung von Nadel- bzw. Laubhölzern gilt Abschnitt 5.5.1.4 sinngemäß.

5.7.3 Bekleidete Zugglieder

Bekleidete Zugglieder müssen unabhängig von der Spannungsausnutzung und der Holzart nach den Angaben von Abschnitt 5.5.3 ausgeführt werden; die Mindestdicke der Bekleidung ist aus Tabelle 84 zu entnehmen.

5.8 Feuerwiderstandsklassen von Verbindungen nach DIN 1052 Teil 2[7])

5.8.1 Anwendungsbereich

5.8.1.1 Die Angaben von Abschnitt 5.8 gelten für mechanische Verbindungen zwischen Holzbauteilen nach DIN 1052 Teil 2. Die Angaben gelten nur für den Verbindungs-, Anschluß- oder Stoßbereich. Die anzuschließenden Bauteile sind nach den Abschnitten 5.2 bis 5.7 zu bemessen.

5.8.1.2 Die Angaben gelten für auf Druck, Zug oder Abscheren beanspruchte Verbindungen. Die Angaben gelten nicht für Verbindungen, bei denen die Verbindungsmittel in Axialrichtung beansprucht werden. Sie gelten nur für Verbindungen, bei denen die Kräfte symmetrisch übertragen werden (z. B. nicht für 1schnittige Verbindungen) — siehe Bild 50.

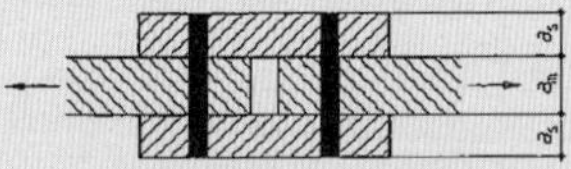

Bild 50: Senkrecht zur Kraftrichtung symmetrische Verbindung, Darstellung der Stabdübel ohne Überstand

5.8.2 Allgemeine Regeln, Holzabmessungen

5.8.2.1 Sofern im Abschnitt 5.8.2 keine Zusatzangaben gemacht werden, sind für tragende Verbindungen und Verbindungen zur Lagesicherung folgende Holzabmessungen einzuhalten — siehe Bild 51:

Randabstände der Verbindungsmittel vom beanspruchten bzw. unbeanspruchten Rand:

$$\min e_{r,f} = e_r + c_f \quad \text{mm} \qquad (14)$$

Hierin bedeuten:

e_r = Randabstand (∥ oder ⊥ zur Kraftrichtung) nach DIN 1052 Teil 2

c_f = 10 mm für F 30

c_f = 30 mm für F 60

Für Stabdübel und Bolzen mit einem Durchmesser ≥ 20 mm genügt für F 30 der Randabstand nach DIN 1052 Teil 2 und für F 60 eine Vergrößerung um 20 mm.

Für gegenüber Brandeinwirkung geschützte Ränder gelten die Abstände nach DIN 1052 Teil 2.

Seitenholzdicke:

$\min a_{s,f}$ = 50 mm für F 30

$\min a_{s,f}$ = 100 mm für F 60

Für Verbindungen, für die nach DIN 1052 Teil 1 Mindestholzdicken (min a) vorgegeben sind, ist für das Seitenholz zusätzlich einzuhalten:

$$\min a_{s,f} = \min a + c_f \quad \text{mm} \qquad (15)$$

5.8.2.2 Der Randabstand von Verbindungsmitteln, die zur Befestigung von Decklaschen dienen, muß mindestens c_f nach Abschnitt 5.8.2.1 betragen.

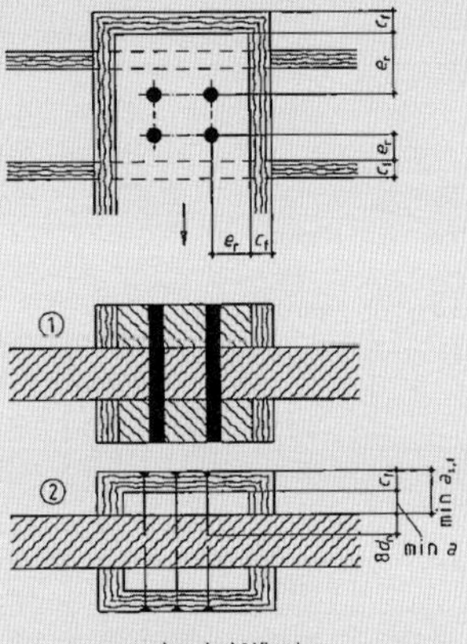

min a bei Nägeln

Bild 51: Randabstände (e) und Seitenholzdicken (a) nach Abschnitt 5.8.2.1 (Beispiele für die Ausführungen 1 und 2), Darstellung der Stabdübel ohne Überstand

5.8.2.3 Werden Verbindungsmittel durch eingeleimte Holzscheiben, Pfropfen oder Decklaschen nach Bild 52 geschützt, so muß die Dicke der Scheiben, Pfropfen bzw. Laschen mindestens c_f nach Abschnitt 5.8.2.1 betragen.

---

7) Siehe Seite 72.

5.6
5.7
5.8

Seite 101 DIN 4102 Teil 4

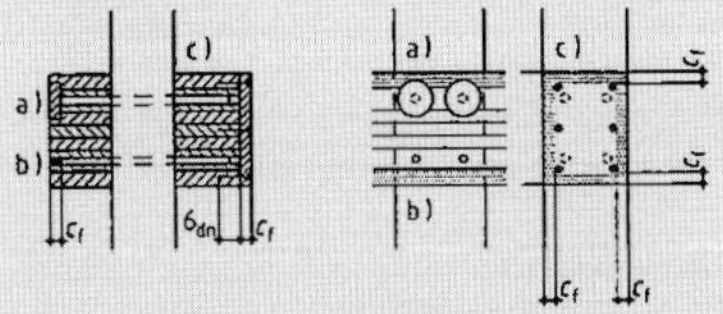

a) eingeleimte Holzscheibe
b) eingeleimter Pfropfen
c) vorgeheftete Decklasche (Abdeckung)

Bild 52: Schutz der Verbindungsmittel

5.8.2.4 Werden innenliegende Stahl- und Stahlblechformteile durch Holz mit der Dicke c_f nach Abschnitt 5.8.2.1 überdeckt, gelten sie als brandschutztechnisch ausreichend bekleidet (siehe auch Abschnitt 5.8.7).

5.8.2.5 Die Einschlagtiefe von Nägeln zur Befestigung von Decklaschen muß mindestens 6 d_n betragen. Es ist je 150 cm^2 Decklasche ein Befestigungsmittel vorzusehen. Für die Randabstände der zu schützenden Verbindungsmittel gilt Abschnitt 5.8.2.1; Mindestseitenholzdicken dürfen unter Einbeziehung der Scheiben- bzw. Laschendicke nachgewiesen werden.

5.8.2.6 Bei Verbindungen zur Lagesicherung, z.B. bei Auflagern und Kontaktstößen der Feuerwiderstandsklassen F 30 und F 60, sind nur die Holzabmessungen nach Abschnitt 5.8.2.1 nachzuweisen.

5.8.2.7 Wird bei biegebeanspruchten Zangen ein Kippen oder Abwölben der Zangen nicht durch konstruktive Maßnahmen (z.B. durch aufgenagelte Bohlen oder Anordnung von Klemmbolzen) behindert, so sind zum Schutz der Verbindung Futterhölzer nach Bild 53 anzuordnen.

Ein Futterholz ist nicht erforderlich bei einer Beanspruchung von weniger als 0,5 · zul N nach DIN 1052 Teil 1 und bei Verbindungen mit Bolzen und Sondernägeln.

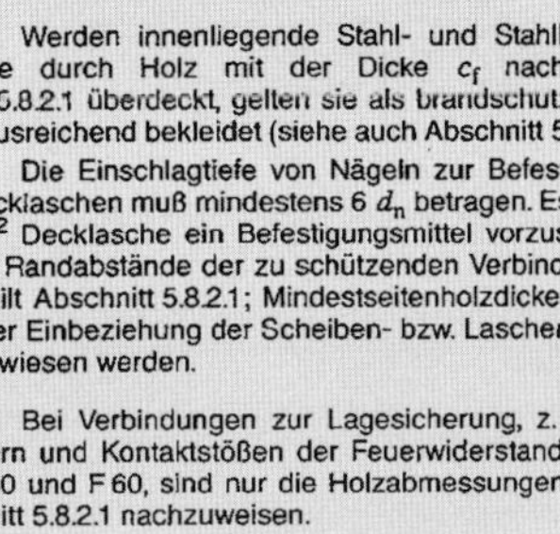

Bild 53: Zangenanschluß (Beispiel mit Futterholz), Darstellung der Stabdübel ohne Überstand (Nägel: glatte Nägel)

5.8.3 Dübelverbindungen mit Dübeln besonderer Bauart

5.8.3.1 Dübel, die mit ungeschützten Sondernägeln lagegesichert sind, bei Anschlüssen der Feuerwiderstandsklasse F 30:

Es ist keine Lastabminderung erforderlich, wenn die Sondernägel eine Einschlagtiefe ins Mittelholz von mindestens 8 d_n haben.

5.8.3.2 Dübel mit ungeschützten Schraubenbolzen bzw. Sechskantschrauben oder Sechskantholzschrauben bei Anschlüssen der Feuerwiderstandsklasse F 30:

a) Mit zusätzlichen Sondernägeln

Es ist keine Lastabminderung erforderlich, sofern

— die Bedingung von Abschnitt 5.8.3.1 eingehalten wird und

— mindestens die Hälfte der Nägel, die für eine Verbindung nach Abschnitt 5.8.3.1 (ungeachtet des verwendeten Dübels) erforderlich wären, zusätzlich angeordnet werden; bei einem Dübel sind jedoch mindestens 4 Nägel und bei zwei Dübeln mindestens 6 Nägel erforderlich.

b) Ohne zusätzliche Sondernägel

Für die Belastung N je Dübel ist nachzuweisen, daß

$$N \leq 0{,}25 \cdot \text{zul}\, N \cdot a_s/\min a_{s,f} \quad (16)$$
$$\leq 0{,}5 \cdot \text{zul}\, N$$

ist, wobei

min $a_{s,f}$ = (min a_s + c_f) die Mindestseitenholzdicke nach Abschnitt 5.8.2.1 und

zul N die nach DIN 1052 Teil 2/04.88, Tabellen 4, 6 und 7, zulässige Belastung je Dübel

ist.

Bei Anordnung von Klemmbolzen nach DIN 1052 Teil 2/04.88, Abschnitt 4.1.3, darf grundsätzlich N = 0,5 · zul N gesetzt werden.

5.8.3.3 Dübel mit Schraubenbolzen bzw. Sechskantschrauben oder Sechskantholzschrauben mit Schutz der Schrauben nach Abschnitt 5.8.2.3 bei Anschlüssen der Feuerwiderstandsklasse F 30 oder F 60:

Die Bedingungen von Abschnitt 5.8.3.2 brauchen nicht eingehalten zu werden.

5.8.3.4 Bei verdübelten Balken der Feuerwiderstandsklassen F 30 und F 60 sind nur die Holzabmessungen nach Abschnitt 5.8.2.1 einzuhalten.

5.8.4 Stabdübel- und Paßbolzenverbindungen nach DIN 1052 Teil 2/04.88, Abschnitt 5

5.8.4.1 Ungeschützte Stabdübel bei Anschlüssen der Feuerwiderstandsklasse F 30 — **mit innenliegenden Stahlblechen:**

Für die Stahlbleche gilt Abschnitt 5.8.7.

Für die Belastung N je Stabdübel ist nachzuweisen, daß

$$N \leq 1{,}25 \cdot \text{zul}\, \sigma_l\, (a_s - 30 \cdot v) \cdot d_{st} \cdot 1{,}25 \cdot \eta \cdot \left(1 - \frac{\alpha}{360}\right) \quad (17)$$

ist.

Hierin bedeuten:

v Abbrandgeschwindigkeit nach Abschnitt 5.5.2.4

$$\eta = \frac{(d_{st}/a_s)}{\min (d_{st}/a_s)} \leq 1{,}0 \quad (18)$$

Wegen der anderen Formelzeichen siehe DIN 1052 Teil 2/04.88, Abschnitt 5.8.

ANMERKUNG: Bei Verbindungen mit innenliegenden Stahlblechen dürfen die zulässigen Belastungen nach DIN 1052 Teil 2/04.88, Abschnitt 5.10, um 25% erhöht werden. Der weitere Faktor von 1,25 berücksichtigt das unterschiedliche Sicherheitsniveau bei der brandschutztechnischen Bemessung gegenüber einer Bemessung nach DIN 1052 Teil 1.

Es ist keine (weitere) Lastabminderung erforderlich, sofern die folgenden Bedingungen eingehalten werden:

— Länge des Stabdübels

$l_{st} = 2 \cdot a_s + a_m \geq 120$ mm (Stabdübel ohne Überstand)

$l_{st} = 2 \cdot a_s + a_m + 2 \cdot ü \geq 200$ mm (Stabdübel mit Überstand)

$ü \leq 20$ mm

Eine Fase von max. 5 mm am Ende des Stabdübels gilt nicht als Überstand.

— $d_{st}/a_s \geq \min\,(d_{st}/a_s)$

wobei

$$\min\,(d_{st}/a_s) = 0{,}08\left(1 + \left[\frac{110}{l'_{st}}\right]^4\right) \cdot \left(1 - \frac{\alpha}{360}\right) \quad (19)$$

ist, mit

α Winkel zwischen Kraftangriff und Faserrichtung des Mitten- oder Seitenholzes ($\alpha \leq 90°$) und

$l'_{st} = l_{st}$ (Stabdübel ohne Überstand) bzw. $0{,}6\ l_{st}$ (Stabdübel mit Überstand)

5.8.4.2 Ungeschützte Stabdübel bei Anschlüssen der Feuerwiderstandsklasse F 30 — **ohne Stahlbleche:**

Für die Belastung N je Stabdübel ist nachzuweisen, daß

$$N \leq 1{,}25 \cdot \text{zul}\ \sigma_l\,(a_s - 30 \cdot v) \cdot d_{st} \cdot \eta \cdot \left(1 - \frac{\alpha}{360}\right) \quad (20)$$

ist (Formelzeichen siehe Abschnitt 5.8.4.1).

Es ist keine (weitere) Lastabminderung erforderlich, sofern die folgenden Bedingungen eingehalten werden:

— Länge des Stabdübels

$l_{st} = 2 \cdot a_s + a_m \geq 120$ mm (Stabdübel ohne Überstand)

$l_{st} = 2 \cdot a_s + a_m + 2 \cdot ü \geq 200$ mm (Stabdübel mit Überstand)

$ü \leq 20$ mm

Eine Fase von max. 5 mm am Ende des Stabdübels gilt nicht als Überstand.

— $d_{st}/a_s \geq \min\,(d_{st}/a_s)$

wobei

$$\min\,(d_{st}/a_s) = 0{,}16\sqrt{a_m/a_s} \cdot \left(1 + \left[\frac{110}{l'_{st}}\right]^4\right) \cdot \left(1 - \frac{\alpha}{360}\right) \quad (21)$$

ist, mit

α und l'_{st} wie in Abschnitt 5.8.4.1.

5.8.4.3 Für $d_{st}/a_s < \min\,(d_{st}/a_s)$ ist für ungeschützte Stabdübel die zulässige Belastung je Stabdübel im Verhältnis $(d_{st}/a_s)/\min\,(d_{st}/a_s)$ nach Abschnitt 5.8.4.1 abzumindern.

5.8.4.4 Nach Abschnitt 5.8.2.3 geschützte Stabdübel bei Anschlüssen der Feuerwiderstandsklassen F 30 und F 60:

a) Die Bedingungen nach den Abschnitten 5.8.4.1 bzw 5.8.4.3 brauchen nicht eingehalten zu werden, oder

b) Verbindungen, für die nach Abschnitt 5.8.2.7 ein Futter erforderlich ist, dürfen ohne Futter ausgeführt werden, sofern die Bedingungen nach den Abschnitten 5.8.4.1 bzw. 5.8.4.2 eingehalten werden.

5.8.4.5 Bei verdübelten Balken der Feuerwiderstandsklassen F 30 und F 60 sind nur die Holzabmessungen nach Abschnitt 5.8.2.1 einzuhalten.

5.8.4.6 Für Paßbolzenverbindungen dürfen nur maximal 25 % der entsprechenden zulässigen Stabdübelbelastungen nach den Gleichungen (17) und (20) angesetzt werden.

5.8.5 Bolzenverbindungen nach DIN 1052 Teil 2/04.88, Abschnitt 5

5.8.5.1 Ungeschützte Bolzen bei Anschlüssen der Feuerwiderstandsklasse F 30:

a) Mit zusätzlichen Sondernägeln

Es ist keine Lastabminderung erforderlich, sofern

— die Bedingung von Abschnitt 5.8.3.1 eingehalten wird und

— mindestens die Hälfte der Nägel, die bei einem Anschluß nur mit Sondernägeln erforderlich wären, angeordnet werden; bei einem Bolzen sind jedoch mindestens 4 Nägel und bei 2 Bolzen mindestens 6 Nägel erforderlich.

b) Ohne zusätzliche Sondernägel

Für die Belastung N je Bolzen ist nachzuweisen, daß

$$N \leq 0{,}25 \cdot \text{zul}\ N \quad (22)$$

mit zul N nach DIN 1052 Teil 2/04.88, Abschnitt 5.8, ist.

5.8.5.2 Nach Abschnitt 5.8.2.3 geschützte Bolzen bei Anschlüssen der Feuerwiderstandsklassen F 30 und F 60:

Die Bedingungen von Abschnitt 5.8.5.1 brauchen nicht eingehalten zu werden.

5.8.6 Nagelverbindungen nach DIN 1052 Teil 2/04.88, Abschnitte 6 und 7

5.8.6.1 Ungeschützte Nägel bei Anschlüssen der Feuerwiderstandsklasse F 30 — mit innenliegenden Stahlblechen:

Es sind folgende Bedingungen einzuhalten:

— Nagellänge $l_n \geq 90$ mm

— für die Bleche siehe Abschnitt 5.8.7.

5.8.6.2 Ungeschützte Nägel bei Anschlüssen der Feuerwiderstandsklasse F 30 — ohne Stahlbleche:

Es sind folgende Bedingungen einzuhalten:

— Einschlagtiefe $\geq 8\ d_n$

— $d_n/a_s \geq \min\,(d_n/a_s)$

wobei

$$\min\,(d_n/a_s) = 0{,}05\left(1 + \left[\frac{110}{l_n}\right]^4\right) \quad (23)$$

ist.

Für $d_n/a_s < \min\,(d_n/a_s)$ ist die zulässige Belastung je Nagel im Verhältnis $(d_n/a_s)/\min\,(d_n/a_s)$ abzumindern.

Für Sondernägel genügt es, nur die Bedingung

— Einschlagtiefe $\geq 8\ d_n$

einzuhalten.

5.8.6.3 Nach Abschnitt 5.8.2.3 geschützte Nägel bei Anschlüssen der Feuerwiderstandsklassen F 30 und F 60:

Die Bedingungen nach den Abschnitten 5.8.6.1 bzw. 5.8.6.2 brauchen nicht eingehalten zu werden.

5.8.6.4 Für Nagelverbindungen zur Lagesicherung, z. B. bei Auflagern und Kontaktstößen der Feuerwiderstandsklassen F 30 und F 60, ist ergänzend zu Abschnitt 5.8.2.6 eine Einschlagtiefe von 8 d_n einzuhalten.

Seite 106 DIN 4102 Teil 4

5.8.7 Bedingungen für Stahlbleche bei Verbindungen mit innenliegenden Stahlblechen (≥ 2 mm) bei Anschlüssen der Feuerwiderstandsklassen F 30 und F 60

5.8.7.1 Bei Blechen mit ungeschützten Rändern darf folgendes Blechmaß nach Bild 54 nicht unterschritten werden:

F 30: D = 200 mm

F 60: D = 440 mm

5.8.7.2 Sofern nur ein Rand oder zwei gegenüberliegende Ränder ungeschützt sind, braucht nur folgendes Blechmaß eingehalten zu werden:

F 30: D = 120 mm

F 60: D = 280 mm

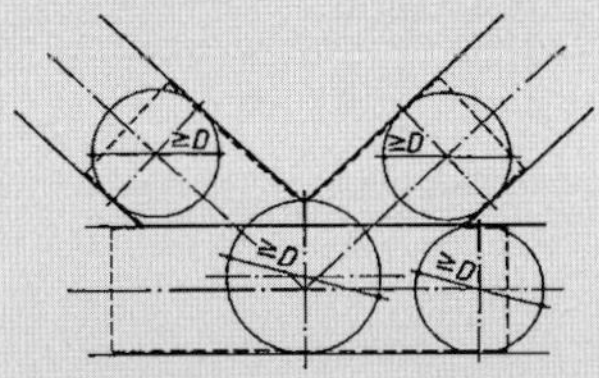

Bild 54: Blechmaß D bei Verwendung von Blechen mit ungeschützten Rändern

5.8.7.3 Werden die Blechmaße nach Abschnitt 5.8.7.1 nicht eingehalten, müssen die Blechränder geschützt werden. Blechränder gelten als geschützt, sofern

— bei Blechen bis 3 mm Dicke, die nach Bild 55b) nach innen versetzt sind, folgende Holzüberstände eingehalten werden:

F 30: $\Delta s \geq$ 20 mm

F 60: $\Delta s \geq$ 60 mm

— bei Blechen im allgemeinen, die durch stehengelassenes Holz oder eingeleimte Holzleisten nach Bild 55c) bzw. vorgeheftete Decklaschen nach Bild 55d), folgende Holzüberdeckungen eingehalten werden:

F 30: $\Delta s \geq$ 10 mm

F 60: $\Delta s \geq$ 30 mm

5.8.7.4 Verbindungen mit freiliegenden, ungeschützten Blechflächen sind durch diese Regelungen nicht abgedeckt.

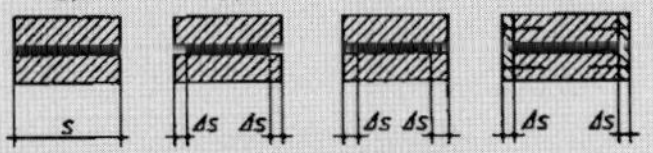

Erläuterungen:
a) bündig, das heißt ungeschützt
b) nach innen versetzt und somit geschützt
c) mit eingeleimten Holzleisten und somit geschützt
d) mit vorgehefteten Decklaschen und somit geschützt

Bild 55: Anordnung innenliegender Stahlbleche

5.8.8 Verbindungen mit außenliegenden Stahlteilen

5.8.8.1 Sofern außenliegende Stahlteile nur der Lagesicherung dienen, genügt es, für die Feuerwiderstandsklassen F 30 und F 60 nur die Holzabmessungen nach Abschnitt 5.8.2.1 einzuhalten.

5.8.8.2 Auflager aus Stahlschuhen mit Blechdicken ≥ 10 mm können in die Feuerwiderstandsklasse F 30 eingestuft werden, wenn sie nach den Angaben von Bild 56 an einer Stahlbetonstütze oder -wand angeschlossen werden.

ANMERKUNG: Die Brauchbarkeit von Balkenschuhen (Stahlschuhe mit einer Blechdicke < 10 mm) kann nicht allein nach DIN 4102 Teil 2 beurteilt werden; es sind weitere Eignungsnachweise zu erbringen — z. B. im Rahmen der Erteilung einer allgemeinen bauaufsichtlichen Zulassung.

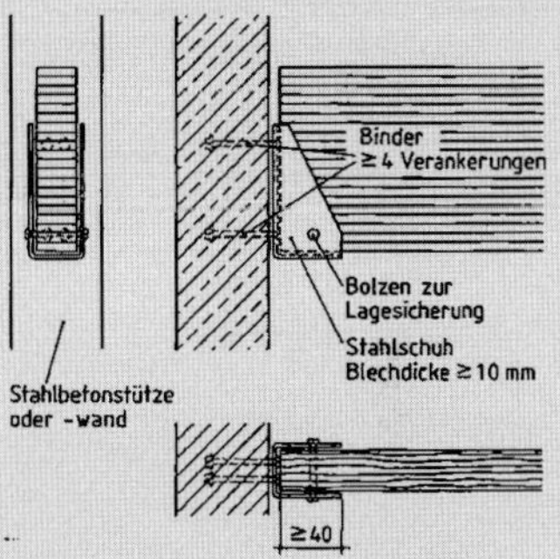

Bild 56: Auflager aus einem Stahlschuh mit einer Blechdicke ≥ 10 mm (Beispiel)

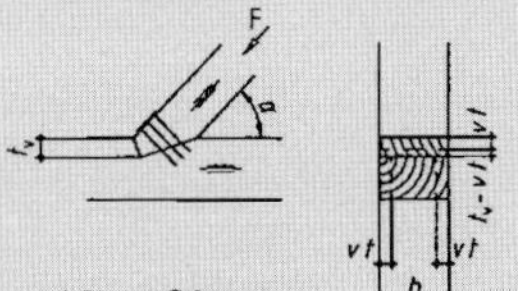

a) Ungeschützter Stirnversatz

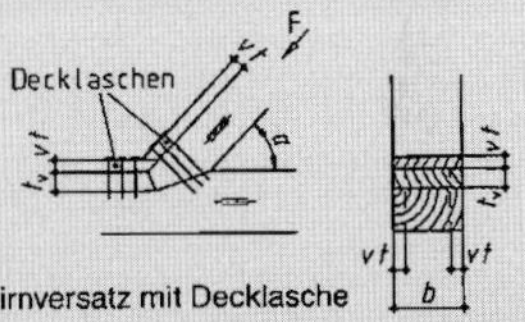

b) Stirnversatz mit Decklasche

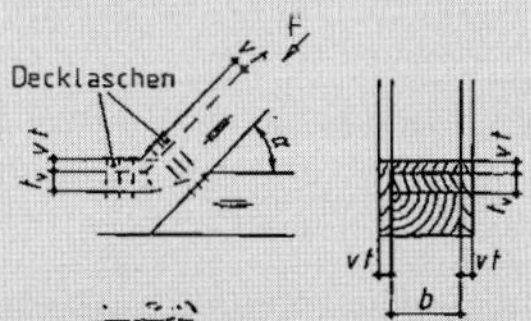

c) Stirnversatz mit allseitigen Decklaschen

(Jeweils mindestens 3 Befestigungsmittel zur Lagesicherung)

Bild 57: Mindestabmessungen bei Stirnversätzen der Feuerwiderstandsklassen F 30 und F 60

5.8.9 Holz-Holz-Verbindungen

Versätze der Feuerwiderstandsklassen F 30 und F 60 (siehe Bild 57).

Es ist nachzuweisen, daß

$$F \leq \alpha_4 \cdot \text{zul}\, F \cdot 0{,}8 \qquad (24)$$

ist, wobei zul F die zulässige Kraft der anzuschließenden Strebe oder von ähnlichem bei Bemessung der Versätze nach DIN 1052 Teil 1 ist und

$$\alpha_4 = \begin{cases} (t_v - vt_f) \cdot (b - 2\,vt_f/(t_v \cdot b) & \text{für ungeschützte Versätze nach Bild 57a), wobei } t_v \text{ die statisch erforderliche Versatztiefe ist,} \\ (b - 2\,vt_f)/b & \text{für Versätze mit Decklasche nach Bild 57b),} \\ 1{,}0 & \text{für Versätze mit allseitigen Decklaschen nach Bild 57c)} \end{cases} \qquad (25)$$

ist. Der Versatz muß mit mindestens 3 Befestigungsmitteln lagegesichert werden. Wegen der Formelzeichen in Gleichung (25) siehe Abschnitt 5.5.2.4.

5.8.10 Nicht allgemein regelbare Verbindungen

5.8.10.1 Firstgelenke können in die Feuerwiderstandsklassen F 30 und F 60 eingestuft werden, wenn sie nach den Angaben von Bild 58 ausgeführt werden.

5.8.10.2 Gerbergelenke können in die Feuerwiderstandsklasse F 30 eingestuft werden, wenn sie nach den Angaben von Tabelle 86 ausgeführt werden.

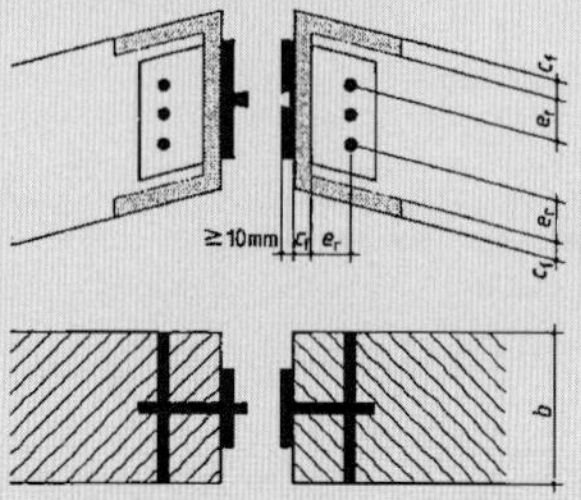

Bild 58: Mindestabmessungen bei Firstgelenken der Feuerwiderstandsklassen F 30 und F 60, Darstellung der Stabdübel ohne Überstand

Tabelle 86: Randbedingungen für unbekleidete Gerbergelenke F 30-B

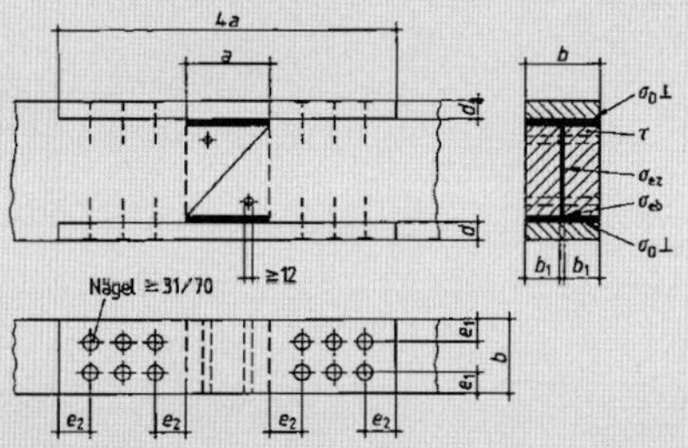

Zeile	Konstruktionsmerkmale	Mindestanforderungen bei Verwendung von Brettschichtholz	Mindestanforderungen bei Verwendung von Vollholz
1	**Mindestquerschnittsabmessungen in mm und Mindestanzahl der Nägel**		
1.1	Mindestbalkenbreite b, sofern nicht nach den Angaben der Tabellen 74 bis 79 größere Breiten einzuhalten sind	120	140
1.2	Mindestauflagerbreite b_1	55	65
1.3	Mindestlaschendicke d	30	30
1.4	Mindestnagelabstände e_1 und e_2	35	35
1.5	Mindestanzahl n der Laschennägel je Laschenseite	6	6
2	**Zulässige Spannungen in N/mm²**		
2.1	Maximale Schubspannung τ im Holz	1,0 zul τ nach DIN 1052 Teil 1	
2.2	Maximale Druckspannung (Auflagerpressung senkrecht zur Faser) $\sigma_{D\perp}$	2,0	
2.3	Maximale Biegespannung im Stahlflansch σ_{eb}	1,0 zul σ nach DIN 18 800 Teil 1/03.81	
2.4	Maximale Zugspannung im Stahlsteg und den Schweißnähten σ_{ez}	0,25 zul σ nach DIN 18 800 Teil 1/03.81	

5.8

Seite 108 DIN 4102 Teil 4

5.8.11 Beispiele[7])

5.8.11.1 Nach den Kriterien der Abschnitte 5.8.1 bis 5.8.9 ergeben sich die in Abschnitt 5.8.11 zusammengestellten Abmessungen. Bei anderen Verbindungen sind die Mindestabmessungen nach den Abschnitten 5.8.1 bis 5.8.9 zu ermitteln.

5.8.11.2 Für Dübelverbindungen mit Dübeln besonderer Bauart ergeben sich nach Abschnitt 5.8.3.2 b) die Abmessungen nach Bild 59.

5.8.11.3 Für Stabdübelverbindungen ergeben sich nach Abschnitt 5.8.4 die Abmessungen nach den Bildern 60 bis 63.

5.8.11.4 Für Nagelverbindungen ergeben sich nach Abschnitt 5.8.6 die Abmessungen nach den Bildern 64 bis 67.

F 30

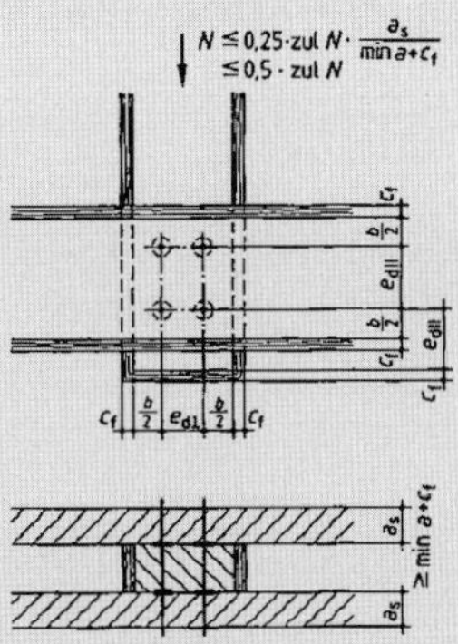

c_f = 10 mm

$e_{d\perp}$, $e_{d\parallel}$, b und min a sowie zul N
nach DIN 1052 Teil 2/04.88, Tabellen 4, 6 und 7

Bild 59: Mindestabmessungen und zulässige Belastung für Verbindungen mit Dübeln besonderer Bauart bei Anschlüssen der Feuerwiderstandsklasse F 30 nach Abschnitt 5.8.3.2 b) (Beispiel)

F 30

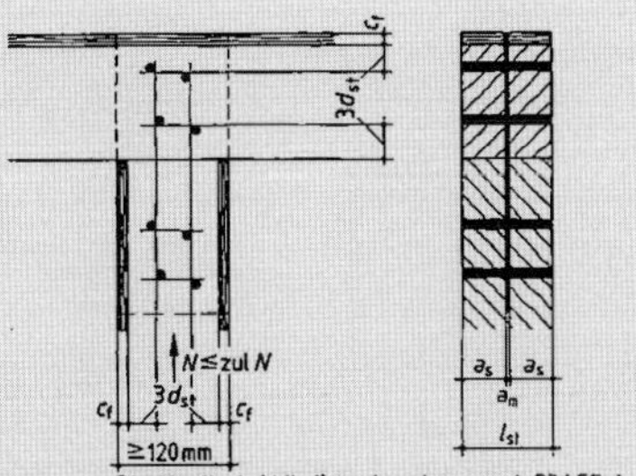

Blechbreite bei bündiger Anordnung nach Bild 55a)

$a_s \geq$ 50 mm
$a_m \geq$ 2 mm
$c_f \geq$ 10 mm
$l_{st} \geq$ 120 mm
d_{st} nach nachstehender Zusammenstellung

Seitenholzdicke mm	Stabdübeldurchmesser mm
60 und 80	8
100	10
120 und 140	12
160 und 180	16
200 und 220	20

Seitenholzdicken a_s und zugehörige Stabdübeldurchmesser d_{st} unter Berücksichtigung von Vorzugsmaßen für $N \leq$ zul N

Bild 60: Mindestabmessungen für Stabdübelverbindungen mit innenliegenden Stahlblechen bei Anschlüssen der Feuerwiderstandsklasse F 30 nach Abschnitt 5.8.4.1 (Beispiel), Darstellung der Stabdübel ohne Überstand

[7]) Siehe Seite 72.

DIN 4102 Teil 4 Seite 109

F 60

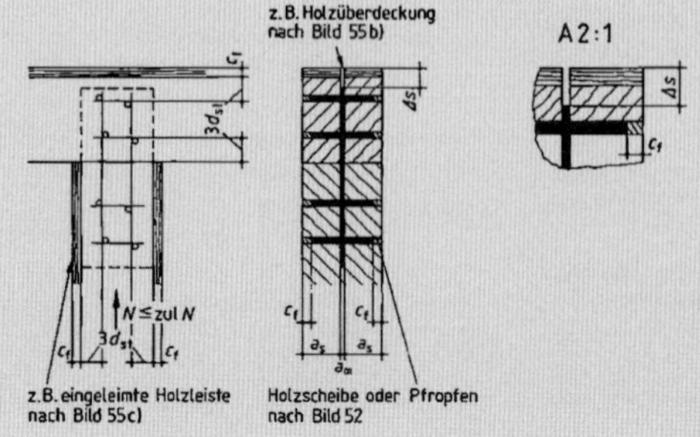

a_s ≥ 100 mm
a_m ≥ 2 mm
c_f = 30 mm
Δs = 60 mm

Bild 61: Mindestabmessungen für Stabdübelverbindungen mit innenliegenden Stahlblechen bei Anschlüssen der Feuerwiderstandsklasse F 60 nach Abschnitt 5.8.4.4 (Beispiel)

F 30

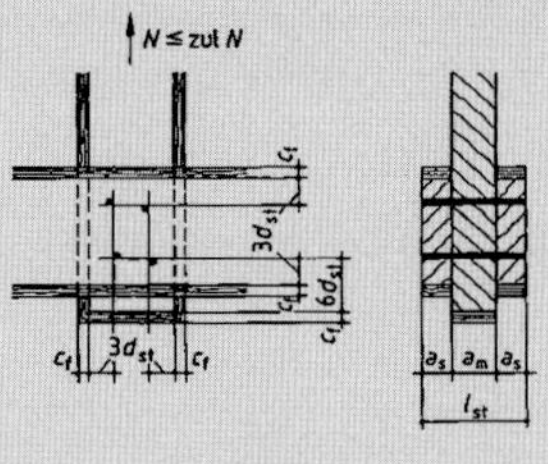

a_s ≥ 50 mm
c_f ≥ 10 mm
l_{st} ≥ 120 mm
d_{st} in Abhängigkeit von a_s und a_m nach untenstehenden Zusammenstellungen

Seitenholzdicke a_s mm	Mittelholzdicke a_m mm								
	40	60	80	100	120	140	160	180	200
60	10	12							
80	10	12	16						
100		16	16	20	20	20			
120		16	16	20	20	24	24	24	28
140			20	20	24	24	28	28	28
160			20	24	24	28	28	28	32
180				24	24	28	28	32	32
200				24	28	28	32	32	36

Erforderliche Stabdübeldurchmesser d_{st} (Vorzugsmaße) in Abhängigkeit von den Holzdicken a_s und a_m für α = 0°, bei denen eine Abminderung der maximal zulässigen Belastung zul N nicht erforderlich ist.

Seitenholzdicke a_s mm	Mittelholzdicke a_m mm								
	40	60	80	100	120	140	160	180	200
60	8	10							
80	8	10	12	12					
100		10	12	16	16	16	16	20	20
120		12	12	16	16	16	20	20	20
140			16	16	16	20	20	20	24
160			16	16	20	20	20	24	24
180				20	20	20	24	24	24
200				20	20	24	24	24	28

Erforderliche Stabdübeldurchmesser d_{st} (Vorzugsmaße) in Abhängigkeit von den Holzdicken a_s und a_m für α = 90°, bei denen eine Abminderung der maximal zulässigen Belastung zul N nicht erforderlich ist.

Bild 62: Mindestabmessungen für Stabdübelverbindungen ohne Stahlbleche bei Anschlüssen der Feuerwiderstandsklasse F 30 nach Abschnitt 5.8.4.2 (Beispiel), Darstellung der Stabdübel ohne Überstand

5.8

F 60

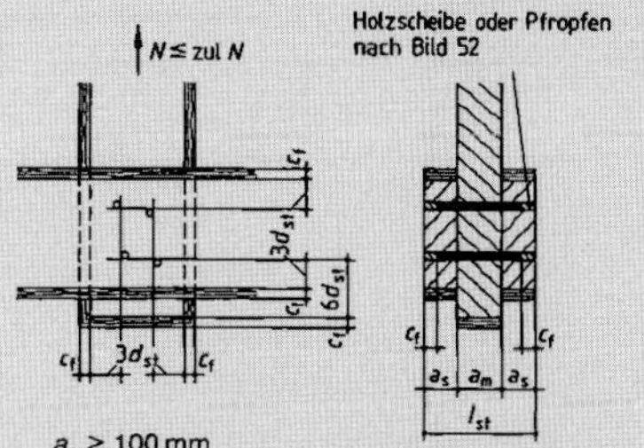

$a_s \geq 100$ mm
$c_f = 30$ mm

Bild 63: Mindestabmessungen für Stabdübelverbindungen ohne Stahlbleche bei Anschlüssen der Feuerwiderstandsklasse F 60 nach Abschnitt 5.8.4.4 (Beispiel)

F 30

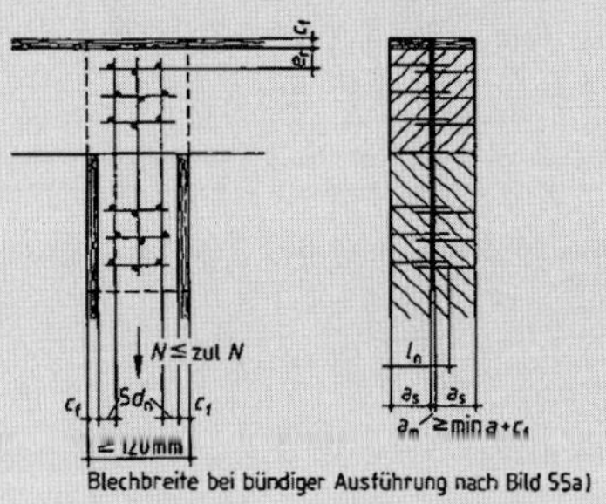

$a_s \geq 50$ mm
$a_s \geq \min a + c_f$
$a_m \geq 2$ mm
$c_f = 10$ mm
$l_n \geq 90$ mm

Bild 64: Mindestabmessungen für Nagelverbindungen mit innenliegenden Stahlblechen bei Anschlüssen der Feuerwiderstandsklasse F 30 nach Abschnitt 5.8.6.1 (Beispiel)

F 60

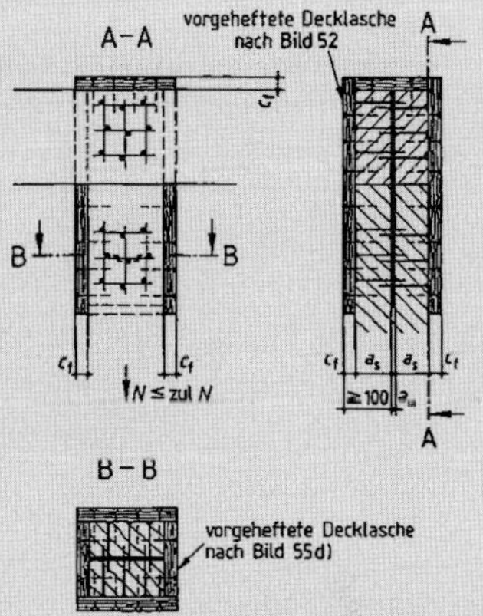

$a_s \geq 100$ mm — Laschendicke $\geq \min a$ $a_m \geq 2$ mm $c_f = 30$ mm	bei Schutz der Nägel durch Holzlaschen

Bild 65: Mindestabmessungen für Nagelverbindungen mit innenliegenden Stahlblechen bei Anschlüssen der Feuerwiderstandsklasse F 60 nach Abschnitt 5.8.6.3 (Beispiel)

F 30

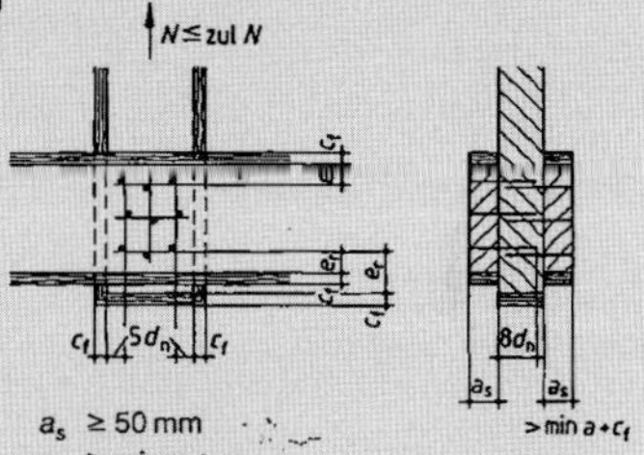

$a_s \geq 50$ mm
$a_s \geq \min a + c_f$
$c_f = 10$ mm
d_n nach untenstehender Zusammenstellung
Einschlagtiefe: 8 d_n

a_s mm	Mindest-Nagelgröße $d_n \times l_s$
60	46 × 130
80	55 × 140
100	60 × 180
120	70 × 210
160	88 × 260

Seitenholzdicken a_s und zugehörige Mindest-Nagelgrößen unter Berücksichtigung von Vorzugsmaßen für $N \leq$ zul N

Bild 66: Mindestabmessungen für Nagelverbindungen ohne Stahlbleche bei Anschlüssen der Feuerwiderstandsklasse F 30 nach Abschnitt 5.8.6.2 (Beispiel)

F 60

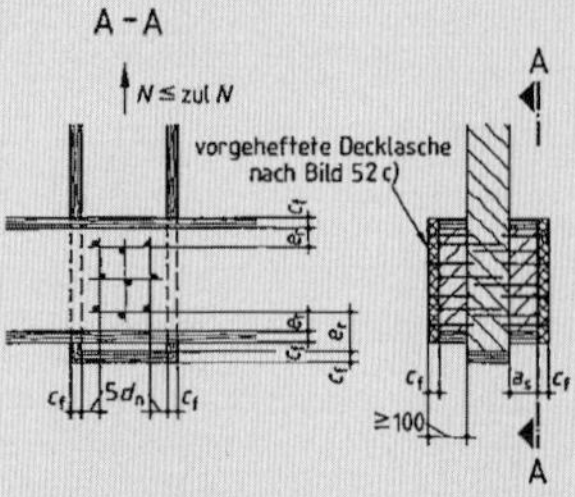

a_s ≥ 100 mm — Laschendicke ≥ min a } bei Schutz der Nägel durch Holzlaschen

c_f = 30 mm

Bild 67: Mindestabmessungen für Nagelverbindungen ohne Stahlbleche bei Anschlüssen der Feuerwiderstandsklasse F 60 nach Abschnitt 5.8.6.3 (Beispiel)

6 Klassifizierte Stahlbauteile

6.1 Grundlagen zur Bemessung von Stahlbauteilen

6.1.1 Kritische Stahltemperatur crit T, Stahlsorte[9])

6.1.1.1 Die kritische Temperatur crit T des Stahls ist die Temperatur, bei der die Streckgrenze des Stahls auf die im Bauteil vorhandene Stahlspannung absinkt. Die kritische Temperatur ist bei den im folgenden klassifizierten Bauteilen aus St 37 *) und St 52 *) nach DIN EN 10 025 mit Bemessung nach DIN 18 800 Teil 1 bis Teil 4 von verschiedenen Parametern abhängig.

6.1.1.2 Sofern bei der Bemessung nach DIN 18 800 Teil 1 bis Teil 4 geringere Ausnutzungen als die maximal zulässigen gewählt werden, darf crit T in Abhängigkeit vom Ausnutzungsgrad der Stähle

$$\frac{f_{y,k}(T)}{f_{y,k}(20\,°C) \cdot \alpha_{pl}} \qquad (26)$$

vereinfachend nach der Kurve in Bild 68 bestimmt werden.

*) Alte, bisher geltende Bezeichnungen der Stahlsorten, siehe Seite 1.

[9]) Weitere Angaben siehe z. B. [2].

In Gleichung (26) bedeuten:

$f_{y,k}(T)$ temperaturabhängige Streckgrenze des Stahls zum Versagenszeitpunkt

$f_{y,k}(20\,°C)$ Streckgrenze des Stahls bei 20 °C Raumtemperatur

α_{pl} Formfaktor nach Tabelle 87

Der Formfaktor gilt nur für Profile mit Biegebeanspruchung bei Bemessung nach der Elastizitätstheorie. In allen anderen Fällen ist α_{pl} = 1.

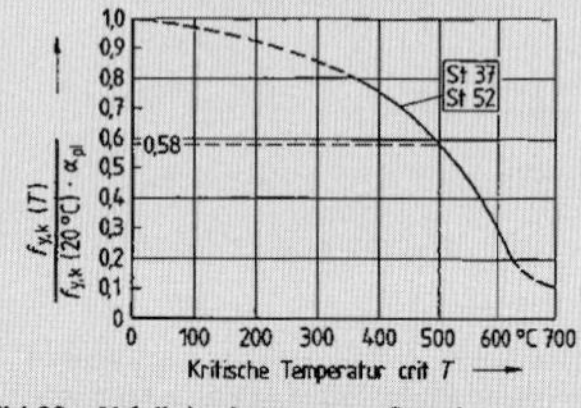

Bild 68: Abfall der bezogenen Streckgrenze von Baustählen in Abhängigkeit von der Temperatur *)

Tabelle 87: Formfaktor für unterschiedliche Profilformen bei Biegebeanspruchung

Profil	I	□ 1:1	□ 1:2	○	■	●
α_{pl}	1,14	1,18	1,26	1,27	1,50	1,70

Bei der Ermittlung der kritischen Temperatur nach Gleichung (26) darf die Mindestbekleidungsdicke von Putzbekleidungen

a) bei auf Biegung beanspruchten Trägern nach den Angaben von Abschnitt 6.2.2 für die Feuerwiderstandsklassen F 30 bis F 180 und

b) bei auf Druck beanspruchten Stützen nach den Angaben von Abschnitt 6.3.4 für die Feuerwiderstandsklassen F 30 und F 60

um den in Tabelle 88 jeweils angegebenen Betrag Δd abgemindert werden.

6.1.1.3 Die kritische Temperatur von Baustählen, die nicht in Bild 68 erfaßt sind, ist durch Warmkriechversuche[9]) in Abhängigkeit vom Ausnutzungsgrad zu bestimmen.

5.8
6.1

Tabelle 88: Abminderungsbetrag Δd zur Bekleidungsdicke d bei Putzbekleidungen nach den Angaben von Abschnitt 6.1.1.2 für crit ΔT = 100 K

Zeile	Feuerwiderstandsklasse	U/A nach Abschnitt 6.1.2	Δd in mm bei einer Bekleidung nach Abschnitt 6.2.2[1]) bei Verwendung von		
			Putz nach DIN 18 550 Teil 2 der Mörtelgruppe		Vermiculite- oder Perlite-Putz nach Abschnitt 3.1.6.5
		m^{-1}	P II oder P IVc	P IVa oder P IVb	
1	F 30 bis F 90[1])	< 90	0	0	5
2		90 bis 300	0	5	5
3	F 120 bis F 180	< 90	0	5	5
4		90 bis 300	5	5	5

[1]) Die Δd-Werte nach den Zeilen 1 und 2 dürfen auch bei Putzbekleidungen von Stützen nach Abschnitt 6.3.4 bei den Feuerwiderstandsklassen F 30 und F 60 angewendet werden.

6.1.1.4 Um zu erreichen, daß sich Stahlbauteile bei Brandbeanspruchung nur auf eine Stahltemperatur $<$ crit T erwärmen, ist im allgemeinen die Anordnung einer Bekleidung erforderlich. Ihre Bemessung richtet sich nach dem Verhältniswert U/A in m^{-1} — das heißt nach dem Verhältnis von beflammtem Umfang zu der zu erwärmenden Querschnittsfläche, siehe Abschnitt 6.1.2.

6.1.2 Berechnung des Verhältniswertes U/A in m^{-1}

6.1.2.1 Bei **4seitiger** Beflammung und **profilfolgender** Bekleidung ist

$$U/A = \frac{\text{Abwicklung}}{A} \tag{27}$$

wenn

A die Querschnittsfläche des Profils ist.

6.1.2.2 Bei **4seitiger** Beflammung und **kastenförmiger** Bekleidung ist

$$U/A = \frac{2\,h + 2\,b}{A} \tag{28}$$

wenn

h und b die Querschnittshöhe und -breite, z. B. von I-Profilen, darstellen.

6.1.2.3 Bei **3seitiger** Beflammung und **profilfolgender** Bekleidung ergibt sich

$$U/A = \frac{\text{Abwicklung} - b}{A} \tag{29}$$

wobei b und A die schon erläuterten Kennwerte darstellen.

Im allgemeinen wird der dem Feuer zugekehrte Flansch bzw. das dem Feuer zugekehrte Profilteil am schnellsten erwärmt. Ein Versagen des gesamten Profils erfolgt im allgemeinen aufgrund der Erhitzung eines solchen Profilteils. Für das sich am schnellsten erhitzende Profilteil ist ein modifizierter U/A-Wert zu berechnen:

$$(U/A)_{mod} = \frac{200}{t} \tag{30}$$

t ist die Dicke des in Frage stehenden Profilteils in cm.

Für die Ermittlung der Mindestbekleidungsdicke ist der sich aus den Gleichungen (29) und (30) ergebende größere U/A-Wert zu verwenden.

6.1.2.4 Bei **3seitiger** Beflammung und **kastenförmiger** Bekleidung ist

$$U/A = \frac{2\,h + b}{A} \tag{31}$$

6.1.2.5 Bei **1seitiger** Beflammung — dieser Fall liegt praktisch bei eingemauerten oder einbetonierten I-Trägern vor, bei denen nur die Flanschaußenflächen erwärmt werden — ist

$$U/A = \frac{100}{t} \tag{32}$$

wenn t auch hier die Dicke des in Frage stehenden Profilteils (Flansches) in cm ist.

6.1.2.6 Beispiele für U/A-Berechnungen können Tabelle 89 entnommen werden.[9])

In Tabelle 89 sind außerdem die Umrisse der Bekleidungen schematisch dargestellt. Für die Ausführung (Putzträger-Art und -Anordnung sowie Befestigung und Mindestputzdicke) gelten die Angaben nach Abschnitt 6.2.2 für Trägerbekleidungen und Abschnitt 6.3.4 für Stützenbekleidungen.

6.1.3 Begrenzung des Verhältniswertes U/A

Bei allen nachfolgend klassifizierten Stahlbauteilen ist der U/A-Wert mit $\leq 300\ m^{-1}$ begrenzt.

Sofern Stahlbauteile mit U/A-Werten $> 300\ m^{-1}$ zu beurteilen sind, sind zur Klassifizierung Prüfungen nach DIN 4102 Teil 2 notwendig.

6.1.4 Konstruktionsgrundsätze[9])

6.1.4.1 Werden an tragenden oder aussteifenden Stahlbauteilen mit bestimmter Feuerwiderstandsklasse Stahlbauteile angeschlossen, die keiner Feuerwiderstandsklasse angehören müssen, so sind die Anschlüsse und angrenzenden Stahlteile auf einer Länge, gerechnet vom Rand des zu schützenden Stahlbauteils, bei den Feuerwiderstandsklassen

a) F 30 bis F 90 von mindestens 30 cm und

b) F 120 bis F 180 von mindestens 60 cm

in Abhängigkeit vom U/A-Wert der anzuschließenden Stahlbauteile zu bekleiden.

6.1.4.2 Verbindungsmittel wie Niete, Schrauben und HV-Schrauben müssen in derselben Dicke wie die angeschlossenen Profile bekleidet werden.

6.1.4.3 Ränder von Aussparungen — z. B. in Stegen von I-Trägern — müssen in derselben Dicke wie die übrigen Profilteile geschützt werden.

6.1.4.4 Werden Leitungen — z. B. Rohre, Kabel oder Kabeltrassen — durch Aussparungen oder durch die Felder von Fachwerkträgern geführt, so muß durch ihre Feuerwiderstandsdauer sichergestellt werden, daß diese Leitungen die Bekleidung bei Brandbeanspruchung nicht beschädigen.

Leitungen sind daher im Bereich von Aussparungen bzw. im Bereich von Durchführungen durch Fachwerkfelder durch Abhängung und/oder Auflagerung mit Konstruktionsteilen der Baustoffklasse A so zu befestigen, daß sie keine ungünstig wirkenden Verformungen erfahren oder ganz versagen.

6.1.4.5 Die in den Abschnitten 6.2 und 6.3 sowie 6.5 beschriebenen Putzbekleidungen werden durch Putzträger wie Rippenstreckmetall, Drahtgewebe oder ähnliches am Bauteil gehalten. Putzbekleidungen ohne derartige Putzträger sind ohne besondere Nachweise der Brauchbarkeit nicht gestattet.

> ANMERKUNG: Die Brauchbarkeit von Putzbekleidungen, die brandschutztechnisch notwendig sind und die nicht durch Putzträger (Rippenstreckmetall, Drahtgewebe oder ähnliches) am Bauteil gehalten werden, ist besonders nachzuweisen, z. B. durch eine allgemeine bauaufsichtliche Zulassung.

---

[9]) Siehe Seite 111.

DIN 4102 Teil 4 Seite 113

Tabelle 89: Beispiele für U/A-Berechnungen

Zeile	Konstruktionsmerkmale b, h und t in cm, Fläche A in cm^2	Brandbeanspruchung	U/A m^{-1}
1	Flachstahl 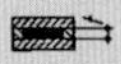	4seitig	$\frac{200}{t}$
2	Flansch 	4seitig	$\frac{200}{t}$
3	Flansch Beton oder Mauerwerk 	3seitig	$\frac{100}{t}$
4	Winkel 	4seitig	$\frac{200}{t}$
5	Winkel 	4seitig	$\frac{2\,b+2\,h}{A} \cdot 10^2$
6	Doppelwinkel 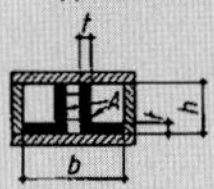	4seitig	$\frac{2\,b+2\,h}{A} \cdot 10^2$
7		4seitig	$\frac{100}{t}$
8	Hohlprofile, Stützen 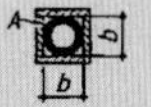	4seitig	$\frac{4\,b}{A} \cdot 10^2$
9	Träger oder Stütze 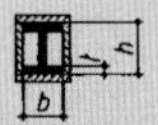	4seitig	$\frac{2\,b+2\,h}{A} \cdot 10^2$
10	Träger oder Stütze 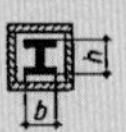	4seitig	$\frac{2\,b+2\,h}{A} \cdot 10^2$
11	Abwicklung, Fläche A  Träger oder Stütze	4seitig	$\frac{\text{Abwickl.}}{A} \cdot 10^4$ oder[1] $\frac{200}{t}$
12	Träger oder Stütze 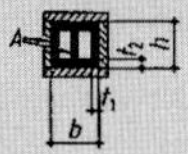	4seitig	$\frac{2\,b+2\,h}{A} \cdot 10^2$
13	Träger oder Stütze 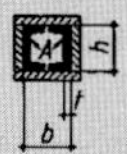	4seitig	$\frac{2\,b+2\,h}{A} \cdot 10^2$
14	Träger 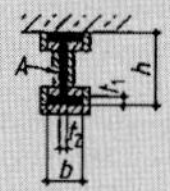	3seitig	$\frac{\text{Abw.} - \frac{b}{10^2}}{A} \cdot 10^4$ oder[1] [2] $\frac{200}{t_1}$
15	Träger 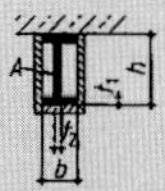	3seitig	$\frac{2\,h+b}{A} \cdot 10^2$
16	Träger 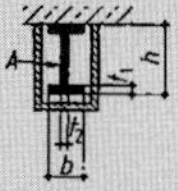	3seitig	$\frac{2\,h+b}{A} \cdot 10^2$
17	Träger 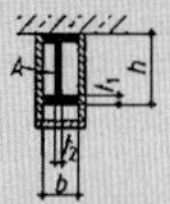	3seitig	$\frac{2\,h+b}{A} \cdot 10^2$

[1]) Der größere Wert ist maßgebend.
[2]) Bei Trägerhöhen > 600 mm kann auch $\frac{U}{A} = \frac{200}{t_2}$ maßgebend werden.

6.1

8 Klassifizierte Sonderbauteile mit Ausnahme von Brandwänden

(Brandwände siehe Abschnitt 4.8)

8.1 Feuerwiderstandsklassen nichttragender Außenwände

8.1.1 Raumabschließende Außenwände

Raumabschließende, nichttragende Außenwände, die nach DIN 4102 Teil 3 in die Feuerwiderstandsklassen W 30 bis W 180 (Benennungen W...-A, W...-AB und W...-B) einzustufen sind, sind unabhängig von ihrer Breite wie raumabschließende bzw. nichttragende Wände der Feuerwiderstandsklassen F 30 bis F 180 (Benennungen F...-A, F...-AB und F...-B) nach Abschnitt 4 zu bemessen.

8.1.2 Brüstungen und Schürzen

8.1.2.1 Brüstungen, die auf einer Stahlbetonkonstruktion ganz aufgesetzt und nach DIN 4102 Teil 3 in die Feuerwiderstandsklassen W 30 bis W 180 (Benennungen W...-A, W...-AB und W...-B) einzustufen sind, sind unabhängig von ihrer Höhe wie raumabschließende bzw. nichttragende Wände der Feuerwiderstandsklassen F 30 bis F 180 (Benennungen F...-A, F...-AB und F...-B) nach Abschnitt 4 zu bemessen.

8.1.2.2 Brüstungen, die nicht Abschnitt 8.1.2.1 entsprechen — z. B. teilweise oder ganz vorgesetzte Brüstungen — sowie Schürzen und Brüstungen in Kombination mit Schürzen sind zum Nachweis der Feuerwiderstandsklasse nach DIN 4102 Teil 3 zu prüfen.

8.2 Feuerwiderstandsklassen von Feuerschutzabschlüssen

Als Feuerschutzabschlüsse mit bestimmter Feuerwiderstandsklasse nach DIN 4102 Teil 5 gelten Stahltüren nach

- DIN 18 082 Teil 1 (Bauart A) und
- DIN 18 082 Teil 3 (Bauart B).

ANMERKUNG: Die Brauchbarkeit nicht genormter Bauarten von Feuerschutzabschlüssen kann nicht allein durch Prüfzeugnisse nach DIN 4102 Teil 5 und Teil 18 beurteilt werden; es sind weitere Eignungsnachweise zu erbringen — z. B. im Rahmen der Erteilung einer allgemeinen bauaufsichtlichen Zulassung.[12])

8.3 Feuerwiderstandsklassen von Abschlüssen in Fahrschachtwänden der Feuerwiderstandsklasse F 90

Als Abschlüsse in Fahrschachtwänden der Feuerwiderstandsklasse F 90 nach DIN 4102 Teil 5 gelten:

- Flügel- und Falttüren nach DIN 18 090,
- Horizontal- und Vertikal-Schiebetüren nach DIN 18 091 und
- Vertikal-Schiebetüren nach DIN 18 092.

ANMERKUNG: Die Brauchbarkeit nicht genormter Bauarten von Abschlüssen in Fahrschachtwänden der Feuerwiderstandsklasse F 90 kann nicht allein durch Prüfzeugnisse nach DIN 4102 Teil 5 beurteilt werden; es sind weitere Eignungsnachweise zu erbringen — z. B. im Rahmen der Erteilung einer allgemeinen bauaufsichtlichen Zulassung.[12])

8.4 Feuerwiderstandsklassen von G-Verglasungen

8.4.1 Anwendungsbereich

8.4.1.1 Die folgenden Angaben gelten für Verglasungen aus Glasbausteinen nach DIN 18 175 der Maße $l \times b \times h$ = 190 mm × 190 mm × 80 mm, Betongläser nach DIN 4243 und für Verglasungen aus Drahtglas (Gußglas oder Spiegelglas).

8.4.1.2 Die Angaben gelten nicht für Verglasungen mit anderen Maßen oder anderen Glasbausteinen bzw. Scheiben und nicht für den geneigten oder waagerechten Einbau mit Ausnahme der in Abschnitt 8.4.2 genannten Verglasungen.

ANMERKUNG: Die Brauchbarkeit nicht genormter Bauarten von G-Verglasungen mit Ausnahme der Verglasungen nach den Abschnitten 8.4.5 bis 8.4.6 kann nicht allein durch Prüfzeugnisse nach DIN 4102 Teil 13 beurteilt werden; es sind weitere Eignungsnachweise zu erbringen — z. B. im Rahmen der Erteilung einer allgemeinen bauaufsichtlichen Zulassung.

8.4.1.3 G-Verglasungen nach den Angaben von Abschnitt 8.4 verhindern den Flammen- und Brandgasdurchtritt, jedoch nicht den Durchtritt der Wärmestrahlung.

ANMERKUNG: Nach bauaufsichtlichen Vorschriften dürfen G-Verglasungen nur an Stellen eingebaut werden, an denen wegen des Brandschutzes keine Bedenken bestehen (z. B. als Lichtöffnungen in Flurwänden, wenn die Unterkante der G-Verglasungen mindestens 1,8 m über Oberfläche Fertigfußboden (OFF) angeordnet ist). Über die Zulässigkeit der Verwendung der G-Verglasungen entscheidet die zuständige Bauaufsichtsbehörde in jedem Einzelfall.

8.4.2 Randbedingungen für waagerecht angeordnete Verglasungen aus Glasbausteinen

8.4.2.1 Als Glasbausteine sind Betongläser nach DIN 4243 zu verwenden.

ANMERKUNG 1: Die Brauchbarkeit nicht genormter Bauarten von Betongläsern kann nicht allein durch Prüfzeugnisse beurteilt werden; es sind weitere Eignungsnachweise zu erbringen — z. B. im Rahmen der Erteilung einer allgemeinen bauaufsichtlichen Zulassung.

ANMERKUNG 2: Wegen der Beurteilung des Brandverhaltens von Decken aus Glasstahlbeton unter Verwendung allgemein bauaufsichtlich zugelassener Betongläser siehe Schriftenreihe des Deutschen Ausschusses für Stahlbeton, Heft 352.

8.4.2.2 Für die Bemessung von waagerecht angeordneten Verglasungen aus Glasbausteinen (Betongläsern) gilt DIN 1045/07.88, Abschnitt 20.3.

[12]) Genormte oder allgemein bauaufsichtlich zugelassene Bauarten von Feuerschutzabschlüssen, Abschlüssen in Fahrschachtwänden der Klasse F 90 und Verglasungen der Feuerwiderstandsklassen F und G dürfen nur in Wände bestimmter Bauarten mit bestimmten Mindestdicken und -festigkeiten sowie unter Beachtung bestimmter konstruktiver Details eingebaut werden, siehe auch [2] und [3].

Abschlüsse in Fahrschachtwänden dürfen nur unter Beachtung von Anforderungen an die Fahrkörbe und nur in entlüfteten Fahrschächten eingebaut werden. Einzelheiten sind den Normen und Zulassungen zu entnehmen.

8.1
8.2
8.3
8.4

Seite 136 DIN 4102 Teil 4

8.4.3 Randbedingungen für senkrecht angeordnete Verglasungen aus Glasbausteinen

8.4.3.1 Die zulässige Größe der Verglasung beträgt maximal 3,5 m^2, wahlweise im Quer- oder Hochformat angeordnet.

8.4.3.2 Die Aufmauerung der Glasbausteine muß mit Zementmörtel, bestehend aus scharfkantigem Sand (Körnung: 0 mm bis 3 mm) und Portlandzement (PZ 35 F) im Mischungsverhältnis 1 : 4 (nach Raumteilen), erfolgen (siehe Bild 75).

8.4.3.3 In allen horizontalen und vertikalen Fugen ist wechselseitig je 1 Bewehrungsstab, Durchmesser 6 mm, aus Betonstabstahl anzuordnen (siehe Bild 75).

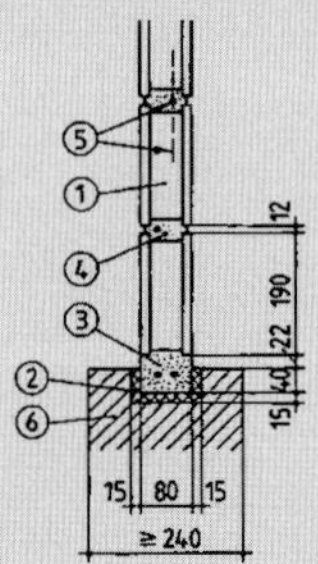

① Glasbausteine, 190 mm × 190 mm × 80 mm, nach DIN 18 175

② Dehnungsfuge, etwa 15 mm, Mineralfaserplatten (Klasse DIN 4102-A)

③ Zementmörtel-Randstreifen, etwa 60 mm hoch, Mörtelgruppe III, Bewehrung 2, Durchmesser 6 mm, BSt 420/500 RU

④ Zementmörtelfugen, etwa 12 mm, Mörtelgruppe III

⑤ Fugenbewehrung 1, Durchmesser 6 mm, BSt 420/500 RU

⑥ Mauerwerk oder Beton

Bild 75: Verglasung aus Glasbausteinen

8.4.3.4 In allen waagerechten und senkrechten Randstreifen sind je 2 Bewehrungsstäbe, Durchmesser 6 mm, anzuordnen (siehe Bild 75).

8.4.3.5 Die Dehnungsfuge zwischen dem Randstreifen und dem angrenzenden Mauerwerk oder der angrenzenden Betonwand muß aus etwa 15 mm dicken Mineralfaserplatten der Baustoffklasse A bestehen.

8.4.3.6 Der Sturz über der Verglasung muß statisch und brandschutztechnisch so bemessen werden, daß die Verglasung außer ihrem Eigengewicht keine zusätzliche vertikale Belastung erhält.

8.4.3.7 Die angrenzende Wand muß aus mindestens 240 mm dickem Mauerwerk nach DIN 1053 Teil 1 mit Steinen mindestens der Festigkeitsklasse 12 und Mörtel mindestens der Mörtelgruppe II oder aus mindestens 240 mm dickem Beton bzw. Stahlbeton nach DIN 1045 mit Beton mindestens der Festigkeitsklasse B 10 bzw. B 15 bestehen.

8.4.3.8 Pfeiler aus Mauerwerk oder Stützen aus Beton zwischen den Verglasungen müssen Querschnittsmaße von mindestens 240 mm × 240 mm aufweisen.

8.4.3.9 Der Randstreifen der Verglasung muß 40 mm tief durch einen Anschlag aus Mauerwerk oder Beton abgedeckt sein (siehe Bild 75).

8.4.4 Feuerwiderstandsklassen von Verglasungen aus Glasbausteinen

8.4.4.1 Waagerecht angeordnete Verglasungen nach Abschnitt 8.4.2 gehören zur Feuerwiderstandsklasse G 30.

8.4.4.2 1schalige senkrechte Verglasungen nach Abschnitt 8.4.3 gehören zur Feuerwiderstandsklasse G 60.

8.4.4.3 2schalige senkrechte Verglasungen nach Abschnitt 8.4.3 gehören unter Beachtung der folgenden Punkte zur Feuerwiderstandsklasse G 120:

a) Der lichte Abstand zwischen den einzelnen Schalen muß ≥ 30 mm betragen.

b) Der Zwischenraum zwischen den Randstreifen ist umlaufend mit ≥ 30 mm dicken Mineralfaserplatten der Baustoffklasse A so zu füllen, daß die Randstreifen jeweils abgedeckt sind.

c) Wegen der Zweischaligkeit muß die Wanddicke aus Mauerwerk oder Beton mindestens 365 mm betragen.

8.4.5 Randbedingungen für senkrechte Verglasungen aus Drahtglas

8.4.5.1 Die an die Verglasung angrenzenden Wände müssen aus mindestens 115 mm dickem Mauerwerk nach DIN 1053 Teil 1 mit Steinen mindestens der Festigkeitsklasse 12 und Mörtel mindestens der Mörtelgruppe II oder aus 100 mm dickem Beton bzw. Stahlbeton nach DIN 1045 mit Beton mindestens der Festigkeitsklasse B 10 bzw. B 15 bestehen.

8.4.5.2 Pfeiler aus Mauerwerk oder Stützen aus Beton zwischen den Verglasungen müssen mindestens 240 mm breit sein.

8.4.5.3 Hinsichtlich des Sturzes über der Verglasung gilt Abschnitt 8.4.3.6.

8.4.6 Senkrechte Verglasung mit Drahtglas der Feuerwiderstandsklasse G 30

8.4.6.1 Die Verglasung muß aus einer Scheibe nach Abschnitt 8.4.6.3 und aus einem aus Stahlprofilen zusammengesetzten Rahmen nach Abschnitt 8.4.6.4 bestehen.

8.4.6.2 Die zulässigen Maße der Verglasung betragen 80 cm × 200 cm (Außenmaße des Rahmens). Die Verglasung darf wahlweise im Hoch- oder Querformat angeordnet werden.

8.4.6.3 Die Scheiben für die Verglasung müssen aus Drahtglas (Gußglas oder Spiegelglas) bestehen, dessen Dicke 7 mm (Nenndicke nach DIN 1249 Teil 4) betragen muß. Die Maschenweite der punktverschweißten und mittig angeordneten Drahteinlagen muß etwa 12,5 mm × 12,5 mm, die Einzeldrahtdurchmesser müssen 0,5 mm oder 0,6 mm betragen.

8.4.6.4 Der Rahmen der Verglasung muß sich aus einem Träger- und einem Abdeckrahmen zusammensetzen, die mit Hilfe von Stahlschrauben M 8 × 20 in Abständen von etwa 350 mm miteinander verbunden werden. Der Trägerrahmen muß aus Stahlprofilen L 45 mm × 45 mm × 5 mm und der Abdeckrahmen aus Stahlprofilen L 40 mm × 40 mm × 4 mm zusammengesetzt sein, die jeweils in den Rahmenecken miteinander stumpf verschweißt sein müssen (siehe Bild 76).

Die beiden Rahmen müssen so ineinandergefügt werden, daß sie eine umlaufende, 12 mm breite Nut zur Aufnahme der Glasscheibe und der beidseitig aufgeklebten, 35 mm breiten und 3 mm dicken Dichtungsstreifen bilden.

8.4.6.5 Die Scheibe ist auf zwei 5 mm hohen und 25 mm langen Klötzen aus Calcium-Silikat-Platten der Baustoffklasse A abzusetzen. Der Glaseinstand der Scheibe im Rahmen muß längs aller Ränder mindestens 35 mm betragen (siehe Bild 76).

8.4.6.6 Die 3 mm dicken Dichtungsstreifen müssen aus Mineralfaser der Baustoffklasse A bestehen und mit Hilfe von Kleber der Baustoffklasse A mit der Scheibe verbunden werden.

8.4.6.7 Der Abdeckrahmen ist mit dem Trägerrahmen so zu verschrauben, daß er gegen die in den Dichtungsstreifen gelagerte Scheibe preßt. Die Versiegelung der Verglasung muß mit einem Dichtstoff auf Silikonbasis erfolgen.

8.4.6.8 Der Rahmen ist an allen Seiten mit Stahlschrauben M 8 × 80 und allgemein bauaufsichtlich zugelassenen metallischen Spreizdübeln in Abständen von etwa 350 mm mit der Wand zu verbinden (siehe Bild 76).

8.4.6.9 Die Fugen zwischen dem Rahmen und der angrenzenden Wand sind mit Mineralwolle der Baustoffklasse A mit einem Schmelzpunkt ≥ 1000 °C nach DIN 4102 Teil 17 auszustopfen. Der Rahmen ist beidseitig einzuputzen oder mit anderen Baustoffen der Baustoffklasse A abzudecken.

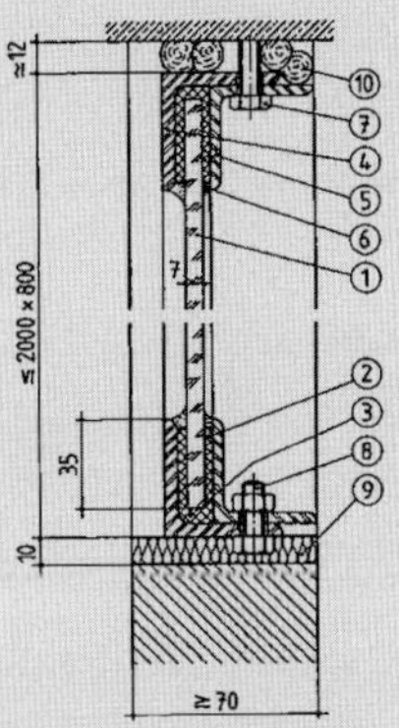

① Drahtglas (Gußglas oder Spiegelglas), 7 mm dick (Nenndicke); Maschenweite der mittig angeordneten Drahteinlage ≈ 12,5 mm; Stabdurchmesser 0,5 mm oder 0,6 mm, punktverschweißt
② Dichtungsstreifen aus Keramikfaser, Baustoffklasse A, angeklebt mit Kleber der Baustoffklasse A
③ Verklotzung aus Calcium-Silikat 25 × 7 × 5, Baustoffklasse A; 2mal am unteren Rand
④ Trägerrahmen, Stahlprofil 45 × 45 × 5
⑤ Abdeckrahmen, Stahlprofil 40 × 40 × 4
⑥ Versiegelung mit Dichtstoff auf Silikonbasis
⑦ Stahlschraube M 8 × 80 und metallischer Spreizdübel, Abstände ~ 350 mm
⑧ Stahlschraube M 8 × 20, Abstände ~ 350 mm
⑨ Mineralfaserplatte, Baustoffklasse A
⑩ Mineralwolle, Baustoffklasse A

Bild 76: Verglasung aus Drahtglas

8.5 Feuerwiderstandsklassen von Lüftungsleitungen

8.5.1 Anwendungsbereich

8.5.1.1 Die Angaben von Abschnitt 8.5 gelten für Lüftungsleitungen, die nach DIN 4102 Teil 6 den Feuerwiderstandsklassen L 30 bis L 120 zugeordnet werden können. Sie gelten nicht für Entrauchungsleitungen.

ANMERKUNG: Um eine Übertragung von Feuer und Rauch in andere Geschosse oder Brandabschnitte zu verhindern, sind neben den Konstruktionsgrundsätzen für Lüftungsleitungen mit bestimmter Feuerwiderstandsklasse noch weitere konstruktive Details über die Ausbildung des Lüftungsleitungsnetzes sowie über die Beschaffenheit und Anordnung anderer Bauteile der Lüftungsanlage — z. B. nach den bauaufsichtlichen Richtlinien für die brandschutztechnischen Anforderungen an Lüftungsanlagen in Gebäuden — zu beachten.

Bei Anordnung von Absperrvorrichtungen sind darüber hinaus die besonderen Bestimmungen von Prüfbescheiden von Absperrvorrichtungen zu beachten.

8.5.1.2 Die Klassifizierungen in Abschnitt 8.5 setzen voraus, daß Decken, Balken, Träger usw., an denen Lüftungsleitungen befestigt oder aufgelagert werden, mindestens den entsprechenden Feuerwiderstandsklassen F 30 bis F 120 angehören.

8.5.2 Lüftungsschächte aus Leichtbetonformstücken

8.5.2.1 Lüftungsschächte aus Leichtbetonformstücken erfüllen unter Beachtung der Angaben von Abschnitt 8.5.2 die Anforderungen der Feuerwiderstandsklasse L 90, wenn die Formstücke bezüglich der Zuschläge, der Bindemittel, des Betongefüges und der Rohdichte DIN 18 150 Teil 1 entsprechen und mit Mörtel der Mörtelgruppe II, II a oder III nach DIN 1053 Teil 1 errichtet werden. Vollwandige Wangen und Zungen müssen mindestens 50 mm, Wangen und Zungen mit Zellen mindestens 80 mm dick sein.

8.5.2.2 Decken, die die Schächte unterbrechen, müssen einschließlich ihrer Dämmschichten im Bereich der Durchführungen aus Baustoffen der Baustoffklasse A bestehen.

8.5.2.3 Abschlüsse von Öffnungen in Schachtwänden müssen mindestens der notwendigen Feuerwiderstandsklasse der Schachtwände entsprechen.

8.5.2.4 Lüftungsleitungen, die in Schächte eingefügt werden, sind an den Eintrittsstellen voll einzumörteln.

8.5.3 Lüftungskanäle aus Leichtbetonformstücken

Für Lüftungskanäle aus Leichtbetonformstücken gilt Abschnitt 8.5.2 sinngemäß, wenn die Formstücke auf dem Erdboden oder auf massiven Bauteilen aufliegen.

8.5.4 Lüftungsschächte aus Wänden nach Abschnitt 4

8.5.4.1 Als Lüftungsschächte der Feuerwiderstandsklassen L 30 bis L 120 gelten Schächte, die durch Wände aus Baustoffen der Baustoffklasse A, mindestens der entsprechenden Feuerwiderstandsklassen nach Abschnitt 4 gebildet werden. Sofern die Schachtwände nicht als Massivwände ausgeführt werden, ist die Luft in Leitungen aus Baustoffen der Baustoffklasse A zu führen.

ANMERKUNG: Andere Wände können nur verwendet werden, wenn durch Prüfzeugnis die Eignung als Schachtwand bestätigt wird.

DEUTSCHE NORM Juli 1998

Brandverhalten von Baustoffen und Bauteilen
Teil 7: Bedachungen
Begriffe, Anforderungen und Prüfungen

DIN 4102-7

ICS 13.220.50; 91.060.20

Ersatz für Ausgabe 1987-03

Deskriptoren: Baustoff, Bauteil, Brandverhalten, Bedachung, Begriffe

Fire behaviour of building materials and building components –
Part 7: Roofing; definitions, requirements and testing

Comportement au feu des matériaux et éléments composants de construction – Partie 7: Couvertures; définitions, exigences et essais

Inhalt

Fortsetzung Seite 2 bis 7

Normenausschuß Bauwesen (NABau) im DIN Deutsches Institut für Normung e.V.

Seite 2
DIN 4102-7 : 1998-07

Vorwort

Diese Norm wurde vom Normenausschuß Bauwesen (NABau), Arbeitsausschuß "Brandverhalten von Baustoffen und Bauteilen – Bedachungen" erarbeitet und ersetzt DIN 4102-7 : 1987-03.

DIN 4102 "Brandverhalten von Baustoffen und Bauteilen" besteht aus:

- Teil 1: Baustoffe, Begriffe, Anforderungen und Prüfungen
- Teil 2: Bauteile, Begriffe, Anforderungen und Prüfungen
- Teil 3: Brandwände und nichttragende Außenwände, Begriffe, Anforderungen und Prüfungen
- Teil 4: Zusammenstellung und Anwendung klassifizierter Baustoffe, Bauteile und Sonderbauteile
- Teil 5: Feuerschutzabschlüsse, Abschlüsse in Fahrschachtwänden und gegen Feuer widerstandsfähige Verglasungen, Begriffe, Anforderungen und Prüfungen
- Teil 6: Lüftungsleitungen, Begriffe, Anforderungen und Prüfungen
- Teil 7: Bedachungen, Begriffe, Anforderungen und Prüfungen
- Teil 8: Kleinprüfstand
- Teil 9: Kabelabschottungen, Begriffe, Anforderungen und Prüfungen
- Teil 11: Rohrummantelungen, Rohrabschottungen, Installationsschächte und -kanäle sowie Abschlüsse ihrer Revisionsöffnungen, Begriffe, Anforderungen und Prüfungen
- Teil 12: Funktionserhalt von elektrischen Kabelanlagen, Anforderungen und Prüfungen
- Teil 13: Brandschutzverglasungen, Begriffe, Anforderungen und Prüfungen
- Teil 14: Bodenbeläge und Bodenbeschichtungen, Bestimmung der Flammenausbreitung bei Beanspruchung mit einem Wärmestrahler
- Teil 15: Brandschacht
- Teil 16: Durchführung von Brandschachtprüfungen
- Teil 17: Schmelzpunkt von Mineralfaser-Dämmstoffen, Begriffe, Anforderungen, Prüfung
- Teil 18: Feuerschutzabschlüsse, Nachweis der Eigenschaft "selbstschließend" (Dauerfunktionsprüfung)

Änderungen

Gegenüber der Ausgabe März 1987 wurden folgende Änderungen vorgenommen:

a) Eine Angleichung an den derzeitigen Stand der europäischen Normungsarbeit;

b) Festlegung des Versuchsendes und Beurteilung von Glimmen im Dachaufbau;

c) Eine redaktionelle Überarbeitung in Übereinstimmung mit den aktuellen Festlegungen zur Gestaltung von Normen.

Frühere Ausgaben

DIN 4102-3: 1970-02;
DIN 4102-7: 1977-09; 1987-03

1 Anwendungsbereich

In dieser Norm werden brandschutztechnische Begriffe, Anforderungen und Prüfungen für Bedachungen zur Ermittlung der Widerstandsfähigkeit gegen Flugfeuer und strahlende Wärme festgelegt.

2 Normative Verweisungen

Diese Norm enthält durch datierte oder undatierte Verweisungen Festlegungen aus anderen Publikationen. Diese normativen Verweisungen sind an den jeweiligen Stellen im Text zitiert, und die Publikationen sind nachstehend aufgeführt. Bei datierten Verweisungen gehören spätere Änderungen oder Überarbeitungen dieser Publikationen nur zu dieser Norm, falls sie durch Änderung oder Überarbeitung eingearbeitet sind. Bei undatierten Verweisungen gilt die letzte Ausgabe der in Bezug genommenen Publikation.

DIN 4077
Holzwolle

DIN 4102-1
Brandverhalten von Baustoffen und Bauteilen – Teil 1: Baustoffe, Begriffe, Anforderungen und Prüfungen

DIN 4102-4 : 1994-03
Brandverhalten von Baustoffen und Bauteilen – Zusammenstellung und Anwendung klassifizierter Baustoffe, Bauteile und Sonderbauteile

DIN 16726
Kunststoff-Dachbahnen – Kunststoff-Dichtungsbahnen – Prüfungen

DIN 50014
Klimate und ihre technische Anwendung – Normalklimate

DIN 52123
Prüfung von Bitumen- und Polymerbitumenbahnen

3 Definitionen

Für die Anwendung dieser Norm gilt die folgende Definition:

3.1 Bedachungen: Als Bedachungen gelten Dacheindeckungen und Dachabdichtungen einschließlich etwaiger Dämmschichten sowie Lichtkuppeln oder andere Abschlüsse für Öffnungen im Dach.

4 Anforderungen

Gegen Flugfeuer und strahlende Wärme widerstandsfähige Bedachungen müssen die Ausbreitung des Feuers auf dem Dach und eine Brandübertragung vom Dach in das Innere des Gebäudes bei der in dieser Norm festgelegten – von außen auf die Bedachung einwirkenden – Beanspruchung verhindern.

Als widerstandsfähig gegen Flugfeuer und strahlende Wärme gilt eine Bedachung

– für eine Dachneigung bis 20°, wenn ein Probedach bei 15° Dachneigung geprüft ist,

– für unbeschränkte Dachneigung – bei lotrechten oder annähernd lotrechten Flächen jedoch nicht über 1,00 m Höhe – wenn Probedächer bei 15° und bei 45° Dachneigung geprüft sind.

Die Probedächer müssen bei der Brandprüfung nach Abschnitt 7 folgende Anforderungen erfüllen:

a) Die an der Oberfläche oder im Innern verkohlten oder durch Verbrennen zerstörten Flächen der Probedächer dürfen einen Mittelwert von 0,25 m^2 nicht überschreiten. Kein Einzelwert darf größer als 0,30 m^2 sein. Verfärbungen, Verrußungen und Gefügeänderungen wie Verziehen, Sintern, Schmelzen, Kräuselung, Blasenbildung und ähnliche Erscheinungen bleiben außer Betracht.

b) Flüssig gewordene Teile der Probedächer dürfen mit einem Mittelwert von höchstens 50 cm, gemessen vom unteren Rand des Drahtgestells, brennend ablaufen. Kein Einzelwert darf größer als 60 cm sein.[1])

c) An der Unterseite des Probedaches dürfen keine Flammen oder Glimmstellen auftreten. Außerdem dürfen nach Öffnen des Probedaches (60 min nach dem Beginn jedes einzelnen Versuchs) in keiner Lage des Dachaufbaus sichtbar glimmende Stellen vorhanden sein.

d) Teile des Probedaches dürfen nicht brennend oder glimmend abfallen.

---

[1]) Ein kurzzeitiges Aufflammen freiwerdender Zersetzungsgase bei ablaufenden flüssigen Teilen wird nicht gewertet.

Seite 4
DIN 4102-7 : 1998-07

e) Das Probedach muß so geschlossen bleiben, daß brennende oder glimmende Teile nicht durch die Bedachung nach 6.3 bzw. die geschlossene tragende Unterlage nach 6.4 durchfallen können. Löcher mit einer Fläche bis 0,25 cm^2 – je Brandstellen insgesamt bis 45 cm^2 – sind zulässig, wenn der Abstand von Lochrand zu Lochrand mindestens 1 cm beträgt.

5 Ermittlung der Widerstandsfähigkeit gegen Flugfeuer und strahlende Wärme[2])

5.1 Mit Brandprüfungen

Die Widerstandsfähigkeit von Bedachungen gegen Flugfeuer und strahlende Wärme wird auf der Grundlage der Brandprüfungen nach dieser Norm ermittelt.

5.2 Ohne Brandprüfungen

Die in 8.7 von DIN 4102-4 : 1994-03 genannten Bedachungen gelten ohne Prüfung als widerstandsfähig gegen Flugfeuer und strahlende Wärme.

6 Probedach

6.1 Allgemeiner Aufbau

Für jede zu prüfende Dachneigung (15° bzw. 45°) ist ein Probedach mit den Mindestmaßen von 250 cm in der Breite und 200 cm in der Dachneigung herzustellen. Ein einziges Probedach genügt für beide Dachneigungen, wenn die zerstörten Flächen bei den nach 7.4 durchzuführenden Brandprüfungen so klein sind, daß eine gegenseitige Beeinflussung der Brandstellen ausgeschlossen ist.

Die oberste Lage des Probedaches ist so auszuführen, daß entsprechend der praktischen Anwendung je eine Stoßüberdeckung parallel und eine senkrecht zur Dachneigung bei der Prüfung erfaßt werden kann.

Das Probedach muß in allen Einzelheiten der praktischen Anwendung der Bedachungen entsprechen, und zwar sowohl hinsichtlich Art und Lagenanzahl der Bedachungsmaterialien (einschließlich etwaiger Dämmschichten, Dampfsperren usw.) als auch hinsichtlich ihrer Befestigung miteinander.

Weitere Einzelheiten zu den Probedächern sind je nach Art der Bedachung 6.3 und 6.4 zu entnehmen.

6.2 Vorbehandlung des Probedaches

Bedachungsmaterialien, die Feuchte enthalten, und die Holzschalungen (siehe 6.4.1) müssen vor der Prüfung eine Feuchte aufweisen, wie sie sich bei Lagerung in Räumen bei (20 ± 5)°C und relativer Luftfeuchte von 50 % bis 70 % einstellt.

6.3 Bedachungen ohne geschlossene tragende Unterlage

Der Abstand von Unterstützungen jeder Art muß den vom Hersteller für die Anwendung vorgeschriebenen maximal zulässigen freien Stützweiten entsprechen.

6.4 Bedachungen auf geschlossener tragender Unterlage

6.4.1 Werden Bedachungsmaterialien in der praktischen Anwendung auf verschiedenartigen geschlossenen Unterlagen angewandt, sind als Unterlage für die Bedachung eine Holzschalung bzw. Stahltrapezprofile zu verwenden.

---

[2]) Die Prüfung auf Widerstandsfähigkeit gegen Flugfeuer und strahlende Wärme ersetzt nicht die Prüfung auf Wärmestandfestigkeit gegen Sonneneinstrahlung (siehe DIN 52123 bzw. DIN 16726).

Die Holzschalung besteht aus parallel zur Traufe verlaufenden, ungehobelten, an den Längskanten abgerichteten, dicht aneinanderstoßenden Fichtenholzbrettern mit einer Dicke von etwa 20 mm. Die Stahltrapezprofile, bandverzinkt, Blechdicke 0,75 mm, Profilhöhe etwa 160 mm, Rippenbreite etwa 250 mm, Obergurtbreite etwa 120 mm, werden mit parallel zur Traufe verlaufenden Sicken angeordnet; die Sickenenden bleiben offen. Um bei allen Prüfstellen einheitliche, vergleichbare Prüfergebnisse zu erzielen, muß das gleiche Stahltrapezprofil verwendet werden.[3])

Für die Auswahl der einzusetzenden Unterlage gilt Tabelle 1.

6.4.2 Für Bedachungen, die nach ihrer praktischen Anwendung nur auf massivem, nichtbrennbarem Untergrund zur Anwendung kommen, dürfen abweichend hiervon als Unterlage Faserzementplatten mit einer Dicke von 10 mm verwendet werden.

Tabelle 1: Regeln für die Auswahl der einzusetzenden Unterlage

Zeile	Bedachung	vorgesehener Anwendungsbereich bezüglich Dachneigung	Dachneigung bei Prüfung	Unterlage	
				Holzschalung	Stahltrapezprofil
1	mit Wärmedämmschicht	unbeschränkt	45°	x	
2			15°		x[1])
3		bis 20°	15°	x[2])	x[2])
4	ohne Wärmedämmschicht	unbeschränkt	15° und 45°	x	
5		bis 20°	15°	x	

[1]) Die Unterlage aus Stahltrapezprofil darf durch Holzschalung ersetzt werden, wenn sichergestellt ist, daß in der Bedachung keine Lochbildung durch alle Lagen bis zur Unterlage auftritt.

[2]) Es genügt, die Prüfungen auf nur einer der beiden Unterlagen durchzuführen, wenn sichergestellt ist, daß die Prüfungen auf der anderen Unterlage bestanden würden oder wenn die Art der Bedachung eine andere Unterlage ausschließt.

6.5 Lichtkuppeln oder andere Abschlüsse für Öffnungen im Dach

Lichtkuppeln oder andere Abschlüsse für Öffnungen im Dach sind mit seitlichen Anschlüssen entsprechend der praktischen Anwendung in Probedächer mit geeigneten Maßen einzubauen. Hierbei muß das Probedach mindestens im Bereich der nach 7.4, zweiter Absatz, zu prüfenden Anschlüsse widerstandsfähig gegen Flugfeuer und strahlende Wärme sein. Die Bedachung muß im genannten Bereich wärmegedämmt sein und an der Oberseite eine bituminöse Dachabdichtung aufweisen.

7 Durchführung der Brandprüfungen

7.1 Die Prüfungen sind in einem geschlossenen, zugfreien Prüfraum mit einem Volumen von mindestens 150 m^3 durchzuführen. Die Lufttemperatur im Prüfraum muß vor der Brandprüfung (20 ± 5)°C betragen. Eine über dem Probedach angeordnete und in der Grundfläche diesem etwa entsprechende Absaughaube darf so betrieben werden, daß der bei den Prüfungen entstehende Rauch gerade noch abgezogen wird.

Das Probedach darf an seinen Rändern so abgeschirmt werden, daß keine Gase von der Unterseite des Probedaches auf seine Oberseite gelangen können.

---

[3]) Über die Bezugsquellen gibt Auskunft: DIN Deutsches Institut für Normung e.V., Burggrafenstraße 6, 10787 Berlin.

Seite 6
DIN 4102-7 : 1998-07

7.2 Zur Prüfung wird Holzwolle DIN 4077 – 20 × 2 aus Fichte in Normalklima DIN 50014 – 20/65-2 bis zur Gewichtskonstanz gelagert. 600 g der so vorbehandelten Holzwolle werden in ein oben und unten offenes Drahtgestell (Drahtdurchmesser 3 mm, quadratische Maschen von 50 mm Maschenweite) mit den Maßen 300 mm × 300 mm und einer Höhe von 200 mm gleichmäßig eingedrückt. Das Drahtgestell besitzt unten an allen vier Ecken 1 cm über die waagerechten Drähte überstehende Füße, um den in 7.3 genannten Abstand zur Bedachung sicherzustellen.

7.3 Das gefüllte Drahtgestell wird parallel zur Dachfläche in einem Abstand von etwa 1 cm von dieser (bei Wellplatten von den Wellenbergen) aufgehängt oder wahlweise bei Bedachungen, bei denen das Drahtgestell während der Prüfung nicht einsinkt, auf die Füße aufgesetzt. Die Holzwolle wird bei jedem Versuch gleichzeitig an allen vier Seiten unten angezündet.

7.4 Brandprüfungen sind jeweils an vier Stellen desselben Probedaches auszuführen, wobei das Drahtgestell je einmal über einer parallel und senkrecht zur Dachneigung vorhandenen Stoßüberdeckung der obersten Lage, und zweimal über der ungestoßenen (nicht überlappten) Fläche angeordnet wird. Brandprüfungen an drei Stellen genügen bei Dachflächen, die keine Stöße enthalten, oder bei kleinformatigen Bedachungsteilen, bei denen in jeder Prüfung Stöße bzw. Überlappungen erfaßt werden.

Bei Lichtkuppeln sind zwei Prüfungen an den seitlichen Anschlüssen und mindestens eine Prüfung an der Kuppelfläche auszuführen. Bei anderen Abschlüssen von Öffnungen im Dach sind mindestens drei Prüfungen an den ungünstigsten Stellen auszuführen.

7.5 Bei der Brandprüfung sind die wesentlichen Branderscheinungen am Probedach zu protokollieren.

Die Versuchsdauer beträgt 60 min – gerechnet ab Beginn des Entzündens der Holzwolle.

30 min nach Versuchsbeginn werden etwa noch auf dem Probedach vorhandene Flammen – z. B. durch kurzzeitiges Auflegen einer Löschdecke – erstickt. Dazu wird das Drahtgestell entfernt. Zum Löschen darf keinesfalls Wasser verwendet werden.

60 min nach Versuchsbeginn wird das Probedach im Bereich der Brandstelle geöffnet und daraufhin überprüft, ob noch sichtbar glimmende Stellen in einer der Lagen des Probedaches vorhanden sind.[4]) [5])

Die Prüfung darf vorzeitig abgebrochen werden, wenn ein eindeutiges Prüfergebnis erreicht ist.

Die Prüfungen sind am Probedach nacheinander durchzuführen. Zwischen aufeinanderfolgenden Brandprüfungen sind Wartezeiten einzulegen, wenn sonst das Ergebnis der nachfolgenden Prüfung beeinflußt sein kann (z. B. durch Vorwärmung der Bedachung).

8 Abweichungen von der Regelprüfung

8.1 Abweichende Dachneigungen

In Sonderfällen darf die Prüfung der Widerstandsfähigkeit gegen Flugfeuer und strahlende Wärme abweichend von den Festlegungen über die Neigung auch durch Prüfung bei der tatsächlichen Dachneigung, jedoch nicht weniger als 15° erfolgen. Das Prüfergebnis gilt dann jedoch nur für die geprüfte Dachneigung.

---

[4]) Glimmen kann durch Abdunkeln des Prüfraums leichter erkannt werden, Rauchaustritt aus dem Probedach deutet auf Glimmerscheinungen hin.

[5]) Wenn glimmende Stellen vorhanden sind, sollte das Probedach nach Beendigung aller Einzelprüfungen mit Haken auseinandergerissen und mit Wasser vollständig gelöscht werden.

8.2 Abweichende Vorbehandlung

Bestehen Bedenken, daß unter den in 6.2 genannten Vorbehandlungsbedingungen Bedachungen nicht hinreichend beurteilt werden können, so sind Probedächer

a) nach Vorbehandlung nach 6.2 und

b) nach praxisgerechter Vorbehandlung

zu prüfen und zu beurteilen.

9 Prüfzeugnis

9.1 Erfüllt die geprüfte Bedachung die Anforderungen nach Abschnitt 4, dann ist über die Durchführung und die Ergebnisse der Prüfungen ein Prüfzeugnis auszustellen[6]). In diesem Prüfzeugnis sind unter Hinweis auf diese Norm die Angaben nach 9.2 bis 9.8 zu machen.

9.2 Genaue Beschreibung des Dachaufbaues einschließlich der Befestigungsart (Nägel, Kleber usw.).

Rohdichte bzw. flächenbezogene Masse, Baustoffklassen nach DIN 4102-1, gegebenenfalls Feuchtegehalte der verwendeten Baustoffe, Auftragsmengen von Klebern oder dergleichen.

9.3 Beobachtungen während des Prüfungsablaufes und Angabe der Zeitpunkte, z. B.

- Zeitpunkt des Verlöschens von Flammen auf dem Probedach, ggf. Ersticken der Flammen 30 min nach Versuchsbeginn,
- Ablauflängen brennender Teile,
- Abfallen von brennenden oder glimmenden Teilen,
- Entstehen von Löchern im Probedach,
- Flammen oder glimmende Stellen an der Dachunterseite,
- sichtbar glimmende Stellen im Dachaufbau einschließlich Unterlage beim Öffnen des Probedaches nach 60 min.

9.4 Angaben über die Maße der verkohlten bzw. durch Verbrennen zerstörten Flächen des Probedaches an der Oberfläche und im Innern, Angaben über Art und Umfang der Schäden an der tragenden Unterlage.

9.5 Fotografische Abbildung des geprüften Probedaches.

9.6 Zusammenfassung der Ergebnisse mit Beurteilung, ob die Anforderungen nach Abschnitt 4 erfüllt sind.

9.7 Angabe des Dachneigungsbereichs, für den das Prüfzeugnis gilt (siehe Abschnitt 4).

9.8 Gültigkeitsdauer jedes Prüfzeugnisses. Diese ist zunächst auf höchstens 5 Jahre zu begrenzen; sie kann auf Antrag verlängert werden.

---

[6]) Im bauaufsichtlichen Verfahren dient dieses Prüfzeugnis als Grundlage für ein "Allgemeines bauaufsichtliches Prüfzeugnis" bzw. für eine "Allgemeine bauaufsichtliche Zulassung".

3 Gesamtübersicht zu DIN 4102

3.1 Allgemeines

Während in den Jahren 1934 und 1940 die Norm zunächst jeweils einheitlich in drei Teilen erschien, begann ab 1965 sukzessive eine Überarbeitung mit stetig einhergehender Änderung bzw. Erweiterung der Normgliederung, u. a. Bedachungen und die Aufgliederung des ehemaligen Blattes 1 in zwei getrennte Normblätter jeweils zur Prüfung von Baustoffen und Bauteilen, die vorher zusammengefasst in Blatt 1 enthalten waren.

Mitte der 1970er Jahre wurden dann aus Norm-„Blättern" entsprechende Norm-„Teile", die umfassende Erweiterungen erhielten, so u. a. Feuerschutzabschlüsse, Abschlüsse in Fahrschachtwänden und gegen Feuer widerstandsfähige Verglasungen sowie Leitungs- und Lüftungsanlagen, aber auch die Regelungen zum Kleinprüfstand wurden genormt.

In den 1980er Jahren wurden normativ in DIN 4102 auch Kabelabschottungen, Installationsschächte und -kanäle mit dazugehörigen Rohrverkleidungen, -ummantelungen und -abschottungen, elektrische Kabelanlagen, Brandschutzverglasungen, Bodenbeläge und -beschichtungen und die Anforderungen an Brandschächte und Brandschachtprüfungen geregelt.

Nach 1990 kamen dann detailliertere Vorschriften zu Feuerschutzabschlüssen und Rauchschutztüren sowie zusätzliche Regelungen zum Brandverhalten von Wand- und Deckenbekleidungen in Räumen hinzu, während zum Beginn des neuen Jahrtausends ab dem Jahr 2000 vorwiegend feuerwiderstandsfähige Lüftungsleitungen, die Anwendung von DIN 4102-4 auf der Bemessungsbasis von Teilsicherheitsbeiwerten, der Nachweis der Eigenschaft „selbstschließend" und neue Anwendungsregeln für Prüfergebnisse von Bedachungen im Zusammenhang mit neuen europäischen Brandprüfungen im Vordergrund standen.

3.2 Abfolge der Normteile nach Erscheinen

Im Folgenden wird eine Übersicht über alle Normteile zusammengefasst, die innerhalb von DIN 4102 bisher erschienen. Somit ist es möglich, entweder anhand der Errichtungszeit oder anhand des jeweiligen Fachgebietes des Brandschutzes die betreffende normative Regelung zu finden, die man zur Beurteilung des Bestandes benötigt.

In der Tabelle 6 ist eine vollständige Übersicht zu den unter DIN 4102 erschienenen Normblättern bzw. -teilen enthalten.

Tabelle 6: Gesamtübersicht über die erschienenen Teile von DIN 4102, Stand Juli 2014

Dok-Nummer	Dok-Art	Ausgabe	Vollständiger Titel
Erg. Bestimmungen zu DIN 4102	N	1963	Brandverhalten von Baustoffen und Bauteilen; Ergänzende Bestimmungen (1. Fassung)
Erg. Bestimmungen zu DIN 4102	N	1966-03	Brandverhalten von Baustoffen und Bauteilen; Ergänzende Bestimmungen (2. Fassung)
Erg. Bestimmungen zu DIN 4102	N	1970-02	Brandverhalten von Baustoffen und Bauteilen; Ergänzende Bestimmungen (3. Fassung)
DIN 4102, Beibl. 1	I	1978-02	Brandverhalten von Baustoffen und Bauteilen; Inhaltsverzeichnisse
DIN 4102, Beibl. 1	I	1981-05	Brandverhalten von Baustoffen und Bauteilen; Inhaltsverzeichnisse
DIN 4102-1	N	1934-08	Widerstandsfähigkeit von Baustoffen und Bauteilen gegen Feuer und Wärme; Begriffe
DIN 4102-1	N	1940-11	Widerstandsfähigkeit von Baustoffen und Bauteilen gegen Feuer und Wärme; Begriffe
DIN 4102-1	N-E	1976-01	Brandverhalten von Baustoffen und Bauteilen; Baustoffe – Begriffe, Anforderungen und Prüfungen
DIN 4102-1	N	1977-09	Brandverhalten von Baustoffen und Bauteilen; Baustoffe – Begriffe, Anforderungen und Prüfungen

Dok-Nummer	Dok-Art	Ausgabe	Vollständiger Titel
DIN 4102-1	N	1981-05	Brandverhalten von Baustoffen und Bauteilen; Baustoffe – Begriffe, Anforderungen und Prüfungen
DIN 4102-1	N-E	1997-03	Brandverhalten von Baustoffen und Bauteilen; Baustoffe – Begriffe, Anforderungen und Prüfungen
DIN 4102-1	N	1998-05	Brandverhalten von Baustoffen und Bauteilen; Baustoffe – Begriffe, Anforderungen und Prüfungen
DIN 4102-1	N	1998-08	Brandverhalten von Baustoffen und Bauteilen; Baustoffe – Begriffe, Anforderungen und Prüfungen
DIN 4102-2	N	1934-08	Widerstandsfähigkeit von Baustoffen und Bauteilen gegen Feuer und Wärme; Einreihung in die Begriffe
DIN 4102-2	N	1940-11	Widerstandsfähigkeit von Baustoffen und Bauteilen gegen Feuer und Wärme; Einreihung in die Begriffe
DIN 4102-2	N	1965-09	Brandverhalten von Baustoffen und Bauteilen – Begriffe, Anforderungen und Prüfungen von Bauteilen
DIN 4102-2	N	1970-02	Brandverhalten von Baustoffen und Bauteilen – Begriffe, Anforderungen und Prüfungen von Bauteilen
DIN 4102-2	N-E	1976-01	Brandverhalten von Baustoffen und Bauteilen – Begriffe, Anforderungen und Prüfungen von Bauteilen
DIN 4102-2	N	1977-09	Brandverhalten von Baustoffen und Bauteilen – Begriffe, Anforderungen und Prüfungen von Bauteilen

Dok-Nummer	Dok-Art	Ausgabe	Vollständiger Titel
DIN 4102-3	N	1934-08	Widerstandsfähigkeit von Baustoffen und Bauteilen gegen Feuer und Wärme; Brandversuche
DIN 4102-3	N	1940-11	Widerstandsfähigkeit von Baustoffen und Bauteilen gegen Feuer und Wärme; Brandversuche
DIN 4102-3	N-E	1965-08	Brandverhalten von Baustoffen und Bauteilen – Begriffe, Anforderungen und Prüfungen von Sonderbauteilen
DIN 4102-3	N	1970-02	Brandverhalten von Baustoffen und Bauteilen – Begriffe, Anforderungen und Prüfungen von Sonderbauteilen
DIN 4102-3	N-E	1976-01	Brandverhalten von Baustoffen und Bauteilen – Begriffe, Anforderungen und Prüfungen von Sonderbauteilen
DIN 4102-3	N	1977-09	Brandverhalten von Baustoffen und Bauteilen – Begriffe, Anforderungen und Prüfungen von Sonderbauteilen
DIN 4102-4	N	1965-09	Brandverhalten von Baustoffen und Bauteilen – Einreihung in die Begriffe
DIN 4102-4	N	1970-02	Brandverhalten von Baustoffen und Bauteilen – Einreihung in die Begriffe
DIN 4102-4	N-E	1978-03	Brandverhalten von Baustoffen und Bauteilen – Zusammenstellung und Anwendung klassifizierter Baustoffe, Bauteile und Sonderbauteile
DIN 4102-4	N	1981-03	Brandverhalten von Baustoffen und Bauteilen – Zusammenstellung und Anwendung klassifizierter Baustoffe, Bauteile und Sonderbauteile

Dok-Nummer	Dok-Art	Ausgabe	Vollständiger Titel
DIN 4102-4	N-E	1992-08	Brandverhalten von Baustoffen und Bauteilen – Zusammenstellung und Anwendung klassifizierter Baustoffe, Bauteile und Sonderbauteile
DIN 4102-4	N	1994-03	Brandverhalten von Baustoffen und Bauteilen – Zusammenstellung und Anwendung klassifizierter Baustoffe, Bauteile und Sonderbauteile
DIN 4102-4 Berichtigung 1	N	1995-05	Berichtigungen zu DIN 4102-4:1994-03
DIN 4102-4 Berichtigung 2	B	1996-04	Berichtigungen zu DIN 4102-4:1994-03
DIN 4102-4 Berichtigung 3	B	1998-09	Berichtigungen zu DIN 4102-4:1994-03
DIN 4102-4/A1	A	2003-11	Brandverhalten von Baustoffen und Bauteilen – Zusammenstellung und Anwendung klassifizierter Baustoffe, Bauteile und Sonderbauteile; Änderung A1
DIN 4102-4/A1	A	2004-11	Brandverhalten von Baustoffen und Bauteilen – Zusammenstellung und Anwendung klassifizierter Baustoffe, Bauteile und Sonderbauteile; Änderung A1
DIN 4102-4	N-E	2014-06	Brandverhalten von Baustoffen und Bauteilen – Zusammenstellung und Anwendung klassifizierter Baustoffe, Bauteile und Sonderbauteile
DIN 4102-4	N	2016-05	Brandverhalten von Baustoffen und Bauteilen – Zusammenstellung und Anwendung klassifizierter Baustoffe, Bauteile und Sonderbauteile

Dok-Nummer	Dok-Art	Ausgabe	Vollständiger Titel
DIN 4102-4/A1	E	2018-11	Brandverhalten von Baustoffen und Bauteilen – Zusammenstellung und Anwendung klassifizierter Baustoffe, Bauteile und Sonderbauteile; Änderung A1
DIN 4102-5	N-E	1976-01	Brandverhalten von Baustoffen und Bauteilen – Feuerschutzabschlüsse, Abschlüsse in Fahrschachtwänden und gegen Feuer widerstandsfähige Verglasungen; Begriffe, Anforderungen und Prüfungen
DIN 4102-5	N	1977-09	Brandverhalten von Baustoffen und Bauteilen – Feuerschutzabschlüsse, Abschlüsse in Fahrschachtwänden und gegen Feuer widerstandsfähige Verglasungen; Begriffe, Anforderungen und Prüfungen
DIN 4102-5	N-E	1989-09	Brandverhalten von Baustoffen und Bauteilen – Feuerschutzabschlüsse, Abschlüsse in Fahrschachtwänden und gegen Feuer widerstandsfähige Verglasungen; Begriffe, Anforderungen und Prüfungen
DIN 4102-6	N	1970-02	Brandverhalten von Baustoffen und Bauteilen – Lüftungsleitungen; Begriffe, Anforderungen und Prüfungen
DIN 4102-6	N-E	1976-07	Brandverhalten von Baustoffen und Bauteilen – Lüftungsleitungen; Begriffe, Anforderungen und Prüfungen
DIN 4102-6	N	1977-09	Brandverhalten von Baustoffen und Bauteilen – Lüftungsleitungen; Begriffe, Anforderungen und Prüfungen

Dok-Nummer	Dok-Art	Ausgabe	Vollständiger Titel
DIN 4102-7	N	1998-07	Brandverhalten von Baustoffen und Bauteilen – Bedachungen; Begriffe, Anforderungen und Prüfungen
DIN 4102-7	N-E	1976-01	Brandverhalten von Baustoffen und Bauteilen – Bedachungen; Begriffe, Anforderungen und Prüfungen
DIN 4102-7	N	1977-09	Brandverhalten von Baustoffen und Bauteilen – Bedachungen; Begriffe, Anforderungen und Prüfungen
DIN 4102-7	N-E	1985-04	Brandverhalten von Baustoffen und Bauteilen – Bedachungen; Begriffe, Anforderungen und Prüfungen
DIN 4102-7	N	1987-03	Brandverhalten von Baustoffen und Bauteilen – Bedachungen; Begriffe, Anforderungen und Prüfungen
DIN 4102-7/A1	N-E	1996-08	Brandverhalten von Baustoffen und Bauteilen – Bedachungen; Begriffe, Anforderungen und Prüfungen; Änderung A1
DIN 4102-7	N	1998-07	Brandverhalten von Baustoffen und Bauteilen – Bedachungen; Begriffe, Anforderungen und Prüfungen
DIN 4102-7	N-E	2018-03	Brandverhalten von Baustoffen und Bauteilen – Bedachungen – Anforderungen und Prüfungen
DIN 4102-7	N	2018-11	Brandverhalten von Baustoffen und Bauteilen – Bedachungen – Anforderungen und Prüfungen
DIN 4102-8	N-E	1977-09	Brandverhalten von Baustoffen und Bauteilen – Kleinprüfstand
DIN 4102-8	N-E	1984-09	Brandverhalten von Baustoffen und Bauteilen – Kleinprüfstand

Dok-Nummer	Dok-Art	Ausgabe	Vollständiger Titel
DIN 4102-8	N	1986-05	Brandverhalten von Baustoffen und Bauteilen – Kleinprüfstand
DIN 4102-8	N	2003-10	Brandverhalten von Baustoffen und Bauteilen – Kleinprüfstand
DIN 4102-9	N-E	1988-09	Brandverhalten von Baustoffen und Bauteilen – Kabelabschottungen; Begriffe, Anforderungen und Prüfungen
DIN 4102-9	N	1990-05	Brandverhalten von Baustoffen und Bauteilen – Kabelabschottungen; Begriffe, Anforderungen und Prüfungen
DIN 4102-10	N	1966-10	Brandverhalten von Baustoffen und Bauteilen – Ergänzende Bestimmungen
DIN 4102-11	N-E	1984-03	Brandverhalten von Baustoffen und Bauteilen – Rohrverkleidungen, Rohrabschottungen, Installationsschächte und -kanäle; Begriffe, Anforderungen und Prüfungen
DIN 4102-11	N	1985-12	Brandverhalten von Baustoffen und Bauteilen – Rohrverkleidungen, Rohrabschottungen, Installationsschächte und -kanäle; Begriffe, Anforderungen und Prüfungen
DIN 4102-12	N-E	1998-11	Brandverhalten von Baustoffen und Bauteilen – Funktionserhalt von elektrischen Kabelanlagen; Anforderungen und Prüfungen

Dok-Nummer	Dok-Art	Ausgabe	Vollständiger Titel
DIN 4102-12	N	1991-01	Brandverhalten von Baustoffen und Bauteilen – Funktionserhalt von elektrischen Kabelanlagen; Anforderungen und Prüfungen
DIN 4102-12	N-E	1995-05	Brandverhalten von Baustoffen und Bauteilen – Funktionserhalt von elektrischen Kabelanlagen; Anforderungen und Prüfungen
DIN 4102-12	N	1998-11	Brandverhalten von Baustoffen und Bauteilen – Funktionserhalt von elektrischen Kabelanlagen; Anforderungen und Prüfungen
DIN 4102-13	N-E	1988-01	Brandverhalten von Baustoffen und Bauteilen – Brandschutzverglasungen; Begriffe, Anforderungen und Prüfungen
DIN 4102-13	N	1990-05	Brandverhalten von Baustoffen und Bauteilen – Brandschutzverglasungen; Begriffe, Anforderungen und Prüfungen
DIN 4102-14	N-E	1988-09	Brandverhalten von Baustoffen und Bauteilen – Bodenbeläge und Bodenbeschichtungen; Bestimmung der Flammenausbreitung bei Beanspruchung mit einem Wärmestrahler
DIN 4102-14	N	1990-05	Brandverhalten von Baustoffen und Bauteilen – Bodenbeläge und Bodenbeschichtungen; Bestimmung der Flammenausbreitung bei Beanspruchung mit einem Wärmestrahler
DIN 4102-15	N-E	1988-07	Brandverhalten von Baustoffen und Bauteilen – Brandschacht

Dok-Nummer	Dok-Art	Ausgabe	Vollständiger Titel
DIN 4102-15	N	1990-05	Brandverhalten von Baustoffen und Bauteilen – Brandschacht
DIN 4102-16	N-E	1988-07	Brandverhalten von Baustoffen und Bauteilen – Brandschacht; Durchführung von Brandschachtprüfungen zur Einreihung von Baustoffen in die Klasse DIN 4102-B1
DIN 4102-16	N	1990-05	Brandverhalten von Baustoffen und Bauteilen – Durchführung von Brandschachtprüfungen
DIN 4102-16	N-E	1997-03	Brandverhalten von Baustoffen und Bauteilen – Durchführung von Brandschachtprüfungen
DIN 4102-16	N	1998-05	Brandverhalten von Baustoffen und Bauteilen – Durchführung von Brandschachtprüfungen
DIN 4102-16	N-E	2014-09	Brandverhalten von Baustoffen und Bauteilen – Durchführung von Brandschachtprüfungen
DIN 4102-16	N	2015-09	Brandverhalten von Baustoffen und Bauteilen – Durchführung von Brandschachtprüfungen
DIN 4102-17	N-E	1989-08	Brandverhalten von Baustoffen und Bauteilen – Schmelzpunkt von Mineralfaser-Dämmstoffen; Begriffe, Anforderung, Prüfung
DIN 4102-17	N	1990-12	Brandverhalten von Baustoffen und Bauteilen – Schmelzpunkt von Mineralfaser-Dämmstoffen; Begriffe, Anforderung, Prüfung

Dok-Nummer	Dok-Art	Ausgabe	Vollständiger Titel
DIN 4102-17	N-E	2016-03	Brandverhalten von Baustoffen und Bauteilen – Schmelzpunkt von Mineralwolle-Dämmstoffen – Begriffe, Anforderungen und Prüfung
DIN 4102-17	N	2017-12	Brandverhalten von Baustoffen und Bauteilen – Schmelzpunkt von Mineralwolle-Dämmstoffen – Begriffe, Anforderungen und Prüfung
DIN 4102-18	N-E	1989-09	Brandverhalten von Baustoffen und Bauteilen – Feuerschutzabschlüsse; Nachweis der Eigenschaft „selbstschließend" (Dauerfunktionsprüfung)
DIN 4102-18	N	1991-03	Brandverhalten von Baustoffen und Bauteilen – Feuerschutzabschlüsse; Nachweis der Eigenschaft „selbstschließend" (Dauerfunktionsprüfung)
DIN 4102-18/A1	N-E	2009-05	Brandverhalten von Baustoffen und Bauteilen – Feuerschutzabschlüsse; Nachweis der Eigenschaft „selbstschließend" (Dauerfunktionsprüfung); Änderung A1
DIN 4102-19	N-E	1998-12	Brandverhalten von Baustoffen und Bauteilen – Wand- und Deckenbekleidung in Räumen; Versuchsraum für zusätzliche Beurteilungen
DIN 4102-20	N-E	2016-03	Brandverhalten von Baustoffen und Bauteilen – Ergänzender Nachweis für die Beurteilung des Brandverhaltens von Außenwandbekleidungen

Dok-Nummer	Dok-Art	Ausgabe	Vollständiger Titel
DIN 4102-20	N	2017-10	Brandverhalten von Baustoffen und Bauteilen – Ergänzender Nachweis für die Beurteilung des Brandverhaltens von Außenwandbekleidungen
DIN 4102-21	VN	2002-08	Brandverhalten von Baustoffen und Bauteilen – Beurteilung des Brandverhaltens von feuerwiderstandsfähigen Lüftungsleitungen
DIN 4102-22	N-E	2003-11	Brandverhalten von Baustoffen und Bauteilen – Anwendungsnorm zu DIN 4102-4
DIN 4102-22	N	2004-11	Brandverhalten von Baustoffen und Bauteilen – Anwendungsnorm zu DIN 4102-4 auf der Bemessungsbasis von Teilsicherheitsbeiwerten
DIN 4102-23	VN	2009-08	Brandverhalten von Baustoffen und Bauteilen – Bedachungen; Anwendungsregeln für Prüfergebnisse von Bedachungen nach DIN V ENV 1187, Prüfverfahren 1, und/oder DIN 4102-7
DIN SPEC 4102-23	TR	2011-10	Brandverhalten von Baustoffen und Bauteilen – Teil 23: Bedachungen – Anwendungsregeln für Prüfergebnisse von Bedachungen nach DIN V ENV 1187, Prüfverfahren 1 und DIN 4102-7
DIN SPEC 4102-23	TR	2018-07	Brandverhalten von Baustoffen und Bauteilen – Bedachungen – Anwendungsregeln für Prüfer-gebnisse von Bedachungen nach DIN CEN/TS 1187, Prüfverfahren 1, und DIN 4102-7

Dok-Nummer	Dok-Art	Ausgabe	Vollständiger Titel

Erläuterungen:

B	Berichtigung
I	Informativ
N	Norm
N-E	Norm-Entwurf
TR	Technical Report (Technische Regel)
VN	Vornorm

Anmerkungen

1 Bauordnung für Berlin (BauO Bln) vom 29. September 2005, letzte Änderung vom 9. April 2018, § 81 Abs. 1

2 Geburtig, G., Baulicher Brandschutz im Bestand, Band 1: Brandschutztechnische Beurteilung vorhandener Bausubstanz, Berlin 2014[3]; hier wird u. a. auf den Entwurf einer Bauordnung – Erlass des Staatskommissars für das Wohnungswesen vom 25. April 1919 (hrsg. v. Preußischen Ministerium für Volkswohlfahrt) und Baupolizeiliche Bestimmungen über Feuerschutz (feuerbeständige und feuerhemmende Bauweisen), Erlass vom 12. März 1925 des Preußischen Ministeriums für Volkswohlfahrt Bezug genommen.

3 Musterbauordnung, Fassung November 2002, zuletzt geändert durch Beschluss der Bauministerkonferenz vom 21.09.2012

4 Vgl. Entscheidung des Verwaltungsgerichtes Schwerin: Beschluss vom 12. September 2008 – 3 L 18/02 –

5 DIBt, Muster-Verwaltungsvorschrift Technische Baubestimmungen, Ausg. 2017/1 mit Druckfehlerkorrektur vom 11. Dezember 2017

6 Oberverwaltungsgericht Nordrhein-Westfalen, Urteil vom 28.8.2001, Az.: 10 A 3051/99, Baurecht 2002, S. 763

7 Temme, H.-G., Bauordnungsrechtliche Forderungen bei der Modernisierung oder Umnutzung auch denkmalgeschützter Gebäude, in: Deutsches Architektenblatt, H. 11, Berlin November 1992, S. OST 463 – OST 470

8 Bauordnung für ..., wie Anm. 1, hier § 81 Abs. 3

9 VERORDNUNG (EU) Nr. 305/2011 DES EUROPÄISCHEN PARLAMENTS UND DES RATES vom 9. März 2011 zur Festlegung harmonisierter Bedingungen für die Vermarktung von Bauprodukten und zur Aufhebung der Richtlinie 89/106/EWG des Rates, hier (34)

10 Derzeit gilt noch: DIN 4102, Brandverhalten von Baustoffen und Bauteilen, Teil 4: Zusammenstellung und Anwendung klassifizierter Baustoffe, Bauteile und Sonderbauteile, Berlin März 1994 i. V. m. Teil 22: Anwendungsnorm zu DIN 4102-4 auf der Basis von Teilsicherheitsbeiwerten, Berlin November 2004 und Dokument A1: Zusammenstellung und Anwendung klassifizierter Baustoffe, Bauteile und Sonderbauteile, Änderung A1, Berlin November 2004. Demnächst ist die Einführung der vollständigen Überarbeitung des Normteils zu erwarten.

11 DIN 4102, Widerstandsfähigkeit von Baustoffen und Bauteilen gegen Feuer und Wärme, Bl. 1, Begriffe, Berlin August 1934

12 DIN 4102, Widerstandsfähigkeit von Baustoffen und Bauteilen gegen Feuer und Wärme, Bl. 2, Einreihung in die Begriffe, Berlin August 1934

13 DIN 4102, Widerstandsfähigkeit von Baustoffen und Bauteilen gegen Feuer und Wärme, Bl. 3, Brandversuche, Berlin August 1934

14 Im Jahre 1965 erschienen zwei Blätter der DIN 4102, Brandverhalten von Baustoffen und Bauteilen, neu: Bl. 2: Begriffe, Anforderungen und Prüfungen von Bauteilen, Berlin September 1965; Bl. 4: Einreihung in die Begriffe, Berlin September 1965.

15 Während die Blätter 2 und 4 der DIN 4102 bereits im September 1965 erschienen, befand sich das Blatt 1 noch bis zum Jahre 1966 in Überarbeitung.

16 Anordnung Nr. 2 über verfahrensrechtliche und bautechnische Bestimmungen im Bauwesen – Deutsche Bauordnung (DBO) – Vom 2. Oktober 1958, in: Gesetzblatt der Deutschen Demokratischen Republik, Sonderdruck Nr. 287, Berlin 15. Dezember 1958, S. 266

Stichwortverzeichnis

W